物理学名家名作译丛

[爱尔兰] J. M. D. 柯艾 著
韩秀峰 姬 扬 余 天 等 译

磁学与磁性材料

Magnetism and Magnetic Materials

中国科学技术大学出版社

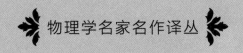

安徽省版权局著作权合同登记号：第 12222073 号

图书在版编目(CIP)数据

磁学与磁性材料/(爱尔兰)杰·姆·德·柯艾(J. M. D. Coey)著;韩秀峰等译.—合肥:中国科学技术大学出版社,2024.1
(物理学名家名作译丛)
书名原文:Magnetism and Magnetic Materials
ISBN 978-7-312-05399-3

Ⅰ. 磁…　Ⅱ. ①杰…　②韩…　Ⅲ. ①磁学　②磁性材料　Ⅳ. ①O441.2　②TM271

中国版本图书馆 CIP 数据核字(2022)第 031183 号

磁学与磁性材料
CIXUE YU CIXING CAILIAO

出版　中国科学技术大学出版社
安徽省合肥市金寨路 96 号,230026
http://press.ustc.edu.cn
https://zgkxjsdxcbs.tmall.com
印刷　合肥市宏基印刷有限公司
发行　中国科学技术大学出版社
开本　787mm×1092 mm　1/16
印张　37.5
字数　617 千
版次　2024 年 1 月第 1 版
印次　2024 年 1 月第 1 次印刷
定价　128.00 元

译 者 序

J. M. D. 柯艾教授是凝聚态物理和磁学领域的国际知名专家，爱尔兰皇家科学院院士，英国皇家科学院院士，美国科学院外籍院士和欧洲科学院院士。他长期从事磁学和磁性材料及自旋电子学研究，在 *Nature*，*Science* 等重要国际学术期刊上发表 SCI 论文 800 余篇，论文总引用量超过 60000 次，H 因子达 110。其中被引用超过千次的论文有 10 篇，被引用超过百次的论文有 100 余篇。荣获爱尔兰皇家科学院金奖，爱尔兰皇家都柏林协会/英特尔奖，马克斯·玻恩奖等 27 项奖项。曾任爱尔兰皇家学会副主席，*Phys. Rev. Lett.* 和 *J. Magn. Magn. Mater.* 等专业期刊的顾问、编委。他撰写和出版了 *Magnetic Glasses*（Elsevier，1984），*Rare Earth Iron Permanent Magnets*（Oxford University Press，1996），*Permanent Magnetism*（IOP Publishing，1999），*Magnetism and Magnetic Materials*（Cambridge University Press，2010）等 6 部磁学方面的专著。

柯艾教授早在 1976 年就开始了与中国学者王震西等人的合作研究，并有合作论文发表。在过去 40 多年时间里，他一直与中国科学院物理研究所等单位保持着长期合作关系。1988 年，柯艾教授被中国科学院周光召院长聘为物理研究所磁学实验室学术委员会委员，目前仍担任中国科学院物理研究所磁学国家重点实验室“自旋电子学材料、物理和器件”课题组的客座教授。1981—2023 年，共有 30 余位中国学者到柯艾教授实验室攻读硕士、博士学位，交流访问或做博士后研究工作。

2002年7月,柯艾教授作为爱尔兰基金会代表团副团长访问中华人民共和国科学技术部,参与签署了中爱政府间科技合作协议,他本人还与中国科学院物理研究所韩秀峰研究员签署了课题组间长期合作协议,随后于2003年和2018年获得国家自然科学基金委员会的中爱重大国际合作项目资助,2004年、2006年和2009年获得了中华人民共和国科学技术部和爱尔兰基金会双边资助的两年期中爱国际合作项目资助。中爱双方在上述国际合作项目资助下合作发表SCI学术论文20余篇。双方课题组先后互派硕士、博士研究生和博士后互访及合作研究各10余人次;柯艾教授本人也先后20余次来中国科学院物理研究所等国内科研院所进行学术交流和访问。2010年,柯艾教授被聘任为中国科学院爱因斯坦讲席教授;2014年,被聘任为国家级高层次海外引进人才和北航客座教授;2020年,获北京市科学技术奖国际合作中关村奖;2022年,获中国科学院国际科技合作奖等。

受柯艾教授本人和剑桥大学出版社授权委托,韩秀峰研究员团队负责将 *Magnetism and Magnetic Materials* 这一专著翻译成中文版。本书各章的译者不仅是磁学和自旋电子学前沿研究领域的优秀青年学者,还非常熟悉和了解柯艾教授实验室的系列研究进展,特别是部分译者还被先后派往柯艾教授实验室从事过合作研究工作,共同取得了丰硕的合作研究成果。韩秀峰研究员统筹全书并翻译第1章,本书其余各章译者分别是:张佳博士(第2章),王云鹏博士和王文秀博士(第3章),陶玲玲博士(第4章),梁世恒博士和李大来博士(第5章),陈军养博士(第6章),姜俊博士(第7章),王琰博士(第8章),丰家峰博士(第9章),刘厚方博士(第10章),马勤礼博士(第11章),于国强博士(第12章),师大伟博士(第13章),温振超博士(第14章),余天博士(第15章),郭鹏博士(附录),胡泽祥博士(增订内容)。韩秀峰研究员和余天博士在翻译过程中对全书各章节译稿进行了内容汇总和格式及形式上的一致性衔接与订正。本书特别邀请中国科学院半导体研究所姬扬研究员对全书译文做总校阅，南开大学左旭教授对书中部分内容进行了针对性校阅。

本书对磁学和磁性材料应用及其发展历程进行了全面的论述与介绍，兼容定性描述和定量分析，并对磁学相关概念、现象、材料、器件及应用，给出其数值大小和提供实用的具体数据及其实施案例，可供读者快速了解并掌握磁学领域的相关专业基础知识及应用方式和方法。

本书特别适合国内磁学与磁性材料相关专业的大学本科高年级学生、研究生、教师和磁学与磁性材料相关研究领域的工程师、科技科普工作者以及专业管理人员等学习和阅读，是一部通俗易懂且有极高学术价值的专业教材和科研参考书。

感谢国家自然科学基金委员会、科学技术部、中国科学院对本书译者“自旋电子学材料、物理和器件”创新研究团队的长期基金资助与支持。感谢中国科学院物理研究所、中国科学院半导体研究所、中国科学院大学材料科学与光电技术学院和物理学院、四川大学物理学院等以及全部译者现职单位对本书翻译工作给予的鼎力支持。感谢中国科学技术大学出版社对本书的出版和发行提供的支持。最后感谢本书英文版作者和全体译者的家人、亲属、朋友和同仁们对本书翻译过程中所给予的关心、指导、讨论和诸多有益帮助。

韩秀峰　姬　扬　余　天

2023 年 12 月

中文版序

这一《磁学与磁性材料》的中文译本是在其英语首版的最新印次基础上经增补部分内容而形成的。本书作为一本现代教科书,其对象是对磁性材料感兴趣并且希望获得关于磁学和磁性材料基础知识、基本原理和广泛应用介绍的青年物理学家、化学家、材料科学家以及工程师。

从微瓦量级到兆瓦量级,电磁能量转化和利用的研究正在蓬勃发展,完备的稀土产业体系在中国的成功建立,以及薄膜磁学在当今自旋电子学和信息技术中的作用和在未来的潜力,这些都是开展磁学研究不错的理由。

本书尽可能地提供了关于磁学和磁性材料的详尽有用的信息,全书采用国际单位制以免发生混淆,还将不同物理量的数量区别作为方便读者把握全局的关键之一注意加以突出。

本书的读者需要具备本科层次的电磁学、量子力学以及凝聚态物理学基础知识。

翻译本书的艰巨任务,由我二十多年的朋友兼同事韩秀峰负责推动。大部分工作由他和他在中国科学院物理研究所的同事以及学生们完成。对此我深表感谢。我自己与中国科学院物理研究所渊源至少可回溯至20世纪80年代,当时在两个月的时间内我用法语开办了一系列关于穆斯堡尔谱学的讲座,这一系列的讲座由后来出任北京中科三环集团董事长的王震西进行了精妙的翻译。本书的出版还要感谢中国科学院半导体研究所姬扬对全书的审校,以及四川大学余天的校对和整理。

我希望磁学领域的新进工作者们喜欢这本书，并能从中受到启发和有所受益，进而持续探索这业已延续两千多年并将继续吸引全球下一代的磁性和磁性材料。

J. M. D. 柯艾于都柏林

2023 年 3 月

前　言

本书面向研究生、高年级本科生和从事相关研究的科技工作者与工程师，对磁学及其应用提供了一个全面的介绍。本书（的论述方法）兼顾定性描述和定量分析，对概念、现象、材料以及器件（应用）注意给出其数值大小，并提供实用的具体数据。

磁学是一门古老的学科，仅在21世纪就历经了四次变革——理解磁的物理本质，拓展磁学到高频领域，出现海量面向消费者的应用（产品），以及新近自旋电子学的出现。现今每一位读者可能都不知不觉地拥有着一两百块磁体，如果你拥有一台计算机的话，磁体数目甚至可能达几十亿块，因为计算机硬磁盘的每一个存储位都是一个个独立可寻址的磁体。而60年前，这个数字最多也就二三而已。磁与半导体一道引发了信息革命，信息革命反过来又催生了研究磁的新方法——物理理论的数值模拟，自动数据采集，以及基于网页的文献检索。

本书分为五个部分：首先是对这一领域简短的概述；接下来用八章内容讨论磁相关的基本概念和原理；紧接着的两章分别讨论了磁相关的实验方法和磁性材料；最后用四章的篇幅介绍了磁相关的应用。其中第二部分要求读者具备基本的电磁学和量子力学知识。本书在每一章末都配备了简短的参考文献和一些练习题。为避免混淆和方便磁相关计算，全书均采用国际单位制。对于仍在广泛使用的CGS单位制，书后给出了详细的国际单位制换算对照表。注意到磁学相关研究不仅仅是智力和实践活动，还具有社会和经济层面的意义，本书还力图将对磁学的研究置于全球视野下加以论述。

本书基于过去15年来在都柏林、圣地亚哥、塔拉哈西、斯特拉斯堡和希捷为本科生、研究生和工程师所准备的一系列课程的内容，以及在都柏林圣三一学院研究组的一系列工作。我非常感谢为本书做出贡献的许多过去和现在的学生，感谢众多不辞辛劳阅读章节的同事，他们向我提供了批评和建议，并纠正书稿中的一些错漏。特别是 Sara McMurry、Plamen Stamenov 和 Munuswamy Venkatesan，以及 Grainne Costigan、Graham Green、Ma Qinli 和 Chen Junyang，他们协助绘制了本书的插图，还有 Emer Brady 帮助整理成书稿。

本书奇数题号的练习题解答提示可在剑桥网站 www.cambridge.org/9780521816144 上查阅。非常欢迎对本书提出意见、更正和改进建议，请将意见、更正和改进建议发送至 www.tcd.physics/magnetism/coeybook。

最后，我很感谢 Wong May，当我忙于本书时失去了不少本应与她共度的时光。

J. M. D. 柯艾于都柏林

2009年11月

本书涉及的数值表清单

致 谢

以下图片经出版商许可复制。美国科学促进会:14.18,p.496(页边插图),p.507(页边插图),14.27;美国物理研究所:5.25,5.31,6.18,8.5,8.33,10.12,11.8;美国物理学会:4.9,5.35,5.40,6.27a,6.27b,8.3,8.8,8.9,8.15,8.17,8.18,8.21,8.22,8.26,8.29,9.5,p.338(页边插图),11.15,14.16;美国地球物理联合会:p.541(页边插图);美国地质调查局地磁项目:15.18,p.541(页边插图);美国金属学会:5.35;剑桥大学出版社:4.15,4.17,7.8,7.18,9.12,10.16,p.541(页边插图);爱思唯尔出版集团:6.23,8.2,8.4,11.22,14.22,14.23,14.26,15.22;电气电子工程师学会:5.32,8.31,8.34,8.35,9.6,11.6,11.7;MacMillan 出版社:14.17,15.4c;牛津大学出版社:5.26;美国国家科学院:15.1;施普林格出版社:4.18,14.13,14.21,15.8,15.21;泰勒和弗朗西斯:1.6,2.8b,10.2;工程技术学院:11.20;芝加哥大学出版社:1.1a;John Wiley:5.21,6.4,6.15,8.11a,8.11b,9.9,12.10。

费米面经佛罗里达大学物理系许可复制:http://www.phys.ufl.edu/fermisurface。

感谢 Wiebke Drenckhan 和 Orphee Cugat 允许复制第 153 页和第 502 页的图。

图 15.3 由 Johannes Kluehspiess 提供复制。图 15.5 由奈梅亨高场磁实验室的 L. Nelemans 提供复制。图 15.5 经 Y. I. Wang 许可转载。图 15.17 由 N. Sadato 提供。图 15.23 由 P. Rochette 提供。

目　录

第1章 导 论

本章简要地总结历史，介绍磁有序(magnetic order)和磁滞(hysteresis)的核心概念。并总结磁体的应用，将磁学与物理学、材料科学和工业技术联系起来。

1.1 磁学简史

磁学的历史像科学的历史一样久远。磁铁具有非接触式地吸引含铁物体的能力，在过去的两千年里，迷住了无数好奇的心灵(包括年轻的爱因斯坦)。只需要两块永磁体，或者一块永磁体和一块临时磁体如铁，就可以对力场进行任意的操控。自然界中有很多弱的永磁体以磁石的形式广泛分布。磁石是富含四氧化三铁(即铁氧化物Fe_3O_4)的岩石，雷击(闪电)的巨大电流可以使之磁化。在苏美尔、古希腊、中国和前哥伦布时期的美洲，人们(特别是祭司和术士)熟悉这些磁体的自然魔力。

雕刻成中国勺子形状的磁石是早期磁器件最吸引人的杰作，被称为"司南"(指南针)。在人类文明早期，中国人用指南针看风水(图1.1)，勺子在底盘上转动，勺柄最终指向地磁场的方向。一些中国城镇的网格状街道设计，提供了使用指南针的证据。不同时期建造的街区，其轴线方向会错开，因为地磁场水平分量的方向有着长期缓慢的变化。

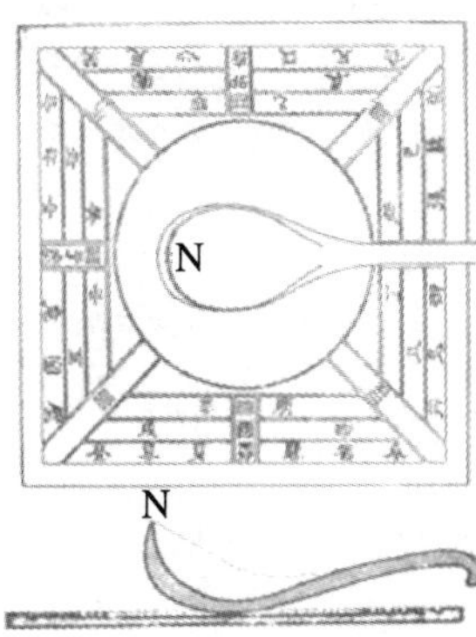

图 1.1

早期的磁器件：中国古代用于确定方向的"司南"(指南针)，以及15世纪葡萄牙的航海罗盘

沈括(1031—1095)

人们偶然发现(曾公亮《武经总要》,约 1064 年),当铁从红热状态遇水骤冷时,会获得热剩磁。[①]因此,在地磁场中磁化的钢针就成了第一种人工永磁体。当磁针漂浮在水面上,或者用细丝悬挂起来时,就会指向地磁场的方向。把“司南”稍加改进,就发明了航海罗盘(沈括《梦溪笔谈》,约 1088 年)。一个世纪后,欧洲重新发明了罗盘。罗盘使航海大发现成为可能,包括明朝郑和船队在 1433 年发现非洲,以及欧洲人哥伦布在 1492 年发现美洲。

在中世纪,有许多迷信依附在磁石上(就像铁屑一样),其中一些与“magnet”(磁体,磁铁)这个名字联系起来[②]。人们梦想永恒运动和磁悬浮。欧洲最早关于磁性的文字记录来自彼得鲁斯·佩雷格林斯,描述了一种永恒运动。没有什么永恒运动,也许除了电子在角动量量子化的原子轨道上的无休止运动。在 20 世纪末,最终实现了纯粹的被动式磁悬浮。早在 1600 年,威廉·吉尔伯特就在他的专著《论磁》中介绍了基于磁的有趣想象,这本书也可以说是最早的现代科学书籍。通过测量一个“特雷拉”磁石表面的偶极场,并将其与在地球表面许多地点测量的磁场相比,吉尔伯特认识到,偏转罗盘指针的磁力来自地球本身,而不是先前人们认为的星星。他推断地球本身就是一个大磁体[③]。

彼得鲁斯·佩雷格林斯(Petrus Peregrinus)设想的永动原理(1269年)

一种源自希腊的不同寻常的观念认为磁铁拥有灵魂——它是活生生的,因为它能运动——在欧洲一直持续到 17 世纪,直到笛卡儿最终破除了这种迷信。但是,花几分钟搜索互联网,你就会发现,其他迷信仍然存在,例如,南极和北极对人的影响究竟是良性的还是恶性的。

威廉·吉尔伯特(William Gilbert, 1544—1603)

17 和 18 世纪的磁学研究主要是在军事领域,特别是英国海军。一个重要的民用进展来自瑞士博学家伯努利,他在 1743 年发明了马蹄形磁铁,此后成为磁学里最持久的原型工具。利用马蹄形磁铁的

① 译者注:北宋曾公亮(999—1078)利用前人资料编撰《武经总要》,其中有关于指南鱼的制备方法。《武经总要》前集卷十五曰:“用薄铁叶剪裁,长二寸,阔五分,首尾锐如鱼形,置炭火中烧之,候通赤,以铁钤钤鱼首出火,以尾正对子位,蘸水盆中,没尾数分则止,以密器收之。”

② 英语中,“magnet”一词通过拉丁语来自希腊语,意思是“麦格尼西亚的石头”(Magnesian stone,希腊语ὁ μαγνης λῖθος,麦格尼西亚是希腊的地名),即来自小亚细亚的磁石。梵文“चुम्बक”和罗马语言(法语“l’aimant”,西班牙语“imán”,葡萄牙语“imã”)的含义是异性相吸,就像男女互相吸引。

③ 法语原文是“Magnus magnes ipse est globus terrestris”。

天才设计，可以制备出一个合理紧凑的磁体但又不会被自身的退磁场破坏。直到现在它还是磁学的标志。通常为红色并标有“N”和“S”两极的马蹄形磁铁，仍然是世界各地的小学科学书籍的重要内容之一，尽管在过去50年里，马蹄形磁铁实际上已经过时了。

电和磁具有明显的相似性，比如同性相斥、异性相吸。这就促使人们更加深入地研究两者的联系。伽伐尼的“动物电”来自他对青蛙和尸体的著名研究，其物理基础是神经利用电来工作。这启发梅斯默提出了“动物磁”假说，这个假说在巴黎的沙龙中得到了多年的追捧，直到路易十六同意委派一个皇家委员会进行调查。这个委员会由富兰克林主持，根据一系列无偏见的检验，彻底否定了“动物磁”现象。委员会在1784年发表的报告成为科学理性的里程碑。

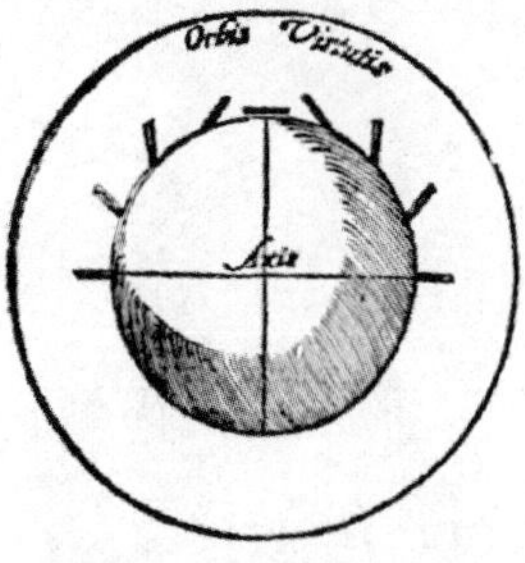

特雷拉(terella)磁石，吉尔伯特用此证明地球的磁场类似于一个磁体的磁场

1820年，丹麦的奥斯特偶然地发现了电和磁的真正联系。他展示了通电导线产生的环形场可以偏转罗盘磁针。几周内，法国巴黎的安培以及阿拉果把导线绕成线圈，证明了通电线圈等效于磁体。电磁革命开始了。

随后的一系列著名事件彻底改变了世界。法拉第的直觉起了关键作用。他设想电和磁是无所不在的场。他发现了电磁感应(1821年)并用一个磁铁、一根载流导线和一盆水银演示了电动机的原理。磁光法拉第效应(1845年)标志着光和磁联系的发现。

笛卡儿(René Descartes, 1596—1650)

1864年，上述的这些实验工作启发麦克斯韦提出了电、磁和光的统一理论①，可以总结为四个著名的以其名字命名的方程式：

$$\nabla \cdot \boldsymbol{B} = 0 \tag{1.1a}$$

$$\epsilon_0 \nabla \cdot \boldsymbol{E} = \rho \tag{1.1b}$$

$$(1/\mu_0)\nabla \times \boldsymbol{B} = \boldsymbol{j} + \epsilon_0 \partial \boldsymbol{E}/\partial t \tag{1.1c}$$

$$\nabla \times \boldsymbol{E} = -\partial \boldsymbol{B}/\partial t \tag{1.1d}$$

这些方程将自由空间中任意一点的电场 $\boldsymbol{E}$ 和磁场 $\boldsymbol{B}$ 与周围空间的电荷密度 ρ 以及电流密度 $\boldsymbol{j}$ 的分布联系起来。麦克斯韦方程组有一个惊人的推论，存在表示电磁场耦合振荡并以光速传播的解。电磁波延伸在整个频谱，波长 Λ 与频率 f 满足 $c = \Lambda f$。介电常数 ϵ_0 和磁导率 μ_0 依赖于定义和单位制，但是它们的关系为

$$\sqrt{\epsilon_0 \mu_0} = \frac{1}{c} \tag{1.2}$$

18世纪的马蹄形磁铁

① “从人类历史的长远观点来看，毫无疑问，19世纪最重要的事情是麦克斯韦发现了电动力学的规律。”(Feynman R. The Feynman Lectures in Physics: Ⅱ[M]. Menlo Park: Addison-Wesley, 1964)。

其中，c 为真空中的光速，其值约为 $2.998\times10^8\ \mathrm{m\cdot s^{-1}}$。这也是在电磁波中的 E 和 B 的平均值之比。麦克斯韦方程组中的电场 $\boldsymbol{E}$ 和磁场 $\boldsymbol{B}$ 是不对称的，因为大自然里没有与电荷对应的磁荷。吉尔伯特关于南北磁极的想法，或多或少与库仑的正负电荷类似。尽管“磁极”依旧是一个很方便的概念并可用来简化某些计算，却没有对应的物理实体。安培认为，电流产生了磁场。这个观点具有更合理的物理基础。使用磁极或者电流的分布，都可以描述铁磁性材料，例如磁石和铁，它们的磁性可以用磁极或者电流加以等效表征。只不过，电和磁真正的构建基元是电荷和磁偶极子；磁偶极与电流回路等价。为了处理电介质和磁性材料，可以引入两个辅助场 $\boldsymbol{D}$ 和 $\boldsymbol{H}$，我们将在第 2 章讨论。

安培(André Marie Ampère, 1775—1836)

除了麦克斯韦方程之外，洛伦兹提出了另一个方程，用来描述带电荷 q 并以速度 $\boldsymbol{v}$ 运动的粒子在电场和磁场中受到的力：

$$\boldsymbol{f} = q(\boldsymbol{E} + \boldsymbol{v}\times\boldsymbol{B}) \tag{1.3}$$

其中 $\boldsymbol{E}$ 的单位是 $\mathrm{V\cdot m^{-1}}$（或者 $\mathrm{N\cdot C^{-1}}$），$\boldsymbol{B}$ 的单位是 $\mathrm{N\cdot A^{-1}\cdot m^{-1}}$（或者 T）.

奥斯特(Hans-Christian Oersted, 1777—1851)

19 世纪初的一座技术里程碑是威廉·斯特金在 1824 年发明了带铁芯电磁铁。线圈里的电流所产生的磁场让马蹄形的铁芯暂时磁化。在电动机和发电机中，电磁铁比相对磁性较弱的永磁铁更有效。当 1897 年发现电子的时候①，全球的电气化已经很先进了。城市供电网用电灯赶走了漫漫长夜；电车取代了马匹，大街上再无恶臭。此时，电报、电缆遍布全球，以近乎光速传递着消息，只是每个字的代价相当于 20 欧元。

法拉第(Michael Faraday, 1791—1867)

电磁革命带来的技术和成果令人眼花缭乱，但固体何以具有铁磁性的问题依然有待解决。铁的磁化强度 $M=1.76\times10^6\ \mathrm{A\cdot m^{-1}}$，意味着相同大小的安培电流在永不停歇地流动。数十万安培的电流在磁铁表面流动，这个想法太疯狂了，令人难以置信。同样令人难以置信的是外斯 1907 年提出的分子场理论，这个理论成功地解释了居里温度处的相变，铁在这个温度可逆地失去它的铁磁性。该理论假设了一个内部磁场，平行于磁化强度，但是比它大了三个数量级。麦克斯韦方程(1.1a)表明，磁场 $\boldsymbol{B}$ 应该是连续的，但是在磁化的铁样品的外面，从来没有测到过这么强的磁场。因此，铁磁性挑战了经典物理学

---

① 英格兰的汤姆孙(Joseph John Thompson)迈出了发现电子的决定性一步。他测量了电子荷质比。此前(1891 年)，都柏林的乔治·约翰斯顿·斯托尼(George Johnston Stoney)创造了“electron”(电子)这个名字，它来自希腊语“ηλεκτρον”(琥珀)。

的基础，只有在20世纪初量子力学和相对论这两个现代物理学的支柱建立以后，铁磁性才得到了满意的解释。

令人惊奇的是，最终发现安培电流竟然与量子化的角动量，特别是电子内禀的自旋有关。自旋是乌伦贝克和戈德施密特在1925年发现的。电子的自旋是这样量子化的：在磁场中它只有两个可能的取向"上"和"下"。自旋是电子内禀磁矩的来源，也就是玻尔磁子：$\mu_B = 9.274\times10^{-24}\ \mathrm{A\cdot m^2}$。固体磁性本质上源于其原子的电子磁矩。1929年，海森堡证明外斯分子场理论中解释铁磁性的相互作用本质上是静电相互作用，起源于量子力学。海森堡提出了一个哈密顿量用以表示两个相邻原子总电子自旋 $\boldsymbol{S}_i$，$\boldsymbol{S}_j$ 之间的相互作用：

$$\mathcal{H} = -2\mathcal{J}\boldsymbol{S}_i\cdot\boldsymbol{S}_j \tag{1.4}$$

这里的原子总自旋以 $\hbar = 1.055\times10^{-34}\ \mathrm{J\cdot s}$ 为单位，$\mathcal{J}$是交换常数，$\mathcal{J}/k_B$的典型值为1～100 K，k_B是玻尔兹曼常数 $1.3807\times10^{-23}\ \mathrm{J\cdot K^{-1}}$。原子磁矩与其电子的自旋有关。在1930年召开第6届索尔维会议的时候，支撑现代原子与固体物理学以及化学的量子革命已经基本完成(图1.2)。进一步对细节的填充显示出令人惊叹的丰富内涵和无尽价值①。例如，如果交换常数$\mathcal{J}$是负数(反铁磁性的)而不是正的(铁磁性的)，那么位于 i 和 j 的自旋就会倾向于反平行排列而非平行排列。奈尔在1936年和1948年指出，依据晶格的拓扑结构不同，负交换常数将导致反铁磁性或亚铁磁性。典型的天然磁性材料磁铁矿就是一种亚铁磁体。

磁学研究的历史经验表明，科学的基础理论也许并不是技术进步的先决条件。然而，基础研究对技术进步的帮助很大。从20世纪初勉强区分的硬磁和软磁钢，到如今这本书描述的各种丰富多彩、特性各异的现代磁性材料，冶金和系统性的晶体化学研究的功劳要大于量子力学。量子力学对磁性材料的发展有重要贡献启始于1960年代用稀土元素与钴或铁制作合金用于新型永磁体。许多科学发现来自经验，而不依赖于基础理论。但是就磁学而言，量子力学对一个领域很重要，即磁性材料与射频、微波以及光学波段的电磁辐射的相互作用。1940年代磁共振方法的发现和1950年代引入的功能强大的谱学及衍射技术引发了关于固体电子结构和磁性的新认知。第二次

19世纪的电磁铁

麦克斯韦(James Clerk Maxwell, 1831—1879)

奈尔(Louis Néel, 1904—2000)

戈德施密特(Samuel Goudsmit, 1902—1978)

① 物理学家们在1930年就相信，固体物理的所有基本问题原则上已经解决；狄拉克(Paul Dirac)说："大部分物理和全部化学的数学解释所需要的基本物理现象，在原则上已经完全理解了，困难只是在于，精确应用这些规律所得到的方程太复杂了，无法求解。"(Dirac P. Proc. Roy. Soc.，1929，**A123**(714))。

Pholo Benjomin Couprle.

A. 皮卡德　W. 盖拉赫　C. 达尔文　P.A. 狄拉克

E. 亨利厄特　C. 曼纽克　H.A. 克拉默斯　J.H. 范・弗勒克　W. 海森堡

E. 赫尔岑　J. 费尔夏费尔德　A. 科特　J. 埃雷拉　O. 斯特恩　H. 鲍尔　P. 卡皮查　L. 布里渊　P. 德拜　W. 泡利　J. 多尔夫曼　E. 费米

Th. 德・唐德　P. 塞曼　P. 外斯　A. 索末菲　M. 居里　P. 朗之万　A. 爱因斯坦　O. 理查森　B. 卡布雷拉　N. 玻尔　WJ. 德・哈斯

图 1.2

1930年索尔维会议的参会者，这次会议的主题是磁学

世界大战时，英国已经开发了产生和操控微波的技术。

乌伦贝克(Georg Uhlenbeck, 1900—1988)

最近几十年来，磁性的应用范围扩展得很快。一百多年以来以欧洲为主的科学研究已经成熟，其应用遍及工业化世界。永磁、磁记录和高频材料的进步，支撑了计算机、电信设备以及消费品的很多发展，惠及世界绝大部分人口。永磁体的回归取代了年产量为十亿的微型电动机中的电磁铁。磁记录支撑了信息革命和互联网。磁学在地球科学、医学影像和相变理论中都有重大进展。磁学那光辉灿烂的悠久历史可以分成七个时期（表 1.1）。在磁学历史的第三个千年，我们进入第七个时期——自旋电子学的时期。传统电子学忽略了电子自旋。我们刚刚开始学习如何操纵并充分地利用自旋流。

表 1.1　磁学的七个时期

阶段	起止时间	标志	驱动因素	代表材料
古代	-2000—1500	指南针	政府，术士（风水师）	铁，磁石
前现代时期	1500—1820	马蹄形磁铁	航海活动	铁，磁石
电磁学时期	1820—1900	电磁铁	工业/基础设施建设	电工钢

续表

阶段	起止时间	标志	驱动因素	代表材料
磁学规律建立时期	1900—1935	泡利矩阵	学术(科学研究)	磁钢(铝镍钴合金)
高频磁学时期	1935—1960	磁共振	军事	铁氧体
应用时期	1960—1995	电动工具	消费市场	Sm-Co,Nd-Fe-B
自旋电子学时期	1995—	磁硬盘磁读头	消费市场	多层膜

1.2 磁性和磁滞

固体磁性的显著表现是铁磁材料(例如铁和磁铁矿)的自发磁化。自发磁化一般伴随着磁滞①,尤因研究并在1881年命名了该现象②。

1.2.1 磁滞回线

铁磁材料的基本实用特性是磁化强度 $\boldsymbol{M}$ 随着外加磁场 $\boldsymbol{H}$ 的不可逆非线性的响应。该响应表现为磁滞回线。材料响应的是 $\boldsymbol{H}$,而不是 $\boldsymbol{B}$,其原因将在下一章区分外加磁场和内磁场时讨论。在真空里,B 和 H 呈正比。磁化强度,即单位体积的磁偶极矩,和 $\boldsymbol{H}$ 场的单位都是安培每米($A \cdot m^{-1}$)。由于这个单位非常小——地球磁场约为 $50\ A \cdot m^{-1}$——因此常使用单位 $kA \cdot m^{-1}$ 和 $MA \cdot m^{-1}$。为了得到磁滞回线,外加磁场的大小必须与磁化强度相近。铁磁性元素 Fe,Co 和 Ni 在 296 K 下的自发磁化强度 M_s 分别为 $1720\ kA \cdot m^{-1}$,$1370\ kA \cdot m^{-1}$ 和 $485\ kA \cdot m^{-1}$。磁铁矿 Fe_3O_4 的 M_s 为 $480\ kA \cdot m^{-1}$。大型电磁铁能够产生 $1000\ kA \cdot m^{-1}$($1\ MA \cdot m^{-1}$)的磁场。

尤因(James Ewing, 1855—1935)

硬磁材料③具有宽而方的 $M(H)$ 回线。它们适合做永磁体,因为一旦经 $H \geqslant M_s$ 的外场将其磁化饱和,即使撤掉外磁场它仍将保持磁化状态。软磁材料的回线非常窄。它们是临时磁体,只要撤掉外磁场就开始丧失磁化强度。外加磁场揭示了已然存在于微观尺度磁畴里的自发铁磁序。一些畴结构的示意图已画在图1.3的磁滞回线中,

① "Hysteresis"来自希腊语"ὑστερεῖν",意思是"滞后"。

② 1878年,日本明治政府聘请苏格兰人尤因为东京大学外籍工科教授。

③ 磁体的"软"和"硬"起源于相应磁钢的性质。

如位于原点的初始未磁化态，饱和磁化态 $M = M_s$，零磁场下的剩磁态 $M = M_r$，以及在 $H = H_c$的矫顽力处磁化强度符号改变时 M 为零的状态。这里，M_r和 H_c分别是剩磁和矫顽力。尤因提出了磁畴的概念，朗道(Lev Landau)和栗弗席兹(Evgenii Lifschitz)在 1935 年创立了磁畴理论的原理。

图 1.3

铁磁体的磁滞回线。最初处于非磁化的初始状态。外加磁场H改变并最终消除了磁化方向不同的铁磁畴微结构，磁化强度因而开始出现并最终达到饱和M_s(等于自发磁化强度)。回线上标出了剩磁M_r(外加磁场为零时剩余的磁化强度)和矫顽力H_c(使磁化强度减小到零所需的反向外加磁场)

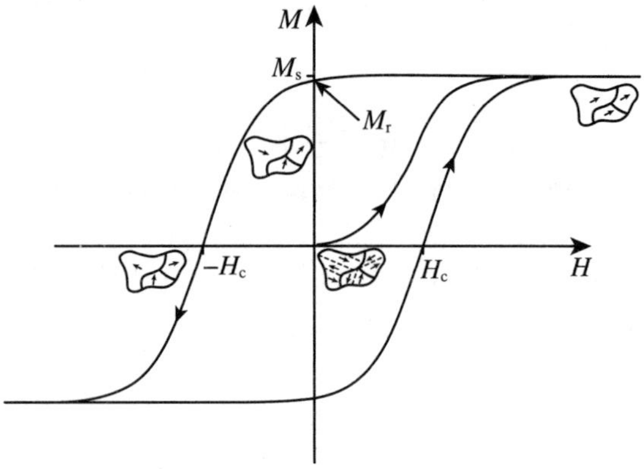

磁滞回线是技术磁学的核心，物理学家试图解释它，材料科学家打算改进它，工程师努力利用它。回线兼具内禀和外在磁性质的信息：自发磁化强度 M_s是内禀性质，存在于铁磁体的每个磁畴里；剩磁 M_r和矫顽力 H_c是外在性质，它们依赖于许多外在因素，包括样品形状、表面粗糙度、微观缺陷、热处理，以及磁滞回线测量过程中施加磁场的变化速率。

1.2.2 居里温度

基于原子磁矩排列的自发磁化依赖于温度，自发磁化在居里温度 T_C 时陡降为零。磁有序是一个具有 λ 形比热反常的连续热力学相变过程，而且与原子偶极矩的无序相关联。高于 T_C 时，$M_s(T)$为零；低于 T_C 时，$M_s(T)$恢复为非零值。图 1.4 以镍为例说明这种性质。

图 1.4

镍自发磁化的温度依赖关系，居里温度是628 K

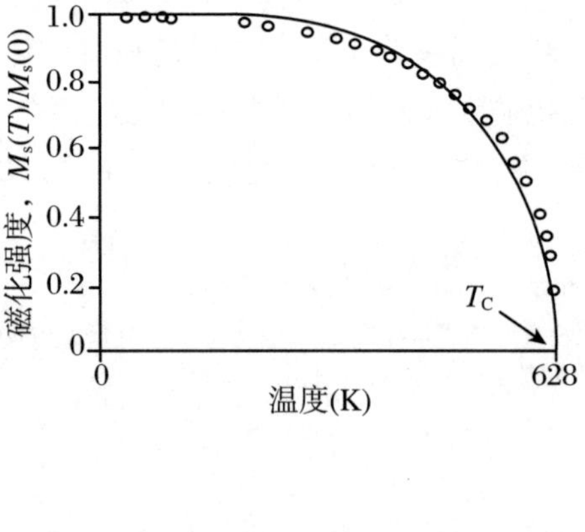

三种铁磁性金属铁、钴和镍的居里温度分别是 1044 K，1388 K 和 628 K。目前已知的磁性材料其居里温度都低于钴。磁铁矿的居里温度为 856 K。

1.2.3 矫 顽 力

皮埃尔·居里(Pierre Curie, 1859—1906)

20 世纪磁学发展带来的一系列磁性应用，可以用五个字总结：掌握矫顽力。没有新材料的饱和磁化强度超过"坡明德(Permendur)合金"($Fe_{65}Co_{35}$)，$M_s = 1950\ \mathrm{kA \cdot m^{-1}}$，然而，矫顽力在 1900 年勉强覆盖了两个数量级，现在从最软的软铁到最硬的磁钢矫顽力已经跨越了八个数量级，从小于 $0.1\ \mathrm{A \cdot m^{-1}}$ 到大于 $10\ \mathrm{MA \cdot m^{-1}}$，如图 1.5 所示。

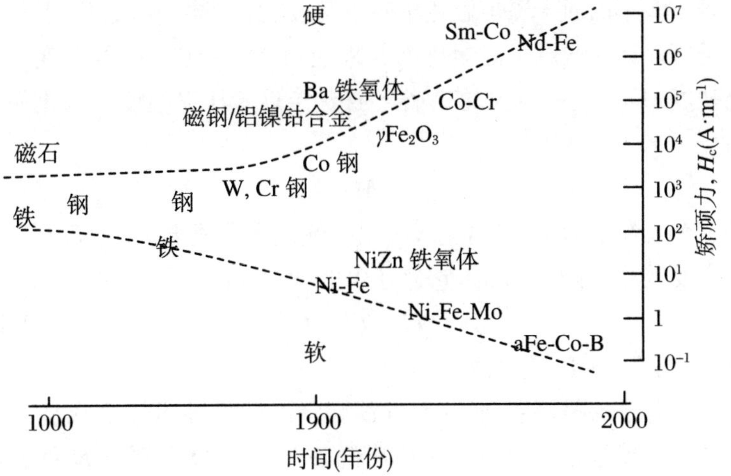

图 1.5

磁性材料20世纪在拓展矫顽力方面的进展

1.2.4 各 向 异 性

在微观铁磁畴中，磁化的自然方向通常沿着某个易磁化轴(可能有几个易磁化轴)。既然磁性与环形电子电流有关，根据时间反演对称性的要求，磁化分布为 $\boldsymbol{M}(r)$ 的态就应该与沿着相同轴线但磁化反向的 $-\boldsymbol{M}(r)$ 态具有相同的能量。这种趋势用各向异性能 E_a 表示，其中主导项为

$$E_a = K_u \sin^2\theta \tag{1.5}$$

这里 θ 是 $\boldsymbol{M}$ 与易磁化轴的夹角。E_a 和各向异性常数 K_u 的单位都是 $\mathrm{J \cdot m^{-3}}$。其典型值从小于 $1\ \mathrm{kJ \cdot m^{-3}}$ 到大于 $10\ \mathrm{MJ \cdot m^{-3}}$。各向异性对硬磁体的矫顽力设定了上限，在第 7 章中，我们将证明

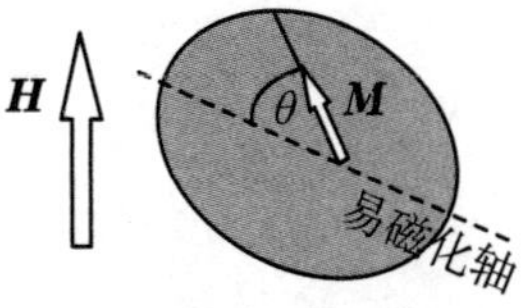

磁化方向不一定平行于外磁场方向，除非沿着易磁化轴施加磁场

$$H_c < 2K_u / \mu_0 M_s \tag{1.6}$$

这里，磁常数值μ_0为$4\pi\times10^{-7}$ J·A^{-2}·m^{-1}。各向异性也是导致软磁体总存在一个不想要的最小矫顽力的原因。由单位可以看出，在单位体积磁能的表达式中，μ_0总是与H^2或MH相乘。

固体中原子数密度约为$n=10^{29}$ m^{-3}，通过$E_a/n=k_BT$，如果把每个原子的各向异性能表示为等效温度，它的范围是1 mK到10 K。这个能量一般远小于居里温度，但是对磁滞回线有着决定性的作用。

1.2.5 磁 化 率

当温度高于居里温度T_C时，铁磁序不存在，材料呈**顺磁性**，几个玻尔磁子大小的原子磁矩做随机热涨落变化。虽然M_s是零，但是外加磁场可以让一些原子磁矩排列起来，引起微小但随H线性变化的磁化强度$\boldsymbol{M}$，除非在很大的磁场下或者接近于居里温度。磁化率定义为

$$\chi = M/H \tag{1.7}$$

这是一个无量纲的量，当温度从高温一侧趋近居里温度时（$T\to T_C$），磁化率发散。T高于T_C时，它遵守居里-外斯定理，即

$$\chi = C/(T-T_C) \tag{1.8}$$

其中C是居里常数，量级为1 K。

非磁有序的材料在外场下的磁响应可能是顺磁性的或抗磁性的①。在各向同性顺磁体中，感应出的磁化强度$\boldsymbol{M}$与磁场$\boldsymbol{H}$的方向相同，而在抗磁体中，$\boldsymbol{M}$与$\boldsymbol{H}$的方向相反。在超导转变温度T_{sc}以下，超导体表现出抗磁性回线，并且其磁化率接近极限值-1。

许多顺磁体的磁化率遵守居里定律

$$\chi = C/T \tag{1.9}$$

但是对于某些金属顺磁体以及几乎所有抗磁体，χ不依赖于温度。书后插页表A的磁元素周期表给出了室温下磁化率的符号。图3.5给出了元素的摩尔磁化率χ_{mol}。因为一些元素单质在室温下是气态，所以采用摩尔磁化率更恰当。1立方米固体约合10^5摩尔，因此χ_{mol}大约比χ小5个数量级。从表A可以看出，过渡金属是顺磁的，而主族元素多是抗磁的。

① 法拉第首先根据固体对磁场的响应而将其划分为抗磁性、顺磁性或铁磁性。

1.2.6 其他类型的磁有序

铁磁体的自发磁化是原子磁矩定向排列的结果。但是,平行排列不是唯一的选择,甚至不是最常见的磁有序类型。在反铁磁体中,原子磁矩形成两套磁矩大小相等但方向相反的磁格子。虽然 $M_s = 0$,但是材料依然展示出伴随 λ 形比热反常的相转变,表明此时磁矩变得更加有序。反铁磁相变发生在奈尔温度 T_N。有时候,在足够大的磁场下,反铁磁性可以翻转为铁磁性。这个不连续的磁有序变化称为变磁转变(mefamagnetic transition)。

如果磁格子不等价,假设两个子格子的磁化强度为 M_A 和 M_B,但 $\boldsymbol{M}_A \neq -\boldsymbol{M}_B$,就存在净自发磁化强度。这类材料称为亚铁磁体。大多数有用的磁性氧化物(包括磁铁矿),都是亚铁磁性的。

在有序态下原子磁矩的排列不必是共线的。在锰及它的一些合金中发现了多个非共线磁格子。其他材料如 MnSi 以及 Mn_3Au 具有与基体的晶格非公度的螺旋磁结构。在一些非晶或无序材料中,原子磁矩被冻结在某个随机方向上。这类原子磁矩方向随机且非共线的磁体称为自旋玻璃。最早的自旋玻璃是稀磁合金晶体,但是非晶(无定形)固体中也有几种不同类型的随机自旋冻结。

最后讨论细小铁磁颗粒的性质。当颗粒的体积 V 非常小,以至于乘积 $K_u V$ 小于或接近于热涨落能量 $k_B T$ 时,所有耦合在一起的原子的总磁矩 $\mathfrak{m}$ 随机涨落,就像一个大的顺磁原子或宏自旋。这些铁磁颗粒的磁化率遵守居里定律,只是居里系数很大。奈尔将这种现象称为超顺磁性,其对于铁磁流体(具有磁性的液体,本质是悬浮着亚铁磁微粒的胶体)以及岩石磁性来说很重要。

磁性的分类如图 1.6 所示,其中展示了元素的磁性性质,总结了晶体和非晶固体中不同类型磁有序的磁化和磁化率特性。

1.2.7 磁性元素周期表

书后插页的表 A 给出了元素单质的磁性,标出了室温下顺磁、抗磁、铁磁或反铁磁的元素,以及其他在更低温度下表现出的其他磁序。只有 16 种元素具有磁有序基态,除了氧以外,其他都属于 3d 或 4f 过渡元素。除了铁、钴、镍以外,只有钆在室温下可能是铁磁的,但这也是依赖于天气的!钆的居里温度只有 292 K。许多其他元素在足够低的温度下变得具有超导电性，其余的则既不具有超导电性又无磁有序。没有哪个元素可以同时具有超导电性和磁有序。

图 1.6

磁性的分类（摘自Hurd C M. Contemp. Phys.，1982，23（L69））

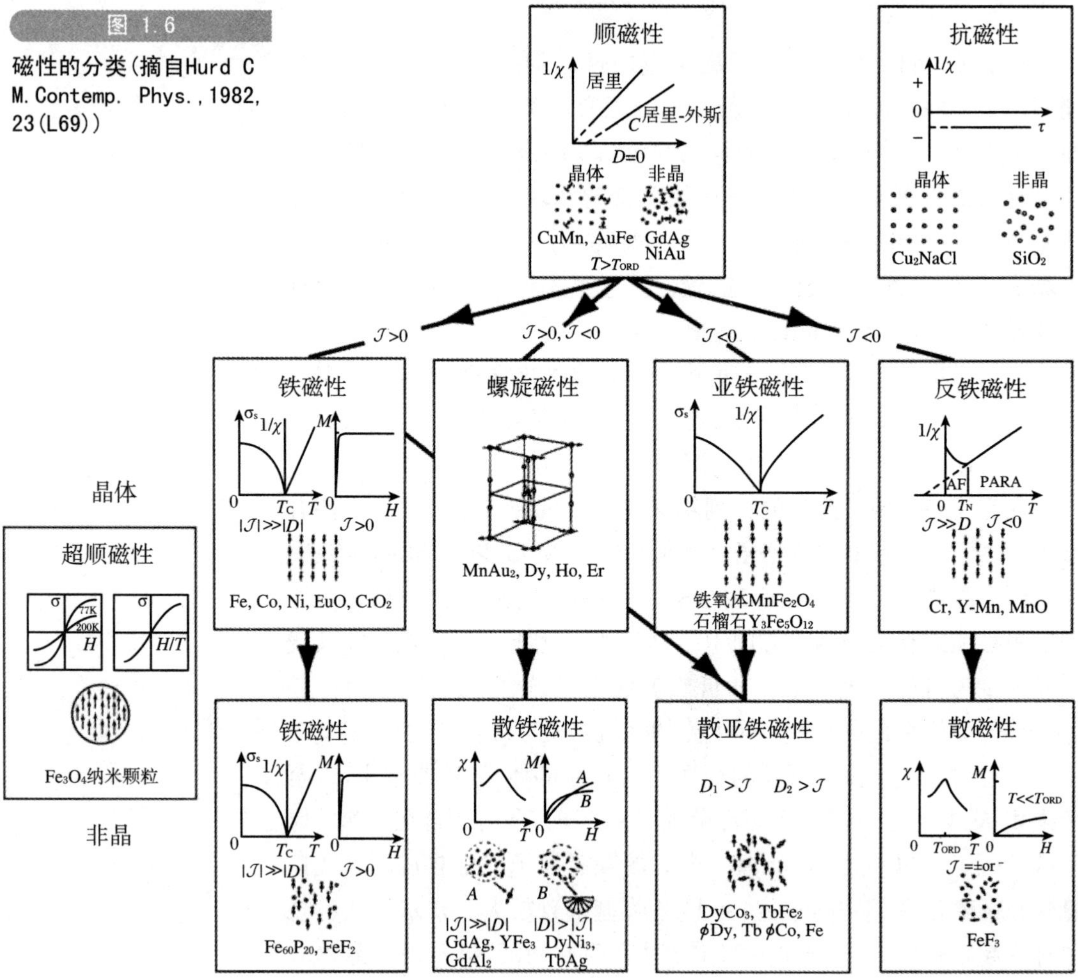

1.3 磁的应用

1.3.1 全球市场概览

磁性材料、记录介质、读头和传感器构成了每年价值 300 亿美元的市场。世界人口接近 70 亿，这意味着平均每人 5 美元。商品并不是在全球平均分配，主要是居住在北美、欧洲和东亚的最富有的 10 亿人占了消费的大头，但是几乎每个人都多少受益于磁技术，无论是录音机、水井中的电泵，还是手机。

磁应用：柏林的明信片(约1920年)

先看一下如图 1.7 所示的全球市场。这里我们把材料划分为硬磁 $H_c>400\ \mathrm{kA\cdot m^{-1}}$、软磁 $H_c<10\ \mathrm{kA\cdot m^{-1}}$ 以及矫顽力适中的磁记录介质。在这种分类里，容易统计块体永磁体和软磁体，作为商品它们通常按照等级和形状论千克出售。磁记录用的磁盘或磁带介质是在刚性或者柔性衬底上生长的磁性薄膜。具有复杂磁多层膜结构的磁记录的读/写头、磁传感器和磁性随机存储器是自旋电子学时代的第一代产品。这些介质或器件中，既有磁性材料，又有非磁性材料，因此很难估计其中磁性成分的价值。复杂工艺的附加值远远超过了用量很少的磁性原材料的成本。

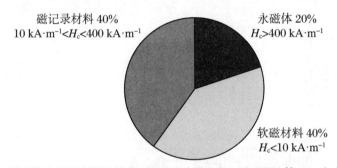

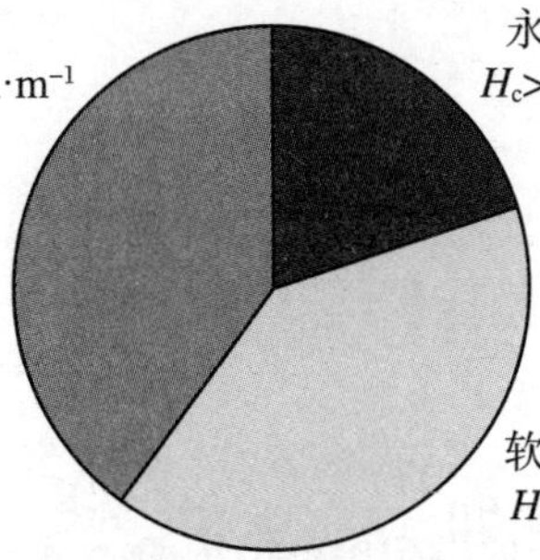

图 1.7

根据材料类型和矫顽力划分的磁性材料市场。每年总计大约300亿美元

我们进一步按照材料与应用进行划分。在硬磁体区，大部分产能和超过半数市值的是硬磁铁氧体 $Ba_2Fe_{12}O_{19}$ 和 $Sr_2Fe_{12}O_{19}$。这些材料用于五颜六色的磁贴，以及数不清的电机、促动器、传感器和夹具。稀土化合物(特别是 $Nd_2Fe_{14}B$)，在高性能应用中很重要，而基于 Sm-Co 合金的磁体也仍在少量生产。

硬盘通常采用 Co-Pt 合金薄膜。用于磁记录的薄膜磁头中的写头通常使用 Fe-Ni 或 Fe-Co 合金膜，而读头使用 Fe-Co 和 Mn 基合金的多层膜。除 Mn 基合金是反铁磁的以外，这些是软磁膜同时具有良好的高频响应。柔性磁记录介质(磁带和软盘)通常使用 Fe 或用 Co 掺杂的 γ-Fe_2O_3 的针状细颗粒。

块体软磁体材料主要是电工钢。这些 Fe-Si 合金通常被制成约 300 μm 厚的薄片，用于变压器和电机的叠层磁芯。在等级更高的电工钢里，晶粒沿着特定的结晶纹理取向。软磁铁氧体用于射频和微波。铁磁性金属玻璃，带状(约 50 μm 厚)的快淬无定形 Fe 基或 Co 基合金，通常用于中频波段(kHz～MHz)。

为了便于说明，想象一个购物篮，装有人均 5 欧元的磁性材料。里面包含 30 g 硬磁铁氧体、1 g 稀土磁体、1 m^2 柔性记录介质、1/8 个硬盘、1/4 个薄膜读头、0.25 m^2 电工钢片、30 g 软磁铁氧体以及几平方厘米的磁性金属玻璃。

仅仅十几种不同的铁磁材料和亚铁磁材料，就占了大约 95% 的磁性材料市场。这只是几千种已知磁有序材料的很小一部分，由此可见开发面向市场的优质新材料的难度。例如，任何实用磁性材料的居里温度必须大于最高工作温度。一般工作温度的范围是 -50～120 ℃，因此居里温度需要达到至少 500 K 或 600 K。如图 1.8 所示的磁有序温度的分布表明，只有一小部分磁性材料满足这个要求。尽管如此，磁性产业的材料基础远比半导体产业宽广，后者严重依赖于硅。

图 1.8

铁磁和反铁磁材料的磁有序温度分布(数据来自 Connolly T F, Copenhover E D(editors). Bibliography of Magnetic Materials. Oak Ridge National Laboratory, 1970)

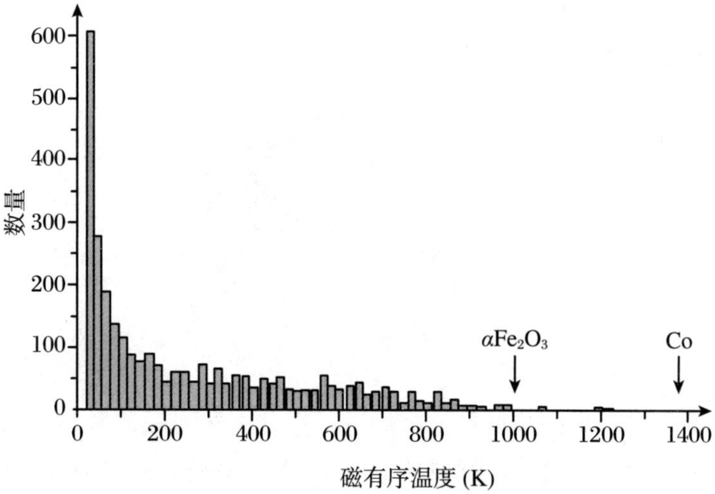

图 1.9 试图按照材料和应用来划分市场。磁性是现代技术中的要素，无处不在却又经常被忽视。在磁场中运动的导体产生电。视听设备、电话、厨房设备以及微波炉的关键部分也是磁性的。电子消费产品，即那些只要拨动开关就会有相应部件开始运转的产品，都不可避免地涉及暂时性磁体或者永磁体。强大的医学影像技术依赖于核磁共振。磁传感器实现了非接触式位置和速度检测。全世界的计算机和服务器往磁盘存放和由磁盘提取海量的信息。某些非易失性存储器也是磁性的。2008 年，消费者购买了 5 亿块硬盘驱动器和超过 10 亿个永磁电机。在全球信息革命中，磁学是电子学的合作伙伴。

在那 10 亿富裕人口中，普通的一员拥有多少磁体呢？正确答案可能是几百或几十亿，这依赖于他是否拥有一台电脑。在硬盘驱动器上，每个比特(bit)都可以视为独立的可操作磁体。50 年前的答案可能是两个或者三个，那么，50 年后呢？

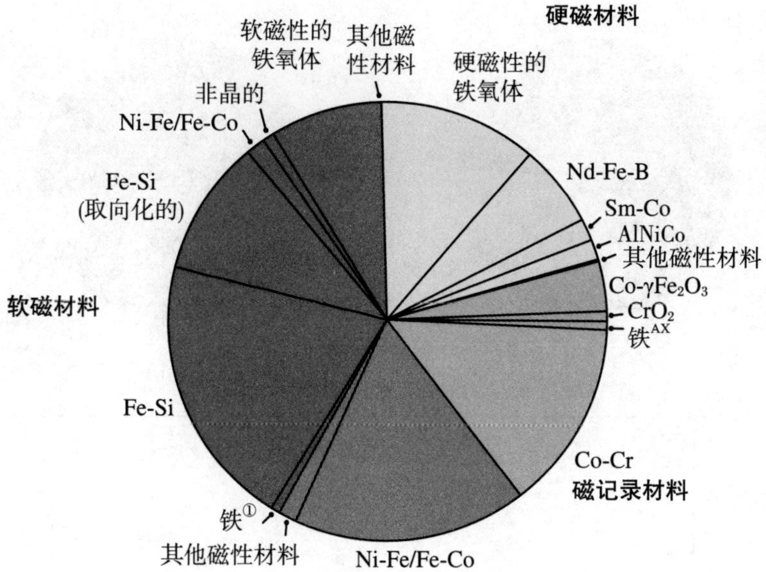

图 1.9

磁性材料及其应用

1.3.2 经济价值

磁体应用取决于铁磁材料的成本和性能。对于块体磁体，原材料价格是主要的。粗略估计，其价格与地壳中元素的丰度相关。地壳中的元素丰度如图 1.10 所示。注意，在图 1.10(a)中的丰度是按照原子百分比画的，而图 1.10(b)中的丰度是按照重量百分比画的。按照原子百分比画的图，强调的是轻元素，并且与化学式有关；按照重量百分比画的图，强调的是重元素。幸运的是，铁磁元素中的一员——铁，无论按照原子百分比还是重量百分比，都跻身于地壳中最丰富的八种元素之列。铁占地壳重量的 5%，如果考虑整个地球，铁是最丰富的元素。事实上，铁的丰度相当于其他所有磁性元素总和的 40 倍。我们确实幸运，这种最便宜的金属在很多方面是最好的铁磁体。竞争对手钴比它稀缺数千倍，价格也贵大约一百倍。位于 4f 族前段的一些稀土轻元素的丰度与钴相近(图 1.11)，而重稀土元素则名副其实，例如，铽的售价比黄金和铂都高得多。然而，在薄膜器件中，元素成本微不足道，因为每个器件的材料用量是微克量级甚至更少。例如，钌这种稀有金属用在纳米厚度的自旋阀多层膜中。一个溅射靶足够给几百个晶圆镀膜，可以制造几百万个器件。

① 译者注：图中有两种铁，二者的区别在于磁性不同，分别是软磁材料与磁记录材料。“其他”也出现了两次，原因类似。

图 1.10

元素的丰度：(a)地壳中的原子百分比；(b)整个地球中的重量百分比

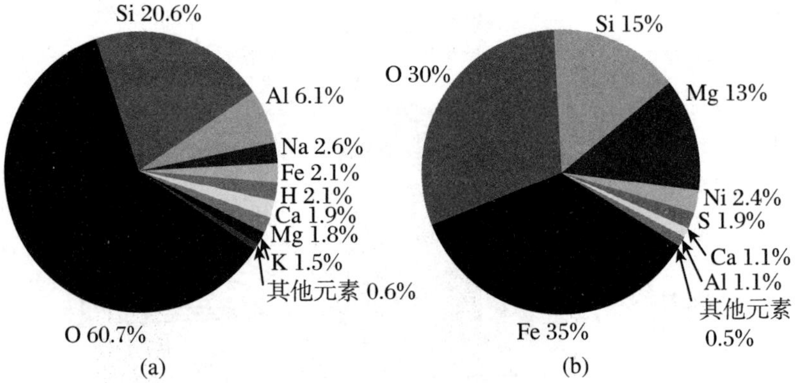

图 1.11

铁和其他磁性元素在地壳中的丰度，用对数坐标表示

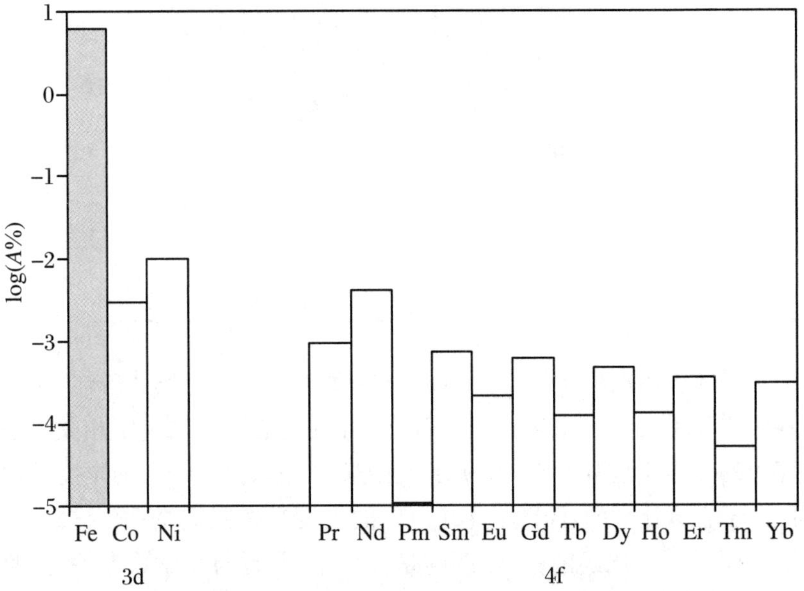

在20世纪，尽管磁化强度和居里温度的记录都没再被打破，但磁性材料的性能突飞猛进。由于对矫顽力的掌控不断进步，以及磁记录特征尺寸的不断缩小，三大市场里的磁材料性能都有指数式的提高。

在软磁材料方面，在整个20世纪，60 Hz的磁能损耗每15年下降一半(图1.12)；在20世纪前半叶，最大的磁化率每6年提高一倍。现在看来，进一步的提高(适用于低频的磁体)并没有意义，但对适用频率超过1 MHz的暂态磁体仍有迫切提高的需求。

18世纪初的磁石、铁氧体磁铁(右)和Nd-Fe-B磁体(前)，它们储存的能量都是约1 J

硬磁材料的发展非常快。1950年，硬磁体突破了形状的限制。它们可以做成任何需要的形状，无须采取马蹄形或者棒状以避免自身的退磁问题。这里的品质因数是磁能积，它是最佳形状永磁铁所产生的单位体积磁场储能的两倍。截至1990年，磁能积每12年就会翻番(图1.13)。最好的永久磁铁具有方的磁滞回线，而且满足 $H_c > M_r/2$。磁能积的上限是$\mu_0 M_r^2/4$。

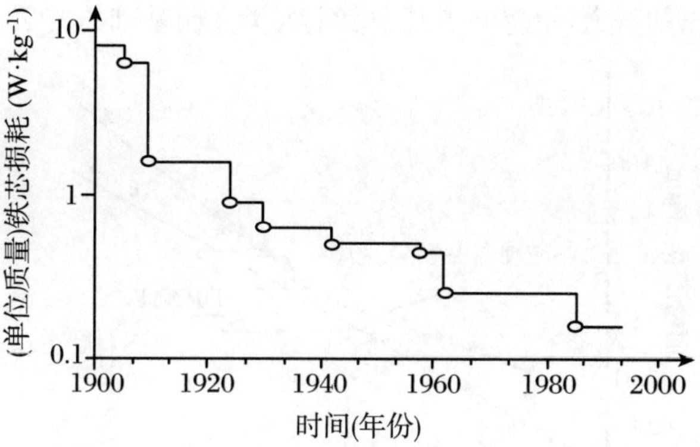

图 1.12

软磁材料的磁能损耗的改进

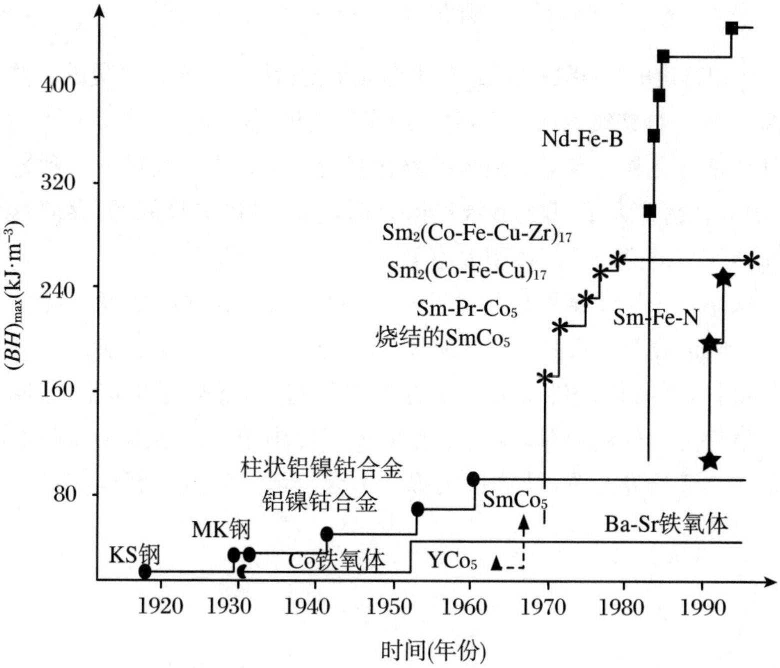

图 1.13

永磁体最大磁能积的进展①

磁记录的发展最为显著，如图 1.14 所示。在过去的十年里，面密度几乎每年增加一倍，类似于半导体中的“摩尔定律”。磁体和半导体共同创造了大数据的新时代，信息全球化和免费复制，隐私也变得具有争议性。

这三类磁性材料的飞速发展标志着技术的巨大进步，而技术又大大提高了产品和服务的质量，其经济价值难以衡量。消费者认为这些都是理所当然的，却不了解科学家和工程师们为了征服大自然

① 在工业界，磁能积的单位是 MG·Oe。$100\ kJ \cdot m^{-3} = 12.57\ MG \cdot Oe$。关于单位的讨论，请见附录 B。

所付出的努力，也忽略了其中奠定人类文明基础的科学。

图 1.14

半导体晶体管密度和磁记录存储密度的摩尔定律①

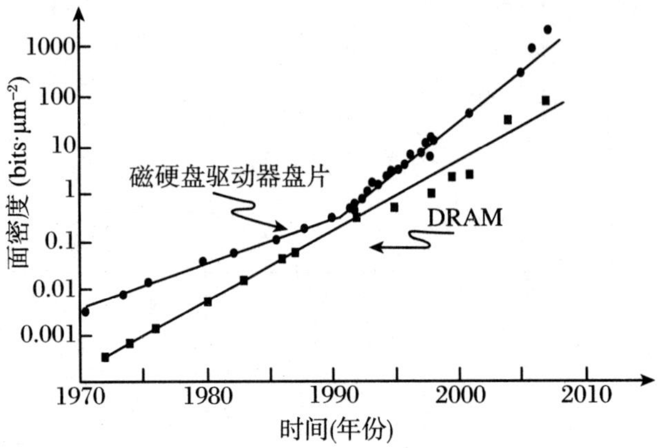

可以确定的是：指数式的进步不能无限地持续。永磁体已逼近由坡明德合金（一种铁钴磁性合金）剩磁所确定的极限磁能积 1200 J·m^{-3}。这种铁钴合金具有室温下最大的磁化强度。磁记录密度可能达到饱和，因为在密度大于 1000 bits·μm^{-2}时，会遇到磁失稳问题：存储每个比特所用的磁介质的体积太小了，经受不住热涨落。

未来对于块体磁性材料的改进，很可能集中在同时实现多种性能上，比如，在 500 ℃稳定的永磁体，集低各向异性和高磁致伸缩于一身的材料，既有铁磁性又有铁电性的多铁材料，还要尽可能降低成本。器件方面的趋势是，在光学和电子器件中越来越多地集成磁性功能。至于研究方法，计算机模拟和组合合成逐渐成为智能实验的补充。

1.4 磁学，精妙的科学

基础科学产生于神秘的自然现象，经过几代专家的努力，就遍布在我们的生活中，磁学就是一个精彩的例子。20 世纪很适合追溯理论突破和实验进展与创造价值和改善生活的技术发明的关系。图 1.15 描绘了基础理论、常规科学、材料发展和工业生产（后两者与永磁性

① 工业界更喜欢用吉比特（Gbit，10^9 比特）每平方英寸。1 bit·μm^{-2} = 0.645 吉比特每平方英寸。

有关)。这四者相互联系,但因果关系并不总是显而易见。

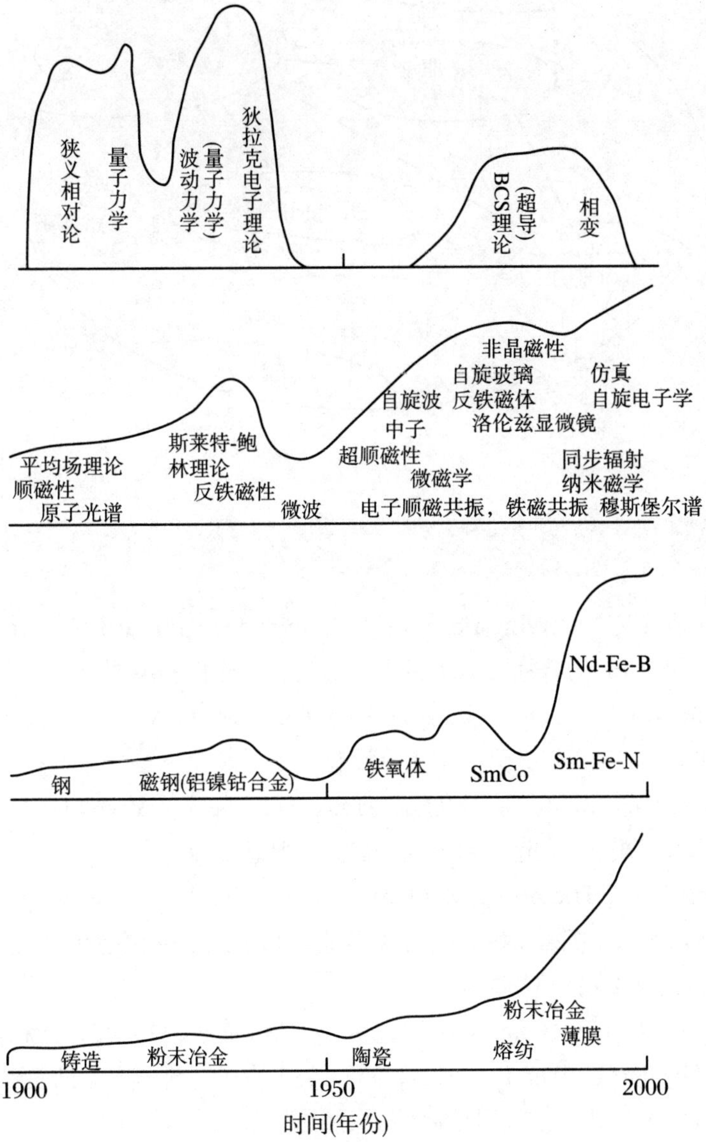

图 1.15

20世纪与永磁体磁性相关的物理基本理论、科学研究、磁性材料发展以及工业产品

磁学研究及开发的概要如图 1.16 所示。全世界大约有 3 万人从事相关活动,每年投入超过 10 亿欧元。学术界和工业界的科学家对新知识和新技术的态度是不尽相同的:前者追求科学知识的传播,后者注重知识产权的拥有。学术研究的回报是同行的认可,而工业开发的回报是利润。两者有一个共同的理念,即通过系统和理性的方式探索大自然,就能获得可靠的具有重要现实意义的客观知识。无论是风水先生、电报工程师、测量数据的博士生,还是其发明可以吸引几十亿美元投资、提供几千个就业岗位的产业科学家,乃至将这些精妙的科学总结在本书里的教授,都团结在这个理念的大旗之下。

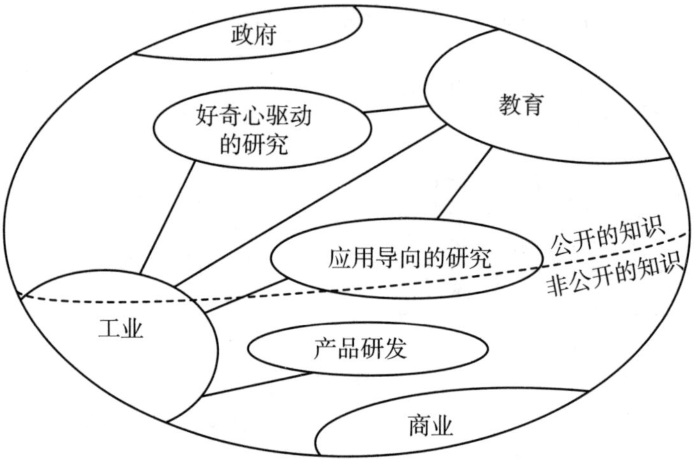

图 1.16
学术研究和工业开发的关系

参 考 书

Livingston J D. Driving Force[M]. Cambridge: Harvard University Press, 1996. 为普通读者提供了极好的关于磁性的说明。

Guimares A P. From Lodestone to Supermagnets[M]. Weinheim: Wiley-VCH, 2005. 另一本大众读物。

Kloss A. Geschichte des Magnetismus[M]. Berlin: VDE, 1994. 包括了大量史实(从起初到 20 世纪初)的单卷磁学史书。

Matthis D C. Theory of Magnetism Made Simple[M]. Singapore: World Scientific, 2006. 引言优雅地勾勒了磁学的概念史,特别是 19 世纪和 20 世纪的磁学概念。

Needham J. Science and Civilisation in China: Ⅳ[M]. Cambridge: Cambridge University Press, 1962. 关于中国对科学技术的贡献的权威学术论述。本卷讨论磁性。

Blundell S. Magnetism in Condensed Matter[M]. Oxford: Oxford University Press, 2001. 适合大学四年级学生的有关磁学的生动介绍。

Buschow K H J, de Boer F R. Physics of Magnetism and Magnetic Materials[M]. Berlin: Springer, 2003. 原理和应用的简要介绍。

Spaldin N. Magnetic Materials, Fundaments and Device Applications[M]. Cambridge: Cambridge University Press, 2003. 写给大学生的磁学简介。

Jilles D. Introduction to Magnetism and Magnetic Material[M].

2nd ed. London:Chapman and Hall,1998. 以问答形式为工程人员所著的磁学导论。

Cullity R D, Graham C D. Introduction to Magnetic Materials [M]. 2nd ed. New York:Wiley, 2008. 这是为材料科学家所写的同类图书中最好的一本修订版。

Bozorth R M. Ferromagnetism[M]. Princeton: van Nostrand, 1951. 虽然出版于50年前,但是这本书包含了大量的信息,特别是关于3d金属及其合金的信息。IEEE出版社于1993年重印。

Morrish A H. The Physical Principles of Magnetism[M]. New York:Wiley,1965. 一本经典教材,2001年由IEEE出版社重印。

Chiukazumi S. Physics of Ferromagnetism[M]. 2nd ed. Oxford: Oxford University Press,1997. 另一本经典的磁学教材。

O' Handley R C. Modern Magnetic Materials: Principles and Applications[M]. New York:Wiley,1999. 包括薄膜在内的现代材料及其应用。

Kronmuller H. Handbook of Magnetism and Advanced Magnetic Materials(5 volumes)[M]. Chichester:Wiley,2007. 多位作者合著的参考书,主要关注当前研究热点。

Rado G. Magnetism(5 volumes)[M]. New York:Academic Press, 1960—1973. 多位作者合著的关于现代磁性理论的专著。

Buschow K H J. Handbook of Magnetic Materials(16 volumes) [M]. Amsterdam:North Holland/Elsevier,1980—. 多位作者共编的系列图书,是磁性材料信息的宝库。最新一卷已于2019年出版。

习 题

1.1 一个经验规则是,磁化永磁体需要的磁场,大致是其自发磁化的3倍。假设雷击的电流是10^6 A,试估算某块磁石的裸露部分被磁化所需要的时间。

1.2 在你周围寻找一条1200年前的关于磁性的历史记录。

1.3 估算并按降序排列:

(a) 10 g永磁铁周围空间中存储的静磁能;

(b) 10 g玉米片中存储的化学能;

(c) 桌子上10 g铅笔的重力势能;

(d) 以声速运动的10 g子弹的动能;

(e) 10 g ^{235}U 裂变所释放的能量。

1.4 根据图 1.14 所示的“预测图”推测，什么时候一个比特的尺寸将小于一个原子。

1.5 给你一根细绳和两个外表相同的金属棒，一个是暂态（软）磁铁，一个是永久（硬）磁铁，你该怎么区分它们？

1.6 写两段文字，描述你认为 10 年后最具商业前景的磁学领域，并解释为什么。可以参考本书的最后四章。

1.7 根据麦克斯韦方程(1.1d)，推导电磁感应的法拉第定律 $\mathcal{E} = -\mathrm{d}\Phi/\mathrm{d}t$，其中，$\Phi$ 是面积为 $\mathcal{A}$ 的电路中的磁通 $\left(定义为 \int_S \boldsymbol{B} \cdot \mathrm{d}\mathcal{A}\right)$，而$\mathcal{E}$是电路中的感应电动势。

第2章 静 磁 学

基础知识

磁偶极矩$\mathfrak{m}$是基本磁学量，磁化强度$\boldsymbol{M}(\boldsymbol{r})$是它的介观体积平均值。磁场$\boldsymbol{B}$与磁场$\boldsymbol{H}$和磁化强度$\boldsymbol{M}$的关系是$\boldsymbol{B}=\mu_0(\boldsymbol{H}+\boldsymbol{M})$。磁场的源是电流和磁化材料。计算给定磁化强度分布所产生的磁场时，可以通过对每个体积元$\boldsymbol{M}(\boldsymbol{r})\mathrm{d}V$的偶极场积分，或者利用等效的电流或磁荷分布。对于$\boldsymbol{H}$和$\boldsymbol{B}$，分别定义了磁标势$\varphi_{\mathrm{m}}$和矢势$\boldsymbol{A}$。内磁场、外磁场和退磁场各有区别，内磁场可以在介观或者宏观的尺度下定义，后者是根据退磁因子$\mathcal{N}$定义的。磁力和磁能均与磁化强度和外磁场相关。

接下来我们先讲静磁学、磁场中的经典物理、与磁性材料和稳恒电流分布有关的力和能量。这里所提出的概念是固体磁学的基础。静磁学指的是不随时间变化的情况。

2.1 磁偶极矩

固体磁学的基本量是磁矩$\mathfrak{m}$。在原子尺度，内禀磁矩不仅与每个电子的自旋有关，还和电子绕原子核的轨道运动有关。原子核本身也可能有自旋，但是核磁矩比电子的磁矩小三个数量级——因为粒子的磁矩与质量呈反比，所以通常可以忽略核磁矩。

原子中电子的自旋磁矩和轨道磁矩按照量子力学定律所决定的方式相加(将在下两章讨论)。这里只需知道，大多数电子磁矩刚好互相抵消，在固体中，只有少数过渡金属原子或离子在原子尺度下保留净磁矩。在顺磁状态下，所有这些原子磁矩的和为零，除了施加外磁场的情况——这是因为原子或离子磁矩由于热涨落而无序。然而，净磁矩确实自发出现在铁磁有序态的畴中。

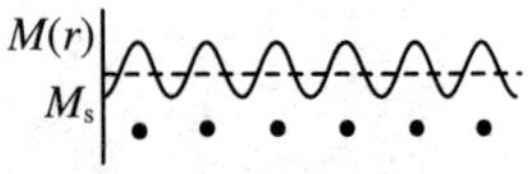

在原子尺度上涨落的局域磁化强度$\boldsymbol{M}(\boldsymbol{r})$。点代表原子。虚线表示的介观平均值是均匀的

因此，可以想象一个局域磁矩密度，即局域磁化强度 $\boldsymbol{M}(\boldsymbol{r},t)$，它在亚纳米的空间尺度上剧烈起伏，并且在亚纳秒的时间尺度上快速变化。但对于我们更有用的是，在几个纳米的长度上，定义一个介观平均值$\langle \boldsymbol{M}(\boldsymbol{r},t)\rangle$，在几微秒的时间内，达到稳恒和均匀的局域磁化强度 $\boldsymbol{M}(\boldsymbol{r})$。在介观体积 δV 内，经过时间平均的磁矩 $\delta\mathfrak{m}$为

$$\delta\mathfrak{m} = \boldsymbol{M}\delta V \tag{2.1}$$

这个磁化强度可以是铁磁畴内的自发磁化强度 $\boldsymbol{M}_s$，或者顺磁体和抗磁体在外加磁场下感应出的均匀磁化强度。连续介质近似就是用介观尺度上缓慢变化的量 $\boldsymbol{M}(\boldsymbol{r})$表示固体的磁化强度。这是静磁学的基础。

铁磁体磁化强度的概念通常推广到对样品的宏观平均：

$$\boldsymbol{M} = \sum_i \boldsymbol{M}_i V_i / \sum_i V_i \tag{2.2}$$

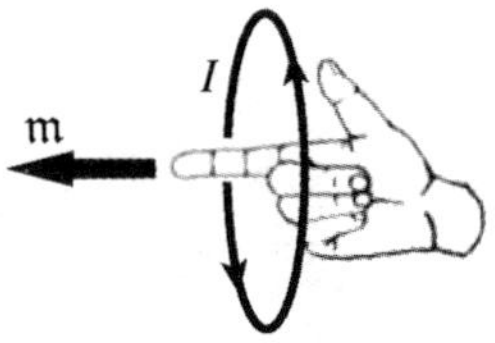

螺旋定则。当右手拇指尖顺时针沿着电流方向时，食指指向$\mathfrak{m}$的方向

其中，求和是对所有的畴，V_i是第 i 个畴的体积，求和 $\sum_i V_i$ 是样品体积。磁滞回线是宏观平均磁化强度的曲线。例如，剩磁 M_r 就是宏观平均值。通常从上下文可以判断我们说的是介观平均还是宏观平均。

根据安培定律，磁体等效于环形电流；元磁矩$\mathfrak{m}$可以用一个小电流环来表示。如果环的面积是$\mathcal{A}$平方米，环形电流是 I 安培，那么

$$\mathfrak{m} = I\mathcal{A} \tag{2.3}$$

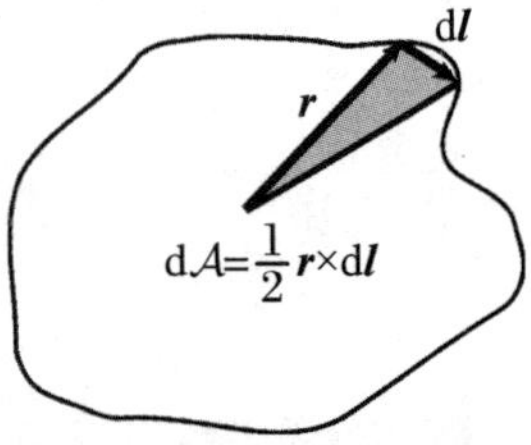

对小三角形求和，得到环的面积是$\frac{1}{2}\oint \boldsymbol{r}\times \mathrm{d}\boldsymbol{l}$。矢量$\mathrm{d}\mathcal{A}$指向纸面内

环的形状并不重要，只要电流在一个平面内。$\mathfrak{m}$的单位是 $\mathrm{A\cdot m^2}$，而式(2.1)中 $\boldsymbol{M}$ 的单位是 $\mathrm{A\cdot m^{-1}}$。$\mathfrak{m}$和 I 的方向关系由右手螺旋定则给出。

磁矩和电流的关系式(2.3)可以进一步推广为

$$\mathfrak{m} = \frac{1}{2}\int \boldsymbol{r}\times \boldsymbol{j}(\boldsymbol{r})\mathrm{d}^3 r \tag{2.4}$$

其中，$\boldsymbol{j}(\boldsymbol{r})$是点 $\boldsymbol{r}$ 处的电流密度，单位为 $\mathrm{A\cdot m^{-2}}$；$j = I/\mathrm{a}$，而a是电流的截面积。考虑一个不规则的平面环电流，电流元为 $I\delta l = j\delta V$，那么

$$\frac{1}{2}\int \boldsymbol{r}\times \boldsymbol{j}(\boldsymbol{r})\mathrm{d}^3 r = \frac{1}{2}\oint \boldsymbol{r}\times I\mathrm{d}\boldsymbol{l} = I\int \mathrm{d}\mathcal{A} = \mathfrak{m}$$

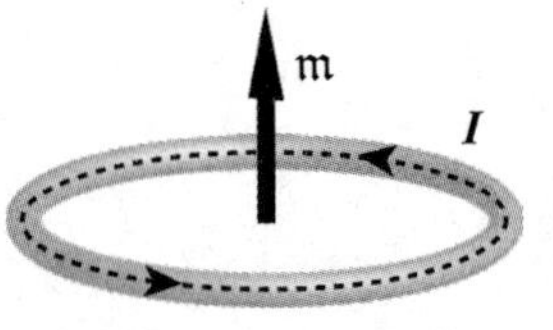

磁矩$\mathfrak{m}$等价于电流环

磁矩和磁化强度是轴矢量。它们在空间反演 $\boldsymbol{r}\to -\boldsymbol{r}$ 下保持不变，但是在时间反演 $t\to -t$ 下改变符号。轴矢量不同于正常的极矢量，例如位置、力、速度和电流密度等，这些矢量在空间反演下改变符号，但是在时间反演下不一定变号。严格来说，轴矢量是张量；它们可以写作两个极矢量的矢量积，如式(2.4)，但是其三个独立分量可以写成矢量形式。

2.1.1 电流和磁矩产生的磁场

在稳恒态下，P 点处的一个小电流元 $\boldsymbol{j}\delta V$ 产生的磁场 $\delta \boldsymbol{B}$ 由毕奥-萨伐尔定律给出，该定律来自麦克斯韦方程(1.1a)和(1.1c)：

$$\delta \boldsymbol{B} = -\frac{\mu_0}{4\pi}\frac{\boldsymbol{r}\times\boldsymbol{j}}{r^3}\delta V \tag{2.5}$$

对于长度为 δl 的一小段电路中的电流 I，有 $I = j \cdot \mathrm{a}$ 以及 $\delta V = \mathrm{a} \cdot \delta \boldsymbol{l}$，毕奥-萨伐尔定律变成

$$\delta \boldsymbol{B} = -\frac{\mu_0}{4\pi} I \frac{\boldsymbol{r}\times\delta \boldsymbol{l}}{r^3} \tag{2.6}$$

其中，矢量 $\boldsymbol{r}$ 从电流元指向 P 点。

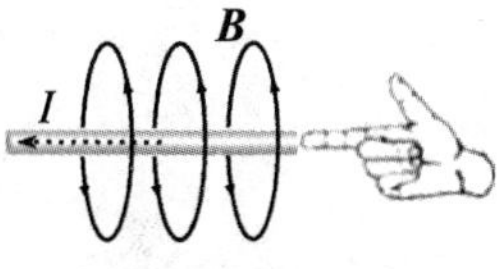

电流元产生的磁场。当右手食指指向电流方向，右手顺时针旋转时，拇指尖指向磁场的方向

因此，可以通过积分来计算任意电流分布所产生的磁场。电流在电路中流动，式(2.6)必须对一个完整的电路积分才有物理意义。磁场随着到电流元的距离的平方衰减，比例常数为$\frac{\mu_0}{4\pi}$，根据下一章给出的安培的定义，其数值精确等于10^{-7}。磁性常数μ_0的单位为$\mathrm{J\cdot A^{-2}\cdot m^{-1}}$，所以 B 的单位是$\mathrm{J\cdot A^{-1}\cdot m^{-2}}$(等价于$\mathrm{kg\cdot s^{-2}\cdot A^{-1}}$)。鉴于磁场 $\boldsymbol{B}$ 在磁学中的重要性，这个单位有个专用名称——特斯拉(简写为T)。μ_0的等价单位是$\mathrm{T\cdot m\cdot A^{-1}}$。在联系 B 与 H 或 M 的表达式中，自然会考虑磁性常数这种形式；但是当涉及能量或相互作用时，$\mathrm{J\cdot A^{-2}\cdot m^{-1}}$的形式更方便。

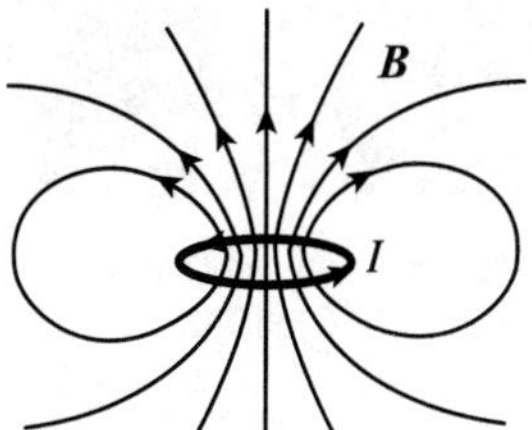

电流环产生的磁场

我们利用式(2.6)计算一个小电流环的磁矩所产生的磁场，首先在中心位置计算，然后在远大于环尺寸的距离 r 处计算。对于第一个计算，考虑半径为 a 的环路。每个电流元 $Ia\delta\theta$ 贡献 $\mu_0 Ia\delta\theta/4\pi a^2$，在中心的磁场就是

$$B_O = \frac{\mu_0 I}{2a} \tag{2.7}$$

为了简化第二个计算，选择一个边长 $\delta l \ll r$ 的方形环，首先计算两个特殊位置处的场，点 A 位于环的轴上，点 B 位于环的侧面。在点 A 处，类似于图2.1所示的贡献有四个，因为水平分量相互抵消，所以它们的叠加结果平行于$\mathfrak{m}$，其大小 $B_A = 4\delta B\sin\epsilon = 4\mu_0 I\delta l\sin\epsilon/4\pi r^2$。因为 $\sin\epsilon = \delta l/2r$，所以再根据式(2.3)，即$\mathfrak{m} = I(\delta l)^2$，就可得到

$$B_A = 2\frac{\mu_0}{4\pi}\frac{\mathfrak{m}}{r^3} \tag{2.8}$$

在点 B 处，必须考虑垂直于 $\boldsymbol{r}$ 的两边以及平行于 $\boldsymbol{r}$ 的两边的贡献。因此，磁场大小为

$$B_B=\frac{\mu_0}{4\pi}I\delta l\left[\frac{1}{(r-\delta l/2)^2}-\frac{1}{(r+\delta l/2)^2}-\frac{2\sin\epsilon}{r^2}\right]$$
$$\approx\frac{\mu_0}{4\pi}\frac{I\delta l}{r^2}\left[\left(1+\frac{\delta l}{r}\right)-\left(1-\frac{\delta l}{r}\right)-\frac{\delta l}{r}\right]$$
$$B_B=\frac{\mu_0}{4\pi}\frac{\mathfrak{m}}{r^3} \tag{2.9}$$

图 2.1

计算磁矩 ᵐ 产生的磁偶极场

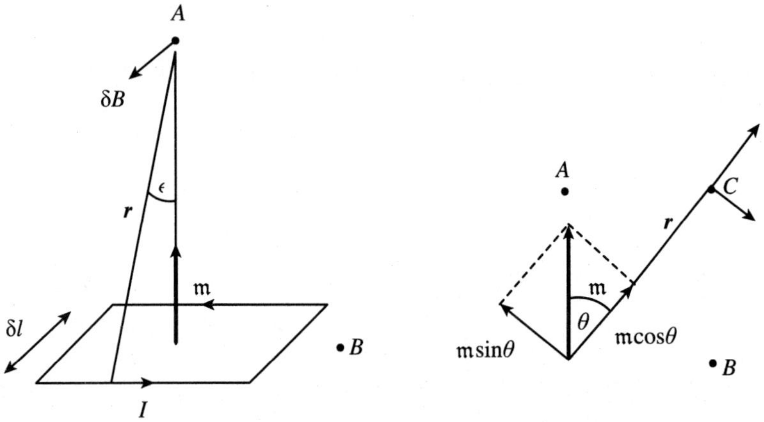

尼古拉·特斯拉(Nikola Tesla,1856—1943)

B 处的磁场是 A 处的一半,并且与 $\mathfrak{m}$ 的方向相反。为了得到在远离环的一般位置 C 处的磁场,可以把 $\mathfrak{m}$ 分解为两个分量,即平行于 $\boldsymbol{r}$ 的 $\mathfrak{m}\cos\theta$ 和垂直于 $\boldsymbol{r}$ 的 $\mathfrak{m}\sin\theta$。因此,在极坐标下的偶极场为

$$B_r=2\frac{\mu_0\mathfrak{m}}{4\pi r^3}\cos\theta,\quad B_\theta=\frac{\mu_0\mathfrak{m}}{4\pi r^3}\sin\theta,\quad B_\phi=0 \tag{2.10}$$

磁场衰减得很快,与到磁体的距离呈立方反比关系。磁偶极场关于 $\mathfrak{m}$ 轴对称。

法拉第用力线表示磁场(该基本的想法可以追溯到笛卡儿)。通过指出任意点的磁场方向,这些线给出了磁场的图画;线间距与场强呈反比。磁偶极子产生的磁场方向与 $\boldsymbol{r}$ 的垂直面的夹角,称为"倾斜角"(dip)。倾斜角 $\mathcal{I}$ 的角度由 $\tan\mathcal{I}=B_r/B_\theta$ 给出,它与 θ 的关系是

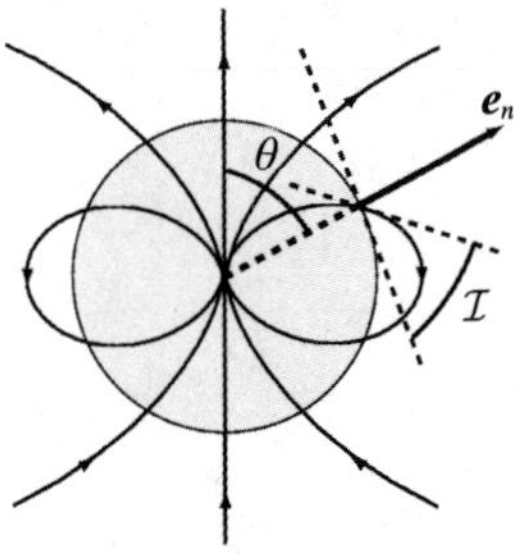

倾斜角

$$\frac{B_r}{B_\theta}=\tan\mathcal{I}=2\cot\theta \tag{2.11}$$

设 $\tan\mathcal{I}=\mathrm{d}r/r\mathrm{d}\theta$ 给出力线的微分方程为 $\mathrm{d}r/r\mathrm{d}\theta=2\cot\theta$,积分给出了力线的参数方程 $r=c\sin^2\theta$,其中,对于每条力线,c 是不同的常数。小电流环或其等效磁矩的磁场如图 2.2 所示。

磁矩的场和电偶极子 $p=q\delta l$ 的场具有相同形式,后者由相距 δl 的正负电荷 $\pm q$ 形成。矢量 $\boldsymbol{p}$ 从 $-q$ 指向 $+q$。因此,可以把磁矩 $\mathfrak{m}$ 视为磁偶极子;相关的磁场称为磁偶极场。

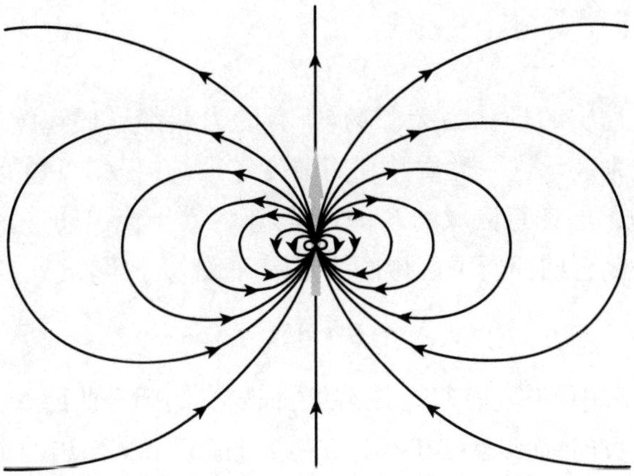

图 2.2

力线表示的磁偶极子产生的磁场

其他方法也可以表示磁偶极场，它们等价于式(2.10)。设$\mathfrak{m}$沿着z方向，一种方法是利用笛卡儿坐标：

$$\boldsymbol{B} = \frac{\mu_0 \mathfrak{m}}{4\pi r^5}[3xz\boldsymbol{e}_x + 3yz\boldsymbol{e}_y + (3z^2 - r^2)\boldsymbol{e}_z] \tag{2.12}$$

其中 $\boldsymbol{e}_i$是单位矢量；另一种方法是将场分解为平行于 $\boldsymbol{r}$ 和$\mathfrak{m}$的分量：

$$\boldsymbol{B} = \frac{\mu_0}{4\pi}\left[3\frac{(\mathfrak{m}\cdot\boldsymbol{r})\boldsymbol{r}}{r^5} - \frac{\mathfrak{m}}{r^3}\right] \tag{2.13}$$

2.2 磁 场

出现在毕奥-萨伐尔定律和真空麦克斯韦方程中的磁场是$\boldsymbol{B}$，而图 1.3 所示的磁滞回线记录的是 $\boldsymbol{M}$ 作为$\boldsymbol{H}$ 的函数。下面解释为什么需要这两个单位和量纲不同的磁场。

2.2.1 $\boldsymbol{B}$ 场

磁单极子可以作为磁场的源和汇。磁单极子最初是狄拉克为了解释电荷量子化而提出来的。它们的磁荷为$q_m \approx h/\mu_0 e$。磁单极子在超对称规范理论中起重要作用，但在自然界中从未被观察到。它和普通的磁体没有任何关系。这个事实包含在麦克斯韦方程(1.1a)中，该方程指出磁场是无源的[①]：

① 附录C总结了矢量微积分的重要定义和结果。

$$\nabla \cdot \boldsymbol{B} = 0 \tag{2.14}$$

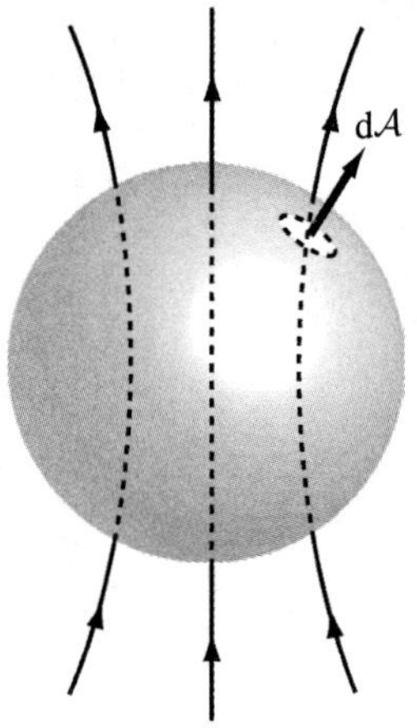

B 场是无散度的，既没有源也没有汇

具有这种性质的场称为无源场，所有的力线都形成连续的回路。用积分形式来表示这一性质并利用散度定理，方程(2.14)要求，流入曲面 S 所包围的任意区域的 $\boldsymbol{B}$ 的通量，正好等于流出同一区域的通量。穿过任意闭合曲面所围区域的 $\boldsymbol{B}$ 的净通量等于零，这就是高斯定律：

$$\int_S \boldsymbol{B} \cdot \mathrm{d}\mathcal{A} = 0 \tag{2.15}$$

在式(2.15)中，矢量面积元 $\mathrm{d}\mathcal{A}$的方向定义为闭合曲面 S 上任意点处的外法线方向，而 $\mathrm{d}\Phi = \boldsymbol{B} \cdot \mathrm{d}\mathcal{A}$是通过面积 $\mathrm{d}\mathcal{A}$流出曲面 S 的磁通量，所以 $B = \mathrm{d}\Phi/\mathrm{d}\mathcal{A}$。$\boldsymbol{B}$ 场的另一个名称是磁通密度。磁通有专用(但是很少用)的单位——韦伯(weber，简写为 Wb)。一个等价于 T 的单位是 $\mathrm{Wb \cdot m^{-2}}$。$\boldsymbol{B}$ 的另一个同义词是磁感应强度。

超导环路里的磁通是量子化的，基本磁通量子 $\Phi_0 = h/2e$，等于 2.068×10^{-15} Wb。

$\boldsymbol{B}$ 场的来源包括：

(i) 导体中流动的电流；

(ii) 运动电荷(等同于电流)；

(iii) 磁矩(等价于电流环)。

随时间变化的电场也是磁场的来源，反之亦然。本章仅限于静磁学，只处理稳恒电流 $\boldsymbol{j}(\boldsymbol{r})$和静态磁矩分布 $\boldsymbol{M}(\boldsymbol{r})$所产生的磁场。磁通密度 $\boldsymbol{B}$ 和电流密度$\boldsymbol{j}$ 的关系也可以写成微分或积分形式。在稳恒态下，任意点处的微分关系由麦克斯韦方程(1.1c)给出：

$$\nabla \times \boldsymbol{B} = \mu_0 \boldsymbol{j} \tag{2.16}$$

用积分形式表达，该式变为安培定律：

$$\oint \boldsymbol{B} \cdot \mathrm{d}\boldsymbol{l} = \mu_0 I \tag{2.17}$$

这个积分称为 $\boldsymbol{B}$ 的环量，沿着任意闭合路径做积分，而 I 为穿过该路径的电流的代数和。该式可以计算高度对称电流分布产生的场。例如，长直导线产生的环绕磁场，如图 2.3 所示。在距离轴 r 处，其大小相等。沿着这样一个半径为 r 的圆积分，由式(2.17)得到

图 2.3

安培定律：$\boldsymbol{B}$ 沿着任意闭合环路的积分正比于通过环路的电流。该图也给出了长直导线中电流产生的磁场

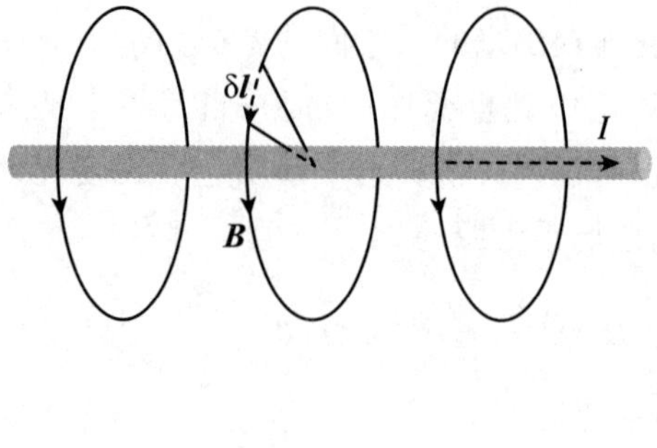

$$B(r)=\frac{\mu_0 I}{2\pi r} \tag{2.18}$$

电场和磁场表示空间不同位置的电荷、电流和磁矩的相互作用。场将电荷、电流和磁矩联系在一起，并以光速传播信息。**B** 场的所有起源都是运动电荷，但 **B** 场自身只和运动电荷相互作用。场和带电粒子所受的力 $\boldsymbol{f}$ 的基本关系是洛伦兹表达式(1.3)：

$$\boldsymbol{f}=q(\boldsymbol{E}+\boldsymbol{v}\times\boldsymbol{B}) \tag{2.19}$$

因此，电场和磁场可以用质量、长度、时间和电流这些基本量表示。在国际单位制中，这四个量的单位分别是千克、米、秒和安培。1 C是1 A・s。因此 **E** 和 **B** 的单位分别是$\mathrm{N\cdot C^{-1}}$和$\mathrm{N\cdot C^{-1}\cdot m^{-1}\cdot s}$。后者约化为$\mathrm{kg\cdot s^{-2}\cdot A^{-1}}$(或者是 T)。附录 A 讨论了单位和量纲。

式(2.19)确立了 **B** 的量纲，但特斯拉的大小取决于安培的定义。根据式(2.18)，距离通有电流 I_1 的长直导线 r 处的场为 $B_1=\mu_0 I_1/2\pi r$。根据式(2.19)，在另一条通有电流 I_2 的平行长导线上，每米受到的作用力为 I_2B_1 或 $\mu_0 I_1 I_2/2\pi r$。因此，安培的定义是：当真空中两个相距 1 米的导线间的力为 $2\times10^{-7}\,\mathrm{N\cdot m^{-1}}$时(图 2.4)，导体中的电流就是 1 安培。当电流方向相同时，是吸引力。与安培的这个定义一致，出现在式(2.5)、式(2.16)和式(2.18)中的常数μ_0正好是 $4\pi\times10^{-7}\,\mathrm{T\cdot m\cdot A^{-1}}$。距离通有 1 安培电流的长直导体 1 米处的磁场大小为 2×10^{-7} T(或者 0.2 μT)。高频单电子泵中每秒流过的精确的电子数，将来会替代电流的这个烦琐定义。

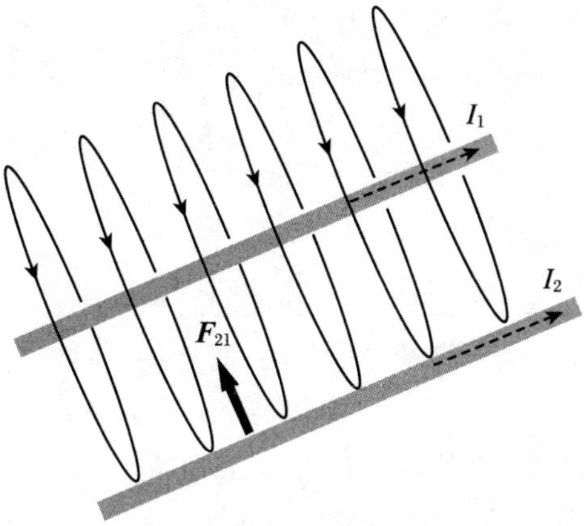

图 2.4

载有电流I_1和I_2的两个长直导线之间的力。其中一个导线产生的场如图所示

特斯拉这个单位相当大。实验室里产生的最强连续场是45 T。电磁铁和永磁体的表面附近可以产生 1 T 量级的场。距离通有5 A电流的导体 1 mm 处，磁场只有 1 mT。地球表面的磁场是几十微特斯拉。自然磁场和人造磁场的范围如图 2.5 所示。

图 2.5

一些磁场的大小（单位是特斯拉）

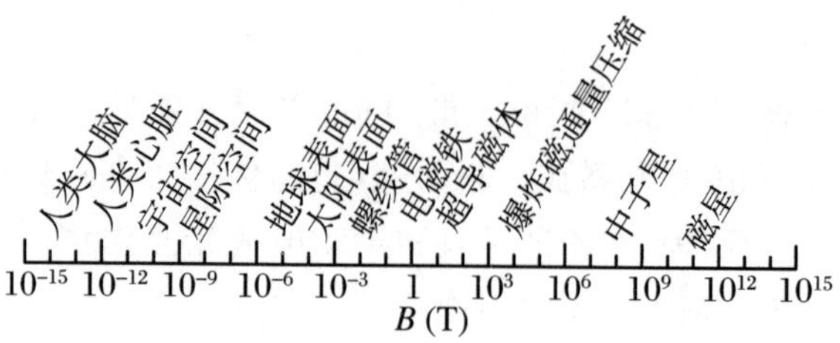

2.2.2 均匀磁场

我们已经看到，在离有限区域内的磁通源很远的地方，磁场以各向异性的方式按 $1/r^3$ 衰减（式(2.10)）。但是，可以设计电流或磁体的结构，使其在一定体积内产生均匀磁场；这些结构类似于静电学里的平板电容器。举一些例子。

无限长螺线管在管内产生平行于轴的均匀磁场，而管外磁场处处是零。如果每米 n 圈，载有电流 I，应用安培定律（式(2.17)），取如图 2.6(a)所示的闭合回路，并考虑对称性（即磁场必须平行于螺线管的轴），得到螺线管内部任意一点的磁场为

$$B = \mu_0 nI \tag{2.20}$$

而外部 $B=0$。

图 2.6

在内部产生均匀磁场的结构：(a) 长螺线管，(b) 亥姆霍兹线圈，(c) 海尔贝克圆柱

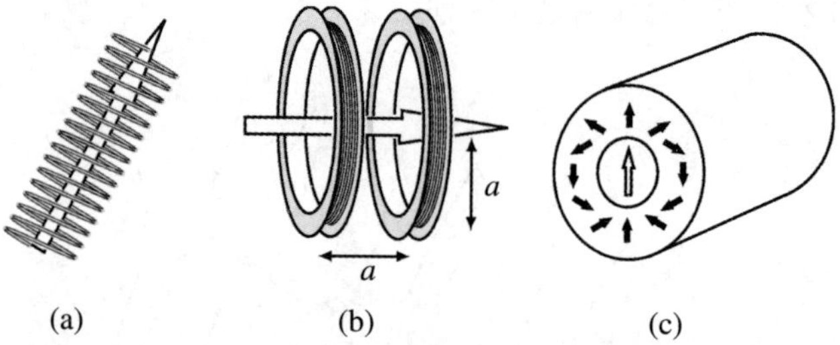

亥姆霍兹线圈是一对相同的同轴线圈，其间距与半径 a 相等（图 2.6(b)）。这个磁场是均匀的，而且在中心处的二阶导数为 0，大小为

$$B = (4/5)^{3/2} \mu_0 NI/a \tag{2.21}$$

其中，N 是每个线圈的匝数，I 是电流。当反接时，亥姆霍兹线圈产生一个平行于轴的均匀磁场梯度。

磁偶极环又名海尔贝克（Halbach）圆柱，如图 2.6(c)所示，它是细长的圆柱状的永磁体，在圆柱芯里产生均匀磁场。这个结构可以看作由垂直于轴向的磁化细长杆构成，单位长度上的磁矩为 λ A·m。式(2.10)和式(2.12)的积分表明，在 A 和 B 处（图 2.1）以及在距离杆 r 处的任意位置，横向磁化的长杆所产生的场强相同，即 $|B|=$

$\mu_0\lambda/2\pi r^2$；在柱坐标系里，长杆产生的磁场为

$$B_r = \frac{\mu_0\lambda}{2\pi r^2}\cos\theta, \quad B_\theta = \frac{\mu_0\lambda}{2\pi r^2}\sin\theta, \quad B_z = 0 \tag{2.22}$$

图2.6(c)中的结构由许多这样的单元杆组成，所有杆的朝向使得其磁化方向与 y 轴的夹角是 $\alpha=2\theta$，所以每根单元杆所产生的磁场平行于 y 轴。进一步对所有这些单元杆求积分，得到芯里的磁通密度大小的表达式为

$$B = \mu_0 M\ln(r_2/r_1) \tag{2.23}$$

圆柱外 $B=0$。此处的 M 是永磁体的磁化强度，假设其大小是均匀的，r_1 和 r_2 分别是内径和外径。

2.2.3 H 场

现在介绍 $\boldsymbol{H}$ 场，又称为磁场强度或磁化力。在处理磁性材料或超导材料时，它是不可缺少的辅助场。固体的磁化强度反映了 $\boldsymbol{H}$ 的局域值。

在真空中，$\boldsymbol{B}$ 和 $\boldsymbol{H}$ 的区别很简单。磁常数 μ_0 将它们联系起来：

$$\boldsymbol{B} = \mu_0\boldsymbol{H} \tag{2.24}$$

如果只考虑真空的情况，在先前对电流和磁矩所产生磁场的讨论中，以及在麦克斯韦方程里，可以简单地用 $\boldsymbol{H}$ 替代 $\boldsymbol{B}$。如果去掉 μ_0，公式(2.5)—(2.13)就变成了关于 $\boldsymbol{H}$ 的公式。在材料介质中，问题出在与安培定律有关的式(2.16)上。$\boldsymbol{B}$ 的旋度依赖于总电流密度：

$$\nabla\times\boldsymbol{B} = \mu_0(\boldsymbol{j}_c + \boldsymbol{j}_m) \tag{2.25}$$

其中，$\boldsymbol{j}_c$ 是电路中的传导电流，$\boldsymbol{j}_m$ 是与磁化介质有关的安培磁化电流。困难在于 $\boldsymbol{j}_c$ 可以测量，但 $\boldsymbol{j}_m$ 不能。没有什么直接或间接的实验方法，可以精确测量在固体内产生磁化强度的环绕电流。事实上，这些巨大电流的本质是量子力学的，通常它们表示电子的本征自旋。

$\boldsymbol{j}_m$ 和 $\boldsymbol{M}$ 的关系就是[①]

$$\boldsymbol{j}_m = \nabla\times\boldsymbol{M} \tag{2.26}$$

---

① 这一方程源自这样的一个事实，那就是磁化强度是与边界和原子尺度的磁化电流相关的，这一关系可以表示为对任意曲面 $\int_S \boldsymbol{j}_m\cdot\mathrm{d}\mathcal{A}=0$，由此磁化电流密度 $\boldsymbol{j}_m$ 必可以表示为另一矢量 $\boldsymbol{M}$ 的旋度。由斯托克斯定理有 $\oint\boldsymbol{M}\cdot\mathrm{d}\boldsymbol{l}=\int_S(\nabla\times\boldsymbol{M})\mathrm{d}\mathcal{A}=0$，进一步选择积分路径在磁化介质外可得对任意曲面有 $\int_S(\nabla\times\boldsymbol{M})\mathrm{d}\mathcal{A}=0$，由此我们可以确定 $\boldsymbol{j}_m$ 与 $\nabla\times\boldsymbol{M}$ 的关系。

为了保持安培定律的实用形式，我们将定义一个新的场：

$$\boldsymbol{H} = \boldsymbol{B}/\mu_0 - \boldsymbol{M} \tag{2.27}$$

使得$\nabla\times\boldsymbol{H}=\nabla\times\boldsymbol{B}/\mu_0-\nabla\times\boldsymbol{M}$。于是，由式(2.25)和式(2.26)得到

$$\nabla \times \boldsymbol{H} = \boldsymbol{j}_c \tag{2.28}$$

若写成积分形式，则传导电流产生 $\boldsymbol{H}$ 场的安培定律是

$$\oint \boldsymbol{H} \cdot \mathrm{d}\boldsymbol{l} = I_c \tag{2.29}$$

其中，I_c是穿过积分路径的总传导电流。这个新的场不再是无源的，而是有源也有汇，它们与非均匀磁化强度有关。从式(1.1a)和式(2.27)可以得到

$$\nabla \cdot \boldsymbol{H} = -\nabla \cdot \boldsymbol{M} \tag{2.30}$$

这个方程是2.4节中利用库仑法计算磁场的基础。特别是，磁化材料表面的不连续性等价于一层 $\boldsymbol{H}$ 的源或汇。可以认为，$\boldsymbol{H}$ 产生于正负磁荷 q_m 的分布(就像电场 $\boldsymbol{E}$ 一样)。单个磁荷产生的磁场为

$$\boldsymbol{H} = q_m \boldsymbol{r}/4\pi r^3 \tag{2.31}$$

q_m 的单位为A·m。磁场的大小按 $1/r^2$ 衰减。场中磁荷受的力是

$$\boldsymbol{f}_m = \mu_0 q_m \boldsymbol{H} \tag{2.32}$$

这些假想的电荷是虚构的南极和北极①。南北极曾经是磁学教材里的重要内容，与红色马蹄铁一样众所周知。南北极并不实际存在，但是几百年来一直影响着我们对磁学的看法。磁体的指北极(带正磁荷)涂成红色，指南极(带负磁荷)涂成蓝色。本书不用字母N和S表示并不存在的磁极的大致位置，而是用代表磁化强度方向的箭头来表示一个磁体。然而，磁荷确实提供了一种便于表示 $\boldsymbol{H}$ 场的数学方法，如果利用磁荷，一些力和场的计算就会变得非常简单。同性磁荷互相排斥是静磁学里很有用的一个原则。

图 2.7

一个磁体的$\boldsymbol{B}$，$\boldsymbol{M}$和$\boldsymbol{H}$

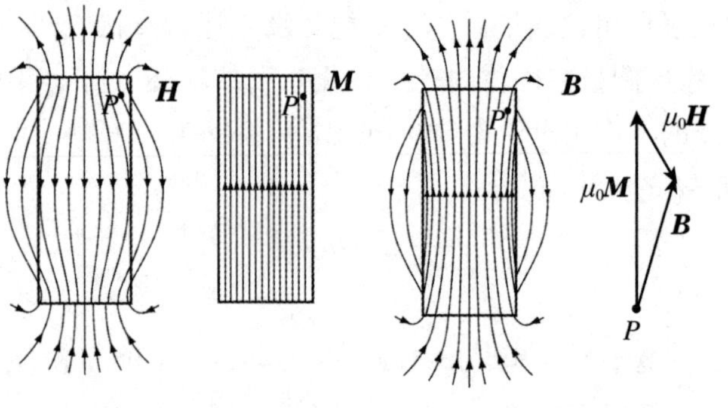

① 一些关于磁极命名的习惯是相互冲突的。条状磁体的“指北极”或者正极是指向北的一端。因为磁场方向从“N”指向“S”，地磁南极靠近地理北极。吉尔伯特(以及一些现代的“江湖术士”)采用了相反的约定。

式(2.28)并不是说 $\boldsymbol{H}$ 只能由传导电流产生。任何磁体在它周围和自身内部都会产生 $\boldsymbol{H}$ 场。可以把磁场写成两部分贡献之和：

$$\boldsymbol{H} = \boldsymbol{H}_c + \boldsymbol{H}_m$$

其中，$\boldsymbol{H}_c$由传导电流产生，$\boldsymbol{H}_m$ 由其他磁体和磁体本身的磁化强度分布产生。第二部分的贡献($\boldsymbol{H}_m$)，在磁体外部称为漏磁场，在磁体内部称为退磁场。退磁场用符号 $\boldsymbol{H}_d$表示。

联系磁感应强度 $\boldsymbol{B}$、磁场 $\boldsymbol{H}$ 和介质磁化强度$\boldsymbol{M}$ 的方程(2.27)可以重新排列为

$$\boldsymbol{B} = \mu_0(\boldsymbol{H} + \boldsymbol{M}) \tag{2.33}$$

在真空里，$\boldsymbol{M}=\boldsymbol{0}$，$\boldsymbol{B}=\mu_0\boldsymbol{H}$。若不考虑常数$\mu_0$，则 $\boldsymbol{B}$ 和$\boldsymbol{H}$ 是不可区分的，然而μ_0太小了，所以 $\boldsymbol{B}$ 和 $\boldsymbol{H}$ 不会混淆。和 $\boldsymbol{M}$ 一样，$\boldsymbol{H}$ 的单位是 $A \cdot m^{-1}$。1 T 等于 795775 $A \cdot m^{-1}$(近似为 800 $kA \cdot m^{-1}$)。在没有外场的情况下，均匀磁化材料中的 $\boldsymbol{B}$，$\boldsymbol{H}$ 和$\boldsymbol{M}$ 如图 2.7 所示，图中还画出了“P”点处这些场之间的关系(式(2.33))。在磁体内部，$\boldsymbol{B}$ 和$\boldsymbol{H}$ 场很不一样，它们的方向相反。在磁体内，$\boldsymbol{H}$ 和$\boldsymbol{M}$ 的方向也是相反的，因此被称为“退磁场”。$\boldsymbol{H}$ 的场线仿佛发源于磁体的水平表面，那里有磁荷密度$\sigma_m=\boldsymbol{M}\cdot\boldsymbol{e}_n$，其中 $\boldsymbol{e}_n$是垂直于表面的单位矢量。这种磁荷所产生的 $\boldsymbol{H}$ 场是保守的($\nabla\times\boldsymbol{H}=\boldsymbol{0}$)，而 $\boldsymbol{B}$ 场的力线形成连续的闭合回路，是无源的($\nabla\cdot\boldsymbol{B}=0$)。

在考虑磁化过程的时候，把 $\boldsymbol{H}$ 选作独立的变量，画出 $\boldsymbol{M}$ 随$\boldsymbol{H}$ 的变化关系，而 $\boldsymbol{B}$ 由式(2.33)导出。这种选择很合理，因为根据退磁场并结合外部磁体和传导电流所产生的场，就可以确定材料内部各点的 $\boldsymbol{H}$。

2.2.4 退 磁 场

可以证明，在任意均匀磁化的椭球样品中，退磁场 $\boldsymbol{H}_d$也是均匀的。$\boldsymbol{H}_d$和 $\boldsymbol{M}$ 的关系为

$$H_{di} = -\mathcal{N}_{ij}M_j, \quad i,j = x,y,z \tag{2.34}$$

其中，$\mathcal{N}_{ij}$是退磁张量，一般用对称的 3×3 矩阵表示。重复的指标意味着对其求和。沿着椭球体的主轴，$\boldsymbol{H}_d$和 $\boldsymbol{M}$ 是共线的。当$\mathcal{N}$是对角矩阵形式时，主分量($\mathcal{N}_x$，$\mathcal{N}_y$，$\mathcal{N}_z$)称为退磁因子。这三个量里只有两个是独立的，因为退磁张量的迹是 1：

$$\mathcal{N}_x + \mathcal{N}_y + \mathcal{N}_z = 1 \tag{2.35}$$

即使在圆柱和长方体等退磁场并不十分均匀的非椭球状磁体中，通

常也利用退磁因子得到近似的内场。一些简单形状的退磁因子可以由式(2.35)通过对称性导出。表 2.1 给出了一些例子。

表 2.1 简单形状的退磁因子

形状	磁化方向	$\mathcal{N}$
长针	平行于轴	0
	垂直于轴	1/2
球体	任意方向	1/3
薄膜	平行于面	0
	垂直于面	1
一般旋转椭球体	$\mathcal{N}_c=(1-2\mathcal{N}_a)$	

主轴为(a,a,c)的旋转椭球,在 $\alpha=c/a>1$ 和 $\alpha=c/a<1$ 情况下,退磁因子的公式分别是

$$\mathcal{N}_c=\frac{1}{\alpha^2-1}\left[\frac{\alpha}{\sqrt{\alpha^2-1}}\operatorname{arccosh}\alpha-1\right] \tag{2.36a}$$

$$\mathcal{N}_c=\frac{1}{1-\alpha^2}\left[1-\frac{\alpha}{\sqrt{1-\alpha^2}}\arccos\alpha\right] \tag{2.36b}$$

对 $\alpha\approx1$ 的近似球形,$\mathcal{N}_c=\frac{1}{3}-\frac{1}{15}(\alpha-1)$。在 $\alpha\gg1$ 和 $\alpha\ll1$ 的极限情况下,$\mathcal{N}_c$ 分别为$(\ln2\alpha-1)/\alpha^2$和$1-\pi\alpha/2$。图 2.8(a)是旋转椭球的$\mathcal{N}_c$ 曲线。附录 D 给出了数值结果。由表 2.1 可得$\mathcal{N}_a$ 为$\frac{1}{2}(1-\mathcal{N}_c)$。

即使磁化强度是均匀的,圆柱和长方形磁体内部的场也不是均匀的。用表面磁荷分布表示磁化强度(见 2.4 节)并计算磁体中心的场,可以得到有效退磁因子。长度为 $2c$、直径或边长为 $2a$ 的圆形和方形截面的结果分别为$\mathcal{N}_c^{\mathrm{eff}}=1-\alpha/\sqrt{\alpha^2+1}$和$\mathcal{N}_c^{\mathrm{eff}}=(2/\pi)\cdot\arcsin[1/(1+\alpha)]$。对不均匀的实际磁化分布进行体积分,得到的数值略有不同。

一般椭球的主轴为(a,b,c),定义 $\tau_a=a/c$,$\tau_b=b/c$,$\mathcal{N}_c$ 的一般表达式为

$$\mathcal{N}_c(\tau_a,\tau_b)=\frac{1}{2}\int_0^{\infty}\frac{1}{(1+u)^{3/2}(1+u\tau_a^2)^{1/2}(1+u\tau_b^2)^{1/2}}\mathrm{d}u$$

其他的主分量可以通过轮换得到:$\mathcal{N}_a=\mathcal{N}_c(1/\tau_a,\tau_b/\tau_a)$,$\mathcal{N}_b=\mathcal{N}_c(\tau_a/\tau_b,1/\tau_b)$。所有三个分量可以从图 2.8(b)读出,其中用对数坐标画出了跨越四个数量级的比值 τ。图中的轴表示旋转椭球体。

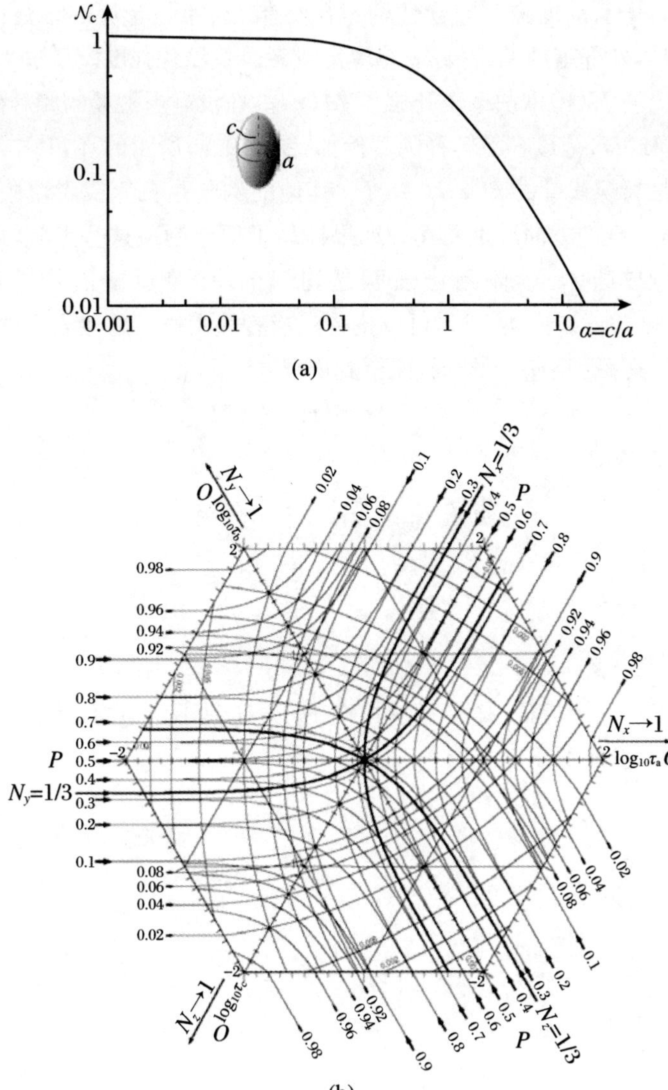

图 2.8

椭球的退磁因子：(a)旋转椭球，(b)一般椭球。字母O和P分别表示扁椭球和长椭球(Bellegia M, de Graff M, Millev Y. Phil. Mag. 2006, 86(2451))

2.2.5 内场和外场

稳恒电流或磁体外部漏磁场所产生的、作用在样品上的外场 $\boldsymbol{H}'$，通常称为外加磁场。样品自身对 $\boldsymbol{H}'$没贡献。在连续介质近似中，样品中的内场是外场 $\boldsymbol{H}'$和样品自身磁化强度分布产生的退磁场 $\boldsymbol{H}_\mathrm{d}$ 之和：

$$\boldsymbol{H} = \boldsymbol{H}' + \boldsymbol{H}_\mathrm{d} \tag{2.37}$$

到目前为止，我们都认为材料的磁化强度是刚性的，而且是均匀的，完全不依赖于退磁场。对于具有形状为矩形的磁滞回线、矫顽力

$\boldsymbol{H}_c > \boldsymbol{H}_d$、高度磁各向异性的永磁材料，这才是合理的。更一般的情况是，外部施加的磁场 H'感应出或者改变磁化强度。反过来，磁体中的内场 $\boldsymbol{H}(\boldsymbol{r})$取决于磁化强度 $\boldsymbol{M}(\boldsymbol{r})$。在没有退磁场的闭合磁路中测量 $\boldsymbol{M}(\boldsymbol{H})$是最容易解释的。例如，图 2.9(a)所示的环，其中$\mathcal{N}=0$，磁场是长螺线管的磁场 $H=nI$。其他的例子是长棒或者薄膜，并且沿着$\mathcal{N}\approx 0$ 的方向施加磁场。如果样品不便于制成这些形状，最好是把它做成球体，球体磁化强度是均匀的，而且退磁因子精确已知，$\mathcal{N}\approx 1/3$。如果还不行，可以把柱状或者块状样品近似为椭球，通过适当的退磁因子修正外场，就得到内场

$$\boldsymbol{H} \approx \boldsymbol{H}' - \mathcal{N}\boldsymbol{M} \tag{2.38}$$

图 2.9

不需要退磁修正的测量磁化强度的方法：(a) 环，(b) 长杆，(c) 薄板

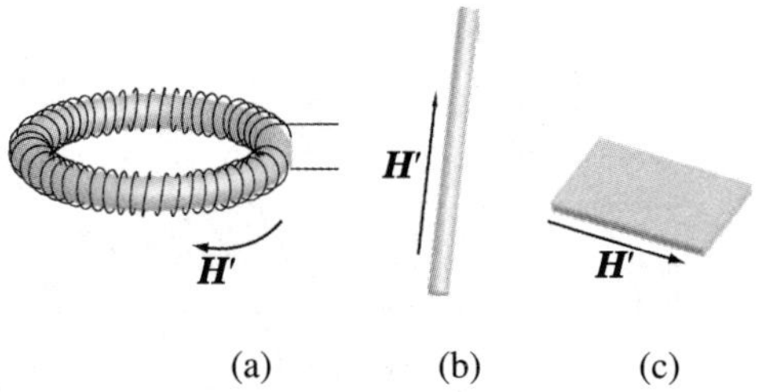

这里有两个近似：样品不是椭球，所以 $\boldsymbol{H}$ 是不均匀的，因而 $\boldsymbol{M}$ 也不可能均匀(图 2.10)。

图 2.10

(a) 铁磁球体和 (b) 铁磁立方体在外场中的磁化强度

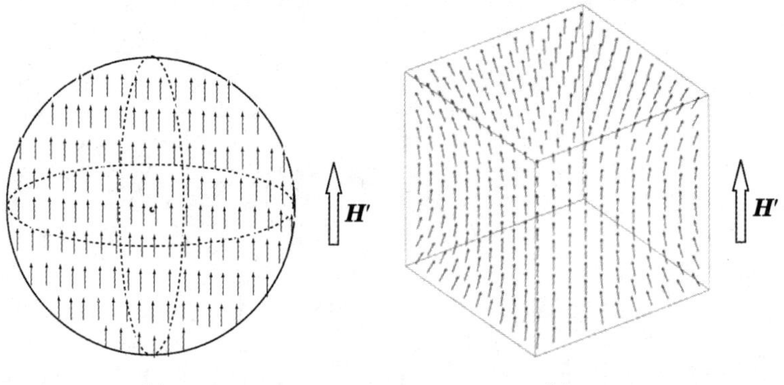

一种常见的样品形式是粉末，通常由不规则但近似于球形的颗粒组成。因此，退磁场 $\boldsymbol{H}_d(\boldsymbol{r})$在颗粒大小的尺度上快速波动。把颗粒各向同性地压紧到退磁因子为$\mathcal{N}$的样品模具里(压紧率为 f)，粉末样品的有效退磁因子为

$$\mathcal{N}_p \approx \frac{1}{3} + \mathfrak{f}\left(\mathcal{N} - \frac{1}{3}\right) \tag{2.39}$$

在凸起的地方和表面不规则的地方，H_d 出现空间上的波动。对于这些非理想形状的样品，磁化曲线和磁滞回线的测量结果都会明显地偏离于致密而光滑的环或球。

2.2.6 磁化率和磁导率

最简单的材料是线性、各向同性和均匀的(LIH)。对于磁性来说,这意味着磁化率或外加磁场较小,与外场相同的方向上感应出小的均匀磁化强度。

$$\boldsymbol{M} = \chi' \boldsymbol{H}' \tag{2.40}$$

其中,χ'是无量纲的标量,称为外部磁化率。磁化强度和内场 $\boldsymbol{H}$(式(2.37))的关系为

$$\boldsymbol{M} = \chi \boldsymbol{H} \tag{2.41}$$

其中,χ 是内部磁化率。从公式(2.38)可以得到

$$1/\chi = 1/\chi' - \mathcal{N} \tag{2.42}$$

只要 χ 很小,就像典型的顺磁体和抗磁体(分别$\approx 10^{-5}$—10^{-2}和$\approx -10^{-5}$),χ'和 χ 的差别完全可以忽略。靠近居里点的超顺磁或顺磁除外(当然还有铁磁体)。当 $T \to T_C$时,内部磁化率 χ 发散,但是外部磁化率 χ'永远不会超过 $1/\mathcal{N}$。

对单晶来说,不同晶轴方向的磁化率可能不一样,$\boldsymbol{M} = \chi \boldsymbol{H}$ 是一个张量关系,其中 χ_{ij}是对称的二阶张量,在主轴坐标系里,最多有三个独立分量。

磁导率与磁化率有关,用内场来定义。在 LIH 介质中,磁导率 μ 由下式给出:

$$\boldsymbol{B} = \mu \boldsymbol{H} \tag{2.43}$$

因此,式(2.24)中的磁常数μ_0就是真空磁导率。相对磁导率 μ_r 是无量纲的量,定义为 μ/μ_0。从式(2.33)和式(2.43)可以得到$\mu_r = 1 + \chi$。磁导率通常出现在软磁材料的相关讨论中,那里的μ_r 可以非常大,高达10^4或更大。

软磁材料的磁导率和磁场的关系近似于金属的电导率和电流的关系。磁路中的磁通密度类似于电路中的电流密度。然而,磁路和电路的一个定量差别是,良好绝缘体(包括真空)可以阻止电流泄漏,但真空是不完美的磁绝缘体,磁通量不可避免地泄漏到真空中。绝缘体的磁性等价物是第一类超导体,磁通不能穿过它,所以它的磁导率是零。第 13 章将继续讨论磁路和电路的相似性。

考虑一个各向同性、高磁导率、无回滞的软磁球体。假定磁畴的尺寸比样品尺寸小很多。样品体积是 V。宏观磁化强度是在远大于磁畴的尺度上进行的平均,所以均匀的磁化强度为 $\boldsymbol{M} = \mathfrak{m}/V$,其中,

𝔪是球体的磁矩。在施加外场之前，样品处于多畴态，因此 $\boldsymbol{M}$ 是零。理想软磁材料 $\chi\sim\infty$，在非常小的内场下，就达到磁饱和、具有完全自发磁化 $\boldsymbol{M}_s$。因为球的$\mathcal{N}=1/3$，所以由式(2.42)得 $\chi'=3$，而且为了达到饱和，需要外场 $\boldsymbol{H}'=\frac{1}{3}\boldsymbol{M}_s$，如图 2.11 所示。在磁化过程中，$\boldsymbol{M}$ 在外场下从零增大到$\boldsymbol{M}_s$，而内场保持为 0[①]。对于仅含几个磁畴的小球体，均匀宏观磁化强度的假设不成立。

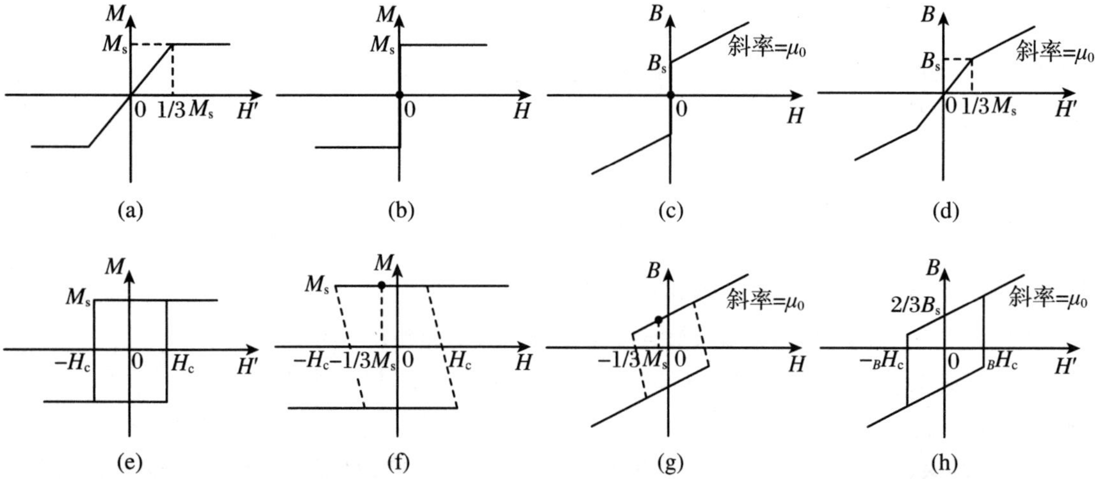

图 2.11

铁磁球的磁化强度M和磁感应强度B对外加磁场(H')或内场(H)的依赖关系，(a)—(d)是软磁球，(e)—(h)是永久磁化的球。在大圆点所示的工作点处，磁球只受到自身退磁场的作用

外加磁场感应的磁通密度在外场为 $H'=\frac{1}{3}M_s$、内场为 0 时达到饱和值($B_s=\mu_0 M_s$)，此时的内场为 0。此后，$B(H')$或 $B(H)$曲线是线性的，其斜率为μ_0。一旦磁化强度饱和，磁介质就变得“透明”了，磁导率和真空相同。

硬铁磁球的行为则非常不同。它会被永久磁化，磁化强度为 $M=M_s$。当没有外加磁场时，在整个球里，内场 $H=-\frac{1}{3}M_s$，磁通密度 $B=\frac{2}{3}\mu_0 M_s=\frac{2}{3}B_s$。当外加磁场平行于 $\boldsymbol{M}$ 时，$B(H)$是线性的，斜率为μ_0。磁性球在自身退磁场中的工作点在图 2.11 中标出。永磁体是矫顽力超过退磁场的磁体，工作点位于第二象限[②]。

磁性介质通常不是线性、各向同性和均匀的，而是非线性、有回滞的，经常还是各向异性和不均匀的！$\boldsymbol{B}$ 和 $\boldsymbol{M}$ 一样，是关于 $\boldsymbol{H}$ 的不可逆的、非单值的函数，用 $\boldsymbol{B}(\boldsymbol{H})$回线表示。后者可以通过式(2.33)

① 理想的软磁体类似于完美的导体，感应电荷屏蔽了外电场 $\boldsymbol{E}'$，使得内场 $\boldsymbol{E}$ 为零。

② 磁滞回线的象限是逆时针排序的，在第一象限里，$\boldsymbol{M}$ 和 $\boldsymbol{H}$ 都取正值。

从 $\boldsymbol{M}(\boldsymbol{H})$回线得到。典型的 $\boldsymbol{B}(\boldsymbol{H}')$回线如图 2.12 所示。$\boldsymbol{B}(\boldsymbol{H}')$回线上的矫顽力(用${}_BH_c$表示)总是小于或等于图 1.3 中的 H_c。H_c有时被称为"本征矫顽力"(令人困惑)。宏观磁体的磁化翻转通常并不是上述例子里那种一步完成的方形回线过程。

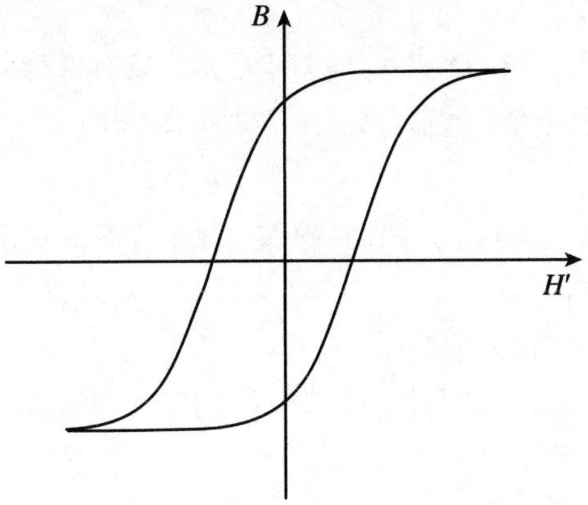

图 2.12

$B(H')$磁滞回线

2.3 麦克斯韦方程组

如同需要用磁场来描述磁极化的介质,也需要用电场来描述电极化的介质。这个场就是电位移矢量 $\boldsymbol{D}$,与电极化矢量 $\boldsymbol{P}$(每立方米的电偶极矩)的联系是

$$\boldsymbol{D} = \epsilon_0 \boldsymbol{E} + \boldsymbol{P} \tag{2.44}$$

常数ϵ_0为真空的介电常数,等于 $1/\mu_0 c^2 = 8.854\times10^{-12}\ \mathrm{C\cdot V^{-1}\cdot m^{-1}}$。工程师通常将 $\boldsymbol{J}=\mu_0\boldsymbol{M}$ 称作磁极化,其中 J 的单位是特斯拉(类似于 B),所以 $\boldsymbol{B}$,$\boldsymbol{H}$ 和 $\boldsymbol{M}$ 的关系可以写成表面上相似的形式:

$$\boldsymbol{B} = \mu_0 \boldsymbol{H} + \boldsymbol{J} \tag{2.45}$$

这种形式有些误导,因为在上述两个方程中,磁感应强度 $\boldsymbol{B}$ 和磁场 $\boldsymbol{H}$ 的位置颠倒了。为了强调磁场 $\boldsymbol{H}$ 与磁感应强度 $\boldsymbol{B}$ 和材料磁化强度的关系,式(2.27)的形式 $\boldsymbol{H}=\boldsymbol{B}/\mu_0-\boldsymbol{M}$ 最合适。介质中的麦克斯韦方程组用四个场表达:

$$\nabla\cdot\boldsymbol{D} = \rho \tag{2.46}$$

$$\nabla\cdot\boldsymbol{B} = 0 \tag{2.47}$$

$$\nabla\times\boldsymbol{E} = -\partial\boldsymbol{B}/\partial t \tag{2.48}$$

$$\nabla\times\boldsymbol{H} = \boldsymbol{j} + \partial\boldsymbol{D}/\partial t \tag{2.49}$$

其中,ρ 是局域电荷密度,$\partial\boldsymbol{D}/\partial t$ 是位移电流。

这种形式的电磁学基本方程简洁易记，常数 μ_0，ϵ_0 和 4π 不见了，但它们还是会出现在其他地方，例如，毕奥-萨伐尔定律（式(2.5)）。场自然地形成两对：$\boldsymbol{B}$ 和 $\boldsymbol{E}$ 是一对，出现在带电粒子受力的洛伦兹表达式中；$\boldsymbol{H}$ 和 $\boldsymbol{D}$ 是另一对，与场的源有关——分别是自由电流密度 j 和自由电荷密度 ρ。

在静磁学中，$\boldsymbol{B}$，$\boldsymbol{D}$ 或 ρ 与时间无关。只有磁性材料和闭合回路中的稳恒传导电流。电荷守恒如下式所示：

$$\nabla \cdot \boldsymbol{j} = -\partial\rho/\partial t \tag{2.50}$$

对于稳恒态，$\partial\rho/\partial t = 0$。因此，静磁学用三个简单的方程描述：

$$\nabla \cdot \boldsymbol{j} = 0, \quad \nabla \cdot \boldsymbol{B} = 0, \quad \nabla \times \boldsymbol{H} = \boldsymbol{j}$$

第 7 章将进一步讨论静磁学。

为了解决固体物理中的问题，我们需要知道固体对场的响应。响应可由以下关系表示：

$$\boldsymbol{M} = \boldsymbol{M}(\boldsymbol{H}), \quad \boldsymbol{P} = \boldsymbol{P}(\boldsymbol{E}), \quad \boldsymbol{j} = \boldsymbol{j}(\boldsymbol{E})$$

即磁滞回线、电滞回线和 *I-V* 特性。在 LIH 介质中，本构关系简化为 $\boldsymbol{M} = \chi \boldsymbol{H}$，$\boldsymbol{P} = \epsilon_0 \chi_e \boldsymbol{E}$ 和 $\boldsymbol{j} = \sigma \boldsymbol{E}$（欧姆定律），其中 χ_e 是电极化率，σ 是电导率。用麦克斯韦方程中出现的场来表述，线性本构关系为 $\boldsymbol{B} = \mu \boldsymbol{H}$，$\boldsymbol{D} = \epsilon \boldsymbol{E}$ 和 $\boldsymbol{j} = \sigma \boldsymbol{E}$，其中 $\mu = \mu_0(1+\chi)$，$\epsilon = \epsilon_0(1+\chi_e)$。当然，LIH 近似对于铁磁介质多少有些不恰当，因为铁磁介质中 $\boldsymbol{M} = \boldsymbol{M}(\boldsymbol{H})$ 和 $\boldsymbol{B} = \boldsymbol{B}(\boldsymbol{H})$ 是内场的回线，两者由式(2.33)联系起来。

2.4 磁场的计算

在静磁学中，磁场的来源只有通电导体和磁性物质。电流在 $\boldsymbol{r}$ 点所产生的场一般利用毕奥-萨伐尔定律（式(2.5)）计算。在少数高度对称的情况下，比如长直导线或者长螺线管，直接用安培定律（式(2.17)）更方便。

为了计算一块磁化的材料所产生的磁场，我们有很多选择。备选方法有：

(i) 对磁化强度 $\boldsymbol{M}(\boldsymbol{r})$ 的体积分布积分，直接计算磁偶极场；

(ii) 采用安培方法，用电流密度 $\boldsymbol{j}_m$ 的等效分布代替磁化强度；

(iii) 采用库仑方法，用磁荷 q_m 的等效分布代替磁化强度。

对于沿轴向均匀磁化的圆柱，这三种方法如图 2.13 所示。对于材料外部真空区域的磁场，三种方法得到的结果相同，但是，磁体内部的结果不一样。安培方法给出的 $\boldsymbol{B}$ 处处正确，而库仑方法给出的 $\boldsymbol{H}$ 处处正确。从计算角度讲，库仑方法通常最简单，尤其当磁场可以用标量势得出的时候(详见下一节)。

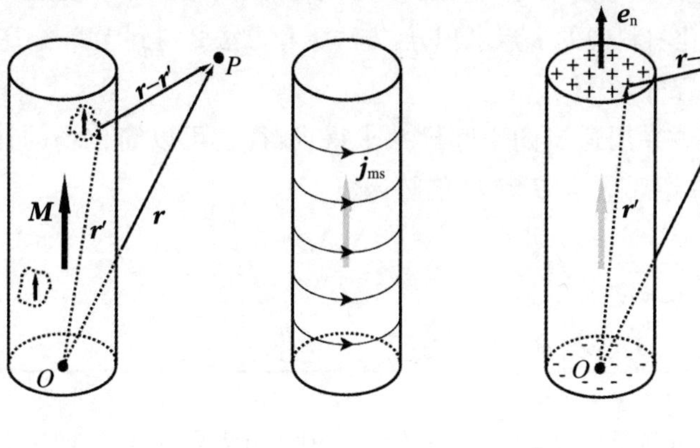

图 2.13

计算均匀磁化圆柱体外的磁场：(a) 对磁矩体积分布产生的场求和；(b) 对电流分布产生的场求和；(c) 对磁荷分布产生的场求和

已知磁化强度分布为 $\boldsymbol{M}(\boldsymbol{r})$，根据(2.13)式，其磁场是对每个磁偶极子单元 $\boldsymbol{M}\mathrm{d}^3 r$ 产生的磁场求和：

$$\boldsymbol{B}(\boldsymbol{r})=\frac{\mu_0}{4\pi}\left\{\int\left[\frac{3\boldsymbol{M}(\boldsymbol{r}')\cdot(\boldsymbol{r}-\boldsymbol{r}')}{|\boldsymbol{r}-\boldsymbol{r}'|^5}(\boldsymbol{r}-\boldsymbol{r}')-\frac{\boldsymbol{M}(\boldsymbol{r}')}{|\boldsymbol{r}-\boldsymbol{r}'|^3}\right.\right.$$
$$\left.\left.+\frac{2}{3}\mu_0\boldsymbol{M}(\boldsymbol{r}')\delta(\boldsymbol{r}-\boldsymbol{r}')\right]\mathrm{d}^3 r'\right\} \tag{2.51}$$

需要最后一项来处理在原点 $\boldsymbol{r}'=\boldsymbol{0}$处偶极场的发散。这种方法给出固体介质内部和外部的 $\boldsymbol{B}$ 场。

第二种方法考虑磁化材料体内和表面的等效电流分布：

$$\boldsymbol{j}_{\mathrm{m}}=\nabla\times\boldsymbol{M}\quad \text{和}\quad \boldsymbol{j}_{\mathrm{ms}}=\boldsymbol{M}\times\boldsymbol{e}_n \tag{2.52}$$

其中 $\boldsymbol{e}_n$是表面上某点的外法线。使用毕奥-萨伐尔定律(式(2.5))，将体电流密度和表面电流密度的效应加起来，即

$$\boldsymbol{B}(\boldsymbol{r})=\frac{\mu_0}{4\pi}\left[\int\frac{(\nabla'\times\boldsymbol{M})\times(\boldsymbol{r}-\boldsymbol{r}')}{|\boldsymbol{r}-\boldsymbol{r}'|^3}\mathrm{d}^3 r'\right.$$
$$\left.+\int\frac{(\boldsymbol{M}\times\boldsymbol{e}_n)\times(\boldsymbol{r}-\boldsymbol{r}')}{|\boldsymbol{r}-\boldsymbol{r}'|^3}\mathrm{d}^3 r'\right] \tag{2.53}$$

对于均匀分布的 $\boldsymbol{M}$，第一个积分为零，因为$\nabla'\times\boldsymbol{M}$ 为零，所以只需要计算表面电流密度的积分。∇'表示对 $\boldsymbol{r}'$的微分。

第三种方法利用磁化材料体内和表面的等效磁荷分布：

$$\rho_{\mathrm{m}}=-\nabla\cdot\boldsymbol{M}\quad \text{和}\quad \sigma_{\mathrm{m}}=\boldsymbol{M}\cdot\boldsymbol{e}_n \tag{2.54}$$

由式(2.31)可以得到，带磁荷的体积元 δV 所产生的 $\boldsymbol{H}$ 场为 $\delta\boldsymbol{H}=(\rho_{\mathrm{m}}\boldsymbol{r}/4\pi r^3)\delta V$。因此

$$\boldsymbol{H}(\boldsymbol{r})=\frac{1}{4\pi}\left[-\int_V\frac{(\nabla'\cdot\boldsymbol{M})(\boldsymbol{r}-\boldsymbol{r}')}{|\boldsymbol{r}-\boldsymbol{r}'|^3}\mathrm{d}^3r'+\int_S\frac{\boldsymbol{M}\cdot\boldsymbol{e}_n(\boldsymbol{r}-\boldsymbol{r}')}{|\boldsymbol{r}-\boldsymbol{r}'|^3}\mathrm{d}^2r'\right] \tag{2.55}$$

对于均匀分布的 $\boldsymbol{M}$，由于$\nabla\cdot\boldsymbol{M}$为零，所以上式的第一个积分也是零。如果对磁化材料内的 $\boldsymbol{r}$ 点求积分，方法 1 和方法 2 得到无源场 $\boldsymbol{B}$，而方法 3 得到保守场 $\boldsymbol{H}$。

引入势函数并用适当的空间导数求得场，往往可以简化场的计算。接下来，介绍对应于 $\boldsymbol{B}$ 和 $\boldsymbol{H}$ 的势函数。

2.4.1 磁　　势

矢量势　磁通量密度始终满足$\nabla\cdot\boldsymbol{B}=0$。由于$\nabla\cdot(\nabla\times\boldsymbol{A})$恒为零，故我们总可以得到

$$\boldsymbol{B}=\nabla\times\boldsymbol{A} \tag{2.56}$$

其中 $\boldsymbol{A}$ 是磁矢势，其单位是 T・m。对于给定的场，矢势的选择并不唯一。例如，沿 z 方向的均匀场$(0,0,B)$，可以用矢势$(0,xB,0)$，$(-yB,0,0)$或者$\left(-\frac{1}{2}yB,\frac{1}{2}xB,0\right)$表示。因此，可以选择 $\boldsymbol{A}$ 使得其等势线是力线。$\boldsymbol{A}$ 的定义不是唯一的，可以加上任意标量函数$f(\boldsymbol{r})$的梯度。如果 $\boldsymbol{A}'=\boldsymbol{A}+\nabla f(\boldsymbol{r})$，那么 $\boldsymbol{B}=\nabla\times\boldsymbol{A}'$，这是因为$\nabla\times\nabla f(\boldsymbol{r})$恒为零。变换 $\boldsymbol{A}\to\boldsymbol{A}'$并不改变 $\boldsymbol{B}$，这就是**规范变换**。一种有用的规范是库仑规范，选择 f 使得$\nabla\cdot\boldsymbol{A}=0$。在库仑规范中，$\boldsymbol{A}$ 的一种方便的表达式为

$$\boldsymbol{A}=\frac{1}{2}\boldsymbol{B}\times\boldsymbol{r} \tag{2.57}$$

$\boldsymbol{A}$ 的定义不唯一，但是没关系，因为观测到的效应依赖于磁场，而不是数学上导出磁场的势。

因为$(\boldsymbol{r}-\boldsymbol{r}')/|\boldsymbol{r}-\boldsymbol{r}'|^3=-\nabla(1/|\boldsymbol{r}-\boldsymbol{r}'|)$，其中$\nabla$是对磁场的位置 $\boldsymbol{r}$ 求微分，毕奥-萨伐尔定律(式(2.5))对变量 $\boldsymbol{r}'$积分，得到电流分布所产生的磁场，即

$$\boldsymbol{B}(\boldsymbol{r})=\frac{\mu_0}{4\pi}\int\frac{[\boldsymbol{j}(\boldsymbol{r}')\times(\boldsymbol{r}-\boldsymbol{r}')]}{|\boldsymbol{r}-\boldsymbol{r}'|^3}\mathrm{d}^3r' \tag{2.58}$$

这个表达式也可以写成

$$\boldsymbol{B}(\boldsymbol{r})=\frac{\mu_0}{4\pi}\nabla\times\int\frac{\boldsymbol{j}(\boldsymbol{r}')}{|\boldsymbol{r}-\boldsymbol{r}'|}\mathrm{d}^3r'$$

因此

$$\boldsymbol{A}(\boldsymbol{r})=\frac{\mu_0}{4\pi}\int\frac{\boldsymbol{j}(\boldsymbol{r}')}{|\boldsymbol{r}-\boldsymbol{r}'|}\mathrm{d}^3r' \tag{2.59}$$

也就是说，每个电流元 $I\delta l$ 对矢势的微小贡献是 $\delta\boldsymbol{A}(\boldsymbol{r})=\dfrac{\mu_0}{4\pi}I\dfrac{\delta l}{r}$，而且 $\boldsymbol{A}$ 是极矢量（和 $\boldsymbol{j}$ 一样）。安培定律 $\nabla\times\boldsymbol{B}=\mu_0\boldsymbol{j}$ 可以写成 $\boldsymbol{A}$ 的形式，即 $\nabla\times(\nabla\times\boldsymbol{A})=\mu_0\boldsymbol{j}$。由于 $\nabla\times(\nabla\times\boldsymbol{A})=\nabla(\nabla\cdot\boldsymbol{A})-\nabla^2\boldsymbol{A}$，可以看出，在库仑规范中，矢势满足泊松方程

$$\nabla^2\boldsymbol{A}=-\mu_0\boldsymbol{j} \tag{2.60}$$

将 $1/|\boldsymbol{r}-\boldsymbol{r}'|$ 展开为 $(1/r)[1+(r'/r)\cos\theta+\cdots]$，其中 θ 为 $\boldsymbol{r}$ 和 $\boldsymbol{r}'$ 之间的夹角，由式(2.59)得到，当距离很远的时候，磁矩 $\mathfrak{m}$（等效于电流环）的矢势是

$$\boldsymbol{A}(\boldsymbol{r})=\frac{\mu_0}{4\pi}\frac{\mathfrak{m}\times\boldsymbol{r}}{r^3} \tag{2.61}$$

对于磁化强度 $\boldsymbol{M}(\boldsymbol{r}')$ 分布，相应的表达式是

$$\boldsymbol{A}(\boldsymbol{r})=\frac{\mu_0}{4\pi}\int\frac{\boldsymbol{M}(\boldsymbol{r})\times(\boldsymbol{r}-\boldsymbol{r}')}{|\boldsymbol{r}-\boldsymbol{r}'|^3}\mathrm{d}^3r' \tag{2.62}$$

式(2.59)和式(2.62)给出了矢势，也就给出了任意已知磁化强度或电流分布的磁通量密度。例如，磁偶极子产生的磁场是 $\boldsymbol{B}(\boldsymbol{r})=\dfrac{\mu_0}{4\pi}\nabla\times\dfrac{\mathfrak{m}\times\boldsymbol{r}}{r^3}$，可以证明这与式(2.13)是等价的。

标量势 当 $\boldsymbol{H}$ 场仅仅来自磁体而不是传导电流的时候，也可以用势来表达。此时的 $\boldsymbol{H}$ 场是保守的，安培定律（式(2.28)）变为 $\nabla\times\boldsymbol{H}=\boldsymbol{0}$。对于任何标量 $f(\boldsymbol{r})$，都有 $\nabla\times\nabla f(\boldsymbol{r})=\boldsymbol{0}$，因此可以用磁标量势 φ_{m} 将 $\boldsymbol{H}$ 表示为

$$\boldsymbol{H}=-\nabla\varphi_{\mathrm{m}} \tag{2.63}$$

其中 φ_{m} 的单位是安培。由式(2.14)和(2.33)可得 $\nabla\cdot(\boldsymbol{H}+\boldsymbol{M})=0$，因此标量势满足泊松方程：

$$\nabla^2\varphi_{\mathrm{m}}=-\rho_{\mathrm{m}} \tag{2.64}$$

其中，磁荷密度在体内为 $\rho_{\mathrm{m}}=-\nabla\cdot\boldsymbol{M}$，在表面为 $\sigma_{\mathrm{m}}=\boldsymbol{M}\cdot\boldsymbol{e}_n$。有限磁化体积的标量势为

$$\varphi_{\mathrm{m}}(r)=\frac{1}{4\pi}\left(\int_V\frac{\rho_{\mathrm{m}}}{|\boldsymbol{r}-\boldsymbol{r}'|}\mathrm{d}^3r'+\int_S\frac{\sigma_{\mathrm{m}}}{|\boldsymbol{r}-\boldsymbol{r}'|}\mathrm{d}^2r'\right) \tag{2.65}$$

换句话说，每个磁荷元 $\delta q_{\mathrm{m}}=\rho_{\mathrm{m}}\delta V$ 对标量势的贡献是 $\delta\varphi_{\mathrm{m}}=\rho_{\mathrm{m}}\delta V/4\pi r$。小磁矩产生的标量势是 $\mathfrak{m}\cdot\boldsymbol{r}/4\pi r^3$。有了标量势，静磁学的计算就变得更简单，但是这种方法只适用于没有传导电流的问题。

2.4.2 边界条件

在两种介质的界面处，两个磁场 $\boldsymbol{B}$ 和 $\boldsymbol{H}$ 满足不同的边界条件。根据高斯定律（式(2.15)），$\boldsymbol{B}$ 在扁平圆柱体表面的积分为零（图 2.14），因此

$$(\boldsymbol{B}_1 - \boldsymbol{B}_2) \cdot \boldsymbol{e}_n = 0 \tag{2.66}$$

$\boldsymbol{B}$ 的垂直分量是连续的。

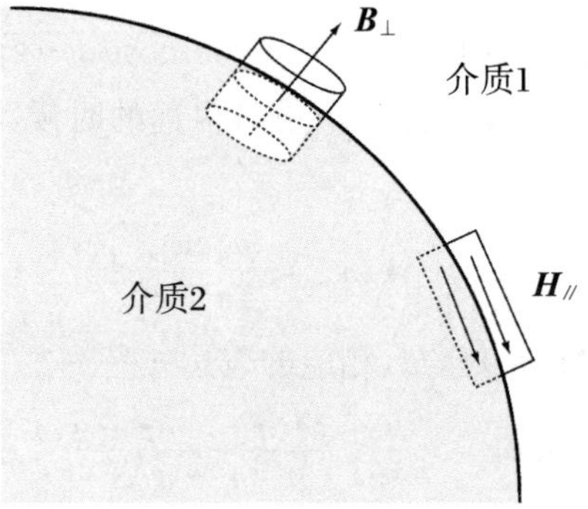

图 2.14

在两个介质的界面处，$\boldsymbol{B}$ 和$\boldsymbol{H}$的边界条件是$B_\perp$和$H_{/\!/}$是连续的

但是对于 $\boldsymbol{H}$，如果界面上没有传导电流密度，对于两条边平行于边界的环路（图 2.14），安培定律给出$\oint \boldsymbol{H} \cdot \mathrm{d}\boldsymbol{l} = 0$，因此

$$(\boldsymbol{H}_1 - \boldsymbol{H}_2) \times \boldsymbol{e}_n = 0 \tag{2.67}$$

$\boldsymbol{H}$ 的平行分量是连续的。

$\boldsymbol{A}$ 和 φ_m 的相应边界条件如下。因为 $\boldsymbol{B} = \nabla \times \boldsymbol{A}$，由斯托克斯定律，$\boldsymbol{A}$ 的环路积分等于 $\boldsymbol{B}$ 的通量：$\oint \boldsymbol{A} \cdot \mathrm{d}\boldsymbol{l} = \int_S \boldsymbol{B} \cdot \mathrm{d}\mathcal{A}$。考虑与表面垂直的小矩形回路（图 2.14）；$\boldsymbol{B}$ 穿过它的通量为零，因此 $\boldsymbol{A}$ 的平行分量在界面上连续；因此

$$(\boldsymbol{A}_1 - \boldsymbol{A}_2) \times \boldsymbol{e}_n = \boldsymbol{0} \tag{2.68}$$

标量势在界面连续

$$\varphi_{\mathrm{m1}} - \varphi_{\mathrm{m2}} = 0 \tag{2.69}$$

对于 LIH 介质（即 $\boldsymbol{B} = \mu_{\mathrm{r}}\mu_0 \boldsymbol{H}$），边界条件（式(2.66)）变为 $\boldsymbol{B}_1 \cdot \boldsymbol{e}_n = \boldsymbol{B}_2 \cdot \boldsymbol{e}_n$或者 $\boldsymbol{H}_1 \cdot \boldsymbol{e}_n = (\mu_{\mathrm{r2}}/\mu_{\mathrm{r1}}) \boldsymbol{H}_2 \cdot \boldsymbol{e}_n$。如果介质 1 是空气，介质 2 具有高磁导率，$\boldsymbol{H}$ 的场线在高磁导率介质内部就倾向于平行于界面，而在空气中倾向于**垂直于**界面。这就是软铁成为磁镜的原因（图 2.15）。磁矩的反射像和这个磁矩反平行，磁体和铁中的镜像相互吸引。

如果用超导体代替铁，情况就会反过来。在理想情况下，超导体是完美的抗磁体（$\chi = -1$），没有通量穿过。这导致 $\boldsymbol{B}$ 平行于表面，镜

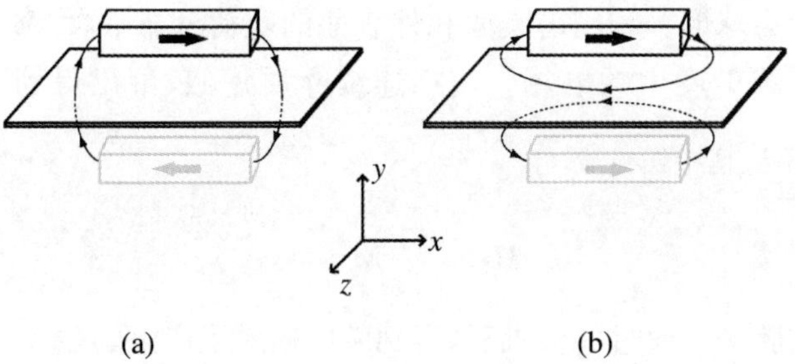

图 2.15

磁偶极的镜像：(a)软铁磁的镜子，$\mathfrak{m}_x \to -\mathfrak{m}_x$，$\mathfrak{m}_y \to -\mathfrak{m}_y$，$\mathfrak{m}_z \to \mathfrak{m}_z$；(b)超导体的镜子，$\mathfrak{m}_x \to \mathfrak{m}_x$，$\mathfrak{m}_y \to \mathfrak{m}_y$，$\mathfrak{m}_z \to -\mathfrak{m}_z$。(a)中的磁场垂直于镜面，而(b)中的磁场平行于镜面

像是排斥的。不完美的抗磁体(例如石墨，$\chi \approx -10^{-3}$)将产生弱排斥的镜像，但仍然可以在真空中产生一个稳定的平衡点，如图 15.4 中的悬浮器件所示。

2.4.3 局域磁场

到目前为止，我们用的是连续介质近似，假设磁性材料是均匀的连续体，没有原子尺度的结构。在介观平均下，$\boldsymbol{B}$ 和 $\boldsymbol{M}$ 在 1 nm 尺度的涨落被平均掉了(式(2.1))。通常认为，$\boldsymbol{B}$ 场和 $\boldsymbol{H}$ 场在固体中最多缓慢变化。铁磁体里 $\boldsymbol{B}$ 和 $\boldsymbol{H}$ 涨落的最小尺度是交换长度(几纳米的量级)；第 7 章将介绍交换长度。在均匀永磁球的例子中(图 2.10(a))，$\boldsymbol{B}$ 和 $\boldsymbol{H}$ 是常数，分别等于 $(2/3)\mu_0\boldsymbol{M}$ 和 $-(1/3)\boldsymbol{M}$。现实中，固体由排列成特定晶体结构的原子构成，而且能够在实验上通过超精细相互作用探测原子核处的磁场。那么，在固体中的某一点处，局域场 $\boldsymbol{H}_{loc}$ 是多少？这个点可能是原子大小。

原则上，把式(2.51)的积分改为对原子偶极矩 $\mathfrak{m}_i$ 的求和，就可以计算任意点 $\boldsymbol{r}$ 处的 $\boldsymbol{B}$。洛伦兹给出了一种简化的计算方法。把样品划分为两个区域：可以用连续体来处理的区域 1，具有原子尺度结构的区域 2(称作洛伦兹腔)，如图 2.16 所示。r_1 和 r_2 分别为两个区域的平均半径，a 是原子间距，$r_1 \gg r_2 \gg a$。

$$\boldsymbol{H}_{loc} = \boldsymbol{H}_1 + \boldsymbol{H}_2 \tag{2.70}$$

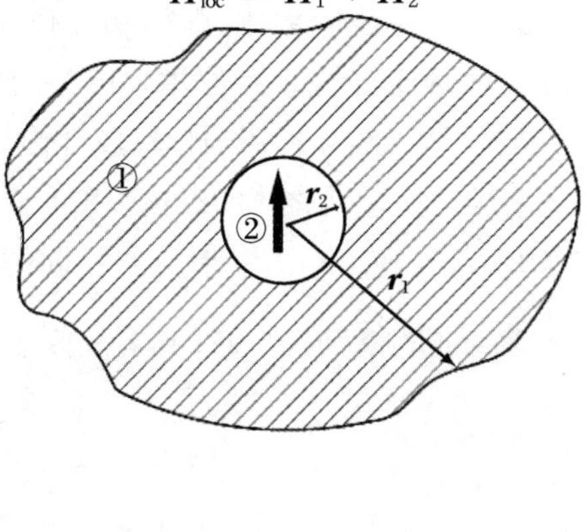

图 2.16

计算固体内部的磁性，球形区域是洛伦兹腔

洛伦兹腔选为球形。利用内表面和外表面的磁荷分布 $\sigma_m = \boldsymbol{M} \cdot \boldsymbol{e}_n$，可以计算区域 1 产生的磁场。使用连续介质近似，可以得到 $\boldsymbol{H}_1 = -\mathcal{N}\boldsymbol{M} + \frac{1}{3}\boldsymbol{M}$，其中第二部分

$$\boldsymbol{H}_L = \frac{1}{3}\boldsymbol{M} \tag{2.71}$$

就是洛伦兹腔场。通过偶极求和，得到腔中的原子产生的磁场

$$\boldsymbol{H}_2 = \sum_i \left[\frac{3(\mathfrak{m}_i \cdot \boldsymbol{r}_i)\boldsymbol{r}_i}{r^5} - \frac{\mathfrak{m}_i}{r^3} \right]$$

可以丢掉式(2.51)中的 δ 函数，除非我们需要作用在原子核上的场。原子偶极矩的求和可以表示为 $\boldsymbol{H}_{dip} = f_{dip}\boldsymbol{M}$，其中 f_{dip} 是量级为 1 的几何因子，取决于晶格结构。在立方点阵的特殊情况下，$f_{dip} = 0$，中心处 $\boldsymbol{H}_2$ 为 $\boldsymbol{0}$。立方点阵中所有偶极矩的贡献精确地抵消。当样品本身是球状时，$\mathcal{N} = 1/3$，$\boldsymbol{H}_1$ 也为 $\boldsymbol{0}$。因此，在均匀磁化的球状立方材料中心，没有局域磁场。

f_{dip} 通常是张量，因此，$\boldsymbol{H}_{dip}$ 依赖于 $\boldsymbol{M}$ 相对于晶体轴的方向。这是非立方材料中本征磁各向异性的重要来源，因为 $\boldsymbol{M}$ 和 $\boldsymbol{H}_{dip}$ 的相互作用定义了晶体中磁化强度的易轴方向。“本征”在这里指的是不依赖于样品的形状。这一部分的贡献有时称为双离子各向异性，因为中心的离子和晶体中其他所有离子都有成对的磁偶极相互作用。

2.5 静磁能和静磁力

铁磁体的能量主要有两部分的贡献：原子尺度的静电效应，例如交换相互作用或单离子各向异性，以及静磁效应。这里考虑的静磁效应包括磁体与自身所产生场的相互作用自能，以及磁体同稳恒或缓变外磁场的相互作用。交换以及其他静电效应是第 5 章的主题。

与导致铁磁性的短程交换力相比，静磁相互作用非常弱，但是，磁畴结构和磁化过程依赖于静磁相互作用，它们在铁磁体中非常重要。按 r^{-3} 变化的偶极-偶极相互作用的长程属性使得这些弱的相互作用决定了磁性微结构。典型铁磁体的磁化强度是 1 $\text{MA} \cdot \text{m}^{-1}$ 的量级，退磁场 $\boldsymbol{H}_d$(式(2.37))虽然小一些，但具有相同的量级。因此，静磁能 $\left(-\frac{1}{2}\mu_0 \boldsymbol{H}_d \cdot \boldsymbol{M}\right)$ 的量级是 10^6 $\text{J} \cdot \text{m}^{-3}$。原子的典型体积为

$0.2\ \mathrm{nm}^3$，所以，每个原子相应的静磁能量为 1×10^{-23} J，大约相当于 1 K温度。

一般来说，任何具有 $\boldsymbol{B}$ 量纲的物理量和具有 $\boldsymbol{H}$ 量纲的物理量的乘积，例如 $\boldsymbol{B}\cdot\boldsymbol{H}$，$\boldsymbol{B}\cdot\boldsymbol{M}$，$\mu_0H^2$ 和 μ_0M^2，都具有单位体积能量的量纲。

磁场对电流或运动电荷不做功，因为单位体积（$\boldsymbol{j}\times\boldsymbol{B}$）或单位电荷（$\boldsymbol{v}\times\boldsymbol{B}$）的洛伦兹力的磁性部分，总是垂直于运动方向。因此，没有哪个势能函数可以和磁力联系起来。为了建立特定的磁化构型 $\boldsymbol{M}(\boldsymbol{r})$ 或电流分布 $\boldsymbol{j}_c(\boldsymbol{r})$，需要考虑瞬态电场做的功，才能计算相关的能量。静磁能的计算可能相当微妙，必须搞清楚需要考虑哪些能量。例如，当一个扳手被吸向电磁铁的时候，扳手的能量降低，但是磁体的内场和外场都有改变，而扳手内部也产生退磁场。所有与这些变化相关的能量抵消了。然而，扳手还是受了力，并有可能造成事故。

首先考虑一个小的刚性磁偶极子 $\mathfrak{m}$ 处于一个已经存在的磁场 $\boldsymbol{B}$ 中。我们忽略了上标（′），因为磁偶极子没有内部结构。磁矩受到了力矩 $\boldsymbol{\Gamma}$（N·m）：

$$\boldsymbol{\Gamma} = \mathfrak{m}\times\boldsymbol{B} \tag{2.72}$$

以 $\theta=0$ 为参考状态（θ 是 $\mathfrak{m}$ 和 $\boldsymbol{B}$ 的夹角），将力矩积分，得到依赖于角度的“势能” $\varepsilon_m\int_0^\theta \Gamma\mathrm{d}\theta'$。除了常数项以外，

$$\varepsilon_m = -\mathfrak{m}\cdot\boldsymbol{B} \tag{2.73}$$

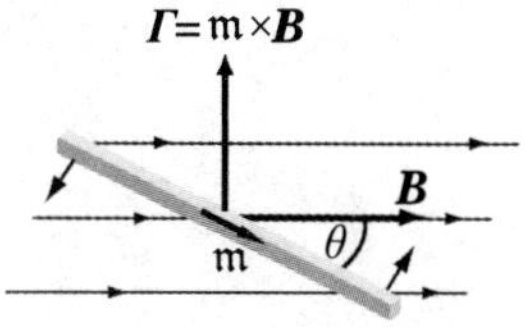

磁场中的磁体。能量是 $-\mathfrak{m}B\cos\theta$，力矩是 $\mathfrak{m}B\sin\theta$

我们假设，转动磁偶极子对它的磁矩和 $\boldsymbol{B}$ 的源都没有影响。方程（2.73）是磁矩在外场中的塞曼能。虽然有力矩，但是磁矩在均匀场中不受净作用力；这个“势能”与位置无关。然而，如果 $\boldsymbol{B}$ 不均匀，磁偶极子的能量就与它的位置有关。根据式（2.73），净作用力 $\boldsymbol{f}_m=-\nabla\varepsilon_m$ 为

$$\boldsymbol{f}_m = \nabla(\mathfrak{m}\cdot\boldsymbol{B}) \tag{2.74}$$

这个力使能量 ε_m 达到极小，因为它倾向于把铁磁体或顺磁体拉到磁场最大的地方，而把抗磁体推到磁场最小的地方。

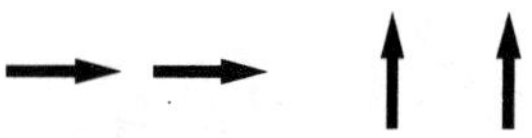

(a)　(b)

一对磁偶极子的构型：(a)“首尾相连”型，能量较低；(b)“并驾齐驱”型，不稳定

下面考虑两个平行偶极子的共同相互作用，$\mathfrak{m}_1$ 在 $\boldsymbol{r}_1$，而 $\mathfrak{m}_2$ 在 $\boldsymbol{r}_2$。偶极子对的相互作用能可以看作 $\mathfrak{m}_1$ 在 $\mathfrak{m}_2$ 在 $\boldsymbol{r}_1$ 产生的场 $\boldsymbol{B}_{21}$ 中的能量，$\varepsilon_m=-\mathfrak{m}_1\cdot\boldsymbol{B}_{21}=-\mathfrak{m}_2\cdot\boldsymbol{B}_{12}$，反之亦然。因此

$$\varepsilon_p = -\frac{1}{2}(\mathfrak{m}_1\cdot\boldsymbol{B}_{21}+\mathfrak{m}_2\cdot\boldsymbol{B}_{12})$$

平行偶极子对的相互作用是各向异性的。根据式（2.10）和式（2.73），“首尾相连”型的能量是 $\varepsilon_p=-\dfrac{2\mu_0\mathfrak{m}^2}{4\pi r^3}$，“并驾齐驱”型的能量

是 $\varepsilon_p=\frac{\mu_0\mathfrak{m}_2}{4\pi r^3}$。这里假设$\mathfrak{m}_1=\mathfrak{m}_2$，$r=|\boldsymbol{r}_1-\boldsymbol{r}_2|$。因此，自由悬停的偶极子倾向于聚集成链状。

互易性 两个偶极子是互易定理的一个例子。互易定理是静磁学的一个重要结果：产生 $\boldsymbol{H}_1$ 和 $\boldsymbol{H}_2$ 的场的两个不同的磁化强度分布 $\boldsymbol{M}_1$ 和 $\boldsymbol{M}_2$ 的相互作用能量是

$$\varepsilon=-\mu_0\int\boldsymbol{M}_1\cdot\boldsymbol{H}_2\mathrm{d}^3r=-\mu_0\int\boldsymbol{M}_2\cdot\boldsymbol{H}_1\mathrm{d}^3r \tag{2.75}$$

其中 ε 是相互作用能量(图 2.17)。互易定理可以简化磁能的计算，例如磁介质与磁头的相互作用。

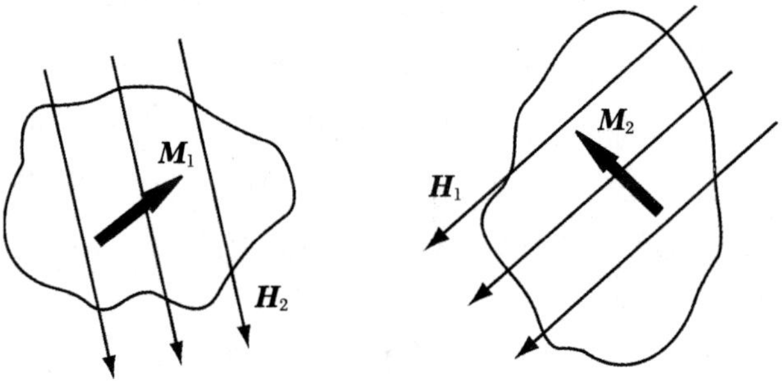

图 2.17

两个磁化强度之间的相互作用

2.5.1 自　　能

这些想法也可以用来计算固体中的偶极-偶极相互作用能。考虑磁化强度为 $\boldsymbol{M}(\boldsymbol{r})$的物体在磁场中的能量。这个磁场是外场 $\boldsymbol{H}'$ 还是物体自身产生的退磁场 $\boldsymbol{H}_d$，得到的结果有所不同。

我们讨论第二种情况，首先考虑宏观磁化物体内部某处的小磁矩 $\delta\mathfrak{m}$。将小磁矩移到该位置所需要的能量是 $\delta\varepsilon=-\mu_0\delta\mathfrak{m}\cdot\boldsymbol{H}_{loc}$。在介观近似下，我们忽略了式(2.70)中的 $\boldsymbol{H}_2$，得到

$$\boldsymbol{H}_{loc}=\boldsymbol{H}_d+\boldsymbol{H}_L \tag{2.76}$$

于是，$\delta\varepsilon=-\mu_0\delta\mathfrak{m}\cdot(\boldsymbol{H}_d+\boldsymbol{H}_L)$。由于 $\boldsymbol{H}_L=\frac{1}{3}\boldsymbol{M}$(式(2.71))，对整个样品积分后得到

$$\varepsilon=-\frac{1}{2}\int_V\mu_0\boldsymbol{H}_d\cdot\boldsymbol{M}\mathrm{d}^3r-\frac{1}{6}\int_V\mu_0\boldsymbol{M}^2\mathrm{d}^3r \tag{2.77}$$

系数 1/2 总是出现在自能的表达式中，以避免重复计算，因为每个微元 $\delta\mathfrak{m}$既是场源又是磁矩。均匀磁化的旋转椭球的自能如图 2.18所示，$\varepsilon=\frac{1}{2}\mu_0V\left(\mathcal{N}-\frac{1}{3}\right)M^2$。式中第二项实际上并不重要；它倾向于将所有磁矩沿同一个方向排列，但是比具有同样作用的交

换能小很多。静磁自能通常定义为 $\varepsilon_m = \varepsilon + \frac{1}{6}\int_V \mu_0 M^2 \, d^3 r$，因此

$$\varepsilon_m = -\frac{1}{2}\int_V \mu_0 \boldsymbol{H}_d \cdot \boldsymbol{M} d^3 r \tag{2.78}$$

由于 $\boldsymbol{M} = \frac{\boldsymbol{B}}{\mu_0} - \boldsymbol{H}$，这个积分可以写成等价的形式：

$$\varepsilon_m = \frac{1}{2}\int \mu_0 H_d^2 d^3 r \tag{2.79}$$

现在是对整个空间积分。下述结果帮助了我们：处于自身磁场中的磁体，当没有电流时，

$$\int \boldsymbol{B} \cdot \boldsymbol{H}_d d^3 r = 0 \tag{2.80}$$

这里也是对整个空间积分①。

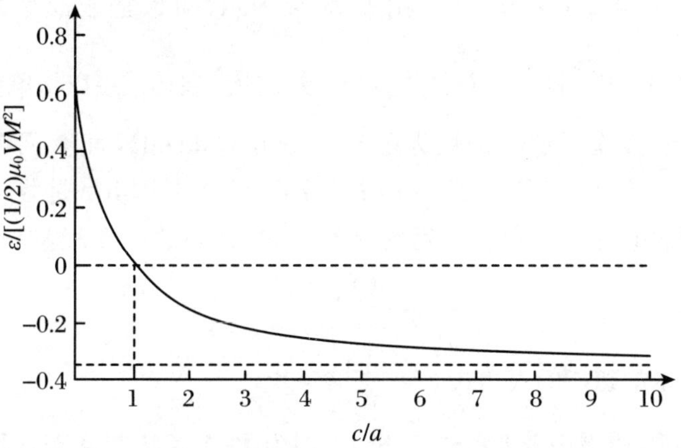

图 2.18
旋转椭球体的偶极自能

这就表明，永磁体的能量或者与 H_d^2 对整个空间积分（式(2.79)）有关，或者与 $-\boldsymbol{H}_d \cdot \boldsymbol{M}$ 对磁体积分（式(2.78)）有关，但不会与两者都有关系。它们是同一能量项的不同表达方式。

对于均匀磁化的椭球，式(2.78)给出

$$\varepsilon_m = \frac{1}{2}\mu_0 V \mathcal{N} M^2 \tag{2.81}$$

除了常数项以外，上式与图 2.18 所示的能量相同。表达式(2.78)假定磁化强度是已知的，因而可以计算磁化分布所产生磁场的静磁能。实际上，磁化强度的分布倾向于使得其自由能最小。对于椭球体，均匀磁化强度沿着 $\mathcal{N}$ 最小的轴。

① 证明如下：令 $\boldsymbol{B} = \nabla \times \boldsymbol{A}$，利用矢量恒等式 $\boldsymbol{H} \cdot (\nabla \times \boldsymbol{A}) = \nabla \cdot (\boldsymbol{A} \times \boldsymbol{H}) + \boldsymbol{A} \cdot (\nabla \times \boldsymbol{H})$，当没有传导电流时，上式第二项为零，积分 $\int \boldsymbol{B} \cdot \boldsymbol{H} d^3 r = \int \boldsymbol{H} \cdot (\nabla \times \boldsymbol{A}) d^3 r = \int \nabla \cdot (\boldsymbol{A} \times \boldsymbol{H}) d^3 r$。根据散度定理，体积分可以转化为面积分 $\int_S (\boldsymbol{A} \times \boldsymbol{H}) d^2 r$。在远离磁体的地方，$A \sim 1/r^2$，$H \sim 1/r^3$，所以，对半径无限大的面积分，结果为零。

2.5.2 与磁场有关的能量

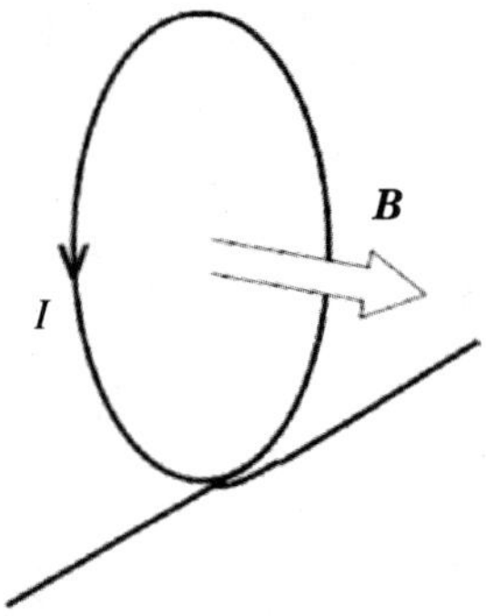

电感为L的电流环产生的磁通量$\Phi=BA=LI$

考虑一个电感 L，它带有环形电流 I，产生了磁通量 $\Phi=LI$，由此可以得到静磁场的能量表达式。根据法拉第定律，$\mathcal{E}=-\dfrac{\mathrm{d}\Phi}{\mathrm{d}t}$，其中$\mathcal{E}$是在环路中形成的电动势(emf)，$\Phi$ 是穿过环路的磁通量，因此，在电感中维持电流 I 所需的功率为 $-\mathcal{E}I=LI(\mathrm{d}I/\mathrm{d}t)$。从 0 到 I 积分，就得到电感的能量表达式：$\varepsilon=(1/2)LI^2=(1/2)\Phi I$。同样的能量可以与电感中电流在空间中产生的场相联系。首先，使用斯托克斯定理 $\int_S \boldsymbol{B}\cdot\mathrm{d}\mathcal{A}=\oint \boldsymbol{A}\cdot\mathrm{d}\boldsymbol{l}$，通量用矢势 $\boldsymbol{A}$ 表示，可以把能量写为 $\varepsilon=(1/2)\oint I\boldsymbol{A}\cdot\mathrm{d}\boldsymbol{l}$。将 $I\mathrm{d}l$ 替换为$\boldsymbol{j}\mathrm{d}^3r$，这个能量表达式可以从单个电流环推广到连续电流分布，因为 $\mathrm{d}^3r=\mathrm{d}^2r\mathrm{d}l=\mathrm{da}\cdot\mathrm{d}l$，而且$\boldsymbol{j}$平行于面积向量($\mathrm{a}\parallel\mathrm{d}\boldsymbol{l}$)，所以 $\boldsymbol{j}\mathrm{d}^2r\,\mathrm{a}\cdot\mathrm{d}\boldsymbol{l}=\boldsymbol{j}\cdot\mathrm{a}\,\mathrm{d}^3r$，其中，$\boldsymbol{j}\mathrm{da}$ 是截面为 da 的管中的电流 $\mathrm{d}\boldsymbol{I}$。因此，与磁场分布相关的能量的一般表达式为

$$\varepsilon=\frac{1}{2}\int \boldsymbol{j}\cdot\boldsymbol{A}\mathrm{d}^3r \tag{2.82}$$

这类似于静磁能的表达式 $\varepsilon=\dfrac{1}{2}\int\rho\varphi_{\mathrm{e}}\mathrm{d}^3r$。

最后，用磁场来表示式(2.82)。因为 $\boldsymbol{j}=\nabla\times\boldsymbol{H}$ 并且$(\nabla\times\boldsymbol{H})\cdot\boldsymbol{A}=\nabla\cdot(\boldsymbol{H}\times\boldsymbol{A})+\boldsymbol{H}\cdot(\nabla\times\boldsymbol{A})$，所以积分包含两项。对于局域的场源，第一项等于零，因为根据散度定理，积分等于 $\boldsymbol{H}\times\boldsymbol{A}$ 通过无穷远处表面的通量。因此，只剩下 $\varepsilon=\dfrac{1}{2}\int\boldsymbol{H}\cdot\boldsymbol{B}\mathrm{d}^3r$：在真空中这项变为

$$\varepsilon=\frac{1}{2}\int\mu_0\boldsymbol{H}^2\mathrm{d}^3r \tag{2.83}$$

与磁场相关的局域能量密度为$\dfrac{1}{2}\mu_0H^2$。实际上，这个表达式具有普遍性，与磁场来自电流还是磁性材料无关(式(2.79))。

当设计包含永磁体的磁路时，通常的目标是让磁体在其周围所产生的场的能量达到最大值。根据式(2.78)和式(2.79)，得到

$$\frac{1}{2}\int\mu_0H_{\mathrm{d}}^2\mathrm{d}^3r=-\frac{1}{2}\int_V\mu_0\boldsymbol{H}_{\mathrm{d}}\cdot\boldsymbol{M}\mathrm{d}^3r \tag{2.84}$$

上式还可以写为

$$\frac{1}{2}\int_{o}\mu_0 H_d^2 d^3 r = -\frac{1}{2}\int_{i}\mu_0 H_d^2 d^3 r - \frac{1}{2}\int_{i}\mu_0 \boldsymbol{M}\cdot\boldsymbol{H}_d d^3 r \quad (2.85)$$

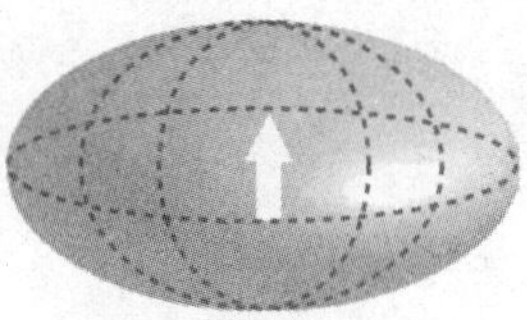
永磁体的理想形状

其中，指标 o 和 i 分别表示磁体外部和内部的积分。左边的积分需要达到最大值。对于均匀磁化的椭球，右边两个积分的和为 $-(1/2)\mu_0 M^2\cdot(\mathcal{N}^2-\mathcal{N})$；当退磁因子$\mathcal{N}$等于 1/2 时，这个式子达到最大。因此，永磁体的理想形状是 $c/a=0.5$ 的旋转椭球体。高与半径相等的矮胖圆柱体几乎一样好。

拆开某个可以动的或者能发声的电子产品(例如耳机)，你可能就会发现近似这种形状的圆柱磁体。这种现代永磁体形状像个药片，非常了不起，却没有马蹄形磁铁那样的号召力！根据式(2.33)和式(2.85)，磁体外的磁场中存储的能量(即式(2.85)左侧)等于 $-(1/2)\int_i \mu_0 \boldsymbol{B}\cdot\boldsymbol{H}_d d^3 r$。积分 $-\int_i \mu_0 \boldsymbol{B}\cdot\boldsymbol{H}_d d^3 r$ 就是磁能积。它是磁体的漏磁场中存储能量的两倍。再说一次，可用能量要么与漏磁场 $(1/2)\int_o \mu_0 H_d^2 d^3 r$ 有关，要么与磁体本身的退磁场 $-(1/2)\int_i \mu_0 \boldsymbol{B}\cdot\boldsymbol{H}_d d^3 r$ 有关，但是不会与两者都有关。这两项的大小相等，但是它们的和为零。同一件事情，不同的表达方式，如此而已。

2.5.3 外磁场中磁体的能量

为了将外场中磁偶极子的能量表达式(2.73)推广到铁磁材料，不能简单地把磁导率为 μ 的介质塞到电感里，因为铁磁体一般是非线性的($\boldsymbol{B}\neq\mu\boldsymbol{H}$)。铁磁体有磁滞行为，达到 $\boldsymbol{B}$ 和 $\boldsymbol{H}$ 描述的状态所需要的能量与经历的路径有关。然而，可以计算通量产生小变化 $\delta\Phi$ 所需的功的增量 $\delta w=-\mathcal{E}I\delta t=I\delta\Phi$。安培定律 $I=\oint\boldsymbol{H}\cdot d\boldsymbol{l}$ 中的积分沿着一个闭合环路，因此 $\delta w=\oint\delta\Phi\boldsymbol{H}\cdot d\boldsymbol{l}$。这可以推广到对系统所做的磁功上，即

$$\delta w=\int\boldsymbol{H}\cdot\delta\boldsymbol{B}d^3 r \quad (2.86)$$

这里是对整个空间积分。当磁化强度均匀时，这个表达式变为

$$\delta W = H\cdot\delta B \quad (2.87)$$

其中，δW 是单位体积的能量增量。

更一般地，我们希望得到在外加磁场 $\boldsymbol{H}'$ 中的磁化强度分布 $\boldsymbol{M}(\boldsymbol{r})$的能量表达式，并假定外加场 $\boldsymbol{H}'$ 没有因为磁性材料的存在而

变化。然而,即使是良好永磁体,假设其完全均匀地磁化,也是不现实的。在磁化过程中,$\boldsymbol{M}(\boldsymbol{r})$被外加场改变,$\boldsymbol{M}(\boldsymbol{r})$取决于遍及磁体的$\boldsymbol{H}(\boldsymbol{r})$。我们不知道磁体内部的$\boldsymbol{H}(\boldsymbol{r})$到底是什么样子,也不清楚能否找到用$\boldsymbol{H}'$表示的能量表达式。遍及磁体的真实场$\boldsymbol{H}$(在麦克斯韦方程中起重要作用的那个$\boldsymbol{H}$)由式(2.37)给出:

$$\boldsymbol{H} = \boldsymbol{H}' + \boldsymbol{H}_{\mathrm{d}}$$

其中,$\boldsymbol{H}_{\mathrm{d}}$是材料本身产生的退磁场。材料的本构关系是$\boldsymbol{M}=\boldsymbol{M}(\boldsymbol{H})$而不是$\boldsymbol{M}=\boldsymbol{M}(\boldsymbol{H}')$,正是因为我们不希望它依赖于无关的外部特征,比如样品的形状。

外加磁场$\boldsymbol{H}'$应该是由外部电流分布$\boldsymbol{j}'$产生的。如果感兴趣的区域里没有电流,$\boldsymbol{H}'$就满足$\nabla\times\boldsymbol{H}'=\boldsymbol{j}'$和$\nabla\cdot\boldsymbol{H}'=0$。磁体产生的介观静磁场$\boldsymbol{H}_{\mathrm{d}}$满足$\nabla\cdot\boldsymbol{H}_{\mathrm{d}}=-\nabla\cdot\boldsymbol{M}$和$\nabla\times\boldsymbol{H}_{\mathrm{d}}=0$。相应的磁感应强度为$\boldsymbol{B}=\mu_0(\boldsymbol{H}+\boldsymbol{M})=\mu_0(\boldsymbol{H}'+\boldsymbol{H}_{\mathrm{d}}+\boldsymbol{M})$。磁感应强度改变$\delta\boldsymbol{B}$所需的磁功的一般表达式是式(2.86),其中$\boldsymbol{H}=\boldsymbol{H}'+\boldsymbol{H}_{\mathrm{d}}$。这个表达式包含与真空$\boldsymbol{H}$场相关的一项$\int\mu_0\boldsymbol{H}'\delta\boldsymbol{H}'\mathrm{d}^3r$,这一项与磁体无关,应该减去,剩下的表达式只含有与随磁体能量变化相关的功。因此,相关的磁功为

$$\delta w' = \int(\boldsymbol{H}\cdot\delta\boldsymbol{B} - \mu_0\boldsymbol{H}'\cdot\delta\boldsymbol{H}')\mathrm{d}^3r \tag{2.88}$$

利用$\boldsymbol{H}$和$\boldsymbol{B}$的表达式(2.37)和(2.33),可得$\boldsymbol{H}\cdot\delta\boldsymbol{B}=\mu_0(\boldsymbol{H}'+\boldsymbol{H}_{\mathrm{d}})\cdot(\delta\boldsymbol{H}'+\delta\boldsymbol{H}_{\mathrm{d}}+\delta\boldsymbol{M})$,因此

$$\delta w' = \mu_0\left[\int\delta(\boldsymbol{H}'\cdot\boldsymbol{H}_{\mathrm{d}})\mathrm{d}^3r + \int\boldsymbol{H}_{\mathrm{d}}\delta\boldsymbol{H}_{\mathrm{d}}\mathrm{d}^3r + \int\boldsymbol{H}\cdot\delta\boldsymbol{M}\mathrm{d}^3r\right] \tag{2.89}$$

第一个积分为零,这跟$\int\boldsymbol{B}\cdot\boldsymbol{H}_{\mathrm{d}}\mathrm{d}^3r$对整个空间积分为零(式(2.80))的原因是相同的($\nabla\cdot\boldsymbol{H}'=0$;$\nabla\times\boldsymbol{H}_{\mathrm{d}}=0$)。第二个积分是对静磁自由能的贡献(式(2.79)),即

$$\delta w' = \delta\varepsilon_{\mathrm{m}} + \mu_0\int_V\boldsymbol{H}\cdot\delta\boldsymbol{M}\mathrm{d}^3r$$

这里是对磁体内部积分,因为$\boldsymbol{M}$在其他地方等于零。这个表达式将磁能和自能跟本构关系$\boldsymbol{M}=\boldsymbol{M}(\boldsymbol{H})$联系起来。从式(2.78)出发,并利用互易性:

$$\delta\varepsilon_{\mathrm{m}} = -\frac{1}{2}\mu_0\int_V(\boldsymbol{H}_{\mathrm{d}}\cdot\delta\boldsymbol{M} + \boldsymbol{M}\cdot\delta\boldsymbol{H}_{\mathrm{d}})\mathrm{d}^3r \tag{2.90}$$

$$\delta\varepsilon_{\mathrm{m}} = -\mu_0\int_V\boldsymbol{H}_{\mathrm{d}}\cdot\delta\boldsymbol{M}\mathrm{d}^3r \tag{2.91}$$

根据式(2.37)、式(2.89)和式(2.91),可得

$$\delta w' = \mu_0 \int_V \boldsymbol{H}' \cdot \delta \boldsymbol{M} \mathrm{d}^3 r \tag{2.92}$$

表达式(2.92)就是外加场对磁体做功的表达式，这里是对整个磁体积分。虽然 $\boldsymbol{H}'$不是出现在本构关系中的场，但功还是用直接有关的物理量表示，即外加场 $\boldsymbol{H}'$和磁化强度 $\boldsymbol{M}$。这个表达式可简化为

$$\delta W' = \mu_0 \boldsymbol{H}' \cdot \delta \boldsymbol{M} \tag{2.93}$$

其中，$\delta W'$是单位体积的能量增量。

如果我们考虑的磁性材料具有如图 2.19 所示的 $\boldsymbol{B}(\boldsymbol{H}')$和 $\boldsymbol{M}(\boldsymbol{H}')$曲线，上述几个积分就如图题所示。磁化样品所用的能量 $\int_0^M \mu_0 \boldsymbol{H}' \cdot \mathrm{d}\boldsymbol{M}$ 与各向异性有关，其中包括形状各向异性，因为外磁场下的磁化过程依赖于样品的取向。

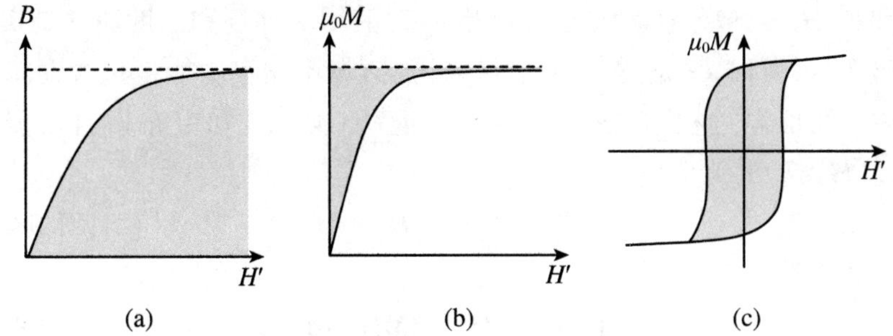

图 2.19

与磁化曲线有关的能量。阴影区表示 (a) 与外加磁场有关的能量，(b) 磁化材料所做的功，(c) 每个循环的磁滞能量损失

如果 $\boldsymbol{M}(\boldsymbol{H}')$关系是有回滞的，则能量消耗在循环磁场 $\boldsymbol{H}'$ 上。例如，图 2.19(b) 显示了将样品磁化到剩磁状态所花费的能量，而图 2.19(c) 显示了一个完全循环的磁滞损耗$\oint \mu_0 \boldsymbol{H}' \cdot \mathrm{d}\boldsymbol{M}$。

可以推导出在外场中磁化 LIH 顺磁材料所需能量的表达式。根据式(2.40)，这里的磁矩是磁场感应出的。因此，由式(2.93)可得

$$W = \int_0^M \mu_0 H' \mathrm{d}M' = \frac{1}{2} \mu_0 M H' \tag{2.94}$$

2.5.4 磁性材料的热力学

热力学第一定律可以用共轭变量对 H_X和 X 表达，其中 H_X表示系统的某个外部作用，X 是状态变量。对系统做功为 $H_X \mathrm{d}X$，而第一定律是

$$\mathrm{d}U = H_X \mathrm{d}X + \mathrm{d}Q \tag{2.95}$$

其中，每一项是单位体积的一种能量。U 为系统的内能，$\mathrm{d}Q$ 是系统在变化过程中吸收的热量。$\mathrm{d}Q$ 用熵表示，对于可逆的变化过程，

$dQ = TdS$。这里，T 和 S 是热能的共轭变量。通常，通过固定（T，S）和（H_X，X）中每对变量里的一个来定义系统。在实验上固定两个变量，让其他两个变量自由变化，可以定义四个热力学势。这些势是内能 $U(X,S)$、焓 $E(H_X,S)$、亥姆霍兹自由能 F 和吉布斯自由能 G。所有这些势的单位都为 $\mathrm{J \cdot m^{-3}}$。当适当的热力学势达到极小值的时候，系统就达到了热力学平衡。温度 T 通常是固定的，相应的势为 $F = U - TS$ 和 $G = F - H_X X$，其中

$$dF = H_X dX - SdT \tag{2.96}$$

而

$$dG = - XdH_X - SdT \tag{2.97}$$

当均匀磁化时，单位体积的磁功有两个表达式，即 $\boldsymbol{H} \cdot \delta \boldsymbol{B}$（式(2.87)）和 $\mu_0 \boldsymbol{H}' \cdot \delta \boldsymbol{M}$（式(2.93)）。后者更实用，因为外场和温度通常是实验变量，所以 G 是感兴趣的势。外加磁场中储存的能量包含在 U 中。在恒温过程中，亥姆霍兹自由能 $F(M,T)$ 和吉布斯自由能 $G(H',T)$ 的关系是

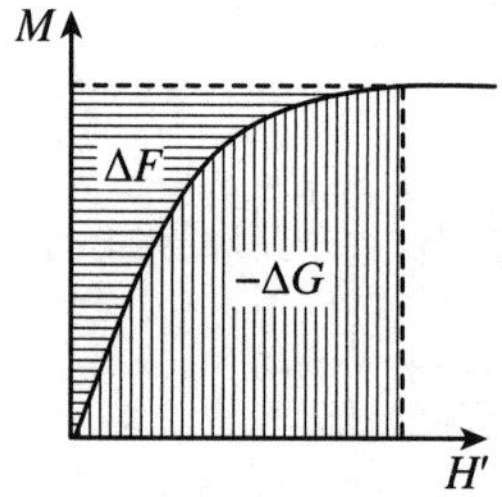

一个可逆磁化曲线对应的热力学自由能 F 和 G 的改变

$$G = F - \mu_0 \boldsymbol{H}' \cdot \boldsymbol{M} \tag{2.98}$$

在热力学平衡下，

$$dF = \mu_0 \boldsymbol{H}' \cdot d\boldsymbol{M} - SdT \tag{2.99}$$

和

$$dG = - \mu_0 \boldsymbol{M} \cdot d\boldsymbol{H}' - SdT \tag{2.100}$$

在恒定温度下，F 和 G 的变化与可逆的 $\boldsymbol{H}'(\boldsymbol{M})$ 或 $\boldsymbol{M}(\boldsymbol{H}')$ 曲线下的面积有关。对于 LIH 介质而言，磁化介质所需的亥姆霍兹自由能和吉布斯自由能的变化分别是 $\frac{1}{2}\mu_0 MH'$ 和 $-\frac{1}{2}\mu_0 MH'$。

铁磁体的自发磁化随温度升高而减小，即将接近于居里温度时下降剧烈，此时，因为自旋磁矩变得无序，自旋系统的熵快速增加。在这个温度范围内，不太大的外加磁场就可以产生很大的熵变。铁磁体的熵和磁化强度是吉布斯自由能（式(2.100)）的偏导数，即

$$S = -\left(\frac{\partial G}{\partial T}\right)_{H'}, \quad \mu_0 M = -\left(\frac{\partial G}{\partial H'}\right)_T \tag{2.101}$$

因为 $\delta Q = T\delta S$，源于磁性的 C_m 等于 $-T(\partial^2 G/\partial T^2)_{H'}$。

此外，四个热力学势的二阶导数给出四个麦克斯韦关系。例如，由吉布斯自由能，利用 $\partial^2 G/\partial H' \partial T = \partial^2 G/\partial T \partial H'$ 得到

$$\left(\frac{\partial S}{\partial H'}\right)_T = \mu_0 \left(\frac{\partial M}{\partial T}\right)_{H'} \tag{2.102}$$

根据热力学第三定律，当温度 T 趋于 0 时，系统的熵趋于 0，与磁场无

关。由此得到，当 $T\to 0$ 时，$\frac{\partial S}{\partial H'}\to 0$，因此，当 $T\to 0$时，$\frac{\partial M}{\partial T}\to 0$。在 $T=0$时，磁化强度随温度变化的斜率必定为 0。

磁学中另一个有用的热力学量是化学势，定义为 $\mu=\frac{\partial G}{\partial n}$，其中 n 是系统的粒子(电子)数密度。化学势是向系统中添加一个额外电子所增加的能量。在金属里，化学势实际上等价于费米能。在外加磁场下，自旋向上电子和自旋向下电子的化学势不一样。依赖自旋的化学势通常用于分析自旋累积和巨磁电阻等自旋电子学现象。

2.5.5 磁 力

热力学中的力与自由能的梯度相关，力代表系统做功的能力。吉布斯自由能以 H'和 T 为独立变量，$G=U-TS-\mu_0\boldsymbol{H}'\cdot\boldsymbol{M}$。由式(2.98)，在恒温下不均匀场作用在磁体上的力密度为 $\boldsymbol{F}_{\rm m}=-\nabla G$，可表示为

$$\boldsymbol{F}_{\rm m}=\nabla(\mu_0\boldsymbol{H}'\cdot\boldsymbol{M}) \tag{2.103}$$

利用$\nabla(\boldsymbol{A}\cdot\boldsymbol{B})$的恒等式(附录 C)，在 $\boldsymbol{M}$ 均匀且与 $\boldsymbol{H}'$无关($\nabla\times\boldsymbol{M}=\boldsymbol{0}$)，也无电流存在时($\nabla\times\boldsymbol{H}'=\boldsymbol{0}$)，上述表达式有更简单的形式。此时，因无旋右侧展开的第一项为 0，

$$\nabla(\boldsymbol{H}'\cdot\boldsymbol{M})=(\boldsymbol{H}'\cdot\nabla)\boldsymbol{M}+(\boldsymbol{M}\cdot\nabla)\boldsymbol{H}'$$

$$\boldsymbol{F}_{\rm m}=\mu_0(\boldsymbol{M}\cdot\nabla)\boldsymbol{H}' \tag{2.104}$$

这就是开尔文力。当 $\boldsymbol{M}$ 平行于z 方向，而且 $\boldsymbol{H}'$的变化也沿着 z 方向的时候，上述表达式是 $\boldsymbol{F}_z=\mu_0 M(\partial H'/\partial z)$。在任何情况下，力总是沿着外加磁场的梯度方向。当 $\boldsymbol{M}$ 依赖于 $\boldsymbol{H}$ 时，力密度的一般表达式为

$$\boldsymbol{F}_{\rm m}=-\mu_0\nabla\left[\int_0^H\left(\frac{\partial Mv}{\partial v}\right)_{H,T}\mathrm{d}H\right]+\mu_0(\boldsymbol{M}\cdot\nabla)\boldsymbol{H} \tag{2.105}$$

注意，这个表达式中的 H 是内场，不是外场 H'，而且 $v=1/\mathrm{d}$，其中 d 为密度。因此，$Mv=\sigma$ 是每千克样品的磁矩。当这个量与密度无关时(例如稀释溶液或者悬浮磁性颗粒)，第一项为 0，而对于 $H'=H$ 的顺磁体，力由开尔文表达式给出。在稀释的顺磁溶液中，退磁场可以忽略，但是在更浓的样品中(例如铁流体(ferrofluid))，第一项包含偶极-偶极相互作用。

参 考 书

Jackson J D. Classical Electrodynamics[M]. 3rd ed. New York: Wiley, 1998. 采用 S1 单位制的经典教科书。

Bertotti G. Hysteresis[M]. San Diego: Academic Press, 2000. 关于静磁学和磁滞回线各方面内容的专著。

Shire E S. Classical Electricity and Magnetism[M]. London: Cambridge University Press, 1960. 一本好的入门书。

Rosencwaig A. Ferrohydrodynamics[M]. Mineola: Dover, 1997. 本书清楚地介绍了磁能与磁力，还特别分析了铁磁流体的情况。

Landau L D, Lifschitz E M. Electrodynamics of Continuous Media [M]. 2nd ed. Oxford: Pergammon Press, 1989. 经典教科书。

习 题

2.1 利用毕奥-萨伐尔定律，将某点处的磁场 $\boldsymbol{B}(\boldsymbol{r})$ 表示为局域电流密度 $\boldsymbol{j}(\boldsymbol{r}')$ 的积分。由此证明 $\boldsymbol{B}$ 的散度为零。

2.2 参考附录 B 的量纲表，证明 $\mathrm{T\cdot m\cdot A^{-1}}$ 和 $\mathrm{H\cdot m^{-1}}$ 是 μ_0 的等价单位。用另一对国际单位制(SI)的量表示这个单位。

2.3 证明：(a) 对于圆形电流环，式(2.6)可以约化为式(2.7)；(b) 对于方形电流环，式(2.6)可以约化为式(2.8)。

2.4 证明：偶极场的表达式(2.8)、式(2.9)和式(2.10)都是等价的。

2.5 证明：式(2.10)等价于式(2.12)，而且式(2.12)等价于式(2.13)。

2.6 (a) 距离磁矩为 $\mathfrak{m}=1\mu_B$ 的原子 0.1 nm 处的磁通量密度是多少？

(b) 利用偶极场在直角坐标系的表达式，证明在立方点阵中任意点的偶极场都是零。

2.7 两个平行线相距为 d，电流为 I，方向相反，计算在垂直于线的轴向 R 处的磁场，假设 $R\gg d$。

2.8 (a) 利用均匀磁化长棒的磁场表达式，证明图 2.6(c) 中的海尔巴克圆柱产生的磁场为 $B=\mu_0 M_r\ln(r_2/r)$，其中 M 是永磁体的磁化强度。

(b) 如果海尔巴克圆柱体由剩磁为 1.5 T 的永磁体制成，在半径为 25 mm 的孔芯中产生 2.0 T 的磁场，圆柱体的外径是多少？估计靠近圆柱两端的磁场。

2.9 (a) 一片石墨和(b) 一根金属铋做的针，自由地悬浮在均匀磁场中，会出现什么情况？

2.10 对质量为 5 mg 的样品进行磁测量，在 1.0 T 的磁场中产生 $1.5\times10^{-7}\,\mathrm{A\cdot m^2}$ 的力矩，在 2.0 T 的磁场下产生 $3.0\times10^{-7}\,\mathrm{A\cdot m^2}$ 的力矩。如果材料的密度为 $4500\,\mathrm{kg\cdot m^{-3}}$，则材料的无量纲磁化率是多少？把它转化成质量磁化率或者摩尔磁化率；该材料的分子质量为 $265\,\mathrm{g\cdot mol^{-1}}$。使用表 B 检查转换(见插页)。

2.11 计算长的针状钆样品在居里点 T_C 的外部磁化率，假定磁化强度沿着 c 轴方向，与样品轴的夹角是 12°。(内磁化率在 T_C 发散)

2.12 证明：点状偶极子 $\mathfrak{m}$ 的磁场可以从矢势 $\boldsymbol{A}=(\mu_0/4\pi r^2)\mathfrak{m}\times\boldsymbol{e}_r$ 导出。

2.13 (a) 利用标势的表达式(2.65)，导出磁场的表达式(2.55)。
(b) 利用矢势的表达式(2.59)，导出用电流分布表示的磁场表达式(2.53)。

2.14 一根管子装有浓度梯度为 $c(z)$ 的顺磁溶液，证明在均匀外场下，它不受磁力。

2.15 证明：对于长螺线管的特殊情况，它在磁场中的能量密度由式(2.83)给出。

2.16 考虑小体积元表面磁荷的受力(式(2.32))，证明：梯度磁场中均匀磁化材料的力密度由式(2.104)给出。

2.17 利用直角坐标系和矢量恒等式 $[\boldsymbol{A}\times(\nabla\times\boldsymbol{B})]_j=\sum_i[\boldsymbol{A}_i\nabla_j\boldsymbol{B}_i-\boldsymbol{A}_i\nabla_i\boldsymbol{B}_j]$，证明可以用式(2.103)得到式(2.104)和 $\boldsymbol{F}_z=\mu_0\boldsymbol{M}(\partial H'/\partial x)$。在稀释的线性各向同性介质中，证明 $\boldsymbol{F}_\mathrm{m}=(\mu_0\chi/2)\nabla H^2$。

2.18 将铁的磁化强度(2.15 T)换算为 $\mathrm{A\cdot m^{-1}}$，再换算到 CGS 单位制(高斯和 emu 单位)。在 SI 单位制和 CGS 单位制里，铁的比磁化强度是多少？

第3章 电子磁性

那个小东西的质量跟氢原子相比都微不足道，乍一看，还有什么能比它更不切实际呢？

——J.J.汤姆孙(影片《原子物理学》里的旁白(1934))

固体材料的磁矩与电子有关。磁性的微观理论基于电子角动量的量子力学。电子角动量有轨道和自旋两个不同来源。自旋轨道相互作用将它们耦合起来。在磁场中，自由电子做回旋运动，而受约束的电子做拉莫尔进动，后者导致轨道抗磁性。根据电子是局域在原子实还是离域在能带，固体磁性的描述有根本性的不同。讨论金属磁性的起点是自由电子模型。它导致了依赖温度的泡利顺磁性和朗道抗磁性。相反地，局域非相互作用的电子呈居里顺磁性。

20世纪初，人们发现电子是一种非常小而且带负电的粒子。德布罗意(Louis de Broglie)在1924年提出，波粒二象性可以推广到实物粒子(就像光一样)，电子的波长λ_e与它的动量相关，即

$$p = h/\lambda_e \tag{3.1}$$

结合玻尔(Niels Bohr)的假定(原子中电子的角动量是$\hbar$的整数倍，$|\boldsymbol{r}\times\boldsymbol{p}| = n\hbar$)，上述德布罗意关系使得原子中的电子轨道是定态，而且对应着整数个德布罗意波长。这开启了量子物理学的发展。

我们对电子磁性的理解根植于量子力学。薛定谔的**波动力学**和海森堡的**矩阵力学**是两种基本方法。波动力学用复的波函数$\psi(\boldsymbol{r})$表示电子，其物理意义是，$\psi^*(\boldsymbol{r})\psi(\boldsymbol{r})\delta^3 r$为$\boldsymbol{r}$处$\delta^3 r$体积内发现电子的概率，其中$\psi^*$是波函数$\psi$的复共轭。基本方程是薛定谔方程：

$$\mathcal{H}\psi = \varepsilon\psi \tag{3.2}$$

其中$\mathcal{H}$是哈密顿算符。方程的解是**本征态**或定态$\psi_i(\boldsymbol{r})$，而**本征值**是能级ε_i，$i = 1,2,\cdots$。本征态是正交的，$\int \psi_i^*\psi_j \mathrm{d}^3 r = 0$，并且构成了系统的一组基。海森堡形式用$n\times n$矩阵表示哈密顿量，在仅与少量本征态相关的磁学问题中特别有用。所有可观测量均可表示为矩阵算符。本征态是$n\times 1$的列矢量，本征值是实数——为了确定它们，经常需要矩阵对角化以求其本征值。哈密顿量中附加项所带来的修正，可

以通过微扰论得到。

方程(3.2)用来求解定态(能量本征态)。如果依赖于时间，$\psi=\psi(\boldsymbol{r},t)$，就要用含时的薛定谔方程：

$$\mathcal{H}\psi = \mathrm{i}\hbar\frac{\partial\psi}{\partial t} \tag{3.3}$$

对于能量本征态，解的形式为 $\psi\sim \mathrm{e}^{-\mathrm{i}\varepsilon t/\hbar}$，式(3.3)决定了任何波函数随时间的演化。

3.1 轨道磁矩和自旋磁矩

磁矩与**基本粒子的角动量**密切相关，因此磁性的量子理论与角动量的量子化紧密相连。质子、中子和电子具有内禀角动量(即自旋)$(1/2)\hbar$，其中 $\hbar$ 是普朗克常数 h 除以 2π。

因为核子的质量非常大($\approx 1.67\times10^{-27}$ kg)，所以核自旋产生的磁矩远小于电子自旋。实际上，核磁性通常可以忽略。电子是固体磁矩的主要来源。电子是电荷为 $-e$、质量为 m_e 的基本粒子，它有两个不同的角动量来源，一个与绕原子核的轨道运动有关，另一个是自旋(图3.1)。

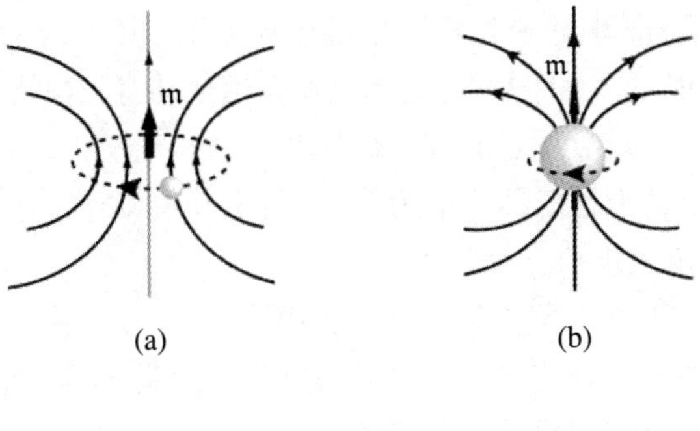

图 3.1
电子的磁矩与(a)轨道和(b)自旋有关

3.1.1 轨道磁矩

轨道磁矩可以依据玻尔的原子模型引入，其中，电子在库仑势 $\varphi_\mathrm{e}=-Ze/4\pi\epsilon_0 r$ 的作用下，绕电荷为 Ze 的原子核沿圆轨道转动。在此轨道中转动的电子等效于电流环。因为电子带负电，电流方向与转动方向相反。如果电子速度是 v，转动周期就是 $\tau=2\pi r/v$，等效

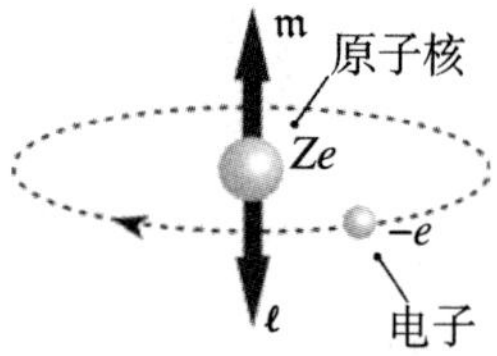

玻尔原子。电子沿圆轨道运动，其量子化角动量 $\boldsymbol{\ell}$ 与磁矩 $\mathfrak{m}$ 方向相反

电流是 $I=-e/\tau$。与电流环相关的磁矩 $\mathfrak{m}=I\mathcal{A}$（式(2.3)）是 $-\frac{1}{2}e\boldsymbol{r}\times\boldsymbol{v}$，其中矢量积表明磁矩的方向。依据角动量 $\boldsymbol{\ell}=m_e\boldsymbol{r}\times\boldsymbol{v}$，磁矩是

$$\mathfrak{m}=-\frac{e}{2m_e}\boldsymbol{\ell} \tag{3.4}$$

磁矩正比于角动量是普遍结果，即

$$\mathfrak{m}=\gamma\boldsymbol{\ell} \tag{3.5}$$

其中比例系数 γ 称为旋磁比。对于电子轨道磁矩，γ 是 $-(e/2m_e)$；负号意味着 $\mathfrak{m}$ 和 $\boldsymbol{\ell}$ 方向相反（因为电子带负电）。

轨道角动量以 $\hbar$ 为单位量子化，因此 $\mathfrak{m}$ 沿某一方向（选为 z 轴方向）的分量是

$$\mathfrak{m}_z=-\frac{e}{2m_e}m_\ell\hbar,\quad m_\ell=0,\pm1,\pm2,\cdots \tag{3.6}$$

其中 m_ℓ 是轨道磁量子数。因此电子磁性的自然单位是**玻尔磁子**，定义为

$$\mu_B=\frac{e\hbar}{2m_e} \tag{3.7}$$

$1\ \mu_B=9.274\times10^{-24}\ \mathrm{A\cdot m^2}$。量子化轨道磁矩的 z 分量是玻尔磁子的整数倍。

处于量子力学定态的电子与经典带电粒子的显著区别是，前者可以在其轨道上无限期地转动，如同某种永恒运动或者电子超流，而经典带电粒子（即非量子化轨道中的电子）由于其连续的向心加速度，必然辐射能量。由于辐射损耗，经典轨道运动将很快终止。

关系式(3.5)也可以用 g 因子表达：$(|\mathfrak{m}|/\mu_B)=(g|\boldsymbol{\ell}|/\hbar)$，其中的 g 因子定义为磁矩（以 μ_B 为单位）与角动量（以 $\hbar$ 为单位）的比值。因此，轨道磁矩的 g 就是 1。

式(3.4)可以推广到非圆形轨道。由式(2.3)知 $\mathfrak{m}=I\mathcal{A}$ 对任意形状面积为 $\mathcal{A}$ 的平面环路成立。以角速度 ω 运动的电子的角动量 $(\boldsymbol{\ell}=m_er^2\omega)$ 是轨道守恒量。电流 $I=-e/\tau=-(e\boldsymbol{\ell}/m_e)\langle1/2\pi r^2\rangle_{av}=-e\boldsymbol{\ell}/2m_e\mathcal{A}$，其中 $\langle\cdots\rangle_{av}$ 是对轨道取平均。因此 $\mathfrak{m}=-(e/2m_e)\boldsymbol{\ell}$。

玻尔模型使用量子力学的简化版本处理原子问题，提供了原子物理学的尺度和能量的自然单位。如果 $Z=1$，对于向心加速的电子，牛顿第二定律 $e^2/4\pi\epsilon_0r^2=m_ev^2/r$ 和角动量量子化条件 $m_evr=n\hbar$ 给出，$r=n^2a_0$，其中**玻尔半径** a_0 定义为

$$a_0 = \frac{4\pi\epsilon_0\hbar^2}{m_e e^2} \tag{3.8}$$

a_0的数值是 52.92 pm。对应的电子结合能是$Z^2 R_0/n^2$，其中，$R_0=(m_e/2\hbar^2)(e^2/4\pi\epsilon_0)^2$称为**里德堡常数**，其数值是$2.180\times10^{-18}$ J，等于13.606 eV。

3.1.2 自旋磁矩

电子具有量子数为$s=1/2$的内禀自旋角动量。电子具有与此相关的内禀磁矩，不依赖于任何轨道运动，在磁场下只能取两个分立方向之一。电子确实是点粒子，半径小于10^{-20} m，远小于经典半径(表3.1)，图3.1中的旋转带电球其实是误导。神秘的内禀角动量是相对论量子力学的结果(第3.3节)。所有费米子都有自旋以及相关的磁矩。事实证明，与电子自旋相关的磁矩不是半个玻尔磁子，而是接近于一个玻尔磁子。电子的旋磁比γ是$-e/m_e$，而g因子接近于2。

$$\mathfrak{m} = -\frac{e}{m_e}\boldsymbol{s} \tag{3.9}$$

由于自旋磁量子数$m_s=\pm\dfrac{1}{2}$，因此只有两个可能的角动量态。沿任意轴的自旋分量是$\pm\dfrac{1}{2}\hbar$：

$$\mathfrak{m}_z = -\frac{e}{m_e}m_s\hbar,\quad m_s=\pm\frac{1}{2} \tag{3.10}$$

因此，自旋角动量产生磁场的效果是轨道角动量的两倍。在更高阶修正下，电子内禀自旋磁矩的g因子是2.0023。电子的自旋磁矩为1.00116 μ_B。在实际应用中，这么小的修正可以忽略。

表3.1 电子的性质

质量	m_e	9.109×10^{-31} kg
电荷	$-e$	-1.6022×10^{-19} C
自旋量子数	s	1/2
自旋角动量	$(1/2)\hbar$	5.273×10^{-35} J·s
自旋g因子	g	2.0023
自旋磁矩	m	-9.285×10^{-24} A·m^2
经典半径$\mu_0e^2/4\pi m_e$	r_e	2.818×10^{-15} m

1917 年，斯图尔特(John Stewart)用实验演示了磁性与角动量相关联的事实，这就是**爱因斯坦-德哈斯效应**。如左图所示，铁磁棒挂在悬丝上，可以绕其轴转动。螺线管产生的竖直磁场足以克服铁磁棒的退磁场并使其达到磁饱和。然后将螺线管中的电流反向，翻转铁磁棒的磁化方向，因为电子角动量反转而引发了角冲量，使得铁磁棒转动。根据转角和悬丝的扭力常数，就可以得到角动量的变化。对于自发磁化强度 $M_s = 1710\ \text{kA} \cdot \text{m}^{-1}$ 的铁，g 因子是 2.09，说明铁的磁矩主要来自电子自旋。更惊人的是铁磁矩的大小，每个铁原子只有 $2.2\ \mu_B$。①铁原子的电子数等于原子序数，$Z = 26$，而铁磁矩仅仅对应于其中两个的自旋磁矩。所有其余的电子都形成自旋反向排列的对子，对磁矩没有贡献。

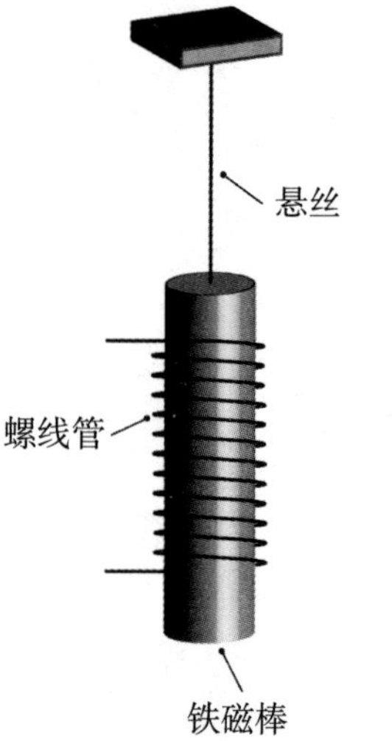

爱因斯坦-德哈斯效应演示了角动量和磁矩的关系。铁磁棒挂在悬丝上，螺线管的磁场反向，磁化翻转到相反的方向；铁磁棒转动

3.1.3　自旋轨道耦合

一般原子中的电子具有自旋角动量和轨道角动量。自旋轨道相互作用将它们耦合起来，产生总电子的角动量 $\boldsymbol{j}$ 以及相应的磁矩

$$\mathfrak{m} = \gamma \boldsymbol{j} \tag{3.11}$$

习惯上用小写字母ℓ, s, j 表示单电子的角动量量子数。大写字母 L, S, J 保留给下一章讨论的多电子原子和离子。ℓ和 L 只能为整数，而其他量子可以是整数或半整数。粗体表示角动量向量，其单位是 $\hbar$。

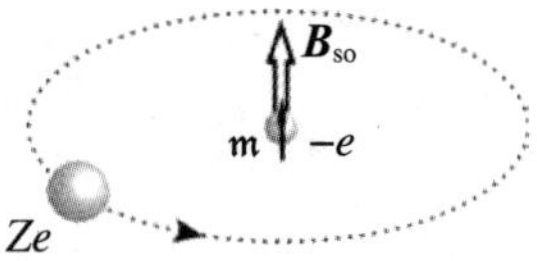

从电子的角度"看"自旋轨道相互作用

以电子为中心来看，原子核以速度 v 绕电子转动。这个运动等价于电流 $I_n = Zev/2\pi r$，在中心电子处产生了磁场 $\mu_0 I_n/2r$（式(2.7)）。自旋-轨道相互作用是该磁场($B_{so} = \mu_0 Zev/4\pi r^2$)作用在电子内禀磁矩上所引起的。与$\ell$ 和 s 相关的电子磁矩具有相反的方向。相互作用能(式(2.73)) $\varepsilon_{so} = -\mu_B B_{so}$ 可以近似地写成玻尔磁子和玻尔半径的形式②，因为对于内层电子 $r \approx a_0/Z$，对于外层电子 $r = na_0$，并且 $m_e vr \approx \hbar$。对于内层电子，

① 为了从每千克的磁矩 σ 计算每个分子的磁矩$\mathfrak{m}$（以μ_B 为单位），将 σ 乘以分子质量$\mathcal{M}$再除以 5585($\mathfrak{m} = \sigma \mathcal{M}/1000 N_A \mu_B$，其中 N_A 是阿伏伽德罗常量)。对于铁，$\mathcal{M}/5585$ 碰巧是 1/100，铁的相对原子质量为 55.85；铁在 300 K 时 $\sigma = M_s/\rho = 217\ \text{A} \cdot \text{m}^2 \cdot \text{kg}^{-1}$，因此 $\mathfrak{m} = 2.2\ \mu_B$。附录 E 给出了其他磁化强度的换算。

② 通常将自旋磁矩近似为 $1\ \mu_B$。严格地讲，这个表达式应该是 $\varepsilon_{so} = -g\mu_B m_s B_{so}$。

$$\varepsilon_{so} \approx -\frac{\mu_0 \mu_B^2 Z^4}{4\pi a_0^3} \tag{3.12}$$

Z 的变化意味着，自旋轨道相互作用对轻元素很弱，但是对重元素特别是内壳层非常重要。对于硼原子或碳原子，自旋轨道耦合相关的磁场是 10 T 的量级。第 3.3.3 小节给出了相对论计算得到的自旋轨道相互作用的正确形式。表达式(3.12)多了一个系数 2。单电子的自旋轨道相互作用哈密顿量是

$$\mathcal{H}_{so} = \lambda \hat{\boldsymbol{l}} \cdot \hat{\boldsymbol{s}} \tag{3.13}$$

其中 λ 是自旋轨道耦合能，$\hat{\boldsymbol{l}}$ 和 $\hat{\boldsymbol{s}}$ 为无量纲的算符——λ 已经包含了 $\hbar^2$，因而具有能量量纲。

3.1.4　角动量的量子力学描述

玻尔模型是非常简化的角动量量子理论。量子力学中的物理可观测量用微分算符或矩阵算符表示，用戴帽子(^)的粗体符号表示。例如，动量用 $\hat{\boldsymbol{p}} = -\mathrm{i}\hbar\nabla$表示，动能用$\hat{\boldsymbol{p}}^2/2m = -\hbar^2\nabla^2/2m$ 表示。方程$\hat{\boldsymbol{O}}\psi_i = \lambda_i\psi_i$的本征值$\lambda_i$给出了物理可观测量的允许值，其中$\hat{\boldsymbol{O}}$是算符，$\psi_i$是本征函数，表示系统的可观测态。本征值可以通过解方程 $|\hat{\boldsymbol{O}} - \lambda \boldsymbol{I}| = 0$ 得到，其中$|\cdots|$表示行列式，$\boldsymbol{I}$ 是单位矩阵。

角动量算符是$\hat{\boldsymbol{l}} = \boldsymbol{r} \times \hat{\boldsymbol{p}}$，其分量是

$$\hat{\boldsymbol{l}} = -\mathrm{i}\hbar(y\partial/\partial z - z\partial/\partial y)\boldsymbol{e}_x - \mathrm{i}\hbar(z\partial/\partial x - x\partial/\partial z)\boldsymbol{e}_y - \mathrm{i}\hbar(x\partial/\partial y - y\partial/\partial x)\boldsymbol{e}_z \tag{3.14}$$

用球坐标表示的直角坐标是 $x = r\sin\theta\cos\phi$，$y = r\sin\theta\sin\phi$，$z = r\cos\theta$，角动量算符的分量变为

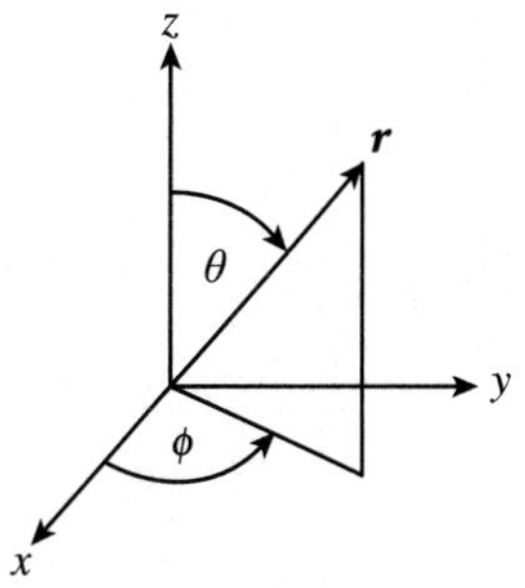

球坐标系

$$\begin{aligned} \hat{l}_x &= \mathrm{i}\hbar(\sin\phi\,\partial/\partial\theta + \cot\theta\cos\phi\,\partial/\partial\phi) \\ \hat{l}_y &= \mathrm{i}\hbar(-\cos\phi\,\partial/\partial\theta + \cot\theta\sin\phi\,\partial/\partial\phi) \\ \hat{l}_z &= -\mathrm{i}\hbar(\partial/\partial\phi) \end{aligned} \tag{3.15}$$

总角动量的平方是

$$\hat{\boldsymbol{l}}^2 = \hat{\boldsymbol{l}}_x^2 + \hat{\boldsymbol{l}}_y^2 + \hat{\boldsymbol{l}}_z^2 = -\hbar^2\left(\frac{\partial^2}{\partial\theta^2} + \cot\theta\frac{\partial}{\partial\theta} + \frac{1}{\sin^2\theta}\frac{\partial^2}{\partial\phi^2}\right) \tag{3.16}$$

另一种表示角动量的方法是矩阵法。这种方法便于研究电子的自旋。磁性系统有为数不多的 v 个磁性基矢态(basis state，用不同的

磁性量子数 m_l 表示)，可以表示为 $\nu\times\nu$ 的**厄米矩阵**[1]。对于量子数 ℓ 的轨道角动量，ν 是 $2\ell+1$。

以此类推，对于自旋，电子的 $s=1/2$ 只有两个基矢态，用 $m_s=\pm 1/2$ 表示。电子的自旋角动量用 2×2 的自旋算符 $\hat{\mathbf{s}}$ 表示，它的三个分量表示为 $\hat{\mathbf{s}}_x$，$\hat{\mathbf{s}}_y$，$\hat{\mathbf{s}}_z$。通常把 $\hat{\mathbf{s}}_z$ 选为对角矩阵，它的本征值是 $(1/2)\hbar$ 或 $-(1/2)\hbar$，对应于 $m_s=\pm 1/2$。电子的两个可能的自旋态称为自旋向上态(↓)和自旋向下态(↑)[2]。化学家用 β 和 α 指代它们。对应于 $|\downarrow\rangle$ 和 $|\uparrow\rangle$ 的本征矢量是 $\begin{bmatrix}1\\0\end{bmatrix}$ 和 $\begin{bmatrix}0\\1\end{bmatrix}$，所以 $\hat{\mathbf{s}}_z$ 算符的矩阵形式为 $\begin{bmatrix}1&0\\0&-1\end{bmatrix}\frac{1}{2}\hbar$。绕 y 轴旋转 $\theta=\frac{1}{2}\pi$ 得到 $\hat{\mathbf{s}}_x=\begin{bmatrix}0&1\\1&0\end{bmatrix}\frac{1}{2}\hbar$，进一步绕 z 轴旋转 $\phi=\frac{1}{2}\pi$ 得到 $\hat{\mathbf{s}}_y=\begin{bmatrix}0&-\mathrm{i}\\ \mathrm{i}&0\end{bmatrix}\frac{1}{2}\hbar$。自旋本征矢量称为旋量。$\hat{\mathbf{s}}=(s_x,s_y,s_z)$ 乘以 $2/\hbar$ 得到无量纲算符 $\hat{\boldsymbol{\sigma}}$，其分量称为**泡利自旋矩阵**：

$$\hat{\boldsymbol{\sigma}}=\left(\begin{bmatrix}0&1\\1&0\end{bmatrix},\begin{bmatrix}0&-\mathrm{i}\\ \mathrm{i}&0\end{bmatrix},\begin{bmatrix}1&0\\0&-1\end{bmatrix}\right)\tag{3.17}$$

在量子力学中，角动量的基本性质是表示 x,y,z 分量的算符满足**对易关系**：

$$[\hat{\mathbf{s}}_x,\hat{\mathbf{s}}_y]=\mathrm{i}\hbar\hat{\mathbf{s}}_z,\quad[\hat{\mathbf{s}}_y,\hat{\mathbf{s}}_z]=\mathrm{i}\hbar\hat{\mathbf{s}}_x,\quad[\hat{\mathbf{s}}_z,\hat{\mathbf{s}}_x]=\mathrm{i}\hbar\hat{\mathbf{s}}_y\tag{3.18}$$

方括号表示**对易子**，定义为 $\hat{\mathbf{s}}_x\hat{\mathbf{s}}_y-\hat{\mathbf{s}}_y\hat{\mathbf{s}}_x$ 等。三个分量 $\hat{\mathbf{s}}_x$，$\hat{\mathbf{s}}_y$，$\hat{\mathbf{s}}_z$ 都满足对易关系，而且它们的本征值都是 $\pm(1/2)\hbar$。这些算符必须是厄米算符，以保证其本征值为实数。对易关系可以简洁地总结为

$$\hat{\mathbf{s}}\times\hat{\mathbf{s}}=\mathrm{i}\hbar\hat{\mathbf{s}}\tag{3.19}$$

既然所有角动量算符必须满足上述对易关系，轨道角动量的微分算符(式(3.15))也满足。如果两个算符的对易子是零，则称这两个算符对易。

在量子力学中，只有算符相互对易的物理量才可以同时测量。角动量的三个分量彼此不对易，因此不能同时测量。例如，对 z 分量的精确测量意味着 x,y 分量不确定。但是可以同时测量总角动量及

---

① 厄米矩阵 $[A_{ij}]$ 满足 $A_{ij}=A_{ji}^*$，其中"*"表示复共轭，即用 $-\mathrm{i}$ 代替 i。厄米矩阵的本征值是实数，对应于物理上可观察的量。

② 箭头指示磁矩方向。电子带负电意味着"↑"表示自旋向下，反之亦然。这有些令人迷惑。

其任意一个分量(通常为 z 分量)。自旋角动量的平方 $\hat{s}^2$ 的本征值是 $s(s+1)\hbar^2$，正比于单位矩阵，即

$$\hat{\mathbf{s}}^2 = \hat{s}_x^2 + \hat{s}_y^2 + \hat{s}_z^2 = \begin{bmatrix}1 & 0\\0 & 1\end{bmatrix}3\hbar^2/4$$

它与 $\hat{s}_x$，$\hat{s}_y$ 和 $\hat{s}_z$ 对易。对于两个本征矢量 $\begin{bmatrix}1\\0\end{bmatrix}$ 和 $\begin{bmatrix}0\\1\end{bmatrix}$，自旋角动量平方的本征值 $\langle \hat{s}^2 \rangle = \langle i | \hat{s}^2 | i \rangle$ 是 $3\hbar^2/4$。$\hat{s}_z$ 和 $\hat{s}^2$ 都是对角矩阵，对角矩阵总是相互对易[①]。因此可以同时测量总角动量的平方值和角动量的 z 分量。

如图 3.2 所示，电子角动量可以用长为 $\sqrt{3}\hbar/2$ 的矢量表示。它绕 z 轴进动，在 z 轴上的投影是 $+z$ 或 $-z$ 方向。平行于 z 轴方向上的自旋角动量分量只可能取值 $m_s\hbar$，其中 $m_s = \pm 1/2$。$m_s = \pm 1/2$ 这两个态具有相反的磁矩，并且在磁场 $\boldsymbol{B}$ 下形成这两个能级的塞曼分裂。塞曼效应的哈密顿量 $\mathcal{H}_Z = -\mathfrak{m} \cdot \boldsymbol{B} = (e/m_e)\hat{\mathbf{s}} \cdot \boldsymbol{B}$ 有本征值 $g\mu_B m_s B \approx \pm \mu_B B$，就是外加磁场下的能级。因此自旋态的分裂是 $2\mu_B B$。通常取电子自旋 g 因子恰好为 2。

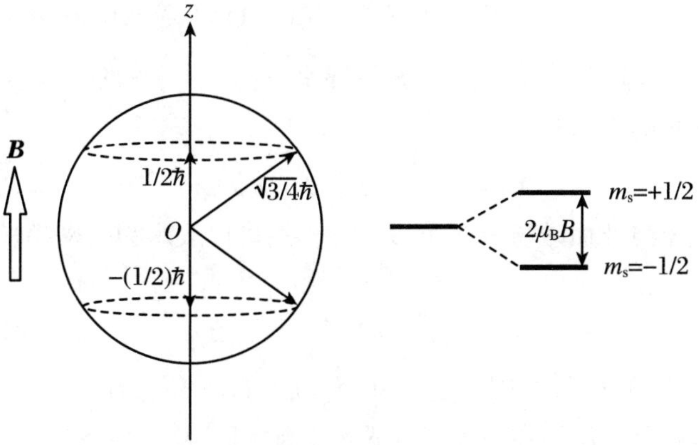

图 3.2

电子自旋的矢量模型。自旋矢量长度为 $\sqrt{3}\hbar/2$，绕外加磁场方向以拉莫尔频率进动。沿 z 轴有两个可能的投影 $\pm\hbar/2$，对应 $|\uparrow\rangle$ 和 $|\downarrow\rangle$ 态。插图显示了两个磁能级在磁场下的塞曼分裂

量子力学中还有两个有用的算符是升降算符，即

$$\hat{s}^+ = \hat{s}_x + \mathrm{i}\hat{s}_y \quad 和 \quad \hat{s}^- = \hat{s}_x - \mathrm{i}\hat{s}_y$$

它们不对应于任何可观测量，但非常有用，因为它们可以让 m_s 上升或下降一个单位并保持 s 不变。对于 $s = 1/2$，这就意味着将 $|\downarrow\rangle$ 变

① 在狄拉克符号中，$\langle i|\hat{a}|j\rangle$ 是算符 $\hat{a}$ 的 i,j 矩阵元。对角元是 $\langle i|\hat{a}|i\rangle$。当矩阵只有对角元时，对角元就是本征值。厄米矩阵总可以通过适当的酉变换对角化。如果 $\hat{a}$ 是哈密顿量，其本征值是系统的能级。$|i\rangle$ 称为"右矢"，是本征函数，即矩阵表示中的列矢量。"左矢" $\langle i|$ 是复共轭的行矢量。对于归一化本征函数，它们的乘积(即狄拉克括号)是 $\langle i|i\rangle = 1$。

到$|\uparrow\rangle$或者反过来。$\hat{s}^+$ 和$\hat{s}^-$算符表示为非厄米矩阵$\begin{bmatrix}0 & 1\\0 & 0\end{bmatrix}\hbar$ 和 $\begin{bmatrix}0 & 0\\1 & 0\end{bmatrix}\hbar$。因此$\hat{s}^+|\uparrow\rangle=\hbar|\downarrow\rangle$，$\hat{s}^+|\downarrow\rangle=|0\rangle$，$\hat{s}^-|\uparrow\rangle=|0\rangle$，$\hat{s}^-|\downarrow\rangle=\hbar|\uparrow\rangle$；$\hat{s}^2$ 可以写成

$$\hat{s}^2=\frac{1}{2}(\hat{s}^+\hat{s}^-+\hat{s}^-\hat{s}^+)+\hat{s}_z^2$$

或者是等效形式$\hat{s}^2=(\hat{s}^+\hat{s}^--\hbar\hat{s}_z+\hat{s}_z^2)$和$\hat{s}^2=(\hat{s}^-\hat{s}^++\hbar\hat{s}_z+\hat{s}_z^2)$。升降算符的对易关系是$[\hat{s}^2,\hat{s}^\pm]=0$和$[\hat{s}_z,\hat{s}^\pm]=\pm\hbar\hat{s}^\pm$。

总之，自旋1/2的电子的角动量大小是$\sqrt{3}\hbar/2$。它有两个自旋态$m_s=\pm1/2$，沿z轴的投影分别是$\pm(1/2)\hbar$。这些态在零场下简并，但在磁场下分裂。这两种自旋态的记号有$\left|\frac{1}{2}\right\rangle$和$\left|-\frac{1}{2}\right\rangle$，$|\downarrow\rangle$和$|\uparrow\rangle$，或者$\alpha$和$\beta$。

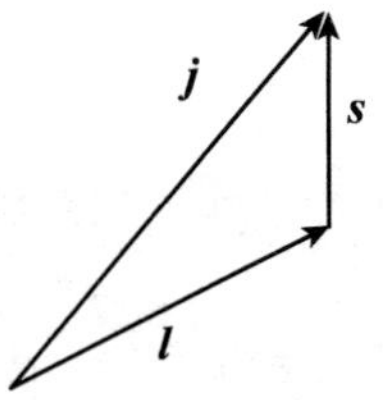

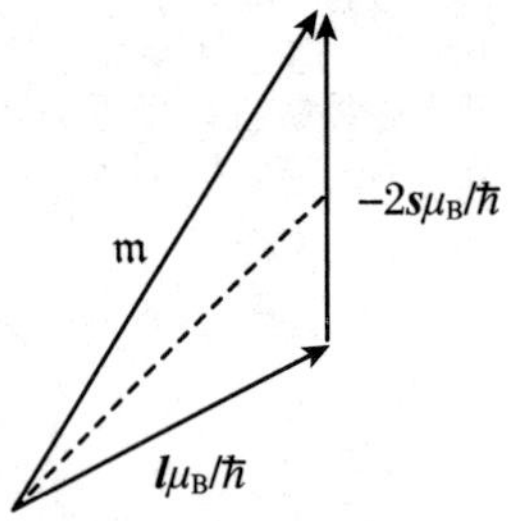

电子角动量与磁矩的相加

电子磁矩算符$\hat{\mathfrak{m}}$(单位是玻尔磁子)与相关的角动量(单位是$\hbar$)呈正比，并且可以表示为类似的矩阵，其中轨道和自旋角动量的比例因子(g因子)分别是1和2。事实上，式(3.4)和式(3.9)在量子力学中的含义是，算符$\hat{\mathfrak{m}}$与$\hat{l}$(或$\hat{s}$)的矩阵元呈正比。电子的总磁矩是自旋和轨道磁矩的矢量和：

$$\hat{\mathfrak{m}}=-(\mu_B/\hbar)(\hat{l}+2\hat{s}) \tag{3.20}$$

电子总磁矩与外加磁场$\boldsymbol{B}$的塞曼相互作用可以表示为哈密顿量中的一项：

$$\mathcal{H}_Z=(\mu_B/\hbar)(\hat{l}+2\hat{s})\boldsymbol{B} \tag{3.21}$$

如果磁场$\boldsymbol{B}$在z方向，则塞曼项为$(\mu_B/\hbar)(\hat{l}_z+2\hat{s}_z)\boldsymbol{B}$。

自旋极化 电子在一般状态下的波函数是$|\psi\rangle=\alpha|\uparrow\rangle+\beta|\downarrow\rangle$，其中$\alpha$和$\beta$是复数。如果这个波函数是归一化的，那么$\langle\psi|\psi\rangle=1$，即$\alpha^2+\beta^2=1$。例如，$\alpha=\beta=\frac{1}{\sqrt{2}}$的态，$\psi=\frac{1}{\sqrt{2}}\begin{bmatrix}1\\1\end{bmatrix}$对应于自旋躺在$xy$平面内。这个态是$|\uparrow\rangle$和$|\downarrow\rangle$两个态的等权重叠加。$s_z$的测量结果是$\hbar/2$或$-\hbar/2$的概率相等。

电子系综的自旋极化率定义为

$$P=\frac{n_\uparrow-n_\downarrow}{n_\uparrow+n_\downarrow} \tag{3.22}$$

其中$n_\uparrow$和$n_\downarrow$分别是处于两个自旋态的电子密度。密度的单位是m^{-3}。一般情况下，$P=(\alpha^2-\beta^2)/(\alpha^2+\beta^2)$。如果电子都处于$|\uparrow\rangle$

态,电子完全极化,即 $P=1$。如果电子处于 $|\uparrow\rangle$ 或 $|\downarrow\rangle$ 态的概率相等,那么电子非极化,即 $P=0$。

局域磁场方向定义了电子自旋的量子化轴 Oz。原理上讲,分离 $|\uparrow\rangle$ 和 $|\downarrow\rangle$ 电子从而制备自旋完全极化的电子束的一种方法是,将非极化电子束通过施加了非匀强磁场的空间区域。如果磁场梯度也在 z 方向,则磁场梯度力 $\nabla(\mathfrak{m}\cdot\boldsymbol{B})=\pm\mu_B(dB_z/dz)\boldsymbol{e}_z$(式(2.74))作用在磁矩是 $\pm1\ \mu_B$ 的电子两个自旋态上。入射电子束就分为两束。

斯特恩(Otto Stern)和盖拉赫(Walther Gerlach)在1921年首先观察到了上述分裂(图3.3)。他们的实验对象并不是电子(电子会受到洛伦兹力(式(2.19))而偏转),而是将电中性的银原子束通过特殊形状的磁铁的间隙,磁场梯度为 $dB/dz=1000\ \text{T}\cdot\text{m}^{-1}$。预期原子束分裂为 $2L+1$ 个子束,其中 L 是整数。银原子的外层电子构型是 $5s^1$,没有轨道角动量,但是银原子束分裂成两束,表明银原子磁矩与半整数角动量相关。起初,为了解释磁场下氢原子光谱的精细结构,戈德施密特和乌伦贝克提出了电子的内禀半整数自旋,这个想法也解释了斯特恩-盖拉赫实验。

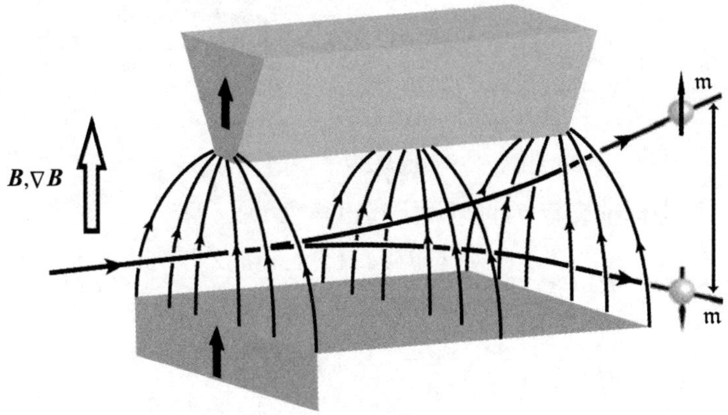

图 3.3

斯特恩-盖拉赫实验。一束非极化的原子通过梯度很大的非均匀磁场后,根据磁矩在磁场方向的投影,非极化原子束分裂成两束

当自旋极化电子束进入磁场方向有变化的区域时,需要将态投影到 xz 平面内新的 Oz' 方向。如果 Oz 与 Oz' 的夹角是 θ,则 $\boldsymbol{s}$ 在新的 z 轴上的投影是 $\boldsymbol{s}\cdot\boldsymbol{e}_{z'}=\boldsymbol{s}_z\cos\theta+\boldsymbol{s}_x\sin\theta$。在旋转后的坐标系中,$\boldsymbol{s}_z$ 的本征值通过对角化下面的矩阵得到:

$$\boldsymbol{s}\cdot\boldsymbol{e}_{z'}=\begin{bmatrix}\cos\theta & \sin\theta\\ \sin\theta & -\cos\theta\end{bmatrix}\frac{\hbar}{2} \tag{3.23}$$

对角化矩阵 $\hat{\boldsymbol{M}}$ 的方法是解本征值方程 $|\hat{\boldsymbol{M}}-\lambda\hat{\boldsymbol{I}}|=0$,其中 $\hat{\boldsymbol{I}}$ 是单位矩阵,而 $|\cdots|$ 表示矩阵的行列式。解关于 λ 的方程

$|\boldsymbol{s}\cdot\boldsymbol{e}_{z'}-(\hbar/2)\lambda\hat{\boldsymbol{I}}|=0$，给出$(\cos\theta-\lambda)(-\cos\theta-\lambda)-\sin^2\theta=0$。于是$\lambda^2=1$；本征值是$\pm\hbar/2$，符合预期。自旋本征值并不依赖于坐标系的选取。如果$\begin{bmatrix}c_1\\c_2\end{bmatrix}$是本征矢量，那么$\begin{bmatrix}c_1\cos\theta+c_2\sin\theta\\c_1\sin\theta-c_2\cos\theta\end{bmatrix}=\lambda\begin{bmatrix}c_1\\c_2\end{bmatrix}$。这给出联立方程

$$c_1(\cos\theta-\lambda)+c_2\sin\theta=0,\quad c_1\sin\theta-c_2(\cos\theta+\lambda)=0$$

于是$c_1/c_2=-\sin\theta/(\cos\theta-\lambda)$。这导致两个本征矢量在原来坐标系中的表达式：

$$\begin{bmatrix}\cos\theta/2\\\sin\theta/2\end{bmatrix}\text{对应于 }\lambda=1,\quad\begin{bmatrix}-\sin\theta/2\\\cos\theta/2\end{bmatrix}\text{对应于 }\lambda=-1\tag{3.24}$$

从第一个坐标系（$\hat{\boldsymbol{s}}_z$是对角的）到第二个坐标系（$\hat{\boldsymbol{s}}_{z'}$是对角的）的变换矩阵$\hat{\boldsymbol{R}}_y(\theta)$是

$$\hat{\boldsymbol{R}}_y(\theta)=\begin{bmatrix}\cos\theta/2 & -\sin\theta/2\\\sin\theta/2 & \cos\theta/2\end{bmatrix}\tag{3.25}$$

新坐标系中的可观测量A'与旧坐标系中的可观测量A的关系是$A'=\hat{R}^{-1}A\hat{R}$。矩阵(3.23)在变换后的坐标系中是对角化的，而且必然等于$\begin{bmatrix}1 & 0\\0 & -1\end{bmatrix}\hbar/2$。这可以通过计算$\hat{\boldsymbol{R}}_y^{-1}\begin{bmatrix}\cos\theta & \sin\theta\\\sin\theta & -\cos\theta\end{bmatrix}\hat{\boldsymbol{R}}_y$来检验，其中$\hat{\boldsymbol{R}}_y^{-1}(\theta)=\begin{bmatrix}\cos\theta/2 & \sin\theta/2\\-\sin\theta/2 & \cos\theta/2\end{bmatrix}$。

绕其他坐标轴旋转θ，可以用下述矩阵表示：

$$\hat{\boldsymbol{R}}_x(\theta)=\begin{bmatrix}\cos\theta/2 & -\mathrm{i}\sin\theta/2\\-\mathrm{i}\sin\theta/2 & \cos\theta/2\end{bmatrix}$$

$$\hat{\boldsymbol{R}}_z(\theta)=\begin{bmatrix}\mathrm{e}^{-\mathrm{i}\theta/2} & 0\\0 & \mathrm{e}^{\mathrm{i}\theta/2}\end{bmatrix}$$

可以从角动量旋转算符的一般形式$\hat{\boldsymbol{R}}(\theta)=\exp(-\mathrm{i}\boldsymbol{\theta}\cdot\boldsymbol{S}/\hbar)$和泡利自旋矩阵(3.17)推导出来。

这些空间旋转揭示了电子和其他自旋1/2粒子（本征态是旋量）的特殊性质。旋转2π不等价于单位矩阵。需要旋转4π才能使旋量不变。量子化方向旋转2π使得旋量相位改变π。这是**贝里相位**(Berry phase)的一个例子。类似地，绕Oz旋转角度ϕ，在旋量中引入了贝里相位系数$\mathrm{e}^{\mathrm{i}\phi/2}$。

角动量的上述理论可以推广到$s=1/2$以外的情况。如果电子处

于$\ell=1$的p轨道，那么$\hat{\ell}_z$有三个本征值，分别对应于$m_\ell=1,0,-1$。这三个本征态用列矢量表示为

$$\begin{bmatrix}1\\0\\0\end{bmatrix},\quad \begin{bmatrix}0\\1\\0\end{bmatrix},\quad \begin{bmatrix}0\\0\\1\end{bmatrix}$$

角动量的三个分量$\hat{l}_x,\hat{l}_y,\hat{l}_z$可以表示为矩阵

$$\hat{l}_x = \begin{bmatrix}0 & 1/\sqrt{2} & 0\\ 1/\sqrt{2} & 0 & 1/\sqrt{2}\\ 0 & 1/\sqrt{2} & 0\end{bmatrix}\hbar$$

$$\hat{l}_y = \begin{bmatrix}0 & -\mathrm{i}/\sqrt{2} & 0\\ \mathrm{i}/\sqrt{2} & 0 & -\mathrm{i}/\sqrt{2}\\ 0 & \mathrm{i}/\sqrt{2} & 0\end{bmatrix}\hbar$$

$$\hat{l}_z = \begin{bmatrix}1 & 0 & 0\\ 0 & 0 & 0\\ 0 & 0 & -1\end{bmatrix}\hbar$$

这三个矩阵的本征值都是$\hbar,0,-\hbar$。角动量平方$\hat{l}^2$的本征值是$\ell(\ell+1)\hbar^2$，等于$2\hbar^2$。它的矩阵表示是

$$\hat{l}^2 = \begin{bmatrix}1 & 0 & 0\\ 0 & 1 & 0\\ 0 & 0 & 1\end{bmatrix}2\hbar^2$$

升降算符$\hat{l}^+$和$\hat{l}^-$分别是

$$\hat{l}^+ = \begin{bmatrix}0 & \sqrt{2} & 0\\ 0 & 0 & \sqrt{2}\\ 0 & 0 & 0\end{bmatrix}\hbar,\quad \hat{l}^- = \begin{bmatrix}0 & 0 & 0\\ \sqrt{2} & 0 & 0\\ 0 & \sqrt{2} & 0\end{bmatrix}\hbar$$

上述理论可以进一步推广到任意整数和半整数的量子数。本征矢量有$2\ell+1$个矩阵元，而哈密顿量的矩阵有$2\ell+1$行和$2\ell+1$列。$\hat{l}^2$和$\hat{l}_z$的对角元是$[\hat{l}^2]_{pq}=\ell(\ell+1)\hbar^2\delta_{p,q}$和$[\hat{l}_z]_{pq}=(\ell+1-p)\hbar\delta_{p,q}$，其中$\delta_{p,q}$是克罗内克符号(如果$p=q$，则$\delta_{p,q}=1$；如果$p\neq q$，则$\delta_{p,q}=0$)。算符$\hat{l}^-$的矩阵元是$[\hat{l}^-]_{pq}=\sqrt{p(2\ell+1-p)}\,\delta_{p,q-1}$，$[\hat{l}^+]$是$[\hat{l}^-]$关于对角线的反射，此外，$\hat{l}_x=(1/2)(\hat{l}^++\hat{l}^-)$，$\hat{l}_y=-(\mathrm{i}/2)(\hat{l}^+-\hat{l}^-)$。

3.2 磁场的效应

磁场对电子的作用是改变其平动或转动，并因为能级上的玻尔兹曼占据数变了(式(3.21))，沿磁场方向感应出一定的磁化强度。本节半经典地讨论磁场对电子运动的影响。

3.2.1 回旋轨道

如果电子以速度 $\boldsymbol{v}$ 在磁场 $\boldsymbol{B}$ 中穿行，洛伦兹力 $-e\boldsymbol{v}\times\boldsymbol{B}$ 产生了垂直于速度的加速度，从而导致圆周运动。关于圆周运动的牛顿第二定律给出 $f=m_e v_\perp^2/r=e\,v_\perp B$，所以回旋频率 $f_c=v_\perp/2\pi r$ 与磁场呈正比：

$$f_c=\frac{e\boldsymbol{B}}{2\pi m_e} \tag{3.26}$$

角频率 ω_c 等于 $2\pi f_c$。电子速度平行于磁场的分量不受洛伦兹力的影响，因此轨迹是绕磁场方向的螺旋线。真空中沿回旋轨道运动的电子以频率 f_c 辐射能量。回旋频率是 28 GHz · T^{-1}。

当 $B\approx 1$ T 时，对于金属中的电子，回旋半径 $r_c=m_e v_\perp/eB$ 是几微米量级。对于半导体和半金属(semimetal)，这个值更小。半导体和半金属中的电子密度更小，所以费米速度更低(第 3.2.5 小节)，而电子有效质量 m^* 可能小于 m_e。

回旋辐射的一个应用例子是家用微波炉(将在第 13.3.2 小节中讨论)。另一个例子是同步加速器，其中电子被加速到其静能的很多倍 γ_e，并在弯转磁铁的限制下沿曲线路径运动。发出线偏振的宽频谱的辐射，束宽很窄，只有 $1/\gamma_e$ 弧度。同步辐射是探测固体电子结构的重要工具。

拉莫尔(Joseph Lamor, 1857—1942)

3.2.2 拉莫尔进动

如果电子被限制在一个轨道上运动，就有相应的磁矩 $\mathfrak{m}=\gamma\,\boldsymbol{\ell}$，其中 γ 是旋磁比(式(3.5))。磁场的作用是在电流环上施加力矩

$$\boldsymbol{\Gamma}=\mathfrak{m}\times\boldsymbol{B} \tag{3.27}$$

角动量的牛顿定律 $\boldsymbol{\Gamma}=\mathrm{d}\boldsymbol{\ell}/\mathrm{d}t$ 给出

$$\frac{\mathrm{d}\mathfrak{m}}{\mathrm{d}t}=\gamma\,\mathfrak{m}\times\boldsymbol{B} \tag{3.28}$$

如果 $\boldsymbol{B}$ 沿 z 轴，那么上述矢量积在直角坐标系中给出：

$$\frac{\mathrm{d}\mathfrak{m}_x}{\mathrm{d}t}=\gamma\,\mathfrak{m}_y\boldsymbol{B},\quad \frac{\mathrm{d}\mathfrak{m}_y}{\mathrm{d}t}=-\gamma\,\mathfrak{m}_x\boldsymbol{B},\quad \frac{\mathrm{d}\mathfrak{m}_z}{\mathrm{d}t}=0 \tag{3.29}$$

磁矩的 z 分量 $\mathfrak{m}_z=\mathfrak{m}\cos\theta$ 不依赖于时间，但 x 分量和 y 分量是振荡的。它的解是 $\mathfrak{m}(t)=(\mathfrak{m}\sin\theta\sin\omega_{\mathrm{L}}t,\mathfrak{m}\sin\theta\cos\omega_{\mathrm{L}}t,\mathfrak{m}\cos\theta)$，其中 $\omega_{\mathrm{L}}=\gamma B$。因此，磁矩绕着外磁场的方向以拉莫尔频率 $f_{\mathrm{L}}=\omega_{\mathrm{L}}/2\pi$ **进动**，即

$$f_{\mathrm{L}}=\frac{\gamma B}{2\pi} \tag{3.30}$$

如果系统不耗散能量，进动将无限期持续下去，而角动量将保持不变。注意轨道磁矩（$\gamma=-e/2m_{\mathrm{e}}$）的拉莫尔进动频率恰好是回旋频率（28 GHz・$\mathrm{T}^{-1}$）的一半，而等于自旋磁矩（$\gamma=-e/m_{\mathrm{e}}$）的回旋频率。自旋角动量绕 Oz 以拉莫尔频率进动。

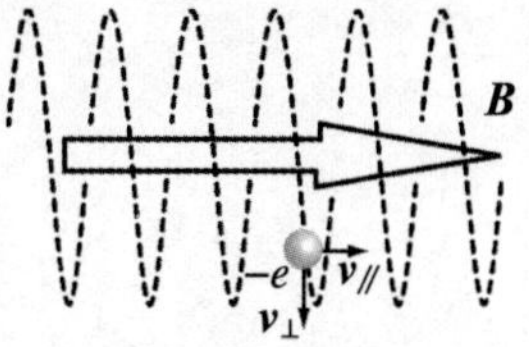

自由电子在磁场中沿螺旋线运动。运动轨迹在垂直于$\boldsymbol{B}$的平面上的投影是一个圆，而电子圆周运动的频率是回旋频率$eB/2\pi m_{\mathrm{e}}$

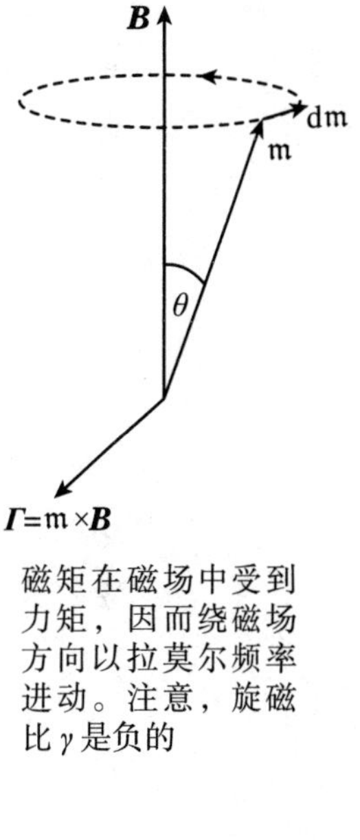

磁矩在磁场中受到力矩，因而绕磁场方向以拉莫尔频率进动。注意，旋磁比 γ 是负的

3.2.3　轨道抗磁性

由拉莫尔进动可以推导出电子轨道抗磁磁化率的半经典描述。电子角动量在磁场下进动，等效于感应出一个角动量以及相关的磁矩。根据楞次定律，感应磁矩应当与外磁场方向相反。感应角动量是 $m_{\mathrm{e}}\omega_{\mathrm{L}}\langle\rho^2\rangle$，其中 $\langle\rho^2\rangle=\langle x^2\rangle+\langle y^2\rangle$ 是电子轨道在垂直 $\boldsymbol{B}$ 平面上投影的平方平均值。因为 $\omega_{\mathrm{L}}=\gamma B$，感应磁矩是 $-\gamma^2 m_{\mathrm{e}}\langle\rho^2\rangle B$，得到磁化率 $\mu_0 M/B$ 是

$$\chi=-n\mu_0 e^2\langle r^2\rangle/6m_{\mathrm{e}} \tag{3.31}$$

其中 n 是每立方米的电子个数，$\gamma=-(e/2m_{\mathrm{e}})$，而 $\langle r^2\rangle=(3/2)\langle\rho^2\rangle$ 是电子轨道半径的平方平均值。在原子中，轨道抗磁效应由外层电子主导（它们的轨道半径最大）。因此，负离子的抗磁磁化率倾向于最大。

对于原子数密度 $n\approx6\times10^{28}\ \mathrm{m}^{-3}$ 且 $\sqrt{\langle r^2\rangle}\approx0.2\ \mathrm{nm}$ 的元素，轨道抗磁磁化率的量级是 10^{-5}。对应的**质量磁化率**的量级是 $10^{-9}\ \mathrm{m}^3\cdot\mathrm{kg}^{-1}$，其定义是 $\chi_m=\chi/\mathrm{d}$，其中 d 是密度。轨道抗磁是微弱

的效应，对于每个原子和分子都在一定程度上存在。如果没有部分填充壳层，轨道抗磁在磁化率中占主导，否则，未配对电子自旋就会产生更大的顺磁贡献。芳烃的抗磁磁化率比较大。例如，苯环有离域的 π 电子，感应电流可以沿着碳环“跑”。所以，苯的轨道抗磁磁化率高度各向异性，当外磁场垂直于环面时，其绝对值最大。

可惜，电子对磁场响应的经典计算有一个潜在问题。因为磁力 $\boldsymbol{f}=-e(\boldsymbol{v}\times\boldsymbol{B})$ 垂直于电子速度，所以磁场对运动电子不做功，因而不能改变其能量。式(2.92)的 $\delta w'$ 是零，所以磁化强度不变。这个悖论的解释来自玻尔-范鲁汶定理，这是著名的经典统计力学结果，但也让人不安。该定理声称，**在任意有限温度下，在任意有限电场或磁场下，电子系综的净磁化强度在热平衡下都是零**。因此，对于经典物理中的电子而言，什么磁性都不可能有！轨道抗磁的半经典计算是有效的，只是因为我们**假设**有一个与轨道相关的固定大小的磁矩。

表 3.2 列出了常见离子的轨道抗磁性。化合物的原子实抗磁性是单个离子贡献的和。插页表 A 和图 3.4 表明，元素周期表中超过一半元素的抗磁磁化率远远小于正的顺磁贡献。下面我们承认电子有内禀自旋，并检查两种极端的磁性模型（分别适用于局域电子和离域电子）如何导致顺磁磁化率。

	$\chi_{/\!/}(10^{-5})$	$\chi_{\perp}(10^{-5})$
 苯(Benzene)	−3.5	−9.1
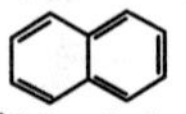 萘(Napthalene)	−5.4	−17.4
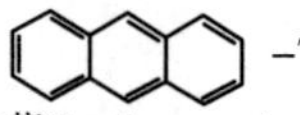 蒽(Anthracene)	−7.0	−25.2
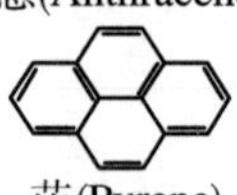 芘(Pyrene)	−8.1	−30.3

部分芳香族分子的磁化率，测量磁场平行或垂直于分子平面

表 3.2　常见离子的抗磁磁化率 χ_m，单位是 $10^{-9}\ m^3\cdot kg^{-1}$（引自 Sellwood，1956）

H^+	0	Be^{2+}	0.6	Sc^{3+}	1.7	C^{4+}	0.1	V^{5+}	1.0	F^-	7.2
Li^+	1.1	Mg^{2+}	1.6	Y^{3+}	1.8	Si^{4+}	0.4	Nb^{5+}	1.0	OH^-	8.8
Na^+	2.7	Ca^{2+}	2.5	La^{3+}	1.8	Ge^{4+}	1.2	Ta^{5+}	1.0	Cl^-	9.2
K^+	4.2	Sr^{2+}	2.1	Lu^{3+}	1.2	Sn^{4+}	1.7			Br^-	5.6
Rb^+	2.9	Ba^{2+}	2.9			Pb^{4+}	1.4	Sb^{5+}	1.4	I^-	5.1
Cs^+	2.9			B^{3+}	0.2			Bi^{5+}	1.4		
Cu^+	2.4	Zn^{2+}	1.9	Al^{3+}	0.9	Ti^{4+}	1.3			O^{2-}	9.4
Ag^+	2.8	Cd^{2+}	2.5	Ga^{3+}	1.4	Zr^{4+}	1.4	Mo^{6+}	0.9	S^{2-}	14.8
Au^+	2.5	Hg^{2+}	2.3	In^{3+}	2.1	Hf^{4+}	1.1	W^{6+}	0.9	Se^{2-}	7.6
NH_4^+	8.0	Pb^{2+}	1.7			Th^{4+}	1.2	U^{6+}	1.0	Te^{2-}	6.8

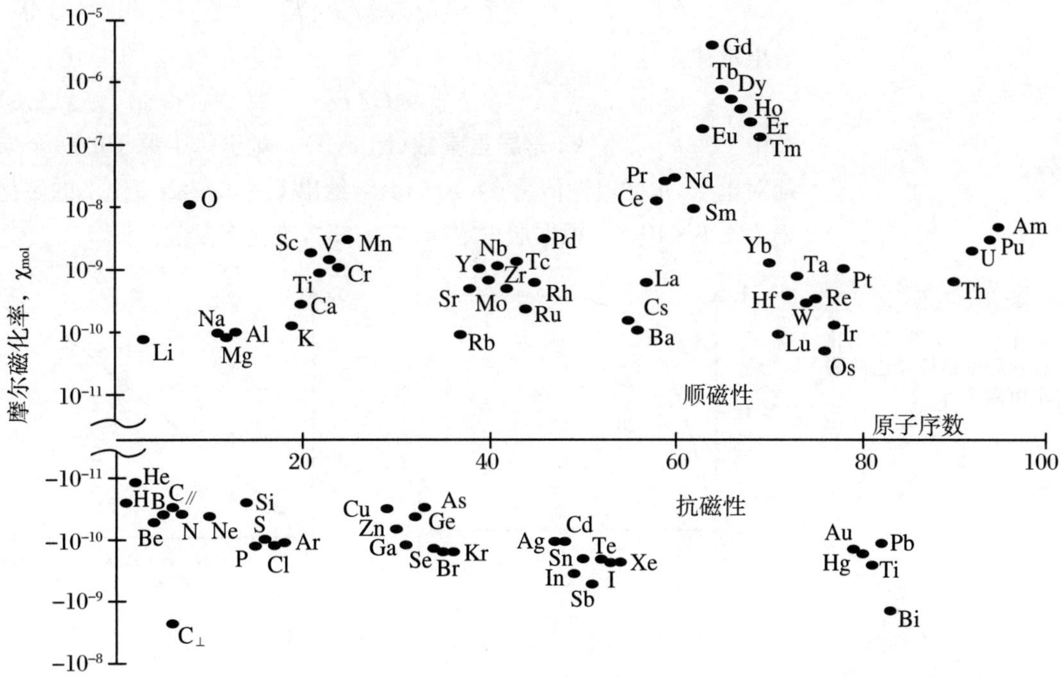

图 3.4

元素的摩尔磁化率

3.2.4 居里顺磁性

考虑无相互作用的局域电子自旋的系综，外磁场沿 Oz 方向，$|\uparrow\rangle$和$|\downarrow\rangle$两个态的分裂≈2 $\mu_B B$(图 3.2)。当磁场增加时，$|\uparrow\rangle$态的玻尔兹曼占据数相对于$|\downarrow\rangle$态也增加。如果单位体积中有 $n = n^{\uparrow} + n^{\downarrow}$个电子，$Oz$ 方向感应磁矩是$(n^{\uparrow} - n^{\downarrow})\mu_B$，其中$n^{\uparrow,\downarrow}$是两个能级的玻尔兹曼占据数，与 $\exp(\pm \mu_B B/k_B T)$呈正比。因此

$$M = c\mu_B[\exp(\mu_B B/k_B T) - \exp(-\mu_B B/k_B T)]$$

并且

$$n = c[\exp(\mu_B B/k_B T) + \exp(-\mu_B B/k_B T)]$$

每个原子平均的磁矩 z 分量就是$\langle \mathfrak{m}_z\rangle = (n^{\uparrow} - n^{\downarrow})\mu_B/(n^{\uparrow} + n^{\downarrow})$，即

$$\langle \mathfrak{m}_z\rangle = [\exp(x) - \exp(-x)]\mu_B/[\exp(x) + \exp(-x)] \tag{3.32}$$

其中 $x = \mu_B B/k_B T$，因此

$$M = n\mu_B \tanh x \tag{3.33}$$

室温下，$\mu_B B \ll k_B T$，因此 x 是小量，可以取近似 $\tanh x \approx x$。因此得到磁化率 $\chi = \mu_0 M/B$ 的居里定律的表达式：

$$\chi = n\mu_0\mu_B^2/k_BT \tag{3.34}$$

居里定律

$$\chi = C/T \tag{1.9}$$

其中 $C = n\mu_0\mu_B^2/k_B$ 是**居里常数**(图 3.5)。对于每个原子的一个未配对电子,n 的典型值是 $6\times10^{28}\ \mathrm{m^{-3}}$,给出 $C = 0.5\ \mathrm{K}$,室温下的磁化率为 1.6×10^{-3}。根据居里定律,$T\to0$ 时,磁化率发散。

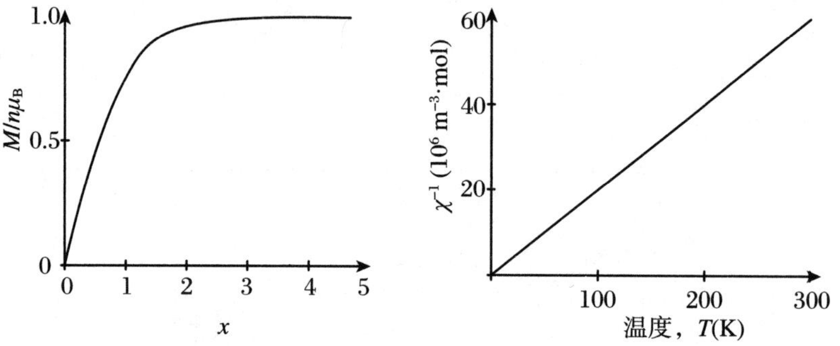

图 3.5

局域电子(s=1/2)的磁化曲线和居里定律给出的磁化率倒数

3.2.5 自由电子模型

为了在离域极限下计算磁化率,我们介绍最简单的固体离域电子模型。电子被局限在尺度为 L 的盒子中,用无相互作用的平面波描述。哈密顿量是动能项和势能项的和:

$$\mathcal{H} = p^2/2m_e + V(\boldsymbol{r}) \tag{3.35}$$

如果 $V(\boldsymbol{r})$是常数(可以设为零)而 $\boldsymbol{p}$ 用算符 $-\mathrm{i}\hbar\nabla$取代,那么薛定谔方程是

$$-\left(\frac{\hbar^2}{2m_e}\right)\nabla^2\psi = \varepsilon\psi \tag{3.36}$$

解是自由电子波函数 $\psi = L^{-3/2}\exp(\mathrm{i}\boldsymbol{k}\cdot\boldsymbol{r})$,其中 $\boldsymbol{k}$ 是电子波矢($k = 2\pi/\lambda_e$),而系数 $L^{-3/2}$ 来自归一化的要求。从算符 $\hat{\boldsymbol{p}} = -\mathrm{i}h\nabla$和 $\hat{\boldsymbol{p}}^2/2m_e$ 得到相应的动量和能量,分别是 $\boldsymbol{p} = \hbar\boldsymbol{k}$ 和 $\varepsilon = \hbar^2k^2/2m_e$。自由电子波的周期性边界条件将允许的 x 值限制为 $k_i(i = x, y, z) = \pm2\pi n_i/L$,其中 n_i 是整数。因为不可区分的电子满足费米-狄拉克统计,每个用 n_x, n_y, n_z 标记的量子态最多可以容纳两个电子,一个↑,另一个↓。允许的态在 k **空间**中形成了简单立方格子,其中每个格点的坐标是(k_x, k_y, k_z)。每个态的体积是$(2\pi/L)^3$,所以一个自旋的态密度是$L^3/8\pi^3$。每个态有二重自旋简并度。在零温下,盒子中的 $N = nL^3$ 个电子占据所有的最低能态,填充

了半径为 k_F(费米波矢)的球。因为 $\frac{4}{3}\pi k_F^3=(N/2)(2\pi/L)^3$,所以

$$k_F = (3\pi^2 n)^{1/3} \tag{3.37}$$

而相应的能量(**费米能**)是

$$\varepsilon_F = (\hbar^2/2m_e)(3\pi^2 n)^{2/3} \tag{3.38}$$

将占据态和非占据态隔开的面是**费米面**,在自由电子模型里,费米面是球面。**费米速度** v_F 的定义为 $\hbar k_F = m_e v_F$,而**费米温度** T_F 的定义为 $\varepsilon_F = k_B T_F$。电子态密度(单位是 $m^{-3}\cdot J^{-1}$) $\mathcal{D}_{\uparrow,\downarrow}(\varepsilon)=\frac{1}{2}dn/d\varepsilon$ 对于**任一**自旋是

$$\mathcal{D}_{\uparrow,\downarrow}(\varepsilon) = (1/4\pi^2)(2m_e/\hbar^2)^{3/2}\varepsilon^{1/2} \tag{3.39}$$

当电子密度是 6×10^{28} m^{-3}时,上述所有量的数值见表 3.3。

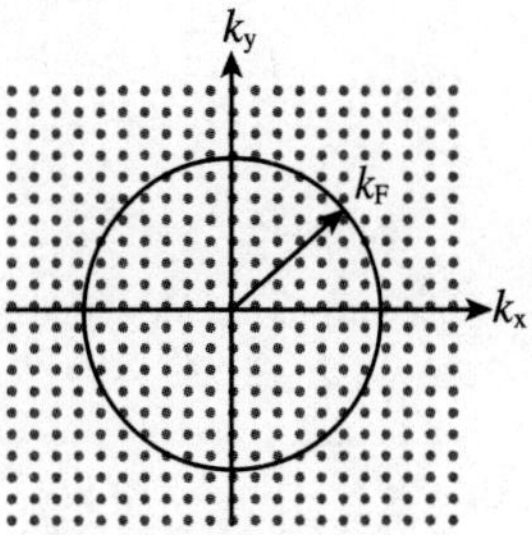

k空间。每个点代表一个可能的电子态,这些自由电子被限制在边长为L的方盒子中。每个态可以容纳一个↑电子和一个↓电子。费米球面的半径为k_F

表 3.3 自由电子气的性质

费米波矢	k_F	$(3\pi^2 n)^{1/3}$	1.2×10^{10}	m^{-1}
费米速度	v_F	$\hbar k_F/m_e$	1.4×10^{6}	$m\cdot s^{-1}$
费米能量	ε_F	$(\hbar k_F)^2/2m_e$	9×10^{-19}	J
费米温度	T_F	ε_F/k_B	6.5×10^{4}	K
态密度	$\mathcal{D}_{\uparrow,\downarrow}(\varepsilon_F)$	$3n/4\varepsilon_F$	5×10^{46}	$m^{-3}\cdot J^{-1}$
泡利顺磁磁化率	χ_P	$3\mu_0\mu_B^2 n/2\varepsilon_F$	1.1×10^{-5}	
霍尔系数	R_h	$1/ne$	1.0×10^{-10}	$m^3\cdot C^{-1}$

注:数值为以 $n=6\times10^{28}$ m^{-3}计算结果。表中态密度是对任一自旋而言。

利用式(3.37)以及$\varepsilon_F=\hbar^2k_F^2/2m_e$,费米能级处电子态密度可写为

$$\mathcal{D}_{\uparrow,\downarrow}(\varepsilon_F) = 3n/4\varepsilon_F \tag{3.40}$$

自旋能带的态密度如图 3.6 所示。单位是一种自旋的态的数目 $J^{-1}\cdot m^{-3}$。

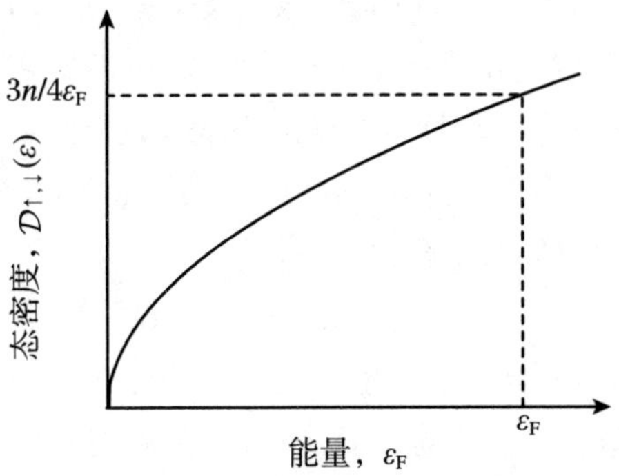

图 3.6

自由电子模型给出的↑(或↓)态的态密度。能级的占据概率由费米函数(式(3.45))给出,近似于阶跃函数

如果上述盒子是宏观的,那么电子态在能量上非常接近,而态密度的表达式不依赖于 L 以及盒子的形状。但是,如果电子在某个方

向上被限制在纳米尺度，那么能量结构和态密度将剧烈改变。此类受限尺寸中的电子输运是当代电子学的研究重点。如果电子只在一个方向受限，而在其他两个方向上自由，就是**量子阱**。如果在两个方向上受限，而只在一个方向上自由，就是**量子线**。如果三个方向都是纳米量级，就是**量子点**，即一种人工原子。空间限制导致了离散化的动量和能量结构，它们遵循德布罗意关系(式(3.1))。

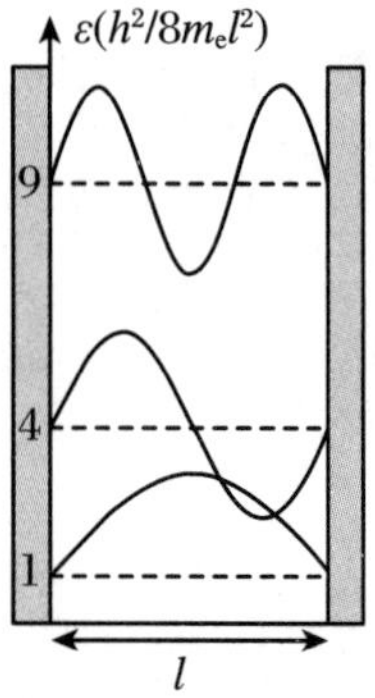

在宽度为l的势阱中，电子的三个最低阶模式。虚线是能级，纵轴是能量(单位是$h^2/8m_e l^2$)

考虑局限在势阱中的电子，势阱沿 z 方向的宽度 l 是 1 nm 的量级。电子波函数的局域边界条件是 $\psi_i(0)=\psi_i(l)=0$，所以阱宽是半波长的整数 n_i 倍，$l=n_i\lambda_e/2$，其中电子波长由式(3.1)给出。因此，$p_i=n_ih/2l$，对应的能量是 $\varepsilon_i=p_i^2/2m_e=(1/2m_e)(n_ih/2l)^2$。最先三个量子化模式的能量为 $h^2/8l^2m_e$，$4h^2/8l^2m_e$，$9h^2/8l^2m_e$。如果 $l=1$ nm，前两个模式的能量间隔为 1.1 eV，因此一般只有基态模式 $n_i=1$ 被占据。这就是**二维电子气**。电子的能量是

$$\varepsilon_i=\frac{\hbar^2}{2m_e}\left[k_x^2+k_y^2+\left(\frac{\pi n_i}{l}\right)^2\right] \tag{3.41}$$

自由电子占据了费米圆，其半径满足 $\pi k_F^2=(N/2)(2\pi/L)^2$，其中，$N=nL^2$。费米能量 $\varepsilon_F=(\hbar^2/2m_e)2\pi n$，所以态密度$\mathcal{D}_{\uparrow,\downarrow}(\varepsilon_F)=(1/4\pi)(2m_e/\hbar^2)$ 是**常数**，不依赖于电子密度。类似地，可以证明对于量子线

$$\varepsilon_{ij}=\frac{\hbar^2}{2m_e}\left[k_x^2+\left(\frac{\pi n_i}{l}\right)^2+\left(\frac{\pi n_j}{l}\right)^2\right] \tag{3.42}$$

而电子密度 $\mathcal{D}_{\uparrow,\downarrow}(\varepsilon_F)=(m_e/2\pi\hbar)(1/2m_e\varepsilon_F)^{1/2}$。尖锐奇点是一维导体态密度的一个特征。

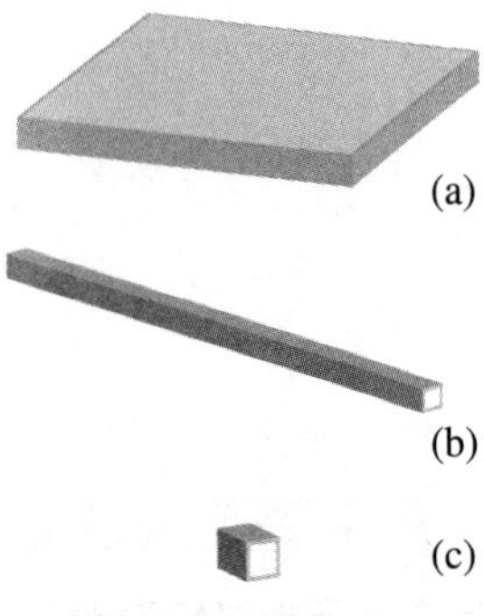

受限的自由电子气：(a) 二维；(b) 一维，即量子线；(c) 零维，即量子点

在晶体的晶格中运动的电子，受到原子实周期势场的作用。根据**布洛赫定理**，电子态

$$\psi(\boldsymbol{r})\approx\exp(\mathrm{i}\boldsymbol{k}\cdot\boldsymbol{r})\,u_k(\boldsymbol{r})$$

可以用修改后的电子平面波来描述，并仍然用波矢 $\boldsymbol{k}$ 标记。函数 $u_k(\boldsymbol{r})=u_k(\boldsymbol{r}+\boldsymbol{R})$具有晶格的周期性，其中 $\boldsymbol{R}=p\boldsymbol{a}_1+q\boldsymbol{a}_2+r\boldsymbol{a}_3$是一般的格矢，是基格矢 $\boldsymbol{a}_1$，$\boldsymbol{a}_2$，$\boldsymbol{a}_3$的和。如果在 k 空间中沿某方向运动的电子的波矢满足布拉格条件

$$2\boldsymbol{k}\cdot\boldsymbol{G}=\boldsymbol{G}^2$$

它会被反射，而自由电子色散关系上将出现一系列的奇点，从而在态密度中导致峰甚至带隙。$\boldsymbol{G}$ 是晶体在 k 空间中倒格子的格矢，倒格子的格点是 $\boldsymbol{G}=h\boldsymbol{b}_1+k\boldsymbol{b}_2+l\boldsymbol{b}_3$，其中 $\boldsymbol{b}_1=2\pi(\boldsymbol{a}_2\times\boldsymbol{a}_3)/[\boldsymbol{a}_1\cdot(\boldsymbol{a}_2\times\boldsymbol{a}_3)]$等；$h,k,l$ 是整数，类似于 p,q,r。对照金属(例如铁)的态密度(图 5.13)与自由电子的态密度(图 3.6)。对于金属中出现铁

磁性，态密度中的峰结构至关重要。

3.2.6 泡利磁化率

外加磁场 $\boldsymbol{B}$ 对自旋磁矩的作用是使↑和↓两个子带移动 $\pm\mu_B B$（图 3.7）。对于 1 T 的磁场，$\mu_B B/k_B = 0.67$ K，而 $T_F \approx 65000$ K，因此实验室可实现的磁场所造成的移动远小于费米能。由图 3.7 可知，磁矩为 $M = (n^{\uparrow} - n^{\downarrow})\mu_B = 2\mathcal{D}_{\uparrow,\downarrow}(\varepsilon_F)\mu_B^2 B$。所以，磁化率 $\chi_P = \mu_0 M/B$ 由下式给出：

$$\chi_P = 2\mu_0\mu_B^2\mathcal{D}_{\uparrow,\downarrow}(\varepsilon_F) \tag{3.43}$$

这个结果很有一般性，并不限于自由电子模型，因为它只依赖费米能级附近的态密度。对于自由电子模型，由式(3.40)以及 $\varepsilon_F = k_B T_F$，得到

$$\chi_P = \frac{3n\mu_0\mu_B^2}{2k_B T_F} \tag{3.44}$$

在最低阶近似下，泡利磁化率不依赖于温度。对照式(3.34)，泡利磁化率比室温下的居里磁化率小两个量级，即 10^{-5}。

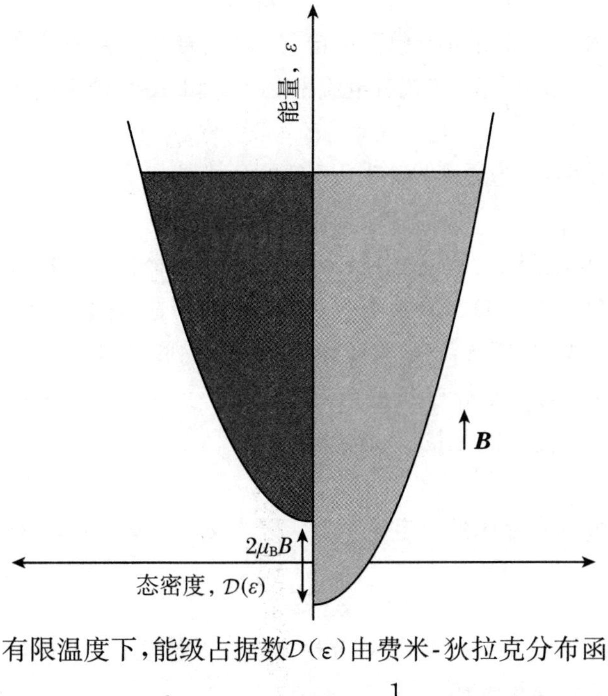

图 3.7

在磁场下，↑和↓态密度的自旋分裂。费米能级处电子从↓带转移到↑带，形成净磁矩

有限温度下，能级占据数 $\mathcal{D}(\varepsilon)$ 由费米-狄拉克分布函数决定：

$$f(\varepsilon) = \frac{1}{\exp[(\varepsilon-\mu)/k_B T]+1} \tag{3.45}$$

其中 μ 是化学势。当 $T=0$ K 时，$\mu=\varepsilon_F$。高温下化学势稍微升高，因为此时低于ε_F的某些态未被占据，化学势需要升高以容纳电子。化学势与费米能的关系是

$$\mu = \varepsilon_F\left[1-\frac{\pi^2}{12}\left(\frac{T}{T_F}\right)^2+\cdots\right]$$

因为 ε_F处的占据态密度减小，所以式(3.44)有一个小的温度依赖修正，它随 T^2变化：

$$\chi_P = \frac{3n\mu_0\mu_B^2}{2k_BT_F}\left[1-\frac{\pi^2}{12}\left(\frac{T}{T_F}\right)^2+\cdots\right] \tag{3.46}$$

电子之间的关联效应会增大泡利磁化率的数值，并使其对温度的依赖性更强。

电子热容也依赖于费米面处的态密度，因为只有那些能量与ε_F(费米能)相差k_BT 的电子才会被热激发。其表达式为

$$C_{el} = \gamma T = (4\pi^2/3)\,k_B^2\mathcal{D}_{\uparrow,\downarrow}(\varepsilon_F)T$$

所以，根据公式(3.43)，得到 γ/χ_P是常数。

3.2.7 电　导

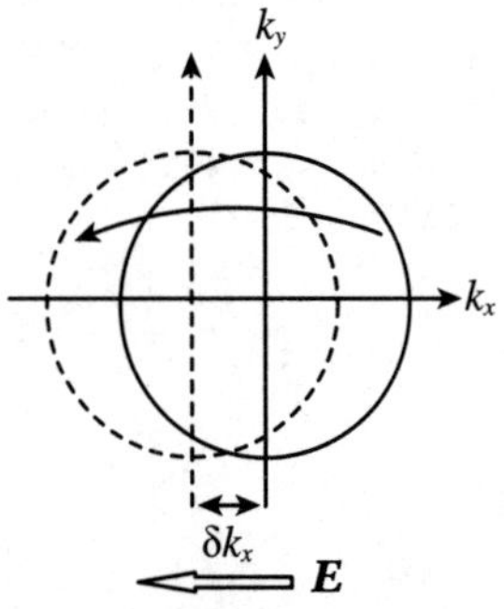

金属的导电过程。在外加电场作用下，电子发生漂移，并散射到费米面拖尾边缘的未占据态。此图过分夸大了费米面的移动$\delta k_x=m_ev_d/\hbar$

现在考虑金属自由电子模型的电导，以及磁场对它的影响。如果施加电场 $\boldsymbol{E}$，在相同方向就有电流密度 $\boldsymbol{j}$ 流动，由欧姆定律给出：

$$\boldsymbol{j} = \sigma\boldsymbol{E} \tag{3.47}$$

其中 σ 是电导率，单位是 S·m^{-1}。等效的公式是

$$\boldsymbol{E} = \varrho\boldsymbol{j}$$

其中$\varrho=1/\sigma$ 是电阻率，单位是 Ω·m。长为 l、横截面为 a 的导体电阻 $R=\varrho\, l/\mathrm{a}$(单位是 Ω)。因为 $E=V/l$，其中 V 是电阻两端的电势差，而 $I=j\,\mathrm{a}$，式(3.47)给出电阻欧姆定律的熟悉形式，$V=IR$。

欧姆定律可以写成化学势的形式。化学势是将一个额外的电子添加到金属中所需要的能量。在电势φ_e处，

$$\mu = \mu_0 - e\varphi_e \tag{3.48}$$

其中μ_0是无电场时金属的恒定化学势。因为 $\boldsymbol{E}=-\nabla\varphi_e=\nabla(\mu/e)$，

$$\boldsymbol{j} = \frac{\sigma}{e}\nabla\mu \tag{3.49}$$

所以化学势的梯度与导体内的电流相关。在导体表面，电荷密度梯度引导电子沿着导线流动。

因为电子在电场 $\boldsymbol{E}$ 的方向获得了漂移速度 ν_d，所以整个费米面在电场方向上有非常微小的移动。电流密度 $\boldsymbol{j}$ 等于 $-ne\boldsymbol{\nu}_d$。**迁移率**

的定义是 $\mu = v_d/E$，其单位是 $m^2 \cdot V^{-1} \cdot s^{-1}$，它与电导率的关系是

$$\sigma = ne\mu \tag{3.50}$$

室温下铜的电导率是 $\sigma = 60\times10^6\ \Omega\cdot m$，电子密度是 $n = 8.45\times10^{28}\ m^{-3}$，由此得到电子迁移率为 $4\times10^{-3}\ m^2\cdot V^{-1}\cdot s^{-1}$。铜的典型电流密度是 $1\ A\cdot mm^{-2}$，对应的电子漂移速度仅为 $0.07\ mm\cdot s^{-1}$。电子的漂移速度慢得仿佛蜗牛，但令人吃惊的是，其瞬时费米速度却大了十个数量级。

在导电过程中，电子受电场力 $-e\boldsymbol{E}$，并在与电场相反的方向上加速一段时间（平均为 τ），直到电子被散射并穿越费米面进入那些未占据态，这个散射过程使得电子速度随机化。牛顿第二定律给出 $eE\tau = m_e v_d$，用弛豫时间表示的电导就是

$$\sigma = \frac{ne^2\tau}{m_e} \tag{3.51}$$

在两次碰撞的平均间隔时间 τ 内，电子走过的**平均自由程**是 $\lambda = v_F\tau$。以铜为例，弛豫时间是 2.5×10^{-14} s，平均自由程是 40 nm。上述导电模型不适用于平均自由程短到原子间距 $a\approx0.2$ nm 的情形——此时铜的**极小金属电导率** $\sigma_{min} = 0.3\times10^6\ \Omega\cdot m$。半金属和半导体的电子密度要小很多，电导率也按比例地减小。

对于铜这样具有半填满 s 能带和近似球形费米面的金属而言，自由电子模型是良好的近似。电子有效质量的定义如下：

$$m^* = \hbar^2 (\partial^2\varepsilon/\partial k^2)^{-1}_{\varepsilon_F} \tag{3.52}$$

可以推广到其他具有非抛物态密度的金属。因此，窄带的有效质量大，迁移率低，$\mu = e\tau/m^*$。

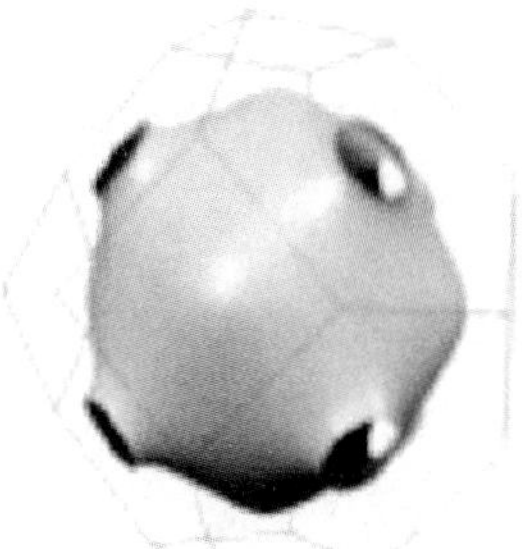

铜的费米面

欧姆定律（式(3.47)）中的电导率或电阻率通常是对角张量，并在立方晶体或多晶材料中简化为熟悉的标量形式。如果沿 z 方向施加磁场，电阻率张量的对角元素 $\varrho_i = \varrho_{xx}, \varrho_{yy}, \varrho_{zz}$ 会发生变化。**磁电阻**的定义是

$$\Delta\varrho/\varrho = [\varrho_i(B) - \varrho_i(0)]/\varrho_i(0)$$

金属的电阻与平均自由程呈反比。沿外加磁场方向的电阻变化是因为电子被散射之前沿着回旋轨道运动，所以在电流方向上电子的平均自由程缩短了。与电子回旋运动有关的磁电阻效应在 $\omega_c\tau\geqslant1$ 时会非常显著，其中 τ 是弛豫时间（即两次散射之间的平均时间）。这个效应最初是磁感应强度 B 的平方。弛豫时间越长，磁场对电阻率的影响越大。磁电阻依赖于能带间的散射；在单一能带的自由电子模型中，磁电阻严格为 0。[①] 在金属中，散射强，磁电阻小（在 1 T 磁场中约为 1%）；但是在半金属或半导体中，电子迁移率高，磁电阻可以

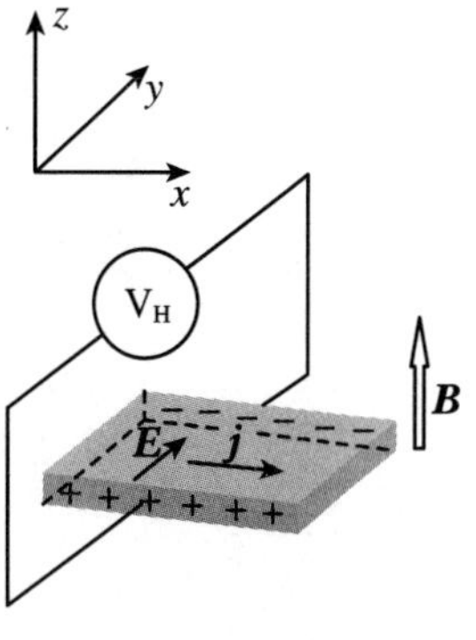

霍尔效应

大很多。铋薄膜的数据如图 3.8 所示。如果膜厚与 r_c 相仿，薄膜中就会有尺寸效应。用半导体材料 InSb 制成的磁电阻传感器用于诸如探测永磁电机中转子的角度位置等应用，其中磁场在 0.1 T 量级，而且不需要线性响应。

图 3.8

铋薄膜(厚度为150 nm)的磁电阻，测量时电流平行、垂直或横向于磁场。这个效应在磁场垂直于电流时比较大，而当$B>10$ T时，样品有限厚度的影响在横向很明显。低磁场下的电阻变化是$\Delta\varrho \propto B^2$（承蒙 J. McCauley提供数据）

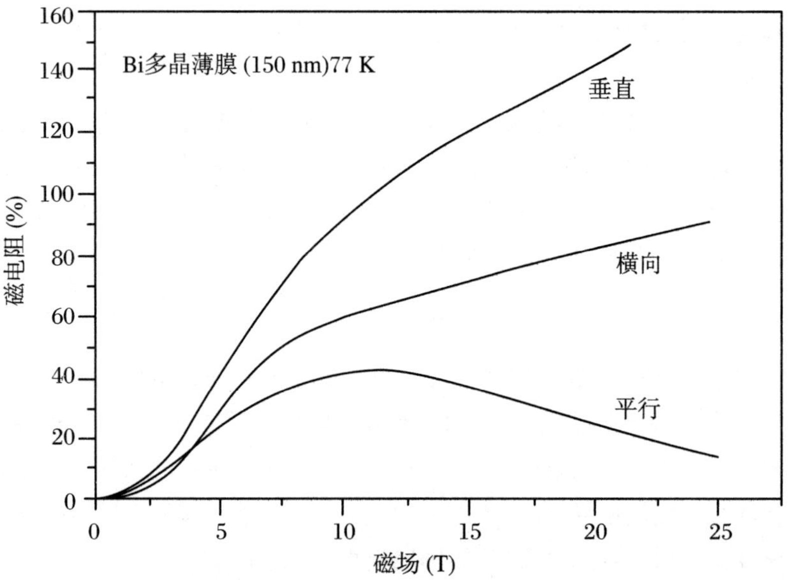

此外，由于洛伦兹力出现了非对角化项，从而导致**霍尔效应**。如果导体中电子以漂移速度 v 沿负 x 方向运动(对应于电流 j_x)，并施加磁场 B_z，那么电子就因受洛伦兹力而偏转，聚集在样品侧面，直到它们所产生的电场 E_y 足以平衡洛伦兹力，因此 $E_y = v_x B_z$。由于 $j_x = -ne\,v_x$，所以

$$E_y = -(1/ne)j_x B_z \tag{3.53}$$

$R_h = -1/ne$ 就是霍尔系数，而非对角的霍尔电阻率 ϱ_{xy} 是 $R_h B_z$。霍尔效应与电子密度呈反比，如果 n 小，它就强，半导体就是如此。自由电子模型可以用于研究电离的施主和受主所导致的导电性，虽然对于受主，导电是由于价带的自由空穴而非导带的自由电子。载流子具有有效质量。测量单一能带固体的霍尔系数，可以给出其迁移率；$\sigma = ne\mu$，所以 $\mu = R_h/\varrho$。

---

① 因为霍尔效应，自由电子气的磁电阻严格为 0。在固体材料中，产生了横向的补偿电场，所以电子的横向受力为 0。但是，如果有能带间的电子散射，可能存在磁电阻。因为磁场会使电阻增大，这种磁电阻为正，称为正常磁阻(OMR)，与铁磁材料中的负磁阻有明显的区别。

总之,磁场下各向同性固体的电阻率表示为张量

$$\hat{\varrho} = \begin{bmatrix} \varrho_{xx} & -\varrho_{xy} & 0 \\ \varrho_{xy} & \varrho_{xx} & 0 \\ 0 & 0 & \varrho_{zz} \end{bmatrix}$$

其中$\varrho_{xy} \propto B$,而$\varrho_{xx} = \varrho_{zz} + \alpha B^2$。电阻率张量的形式由昂萨格原理所决定,电阻率的非对角元需要满足$\sigma_{ij}(B) = -\sigma_{ji}(B) = \sigma_{ji}(-B)$。

当自由电子气受限时,会产生有趣的输运现象。二维电子气的霍尔电阻是量子化的:$R_{xy} = h/ve^2$,其中 v 是整数。量子霍尔效应提供了电阻的精确标准,即量子值 $h/e^2 = 25.81\ \mathrm{k\Omega}$ 。纳米线中的电子气只在一个方向上自由,横截面内不同的量子化模式对应着不同的导电通道。假设自旋简并,每个通道的最大电导$G_0 = e^2/h$ 。第 14 章将进一步讨论。

3.2.8 朗道抗磁性

朗道利用自由电子模型来计算传导电子轨道抗磁性导致的磁化率。结果是

$$\chi_{\mathrm{L}} = -n\mu_0\mu_{\mathrm{B}}^2/2k_{\mathrm{B}}T_{\mathrm{F}} \tag{3.54}$$

正好是泡利顺磁性的三分之一,但符号相反,如图 3.9 所示。由图看上去,传导电子的抗磁性只是对顺磁性的修正,而不是主要贡献。但

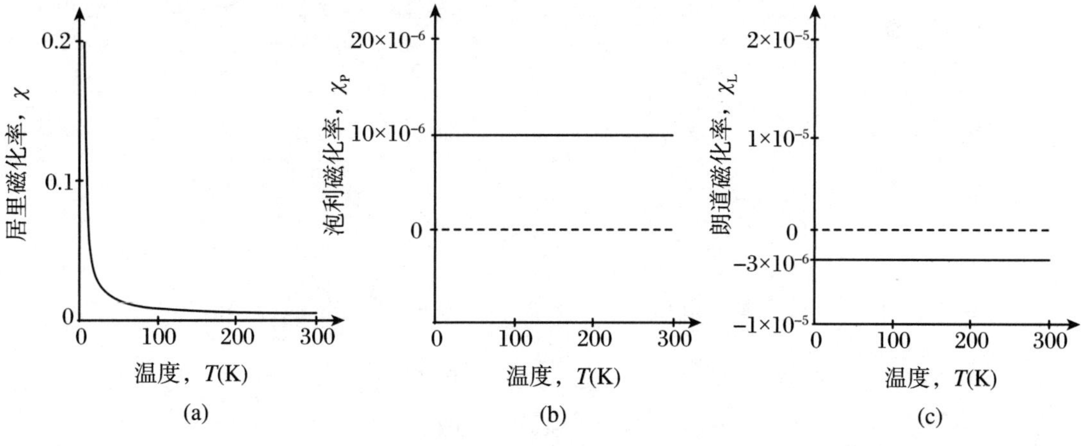

图 3.9

电子磁化率的温度依赖关系: (a)局域电子的居里磁化率, (b)自由电子的泡利磁化率和(c)朗道磁化率

并不一定如此。如果近似地考虑固体的实际能带结构,即在自由电子模型中使用有效质量 m^*(式(3.52)),式(3.54)就应该是$\chi_{\mathrm{L}} = -\dfrac{1}{3}(m_{\mathrm{e}}/m^*)^2\chi_{\mathrm{P}}$。对于一些半导体和半金属(如石墨或铋),$m^* \approx 0.01m_{\mathrm{e}}$;尽管其电子密度低,但是抗磁磁化率 χ_{L}可以相当大(例如在

石墨中约为 -10^{-4})。下一节将讨论抗磁磁化率的量子振荡。

各种元素的磁化率如图 3.4 所示。有些元素在室温下是气体,因为 M 是单位体积的感应磁矩,所以定义 $\chi = M/H$ 不是太有用。图 3.4 给出了**摩尔磁化率** $\chi_{mol} = \sigma \mathcal{M}/H$,其中 σ 是单位质量的感应磁矩,单位是 $A \cdot m^2 \cdot kg^{-1}$;$\mathcal{M}$是原子质量,单位是 $g \cdot mol^{-1}$。χ_{mol}的单位是 $m^3 \cdot mol^{-1}$。1 mol 的大多数固体元素大约占据体积 $10\ cm^3 = 10^{-5}\ m^3$,所以摩尔磁化率大约比无量纲磁化率 χ 小五个数量级。质量磁化率 $\chi_m = \sigma/H$ 的单位是 $m^3 \cdot kg^{-1}$,大约比体积磁化率 χ 小三到四个数量级。由于阿伏伽德罗常量 $N_A = 6.022 \times 10^{23}\ mol^{-1}$,固体中原子的数密度为 $6 \times 10^{28}\ m^{-3}$,所以一个原子占据的体积约为$(0.25\ nm)^3$。

表 3.4 提供了部分元素和化合物的磁化率数值。由于样品的质量比体积更容易测量,故经常会测量质量磁化率,所以表中列出的是质量磁化率。

表 3.4 一些顺磁性材料和抗磁性材料的质量磁化率 χ_m,单位是 $10^{-9}\ m^3 \cdot kg^{-1}$

MgO	−3.1	C(金刚石)	−6.2	Cu	−1.1
Al_2O_3	−4.8	C(石墨)	$\chi_{/\!/}$ −6.3	Ag	−2.3
$LaAlO_3$	−2.7		$\chi_{\perp}$ −138.0	Au	−1.8
TiO_2	0.9	Si	−1.5	Al	7.9
$SrTiO_3$	−1.3	Ge	−1.4	Ta	10.7
ZnO	−6.2	NaCl	−6.4	Sc	88
ZrO_2	−1.1	ZnSe	−3.8	Zn	−2.2
HfO_2	−1.4	GaAs	−3.1	Pd	67.0
SiO_2	−7.1	GaN	−4.2	Pt	12.68(4)①
$MgAl_2O_4$	−4.2	InSb	−3.6	Ru	5.4
H_2O	−9.0	Perspex	−5.0	In	−7.0
D_2O	−8.1	DMSO	−6.6	Bi	−16.8

① 美国国家标准技术研究所标定。

磁化率的单位及其换算很容易混淆。附录 E 和表 B 总结了单位以及换算成 CGS 单位制。其中还有一个表格,列出了四种代表性材料的所有不同磁化率的数值。

3.3 电子磁性的理论

麦克斯韦方程组(2.46)—(2.49)把磁场和电场跟它们的源联系起来。电动力学的另一个基本关系是洛伦兹公式,即带电荷 q 的动粒子所受的电磁力

$$f = q(\boldsymbol{E} + \boldsymbol{v} \times \boldsymbol{B}) \tag{3.55}$$

这两项分别是电力和磁力。在运动参考系中,电分量和磁分量的划分或许不同,但是在同一参考系中测量到的总受力与场的关系是不变的。磁力产生的力矩见式(3.27)。

当带电粒子在磁场中运动时,动量和能量分别是动能项和势能项的和:

$$\hat{\boldsymbol{p}} = \hat{\boldsymbol{p}}_{\text{kin}} + q\boldsymbol{A}, \quad \mathcal{H} = (1/2m)\,\hat{\boldsymbol{p}}_{\text{kin}}^2 + q\varphi_{\text{e}} \tag{3.56}$$

在量子力学中,算符 $-\mathrm{i}\hbar\nabla$表示的是正则动量 $\hat{\boldsymbol{p}}$,其中包括了矢势项 $q\boldsymbol{A}$。矢势 $\boldsymbol{A}$ 来自磁场 $\boldsymbol{B}$($\boldsymbol{B} = \nabla \times \boldsymbol{A}$),而标量势 φ_{e} 来自电场 $\boldsymbol{E}$($\boldsymbol{E} = -\nabla\varphi_{\text{e}}$)。如果磁场依赖于时间,那么 $\boldsymbol{E} = -\nabla\varphi_{\text{e}} - \partial\boldsymbol{A}/\partial t$,因此一个电子的哈密顿量(式(3.56))就变成

$$\mathcal{H} = (1/2m_{\text{e}})(\hat{\boldsymbol{p}} + e\boldsymbol{A})^2 + V(\boldsymbol{r}) \tag{3.57}$$

其中 $q = -e$,$V(\boldsymbol{r}) = -e\varphi_{\text{e}}$。

3.3.1 轨道角动量

轨道顺磁性和电子抗磁性可以从式(3.57)导出。如果使用库仑规范,那么 $\boldsymbol{A}$ 和 $\hat{\boldsymbol{p}}$ 对易,$(\hat{\boldsymbol{p}} + e\boldsymbol{A})^2$ 展开为 $\hat{\boldsymbol{p}}^2 + e^2\boldsymbol{A}^2 + 2e\boldsymbol{A}\cdot\hat{\boldsymbol{p}}$,所以哈密顿量中有三项:

$$\mathcal{H} = [\hat{\boldsymbol{p}}^2/2m_{\text{e}} + V(\boldsymbol{r})] + (e/m_{\text{e}})\boldsymbol{A}\cdot\hat{\boldsymbol{p}} + (e^2/2m_{\text{e}})A^2 \tag{3.58}$$

$$\mathcal{H} = \mathcal{H}_0 + \mathcal{H}_1 + \mathcal{H}_2 \tag{3.59}$$

其中$\mathcal{H}_0$是非微扰的哈密顿量,$\mathcal{H}_1$给出轨道磁矩的顺磁响应,$\mathcal{H}_2$描述小的抗磁响应。考虑沿 Oz 方向的均匀磁场。矢势的分量形式可以取为

$$\boldsymbol{A} = \frac{1}{2}(-yB, xB, 0)$$

因此,$\boldsymbol{B} = \nabla \times \boldsymbol{A} = \boldsymbol{e}_z(\partial A_y/\partial x - \partial A_x/\partial y) = \boldsymbol{e}_z B$。

更一般地，$\boldsymbol{A}=\frac{1}{2}\boldsymbol{B}\times\boldsymbol{r}$（式(2.57)）。因此

$$(e/m_e)\boldsymbol{A}\cdot\hat{\boldsymbol{p}}=(e/2m_e)(\boldsymbol{B}\times\boldsymbol{r})\cdot\hat{\boldsymbol{p}}=(e/2m_e)\boldsymbol{B}\cdot(\boldsymbol{r}\times\hat{\boldsymbol{p}})$$
$$=(e/2m_e)\boldsymbol{B}\cdot\hat{\boldsymbol{l}}$$

因为$\hat{\boldsymbol{l}}=\boldsymbol{r}\times\hat{\boldsymbol{p}}$。角动量算符 $\hat{\boldsymbol{l}}$ 就可以写为$\boldsymbol{r}\times(-\mathrm{i}\hbar\nabla)$。例如，它的 z 分量是$-\mathrm{i}\hbar(x\partial/\partial y-y\partial/\partial x)$，而在极坐标系里，$\hat{l}_z=-\mathrm{i}\hbar\partial/\partial\phi$（式(3.15)）。

哈密顿量（式(3.58)）的第二项是轨道动量的塞曼相互作用：

$$\mathcal{H}_1=(\mu_B/\hbar)\hat{l}_z\boldsymbol{B} \tag{3.60}$$

其中，z 轴取为磁场 $\boldsymbol{B}$ 的方向。$\hat{l}_z$ 的本征值是 $m_\ell\hbar$，其中 $m_\ell=-\ell,-\ell+1,\cdots,\ell$。$m_\ell=-\ell$ 对应的态的能量最低，因为电子带负电。因此，哈密顿量（式(3.58)）给出平均轨道磁矩

$$\langle\mathfrak{m}_z\rangle=\sum_{-\ell}^{\ell}-m_\ell\mu_B\exp(-m_\ell\mu_B B/k_B T)\Big/\sum_{-\ell}^{\ell}\exp(-m_\ell\mu_B B/kT)$$

和轨道磁化率 $n\langle\mathfrak{m}_z\rangle/H$，其中 n 是每立方厘米的原子数。

哈密顿量（式(3.58)）的第三项是$(e^2/8m_e)(\boldsymbol{B}\times\boldsymbol{r})^2=(e^2/8m_e)\cdot B^2(x^2+y^2)$。如果电子轨道是球对称的，那么$\langle x^2\rangle=\langle y^2\rangle=(1/3)\cdot\langle r^2\rangle$，因此$\mathcal{H}_2$所对应的能量是$\varepsilon=(e^2B^2/12m_e)\langle r^2\rangle$。这是吉布斯自由能，因为哈密顿量依赖于外加磁场 $B=\mu_0H$。因此由式(2.101)$\mathfrak{m}=-\partial\varepsilon/\partial B$，抗磁磁化率 $\mu_0 n\mathfrak{m}/B$ 为

$$\chi=-n\mu_0e^2\langle r^2\rangle/6m_e \tag{3.61}$$

与半经典表达式(3.31)一致。

3.3.2 量子振荡

这一节更深入地探讨自由电子气的抗磁响应。磁场下电子哈密顿量的无自旋部分是式(3.57)。选择规范 $\boldsymbol{A}=(0,xB,0)$来表示通常沿 z 方向施加的磁场，并假设没有外加电场 $V(\boldsymbol{r})=0$ 且 $m_e=m^*$，薛定谔方程就是

$$\frac{1}{2m^*}[p_x^2+(p_y+exB)^2+p_z^2]\psi=\varepsilon\psi \tag{3.62}$$

其中$p_i=-\mathrm{i}\hbar\partial/\partial x_i$。可以证明动量 $\boldsymbol{p}$ 的 y 和 z 分量与 $\mathcal{H}$ 对易，因此方程的解在 y 和 z 方向是平面波，即波函数 $\psi(x)\mathrm{e}^{\mathrm{i}k_y y}\mathrm{e}^{\mathrm{i}k_z z}$。将这种形

式的波函数代入薛定谔方程，得到

$$\left[-\frac{\hbar^2}{2m^*}\frac{\mathrm{d}^2}{\mathrm{d}x^2}+\frac{1}{2}m^*\omega_c^2(x-x_0)^2\right]\psi(x)=\varepsilon'\psi(x) \quad (3.63)$$

其中$\omega_c=eB/m^*$是回旋频率，$x_0=-\hbar k_y/eB$，$\varepsilon'=\varepsilon-(\hbar^2/2m)k_z^2$。方程(3.63)是一维谐振子方程，平衡位置在$x_0$处。对于质量是$m^*$的粒子，振荡频率是回旋频率。谐振子特征值为$\varepsilon'=\varepsilon_n=(n+1/2)\hbar\omega_c$，对应于$xy$平面内的运动。量子数$n$所标记的能级称为朗道能级。$z$方向的运动不受限制，所以

$$\varepsilon=\frac{\hbar^2k_z^2}{2m^*}+\left(n+\frac{1}{2}\right)\hbar\omega_c \quad (3.64)$$

在经典力学中，电子在磁场下沿螺旋轨迹运动；在量子力学中，是沿z方向的平面波，同时是xy平面的一维谐振子。这个系统就像是磁束缚所形成的量子线。

自由电子气的态在k空间中形成间距为$2\pi/L$的密排点阵，其中L是容器的尺寸。当施加磁场时，这些态合并为一系列的管（图3.10）。每个管代表单个朗道能级n。当B增强，管扩大，因此原来的费米球里的管就减少了。k空间xy平面内相邻两个能级之间的面积是

$$\pi(k_{n+1}^2-k_n^2)=\frac{2m^*\pi}{\hbar^2}\left[\left(n+1+\frac{1}{2}\right)\hbar\omega_c-\left(n+\frac{1}{2}\right)\hbar\omega_c\right]$$
$$=2m^*\pi\omega_c/\hbar$$

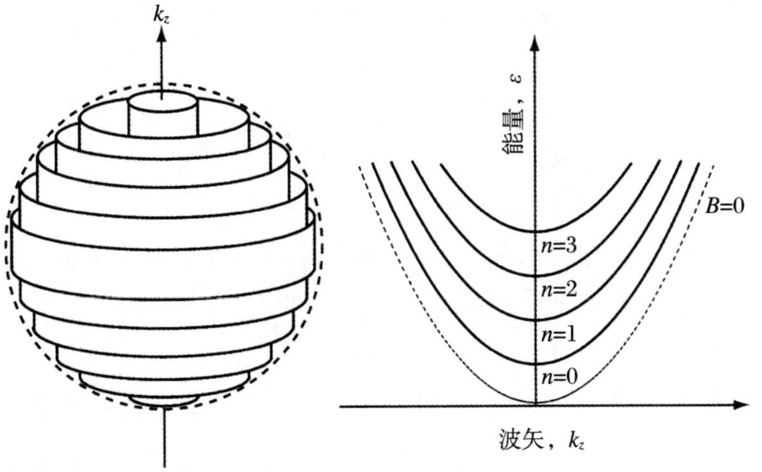

图 3.10
磁场下自由电子气的态合并为一系列的管。每个管代表一个朗道能级。虚线球代表B=0的费米面

其中$k^2=k_z^2+k_n^2$，每个态占据的面积是$(2\pi/L)^2$，所以朗道能级的简并度就是

$$g_n=4m^*\pi\omega_c/\hbar(2\pi/L)^2=m^*L^2\omega_c/\pi\hbar$$

自旋简并情况下，每个能级上有两个电子，因此上述简并度要乘以 2。

磁场增强时，最高的朗道能级周期性地排空，因此磁化强度、电导率和其他性质随磁场增强而振荡地变化。朗道管随 B 扩大，因此可以观察到呈 B^{-1} 的能量振荡变化。磁矩的振荡称为**德哈斯-范阿尔芬效应**，而相应的电导率振荡称为**舒布尼科夫-德哈斯效应**。根据振荡周期，可以得到费米面在垂直于磁场方向的极大面积，进而画出费米面。

3.3.3 自旋矩

含时薛定谔方程

$$-\frac{\hbar^2}{2m}\nabla^2\psi + V\psi = \mathrm{i}\hbar\frac{\partial\psi}{\partial t} \tag{3.65}$$

不是相对论不变的，因为能量和动量算符中的导数 $\partial/\partial t$ 和 $\partial/\partial x$ 的阶数不同。相对论不变的版本需要用四矢量 $X=(ct,x,y,z)$ 及导数 $\partial/\partial X_i$。

狄拉克发展了电子的相对论量子力学理论，其中涉及泡利自旋算符 $\hat{s}_i$，以及电子与正电子的耦合方程。在非相对论的极限下(包含以向量 $\boldsymbol{A}$ 表示的磁场)，狄拉克理论可以用下面的哈密顿量表示：

$$\mathcal{H}=\left[\frac{\hbar^2}{2m}(\hat{\boldsymbol{p}}+e\boldsymbol{A})^2+V(r)\right]-\frac{p^4}{8m_{\mathrm{e}}^3c^2}+\frac{e}{m_{\mathrm{e}}}(\nabla\times\boldsymbol{A})\cdot\hat{\boldsymbol{s}}$$
$$+\frac{1}{2m_{\mathrm{e}}^2c^2r}\frac{\mathrm{d}V}{\mathrm{d}r}\hat{\boldsymbol{\ell}}\cdot\hat{\boldsymbol{s}}-\frac{1}{4m_{\mathrm{e}}^2c^2}\frac{\mathrm{d}V}{\mathrm{d}r} \tag{3.66}$$

- 第一项是非相对论哈密顿量(式(3.57))。
- 第二项是动能的高阶修正。
- 第三项是磁场与电子自旋的相互作用。结合式(3.57)，这一项给出了电子的塞曼相互作用的完全表示(式(3.21))：

$$\mathcal{H}\mathrm{z}=(\mu_{\mathrm{B}}/\hbar)(\hat{\boldsymbol{l}}+2\hat{\boldsymbol{s}})\cdot\boldsymbol{B}$$

其中因子 2 不是很精确，量子电动力学得到的精确值是 $2\left(1+\frac{\alpha}{2\pi}-\cdots\right)\approx 2.0023$，其中 $\alpha=e^2/4\pi\epsilon_0\hbar c\approx 1/137$ 是**精细结构常数**。

- 第四项是自旋轨道耦合相互作用，对于原电荷为 Ze 的中心势 $V(r)=-Ze^2/4\pi\epsilon_0 r$，它变为 $-Ze^2\mu_0\hat{\boldsymbol{\ell}}\cdot\hat{\boldsymbol{s}}/8\pi m^2r^3$，其中用到了

$\mu_0\epsilon_0=1/c^2$。单电子自旋轨道耦合常写为 $\lambda\hat{\boldsymbol{\ell}}\cdot\hat{\boldsymbol{s}}$(式(3.13))。在一个原子中,$\langle 1/r^3\rangle\sim(0.1\ \text{nm})^{-3}$,所以自旋轨道耦合 λ 的大小,对于锂($Z=3$)是 8 K,对于 3d 原子($Z\approx25$)是 60 K,对于锕系原子($Z\approx65$)约为 160 K。对于最内层电子 $r\sim1/Z$,这导致式(3.12)的 Z^4变化。

对于非中心势场,自旋轨道耦合作用为$(\hat{\boldsymbol{s}}\times\nabla V)\cdot\hat{\boldsymbol{p}}$。

- 最后一项只是在$\boldsymbol{\ell}=0$ 时移动能级。

3.3.4 磁性与相对论

基于自由粒子的能量,可以按照经典相互作用的相对论性特征对其进行分类。自由粒子的能量是$\varepsilon^2=m_e^2c^4+p^2c^2$:

$$\varepsilon=\frac{m_ec^2}{\sqrt{1-v^2/c^2}}\tag{3.67}$$

固体中电子速度的大小是 αc,其中 c 是光速,α 是精细结构常数。展开为 α 的幂级,得到相互作用的层次:

$$\varepsilon=m_ec^2+\frac{1}{2}\alpha^2m_ec^2-\frac{1}{8}\alpha^4m_ec^2\tag{3.68}$$

其中 $m_ec^2=511$ keV;第二项和第三项代表静电能和静磁能的量级,分别是 13.6 eV(即 1 个里德堡,R_0)和 0.18 meV。因此,磁偶极相互作用是 2 K 的量级。

泡利顺磁磁化率(式(3.43))也可以用精细结构常数写为$\chi_P=\alpha^2k_Fa_0/\pi$,其中$k_F$是费米波矢,$a_0$是波尔半径。带电粒子所受的洛伦兹力(式(2.19))在运动参考系下是不变的,但是电场和磁场的相对贡献改变了。看起来就像是作用在静止电子上的电场,在运动电子的参考系下会获得一个磁场部分;反之亦然。

根据式(2.19),原来在电子静止的参考系中受到磁场作用的电子,现在受到的电场是

$$\boldsymbol{E}^*=\boldsymbol{v}\times\boldsymbol{B}\tag{3.69}$$

反过来,原来在电子静止的参考系中受到电场作用的电子,现在受到的磁场是

$$\boldsymbol{B}^*=-(1/c^2)\boldsymbol{v}\times\boldsymbol{E}\tag{3.70}$$

这个磁场使得运动电子的自旋在电场下发生拉莫尔进动,即 **Rashba 效应**。

3.4 固体中的电子磁性

自由电子模型合理地考虑了金属或半导体中的最外层电子。为了更好地理解固体中的电子磁性，需要先考虑**自由原子**的情况——这总结在磁性质元素周期表(表A)中。在某些原子序数 Z 是偶数的原子中，电子的磁矩因成对而相互抵消，比如碱土金属或惰性气体，但是大多数元素在原子状态具有非零磁矩。这些元素用加粗字体标出来了。除了氢，原子磁矩比 $Z\mu_B$ 小很多。镝原子和钬原子的原子磁矩最大，是 $10\,\mu_B$。满壳层的电子具有成对的自旋，没有净轨道磁矩。只有未满壳层(通常是最外层)的未配对自旋，才对原子磁矩有贡献。

原子组装为**固体**后，原子磁矩会减小甚至消失。最外层电子间的化学作用倾向于破坏磁性。有以下几种方式：

- 电子转移并在离子化合物中形成满壳层；
- 在半导体中形成共价键；
- 在金属中形成能带。

例如，金属铁的电子组态是(Ar)$3d^6 4s^2$。4个3d电子未配对，所以原子自旋磁矩是 $4\mu_B$。当铁原子聚集起来形成固体时，外层的4s轨道首先交叠(图3.11)，并形成一个宽的4s能带，而较小的3d轨道接着形成一个相当窄的能带。这导致 $4s \to 3d$ 电荷转移，使得金属铁中的电子组态近似(Ar)$3d^{7.4} 4s^{0.6}$。窄的3d能带倾向于自发分裂，形成铁磁态。在常见的体心立方结构的αFe中，这发生在居里温度 $T_C = 1044$ K以下。占据态电子的磁矩与铁磁轴平行(↑)或反平行(↓)。一对自旋↑↓没有净磁矩。所有内壳层电子是完全成对的，

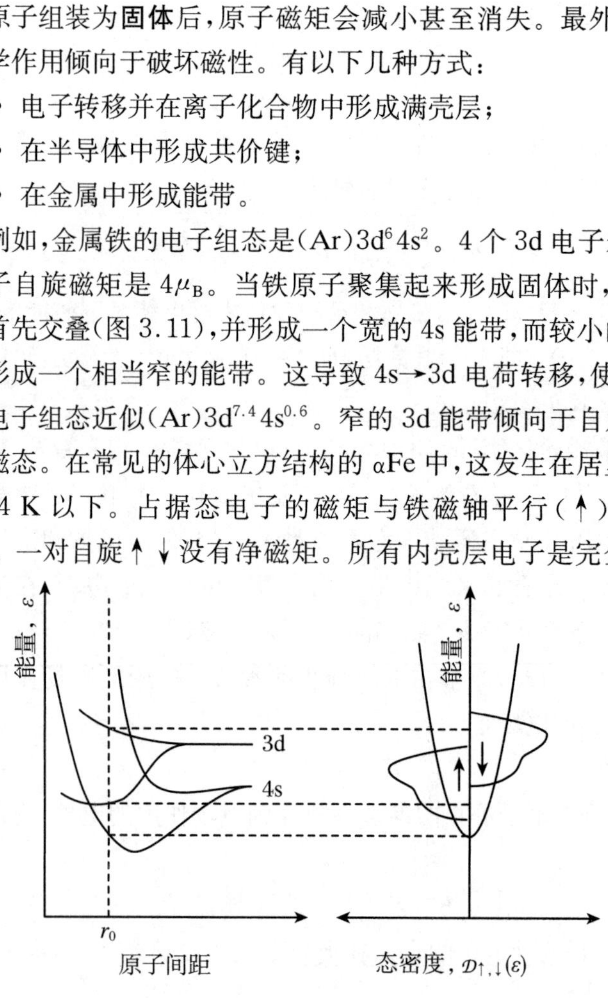

图3.11

金属中d能带和s能带的形成。宽的s能带没有磁矩。如果d能带足够窄，就可能有磁矩；自旋分裂见右图。图中 r_0 为原子间距

4s 能带的电子在很大程度上也是成对的。3d 能带的自旋组态近似是 $3d^{\uparrow 4.8}3d^{\downarrow 2.6}$，所以未配对自旋的个数为 2.2。在图 3.11 中，↑电子和↓电子占据了不同的自旋分裂子带。

需要强调的是，化学键的本质以及磁性质的特征**强烈**依赖于晶体结构和成分。在铁的另一种异形体中（面心立方的 γFe），磁矩存在与否依赖于晶格常数。稍微压缩 γFe，磁矩就消失了。金属间化合物（例如 YFe_2Si_2）没有自旋自发分裂的 d 能带。含有 Fe^{3+} 离子的绝缘离子化合物具有大的未配对自旋磁矩（每个铁离子 5 μ_B），而含有低自旋 Fe^{II} 的共价化合物是非磁性的。表 3.5 给出了一些例子，用来说明最常见的磁性元素（铁）的磁性质的范围。

表 3.5 在不同晶体环境中，铁的原子磁矩（单位：μ_B）

γFe_2O_3	αFe	YFe_2	γFe	YFe_2Si_2	FeS_2
亚铁磁体	铁磁体	铁磁体	反铁磁体	泡利顺磁体	抗磁体
5.0	2.2	1.45	不稳定	0	0

3.4.1 局域电子和离域电子

很难给出一个物理理论能够充分说明窄能带中的电子行为，但是以下两个极限情况是可以做到的。一个是局域极限，电子关联很强（由于原子实上电子之间的库仑相互作用），而电子从一个格点到下一个格点的转移可以忽略。另一个是离域极限，电子被束缚在固体中，但电子之间以及电子与核电荷的库仑相互作用比较弱，量级是 1 eV。对于离域极限，计算电子结构的数值方法（见第 5 章）可以发挥作用。

局域模型最适用于稀土系列（$R = Pr, \cdots, Yb$）的 4f 电子。4f 轨道属于内壳层，几乎不参与成键。外层电子具有 5s，5p，5d 或 6s 特征。通常有两三个最外层的 5d/6s 价电子。这些电子或者像在金属中那样形成导带，或者转移到电负性配位体上，例如稀土氧化物 R_2O_3 中的氧。在稀土氧化物中，稀土变为 R^{3+} 离子，而氧原子接收两个电子，填满 2p 壳层，变为 O^{2-}，具有稳定的满壳层组态[①] $2p^6$。无论金属还是氧化物，4f 壳层埋在 5s 和 5p 壳层内足够深，不会参与化学键，如

① 满壳层组态 $2p^6$ 非常稳定。超过 80% 的地壳（图 1.10）是由 $2p^6$ 离子构成的。

图 3.12 所示。4f 壳层具有类原子组态和整数个电子。4f 这个强关联电子壳层形成了一系列的分立能级(第 4 章)。电子轨道描述局域态,而 4f 离子满足玻尔兹曼统计。类似的图像适用于从锔原子往后的重锕系(5f)元素。遗憾的是,这些元素越重,放射性就越强,而磁性上令人感兴趣的元素,如锫(Bk)和锎(Cf)最多也只能获得毫克的量。化合物中的 d 电子或 f 电子通常比单质中更局域。局域模型特别适合于 3d 元素的绝缘离子化合物,例如 Fe_2O_3。

图 3.12

3d金属Co和4f金属Gd的电子径向概率密度。箭头表示各自的原子间距

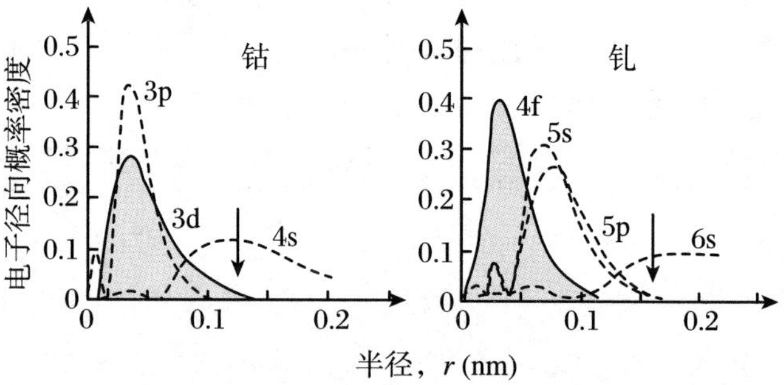

离域模型通过形成能带的类似波的扩展态来描述与磁性有关的电子。在穿过费米能级的能带中,电子数不是整数,而且电子满足费米-狄拉克统计。离域模型适用于 3d 和 4d 金属和合金的磁性,以及 3d 和 4d 导电化合物的磁性。它还适用于 4f 系列中的起始元素(R = Ce),以及从钍(Th)到镤(Pu)的轻锕系元素。

表 3.6 总结了局域磁性与离域磁性的区别。高于居里温度时,局域磁矩和离域磁矩都不会消失;$T > T_C$时,它们只是变成了无序的顺磁态。

表 3.6　局域磁性和离域磁性的总结

局域磁性	离域磁性
具有整数个 3d 或 4f 电子 每个原子具有整数个未配对自旋	原子实具有非整数个未配对自旋
分立的能级	强关联的自旋极化能带
Ni^{2+} $3d^8$ $\mathfrak{m} = 2\mu_B$	Ni $3d^{9.4}4s^{0.6}$ $\mathfrak{m} = 0.6\mu_B$
$\psi \approx \exp(-r/a_0)$	$\psi \approx \exp(-i\boldsymbol{k}\cdot\boldsymbol{r})$
玻尔兹曼统计	费米-狄拉克分布
4f 金属和化合物;部分 3d 化合物	3d 金属;部分 3d 化合物

参考书

Dicke R H, Wittke J P. An Introduction to Quantum Mechanics [M]. Reading: Addison-Wesley, 1960. 很好的基础量子力学书籍，包括角动量。

Ziman J. Principles of the Theory of Solids[M]. London: Cambridge University Press, 1965.

Graik D J. Electricity, Relativity and Magnetism (A Unified Text). Chichester: Wiley, 1999.

Datta S. Quantum Transport: Atom to Transistor[M]. Cambridge: Cambridge University Press, 2005.

Selwood P W. Magnetochemistry[M]. 2nd ed. New York: Interscience, 1956. 关于原子分子抗磁和顺磁磁化率的经典著作。

习题

3.1 假设一个铁磁体，其中每个原子的轨道磁矩是 1 μ_B。原子密堆积排列，半径为 0.1 nm。磁化强度是多少？提示：磁化强度与表面电流密度有关。

3.2 中子是**不带电**的粒子，其角动量是 $\frac{1}{2}\hbar$，但中子的磁矩是 -1.913核磁子。（核磁子为 $e\hbar/2m_p = 5.051\times10^{-27}$ A·m^2）。为什么？

3.3 使用式(3.14)证明角动量的分量满足$[\hat{l}_x, \hat{l}_y] = i\hbar\hat{l}_z$，然后利用这个关系式及其轮换关系式推导$[\hat{l}^2, \hat{l}_z] = 0$。

3.4 (a) 证明自旋角动量算符 $\hat{s}_x$ 和 $\hat{s}_y$ 满足对易规则 $[\hat{s}_x, \hat{s}_y] = i\hbar\hat{s}_z$，而且它们的本征值都是 $\pm\frac{1}{2}\hbar$。

(b) 使用上述关系证明算符 $\hat{s}^2$ 和 $\hat{s}_z$ 对易，因此可以同时测量 $\hat{s}_z$ 与 $\hat{s}_x^2 + \hat{s}_y^2$。

3.5 如果 $\hat{s} = (s_x, s_y, s_z)$ 是角动量矢量，利用式(3.19)证明 $-\hat{s} = (-s_x, -s_y, -s_z)$不是角动量矢量。

3.6 证明升降算符 $\hat{s}^+$ 和 $\hat{s}^-$ 满足对易关系 $[\hat{s}^2, \hat{s}^\pm] = 0$ 和 $[\hat{s}_z, \hat{s}^\pm] = \pm\hbar\hat{s}^\pm$。

3.7 使用旋转矩阵(式(3.25)),将自旋矩阵从$\hat{s}_z$变为$\hat{s}_x$。

3.8 根据$\mathcal{D}_{\uparrow,\downarrow}(\varepsilon_F)\propto\varepsilon^{1/2}$,利用积分推导公式(3.40)。

3.9 (a) 对于自由电子气的泡利磁化率,推导公式(3.43);

(b) 用精细结构常数 α、玻尔半径 a_0和费米波矢 k_F表示泡利磁化率;

(c) 使用表 3.2 和表 3.4 的数据,计算铜的泡利顺磁磁化率,并与(a)的结果做比较。

3.10 从能量表达式(3.42)推导量子线中态密度的表达式。

3.11 垂直磁场的周期运动缩短了平均自由程,由此推导 B^2磁阻的表达式。

3.12 考虑半导体中的自由电子,密度 $n=6\times10^{22}\ \mathrm{m}^{-3}$,以费米速度在电场($10^8\ \mathrm{V\cdot m^{-1}}$)中做弹道运动。开始时其自旋方向与速度相同。在自旋翻转之前,它可以走多远?

第4章 原子中局域电子的磁性

多谈些实际，少弄些玄虚。

——《哈姆雷特》第二幕，第二场

根据中心势里单电子的量子力学，可以用四个量子数对单电子态进行分类。在一个孤立的多电子离子中，单个电子的自旋和轨道角动量耦合并给出总的自旋量子数 S 和轨道量子数 L。自旋轨道耦合的作用将能级劈裂为一系列 J 多重态，其中的最低能态由洪特规则确定。对于某一 J 值，可以计算居里定律的磁化率 $\chi = C/T$。在固体中，电荷环境产生的晶体场作用在离子上，改变了自旋轨道耦合，使得 S 或 J 成为适当的量子数。由于塞曼相互作用而劈裂的 M_S 或 M_J 磁子能级，在晶体场的作用下改变了结构，并导致单离子各向异性。

原子物理学研究单个原子或离子的能级以及能级间的跃迁（通常在可见光或紫外光能量范围，1—10 eV）。磁学主要关注那些常温下被占据的能级（通常仅仅是**基态**），以及电场或磁场相互作用导致的子能级（劈裂小于 0.1 eV）。常温下 $k_B T$ 大约为 25 meV。

4.1 氢原子和角动量

在很多的量子力学和原子物理学课本中，都研究了中心势里的单电子问题。我们需要理解单电子态（主要是磁学中重要的 d 态）的对称性，所以将结果总结于此。类氢原子由位于原点带电荷 Ze 的原子核和位置用 r, θ, ϕ 标记的电子组成。首先考虑中心势 $\varphi_e = Ze/4\pi\epsilon_0 r$ 中的单个电子。哈密顿量为

$$\mathcal{H} = -\frac{\hbar^2}{2m_e}\nabla^2 - \frac{Ze^2}{4\pi\epsilon_0 r} \tag{4.1}$$

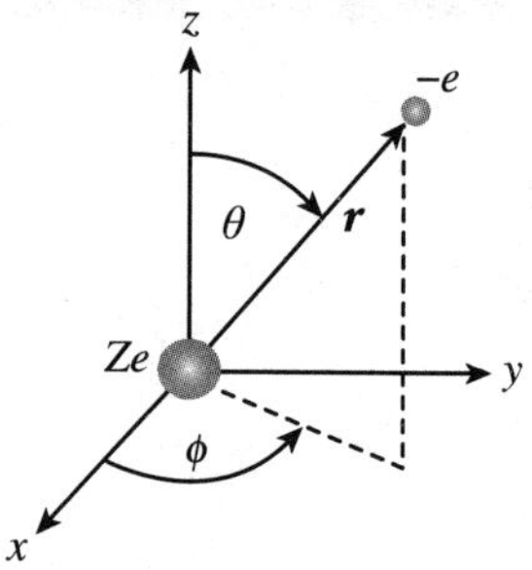

球坐标系

球坐标系适用于这种(中心)对称性的问题。算符∇^2是(见附录 C)

$$\nabla^2 = \frac{1}{r^2\sin\theta}\left[\sin\theta\frac{\partial}{\partial r}\left(r^2\frac{\partial}{\partial r}\right)+\frac{\partial}{\partial\theta}\left(\sin\theta\frac{\partial}{\partial\theta}\right)+\frac{1}{\sin\theta}\frac{\partial^2}{\partial\phi^2}\right] \tag{4.2}$$

整理得到

$$\nabla^2 = \frac{\partial^2}{\partial r^2}+\frac{2}{r}\frac{\partial}{\partial r}+\frac{1}{r^2}\left(\frac{\partial^2}{\partial\theta^2}+\cot\theta\frac{\partial}{\partial\theta}+\frac{1}{\sin^2\theta}\frac{\partial^2}{\partial\varphi^2}\right) \tag{4.3}$$

圆括号中的项包括所有与角有关的变化,可写为$-\hat{\boldsymbol{l}}^2/\hbar^2$(式(3.15)),其中$\hat{\boldsymbol{l}}$是轨道角动量算符。

原子能级的薛定谔方程为

$$\mathcal{H}\psi_i = \varepsilon_i\psi_i$$

其中,ε_i是能量本征值,ψ_i是相应的波函数。波函数ψ决定了在$\boldsymbol{r}$处的体积元$\mathrm{d}V$内发现电子的概率$\psi^*(\boldsymbol{r})\psi(\boldsymbol{r})\mathrm{d}V$,其中$\psi^*$是$\psi$的复共轭[①]。因此,薛定谔方程是

$$\left[-\frac{\hbar^2}{2m_\mathrm{e}}\left(\frac{\partial^2}{\partial r^2}+\frac{2}{r}\frac{\partial}{\partial r}-\frac{1}{\hbar^2r^2}\hat{\boldsymbol{l}}^2\right)-\frac{Ze^2}{4\pi\epsilon_0 r}\right]\psi_i = \varepsilon_i\psi_i \tag{4.4}$$

利用分离变量法求偏微分方程(4.4)的解,可以写成如下形式:

$$\psi(r,\theta,\phi) = R(r)\Theta(\theta)\Phi(\phi)$$

每个因子只依赖于一个变量。

解的方位角部分(依赖于ϕ)是算符$\hat{\boldsymbol{l}}_z = -\mathrm{i}\hbar\partial/\partial\phi$(式(3.15))的本征函数。本征值是$m_\ell\hbar$($m_\ell=0,\pm1,\pm2,\cdots$),相应的本征函数为$\Phi(\phi)=\exp(\mathrm{i}m_\ell\phi)$。解的极角部分(依赖于$\theta$)是连带勒让德多项式$\Theta(\theta)=P_\ell^{m_\ell}(\theta)$,依赖于角动量量子数$\ell$和$m_\ell$。量子数$\ell\geqslant|m_\ell|$($\ell=0,1,2,3,\cdots,m_\ell=0,\pm1,\pm2,\cdots,\pm\ell$)。对于某个给定的$\ell$,有$2\ell+1$个不同的$m_\ell$值。

方位角部分和极角部分的乘积就是球谐函数,依赖于两个整数ℓ和m_ℓ,其中$\ell\geqslant0$,$|m_\ell|\leqslant\ell$:

$$Y_\ell^{m_\ell}(\theta,\phi)\propto P_\ell^{m_\ell}(\theta)\mathrm{e}^{\mathrm{i}m_\ell\phi}$$

归一化的球谐函数如表 4.1 所示。轨道角动量平方$\hat{\boldsymbol{l}}^2$的本征值为$\ell(\ell+1)\hbar^2$。因此,轨道角动量的大小为$\sqrt{\ell(\ell+1)}\hbar$,而它在Oz方向的投影可以取从$-\ell\hbar$到$+\ell\hbar$的$2\ell+1$个值中的任何一个(图 4.1)。正如第 3.1.4 小节所述,物理量$\boldsymbol{\ell}_z$和$\boldsymbol{\ell}^2$可以同时测量,因为它们的算符是对角化的矩阵,互相对易。

① 用$-\mathrm{i}$代替i,就得到复数的复共轭,其中$\mathrm{i}=\sqrt{-1}$。

表 4.1　归一化的球谐函数

s	$Y_0^0=\sqrt{1/4\pi}$	
p	$Y_1^0=\sqrt{3/4\pi}\cos\theta$	$Y_1^{\pm1}=\pm\sqrt{3/8\pi}\sin\theta\exp(\pm i\phi)$
d	$Y_2^0=\sqrt{5/16\pi}(3\cos^2\theta-1)$	$Y_2^{\pm1}=\pm\sqrt{15/8\pi}\sin\theta\cos\theta\exp(\pm i\phi)$
f	$Y_3^0=\sqrt{7/16\pi}(5\cos^3\theta-3\cos\theta)$	$Y_3^{\pm1}=\pm\sqrt{21/64\pi}(5\cos^2\theta-1)\sin\theta\exp(\pm i\phi)$
s		
p		
d	$Y_2^{\pm2}=\sqrt{15/32\pi}\sin^2\theta\exp(\pm 2i\phi)$	
f	$Y_3^{\pm2}=\sqrt{105/32\pi}\sin^2\theta\cos\theta\exp(\pm 2i\phi)$	$Y_3^{\pm3}=\pm\sqrt{35/64\pi}\sin^3\theta\exp(\pm 3i\phi)$

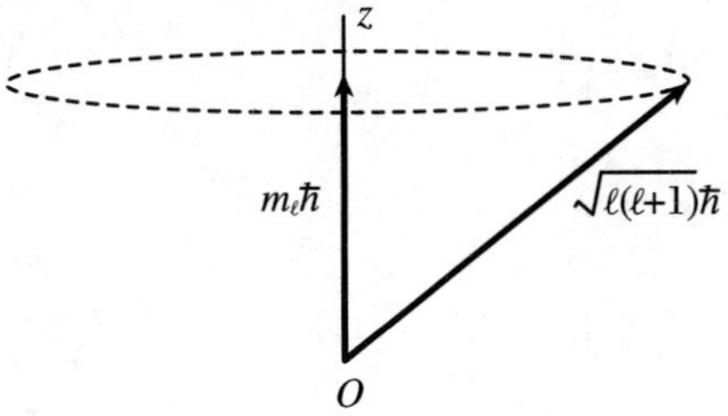

图 4.1

总角动量及其z分量，前者绕Oz轴进动

波函数的**径向部分** $R(r)$依赖于ℓ和 n。后者也只能取整数值，称为主量子数；$n>\ell$；所以，$\ell=0,1,\cdots,(n-1)$。因此，对于给定的 n，有 n 个不同的ℓ值。

$$R(r) = V_n^\ell(Zr/na_0)\exp[-(Zr/na_0)]$$

其中，V_n^ℓ 和连带拉盖尔多项式有关；第一项 $V_1^0=1$。此处，玻尔半径 $a_0=4\pi\epsilon_0\hbar^2/m_e e^2$（式(3.8)），是原子物理学的基本长度标度：$a_0=52.92$ pm。

中心库仑势场 $V(r)$中的单电子原子的能级依赖于 n，却**不依赖于**ℓ或 m_ℓ：

$$\varepsilon_n = \frac{-Z^2me^4}{8\epsilon_0^2h^2n^2} = \frac{-Z^2R_0}{n^2} \tag{4.5}$$

其中，里德伯常数 $R_0=me^4/8\epsilon_0^2h^2$ 是原子物理学的基本能量标度：$R_0=13.61$ eV。

三个量子数 n,ℓ,m_ℓ确定了波函数$\psi_i(r,\theta,\phi)$，对应着特征的电子电荷空间分布（称为轨道）。由于历史的原因（与原子光谱中的谱线有关），轨道的记号是

$$nx_{m_\ell} \tag{4.6}$$

其中，$x=$s,p,d,f 表示$\ell=0,1,2,3$。每个轨道最多可容纳自旋 $m_s=$

±1/2 的两个电子。任何两个电子都不能占据四个量子数完全相同的态，这是**泡利不相容原理**的一种陈述方式。因为电子是费米子，所以不允许两个电子占据同一个量子态。

表 4.2 列举了可能的类氢轨道。波函数的角度部分为球谐函数，如图 4.2 所示，径向部分如图 4.3 所示。注意，径向波函数的节点数依赖于 ℓ 的值，在 0 和 $n-1$ 之间。ℓ 壳层的不同轨道数为 $2\ell+1$；s，p，d，f 壳层对应$\ell=0,1,2,3$，分别包含 1，3，5，7 条轨道。

表 4.2 类氢轨道。每一轨道态的数目为 $2(2\ell+1)$

	n	ℓ	m_ℓ	m_s	状态数
1s	1	0	0	$\pm\frac{1}{2}$	2
2s	2	0	0	$\pm\frac{1}{2}$	2
2p	2	1	$0,\pm1$	$\pm\frac{1}{2}$	6
3s	3	0	0	$\pm\frac{1}{2}$	2
3p	3	1	$0,\pm1$	$\pm\frac{1}{2}$	6
3d	3	2	$0,\pm1,\pm2$	$\pm\frac{1}{2}$	10
4s	4	0	0	$\pm\frac{1}{2}$	2
4p	4	1	$0,\pm1$	$\pm\frac{1}{2}$	6
4d	4	2	$0,\pm1,\pm2$	$\pm\frac{1}{2}$	10
4f	4	3	$0,\pm1,\pm2,\pm3$	$\pm\frac{1}{2}$	14

图 4.2

由ℓ和m_ℓ标记的一些氢轨道的电荷密度图

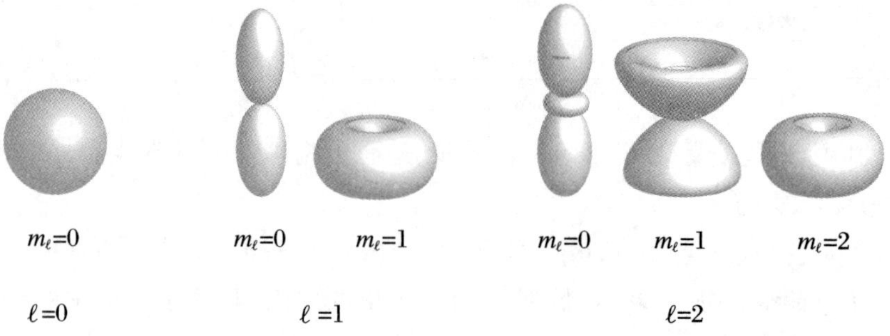

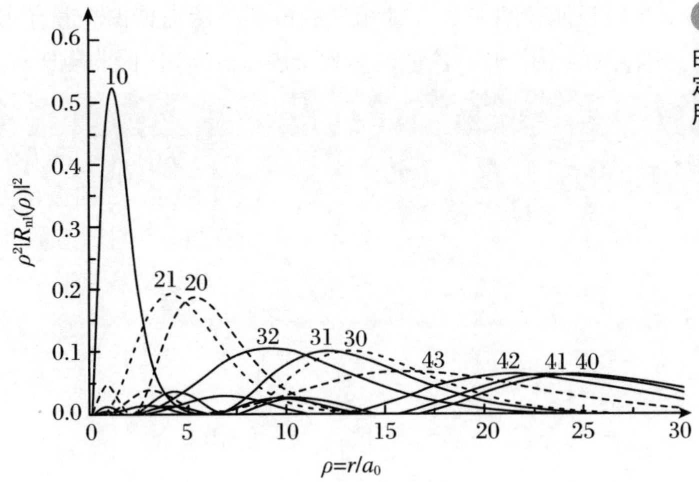

图 4.3

由波函数径向部分$R(r)$确定的径向概率分布。曲线用n和l值标记

4.2　多电子原子

对于多电子体系，电子间的库仑排斥项 $e^2/4\pi\epsilon_0 r_{ij}$ 必须加入式(4.1)，于是哈密顿量变成

$$\mathcal{H}_0 = \sum_i[-(\hbar^2/2m_e)\nabla^2 - Ze^2/4\pi\epsilon_0 r_i] + \sum_{i<j}e^2/4\pi\epsilon_0 r_{ij} \tag{4.7}$$

因为要对许多对相互作用的粒子求和，所以求解这个问题非常困难①。处理额外库仑相互作用的一个合理方法是，假定每个电子感受到某个不同的球对称电荷分布的中心势。多个电子的势不再是简单的库仑势阱，具有相同主量子数 n 和不同 l 值电子的能级不再简并。例如，4s 壳层比 3d 壳层的能量更低，能量的改变依赖于电子的填充。在这个意义上，壳层填充确定了周期表的形状。单电子等效势可以自洽地确定。这就是**哈特利-福克近似**。

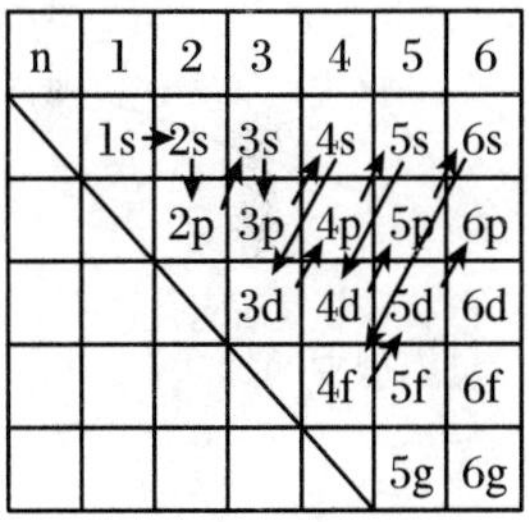
n
1
2
3
4
5
6
1s
2s
3s
4s
5s
6s
2p
3p
4p
5p
6p
3d
4d
5d
6d
4f
5f
6f
5g
6g

多电子原子的壳层填充顺序

当一个原子里有多个电子时，最多两个自旋相反的电子可以占据同一个轨道。磁学感兴趣的离子通常遵从 **L-S 耦合方案**，即单个电子的自旋和轨道角动量相加②给出合成的量子数(这里 $S, L \geqslant 0$)：

$$S = \sum s_i,\quad M_S = \sum m_{si},\quad L = \sum \ell_i,\quad M_L = \sum m_{\ell i}$$

例如，考虑具有六个电子的碳原子，电子组态为 $1s^2 2s^2 2p^2$。每个

---

① 三体问题有一个非常复杂的解析解，而原子中包含的粒子通常远多于三个。

② 如果自旋轨道耦合非常强，比如在锕系元素中，恰当的处理方法是，先对每个电子将 l_i 与 s_i 耦合形成 j_i，然后再将 j_i 耦合为总角动量。这是 j-j 耦合方案。

s 壳层只能容纳一对自旋相反的电子。然而，2p 轨道有 15 种填充方式容纳两个电子。各种可能列于表 4.3，其中下标标记 m_ℓ 值。

表 4.3 六电子碳原子的例子；$1s^2 2s^2 2p^2$

1s	↑↓	↑↓	↑↓	↑↓	↑↓	↑↓	↑↓	↑↓	↑↓	↑↓	↑↓	↑↓	↑↓	↑↓	↑↓
2s	↑↓	↑↓	↑↓	↑↓	↑↓	↑↓	↑↓	↑↓	↑↓	↑↓	↑↓	↑↓	↑↓	↑↓	↑↓
$2p_{-1}$	↑↓	↑	↑	↓	↓	↑	↑		↓	↓					
$2p_0$		↑	↓	↑	↓			↑↓			↓	↑	↓	↑	
$2p_1$						↑	↓		↑	↓	↓	↓	↑	↑	↑↓
M_L	2	1	1	1	1	0	0	0	0	0	−1	−1	−1	−1	−2
M_S	0	−1	0	0	+1	−1	0	0	0	+1	+1	0	0	−1	0

这 15 个态可以归为 3 个**光谱项**。考虑具有特定 M_L 和 M_S 组合的态的数目，并把它们分解成如下的块：

$M_S \backslash M_L$	−2 −1 0 1 2		$L=1, S=1$		$L=2, S=0$		$L=S=0$
−1	− 1 1 1 −		1 1 1				
0	1 2 3 2 1	=	1 1 1	+	1 1 1 1 1	+	1
1	− 1 1 1 −		1 1 1				

每一块是一个光谱项。碳的光谱项如表 4.4 所示。习惯上把 $L=0,1,2,3,4,5$标记为 S，P，D，F，G，H，然后将自旋重数 $2S+1$ 标为^{2S+1}X 的左上角标。光谱项间的能级劈裂是 1 eV 的量级，因此，到激发态的允许跃迁（$\Delta L=\pm1$）需要光激发。最后引入自旋轨道耦合，它把 L 和 S 耦合在一起形成 J。每个光谱项产生几个 J 态，$|L-S| \leqslant J \leqslant L+S$。有 $2S+1$ 或 $2L+1$ 个 J 态，依赖于 L 或 S 哪个更小。一个光谱项分裂出来的不同 J 态称为**多重态**。多重态的一般标记是将 J 值标为光谱项的下角标，例如

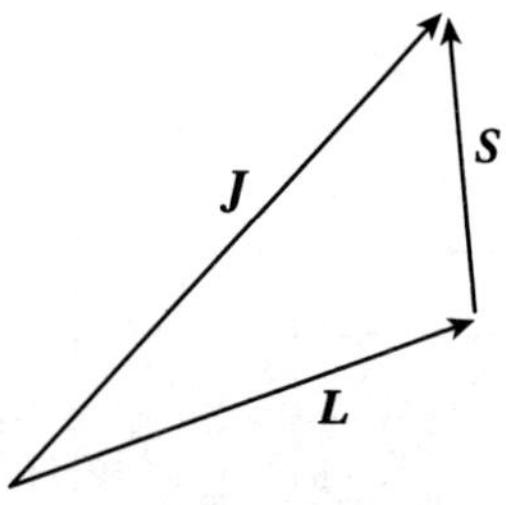

自旋和轨道角动量在向量模型中的加法：***J*=*L*+*S***

$$^{2S+1}X_J$$

在室温下，基态通常是 $2J+1$ 个 M_J 态中唯一被占据的；它决定了原子的磁性质。

表 4.4 碳原子的光谱项

项	L	S	(M_L, M_S)
^1S	0	0	(0,0)
^3P	1	1	(1,1)(1,0)(1,−1)(0,1)(0,0)(0,−1)(−1,1)(−1,0)(−1,−1)
^1D	2	0	(2,0)(1,0)(0,0)(−1,0)(−2,0)

洪特（Hund）提出了一个经验方法来确定多电子原子或离子的最低能量态；**洪特规则**如下：

(1) 首先，对一定的组态，S 取最大值。

(2) 其次，L 取与 S 相容的最大值。

(3) 最后，L 和 S 耦合形成 J：如果壳层不到半满，$J=L-S$；如果壳层超过半满，$J=L+S$；如果壳层正好半满，$L=0$，$J=S$。

第一条规则的理由是，如果电子可以占据不同的轨道，就可以让电子互相避开，从而使得库仑相互作用最小。因此，原子内的交换作用倾向于使不同轨道的电子平行排列。第二条规则意味着，只要可能，电子以同一方式做轨道运动。第三条规则最弱，决定于自旋轨道耦合的符号。洪特规则只能预测**基态**，对于激发态的位置和次序无效。

在碳的例子中，洪特规则给出 $S=1$，$L=1$，$J=0$，因此 $M_J=0$，而且由于自旋轨道耦合，碳原子的基态确实是**非磁性的**。磁性元素周期表中同一列其他元素的自由原子也是非磁性的，s^2 原子、p^6 原子以及少数其他原子也是如此。

利用洪特定则，可以确定一些常见磁性离子的基态，例如：

Fe^{3+}	$3d^5$	↑↑↑↑↑ | ooooo	
$S=5/2$	$L=0$	$J=5/2$	$^6S_{5/2}$
Ni^{2+}	$3d^8$	↑↑↑↑↑ | ↓↓↓oo	
$S=1$	$L=3$	$J=4$	$^3F_4$
Nd^{3+}	$4f^3$	↑↑↑oooo | ooooooo	
$S=3/2$	$L=6$	$J=9/2$	$^4I_{9/2}$
Dy^{3+}	$4f^9$	↑↑↑↑↑↑↑ | ↓↓ooooo	
$S=5/2$	$L=5$	$J=15/2$	$^6H_{15/2}$

符号 ↑，↓ 和 o 表示 3d 或 4f 轨道是否被一个 ↑ 或 ↓ 的电子占据或者未占据。整个 $3d^n$ 和 $4f^n$ 系列离子的 L，S 值如图 4.4 所示。表 A 已经说明，大多数自由原子都有磁矩。

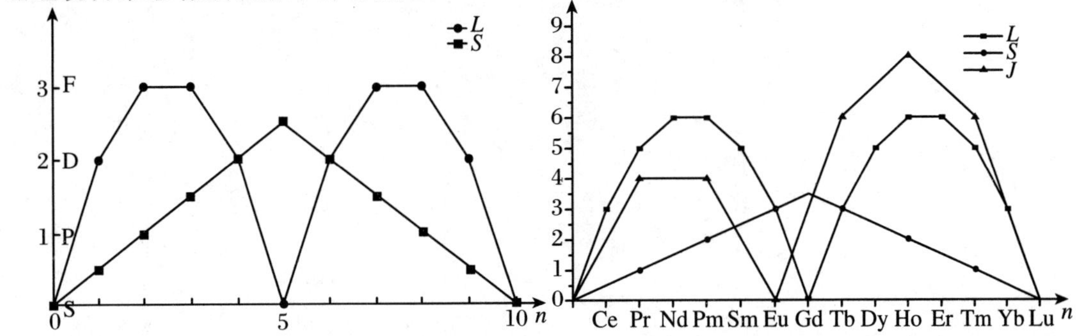

(a)　　(b)

图 4.4

(a) $3d^n$ 离子的 L 和 S；(b) 三价 $4f^n$ 离子的 L，S 和 J

4.2.1 自旋轨道耦合

接下来讨论较弱的相对论效应，它导致了洪特第三规则。自旋轨道相互作用是磁学中许多最有趣现象的根源，包括磁晶各向异性、磁致伸缩、各向异性磁阻、反常平面霍尔效应和反常自旋霍尔效应。

在多电子原子中，第3.1.3小节中的单电子自旋轨道耦合变为

$$\mathcal{H}_{so} = (\Lambda/\hbar^2)\hat{L}\cdot\hat{S}$$

洪特第三规则说，对于3d和4f系列的前一半，Λ是正的，对于后一半是负的。在重元素中，耦合变大，电子的轨道运动能量与其静质能$m_e c^2$相比不可忽略。对于3d和4f系列的前一半和后一半（表4.5），常数Λ和式(3.13)中的单电子耦合常数λ的关系为$\Lambda = \pm\lambda/2S$。由于$\boldsymbol{J} = \boldsymbol{L} + \boldsymbol{S}$，故当$\boldsymbol{J}^2$，$\boldsymbol{L}^2$和$\boldsymbol{S}^2$的本征值已知时，可用等式$\boldsymbol{J}^2 = \boldsymbol{L}^2 + \boldsymbol{S}^2 + 2\boldsymbol{L}\cdot\boldsymbol{S}$来计算$\mathcal{H}_{so}$。在自旋轨道耦合的情况下，$L$-$S$耦合方案的原子态用$(L, S, J, M_J)$标记，其中$M_J$是总磁量子数。

表4.5 3d和4f系列离子的自旋轨道耦合常数（以开尔文为单位）。$\Delta\varepsilon$是第一个多重激发态的能量

	离子	λ	Λ	$\Delta\varepsilon$
$3d^1$	Ti^{3+}	229	229	573
$3d^2$	V^{3+}	305	153	458
$3d^3$	Cr^{3+}	393	131	328
$3d^4$	Mn^{3+}	500	125	125
$3d^6$	Fe^{3+}	656	−164	656
$3d^7$	Co^{3+}	818	−272	1224
$3d^8$	Ni^{3+}	987	−494	3948
$4f^1$	Ce^{3+}	920	920	3220
$4f^2$	Pr^{3+}	1080	540	2700
$4f^3$	Nd^{3+}	1290	430	2365
$4f^4$	Pm^{3+}	1540	380	1900
$4f^5$	Sm^{3+}	1730	350	1225
$4f^6$	Eu^{3+}	1950	330	330
$4f^8$	Tb^{3+}	2450	−410	2460
$4f^9$	Dy^{3+}	2730	−550	4125
$4f^{10}$	Ho^{3+}	3110	−780	6240
$4f^{11}$	Er^{3+}	3510	−1170	8775
$4f^{12}$	Tm^{3+}	3800	−1900	11400
$4f^{13}$	Yb^{3+}	4140	−4140	14490

4.2.2　塞曼相互作用

类比式(3.20)，一个原子的磁矩可表示为算符

$$\hat{\mathfrak{m}} = -(\mu_B/\hbar)(\hat{\boldsymbol{L}} + 2\hat{\boldsymbol{S}}) \tag{4.8}$$

磁矩在磁场 $\boldsymbol{B}$ 中的塞曼哈密顿量为

$$\mathcal{H}_Z = (\mu_B/\hbar)(\hat{\boldsymbol{L}} + 2\hat{\boldsymbol{S}}) \cdot \boldsymbol{B} \tag{4.9}$$

当 $\boldsymbol{B}$ 沿着 Oz 轴时，哈密顿量变成$(\mu_B/\hbar)(\hat{\boldsymbol{L}}_z + 2\hat{\boldsymbol{S}}_z)\boldsymbol{B}$。

接下来定义多电子原子的**朗德 g 因子**，即沿 $\boldsymbol{J}$ 方向的磁矩分量(以 μ_B 为单位)与角动量大小(以 $\hbar$ 为单位)的比值。g 因子是旋磁比 γ(式(3.5))的无量纲版本。

用矢量标记

$$g = -(\mathfrak{m} \cdot \boldsymbol{J}/\mu_B)/(|\boldsymbol{J}|^2/\hbar) = -\mathfrak{m} \cdot \boldsymbol{J}/J(J+1)\mu_B\hbar$$

但是

$$\begin{aligned}\mathfrak{m} \cdot \boldsymbol{J} &= -(\mu_B/\hbar)[(\boldsymbol{L} + 2\boldsymbol{S}) \cdot (\boldsymbol{L} + \boldsymbol{S})] \\ &= -(\mu_B/\hbar)(\boldsymbol{L}^2 + 3\boldsymbol{L} \cdot \boldsymbol{S} + 2\boldsymbol{S}^2) \quad (\text{由于 } \boldsymbol{L} \text{ 和 } \boldsymbol{S} \text{ 可对易}) \\ &= -(\mu_B/\hbar)[\boldsymbol{L}^2 + 2\boldsymbol{S}^2 + (3/2)(\boldsymbol{J}^2 - \boldsymbol{L}^2 - \boldsymbol{S}^2)] \\ &= -(\mu_B\hbar)[(3/2)J(J+1) - (1/2)L(L+1) + (1/2)S(S+1)]\end{aligned}$$

因此，g 因子的表达式为

$$g = \frac{3}{2} + [S(S+1) - L(L+1)]/2J(J+1) \tag{4.10}$$

朗德 g 因子也是磁矩 z 分量(以 μ_B 为单位)与角动量 z 分量(以 $\hbar$ 为单位)的比值。从图 4.5 的矢量模型可以看出，磁矩绕着 $\boldsymbol{J}$ 快速进动，两者之比 $\mathfrak{m}_z/J_z = \mathfrak{m} \cdot \boldsymbol{J}/J^2 = -g\mu_B/\hbar$，因此可以把 $\mathfrak{m}$ 的投影或平均值用 g 因子写成

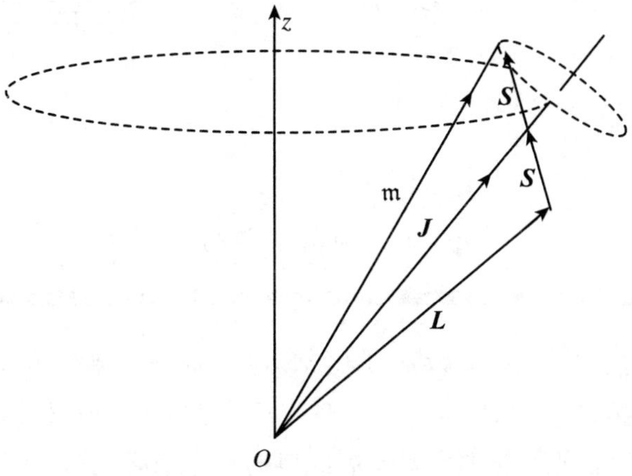

图 4.5

原子的矢量模型。磁矩 $\mathfrak{m}$ 绕着角动量$\boldsymbol{J}$快速进动，磁矩的时间平均值绕着 Oz轴进动

$$\mathfrak{m} = -(g\mu_B/\hbar)\boldsymbol{J}$$

$M_J=-J$ 是能量最低的态。

在沿 Oz 方向的外磁场 $\boldsymbol{B}$ 中，塞曼能为 $\varepsilon_Z=-\mathfrak{m}_zB$，即 $-(\mathfrak{m}_z/J_z)\cdot J_zB=(g\mu_B/\hbar)J_zB$。因此塞曼能为

$$\varepsilon_Z = g\mu_B M_J B$$

注意这里所涉及能量的大小。两个相邻的塞曼能级间的劈裂为 $g\mu_B B$，在 1 T 磁场下是 1 K 量级。在室温下，为了让基态 $M_J=-J$ 的占据数明显多于其他态，需要几百特斯拉的磁场。实验室中还无法产生这么强的稳恒磁场。在液氦温区，问题就容易了，实验室常见的几个特斯拉的磁场就足以让基态占据数比其他态多得多，并使得离子磁矩饱和。离子的熵 S 为 $k_B\ln\Omega$，其中 Ω 是组态数。如果有 $2J+1$ 个 M_J 组态被平等地占据，则 $S=k_B\ln(2J+1)$；但如果仅有一个 M_J 子能级被占据，则 $S=0$。

图 4.6 用一个例子总结了到目前为止的讨论，给出了自由离子 Co^{2+} $3d^7$ 的能级。根据洪特规则，$J=\dfrac{9}{2}$ 态是基态。

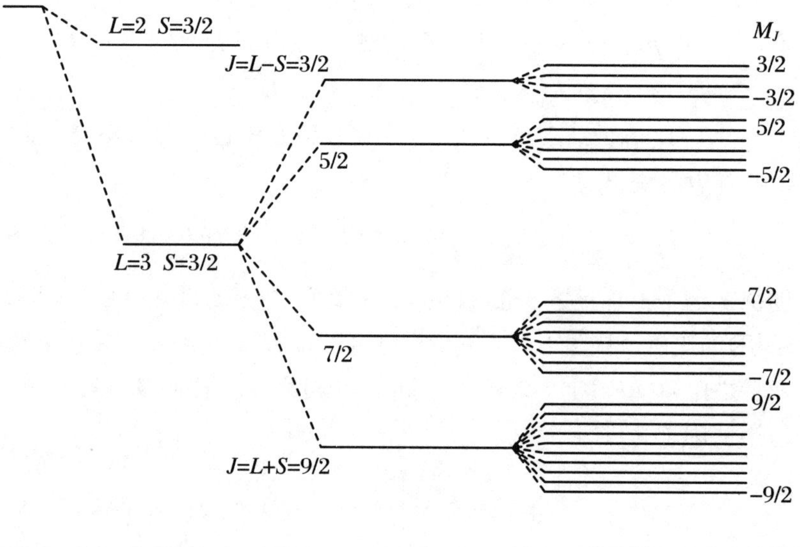

图 4.6

电子组态为 $3d^7$ 的自由离子能级：Co^{2+} $S=3/2$, $L=3$, $J=9/2$; $g=5/3$

4.3 顺 磁 性

下面更详细地考察真空中局域磁矩 $\mathfrak{m}$ 对外磁场 $\boldsymbol{H}=\boldsymbol{B}/\mu_0$ 的响应。去掉符号“′”，因为对于一个单原子或粒子来说，外加磁场和内部磁场没有区别。按照先量子后经典的顺序来研究这一问题。对于一

般的量子情况，磁矩 $\mathfrak{m} = -g\mu_B \boldsymbol{J}/\hbar$ 可取相对于外磁场 $2J+1$ 个极角中的任意一个；而对于经典理论，磁矩可取相对于外磁场的任何一个方向。第 3.2.4 小节已经介绍了自旋-1/2 量子系统的理论，其中磁矩 $\mathfrak{m} = -g\mu_B \boldsymbol{S}/\hbar$ 仅能取沿外场的两个投影中的一个。经典和极端量子极限分别对应于 $J\to\infty$ 和 $J=1/2$。

4.3.1　布里渊理论

物理量 q 的热力学平均值的一般表达式为

$$\langle q\rangle = \mathrm{Tr}[q_i \exp(-\varepsilon_i/k_B T)]/\mathcal{Z}$$

其中 $\mathcal{Z} = \mathrm{Tr}\exp(-\varepsilon_i/k_B T)$ 是配分函数。迹（Tr）是对能态 i 的求和，q_i 是 q 在第 i 能态上的值。这意味着对 i 态的平均，并以玻尔兹曼占据数作为权重因子。$\mathcal{Z}$ 是归一化因子。计算热力学平均值 $\langle\mathfrak{m}\rangle$，即

$$\langle\mathfrak{m}\rangle = \frac{\sum_i \mathfrak{m}_i \exp(-\varepsilon_i/k_B T)}{\sum_i \exp(-\varepsilon_i/k_B T)} \tag{4.11}$$

极端量子极限是 $J=1/2$ 的情况，通常在 $S=1/2, L=0$ 时出现。这种情况下，只有两个能级和相对于外磁场（通常沿 Oz 轴）的磁矩方向，对应于 $|\uparrow\rangle$ 和 $|\downarrow\rangle$ 态。对于 $\mathfrak{m}$ 的 z 分量，式（4.11）化简成

$$\langle\mathfrak{m}_z\rangle = g\mu_B J\tanh x \tag{4.12}$$

其中，x 是塞曼能与热能的无量纲比值。

$$x = \mu_0 g\mu_B M_J H/k_B T \tag{4.13}$$

当 $J = S = 1/2, g = 2$ 时，这个式子变成 $\langle\mathfrak{m}_z\rangle = \mathfrak{m}_z\tanh x$，其中，$\mathfrak{m}_z = \mu_B$，而 $x = \mu_0\mu_B H/k_B T$（见第 3.2.4 小节）。在低场中，$\tanh x\approx x$，如果单位体积中有 n 个原子，磁化率 $n\langle\mathfrak{m}_z\rangle/H$ 就是

$$\chi = \mu_0 n g^2 \mu_B^2 J^2/k_B T \tag{4.14}$$

对于 $J=1/2, g=2$，式（4.14）化简成式（3.34）。物理学里有很多两能级系统都用这种方法处理：设置一个赝自旋 $S=1/2$，两个能级对应于 $M_s = \pm 1/2$，而它们的间隔是 $2\mu_0\mu_B H$。

布里渊（Leon Brillouin）处理了一般量子情况；$\mathfrak{m}$ 是 $-g\mu_B\boldsymbol{J}/\hbar$，$x$ 是 $\mu_0 g\mu_B M_J H/k_B T$。现在有 $2J+1$ 个能级 $\varepsilon_i = +\mu_0 g\mu_B M_J H$，而磁矩 $\mathfrak{m}_{zi} = -g\mu_B M_J$，其中 $M_J = J, J-1, J-2, \cdots, -J$。式（4.11）中的两个求和各有 $2J+1$ 项，$J=5/2$ 的例子如图 4.7 所示。

为了计算磁化率，取极限 $x\ll 1$。磁化率是磁化曲线的初始斜率。

图 4.7

J=5/2的量子磁矩处于外磁场中。塞曼位移如右图所示

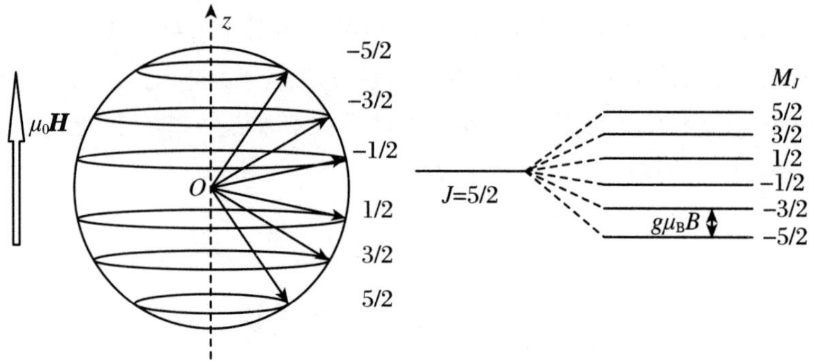

式(4.11)中的指数项可展成 $\exp(x)\approx 1+x+\cdots$。因此,只保留前几项,即

$$\langle \mathfrak{m}_z \rangle = \frac{\sum_{-J}^{J} -g\mu_B M_J(1-\mu_0 g\mu_B M_J H/k_B T)}{\sum_{-J}^{J}(1-\mu_0 g\mu_B M_J H/k_B T)}$$

利用恒等式

$$\sum_{-J}^{J} 1 = 2J+1,\quad \sum_{-J}^{J} M_J = 0,\quad \sum_{-J}^{J} M_J^2 = J(J+1)(2J+1)/3$$

可得 $\langle \mathfrak{m}_z \rangle = \mu_0 g^2 \mu_B^2 J(J+1)H/3k_B T$。磁化率是 $n\langle \mathfrak{m}\rangle/H$,因此居里定律的一般形式为 $\chi = C/T$,其中

$$C = \frac{\mu_0 n g^2 \mu_B^2 J(J+1)}{3k_B} \tag{4.15}$$

为了和式(3.34)相联系,磁化率可以用有效磁矩 $\mathfrak{m}_{eff} = g\mu_B \cdot \sqrt{J(J+1)}$(或有效玻尔磁子数 $p_{eff} = g\sqrt{J(J+1)}$)写成

$$\chi = \frac{\mu_0 n \mathfrak{m}_{eff}^2}{3k_B T}$$

磁化率依赖于磁化强度 $\mathfrak{m}$ 的大小或长度的平方,而不是其投影 $\mathfrak{m}_z$。居里常数为

$$C = \mu_0 n \mathfrak{m}_{eff}^2/3k_B \tag{4.16}$$

对于 $n=6\times 10^{28}\ \mathrm{m^{-3}}$, $g=2$, $J=1$,得到 C 的典型值为 1.3 K。令 $n=N_A$(阿伏伽德罗常量),得到摩尔居里常量 C_{mol},这个物理量很有用,其数值为

$$C_{mol} = 1.571\times 10^{-6} p_{eff}^2$$

为了计算完整的磁化曲线,令 $y=\mu_0 g\mu_B H/k_B T$,然后利用式(4.11)和 $\mathrm{d}(\ln z)/\mathrm{d}y = (1/z)\mathrm{d}z/\mathrm{d}y$,将热力学平均 $\langle \mathfrak{m}_z \rangle = \langle -g\mu_B M_J\rangle$ 写成

$$\langle \mathfrak{m}_z \rangle = g\mu_B \frac{\partial}{\partial y}\left[\ln \sum_{-J}^{J} \exp(-M_J y)\right]$$

必须计算对能级的求和；它可以写为 $\exp(Jy)[1+r+r^2+\cdots+r^{2J}]$，其中 $r=\exp(-y)$。几何数列求和等于 $(r^{2J+1}-1)/(r-1)$。因此，上下都乘以 $\exp(y/2)$，得

$$\sum_{-J}^{J}\exp(M_J y)=\{\exp[-(2J+1)y]-1\}\exp(Jy)/[\exp(-y)-1]$$
$$=\sinh[(2J+1)y/2]/\sinh(y/2)$$

所以

$$\langle \mathfrak{m}_z\rangle = g\mu_B\partial\ln[\sinh(2J+1)y/2]/[\sinh(y/2)]/\partial y$$
$$=(g\mu_B/2)\{(2J+1)\coth[(2J+1)y/2]-\coth(y/2)\}$$

令 $x=Jy$，最后可得

$$\langle \mathfrak{m}_z\rangle = \mathfrak{m}_0\left(\frac{2J+1}{2J}\coth\frac{2J+1}{2J}x-\frac{1}{2J}\coth\frac{x}{2J}\right) \quad (4.17)$$

其中 $\mathfrak{m}_0=g\mu_B J$ 是磁矩的最大幅度，大括号中的量表示**布里渊函数** $\mathcal{B}_J(x)$：

$$\langle \mathfrak{m}_z\rangle = \mathfrak{m}_0\,\mathcal{B}_J(x) \quad (4.18)$$

布里渊函数在极限 $J\to\infty$ 下，可简化为朗之万（Langevin）函数，而当 $J=1/2$，$g=2$ 时，可简化为 $\tanh x$（式(4.12)），如图 4.8 所示。

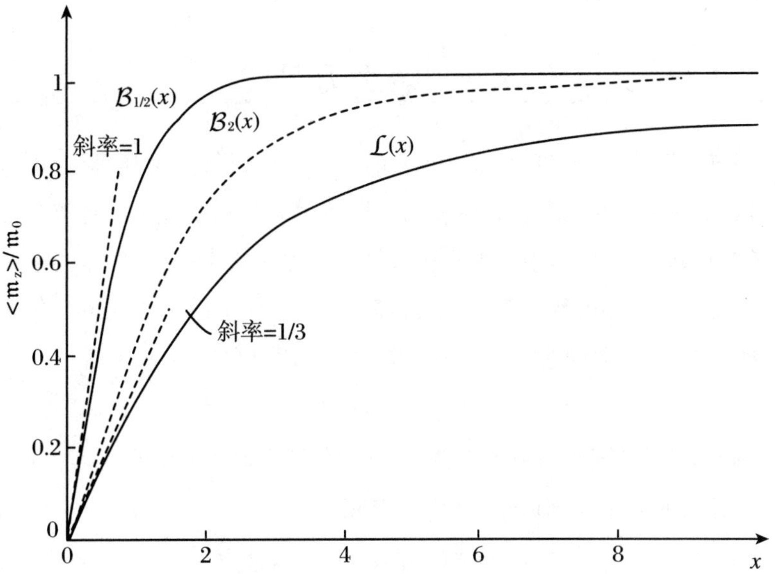

图 4.8

J=1/2和J=2的布里渊函数与作为经典极限的朗之万函数。朗之万函数在原点的斜率为1/3

在 x 是小量的极限情况下，

$$\mathcal{B}_J(x)\approx\frac{J+1}{3J}x-\frac{[(J+1)^2+J^2](J+1)}{90J^2}x^3+\cdots \quad (4.19)$$

首项给出居里定律的磁化率 $\chi=g^2\mu_0 nJ(J+1)\mu_B^2/3k_BT=C/T$。

局域磁性理论很好地解释了 3d 和 4f 稀磁盐类，其中磁矩间没有相互作用，例如，在矾 $KCr(SO_4)_2\cdot 12H_2O$ 中，硫酸根离子和结晶水

将 Cr^{3+} 远远地分开。除非很大的外场或很低的温度，$M(H)$的响应是线性的。如果将布里渊曲线描绘为 $x \sim H/T$ 的函数，所有不同温度的实验数据就会落在单个的布里渊曲线上(图 4.9)，说明了布里渊顺磁理论的卓而不凡。

图 4.9

三种顺磁盐约化后的磁化曲线与布里渊理论的比较 (Henry W E, Phys. Rev, 1952, 88(559))

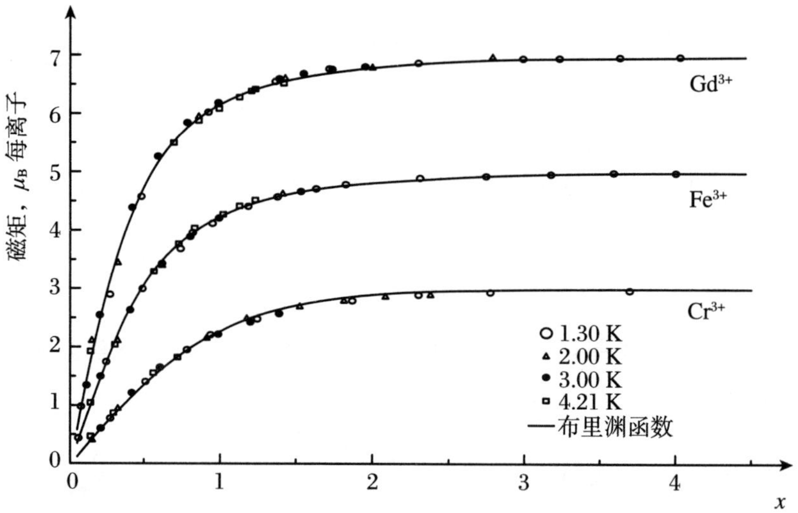

4.3.2 朗之万理论

1905 年，朗之万(Paul Langevin)提出了顺磁性的经典理论，即量子理论 $J \to \infty$ 时的极限。经典理论预期适用的范例系统包括悬浮在液体中的铁磁纳米颗粒，或者岩石中分散的铁磁矿物小颗粒(通常是磁铁矿)。每一个原子或粒子都有宏观磁矩 $\mathfrak{m}$，它相对于沿 z 方向的外加磁场 $\boldsymbol{H} = \boldsymbol{B}/\mu_0$ 可取任意方向。塞曼能(式(2.73))$\varepsilon = -\mathfrak{m} \cdot \boldsymbol{B}$ 是

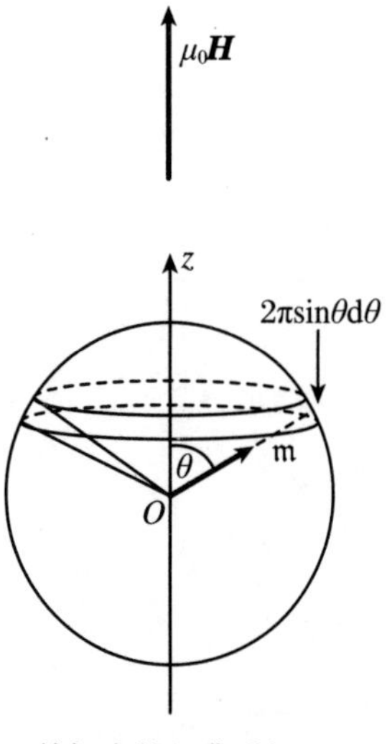

外场中的经典磁矩

$$\varepsilon(\theta) = -\mu_0 \mathfrak{m} H\cos\theta$$

磁矩与 Oz 轴成夹角 θ 的概率 $P(\theta)$是玻尔兹曼因子 $\exp[-\varepsilon(\theta)/k_B T]$和几何因子 $2\pi\sin\theta$ 的乘积。因此

$$P(\theta) = \kappa 2\pi \sin\theta \exp(\mu_0 \mathfrak{m} H\cos\theta / k_B T)$$

其中常数 κ 由归一化条件 $\int_0^\pi P(\theta)\mathrm{d}\theta = N$ 决定，N 是系统的原子或粒子数。因此

$$\langle \mathfrak{m}_z \rangle = \frac{\int_0^\pi \mathfrak{m} \cos\theta P(\theta)\mathrm{d}\theta}{\int_0^\pi P(\theta)\mathrm{d}\theta} \tag{4.20}$$

为了计算积分，令 $a=\cos\theta$，$\mathrm{d}a=-\sin\theta\mathrm{d}\theta$，并定义无量纲的磁能与热能之比 $x=\mu_0\mathfrak{m}H/k_BT$。结果为 $\langle\mathfrak{m}_z\rangle=\mathfrak{m}\mathcal{L}(x)$，其中

$$\mathcal{L}(x)=\coth x-1/x \tag{4.21}$$

朗之万函数 $\mathcal{L}(x)$ 如图 4.8 所示。当 x 较小时，展开的前几项为 $\mathcal{L}(x)=x/3-x^3/45+2x^5/945-\cdots$。在低场或高温下，$\mathcal{L}(x)\approx x/3$，仅是极端量子情形 $J=1/2$ 的 1/3。每立方米有 n 个磁矩集合的磁化率为 $\chi=n\langle\mathfrak{m}_z\rangle H$，因此

$$\chi=\mu_0 n\mathfrak{m}^2/3k_BT \tag{4.22}$$

这就是著名的居里定律 $\chi=C/T$ 的经典形式，其中 $C=\mu_0 n\mathfrak{m}^2/3k_B$ 称为居里常数。

对于高场情形，$x\gg1$，磁矩顺外场排列，磁化饱和。朗之万函数的高场极限为 $\mathcal{L}(x)\approx1-1/x$。

4.3.3　范弗莱克磁化率

如果离子有低激发态，它们通过两种方式对磁化率产生贡献。这些低激发态可能是塞曼劈裂，而且通常是热填充的。另外，外场可能将激发态的特征混入基态，这就是范弗莱克（van Vleck）顺磁或与温度无关的顺磁（TIP）。范弗莱克顺磁对 Eu^{3+} 离子格外重要。Eu^{3+} 离子具有非磁性的 $J=0$ 基态，但是在 330 K（表 4.5）下，一个 $J=1$ 的低激发态对顺磁磁化率有贡献。另一个需要考虑 J 多重激发态的稀土离子是 Sm^{3+}，它具有 $J=5/2$ 的基态以及在 1225 K 下 $J=7/2$ 的激发态。在锕系元素中，Bk^{5+} 和 Cm^{4+} 离子具有局域的 $5f^6$ 组态（$J=0$ 的基态）。

根据微扰论，对离子能量的修正项由哈密顿量（式(4.9)）给出：

$$\varepsilon_1=\left(\frac{\mu_B}{\hbar}\right)^2\frac{|\langle g|(\hat{\boldsymbol{L}}+2\hat{\boldsymbol{S}})\cdot\boldsymbol{B}|e\rangle|^2}{\Delta\varepsilon} \tag{4.23}$$

其中，$\Delta\varepsilon$ 是基态 g 和激发态 e 的能量差。由外场中顺磁体的吉布斯自由能的表达式 $-\frac{1}{2}BM$（其中 $M=\chi B/\mu_0$），得到 $\chi=2n\mu_0\varepsilon_1/B^2$，其中 n 是单位体积的离子数。因此，磁化率依赖于磁矩的非对角元：

$$\chi=2n\mu_0\left(\frac{\mu_B}{\hbar}\right)^2\frac{|\langle g|\hat{L}_z+2\hat{S}_z|e\rangle|^2}{\Delta\varepsilon} \tag{4.24}$$

4.3.4 绝热去磁

稀磁盐类的居里定律顺磁性有一个非凡的应用，可以通过绝热去磁达到毫开(mK)温区。

在零外场下，每个离子的能级都是 $2J+1$ 重简并的。样品中 N 个离子可能的组态数为 $\Omega=(2J+1)^N$，相应的熵为 $S=k_B\ln\Omega$ 或者每摩尔

$$S = R\ln(2J+1) \tag{4.25}$$

其中，气体常数 $R=N_A k_B$ 是 8.315 J·mol^{-1}。施加一个磁场使熵减小，根据玻尔兹曼概率 $\exp(-g\mu_B M_J\mu_0 H/k_B T)$ 可知，外加磁场导致离子倾向于占据更小的 M_J 值。在绝对零度下，所有的离子都处于 $M_J=-J$ 态。每个离子只有一个组态，因此 $\Omega=1^N$ 而 $S=0$。温度升高时，系统吸热，更高的塞曼能级被占据，从而使熵增加。增加磁场时，离子倾向于占据更低的塞曼能级，从而使熵减少。由于能级的占据数仅依赖于玻尔兹曼因子，故熵是 H/T 的单调递减函数。利用热力学关系 $S=-(\partial F/\partial T)_H$，熵可以从亥姆霍兹自由能 $F=-Nk_B T\ln\mathcal{Z}$ 计算，其中 $\mathcal{Z}$ 为配分函数。

绝热过程是系统和周围环境之间没有热量交换的过程。由于 $\delta Q=T\delta S$，故熵在绝热过程中是守恒的。绝热去磁通常在恒冷器中进行，例如，一片硝酸铈镁开始时通过氦交换气体与 1.2 K 的液氦或 0.3 K 的液^{3}He 保持热接触。如图 4.10 所示，首先在由超导磁体产生的几个特斯拉的磁场中等温磁化，然后抽空交换气体、切断与氦池的热接触。在绝热退磁过程中没有熵 $S(H/T)$ 的交换，因此得到

$$\frac{H_i}{T_i}=\frac{H_f}{T_f} \tag{4.26}$$

其中，i 和 f 分别标记初态和末态。如果末态磁场真的是零，绝热退磁

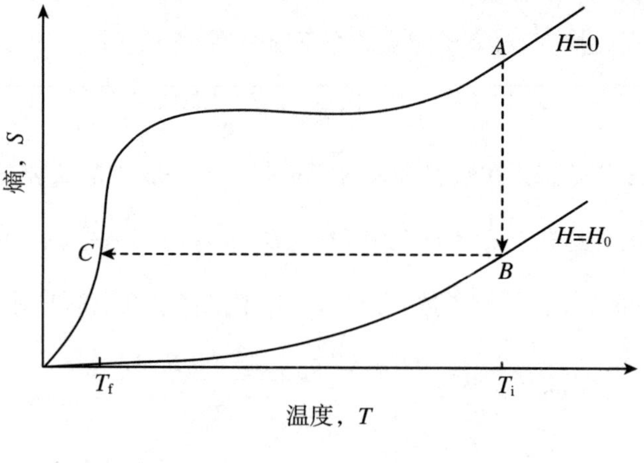

图 4.10

绝热去磁冷却。两条曲线是零场 $H=0$ 和外场 $H=H_0$ 的 $S(T)$。材料首先在温度 T_i 下被外加场 H_0（AB段）等温磁化，然后当磁场H减小到几乎为零时（BC段），绝热地冷却到T_f

过程会达到绝对零度！然而，由于离子磁矩之间偶极-偶极相互作用，总会有残余的磁场。在稀磁盐类中，这些漏磁场的量级为毫特斯拉，可以达到的最低温度在毫开范围。

增加一级对原子核的绝热退磁，可以达到微开量级的温度。原子核的磁矩比电子小三个数量级，因此漏磁场按比例减小，但是角动量 $I\hbar$ 和无序态的摩尔熵 $R\ln(2I+1)$ 与电子的情形相似。核去磁使用较多的是铜，它有两个同位素，每个同位素都有 $I=3/2$。首先将铜冷却至毫开范围，让原子核在几个特斯拉的外加磁场中被极化，然后再绝热去磁。

4.4　固体中的离子；晶体场相互作用

在实验中，通过在低温下使磁化强度达到饱和，应该可以推导出 $\mathfrak{m}_z$ 的最大值 $\mathfrak{m}_0$，从而得到 $gJ\mu_B$ 的值。磁矩的大小可以由顺磁磁化率推导出来，$\mathfrak{m}_{\mathrm{eff}}^2=g^2\mu_B^2J(J+1)$。实验中测量的是稀磁盐类，而不是自由离子。这些测量的结果归纳在表 4.6 和表 4.7 的最后一列，其中 $\mathfrak{m}_{\mathrm{eff}}$ 以玻尔磁子为单位，列出的仅是有效玻尔磁子数 p_{eff}。

表 4.6　4f 离子。顺磁磁矩 $\mathfrak{m}_{\mathrm{eff}}$ 和饱和磁矩 $\mathfrak{m}_0$ 以 μ_B 为单位

$4f^n$		S	L	J	g	$\mathfrak{m}_0=gJ$	$\mathfrak{m}_{\mathrm{eff}}=g\sqrt{J(J+1)}$	$\mathfrak{m}_{\mathrm{eff}}^{\mathrm{exp}}$
1	Ce^{3+}	$\frac{1}{2}$	3	$\frac{5}{2}$	$\frac{6}{7}$	2.14	2.54	2.5
2	Pr^{3+}	1	5	4	$\frac{4}{5}$	3.20	3.58	3.5
3	Nd^{3+}	$\frac{3}{2}$	6	$\frac{9}{2}$	$\frac{8}{11}$	3.27	3.52	3.4
4	Pm^{3+}	2	6	4	$\frac{3}{5}$	2.40	2.68	
5	Sm^{3+}	$\frac{5}{2}$	5	$\frac{5}{2}$	$\frac{2}{7}$	0.71	0.85	1.7
6	Eu^{3+}	3	3	0	0	0	0	3.4
7	Gd^{3+}	$\frac{7}{2}$	0	$\frac{7}{2}$	2	7.0	7.94	8.9
8	Tb^{3+}	3	3	6	$\frac{3}{2}$	9.0	9.72	9.8
9	Dy^{3+}	$\frac{5}{2}$	5	$\frac{15}{2}$	$\frac{4}{3}$	10.0	10.65	10.6
10	Ho^{3+}	2	6	8	$\frac{5}{4}$	10.0	10.61	10.4
11	Er^{3+}	$\frac{3}{2}$	6	$\frac{15}{2}$	$\frac{6}{5}$	9.0	9.58	9.5
12	Tm^{3+}	1	5	6	$\frac{7}{6}$	7.0	7.56	7.6
13	Yb^{3+}	$\frac{1}{2}$	3	$\frac{7}{2}$	$\frac{8}{7}$	4.0	4.53	4.5

从表 4.6 中 4f 离子的数据可以看出，实验测量的$\mathfrak{m}_{\mathrm{eff}}$对应于 $g\mu_B\sqrt{J(J+1)}$，除了放射性的 Pm（从来没测量过 Pm 的$\mathfrak{m}_{\mathrm{eff}}$），以及 Sm^{3+} 和 Eu^{3+} 离子（它们有额外的来自多重激发态的范弗莱克磁化率）。对于稀土系列，J 是好量子数。然而，3d 离子的情况不一样，如表 4.7 所示。除了 $3d^5$ 离子之外，对于所有离子，$gJ\mu_B$ 和 $\mathfrak{m}_0$ 有着较大的差异，对于 $3d^5$ 离子，洪特第二规则给出 $L=0, J=S$。事实上，$\mathfrak{m}_0\approx gS\mu_B$ 以及$\mathfrak{m}_{\mathrm{eff}}\approx g\mu_B\sqrt{S(S+1)}$。似乎 3d 系列的磁性来源于自旋磁矩，轨道磁矩贡献的很小或没有。对于 3d 系列，S 是好量子数。Co^{2+} 离子是个例外，其中轨道贡献使$\mathfrak{m}_{\mathrm{eff}}$增加，显著大于仅考虑自旋贡献的值。

对于自由离子，总结起来：

· 满壳层是非磁性的。在每条轨道中，一个 ↑ 电子与一个 ↓ 电子配对。

· 只有部分填充壳层可能拥有磁矩。

· 磁矩和角动量的关系为 $\mathfrak{m}=-g(\mu_B/\hbar)J$，其中量子数 J 表示总角动量。对于给定的组态，J 和 g 的值遵从洪特规则和式(4.10)。

对于固体中的离子，上述总结中的第三点不得不修改。

· 对于 3d 离子，轨道角动量**淬灭**，磁矩仅含自旋部分，其大小为 $\mathfrak{m}=-g\mu_B S$，其中 $g=2$。

· 特定的晶体方向成为**易磁化轴**。

上述两个效应来源于晶体中的静电场。

表 4.7　3d 离子。有效磁矩以 μ_B 为单位

$3d^n$		S	L	J	g	$\mathfrak{m}_{\mathrm{eff}}=g\sqrt{J(J+1)}$	$\mathfrak{m}_{\mathrm{eff}}=g\sqrt{S(S+1)}$	$\mathfrak{m}_{\mathrm{eff}}^{\mathrm{exp}}$
1	Ti^{3+}，V^{4+}	$\frac{1}{2}$	2	$\frac{3}{2}$	$\frac{4}{5}$	1.55	1.73	1.7
2	Ti^{2+}，V^{3+}	1	3	2	$\frac{2}{3}$	1.63	2.83	2.8
3	V^{2+}，Cr^{3+}	$\frac{3}{2}$	3	$\frac{3}{2}$	$\frac{2}{5}$	0.78	3.87	3.8
4	Cr^{2+}，Mn^{3+}	2	2	0			4.90	4.9
5	Mn^{2+}，Fe^{3+}	$\frac{5}{2}$	0	$\frac{5}{2}$	2	5.92	5.92	5.9
6	Fe^{2+}，Co^{3+}	2	2	4	$\frac{3}{2}$	6.71	4.90	5.4
7	Co^{2+}，Ni^{3+}	$\frac{3}{2}$	3	$\frac{9}{2}$	$\frac{4}{3}$	6.63	3.87	4.8
8	Ni^{3+}	1	3	4	$\frac{5}{4}$	5.59	2.83	3.2
9	Cu^{2+}	$\frac{1}{2}$	2	$\frac{5}{2}$	$\frac{6}{5}$	3.55	1.73	1.9

4.4.1　晶　体　场

当一个原子或离子嵌在固体中时，必须考虑它的电子电荷分布 $\rho_0(\boldsymbol{r})$ 与晶体中周围电荷间的库仑相互作用。这就是**晶体场相互作用**。轨道角动量的淬灭和单离子各向异性的出现都是因为晶体电场。

离子外电荷分布 $\rho(\boldsymbol{r}')$ 产生的势 $\varphi_{\mathrm{cf}}(\boldsymbol{r})$ 为

$$\varphi_{\mathrm{cf}}(\boldsymbol{r}) = \int \frac{\rho(\boldsymbol{r}')}{4\pi\varepsilon_0 |\boldsymbol{r} - \boldsymbol{r}'|} \mathrm{d}^3 r' \tag{4.27}$$

这里，利用球坐标系 $\boldsymbol{r} = (r, \theta, \phi)$，$\boldsymbol{r}' = (r', \theta', \phi')$，$1/|\boldsymbol{r} - \boldsymbol{r}'|$ 可以用球谐函数展开：

$$\frac{1}{|\boldsymbol{r} - \boldsymbol{r}'|} = \frac{1}{r'} \sum_{n=0}^{\infty} \frac{4\pi}{2n+1} \left(\frac{r}{r'}\right)^n \sum_{m=-n}^{n} (-1)^m Y_n^{-m}(\theta', \phi') Y_n^m(\theta, \phi)$$

因此

$$\varphi_{\mathrm{cf}}(r, \theta, \phi) = \sum_{n=0}^{\infty} \sum_{m=-n}^{n} r^n \gamma_{nm} Y_n^m(\theta, \phi) \tag{4.28}$$

其中

$$\gamma_{nm} = \frac{4\pi}{2n+1} \int \frac{\rho(\boldsymbol{r}')(-1)^m Y_n^{-m}(\theta', \phi')}{r'^{n+1}} \mathrm{d}^3 r'$$

固体中离子的完整哈密顿量有四项：

$$\mathcal{H} = \mathcal{H}_0 + \mathcal{H}_{\mathrm{so}} + \mathcal{H}_{\mathrm{cf}} + \mathcal{H}_Z$$

$\mathcal{H}_0$ 考虑了电子间库仑相互作用以及电子和原子核间的库仑相互作用，产生了总的自旋角动量 $\boldsymbol{S}$ 和轨道角动量 $\boldsymbol{L}$。$\mathcal{H}_{\mathrm{so}}$，$\mathcal{H}_{\mathrm{cf}}$ 和 $\mathcal{H}_Z$ 分别是自旋轨道项、晶体场项和塞曼项。晶体场哈密顿量为

$$\mathcal{H}_{\mathrm{cf}} = \int \rho_0(\boldsymbol{r}) \varphi_{\mathrm{cf}}(\boldsymbol{r}) \mathrm{d}^3 r \tag{4.29}$$

表 4.8 给出了这些相互作用的相对强度。

表 4.8　固体中 3d 和 4f 离子典型能量项的大小（以 K 为单位）

	$\mathcal{H}_0$	$\mathcal{H}_{\mathrm{so}}$	$\mathcal{H}_{\mathrm{cf}}$	$\mathcal{H}_Z$
3d	$1—5\times10^4$	$10^2—10^3$	$10^4—10^5$	1
4f	$1—6\times10^5$	$1—5\times10^3$	$\approx3\times10^2$	1

注：$\mathcal{H}_Z$对应于 1 T。

$\mathcal{H}_{\mathrm{cf}}$在稀土中相对较弱，因为 4f 壳层深埋在原子内部（图 3.12），外层电子屏蔽了晶体场势 $\varphi_{\mathrm{cf}}(\boldsymbol{r})$。使用微扰论计算 4f 离子能级时，自旋轨道$\mathcal{H}_{\mathrm{so}}$的考虑必须先于$\mathcal{H}_{\mathrm{cf}}$。$J$ 是好量子数，$|J, M_J\rangle$态形成一组基。晶体场作为微扰来处理。对于 3d 离子，情况正好反过来，3d

壳层在最外面。对于 3d 过渡金属系列，晶体场作用在哈密顿量 $\mathcal{H}_0$ 给出的态 $|L,M_L,S,M_S\rangle$ 上。3d 离子的轨道基态仅只能有 $L=0,2$ 或 3，即 S，D 或 F 态（图 4.4(a)）。

4.4.2 单电子态

一般来说，4f 电子在任何形式的固体中都是局域的，3d 电子在金属中是离域的，但在氧化物和其他离子化合物中通常是局域的，其中最常见的离子配位是六重（正八面体）或四重（正四面体）。如果没有形变，这些位置都具有立方对称性。立方对称性的主要特性是四个沿着立方体对角线的三重对称轴。

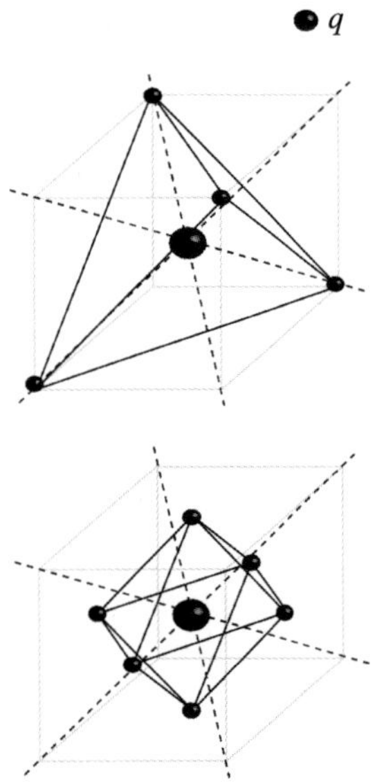

四面体配位和八面体配位。两者的中心位置都具有立方对称性

先考虑晶体场对单电子 p 态和 d 态的影响，然后在下一小节推广至多电子的 3d 离子。为了说明轨道角动量的淬灭，我们以 p 态为例，对于 p 态 $\ell=1, m_\ell=0,\pm1$。这些轨道态由式(4.1)得到，并画在图 4.2 中，它们是

$$\psi_0 = |0\rangle = R(r)\cos\theta$$

$$\psi_{\pm1} = |\pm1\rangle = (1/\sqrt{2})R(r)\sin\theta\exp(\pm \mathrm{i}\phi)$$

其次假定，一个 p^1 离子被六个其他离子包围，形成一个正八面体。这些离子可能是 O^{2-} 离子。在点电荷近似下，阴离子可以用八面体顶角处的点电荷 q 来表示。晶体场的哈密顿量 $\mathcal{H}_{cf}$ 依赖于库仑势

$$V_{cf} = D_c(x^4+y^4+z^4-3y^2z^2-3z^2x^2-3x^2y^2) \tag{4.30}$$

其中 $D_c=7q/8\pi\varepsilon_0a^5$，而六个电荷位于沿着 x，y 和 z 轴的 $\pm a$ 位置。然而，轨道态 $|\pm1\rangle$ 不是 $\mathcal{H}_{cf}$ 的本征态。换言之，矩阵元 $\langle i|\mathcal{H}_{cf}|j\rangle \neq eV_{cf}\delta_{ij}$（克罗内克 δ 函数：$\delta_{ij}=0, i\neq j; \delta_{ii}=1$）；哈密顿量中表示晶体场项的 3×3 矩阵不是对角的。检查波函数的积分，就可以看到这一点，即矩阵元 $\langle i|eV_{cf}|j\rangle = \int\psi_i^* eV_{cf}\psi_j \mathrm{d}^3r$。例如，对于 $i=1, j=-1$ 的积分，涉及 $\sin^2\theta$，而 $\sin^2\theta$ 是 θ 的偶函数，积分不为零。我们需要找到氢原子轨道态的线性组合作为 $\mathcal{H}_{cf}$ 的本征函数，即

$$\psi_0 = R(r)\cos\theta = zR(r)/r = p_z$$

$$(1/\sqrt{2})(\psi_1+\psi_{-1}) = R(r)\sin\theta\cos\phi = xR(r)/r = p_x$$

$$(\mathrm{i}/\sqrt{2})(\psi_1-\psi_{-1}) = R(r)\sin\theta\sin\phi = yR(r)/r = p_y$$

这些新的波函数是图 4.11 中的 p_x，p_y 和 p_z 轨道。对所有的三个波函数，$\ell_z=-\mathrm{i}\hbar\partial/\partial\phi$ 均为零，称为轨道角动量被晶体场**淬灭**。自由离子 ψ_1 和 ψ_{-1} 轨道的环状电荷密度允许电子角动量 z 分量的期望

值在 xy 平面内顺时针或逆时针环行，然而，对于固体中的 p_x 和 p_y 轨道，这种环行是不可能的。

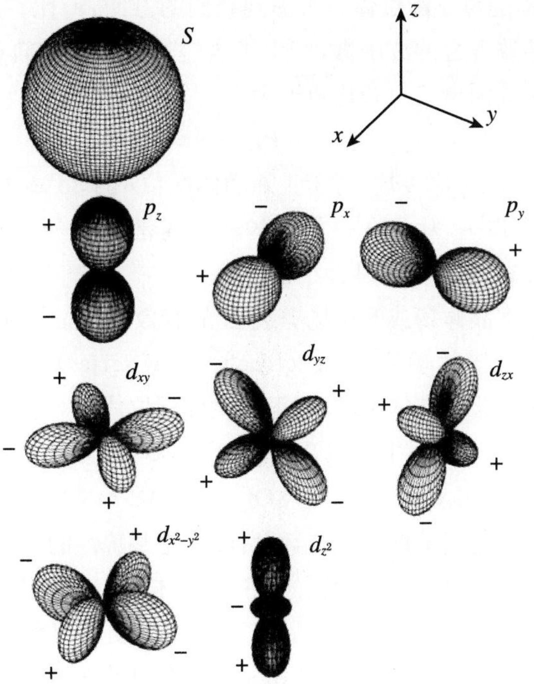

图 4.11

用边界面表示的s轨道、p轨道和d轨道实空间电荷密度，显示了每条轨道上电子的角度概率分布。图中给出了波函数的符号

相似的讨论适用于 3d 轨道；3d 本征波函数是三条 t_{2g} 轨道和两条 e_g 轨道[①]。

t_{2g} 轨道：

$$d_{xy} = -(\mathrm{i}/\sqrt{2})(\psi_2 - \psi_{-2}) = R'(r)\sin^2\theta\sin 2\phi \approx xyR(r)/r^2$$

$$d_{yz} = (\mathrm{i}/\sqrt{2})(\psi_1 + \psi_{-1}) = R'(r)\sin\theta\cos\theta\sin\phi \approx yzR(r)/r^2$$

$$d_{zx} = -(1/\sqrt{2})(\psi_1 - \psi_{-1}) = R'(r)\sin\theta\cos\theta\cos\phi \approx zxR(r)/r^2$$

e_g 轨道：

$$\begin{aligned} d_{x^2-y^2} &= (1/\sqrt{2})(\psi_2 + \psi_{-2}) \\ &= R'(r)\sin^2\theta\cos 2\phi \approx (x^2 - y^2)R(r)/r^2 \end{aligned}$$

$$d_{3z^2-r^2} = \psi_0 = R(r)(3\cos^2\theta - 1) \approx (3z^2 - r^2)R(r)/r^2$$

晶体场和配位场　晶体场理论认为，在八面体氧配位中的 3d 轨

① 习惯上，a 和 b 表示非简并电子轨道，e 表示二重简并轨道，t 表示三重简并轨道。小写字母指的是单电子态，大写字母指的是多电子态。a 和 A 非简并，而且关于对称性的主轴对称（在对称操作下，波函数不变号）；b 和 B 关于对称性的主轴反对称（在对称操作下，波函数变号）；下角标 g 和 u 分别表示波函数在反演操作下是对称的还是反对称的。下角标 1 指的是镜面与对称轴平行，2 指的是对角镜面。

道劈裂，来自近邻氧离子（视为点电荷）的静电效应。这样的例子有些过度简化了。3d 轨道和氧的 2p 轨道交叠，并形成部分**共价键**。与 3d 金属成键的氧是**配位体**。考虑到它们的方向，e_g 比 t_{2g} 轨道交叠更大。交叠导致混合的波函数，产生了成键轨道和反键轨道，它们之间的劈裂随交叠而增大。杂化轨道为

$$\phi = \alpha\psi_{2p} + \beta\psi_{3d}$$

为了归一化，$\alpha^2 + \beta^2 = 1$。对于正八面体配位①的 3d 离子，以 t_{2g} 为主的 π^* 轨道和以 e_g 为主的 σ^* 轨道的劈裂通常为 1—2 eV。离子键和共价键对劈裂 Δ 的贡献是大小相仿的。

按照产生晶体场或配位场劈裂 Δ 的有效性增加顺序排列的配位体序列称作光谱化学系列（spectrochemical series）。按照反映离子电荷和共价键合倾向的顺序，这里的主要配位体为

$$Br^- < Cl^- < F^- < OH^- < CO_3^{2-} < O^{2-}$$
$$< H_2O < NH_3 < SO_3^{2-} < NO_2^- < S^{2-} < CN^-$$

在序列前部多是离子性的键合，而后面多是共价性的。

由于金属与氧原子间距更短，正四面体配位的共价性更强，但是其晶体场劈裂 Δ_{tet} 是 $(4/9)\Delta_{oct}$。对于不同的立方对称性晶位，3d 晶体场能级的相对劈裂如图 4.12 所示。即使在金属中（配位数是 8 或 12，而近邻离子表现为带负电），单电子态的对称性仍然不变。

图 4.12

单电子3d能级在各种立方晶体场中的劈裂；2p能级没有劈裂

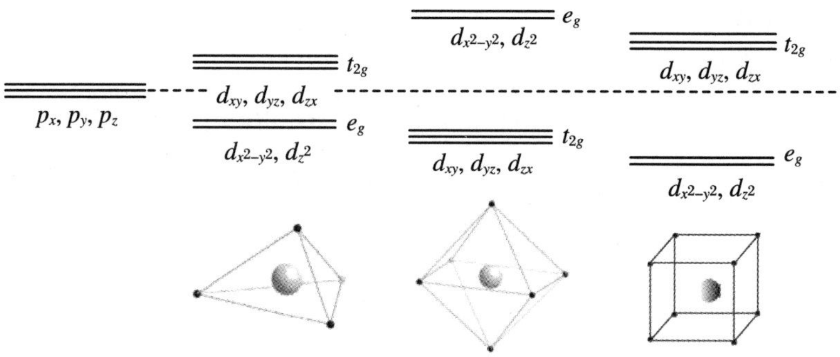

当晶位对称性降低时，单电子能级的简并随之消除。例如，沿着 z 轴拉伸正八面体（四方形变），将使 p_z 降低，p_x 和 p_y 升高。对于 d 态的影响如图 4.13 所示。不同对称性下 d 轨道的简并度如表 4.9 所示。

① σ 键的电荷密度主要在原子间连线的周围，而 π 键的电荷密度在此连线的上方或下方。“*”表示反键轨道。氧化物中，3d 态通常比 2p 态能量高，因此以 2p 特征为主的杂化轨道是成键轨道，而以 3d 特征为主的是反键轨道。

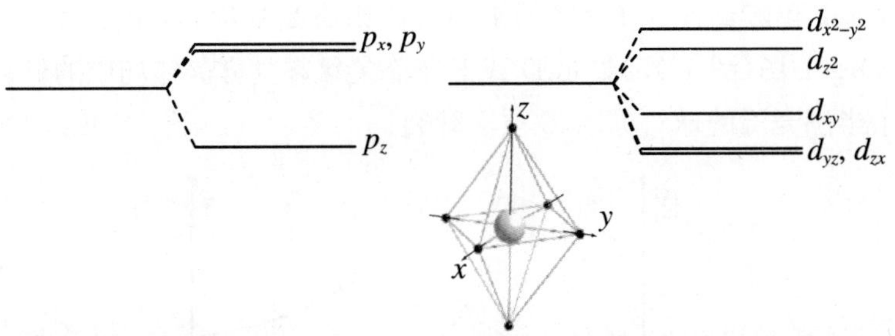

图 4.13
八面体对称性的四方形变对单电子能级的影响

表 4.9　不同对称性的单电子能级的劈裂

	ℓ	立方	四方	三方	斜方
s	0	1	1	1	1
p	1	3	1,2	1,2	1,1,1
d	2	2,3	1,1,1,2	1,2,2	1,1,1,1,1
f	3	1,3,3	1,1,1,2,2	1,1,1,2,2	1,1,1,1,1,1,1

简并能级上只有一个电子或空穴的系统，倾向于自发变形(图 4.14)，这就是**杨-泰勒效应**(Jahn-Teller effect)。对于八面体对称性(Mn^{3+},Cu^{2+})中的 d^4 和 d^9 离子，这个效应特别强，可以使晶体环境变形，从而降低能量。如果局域应变为 ϵ，能量改变为 $\delta\varepsilon = -A\epsilon + B\epsilon^2$，其中第一项为**晶体场稳定能**，第二项为增加的弹性能，A 和 B 为常数。最小值在 $\epsilon = A/2B$ 处。晶体场在稳定离子结构上起重要作用。处于正八面体位的 d^1 离子的稳定能为 $0.4\Delta_{oct}$，劈裂 t_{2g} 能级的单轴形变使它进一步增加。劈裂保持能级的重心，因此在正八面体晶体场中，e_g 能级升高 $0.6\Delta_{oct}$，而 t_{2g} 能级降低 $-0.4\Delta_{oct}$。d^5 离子 Fe^{2+} 和 Mn^{2+} 没有晶体场稳定能，所有的轨道都是单占据的。

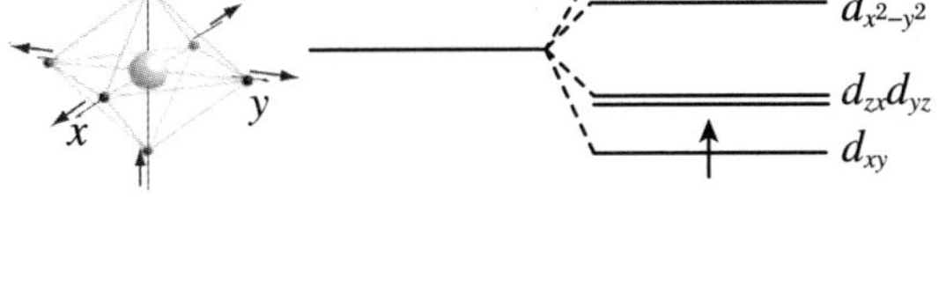

图 4.14
包含一个d^1离子八面体晶位的杨-泰勒畸变

4.4.3　多电子态

电子间很强的库仑相互作用修改了单电子图像。3d 离子只有三种不同类型的能级图，对应于 D,F 或 S 基态光谱项。D 态直接映射到单电子能级，因为多了一个电子或空穴，否则 d 壳层就是空的、半满的或全满的。根据洪特定则，这些是 $L=2$ 的 d^1,d^4,d^6 和 d^9 组态。

d^2,d^3,d^7和d^8组态是 $L=3$ 的 F 项。d^5组态是 S 项,其中 $L=0$。欧盖(Orgel)图(图 4.15)显示 D 或 F 基态能级在立方晶体场中的劈裂。由于半满壳层的球对称性,S 项不劈裂。

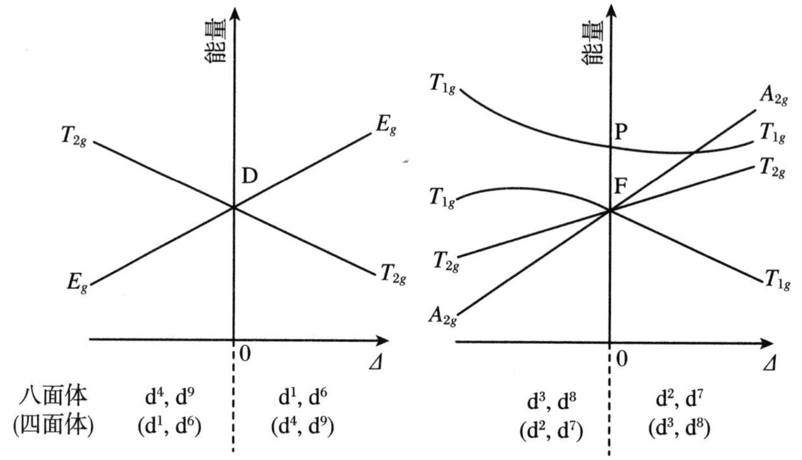

图 4.15

D光谱项和F光谱项的欧盖图。对应的d^n离子组态显示在图中

相互作用的层次$\mathcal{H}_0>\mathcal{H}_{cf}>\mathcal{H}_{so}$对于 3d 离子并非总是成立。一些配位体产生的静电场太强了,不但可以推翻洪特第二规则,也可以推翻洪特第一规则。晶体场可以使离子进入**低自旋态**。相比于单占据轨道,原子内库仑相互作用使得双占据轨道的能量升高了 U。这是静电能对双占据的惩罚。当 U 超过单电子能级的晶体场劈裂时,洪特第一规则仍然适用,但是当 $U<\Delta$ 时,以八面体位的 t_{2g} 轨道为例,这些轨道会倾向于双占据。图 4.16 画出了 Fe^{2+} 的高自旋态和低自旋态。

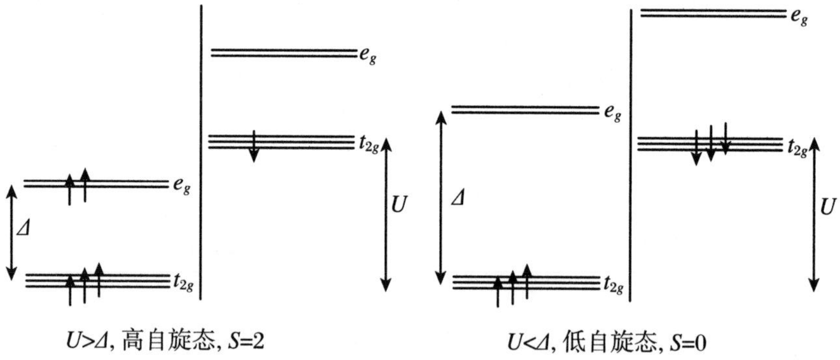

图 4.16

$Fe^{2+}(3d^6)$单电子能级的比较:$FeCl_2$中的高自旋态($S=2$)和FeS_2中晶体场稳定的低自旋态($S=0$)

在一些材料中,低自旋态的能量仅比高自旋态稍微低一些,在相变点可能发生自旋交叉,它是温度的函数,并由磁熵 $R\ln(2S+1)$所驱动。

田边-菅野(Tanabe-Sugano)图显示了基态和更高的光谱项在晶体场中的劈裂。田边-菅野图中基态能量设为零。图 4.17 中显示了一些八面体配位 3d 离子的田边-菅野图。在这些图中,低自旋态在强晶体场中显然更稳定。晶体场参数，特别是立方晶体场参数 Δ（即 $10Dq$）可以从基态到不同激发态的光跃迁波长推得。

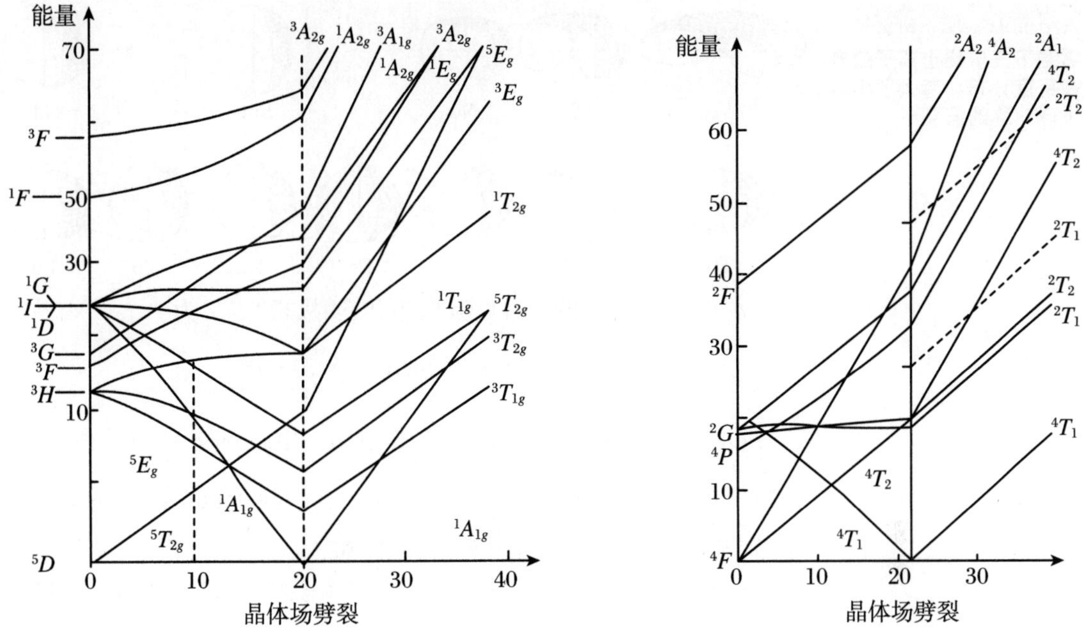

(a)　　(b)

图 4.17

田边-菅野图：(a) $3d^6$ 离子和 (b) $3d^7$ 离子。竖线标出了从高自旋态到低自旋态的交叉

4.4.4　单离子各向异性

单离子各向异性来自容纳磁性电子分布 $\rho_0(\boldsymbol{r})$ 的轨道上的电荷与晶体其余部分在原子位置上所产生的势 $\varphi_{\mathrm{cf}}(\boldsymbol{r})$ 之间的静电相互作用。如图 4.14—图 4.17 所示，晶体场相互作用倾向于使特定的轨道稳定。然后，自旋轨道相互作用 $\Lambda \boldsymbol{L} \cdot \boldsymbol{S}$ 使得磁矩沿晶体中的特定方向排列。

稀土的晶体场各向异性最容易处理。对于稀土离子，可以将产生晶体场的电荷密度 $e\rho(\boldsymbol{r}')$ 与晶体场作用下的 4f 壳层电荷 $e\rho_{4\mathrm{f}}(\boldsymbol{r})$ 分开。如果周围环境的静电势为 $\varphi_{\mathrm{cf}}(\boldsymbol{r})$，而 4f 电子密度为 $\rho_{4\mathrm{f}}$，相互作用能就是

$$\varepsilon_a = \int e\rho_{4\mathrm{f}}(\boldsymbol{r})\varphi_{\mathrm{cf}}(\boldsymbol{r})\mathrm{d}^3 r \tag{4.31}$$

恰当的做法是将 4f 电荷密度用球谐函数展开，并用电荷分布的 2^n 极矩表示静电相互作用，其中 n 为偶数。例如 $n=2$ 的项是四极矩：

$$Q_2 = \int \rho_{4\mathrm{f}}(r)(3\cos^2\theta - 1)r^2\mathrm{d}^3 r$$

Q_2 的符号决定了 4f 电子云的形状是拉长的（$Q_2>0$）还是扁平的（$Q_2<0$），如图 4.18 所示，单位为 m^2。

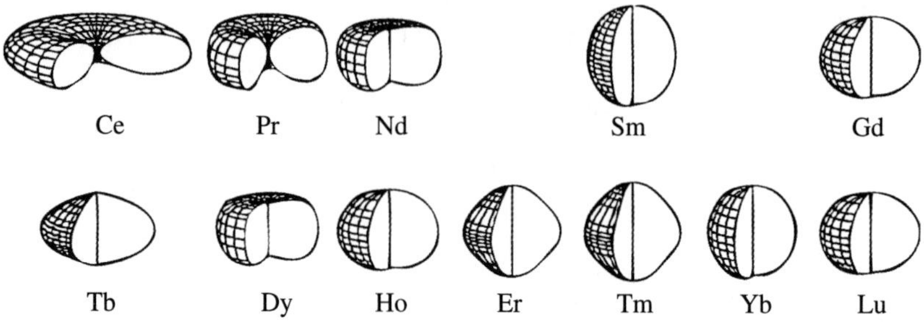

图 4.18

零温下三价稀土离子的电荷密度分布。夸大了相对于球对称的偏离

$n=4$ 和 $n=6$ 的项（即 16 极矩和 64 极矩）定义为

$$Q_4 = \int \rho_{4f}(r)(35\cos^4\theta - 30\cos^2\theta + 3) r^4 d^3 r$$

$$Q_6 = \int \rho_{4f}(r)(231\cos^6\theta - 315\cos^4\theta + 105\cos^2\theta - 5) r^6 d^3 r$$

高阶极矩决定扁长的电荷分布是两头大、中间小（$Q_4<0$）还是两头小、中间大（$Q_4>0$），单位分别为 m^4 和 m^6。

在有些情况下，可以用封闭公式表示多极矩 Q_m。例如，重稀土离子 $J=J_z$ 基态（其中 $\hat{O}_2^0=2J^2-J$）的四极矩可以写成

$$Q_2 = -(1/45)(14-n)(7-n)(21-2n)\langle r_{4f}^2\rangle$$

其中 n 是 4f 电子数。式(4.31)的第一项为

$$\varepsilon_a = (1/2) Q_2 A_2^0 (3\cos^2\theta - 1) \tag{4.32}$$

其中 A_2^0 是二阶单轴晶体场参数，用来描述稀土离子位置处晶体电荷分布所产生的电场梯度，并和电场的四极矩 Q_2 相互作用。因此，$A_2^0 = -(e/16\pi\epsilon_0)\int[(3r_z'^2 - r'^2)/r'^5]\rho(r')d^3 r'$。史蒂文斯（Stevens）证明，晶体场相互作用可用角动量算符展开（维格纳-埃卡特（Wigner-Eckart）定理的一个例子）。他把晶体场哈密顿量写为

一些金属间化合物稀土位的 A_2^0 值

	$A_2^0(Ka_0^{-2})$
$SmCo_5$	−200
$Sm_2Fe_{17}N_3$	−240
$Nd_2Fe_{14}B$	310

$$\mathcal{H}_{cf} = \sum_{n=0,2,4,6} \sum_{m=-n,\cdots,n} B_n^m \hat{O}_n^m \tag{4.33}$$

其中 $B_n^m=\theta_n\langle r_{4f}^n\rangle A_n^m$，而 θ_n 是常数，不同稀土离子的 B_n^m 不同，且正比于 2^n 极矩：$Q_2=2\theta_2\langle r_{4f}^2\rangle$，$Q_4=8\theta_4\langle r_{4f}^4\rangle$，$Q_6=16\theta_6\langle r_{4f}^6\rangle$，而 $\hat{O}_n^m$ 是史蒂文斯**算符**，由哈钦斯（Hutchings）(1965)给出（附录 H）。例如

$$\hat{O}_2^0 = 3\hat{J}_z^2 - J(J+1)$$

这里略去了角动量算符中的 $\hbar$。多极矩 Q_n 对温度的依赖关系可由热力学平均值 $\langle\hat{O}_n^0\rangle$ 计算。

在稀土中，只需要展开式(4.33)中的有限几项，具体依赖于晶位对称性。晶体场系数 B_n^m 和 A_n^m 就是实验确定的参数。低温下，二

阶、四阶和六阶项可能都重要，但在室温下，通常只考虑第一项（即二阶项）就足够了，即

$$\mathcal{H}_{\mathrm{cf}} = \theta_2\langle r_{4\mathrm{f}}^2\rangle(A_2^0\hat{O}_2^0 + A_2^2\hat{O}_2^2) \tag{4.34}$$

在轴对称情况下，没有非对角项，上式进一步简化为

$$\mathcal{H}_{\mathrm{cf}} = \mathsf{D} J_z^2 \tag{4.35}$$

其中 D 是单轴晶体场参数。

另一个经常碰到的表达式是立方各向异性，即

$$\mathcal{H}_{\mathrm{cf}} = \theta_4\langle r_{4\mathrm{f}}^4\rangle(A_4^0\hat{O}_4^0 + 5A_4^4\hat{O}_4^4) + \theta_6\langle r_{4\mathrm{f}}^6\rangle(A_6^0\hat{O}_6^0 - 21A_6^4\hat{O}_6^4) \tag{4.36}$$

对于 3d 离子，只有四阶项，并用 $r_{3\mathrm{d}}$来代替 $r_{4\mathrm{f}}$。

附录 H 给出了 ε_a 的一般表达式。

克拉默斯(Kramers)**定理**是时间反演对称性的结果：具有奇数个电子（即半整数自旋量子数）的系统，当没有外磁场时，其能级至少是二重简并的。当 J 是半整数时，二阶晶体场产生一系列克拉默斯二重态$|\pm M_J\rangle$；但是当 J 是整数时，会有一个单态$|0\rangle$和一系列的二重态。如果$\mathcal{D}$是负的，$|\pm J\rangle$态的能量最低，在沿着晶体场轴的外磁场下，磁化率由式(4.14)给出。如果$\mathcal{D}$是正的，$M_J = 0$ 的单态是基态。晶体场看起来消灭了磁矩。虽然感应出的磁矩随着磁场的二次方增加，但是初始磁化率为零。然而，当外磁场垂直晶体场的轴时，有一个大的磁化率。这意味着第一种情况有一个易磁化轴，而第二种情况有一个易磁化平面。

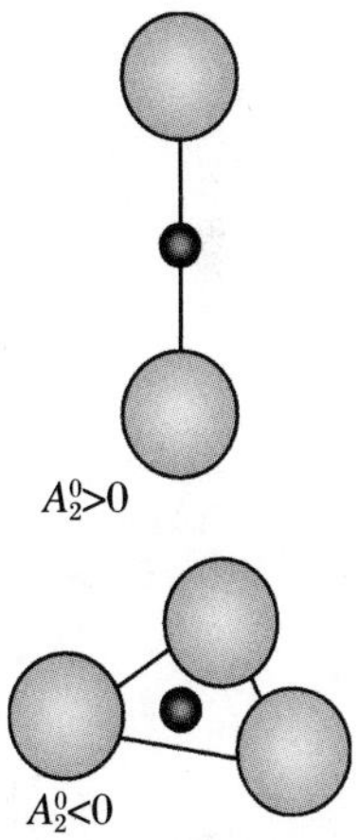

在中心位置产生正电场梯度和负电场梯度的原子位形

单离子各向异性是硬磁材料中各向异性的主要原因。磁矩沿特定晶体轴排列的倾向使得磁化率通常是张量而不是标量。一般有三个主轴，当外加磁场沿着主轴时，感应出的磁场与外场平行。

一般而言，通过对角化哈密顿量$\mathcal{H}_{\mathrm{cf}} + \mathcal{H}_Z$ 并用式(4.11)计算$\langle\mathfrak{m}\rangle$，得到系统对外加磁场的响应细节。在一系列同构的稀土金属或化合物中，A_n^m 大致是常数。对于所考虑的稀土，各向异性的第一项仅依赖于 A_2^0 和 $\theta_2\langle r_{4\mathrm{f}}^2\rangle J_z^2$ 的乘积。每填满四分之一个壳层，θ_2 和四极矩就变号(图 4.18，表 4.10)。当 A_2^0 是正值时，具有负四极矩和扁的电荷分布的离子（如 Nd^{3+}）就表现出易轴各向异性，而具有正四极矩和长的电荷分布的离子（如 Sm^{3+}）则表现出难轴（即易磁化面）各向异性。

考虑一个稀土离子，自旋轨道相互作用使 $2J+1$ 重的简并多重态$|J, M_J\rangle$稳定。晶体场定义了 z 轴，并使 M_J态产生劈裂，这些态服从**克拉默斯**定理。

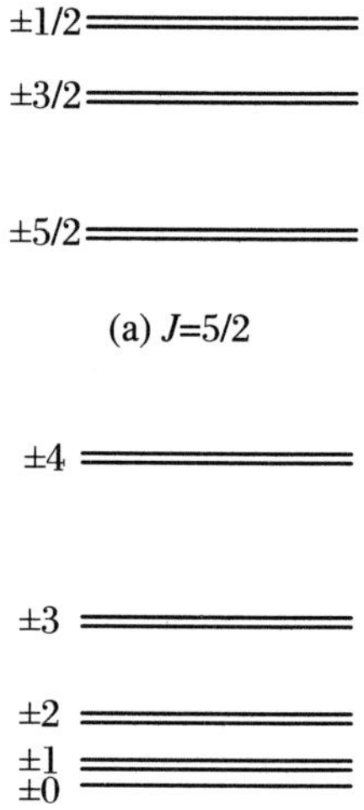

(a) J=5/2　(b) J=4

在$A_2^0<0$的单轴场中，离子的晶体场劈裂：(a) Sm^{3+}；(b) Pr^{3+}

在左图中，Sm^{3+} 的基态是$|\pm 5/2\rangle$，因此磁矩沿着 Oz 方向有最大的正或负投影，磁矩绕着 Oz 方向进动，如矢量模型所示。平均磁矩沿着 z 方向，沿着 z 方向的外加磁场使 $\pm 5/2$ 态劈裂，导致式(4.14)给出的磁化率 $\chi = C/T(J=5/2)$。当磁场沿 x 方向施加时，磁化率非常小。

Pr^{3+} 离子的情形则不同。此时，晶体场使$|0\rangle$成为基态，磁矩沿着 Oz 方向没有投影。在矢量模型中，基态是非磁性的，$M_J=0$ 态的磁矩躺在 xy 平面内某个不确定的方向。在沿着 Oz 方向的小的外加磁场下，低温磁化率为零。然而，在强场下，激发态$|\pm 1\rangle$，$|\pm 2\rangle$，$|\pm 3\rangle$和$|\pm 4\rangle$的塞曼劈裂产生一系列的**能级交叉**，高场下的磁化最终是$|\pm 4\rangle$态。然而如果磁场沿 Ox 方向施加，情形就大不一样了，立即有一个与$|\pm 4\rangle$态有关的高磁化率。这个例子中的 Pr^{3+} 具有难轴-易面各向异性。

表 4.10 汇集了稀土离子的数据。第四、六和八列分别表示二、四和六阶晶体场相互作用的相对强度；G 为德热纳(de Gennes)因子，γ_s 是自旋磁矩与总磁矩之比，C_{mol}是摩尔居里常量。晶体场参数 A_n^m 和 B_n^m 由实验确定。

表 4.10　稀土离子的数据。算符$\hat{O}_n^0$ 在 $T=0$ K 下求值，其中 $J_z=J$

	J	θ_2 (10^{-2})	$\theta_2\langle r^2\rangle O_2^0$ (a_0^2)	θ_4 (10^{-4})	$\theta_4\langle r^4\rangle O_4^0$ (a_0^4)	θ_6 (10^{-6})	$\theta_6\langle r^6\rangle O_6^0$ (a_0^6)	G	γ_s	C_{mol}
Ce^{3+}	5/2	−5.714	−0.748	63.5	1.51			0.18	−1/3	8.0
Pr^{3+}	4	−2.101	−0.713	−7.346	−2.12	60.99	5.89	0.80	−1/2	16.0
Nd^{3+}	9/2	−0.643	−0.258	−2.911	−1.28	−37.99	−8.63	1.84	−1/4	16.4
Sm^{3+}	5/2	4.127	0.398	25.012	0.34			4.46	−5	0.9
Gd^{3+}	7/2			—				15.75	1	78.8
Tb^{3+}	6	−1.010	−0.548	1.224	1.20	−1.12	−1.28	10.50	2/3	118.2
Dy^{3+}	15/2	−0.635	−0.521	−0.592	−1.46	1.04	5.64	7.08	1/2	141.7
Ho^{3+}	8	−0.222	−0.199	−0.333	−1.00	−1.29	−10.03	4.50	2/5	140.7
Er^{3+}	15/2	0.254	0.190	0.444	0.92	2.07	8.98	2.55	1/3	114.8
Tm^{3+}	6	1.010	0.454	1.633	1.14	−5.61	−4.05	1.17	2/7	71.5
Yb^{3+}	7/2	3.175	0.435	−17.316	−0.79	1.48	0.73	0.29	1/4	25.7

4.4.5　自旋哈密顿量

多电子 3d 离子的轨道态是 $|L, M_L\rangle$，而自旋态是 $|S, M_S\rangle$。因为晶体场淬灭了轨道磁矩，利用基于基态的 $2S+1$ 个 $|M_S\rangle$ 子能级的自旋哈密顿量，可以方便地表示晶体场和自旋轨道耦合对离子磁能级的影响。离子的磁性质依赖于这些能级在磁场中的劈裂。

由式(4.35)，用于单轴对称晶位的最简单的自旋哈密顿量为

$$\mathcal{H}_{\text{spin}} = DS_z^2 \tag{4.37}$$

正交畸变增加了一项 $E(S_x^2 - S_y^2)$。四方对称下的下一项为 FS_z^4。立方对称给出的项是 $D_c(S_x^4 + S_y^4 + S_z^4)$。能级劈裂通常依赖于外加场的方向，用各向异性的 $\hat{g}$ 张量描述，因此塞曼项写成 $\mu_B/\hbar(\boldsymbol{B} \cdot \hat{\boldsymbol{g}} \cdot \boldsymbol{S}) = (\mu_B/\hbar)\sum_{i,j} g_{ij} B_i S_j$。自旋哈密顿量方法在电子顺磁共振（见第 9 章）中广泛使用，其中谱用 $D, E, \cdots, g_{/\!/}, g_{\perp}$ 参数化。现在可以用计算机来对角化包含晶体场、自旋轨道和塞曼项的大型哈密顿矩阵，降低了对这些近似方法的需求。

参　考　书

McMurry S. Quantum Mechanics[M]. Wokingham: Addison Wesley, 1994. 高年级大学生的优秀参考书。

Sakurai J J. Modern Quantum Mechanics[M]. New York: Addison Wesley, 1985. 适于研究生的参考书。

Burns R G. Mineralogical Applications of Crystal Field Theory [M]. 2nd ed. Cambridge: Cambridge University Press, 1993. 详尽描述过渡金属氧化物的晶体场相互作用和光谱学。

Ballhausen C. Introduction to Ligand Field Theory [M]. New York: McGraw Hill, 1962. 分子和固体中 3d, 4d 和 5d 离子的晶体场理论导论，并附有大量例子。

Hutchings M T. Point-Charge Calculations of Energy Levels of Magnetic Ions in Crystalline Electric Fields[M] // Solid State Physics (Vol 16). New York: Academic Press, 1964: 227—273. 3d 和 4f 离子的晶体场理论的标准阐述，并附有史蒂文斯算符的详尽表格。

习　题

4.1 对于 $L=3,S=1/2$ 的离子，计算多重态劈裂，用自旋轨道耦合常数表示。

4.2 从式(4.20)推导朗之万函数的表达式。

4.3 计算 1 mol Eu^{3+} 的范弗莱克磁化率。

4.4 绘制(a) 八面体位和(b) 四面体位上的高自旋 $3d^n$ 离子($1\leqslant n\leqslant 9$)的晶体场稳定能。使用图 4.12 中的单电子能级，并取 $\Delta_{tet}=-(4/9)\Delta_{oct}$。

4.5 做一个表格，给出(六重)正八面体配位 3d 离子在高自旋态和低自旋态的自旋磁矩。对于(八重)立方配位和(四重)四面体配位，重复上述过程。

4.6 零温下在含正八面体位 Fe^{2+} 的化合物中，低自旋能级仅比高自旋能级低 50 meV。在什么温度下会发生自旋交叉？这是几级相变？

4.7 证明：当局域晶体场的轴相对于外场方向随机取向时，处于均匀外场下的含有克拉默斯离子的样品，低温比热与温度呈线性关系。

4.8 一个离子处于自旋哈密顿量为 $\mathsf{D}S_z^2$ 的晶位上。假设 $\mathsf{D}=6$ K，$S=1$，$g=2$。当外场沿着(a) Oz 和(b) Ox 施加时，在 0 K 和4 K 下，画出磁化强度和外场的函数关系示意图。利用第 3.1.4 小节中 $l=1$ 的角动量算符。

4.9 证明：对于自旋哈密顿量$\mathcal{H}=g_{/\!/}\mu_B B_z S_z+g_\perp\mu_B(B_xS_x+B_yS_y)+\mathsf{D}S_z^2$ 描述的 $S=1$ 的离子，能量本征态满足 $\varepsilon=(\varepsilon-\mathsf{D})^2-\varepsilon(g_{/\!/}\mu_B B\cos\theta)^2-(\varepsilon-\mathsf{D})(g_\perp\mu_B\sin\theta)^2$。求 $\theta=0$ 和 $\theta=\pi/2$ 时的解。利用 $L=1$ 的角动量算符。

第5章 铁磁性和交换

有序，有序，有序！

利用正比于磁化的巨大的内部“分子场”，外斯解释了铁磁性和居里温度。这个理论适用于局域和非局域电子。这个磁场并不真的存在，但是“分子场”是近似处理原子间库仑相互作用的量子效应的有用方法，海森堡用哈密顿量$\mathcal{H}=-2\mathcal{J}\boldsymbol{S}_1\cdot\boldsymbol{S}_2$描述这个效应，其中$\boldsymbol{S}_1$和$\boldsymbol{S}_2$是描述相邻两个原子局域自旋的算符。当$\mathcal{J}>0$时，铁磁交换导致三维的铁磁有序。自旋波是交换耦合磁晶格的低能激发。在非局域电子的图像中，铁磁体具有自发的自旋劈裂能带。↑态和↓态的密度用自旋相关的密度泛函理论计算。本章讨论与铁磁性有关的重要物理现象，包括磁各向异性、磁弹性、磁光和磁输运效应。

铁磁体的典型特征是自发磁化M_s，来自原子晶格上的磁矩平行排列。磁化倾向于沿着易磁化轴方向，决定于晶体结构、原子尺寸的织构或样品形状。加热超过临界温度，自发磁化可逆地消失，临界温度又称居里温度，其范围从稀磁盐类的小于1 K到钴的接近1400 K。原则上可以存在铁磁性的液体，但实际上并不存在。磁流体既是铁磁性的又是液体，但是它实际上是固态铁磁颗粒的胶体悬浊液。

电学、热学、弹性和光学性质的重要改变都与磁有序有关，既可能是铁磁序，也可能是下一章展示的更复杂的多个子格子或非共线有序的磁结构。

5.1 平均场理论

5.1.1 分子场理论

1906年，外斯(Pierre Weiss)提出了第一个现代的铁磁性理论，至今依然有用。外斯最初的理论基于朗之万的经典顺磁性，但是不久就推广到更普遍的局域磁矩的布里渊理论。他的想法是有一个内部“分子场”，与铁磁体的磁化呈正比。如果 n_W 是比例常数，这个分子场与任何外加磁场的内部贡献相加：

$$\boldsymbol{H}^i = n_W \boldsymbol{M} + \boldsymbol{H} \tag{5.1}$$

为了引发室温下的自发磁化，$\boldsymbol{H}^i$ 必须很大；外斯系数 n_W 近似为 100。将 $M_0 = n\mathfrak{m}_0 = ng\mu_B J$ 代入布里渊函数(式(4.17))就得到磁化，其中 n 是单位体积的磁性原子数，即

$$M = M_0 \mathcal{B}_J(x) \tag{5.2}$$

但是现在

$$x = \mu_0 \mathfrak{m}_0 (n_W M + H)/k_B T \tag{5.3}$$

在零外磁场下，$\boldsymbol{M}$ 是自发磁化 $\boldsymbol{M}_s$，所以

$$M_s/M_0 = \mathcal{B}_J(x_0) \tag{5.4}$$

其中 $x_0 = \mu_0 \mathfrak{m}_0 n_W M_s/k_B T$。结合 x_0 和 $M_0 = n\mathfrak{m}_0$，我们可以得到 $M_s/M_0 = (nk_B T/\mu_0 M_0^2 n_W)x_0$，利用居里常数 C(式(4.16))就写为

$$M_s/M_0 = [T(J+1)/3JCn_W]x_0 \tag{5.5}$$

如图 5.1 所示，用图解法找到式(5.4)和式(5.5)的联立解。也可以用数值方法求解方程组。对于一些 J(包括用朗之万函数式(4.21)取代式(5.4)中布里渊函数的经典极限 $J\to\infty$)，M_s/M_0 与 T/T_C 的结果画在图 5.2 中。在布里渊理论中，磁化以水平的斜率接近零温，符合热力学的要求(第 2.5.4 小节)。附录 G 给出了不同 J 值的约化磁化 M_s/M_0 与约化温度 T/T_C 的数值。当 S 是好量子数时，S 取代这些方程中的 J。图 5.3 中比较了镍的理论和实验结果。

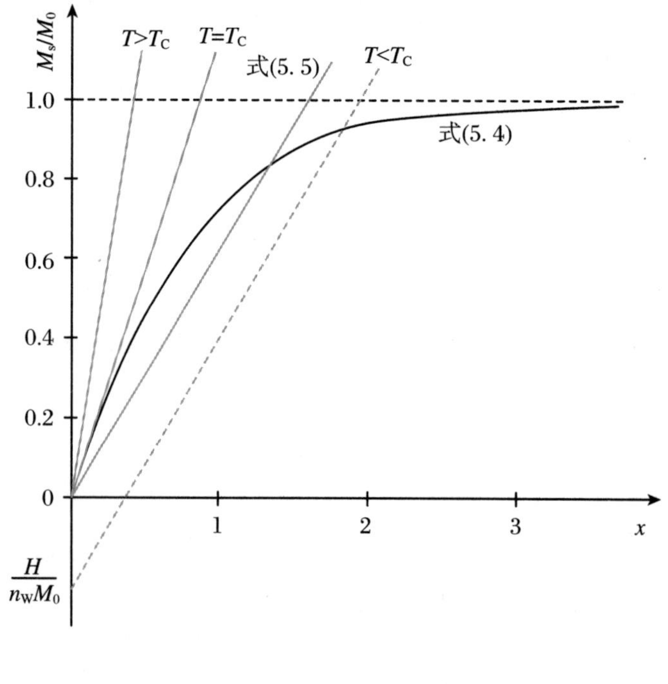

图 5.1

当 $T<T_C$ 时，对于 $J=1/2$，用图解法求解式(5.4)和式(5.5)，得到自发磁化 M_S。同时给出了 $T=T_C$ 和 $T>T_C$ 时的方程式(5.5)。如虚线所示，外磁场的效应平移了(式(5.5))

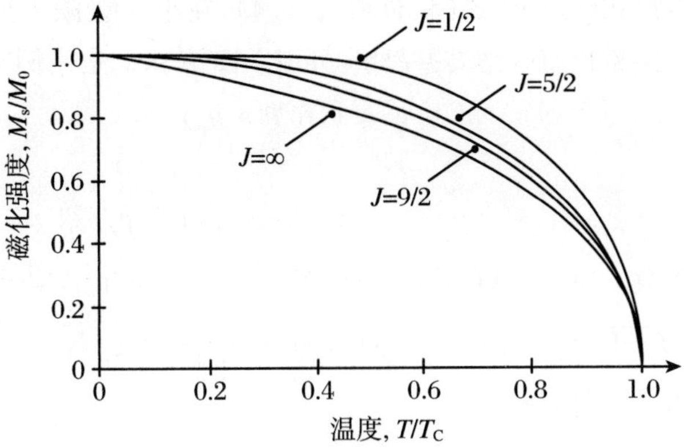

图 5.2

基于不同J值的布里渊函数，分子场理论计算得到的自发磁化作为温度的函数。经典极限$J=\infty$基于朗之万函数

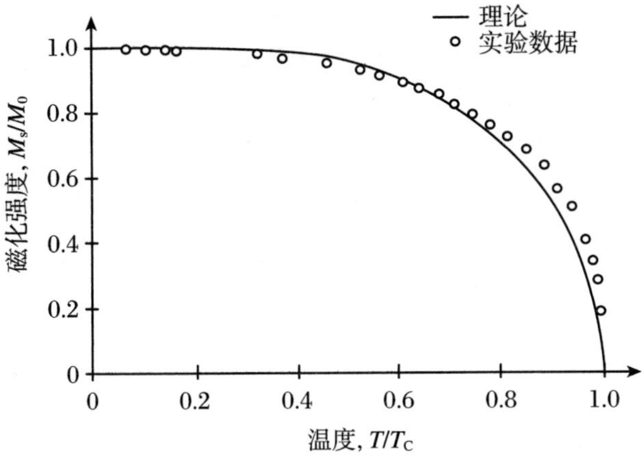

图 5.3

镍的自发磁化与分子场理论得到的理论曲线(J=1/2)。注意，为了在两个端点附近给出正确的值，理论曲线被重新标度了

外斯的分子场理论是相变的第一个平均场理论。在温度等于或大于 T_C 时，磁矩完全无序，$2J+1$ 个能量简并的 M_J 能级是同等填充的。因此，每摩尔的磁熵（式(4.25)）是 $R\ln(2J+1)$，其中气体常数 $R=N_Ak_B$ 为 8.315 $\mathrm{J\cdot mol^{-1}}$。在 T_C 以下，特别是刚好在 T_C 以下，有一个来自磁性的比热，因为系统在加热时吸收能量而使磁矩变得无序。比热不连续出现在 T_C 处。

在 M_s/M_0 与 x 的图上，式(5.5)在居里温度的斜率严格地等于布里渊函数在原点的斜率。对于小的 x（式(4.19)），$\mathcal{B}_J(x)\approx[(J+1)/3J]x$，因此居里常数和居里温度有正比关系：

$$T_C = n_W C \tag{5.6}$$

在实践中，用 T_C 来确定 n_W。以钆为例：$T_C=292$ K，$J=S=7/2$；$g=2$；$n=3.0\times10^{28}$ $\mathrm{m^{-3}}$。因此

$$C = \mu_0 n g^2 \mu_B^2 J(J+1)/3k_B \tag{4.16}$$

是 4.9 K，而外斯系数为 $n_W=59$。

根据式(4.19)、式(5.3)和式(5.4),在小 x 极限下得到在 T_C 以上的顺磁磁化率。结果是居里-外斯定律

$$\chi = C/(T - \theta_p) \tag{5.7}$$

其中

$$\theta_p = T_C = \mu_0 n_W n g^2 \mu_B^2 J(J+1)/3k_B \tag{5.8}$$

居里常数 C 通常用有效磁矩 $\mathfrak{m}_{eff}$ 写为 $C = \mu_0 n\, \mathfrak{m}_{eff}^2/3k_B$,其中 $\mathfrak{m}_{eff} = g\sqrt{J(J+1)}\mu_B$。在这个理论中,顺磁居里温度 θ_p 等于居里温度 T_C,即磁化率发散的温度。

5.1.2 朗道理论

用 M 的偶数次幂展开自由能 G_L 的方法,在 T_C 附近与分子场理论等价。在 T_C 附近,M 很小并沿着任何外磁场 H'。级数中只有偶数次幂的项,因为时间反演对称性要求反转磁化时能量不变,即在无外磁场时 $G_L(M) = G_L(-M)$:

$$G_L = AM^2 + BM^4 + \cdots - \mu_0 H'M \tag{5.9}$$

铁磁体在居里温度附近的朗道自由能。当$T<T_C$时,在$\pm M_s$处有两个能量极小值,但是当$T>T_C$时,只在$M=0$处有一个极小值

系数 A 和 B 依赖于温度。朗道自由能 $G_L = f(M,T) - \mu_0 H'M$ 和吉布斯自由能 $G(H',T) = F(M,T) - \mu_0 H'M$(第2.5.4小节)的区别在于,在吉布斯自由能中,M 通过状态方程 $M = M(H',T)$ 表示为变量 H' 和 T 的函数;G_L 为态的能量,而 M 被强制取一个特定值,就像是一个外部约束。在那个 M 值附近,G_L 取得能量极小值,因而这种方法适合于处理回线问题。

当 $T<T_C$ 时,在 $M = \pm M_s$ 处的能量极小值意味着 $A<0$ 和 $B>0$。当 $T>T_C$ 时,在 $M=0$ 处的能量极小值意味着 $A>0$ 和 $B>0$。因此,在 T_C 处 A 必须变号。A 的形式为 $a(T-T_C)$,其中 a 是不依赖于温度的常数,$a>0$。平衡磁化强度使 G_L 关于 M 取极小值;$\partial G_L/\partial M = 0$ 意味着

$$2AM + 4BM^3 = \mu_0 H' \tag{5.10}$$

在 T_C 附近,在零场下,$M_s^2 = -A/2B$,因此

$$M_s \approx \sqrt{a/2B}\,(T_C - T)^{1/2} \tag{5.11}$$

如图5.2所示。忽略退磁场,式(5.10)给出的居里-外斯磁化率 M/H' 是 $\mu_0/2A$;

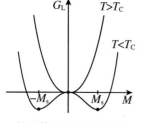

$$\chi \approx (\mu_0/2a)(T - T_C)^{-1} \tag{5.12}$$

当系统温度恰好等于 T_C 时，$A=0$，式(5.10)给出等温线

$$M = (\mu_0/4B)^{1/3} H'^{1/3} \tag{5.13}$$

在 T_C 的邻域内，式(5.10)给出

$$M^2 = (\mu_0/4B)H'/M - (a/2B)(T - T_C) \tag{5.14}$$

精确确定居里温度的阿罗特-贝洛夫(Arrott-Belov)图就是基于最后这个方程。不同温度的 $M(H)$ 曲线绘为 M^2 与 H'/M 曲线，而外推到零的等温线是温度等于 T_C 的曲线（图 5.4）。

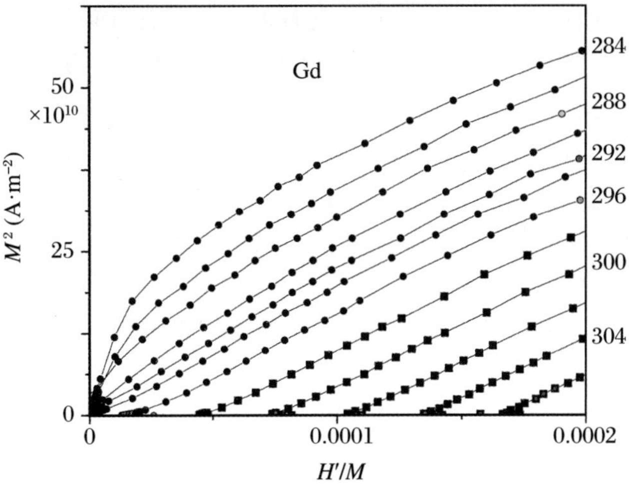

图 5.4

用来确定钆 T_C 的阿罗特-贝洛夫曲线。实验测量的磁化是 $\sigma=M$d，而不是 M，其中 d 是密度(数据来自 M. Venkatesan)

利用 $C_m = -T(\partial^2 G_L/\partial T^2)$，还可以由朗道理论计算磁比热 C_m。当 $T=T_C^-$ 时，式(5.9)和式(5.14)的结果是 $C_m = Ta^2/2B$；当 $T=T_C^+$ 时，$C_m=0$。在 T_C 处有台阶式的不连续性，在转变温度以上 $M=0$ 而且没有磁比热。

朗道(Lev Landau, 1908—1968)

朗道理论适用于任何连续或不连续的相变。M 是铁磁体的序参量，H' 是共轭场，而它们之间的关系是广义磁化率 χ。无论这些参数在各种物理系统中代表的是什么，描述它们在 T_C 附近随 T 变化的幂定律完全一样。从朗道理论和外斯分子场理论得到相同的幂指数。将布里渊函数展开到 x^3(式(4.19))，就得到一个等价于式(5.9)的式子，从而验证了这一点。两者都是铁磁性的平均场理论。在自由能中可以添加其他项，以便包括压强或应力等另外的场。把自由能展开为序参量的幂，就能够在不同的可测物理量之间建立多种关系，真是了不起。

表 5.1 总结了物理性质在 T_C 附近的幂定律变化关系。对于所有的平均场理论，静态临界指数 α,β,γ 和 δ 都是相同的。

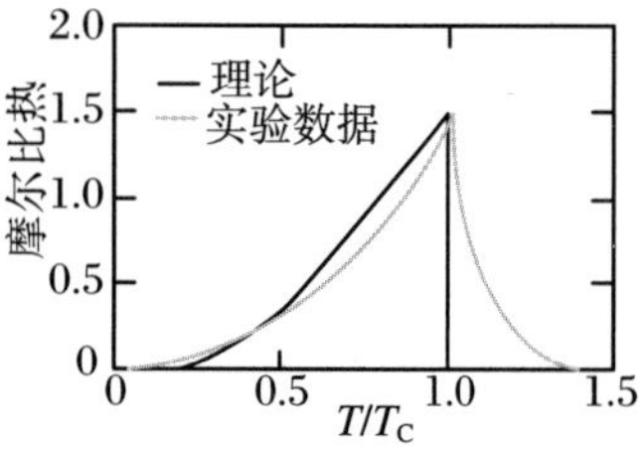

在T_C附近测量的铁磁体的磁比热(虚线)与分子场理论的预测(实线)

表 5.1 平均场铁磁体的临界指数		
比热	$C_m \sim \vert T_C - T\vert^{\alpha}$	$\alpha=0$
磁化强度	$M_s \sim (T_C - T)^{\beta}$	$\beta=1/2$
磁化率	$\chi \sim (T - T_C)^{-\gamma}$	$\gamma=1$
临界等温线	$M_s \sim H^{1/\delta}$	$\delta=3$

实验上，只要测量足够接近居里点，铁磁体的性质确实表现出对$T-T_C$的幂定律行为，但临界指数与平均场理论的预测有些不同。例如，铁磁体在T_C处通常表现出比热的λ型反常，而不是台阶式的跃变。这个发散用临界指数$\alpha\approx0.1$描述，而不是零。T_C以上的剩余磁比热是存在短程有序的证据，平均场理论没有预测到这一点。T_C以上的磁化率遵循幂定律$\chi\sim(T-T_C)^{-\gamma}$，其中$\gamma$约为1.3，而在平均场理论中$\gamma$是1(居里-外斯定律)。例如，镍的临界指数$\alpha,\beta,\gamma$和$\delta$分别是0.10，0.42，1.32和4.5。在第6章结尾，我们再继续这个话题。

另一处与平均场理论的显著偏离发生在低温区，本章后面讨论的自旋波激发起了重要作用。

5.1.3 斯通纳判据

讨论金属铁磁性的起点是第3.2.6小节中介绍的能带顺磁性。泡利磁化率是一个小的正数，实际上不依赖于温度，因为非局域电子遵循费米-狄拉克统计；只有少量能量接近ε_F的电子响应温度或磁场的变化。

在三维自由电子模型中，态密度$\mathcal{D}(\varepsilon)$(单位是$m^{-3}\cdot J^{-1}$)随着$\sqrt{\varepsilon}$变化(式(3.39))，在磁场下↑带和↓带移动$\mp\mu_0 H\mu_B$，如图3.7所示。由此导致的磁化率(式(3.43))可以写为

$$\chi_P = \mu_0\mu_B^2\mathcal{D}(\varepsilon_F) \tag{5.15}$$

其中$\mathcal{D}(\varepsilon_F)$为两种自旋在费米能级处的态密度，是单个自旋态密度$\mathcal{D}_{\uparrow,\downarrow}(\varepsilon_F)$的两倍。许多金属的泡利磁化率约为$10^{-5}$，但4d金属钯的泡利磁化率接近于$10^{-3}$(表5.2)。更窄的能带倾向于拥有更大的磁化率，因为ε_F处的态密度与带宽呈反比。当态密度足够大时，能带劈裂在能量上更有利，金属就自发地成为铁磁的。

表 5.2　一些金属在 298 K 时的无量纲磁化率(单位:10^{-6})

Li	14	Sc	263	Cu	−10	Ce	1778
K	6	Y	121	Zn	−16	Nd	3433
Be	−24	Ti	182	Au	−34	Eu	15570
Ca	22	Nb	237	Al	21	Gd	476300
Ba	7	Mo	123	Sn	−29	Dy	68400
		Pd	805	Bi	−164	Tm	17710
		Pt	279				

斯通纳将外斯的分子场观点应用到自由电子气。假设内部磁场随磁化的线性变化有个系数 n_S 满足

$$\boldsymbol{H}^i = n_S \boldsymbol{M} + \boldsymbol{H} \tag{5.16}$$

内部磁场下的泡利磁化率是 $\chi_P = M/(n_S M + H)$。因此,磁化率

$$\chi = M/H = \chi_P/(1 - n_S\chi_P) \tag{5.17}$$

是对磁场 H 的响应,当 $n_S\chi_P<1$ 时增强,当 $n_S\chi_P=1$ 时发散。斯通纳用费米能级附近的局域态密度$\mathcal{D}(\varepsilon_F)$表述这个条件。将交换能(以 $J\cdot m^{-3}$为单位)$-(1/2)\mu_0 H^i M = -(1/2)\mu_0 n_S M^2$ 写为 $-(\mathcal{I}/4)\cdot(n^\uparrow - n^\downarrow)^2/n$,其中 $M=(n^\uparrow - n^\downarrow)\mu_B$,$n$ 是单位体积的原子数,从式(5.15)得出 $n_S\chi_P=\mathcal{I}\mathcal{D}(\varepsilon_F)/2n$。当磁化率自发地发散时,金属自发地成为铁磁的;换句话说

$$\mathcal{I}\mathcal{N}_{\uparrow,\downarrow}(\varepsilon_F) > 1 \tag{5.18}$$

其中$\mathcal{N}_{\uparrow,\downarrow}(\varepsilon)=\mathcal{D}(\varepsilon)/2n$ 为每个原子某一自旋态的态密度。这就是著名的斯通纳判据。对于 3d 铁磁体,斯通纳交换参数 $\mathcal{I}$ 大致为 1 eV,而对于自发能带劈裂,$n_S \gtrsim 10^3$。交换参数和带宽相近的时候,才能观察到自发劈裂。铁磁金属有窄能带,并且在 ε_F 或接近 ε_F 处有态密度$\mathcal{N}(\varepsilon)$的峰。图 5.5 中的数据表明,只有铁、钴和镍满足斯通纳判据。钯差得不太多。

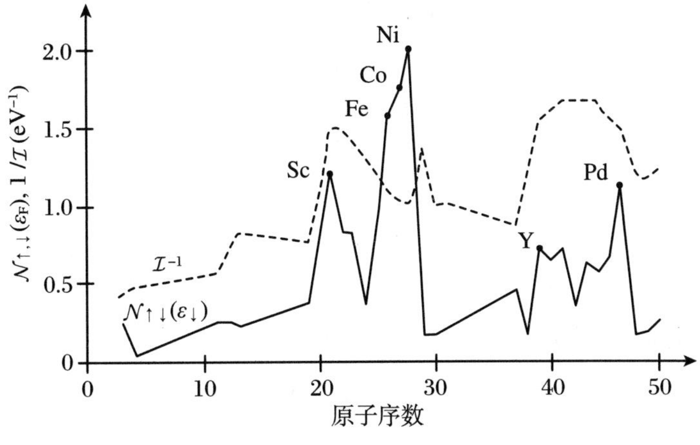

图 5.5

金属元素的$\mathcal{N}_{\uparrow,\downarrow}(\varepsilon_F)$和 $1/\mathcal{I}$

5.2 交换相互作用

等效磁场 $\boldsymbol{H}^i$ 起源于交换相互作用：泡利不相容原理禁止两个电子进入同一个量子态，交换相互作用反映了（通常在相邻原子上的）两个临近电子之间的库仑排斥。自旋相同的两个电子不能处于相同的位置。相邻原子 i,j 的自旋组态 $\uparrow_i\uparrow_j$ 和 $\uparrow_i\downarrow_j$ 的能量不一样。铁磁性的原子内电子间的交换相互作用导致了洪特第一规则，而绝缘体中原子间的交换相互作用通常要弱一或两个量级。

如第 4.1 节所述，泡利原理禁止多个电子进入同一个量子态（用一组特定的量子数来表示）。电子是不可区分的，所以交换两个电子必须给出相同的电子密度 $|\Psi(1,2)|^2=|\Psi(2,1)|^2$。因为电子是费米子，所以两个电子的总波函数只能是反对称的：

$$\Psi(1,2)=-\Psi(2,1) \tag{5.19}$$

总的波函数 Ψ 是空间坐标函数 $\phi(\boldsymbol{r}_1,\boldsymbol{r}_2)$ 和自旋坐标函数 $\chi(s_1,s_2)$ 的乘积。

氢分子 H_2 的简单例子说明了交换相互作用的物理思想。氢分子中的每个原子有一个电子在氢原子的 1s 轨道 $\psi_i(\boldsymbol{r}_i)$ 上。薛定谔方程是 $\mathcal{H}(\boldsymbol{r}_1,\boldsymbol{r}_2)\Psi(\boldsymbol{r}_1,\boldsymbol{r}_2)=\varepsilon\Psi(\boldsymbol{r}_1,\boldsymbol{r}_2)$，其中忽略了电子之间的相互作用，即

$$\left[-\frac{\hbar^2}{2m}\left(\frac{\partial^2}{\partial r_1^2}+\frac{\partial^2}{\partial r_2^2}\right)-\frac{e^2}{4\pi\epsilon_0}\left(\frac{1}{r_1}+\frac{1}{r_2}\right)\right]\Psi(\boldsymbol{r}_1,\boldsymbol{r}_2)=\varepsilon\Psi(\boldsymbol{r}_1,\boldsymbol{r}_2) \tag{5.20}$$

这个方程的解有两条分子轨道：一条是空间对称的成键轨道 ϕ_s，电荷聚集在两个原子之间；另一条是空间反对称的反键轨道 ϕ_a，有个波节面，而原子中间没有电荷。化学键涉及相邻原子的电子杂化波函数，并通常按照下述方式分类：

$$\phi_s=(1/\sqrt{2})(\psi_1+\psi_2),\quad \phi_a=(1/\sqrt{2})(\psi_1-\psi_2) \tag{5.21}$$

ψ_1 和 ψ_2 分别是电子 1 和电子 2 各自波函数的空间成分。$\psi_1(\boldsymbol{r}_1)$ 和 $\psi_2(\boldsymbol{r}_2)$ 是每个原子各自薛定谔方程的解。

对称和反对称自旋函数是自旋三重态和自旋单态：

$S=1;\quad M_S=1,0,-1$

$\chi_s=|\uparrow_1,\uparrow_2\rangle;\quad (1/\sqrt{2})[|\uparrow_1,\downarrow_2\rangle+|\downarrow_1,\uparrow_2\rangle];\quad |\downarrow_1,\downarrow_2\rangle$

$S=0;\quad M_S=0$

$\chi_a=(1/\sqrt{2})[|\uparrow_1,\downarrow_2\rangle-|\downarrow_1,\uparrow_2\rangle]$

根据式(5.19),对称的空间函数必须乘以反对称的自旋函数,反之亦然。因此总的反对称波函数是

$$\Psi_{\mathrm{I}} = \phi_s(1,2)\chi_a(1,2)$$
$$\Psi_{\mathrm{II}} = \phi_a(1,2)\chi_s(1,2)$$

当两个电子处于自旋三重态时,它们不可能位于同一个空间位置,自旋平行的电子互相避开。但如果电子处于自旋单态(即自旋反平行),就有可能处于同一个位置,因为在交换电子的情况下波函数的空间部分是对称的。

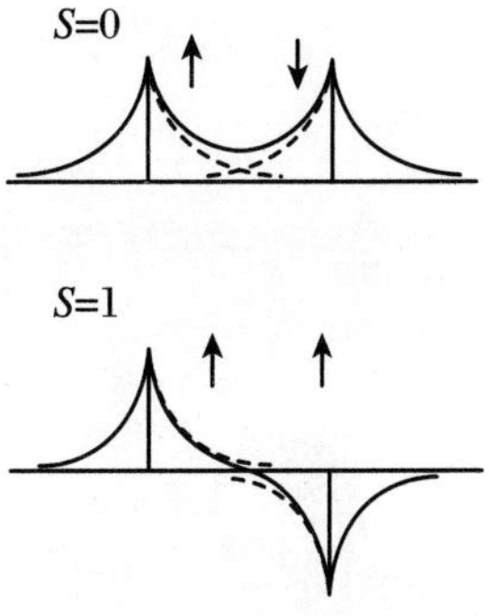

氢分子的空间对称波函数和空间反对称波函数

两个态的能量可以从式(5.20)的哈密顿量$\mathcal{H}(\boldsymbol{r}_1,\boldsymbol{r}_2)$计算:

$$\varepsilon_{\mathrm{I,II}} = \int \phi_{s,a}^*(\boldsymbol{r}_1,\boldsymbol{r}_2)\mathcal{H}(\boldsymbol{r}_1,\boldsymbol{r}_2)\phi_{s,a}(\boldsymbol{r}_1,\boldsymbol{r}_2)\mathrm{d}r_1^3\mathrm{d}r_2^3$$

对于氢分子,ε_{I} 比 $\varepsilon_{\mathrm{II}}$ 低。换言之,成键轨道或自旋单态位于反键轨道或自旋三重态之下,这是由于三重态的空间限制。令交换积分为$\mathcal{J} = (\varepsilon_{\mathrm{I}} - \varepsilon_{\mathrm{II}})/2$,就可以把能量写为

$$\varepsilon = -2(\mathcal{J}/\hbar^2)\boldsymbol{s}_1 \cdot \boldsymbol{s}_2 \tag{5.22}$$

其中乘积 $\boldsymbol{s}_1 \cdot \boldsymbol{s}_2$ 为$(1/2)[(\boldsymbol{s}_1 + \boldsymbol{s}_2)^2 - \boldsymbol{s}_1^2 - \boldsymbol{s}_2^2]$。根据自旋量子数 $S = s_1 + s_2$ 是 0 还是 1,本征值是 $-(3/4)\hbar^2$ 或 $+(1/4)\hbar^2$。自旋单态 Ψ_{I} 和自旋三重态 Ψ_{II} 之间的能量劈裂是 $2\mathcal{J}$。这里$\mathcal{J}$是交换积分:

$$\mathcal{J} = \int \psi_1^*(\boldsymbol{r}')\psi_2^*(\boldsymbol{r})\mathcal{H}(\boldsymbol{r},\boldsymbol{r}')\psi_1(\boldsymbol{r})\psi_2(\boldsymbol{r}')\mathrm{d}r^3\mathrm{d}r'^3$$

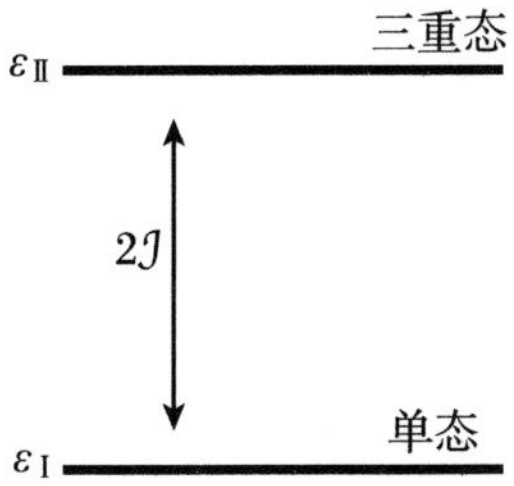

氢分子自旋单态和自旋三重态的劈裂。交换积分$\mathcal{J}$是负的,所以单态更低

在氢分子中,自旋单态的能量更低,所以积分是负的。而在原子中,轨道是正交的,而$\mathcal{J}$是正的。

海森堡将式(5.22)推广到多电子原子的自旋 $\boldsymbol{S}_1$ 和 $\boldsymbol{S}_2$,写下了著名的海森堡哈密顿量

$$\mathcal{H} = -2\mathcal{J}\hat{\boldsymbol{S}}_1 \cdot \hat{\boldsymbol{S}}_2 \tag{5.23}$$

其中 $\hat{\boldsymbol{S}}_1$ 和 $\hat{\boldsymbol{S}}_2$ 是无量纲的自旋算符,与式(3.17)中的泡利自旋矩阵类似。$\hbar^2$ 被吸收进交换常数$\mathcal{J}$中,$\mathcal{J}$有能量的单位。为了避免到处写 $\hbar$,此后我们采用这种约定。我们也去掉自旋运算符 $\hat{\boldsymbol{S}}_i$ 上的"帽子"记号。那么交换积分就具有能量量纲,并经常除以玻尔兹曼常数 k_B,用开尔文表示。$\mathcal{J}>0$ 表示铁磁相互作用,两个自旋倾向于平行排列;$\mathcal{J}<0$ 表示反铁磁相互作用,两个自旋倾向于反平行排列。

在晶格中,哈密顿量[①] 推广为对格点 i,j 上的所有原子对求和:

① 也有其他的约定,忽略因子 2 并且/或者在求和时每对计算两次。

$$\mathcal{H} = -2\sum_{i>j} \mathcal{J}_{ij}\boldsymbol{S}_i \cdot \boldsymbol{S}_j \tag{5.24}$$

如果只考虑最近邻相互作用，上式简化为只有一个交换常数$\mathcal{J}$的求和。海森堡哈密顿量描述的原子间交换耦合只能是铁磁的或反铁磁的。

金森纯次郎(Junjiro Kanamori, 1930—2012)

海森堡交换常数$\mathcal{J}$可以与分子场理论的外斯常数n_W联系起来。假设磁矩$g\mu_B S_i$与等效磁场$H^i = n_W M = n_W n g\mu_B S$相互作用，并且假设在海森堡模型中只有$S_i$的最近邻与它有明显的相互作用，这个格点处的哈密顿量就是

$$\mathcal{H}_i = -2\left(\sum_j \mathcal{J}\boldsymbol{S}_j\right)\cdot \boldsymbol{S}_i \approx -\mu_0 H^i g\mu_B S_i \tag{5.25}$$

分子场近似意味着平均掉$\boldsymbol{S}_i$和$\boldsymbol{S}_j$的局域关联。如果Z是求和中的最近邻原子数，那么$\mathcal{J} = \mu_0 n_W n g^2\mu_B^2/2Z$。因此，从式(5.8)可得

$$T_C = \frac{2Z\mathcal{J}S(S+1)}{3k_B} \tag{5.26}$$

再次以钆为例，其中$T_C = 292\ \mathrm{K}$，$S = 7/2$，$Z = 12$，得到$\mathcal{J}/k_B = 2.3\ \mathrm{K}$。

海森堡哈密顿量(式(5.23))表明，交换相互作用可使原子自旋耦合起来。海森堡哈密顿量可以直接用于3d元素(晶体场保证了自旋是好量子数)，也可以用于没有轨道磁矩的稀土离子Eu^{2+}和Gd^{3+}。但是，J是其他稀土离子的好量子数，所以S必须投影到J上，正如下面解释的那样。具有$J = 0$基态多重态的离子Sm^{2+}和Eu^{3+}不可能是磁有序的，尽管它们的自旋量子数$S = 3$很大。

一般来说，当波函数散开时，任何电子系统的能量都降低。这来自测不准原理$\Delta p\Delta x \approx \hbar$。当许多的非局域电子处在不同轨道时，计算交换是个细致活儿。轨道简并使得有可能三重态比单态的能量更低(氢分子没有轨道简并)。与1—10 eV的带宽相比，所涉及的能量只有约1 meV。互相竞争的交换相互作用可以共存(即耦合常数的符号不同)，因此最好唯象地描述交换，并从实验上确定交换相互作用。

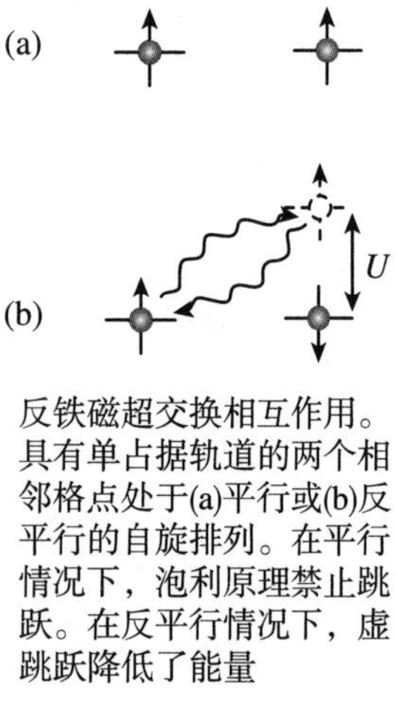

反铁磁超交换相互作用。具有单占据轨道的两个相邻格点处于(a)平行或(b)反平行的自旋排列。在平行情况下，泡利原理禁止跳跃。在反平行情况下，虚跳跃降低了能量

5.2.1 绝缘体中的交换相互作用

超交换 绝缘体中的电子是局域的。氧化物是很好的例子。过渡金属氧化物中3d-3d直接交叠很小，但3d轨道和氧原子2p轨道杂化：$\phi_{3d} = \alpha\psi_{3d} + \beta\psi_{2p}$，其中$|\alpha|^2 + |\beta|^2 = 1$。氧原子传递"超交换"相互作用，可以用海森堡哈密顿量描述。

一种典型的超交换键如图 5.6 所示。在单占据 3d 轨道或半填充 d 壳层(Fe^{3+},Mn^{2+})的情况下,组态(b)的能量比组态(a)低,因为氧 2p 轨道的电子就可以散开到非占据的 3d 轨道之中。超交换相互作用 $\mathcal{J}$ 涉及两个电子的同时虚拟转移以及 $3d^{n+1}2p^5$ 激发态的瞬间形成;相互作用的量级是 $-2t^2/U$,其中 t 是 p-d 转移积分,U 是原子内 3d 库仑相互作用。转移积分的量级是 0.1 eV,原子内库仑相互作用在 3—5 eV 的范围内。$\mathcal{J}$ 对于原子间的距离很敏感,但也依赖于 M—O—M的键角,按照$\cos^2\theta_{12}$变化。

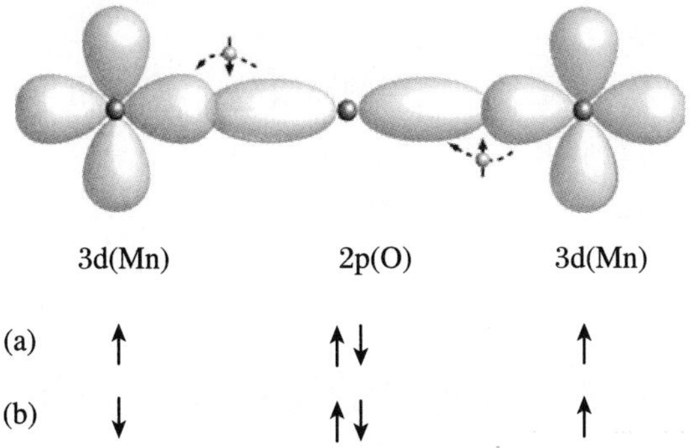

图 5.6

典型的超交换键。组态(b)的能量比组态(a)低

3d 态的占据和轨道简并是决定超交换的强度和符号的关键因素。有许多可能的情况要考虑,其结果总结在**古迪纳夫-金森**(Goodenough-Kanamori)规则中。安德森(Anderson)用一种更简单的形式重新表述了这些规则,无须考虑氧原子。

(i) 两个阳离子有单占据的 3d 轨道,轨道的波瓣指向彼此,交叠很多、跳跃积分很大,则交换相互作用是强的反铁磁的($\mathcal{J}<0$)。对于 120°—180°的 M—O—M 键,这是常见的情况。

(ii) 两个阳离子的单占据 3d 轨道之间的交叠积分由于对称性而等于零,则交换相互作用是铁磁的而且比较弱。这是～90°的 M—O—M键的情况。

(iii) 两个阳离子的交叠积分是单占据 3d 轨道与同类离子的空轨道或双占据的轨道之间,交换相互作用也是铁磁的而且比较弱。

反铁磁超交换比铁磁超交换更常见,因为交叠积分更可能大于零。

反对称交换　一些低对称性的物质表现出弱的反对称耦合,即**贾洛申斯基-守屋**(Dzyaloshinski-Moriya)相互作用。用如下的哈密顿量表示:

$$\mathcal{H} = -\mathcal{D}\cdot(\boldsymbol{S}_i\times\boldsymbol{S}_j) \tag{5.27}$$

古迪纳夫(John B. Goodenough, 1922—2023)

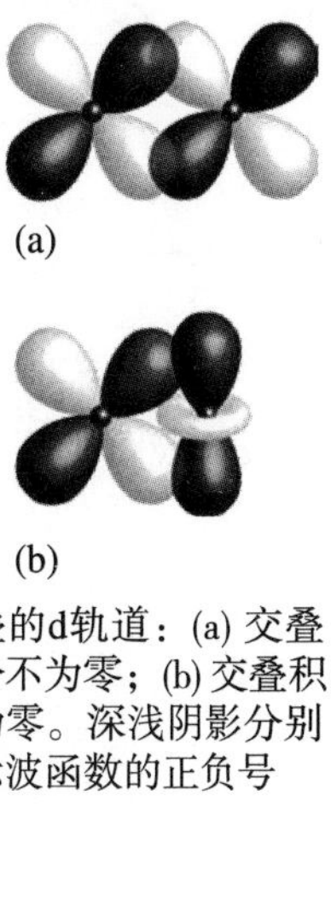

交叠的d轨道:(a) 交叠积分不为零;(b) 交叠积分为零。深浅阴影分别表示波函数的正负号

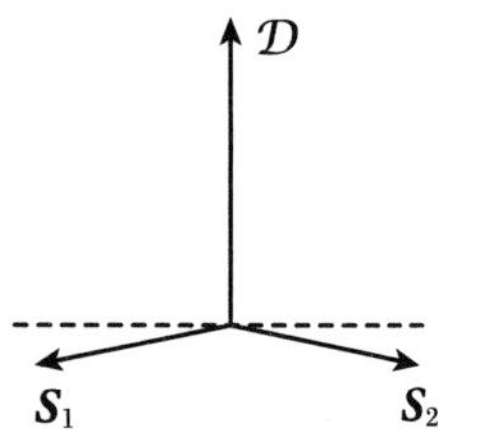

贾洛申斯基-守屋相互作用导致的倾斜反铁磁性

其中 $\mathcal{D}$ 是沿着高对称性轴的矢量，所以两个自旋倾向于垂直地耦合。这是更高阶的效应，出现在已经因超交换而耦合在一起的离子之间；$|\mathcal{D}/\mathcal{J}|\approx 10^{-2}$。在反铁磁体中，自旋可能偏离反磁体轴约 1°。反对称交换是具有单轴晶体结构的反铁磁体可以表现出弱铁磁矩的原因，例如 MnF_2，$MnCO_3$ 和 αFe_2O_3。在更早的文献中，这种内禀的弱铁磁性也被称为**寄生铁磁性**，因为那时候认为它是由铁磁杂质造成的。只有当反铁磁轴垂直于晶体对称轴时，磁矩才会出现，$\mathcal{D}$ 被限制在晶体对称轴方向。当反铁磁轴与晶体对称轴平行时，磁矩消失。

双二次交换 这是另一种弱的高阶效应，有时可以在稀土中探测到。它用下面的哈密顿量表示：

$$\mathcal{H} = -\mathcal{B}(\boldsymbol{S}_i \cdot \boldsymbol{S}_j)^2 \tag{5.28}$$

5.2.2 金属中的交换相互作用

铁磁金属和反铁磁金属中的主要交换机制涉及临近原子的部分局域原子轨道的重叠。其他的交换机制涉及纯粹的非局域电子之间的相互作用，或者局域电子和非局域电子的相互作用。

直接交换 在 3d 金属中，电子用伸展的波函数和自旋极化的局域态密度描述。通常用第 4.4.2 小节中的单电子 d 波函数描述 3d 金属中的电子更合适，而不是第 3.2.5 小节中的自由电子波。在紧束缚模型中，单电子波函数的交叠很小，而电子几乎局域在原子上。这个模型的哈密顿量是

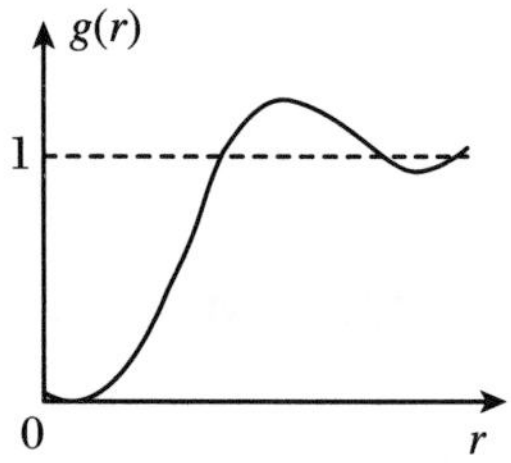

交换空穴：在相距 r 的距离上发现自旋相同的两个电子的归一化概率

$$\mathcal{H} = \sum_{ij} t_{ij} c_i^{\dagger} c_j$$

这个求和用电子的产生算符 $c^{\dagger}$ 和湮没算符 c 表示导带①。通常只有最近邻相互作用是重要的，原子间转移积分 $t_{ij}=t$。紧束缚模型中的带宽是 $W=2Zt$，其中 Z 是最近邻原子数。在 3d 金属中，$t\approx 0.1$ eV，$Z=8$—12，所以 d 带是几个 eV 宽。接近半填充的能带是反铁磁交换相互作用，因为只有当相邻位置（格点）的自旋反平行时（即在相邻位置上留有空的可供转移的 ↑ 轨道），波函数才能扩展到相邻位置并降低

① c_j 算符表示在位置 j 湮没一个电子，$c_i^{\dagger}$ 算符表示在位置 i 产生一个电子。因此，乘积 $c_i^{\dagger}c_j$ 把一个电子从位置 j 转移到位置 i。

能量。接近满或接近空的带倾向于铁磁交换相互作用(图 5.7),因为电子能够以相同自旋跳跃到空态上。这有助于解释为什么铬和锰是反铁磁的,而铁、钴和镍是铁磁的。

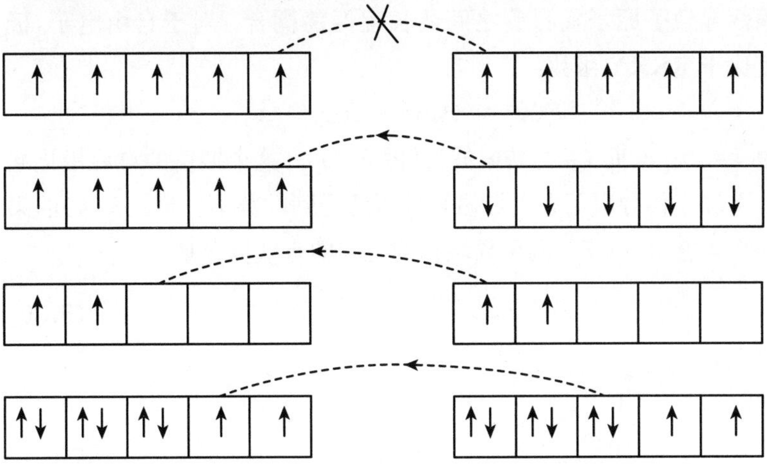

图 5.7
d带中电子的非局域性:半满的d带、接近空的d带或者接近满的d带

带宽是交换的敌人。当 t 变大时,不管自旋怎样,电子都是非局域的。例如,碱金属是每个原子一个电子的泡利顺磁体,可以用自由电子模型描述。原子序数靠前的3d金属钪、钛和钒不是铁磁的,因为 t 太大了。钪接近铁磁。如果能让晶格膨胀从而稍微减小 t,钪就会变成铁磁的。

直接交换的符号在原则上依赖于带占据,因而依赖于原子间距,更大的间距有利于铁磁交换。交换相互作用刚好在磁性出现的临界条件之后达到最大,即 $U/W>(U/W)_{crit}$,其中 U 是原子内库仑相互作用,W 是带宽。

s-d 模型　金属中传导电子自旋 $\boldsymbol{s}$ 和原子实自旋 $\boldsymbol{S}$ 的耦合,一般用包括如下项的哈密顿量表示:

$$-\mathcal{J}_{sd}\Omega\ |\psi|^2\boldsymbol{S}\cdot\boldsymbol{s} \tag{5.29}$$

其中 Ω 是原子实 d 壳层的体积,$|\psi|^2$ 是 s 电子的概率密度。s-d 耦合是一种原子内的相互作用,所以耦合常数很大,$\mathcal{J}_{sd}\approx1$ eV。这种相互作用会导致原子实自旋之间的长程铁磁耦合,不管 $\mathcal{J}_{sd}$ 是正还是负。参与这种交换机制的导带被认为是均匀极化的,而且极化方向平行或反平行于核自旋。

RKKY 相互作用　s-d 模型也适用于稀土,其中原子实自旋不是3d而是4f。4f壳层的局域磁矩通过5d/6s导带电子发生相互作用。原子实自旋 $\boldsymbol{S}$ 和传导电子自旋 $\boldsymbol{s}$ 之间的原子内相互作用是 $-\mathcal{J}_{sf}\boldsymbol{S}\cdot\boldsymbol{s}$,其中 $\mathcal{J}_{sf}\approx0.2$ eV。鲁德尔曼(Ruderman)、基特尔(Kittel)、粕谷

(Kasuya)和吉田(Yosida)表明,单个磁性杂质在导带中产生非均匀的、振荡的自旋极化,按照 r^{-3}衰减。这个自旋极化与杂质周围电荷密度的弗里德尔(Friedel)振荡相关,后者的波长为 π/k_F。自旋极化的振荡导致了原子实自旋之间的长程振荡耦合。对于自由电子,极化正比于 RKKY 函数:

$$F(\xi) = (\sin\xi - \xi\cos\xi)/\xi^4$$

其中 $\xi = 2k_F r$,而 k_F 为费米波矢(图 5.8)。这个振荡的自旋极化起因于↑和↓传导电子在局域磁矩处所感受到的势不一样。$F(\xi)$的第一个零点在 $\xi = 4.5$。两个局域自旋之间的有效耦合是

$$\mathcal{J}_{\text{eff}} \approx \frac{9\pi \mathcal{J}_{\text{sf}}^2 \nu^2 F(\xi)}{64\varepsilon_F} \tag{5.30}$$

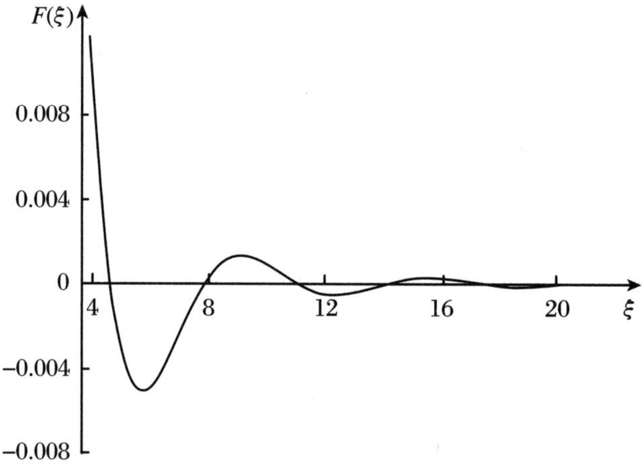

图 5.8

RKKY函数$F(\xi)$。当$\xi<4$时,$F(\xi)$变得非常大

其中 ν 是每个原子的传导电子数目,ε_F 是费米能级。因为费米波矢大约是 0.1 nm^{-1}(表 3.3),$\mathcal{J}_{\text{eff}}$的符号在纳米尺度上波动。如果只有铁磁最近邻耦合起重要作用,居里温度可以从式(5.26)推导出来。RKKY 相互作用在低电子密度极限下等价于具有铁磁耦合的 s-d 模型。类似的振荡交换出现在具有非磁性间隔层的铁磁多层膜中。

在稀土金属中,只有钆的 S 是好量子数。其他元素的 J 是好量子数,但是交换相互作用耦合的是自旋。因此,当直接或间接地计算交换作用时,需要把 S 投影到 J 上。既然已知 $\boldsymbol{L} + 2\boldsymbol{S} = g\boldsymbol{J}$ 和 $\boldsymbol{J} = \boldsymbol{L} + \boldsymbol{S}$,那么 $\boldsymbol{S} = (g-1)\boldsymbol{J}$。这在交换耦合中引入因子$(g-1)^2 J(J+1)$。这个因子取了平方值,因为自旋在两个稀土间的交换相互作用中出现了两次。有效耦合是

$$\mathcal{J}_{\text{RKKY}} = G\mathcal{J}_{\text{eff}}$$

其中 $G = (g-1)^2 J(J+1)$是**德热纳因子**。对于具有相同导带结构和

相似晶格间距的任何系列的稀土金属或化合物，磁有序温度应当正比于 G，而且钆的磁有序温度最大。德热纳因子包含在表 4.10 中。图 5.9 给出了铁磁性 RNi_2 化合物系列的居里温度数据。当以 G 为横坐标的时候，这些数据点位于一条直线上。在这个系列的金属间化合物里，镍是非磁的。

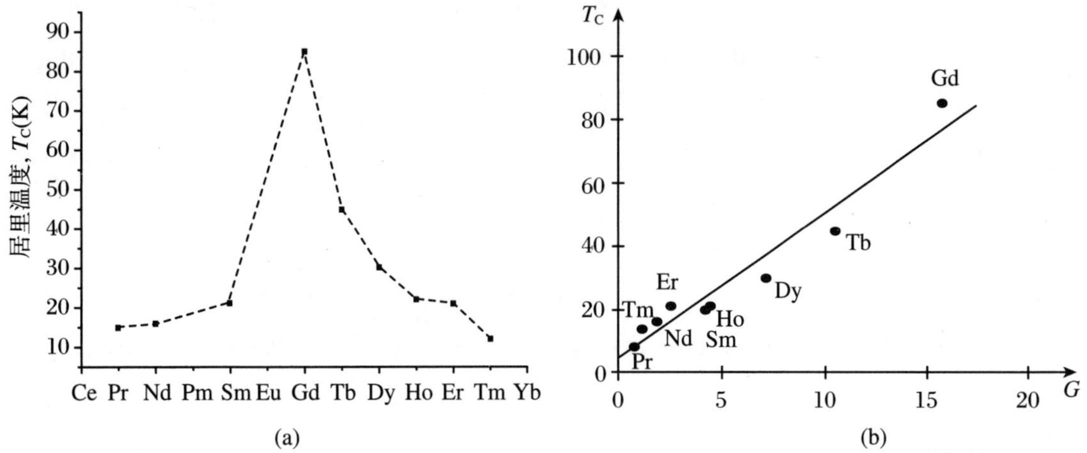

图 5.9
(a) 铁磁性RNi_2化合物的居里温度；(b) T_C与德热纳因子G的关系

双交换　这种相互作用发生在同时具有局域 d 电子和非局域 d 电子的 3d 离子之间。与铁磁超交换不同，双交换需要混合价态组态，但组态数目仅有两个，这与一般金属不同（混合价态组态存在于任何金属中）。例如，在铜里，一个电子在宽的 4s 带中，瞬间原子组态是 s^0，s^1 和 s^2。宽能带的电子相关很弱，所以三个组态出现的概率是 1/4，1/2 和 1/4。相比之下，双交换材料，例如亚锰酸盐（$La_{0.7}Ca_{0.3}$）MnO_3，有Mn^{4+}和Mn^{3+}（d^3 和 d^4）在八面体位上。这个化合物中其他离子La^{3+}，Ca^{2+} 和 O^{2-} 电荷态强加给 Mn 的两个价态。两种八配位离子的 d^3 原子实电子局域在一个 $t_{2g}^{\uparrow}$窄带中，但第四个 d 电子出现在宽的与氧杂化的 $e_g^{\uparrow}$ 带中，它可以从一个 d^3 原子实跃迁到另一个 d^3 原子实，如图 5.10 所示。相邻位置 i 和 j 上的组态 $d_i^3d_j^4$ 和 $d_i^4d_j^3$ 实际上是简并的。在每个位置上，t_{2g}和 e_g 电子之间有强的原子内洪特规则的交换耦合$\mathcal{J}_H \approx 2$ eV。如果原子实自旋平行排列，电子能够自由跳跃，而当原子实自旋反平行排列时，由于洪特规则的相互作用，有一个大的能量势垒。如果相邻位置的（自旋）量子化轴成夹角 θ，↑电子的本征矢在旋转后的坐标系中为 $\begin{vmatrix} \cos\theta/2 \\ \sin\theta/2 \end{vmatrix}$（式(3.24)）。因此转移积分 t 随着 $\cos(\theta/2)$变化。双交换是铁磁性的，因为当相邻位置上的离子自旋反平行时（$\theta=\pi$），转移积分等于零。

图 5.10

双交换相互作用。电子保持自旋方向不变，从一个局域原子实跳跃到下一个原子实

另一个常见的双交换对是 Fe^{3+} 和 Fe^{2+}，它们分别是 d^5 和 d^6 离子。d^5 组态是半填充的↑壳层，当离子被氧八配位时，第六个 d 电子占据 $t_{2g}^{\downarrow}$ 带的底部，它能够从一个 d^5 原子实跃迁到另一个 d^5 原子实。

5.3 能带磁性

安德森(P. W. Anderson, 1923—2020)

5.3.1 非磁性金属中的磁性杂质

上述关于金属中局域磁矩与传导电子之间交换相互作用的讨论回避了一个问题：稀释在非磁性基质中的磁性杂质，是否真的能保持其磁矩？例如，铜里面的单个钴原子还有磁矩吗？在 1960 年代和 1970 年代，磁性杂质问题引起了磁学界的关注。钴的 3d 电子与铜的 4s 电子杂化，将局域原子能级展宽为类似于洛伦兹型的电子态密度。图 5.11 展示了杂化之前的一个单占据 d 轨道的能级，原子内库仑排斥能 U 使得双占据轨道的能量更高。与传导电子的杂化，展宽了杂质能级（宽度为 Δ_i）。安德森指出，如果 $U>\Delta_i$，磁矩就是稳定的，尽管杂化使得磁矩减小。进一步展宽局域态密度，磁矩就完全消失了。p 金属比 s 金属的展宽更有效，这是因为 p 金属有更多的电子能够与杂质 d 轨道杂化。钴在铜中保持它的磁矩，但在铝中失去磁矩。

图 5.11

安德森杂质模型。金属中磁性杂质的局域态密度。左图是导带电子和杂质能级波函数没有耦合的情况，右图是有杂化的结果

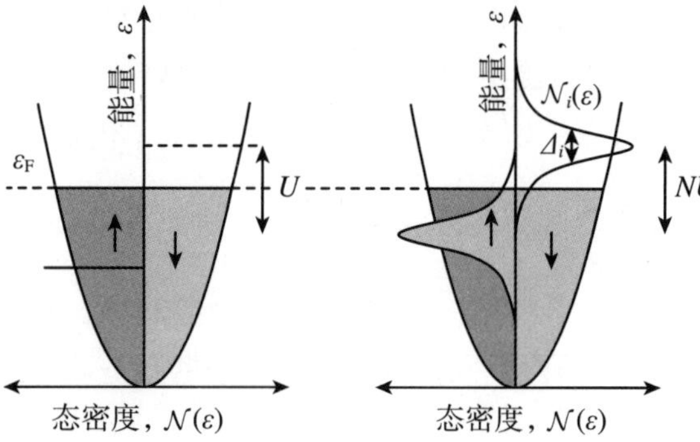

未配对杂质电子的数目 $N = N^{\uparrow} - N^{\downarrow}$ 是

$$N = \nu(\varepsilon_F^{+}) - \nu(\varepsilon_F^{-}) \tag{5.31}$$

其中 $\varepsilon_F^{\pm} = \varepsilon_F \pm \frac{1}{2}NU$。$\varepsilon_F$ 是杂质态密度积分 $\int_0^{\varepsilon} \mathcal{N}_i(\varepsilon')\mathrm{d}\varepsilon'$。将这个表达式对小的 N 展开为幂级数

$$N = NU\mathcal{N}_i(\varepsilon_F) + \frac{1}{24}(NU)^3\mathcal{N}''_i(\varepsilon_F)$$

二次导数 $\mathcal{N}''_i(\varepsilon) = \mathrm{d}^2\mathcal{N}_i(\varepsilon)/\mathrm{d}\varepsilon^2$ 是负的。因此

$$N^2 = [24(1 - U\mathcal{N}_i(\varepsilon_F))]/\mathcal{N}''_i(\varepsilon_F)U^3$$

如果

$$U\mathcal{N}_i(\varepsilon_F) > 1 \tag{5.32}$$

杂质上就会自发形成磁矩。

由于 $\mathcal{N}_i(\varepsilon_F)$ 大约为 $1/\Delta_i$，杂质具有磁性的安德森判据就是 $U \gtrsim 1/\Delta_i$。可以将它与铁磁性的斯通纳判据(式(5.18))做比较。强关联有利于磁性,强杂化破坏磁性。如果 $\mathcal{N}_i(\varepsilon_F)$ 随某些参数 x(例如压力或浓度)**光滑**地变化,在其临界值 x_c 以下,杂质上的磁矩按照 $(x - x_c)^{1/2}$ 的形式变化。

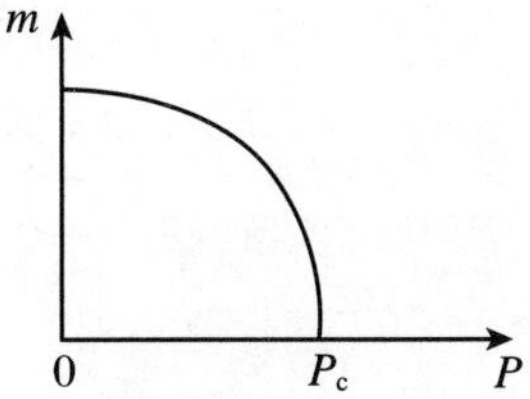

在安德森模型中，在临界压力 P_c 附近，杂质磁矩消失

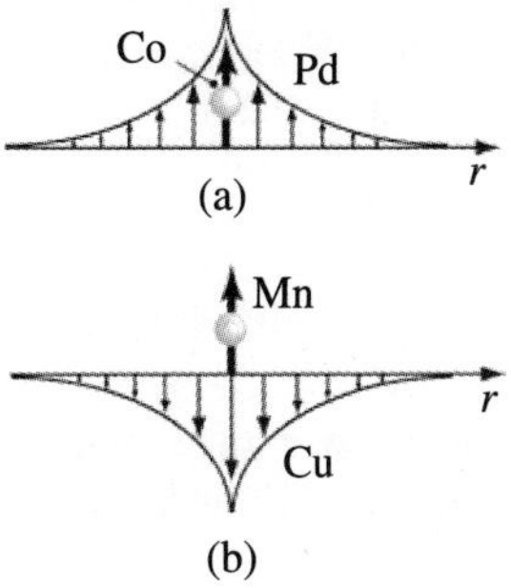

宿主导带的局域自旋极化：(a) 巨磁矩；(b) 近藤单态

在合金中的某个原子位置上,磁矩的存在与否敏感地依赖于局域环境。例如,稀释在 Mo 中的 Fe 携带磁矩,但是在 Nb 中却没有。就展宽铁的局域态密度而言,Fe-Nb 杂化比 Fe-Mo 杂化更有效。在 $Nb_{1-x}Mo_x$ 合金中,当包围 Fe 杂质的 Mo 原子少于七个时,Fe 是非磁性的;当有七个或更多最近邻 Mo 时,Fe 是磁性的。在 $x \approx 0.6$ 的合金中,磁性铁杂质和非磁性铁杂质在原子环境不同的位置上共存。这就是 Jaccarino-Walker 模型,局域化学环境控制磁矩的模型。

假定有局域磁矩,当 $\mathcal{J}_{sd}$ 是负的时候,s-d 哈密顿量(又称为近藤哈密顿量)就是

$$\mathcal{H} = \sum_{i,j} t_{ij}c_i^{\dagger}c_j - \sum_{k,l}\mathcal{J}_{sd}\boldsymbol{S}_k \cdot \boldsymbol{s}_l \tag{5.33}$$

磁性杂质与传导电子之间相互作用的结果:如果 s-d 交换是铁磁性的($\mathcal{J}_{sd} > 0$),就会形成**巨磁矩**;如果交换是反铁磁性的($\mathcal{J}_{sd} < 0$),就是近藤效应。巨磁矩是由于围绕杂质位的一团正极化的电子态密度。如果宿主的顺磁磁化率(式(5.17))增强,超过无杂质的态密度所预期的泡利磁化系数,但尚未满足斯通纳判据,受杂质影响的局域磁矩就可以非常大。在钯宿主中的钴杂质具有几十个玻尔磁子的相关磁矩。掺杂浓度超过临界值后,整个基质变成铁磁性的;对于 Pd 中的 Co,该临界值仅为 1.5%(见图 10.13(c))。

如果杂质磁矩与传导电子之间的交换耦合 $\mathcal{J}_{sd}$ 是负的,磁性杂质

与周围的负极化传导电子云有可能形成无磁性的自旋单态。铜中的铁就是一个好例子。该材料的磁化系数分两段：在近藤温度 T_K 以上，磁化系数呈现出居里-外斯温度依赖关系（式(5.7)）和负的 θ_p；而在 T_K 以下，磁化系数不依赖于温度，此时磁性杂质与宿主的传导电子形成无磁性的自旋单态，如图 5.12 所示。依赖于系统，近藤温度可以在 1—1000 K 范围内的任何位置。表 5.3 给出了一些近藤温度的值。近藤效应的另外一个特征是，电阻在近藤温度 T_K 附近具有浅的极小值，因为近藤单态为散射传导电子提供了额外的通道。近藤温度是

近藤淳(Jun Kondo, 1930—2022)

$$T_K \approx (\Delta_i / k_B)\exp(\Delta_i / 2\mathcal{J}_{sd})$$

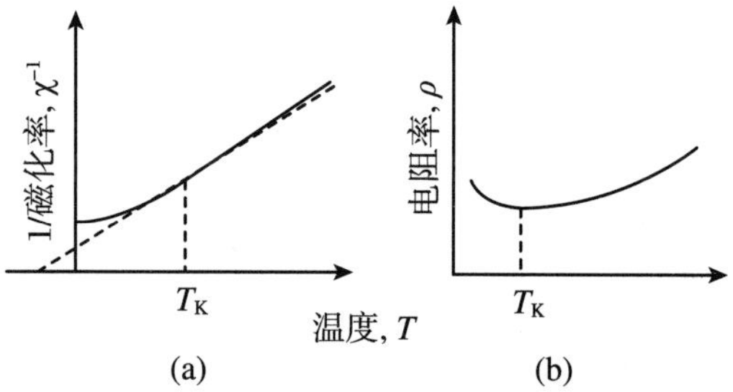

图 5.12

近藤效应的实验信号：(a) 近藤合金的磁化率的倒数；(b) 电阻的温度依赖

表 5.3 近藤温度(单位是开尔文)，宿主金属用黑体表示

	Cr	Mn	Fe	Co	Ni
Cu	1.0	0.01	25	2000	5000
Ag	0.02	0.04	3		
Au	0.01	0.01	0.3	200	
Zn	3	1.0	90		
Al	1200	530	5000		

数据来自：Wohleben D L, Coles B R. Magnetism[M]. New York: Academic Press,1973.

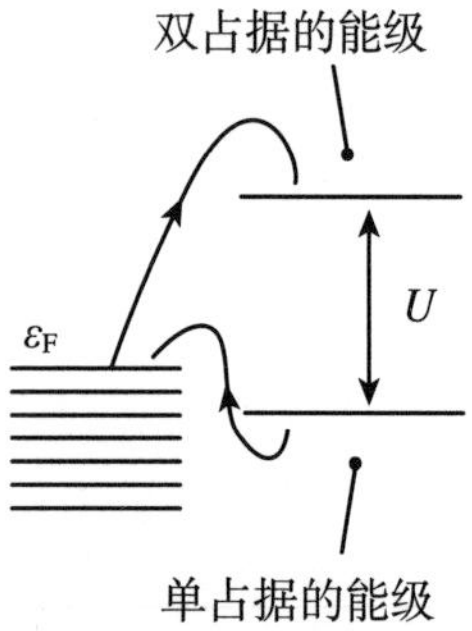

近藤散射。导带电子与杂质自旋间形成单线态

而近藤散射所导致的额外电阻率随温度呈对数变化；这个电阻率与 $(\mathcal{J}_{sd}^2/\Delta_i)S(S+1)[1+(2\mathcal{J}_{sd}/\Delta_i)\ln(\Delta_i/k_B T)]$ 呈正比。

5.3.2 铁磁性金属

一些顺磁性金属态密度的计算结果如图 5.13 所示。高度结构化的 3d 带叠加到宽得多的 4s 带上。d 带的结构反映了在体心立方(bcc)或面心立方(fcc)结构中在 8 重或 12 重配位下 t_{2g}- 和 e_g- 带的

晶体场劈裂(图4.12);以及能带底部或顶部附近的态之间的成键/反成键劈裂,还有当能带跨越布里渊区边界时出现的奇点。

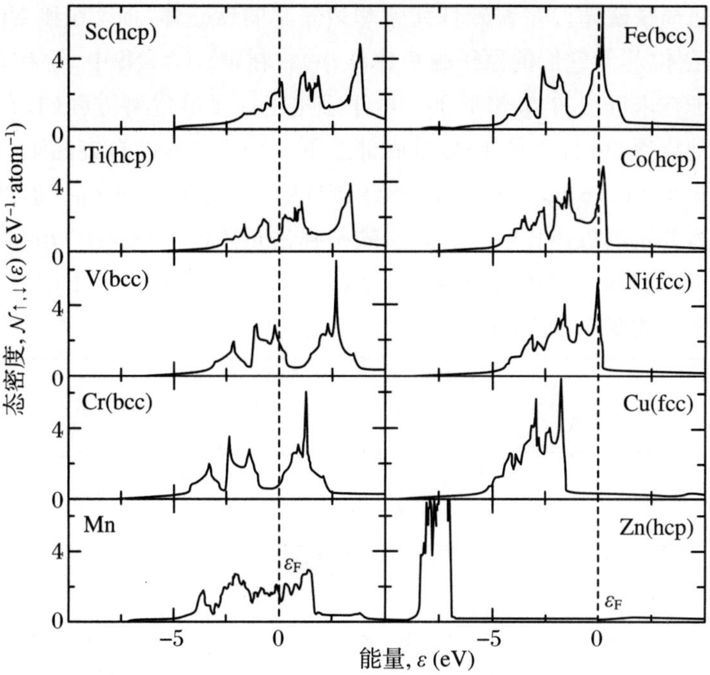

图 5.13

一些顺磁性金属元素的态密度(承蒙Chaitania Das提供计算结果)

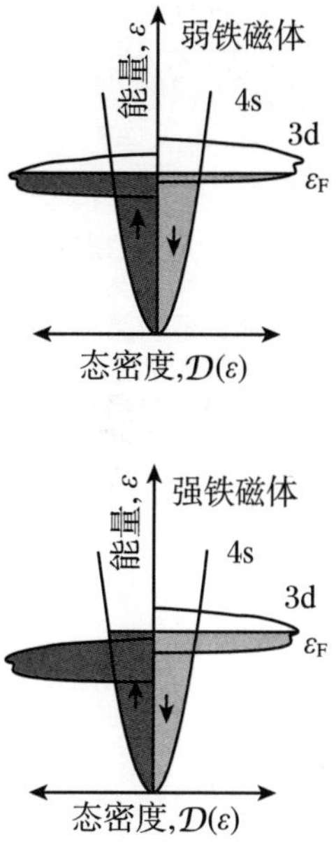

强铁磁体和弱铁磁体的态密度示意图。强铁磁体的$3d^{\uparrow}$能带是满的

能带图展示了在 k 空间的第一布里渊区中5条d带沿着不同方向的色散关系 $\varepsilon(k)$。布里渊区是倒空间中的按照Wigner-Seitz方法定义的基本原胞,由从原点到相邻倒格点的矢量的垂直平分面构成。金属铁的例子如图5.14所示。自旋向上和自旋向下的能带分别展示在两个图中。宽的抛物线型的类似自由电子的s能带(从−4 eV起)几乎没有自旋极化;s带与−3 eV和2 eV之间的自旋向下的d态发生杂化。较平坦的自旋向上的d带被填满。两条自旋向下的d带主要位于费米能级以上。

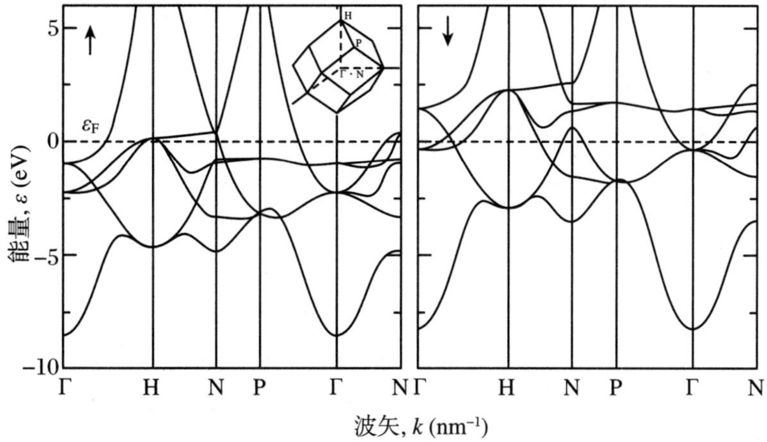

图 5.14

铁磁性α铁的↑电子和↓电子的自旋极化能带。左边是多数自旋能带,而右边是少数自旋能带。布里渊区的(高对称)点标记在插图里。计算得到的自旋磁矩是$2.2\mu_B$(承蒙Chaitania Das提供计算结果)

在金属铁磁性的斯通纳图像中，如果满足判据式(5.18)，能带自发劈裂。如果劈裂足以将 ↑d 子带完全推到 ε_F以下，就是**强铁磁体**，否则是**弱铁磁体**。在铁磁性元素里，Fe 是弱铁磁体，而 Co 和 Ni 是强铁磁体(尽管它们的原子磁矩比铁小)。在 Fe，Co，Ni 中，约有 0.6 个电子在未劈裂的 sp 带底部。由于多电子原子薛定谔方程(4.7)的轨道动能项，3d 能级位于 4s 带底部之下。Ni 和 Co 的自旋磁矩分别为 0.6 μ_B和 1.6 μ_B。Co 有残余的非淬灭轨道磁矩 0.14 μ_B。但其他铁磁体的轨道磁矩比较小。如果铁是强铁磁体，它会有 2.6 μ_B 的自旋磁矩。实际上，铁的磁矩是 2.2 μ_B。计算得到的 Fe，Co，Ni 自旋劈裂态密度如图 5.15 所示。

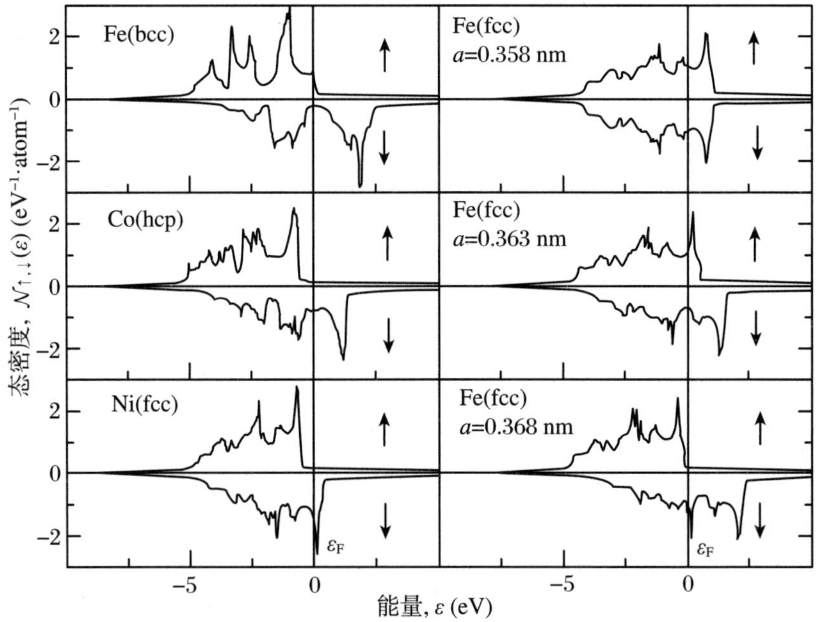

图 5.15

一些铁磁态元素的态密度。Fe是弱铁磁体，Co和Ni是强铁磁体。不同晶格常数下γFe的结果说明，密堆结构Fe的磁矩对晶格常数敏感

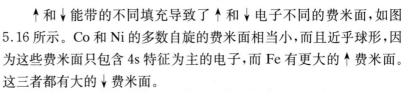

斯通纳(Edmund Stoner, 1899—1968)

↑和↓能带的不同填充导致了↑和↓电子不同的费米面，如图 5.16 所示。Co 和 Ni 的多数自旋的费米面相当小，而且近乎球形，因为这些费米面只包含 4s 特征为主的电子，而 Fe 有更大的↑费米面。这三者都有大的↓费米面。

表 5.4 总结了铁磁性 3d 金属最重要的性质。

斯通纳计算了自由电子模型中磁化随温度的变化关系，但是给出的居里温度高得不切实际，$k_B T_C \approx \varepsilon_F$；这是因为他考虑的唯一温度效应是费米-狄拉克占据函数(式(3.45))的展宽，当$k_B T_C \approx \varepsilon_F$时，这会使$\varepsilon_F$附近的态密度减小。$T_C$以上不应有劈裂和磁矩。$T_C$以上磁化系数的温度依赖由式(3.46)给出。无论如何，大多数金属性铁磁体的 T_C比斯通纳理论的预言小一个数量级，而且在 T_C以上，磁化系数有着明显的类似于居里-外斯的变化。在 T_C温度时，原子内电子关

联维持了原子尺度的磁矩，原子磁矩在 T_C上并不会消失，而是变得无序，如同局域磁矩顺磁体(第 4.3 节)或铁磁体(第 5.1.1 小节)中的原子磁矩一样。当 $T \gg T_C$时，热涨落逐渐破坏磁矩。

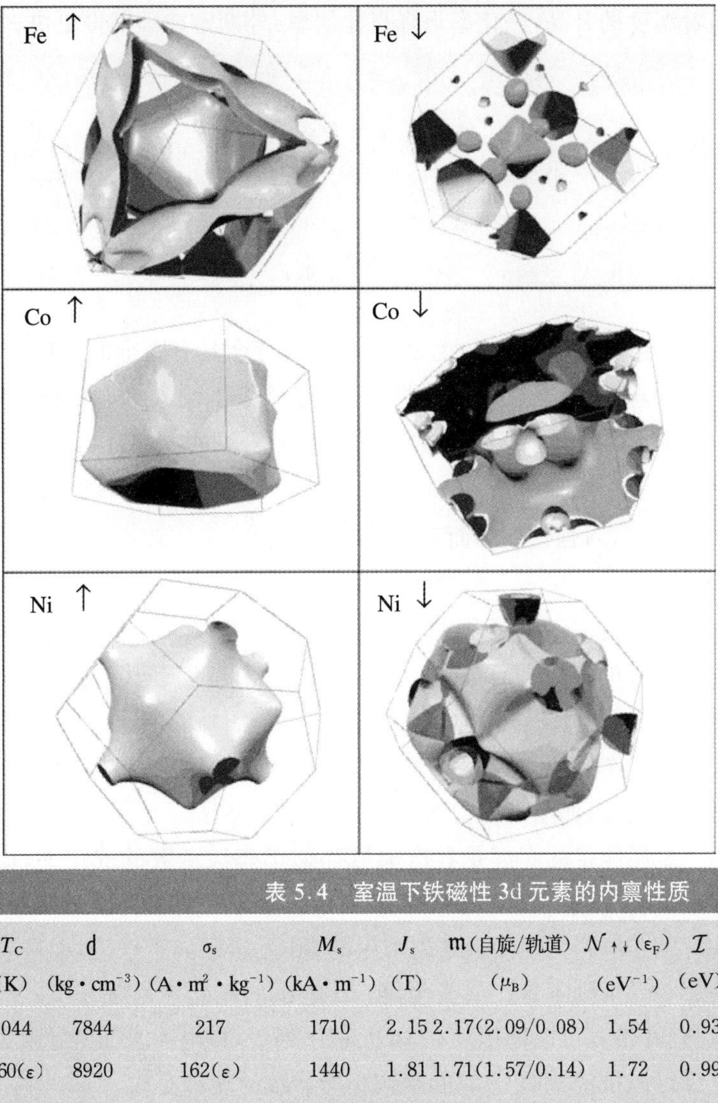

图 5.16
Fe，Co和Ni的↑和↓电子费米面

表 5.4 室温下铁磁性 3d 元素的内禀性质

	T_C (K)	$\mathfrak{d}$ ($kg \cdot cm^{-3}$)	σ_s ($A \cdot m^2 \cdot kg^{-1}$)	M_s ($kA \cdot m^{-1}$)	J_s (T)	$\mathfrak{m}$(自旋/轨道) (μ_B)	$\mathcal{N}_{\uparrow\downarrow}(\varepsilon_F)$ (eV^{-1})	$\mathcal{I}$ (eV)	K_1 ($J \cdot m^{-3}$)	λ_s (10^{-6})	g	D_{sw} ($10^{-40} J \cdot m^2$)
Fe	1044	7844	217	1710	2.15	2.17(2.09/0.08)	1.54	0.93	48	−7	2.08	4.5
Co	1360(ε)	8920	162(ε)	1440	1.81	1.71(1.57/0.14)	1.72	0.99	410	−60	2.17	8.0
Ni	628	8902	54.8	488	0.61	0.58(0.53/0.05)	2.02	1.01	−5	−35	2.18	6.3

当局域磁矩在一定温度下无序但又稳定时，用式(5.7)从 T_C以上的磁化系数所推得的有效磁矩$\mathfrak{m}_{eff}$应该与零温下的铁磁磁矩$\mathfrak{m}_0$ 一致，如表 5.5 所示。对于每个原子上未配对电子数不是整数的金属，可以通过 $2\mu_B S^* = \mathfrak{m}_0$ 定义一个有效自旋 S^*，以及相应的有效磁矩$\mathfrak{m}_{eff} = 2\sqrt{S^*(S^*+1)}\mu_B$。斯通纳模型最适用于某些极弱巡游铁磁体(即 $S^* \ll 1/2$)，例如 $ZrZn_2$，这是由两种非磁性元素形成的金属间化合

物，表现出小的铁磁磁矩和低的费米能。对于弱巡游铁磁体，$\mathfrak{m}_{eff}$甚至比这个公式预期的还要大。温度效应不仅破坏长程的晶位间原子关联，而且逐渐地消除了维持局域磁矩的原子内洪特规则关联。因此，随着温度的升高，磁化率下降得比居里-外斯定律预期得更快。

表 5.5 铁磁性金属中的磁矩

		$\mathfrak{m}_{eff}$	$\mathfrak{m}_0$	T_C
Ni	强铁磁体	1.0	0.6	628
$ZrZn_2$	弱巡游铁磁体	1.8	0.2	25
CrO_2	半金属	2.4	2.0	396

刚带模型设想铁磁性 3d 元素及其合金具有固定的、自旋劈裂的态密度，其中填充了一定数目的电子，就像水倒入水壶一样。bcc 金属和 fcc 金属的"水壶"形状不同。如果忽略 4s 带的微小贡献，每个原子的平均磁矩就是$\langle\mathfrak{m}\rangle\approx(N_{3d}^{\uparrow}-N_{3d}^{\downarrow})\mu_B$。3d 电子的总数是 $N_{3d}=N_{3d}^{\uparrow}+N_{3d}^{\downarrow}$，对强铁磁体而言，$N_{3d}^{\uparrow}=5$。因此

$$\langle\mathfrak{m}\rangle\approx(10-N_{3d})\mu_B \tag{5.34}$$

这个公式适用于任何强铁磁体，与态密度细节无关。

刚带的图像过于简单化了，但是这个模型有其优点。例如，在 Cu_xNi_{1-x} 合金中，每个 Cu 原子带来一个额外的电子。Ni 的 d 带有 0.6 个空穴，因此，在 $x=0.6$ 即 Ni 的 d 带被填满时，Cu_xNi_{1-x} 的铁磁性消失，正如刚带模型所预言。

金属能带的底部是具有离域类似单态波函数的成键态，而其顶部是具有局域三重态的反键态。由于总的波函数必须是反对称的，这有助于解释为何接近序列末尾的 3d 元素倾向于铁磁，而序列开始的那些元素则不是。从头至尾，3d 电子的结合能增加了 5 eV，这个值与 3d 带宽可以比拟。在 3d 元素序列里，核电荷增加所导致的能带变窄足以抵消金属-金属间距减小所导致的能带变宽。

在 3d 元素二元合金中，每个原子的磁矩与每个原子的 3d 和 4s 电子总数 Z 的关系如图 5.17 所示，这就是著名的斯拉特-泡令(Slater-Pauling)曲线。4s 带不可避免地混有某些 4p 特征。图 5.17 右侧的合金是强铁磁体。右侧分支的斜率为 −1。如刚带模型所预期，多个斜率≈1 的分支是后 3d 元素与前 3d 元素的合金，后者的 3d 态远高于铁磁性宿主的费米能级。刚带模型中的公共能带假设实际上只适用于组分原子电荷差小的情况(即 $\Delta Z\leqslant 2$)。否则，具有共同态密度的分裂能带反映了组分的态密度。例如，图 5.18 比较了 FeV 和

$FeNi_3$的部分态密度。

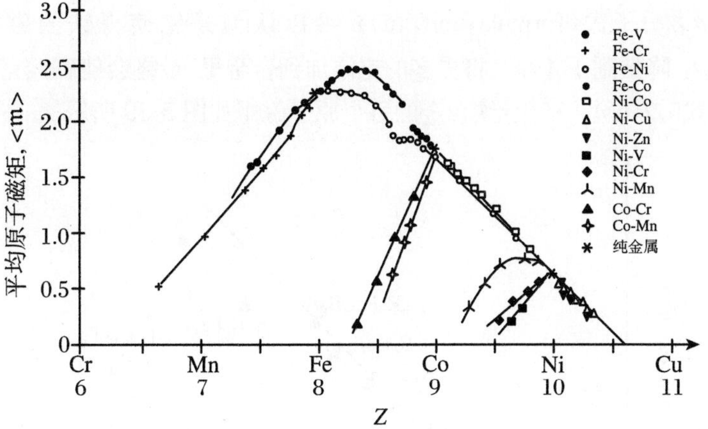

图 5.17

斯拉特-泡令曲线。相对于价电子数3d+4s，给出了平均原子磁矩

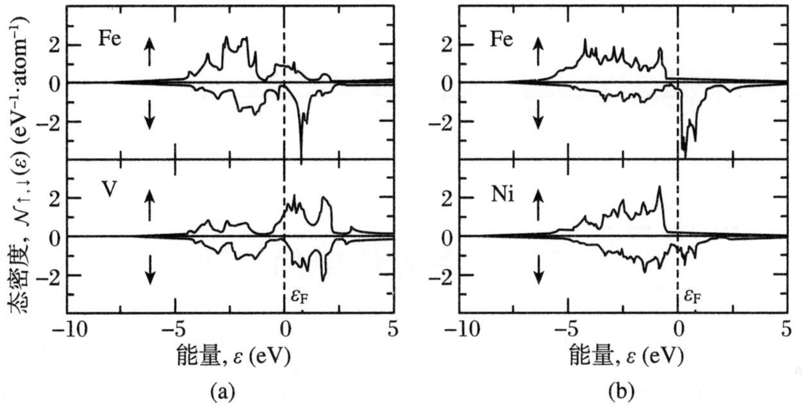

图 5.18

(a) FeV和(b) $FeNi_3$的部分态密度

关于这些想法的更普遍的理论是**磁价模型**,它可以用来估计某个 3d 元素的任何合金的每个原子平均磁矩,只要这种合金是强铁磁体。一个原子的价由$\mathcal{Z} = N^{\uparrow} + N^{\downarrow}$给出,其中 $N^{\uparrow}$ 和 $N^{\downarrow}$ 是每个原子↑和↓价电子的数目。磁矩由$\mathfrak{m} = (N^{\uparrow} - N^{\downarrow})\mu_B = (2N^{\uparrow} - \mathcal{Z})\mu_B$ 给出。对于强铁磁元素,$N_d^{\uparrow}$ 值正好是 5,而对于没有 d 原子的主族元素,$N_d^{\uparrow}$ 是 0。一个元素的磁价$\mathcal{Z}_m$ 定义为

$$\mathcal{Z}_m = 2N_d^{\uparrow} - \mathcal{Z} \tag{5.35}$$

这是一个整数。磁矩是 $\mathfrak{m} = (\mathcal{Z}_m + 2N_s^{\uparrow})\mu_B$,其中 $2N_s^{\uparrow} \approx 0.6$—0.7 是在非极化的 4s p 能带中未极化配对的电子数。用合金中所有原子的加权平均替代合金中所有原子的平均$\mathcal{Z}_m$,就得到合金中每个原子的平均磁矩:

$$\langle \mathfrak{m} \rangle = (\langle \mathcal{Z}_m \rangle + 2N_s^{\uparrow})\mu_B \tag{5.36}$$

利用这种方法,可以估计基于铁、钴、镍的任何强铁磁合金的磁矩。对于 B,Y,La 以及所有的稀土元素,磁价是 $\mathcal{Z}_m = -3$;C,Si 和 Ti 的磁价

是 -4；V 和 P 是 -5；Cr 是 -6，Fe 是 2，Co 是 1，Ni 是 0。以 YFe_2 为例，平均磁矩为 $(1/3)(-3+0.6)+(2/3)(2+0.6)=0.93\mu_B$/原子或者 $2.8\mu_B$/分子式（formula unit，fu）。可以认为是钇使得铁的磁矩从 $2.2\mu_B$ 降低到 $1.4\mu_B$。将更多的钇添加到合金里，最终会使磁性完全消失（式5.7(c)）。稀土-铁合金的每个原子磁矩如图 5.19 所示。

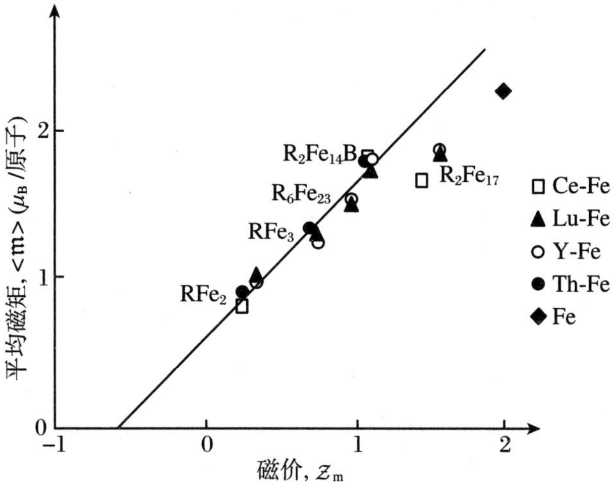

图 5.19

某些稀土-铁合金的每个原子磁矩变化作为磁价的函数

5.3.3 铁磁体中的杂质

第 5.3.1 小节中的问题的逆问题也很有趣：铁磁性宿主中的单个杂质原子的行为。如果杂质是比受主轻得多的 3d 元素，比如 Ni 中的 V（图 5.20），它的 d 能级高于费米能级（位于 4s 导带里）。如果 V_{kd} 是从 d 能级到导带的跳跃积分，则能级的宽度就是

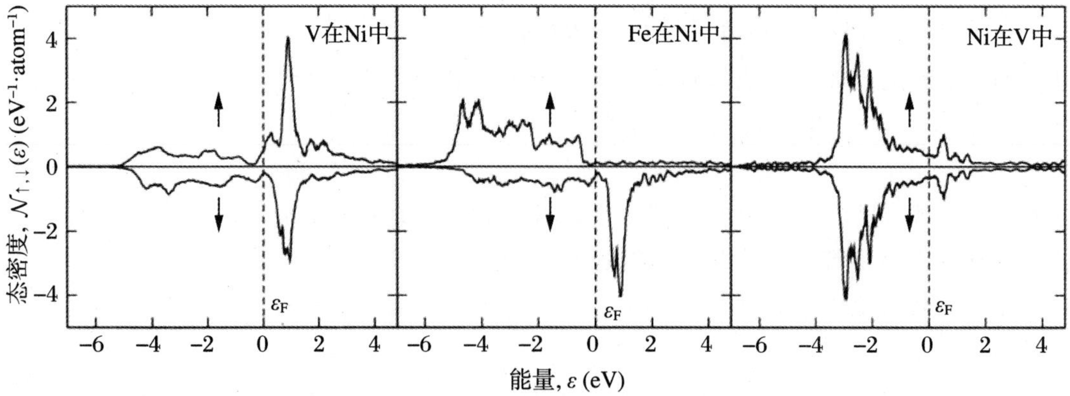

图 5.20

V在Ni中、Fe在Ni中和Ni在V中的局域态密度（承蒙 Nadjib Baadji提供计算结果）

$$\Delta_i = \pi \mathcal{N}_{4s}(\varepsilon_F) V_{kd}^2 \tag{5.37}$$

它可以是 1 eV 的量级。这个杂质能级称为**虚拟束缚态**,其宽度与电子在杂质上暂留的时间呈反比。

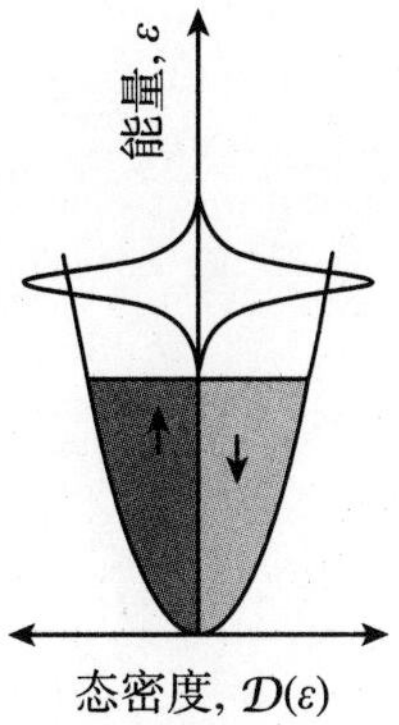

非磁性的虚拟束缚态

当虚拟束缚态完全高于ε_F时,3d 杂质电子转移到了宿主 3d 能带。如果宿主 $3d^{\uparrow}$ 带是满的,则磁矩将减小 N_{3d}^i玻尔磁子,其中 N_{3d}^i是杂质 3d 电子的数目。此外,在替代位的宿主原子的磁矩也减小了。例如,当一个 V 杂质($\mathcal{Z}=5, N_{3d}^i \approx 4$)置于 Ni 宿主之中时,磁矩减小了很多($4+0.6=4.6\ \mu_B/V$)。

杂质与宿主 3d 态的杂化是不可避免的,这种杂化对宿主更有效,因为 $3d^{\downarrow}$ 电子更接近费米能级。因此,在重的 3d 宿主中,轻的 3d 元素会获得一个小的负磁矩。图 5.21 给出了铁中杂质的这些趋势。

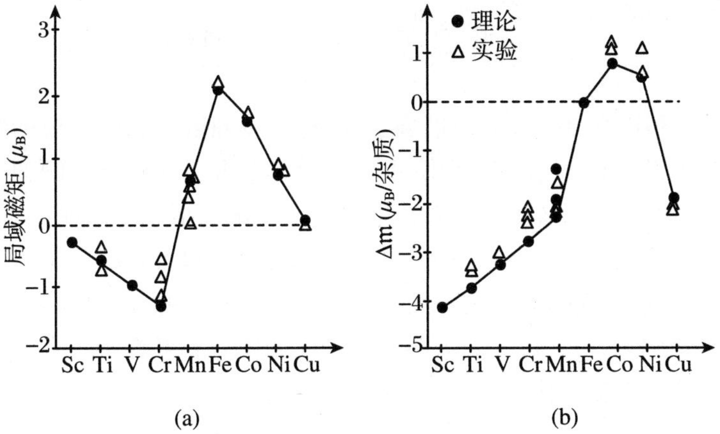

图 5.21

(a)铁中3d杂质携带的局域磁矩;(b)置于铁中的每个杂质原子的磁矩改变(O'Handley, 1999)

这只是一个例子,更普遍的规则是,多于半满的 d 壳层原子与少于半满的 d 壳层原子之间的交换耦合是反铁磁的。就这一规则而言,稀土应该被看作轻 d 元素,因为稀土原子的组态是 $4f^n5d^16s^2$。因此,铁磁 3d 元素 T = Fe,Co,Ni 的**自旋**磁矩与稀土**自旋**磁矩间的耦合是反平行的。如果 4f 壳层是半满或多于半满,上述耦合导致 R-T 合金(R = Gd − Yb)中原子磁矩的**反平行**耦合。然而,在轻稀土金属中,原子磁矩以轨道磁矩为主,而且根据洪德第三规则,原子磁矩与自旋磁矩方向相反,因此 R 和 T 磁矩是**平行的**,尽管自旋是反平行的。第 11 章中展示了很多 R-T 合金的例子。

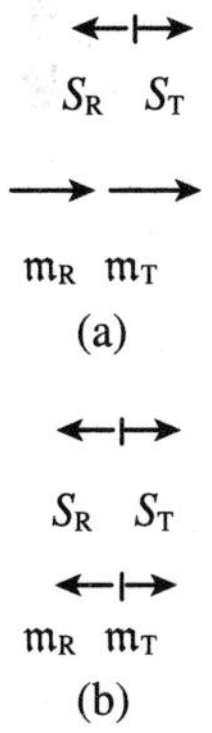

R-T合金(T=Fe,Co,Ni)中的自旋耦合和磁矩准直。(a) R=轻稀土元素,(b) R=重稀土元素

5.3.4　半　金　属

这个名字古怪的材料是铁磁体,在费米能级处只有一个自旋极

化方向的电子。Co 和 Ni 不是半金属，因为在ε_F上的 4s 电子不是完全自旋极化的。事实上，铁磁性元素都不是半金属。半金属需要形成化合物，通过电荷转移或杂化，将费米能级附近的 4s 电子移走。半金属的例子包括将在第 11 章中讨论的氧化物 CrO_2 和有序金属间化合物 MnNiSb。半金属的特征是↑或↓态密度在ε_F上有一个自旋能隙。此外，对于理想配比的半金属化合物，每个分子式的自旋磁矩是**整数个玻尔磁子**。每个分子式有整数 $N^{\uparrow}+N^{\downarrow}$ 个电子，而有自旋能隙的能带必须容纳整数 $N^{\uparrow}$（或 $N^{\downarrow}$）个电子，因此 $N^{\uparrow}-N^{\downarrow}$ 也是整数。

自旋轨道耦合倾向于通过混合↑和↓态破坏半金属性，具体解释见第 5.6.4 小节。

5.3.5 二电子模型

利用双原子二电子模型，可以进一步理解金属中重要的物理相互作用。虽然已高度简化，但这个模型包含了多电子问题的大部分物理内容（除了轨道简并）。重要的物理量包括原子内库仑排斥 U、转移或“跳跃”积分 t（它导致了能带宽度 W）以及直接交换 $\mathcal{J}_d$。

哈密顿量$\mathcal{H}(\boldsymbol{r}_1,\boldsymbol{r}_2)$是薛定谔方程(5.20)中的哈密顿量，外加一项 $e^2/4\epsilon_0|\boldsymbol{r}_1-\boldsymbol{r}_2|$，表示两个电子间的库仑相互作用。空间对称和反对称的波函数

$$\phi_s=(1/\sqrt{2})(\psi_1+\psi_2),\quad \phi_a=(1/\sqrt{2})(\psi_1-\psi_2)\quad(5.21)$$

是金属中布洛赫函数（电子波）的雏形，分别对应于 $k=0$ 和 $k=\pi/d$，其中 d 是原子间的距离。可以用基本局域在左和右原子上的瓦尼尔函数的雏形来替代 ϕ_s和 ϕ_a：

$$\phi_l=(1/N)(\psi_1+a\psi_2),\quad \phi_r=(1/N)(a\psi_1+\psi_2)\quad(5.38)$$

其中

$$a=\frac{-1+\sqrt{1-S^2}}{S}$$

其中 S 是交叠积分 $\int\psi_1^*(r)\psi_2(r)\mathrm{d}^3r$，而 N 是归一化因子。这些瓦尼尔函数（图 5.22）与单电子问题的本征函数ψ_1 和ψ_2 不同，因为瓦尼尔函数应该是正交的，即$\int\phi_l^*(r)\phi_r(r)\mathrm{d}^3r=0$。

现在有四个可能的二电子波函数 $\Psi_i(\boldsymbol{r},\boldsymbol{r}')$：

$$\Psi_1=\phi_l(\boldsymbol{r})\phi_l(\boldsymbol{r}'),\quad \Psi_2=\phi_l(\boldsymbol{r})\phi_r(\boldsymbol{r}')$$

$$\Psi_3=\phi_r(\boldsymbol{r})\phi_l(\boldsymbol{r}'),\quad \Psi_4=\phi_r(\boldsymbol{r})\phi_r(\boldsymbol{r}')$$

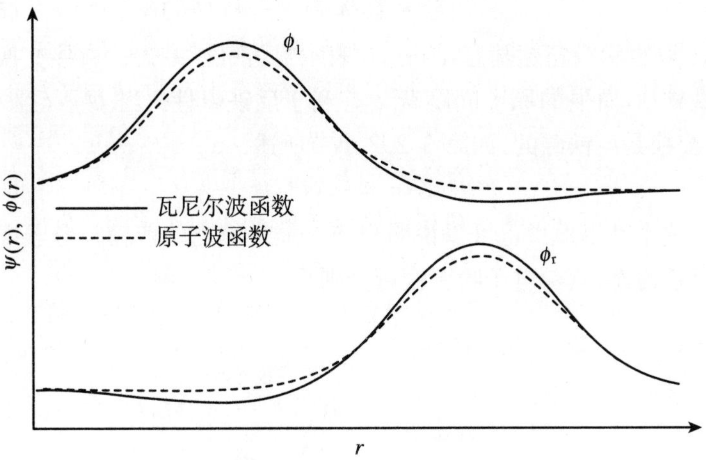

图 5.22

双原子分子的瓦尼尔波函数和原子波函数

波函数 Ψ_1 和 Ψ_4 代表了双重占据态。相互作用矩阵是

$$\begin{pmatrix} U & t & t & \mathcal{J}_d \\ t & 0 & \mathcal{J}_d & t \\ t & \mathcal{J}_d & 0 & t \\ \mathcal{J}_d & t & t & U \end{pmatrix} \tag{5.39}$$

库仑相互作用 U 是两个电子位于同一个轨道时的额外能量。它是几个电子伏特：

$$U = \int \phi_1^*(\boldsymbol{r})\phi_1^*(\boldsymbol{r}')\mathcal{H}(\boldsymbol{r},\boldsymbol{r}')\phi_1(\boldsymbol{r})\phi_1(\boldsymbol{r}')\mathrm{d}^3 r \mathrm{d}^3 r'$$

转移或跳跃积分 t 也是正的，$\lesssim 1$ eV。它代表带宽。更一般地，在紧束缚近似中，带宽是 $2Z_n t$，其中 Z_n 是最近邻数。

$$t \approx \int \phi_r^*(\boldsymbol{r})\phi_1^*(\boldsymbol{r}')\mathcal{H}(\boldsymbol{r},\boldsymbol{r}')\phi_1(\boldsymbol{r})\phi_r(\boldsymbol{r}')\mathrm{d}^3 r \mathrm{d}^3 r'$$

双占据态之间的直接交换更小，是 0.1 eV 量级。

$$\mathcal{J}_d = \int \phi_1^*(\boldsymbol{r})\phi_1^*(\boldsymbol{r}')\mathcal{H}(\boldsymbol{r},\boldsymbol{r}')\phi_r(\boldsymbol{r})\phi_r(\boldsymbol{r}')\mathrm{d}^3 r \mathrm{d}^3 r'$$

相互作用矩阵(式(5.39))可以直接对角化。两个双重占据态的本征值是 U 的量级，因此可以忽略。其他态的能量更低，它们是：(i) 离域铁磁态(波函数的空间部分是反对称的)，本征值是 $\varepsilon_{FM} = -\mathcal{J}_d$，

$$\Psi_{FM} = (1/\sqrt{2})[\phi_1(\boldsymbol{r})\phi_r(\boldsymbol{r}') - \phi_r(\boldsymbol{r})\phi_1(\boldsymbol{r}')]$$

以及(ii) 反铁磁态(波函数的空间部分是对称的)

$$\Psi_{AF} = (\sin\chi/\sqrt{2})[\phi_1(\boldsymbol{r})\phi_1(\boldsymbol{r}') + \phi_r(\boldsymbol{r})\phi_r(\boldsymbol{r}')] + (\cos\chi/\sqrt{2})[\phi_1(\boldsymbol{r})\phi_r(\boldsymbol{r}') + \phi_r(\boldsymbol{r})\phi_1(\boldsymbol{r}')]$$

其中 $\tan\chi = 4t/U$。相应的能量是 $\varepsilon_{AF} = U/2 + \mathcal{J}_d - \sqrt{4t^2 + U^2/4}$。

有效交换作用是 $\mathcal{J}_{eff} = (1/2)(\varepsilon_{AF} - \varepsilon_{FM})$，故

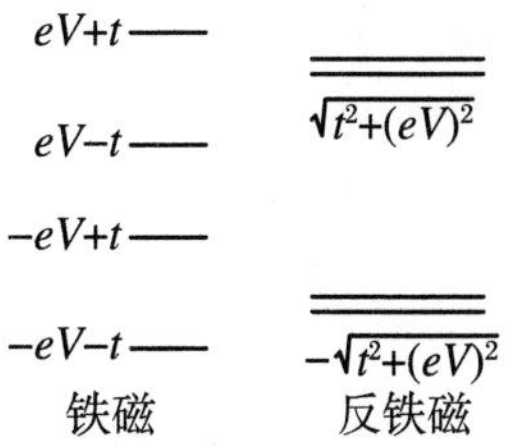

二原子/四能级问题的铁磁能级和反铁磁能级

$$\mathcal{J}_{\text{eff}} = \mathcal{J}_{\text{d}} + U/4 - \sqrt{t^2 + U^2/16} \qquad (5.40)$$

$\mathcal{J}_{\text{eff}}>0$ 表示“铁磁”基态，$\mathcal{J}_{\text{eff}}<0$ 表示“反铁磁”基态。直接交换有利于铁磁性，而强的原子间跳跃 t 有利于反铁磁性。当 $U\gg t$ 且 $\mathcal{J}_{\text{d}}=0$ 时，交换是反铁磁的，如第 5.2.2 小节所述：

$$\mathcal{J}_{\text{eff}} = -2t^2/U \qquad (5.41)$$

这个基本模型也可以说明交换对能带填充的依赖。考虑铁磁态和反铁磁态，其单电子哈密顿量分别是

$$\mathcal{H}_{\text{F}} = \begin{bmatrix} \pm eV & t \\ t & \pm eV \end{bmatrix}$$

$$\mathcal{H}_{\text{AF}} = \begin{bmatrix} \pm eV & t \\ t & \mp eV \end{bmatrix}$$

其中 V 是一个电子在原子 1 或 2 所感受到的局域交换势，而 t 是原子间跳跃积分。当 $t=0$ 时，出现了态的单电子交换劈裂。求解行列式 $|\mathcal{H}-\lambda \boldsymbol{I}|=0$，将矩阵对角化并找到本征值。对于铁磁态，能级是 $\pm eV+t$ 和 $\pm eV-t$，然而对于反铁磁态，它们是二重简并的 $\pm\sqrt{t^2+(eV)^2}$。由此可见，一个电子或三个电子（四分之一填充或四分之三填充能带）倾向于铁磁态，而两个电子（半填充能带）倾向于反铁磁态。

5.3.6 哈伯德模型

哈伯德(John Hubbard, 1931—1980)

一个著名的模型哈密顿量是

$$\mathcal{H} = -\sum_{i,j} t c_i^{\dagger} c_j + U\sum_i N_i^{\uparrow} N_i^{\downarrow}$$

它表示了单电子原子阵列的紧束缚模型中的电子关联，其中 $N_i^{\uparrow}$，$N_i^{\downarrow}$ 分别是第 i 个原子中自旋向上和自旋向下的电子数。第一项是转移项，它产生了宽度为 $W=2Zt$ 的能带；第二项是将两个电子放在同一个原子上所涉及的额外的库仑能量。

当 $U/W>1$ 时，电子是局域的，因为没有态可以用来提供电子传导所必需的双重占据的电荷涨落。满足该条件的每个原子有整数个电子的化合物就是**莫特-哈伯德绝缘体**(Mott-Hubbard)。

第二项可以改写为

$$UN_i^{\uparrow}N_i^{\downarrow} = U[(N^{\uparrow}+N^{\downarrow})^2/4 - (N^{\uparrow}-N^{\downarrow})^2/4]$$

由此可见，斯通纳相互作用 $-(\mathcal{I}/4)(N^{\uparrow}-N^{\downarrow})^2$ 就是原子内库仑相互作用中依赖自旋的部分，因此 $\mathcal{I}\approx U$。在哈伯德模型中，原子

内关联产生磁矩，而相邻单占据轨道间的跳跃导致反铁磁相互作用。

哈伯德模型的一个变种是 $t\text{-}\mathcal{J}$ 模型，其第二项被替换为 $-2\mathcal{J}\sum_{i>j}\boldsymbol{S}_i\cdot\boldsymbol{S}_j$，其中 $\mathcal{J}=-2t^2/U$。

5.3.7　电子结构的计算

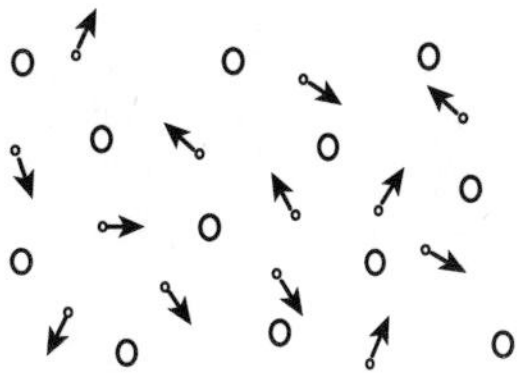

玻恩-奥本海默近似：电子(标有箭头)在位置不变的原子核(空心圆圈)的背景中运动

固体是这样的系统：N 个电子位于 $\{\boldsymbol{r}_i\}$，而 N' 个原子通常位于周期性格子 $\{\boldsymbol{R}_I\}$。内层电子占据在原子核周围的紧束缚的局域的原子实轨道。结合能为几个电子伏特（或更小）的外层电子轨道是价电子和传导电子的领地，它们决定了固体的电子性质：金属、半导体、绝缘体、铁磁体、反铁磁体、超导体等。这些外层电子的瞬时速度是费米速度的量级，$v_F\approx 10^6\ \mathrm{m\cdot s^{-1}}$。离子实振动的声子频率是$10^{14}$ Hz，幅度是 10 pm，这意味着它们的速度是 $10^3\ \mathrm{m\cdot s^{-1}}$量级。

玻恩-奥本海默近似：电子（标有箭头）在位置不变的原子核（空心圆圈）的背景中运动。

因此可以认为，电子“看到”的是一组位置不变的原子的势，这就是**玻恩-奥本海默近似**。此外，我们忽略原子的位移（它导致电子散射），并假设离子实位于格点上。电子受到原子核以及其他电子的库仑相互作用。哈密顿量的形式为（因子 1/2 是为了避免重复计算）

$$\mathcal{H}=-\sum_i\frac{\hbar^2\nabla_i^2}{2m_e}-\sum_{i,I}\frac{Ze^2}{4\pi\epsilon_0 R_{Ii}}+\frac{1}{2}\sum_{i,j}\frac{e^2}{4\pi\epsilon_0 r_{ij}}\tag{5.42}$$

问题是求解薛定谔方程$\mathcal{H}\,\Psi=\varepsilon\Psi$，其中 $\Psi(\{R_I\},\{r_i\})$是系统里大量电子和原子核的波函数。

$\mathcal{H}$可以缩写为

$$\mathcal{H}=\mathcal{T}+\mathcal{V}+\mathcal{U}\tag{5.43}$$

其中$\mathcal{T}$ 和$\mathcal{V}$ 是单电子的动能项和势能项，而$\mathcal{U}$代表两个电子的相互作用，这一项导致了复杂的物理现象。

很多求解多电子薛定谔方程的第一原理方法使用基于**斯拉特行列式**的波函数。其想法是，在交换任意两个电子（空间和自旋坐标 x, y, z, σ 记为 $\boldsymbol{x}_i$ 和 $\boldsymbol{x}_j$）时，保证波函数的反对称性。例如，在两个电子的情况下，$\Psi=\psi_1(\boldsymbol{x}_1)\psi_2(\boldsymbol{x}_2)$不是反对称的，但$(1/\sqrt{2})[\psi_1(\boldsymbol{x}_1)\psi_2(\boldsymbol{x}_2)-\psi_1(\boldsymbol{x}_2)\psi_2(\boldsymbol{x}_1)]$就是合适的波函数。它可以写成行列式的形式：

$$\Psi(\boldsymbol{x}_1,\boldsymbol{x}_2)=\frac{1}{\sqrt{2}}\begin{vmatrix}\psi_1(\boldsymbol{x}_1) & \psi_2(\boldsymbol{x}_1)\\ \psi_1(\boldsymbol{x}_2) & \psi_2(\boldsymbol{x}_2)\end{vmatrix}\tag{5.44}$$

将两个电子放在同一个轨道$\psi_1=\psi_2$得到 $\Psi(\boldsymbol{x}_1,\boldsymbol{x}_2)=0$，满足泡利原理的要求。斯拉特把这个想法推广到 N 个电子，将波函数写为

$$\Psi(\boldsymbol{x}_1,\boldsymbol{x}_2,\cdots,\boldsymbol{x}_N)=\frac{1}{\sqrt{N}}\begin{vmatrix}\psi_1(\boldsymbol{x}_1) & \psi_2(\boldsymbol{x}_1) & \cdots & \psi_N(\boldsymbol{x}_1)\\ \psi_1(\boldsymbol{x}_2) & \psi_2(\boldsymbol{x}_2) & \cdots & \psi_N(\boldsymbol{x}_2)\\ \vdots & \vdots & & \vdots\\ \psi_1(\boldsymbol{x}_N) & \psi_2(\boldsymbol{x}_N) & \cdots & \psi_N(\boldsymbol{x}_N)\end{vmatrix} \tag{5.45}$$

斯拉特行列式的一种紧凑表示方式是右矢$|1,2,\cdots,N\rangle$。

哈特利-福克方法假设N 电子体系的精确波函数可以近似为一个斯拉特行列式。然后，基于这些单电子波函数的线性组合，得到一个变分解，选择系数使得能量达到最低。这个方法忽略了电子关联，但正确地考虑了交换相互作用。每个电子被一个交换空穴所包围，具有相同自旋的任何其他电子被排斥在外。

除了哈特利－福克计算以外，另一种方法是**密度泛函理论**(density fuctional theory，DFT)，给出了交换能和关联能的近似解。它成功地把含$\mathcal{U}$的多电子问题映射为不含$\mathcal{U}$的单电子问题。这个理论基于霍恩伯格(Hohenberg)和科恩(Kohn)在 1960 年代中期证明的两个定理。第一个定理是，N 电子体系的密度$n(\boldsymbol{r})$决定所有基态电子性质。基态波函数Ψ_0是电子密度的唯一泛函$\Psi_0[n(\boldsymbol{r})]$。(泛函就是以另一个函数为宗量的函数。)其他物理性质可以从波函数得到。特别地，基态能量是

$$\varepsilon_0[n(\boldsymbol{r})]=\langle\Psi_0\mid\mathcal{T}+\mathcal{V}+\mathcal{U}\mid\Psi_0\rangle \tag{5.46}$$

第二个定理是，基态$n_0(\boldsymbol{r})$ 的能量泛函$\varepsilon_0[n(\boldsymbol{r})]$ 比任何其他态的能量更低。式(5.46)中需要最小化的能量项是依赖于$\{R_I\}$的那一项，即$\mathcal{V}[n(\boldsymbol{r})]=-e\int V(\boldsymbol{r})n(\boldsymbol{r})\mathrm{d}^3r$。这些定理的重要性在于，基于密度的计算比基于波函数的计算容易很多。因为密度只依赖于三个变量 x，y，z(如果考虑自旋，就是四个)；而 N 电子系统的波函数依赖于 $4N$ 个变量。问题在于，正确的密度函数是未知的，必须用富有创造力的近似才能得到。另外，该方法只适用于基态，无法给出激发态的结构，虽然这个理论的含时版本可以弥补这个缺陷。

密度泛函理论一般通过**科恩-沈吕九方法**(Kohn-Sham，KS)实现。在 KS 方法中，强烈相互作用的电子在原子核的势场中运动的问题被简化为更易处理的问题，即无相互作用的电子在等效场中的问题。等效场以某种方式处理电子间的库仑相互作用，以及交换和关联效应。式(5.46)的能量改写为

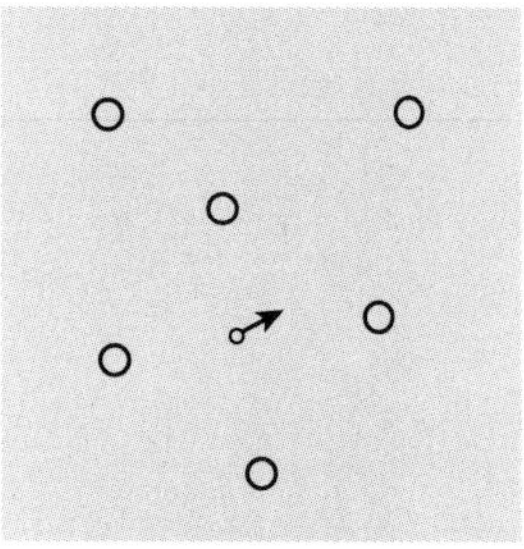
科恩－沈吕九方法。每个电子在其他电子产生的势场里独立运动

$$\varepsilon_0[n(\boldsymbol{r})] = T_S[n(\boldsymbol{r})] + \varepsilon_V[n(\boldsymbol{r})] \tag{5.47}$$

其中 T_S是无相互作用的动能，而 ε_V 是总势能。这个无相互作用体系的 Kohn-Sham 方程就是一组等效的、单粒子薛定谔方程：

$$\left[-\frac{\hbar^2\nabla_i^2}{2m_e} + \mathcal{V}_S(\boldsymbol{r})\right]\phi_i(\boldsymbol{r}) = \varepsilon_i\phi_i(\boldsymbol{r}) \tag{5.48}$$

它产生了一套 ϕ_i，这些 ϕ_i 就是真实体系电子的近似波函数，这些波函数再现了多电子体系的密度 $n(\boldsymbol{r}) = \sum_i |\phi_i^2|$。等效的单粒子势通常写为

$$\mathcal{V}_S = \mathcal{V} + \frac{1}{2}\int\frac{e^2 n(\boldsymbol{r}')}{4\pi\epsilon_0|\boldsymbol{r}-\boldsymbol{r}'|}\mathrm{d}^3 r' + \mathcal{V}_{xc}[n(\boldsymbol{r})] \tag{5.49}$$

第一项是电子与原子核间的库仑相互作用，第二项是描述电子与电子之间的库仑排斥的哈特利项 $\mathcal{V}_H$，关键项是第三项（**交换关联势**），它包括了所有的多电子关联。用迭代法求解 Kohn-Sham 方程。设定 $[n(\boldsymbol{r})]$的初值，计算 $\mathcal{V}_S$，解方程得到 $\phi_i(\boldsymbol{r})$，由 $\phi_i(\boldsymbol{r})$计算新的密度，重复这个过程。局域密度近似假定交换关联势$\mathcal{V}_{xc}[n(\boldsymbol{r})]$只依赖于函数取值处的密度 $\mathcal{V}_{xc}[n(\boldsymbol{r})]$。一种变体是**广义梯度近似**，其中$\mathcal{V}_{xc}$还依赖于密度梯度 $\mathcal{V}_{xc}[n(\boldsymbol{r}),\nabla n(\boldsymbol{r})]$。在离子性更强的系统中，可以添加 U 项以减小双轨道占据。

这些都可以推广到依赖自旋的情形。在**局域自旋密度近似**（local spin density approximation，LSDA）中，必须考虑两种密度：标量电子密度 $n(\boldsymbol{r})$和矢量磁化密度 $\boldsymbol{m}(\boldsymbol{r}) = \mu_B[n^{\uparrow}(\boldsymbol{r}) - n^{\downarrow}(\boldsymbol{r})]\boldsymbol{e}_z$。这两者合并为 2×2 的密度矩阵$\hat{\boldsymbol{n}}(\boldsymbol{r}) = \frac{1}{2}[n(\boldsymbol{r})\hat{\boldsymbol{I}} - \hat{\boldsymbol{\sigma}}\cdot\boldsymbol{s}(\boldsymbol{r})]$，其中 $\hat{\boldsymbol{I}}$ 是密度矩阵$\begin{bmatrix}1 & 0\\0 & 1\end{bmatrix}$，$\hat{\boldsymbol{\sigma}}$是泡利自旋矩阵（式(3.17)），而 $\boldsymbol{s}(\boldsymbol{r})$是局域自旋密度 $\boldsymbol{m}(\boldsymbol{r})/\mu_B$。对于共线的自旋排列，密度矩阵是对角化的：

$$\hat{\boldsymbol{n}}(\boldsymbol{r}) = \begin{bmatrix}n^{\uparrow}(\boldsymbol{r}) & 0\\0 & n^{\downarrow}(\boldsymbol{r})\end{bmatrix} \tag{5.50}$$

所以 $n(\boldsymbol{r}) = n^{\uparrow}(\boldsymbol{r}) + n^{\downarrow}(\boldsymbol{r})$，$m(\boldsymbol{r}) = \mu_B[n^{\uparrow}(\boldsymbol{r}) - n^{\downarrow}(\boldsymbol{r})]$。势矩阵由$\hat{\mathcal{V}} = \mathcal{V}\hat{\boldsymbol{I}} + \mu_B\boldsymbol{m}(\boldsymbol{r})\cdot\boldsymbol{B}$ 给出，其中 $\boldsymbol{B}$ 是磁场。Kohn-Sham 方程的自旋极化版本是

$$\left[\left(-\frac{\hbar^2\nabla_i^2}{2m_e} + \mathcal{V}_H\right)\hat{\boldsymbol{I}} + \mathcal{V} + \mathcal{V}_{xc}\right]\begin{bmatrix}\phi_i^{\uparrow}(\boldsymbol{r})\\\phi_i^{\downarrow}(\boldsymbol{r})\end{bmatrix} = \varepsilon_i\begin{bmatrix}\phi_i^{\uparrow}(\boldsymbol{r})\\\phi_i^{\downarrow}(\boldsymbol{r})\end{bmatrix} \tag{5.51}$$

交换关联矩阵依赖于 $n(\boldsymbol{r})$和$\boldsymbol{m}(\boldsymbol{r})$，即

$$\mathcal{V}_{xc} = \mathcal{V}_{xc}[n(\boldsymbol{r}),\boldsymbol{m}(\boldsymbol{r})] \tag{5.52}$$

需要为上式找到适当的近似。从方程(5.51)得到波函数$\phi_i^{\uparrow,\downarrow}(\boldsymbol{r})$，

磁学研究中的三股力量：理论、实验和模拟(承蒙 Wiebke Drenckhan提供)

再从波函数导出密度矩阵$\hat{\boldsymbol{n}}(r)$。跟非磁的情况一样，能够得到自洽解。有许多计算机程序可以完成这项工作。如果密度矩阵是对角化的，磁结构就是共线的，但一般形式允许有非共线结构。DFT 是计算磁矩和自旋极化能带结构的精确方法，特别是对于金属系统。

由于计算能力的指数式增长(特别是多处理器计算机群)，计算机模拟成为磁学领域研究中与实验和理论并列的第三股力量。不仅在电子结构计算中有可能研究一个尚未实际制成的新化合物的晶体结构与磁有序，而且在电子输运和微磁学领域，计算方法也正在建功立业。现有的 DFT 程序可以处理很多个原子(1000 个，甚至更多)，从而有可能研究分子中的自旋依赖输运，或者固体中不同类型缺陷处的磁矩形成。在计算机上构建具体的复杂晶格缺陷，要比在实验室里方便很多。

5.4 集体激发

比较镍的磁矩数据与图 5.3 中 $J=1/2$ 的分子场理论的预测，发现在低温和 T_C 附近都有差异。实际偏差比表现出来的更大，因为用 T_C 确定 n_W，所以这个模型不能得到正确的居里温度和 $\mathfrak{m}_0$ 值。

第 10 章讨论的实验方法可以直接确定交换常数，从而更有效地比较理论和实验，如图 5.23 所示。显然，随着温度升高，铁磁性没有分子场理论所预言的那么稳定；依赖于维数和晶格类型，分子场理论高估 T_C 最多达 2 倍。自旋波使自发磁化在低温下减小。临界涨落在 T_C 附近破坏自发磁化。

图 5.23

作为温度函数的自发磁化和磁化率倒数。分子场理论的预测(灰色)与典型实验结果(黑色)做比较

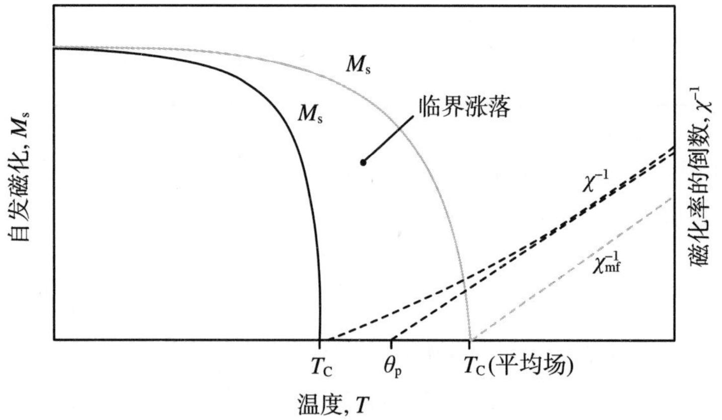

5.4.1 自 旋 波

铁磁基态的总交换能量是 $-2Z\mathcal{J}S^2$ 每格点，其中 Z 是磁性最近邻的数目，$\mathcal{J}$ 是最近邻交换相互作用。可以想象，铁磁基态的元激发不是翻转单个自旋（将原子磁矩从 $M_S=S$ 减小到 $M_S=S-1$）。在 $S=1/2$ 自旋链中的单个局域自旋反转 ↑↑↑↑↓↑↑↑↑ 耗费 $8\mathcal{J}S^2$ 的能量（当 $S=1/2$ 时，等于 $2\mathcal{J}$），这是分子场近似（式(5.26)）处理这个自旋链得到的 k_BT_C 的两倍：对于链来说，$Z=2$，因此

$$k_BT_C = 2\mathcal{J}ZS(S+1)/3 = \mathcal{J}$$

如此耗能的激发在低温下是不可能发生的。取而代之的是所有原子共享自旋反转，而这些原子的横向自旋的指向有着周期性的振荡。如图 5.24 所示，自旋偏转以**自旋波**的形式传播、分布在整个晶格上，波矢为 $\boldsymbol{q}$，能量为 $\varepsilon_q=\hbar\omega_q$。自旋波是经典激发，可以拓展为固体中量子化的自旋偏转（类比于声子，即量子化的晶格波），称为**磁子**。可以把自旋波想象为晶格上自旋相对指向的振荡，而格波是晶格中原子相对位置的振荡。

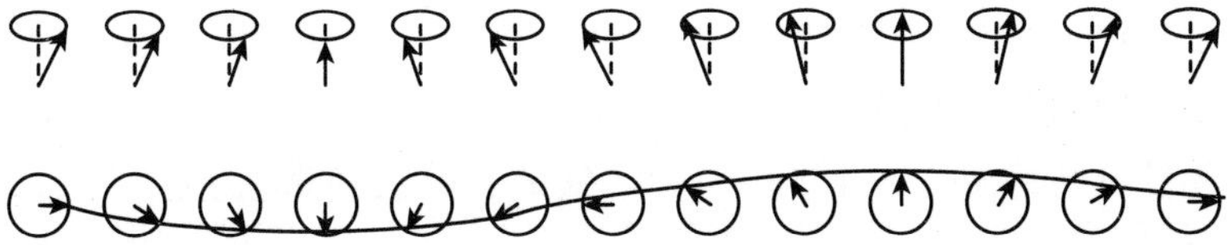

图 5.24
自旋波的示意图

自旋波波矢 $q=2\pi/\lambda$ 和频率 ω_q 的关系可以经典地计算，也可以用量子力学得到。经典方法考虑格点 j 上的原子自旋角动量 $\hbar\boldsymbol{S}_j$，分子场施加的力矩与角动量变化率相等，因此

$$\hbar\frac{\mathrm{d}\boldsymbol{S}_j}{\mathrm{d}t} = \mu_0 g\mu_B\boldsymbol{S}_j\times\boldsymbol{H}^j \tag{5.53}$$

在一个链中，格点 j 处的分子场 $\boldsymbol{H}^j$ 来源于相邻的格点 $j\pm1$。由式(5.25)得 $\boldsymbol{H}^j=2\mathcal{J}(\boldsymbol{S}_{j-1}+\boldsymbol{S}_{j+1})/\mu_0 g\mu_B$，因此 $\hbar\mathrm{d}\boldsymbol{S}_j/\mathrm{d}t=2\mathcal{J}\boldsymbol{S}_j\times(\boldsymbol{S}_{j-1}+\boldsymbol{S}_{j+1})$。在笛卡儿坐标系中，可以写为

$$\hbar\frac{\mathrm{d}S_j^x}{\mathrm{d}t} = 2\mathcal{J}\left[S_j^y(S_{j-1}^z+S_{j+1}^z)-S_j^z(S_{j-1}^y+S_{j+1}^y)\right]$$

以及 xyz 的循环排列。对于小的偏转，近似地有 $S_j^z=S_j=S$，并忽略形如 $S_i^xS_j^y$ 的项，因此

$$\hbar\frac{\mathrm{d}S_j^x}{\mathrm{d}t} = 2\mathcal{J}S(2S_j^y-S_{j-1}^y-S_{j+1}^y)$$

$$-\hbar\frac{\mathrm{d}S_j^y}{\mathrm{d}t} = 2\mathcal{J}S(2S_j^x-S_{j-1}^x-S_{j+1}^x)$$

$$\hbar \frac{\mathrm{d}S_j^z}{\mathrm{d}t} = 0 \qquad (5.54)$$

解的形式是

$$S_j^x = uS\exp[\mathrm{i}(jqa - \omega_q t)], \quad S_j^y = vS\exp[\mathrm{i}(jqa - \omega_q t)]$$

其中 q 是波矢，a 是原子间距。代回式(5.54)，得到 $-\mathrm{i}\hbar\omega_q u = 4\mathcal{J}\cdot S(1-\cos qa)v$，$\mathrm{i}\hbar\omega_q v = 4\mathcal{J}S(1-\cos qa)u$。将这些一维各向同性自旋链的结果相乘，得到

$$\hbar\omega_q = 4\mathcal{J}S(1 - \cos qa) \qquad (5.55)$$

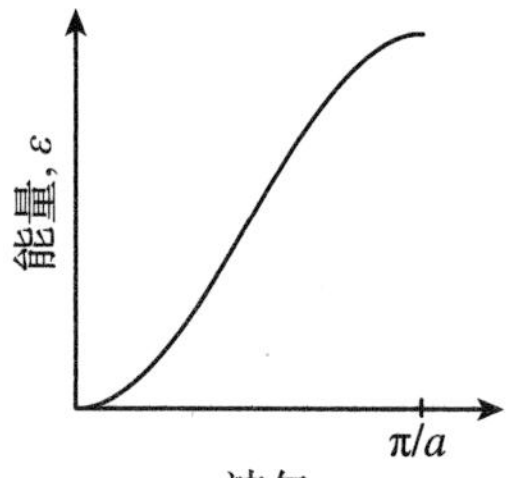

原子链的自旋波色散关系

在小波矢极限下，自旋色散关系变为

$$\varepsilon_q \approx D_{\mathrm{sw}} q^2 \qquad (5.56)$$

其中 $\varepsilon_q = \hbar\omega_q$，自旋波刚度系数是 $D_{\mathrm{sw}} = 2\mathcal{J}Sa^2$。产生长波长的磁激发需要的能量微乎其微。推广到三维立方晶格，并且只考虑最近邻相互作用，结果是

$$\hbar\omega_q = 2\mathcal{J}S\left(Z - \sum_{\delta}\cos \boldsymbol{q}\cdot\boldsymbol{\delta}\right)$$

其中求和是对连接中间原子与最近邻的 Z 个矢量 $\boldsymbol{\delta}$。三种立方晶格具有相同的色散关系 $D_{\mathrm{sw}} = 2\mathcal{J}Sa_0^2$，其中 a_0 是晶格常数。磁子的色散关系与声子的不同，对于声子，$\varepsilon_q \approx c_0 q$，其中 c_0 是声速，在小 q 极限下是线性的。例如，钴的 D_{sw} 是 8.0×10^{-40} J·m^2（500 meV·Å^2）。其他铁磁体的 D_{sw} 更小（表 5.4）。铁的自旋波色散关系如图 5.25 所示。

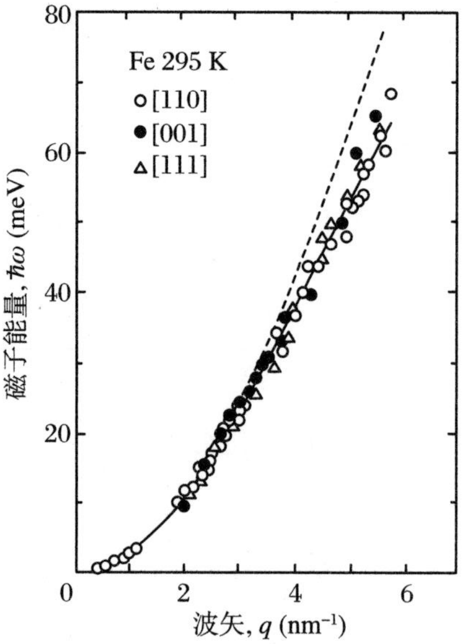

图 5.25

沿着原胞不同方向测量的铁的磁子色散关系。虚线对应于 $D_{\mathrm{sw}}=4.5\times10^{-40}$ J·m^2 (Shirane G, et al. Journal of Applied Physics, 1968, 39(383))

可以从海森堡哈密顿量(式(5.24))通过量子力学推导式(5.55),其中求和是对最近邻对 i,j。哈密顿量

$$\boldsymbol{S}_i \cdot \boldsymbol{S}_j = S_i^x S_j^x + S_i^y S_j^y + S_i^z S_j^z \tag{5.57}$$

可以写为上升或下降算符的形式:

$$\boldsymbol{S}_i \cdot \boldsymbol{S}_j = S_i^z S_j^z + \frac{1}{2}(S_i^+ S_j^- + S_i^- S_j^+) \tag{5.58}$$

系统的基态 $|\Phi\rangle$ 是所有自旋沿 z 方向排列。因此

$$\mathcal{H}\,|\,\Phi\rangle = -2\mathcal{J}(N-1)S^2\,|\,\Phi\rangle$$

使用 S_i^- 翻转格点 i 处大小是 1/2 的自旋,将 M_S^i 从 S 减小到 $S-1$;$|\,i\rangle = S_i^-\,|\,\Phi\rangle$ 使得体系的总自旋减少 1。然而,$|\,i\rangle$ 不是最近邻相互作用自旋链哈密顿量的本征态

$$\mathcal{H} = -2\mathcal{J}\sum_{i=1}^{N-1}\left[S_i^z S_{i+1}^z + \frac{1}{2}(S_i^+ S_{i+1}^- + S_i^- S_{i+1}^+)\right]$$

因为 $\mathcal{H}|\,i\rangle = 2\mathcal{J}[-(N-1)S^2 + 2S|\,i\rangle - S|\,i+1\rangle - S|\,i-1\rangle]$。需要构造线性组合如下:

$$|\,\boldsymbol{q}\rangle = \frac{1}{\sqrt{N}}\sum_i \mathrm{e}^{\mathrm{i}\boldsymbol{q}\cdot\boldsymbol{r}_i}\,|\,i\rangle \tag{5.59}$$

这个态是一个磁子,即分布在链上的一个自旋反转,波矢为 $\boldsymbol{q}$ 。因此

$$\begin{aligned}\mathcal{H}\,|\,q\rangle &= \frac{2\mathcal{J}}{\sqrt{N}}\sum_{i=1}^{N-1}\mathrm{e}^{\mathrm{i}\boldsymbol{q}\cdot\boldsymbol{r}_i}[-(N-1)S^2 + 2S\,|\,i\rangle \\ &\quad - S\,|\,i+1\rangle - S\,|\,i-1\rangle] \\ &= [-2\mathcal{J}(N-1)S^2 + 4\mathcal{J}S(1-\cos qa)]\,|\,\boldsymbol{q}\rangle\end{aligned} \tag{5.60}$$

扔掉第一项(它是常数),就得到 $\varepsilon(q) = 4\mathcal{J}S(1-\cos qa)$,如前所述。

非弹性中子散射可以很好地测量色散关系(见第 10 章)。如果原胞不是立方的,或者包含不止一个磁性原子,就会有多条磁子色散分支。频率为 ω_q、含有 N_q 磁子的模式中的能量是 $(N_q+1/2)\hbar\omega_q$。磁子的激发使得磁化随着温度 T 的增加而减小。磁子对电阻和磁比热容也有贡献。分析在布里渊区横截面上测量的自旋波色散关系,可以推导出不同原子对的交换相互作用 $\mathcal{J}(\boldsymbol{r}_{ij})$。也可以用波矢依赖的交换 $\mathcal{J}(\boldsymbol{q})$ 来拟合数据。如果 $\mathcal{J}(\boldsymbol{q})$ 的最小值不在 $q=0$ 处,则空间调制的磁结构是稳定的(第 6.3 节)。

图 5.26 给出了铽的自旋波色散关系。由于这个稀土金属元素的单离子各向异性(第 4.4.4 小节),在 $q=0$ 处存在一个能隙。在极低温下,各向异性可以抑制自旋波的激发。$q=0$ 处的能隙为 K_1/n,其中 n 是每个原胞的原子数。例如,六方密堆的 (hcp)钴,$n = 9\times10^{28}\ \mathrm{m}^{-3}$,$K_1 = 500\ \mathrm{kJ\cdot m^{-3}}$,自旋波能隙为 0.4 K。

磁子的行为类似于玻色子;每个磁子对应于整个样品翻转了一

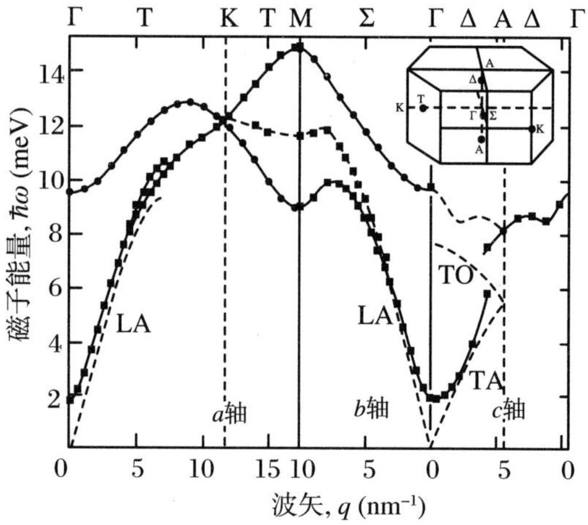

图 5.26

铽的磁子色散关系(Jonsen J, Mackintosh A R. Rare Earth Magnetism [M]. Oxford: Oxford University Press, 1991)

个 1/2 自旋,或者对应于整个体系磁矩变化了 $\Delta M_s = 1$。因此,在模式 q 中的量子化自旋波的平均数目由玻色分布给出:

$$\langle N_q \rangle = 1 \Big/ \left[\exp\left(\frac{\hbar\omega_q}{k_B T}\right) - 1 \right]$$

然而,磁子态密度为$\mathcal{N}(\omega_q) \propto \omega_q^{1/2}$,类似于电子(具有相似的色散关系 $\varepsilon_k = \hbar^2 k^2/2m$)。表 5.6 总结了色散关系及相应的低温比热。可以证明,低温下磁子激发造成的磁化减少是

$$\Delta M/M_0 = (0.0587/\nu)(k_B T/2S\mathcal{J})^{3/2} \tag{5.61}$$

这就是布洛赫 $T^{3/2}$ 幂律。对于简单立方、体心立方和面心立方,整数 ν 等于 1,2,4。比热在低温下遵从相同的幂率。自旋波激发的一个后果是,对于给定的交换常数 $\mathcal{J}$,居里温度远低于分子场理论的预测(图 5.23)。

表 5.6 固体激发的比较

激发		色散	比热
电子	费米子	$\varepsilon_k \approx (\hbar/2m)k^2$	γT
声子	玻色子	$\varepsilon_q \approx c_0 q$	T^3
磁子(铁磁的)	玻色子	$\varepsilon_q \approx D_{sw} q^2$	$T^{3/2}$
磁子(反铁磁的)	玻色子	$\varepsilon_q \approx D_{af} q$	T^3

对于铁磁性金属中的电子,除了缺陷、声子和其他电子的散射以外,还存在另外一种散射过程:电子发生非弹性的自旋翻转散射,同时产生或者湮灭一个磁子(ω_q, $\boldsymbol{q}$)。这导致电阻中随 T^2 变化的一项。

我们关于自旋波的讨论基于局域自旋和海森堡交换耦合,但自旋波的概念并不限于此:任何具有交换刚度的铁磁性连续介质都会有自旋波激发。

5.4.2 斯通纳激发

除了自旋波以外，金属中还有一种激发可以使磁化减小：费米能级处的电子可以从多数自旋带的满态激发到少数自旋带的空态。如果初态的波矢为 $\boldsymbol{k}$，而终态的波矢为 $\boldsymbol{k}\text{-}\boldsymbol{q}$，就会产生一个波矢为 $\boldsymbol{q}$ 的激发。激发出来的能是

$$\hbar\omega_q = \varepsilon_k - \varepsilon_{k-q} + \Delta_{\text{ex}}$$

在 $q=0$ 时，这些激发的能量就是自旋劈裂 Δ_{ex}，但是在非零的 q 下，斯通纳激发存在一个宽的连续区。

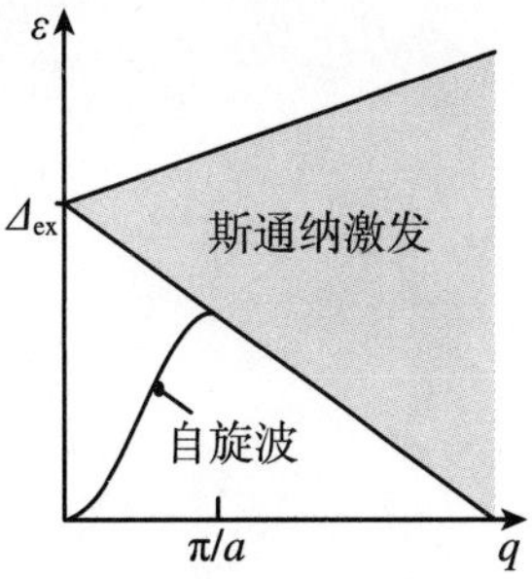

铁磁体中的自旋波和斯通纳激发(阴影区)

5.4.3 莫敏-瓦格纳定理

自旋波色散的推导基于各向同性的链或三维格子中存在铁磁态。这个假设需要检验。在温度 T 下，激发起来的磁子数为

$$\mathfrak{n}_{\text{m}} = \int_0^\infty \frac{\mathcal{N}(\omega_q)\mathrm{d}\omega_q}{\mathrm{e}^{\hbar\omega_q/kT}-1}$$

一维、二维和三维的磁子态密度分别是$\omega_q^{-1/2}$，$\omega_q^0=$常数和$\omega_q^{1/2}$。情况类似于第 3.2.5 小节给出的电子气(具有相似的色散关系)。设 $x=\hbar\omega_q/k_{\text{B}}T$，在三维情况下，积分为 $\left(\frac{k_{\text{B}}T}{\hbar}\right)^{3/2}\int_0^\infty x^{1/2}\mathrm{d}^3x/(\mathrm{e}^x-1)$，由此得到布洛赫 $T^{3/2}$ 定律。然而，对于一维和二维，在有限温度下，这个积分**发散**。当维度小于 3 时，铁磁有序态应该不稳定。这就是莫敏 - 瓦格纳(Mermin-Wagner) 定理。对于三维海森堡模型，磁有序是可能的，但一维或二维则不一定。除非 $T=0$ K，线性链不会磁有序，而这正是自旋波色散的例子。

该定理的后果并没有乍看起来那么可怕。如果在体系中存在某种各向异性，在自旋波谱的 $q=0$ 处打开一个能隙，就可以避免发散：积分的下限大于 0，于是避免了发散。晶体场或偶极相互作用总会引起一些各向异性。由于各向异性(第 8.1 节)，现实中确实存在二维铁磁层。

5.4.4 临界行为

平均场理论既不能在低温下正确地描述铁磁体磁化的温度依赖

关系，在临界区(即 T_C 附近)也与实验有差异。在临界区，磁矩 M 的温度依赖关系为$(T-T_C)^\beta$，其中 $\beta\approx0.34$，而不是 1/2(式(5.14))。如果利用由自旋波色散关系测量的交换参数$\mathcal{J}(r_{ij})$从分子场理论计算磁化，T_C 的预测值与测量值的偏差高达 60%。部分原因是自旋波；温度升高时，由于临界涨落，交换参数被重整化为更小的值。在很大的长度范围内，这些显著的涨落是自相似的(见第 6 章)。

5.5 各向异性

磁各向异性意味着，样品的铁磁轴或反铁磁轴沿着某些固定的方向。强的易轴各向异性是硬磁的前提条件。软磁体要求近乎为零的各向异性。一般用第 1 章中介绍的能量密度项来表示磁化沿着一个易轴的趋势：

$$E_a = K_1\sin^2\theta \tag{5.62}$$

其中 θ 是磁化 $\boldsymbol{M}$ 与各向异性轴之间的夹角。K_1 的单位为 $J\cdot m^{-3}$。K_1 的值可以从小于 $1\ kJ\cdot m^{-3}$ 到大于 $20\ MJ\cdot m^{-3}$。各向异性依赖于温度，而且如果没有外加场，各向异性在 T_C 处趋近于零。各向异性的三个主要来源是样品形状、晶体结构、原子或微尺度纹理。

形状各向异性源自 2.2.4 小节已经讨论过的退磁场。样品材料在其自身退磁场 H_d 中的能量对自能(2.5.1 小节)有贡献，这部分贡献依赖于样品材料的磁化方向。显然，这一部分贡献不可能是材料的内禀性质，因为其与材料的形状密切相关。

磁晶各向异性能是材料的内禀性质。当磁场施加在不同的晶体学方向时材料的磁化过程是不同的，这一各向异性反映了晶体的对称性。磁晶各向异性源自晶体场相互作用和自旋-轨道相互作用，或者原子间的偶极子-偶极子相互作用。

当对材料施加应力，或在磁场中沉积或者退火无序合金时将在材料中产生一些原子尺度的织构，材料会产生一个易磁化方向，这便产生了诱导各向异性。这些原子尺度的织构通常很微妙，并且常规 X 射线或电子散射方法难以辨识。粗大的织构可能与介观尺度的组分波动有关，例如斯皮诺达分解。

我们先考虑 E_a 的唯象表达式，然后再深入考虑微观尺度的起源。

5.5.1　形状各向异性

具有磁矩 M_s 的铁磁椭球的静磁能为

$$\varepsilon_m = \frac{1}{2}\mu_0 V \mathcal{N} M_s^2 \qquad (2.81)$$

其他样品形状可以近似为椭球。各向异性能与椭球沿着难磁化方向和易磁化方向磁化时的能量差 $\Delta\varepsilon$ 有关。$\mathcal{N}$ 是易方向的退磁因子；$\mathcal{N}' = (1-\mathcal{N})/2$ 是垂直于易方向（即难方向）的退磁因子（表 2.1）。因此 $\Delta\varepsilon_m = (1/2)\mu_0 V M_s^2[(1-\mathcal{N})/2-\mathcal{N}]$，对于长椭球，上式给出

$$K_{sh} = \frac{1}{4}\mu_0 M_s^2(1-3\mathcal{N}) \qquad (5.63)$$

对于球（$\mathcal{N}=1/3$），上式等于 0，符合预期。形状各向异性只对那些小样品（不会分裂为畴）完全有效。非椭球形状用等效退磁因子近似描述。在多畴态，每一个畴结构形成各自的退磁场，并且受到其他畴的杂散场的影响。当 $\mathcal{N}=0$ 时，对于 $\mu_0 M_s \approx 1$ T 的铁磁体，形状各向异性能是 200 kJ · m^{-3} 量级。

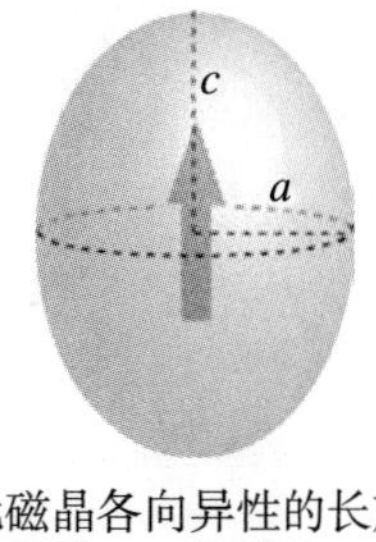

无磁晶各向异性的长旋转椭球($c>a$)的磁化。c 轴(长轴)是易磁化方向

5.5.2　磁晶各向异性

当沿着不同方向磁化时，三种 3d 铁磁元素的磁化曲线显示出不同的方式（图 5.27，对退磁场进行了修正）。对于铁，立方体的边〈100〉是易方向，而立方体的对角线[①]〈111〉是难方向。镍正好相反。钴以及许多金属间化合物（例如 YCo_5）的六重轴是唯一的易方向。例如，沿着垂直于[001]方向的一个难方向，YCo_5 要比 Co 难以饱和得多。单轴各向异性是永磁性的先决条件。

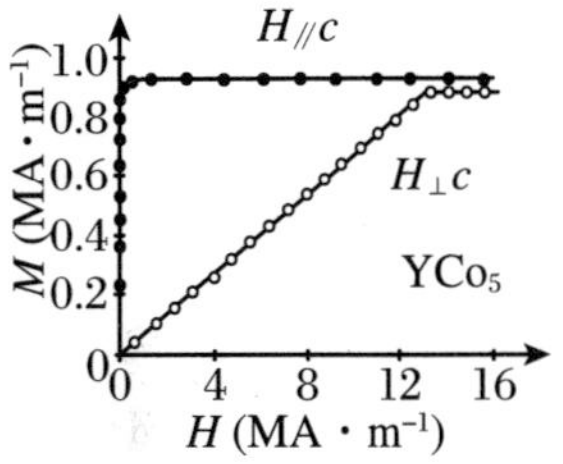

金属间化合物 YCo_5 晶体的磁化。K_1 来自沿难轴的磁饱和

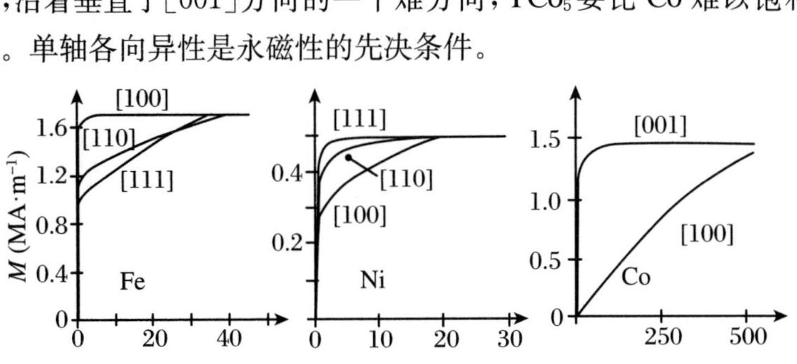

图 5.27
单晶铁、钴、镍的磁化

① 符号[ ]标识一个方向，符号〈 〉标识一组等价的方向。类似地，( )标识一个平面而{ }标识一簇等价平面。

三种铁磁元素的三维各向异性面如图 5.28 所示。

图 5.28

铁、钴、镍的磁晶各向异性能曲面。铁有三个易磁化轴〈100〉，钴有一个易磁化轴[001]，镍有四个易磁化轴〈111〉

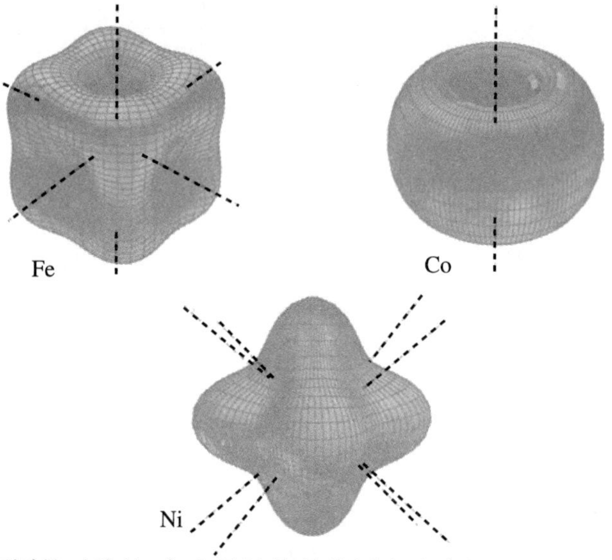

对于不同的对称性，各向异性能的常用表达式是

$$(\text{六角})E_a = K_1\sin^2\theta + K_2\sin^4\theta + K_3\sin^6\theta + K_3'\sin^6\theta\sin6\phi$$

$$(\text{四角})E_a = K_1\sin^2\theta + K_2\sin^4\theta + K_2'\sin^4\theta\cos4\phi + K_3\sin^6\theta + K_3'\sin^6\theta\sin4\phi$$

$$(\text{立方})E_a = K_{1c}(\alpha_1^2\alpha_2^2 + \alpha_2^2\alpha_3^2 + \alpha_3^2\alpha_1^2) + K_{2c}(\alpha_1^2\alpha_2^2\alpha_3^2)$$

其中α_i代表磁化的方向余弦。

K_{1c}项等价于 $K_{1c}(\sin^4\theta\cos^2\phi\sin^2\phi + \cos^2\theta\sin^2\theta)$。当 $\theta\approx0$，$\phi=0$ 时，这一项简化为 $K_{1c}\sin^2\theta$，因此在上述每种情况下，首项都是式(5.62)的形式。

各向异性能的另一种表达方式利用了一组正交归一的球谐函数和各向异性系数 κ_l^m，以及第 4.4 节中介绍的晶体场系数 A_l^m：

$$E_a = \sum_{i=2,4,6}\kappa_l^m A_l^m Y_l^m(\theta,\phi) \tag{5.64}$$

例如：

$$(\text{六角})E_a^{\text{hex}} = \kappa_0 + \kappa_2^0\left(\alpha^2 - \frac{1}{3}\right) + \kappa_4^0\left(\alpha^4 - \frac{6}{7}\alpha^2 + \frac{3}{35}\right) + \cdots$$

其中 $\alpha=\cos\theta$。

$$(\text{立方})E_a^{\text{cubic}} = \kappa_0 + \kappa_4^4\left(\alpha_1^2\alpha_2^2 + \alpha_2^2\alpha_3^2 + \alpha_3^2\alpha_1^2 - \frac{1}{5}\right) + \kappa_6^4\left[\alpha_1^2\alpha_2^2\alpha_3^2 - \frac{1}{11}\left(\alpha_1^2\alpha_2^2 + \alpha_2^2\alpha_3^2 + \alpha_3^2\alpha_1^2 - \frac{1}{5}\right) - \frac{1}{105}\right]$$

显然可以看出，K_{1c}确实与四次各向异性有关，而单轴结构中的 K_1与二次各向异性有关。

对于单轴磁体，如果同时考虑 K_1 和 K_2，就得到有趣的磁相图（图 5.29）；如果最小化各向异性能，当 $K_1<0$ 并且 $K_2>-K_1/2$ 时，出现易磁化锥的相。易磁化锥的锥角为 $\arcsin\sqrt{|K_1|/2K_2}$。事实上，当 $K_1>0$ 时，能够根据以 H/M 和 M^2 为坐标的难轴磁化曲线得到两个各向异性常数。这就是 Sucksmith-Thomson 图。

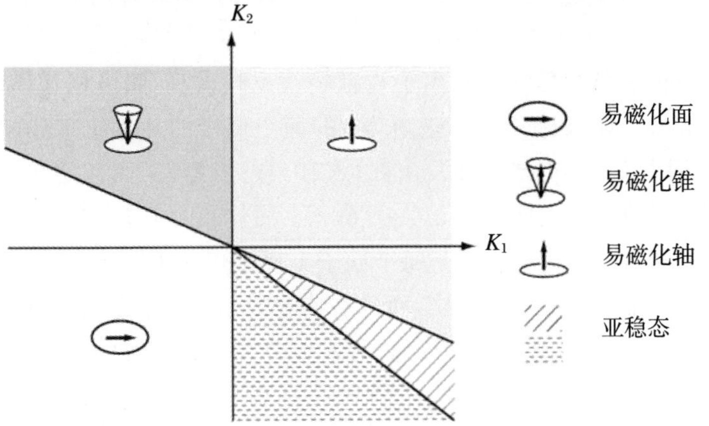

图 5.29

单轴磁体的磁相图。在亚稳区有两个能量极小值，即θ=0和θ=π/2

各向异性场 H_a 定义为沿着难轴方向磁饱和单轴晶体所需的场：

$$E = K_u\sin^2\theta - \mu_0 M_s H\cos(\pi/2-\theta)$$

如果最小化 E，$\partial E/\partial\theta=0$，并设 $\theta=\pi/2$，就得到

$$H_a = 2K_u/\mu_0 M_s \tag{5.65}$$

对于典型的铁磁体，$\mu_0 M_s \approx 1$ T，因此 H_a 的范围从<2 kA・m^{-1}到$>$20 MA・m^{-1}，对于$\mathcal{N}=1$，形状各向异性的典型值是200 kA・m^{-1}。H_a 可以等价地定义为沿着易轴的外加场，它能重现磁化稍微偏离这个轴所导致的能量改变，给出 $K_u\sin^2\delta\theta=\mu_0 H_a M_s(1-\cos\delta\theta)$，得到的结果与式(5.65)相同。

不要过于僵化地理解各向异性场。除了小角度外，磁场中的能量变化并不等于各向异性能的首项。磁场定义了易磁化方向，而不是易磁化轴。

5.5.3　磁晶各向异性的起源

磁晶各向异性有两类不同的起源：

- 单离子贡献；
- 双离子贡献。

单离子各向异性　单离子各向异性主要由于含有磁性电子的轨道与晶体其余部分在原子位所产生势的静电相互作用。晶体场相互

作用倾向于稳定某个特定的轨道，而自旋轨道相互作用使磁矩沿着某个特定的晶向。第 4.4 节讨论过单离子贡献，论述了它对顺磁磁化率的影响。在铁磁晶体中，所有离子的贡献相加形成一组具有适当对称性的宏观能量项。当原胞中所有位置的局部各向异性轴一致时，求和是简单的。例如，一个单轴晶体具有 $n=2\times10^{28}$ 离子 · m^{-3}，用自旋哈密顿量 $\mathsf{D}S_z^2$ 描述，其中 $\mathsf{D}/k_B=1$ K，$S=2$，其各向异性常数为 $K_1=n\mathsf{D}S^2=1.1\times10^6$ J · m^{-3}。

一对铁磁耦合磁矩的并排组态和头尾组态。后者的能量更低

双离子各向异性 双离子贡献经常反映偶极-偶极相互作用的各向异性。如果比较每个磁矩为$\mathfrak{m}$的两个偶极的并排组态（并驾齐驱）和头尾组态（首尾相连），由式(2.10)或式(2.73)可以看出，头尾组态比并排组态的能量低 $3\mu_0\mathfrak{m}^2/4\pi r^3$。磁体倾向于头尾衔接式的排列。这种各向异性的量级是每个原子 1 K（即 100 kJ · m^{-3}）。然而，偶极求和需要遍及整个晶格，而且对特定的晶格等于零（包括所有的立方晶格）。在非立方晶格中，偶极相互作用是铁磁各向异性的一个重要来源。

另一种双离子各向异性的来源是**各向异性交换**。海森堡哈密顿量是完全各向同性的，但是有涉及自旋轨道耦合的高阶项修正，使得交换耦合自旋对倾向于某些方向。

5.5.4 诱导各向异性

产生单轴各向异性的一种方法是在磁场中对某些合金进行退火（图 5.30）。一个很好的例子是坡莫合金（$Ni_{80}Fe_{20}$，具有面心立方结构），$K_1\approx0$。在～800 K 退火时，原子扩散以有利于铁原子头尾对的方式进行，铁原子的磁矩比镍原子大。铁原子对倾向于沿着外场排列（图 5.31）。这种内部纹理形成了一种弱的各向异性。同样地，无定形铁磁体在外磁场中退火，会因为成对的纹理而获得单轴各向异性。在磁场中用原子沉积法制作薄膜，可以得到类似的纹理。

在铁磁固体中引入单轴各向异性的另一种方法是施加单轴应力 σ。应力诱导各向异性的大小为 $K_{u\sigma}=(3/2)\sigma\lambda_s$，其中$\lambda_s$是下一节将要讨论的饱和磁致伸缩系数。单离子和双离子各向异性都对应力导致的效应有贡献。

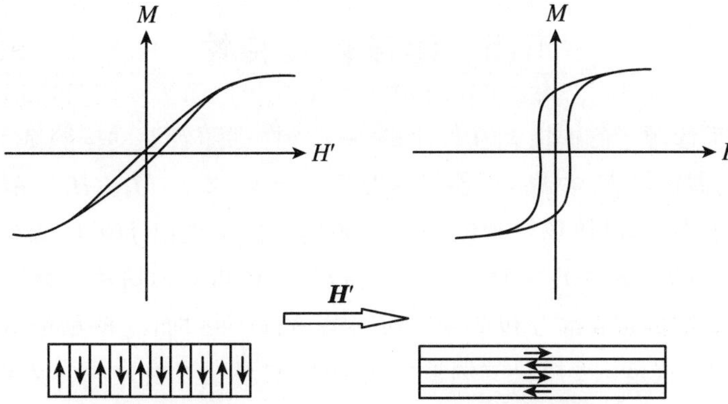

图 5.30

薄膜的磁化：这种薄膜在磁场中退火，产生了诱导各向异性。如果测量场垂直于退火场，得到左边“斜”的回线。如果两者方向平行，得到右边“正”的回线

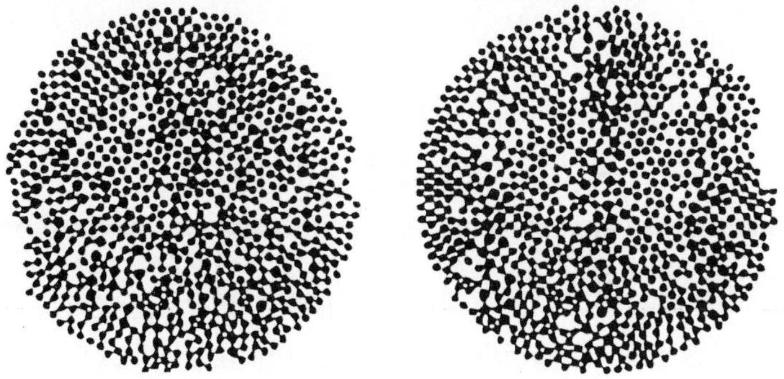

图 5.31

磁退火导致的成对纹理。一对对的原子(用大点表示)倾向于竖直排列(Cargill G S, Mizoguchi T. J. Appl. Phys., 1978, 49(1753))

六角和其他单轴晶体有很大的单轴各向异性。一些立方合金和无定形铁磁体的各向异性很小。图 5.32 总结了不同各向异性贡献的大小。

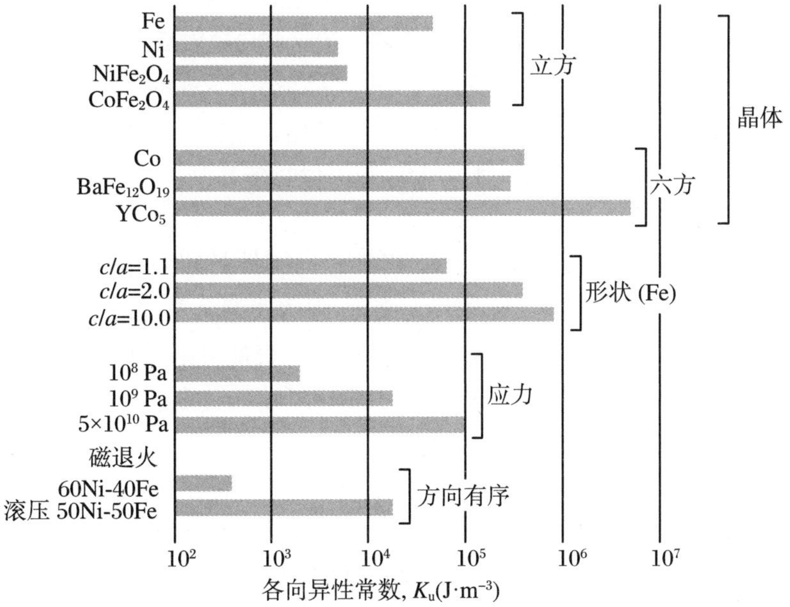

图 5.32

各种磁各向异性的定量概览(据Cullity和Graham(2008))

5.5.5 温度依赖特性

任何起源于磁偶极相互作用的各向异性都随着温度按照 M^2 变化，因为偶极场 $H_d \propto M_s$，而能量密度 $E_a = -(1/2)\mu_0 M_s \cdot H_d \propto M_s^2$。

在低温下，晶体场导致的单离子各向异性呈现出 $j(j+1)/2$ 幂律，即 $K_j(T)/K_j(0) = M^{j(j+1)/2}$；二阶项、四阶项和六阶项分别随着磁化的 3 次方、10 次方和 21 次方变化。接近 T_C 时，这些项呈现出 M^j 幂律。这是一个罕见的例子：某种效应的温度依赖关系仅仅决定于对称性。

5.6 铁磁现象

晶体中的磁有序可以影响晶格参数和弹性模量。这些效应反映了能带宽度、交换能、磁偶极能或晶体场相互作用对体积或应变的依赖。一些效应是微弱的（例如线性磁致伸缩），$\lambda_s \approx 10^{-5}$。有些效应（例如 ΔE 效应，即与畴排列相关的杨氏模量改变）可以高达 90%。因为矫顽力对于应力导致的各向异性很敏感，如果优化软磁体的性质，即使非常微弱的磁弹性效应也会非常重要。铁磁性还能够影响固体的热、电、光性质。下面讨论铁磁体的这些**内禀效应**。

5.6.1 磁致伸缩

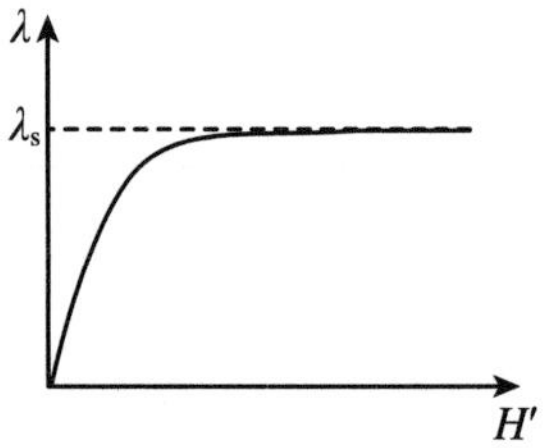

多晶材料的磁致收缩随着外加磁场的变化关系

自发磁致伸缩 ω_s 是磁有序引起的各向同性晶体的体积微小改变；该效应正比于 M^2，其符号或正或负，但大小通常不超过 1%。例如，面心立方结构的富铁合金，$\omega_s > 0$，反映了交换对原子间距的敏感性（图 5.15）。略微增大原子间距，就增强了富铁合金的铁磁交换相互作用，而且降低了能量。

殷钢（invar alloy）是一种成分为 $Fe_{65}Ni_{35}$ 的面心立方的铁-镍合金，1896 年由纪尧姆（Charles Guillaume）发现。由于正的磁体积反常，这种合金的膨胀系数为 0。在精密仪器中，尺寸不变的合金有实际用途，因此殷钢的发现在当时很重要。稍微改变 Fe，Ni 比例，这种合金还可以匹配其他材料的热膨胀（例如 Si 和石英）。与非磁性参考材料的热膨胀做比较，可以推断铁磁体的自发体积磁致伸缩(图 5.33)。

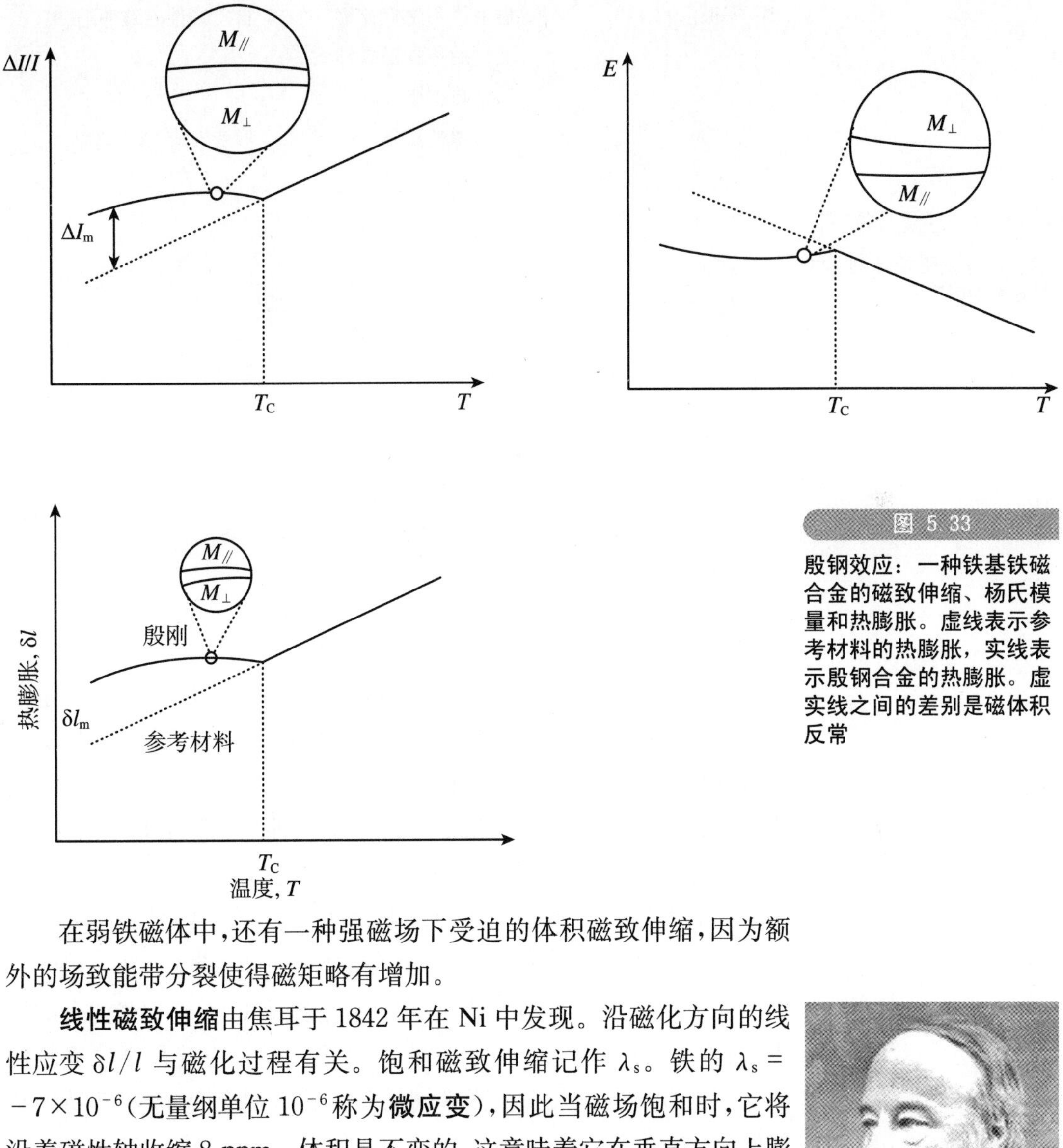

图 5.33

殷钢效应：一种铁基铁磁合金的磁致伸缩、杨氏模量和热膨胀。虚线表示参考材料的热膨胀，实线表示殷钢合金的热膨胀。虚实线之间的差别是磁体积反常

在弱铁磁体中，还有一种强磁场下受迫的体积磁致伸缩，因为额外的场致能带分裂使得磁矩略有增加。

线性磁致伸缩由焦耳于 1842 年在 Ni 中发现。沿磁化方向的线性应变 $\delta l/l$ 与磁化过程有关。饱和磁致伸缩记作 λ_s。铁的 $\lambda_s = -7\times10^{-6}$(无量纲单位 10^{-6} 称为**微应变**)，因此当磁场饱和时，它将沿着磁性轴收缩 8 ppm。体积是不变的，这意味着它在垂直方向上膨胀 4 ppm，而 $\lambda_{/\!/} + 2\lambda_{\perp} = 0$。由于磁致伸缩，铁磁有序晶体不是严格的立方的！线性磁致伸缩是变压器嗡嗡作响的原因。

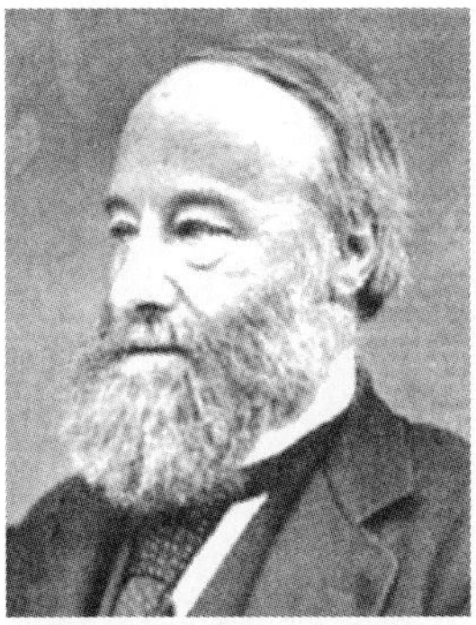

焦耳(James Joule, 1818—1889)

一般地，如果 θ 是磁化与易轴的夹角，那么

$$\lambda(\theta) = \lambda_s(3\cos^2\theta - 1)/2$$

表 5.7 总结了主要的磁致弹性效应，而图 5.34 有些过分夸大了。

表 5.7 磁弹性效应的总结		
	各向同性	各向异性
原子间距	自发体积磁致伸缩 受迫的体积磁致伸缩 反常热膨胀	自发线性磁致伸缩
弹性模量	反常弹性模量	形变效应,ΔE 效应

图 5.34
自发的体积磁致伸缩和线性磁致伸缩

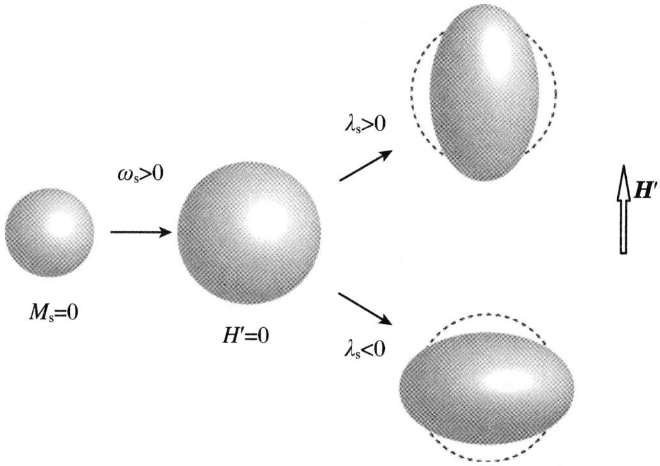

线性磁致伸缩依赖于磁化相对于晶轴的方向,尽管它不一定沿着某个特定方向。应变与磁化达到饱和时的畴转动有关,而与 180°的畴壁移动无关。畴内部的磁化反转不产生应变。一个参数足以描述多晶和非晶材料的线性磁致伸缩,但磁致伸缩实际上是三阶张量,因为它将应变 ϵ_{ij}(二阶张量)和磁化 M_k(矢量,即一阶张量)联系起来。在立方晶体中,有两个主值。例如,Fe 的 $\lambda_{100}=15\times10^{-6}$,而 $\lambda_{111}=-21\times10^{-6}$。各向异性平均 $\lambda_s=(2/5)\lambda_{100}+(3/5)\lambda_{111}$是 7×10^{-6}。镍的磁致伸缩更大(焦耳首次观测),钴也是(表 5.4)。一些混合的稀土-铁合金的λ_s高达 2000×10^{-6}。该效应的逆效应就是**维拉里效应**(Villari effect):施加于消磁多畴铁磁体的机械应变,改变其易轴和初始磁化率。

线性磁致伸缩的一个变种是**维德曼效应**(Wiedmann effect)。受横向螺旋场作用的铁磁棒倾向于扭转。因此,将电流通过一条铁磁导线,同时沿着它的轴施加一个磁场,就可以产生力矩。扭转角 ϕ 正比于铁磁线圈的线长 l、电流密度 j 以及磁致伸缩系数λ_s:

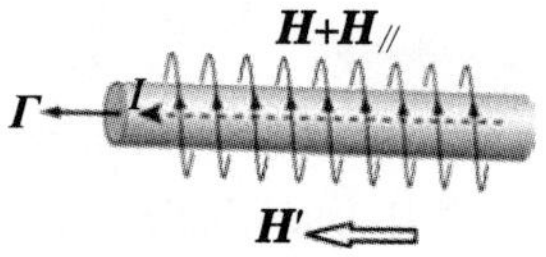

维德曼效应。λ_s>0时的扭曲情况

$$\phi=\frac{3}{2}\lambda_s jlH_{/\!/} \tag{5.66}$$

该效应能够用来测量磁致伸缩系数。

维德曼效应的逆效应称为**马陶西效应**(Matteuchi effect),即通过力矩改变铁磁导线的磁化系数。焦耳效应和维德曼效应在磁执行器上有不少应用。维拉里效应和马陶西效应在机电传感器上有应用。表 5.8 总结了线性磁致伸缩效应。

表 5.8　线性磁致伸缩效应的总结

焦耳效应	维拉里效应
场致应变	应变导致的各向异性
维德曼效应	马陶西效应
螺旋场致力矩	力矩导致的各向异性

5.6.2　其他磁弹性效应

对铁磁体施加单轴应力 σ $\mathrm{N \cdot m^{-2}}$,就会产生应变导致的各向异性。多晶材料的弹性能密度为

$$E_{ms} = -\lambda_s(E/2)(3\cos^2\theta - 1)\epsilon + (1/2)E\epsilon^2$$

其中 ϵ 是应变,E 是杨氏模量,θ 是磁化方向与应变轴的夹角。能量对 ϵ 最小化,得到 $\epsilon = \lambda_s/2(3\cos^2\theta - 1)$。如果没有施加应力,则平衡应变 $\epsilon = \lambda_s$。由于 $\sigma = \epsilon E$,则角度依赖项为

$$E_{ms} = -\lambda_s(\sigma/2)(3\cos^2\theta - 1) \tag{5.67}$$

与单轴各向异性能的常见表达式 $E_a = K_u\sin^2\theta$(式(5.62))比较,我们发现

$$K_u = \frac{3}{2}\lambda_s\sigma \tag{5.68}$$

如第 5.5.4 小节所示。在铁中 $\lambda_s \approx -7\times10^{-6}$,$E\approx 200$ GPa,因此磁致伸缩能够产生一个 1.4 MPa(14 个大气压)的应力。

ΔE 效应生动地演示了应变和磁致伸缩的耦合。外加应力改变未饱和铁磁体中畴的磁化方向,从而在应力方向上产生磁致伸缩应变。这看起来像是杨氏模量的改变,故称为 ΔE 效应。与 λ 的符号无关,该效应总是使 E 减小,而 E 的定义是线性应力与应变的比值(σ/ϵ)。如果将拉伸应力施加到正 λ 的材料上,磁化方向沿着应力方向并且伸长,它使 ϵ 增加并使 E 减小。如果将张应力施加到负 λ 的材料上,磁化方向垂直于应力方向,产生的伸长是上述情况的一半大小,也使 E 减小。当沿着或垂直于应力方向磁化饱和时,该效应就会消失。第 12 章展示了 ΔE 效应(图 5.35)在铁磁薄膜中的一些应用。

图 5.35

磁致伸缩软铁磁体中的 ΔE效应。E是杨氏模量。当在外场下施加应力时，畴结构的演化如插图所示(Berry B S, pritc hett W C. Phys. Rev. Lett., 1975, 34(1022))

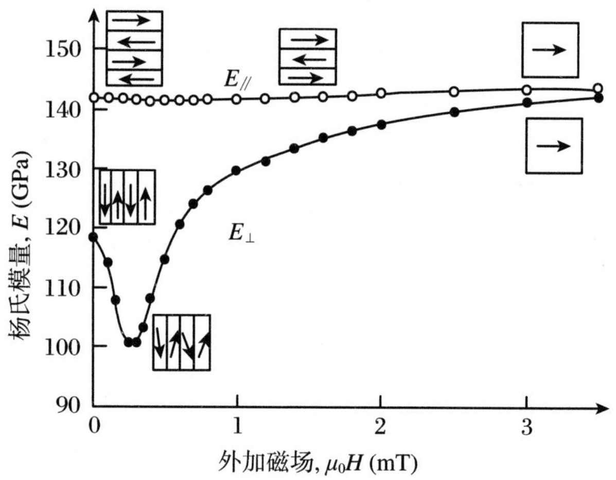

形变效应是弹性系数对铁磁体磁化方向的依赖。

表 5.9 总结了单轴各向异性的来源。表 5.10 总结了铁磁性涉及的各种能量的量级。

表 5.9 单轴各向异性的总结

各向异性	能量	K_u	$kJ\cdot m^{-3}$
磁晶	晶体场 磁偶极	K_1	$1—10^4$
形状	静磁(磁偶极)	$\frac{1}{4}\mu_0 M_s^2(3\mathcal{N}-1)$	1—500
应力	磁弹性	$3\lambda_s\sigma/2$	0—100

表 5.10 铁磁体中的能量贡献(单位为 $kJ\cdot m^{-3}$)

交换能	$-2n\mathcal{J}ZS^2$	$10^3—10^5$
各向异性能	K_u, K_i	$10^{-1}—10^4$
磁自能	E_d	$0—2\times10^3$
外场能(1 T)	B_0M_s	$10^2—10^3$
外应力能(1 GPa)	$\sigma\lambda$	$1—10^2$
磁致伸缩的自能	$c\lambda^2$	0—1

注：10^3 $kJ\cdot m^{-3}$约等于每个原子 1 K 或 0.1 meV。

5.6.3 磁致热效应

我们已经看到，磁性起源的比热与磁有序材料在升温时原子磁矩不断变为无序有关。在居里温度下，比热存在 λ 反常。图 5.36 给出了对镍全部比热的各种贡献。交换能(分子场模型中的 E_{ex})是

$-(1/2)\mu_0 H^i M_s$，其中 $H^i = n_W M_s$。因此，磁性起源的比热为 $C_m = dE_{ex}/dT = (dE_{ex}/dM_s)(dM_s/dT)$，即

$$C_m = \mu_0 n_W M_s \frac{dM_s}{dT} \tag{5.69}$$

在这个模型中，在 T_C 以上，因为 $M_s = 0$，所以不存在磁性贡献。然而，在 T_C 以上，短程自旋关联依然存在。更精确的比热表达式可以从式(5.24)针对最近邻交换推导出来并写成自旋关联函数的形式，即

$$C_m = -2nZ\mathcal{J}\frac{\partial\langle \boldsymbol{S}_i \cdot \boldsymbol{S}_j\rangle}{\partial T}$$

其中 n 为单位体积内的原子数。

显然，当温度高于 T_C 时，磁比热依然存在，如图 5.36 所示。

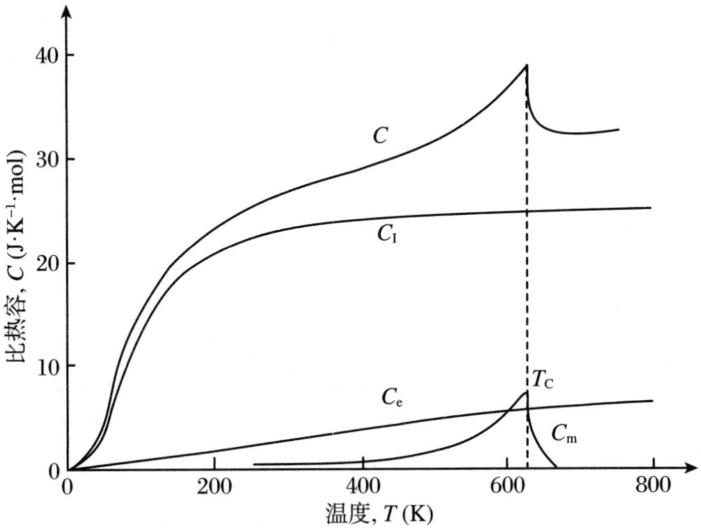

图 5.36

镍的比热容：电子、晶格和磁性的贡献，以及它们的和

外加磁场的效果是减少磁无序，并且降低磁熵。如果绝热地进行(与周围环境没有热交换)，样品的温度就必然升高。相反地，如果一个绝热样品在外加磁场中磁化，然后把外加磁场减小到零，样品的温度就必然降低——原因就是第 4.3.4 小节描述的顺磁体的**绝热退磁**。熵的变化与磁化对温度的偏导数有关(式(2.102))。

外加磁场使磁化增加 δM 所做的功是 $\delta W = \mu_0 H' \delta M$(式(2.93))，因此磁化变化所产生的热就是这个功与交换能变化 $-\mu_0 n_W M \delta M$ 的差，即

$$\delta Q = \mu_0 (H' + n_W M)\delta M \tag{5.70}$$

在高于 T_C 的顺磁温度区，$\chi = C/(T - T_C)$，从式(5.6)可以得到 $T_C/[n_W \cdot (T - T_C)]$，因此

$$M = \frac{H' T_C}{n_W (T - T_C)} \tag{5.71}$$

将式(5.71)代入式(5.70),得到

$$\delta Q = \frac{\mu_0}{2n_W}\frac{TT_C}{(T - T_C)^2}\delta(H^2)$$

相应的温度变化是 $\delta T = \delta Q / C_M$,其中 C_M 是恒定磁化比热(单位为 $J \cdot K^{-1} \cdot m^{-3}$)。用磁化的变化来表示,对于 $T > T_C$,由式(5.71)得到

$$\delta T = \frac{\mu_0 n_W}{2C_M}\frac{T}{T_C}\delta(M^2)$$

$T < T_C$的结果基本相同。在 δQ 表达式中,忽略与分子场 $n_W M$ 相比很小的H',就得到

$$\delta T = \frac{\mu_0 n_W}{2C_M}\delta(M^2)$$

镍在 2 T 磁场下的磁致热效应如图 5.37 所示。在 1 T 磁场下,T_C 的变化约是 2 K 的量级。T_C 约为 320 K 的钆基合金可以用于磁制冷。

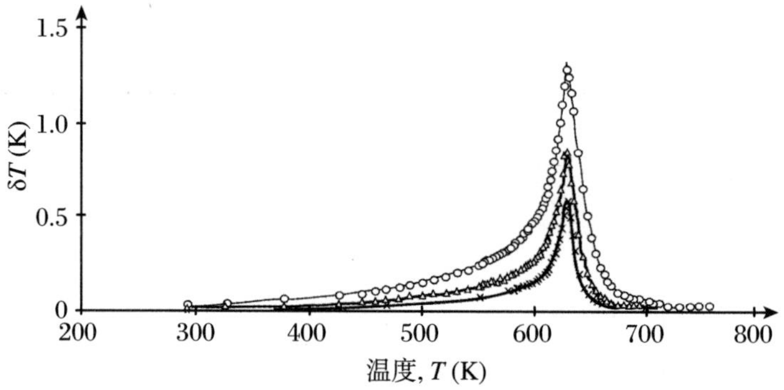

图 5.37

镍在不同外加磁场下的磁致热效应。该效应在T_C处达到峰值

5.6.4 磁 输 运

本小节考虑不依赖于铁磁性样品形状的本征磁输运效应,包括几种磁电阻效应和霍尔效应。磁电阻可以定义为

$$MR = [\varrho(B) - \varrho(0)]/\varrho(0) \tag{5.72}$$

第 3.2.7 小节提到过非磁性金属的普通的正 B^2 磁电阻,它来自电子的回旋运动。

铁磁体还有其他的本征磁电阻现象,尤其是**各向异性磁电阻**(anisotropic magnetoresistance,AMR),依赖于电流与磁化相对方向的微弱效应,以及**庞磁阻**(colossal magnetoresistance,CMR,一种大得多的负效应),出现在某些材料的居里点附近,其中的交换耦合来自双交换,因而电子输运与最近邻自旋排列有关。在 T_C 附近的**自旋无序散射**是铁磁体负磁电阻的另一个来源。铁磁体的霍尔效应中也

有一项与磁化呈正比。

在 3d 铁磁体或者其合金中，传导电子主要是在类 s 态或类 d 态，这些态在费米能级附近共存。s 电子类似于自由电子；它们具有高迁移率并携带大部分电流。考虑到 d 电子的大有效质量 m^* 和低迁移率 $\mu = e\tau/m^*$，其中 τ 是散射弛豫时间，d 电子是相对低效率的载流子。d 带是自旋劈裂的，在费米能级附近 ↑ 和 ↓ 子带的态密度不同。s 带没有自旋劈裂，但是费米能级附近的 s 态通过与 d 态杂化获得以 ↑ 或 ↓ 态为主的特征。在强铁磁体中，散射对于 ↓ s 电子更严重，因为如果忽略自旋翻转散射，↓ s 电子就只能散射到 $3d^{\downarrow}$ 态。在弱铁磁体中，任何一种自旋的电子都可以散射到具有相同自旋的未占据 d 态。图 5.15 比较了铜和镍的电子态密度。传导电子在铜里是类 s 的，而且散射很弱，所以电阻率低。在强磁铁磁体镍中，费米面附近的 ↑ 态的行为类似于铜，但是因为费米能级附近较大的 d 态密度，↓ 态的散射非常强烈。

4f 金属及其合金中的情况则不同。4f 带通常很窄，因为相邻原子位上 4f 波函数的交叠有限。4f 带被整数 n 个电子占据，所以不导电。窄带导电的莫特判据是 $W > U$，其中 W 是带宽，U 是原子位上一个额外电子的屏蔽库仑能。当 $W < U$ 时，能带不能提供金属导电所需的带电组态 $4f^{n\pm1}$，因而是**莫特-哈伯德**(Mott-Hubbard)**绝缘体**。因此，稀土金属及其合金的导电性是由于费米能处部分占据的 5d 和 6s 轨道。原子内的 4f-5d 交换耦合使得 5d 态发生交换劈裂。稀土元素的电子组态大致是 $4f^n5d^26s$，因此它们的行为有些类似于轻 d 元素。

对于位置靠前的锕系元素铁磁金属化合物，5f 带宽且导电，就像在 3d 金属中一样，但对于位置靠后的锕系元素，5f 的占据数是整数，而且 f 电子是局域的，就像在稀土元素中一样。

对于离子化合物(例如氧化物)，3d 带窄，而且电子倾向于局域。有少数例外(例如 CrO_2，$SrRuO_3$)，d 带宽得足以使 $3d^n$ 和 $3d^{n\pm1}$ 带共存。由于原子内交换相互作用，这些 d 带是自旋极化的，而且 $3d^{n+1} \rightleftharpoons 3d^n$ 电子跳跃通过双交换相互作用产生铁磁性。迁移率低，而且电子速度在氧化物中足够慢，波恩-奥本海默近似就失效了。电子拖着局部的晶格变形跟随着它们，形成了**极化子**，进一步增加了电子的有效质量。如果传导电子是自旋极化的，它们拖着一团 3d 或 4f 离子实的自旋极化云跟随着它们，这就是**自旋极化子**。

铁磁体中的 ↑ 和 ↓ 电子会经历激发或吸收一个磁子($\Delta S = 1$)的自旋翻转散射事件。自旋轨道相互作用也使 ↑ 和 ↓ 通道混合，因为 $\boldsymbol{L} \cdot \boldsymbol{S}$

$=L_xS_x+L_yS_y+L_zS_z$可以用升降算符写为$(L^+S^-+L^-S^+)/2+L_zS_z$。因此它混合了$\left|1/2, m_\ell\right\rangle$态和$\left|1/2, m_\ell+1\right\rangle$态。然而，与正常的动量散射相比，这些自旋翻转事件相对罕见。3d 铁磁体中的一个电子，在经历一次自旋翻转之前，会经历 100 次甚至更多的动量散射事件。因此莫特在 1936 年提出**双电流模型**，把↑和↓导电通道看作独立且并联的。因此$\sigma=\sigma_\uparrow+\sigma_\downarrow$，也可以用电阻率表示为

$$\varrho = \frac{\varrho_\uparrow \varrho_\downarrow}{\varrho_\uparrow + \varrho_\downarrow} \tag{5.73}$$

α是↑与↓通道电导率的比值：$\alpha=\sigma_\uparrow/\sigma_\downarrow=\varrho_\downarrow/\varrho_\uparrow$。金属的电导率总是大于任何一个自旋通道。如果金属是顺磁的，那么$\sigma_\uparrow=\sigma_\downarrow$，其电导率为每个自旋通道的两倍。表 5.11 给出了一些金属的$\varrho_{\uparrow,\downarrow}$和$\alpha$值。

表 5.11　金属的室温电阻率(10^{-8} Ω·m)

金属	轨道	磁化	$\varrho\uparrow$	$\varrho\downarrow$	ϱ	α
Cu	s 带	顺磁体	4	4	2	1
Ni	d 带	强铁磁体	13	65	11	5
Co	d 带	强铁磁体	8	120	7	15
Fe	d 带	弱铁磁体	32	28	15	0.9
V	d 带	顺磁体	52	52	25	1
a-$Fe_{80}B_{20}$	d 带	无定形铁磁体	320	320	120	1
Gd	f 能级;5d/5s 带	铁磁体	270	270	130	1

假设电阻率可以用单个散射时间描述，金属电阻率对磁场的依赖关系就是**科勒**(Kohler)**定则**：

$$\frac{\varrho(H)}{\varrho(0)} = f\left[\frac{H}{\varrho(0)}\right]^2 \tag{5.74}$$

由此得到$\Delta\varrho/\varrho\approx(H/\varrho)^2$。

自旋无序散射　铁磁固体中的电子感受着自旋依赖的势。如果材料是完美有序的，就不存在磁性散射。但当温度接近于T_C时，电子会感受到一个涨落的势，其幅度为原子内的交换相互作用值。这个随机势对电阻率的贡献如图 5.38 所示。

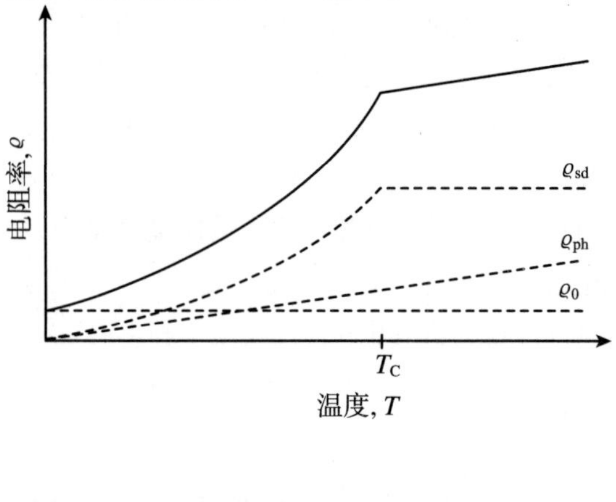

图 5.38

正常金属的电阻率包含杂质贡献ϱ_0和声子贡献ϱ_{ph}。在铁磁体中，自旋无序散射导致了额外的一项ϱ_{sd}

马蒂森(Matthiesen)定则描述了金属电阻率随温度的正常变化，即电阻是不依赖温度的 ϱ_0 与依赖温度的 $\varrho_{ph}(T)$的和。前者来自杂质散射，大小是 10 nΩ·m 每 1% 杂质的量级；后者来自声子散射，随 T^n 变化，当温度远高于德拜温度时，$n=1$，当温度远低于德拜温度时，$n=3$—5。在铁磁体中，无序的自旋导致多出了类似杂质的一项。当携带大部分电流的多数自旋电子遇到自旋磁矩减少了的原子时，由于局域交换势的增加，就会被强烈地散射。在顺磁态中，自旋无序散射项的变化为

$$\varrho_{para} \sim \frac{k_F m_e^2 \mathcal{J}_{sd}^2}{e^2 \hbar^2} S(S+1) \tag{5.75}$$

其中$\mathcal{J}_{sd}$是局域电子与传导电子的交换能。由此得到在铁磁态自旋无序电阻率的表达式为

$$\varrho_{ferro} = \varrho_{para}\{1 - [M_s(T)/M_s(0)]^2\} \tag{5.76}$$

在稀土金属及其合金以及在半金属中，自旋无序散射非常显著。在 T_C 附近，磁化率很高，施加磁场使得 M 增大，从而产生负磁电阻。

描述自旋混合的另一种方法是引入自旋混合电阻率$\varrho_{\uparrow\downarrow}$，它在低温下是零，但在 T_C以上很大。于是，电阻率的表达式是

$$\varrho = \frac{\varrho_\uparrow \varrho_\downarrow + \varrho_{\uparrow\downarrow}(\varrho_\uparrow + \varrho_\downarrow)}{\varrho_\uparrow + \varrho_\downarrow + 4\varrho_{\uparrow\downarrow}} \tag{5.77}$$

上式在高低温极限下的行为是正确的。在高温极限下，它趋于 $(\varrho_\uparrow + \varrho_\downarrow)/4 = \varrho_{para}$；在低温极限下，它还原为式(5.73)。

各向异性磁电阻　AMR 是一种更小的变化，但对传感器很有用，因为在薄膜中毫特斯拉或更小的磁场就可以造成这种电阻变化。1857 年，汤姆孙(William Thompson)发现，Ni 的电阻率随电流相对磁化的方向而稍有变化。电流平行于外加磁场时的电阻要比垂直时高百分之几。这种各向异性常见于铁磁金属。最大 AMR 可以定义为 $\Delta\varrho/\varrho_\perp$，其中 $\Delta\varrho=(\varrho_{/\!/} - \varrho_\perp)$。该效应的幅度通常不超过3%。饱和各向异性磁电阻的角度依赖是

$$\varrho(\varphi) = \varrho_\perp + (\varrho_{/\!/} - \varrho_\perp)\cos^2\varphi \tag{5.78}$$

其中 φ 为电流密$\boldsymbol{j}$ 与磁化$\boldsymbol{M}_s$ 间的夹角。坡莫合金的结果如图 5.39 所示。

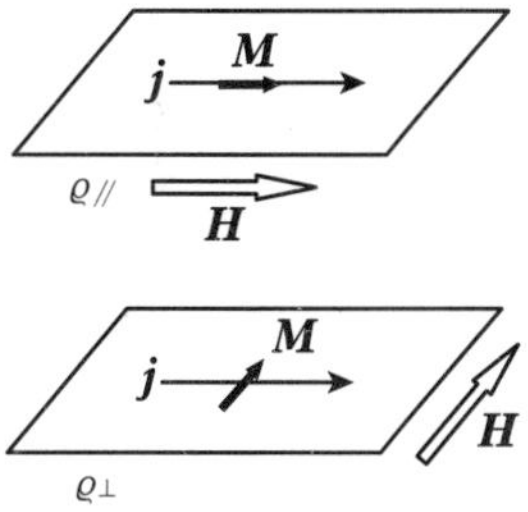

测量薄膜的各向异性磁电阻(AMR)

注意，条件 $d^2\varrho/d^2\varphi=0$ 决定了电阻对 φ 变化最敏感的位置在 $\varphi=\pi/4$ 处，AMR 传感器利用了这个事实(见第 14.3 节)。

如果电流沿 x 方向，又有各向异性常数为 K_u 的易磁化方向(例如，这可以由导线的形状各向异性决定)以及沿垂直的 y 方向的外加磁场，通过对 φ 最小化

图 5.39

坡莫合金的各向异性磁电阻及其角度依赖关系

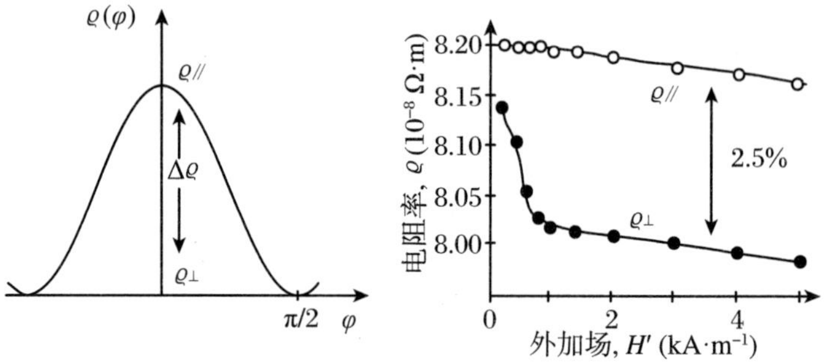

$$E = M_s H' \sin\varphi + K_u \cos^2\varphi \tag{5.79}$$

得到 φ，给出 $\sin\varphi = M_s H/2K_u$。因此，从式(5.78)得到

$$\varrho(H) = \varrho_\perp \left[1 + \frac{\Delta\varrho}{\varrho_\perp}\left(1 - \frac{M_s^2 H^2}{4K_u^2}\right)\right] \tag{5.80}$$

即 $\varrho(H) = \varrho(0) - \Delta\varrho(M_s^2 H^2/4K_u^2)$，只要 $M_s H/2K_u < 1$。注意 H^2 的变化关系，与科勒定则相同。这个结果对无回滞的磁化旋转成立。无论电流与外加磁场间夹角是多少，仅涉及垂直易轴方向畴壁运动的磁化过程对这种磁电阻都没有影响。

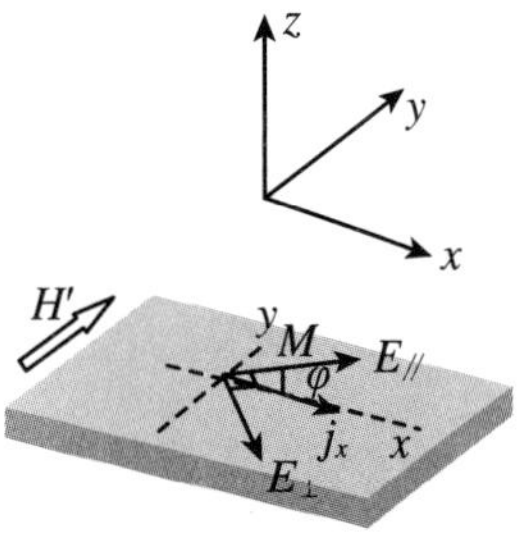

平面霍尔效应的计算

AMR 通常为正($\varrho_{/\!/} > \varrho_\perp$)，因为自旋轨道相互作用倾向于使 ↑ 与 ↓ 通道混合。可移动的 ↑ 电子可以发生自旋翻转散射：如果电流在轨道平面内，散射是有效的；但如果电流与轨道平面垂直，散射是无效的。

平面霍尔效应(planar Hall effect)与 AMR 有关，它依赖于导电铁磁体的磁化方向。磁场施加在薄膜样品平面内，与沿着 x 方向的电流 j_x 垂直。如果磁化在平面内且与电流方向的夹角为 φ，就会出现一个横向电场 E_y，与正常霍尔效应一样。各向异性电阻与 $\boldsymbol{M}$ 的方向有关。将电场 $\boldsymbol{E}$ 分解为平行和垂直于 $\boldsymbol{M}$ 的分量，就有

$$E_{/\!/} = \varrho_{/\!/} j_x \cos\varphi, \quad E_\perp = \varrho_\perp j_x \sin\varphi$$

平行和垂直于电流的电场分量分别为 $E_x = E_{/\!/}\cos\varphi + E_\perp \sin\varphi$ 和 $E_y = E_{/\!/}\sin\varphi - E_\perp\cos\varphi$，因此

$$E_x = j_x(\varrho_\perp + \Delta\varrho\cos^2\varphi)$$

$$E_y = j_x \Delta\varrho \sin\varphi\cos\varphi$$

平面霍尔电压就是

$$V_{pH} = j_x w \Delta\varrho \sin\varphi\cos\varphi \tag{5.81}$$

其中 w 是薄膜的宽度。平面霍尔电阻是 $\varrho_{xy} = (1/2)\Delta\varrho\sin 2\varphi$。当磁化从 $\varphi = 45^\circ$ 转换到 $\varphi = 135^\circ$ 时，变化最大。

到目前为止，我们假定铁磁体的磁矩是均匀的，并且电流与 $\boldsymbol{M}$ 成固定夹角 φ。当电子在固体中移动时，受到磁场 $\boldsymbol{B}$ 的影响。在铁磁体中，磁化对电子散射有贡献，因此科勒定则(式(5.74))应当推广为

$$\frac{\Delta \varrho}{\varrho} = a(H/\varrho)^2 + b(M/\varrho)^2 \tag{5.82}$$

Ni 的数据表明(图 5.40),虽然电阻是 M 的偶函数(符合预期),但是表现为蝴蝶状回线,反映了磁化的回滞。

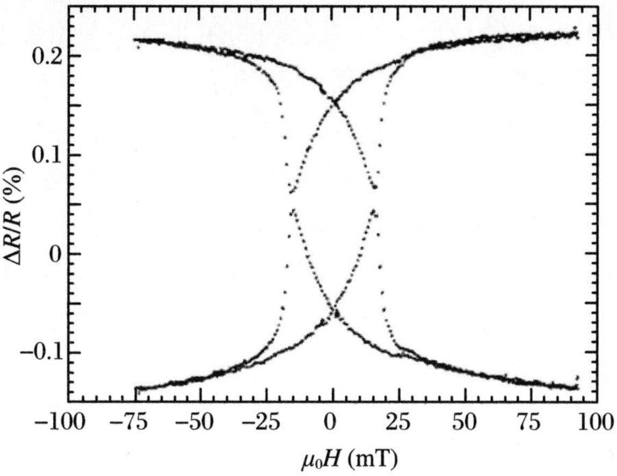

图 5.40

沿纵向($\varrho_{/\!/}$)和电向($\varrho_{\perp}$)测量的镍薄膜磁阻的磁场依赖关系(Viret M,Vignoles D, Cole D. et al. Phys. Rev., 1996, B53(8464))

反常霍尔效应　当外加磁场沿 z 方向的时候(即垂直于薄膜平面),除了正常霍尔效应外,铁磁体的霍尔电阻中还有一项。这就是反常霍尔效应,它对磁化 M 的依赖关系为

$$\varrho_{xy} = \mu_0(R_{\mathrm{h}}H' + R_{\mathrm{s}}M) \tag{5.83}$$

反常霍尔效应也是来自自旋轨道耦合。产生正常霍尔效应的洛伦兹力 $\boldsymbol{j}\times\boldsymbol{B}$ 的径向分量的对称性与自旋轨道相互作用 $\boldsymbol{L}\cdot\boldsymbol{S}$ 的对称性相同,因为 $\boldsymbol{L}=\boldsymbol{r}\times\boldsymbol{p}, \boldsymbol{p}\propto\boldsymbol{j}, \boldsymbol{S}\propto\mu_0\boldsymbol{M}$。

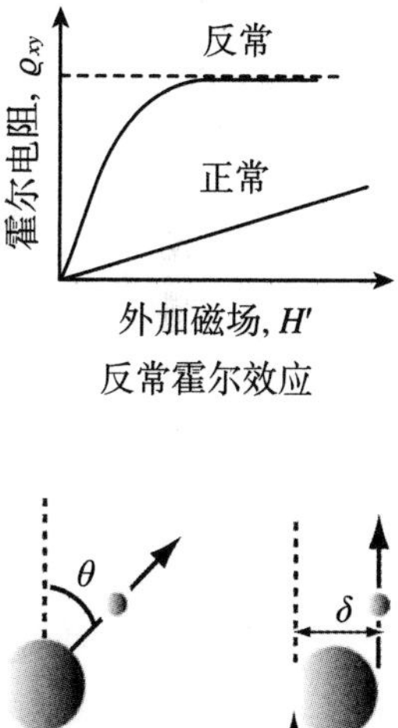

反常霍尔效应

在铁磁体中,反常霍尔效应随宏观平均磁矩变化而变化。通常有随着ϱ_{xx}和ϱ_{xx}^2变化的贡献,它们来自不同的散射机制。自旋轨道相互作用所导致的电子轨迹偏离称为**斜散射**(skew scattering)。

令 $\varrho_{\mathrm{m}}=\mu_0RH'$,霍尔角度 ϕ_{H} 就是 $\varrho_{\mathrm{m}}/\varrho_{xx}$。因此 $\phi_{\mathrm{H}}=\alpha+\beta\varrho_{xx}$,$\alpha$ 为斜散射角度。第二项通常更大。它与杂质引起的**侧跳散射**(side-jump scattering)机制有关。如果侧跳是 $\delta\approx0.1$ nm,则霍尔角为 δ/λ,与ϱ_{xx}呈正比,其中 λ 是平均自由程。

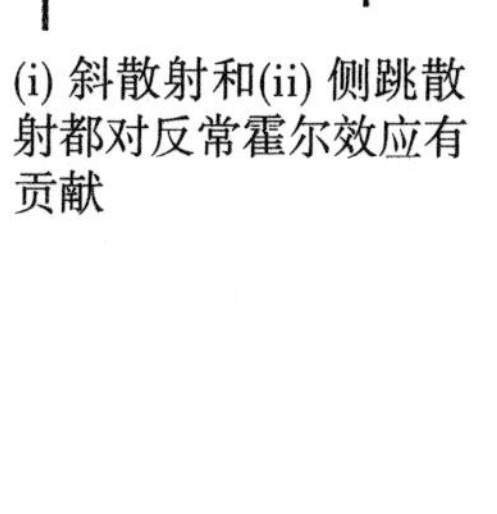

(i) 斜散射和(ii) 侧跳散射都对反常霍尔效应有贡献

在有强烈杂质散射的无序铁磁体以及磁性玻璃中,反常霍尔效应特别大。在遵守居里-外斯定律的顺磁体中,效应小。反常霍尔效应对测量磁化垂直于膜面的薄膜的磁滞很有用。

庞磁电阻　在双交换材料(如 $La_{0.7}Ca_{0.3}MnO_3$)的居里温度附近,如果施加强磁场,电阻就会显著减小,这就是庞磁阻(CMR)效应。磁场将部分无序的锰磁矩排成一列,促进了电子的跳跃,从而增强了交换。在这样的铁磁性混合价态氧化物中,双交换是主要的铁磁耦合机制。在居里温度附近,这些氧化物表现出增强的负磁阻。由磁

阻的定义(式(5.72)),极限是 - 100%,但另一种乐观的定义将$\varrho(H)$放在分母:

$$MR = [\varrho(H) - \varrho(0)]/\varrho(H)$$

同样的变化就产生了更大的数值。如果$\varrho(H) = 0.1\varrho(0)$,根据新定义,90%的 MR 就变为 900%。如果磁场的主要效果是增加电导,这样做就有一定的道理,因为上述新定义等价于

$$MR = [\sigma(H) - \sigma(0)]/\sigma(0)$$

这是在强磁场下 $La_{0.7}Sr_{0.3}MnO_3$ 等材料中可以观察到的量级,由此获得了“庞”的称号。在混价态半金属中,电子跳跃依赖于$\cos(\theta_{ij}/2)$(图 5.10),所以电阻强烈依赖于最近邻的关联$\langle \boldsymbol{S}_i \cdot \boldsymbol{S}_j \rangle \approx \langle 1 - \theta_{ij}^2 \rangle$。外加磁场有双重功效:减小$\theta_{ij}$,从而增强了铁磁交换作用,这又可进一步使$\theta_{ij}$减小。典型的 CMR 数据如图 5.41 所示。

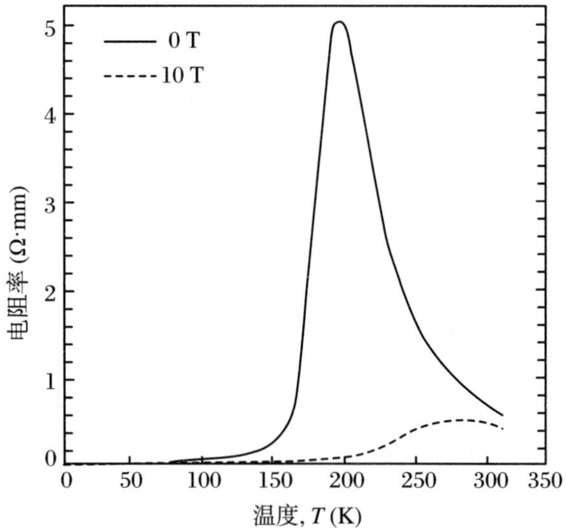

图 5.41

$La_{0.7}Ca_{0.3}MnO_3$在10 T磁场下的磁阻

尽管 CMR 电阻变化的幅度很可观,但是需要巨大的磁场,所以它的应用很有限。如果将电阻改变与所需磁场的比值作为品质因数,AMR 在几毫特斯拉下 1%的电阻变化就比 CMR 在几特斯拉下 90%的变化更好。CMR 材料的电阻在 T_C附近的温度依赖关系可以用于辐射热计。

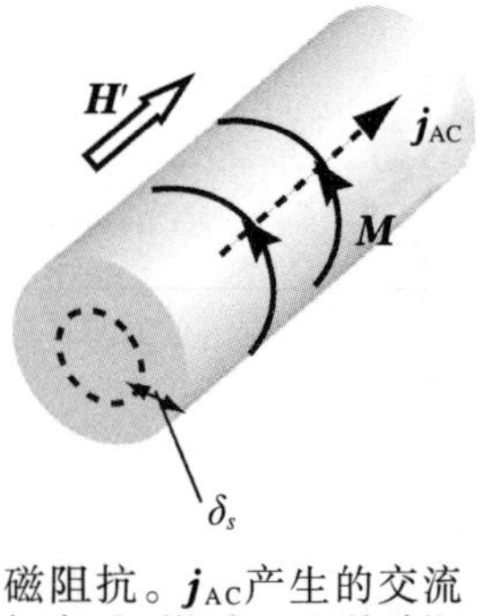

磁阻抗。$\boldsymbol{j}_{AC}$产生的交流场穿透到深度δ_s(即趋肤深度)。周向磁化导线的磁导率在外加场下饱和

磁阻抗 铁磁元件的总阻抗 Z 在外加静磁场下会改变,该效应与电感 L 有关:

$$Z = R + i\omega L$$

其中 $L = \Phi/I$ 是磁通量与电流的比。磁阻抗通常定义为

$$MI = \frac{Z(H) - Z_0}{Z_0} \tag{5.84}$$

其中 Z_0是在足以饱和这个效应的磁场中的阻抗。在软铁磁体中,这

个效应在兆赫兹频率下可以达到百分之几百，因而被冠以“巨”字。

这个效应与趋肤深度 δ_s(式(12.2))有关，即交流场穿入金属的深度。在铁磁体中，δ_s随$(\mu_r\omega)^{-1/2}$变化。磁阻抗效应最好用载有交变电流 $I=I_0\exp(i\omega t)$的软铁磁导线来说明。该电流在导线周围产生了穿透深度为 δ_s的周向磁场。如果导线有微小的正磁致伸缩，就会产生周向各向异性 K_c。各向异性场$H_a=2K_c/\mu_0 M_s$控制着感应磁化对平行于导线的外加直流场 H'的响应，因而控制了趋肤深度里的磁导率。为了得到好结果，H_a 需要比外场 H'大几个数量级。典型软磁非晶铁磁导线的响应如图 5.42 所示。

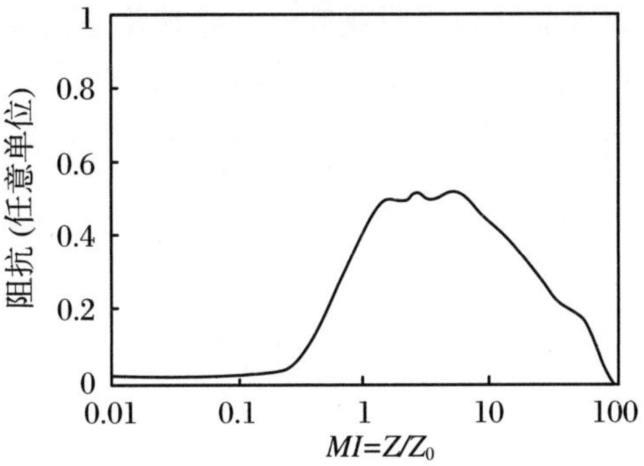

图 5.42

在平行于导线的800 A·m^{-1}的饱和磁场下，直径为 30 μm 的非晶$Fe_{4.3}Co_{68.2}Si_{12.5}B_{15}$导线的阻抗频率响应(Panina L V, Mohri K.Appl.Phys. Lett.,1994,65(1189))

5.6.5 磁光效应

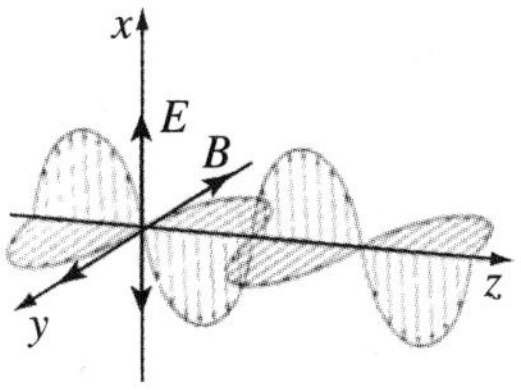

电磁波

1845 年，法拉第发现了磁与光的联系，其重要性可与奥斯特发现磁与电的联系相媲美。磁场平行于光的传播方向 $\boldsymbol{e}_K$，当光穿过一块玻璃板时，光的偏振面旋转了。光是一种电磁波：$\boldsymbol{E}$ 场与 $\boldsymbol{B}$ 场互相垂直，并且垂直于传播矢量 $\boldsymbol{K}=(2\pi/\Lambda)\boldsymbol{e}_K$；$\Lambda$ 是光的波长。偏振方向由 $\boldsymbol{E}$ 定义。

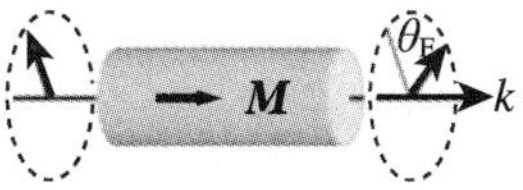

磁光法拉第效应。入射光的偏振面旋转了角度θ_F。在光隔离器中，$\theta_F=\pi/4$，而相差这个角度的两个起偏器放置在两端

$\boldsymbol{H}$ 场对电磁波没有影响，法拉第效应来自光与固体介质感应磁化强度 $\boldsymbol{M}$ 的相互作用。法拉第最初用的是顺磁玻璃，但当光穿过抗磁体、透明的自发磁化铁磁体或亚铁磁体时，也能观察到法拉第效应。例如，水的法拉第旋转是 3.9 rad·T^{-1}·m^{-1}。翻转磁场的方向，法拉第旋转的方向也会随之翻转。习惯上，当观察者面对光源时，如果光的偏振面顺时针旋转，那么旋转角度 θ_F是正的。

法拉第常数与光路长度呈正比：

$$\theta_F = k_V\int \mu_0 \boldsymbol{M}\cdot d\boldsymbol{l} \tag{5.85}$$

其中 $k_V(\Lambda)$是材料的**费尔德常数**(Verdet constant)，它依赖于波长。

因为 $\boldsymbol{H}$ 场没有影响，所以对于均匀磁化样品，式(5.85)可以等价地写为$\theta_F = k_V Bl$。法拉第效应是**非互易的**，即旋转（顺时针或逆时针）依赖于光的波矢 $\boldsymbol{K}$ 平行还是反平行于$\boldsymbol{M}$。因此，法拉第效应是累积的；当光在磁性介质中被原路反射回去时，最终得到的旋转是单次通过的两倍，而不是零。这个性质应用在磁光隔离器里。如果选择长度 l 使得 $\theta_F = \pi/4$，通过起偏器进来的光就单向地通过隔离器，而反射光不能通过。表 5.12 给出了一些材料每单位长度的 θ_F值。铁磁金属的费尔德常数是透明亚铁磁绝缘体的 1000 多倍，但这种比较是误导，因为金属不透明（除非很薄）。更合适的性能系数是 k_V和吸收长度的乘积，铁磁金属和透明亚铁磁绝缘体都是几度每特斯拉。法拉第旋转强烈依赖于波长，而且在吸收边附近增强。

表 5.12 铁磁金属和亚铁磁绝缘体的法拉第旋转

830 nm 处的 θ_F/t(°·μm^{-1})		1.06 μm 处的θ_F/t(°·mm^{-1})	
Fe	35	$Y_3Fe_5O_{12}$	28
Co	36	$Tb_3Fe_5O_{12}$	54
Ni	10		

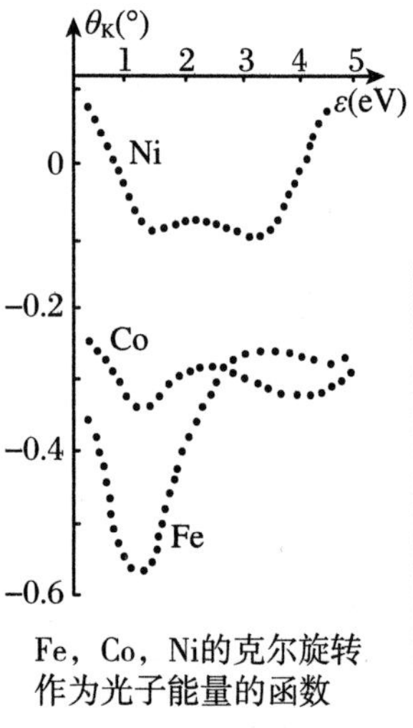

Fe, Co, Ni的克尔旋转作为光子能量的函数

1877 年，克尔（John Kerr）发现了反射光的相关效应。他注意到，光被电磁铁的抛光铁电极端面反射时，其偏振面旋转了不到 1°。当磁化方向反转时，旋转方向也反过来。3d 铁磁体的克尔旋转在可见光区域（光子能量约 1.5 eV）有一个极大值（表 5.13）。

表 5.13 830 nm (1.5 eV)处铁磁金属的克尔旋转

	θ_K(°)		θ_K(°)
Fe	−0.53	CoPd	−0.17
FePt	−0.39	CoPt	−0.36
FeCo	−0.60	Ni	−0.09
Co	−0.36	PtMnSb	−1.3

极向构型是可以观察到磁光克尔效应（MOKE）的三种构型之一。在另外两种构型中，磁化在平面内与包含入射光和反射光的平面垂直（横向构型），或者位于该平面内（纵向构型）（图 5.43）。在纵向构型中，入射光的偏振面也有不到一度的旋转，反射光还有轻微的椭圆度，但在横向构型中，只是偏振平行或垂直于入射平面的光的反射率有些不同，依赖于样品的磁化。

对于极向和纵向效应，有一个小的、磁化敏感的分量 k_K，它与反

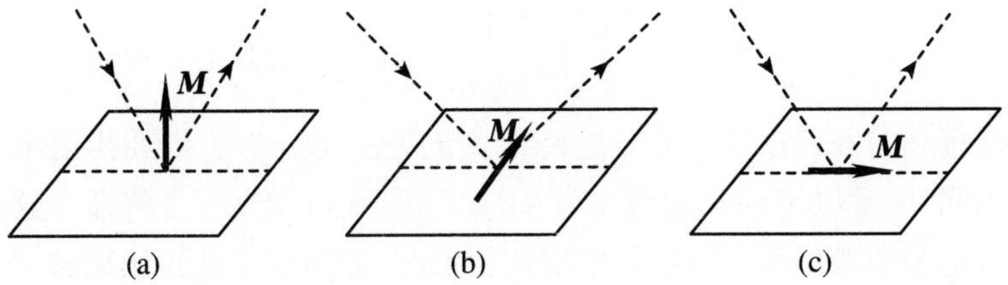

图 5.43

可以观察到磁光克尔效应或法拉第效应的三种构型：(a) 极向，(b) 横向，(c) 纵向

射强度 r_K 垂直，这导致了克尔旋转 θ_K 和椭圆度 e_K。当 $k_K \ll r_K$ 时，θ_K 和 e_K 由下面表达式给出：

$$\theta_K = \psi_K \cos\phi_K, \quad e_K = \psi_K \sin\phi_K$$

其中，$\psi_K = |K/r|$，ϕ_K 是 K 和 r 的相位差。极向克尔效应用于测量薄膜材料的磁滞回线、磁畴成像以及磁光记录。

法拉第效应和克尔效应都与自旋轨道耦合有关。在晶格中掺入重元素(例如铋)会增强这些效应。这些效应不涉及磁导率，因为磁导率与频率无关，在比拉莫尔进动频率或铁磁共振频率高几个数量级的光学频率，磁导率等于 μ_0。介质中的光速 v 只依赖于介电常数 ϵ：$v = (\mu_0\epsilon)^{-1/2}$，其中 $\epsilon = \epsilon_0\epsilon_r$。

晶体的介电常数一般是对称张量，其定义是 $D_i = \epsilon_{ij}E_j$。在主轴系统中，张量介电常数可简化为只有对角元 ϵ_{xx}，ϵ_{yy}，ϵ_{zz} 的形式。如果晶体是各向同性的，则三个对角元相等。如果晶体沿着光传播方向 Oz 磁化，又存在自旋轨道耦合，则磁光介电常数张量变成厄米的斜对称矩阵(skew-symmetric matrix)：

$$\hat{\epsilon} = \epsilon_0 \epsilon_r \begin{pmatrix} 1 & iQ & 0 \\ -iQ & 1 & 0 \\ 0 & 0 & 1 \end{pmatrix} \tag{5.86}$$

这是关于响应函数对称性的**昂萨格原理**(Onsager's principle)的一个例子，即 $\epsilon_{ij}(M) = -\epsilon_{ji}(M) = \epsilon_{ji}(-M)$。折射率 $n = \epsilon_r^{1/2}$ 和磁光参数 Q 都有实部和虚部：

$$n = n' - in'' \quad 和 \quad Q = Q' - iQ''$$

它们是决定材料磁光性质的复常数。

式(5.86)中的非对角矩阵元的含义是，电磁波中的磁场 $\boldsymbol{H}$ 产生洛伦兹力 $-\mu_0 e(\boldsymbol{v} \times \boldsymbol{H})$，从而混合了电子运动的 x 分量和 y 分量。在轨道角动量淬灭的铁磁体中，无法区分顺时针和逆时针的电子运动，因此 $\epsilon_{xy} = 0$。然而，自旋轨道耦合恢复了轨道角动量，并导致了磁圆二色性，以及法拉第或克尔旋光性。

由式(5.86)可以构造本征方程 $\hat{\epsilon}\boldsymbol{E} = n_0^2\boldsymbol{E}$。对角化得到本征值，$n = \epsilon_r^{1/2}(1 \pm Q)^{1/2} \approx \epsilon_r^{1/2}[1 \pm (1/2)Q]$，因为 Q 是量级为 10^{-4}—10^{-3}

的小量。两个本征模式为$\begin{bmatrix}1\\ \mathrm{i}\end{bmatrix}$和$\begin{bmatrix}1\\ -\mathrm{i}\end{bmatrix}$或者 $E_x \pm \mathrm{i}E_y$，分别对应于左圆偏振和右圆偏振的电场。这些模式记为σ^+及σ^-，它们的折射率稍有不同，因此以不同的速度$c/n = c\,\epsilon_r^{-1/2}[1 \pm (1/2)Q]^{-1}$传播。这个效应称为**圆双折射**，由此导致的模式间相位差造成了法拉第旋转。

这两个基本模式 σ^+ 和 σ^- 对应于电磁辐射量子(即**光子**)，是 $\ell = 1$ 且 $m_\ell = \pm 1$(但不为零)的无质量粒子。光子携带角动量，在传播方向投影时，可以取两个值 $\pm\hbar$。向着光源看的时候，左圆偏振光和右圆偏振光的偏振分别顺时针和逆时针旋转。当光被固体中电子系统吸收时，光子会把角动量转移给电子，从而改变磁矩沿 Oz 方向的投影。

当波矢 $\boldsymbol{K} /\!/ \boldsymbol{M}$ 时，轨道对磁矩的贡献涉及两种模式的电子圆周运动，一种模式与 $\boldsymbol{E}$ 转动的方向相同，另一种模式则相反。这两种模式感受到稍有不同的相对介电常数 $\epsilon_r^{+,-}$ 和折射率 $n^{+,-}$，其中 $\epsilon_r = n^2$。两个模式的吸收也稍有不同(**圆偏振二色性效应**)，使得线偏振入射光变成椭圆偏振。

表 5.14 总结了四种主要的磁光效应。除了依赖自旋轨道耦合与 M 呈线性关系的法拉第和克尔效应以外，还有随 M^2 变化的二阶磁光效应，它们依赖于光的偏振面平行还是垂直于 xy 平面内的磁化。

表 5.14 磁光效应

几何构型	物理效应	现象	条件	对 M 的依赖
$\boldsymbol{K} /\!/ \boldsymbol{M}$	圆偏振双折射	法拉第/克尔旋转	$n^+ \neq n^-$	$\sim M$
	圆偏振二色性	磁圆偏振二色性	$\alpha^+ \neq \alpha^-$	$\sim M$
$\boldsymbol{K} \perp \boldsymbol{M}$	线偏振双折射	科顿-莫顿效应	$n^{/\!/} \neq n^{\perp}$	$\sim M^2$
	线偏振二色性	磁线偏振二色性	$\alpha^{/\!/} \neq \alpha^{\perp}$	$\sim M^2$

磁光效应不仅仅局限于可见光波段，也存在于微波、紫外和 X 射线波段。磁导率在微波波段非常重要。在 X 射线吸收边附近(特别是过渡金属的 L 边)，磁圆偏振二色性(MCD)增强。磁圆偏振二色性是研究磁性材料的有用技术，因为它具有元素特异性，而且可以将磁矩中的自旋贡献和轨道贡献分开(见第 10.4.2 小节)。

最后谈谈非线性光学效应，因脉冲激光束强电场而出现。在中心对称的晶体里，这些效应是禁戒的。表面没有对称中心，**二次谐波发生**方法是一种非常灵敏的方法，利用反射而选择性地研究铁磁性的表面和界面。

参考书

Smart J S. Effective Field Theories of Magnetism[M]. Philadelphia:Saunders,1966.简明总结了铁磁体、反铁磁体和亚铁磁体的分子场理论。

Matthis D C. The Theory of Magnetism Made Simple[M]. Singapore:World Scientific,2006.容易理解理论文本,重新命名的新版本,首次出版于1965年。

Zvedin A K,Kotov V A. Modern Magnetoptics and Magneto-optical Materials[M]. Bristol:IOP,1997.

Tishin A M,Spichkin Y I. Magnetocaloric Effect and Its Applications[M]. Bristol:IOP,2004.

Mohn P. Magnetism in the Solid State; Introduction[M]. Berlin:Springer,2005.专注于巡游电子磁性。

de Lachesserie. Magnetostriction; Theory and Applications of Magnetoelasticity[M]. Boston:CRC Press,1993.磁致伸缩的详细理论。

del Morel A. Handbook of Magnetostriction and Magnetostrictive Materials(Vol 2)[M]. Zaragoza:del Moral,2008.对这一问题的全新而详尽的论述。

O'Handley R C. Modern Magnetic Materials; Principles and Applications[M]. New York:Wiley,1999.对现代材料和应用的彻底处理,特别是金属、合金和薄膜。

Knober M, Vásquez M, Kraus L. Giant magnetoimpedance, in Handbook of Magnetic Materials(Vol 15)[M]. Amsterdam:North Holland:497-564.

习 题

5.1 在朗道理论中,计算铁磁体在 T_C 附近的比热。

5.2 用 RKKY 模型估计钆的居里温度。取 $S = 7/2$ 和 $n = 3\times 10^{28}\ m^{-3}$。

5.3 用磁价模型估计:

(a) $Fe_{40}Ni_{30}B_{20}$ 和 $Co_{80}Cr_{20}$ 合金中每个原子的平均磁矩。

(b) 无定形 $Y_{1-x}Fe$ 中出现磁性的临界浓度。

5.4 对角化矩阵式(5.39)。将本征值排序并找出它们对应的态。

5.5 利用式(5.24)和式(5.57)推导:一维自旋链的基态本征值是$-2(N-1)\mathcal{J}S^2$。

5.6 证明:对于三维固体,遵守色散关系$\varepsilon = Dq^2$的元激发所导致的低温比热容随$T^{3/2}$变化。$q=0$处的各向异性带隙Δ如何改变比热容?

5.7 通过把含有两个各向异性常数K_1和K_2的单轴铁磁体的能量极小化,演示如何从难磁化方向的磁化曲线(Sucksmith-Thompson 图)推导这两个常数。

5.8 为什么不可能利用形状各向异性制成任意形状的永久磁铁?

5.9 证明:稀土离子的四极矩在高温下消失。在居里点以上,有可能观察到各向异性吗?

5.10 对$j=2,4$推导定律$\kappa_j(T)/\kappa_j(0)=M^{j(j+1)/2}$(参见 Callen H B, Callen E. J. Phys. Chem. Solid,1996,27(1271))。

5.11 证明:自发体积磁致伸缩随M_s^2变化。相关的能量是$(1/2)\cdot K\omega_s^2$,其中K是体模量。

5.12 讨论在镍中添加 5% 铬对(a)磁化和(b)电阻的影响。

5.13 设计一个力学实验,证明光携带角动量,并估计可能观察到的效应的量级。

5.14 朗之万理论计算的磁化在$T=0$ K 处的斜率不是零。根据式(2.102),这意味着熵不为零,不符合热力学第三定律。请讨论。

第6章 反铁磁及其他磁序

我不想在后花园里种菜，我要去原始森林里探险。

——奈尔

负交换$\mathcal{J}<0$导致依赖于晶格拓扑的磁有序。多于一种磁性子晶格的结构包括反铁磁体和亚铁磁体。反铁磁体存在两套磁化相等但方向相反的子晶格，而子晶格的磁化在奈尔点T_N以上消失。两套磁化不相等且方向相反的子晶格构成了亚铁磁体。推广分子场理论以涵盖这两种情况。存在大量更复杂的非共线磁结构。非晶结构的微妙影响显现在无定形磁体中，自旋有时被冻结在随机方向。磁模型系统突出了某些特征对集体磁有序的影响，比如，降低的空间或自旋维度，特定的交换相互作用分布，特殊的拓扑或晶体结构的缺失。例子包括二维伊辛模型、阻挫反铁磁以及正则自旋玻璃。

反铁磁性是一种隐秘的磁有序。晶格可分为两个或更多的原子子晶格，它们的有序排列使得净磁化为零。奈尔(Louis Néel)是外斯的学生，他在1936年首先提出，有可能存在两套磁化相等而方向相反的子晶格。反铁磁有序的转变点称为奈尔点，其标志是磁化率的小峰，以及类似于铁磁体居里点附近的大的比热反常(图5.36)。直到1950年代，中子散射的出现才可以直接测量反铁磁体子晶格的磁化强度M_α。子晶格磁化是序参量，它的共轭场至少在一个方向上是交错的，从一个原子位到下一个原子位，场的方向交替地改变。可以通过中子散射测量广义磁化率$\chi(\boldsymbol{K},\Omega)$，但是我们不能在实验室中产生共轭场。

一些熟知的反铁磁体的数据见表6.1。过渡金属的氧化物和氟化物往往是反铁磁的，Cr，Mn及其许多的合金也是如此。

表 6.1　一些常见的反铁磁体

	结构	T_N(K)	θ_p(K)	$\mu_0 M_\alpha$(T)
Cr	sdw	311		0.20
Mn	复杂	96	～－2000	0.20
NiO	奈尔	524	－1310	0.54
αFe_2O_3	倾斜	958	－2000	0.92
MnF_2	奈尔	67	－80	0.78
FeMn	奈尔	510		0.53
$IrMn_3$	奈尔	690		0.50

注：sdw——自旋密度波；奈尔——两个共线子晶格。

6.1　反铁磁性的分子场理论

奈尔反铁磁体包括两套相等的、方向相反的磁性子晶格，记作“A”和“B”，它们的磁化强度 $\boldsymbol{M}_A = -\boldsymbol{M}_B$，负的外斯系数 n_{AB} 代表子晶格间的分子场耦合，并引入另一个系数 n_{AA} 来说明子晶格内部的分子场相互作用。

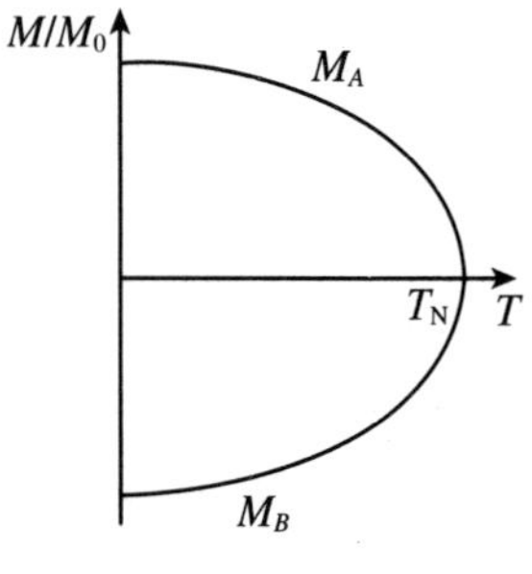

反铁磁体的子晶格磁化强度，T_N为奈尔温度

作用在每套子晶格上的“分子”场是

$$\boldsymbol{H}_A^i = n_{AA}\boldsymbol{M}_A + n_{AB}\boldsymbol{M}_B + \boldsymbol{H}$$
$$\boldsymbol{H}_B^i = n_{BA}\boldsymbol{M}_A + n_{BB}\boldsymbol{M}_B + \boldsymbol{H} \tag{6.1}$$

其中 $n_{AA} = n_{BB}$，$n_{AB} = n_{BA}$，$\boldsymbol{H}$ 为外磁场的贡献。

当 $\boldsymbol{H} = 0$ 时，净磁化 $\boldsymbol{M} = \boldsymbol{M}_A + \boldsymbol{M}_B$ 是零。在奈尔温度 T_N，每个子晶格的磁化强度下降到零，而每个子晶格的自发磁化强度用布里渊函数(式(4.17))表示：

$$M_\alpha = M_{\alpha 0}\mathcal{B}_J(x_\alpha) \tag{6.2}$$

其中 $\alpha = A, B$，$x_\alpha = \mu_0 \mathfrak{m}|H_\alpha^i|/k_B T$。这里 $M_{A0} = -M_{B0} = (n/2)\cdot g\mu_B J = (n/2)\mathfrak{m}$。单位体积的磁性离子数为 n，每套子晶格各有 $n/2$。

在高于 T_N 的顺磁区域，$M_\alpha = \chi H_\alpha^i$，其中 $\chi = C'/T$，$C' = \mu_0(n/2)\cdot \mathfrak{m}_{\text{eff}}^2/3k_B$，所以

$$\begin{aligned}\boldsymbol{M}_A &= (C'/T)(n_{AA}\boldsymbol{M}_A + n_{AB}\boldsymbol{M}_B + \boldsymbol{H})\\ \boldsymbol{M}_B &= (C'/T)(n_{BA}\boldsymbol{M}_A + n_{BB}\boldsymbol{M}_B + \boldsymbol{H})\end{aligned} \tag{6.3}$$

子晶格出现自发磁化的条件是，在零外场下，上述方程存在非零

解。M_A 和 M_B 的系数行列式必须等于零，因此

$$[(C'/T)n_{AA}-1]^2-[(C'/T)n_{AB}]^2=0$$

由此给出奈尔温度：

$$T_N=C'(n_{AA}-n_{AB}) \tag{6.4}$$

n_{AB}是负的，而 T_N 为正数，所以平方根前取负号。为了计算 T_N 以上的磁化率，我们计算 $\chi=(M_A+M_B)/H$。将式(6.3)相加，给出居里-外斯定律：

$$\chi=C/(T-\theta_p) \tag{6.5}$$

其中 $C=2C'$，而顺磁居里温度是

$$\theta_p=C'(n_{AA}+n_{AB}) \tag{6.6}$$

反铁磁体的磁化率倒数如图 6.1 所示。在双子晶格模型中，知道了 T_N 和 θ_p，就可以计算 n_{AB}和n_{AA}。因为 $n_{AB}<0$，所以得出 $\theta_p<T_N$；顺磁居里温度通常是负的。通常画出 $1/\chi$ 对 T 的曲线，通过外推确定 θ_p，并使用式(4.16)从斜率得到 $\mathfrak{m}_{eff}$。T_N 仅仅表现为磁化率曲线上的一个小突起(cusp)。

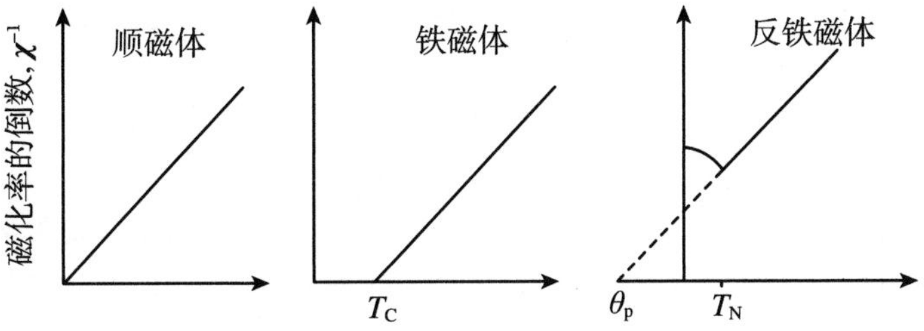

图 6.1
顺磁体、铁磁体和反铁磁体的磁化率倒数

两套子晶格磁化强度所沿着的反铁磁轴，由磁晶各向异性决定，而且 T_N 以下的磁响应依赖于 H 相对于该轴的方向。反铁磁体没有形状各向异性，因为 $M=0$，没有退磁场。也许有人认为同样的原因导致没有反铁磁畴，但在有限温度下，熵可以驱动畴的形成。

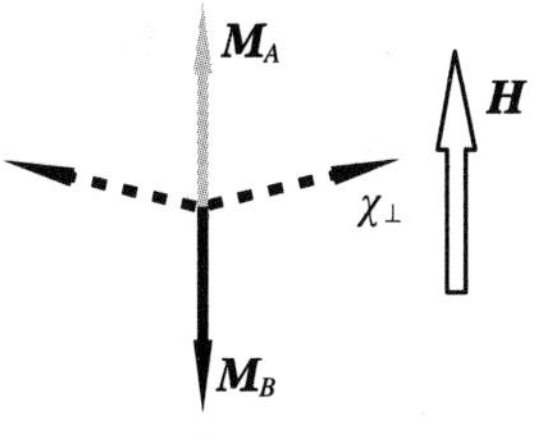

远低于奈尔温度T_N时，反铁磁体的磁化率的计算。虚线表示自旋转向后的构形

如果平行于反铁磁轴施加小的磁场，将布里渊函数在零外场下变量 x_0 附近用导数展开，$\mathcal{B}_J'(x)=\partial\mathcal{B}_J(x)/\partial x$：$\mathcal{B}_J(x_0+\delta x)=\mathcal{B}_J(x_0)+\delta x\,\mathcal{B}_J'(x_0)$，就可以计算平行磁化率 $\chi_{/\!/}$。为简单起见，假设 $n_{AA}=0$，$\chi_{/\!/}=[M_A(H)+M_B(H)]/H$ 的结果是

$$\chi_{/\!/}=\frac{2C'[3J/(J+1)]\mathcal{B}_J'(x_0)}{T-n_{AB}C'[3J/(J+1)]\mathcal{B}_J'(x_0)} \tag{6.7}$$

其中 x_0 为 $-\mu_0\mathfrak{m}n_{AB}M_\alpha/k_BT$，$|\boldsymbol{M}_A|=|\boldsymbol{M}_B|=ng\mu_BJ/2$，$\mathfrak{m}^2=g^2\mu_B^2\cdot J(J+1)$。当 $T\to 0$ K 时，从式(6.7)可以看出 $\chi_{/\!/}\to 0$，因此外磁场没有影响，因为两套子晶格都饱和，$\mathcal{B}_J'(x_0)=0$。随着 T 增加，热涨落使得 M_A 和 M_B 减小，而磁化率从 $T=0$ K 处的零逐渐增大并在 T_N

处达到顺磁的值。当 $M_\alpha=0$ 时，$\mathcal{B}_J'(0)=(J+1)/3J$，磁化率具有居里-外斯形式，因为 $T_N=-\theta_p=-C'n_{AB}$。在 T_N 处，磁化率达到最大值 $\chi_{/\!/}=-1/n_{AB}$。反铁磁相互作用越强，最大磁化率越小。

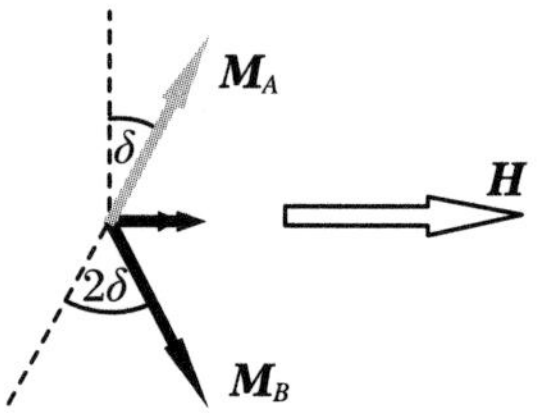

垂直磁化率的计算

假定子晶格磁化倾斜了一个小角度 δ，就可以计算垂直磁化率。在平衡时，每套子晶格上的力矩为零，因此 $M_AH\cos\delta=M_An_{AB}\cdot M_B\sin2\delta(\cos\delta\approx1)$。因为 $M_\perp=2M_\alpha\sin\delta$，

$$\chi_\perp=-1/n_{AB} \tag{6.8}$$

所以垂直磁化率是常数，直到 T_N 都不随温度变化（图 6.2）。对于室温反铁磁材料，交换参数 $|n_{AB}|$ 大于 100，因而其磁化率通常是 10^{-2} 量级。粉末的平均磁化率为 $(1/3)\chi_{/\!/}+(2/3)\chi_\perp$，在低温下为 $2/(3n_{AB})$。

图 6.2

反铁磁体的平行磁化率和垂直磁化率

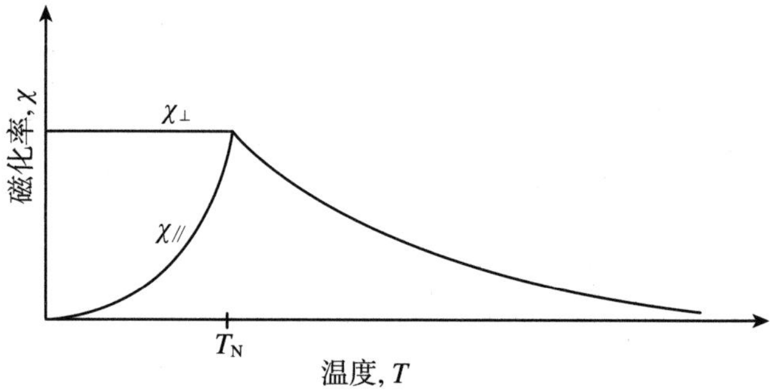

因为对于所有 $T<T_N$，$\chi_\perp>\chi_{/\!/}$，也许有人预期，反铁磁体在外磁场中总是采取垂直构型，即倒在垂直于外场的平面内。事实并非如此，因为磁晶各向异性表现为有效各向异性场（见第 5.5.2 小节）作用在每个子晶格上并将磁化钉扎在反铁磁的易轴方向。如果单轴各向异性常数为 K_1，各向异性场 H_a 就等于 K_1/μ_0M_α。如果 $\boldsymbol{H}$ 平行于 $\boldsymbol{M}_\alpha$ 施加，当平行构型和垂直构型的能量相等时，就会发生自旋翻转：

$$-2M_\alpha H_a-\frac{1}{2}\chi_{/\!/}H_{sf}^2=-\frac{1}{2}\chi_\perp H_{sf}^2$$

$$H_{sf}=[4M_\alpha H_a/(\chi_\perp-\chi_{/\!/})]^{\frac{1}{2}} \tag{6.9}$$

当 $T\ll T_N$ 时，利用式(6.2)、式(6.7)和式(6.8)，上式化简为 $H_{sf}=2(H_aH_a^i)^{1/x}$。取各向异性场 μ_0H_a 和分子场 μ_0H^i 的量级分别为 1 T 和 100 T，自旋翻转场 μ_0H_{sf} 的量级是 10 T。进一步增加外磁场，当 $H=H_\alpha^i$ 时，导致饱和。变磁体（metamagnet）在低温下是反铁磁体，具有弱的子晶格间相互作用，当 $H>H_a$ 时，经历一个相变，直接转变为饱和铁磁态，如图 6.3 所示。

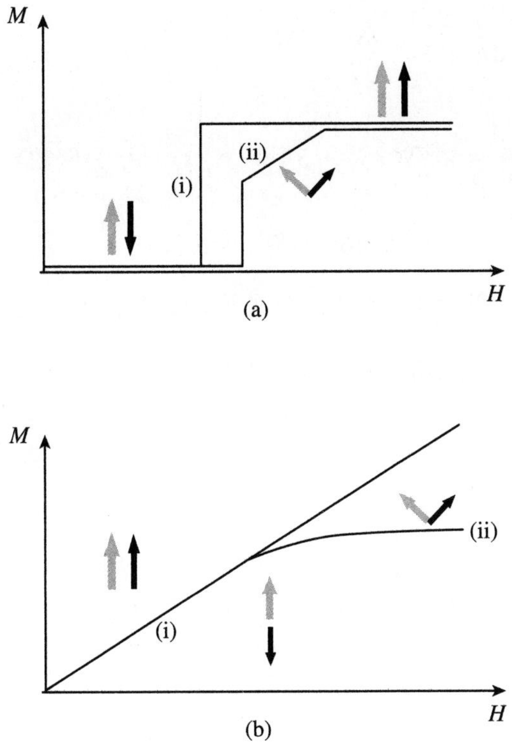

图 6.3

(a)反铁磁体磁化强度和外磁场的函数关系，其中(i) 变磁性的相变，(ii)自旋翻倒的相变；(b)反铁磁体的相图

6.1.1　人工反铁磁体

人工反铁磁体是铁磁体层(例如钴)和非磁性金属层(例如铜或钌)交替的多层薄膜，其中非铁磁层提供了从一个铁磁层到下一层的磁耦合。这个结构可以简化为三明治结构，M_α是铁磁层的磁化强度，$\mu_0 H_\alpha^i$代表了层间耦合。通常 $\mu_0 H_\alpha^i$和$\mu_0 H_a$ 是 1 T 量级，自旋翻转场$\mu_0 H_{sf}$大小类似。人工反铁磁结构用于自旋阀结构，将在第 8 章中讨论。

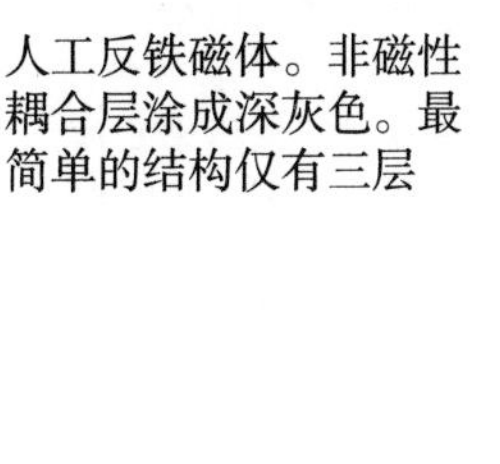

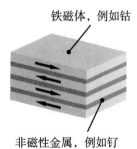

人工反铁磁体。非磁性耦合层涂成深灰色。最简单的结构仅有三层

6.1.2　自　旋　波

考虑有两套子晶格的自旋链，其原子按照顺序编号，对每一套子晶格写出自旋运动方程，就可以计算反铁磁体中的自旋波。采用第 5.4.1 小节的方法，我们得到两套子晶格横向自旋分量的运动方程：

$$\hbar \frac{\mathrm{d}S_j^x}{\mathrm{d}t} = 2\mathcal{J}S(-2S_j^y - S_{j-1}^y - S_{j+1}^y) \quad (j\text{ 为奇数}) \tag{6.10}$$

$$\hbar\frac{\mathrm{d}S_j^y}{\mathrm{d}t} = -2\mathcal{J}S(-2S_j^x - S_{j-1}^x - S_{j+1}^x) \tag{6.11}$$

和

$$\hbar\frac{\mathrm{d}S_j^x}{\mathrm{d}t} = 2\mathcal{J}S(2S_j^y + S_{j-1}^y + S_{j+1}^y)\quad(j\ \text{为偶数}) \tag{6.12}$$

$$\hbar\frac{\mathrm{d}S_j^y}{\mathrm{d}t} = -2\mathcal{J}S(2S_j^x + S_{j-1}^x + S_{j+1}^x) \tag{6.13}$$

将上述方程相加，并使用 $S^{\pm}$ 的定义（见第 3.1.4 小节），得到

$$\hbar\frac{\mathrm{d}S_j^+}{\mathrm{d}t} = 2\mathrm{i}\mathcal{J}S(2S_j^+ + S_{j-1}^+ + S_{j+1}^+)\quad(j\ \text{为奇数})$$

$$\hbar\frac{\mathrm{d}S_j^+}{\mathrm{d}t} = -2\mathrm{i}\mathcal{J}S(2S_j^+ + S_{j-1}^+ + S_{j+1}^+)\quad(j\ \text{为偶数})$$

寻找波动解

$$S_j^+ = A\exp[\mathrm{i}(qja - \omega_q t)]\quad(j\ \text{为奇数})$$

$$S_j^+ = B\exp[\mathrm{i}(qja - \omega_q t)]\quad(j\ \text{为偶数})$$

得到方程组

$$-\mathrm{i}\hbar\omega_q A = 4\mathrm{i}\mathcal{J}S(A + B\cos qa)$$

$$-\mathrm{i}\hbar\omega_q B = -4\mathrm{i}\mathcal{J}S(A\cos qa + B)$$

令系数行列式等于零，就得到反铁磁自旋波的色散关系：

$$\hbar\omega_q = 4\mathcal{J}S\sin qa \tag{6.14}$$

q 值很小时，$\hbar\omega_q \approx q$，色散是线性的，与铁磁体磁子的平方色散（式(5.56)）不一样。一般来说，若玻色子具有色散关系 $\hbar\omega_q \approx q^n$，子晶格磁化强度和比热都随 $T^{3/n}$ 变化（见习题 6.3）。在反铁磁体中磁比热的 T^3 变化，实际上不能与声子的贡献区分开。如同铁磁体一样，由于磁晶各向异性，$q=0$ 处有一个能隙 Δ。赤铁矿是一种常见的反铁磁体，它的磁子色散关系如图 6.4 所示。

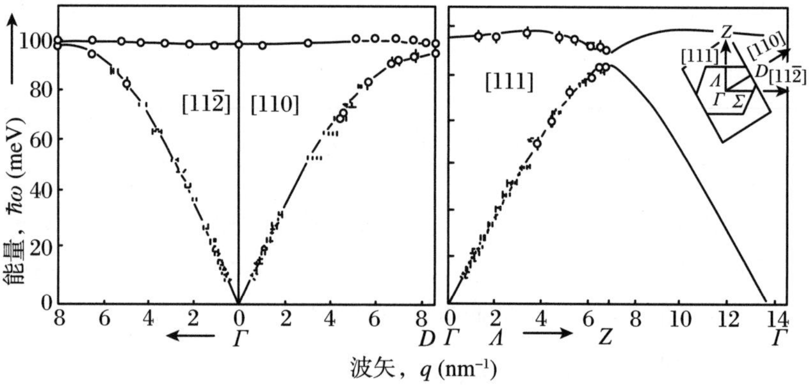

图 6.4

非弹性中子散射的测量结果：$\alpha\,Fe_2O_3$中沿布里渊区不同方向的反铁磁自旋波的色散关系(Samuelsen E J, Shirane G. phys. stat. Sol., 1970, B42(241))

6.2　亚 铁 磁 体

亚铁磁体可以看成具有两套不相等子晶格的反铁磁体。大多数具有净有序磁矩的氧化物是亚铁磁体。表 6.2 列出了一些亚铁磁体。一个例子是钇铁石榴石(YIG) $Y_3Fe_5O_{12}$(见第 11.6.6 小节)。Fe 在 YIG 中是三价的(Fe^{3+},$3d^5$),并占据了两个不同的晶位,一个是氧八配位的 16*a*,另一个是氧四配位的 24*d*。相邻位共用一个氧配体,而且存在强的反铁磁 *a*-*d* 相互作用。由于每个化学式有一个未补偿的 $3d^5$ 离子,这种亚铁磁体构型导致 $T=0$ K 时的磁矩是 5 μ_B。

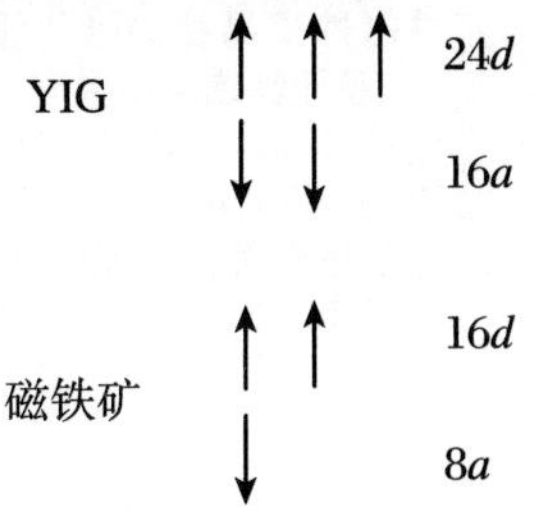

钇-铁石榴石(YIG)和磁铁矿的亚铁磁构型

表 6.2　一些常见的亚铁磁体

	子晶格	T_C(K)	T_{comp}(K)
Fe_3O_4	8*a*;16*d*	856	
YFe_5O_{12}	16*a*;24*d*	560	
$BaFe_{12}O_{19}$	2*a*,2*b*,4*f*1,4*f*2,12*k*	740	
$TbFe_2$	8*a*;16*d*	698	
$GdCo_5$	1*a*,2*c*,3*g*	1014	287

最著名的亚铁磁体是磁铁矿(见第 11.6.4 小节),它是一种典型的永磁体。磁铁矿具有尖晶石结构,化学式是 Fe_3O_4。原胞中也有两个重数不同的阳离子位,包括一个 8*a* 四面体位(A 位)和一个 16*d* 八面体位(B 位)。磁铁矿中的铁是三价和二价的混合物(比例为 2∶1),保证了与 O^{2-} 的电中性。A 位被三价铁离子 Fe^{3+} 占据,B 位被 Fe^{3+} 和 Fe^{2+} 的等比例混合物占据。亚铁磁性构型导致了未补偿的二价铁(Fe^{2+},$3d^4$)自旋磁矩,$T=0$ K 时为 $4\mu_B$ 每化学式。

将两套不相等且方向相反的磁性子晶格标记为“*A*”和“*B*”,净磁化强度 $\boldsymbol{M}=\boldsymbol{M}_A+\boldsymbol{M}_B$ 不等于零。需要三个不同的外斯系数 n_{AA},n_{BB}和n_{AB}来描述子晶格内部及其之间的相互作用。主要相互作用 n_{AB}是负的。与式(6.1)的不同之处是,$\boldsymbol{M}_A\neq\boldsymbol{M}_B$,$n_{AA}\neq n_{BB}$:

$$\begin{aligned}\boldsymbol{H}_A^i &= n_{AA}\boldsymbol{M}_A + n_{AB}\boldsymbol{M}_B + \boldsymbol{H}\\ \boldsymbol{H}_B^i &= n_{BA}\boldsymbol{M}_A + n_{BB}\boldsymbol{M}_B + \boldsymbol{H}\end{aligned} \tag{6.15}$$

每套子晶格的磁化强度用一个布里渊函数表示,而且当 $H=0$ 时,都在临界温度 T_C 降到零,这个临界温度称为**亚铁磁奈尔温度**。在某些情况下(图 6.5),两套子晶格的磁化强度可能在某个温度恰好抵消,这个温度称为补偿温度 T_{comp}。子晶格磁化强度 M_α 等于 $M_{\alpha 0}\mathcal{B}_J(x_\alpha)$,其中

$$\alpha = A, B, \quad x_\alpha = \mu_0 \mathfrak{m}_\alpha H_\alpha^i / k_B T$$

图 6.5

亚铁磁性子晶格的磁化强度。T_c是亚铁磁奈尔温度。左边$|n_{AB}|>>|n_{AA}|$, $|n_{BB}|$;右边$|n_{BB}|>>|n_{AB}|$, $|n_{AA}|$。T_{comp}是补偿温度,静磁矩在那里等于0

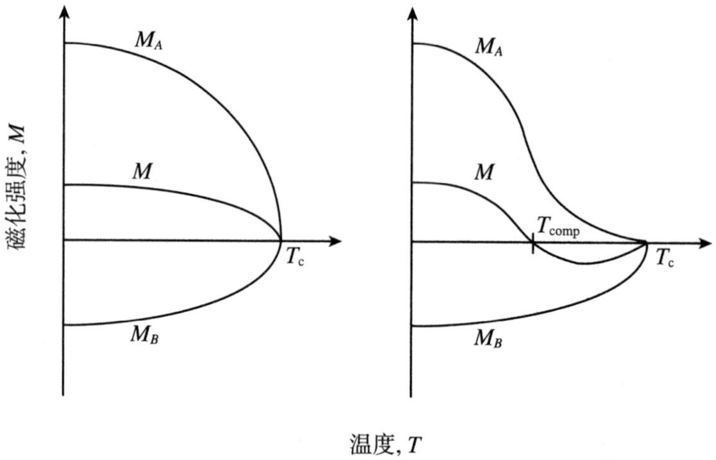

在 T_c 以上,$M_\alpha = \chi_\alpha H_\alpha^i$,其中 $\chi_\alpha = C_\alpha / T$,$C_\alpha = \mu_0 n_\alpha \mathfrak{m}_{eff}^2 / 3k_B$。这里 n_α 为某一子晶格上单位立方米的原子数。因此

$$\begin{aligned} \boldsymbol{M}_A &= (C_A/T)(n_{AA}\boldsymbol{M}_A + n_{AB}\boldsymbol{M}_B + \boldsymbol{H}) \\ \boldsymbol{M}_B &= (C_B/T)(n_{AB}\boldsymbol{M}_A + n_{BB}\boldsymbol{M}_B + \boldsymbol{H}) \end{aligned} \tag{6.16}$$

子晶格出现自发磁化的条件是,在零场下这些方程具有非零解。系数行列式是零,因此

$$[(C_A/T)n_{AA} - 1][(C_B/T)n_{BB} - 1] - (C_A C_B / T^2) n_{AB}^2 = 0$$

由此给出

$$T_c = \frac{1}{2}\left[(C_A n_{AA} + C_B n_{BB}) + \sqrt{(C_A n_{AA} - C_B n_{BB})^2 + 4C_A C_B n_{AB}^2}\right] \tag{6.17}$$

从式(6.16)得到 T_c 以上的磁化率表达式:

$$\frac{1}{\chi} = \frac{T - \theta}{C_A + C_B} - \frac{C''}{T - \theta'} \tag{6.18}$$

其中

$$C'' = \frac{C_A C_B n_{AB}^2}{C_A + C_B}[C_A(1 + n_{AA}) - C_B(1 + n_{BB})]^2$$

$$\theta = \frac{C_A C_B n_{AB}}{C_A + C_B}\left(n_{AA}\frac{C_A}{C_B} - n_{BB}\frac{C_B}{C_A} - 2\right)$$

$$\theta' = \frac{C_A C_B n_{AB}}{C_A + C_B}(n_{AA} + n_{BB} + 2)$$

方程(6.18)是双曲线方程,如图 6.6 所示。

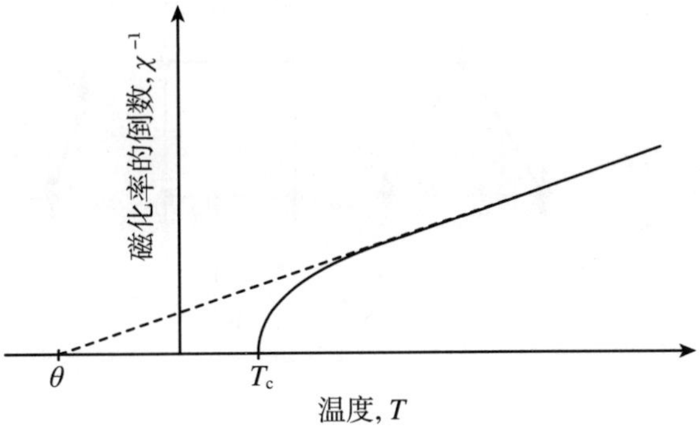

图 6.6
在亚铁磁奈尔温度以上，亚铁磁体的磁化率倒数与温度的关系

6.3 阻　　挫

原子磁矩的平行排列符合铁磁性相互作用能量最低的要求。反铁磁性相互作用的要求就不那么容易满足。由奇数个单元构成的环结构，不可能同时满足反铁磁相互作用。结果是 $T_N \ll |\theta_p|$。最近邻相互作用的晶格发生阻挫的例子包括三角、笼目(Kagome)晶格、面心立方和四面体晶格。尖晶石结构的 16d 位置形成一个四面体晶格；每个四面体有四个三角形的面。

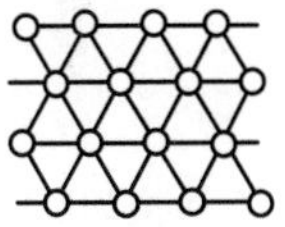

三角晶格

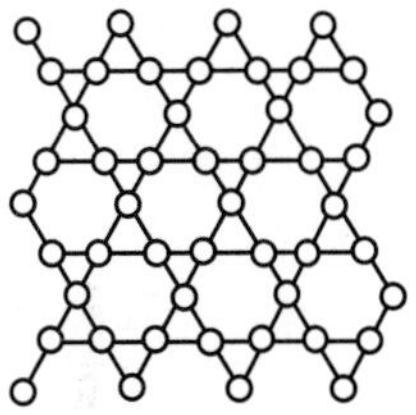

笼目晶格

一些阻挫的二维反铁磁晶格——三角晶格和笼目晶格

为了说明阻挫，考虑三元环、四元环和五元环的能量最低构型(图 6.7)。假定交换是 $-2\mathcal{J}\,\boldsymbol{S}_i\cdot\boldsymbol{S}_j$ 的形式，其中 $\boldsymbol{S}$ 是只有一个分量($\boldsymbol{S}=\pm1$)的伊辛自旋，或者是矢量自旋($\boldsymbol{S}=(S_x,S_y)$，且 $S_x^2+S_y^2=1$)。

奇数元环的交换是阻挫的，因而总交换能除以键的数目小于$\mathcal{J}$。除了有序温度低，阻挫的标志是基态简并度增加，并倾向于形成非共线自旋结构，如图 6.7(b)中的三元环和五元环所示。

6.3.1　立方结构反铁磁体

许多晶体结构可以有不同的方式构成两套相等的反铁磁子晶格。不同的自旋构型具有不同的拓扑序。自旋相对于晶轴的取向是另一回事，它取决于磁晶各向异性。海森堡交换是各向同性的，所以并没有限定特别的反铁磁轴。

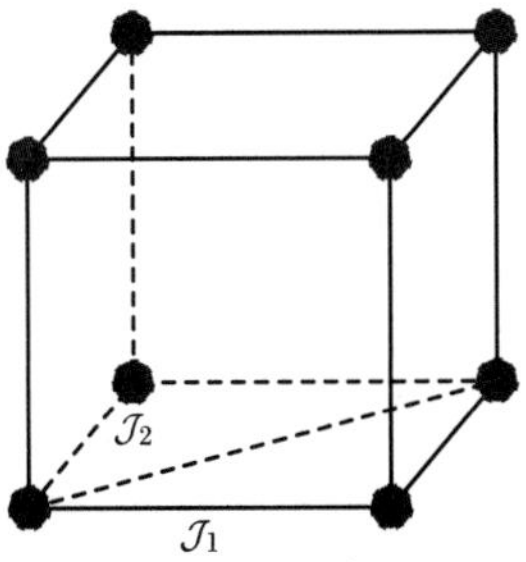

简单立方晶格中的磁性相互作用

简单立方　图 6.8 显示了简单立方晶格的四种可能的反铁磁构型。最近邻和次近邻存在 $\mathcal{J}_1$ 和 $\mathcal{J}_2$ 两种可能的超交换路径。更长程

图 6.7

(a)伊辛自旋和(b)经典二维矢量自旋形成的三元环、四元环和五元环的最低能量构型。每个键能量的单位是 $\mathcal{J}$。图中给出了伊辛自旋的简并度

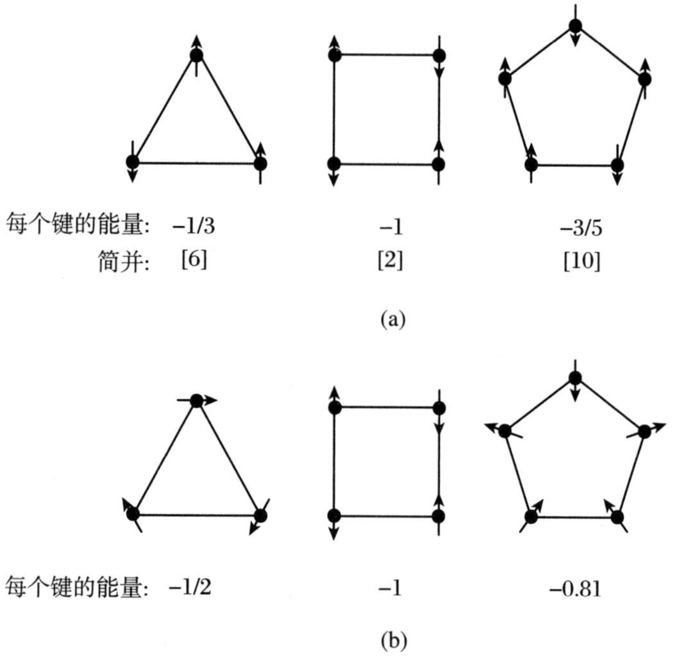

图 6.8

简单立方晶格的反铁磁模式，两个子晶格分别用灰色和黑色表示

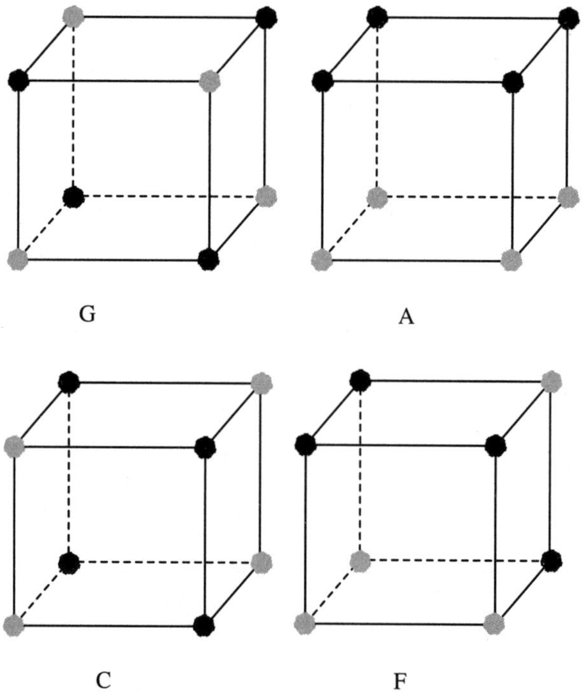

的相互作用也是可能的，特别是在金属中。虽然没有简单立方结构的元素(除了钋)，但是磁性离子在化合物中常常形成简单立方子晶格：钙钛矿结构 ABO_3 中的“B 位”就是例子。如果只有 $\mathcal{J}_1$ 是反铁磁相互作用，则最近邻键是非阻挫的，就会采用 G 模式：一个特定原子的所有 6 个最近邻都处于相反的子晶格上。这个结构由交变的铁磁

性[1 1 1]面组成。如果只有$\mathcal{J}_2$是反铁磁相互作用，就不可能同时满足所有 12 个次近邻键，最好的结果是 8 个原子处于相反的子晶格上而 4 个处于相同的子晶格上，如 A 模式和 C 模式。存在 4 个子晶格，而 T_N 的方程组涉及四阶行列式。第四个模式(F)是铁磁的。将不同模式沿笛卡儿坐标轴的分量结合起来，可以产生更普遍的磁性结构。对于杨-泰勒(Jahn-Teller)离子，它特定的轨道占据会引起晶格的微小畸变，这种晶格畸变会改变轨道交叠，进而改变交换作用。

体心立方　这里存在非阻挫结构，可以完全满足最近邻相互作用$\mathcal{J}_1$或者次近邻相互作用$\mathcal{J}_2$。在后一种情况中，存在两套完全解耦的简单立方反铁磁结构，分别称为第Ⅰ类和第Ⅱ类体心立方序。如果两个反铁磁相互作用同时出现，就出现冲突，导致一个部分阻挫的折中基态。如果用分子场系数表示交换相互作用$\mathcal{J}_1$和$\mathcal{J}_2$，铁磁和反铁磁的稳定区域如图 6.9 所示。

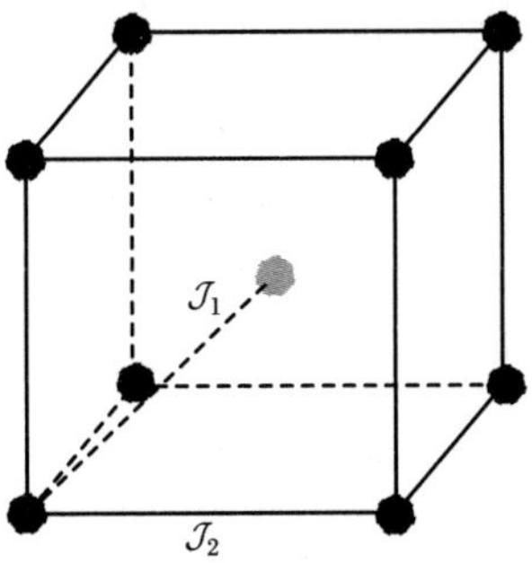

类型Ⅰ

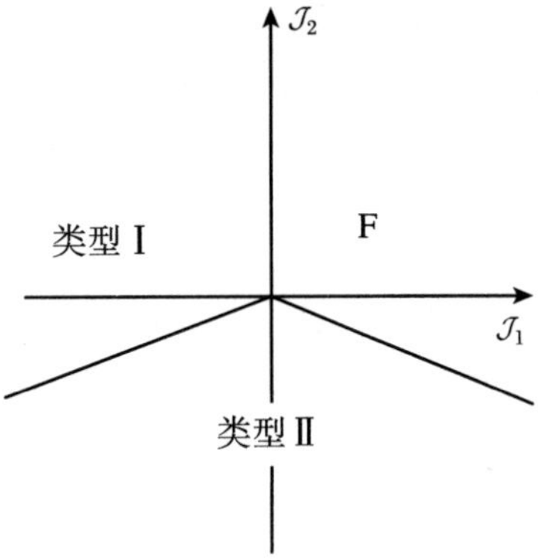

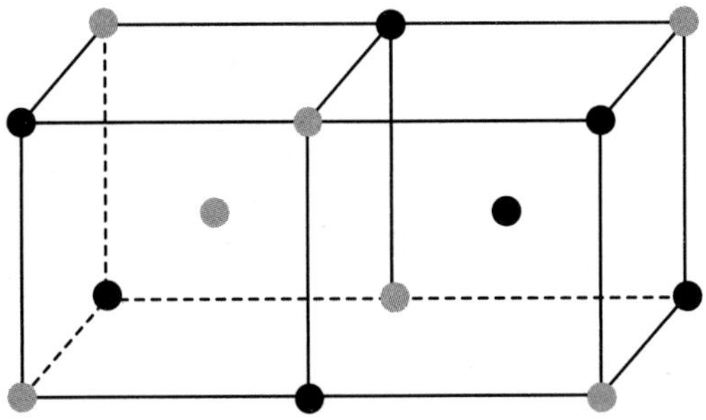

类型Ⅱ

图 6.9

体心立方晶格的反铁磁模式

面心立方　最著名的阻挫反铁磁体具有面心立方晶格。这里最近邻交换$\mathcal{J}_1$总是阻挫的，如同简单立方晶格中的$\mathcal{J}_2$。面心立方晶格分成 4 个简单立方子晶格，具有磁化强度 $\boldsymbol{M}_A$，$\boldsymbol{M}_B$，$\boldsymbol{M}_C$，$\boldsymbol{M}_D$。每个原子在其他 3 个子晶格上各有 4 个最近邻。对于给定的自旋，最多三分之二的邻位可以反平行排列。零外加场下，分子场方程组是 $\boldsymbol{M}_A = \boldsymbol{M}_0 \mathcal{B}_J(x_A)$，其中 $x_A = \mu_0 m_A[n_{AA}\boldsymbol{M}_A + n_{AB}(\boldsymbol{M}_B + \boldsymbol{M}_C + \boldsymbol{M}_D) + H]/k_B T$，等等。

只考虑子晶格之间的相互作用 n_{AB}，可以得出

$$T_N = C' n_{AB}, \quad \theta_p = 3C' n_{AB} \tag{6.19}$$

其中 $C' = \mu_0 N_A m_{eff}^2 / 3k_B$。注意 $\theta_p = 3T_N$。将高温下测得的磁化率外推到零，就可以得到各个交换相互作用的强度。然而，奈尔温度反映了同时满足所有交换键的可能程度。如果磁结构已知，就能导出两个分子场系数，进而由 T_N 和 θ_p 得到交换相互作用 $\mathcal{J}_1$ 和 $\mathcal{J}_2$。

面心立方晶格有三种可能的磁模式，如图 6.10 所示。第Ⅰ类具有交替铁磁性[001]面的结构。第Ⅱ类具有交替铁磁性[111]面的结构。第Ⅲ类由交替反铁磁[001]面构成。过渡金属的一氧化物 MnO，FeO，CoO 和 NiO 都具有第Ⅱ类序。$MnTe_2$ 和 MnS_2 分别是第Ⅰ类序和第Ⅲ类序的例子。最近邻和次近邻分子场系数的稳定区域如图 6.10 所示。第四类序由交替铁磁性[110]面构成，可以通过将相互作用扩大到次近邻以外来稳定，例如 CrN。

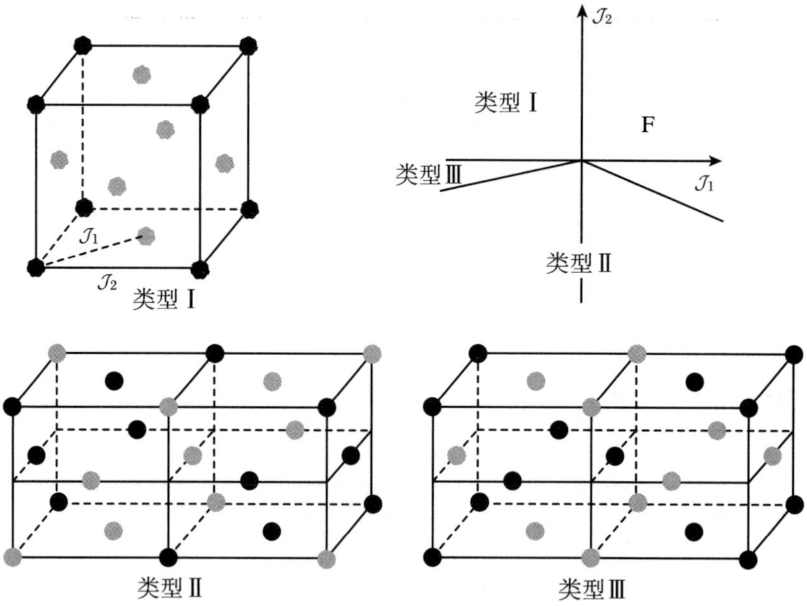

图 6.10
面心立方晶格的反铁磁模式

由于磁致伸缩，没有严格的立方铁磁体，同样也不会有严格的立方反铁磁体。磁致伸缩会沿着反铁磁轴产生结构畸变。依赖于这个轴是[100]或者[111]发生轻微的四方畸变或三方畸变。

6.3.2 轨道有序

d电子处于轨道简并能级的阳离子,可以表现出形式上等价于反铁磁性的电子有序效应。考虑有8个氧配位的$3d^9$阳离子的Cu^{2+},它的第9个电子处于$e_g^{\downarrow}$能级,其中d_{z^2}和$d_{x^2-y^2}$是简并轨道。但是,d^9离子是姜-泰勒离子,它会通过拉长或压扁正八面体使得其中一个轨道更稳定。这两种构型交替地排列,可以匹配相邻的八面体,从而降低能量。这就是G型轨道序,其中有两套子晶格,分别由电子处于d_{z^2}和$d_{x^2-y^2}$轨道的离子构成。

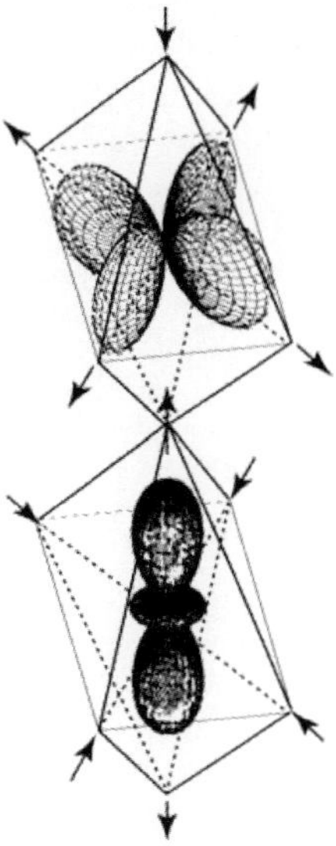

d^4离子或d^9离子周围氧八面体的关联变形。氧离子的位移如箭头所示

6.3.3 螺旋磁体

铁磁相互作用和反铁磁相互作用可能冲突。例如,在某种层状结构中,铁磁层与相邻层是铁磁性耦合,但次近邻层是反铁磁性耦合,就可能出现螺旋式的自旋结构。如果$\mathcal{J}_1$和$\mathcal{J}_2$分别为最近邻面和次近邻面的交换常数,那么中心平面内一个自旋的能量就是

$$\varepsilon = -4\mathcal{J}_1 S^2\cos\theta - 4\mathcal{J}_2 S^2\cos 2\theta$$

并在$\cos\theta = -\mathcal{J}_1/4\mathcal{J}_2$时达到最小值。当$\mathcal{J}_1>0,\mathcal{J}_1<-4\mathcal{J}_2$时,螺旋磁结构出现。

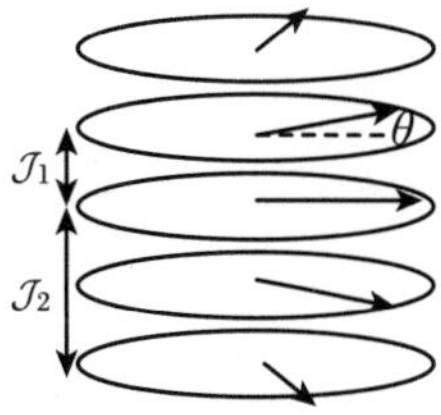

平面螺旋磁体

交换作用和各向异性的平衡可以产生其他的调制结构,如图6.11所示的螺旋面(易磁化方向位于锥面上)和旋进线结构。有时候,周期性调制的是磁矩的大小而不是其方向。正弦调制结构最著名的例子是铬。如果调制周期与底层的晶格周期不是简单的整数比(例如Cr),这种结构就是非公度的。公度的磁有序可以描述为一个扩大的原胞中的多个子晶格结构。

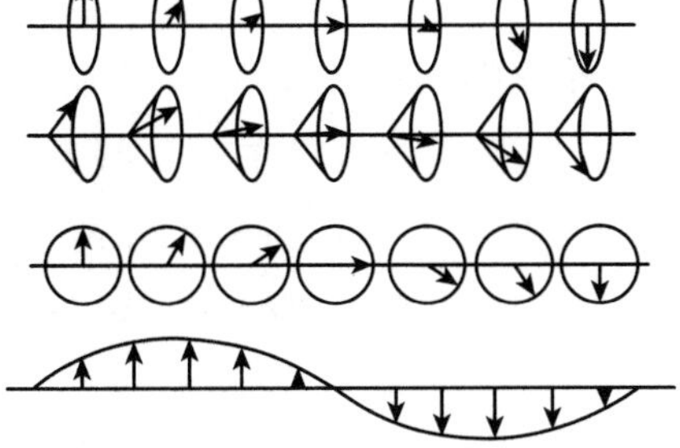

图6.11

一些非公度的磁结构:(a)螺旋,(b)螺旋面,(c)旋进线,(d)正弦调制。其中只有(b)具有剩余的磁矩

6.3.4 稀土金属

从铈到镱的4f金属，以及它们的非磁性相似物钇、镧和镏，是磁学研究的舞台。它们的化学性质相似，但是磁矩和单离子各向异性却差别很大，磁性质明显不同。稀土在金属中通常采用4f壳层的三价组态 $4f^n(5d6s)^3$，在绝缘体中它们失去三个最外层电子并形成三价离子 R^{3+} $4f^n$。Yb和Eu是例外，它们更喜欢二价组态，并受益于特别稳定的全满或半满的4f壳层(图11.2)。Ce可以是四价的，其4f壳层是空的。

三价稀土的晶体结构基于二维六角面的密堆积。随着原子序数的增大，晶格参数减小，这就是镧系收缩，而量子数 J 的变化如图4.4所示。有效交换耦合的比例系数是德热纳因子 G(表4.10)。稀土磁性特别复杂、多种多样，包括铁磁性、反铁磁性、螺旋磁结构和周期调制结构，有时出现在不同温度下的同一种金属中，反映了各向异性和交换作用的竞争。RKKY型的交换作用是长程的，与多个壳层的相邻原子有正或负的耦合(见第5.2.2小节)。在这种情况下，可以定义一个依赖于波矢的交换相互作用

$$\mathcal{J}(q) = \sum_j \mathcal{J}(r_{ij})e^{-iqr_{ij}} \tag{6.20}$$

它是实空间交换相互作用 $\mathcal{J}(r_{ij})$ 的傅里叶变换。使 $\mathcal{J}(q)$ 最小的波矢决定了螺旋磁结构的周期。如果最小值位于 $q=0$，就是铁磁性结构。

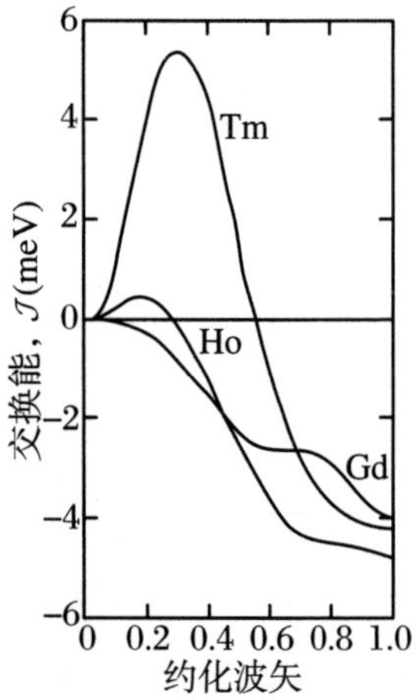

重稀土金属的交换相互作用 $\mathcal{J}(q)$ 对波矢的依赖关系。Gd是铁磁体，其他是螺旋磁体

在高温下，各向异性主要是二阶易轴或易面占主导，其符号决定于稀土四极矩和稀土位的电场梯度的乘积(见第4.4.4小节)。在低温下，除了二阶项外，四阶项和六阶项也起作用(正比于 $\langle J_z^n \rangle$)，决定了磁结构。晶体场也可能起作用，例如使Pr在某些格点上的非磁性态 $|M_J=0\rangle$ 更稳定，而非其他格点。第11章将进一步讨论稀土和稀土金属间化合物。

稀土形成同构稀土金属间化合物，并与3d金属形成伪二元固溶体(如 RFe_2 或 R_2Co_{17})。这两大类材料在整个4f系列中稳定存在，包括了很多有趣和有用的磁性材料，例如 $SmCo_5$(极大的各向异性)，(Tb,Dy)Fe_2(巨磁致伸缩)和 $Gd_5(Si,Sn)_4$ 或 La(Fe_{11}Si)(大的磁热效应)。

6.4　无定形磁体

无定形固体没有晶格。原子处于冻结的类似液体的状态。纯金属元素实际上不可能在室温下保持这种状态。所以磁学上有关的非晶材料是 3d 或 4f 元素的合金或化合物，有时是非常薄的薄膜。无定形合金通常用液相或气相淬火制备。一般结构中有化学（格位）无序、键无序和拓扑无序，如图 6.12 所示。

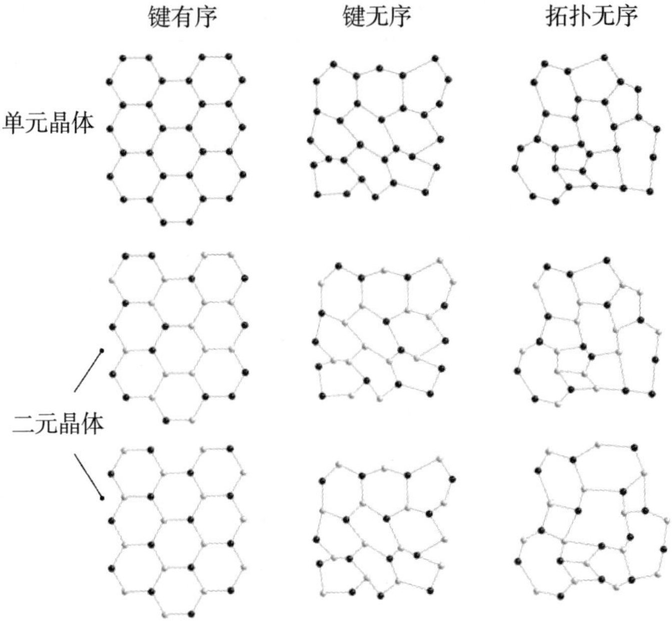

图 6.12

二维的单原子网络和双原子网络的无序类型（其中包括键无序和拓扑无序）

无定形固体的结构用径向分布函数$\mathcal{G}(r)$表示，这是一种平均的方式，$\mathcal{G}(r)\mathrm{d}r$ 是从任意一个中心原子出发 r 和 $r+\mathrm{d}r$ 之间的原子数，对所有中心原子位置做平均，如图 6.13 所示。$\mathcal{G}(r)$在长程上趋近于抛物线，因为对足够大体积做平均的原子密度是均匀的，但是在短程上，径向分布函数显示出几个峰，对应于最初几层的配位原子。短程序类似于凝固的液体。利用衍射图案$\mathcal{I}(k)$的傅里叶变换，可以在实验上得到$\mathcal{G}(r)$。

前缀“a-”用来表示无定形材料。为了描述二元 a-AB 合金的结构，需要三个部分径向分布函数$\mathcal{G}_{\mathrm{AA}}$，$\mathcal{G}_{\mathrm{AB}}$和$\mathcal{G}_{\mathrm{BB}}$。$\mathcal{G}_{\mathrm{AB}}(r)\mathrm{d}r$ 表示从中心 A 原子出发在 r 和 $r+\mathrm{d}r$ 之间的 B 原子数目。

进一步的结构信息来自核磁共振和穆斯堡尔谱等技术（探测局域电场梯度），或者其他对三中心关联（例如键角）敏感的方法。局域配位数可以从 X 射线吸收边精细结构（EXAFS）推测。不过，建模是

图 6.13

液态钴和非晶态钴的径向分布函数；虚线的抛物线是长程极限

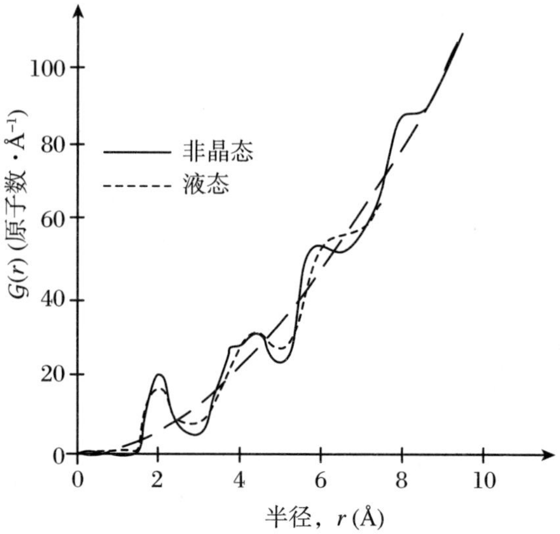

了解非晶材料结构最强大的技术。一个模型必须能够再现实验观测结果，特别是 X 射线或中子衍射图案。

贝尔纳(J. D. Bernal, 1901—1971)

原子结构的堆积率 f 定义为原子（看作硬球）的体积填充比。无定形金属常常采用随机密堆积的**贝尔纳结构**，f = 0.64，而立方和六角密堆积结构是 0.74，非密堆积的体心立方结构是 0.68。在随机密堆积结构中，局部有 13 个原子的致密团簇（实心正二十面体），但是这些二十面体并不能充满空间，除非留下大的间隙空位。原子和空位的比率大约为 4∶1。这些空位可以由更小的原子填塞，使非晶结构稳定。一个典型的例子是 a-$Fe_{80}B_{20}$，共价硼插入铁的贝尔纳结构的空位中。另一个例子是 a-$Gd_{80}Au_{20}$。

在实验室里，将豌豆压紧在罐子里，或者将滚珠压紧在足球内胆里，就可以产生贝尔纳结构。这些颗粒是用蜡固定的，可以逐个地剥离以检查它们的配位数和键长。这种方法很烦琐，但是有指导性，现在大多是用计算机做了。

凝固温度为 T_m 的低共熔体（eutectic melts）容易形成玻璃。玻璃是从熔化态淬火到玻璃转变温度 T_g 以下而得到的非晶固体。在 T_g 以下，在测量的时间尺度上，扩散运动停止了。这在二元或伪二元相图上的低共熔点附近最容易，其中 $(T_m - T_g)/T_m$ 很小。金属、半导体和绝缘体的玻璃都可以用这种方法制备。

绝缘介电玻璃（例如窗玻璃）通常是几种不同氧化物的混合物，其中的一种（例如 SiO_2）用于形成玻璃，形成四面体的连续随机网络，而其他氧化物修饰这个网络，它们的阳离子占据四面体、八面体或更多氧配位的位置。磁性 3d 阳离子通常占据氧格子的四面体位或八面体位。它们是网络修饰者，而不是玻璃形成者，而且其浓度通常不足以让最近邻交换作用发生渗流。当磁性离子比例超过渗流阈值 x_p 时，整个结构里就出现了连续的交换路径。x_p 近似为 $2/Z_c$，其中 Z_c 是阳离子-阳离子配位数；一个网络至少要有两个键。磁性原子或离子不喜欢共价键的无定形结构，如 a-Si 的四重四面体随机网络结构。然而，确实存在一些高磁性离子浓度的无定形离子化合物，尤其是无定形 FeF_3，它是八面体的连续随机网络结构，其中铁原子有 6 个氟配位，而氟原子有 2 个铁配位。第 11 章给出了磁性玻璃的例子。

在无定形结构中，磁性原子的最近邻环境和键长不是确定值，而是概率分布，可以用径向分布函数和高阶关联函数描述。因此，格位磁矩、交换相互作用、偶极和晶体场等一切影响磁序本质的量也是分布，如图 6.14 所示。

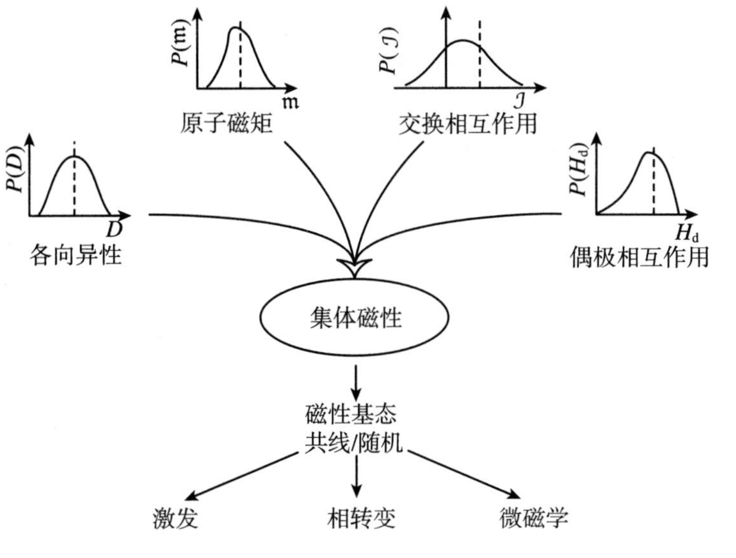

图 6.14

集体磁性的各种要素。在非晶固体中，原子磁矩(m)、各向异性(D)、交换相互作用($\mathcal{J}$)和偶极相互作用(H_d)不是确定值，而是概率分布

6.4.1　单网络结构

这些结构具有单一的磁性网络。例如，在 a-$Fe_{80}B_{20}$ 或 a-FeF_3 中，Fe 原子构成了单一的磁性网络。在无定形材料磁有序的讨论中，我们忽略静磁的偶极-偶极相互作用(在有净磁矩的结构中，这会导致畴的形成)，重点关注交换相互作用和单离子磁各向异性分布的影响。

$\mathcal{J}>0$　当交换作用是铁磁性的，而局域单离子各向异性可以忽略时，磁性就是铁磁性。这时存在居里温度，而且和铁磁性晶体的差别较小。显然，不存在磁晶各向异性 K_1，因为没有晶格，体材料也没有总的易磁化方向，除非由于形状或者各向异性的织构以某种方式来传递给无定形固体(例如,在玻璃转变温度附近在磁场下退火)。然而,在原子尺度确实有局域磁各向异性。由于磁致伸缩依赖于自旋轨道耦合(这是原子尺度的相互作用),在无定形合金中存在线性磁致伸缩。体磁致伸缩也可能存在,因为它依赖于原子间的交换相互作用。可能找到一些表现出零磁致伸缩(即殷钢效应)的无定形合金。事实上,通过改变无定形态的成分来调整性质比晶态更容易。因为无定形密堆积结构随成分而连续演化。例如,在 a-$Fe_{80-x}Co_xB_{20}$ 中,Fe∶Co 可以是任何值,而在 $Fe_{100-x}Co_x$ 合金中,当 $x=20$ 时,有一个从体心立方到面心立方的相变。

为了用分子场理论处理无定形结构,引入$\mathcal{J}$分布

$$\mathcal{J} = \mathcal{J}_0 + \Delta\mathcal{J} \tag{6.21}$$

其中 $\Delta\mathcal{J}$是满足对称高斯分布的随机变量。这就是汉德里奇(Handrich)模型。没有外磁场时,布里渊函数被替换为

$$\langle M(T)\rangle = (M_0/2)\{\mathcal{B}_S[x(1+\delta)] + \mathcal{B}_S[x(1-\delta)]\} \tag{6.22}$$

其中 δ 是归一化的方均根交换作用涨落,其定义为

$$\delta^2 = \left\langle \left(\sum_j \Delta\mathcal{J}\right)^2 \right\rangle \Big/ \left(\sum_j \langle\mathcal{J}\rangle\right)^2$$

结果是磁化强度随温度的下降比没有分布时更快。$\mathcal{J}$的空间涨落通常使 T_C 下降,如图 6.15 所示。

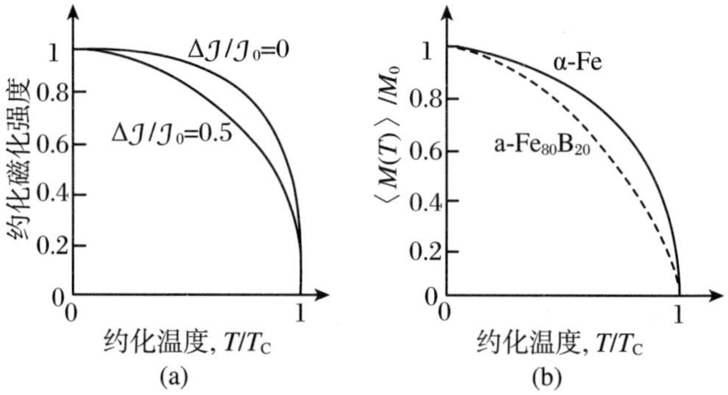

图 6.15

(a) 根据汉德里奇分子场模型,晶体和无定形磁体的约化磁化强度与约化温度的关系(Handrich R. Phys. Stal. Sol.,1969,32(K55));(b) 晶体 Fe 和无定形$Fe_{80}B_{20}$的约化磁化强度数据

虽然没有净的磁各向异性,但是在原子尺度上,或者几个原子间距的纳米级体积内,有局域易磁化方向。在无定形固体中,没有精确的格位对称性,但在任何一个原子位,总是有静电场。不同取向的电场梯度张量使得每个原子位都有不同的易磁化轴 $\boldsymbol{e}_i$。静电相互作用的主导项是二阶项(式(4.32))。这种随机的局域各向异性足以钉扎 4f 合金的局域磁化强度方向,但是一般不足以在 3d 合金中钉扎它。然而,这种随机各向异性总是不利于铁磁序。

基于式(4.33),这种情况可以用哈里斯-普利施克-祖克曼(Harris-Plischke-Zuckermann)模型的哈密顿量表示:

$$\mathcal{H}_{HPZ}=-2\sum_{ij}\mathcal{J}_{ij}\boldsymbol{S}_i\cdot\boldsymbol{S}_j-\sum_i \mathsf{D}_i(\boldsymbol{e}_i\cdot\boldsymbol{S}_i)^2-\sum_i\mu_0 g\mu_B(\boldsymbol{S}_i\cdot\boldsymbol{H}_z) \tag{6.23}$$

如果交换作用仅限于最近邻（即$\mathcal{J}_{ij}=\mathcal{J}$），而且随机各向异性有恒定的幅度和随机的方向（即$\mathsf{D}_i=\mathsf{D}$），上式就可以简化。关键的参数是比值 $\alpha=\mathsf{D}/\mathcal{J}$。如果 $\alpha\gg1$，随机各向异性比交换作用占优势，并破坏铁磁序。通过考虑任意原子位的交换场方向，可以估计铁磁性被扰乱的长度尺度。这是因为 z 分量正比于 $Z/2$，而 xy 面内的横向分量正比于 $(\pi/4)\sqrt{Z}$。其中 Z 是相互作用的近邻数，而 1/2 和 $\pi/4$ 是在半球内随机指向的单位矢量在平行和垂直于 Oz 方向的平均值。因此平均来说，交换场的指向误差是 $\zeta=\arctan(\pi/2\sqrt{Z})$。（若 $Z=12$，则 $\zeta=24^\circ$。）从中心原子沿任意方向往外走，这些误差以随机的方式积累，超过距离 $(\pi/2\zeta)^2a$ 后（a 为原子间距），就失去了对最初 z 方向的记忆。如果做近似 $\tan\zeta\approx\zeta$，则铁磁性关联长度 $\approx Za$。关联长度随着相互作用近邻数增加，如图 6.16 所示。当仅有少量相互作用的近邻时，经过几个相互作用的最近邻距离，局域铁磁轴就迷失方向了，但是当 $Z\to\infty$ 时，磁化强度方向随机地分布在以 z 轴为中心的半球内，且磁化强度 $M_s=\frac{1}{2}n\mathfrak{m}$，因为$\mathfrak{m}\cos\theta$ 在整个半球内积分为

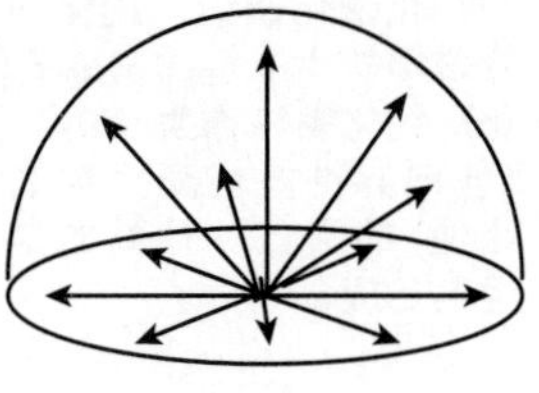

原子磁矩在半球内的均匀分布给出平均磁化强度 $\langle\mathfrak{m}\rangle=\mathfrak{m}/2$

$$\langle\mathfrak{m}\rangle=\int_0^{\pi/2}\mathfrak{m}\cos\theta 2\pi r^2\sin\theta\mathrm{d}\theta\Big/\int_0^{\pi/2}2\pi r^2\sin\theta\mathrm{d}\theta=\frac{1}{2}\mathfrak{m}$$

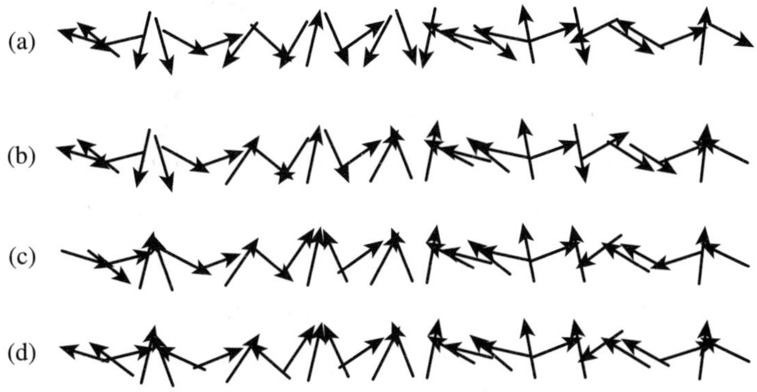

图 6.16

一排自旋沿着随机各向异性轴排列，其铁磁关联长度逐渐增加：(a) 自旋随机指向，(b) 自旋指向尽可能接近其两个最近邻，(c) 自旋指向尽可能接近其八个近邻，(d) 自旋指向尽可能接近其所有近邻

在外磁场下，磁化强度连续地达到饱和，经典自旋的情况如图 6.17所示。随着 α 从 0 增加到∞，剩磁从 1 减少到 0.5。

再考虑 $\alpha\ll1$ 的极限，这对于局域各向异性是交换作用 1/100 的无定形 3d 铁磁体更实际，此时也有迷失的铁磁轴，但是发生在长得多的尺度上。假设尺寸为 L、包含 $N=(L/a)^3$ 个原子的区域中自旋方向相关联，各向异性使得自旋方向相对于平行排列的铁磁序产生局域偏差 α。区域内的统计涨落将偏好某个特定方向。每个原子的平

图 6.17

(a) 交换作用可忽略的随机各向异性模型在T=0 K的约化磁化曲线。约化的外磁场(h)为$(g\mu_B/DS)\mu_0 H$。(b) 约化剩磁作为α=D/$\mathcal{J}$(各向异性能与交换能的比值)的函数。计算的是经典自旋

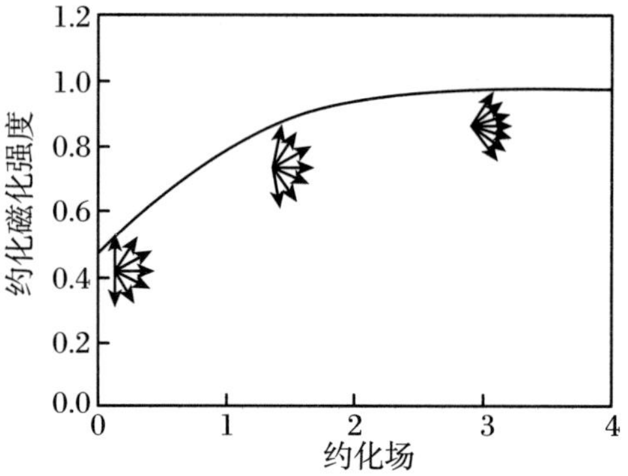

(a)

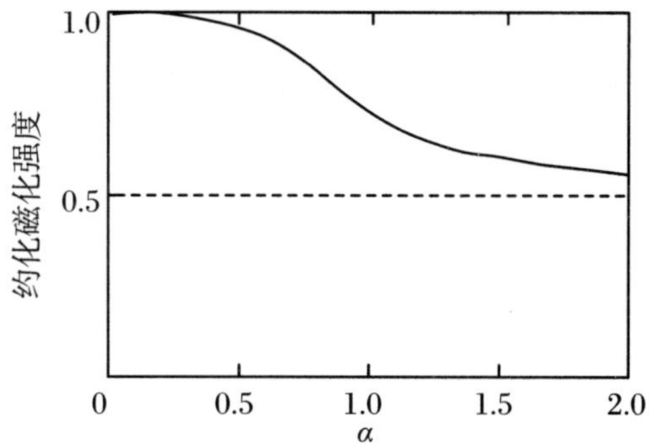

(b)

均各向异性能 ε_a 为 $-DS^2/\sqrt{N}$，其中 D 是单轴各向异性常数。从一个区域到下一个区域，铁磁轴的指向改变 π/2 的倍数，因此交换作用的平均增加 ε_{ex} 为$\mathcal{J}S^2(\pi a/2L)^2$。求这两项能量和的最小值，给出

$$L = (1/9\alpha^2)\pi^4 a \tag{6.24}$$

上面的讨论表明，随机各向异性从未因平均而完全消失。纯粹的铁磁态总是被随机各向异性破坏，即使它很小。但是，如果开始的 α 很小，这个效应就可以忽略。在上述例子中，$\alpha = 1/100$，$L \approx 10^5 a$。铁磁轴迷失距离为几十微米，与铁磁畴的尺寸相当。在小 α 极限下，非晶磁体与软磁晶体实际上不可区分。从强钉扎到弱钉扎的定性转变发生在 α ~0.3，同时伴随着矫顽力的出现，如图 6.18 所示。

图 6.18

约化矫顽力作为α的函数。这是随机各向异性模型(包含996个自旋)的蒙特卡罗模拟结果(Chi C, Alben R. J. Appl. Phys., 1977, 48(2487))

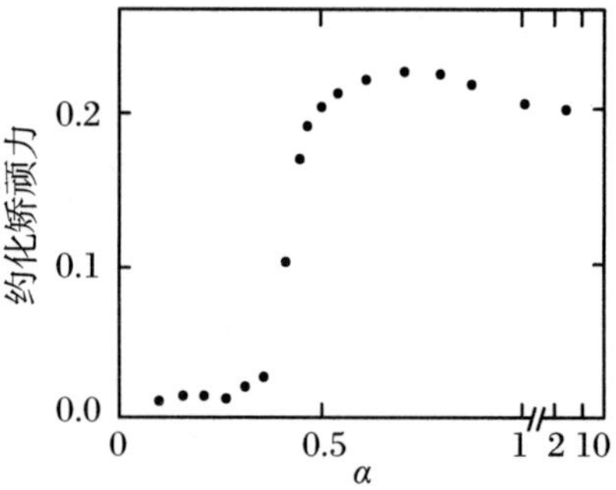

$\mathcal{J}<0$　当交换作用为反铁磁的时，晶格的缺失产生了更大更深远的影响。通常存在拓扑无序，使得非晶氧化物或卤化物中的超交换键发生阻挫。自旋最终冻结到简并度很高的随机非共线基态。对于很多不同的自旋构型，系统具有几乎相同的能量。冻结温度 T_f 远低于顺磁居里温度 θ_p，后者反映了反铁磁相互作用的平均强度。平均自旋关联 $\langle \boldsymbol{S}_i(0)\cdot\boldsymbol{S}_j(r)\rangle$ 在最近邻距离是负的，但在更远距离上快速地变为零。这种随机自旋冻结就是散磁性(speromagnetism)。

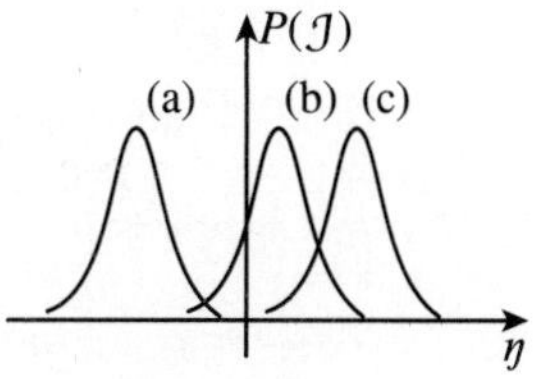

交换相互作用的分布导致了：(a) 散铁磁性；(b) 非散铁磁性；(c) 铁磁性

当交换作用的分布变宽而又具有正的平均值时，中间情况出现。局部上，存在净磁化强度，但是在交换作用局部平衡的影响下，铁磁轴迷失方向。这种随机的自旋冻结就是**非散磁性**(asperomagnetism)。当 $\mathcal{J}>0$ 时，在强随机局域单轴各向异性的影响下，同样随机的磁结构出现。

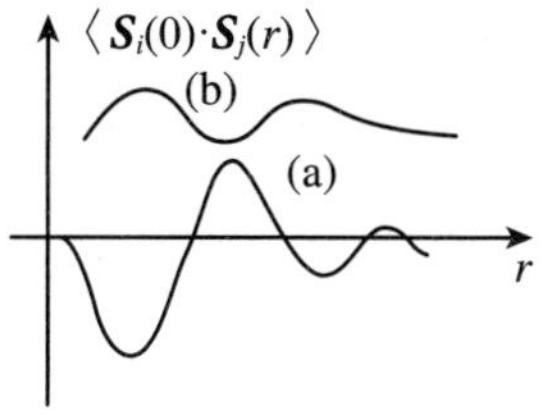

(a) 散磁体和(b) 非散磁体中的平均自旋关联

散磁性和非散磁性的区别在于自旋相关平均值为零的特征长度。在散磁体中，这最多是几个原子间距（最近邻关联的超交换相互作用是反铁磁的），而在一个非散磁体中，它要长得多，而且在介观尺度上的整体关联是铁磁性的。

在非晶材料中，不同种类的磁性结构如图 6.19 所示，可以用它们的磁化曲线来区分，如图 6.20 所示。

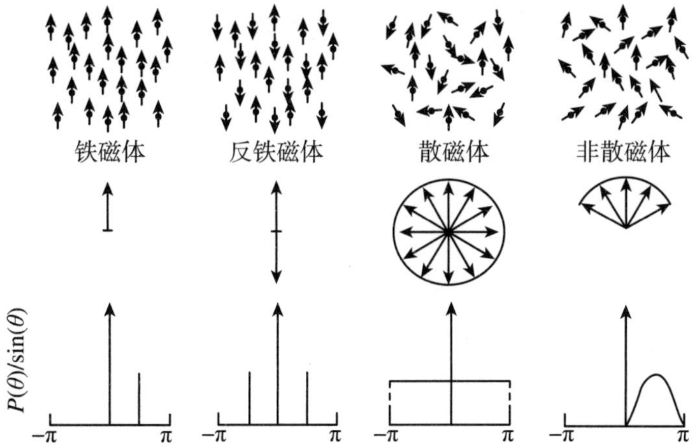

图 6.19

非晶固体中可能的磁性结构

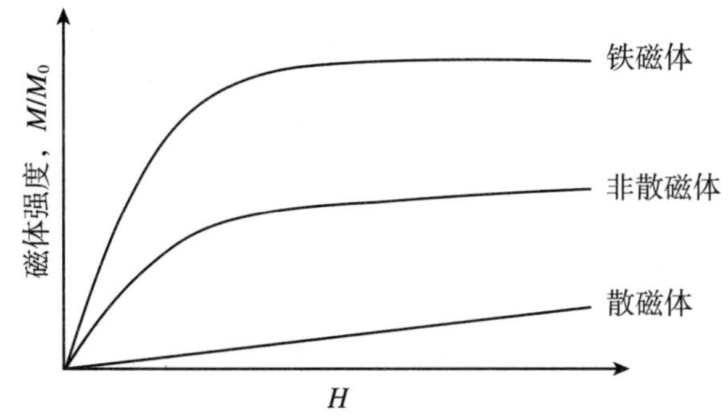

图 6.20

铁磁体、散磁体和非散磁体在低温下的磁化曲线

6.4.2 双网络结构

可以设想，在拓扑上有两套非晶子格子，如图 6.12 所示，但这种情况似乎不可能实际出现。

然而，基于**化学成分**，有可能区分非晶固体中的两套磁性子网络，通常是由 3d 原子和 4f 原子组成的子格子。d-d 交换作用是强铁磁性的，确定了铁磁性 3d 子网络，而 3d-4f 相互作用倾向于使 4f 子网络的自旋与 3d 子网络反平行排列。因此，重稀土元素子网络的磁矩平行排列，而轻稀土元素反平行排列。因此，存在**非晶亚铁磁体**，其中 A 和 B 两个子系统是从化学上定义的。一个例子是 a-$Gd_{25}Co_{75}$。与晶态亚铁磁体类似，非晶态亚铁磁体可能存在补偿温度（$M_{4f}> M_{3d}$）。

对于具有强单轴各向异性且与 3d 子网络交换耦合弱的稀土元素，局域易磁化轴决定于局域晶体场相互作用 $D_iJ_{zi}^2$。这些局域易磁化轴是随机的，导致散亚铁磁性结构，如图 6.21 所示。[①]

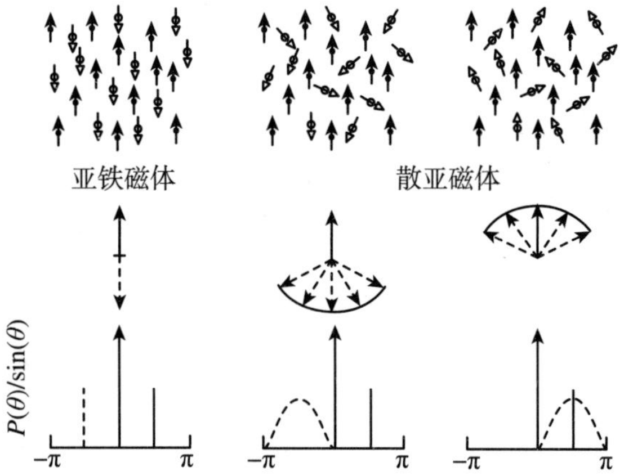

图 6.21

非晶二元合金中可能的双网络磁性结构

6.5 自旋玻璃

正则自旋玻璃是这样的稀磁合金，其中磁性杂质原子在非磁性宿主材料中仍然具有磁矩，但是位置是随机的。例如，**CuMn** 和 **AuFe**

① 名称中表示结构中随机的词根 spero/speri 源自希腊语 διαπειρεω，意为在各方向的分散。其他以此词根结尾的单词还有 dispersion（分数）和 diaspora（散居国外的人，侨民）。

(黑体字的金属是宿主,而合金的成分为 $M_{100-x}T_x$)。当杂质浓度 x 低于1%时,晶格的离散性是感觉不到的,而杂质通过长程RKKY相互作用发生磁性耦合,此时

$$\mathcal{H} = -2\sum_{i>j}\mathcal{J}_{\mathrm{RKKY}}\boldsymbol{S}_i\cdot\boldsymbol{S}_j$$

式(5.30)给出 $\mathcal{J}_{\mathrm{RKKY}}$ 为 $(9\pi\nu^2/64\varepsilon_F)\mathcal{J}_{\mathrm{sd}}^2F(\xi)$,其中 ν 是每个原子的传导电子数,而 $F(\xi)$ 是RKKY函数,在三维空间中,这个函数在长程极限下按 $1/r_{ij}^3$ 减小。$\mathcal{J}_{\mathrm{sd}}$ 是杂质磁矩和传导电子的耦合。在稀磁极限下,杂质间距是随机的。耦合按 V_0/r^3 变化,其中 V_0 是正还是负的可能性相等。在这种情况下,交换相互作用的平均强度为零。正则自旋玻璃的标志是中心为零、宽度为 $\Delta\mathcal{J}$ 的对称交换相互作用分布 $P(\mathcal{J})$。因为平均交换相互作用为零,所以磁化率倒数服从居里定律,而非居里-外斯定律。

自旋玻璃的实验特征是,磁化率在温度 $T_f<\Delta\mathcal{J}/k_B$ 处有一个突起(自旋冻结温度)。温度低于 T_f 时,自旋冻结在随机的方向上。自旋玻璃有很多很多的近简并的磁基态构型,而外磁场选出一个沿着场方向净磁矩最大的。如果没有矫顽力,铁磁体对小磁场的磁响应是可逆的,然而,自旋玻璃态的场冷(在磁场下冷却)响应和零场冷响应是非常不同的。对于场冷的情况,在低于 T_f 时,有小的剩磁被冻结,如图6.22所示。对于任何的磁场变化,响应都是拖拖拉拉的,随着时间的对数变化。正则自旋玻璃态的另一个实验特征是磁性起源的比热,它正比于温度,而且当温度低于 T_f 时,不依赖于磁性杂质的浓度,但是,在冻结温度处没有比热反常。

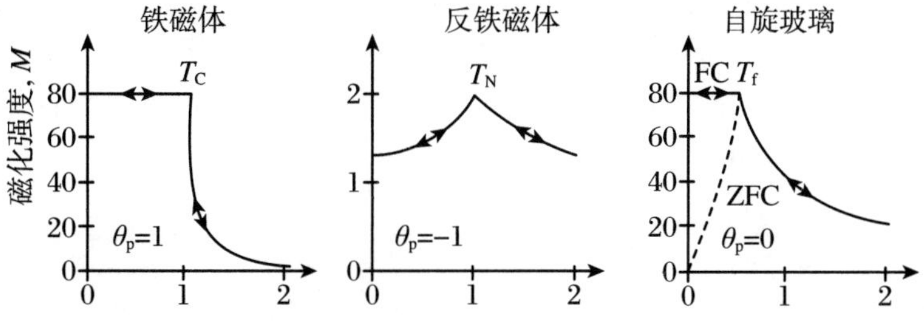

图 6.22
在小的外场下测量得到的磁化强度:铁磁体、反铁磁体和自旋玻璃。虚线表示零场冷行为(ZFC),它随着时间而变。场冷曲线是可逆的(FC)

画出随机摆放的杂质位置,有助于深入理解稀磁合金自旋玻璃的行为。图中看不出杂质的浓度。如果两个磁性杂质之间的距离是 R_x,那么平均来说,体积 R_x^3 内包含恒定数量的杂质,正比于 xR_x^3。利用配分函数 $\mathcal{Z}=\mathrm{Tr}\exp(-\mathcal{H}/k_BT)$,可以得到体系的任何热力学性质 $\mathcal{P}$。若 $\mathcal{H}$ 和 T 乘以相同的常数,体系的性质并不会改变。用 x 去除式(5.30)中的 $\mathcal{H}_{\mathrm{RKKY}}$,使之成为关于 xr_{ij}^{-3} 的函数,不依赖于体系杂

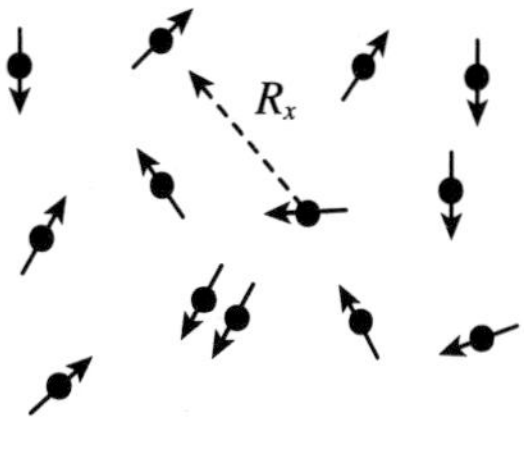

不考虑浓度和尺度,此图可以用来表示一种稀释合金

质的浓度。如果考虑塞曼能，外磁场 H 也应该除以 x。因此热力学性质 $\mathcal{P}$ 服从标度定律 $\mathcal{P}/x=f(T/x,H/x)$。特别地，比热和磁化强度分别可以写成 $C=xf_C(T/x,H/x)$ 和 $M=xf_M(T/x,H/x)$，如图 6.23 所示。

图 6.23

稀释 $Gd_xLa_{80-x}Au_{20}$ 自旋玻璃的磁化强度曲线(Poon S J, Durand J. Solid State Comm., 1977, 21(793))

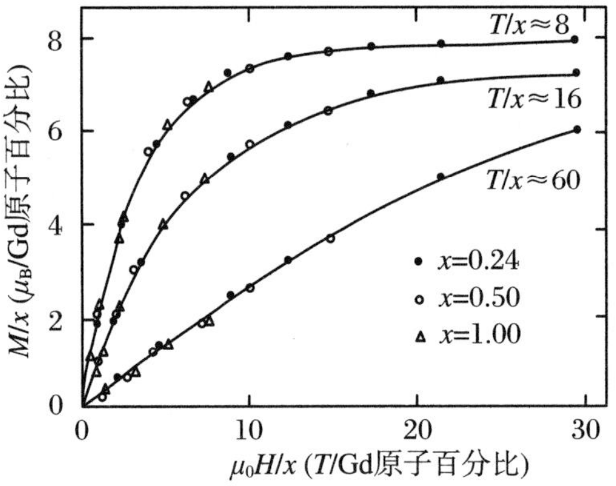

自旋玻璃的行为并不局限于稀合金自旋玻璃，其中 $T_f\propto x$。它非常普遍，出现在各种稀磁性材料和浓磁性材料中，非晶体或晶体都有。无序和相互作用的阻挫是关键因素。随着浓度的增加，标度律失效，磁性原子开始形成最近邻团簇。超过渗流阈值后，“体团簇”出现，意味着存在一组相互连接、无限延伸的原子(图 6.24(c))。如果最近邻耦合是铁磁的，就会导致遍及整个材料的铁磁长程序。对于许多具有铁磁性最近邻相互作用的体系，磁相图类似于图 6.25。在渗流阈值附近，有一个从自旋玻璃到铁磁有序的相变，但是当 $x\geqslant x_p$ 时，在温度 T_{xy} 处，有一个再入相变到类自旋玻璃相，其特征是场冷和零场冷磁化强度的差别，自旋波的软化和超精细场的上升(后者正比于局域磁矩 $\langle m_i\rangle$ 的平均幅度)。自旋的纵向分量在 T_C 有序，但是在 T_{xy}，自旋横向分量发生了随机方向上的额外冻结，这是一个铁磁性到非散磁性的相变。

图 6.24

非晶态磁性合金的不同浓度范围：(a) 低浓度极限，标度定律适用；(b) 低于渗流阈值，最近邻团簇形成；(c) 处于渗流阈值；(d) 高浓度极限

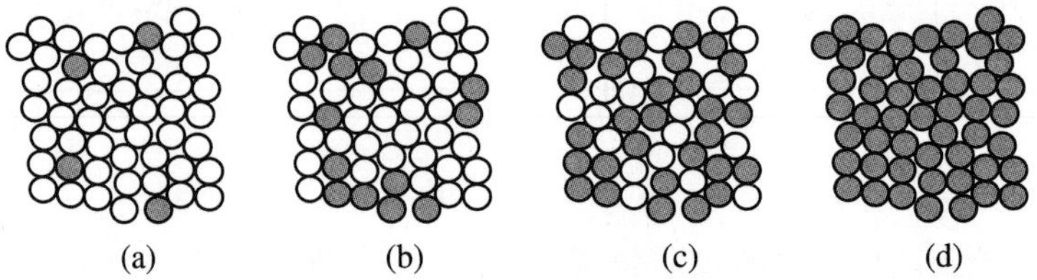

广义上说，所有的散磁体和非散磁体都可以视为自旋玻璃的变体。所有这些体系的基本特征是，某些交换相互作用的随机阻挫导致了许多近简并基态。体系中有不同程度的磁短程序，表现为铁磁性团簇或者反铁磁性最近邻关联的形式，但是当 r_{ij} 大大超过几个原

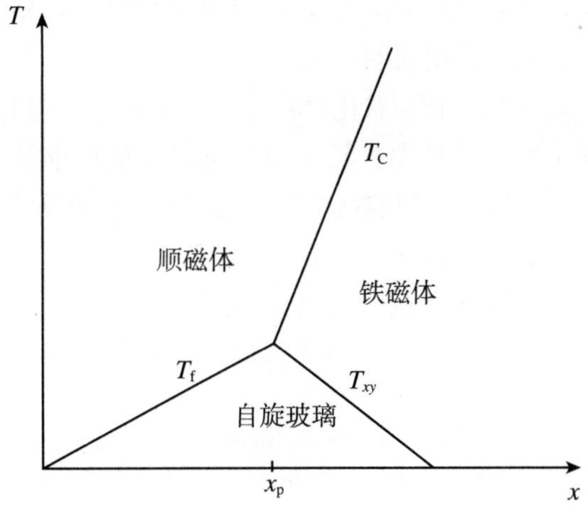

图 6.25
金属自旋玻璃的相图作为浓度的函数

子间距时，平均关联函数〈$\mathfrak{m}_i\cdot\mathfrak{m}_j$〉趋向于零。

6.6　磁性模型

磁性模型系统具有简单的晶体结构，被一个、两个或三个分量的自旋填充，容易进行精确的理论分析。虽然真实的样品都是有限的、含缺陷的三维晶格，被具有三个自旋分量的原子或电子填充，但物理上总是这样的：计算简化模型的性质，可以获得许多深刻的理解。此外，固体化学家一直擅长于设计和制备局域磁矩非常接近理论模型的化合物。

6.6.1　海森堡模型、xy 模型和伊辛模型

在**海森堡模型**中，两个自旋的相互作用 $-2\mathcal{J}\boldsymbol{S}_1\cdot\boldsymbol{S}_2$ 可以用它们的 x,y,z 分量写出：

$$\mathcal{H}=-2\mathcal{J}(S_1^xS_2^x+S_1^yS_2^y+S_1^zS_2^z) \tag{6.25}$$

可以想象二维的自旋（限制在平面内），即 ***xy* 模型**：

$$\mathcal{H}=-2\mathcal{J}(S_1^xS_2^x+S_1^yS_2^y) \tag{6.26}$$

或者考虑一维的自旋（只有沿着 z 方向的分量）——**伊辛模型**：

$$\mathcal{H}=-2\mathcal{J}S_1^zS_2^z \tag{6.27}$$

在实验上，使用单轴各向异性常数 D（式（4.35））很大的离子，可以近似后面这两个降低了自旋维度的模型。单离子各向异性能写为 $\mathrm{D}S_z^2$，因此，当 $\mathrm{D}\gg 0$ 或者 $\mathrm{D}\ll 0$ 时，离子分别表现为二维自旋或者一维自

旋。某些晶格具有空间维度 D 降低的磁性子晶格，可以形成没有磁耦合或者相互作用弱的单元。

链是一维的，而层状化合物有二维特征。空间和自旋维度$\{D,d\}$一起定义了模型的种类。某些模型可以精确地求解，例如二维伊辛模型$\{2,1\}$。其他的必须数值解。为方便起见，在本节中令 $S=1$，因此，一对最近邻平行自旋的能量为 $-2\mathcal{J}$。

自旋维度 d 越低（自旋具有的自由度越少），空间维度 D 越高（热涨落越难破坏序），有限相变温度的磁有序就越可能发生，如表 6.3 所示。

表 6.3 表现出相变的磁性模型体系

$d\backslash D$	1	2	3
1（伊辛模型）	×①	√	√
2（xy 模型）	×	√②	√
3（海森堡模型）	×	×①	√

① 相变发生在 $T=0$ K。

② 相变发生在 $T>0$ K，转变为 $M=0$ 的态。

6.6.2 临界行为

热涨落是磁性系统在连续二级相变附近（又称临界区）行为的特征。吉布斯自由能在转变温度 T_C 处有一个数学上的奇点：序参量连续地下降到零，而吉布斯自由能的温度导数不连续。在一级相变中不存在临界涨落，序参量不连续。严格地说，只有在无限大的系统里，自由能才会出现奇点，因此理想的尖锐相变只是理论，只能在无限系统中实现。实际上，只有在亚微米尺寸的样品中，相变才不再尖锐、明显地圆滑了。

统计热力学的一个重要结果是涨落耗散定理，将热平衡下铁磁体的磁化率与磁化强度的涨落关联起来，即

$$\chi = \frac{\mu_0}{k_B T}(\langle M^2 \rangle - \langle M \rangle^2) \tag{6.28}$$

涨落在 T_C 处发散，关联长度也发散。类似的表达式将比热与焓的涨落联系起来，将可压缩性与密度涨落联系起来。这些结果可以从模型系统（例如自旋）的计算机模拟里得到物理可观察量。两个自旋 i 和 j 的对关联函数 $\Gamma(r)$ 定义为

$$\Gamma(r_{ij}) = \langle \boldsymbol{S}_i \cdot \boldsymbol{S}_j \rangle - \langle \boldsymbol{S}_i \rangle \cdot \langle \boldsymbol{S}_j \rangle$$

关联是指数式衰减的，而关联长度由$\lim_{r\to\infty}\Gamma(r)\sim\exp(-r/\xi)$确定。

代表空间维度和自旋维度的数字对$\{D,d\}$指定了临界行为的普适类，例如二维的伊辛模型$\{2,1\}$或者三维的海森堡模型$\{3,3\}$。在T_C附近的区域，临界涨落很重要。每个普适类都有不同类型的临界行为，而在同一个普适类中，所有材料的临界行为都类似，不依赖于其成分和晶体结构。约化温度定义为$\varepsilon=1-T/T_C$，而临界区域可以认为是$\varepsilon<10^{-2}$的区域。第 5.1.2 小节针对平均场模型引入了临界指数。当ε很小时，$M\approx\varepsilon^{\beta}(\varepsilon\geqslant0)$，$M\approx H^{1/\delta}(\varepsilon=0)$，$\chi\approx|\varepsilon|^{\gamma}(\varepsilon\approx0)$，而$C\approx|\varepsilon|^{-\alpha}(\varepsilon\approx0)$，其中$M$是序参量，$H$是共轭场，$\chi$是磁化率$\mathrm{d}M/\mathrm{d}H$。反铁磁体的序参量是子晶格磁化强度$M_\alpha$，而共轭场是交错场。自旋玻璃具有序参量$\tilde{q}$，它的共轭场是随机场。

还有两个临界指数ν和η，分别描述T_C处的相关长度ξ和关联函数。它们的定义是

$$\xi\approx|\varepsilon|^{-\nu}\quad(\varepsilon\approx0)\quad 和\quad \Gamma(r)\approx|r|^{-(D-2+\eta)}\quad(\varepsilon=0)$$

图 6.26 显示了平面内伊辛自旋的临界涨落。不同长度上的涨落是自相似的。此图说明，相关长度可以发散，而磁化强度仍然微乎其微。

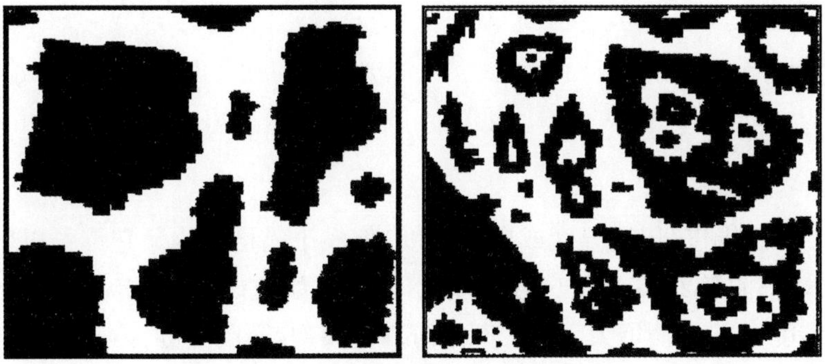

图 6.26

二维伊辛模型中的临界涨落，两幅图里的温度都略高于居里温度。黑色和白色代表了↑和↓原子磁矩。在T_C处，关联长度发散，但磁化强度为零

关于自由能和关联函数的**静态标度假设**意味着，临界指数中只有两个是独立的。它们通过下面的等式相联系：

$$2=\alpha+2\beta+\gamma$$
$$\gamma=\beta(\delta-1)$$
$$\alpha=2-\nu D$$
$$(2-\eta)\nu=\gamma$$

平均场指数是$\alpha=0,\beta=\frac{1}{2},\gamma=1,\delta=3,\nu=\frac{1}{2}$和$\eta=0$。铁磁体或反铁磁体的平均场理论不能正确解释$D=3$时真实的临界涨落，但当$D=4$时，根据等式，这个理论是准确的！平均场理论精确成立的维度就是**上临界维度**。一般在临界区域（靠近T_C），状态方程可以写作

$$(H/M)^{\gamma}=a(T-T_C)-bM^{1/\beta}\tag{6.29}$$

当没有解析解时，使用威尔逊（Kenneth Wilson）和卡达诺夫（Leo Kadanoff）等发展的重整化群方法，已经数值地计算了临界指数。原始晶格的性质与通过缩放因子扩大的晶格做比较的结果是，迭代缩放保持了临界区的物理性质。三维海森堡模型的临界指数值如表 6.4 所示。伊辛模型的临界指数如表 6.5 所示，包括二维的昂萨格精确解。

表 6.4 三维 d 矢量模型的临界指数

d		α	β	γ	δ	ν	η
0	聚合物	0.236	0.302	1.16	4.85	0.588	0.03
1	伊辛	0.110	0.324	1.24	4.82	0.630	0.03
2	xy	−0.007	0.346	1.32	4.81	0.669	0.03
3	海森堡	−0.115	0.362	1.39	4.82	0.705	0.03
∞	球型	−1	1/2	2	5	1	0

表 6.5 伊辛模型的临界指数（$D\geqslant4$ 是平均场的情形）

D	α	β	γ	δ	ν	η
2	0	1/8	7/4	15	1	1/4
3①	1/8	5/16	5/4	5	5/8	0
⩾4	0	1/2	1	3	1/2	0

① 近似值。

临界温度（居里温度或奈尔温度）依赖于晶格结构。它也可以数值计算；它随着 D 和配位数 Z 增大而增大（如表 6.6 所示），也随着自旋维度 d 增大而增大。对于三维海森堡模型，简单立方、体心立方和面心立方的 $k_B T_C/Z\mathcal{J}$ 比值分别是 0.61，0.66 和 0.70。

表 6.6 不同晶格的伊辛模型的 $k_B T_C/Z\mathcal{J}$ 比值

晶格	D	Z	
链状	1	2	0
蜂窝状	2	3	0.506
正方形	2	4	0.567
三角形	2	6	0.607
金刚石结构	3	4	0.676
简单立方	3	6	0.752
体心立方	3	8	0.794
面心立方	3	12	0.916

6.6.3　自旋玻璃理论

接着讨论自旋玻璃,一个备受争议的理论问题是"在 T_f 处有相变吗? 还是自旋动力学连续地演化,但当自旋逐步冻结时随温度指数变化呢?"换句话说,自旋冻结只是类似于玻璃态物质中玻璃相变处长程扩散运动的冻结(就像"自旋玻璃"这个名字暗示的那样),还是有某些集体行为使得自由能或其导数在 T_f 处有一个奇点,就像在居里温度处。

如果有相变,就应该可以确定序参量,它具有铁磁体中的磁化强度或者反铁磁体中子晶格磁化强度的作用,并且在 T_f 处变为零。局域磁矩 $\mathfrak{m}_i$ 对所有位置的平均值 $\langle \mathfrak{m}_i \rangle$ 不是合理的选择,因为它在所有温度下都是零。最好是将自旋投影到某个特定的随机构型上(系统的一个副本)。有一个能量曲面(energy landscape):不同的自旋构型占据不同的彼此无法到达的能量极小值。爱德华兹(Edwards)和安德森把单个极小值 α 处的均方自发磁化强度对所有极小值点取平均,由此定义了序参量:

$$\tilde{q} = \sum P_\alpha \langle \mathfrak{m}_{i\alpha}^2 \rangle \tag{6.30}$$

其中 $P_\alpha = \exp(-\varepsilon_\alpha/k_B T) \Big/ \sum \exp(-\varepsilon_\alpha/k_B T)$。与这个序参量相联系的共轭场并不是实验用的均匀场,而是对每一种构型都不一样的随机交错场。相应的磁化率为 $\chi_{\tilde{q}}$。幸运的是,可以证明 $\chi_{\tilde{q}}$ 并不是无法得到的,因为

$$M = \chi H - \chi_{nl} H^3 \tag{6.31}$$

所定义的非线性磁化率 χ_{nl} 正比于 $\chi_{\tilde{q}}$。

在 T_f 处是否有相变? 这个问题非常微妙。由于弛豫是时间的对数,并不清楚体系是否真的达到平衡。在平均场近似下,已经得到了伊辛自旋玻璃模型的一个解(图 6.27(a)),其中的交换相互作用为中心在 $\mathcal{J}_0$ 而宽度为 $\Delta\mathcal{J}$ 的高斯分布。这个解表现了到均匀自旋玻璃的再入相变。海森堡模型平均场解的相图表现出 T_{xy} 相变(即自旋横向分量冻结),在更低温度下还有一个不可逆的相变。

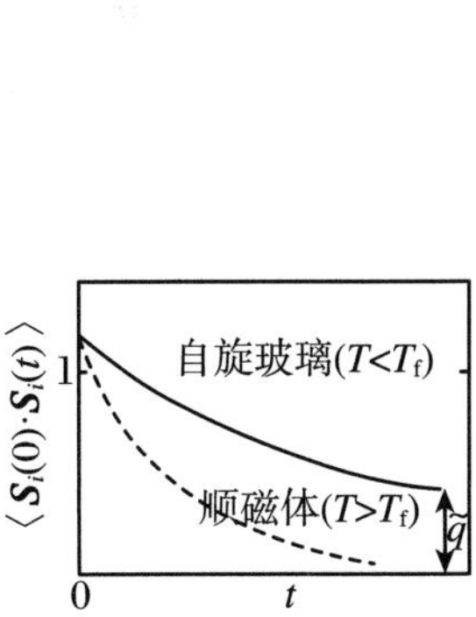

自相关函数 $\langle \boldsymbol{S}_i(0) \cdot \boldsymbol{S}_i(t) \rangle$ 的时间依赖关系:顺磁体和自旋玻璃

分子场近似夸大了磁有序的倾向。更复杂的计算使用重整化群方法,给出了预期有相变的最低空间维度(表 6.7),海森堡自旋玻璃的最低维度是 4,而伊辛自旋玻璃是 2。从理论上讲,三维应该没有相变,除非自旋维度由于局域各向异性而变得小于 3。对于自

图 6.27

用平均场理论计算得到的理论相图：(a) 伊辛自旋玻璃(Sherrington D,Kirkpatrick S. Phys. Rev. Lett., 1975, 35(1792))；(b) 矢量自旋(Gabay D, Toulouse G. Phys. Rev. Lett., 1981, 47(201))。交换作用分布的宽度为 $\Delta\mathcal{J}$，平均值为 $\mathcal{J}_0$

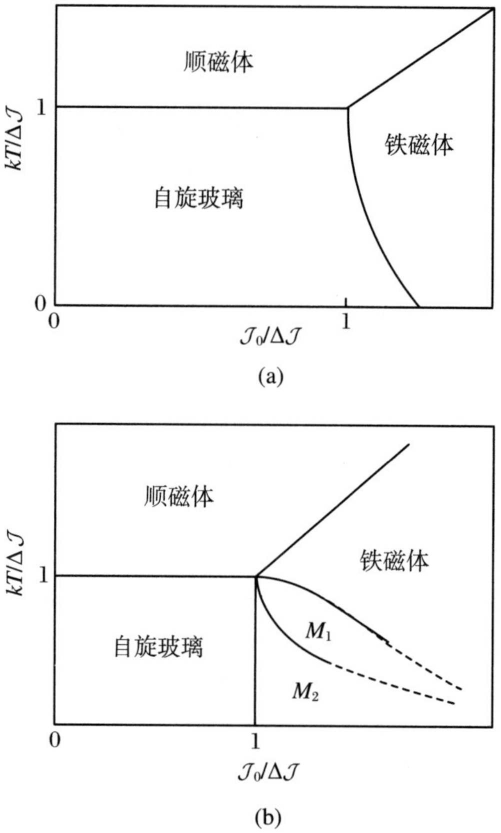

旋玻璃，平均场理论在 $D=6$ 维是精确的，而对于铁磁体，四维就是精确的。

表 6.7　与具有随机各向异性和随机场的材料相比，均匀晶体中的临界维度更低(第一列)

		D_i	ΔJ
伊辛	2	1	2
xy	2①	3	4①
海森堡	3	4	4

① 有一个相变，转变为 $M=0$ 的态。

6.6.4　链、梯和层

链　孤立的磁性链不可能磁有序。最好的例子就是一维伊辛链{1,1}，简单的能量论证就表明不可能有序。考虑到反转一块自旋(如下所示)所消耗的能量：

$$\uparrow\uparrow\uparrow\uparrow\uparrow\uparrow\uparrow\downarrow\downarrow\downarrow\downarrow\downarrow\downarrow\downarrow\downarrow\downarrow\uparrow\uparrow\uparrow\uparrow\uparrow\uparrow\uparrow$$

这个片段反转使链的能量上升 $8\mathcal{J}$，但对于足够长的自旋链(链上总自旋数 N 很大)，总可以用自由能 $F = U - TS$ 中的熵项(即 $-k_B T\ln N$)补偿这个能量上升。因而有序温度为 $8\mathcal{J}/k_B\ln N$，当 $N\to\infty$ 时，它趋向于零。

如果链之间的相互作用 $\mathcal{J}'$ 不能完全忽略，相互作用很可能使体系的磁性维度从 $D=1$ 变为 $D=3$。三维的磁有序温度按 $\sqrt{\mathcal{J}\mathcal{J}'}$ 变化，因此，即使 $\mathcal{J}/\mathcal{J}'=100$，这种弱的链间耦合作用也可以在相当高的居里温度下引起磁有序。

在链中没有长程磁有序，但是有磁激发。在伊辛链中，激发采用的是大量自旋的翻转。一旦形成，这种激发可以不消耗额外能量地沿着链扩大或移动。色散关系是扁平的。无论是铁磁链还是反铁磁链，这个特征都是相同的。

反铁磁性的海森堡自旋链{1,3}很不一样。那里的激发是自旋子(spinon)，具有如下形式的色散关系：

$$\hbar\omega_q = \pi\,|\,\mathcal{J}\sin qa\,| \tag{6.32}$$

和 $S=1/2$ 的反铁磁磁子(magnon)(式(6.14))相比，只差一个因子 $\pi/2$。主要的区别是，磁子是自旋为 1 的激发，对应于一个非局域的自旋偏转(或者 $S=1/2$ 系统中的一个自旋翻转)，而自旋子是自旋为 1/2的激发。磁子的色散关系可以直接用非弹性中子散射来探测，因为中子是自旋为 1/2 的粒子，在磁子散射中变化了 $\Delta S=1$。然而，中子必须两个两个地激发自旋子，而且有一个激发能量连续区。此外，依照形成自旋链的离子具有整数自旋还是半整数自旋，线性海森堡链的激发是不同的。半整数自旋在 $q=0$ 时没有能隙，如式(6.32)所示，而整数自旋表现出一个能隙，称为霍尔丹能隙(Haldane gap)。这个差别来自费米子和玻色子在交换作用下的不同行为。

如果半整数自旋二聚化并形成对子，强弱交换键交替，也可以形成能隙。这类似于一维原子链中的力学不稳定性(派尔斯畸变)，自发地变形产生了交替的长短键。磁性的版本是**自旋派尔斯效应**。一个例子是 $CuGeO_3$，它的 $T_{sp}=14$ K。

梯　固体化学家们已经制造了许多材料，其结构对应于理论家设想的磁性模型。这些材料有单链、两腿梯或多腿梯的结构。沿着链的交换作用 $\mathcal{J}_{/\!/}$ 和链之间的交换作用 $\mathcal{J}_{\perp}$ 通常是不同的。两腿梯结构的一个例子是 $SrCu_2O_3$，而多腿梯结构的例子是 $Sr_{n-1}Cu_{n+1}O_{2n}$，当 n 为奇数时，有 $(n+1)/2$ 个腿。若腿数是偶数，耦合 $\mathcal{J}_{\perp}$ 在激发谱中产生一个能隙，但奇数时没有。

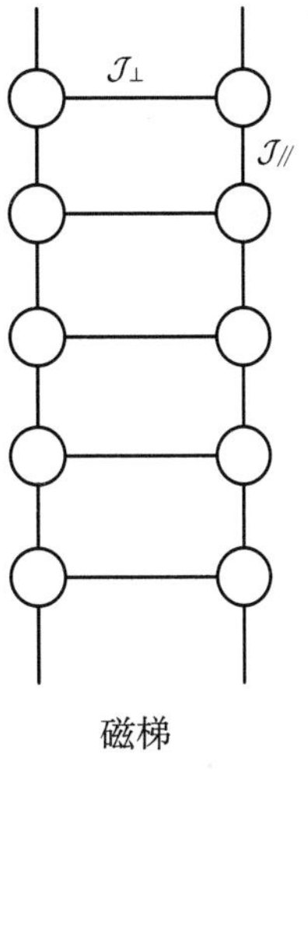

磁梯

层 具有磁性离子层的晶体结构是二维体系的模型。这些晶体结构可以是层状结构(例如黏土矿,磁性层之间插入了厚厚的非磁性材料),也可以是三维结构(例如 K_2NiF_4,其中反铁磁 Ni^{2+} 层的堆垛方式使得当这些层是反铁磁有序时,相邻层之间没有净耦合)。再次强调,有效的自旋维度 d 可以是 3,2 或 1,依赖于单离子各向异性。

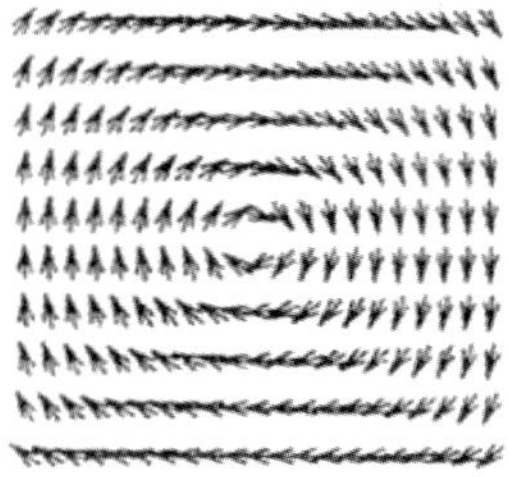

*xy*模型中的磁涡旋

按照莫敏-瓦格纳定理,二维的海森堡模型在任何有限温度下都不可能磁有序,但是有证据表明,存在关联的短程有序区域,当 $T\to 0$ 时,关联长度指数发散。体系表现得好像在绝对零度有一个相变。

二维 xy 模型更奇怪。它倾向于在 xy 自旋的平面内形成涡旋。与涡旋相关的交换能近似是 $\pi\mathcal{J}\ln(R/a)$,其中 R 为系统的尺寸;当 $R\to\infty$ 时,它缓慢地发散。然而,涡旋中心可以是$(R/a)^2$ 个晶格位置中的任意一个,因此涡旋的熵为 $k_B\ln(R/a)^2$。自由能 $F=(\pi\mathcal{J}-2Tk_B)\ln(R/a)$ 在温度 T_{TK} 下变成了负数,即索利斯-科斯特利茨(Thouless-Kosterlitz)相变温度:

$$T_{TK}=\frac{\pi\mathcal{J}}{2k_B}$$

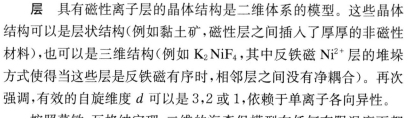

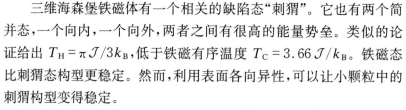

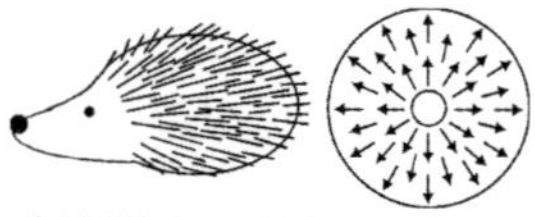

刺猬状的磁结构

这个相变非同寻常,因为低温相(就像自旋玻璃一样)没有长程磁有序,而且没有通常伴随相变的自发对称破缺。在相反手性的简并态之间,有很高的能量势垒。

三维海森堡铁磁体有一个相关的缺陷态"刺猬"。它也有两个简并态,一个向内,一个向外,两者之间有很高的能量势垒。类似的论证给出 $T_H=\pi\mathcal{J}/3k_B$,低于铁磁有序温度 $T_C=3.66\mathcal{J}/k_B$。铁磁态比刺猬态构型更稳定。然而,利用表面各向异性,可以让小颗粒中的刺猬构型变得稳定。

最后,二维伊辛模型{2,1}有一个著名的精确解,由昂萨格在 1944 年给出。对于 $S_z=\pm 1$ 的正方形晶格(这是相变理论的标准问题),昂萨格解是

$$\langle S\rangle=[1-\sinh^4(2\mathcal{J}/k_BT)]^{1/8} \tag{6.33}$$

而居里温度为 $T_C=2\mathcal{J}/k_B\ln(1-\sqrt{2})$。

6.6.5 量子相变

普通的相变是温度的函数(由高温相更大的熵所驱动),而量子相变发生在 0 K:例如,电子相变是成分 x 或门电压的函数,而磁相变是$\mathcal{J}_0/\Delta\mathcal{J}$的函数(图 6.27)。磁场或压力是实验室中最容易控制的

变量。通过调节某个变量 g，可以出现两个态竞争系统基态的情况。在量子体系中，类似于测不准原理描述的涨落始终存在。

一个例子就是化合物 $LiHoF_4$，其中 Ho^{3+} 离子所处的位置有单轴各向异性，使得 $M_J = \pm 8$ 的二重态稳定，离子就具有类伊辛的特点。Ho^{3+} 离子之间的弱耦合使得该化合物在 1.6 K 时铁磁体有序。垂直于轴施加的磁场导致两个态之间的隧穿，并最终破坏铁磁序，形成量子顺磁体。

参考书

Smart J S. Effective Field Theories of Magnetism[M]. Philadelphia: J. B. Saunders, 1966. 分子场理论的简要说明。

Herpin A. Théorie du Magnétisme[M]. Paris: Presses Universitaires de France, 1968. 分子场理论详解，及其在多种材料中的应用。

Morrish A H. Physical Principles of Magnetism[M]. New York: Wiley, 1965. 局域电子磁性的全面介绍。

Mydosh J A. Spin Glasses[M]. London: Taylor and Francis, 1993. 自旋玻璃实验方面的介绍。

Fisher K H, Hertz J A. Spin Glasses[M]. Cambridge: Cambridge University Press, 1993. 自旋玻璃理论方面的介绍。

Recent Progress in Random Magnets[M]. Singapore: World Scientific, 1992. 实验工作者著的关于自旋冻结的文章。

Moorjani K, Coey J M D. Magnetic Glasses[M]. Amsterdam: Elsevier, 1985. 非晶固体中的磁性。

习　题

6.1 从式(6.5)推导出 $T = 0$ K 和 $T = T_N$ 时的磁化率。

6.2 推导式(6.7)。计算 $n_{AA} = n_{BB} \neq 0$ 时的磁化率 χ，并证明式(6.4)给出了条件 $\chi_{/\!/} = \chi_{\perp}$ 所定义的 T_N。

6.3 简略画出反铁磁体在 0 K 时的磁相图，取 H/H^i 和 H_a/H^i 作为 x 轴和 y 轴。

6.4 推导面心立方晶格的 T_N 和 θ_p 的表达式，考虑两个相互作用 n_1 和 n_2。由此推导 NaCl 结构一氧化物子晶格之间和内部的交换常数 $\mathcal{J}_1$ 和 $\mathcal{J}_2$。

6.5 证明在 d 维的晶格中，如果磁激发服从色散关系 $\omega_q = \alpha q^n$，那么比热随着 $T^{d/n}$ 变化。

6.6 将自旋玻璃的哈密顿量写为交换作用项（RKKY，在大 r 极限下）和外场相互作用项的和，证明任何可以从配分函数中推导的热动力学性质 P 都满足标度律 $P/x = f(T/x, H/x)$。

6.7 对于 $S=1$ 和 $\delta=0.5$ 的无定形磁体，用图解法求解式(5.3)和式(6.22)，给出其约化磁化强度的温度依赖关系。

第7章 微磁学、磁畴和磁滞

进到圈子里

铁磁体和亚铁磁体的磁畴结构是自由能最小化的结果，自由能包含了由偶极场 $\boldsymbol{H}_{\mathrm{d}}(\boldsymbol{r})$ 引起的自能项。微磁学理论中的自由能表示基于连续介质近似，把原子结构平均掉了，磁矩 $\boldsymbol{M}(\boldsymbol{r})$ 是幅度恒定的光滑函数。在大多数情况下，磁畴的形成有利于能量最小化。斯通纳-沃尔法思(Stoner-Wohlfarth)模型是矫顽力的严格可解模型，基于单畴颗粒中相干反转的简化。对于解释实际材料中的矫顽力，畴壁钉扎和反转磁畴成核的概念至关重要。随着外加磁场的增加，畴结构发生变化并最终消失——铁磁材料的磁化过程与此有关。

微磁学的基本前提是，磁体是介观尺度上的连续介质，而原子尺度的结构可以忽略(见第 2.1 节)：$\boldsymbol{M}(\boldsymbol{r})$ 和 $\boldsymbol{H}_{\mathrm{d}}(\boldsymbol{r})$ 一般不是均匀的，而是 $\boldsymbol{r}$ 的连续函数。$\boldsymbol{M}(\boldsymbol{r})$ 随着多畴结构变化而改变方向，其幅值大小是自发磁化强度 M_s，它在宏观角度也是一个可变量。除了亚微米尺寸的铁磁或亚铁磁样品，畴都倾向于形成最低的能态(图 7.1)，因为体系的总能量要最小化，可以写成能量密度 E_{d} 的体积分，用退磁场(式(2.78))表示为

$$\varepsilon_{\mathrm{d}} = -\frac{1}{2}\int \mu_0 \boldsymbol{H}_{\mathrm{d}} \cdot \boldsymbol{M} \mathrm{d}^3 r \tag{7.1}$$

能量的最小化受到交换相互作用、各向异性和磁滞伸缩的影响。足够大的外加磁场使得畴结构消失，铁磁体基本的自发磁化强度就显现出来。外场减小时，形成了新的磁畴结构，而且出现了磁滞，如图 1.3 所示 。与人的行为类似，铁磁体的磁滞响应不仅依赖于当前的境遇，还依赖于历史的进程。磁体有记忆。

只要磁化强度有垂直于外表面或内表面的分量，就会产生退磁场和杂散场。如果磁化强度不均匀($\nabla \cdot \boldsymbol{M} \neq 0$)，也会产生退磁场和杂散场。畴内的磁化方向主要决定于磁晶各向异性，因此在不平行于单轴磁体易轴的表面上，就会产生与表面“磁荷”密度 $\sigma = \boldsymbol{M} \cdot \boldsymbol{e}_n$ 有关的杂散场。磁荷是微磁学中经常出现的有用概念(式(2.54))，单位是 A · m。表面磁荷密度的典型值是 10^6 A · m^{-1}。在有〈100〉各

向异性的立方材料中，闭合畴消除了表面磁荷产生的杂散场(图7.2)。与磁化强度呈45°的内部畴壁也没有净磁荷。$K_{1c}>0$ 的立方材料呈现90°畴壁，而有⟨111⟩各向异性且 $K_{1c}<0$ 的材料呈现71°和109°的畴壁。磁滞伸缩抑制了闭合磁畴的形成，以及相邻磁畴磁化方向不是反平行的磁畴壁。磁致伸缩应变λ_s是不相容的，而且非180°畴壁具有额外的磁弹性能量。畴壁的形成是磁各向异性能的结果。理想的软铁磁体倾向于采取最有可能的渐变磁化方向，使得 $\boldsymbol{M}$ 总是平行于表面，从而不产生表面磁荷。

图 7.1

六方晶体(左)和立方晶体(右)的畴结构示意图

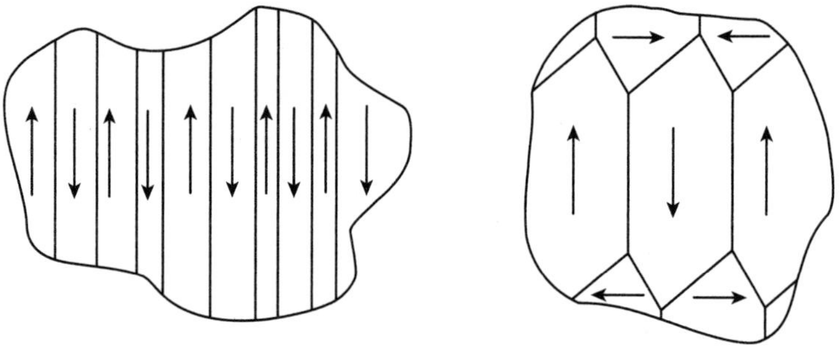

图 7.2

(a) 棒和(b) 薄膜里的封闭畴，材料是立方结构。(c) 薄膜里的迷宫畴，这种单轴材料具有很强的垂直各向异性。(b) 中的阴影显示了磁致伸缩应力区。标尺是100 μm

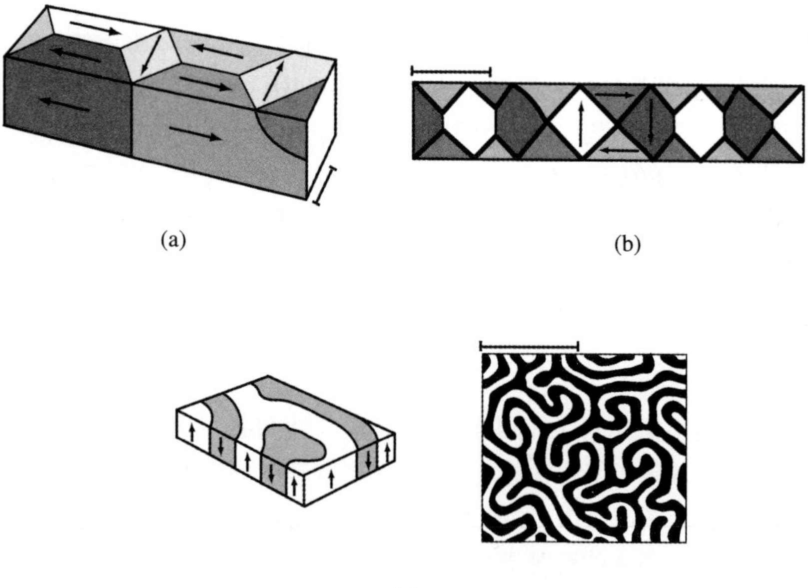

矫顽力和磁滞与磁构型空间中的多谷能量曲面相关(图7.3)，即使是均匀磁化的单畴颗粒，也存在多谷能量曲面。不同磁化构型 $\boldsymbol{M}(\boldsymbol{r})$之间存在能垒，外场驱动的从一个构型到另一个的跳跃是不可逆的。实际材料中的磁化反转过程极其复杂，通常涉及相干和非相干的反转过程，以及反向畴的成核和畴壁的运动。在相干过程中，各处 $\boldsymbol{M}$ 的方向在反转过程中保持不变，不依赖于位置 $\boldsymbol{r}$，而非相干反转

过程涉及非均匀磁化的中间态。除了极小的纳米尺度颗粒外，总的来说，反转过程或者是非相干的，或者涉及多畴中间态。理解矫顽力的早期进展在很大程度上依赖于简化模型和唯象解释。最近的大规模计算机模拟（使用软件如 OOMMF）有助于深刻认识磁化反转的复杂性。

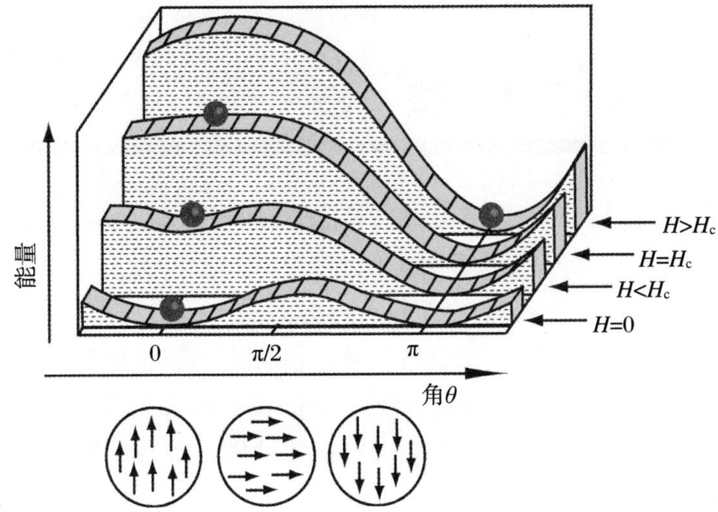

图 7.3
具有亚稳极小值的能量曲面导致了剩磁和矫顽力

在静磁极限下（见第 2 章），不依赖于时间、没有传导电流，麦克斯韦方程就是

$$\nabla \times \boldsymbol{H} = \boldsymbol{0}, \quad \nabla \cdot \boldsymbol{B} = 0$$

利用 $\boldsymbol{B} = \mu_0(\boldsymbol{H} + \boldsymbol{M})$，$\boldsymbol{H} = -\nabla\varphi_m$，可以得到 $-\nabla^2\varphi_m + \nabla \cdot \boldsymbol{M} = 0$，因此磁标势服从泊松方程：

$$\nabla^2 \varphi_m = -\rho_m \tag{7.2}$$

其中体磁荷密度 $\rho_m = -\nabla \cdot \boldsymbol{M}$。在空气（下角标 2）中的铁磁材料（下角标 1）界面处，$\boldsymbol{B}$ 的边界条件是

$$B_1^{\perp} = \mu_0(H_1^{\perp} + M^{\perp}) = B_2^{\perp}$$

因此 $\boldsymbol{H}_1 \cdot \boldsymbol{e}_n - \boldsymbol{H}_2 \cdot \boldsymbol{e}_n + \boldsymbol{M} \cdot \boldsymbol{e}_n = 0$。用磁标势 φ_m 表示，即

$$\partial \varphi_{m1}/\partial r_n - \partial \varphi_{m2}/\partial r_n = \boldsymbol{M} \cdot \boldsymbol{e}_n \tag{7.3}$$

所以标量势 φ_m 的导数在表面两侧的变化等于表面磁荷密度 $\sigma_m = \boldsymbol{M} \cdot \boldsymbol{e}_n$。给定 $\boldsymbol{M}(\boldsymbol{r})$，关于 φ_m 的方程式(7.2)和式(7.3)有唯一解。如果知道 $\boldsymbol{M}(\boldsymbol{r})$，就可以计算 $\boldsymbol{H}(\boldsymbol{r})$，从而对整个样品求积分（式(7.1)）。不幸的是，反过来不成立；不能从 $\boldsymbol{H}(\boldsymbol{r})$ 唯一地推出 $\boldsymbol{M}(\boldsymbol{r})$，而且无论如何，我们通常只能测量样品外部的 $\boldsymbol{H}(\boldsymbol{r})$。杂散场可以测量，但是退磁场不行。

① 利用中子散射、电子全息或核磁共振断层扫描，原则上可以得到固体中畴的三维影像，但是对于大部分实际样品而言，这些方法是不现实的。

磁畴结构的实验信息主要来自对样品表面的观察①。内部的磁畴结构是个谜，而且除了薄膜以外，实际上无法从外部测量的杂散场明确地推断畴的排列。畴的研究经常依赖于模型或数值模拟，用它们在表面处的预测进行检验。

7.1 微 磁 能

畴结构是总自由能极小化的结果，反映了局部或者整体的能量极小值。除了ε_d之外，还要考虑其他五项：

$$\varepsilon_{tot} = \varepsilon_{ex} + \varepsilon_a + \varepsilon_d + \varepsilon_Z + \varepsilon_{stress} + \varepsilon_{ms} \tag{7.4}$$

前三项来自交换相互作用、磁晶各向异性和退磁场，在某种程度上总是存在于磁体中。第四项对应于外加磁场，而它定义了磁化过程和磁滞回线。最后一项来自外加应力和磁滞伸缩。因为相关的能量小，我们先忽略它们(表 5.10)。

自由能可以写为对样品的体积分，其中 $\boldsymbol{M} = \boldsymbol{M}(\boldsymbol{r})$和 $\boldsymbol{H} = \boldsymbol{H}(\boldsymbol{r})$：

$$\varepsilon_{tot} = \int\left[A(\nabla \boldsymbol{M}/M_s)^2 - K_1\sin^2\theta - \cdots - \frac{1}{2}\mu_0\boldsymbol{M}\cdot\boldsymbol{H}_d - \mu_0\boldsymbol{M}\cdot\boldsymbol{H}\right]d^3r \tag{7.5}$$

$(\nabla \boldsymbol{M}/M_s)^2$意味着$(\nabla M_x/M_s)^2 + (\nabla M_y/M_s)^2 + (\nabla M_z/M_s)^2$三个分量的梯度平方和。交换刚度 A 和各向异性常数K_1等，也会依赖于位置，但是各处的磁化强度大小 M_s应该保持不变。从一点到另一点，只有磁化强度的方向(用单位矢量 $\boldsymbol{e}_M$ 表示)变化。作为参考的 z 轴一般取为各向异性轴。现在逐一考察式(7.5)的各项。

7.1.1 交 换

式(7.5)的第一项是连续介质图景下的交换能

$$\varepsilon_{ex} = \int A(\nabla \boldsymbol{e}_M)^2 d^3r$$

其中 $\boldsymbol{e}_M = \boldsymbol{M}(\boldsymbol{r})/M_s$是单位矢量，指向相对于 z 轴的局域磁化方向(θ,ϕ)。z 轴通常决定于各向异性的首项。将单位矢量 $\boldsymbol{e}_M$ 写成笛

卡儿坐标$(\sin\theta\cos\phi,\sin\theta\sin\phi,\cos\theta)$，可以证明该项的等价形式是

$$\varepsilon_{ex} = \int A[(\nabla\theta)^2 + \sin^2\theta(\nabla\phi)^2]d^3r \tag{7.6}$$

如果磁矩的旋转被限定在 ϕ 等于常数的平面内，上式可以化简；然后交换项就是 $A(\nabla\theta)^2$，如果磁化强度沿着单一方向变化（就像布洛赫畴壁那样），可以进一步简化为 $A(\partial\theta/\partial x)^2$。无论哪种形式，交换项的意义都是保持 $\boldsymbol{e}_M$ 在所有方向上尽可能光滑地变化。θ 和 ϕ 的快速起伏使得交换能升高。

交换刚度 A 和居里温度 T_C 有关：A 大约是 $k_B T_C/2a_0$，其中 a_0 是简单结构中的晶格常数。它也正比于交换常数 $\mathcal{J}$。这个关系是

$$A \approx \mathcal{J}S^2 Z_c/a_0 \tag{7.7}$$

其中 Z_c 为每个原胞的原子数，简单立方是 1，体心立方（bcc）是 2，面心立方（fcc）是 4。对于六方密堆（hcp），$A = 2\sqrt{2}\mathcal{J}S^2/a$。然而，推导 A 的最佳方法是利用低能磁子色散关系（式(5.56)）中的自旋波刚度系数D_{sw}，因为长波自旋波的能量对应于磁化的逐渐旋转。这个关系是

$$A(T) = \frac{M_s(T)D_{sw}}{2g\mu_B}$$

对于居里温度远高于室温的铁磁体，A 的典型值为 10 pJ·m^{-1}。钴和坡莫合金的 A 值分别为 31 pJ·m^{-1}和 10 pJ·m^{-1}。

交换长度刻画了交换能ε_{ex}和偶极能ε_d 的竞争①，即

$$l_{ex} = \sqrt{\frac{A}{\mu_0 M_s^2}} \tag{7.8}$$

l_{ex}的典型值为 3 nm（表 7.1）。这是能够转动磁化使得偶极相互作用极小的最短尺度。

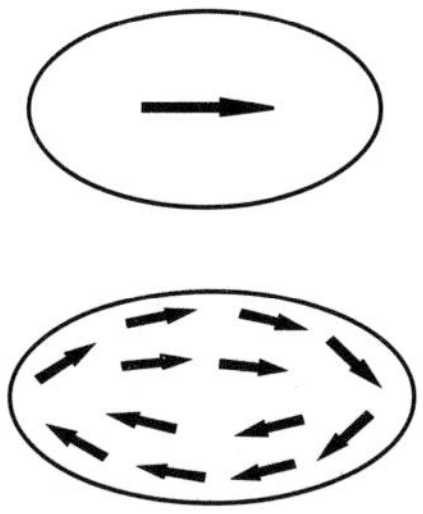

软磁椭球颗粒中的稳定铁磁构型：(a) 没有退磁场；(b) 有退磁场

如果只考虑ε_{ex}项，$\boldsymbol{e}_M$ 就不可能变化，而磁化强度将保持均匀。但ε_d 经常存在，它趋向于通过磁化的连续旋转使得各向同性样品的净磁矩减少至零（即形成涡旋）。与涡旋有关的能量上升是$\mathcal{J}S^2\ln(R/a)$的量级，其中 R 是颗粒的半径。对于微米尺寸的颗粒来说，$\ln(R/a)\approx 10$。除了体积 V 很小的球形颗粒外，这个能量上升可以被退磁能$(V/6)\mu_0 M_s^2$的能量降低所补偿。各向异性可以忽略的软磁颗粒，如果其尺寸在 10 nm 以上，就会倾向于形成涡旋态。

① 在文献中，交换长度还有其他一些定义，比如$\sqrt{2A/\mu_0 M_s^2}$或$\sqrt{A/K_{eff}}$，其中 K_{eff}是有效各向异性常数。

7.1.2 各向异性

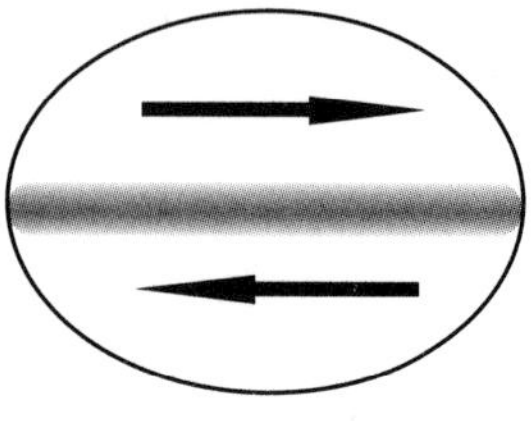

单轴各向异性和退磁场的相互作用形成了铁磁畴。阴影区域是畴壁

各向异性能 E_a 是单离子或者双离子磁晶各向异性，首项是 $K_1\sin^2\theta$，其中各向异性常数 K_1 的范围是 0.1—10^4 kJ·m^{-3}。各向异性能通常用磁化方向 $\boldsymbol{e}_M$ 的极坐标角 (θ,ϕ) 来表示，但用晶体场哈密顿量算符 $\hat{O}_n^m$ 展开也是有用的。与退磁场有关的形状各向异性包含在 ε_d 中。每个微晶有不止一个易磁化方向 $\boldsymbol{e}_n$，在多晶样品中它们随位置而改变。交换和各向异性的平衡通常导致畴结构，即磁化沿着易轴并且被窄畴壁分开，磁化在畴壁处从一个易磁化方向旋转到另一个。

对于薄膜和纳米颗粒，需要考虑一个附加项，表面各向异性

$$\varepsilon_{as} = \int K_s[1-(\boldsymbol{e}_M\cdot\boldsymbol{e}_n)^2]\mathrm{d}^2 r$$

其中 $\boldsymbol{e}_n$ 是表面的法向，将它定义为 z 轴，而且积分是对样品表面的。表面各向异性 K_s 的典型值为 0.1—1 mJ·m^{-2}。

如果在铁磁-反铁磁界面或软磁-硬磁界面有磁耦合，可能存在**交换相关的各向异性**。与其他形式的各向异性不同，它是单向的，即

$$\varepsilon_{ea} = -\int K_{ex}\cos\theta\mathrm{d}^2 r$$

其中 θ 是 $\boldsymbol{e}_M$ 和易磁化方向的夹角。

7.1.3 退磁场

如果没有外场，从 $\boldsymbol{B}=\mu_0(\boldsymbol{H}+\boldsymbol{M})$ 和 $\nabla\cdot\boldsymbol{B}=0$，可以得到 $\nabla\cdot\boldsymbol{H}_d=-\nabla\cdot\boldsymbol{M}$。使用式(2.80)的结果，$\int\boldsymbol{B}\cdot\boldsymbol{H}\mathrm{d}^3 r=0$，其中积分是对全空间的。退磁能(式(7.1))可以写为两种等价的形式：

$$\varepsilon_d = -\frac{1}{2}\int\mu_0\boldsymbol{H}_d\cdot\boldsymbol{M}\mathrm{d}^3 r \quad (在磁体内部积分)$$

$$\varepsilon_d = \frac{1}{2}\int\mu_0 H_d^2\mathrm{d}^3 r \quad (在全空间积分) \tag{7.9}$$

如果用标势 φ_m 表示 $\boldsymbol{H}_d$，使用矢量场的高斯定理，退磁能的第二种表示的积分可以由体磁荷和面磁荷 $-\nabla\cdot\boldsymbol{M}$ 和 $\boldsymbol{M}\cdot\boldsymbol{e}_n$(式(2.54))的分布来计算。对于均匀磁化的椭球，体积积分为 0，而表面的贡献来自均匀的退磁场 $-\mathcal{N}\boldsymbol{M}$，即 $-\frac{1}{2}\mu_0\mathcal{N}M_s^2$。$E_d$ 的数值可以达到 2000 kJ·m^{-3}。

7.1.4 应　变

作用到样品的外部应力σ_{ij}引入了能量中的应变项：

$$\varepsilon_{\text{stress}} = -\sum_{i,j}\sigma_{ij}\,\epsilon_{ij} \tag{7.10}$$

其中$\epsilon_{ij} = \hat{m}_{ijkl}H_kH_l$是磁弹应变张量。对于沿 Oz 单轴应力下的各向同性材料，依赖于磁化 $\boldsymbol{M}$ 的贡献是 $-\frac{1}{2}\lambda_s\sigma(3\cos^2\theta-1)$（式(5.67)），其中$\lambda_s$是自发磁致伸缩。它等价于单轴各向异性 $K_u = (3/2)\lambda_s\sigma$。

7.1.5 磁致伸缩

铁磁材料自身的磁致伸缩也会产生局部应力。只有当磁致伸缩应变有阻挫的时候，应力才产生。相应的应变能为

$$\varepsilon_{\text{ms}} = \frac{1}{2}\int(\boldsymbol{p}_e-\boldsymbol{\epsilon})\cdot\boldsymbol{c}\cdot(\boldsymbol{p}_e-\boldsymbol{\epsilon})\mathrm{d}^3r \tag{7.11}$$

这里$\boldsymbol{p}_e$是相对于无磁致伸缩状态的偏离，$\boldsymbol{\epsilon}$是自由形变态的应变，$\boldsymbol{c}$是弹性张量。$\boldsymbol{c}\cdot(\boldsymbol{p}_e-\boldsymbol{\epsilon})$是磁致伸缩应力 $\boldsymbol{\sigma}$。幸运的是，这一项的能量通常很小（$<1\ \mathrm{kJ\cdot m^{-3}}$）。

7.1.6 磁荷规避

理解铁磁样品的所有六项微磁学自由能是如何极小化从而达到稳定的构型，这个任务十分艰巨。在软磁体中的稳定态倾向于涡旋态，在硬磁体中是多畴态，而在极小的铁磁单元中则是单畴态。关于多畴体能量的极小化，一个粗略但很有用的指导思想是**磁荷规避原理**。因为表面磁荷产生的杂散场 H_d 导致了很高的能量（式(2.79)），大自然很不喜欢形成表面磁荷 $\boldsymbol{M}\cdot\boldsymbol{e}_n$。出于相同原因，同号磁荷倾向于尽可能远地避开彼此。体内磁化的散度应该尽可能小，以免产生体磁荷$\nabla\cdot\boldsymbol{M}$。磁化完全自由地旋转，以使磁荷规避达到最大化，从而没有各向异性，这是极软磁材料的特点。这里忽略了“无极”构型里形成畴壁所需的交换能，而磁荷规避的想法表明，磁构型可以仅仅起因于偶极相互作用。

范登伯格(Van den Berg)提出了一种简洁的构造方法,在薄膜中产生"无极"构型,只依赖于单元的形状。他的方法保证磁化在任何地方都平行于表面。与单元边缘至少在两点相切但绝不相交的圆,其圆心轨迹构成了畴壁。如此得到的磁化图案不仅与表面平行,而且在内部无源。畴壁终结在单元内的奇点,或者是单元的尖锐边角。这种构造方法如图 7.4 所示。单元中的任何地方都可以引入虚拟分割,以产生新的畴,如图 7.4(b)所示。范登伯格构造法表明,畴可以仅仅起源于偶极相互作用(式(7.1))。它适用于各向异性很小且尺寸大于畴壁宽度的软磁膜。

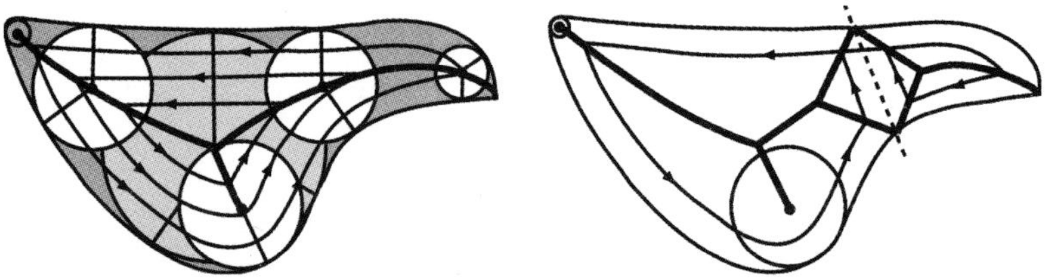
(a) (b)

图 7.4

(a) 范登伯格构造法可以得到理想的二维软磁单元畴结构。(b) 通过如虚线所示的虚拟分割,引入额外的畴

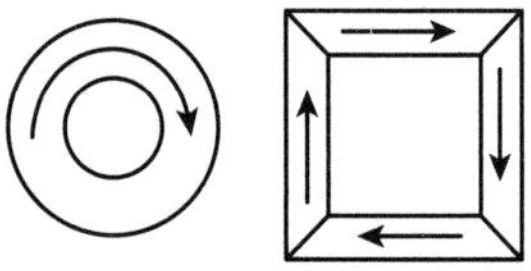
(a) (b)

不产生杂散场的磁畴构型:(a) 圆环,(b) 矩形相框

将范登伯格构造法用于圆环或者矩形框,就得到绕中心的单畴构型。事实上,存在能量更低的无畴壁的"无极"构型。这些无杂散场的构型有利于测量内部磁化率(见第 2.2.6 小节)。有一个或多个畴壁的相框构型与单晶的〈100〉立方各向异性相容。由于没有表面电荷,具有 90°畴壁的闭合畴(图 7.2)可以非常有效地减小软磁材料(如坡莫合金)的杂散场。

永磁体是磁荷规避的对立面,其目的是在周围空间产生尽可能多的杂散场。永磁体的特征是大量表面磁荷及其能量曲面上的极小值,这些极小值使得接近饱和磁化的构型几乎永久地稳定。实现这个目标的关键在于式(7.5)中的各向异性项。

布朗(William Fuller Brown, 1904—1983)

为了最小化式(7.4)和式(7.5),通常需要找到满足边界条件的解,它在每个位置的磁化方向都是稳定的。如果 $\boldsymbol{H}_{\mathrm{eff}}$ 是局域有效场,与局域磁化方向 $\boldsymbol{e}_M$ 的夹角是 ϑ,条件 $\partial E_{\mathrm{tot}}/\partial\vartheta = 0$ 意味着 $-MH_{\mathrm{eff}}\cdot\sin\vartheta = 0$。这等价于如下条件:在任何地方,都没有扭矩作用在磁化上,$\boldsymbol{\Gamma} = \boldsymbol{M}\times\boldsymbol{H}_{\mathrm{eff}} = \boldsymbol{0}$,所以

$$\boldsymbol{e}_M \times \boldsymbol{H}_{\mathrm{eff}} = \boldsymbol{0} \tag{7.12}$$

局域的有效场写成矢量形式是

$$\boldsymbol{H}_{\mathrm{eff}} = \frac{2A}{\mu_0 M_{\mathrm{s}}}\nabla^2\boldsymbol{e}_M - \frac{1}{\mu_0 M_{\mathrm{s}}}\frac{\partial E_{\mathrm{a}}}{\partial \boldsymbol{e}_M} + \boldsymbol{H}_{\mathrm{d}} + \boldsymbol{H}' \tag{7.13}$$

其中记号 $\nabla^2\boldsymbol{e}_M$ 表示一个矢量,其笛卡儿坐标是 $M_{\mathrm{s}}^{-1}[(\partial^2 M_x/\partial x^2 + \partial^2 M_y/\partial y^2 + \partial^2 M_z/\partial z^2),\cdots]$,而 $\partial E_{\mathrm{a}}/\partial\boldsymbol{e}_M$ 也表示一个矢量,其笛卡

儿坐标是$(\partial E_a/\partial \boldsymbol{e}_{Mx},\partial E_a/\partial \boldsymbol{e}_{My},\partial E_a/\partial \boldsymbol{e}_{Mz})$。上述两式就是**布朗微磁学**方程，它可以数值求解，其边界条件是

$$\boldsymbol{e}_M \times \left[2A(\boldsymbol{e}_n \cdot \nabla)\boldsymbol{e}_M + \frac{\partial E_{as}}{\partial \boldsymbol{e}_M}\right] = \boldsymbol{0}$$

其含义是，平衡态的磁化在任何地方都平行于式(7.13)给出的 $\boldsymbol{H}_{eff}$。

7.2　磁畴理论

原则上，微磁学方法能够预测任何系统的平衡态磁构型，只要交换刚度 $A(\boldsymbol{r})$和各向异性能 $E_a(\boldsymbol{r})$处处确定。如果已知外加磁场 $\boldsymbol{H}'(t)$下的磁化历史，可以推演出磁滞。这里不考虑温度。除了理想情况以外，使用微磁学理论是不切实际的。磁构型问题在数学上是复杂的，而实际材料中有局域缺陷和无序，这些并不能精确地确定，但是都会主导磁化过程。

磁畴理论试图将微磁学理论的这种复杂性缩小到可控的部分。它假设宏观样品中存在大片的均匀磁化区，它们被平面区域(畴壁)分开，磁化从畴壁一侧的易磁化方向转到另一侧的易磁化方向。磁畴的观察结果支持这个模型。如果磁畴存在，畴壁也必然存在。外加磁场可以让畴壁移动，或者使磁化方向朝着外加磁场方向旋转，从而改变样品的净磁化。静磁能依赖于畴壁位置和畴取向。

畴理论对于非常软的磁性材料不成立，尤其是退磁场小的薄膜单元。那些材料倾向于形成磁化连续旋转的态，而不是畴。

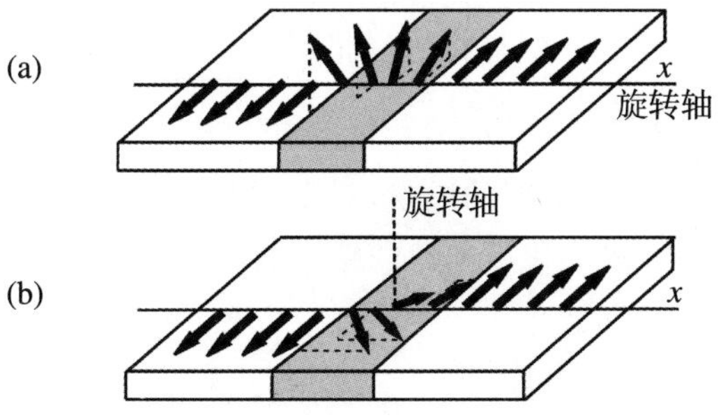

图 7.5
(a) 布洛赫畴壁，(b) 奈尔畴壁

现在更仔细地考察畴壁结构。从一层原子到下一层原子的磁化翻转，需要消耗能量 $4\mathcal{J}S^2/a^2 \approx 2A/a$，大约为 0.1 $\mathrm{J \cdot m^{-2}}$。在交换和各向异性的共同影响下，磁化连续地旋转(特征尺度为许多个原子间距离)。量纲分析给出畴壁宽度 $\delta_w \approx \sqrt{A/K_1}$，量级是 10—

100 nm，而畴壁能量$\gamma_w = \sqrt{AK_1}$，量级是 1 mJ · m^{-2}。磁畴区与能量的联系意味着，畴壁的行为类似于弹性膜或者肥皂膜。

7.2.1 布洛赫畴壁

最常见的是180°布洛赫畴壁，其中磁化在畴壁平面内旋转(更多细节见图 7.6)。布洛赫畴壁的特点是不会产生磁化的散度。$\nabla \cdot \boldsymbol{M} = \partial M_x/\partial x + \partial M_y/\partial y + \partial M_z/\partial z$ 的每一项都是零；在 x 轴方向上没有磁化的分量，而 yz 平面内的自旋互相平行。因为$\nabla \cdot \boldsymbol{M} = 0$，所以畴壁里没有磁荷，也就没有退磁场的源。

图 7.6

180°布洛赫畴壁的细节

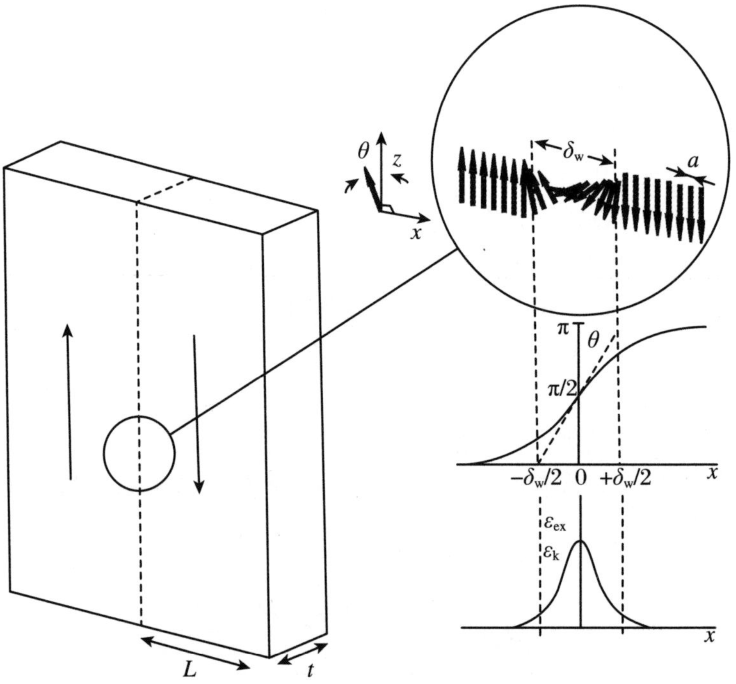

为了计算布洛赫畴壁的形状，对于顺时针(或者逆时针)旋转，让自由能(式(7.5))最小化。如果忽略来自样品表面的静磁能，只考虑各向异性的首项，那么

$$\varepsilon_{tot} = \varepsilon_{ex} + \varepsilon_k = \int [A(\partial\theta/\partial x)^2 + K\sin^2\theta]\mathrm{d}x \qquad (7.14)$$

这里假设 $K = K_1$是正的，因此 $\theta = 0$ 或者 $\theta = \pi$ 是两个等价的易磁化方向。磁化强度被限制在平面 $\phi = \pi/2$ 里，θ 的变化只沿着 x 轴。其他各向异性项忽略不计。不需要考虑退磁能，因为畴壁里没有退磁场的源。最小化形如$\int F(x,\theta(x),\theta'(x))\mathrm{d}x$ 的积分，等价于解欧拉

方程 $\partial F/\partial\theta-(\mathrm{d}/\mathrm{d}x)(\partial F/\partial\theta')=0$，其中 $\theta'=\partial\theta/\partial x$：

$$\partial(K\sin^2\theta)/\partial\theta-2A\,\partial^2\theta/\partial x^2=0 \tag{7.15}$$

因此 $K\sin^2\theta=A\,(\partial\theta/\partial x)^2$，$\partial\theta/\partial x=\sqrt{K/A}\sin\theta$，得到畴壁方程

$$x=\sqrt{\frac{A}{K}}\ln\tan(\theta/2) \tag{7.16}$$

原点是畴壁的中心，$\theta=\pi/2$。由此方程可以解出

$$\theta(x)=\arctan[\sin k(\pi x/\delta_{\mathrm{w}})]+\pi/2$$

其中

$$\delta_{\mathrm{w}}=\pi\sqrt{\frac{A}{K}} \tag{7.17}$$

畴壁的宽度没有精确的定义，因为磁化方向只是渐近地趋于 0 或 π。通常用原点处的切线(斜率)定义式(7.16)的外推宽度。宽度的另一个定义是，磁化转过一定比例(例如 90%)的两点间的距离。在此定义下，$\delta_{\mathrm{w}}\approx4\sqrt{A/K}$。因为 $K\sin^2\theta=A(\partial\theta/\partial x)^2$；积分式(7.14)中两项能量在畴壁中的每个点都相等。单位面积畴壁的能量为

$$\gamma_{\mathrm{w}}=4\sqrt{AK\sin^2\theta} \tag{7.18}$$

如果 K 是负的，而且在各向异性能的展开中除了 $K\sin^2\theta$ 外没有其他的项，磁化就躺在 $\theta=\pi/2$ 的平面内。因为没有各向异性的能量消耗，所以在 $\phi=0$ 和 $\phi=\pi$ 区域之间的畴壁 $\boldsymbol{M}(\phi)$将无限延展。某种形式的各向异性是有限宽度畴壁的必要条件。一些材料的畴壁参数见表 7.1。

表 7.1　一些铁磁材料的畴壁参数

	M_s $(\mathrm{MA\cdot m^{-1}})$	A $(\mathrm{pJ\cdot m^{-1}})$	K_1 $(\mathrm{kJ\cdot m^{-3}})$	δ_{w} (nm)	γ_{w} $(\mathrm{mJ\cdot m^{-2}})$	κ	l_{ex} (nm)
$Ni_{80}Fe_{20}$	0.84	10	0.15	2000	0.01	0.01	3.4
Fe	1.71	21	48	64	4.1	0.12	2.4
Co	1.44	31	410	24	14.3	0.45	3.4
CoPt	0.81	10	4900	4.5	28.0	2.47	3.5
$Nd_2Fe_{14}B$	1.28	8	4900	3.9	25	1.54	1.9
$SmCo_5$	0.86	12	17200	2.6	57.5	4.30	3.6
CrO_2	0.39	4	25	44.4	1.1	0.36	4.4
Fe_3O_4	0.48	7	−13	72.8	1.2	0.21	4.9
$BaFe_{12}O_{19}$	0.38	6	330	13.6	5.6	1.35	5.8

奈尔线是磁化旋转方向相反的两段布洛赫畴壁间的拓扑缺陷(图7.7)。奈尔线是相当稳定的磁性缺陷,其中磁化在畴的磁化平面内旋转;只有让磁化完全饱和,才能消除奈尔线。

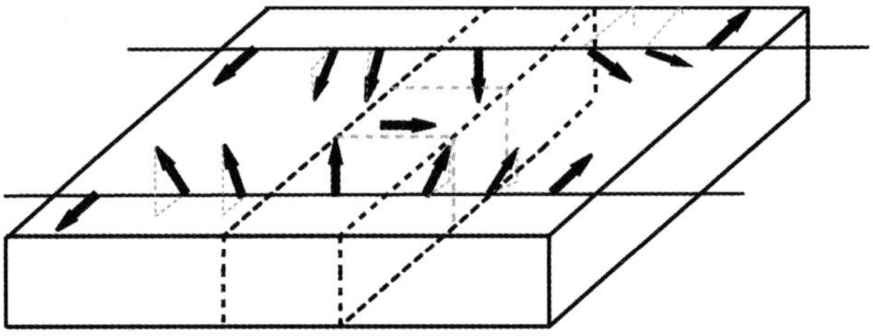

图 7.7
布洛赫畴壁中的奈尔线

对于立方各向异性,畴壁宽度和能量的表达式是不同的。例如,在铁和其他具有〈100〉易磁化轴的材料中,形成90°畴壁的能量是 $\gamma_{100} = \sqrt{AK_{1c}}$。如果〈111〉轴是易磁化方向,例如镍,会形成71°,109°和180°的畴壁,能量为 $c\sqrt{AK_{1c}}$,其中 c 分别等于0.5,1.5和2.2。

7.2.2 奈尔畴壁

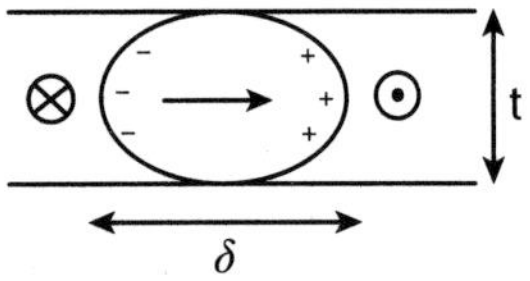

薄膜中奈尔畴壁的形成机制

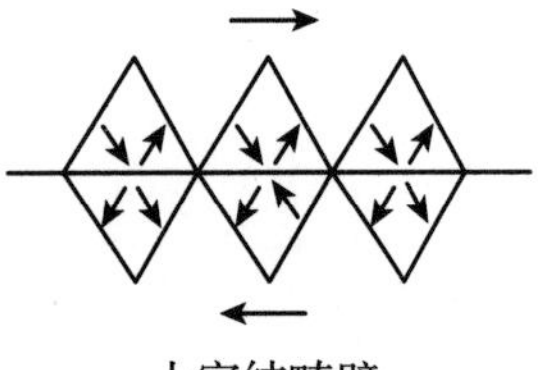

十字结畴壁

由于 $\boldsymbol{M}$ 的散度不为零而产生杂散场,磁化在畴磁化平面里旋转的奈尔畴壁通常比布洛赫畴壁的能量高。但与布洛赫畴壁不同,奈尔畴壁不形成表面磁荷,也没有相关的杂散场。奈尔线实际上是条状的奈尔畴壁。如果手性相反的两个奈尔畴壁区域相交,会形成一条布洛赫畴壁,称为布洛赫线。[①]

只有在厚度小于畴壁宽度的薄膜里,奈尔畴壁才是稳定的。为了解释奈尔畴壁的形成,奈尔用横截面为 $t\times\delta$ 的椭圆柱来表示这种畴壁,其中 t 是膜的厚度。对于大块样品,布洛赫畴壁的退磁因子是零,而奈尔畴壁是1。如果 $t<\delta$,奈尔畴壁有更低的静磁能。然而,为了使杂散场最小,布洛赫畴壁的厚度本身在薄膜中减小了很多。在坡莫合金($Ni_{80}Fe_{20}$)膜中,布洛赫-奈尔畴壁的转变厚度是60 nm。

十字结畴壁是一种相邻片段磁化反向旋转的奈尔畴壁。在更厚的膜中,畴之间的过渡会有**涡旋**结构,它是一种混合体,表面像奈尔,而中间像布洛赫。微磁学有很多种畴壁。

① 在文献中,布洛赫畴壁中手性相关的线缺陷称为布洛赫线。将这个名字用于奈尔畴壁中的手性相关缺陷似乎更合理,在那些缺陷中,磁化绕着一条垂直于畴壁的线旋转。

7.2.3 磁化过程

当畴的尺寸远大于畴壁宽度的时候，畴的图像适合于描述铁磁固体。在任何多畴固体中，**畴壁运动**和**畴旋转**是两种基本的磁化过程。考虑没有磁晶各向异性的多畴椭球样品。这是第2.2.4小节讨论退磁场的基础。如果外场沿着易轴施加，就会移动畴壁，从而使平行于外场的畴增大，反平行的畴缩小。平均磁化强度 $M_{av} = M[(V_p - V_{ap})/(V_p + V_{ap})]$以 $\boldsymbol{H}' - \mathcal{N}\boldsymbol{M}_{av} = 0$ 的方式随着外场而增大。由于畴壁运动引起的外部磁化率是 $\chi_{ext} = M_{av}/H' = 1/\mathcal{N}$。

当外场 $\boldsymbol{H}'$有垂直于各向异性轴的分量时，另一个磁化过程（即磁化强度的旋转）出现。如果 K_u是有效各向异性（无论起源是什么），外部磁化率就是 $\mu_0 M_s^2/2K_u$。当外场等于各向异性场 $2K_u/\mu_0 M_s$时，磁化强度达到饱和。

7.2.4 康登磁畴

有一类畴与朗道抗磁性相关，与电子自旋无关。当磁化强度表现出强的德哈斯-范阿尔芬振荡时，微分磁化率会超过阈值1，样品会在外场下分裂为与外场平行和反平行的畴，从而使得偶极场相关的能量最小。

7.3 翻转、钉扎和成核

磁滞永远不会存在，除非铁磁样品陷入有剩磁的亚稳构型（其能量高于绝对最小能量构型），这可以在零外场下从居里温度以上冷却而达到。为了初步了解磁滞的复杂问题，我们首先考察**单畴颗粒**或者薄膜元件的磁化翻转（这可以解析地计算）。然后再考察畴理论怎样用公式描述多畴样品中矫顽力所涉及的基本过程。

1947年，布朗严格证明了均匀一致磁化椭球的矫顽力服从不等式

$$H_c \geqslant 2K_1/\mu_0 M_s - \mathcal{N}M_s \tag{7.19}$$

这个令人惊奇的结果就是微磁学中的**布朗定理**。第一项是各向异性场，第二项是退磁场。现实中，体材料的矫顽力从来不会这么大。在引入一种新的硬磁材料之后，通常需要长期的努力，才能让矫顽力超过各向异性场的 20%—30%，如图 7.8 所示。这个理论与实践的明显矛盾被称为**布朗悖论**。与其他理论与实验明显矛盾的实例类似(例如恩绍定理)，原因在于理论的假设在实践中不成立。所有的实际材料都是不均匀的，而磁化翻转开始于缺陷附近的小的成核体积。

图 7.8

继续缩小各向异性场H_a和矫顽力H_c的差距(摘自Kronmüller和Fähnle, 2003)

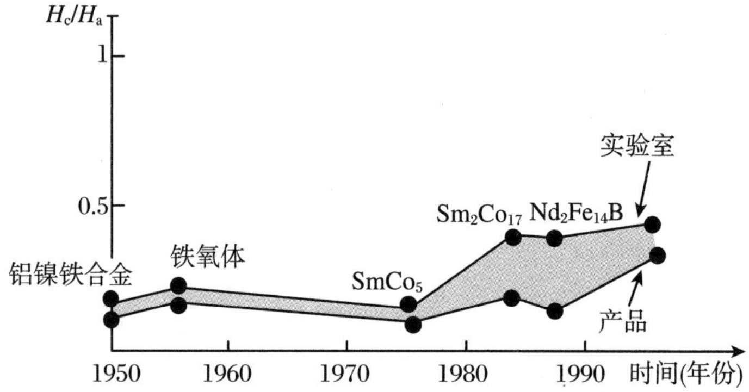

表面的粗糙起伏是强的局域退磁场的根源。这些表面缺陷通常充当成核中心，因为在磁滞回线的第二象限，它们附近的翻转场 H 被加强了。一旦形成了小的成核体积 $V \approx \delta_w^3$，畴壁会从成核体积向外生长蔓延。新的畴壁也可能被其他缺陷钉扎，如图 7.9 所示。

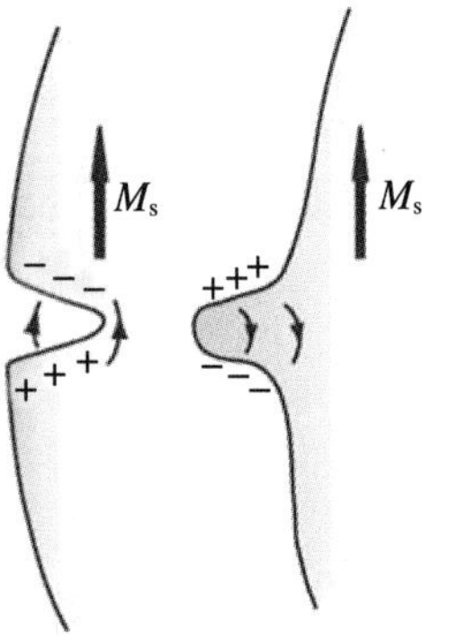

在表面的凸起或凹陷处，有局部的杂散场。阴影区表示容易翻转的区域

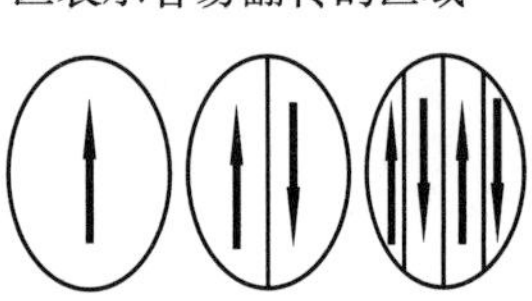

磁性颗粒通过形成畴来降低其能量

非常小的磁性颗粒是单畴的；如果它们小于某个临界尺寸，就不能通过畴壁的形成来降低能量。考虑半径为 R 的球形颗粒，为了尽可能消除杂散场，它的立方各向异性形成两个 90°的畴壁。形成两个畴壁需要的能量 $2\pi R^2\sqrt{AK_{1c}}$ 必须用球的退磁能 $-\frac{1}{2}\mu_0 \mathcal{N} V M_s^2$ 来补偿。退磁因子 $\mathcal{N}=1/3$ 给出了最大的单畴尺寸

$$R_{sd} \approx 9\sqrt{A k_{1c}}/\mu_0 M_s^2 \tag{7.20}$$

图 7.9

在磁滞回线的第二象限里，磁化翻转所涉及的过程。翻转畴A在块体的缺陷处成核，或者由于自发热涨落。翻转畴B的生长已经受到钉扎中心的限制，而翻转畴C则是在表面粗糙处成核

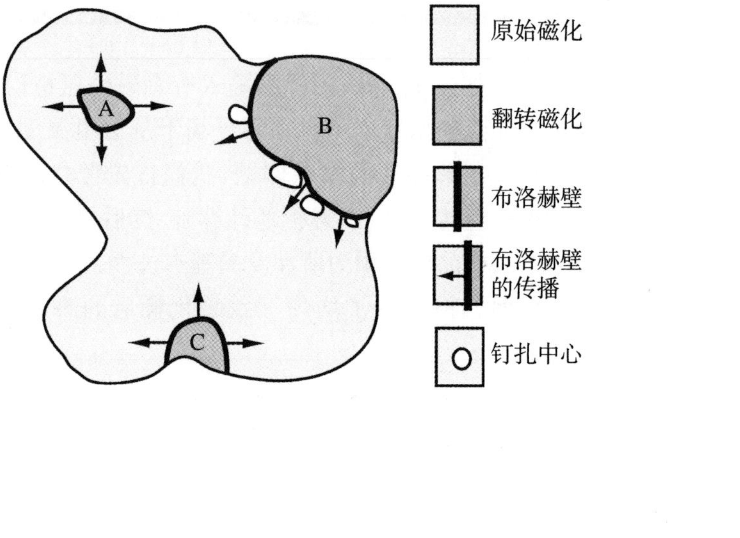

单畴颗粒中可以有两三种不同的翻转模式。对于无限长圆柱和均匀旋转椭球体，当外场沿着易轴施加并与磁化方向相反时，人们寻找从均匀磁化态的最初偏离，从理论上研究了这些模式(图 7.10)。

第一种是相干转动模式，在这种模式下，各处的磁化仍然是均匀的并且一起转动，因为磁化翻转经历磁化垂直于易轴的构型，这种转动使杂散场增加。第二种是涡旋模式，这种模式通过经历磁化处处平行于表面的涡旋态，避免产生杂散场，如图 7.10(b)所示。付出的代价是交换能。涡旋态是大于相干半径的软磁颗粒的最低能量态。在很长的长椭球体中，会出现第三种翻转模式，称为折曲(buckling)，它是另两种模式的组合，产生的杂散场比相干转动少。

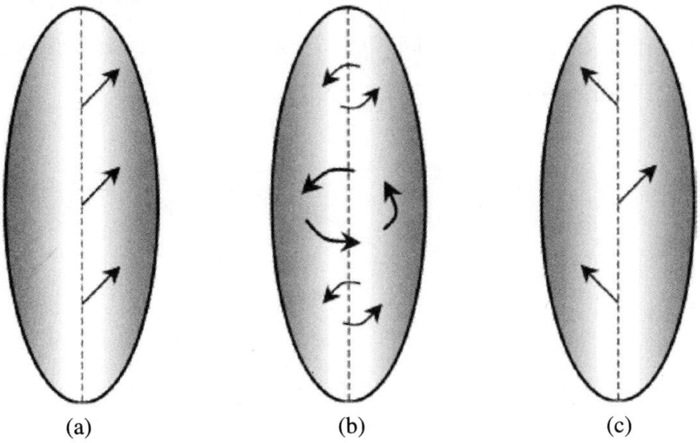

图 7.10

均匀椭球的退磁化过程：(a) 相干转动，(b) 涡旋，(c) 折曲。相干转动是单畴微小颗粒的翻转模式

斯通纳-沃尔法思模型是最简单的磁化翻转模型，假设了磁化翻转的相干模式。假设磁化仍然是均匀的，但其方向在翻转过程中随时间改变。然而，即使颗粒小于R_{sd}，磁化翻转也不一定是相干的。其他可能的翻转模式(涡旋和折曲)如图 7.10 所示。在大于相干半径的球形颗粒中是涡旋模式。

7.3.1 斯通纳-沃尔法思模型

尽管磁化相干翻转的条件很严格而且往往不切实际，但斯通纳-沃尔法思模型是实际材料中复杂回滞现象的指路明灯。它是呈现回滞的最简单解析模型。想象一个斯通纳-沃尔法思颗粒，一个均匀磁化的椭球具有单轴各向异性(来源于形状或磁晶)，外加磁场与各向异性轴的夹角为 α。能量密度为

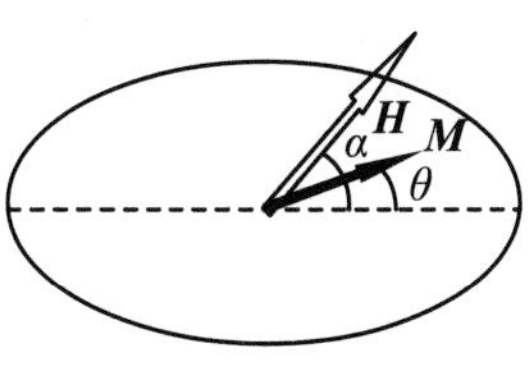

一个斯通纳-沃法思颗粒

$$E_{tot} = K_u \sin^2\theta - \mu_0 MH\cos(\alpha - \theta) \tag{7.21}$$

沃尔法思(Erich Peter Wohlfarth, 1924—1988)

对 θ 求 E_{tot} 的极小值，给出一个或两个能量极小值，如图 7.3 所示。回滞出现在有两个能量极小值的磁场范围内。当 $d^2E/d\theta^2=0$ 时，翻转是从一个极小值到另一个极小值的不可逆跳跃。这个现象发生在第二象限和第四象限，当 $\alpha<45^\circ$ 时，翻转场 H_{sw} 等于矫顽力 H_c。否则，当 $\alpha>45^\circ$ 时，$H_{sw}>H_c$。有趣的是，当 $\alpha=77^\circ$ 时，翻转使得沿 H 的磁化分量略微减小。斯通纳-沃尔法思颗粒的磁滞回线如图 7.11 所示。当 $\alpha=0$ 时，磁滞回线是完好的正方形，矫顽力等于各向异性场：$H_c=2K_u/\mu_0M_s$，即

$$H_c = 2K_1/\mu_0M_s + [(1-3\mathcal{N})/2]M_s \qquad (7.22)$$

其中 K_u 是磁晶各向异性 K_1 与形状各向异性 $\frac{1}{4}\mu_0M_s^2(1-3\mathcal{N})$（式(5.63)）的和，假设它们的轴相同。因为退磁因子介于 0 和 1 之间，所以式(7.22)与布朗理论（式(7.19)）一致。

图 7.11

斯通纳-沃法思模型的磁化曲线：外场与易轴的夹角α各不相同。注意，当 $\boldsymbol{H}$ 沿易轴施加时，磁滞回线是正方形；当 $\boldsymbol{H}$ 沿垂直方向施加时，没有回滞。$\boldsymbol{H}$ 的单位是各向异性场 H_a

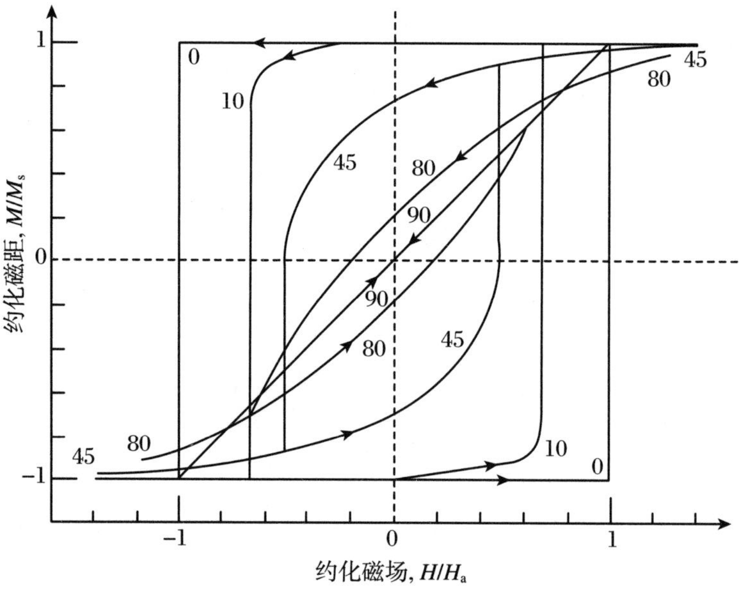

各向异性轴随机分布的无相互作用颗粒阵列是真实多晶磁体的粗略模型。使用约化变量 $m=M/M_s$ 和 $h=H/H_a$ 的磁滞回线见图 7.12，其中 $H_a=2K_u/\mu_0M_s$ 是各向异性场。颗粒阵列的剩磁是 $m_r=1/2$；矫顽力是 $h_c=0.482$。剩余矫顽力 h_{rc} 是 0.524（使剩磁变为零所需的反向场）。

如果各向异性方向随机分布在一个平面内（某些记录介质就是如此），则 $m_r=2/\pi=0.637$，$h_c=0.508$，$h_{rc}=0.548$。

对于没有相互作用的颗粒系统，沃尔法思还给出了两个剩磁曲线的简单关系。在初始态上施加磁场 H 并将它减小到零，得到初始

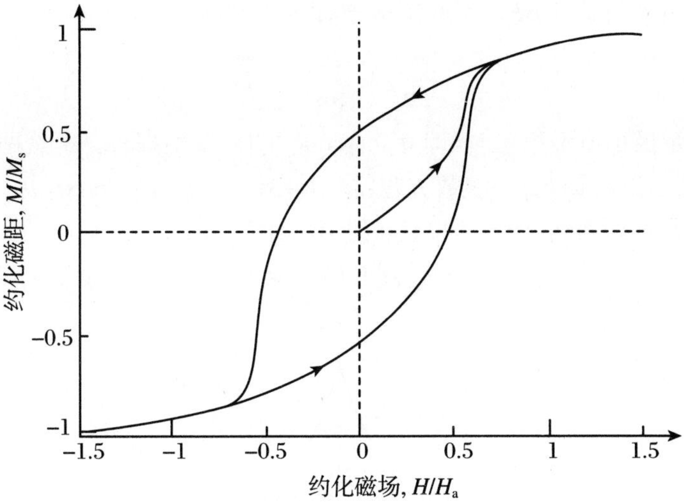

图 7.12
方向随机分布的斯通纳-沃法思颗粒阵列的磁滞回线

磁化曲线上的剩磁 M_r。达到磁饱和之后，在翻转场下得到剩磁 M_{rd}。它们的关系是

$$2M_{ri}(H) = M_r - M_{rd}(H) \tag{7.23}$$

M_{ri}对 M_{rd}的曲线(“**亨克尔**(Henkel)**图**”)与直线的偏离，表明颗粒间有相互作用。

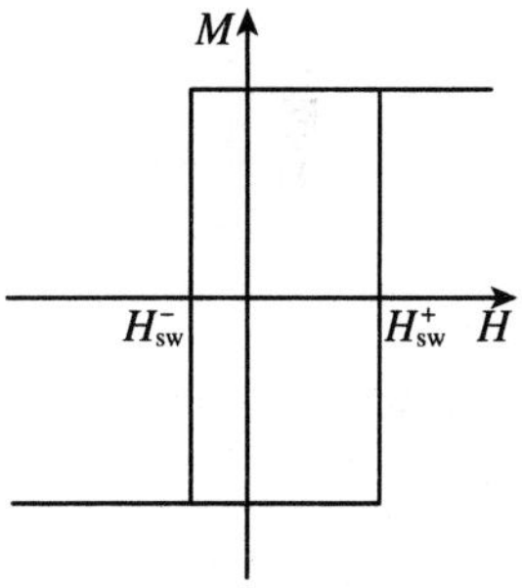

普里萨赫模型里使用的一个基本的“回滞子”

构造磁滞回线的流行方法是普里萨赫(Preisach)模型，把真实的磁滞回线分解为具有不同翻转场的基本矩形回线(“回滞子”，hysteron)。可以认为，这些回滞子是各向异性不同的斯通纳-沃尔法思颗粒的回线。颗粒间相互作用意味着正的翻转场 H_{sw}^+和负的翻转场 H_{sw}^-可以不一样。

7.3.2　薄膜和小元件的翻转

软铁磁薄膜的磁化通常“躺”在薄膜平面内，以使退磁能最小。面内退磁因子很小(图 2.8)。通过磁场下退火或离轴沉积，可以引入弱的面内单轴各向异性 K_u，以便控制翻转过程。薄膜元件等价于一个斯通纳-沃尔法思颗粒，其磁化相干转动被限制在平面里。

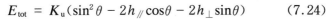

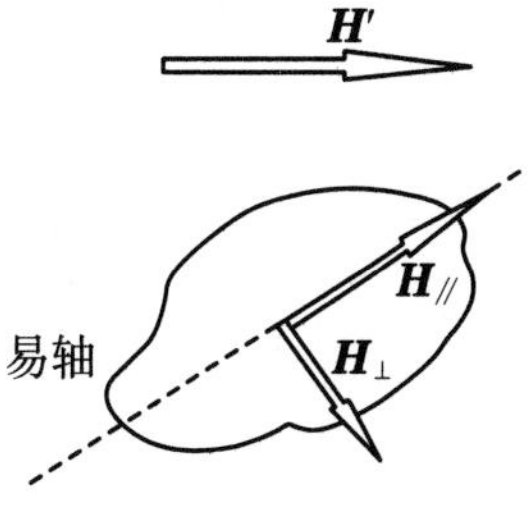

磁场施加在具有易轴的小颗粒或薄膜元件上。把磁场分解为两个分量

应用上一节的理论，当外场方向沿易轴施加的时候，得到 $H_c = 2K_u/\mu_0 M_s$的正方形回线。如果外场是横向的(沿着平面内的难轴方向)，就没有回滞，但饱和磁场仍然等于各向异性场。把外场可以分解为沿着易轴和难轴方向的分量 $H\cos\alpha$ 和 $H\sin\alpha$，同样用各向异性场归一化给出约化变量$h_{/\!/}$和$h_\perp$。等式(7.21)变为

$$E_{tot} = K_u(\sin^2\theta - 2h_{/\!/}\cos\theta - 2h_\perp\sin\theta) \tag{7.24}$$

平衡角 θ 由条件 $\mathrm{d}E_{\mathrm{tot}}/\mathrm{d}\theta = 0$ 确定，即

$$\frac{h_{\perp}}{\sin\theta} - \frac{h_{/\!/}}{\cos\theta} = 1$$

当能量极小值不稳定时（即 $\mathrm{d}^2 E_{\mathrm{tot}}/\mathrm{d}\theta^2 = 0$），发生翻转。解这两个方程，给出翻转场 h_{sw} 的参数方程：$h_{\perp\mathrm{sw}} = \sin^3\theta$，$h_{/\!/\mathrm{sw}} = -\cos^3\theta$。消去 θ，翻转场斯通纳-沃尔法思星状线给出（图 7.13）：

$$h_{/\!/\mathrm{sw}}^{2/3} + h_{\perp\mathrm{sw}}^{2/3} = 1 \tag{7.25}$$

图 7.13

斯通纳-沃尔法思星状线。这个星状线表明何处发生翻转。在星状线的内部，约化磁场h的平衡方向由切线确定。θ等于β或者β'

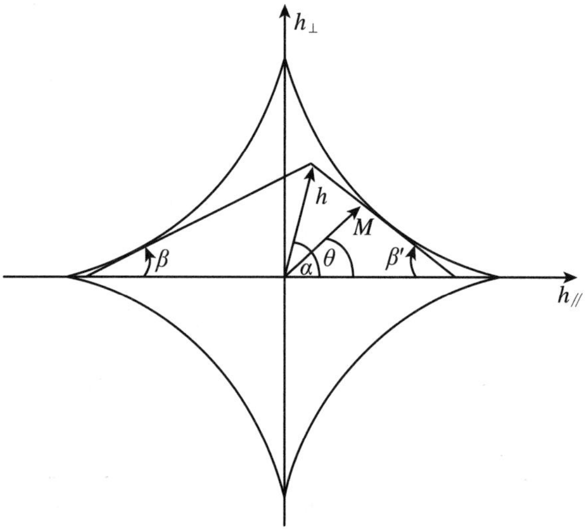

星状线的外面是单个能量极小值；磁化方向随着外场而连续地转动。星状线内部的任意一点有两个能量极小值（式（7.23）），一个是稳定的，一个是亚稳的。改变外场的大小或方向使之与星状线相交时，会发生突变（“灾难”），颗粒的磁化跳跃到方向不同的新的能量极小值。换言之，星状线是自由能曲面上发生分叉的点的轨迹。磁化翻转不会发生在星状线的内部，只发生在它的边界上。在给定外场 $\boldsymbol{h}$ 下确定磁化方向的时候，就会注意到星状线的性质。由参数方程推导出星状线在 θ_0点处切线的斜率 $\mathrm{d}h_{\perp\mathrm{sw}}/\mathrm{d}h_{/\!/\mathrm{sw}}$是 $\tan\theta_0$，因此 $\boldsymbol{e}_M$ 的方向与从矢量 $\boldsymbol{h}$ 的端点作星状线的切线方向一致。

确定磁化方向的方法如图 7.13 所示。从平面内的一个点（即磁场值）作星状线的切线。一个切线是稳定能量极小值 $\theta = \beta$，另一个是亚稳极小值或极大值 $\theta = \beta'$。沿某个方向施加振荡场，或者转动磁场、保持大小不变，就可以得到磁滞回线。回线是变量 $\boldsymbol{h}_\perp$，$\boldsymbol{h}_{/\!/}$ 的函数，如图 7.14 所示。

不可逆的剧烈的磁化不连续性称为**巴克豪森**（Heinrich Barkhausen）**跳跃**。在现在的模型中，当磁场由内而外地穿过星状线的时候，发生巴克豪森跳跃。

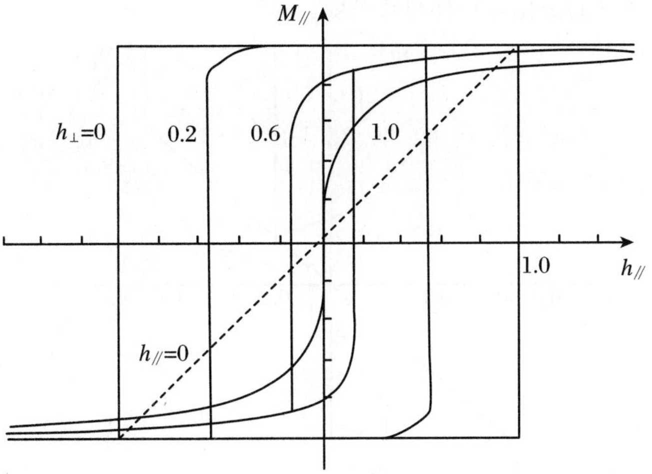

图 7.14
薄膜翻转曲线作为面内磁场的函数。外磁场沿难轴的曲线($h_{//}=0$)用虚线表示

磁化的相干转动是斯通纳-沃尔法思理论的假设。需要强调的是,还可能有矫顽力更小的其他翻转模式。一个薄膜的例子如图7.15所示。薄膜初始磁化沿着面外的难磁化方向,然后外场减小。面内的两个易磁化方向能量相同,于是开始出现周期调制的结构,最后成为面内的条状磁畴结构,而非单个垂直磁畴。这个结构没有矫顽力。

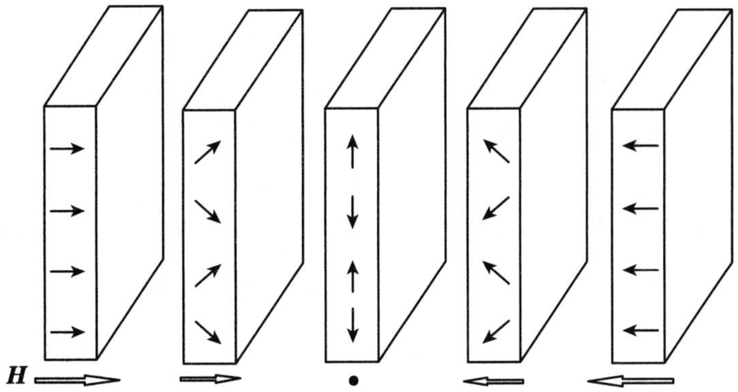

图 7.15
薄膜中的磁化翻转:垂直于薄膜的难磁化方向施加外磁场

小的铁磁薄膜元件倾向于共线结构和相干翻转(如斯通纳-沃尔法思模型所述),但各向异性可以忽略的大元件更倾向于涡旋态。圆盘有四种可能的构型:具有顺时针或逆时针的手性,而中心的自旋可以向上或向下地指向面外。从其中一个构型出发,用面内磁场可逆地将涡旋推到点的边缘,然后磁化不可逆地翻转到饱和,如图7.16所示。当磁场减小时,涡旋再次成核。在不同形状的薄膜里,可以出现双涡旋和各种亚稳态(根据自旋构型的形状,分别命名为C态、S态和W态),它们都会影响翻转的过程。C态可导致矫顽力,为了实现低场下的完全翻转,应该避免它。

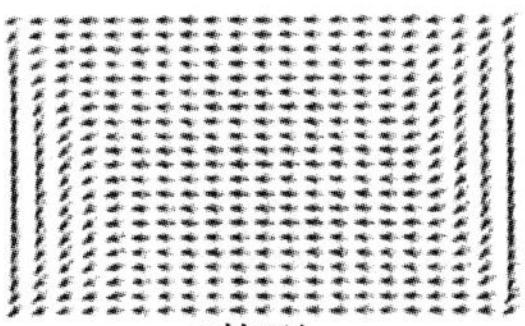
S构型

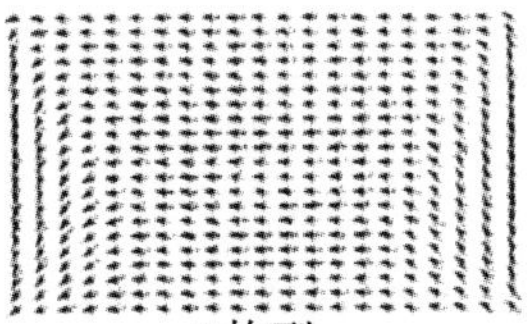
C构型

用面内磁场翻转薄膜元件的过程中,可能出现C态和S态

对于微磁学的基本理论以及磁性存储和记录的应用来说,铁磁

薄膜元件的磁化翻转都非常重要。

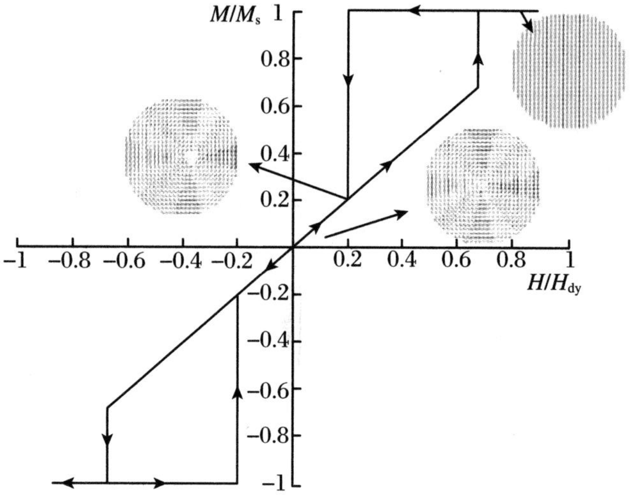

图 7.16

具有涡旋构型的圆形薄膜元件的磁滞回线(计算机模拟，Pramey Upadhyaya提供)

7.3.3 垂直各向异性

由于静磁能的原因,均匀磁化薄膜的磁化方向通常“躺”在面内。然而,在易轴垂直于膜面的取向或外延生长的硬磁材料薄膜中,可以出现垂直各向异性。在几纳米厚的极薄膜中,表面各向异性有时可以导致垂直磁化(见第 8.2.2 小节)。具有垂直各向异性的多层膜可以由交替(生长)的铁磁层和非磁性层构成。如果 ϑ 是磁化和薄膜法向的夹角,而且有垂直各向异性 K_u,单位体积的能量就是

$$E_{tot} = K_u \sin^2\vartheta + \frac{1}{2}\mu_0 M_s^2 \cos^2\vartheta$$

当**品质因子** Q(定义为 $2K_u/\mu_0 M_s^2$)大于 1 时,上述能量在 $\vartheta = 0$ 处有最小值;垂直各向异性的条件就是 $K_u > \frac{1}{2}\mu_0 M_s^2$。只有硬磁材料取向膜,以及具有低磁化强度 M_s 或者表面各向异性 $K_u = K_s/t$(其中 t 是膜的厚度)占主导的材料才满足这个条件。如果薄膜的表面各向异性为 1 mJ · m^{-2} 而且 $\mu_0 M_s = 1$ T,那么厚度 $t = 2K_s/\mu_0 M_s^2$ 是 25 nm,小于这个厚度时,磁化倾向于垂直膜面。磁畴的形成使得这个临界厚度增大。$Q<1$ 的薄膜,垂直磁化强度倾向于分裂为迷宫畴,在零场下 ↑ 和 ↓ 的磁化面积相等(如图 7.2(c)所示),从而减小退磁能 $-(1/2) \cdot \mu_0 M_s^2$(见第 7.3.2 小节)。

垂直的外磁场逐渐增加 ↑ 畴的宽度并使 ↓ 畴变窄,达到**去除**

(strip-out)点的时候，↓窄条破碎成短条和小“磁泡”(贯穿薄膜的直径约几微米的圆柱形岛)，如图 7.17 所示。继续增加外场使畴的直径减小，直到磁泡最终在饱和时消失。利用适当的外场，可以操纵磁泡，沿着由磁性决定的轨道引导磁泡。在某些情况下，可以形成磁泡的六方格子。移位存储器中的磁泡畴是 1970 年代末期发展起来的非易失性存储技术，很复杂，最终发现没有竞争力。

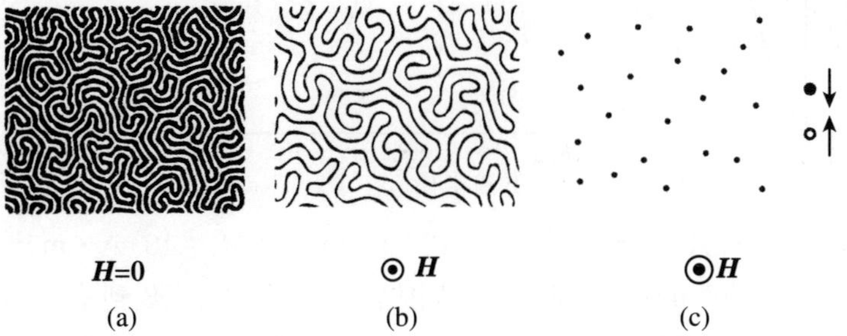

图 7.17

垂直各向异性膜的磁化和畴结构。增加外磁场时，迷宫畴让位于磁泡

垂直各向异性对于磁光记录很重要，对于现代垂直记录介质是必不可少的(见第 14 章)。

7.3.4 成　　核

为了合理地计算翻转，总能量 E_{tot} 的表达式需要包括交换能和退磁能。从均匀磁化的椭球样品出发，**成核场** H_n 定义为开始偏离均匀磁化态时的磁场。矫顽力通常是正的，而成核场是负的。布朗实际上证明了 $H_n \leqslant -2K_1/\mu_0 M_s + \mathcal{N}M$。由于成核场必须先于翻转，$H_c \geqslant -H_n$，由此得到布朗定理(7.19)。

从线性化的微磁学方程的本征模式分析，可以推导出相干翻转模式的成核场：

$$H_n = -\frac{2K_1}{\mu_0 M_s} - \frac{1}{2}(1 - 3\mathcal{N})M_s \tag{7.26}$$

当各向异性能 $E_a = K_1 \sin^2\theta$ 时，这就是矫顽力的斯通纳-沃尔法思表达式(7.21)。如果计入高阶项，例如 $E_a = K_1\sin^2\theta + K_2\sin^4\theta$，成核场不变，但当 $0 < K_1 < 4K_2$ 时，$H_c > -H_n$。

椭球颗粒的另一种常见成核模式是涡旋，如图 7.18 所示。这个模式不产生退磁场，但是以交换能为代价而偏离均匀磁化态。涡旋的成核场为

$$H_n = -\frac{2K_1}{\mu_0 M_s} + \mathcal{N}M - k_c M_s \left(\frac{R_0}{R}\right)^2 \tag{7.27}$$

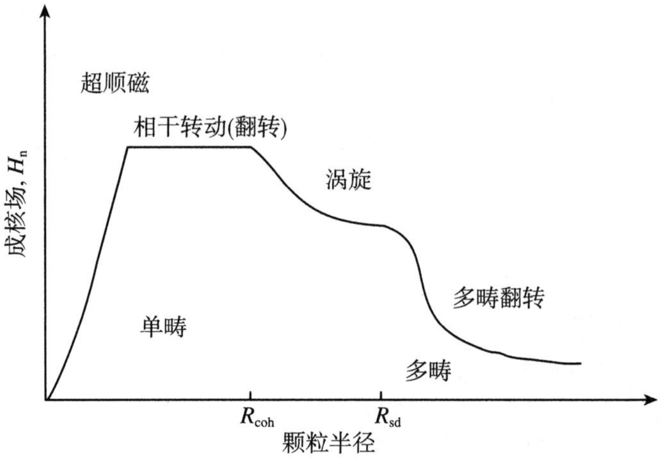

图 7.18

成核场对颗粒半径的依赖关系，表现出超顺磁、相干转动、涡旋和多畴翻转。成核场是矫顽力的上界（摘自Kronmüller和Fähnle, 2003）

其中$R_0=\sqrt{8\pi A/\mu_0 M_s^2}$。取 $A=10^{11}\ \mathrm{J\cdot m^{-1}}$和 $M_s=10^6\ \mathrm{A\cdot m^{-1}}$，典型值是 $R_0=10$ nm。因子k_c 的范围从长圆柱的 1.08 到扁平板的 1.48。因此，当样品尺寸大于～15 nm 时，涡旋支配磁化翻转。

表 7.1 和表 8.1 总结了一些铁磁材料的微磁学关键参数。对于半径远大于R_{sd}的样品，没有理由认为它从饱和状态的磁化翻转是相干且一致的过程。实际样品总是有些不均匀的，而且有表面。由于移动畴壁需要的能量很小，磁化翻转的关键往往是自发涨落在系统中某个薄弱点上形成一个小的翻转畴。这种核的最小尺寸是δ_w^3量级。一旦成核，在翻转场的作用下，翻转畴往往会扩展，除非畴壁被缺陷钉扎(图 7.9)。

7.3.5 双半球模型

一个简单的模型可以描述非均匀材料中的交换耦合效应。

考虑一个铁磁性的球，由两个半球 α 和β 构成(图 7.19)，它们的各向异性不同，分别为 K_α 和 K_β。首先假设 $K_\alpha=K_\beta=K$，而且每个半球的磁矩位于$\pm R/2$，那么在外场 H 中，对于小的偏离 θ_α 和θ_β，单位体积的能量为

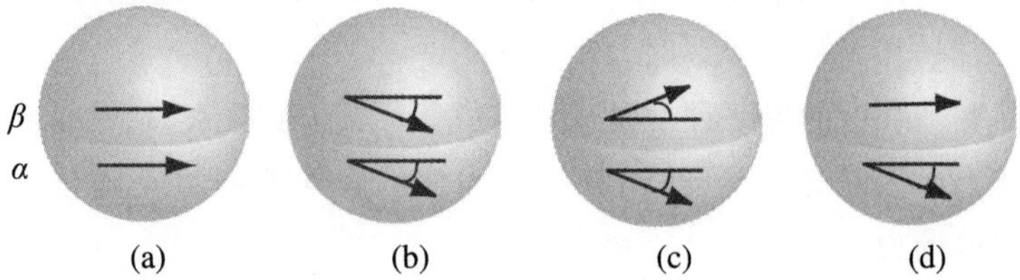

图 7.19

两个半球α和β构成了一个球：(a) 均匀态，(b) 相干转动，(c) 非相干转动，(d) 当$K_\alpha>>K_\beta$且球的半径不小于交换长度l_{ex}时，软磁半球先于硬磁半球翻转

$$E = \left(A/R^2 - \frac{1}{24}\mu_0 M^2\right)(\theta_\alpha - \theta_\beta)^2 + \frac{1}{4}(2K_1 - \mu_0 MH)(\theta_\alpha^2 + \theta_\beta^2) \tag{7.28}$$

第一项表示交换能的增加以及非相干转动模式导致的偶极能的减少。第二项表示各向异性能和塞曼能。相干和非相干的翻转模式分别如图 7.19(b)和(c)所示。

相干翻转模式的成核场是 $H_n = 2K/\mu_0 M_s$，而非相干模式由式(7.27)给出，其中$\mathcal{N} = 1/3$，$k_c = 1$，$R_0 = \sqrt{8A/\mu_0 M_s^2}$。如果颗粒比**相干半径**$R_{coh} = \sqrt{24A/\mu_0 M_s^2}$大，翻转就是非相干的。另一方面，如果假设 $K_\alpha = K$，$K_\beta = 0$，除非球很小，当 $H \approx \frac{1}{8}M_s$时，软磁半球单独发生翻转。当 R 小于交换长度时(式(7.8))，软磁半球不能单独翻转。它与硬磁半球的交换耦合使它变硬了。这个交换硬化效应在软磁区域的作用范围的量级是 $4l_{ex} \approx 10$ nm(表 7.1)。

7.3.6　翻转动力学

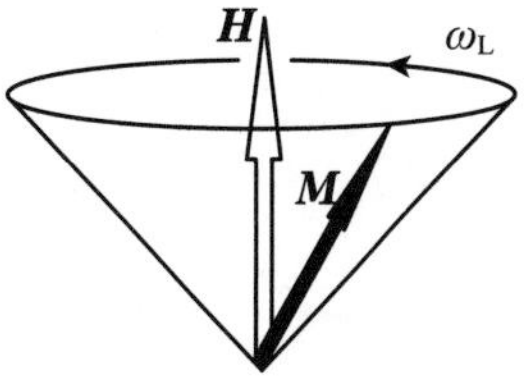

外磁场中的磁化进动

磁矩为 m 的铁磁样品放在磁场 $\boldsymbol{H}$ 中，受到的扭矩为 $\boldsymbol{\Gamma} = \mu_0 \mathrm{m} \times \boldsymbol{H}$。旋磁比 $\gamma = g\mu_B/\hbar$ 是磁矩与角动量的比值，这样就得到回转方程

$$\mathrm{d}\boldsymbol{M}/\mathrm{d}t = \gamma\mu_0 \boldsymbol{M} \times \boldsymbol{H}$$

它描述磁化绕外场的进动。拉莫尔进动频率(铁磁共振频率)是

$$\omega_L = \gamma\mu_0 H$$

当 $g = 2$，$\gamma = -e/m_e$ 时，这个频率相当于 28 GHz · T^{-1}。

有单轴各向异性时，用各向异性场 $H_a = 2K_1/\mu_0 M_s$表示，拉莫尔进动频率变为

$$\omega_L = \gamma\mu_0(H + H_a) \tag{7.29}$$

如果没有损耗，磁矩就永远不能沿着外场排列。引入阻尼项描述损耗(参见第 9.2.2 小节)。通常用朗道-栗弗席兹-吉尔伯特(Landau-Lifschitz-Gilbert)方程

$$\mathrm{d}\boldsymbol{M}/\mathrm{d}t = \gamma\mu_0 \boldsymbol{M} \times \boldsymbol{H} - (\alpha/M_s)\boldsymbol{M} \times \mathrm{d}\boldsymbol{M}/\mathrm{d}t \tag{7.30}$$

描述磁化动力学。如果外场在铁磁膜平面内施加，垂直于易磁化轴方向，磁化试图在膜平面外进动，就会感受到很强的退磁场(量级为 1 T)，使得磁化加速向外磁场方向旋转(图 9.7)。旋转 π/2 角度所需的时间是$(4 \times 28 \times 10^9)^{-1} \approx 0.01$ ns 的量级。相干翻转是固有的快过程。

7.3.7 畴壁运动

涉及畴壁运动的翻转就慢得多了。外磁场对畴壁施加压强。如果外场平行于单轴磁体的易轴 z 方向,畴壁将沿 x 方向移动。单位面积畴壁的塞曼能量变化为 $2\mu_0 MH\delta x$,因此压强为 $2\mu_0 MH$。在小场下,畴壁的移动速率基本上正比于压强:

$$v_w = \mu_0 \eta_w (H - H_p) \tag{7.31}$$

其中 η_w是畴壁的迁移率,H_p是解除畴壁钉扎所需的小场强。迁移率大约是 1—1000 $m \cdot s^{-1} \cdot mT^{-1}$,而 100 $m \cdot s^{-1} \cdot mT^{-1}$是软磁薄膜材料(如坡莫合金)的典型值。0.1 mT 的磁场可以让畴壁以 10 $m \cdot s^{-1}$的速度移动。畴壁移动速率随着外场线性增加的关系,在速率超过～100 $m \cdot s^{-1}$时失效。在薄片电工钢这样的材料中,磁畴的移动慢得多,以 50 或 60 Hz 振动,畴壁动力学十分重要(见第 12.1.1 小节)。涡流控制它们的运动。

为了得到迁移率的表达式,考虑单个畴壁。如果穿过垂直于畴壁的厚度为t的横截面的磁通量是 Φ,磁畴移动速率与 Φ 的变化率相关,即

$$\mathrm{d}\Phi/\mathrm{d}t = 2\mu_0 M_s \mathrm{t}\, v_w \tag{7.32}$$

因为 $j = \sigma E \propto (\mathrm{d}\Phi/\mathrm{d}t)/\mathrm{t}$,单位长度畴壁的能量损耗$p_w$正比于 j^2/σ,所以$p_w \propto \sigma(\mathrm{d}\Phi/\mathrm{d}t)^2$。对于缓慢移动、没有变形的畴壁,完整的计算给出

$$p_w = \sigma G \left(\frac{\mathrm{d}\Phi}{\mathrm{d}t}\right)^2, \quad G = \frac{4}{\pi^3}\sum_{n\ \mathrm{odd}} \frac{1}{n^3} = 0.1356 \tag{7.33}$$

单位长度和单位时间作用在畴壁上的功为 $H(\mathrm{d}\Phi/\mathrm{d}t)$。因此 $H = \sigma G(\mathrm{d}\Phi/\mathrm{d}t)$。利用式(7.32)将 $\mathrm{d}\Phi/\mathrm{d}t$ 写为含畴壁移动速度v_w的形式,就得到式(7.31)中畴壁迁移率的表达式

$$\eta_w = \rho/2G\mu_0^2 M_s \mathrm{t} \tag{7.34}$$

例如,$\mathrm{t} = 350\ \mu m$,$\mu_0 M_s = 2.0$,$\rho = 50\times10^{-8}\ \Omega \cdot m$ 的电工钢薄片,畴壁迁移率为 2.1 $m \cdot s^{-1} \cdot mT^{-1}$。由于迁移率与膜厚呈反比,薄膜中的畴壁移动速率很高。

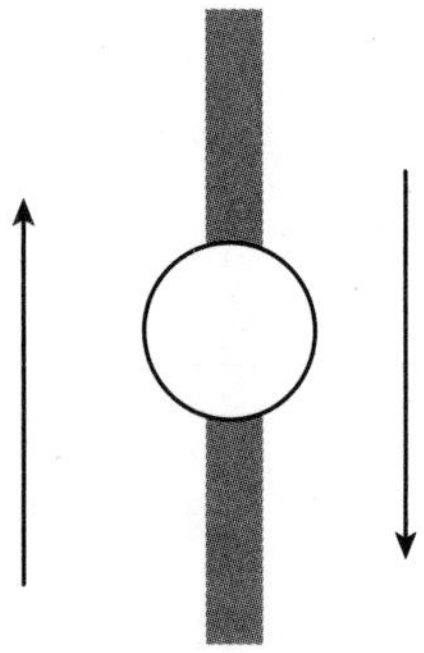

被缺陷钉扎的畴壁

对于某些目的,将单位面积的有效质量与畴壁联系起来是有益的,即

$$m_w = 2\pi/\mu_0 \gamma^2 \delta_w \tag{7.35}$$

软磁体的典型值为 10 $\mu g \cdot m^{-2}$。在环形样品中,检测磁化和外场间的相位延迟,测量畴壁沿铁磁线运动的时间,在畴壁经过时,检测拾

音线圈中磁通量的变化或反常霍尔效应的变化，都可以得到畴壁的移动速率。

由于畴壁的单位面积能量$\gamma_w = 4\sqrt{AK}$，畴壁倾向于钉扎在缺陷处(特别是平面缺陷)，那里的 A 或K 值与体材料不一样。当这些缺陷的尺寸与畴壁宽度δ_w相当时，发生**强钉扎**。平面缺陷是最有效的钉扎中心，因为当畴壁遇到这种缺陷时，整个畴壁的能量都改变。依赖于缺陷的γ_w低于或高于体材料，平面缺陷可以充当畴壁运动的陷阱或势垒。线缺陷和点缺陷是低效的钉扎中心，但是当其直径与δ_w相当，而且体材料和缺陷区域的 K 或 A 有明显差别时，钉扎的效果最好。空洞的 $K = A = 0$，与体材料相差巨大。

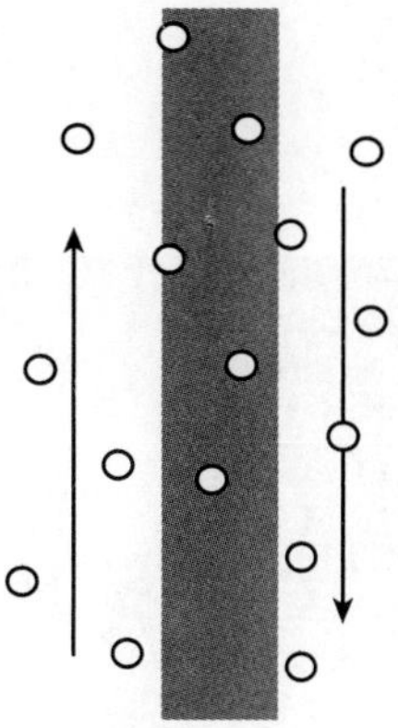

多个缺陷的弱钉扎

当许多小缺陷(特别是点缺陷)分布在整个畴壁上时，发生**弱钉扎**。根据畴壁中缺陷数量的涨落，可以得到弱钉扎的能量。

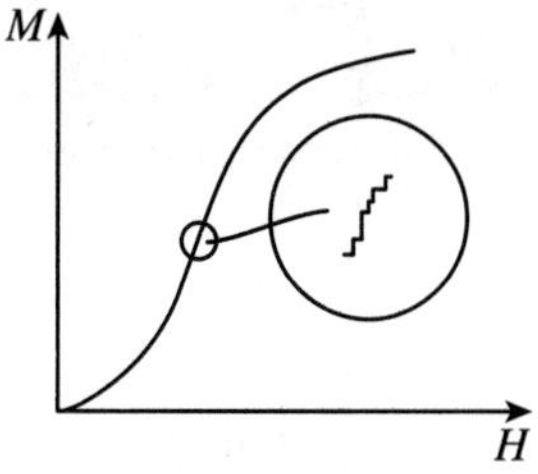

巴克豪森跳跃

任何磁性样品都不免存在某种分布的缺陷。假定畴壁的单位面积能量只依赖于畴壁的位置(用坐标 x 表示)，以及外场 H。那么

$$E_{tot} = f(x) - 2\mu_0 M_s Hx \qquad (7.36)$$

由图 7.20 可见，磁滞回线产生于具有多个极小值的能量曲面。在局域能量极小处，$df(x)/dx = 2\mu_0 M_s H$。随着外场的增加，畴壁从$df(x)/dx$相等的点跳过来，磁化在巴克豪森跳跃处不连续地变化。宏观样品的磁滞回线包括许多**不连续的**跳跃，可以在铁磁线磁化强度的灵敏测量中直接观察到。在 1919 年进行的一次实验中，巴克豪森听到了这些跳跃，他把一捆镍线填在长的拾音线圈里，利用连接到

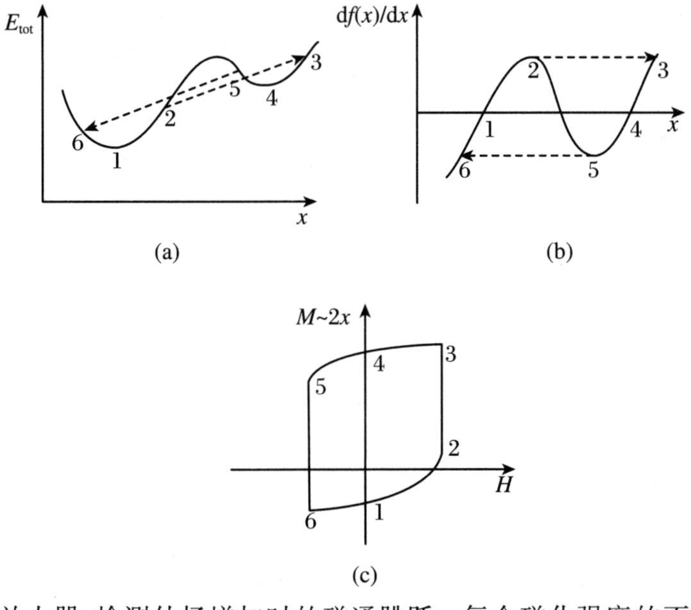

图 7.20

(a) 能量作为畴壁位置的函数；(b) 平衡条件为$df(x)/dx=2\mu_0 M_s H$；(c) 来回扫描磁场而得到的磁滞回线

喇叭的放大器，检测外场增加时的磁通跳跃。每个磁化强度的不连

续跳跃在线圈中产生小的电动势，导致了“咔哒”一声。

7.3.8 真实的磁滞回线

巴克豪森(Heinrich Barkhausen, 1881—1956)

真实材料中的磁滞回线表现出成核、磁畴运动和相干转动的特征。立方各向异性材料的磁滞回线如图 7.21 所示。可逆线性段 1→2 称为**初始磁化曲线**或**原始曲线**，范围是 $0 \leqslant M/M_s \lesssim 0.1$，畴壁被钉扎，但是能以可逆的方式从钉扎中心退出（去掉外场后，迅速恢复它们原来的位置）。曲线段 2→4 涉及不可逆的巴克豪森跳跃，随着畴壁不规则地扫过样品，最终清除了所有磁畴（除了取向最有利的那个以外）。曲线段 4 和更高磁场下又是可逆的，因为它涉及最后那个磁畴的磁化朝着外加场方向的相干转动，这个区域称为接近饱和，$0.9 \lesssim M/M_s < 1.0$。在反向曲线段 4→5 上的某个点，翻转畴成核并开始扩大，最终在矫顽场 H_c 处还原为没有净磁化的多畴态。这个多畴态是能量曲面上远离初始态 1 的一个最小值点。初始态再也回不去了，除非把磁体加热到居里温度以上，然后在零场下冷却。

图 7.21

在第一象限和第二象限中，立方磁体的初始磁化曲线和退磁曲线

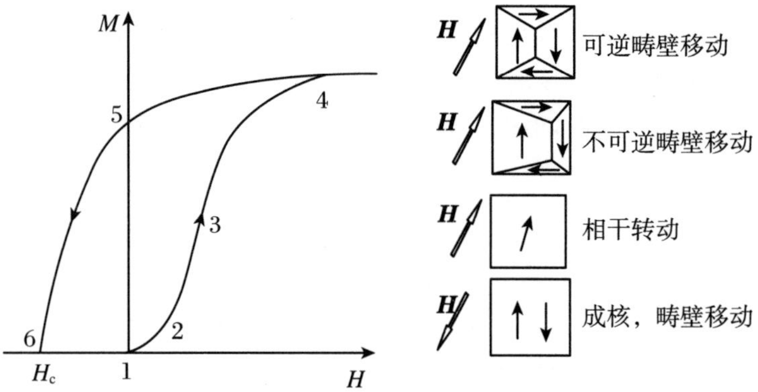

在体材料中，实际上不可能精确地计算完整的磁滞回线。对于硬磁体的一个经验方法是使用**克伦穆勒**(Kronmüller)**方程**（其灵感来自斯通纳-沃尔法思模型），即

$$H_c = \alpha_K (2K_1/\mu_0 M_s) - N_{eff} M_s$$

其中 α_K 和 N_{eff} 是经验参数，需要通过实验确定。

硬磁材料的磁化过程由成核或钉扎主导，很容易用初始磁化曲线把它们区分出来。畴壁在成核型磁体中自由穿行，这类磁体有很高的初始磁化率；畴壁在钉扎型磁体中始终被困住，因此初始磁化率很小，除非达到去钉扎场（图 7.22）。矫顽力对外场与易轴夹角的依

赖关系提供了相干转动(单轴系统中的主要翻转机制)存在的证据。在斯通纳-沃尔法思模型中,矫顽力正比于 $\cos\alpha$,但如果涉及成核,只有沿着易轴的分量可以有效地产生翻转,因此是 $1/\cos\alpha$ 的依赖关系。

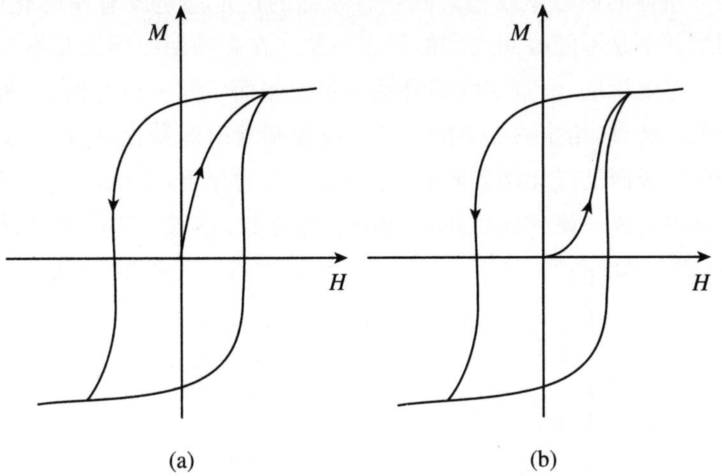

图 7.22

硬磁体带有初始磁化曲线的磁滞回线:(a)成核或(b)钉扎过程控制着磁滞

在软磁材料中,在外场远小于饱和矫顽场的初始区域,磁滞用斯特鲁特(John Strutt)在 1887 年重新阐释的**瑞利**(Raleigh)**经验定律**描述:若逐渐减小外磁场而达到 $M_1(H_1)$ 态,则

$$M(H)-M_1=\chi(H-H_1)+\nu(H-H_1)^2 \tag{7.37}$$

其中 $H>H_1$;若逐渐增大外磁场而达到 $M_2(H_2)$ 态,则

$$M(H)-M_2=\chi(H-H_2)-\nu(H-H_2)^2 \tag{7.38}$$

其中 $H<H_2$。每种情况都是两项之和:线性的、可逆的、正比于 H 的响应和非线性的、不可逆的、按 H^2 变化的项。外加场 H 后的剩磁为 $\nu H^2/2$。因此基本的磁滞回线由抛物线段组成。这里 χ_i 代表可逆的初始磁化率,而含 ν 项为对外场的不可逆响应。在交变外场下测量到的初始磁化曲线是

$$M=\chi_i H+\nu H^2 \tag{7.39}$$

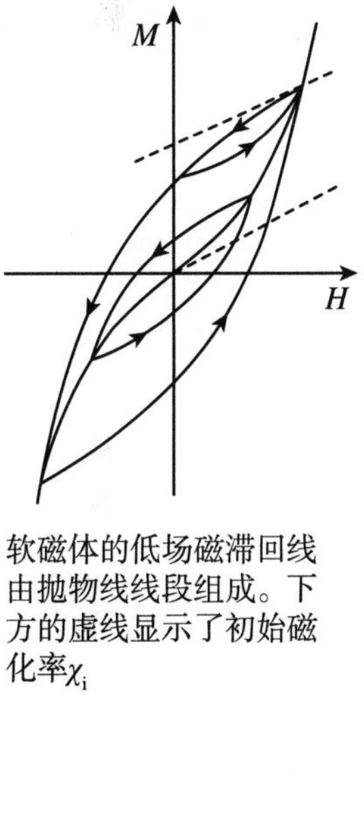

软磁体的低场磁滞回线由抛物线线段组成。下方的虚线显示了初始磁化率χ_i

起初这些瑞利定律是为了描述钢铁的磁性质,其微观起源是缺陷导致的畴壁变形与钉扎。

在高场下接近饱和的磁化曲线用下面的经验表达式表示:

$$M=M_s(1-a/H-b/H^2-\cdots)+\chi_0 H \tag{7.40}$$

最后一项是场致能带辟裂被称为顺磁过程引起的小的高场磁化率。$1/H$ 项可以起因于杂质,而 $1/H^2$ 项起因于各向异性轴与外场不重合时(夹角为 α)的磁化重定向。如果磁化强度与易磁化轴的夹角为 θ,极小化式(7.21)的能量给出 $\alpha-\theta\approx 4K_1\sin 2\theta/\mu_0 H$,当 $\alpha-\theta$ 很小时,$M=M_s\cos(\alpha-\theta)\approx M_s[1-(\alpha-\theta)^2]$,因此 $b=16K_1\sin^2 2\alpha/\mu_0$。

7.3.9 时间依赖关系

块体的铁磁体或超顺磁颗粒系综的稳定态是没有净磁化的态。回线并不是不随时间改变的静态对象。在磁滞回线周围观察到的磁性态是亚稳的，而且回线因外场扫得快慢而不同。扫得越慢，矫顽力越低。此外，给定磁场下的磁化强度也随着时间演化，而在第二象限和第四象限的磁化翻转附近，这种变化最为显著，铁磁体在亚稳平衡态边缘摇晃。磁化强度随时间的变化近似为对数，这就是磁黏滞效应(图 7.23)：

$$M(t) \approx M(0) - S_v \ln \frac{t}{\tau_0} \tag{7.41}$$

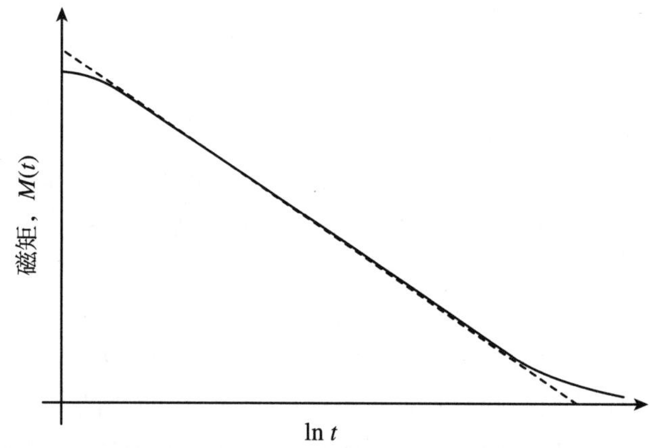

图 7.23

铁磁体磁化的时间依赖关系。虚线表示对数变化

对于非常短或非常长的时间，这个经验表达式都不成立。它来自势垒 Δ 平坦分布的指数衰减的和。磁黏滞系数 S_v 可以认为是幅度正比于温度的涨落磁场。

描述时间依赖的另一种方法是作为各个指数衰减项的和(每项有各自的弛豫时间 τ)，即通过积分：

$$M(t) = M(0)\int_0^\infty P(\tau)e^{-t/\tau}d\tau \tag{7.42}$$

概率分布 $P(\tau)$ 可以取伽马分布

$$P(\tau) = \frac{1}{\tau_0 \Gamma(p)}\left(\frac{\tau}{\tau_0}\right)^{p-1} e^{-t/\tau_0}$$

其中 τ_0 和 p 分别是平均值和分布宽度的参数，$\Gamma(p)$ 是伽马函数(平均值 $= p\tau$，方差 $\sigma^2 = p\tau_0^2$)。这个公式的好处是，式(7.42)可以解析地积分。与时间依赖关系式(7.41)相关的磁化过程还是通常的怀疑对象——磁畴运动和磁化旋转。晶体(或非晶)结构中可移动的原子缺陷会影响这两种过程。例如，空位或填隙缺陷(如碳或氮)可以作为钉扎中心，而畴壁的运动会被相对较慢的缺陷运动所限制。在 Ni-Fe 这样的合金中，局域各向异性与 Fe-Fe 对相对于磁畴或畴壁中磁化方向的排列有关。当畴壁移动或磁化旋转时，那些原子对可以重定向。

磁后效应(magnetic after-effect)指的是原子尺度缺陷的物理扩散所决定的时间依赖的磁化过程。从一个格位跳到下一个所需的时间为 $\tau=\tau_0\exp(-\varepsilon_a/k_BT)$，其中活化能 ε_a 为 1—2 eV，尝试频率 τ_0^{-1} 为 10^{15} s^{-1} 量级。

在硬磁材料中，有一种与磁化翻转有关的活化过程，它与缺陷无关，但是会导致类似于式(7.41)的磁化强度变化。这就是翻转畴的成核，它需要自发热涨落导致 δ_w^3 量级的体积翻转，作为磁化强度翻转扩散的核。

为了避免磁化的缓慢变化，永磁材料阵列在使用之前通常要进行老化处理，在高于工作温度 50—100 K 的温度下退火，从而消除任何容易激发的磁化翻转。

参　考　书

Bertotti G. Hysteresis in Magnetism[M]. San Diego: Academic Press, 1998. 一本全面的专著。

Bertotti G, Mayergoryz I D. The Science of Hysteresis[M]. San Diego: Academic Press, 2006. 三卷本的论文集涵盖了回滞理论和现象的各方面内容，不仅针对磁体，还涉及物理与社会系统。

Hubert A, Schäfer R. Magnetic Domains[M]. Berlin: Springer, 1998. 完整的而且信息和插图丰富的著作。

Aharoni A. Introduction to the Theory of Ferromagnetism[M]. Oxford: Oxford University Press, 1996. 关于铁磁性(在连续介质近似下)的一本独特且易读的书。

Brown W F. Micromagnetics[M]. New York: Wiley Interscience, 1963. 不太好找的一本经典专著。

Kronmüller H, Fähnle M. Micromagnetism and the Microstructure of Ferromagnetic Solids[M]. Cambridge: Cambridge University Press, 2003. 关于微磁学与微结构关系的现代述论，包含了从软磁纳米混合物到稀土永磁体的大量实例。

Malozemoff A P, Slonczewski J C. Magnetic Domains in Bubble Materials[M]. New York: Academic Press, 1979. 含有磁泡技术的具体物理基础说明。这种技术无法规模化。

习　题

7.1　证明式(7.5)中的第一项与式(7.6)等价。

7.2　面心立方材料中的 A 和 $\mathcal{J}$ 有什么关系？如果 $T_C = 860$ K，$a_0 = 0.36$ nm，$S = 1$，这两个交换常数的值是多少？

7.3　在单轴各向异性的球形颗粒中，通过让产生一个畴壁的能量升高等于产生一个双畴态的能量下降，推导式(7.20)。

7.4　验证式(7.20)的量纲是对的。

7.5　对于 $E_a = K_1\sin^2\theta + K_2\sin^4\theta$ 且 $4K_2 > K_1 > 0$ 的球形颗粒，推导斯通纳-沃尔法思模型的 H_c 的表达式。

7.6　(a) 证明在图 7.12 中，磁滞回线剩磁处的斜率是 2/3。

(b) 对于斯通纳-沃尔法思翻转曲线，推导式(7.25)。解释角度 θ 的几何构造方法。

7.7　验证 δ_w，γ_w，m_w 的表达式(7.17)、式(7.18)和式(7.19)的量纲是正确的。

7.8　估算具有垂直于膜面方向磁晶各向异性的钴薄膜中形成的迷宫畴的畴壁厚度。

7.9　针对以下条件，推导厚度为 t 的薄膜的钉扎场：(a) 有一条宽度为 s、深度为 s 的划痕横贯表面，并假设 $s > \delta_w$；(b) 单位体积中随机分布有 n 个半径为 r 的非磁性嵌入物，并假设 $r \ll \delta_w$。

7.10　如何确定 Kronmüller 方程中的参数 α_K 和 N_{eff}？

7.11　对于具有公共易轴方向的斯通纳-沃尔法思颗粒系综，证明其矫顽力按照 $1/\cos\alpha$ 变化。

7.12　证明当外加场反向时，铁磁单畴颗粒阵列的磁化强度随时间对数减小。假设势垒高度 Δ^+ 均匀分布。

7.13　在弱钉扎极限下，推导去钉扎场的表达式。假设钉扎中心是体积为 a^3 的空位。

7.14　用斯通纳-沃尔法思星状图描述磁颗粒在转动磁场 h 下的行为，磁场强度如图 7.13 所示。

第8章 纳米磁性

纳米磁体至少有一个维度在纳米范围内。当那些小维度与磁或电的某个特征长度相仿时，就会出现具有尺寸特异性的磁性质，如超顺磁性、剩磁增强、各向异性交换平均和巨磁阻等。磁性薄膜是用途最多的磁性纳米结构，而界面效应(如自旋相关散射和交换偏置)影响它们的磁性质。磁性多层膜是现代磁传感器和存储元件的基础。

纳米世界关注的尺度大约从1纳米到100纳米，物质的行为很不一样。物质的原子尺度结构通常可以忽略，而磁性纳米对象的介观维度与物理性质发生改变的某个特征尺度相仿。在块体磁材料中，我们已经见识过一个重要的纳米尺度对象——畴壁。它在两个方向上延伸，而在第三个方向上不是；畴壁宽度 δ_w 就是一种特征长度。

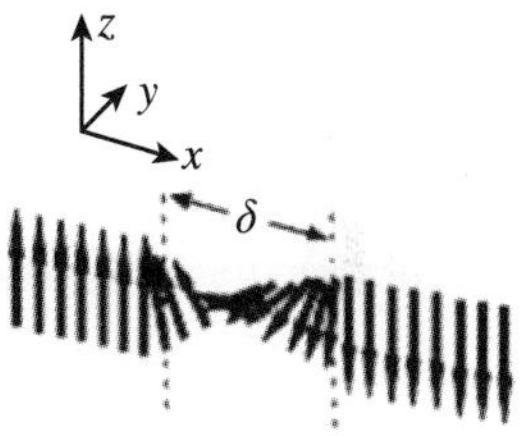

一个畴壁。所有自旋都平行于yz平面

在纳米磁体中，小维度的数量可以是1、2或者3，如图8.1所示。磁性薄膜只有一个小维度，它是很多现代磁性器件的核心。磁性和非磁性层可以堆垛成薄膜异质结构，如自旋阀和隧道结。这些薄膜通常生长在宏观大小的衬底上。

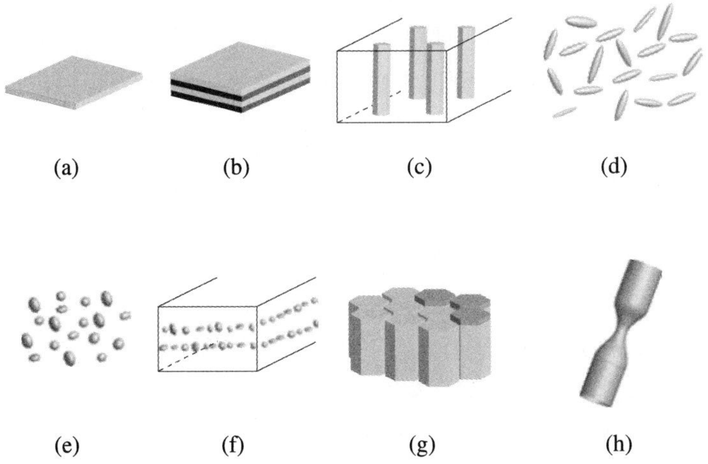

图 8.1

磁性纳米结构的例子。一个小维度：(a)薄膜和(b)多层膜；两个小维度：(c)纳米线阵列和(d)非圆形(针状)颗粒；三个小维度：(e)纳米颗粒，(f) 纳米复合物，(g) 薄膜记录介质，(h)纳米结(nanoconstriction)

纳米线有两个小维度。它们可以是分开的非圆形(针状)纳米物体，也可以嵌入在基质中形成纳米复合物。纳米线本身可以有几层不同成分的涂覆或分段。

纳米颗粒有三个小维度。磁性纳米颗粒同样可以是分离且分散的，或者嵌入在介质中形成某种复合物。在异质结构中，材料可以都是磁性的，也可以一种有磁性而另一种无磁性。适当地设计和制备纳米复合材料，可以实现任何匀质材料都无法获得的独特磁性质或者磁性质和非磁性质的组合。磁性纳米颗粒可以排列成线或平面，例如，图案薄膜或多层模，以及颗粒状磁记录介质（如 Co-Pt-Cr 薄膜）。

纳米结构的共同特征是表面或界面原子的比例大。对于厚度为 t、原子间距为 a 的无衬底薄膜，表面原子的比例为 $2a/t$；对于半径为 r 的纳米线，这个比例为 $2\pi ra/\pi r^2=2a/r$，而半径为 R 的纳米颗粒是 $4\pi R^2a/(4/3)\pi R^3=3a/R$。例如，如果 $a=0.25$ nm，薄膜、纳米线和纳米颗粒的表面原子比例就分别为 5%，10%和 15%。表面的原子和降低的维度改变了材料的磁性质。

8.1 特征长度

磁长度可以很方便地用第 7.1.1 小节介绍的**交换长度**表示，即

$$l_{ex}=\sqrt{\frac{A}{\mu_0 M_s^2}} \tag{7.8}$$

无量纲的磁硬度参数（magnetic hardness parameter）是

$$\kappa=\sqrt{|K_1|/\mu_0 M_s^2} \tag{8.1}$$

交换长度反映了交换作用与偶极作用的平衡。对于大多数实用的铁磁材料，大约是 2—5 nm。硬度参数 κ 则是各向异性能与偶极能的无量纲比值。永磁体应当大于 1，而良好的软磁体应该远小于 1。

表 8.1 给出了微磁学特征长度的表达式，同时给出了一系列磁性材料（κ 的范围是 0.01—4.3）的具体数值。前面的章节已经讨论过一些特征长度。δ_w为 180°布洛赫畴壁的宽度。相干半径 R_{coh}是磁化可以相干转动的均匀磁化颗粒的最大尺寸（即磁化方向 $\boldsymbol{e}_M$ 不依赖于 $\boldsymbol{r}$；$\boldsymbol{M}=(M_\theta,M_\phi)$）。$R_{sd}$是平衡态下单畴颗粒的最大尺寸。长度 R_b 和 R_{eq}依赖于温度。R_b是超顺磁阻塞半径，比 R_b小的颗粒经历磁化方向的自发热涨落。R_{eq}给出热能量k_BT 和塞曼能 $-\mathfrak{m}\cdot\boldsymbol{B}$ 大小相等的颗粒尺寸。它不是基本的特征长度，而是用来表明何时可以预期线性响应。表 8.1 中列出的 R_b和 R_{eq}是在室温为 300 K、磁场为1 T 时的值。

表 8.1 磁硬度参数(无量纲量)和特征磁性长度(单位:nm)

长度	表达式	Fe	Co	Ni	NiFe	$Fe_{90}Ni_{10}B_{20}$	CoPt	$Nd_2Fe_{14}B$	$SmCo_5$	$Sm_2Fe_{17}N_3$	CrO_2	Fe_3O_4	$CoFe_2O_4$	$BaFe_{12}O_{17}$
κ	$\sqrt{\lvert K_1\rvert/\mu_0 M_s^2}$	0.12	0.45	0.13	0.01	0.01	2.47	1.54	4.30	2.13	0.36	0.21	0.84	1.35
l_{ex}	$\sqrt{A/\mu_0 M_s^2}$	2.4	3.4	5.1	3.4	2.5	3.5	1.9	3.6	2.5	4.4	4.9	5.2	5.8
R_{coh}	$\sqrt{24}\,l_{ex}$	12	17	25	17	12	17	9.7	18	12	21	24	26	28
δ_w	$\pi l_{ex}/\kappa$	64	24	125	800	900	4.5	3.9	2.6	3.7	44	73	20	14
R_{sd}	$36\kappa l_{ex}$	10	56	24	1.6	0.7	310	110	560	190	48	38	160	280
R_{eq}	$(3k_B T/4\pi BM)^{1/3}$	0.8	0.8	1.2	1.0	0.9	1.0	0.9	1.0	0.9	1.3	1.2	1.2	1.3
R_b	$(6k_B T/K_1)^{1/3}$	8	4	17	55	63	1.7	1.7	1.1	1.4	11	13	5	4

注:κ 为硬度参数(无量纲量);l_{ex}为交换长度;R_{coh}为相干转动的最大颗粒尺寸;δ_w为布洛赫畴壁宽;R_{sd}为最大平衡态单畴颗粒尺寸;R_{eq},1 T 磁场和 300 K 下满足$mB = k_B T$ 的颗粒半径;R_b为 300 K 下的超顺磁阻塞半径。

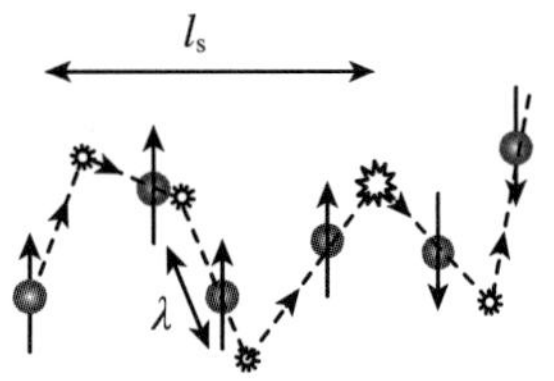

自旋扩散长度 l_s 远大于电子的平均自由程 λ

输运测量中的特征长度是电子的平均自由程 λ、非弹性散射长度 λ_{el} 和自旋扩散长度 l_s。这些长度分别表征电子在受到散射而改变其动量、能量或自旋态之前走过的平均距离。这三个量在磁性金属中都是自旋依赖的，通常为 1—100 nm，正是这里关注的尺寸。

磁输运的另一个特征长度是回旋半径 $r_{cyc}=m_e v/eB$。然而在典型金属中，电子速度约为 10^6 m · s^{-1}，这个长度在 1 T 时是几微米。只有在很大的磁场下，或者在电子密度以及费米速度低的半金属或半导体中，才接近纳米尺度。

最后是量子特征长度。对于 3d 金属来说，每个原子有 0.6 个类 s 自由电子，费米波长 $\lambda_F=2\pi(3\pi^2 n)^{-1/3}$ 仅为 0.05 nm。半导体中的费米波长比较长，有助于制备量子阱和量子点。此外，在量子磁现象中（如朗道量子化），出现磁长度 $l_B=\sqrt{\hbar/eB}$。当 B 为几特斯拉时，l_B 为 $26/\sqrt{B}$ nm。

8.2 薄　　膜

薄膜和体材料的内禀磁性质（磁化强度、居里点、各向异性和磁致伸缩）有明显不同。例如，铁的磁致伸缩在膜厚为 20 nm 时改变符号，而在几十纳米厚的薄膜中就接近体材料的值（图 8.2）。这些差别大多是因为表面和界面原子所在的特殊环境，以及衬底引入的应变。完全弛豫薄膜的晶格参数与体材料的不同。3d 金属薄膜中，表面的

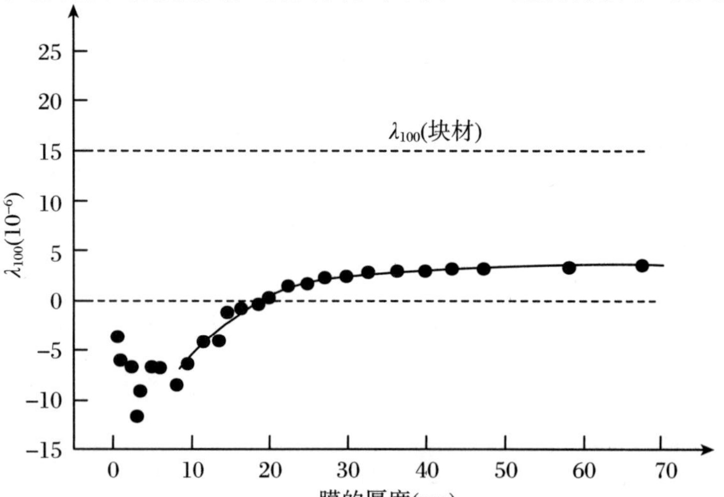

图 8.2

纳米世界中物理性质改变的例子：铁的磁致伸缩随膜厚的变化（Sander D, Enders A, Kirschner J. J. Magn. Magn. Mater., 1999, 189(519)）

晶面间隔比体材料的大百分之几。表面原子缺少一些相邻原子，因此其振动幅度增大而交换相互作用减弱。表面的能带更窄，因此局域电子态密度和局域磁矩会增强。这些效应仅限于表面的第一两个单层。有时，衬底影响界面的第一原子层的电子结构和磁矩。

清洁表面只能在超高真空中存在。一旦暴露在空气中，表面立刻就会吸附一层气体，从而改变了表面的电和磁性质。在 10^{-5} Pa 的真空中，几分钟就能形成一个单层。这些效应强烈依赖于表面的晶面取向，以及薄膜是单晶还是多晶。覆盖层可以保护下层的薄膜免于这些影响。

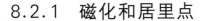

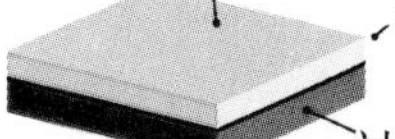

衬底上的薄膜

通过各种物理或化学方法，可以在单晶或无定形的衬底上生长磁性薄膜，其厚度从单原子层到 100 多纳米（详见第 10 章）。外延单晶膜的原子排列与单晶衬底完全一致。取向膜有一个垂直于衬底的特殊晶轴。如果衬底和薄膜的晶格参数有所不同，薄膜靠近界面的区域会有较大的应变。平面内的双轴应变（压缩或膨胀）伴随着垂直于衬底方向的反号应变。在比较厚的薄膜中，剩余应变通过原子尺度的错位进行弛豫，而最终薄膜的平衡态晶格参数与衬底相去甚远。如果晶格失配太大（>4%）或衬底是无定形的（例如玻璃），衬底就不能支配其上面生长的薄膜结构。选择适当的衬底，或者预先沉积一层薄的晶种层，可以直接影响薄膜的晶体结构或磁结构。

外延薄膜的晶体结构甚至可能与体材料不同。例如，在铜(100)上生长的铁为面心立方结构，而体材料铁为体心立方结构。选择适当的衬底和制备条件，有很多机会可以调控薄膜的固体结构和晶格参数。

8.2.1　磁化和居里点

在几个原子层厚的薄膜中，磁化可以剧烈地改变。钒和铑的体材料是非磁性的，而 1—2 个单原子层厚的薄膜却是铁磁性的。沉积在铁或镍衬底上的时候，具有强顺磁磁化率的金属（例如钯）变为铁磁性的。镍在铜上的例子见图 8.3。

众所周知，铁的磁性质对结构非常敏感（图 5.15）。虽然体心立方结构是铁磁性的，但面心立方的铁可以是无磁性的、反铁磁性的或者铁磁性的，依赖于晶格参数。在面心立方铜上外延生长铁薄膜，磁性质依赖于生长过程中的衬底温度。室温得到铁磁性的面心立方铁薄膜，而冷衬底得到的铁薄膜是反铁磁性的。体心立方铁薄膜表面

图 8.3

Cu(001)或Cu(111)衬底上Ni薄膜的平均磁矩随膜厚度的变化(Tersoff J, Falicov L M. Phys. Rev. B, 1982, 26(6186))

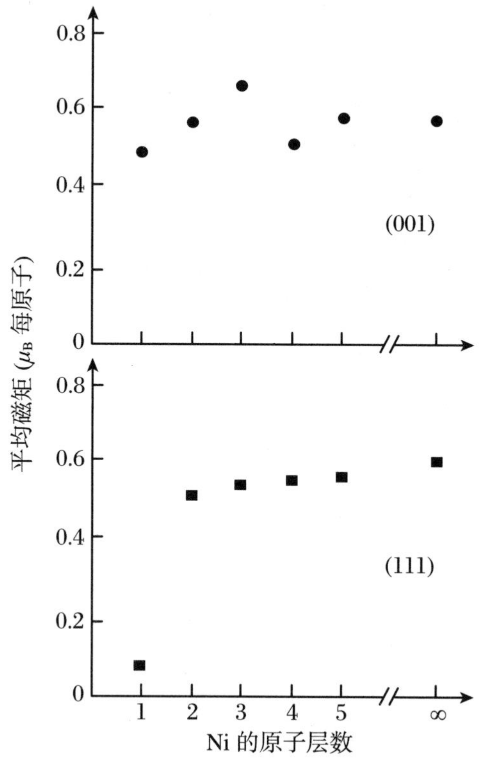

层的零温磁矩比体材料的大了约 20%。当配位数增加时，铁的磁矩逐步下降，从孤立原子的 $4.0\mu_B$ 到链的 $3.3\mu_B$、平面的 $3.0\mu_B$ 以及体材料的 $2.25\mu_B$。

与衬底 d 轨道的杂化对界面层的磁矩有重要影响。例如，体心立方钨(100)上的单层铁是反铁磁的，原子磁矩是 $0.9\mu_B$，但沉积了第二层沉积以后，铁变成铁磁性的。

从三维降到二维，居里温度和临界行为预期会有变化。根据莫敏-瓦格纳定理(见第 5.4.3 小节)，二维的海森堡自旋不应该有磁有序，这里的二维实际上指的是单原子层。此外，对称性破缺所产生的垂直表面各向异性意味着，自旋不可避免地呈现各向异性的类伊辛特征。薄膜的居里温度通常有所降低，但单原子层未必就是零。例如，对于一些稀土材料，薄膜表面的能带变窄竟然让 T_C 稍微升高。

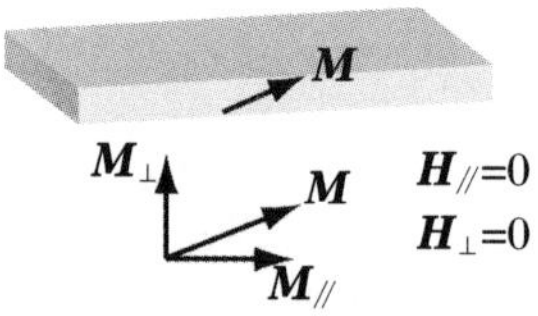

均匀磁化薄膜的两个分量都不产生杂散磁场

均匀磁化薄膜的一个有趣特点是，无论其磁化方向如何，都不产生杂散磁场——从 B 和 H 的边界条件可以看出来(见第 2.4.2 小节)。如果磁化在平面内，退磁因子$\mathcal{N}_x$ 和 $\mathcal{N}_y$ 为零，因此在薄膜里 H_x 和 H_y 为零。因为 $H_{/\!/}$ 在界面连续，在薄膜外 H 也为零。然而，如果磁化垂直于膜面，$\mathcal{N}_z=1$，$H=-\mathcal{N}_zM$。因为 $B=\mu_0(H+M)=0$，而且 $B_\perp$ 连续，可以确定在薄膜外部 $H_\perp=0$。对于任何其他角度，磁化都可以分解为平行和垂直分量，因此 H 在薄膜外总是零。如果在薄膜上方出现杂散磁场，磁化必须在与薄膜厚度相仿的尺度上变化。为了有效地产生杂散场，磁体必须是块状的。对于纳米磁记录介质与宏观永久磁体，都是这样。

8.2.2 各向异性和磁畴结构

除了单离子(晶体场)项和双离子(偶极)项产生的磁晶各向异性外，薄膜中还有三种贡献，即形状、表面和应变。

第5.5.1小节介绍了形状各向异性。均匀磁化薄膜的退磁因子的主分量($\mathcal{N}_x,\mathcal{N}_y,\mathcal{N}_z$)为(0,0,1)，因此在薄膜退磁场中，各向异性对自能 $-(1/2)\mu_0 M_{sz}^2$ 的贡献为

$$E_d = \frac{1}{2}\mu_0 M_s^2 \cos^2\vartheta \tag{8.2}$$

其中 ϑ 为磁化方向和表面法向的夹角。这等价于各向异性能常见表达式的第一项 $E_a = K_u \sin^2\theta$(式(5.62)，相差一个常数)，其中形状各向异性常数 $K_u = K_{sh} = -(1/2)\mu_0 M_s^2$。铁、钴、镍的数值分别为 -1.85，-1.27 和 -0.15 MJ·m^{-3}(表5.4)。这些数值比较大，而且因为 K_{sh} 是负的，退磁场在薄膜里产生相当强的易平面各向异性。为了把永磁体做成任意需要的形状，就需要另一个比这更强的各向异性来源。薄膜表面粗糙化将导致杂散磁场的出现，并减弱 K_{sh}。

其次，薄膜和纳米颗粒都有来自表面的各向异性。1956年，奈尔首先讨论了表面各向异性，他估计其大小是 $K_s \approx 1$ mJ·m^{-2}。表面各向异性主要起因于单离子机制，即表面原子与各向异性环境所产生的晶体场之间的耦合。通常来自对称性破缺的表面原子层，但可以延伸到经历垂直表面结构弛豫的头几个原子层。因此薄膜的总各向异性是两项之和，分别与体积和表面积呈正比。令 $E_a = K_{eff}\sin^2\theta$，其中

$$K_{eff} = K_v + K_s/t$$

其中 t 为薄膜厚度，画出一系列不同厚度薄膜单位面积各向异性能对 t 的关系，就可以推出 K_v 和 K_s，只要这些薄膜有共同的易轴(图8.4)。根据 K_s 的大小和符号可知，在厚度小于1 nm的薄膜上，表面各向异性足以产生垂直的易磁化方向。过渡金属的原子密度大

约为 $9\times10^{28}\ m^{-3}$，对应于原子体积 $\omega=1.1\times10^{-29}\ m^{-3}$。因此，如果 $K_s=1\ mJ\cdot m^{-2}$，则每个表面原子的(各向异性)能量为 $\kappa_s=K_s\omega^{2/3}\approx$ 4 K/原子。这个数值比晶体中常见的偶极相互作用能和体各向异性能大一个数量级。表面单原子层的各向异性对应于 $K_{eff}=4.5\ MJ\cdot m^{-3}$。有趣的是，双组分交替层状结构 $L1_0$ 化合物(如 CoPt 或 FePd)的体各向异性有类似的大小(表 11.7)。

图 8.4

确定Co-Pd多层膜表面各向异性和体各向异性(den Broeder F J A, Horing W, Bloemen P J H, et al. JMMM, 1991, 93(562))

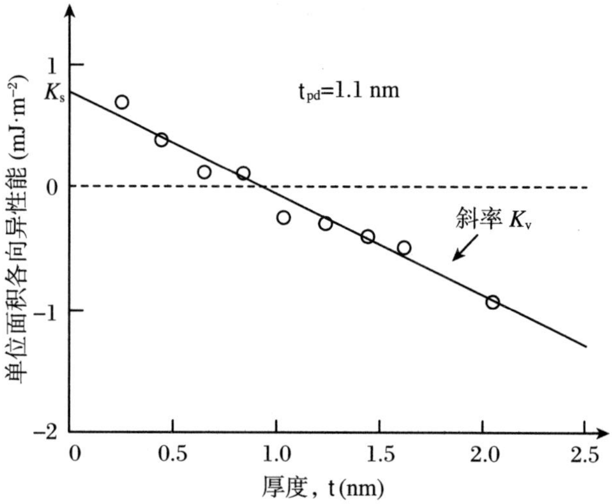

对薄膜各向异性的第三个贡献是应变。与此有关的各向异性能为 $K_\sigma=(3/2)\lambda_s\sigma$(式(5.68))。依赖于 λ_s和 σ 的符号，这项的符号可正可负。例如，弹性模量为 $2\times10^{11}\ N\cdot m^{-2}$的材料中 2%的外延压缩，根据胡克定律，对应于应力 $\sigma=4\times10^9\ N\cdot m^{-2}$。如果 $\lambda_s=-20\times10^{-6}$，应力各向异性 $K_\sigma=-120\ kJ\cdot m^{-3}$。外延应变可以延伸多个原子层，所以在 1—10 nm 厚的薄膜中，应力各向异性可能超过表面项。

对于生长在 Cu 上的 Ni 膜，这个效应如图 8.5 所示。厚膜的情况符合 $K_v=15\ kJ\cdot m^{-3}$和 $K_s=-120\ kJ\cdot m^{-3}$的预期，而厚度小于 5 nm 的薄膜，斜率改变了，当 t<2 nm 时，实际上具有易平面各向异性。外延应变层的贡献超过了表面的贡献。

抛开表面对电子结构的影响，在超薄铁磁薄膜中，磁化应该是均匀的。在表面各向异性很大($K_s\gg-(1/2)\mu_0M_s^2$)的厚膜中，可以预期表面层的磁化垂直于膜，而内部那些层的磁化在面内，磁化 $M(z)$ 有一个渐进的转动，其中 $\theta=\theta(z)$，ϕ 为常数。与畴壁一样，这个转动发生的距离由交换刚度 A 决定。通常不可以假定薄膜对外场的响应是均匀磁化的相干转动。$\boldsymbol{M}$ 可能依赖于 x 和 y。

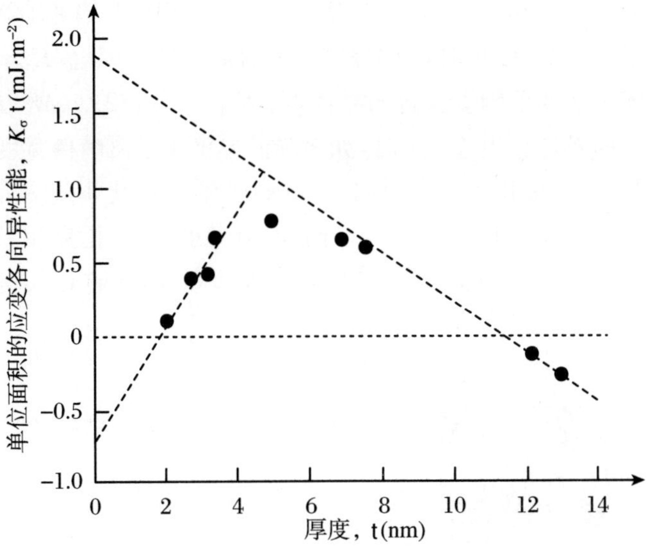

图 8.5

Cu衬底上Ni膜的应变各向异性(Jungblut R, et al. Journal of Applied Physics, 1994, 75(6424))

表面在 $z=0$ 且单轴各向异性常数为 K_u 的厚膜的能量密度是(参见第 7.1 节)

$$E=\int_{-t}^{0}\left[A\left(\frac{d\theta}{dz}\right)^2+(K_u+K_s\delta(0))\sin^2\theta\right]dz$$

其中德尔塔函数将表面各向异性限制在 $z=0$ 平面。最小化这个积分,给出欧拉方程 $2A\partial^2\theta/\partial z^2=\partial K_u\sin^2\theta/\partial\theta$，因此 $\partial\theta/\partial z=\sqrt{K_u/A}\cdot\sin\theta$。来自德尔塔函数积分的边界条件为 $2A(d\theta/dz)_{z=0}=K_s\sin 2\theta_0$,其中 θ_0 为 θ 在 $z=0$ 处的值。结果是畴壁方程

$$z=\sqrt{A/K_u}\ln\{\tan[(\theta-\theta_0)/2+\pi/4]\}$$

这就是式(7.16)的结果(有一个平移)。表面层的方向 θ_s 如图 8.6 所示。如果净各向异性为负,或者 $K_u<(1/2)\mu_0M_s^2$,磁化就在面内随机分布;如果净各向异性为正,或者 $K_u>(1/2)\mu_0M_s^2$,则 θ_0 不会严格为零,只有对于大的 z 值,θ 才趋近于 $\pi/2$,类似于畴壁中的情形。

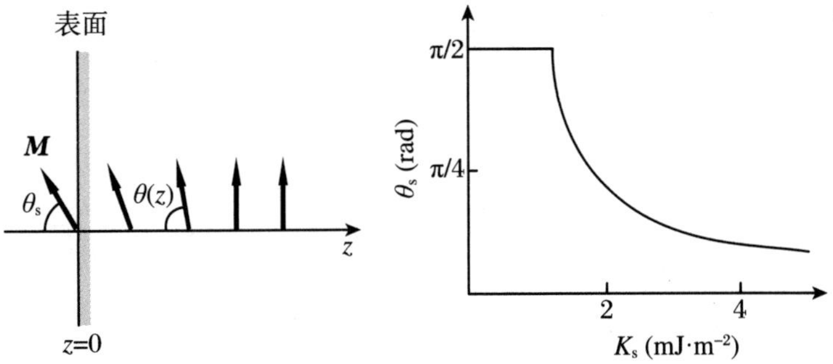

图 8.6

表面各向异性导致的磁化扭转

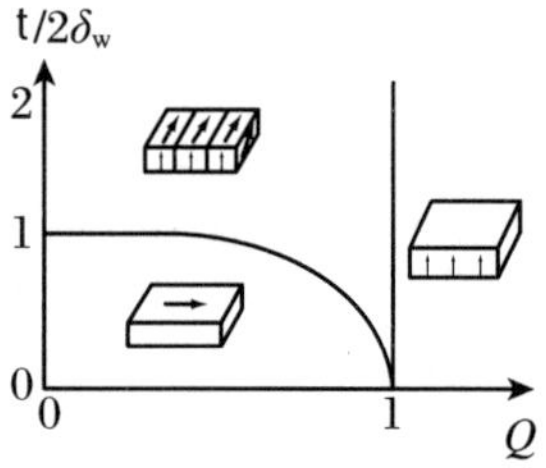

薄膜内的磁畴随着厚度t和品质因数Q的变化。注意，条状畴的垂直分量是交替变化的

对于因外延应力、表面或者生长诱导纹理而具有垂直各向异性的薄膜，考虑其磁化时，通常使用品质因子 $Q=-K_u/K_{sh}$，其中 K_u 为任何来源的单轴垂直各向异性，而 $K_{sh}=-(1/2)\mu_0 M_s^2$ 为薄膜的形状各向异性。当 $Q<1$ 时，如果膜的厚度小于磁畴壁宽度 δ_w的两倍，那么薄膜磁化完全在面内。否则，就形成磁化垂直分量交替变化的条状磁畴系统（图 8.7）。例如，在表面的极化克尔效应图像中，这些条状畴看起来像迷宫磁畴，但是大部分磁化实际上在膜面内。

图 8.7

Ni(001)薄膜(200 nm厚)的磁化曲线和表面磁畴结构

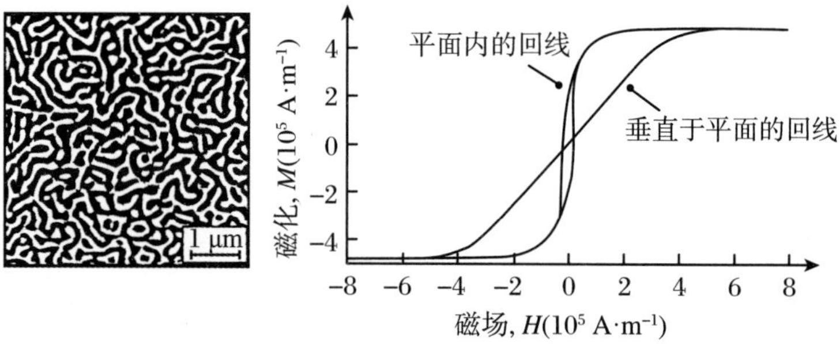

表面效应和衬底诱导应变强烈影响的另一个性质是磁致伸缩。例如，图 8.2 给出了铁薄膜的磁致伸缩。体材料铁的 λ_{100} 为 20×10^{-6}，磁致伸缩在厚度为 20 nm 处改变符号。

8.3 薄膜异质结构

磁性多层膜由磁性和非磁性金属层交替组成。如果所有层都是外延的，就是超晶格。直接接触的两个磁性层还可以构成异质结构；界面处存在直接的交换耦合。多层膜里的间接交换耦合以足够薄的非磁性层中的自旋极化为媒介。在不是特别平整的铁磁薄膜的耦合中，偶极相互作用也发挥作用。

8.3.1 直接交换耦合和交换偏置

磁双层由两种不同的铁磁层组成，而且有一个清洁的界面，预期会表现为单一铁磁层。但是，如果两个铁磁层被一个间隔层不完美地分开（就像一些自旋阀和隧道结那样），间隔层中的不规则性就可能导致两个铁磁层的针孔接触。铁磁层仅通过界面区域的一小部分发生交换耦合。耦合强度的量级是 0.1 mJ·m^{-2}(习题 8.5)。

更有意思的是铁磁和亚铁磁层组成的双层，例如 YCo_2 和 $GdCo_2$。它们是晶格常数(a_0 = 737 pm)相近的拉弗斯(Laves)相化合物(参见第 11.3.5 小节)。两者都有铁磁性的钴(Co)子晶格(磁矩是 1.5μ_B/Co)，但钇(Y)是非磁性的，而钆(Gd)的磁矩是 7μ_B，并且和钴反平行耦合。稀土元素的行为类似于 5d/6s 能带中有 3 个电子的轻过渡元素，所以其自旋磁矩与重过渡元素的磁矩反平行耦合。重过渡元素的 $3d^{\uparrow}$ 壳层是满的，例如 Co。施加面内磁场，产生磁化的扭转，这类似于随外场增加而变窄的布洛赫壁——等效于磁场控制的畴壁。

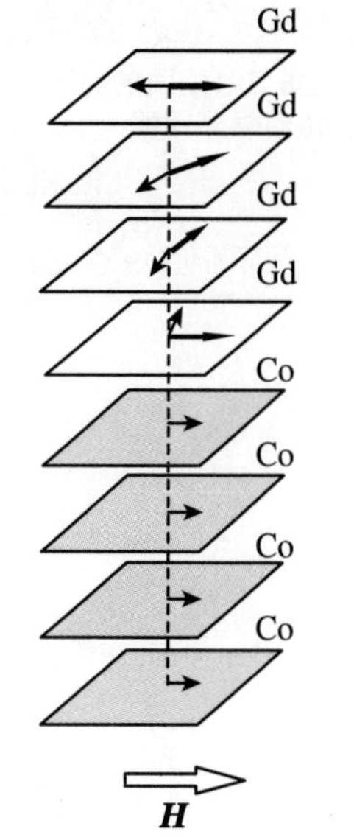

YCo_2-$GdCo_2$双层中的磁场控制的畴壁

如果铁磁膜和反铁磁膜接触，它们的耦合就会导致一种不寻常的单向各向异性，1956 年米克尔约翰(Meiklejohn)和比恩(Bean)在氧化钴(CoO，T_N = 291 K)包覆的钴纳米颗粒(T_C = 1390 K)中首次发现，如图 8.8 所示。氧化钴在钴的交换场中冷却经过 T_N，而钴的磁矩已经在外场中排列好。该效应是一条平移的磁滞回线，作者的结论是“发现了一种新型的磁各向异性，它是一种交换各向异性，是反铁磁材料和铁磁材料之间相互作用的结果”。一种相关的现象是转动的磁滞回线，如图 8.9 所示。

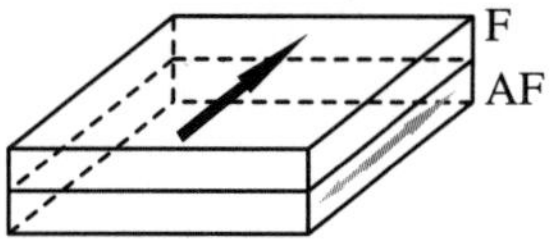

与铁磁层(F)耦合的反铁磁交换偏置层(AF)

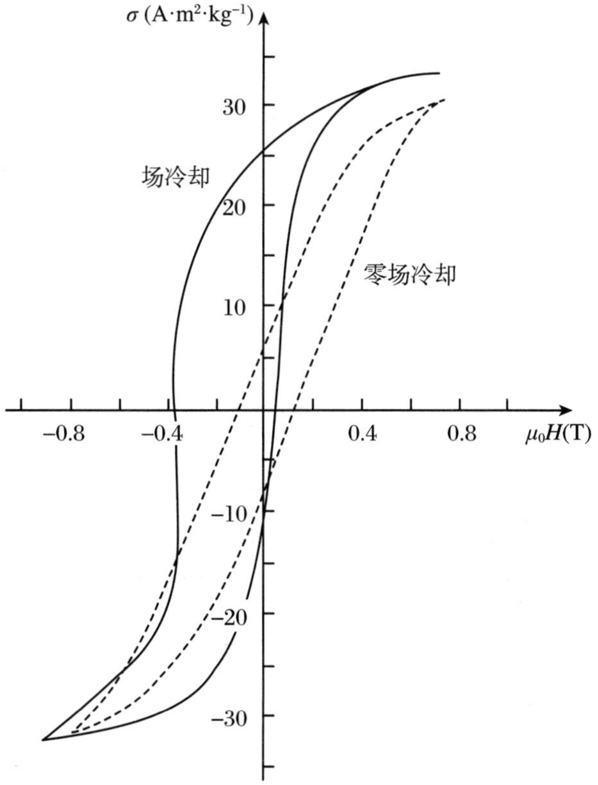

图 8.8

部分氧化的钴颗粒在1 T下冷却至77 K后，测得的磁化曲线平移(Meiklejohn W H, Bean C P. Phys. Rev., 1956, 105(904))

图 8.9

与图8.8中相同的钴颗粒的转动磁滞回线

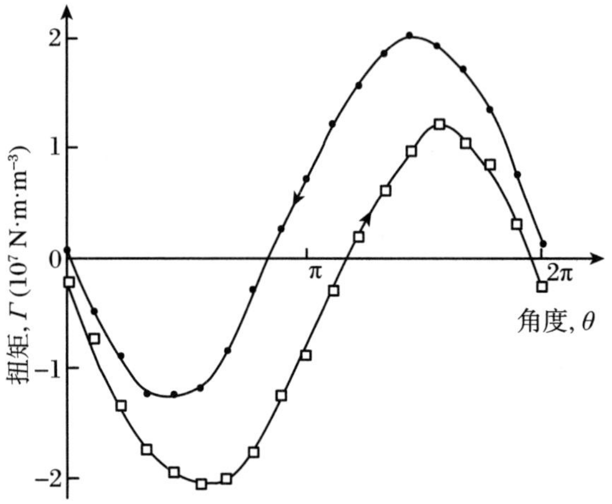

奈尔随后研究了一对耦合薄膜中的类似效应。如果铁磁体的居里温度超过反铁磁体的奈尔温度,就会出现**交换偏置**。反铁磁层或铁磁层都可以是顶层,分别称为顶钉扎或底钉扎结构。交换偏置依赖于两层之间原子尺度的界面结构。在足以饱和铁磁层的磁场下冷却就可以建立起交换偏置。交换偏置的一个重要应用是自旋阀,其中一个铁磁层的磁化方向被交换偏置所钉扎,而另一个铁磁层可以在小磁场下自由地翻转其磁化。

如果磁化与平面内沿着 x 轴施加的外场夹角为 ϕ,双层系统的能量为

$$E_x = -\mu_0 M_p H_x \cos\phi - K_{ex}\cos\phi \tag{8.3}$$

就好像有一个作用在铁磁钉扎层的有效场 $H_{eff} = H + H_{ex}$,其中 $H_{ex} = K_{ex}/\mu_0 M_p$,而 M_p 为铁磁钉扎层的磁化。单向各向异性 $K_{ex}\cos\phi$ 平移了磁滞回线,如图 8.10(a)所示。在磁场下进行热处理,可以在铁磁层中引入额外的单轴各向异性 $K_u\sin^2\phi$。如果在面内 y 方向(即横向)施加一个外场,那么能量为

$$E_y = -\mu_0 M_p H_y \cos(\pi/2 - \phi) - K_{ex}\cos\phi + K_u\sin^2\phi$$

图 8.10

交换偏置影响了与反铁磁层(AF)耦合的铁磁层(F)的磁滞回线。交换场的方向不一定与反铁磁轴一致。(a) 磁场平行于交换场;(b) 磁场垂直于交换场

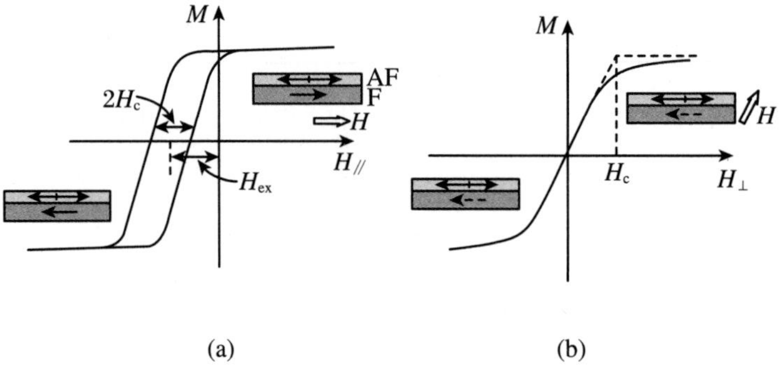

使这个能量最小化，就得到如图 8.10(b)所示的横向磁化曲线，原点处的斜率 $M_p d\phi/dH_y$ 为 $\mu_0 M_p^2/(K_{ex}+2K_u)$。将斜率外推至饱和，得到各向异性场 H_a 为 $(K_{ex}+2K_u)/\mu_0 M_p$。

通常考虑每单位薄膜面积的能量，而不是每单位体积的能量，因为交换偏置是一种界面相互作用，与界面面积呈正比。用 σ_{ex}/t_p 代替 K_{ex}，单位面积的能量为

$$E_A = -\mu_0 M_p H_x t_p \cos\phi - \sigma_{ex}\cos\phi + K_u t_p \sin^2\phi \qquad (8.4)$$

其中 t_p 为铁磁钉扎层的厚度，而外场沿 x 方向施加。对应于单位面积的各向异性能（即交换能）的磁场为 $E_A/\mu_0 M t_p$。

最小化能量 E_A 给出

$$\sin\phi(\cos\phi + \sigma_{ex}/2K_u t_p + \mu_0 M_p H/2K_u) = 0$$

在 $\phi=0$ 和 $\phi=\pi$ 处有稳定解，如果是相干转动，当 $H=H_{ex}=-\sigma_{ex}/\mu_0 M_p t_p$ 时，在 $\varphi=\pi/2$ 处发生磁化翻转。这个磁化翻转与 K_u 无关，但是与铁磁层厚度呈反比，例如 FeMn 上的坡莫合金（图 8.11）。对于坡莫合金，取 $M_p = 500\ kA \cdot m^{-1}$，这些数据给出 $\sigma_{ex}=0.12\ mJ \cdot m^{-2}$，这是交换偏置的典型值（表 8.2）。当磁场沿 y 方向施加时，垂直各向异性场可以用 σ_{ex} 写为 $H_a=(\sigma_{ex}+2K_u t_p)/\mu_0 M_p t_p$。当厚度小时，反比于 t_p；当厚度大时，与 t_p 无关。

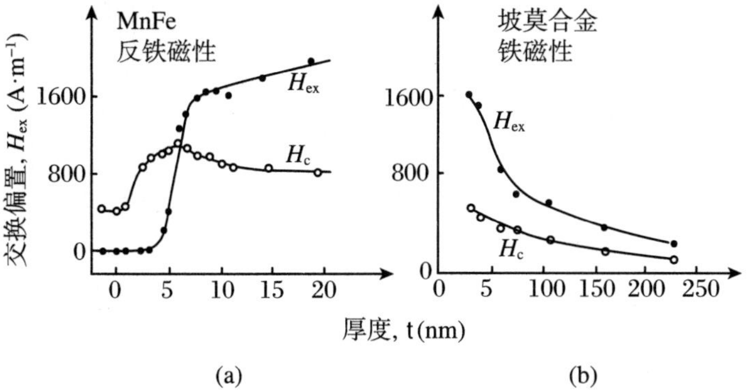

图 8.11

交换偏置对反铁磁层厚度(a)和铁磁层厚度(b)的依赖关系(O'Handley, 2000)

交换偏置的效果不仅依赖于 t_p，还依赖于反铁磁层的厚度和各向异性，因为交换偏置有一个阈值厚度 t_{af}^c，如图 8.11(a)所示。阈值厚度可以用来估算耦合常数 $\sigma_{ex}\approx t_{af}^c K_{af}$，其中 K_{af} 为反铁磁体的体积各向异性。典型值 $t_{af}^c = 10$ nm 和 $K_{af} = 20\ kJ \cdot m^{-3}$ 给出 $\sigma_{ex}\approx 0.2\ mJ \cdot m^{-2}$。

为了探寻交换偏置起源的微观解释，必须处理的问题有：σ_{ex} 的起源是什么？为什么截止温度 T_b（交换偏置在此温度以下有效）显著地小于 T_N（参见表 8.2）？

表 8.2 用于交换偏置的反铁磁材料

		T_N(K)	T_b(K)	σ_{ex}(mJ · m^{-2})
FeMn	面心立方;四个非共线的子晶格;S∥{111}	510	440	0.10
NiMn	面心四方;反铁磁的(002)晶面,S∥a	1050①	≈700	0.27
PtMn	面心四方;反铁磁的(002)晶面,S∥c	975	500	0.30
$RhMn_3$	三角自旋结构	850	520	0.19
$Ir_{22}Mn_{78}$	面心四方;(002)晶面平行自旋,S∥c	690	540	0.19
$Pd_{52}Pt_{18}Mn_{50}$	面心四方;反铁磁的(002)晶面	870	580	0.17
$aTb_{25}Co_{75}$②	T_{comp} = 340 K	600	>520	0.33
NiO	(111)晶面内自旋平行,$S\perp\langle 111\rangle$	525	460	0.06
αFe_2O_3	(自旋)倾斜反铁磁体,$S\perp c$	960	≈500	0.05

① 有序-无序转变。

② 散亚铁磁;T_N 为居里温度。

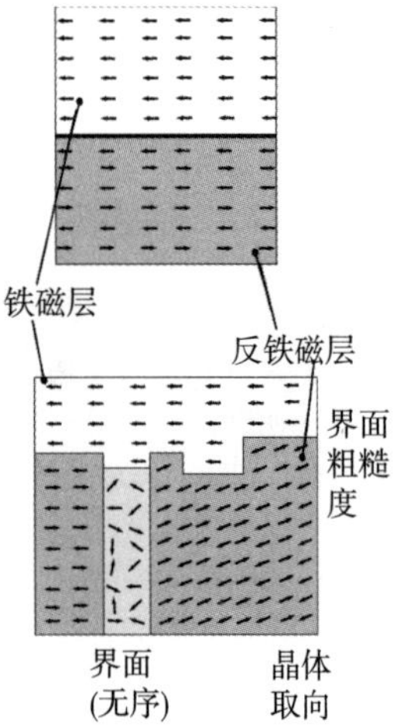

理想界面和真实界面

首先考虑的情况是,铁磁体和反铁磁体之间是理想的原子级平整的界面。反铁磁体表面可能有相等数目的↑和↓自旋,如果铁磁和反铁磁轴平行,那么$\sigma_{ex}=0$。另一个可能性是平面反铁磁结构,垂直于界面的↑和↓自旋平面交替出现,则$\sigma_{ex}=A/d$,其中 d 为面间距。A 和 d 的典型值分别为 2×10^{-11} J · m^{-1}和 0.2 nm,给出$\sigma_{ex}\approx$ 100 mJ · m^{-2},比实际值大了三个数量级。似乎只有一小部分界面原子(大约千分之一)实际参与了交换耦合。真实的界面必然是有些粗糙的,具有尺寸为 L 的反铁磁表面区域,其中包含$(L/a)^2$个原子,而 a 为原子间距。这些随机区域的净磁矩为 L/a 个原子的磁矩,所以只有一小部分 a/L 的原子参与了交换作用。因此 $L\approx1000a$,或者 $L\approx200$ nm。反铁磁畴比这个大,但这个尺度的表面粗糙是可信的。然而,这些区域的磁矩自身随机累加,总计为 $a/\mathcal{A}$ 的一小部分原子参与了交换,其中$\mathcal{A}$为样品面积。在宏观样品中,这个值很小,并不能解释 σ_{ex}的大小。

交换偏置也许来自反铁磁体的晶界或者其他缺陷区域,其中的反铁磁交换作用被部分阻挫了,而铁磁体的相互作用可以稳定该缺陷处的某个特定的自旋构型。另一种解释基于这样的想法:反铁磁体的磁化率是各向异性的,而且当反铁磁轴垂直于外加磁场时达到最大值(图 6.2)。界面交换可以表现为作用在界面处第一层反铁磁耦合原子上的分子场 H^i,因此反铁磁轴更容易与铁磁轴垂直,如图 8.12 所示。界面耦合能(图 8.13)与 90°畴壁储存的能量(1/2) · $\sqrt{AK_{af}}$相仿,大约是 0.3 mJ · m^{-2},量级是正确的。当 K_{af}很小时,发生自旋翻转(图 8.14)。交换场为$(1/2)\sqrt{AK_{af}}/\mu_0 M_p t_p$。

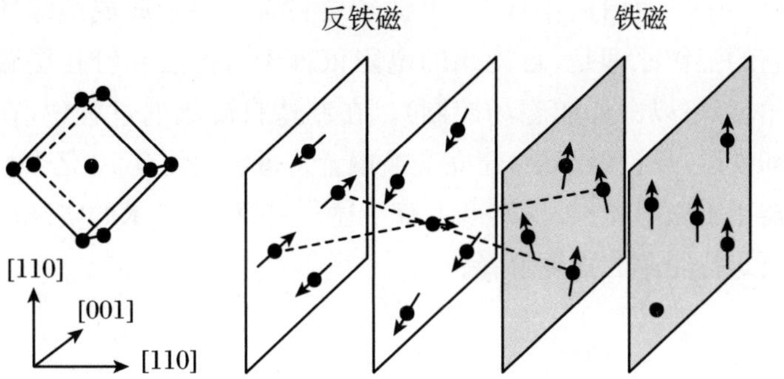

图 8.12

铁磁轴和反铁磁轴可能垂直耦合的一种解释。公共的[110]平面用于反铁磁耦合

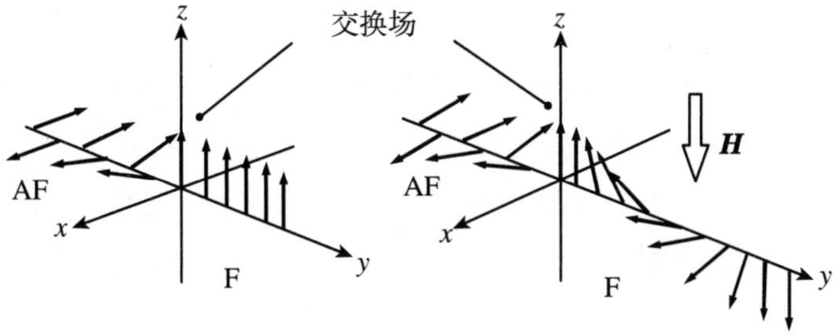

图 8.13

软的铁磁层与反铁磁层有交换耦合，在它们的界面处形成了磁畴壁

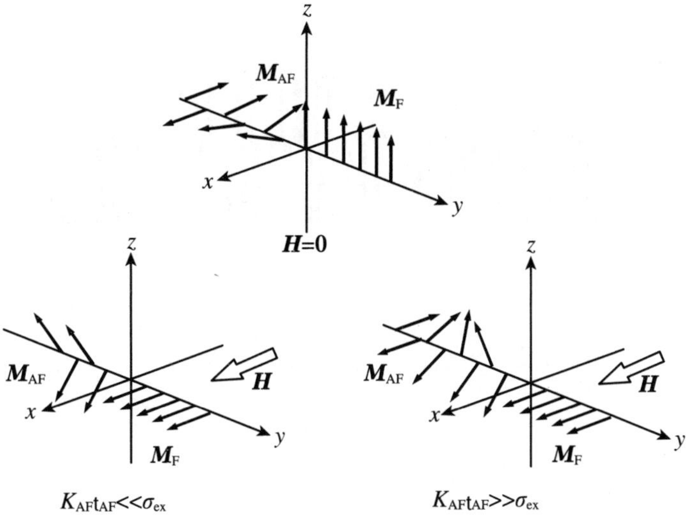

图 8.14

界面磁构型表明，当反铁磁体的各向异性较小时，发生自旋翻转。当各向异性较大时，远离界面的磁矩保持方向不变

总之,即使界面结构是自旋补偿的,铁磁和反铁磁薄膜之间的交换耦合也不为零。表面粗糙使耦合变弱。有效表面交换σ_{ex}是无补偿界面预期值的 1/100,因为那里形成了畴壁,可以让铁磁层更容易翻转。当反铁磁层的厚度小于某个临界值时,交换偏置消失,而且它与铁磁层厚度呈反比。

交换偏置在实际应用中很重要,但是大家对它的理解依然不足。事实上,这是反铁磁性现象的第一个实际应用,在自旋阀中用来维持

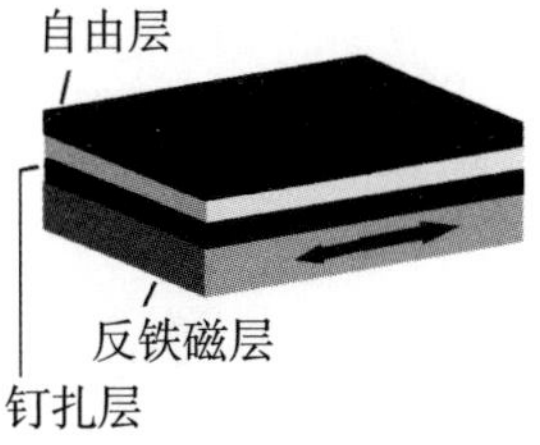

一个自旋阀

钉扎层的方向，而相邻的**自由层**可以对非常小的磁场做出响应。自旋阀是一个三明治的结构，两个铁磁层夹着一层金属或绝缘体间隔层。它的工作原理是，自旋阀的电阻依赖于自由层和钉扎层磁化方向的角度(可以由外加磁场控制)。在制造自旋阀的过程中，在磁场下冷却铁磁-反铁磁双层，建立交换偏置。每年大约有 10 亿个自旋阀传感器用于磁阻器件，正如第 1 章所述，一项科学技术的实际应用并不需要等待完美的物理解释。

8.3.2 间接交换耦合

在铁磁层和非铁磁间隔层交替的多层膜中，交换耦合的符号随着间隔层的厚度而振荡，类似于 RKKY 相互作用的方式，如图 8.15 所示。实际上，由于间隔层的厚度为离散的原子层数目，交换相互作用的真正周期可能显示不出来，而是表现为一个不同的周期。这就是"混叠效应"(aliasing effect)，如图 8.16 所示。

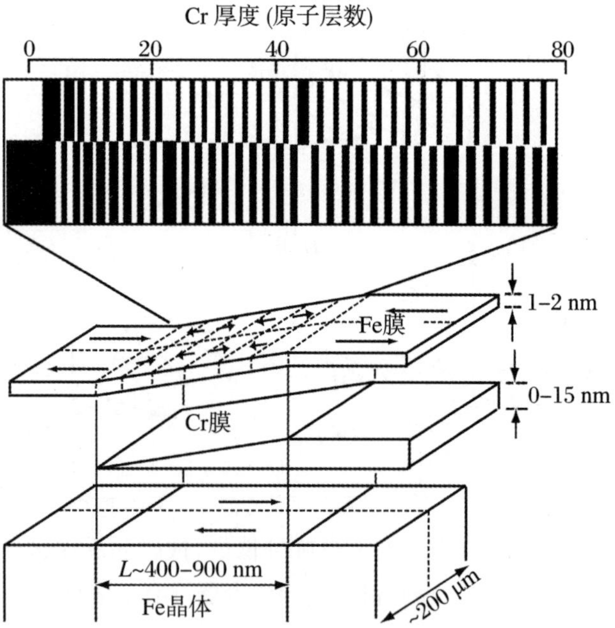

图 8.15

实验演示振荡自旋极化作为间隔层厚度的函数。两层铁薄膜被铬的楔形间隔层分开。耦合的符号随着间隔层的厚度而振荡。显示的是铁覆盖层中的磁化图案，位于下层铁晶体中两个磁畴的上方(Unguriset J, et al. Phys. Rev. Lett., 1991, 67(140))

调整间隔层厚度，层间耦合可以是铁磁的、反铁磁的或者零。例如，在 FeCo-Ru-FeCo 三层膜中，如果钌层的厚度为 0.5 nm 和 1.0 nm，层间耦合为零，如图 8.17 所示。人工反铁磁体(见第 6.1.1 小节)的想法可以扩展到多层膜，由反铁磁耦合的偶数个等厚度的铁磁层组成。它表现出许多普通反铁磁体的性能，包括横向磁化率和

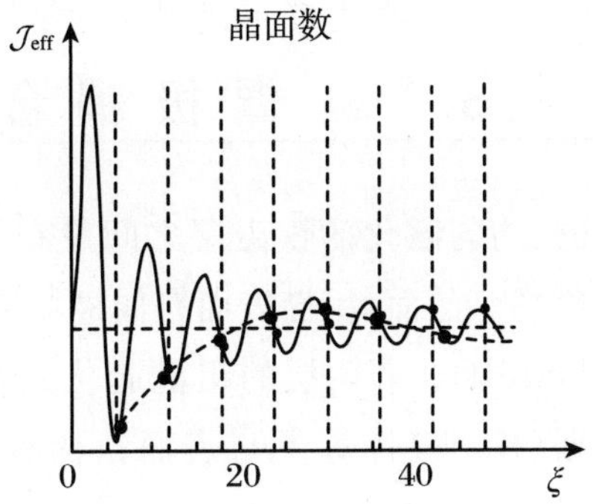

图 8.16
混叠效应

自旋翻转。↑和↓层扮演↑和↓子晶格的角色。如果↑和↓层的厚度不相等,这个多层膜就是**人工亚铁磁体**。表 8.3 汇集了一些最大的反铁磁交换耦合值。为了让钴多层间的反铁磁耦合最强,钌间隔层的最佳厚度大约是 0.7 nm。

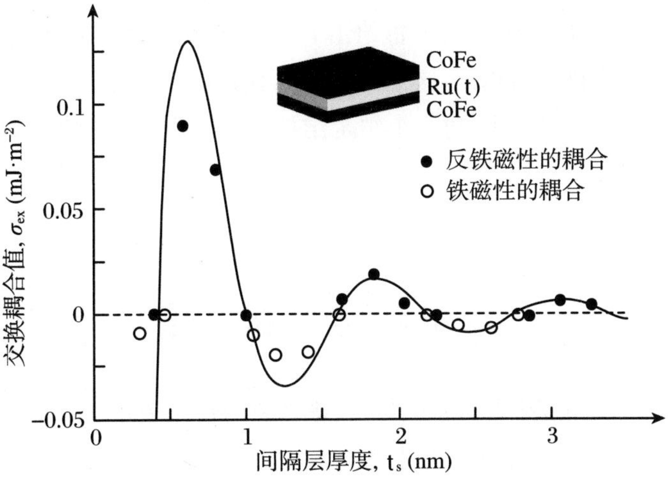

图 8.17
在FeCo-Ru-FeCo三层膜中的交换耦合振荡(Parkin S S P, Mauri D. Phys. Rev. B, 1991, 44(7131))

表 8.3 多层膜中的反铁磁层间耦合

		t_s(nm)	σ_{ex}(mJ·m^{-2})
Fe	Cu	1.0	−0.3
Fe	Cr	0.9	−0.6
Co	Cu	0.9	−0.4
Co	Ag	0.9	−0.2
Co	Ru	0.7	−5.0
$Ni_{80}Fe_{20}$	Ag	1.1	−0.01

8.3.3 偶极耦合

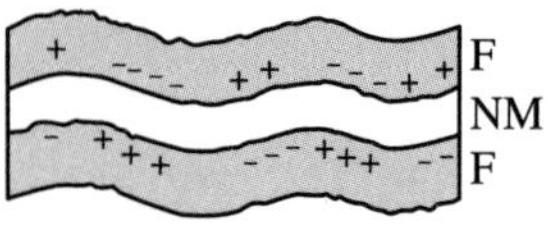

橘皮效应。NM为非磁性的间隔层

理想平整的、均匀磁化的铁磁层之间没有偶极耦合，因为它们不会产生杂散磁场。然而，粗糙表面有偶极场耦合。这就是**橘皮效应**(orange-peel effect)。若两层的粗糙起伏是相关的，耦合就是铁磁性的。库尔斯(Kools)计算了与表面粗糙有关的偶极耦合的强度，发现

$$\sigma_d = \frac{\pi^2}{\sqrt{2}}\frac{\delta_s^2}{l}\mu_0 M_s^2 \exp(-2\pi\sqrt{2}\,t_s/l) \tag{8.5}$$

其中 t_s为间隔层厚度，δ_s为间隔层的表面粗糙度，l 为粗糙起伏的周期。粗糙薄膜的一些典型值是 $t_s = 5$ nm，$\delta_s = 1$ nm 和 $l = 20$ nm，对于$\mu_0 M_s = 1$ T 的薄膜，这些值给出 $\sigma_d = 0.03$ mJ · m^{-2}。与表 8.3 中所示的交换耦合值相比，这个值并非微不足道。

在磁性纳米柱中，每一个纳米结构层都产生一个杂散场，所以偶极耦合也非常重要。

费特(Albert Fert, 1938—)

8.3.4 巨 磁 阻

从应用角度来看，磁性多层膜最重要的性质是磁电阻。1988 年，费特等人以及格伦贝格等人各自独立地在外延生长的反铁磁耦合 Fe-Cr 多层膜中发现了“巨磁阻效应”(giant magnetoresistance，GMR)，这个效应出乎意料地强。他们的发现直接推动了自旋阀传感器的发展，他们也在 2007 年获得了诺贝尔物理学奖。GMR 效应的强度由比值 $\Delta R/R$ 给出，其中 ΔR 是外场下的电阻变化，R 是零磁电阻。这个比值可以达到百分之几十。因此，与第 5.6.4 小节讨论的内禀 AMR 效应相比，这个效应确实“巨大”。早期关于 Fe-Cr 多层膜的结果如图 8.18 所示。Cr 层的厚度促使 Fe 层间的反平行耦合，所以外加磁场使得相邻的层从反平行排列变为平行排列。表 8.4 总结了不同多层膜中 GMR 的强度。

格伦贝格(Peter Grünberg, 1939—2018)

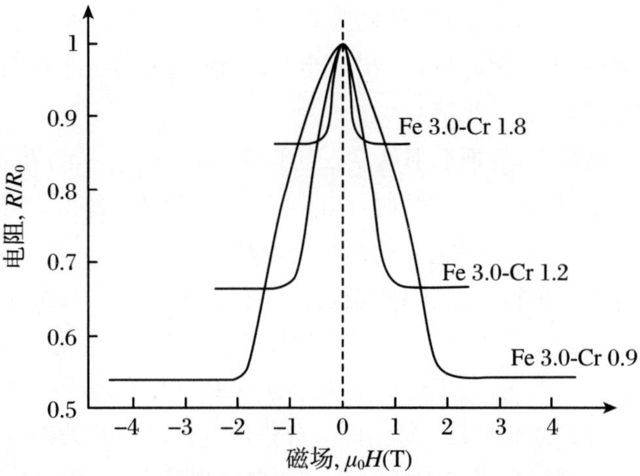

图 8.18

Fe-Cr多层膜的GMR效应。各层厚度的单位为纳米

(Baibich M N, et al. Phys. Rev. Letters, 1988, 61(2472))

表 8.4　在 4 K 和指定场强下，一些多层膜的 GMR 效应强度

多层膜	GMR(%)	μ_0H(T)
Fe-Cr	150	2.0
Co-Cu	115	1.3
NiFe-Co	25	1.5
NiFe-Ag	50	0.1
CoFe-Ag	100	0.3

莫特的双电流导电模型忽略了自旋翻转散射，可以用来理解施加磁场时的电阻减小。↑和↓电子通道并联地导电，但层间平行和反平行磁化排列时的散射是不同的。散射发生在体材料里，以及磁性层/非磁性层界面。如果仅考虑铁磁层的体散射，$R_\uparrow$ 和 $R_\downarrow$ 是多层膜的↑和↓电子的电阻。如果一个自旋方向电子的层均的平均自由程超出多层膜的周期，而且与另一个自旋方向不一样，就观测到 GMR。两个自旋通道的贡献相加，平行态的净电阻为

$$R_{\mathrm{p}}^{-1} = R_\uparrow^{-1} + R_\downarrow^{-1} \tag{8.6}$$

而在反平行状态，每个通道有同样的电阻 $(R_\uparrow + R_\downarrow)/2$，所以

$$R_{\mathrm{ap}} = (R_\uparrow + R_\downarrow)/4 \tag{8.7}$$

磁电阻定义为

$$\Delta R/R = (R_{\mathrm{ap}} - R_{\mathrm{p}})/R_{\mathrm{ap}} \tag{8.8}$$

可以用电阻率的比值 $\alpha = \varrho_\downarrow/\varrho_\uparrow$ 写为

$$\frac{\Delta\varrho}{\varrho} = \frac{(1-\alpha)^2}{(1+\alpha)^2} \tag{8.9}$$

根据式(8.8)的定义，当 $R_{\mathrm{ap}} > R_{\mathrm{p}}$ 时，磁电阻为正。由一种铁磁材料和一种简单的非磁间隔材料组成的多层膜，就是这种情况。对于 Co 或

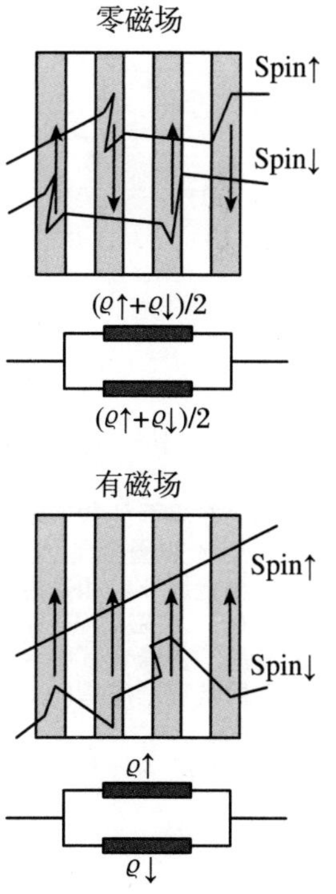

推导式(8.8)和式(8.9)的示意图

者 Ni①，$\alpha=\rho_{\downarrow}/\rho_{\uparrow}$的值约为 5，所以式(8.9)预计效应为 45%。当施加磁场时，电阻降低，与普通金属或半导体的经典 B^2 磁电阻不一样(参见第 3.2.7 小节)。

实际上，界面散射通常在磁性多层膜中占主导(界面电阻可以超过体电阻 100 倍)。然而，把体电阻 $R_{\uparrow}$ 和 $R_{\downarrow}$ 替换为界面电阻 $R_{i\uparrow}$ 和 $R_{i\downarrow}$，上面那些公式仍然保持不变。

电流平行膜面(CIP)输运的特征长度为平均自由程 λ，所以当非磁性层的厚度远大于 λ 时，GMR 效应消失，因为电子就不会感受到两层了。然而，对于电流垂直膜面(CPP)的输运，特征长度是长得多的**自旋扩散长度** l_s。每当电流分量流过铁磁和非铁磁金属界面时，界面附近就建立了自旋极化(称为“**自旋累积**”)。每个自旋通道都处于动态平衡，而直到自旋翻转成功地将两个通道的电子混合到一起以前，不同自旋通道的不同化学势总是存在。

图 8.19 给出了一些不同的界面。第一个是两个普通金属的界面。这里化学势 μ 连续，但不同金属中的斜率不同，取决于它们的电导率(式(3.49))。μ 实际上不是势，而是每个电子的能量，在 T = 0 K 时等于体材料金属的 ε_F。接下来，考虑半金属($\alpha=0$)和普通金属($\alpha=1/2$)的界面。假设电流在半金属中只由 ↑ 电子组成，因为费米能级处没有 ↓ 态。当到达界面时，在自旋翻转散射过程使得 ↑ 和 ↓ 相等以前，这些 ↑ 电子已经扩散到普通金属里的一定距离。注入自旋在界面处累积的距离称为自旋扩散长度。普通铁磁体和非磁性金属的界面如图 8.19(c)所示。这里多数电子自旋注入普通金属(跟前面一样)，但是铁磁一侧的自旋极化也有变化。在远离界面处，两个自旋通道的化学势在铁磁体和普通金属中都是相等的。如果忽略界面电阻，两个自旋通道的化学势$\mu^{\uparrow}$ 和$\mu^{\downarrow}$ 就必须在界面处各自连续，但平均化学势 $\mu(0)$在那里并不连续。远离界面处的化学势的斜率为

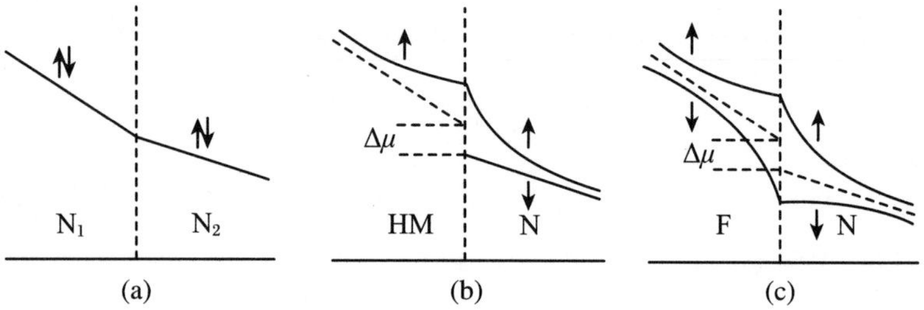

图 8.19

化学势在界面处的匹配：(a) 两个普通金属(N)；(b) 半金属(HM)和普通金属；(c) 铁磁体(F)和普通金属。普通金属中自旋累积的特征长度是自旋扩散长度l_s

① α 与传导电子的极化率有关，$P=(j^{\uparrow}-j^{\downarrow})/(j^{\uparrow}+j^{\downarrow})=(1-\alpha)/(1+\alpha)$。极化率的另一个定义是 $P=2\beta-1$，其中 β 的取值范围是从 0 到 1，而 0 对应于纯的 ↓ 电流，1 对应于纯的 ↑ 电流。

常数，而且正比于电流密度 j；$\partial\mu/\partial x = ej/\sigma$（式(3.49)）。$\mu$ 在界面处的下降为 eV_{sa}，其中 V_{sa} 称为**自旋累积电压**。每当↑（或↓）通道中的电流流过电导不连续界面时，就会产生自旋积累电压。该电压可以从 $j = j^{\uparrow} + j^{\downarrow}$ 计算，每项电流用化学势表示并积分。结果是

$$V_{sa} = \frac{\alpha - 1}{2e(1+\alpha)}[\mu^{\uparrow}(0) - \mu^{\downarrow}(0)] \tag{8.10}$$

这个效应在半金属中最强，因为 $\alpha = 0$ 或 ∞。

8.3.5　自　旋　阀

可以认为，自旋阀就是一种精简的多层膜。基本上，自旋阀只有两个铁磁层，但是有可能被埋在复杂的多层膜里。自旋阀的一般定义是，任何由磁性自由层和钉扎层组成的多层膜，当一层的磁化相对另一层翻转时，电阻发生变化①。自旋阀可以用作有两个态的双稳态器件（两个铁磁层平行的低电阻态和两个铁磁层反平行的高电阻态），也可以用于传感器模式（当一层的磁化相对另一层旋转时，电阻连续变化）。虽然式(8.8)也可以用，但是有一个更乐观的定义是最大磁电阻：

$$MR_{max} = \frac{R_{ap} - R_p}{R_p} = \frac{G_p - G_{ap}}{G_{ap}}$$

其中下标 p 和 ap 表示两个铁磁电极的平行和反平行指向。这里的 MR_{max} 是没有上限的，而式(8.8)不可能超过 100%。

赝自旋阀是没有钉扎层的类似器件，两个磁性层在不同场强下翻转，意味着它们必须有不同的矫顽力。实现不同矫顽力的方法是使用不同成分或厚度的磁性层，或者将它们做成不同形状。赝自旋阀具有对称的电阻和反对称的磁化曲线，如图 8.20(a)所示。

交换偏置自旋阀（参见第 8.3.1 小节）更适合于大部分传感器和存储器应用（第 14 章将进一步讨论）。一个铁磁层通过与相邻反铁磁层的交换耦合而被钉扎，另一个铁磁层（**自由层**）具有尽可能小的矫顽力，其磁化可以在外场下转动。在适当的自旋阀结构中，选择适当的间隔层厚度，可以使得铁磁层之间几乎没有耦合。自由层和钉扎

① 自旋阀的更严格定义是，自旋阀的间隔层为金属，而且电阻的变化源于 GMR。我们将其称为 GMR 自旋阀。我们的定义包含了 GMR 自旋阀和具有交换偏置的隧穿磁电阻自旋阀。

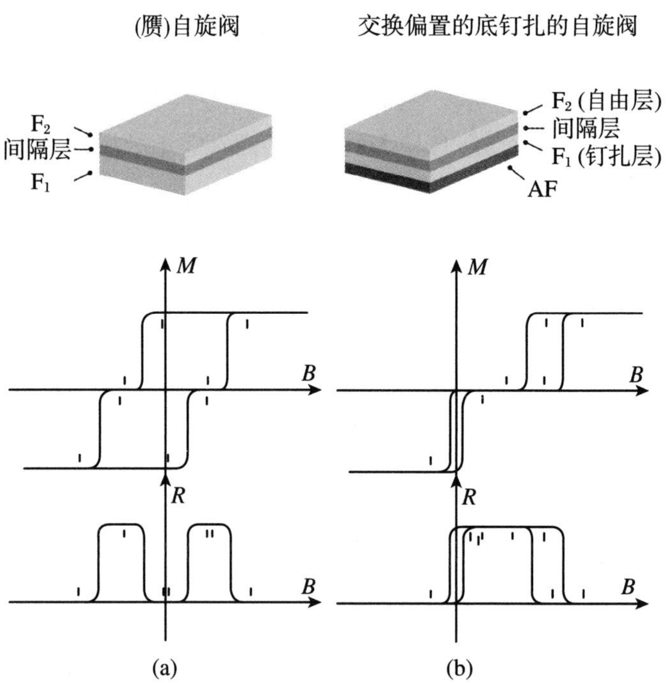

图 8.20

自旋阀。(a) 赝自旋阀，两个铁磁层F_1和F_2的矫顽力差异导致对称的磁电阻曲线；(b) 交换偏置自旋阀，钉扎层F_1与反铁磁层AF的交换偏置导致了平移的磁电阻响应。自由层F_2的矫顽力非常小，可以在接近零场下翻转

层相对方向的翻转就可以在非常小的外场下发生，对于平行膜面的电流，灵敏度约为 20% mT^{-1}，而对于垂直膜面的电流，灵敏度更高。

把钉扎层替换为人工反铁磁体(第 6.1.1 小节)，可以使得自由层不受钉扎层磁场的影响。人工反铁磁体的一侧与反铁磁交换偏置层耦合。人工反铁磁体(也称为合成反铁磁体)的磁化 M_p为零。

使用上述任何一个定义，GMR 自旋阀的磁电阻约为 10%。要实现对应于 100 Ω 量级电阻变化的可用信号，CPP 型 GMR 器件的尺寸应该是几十纳米。对于 CIP 型，为了达到所需要的电阻，器件可以在一个方向上延伸。

8.3.6 磁性隧道结

金属-绝缘体-金属隧道结 隧道结是三层薄膜的结构，其中绝缘层(通常为 1—2 nm 厚的非晶 AlO_x 或单晶 MgO)将两个金属电极层分开。也有用有机间隔层的。铁磁金属层用于自旋阀结构的平面磁性隧道结(MTJ)。在多晶材料和压紧粉末体的晶粒界面之间，也有点接触的隧穿势垒。

用隧穿磁电阻(TMR)衡量，近几年来平面磁性隧道结的质量有惊人的提高。TMR 器件的电阻远高于相同面积的全金属 CPP 多层

膜结构。对于两层金属间的高度为 ϕ、宽度为 w 的绝缘势垒，电子的隧穿概率 $\mathcal{T}$ 为

$$\mathcal{T} = a\exp(-bw\phi^{1/2}) \tag{8.11}$$

其中 a 和 b 为常数。如果加偏压，势垒就变得不对称，并且电阻下降。低偏压下的响应为欧姆型的，但隧穿的特征标志是 I-V 特性中额外的 V^3 项，它的温度依赖很小：

$$I = GV + \gamma V^3 \tag{8.12}$$

由于电阻指数式依赖于势垒宽度，隧穿电导趋向于由势垒最薄的热点(hot spots)主导。

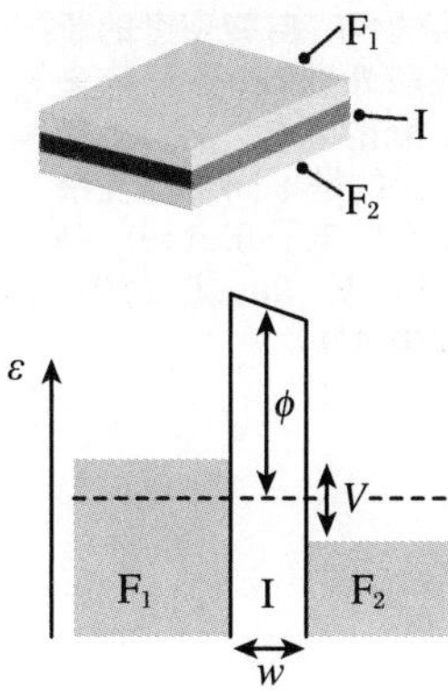

偏压V下，被绝缘层I隔开的金属F_1和F_2之间的隧穿势垒

对于低偏压下电子穿过对称势垒的量子力学隧穿，西蒙斯方法得到一个公式，可以用 ϕ 和 w 确定 G 和 γ：

$$G = (3e^2/2w\hbar^2)(2me\phi)^{1/2}\exp[-(4\pi w/\hbar)(2me\phi)^{1/2}] \tag{8.13}$$

$$\gamma = \pi m/3\phi(ew/\hbar)^2 \tag{8.14}$$

磁性隧道结中的电极为铁磁金属，最好是具有高自旋极化的强铁磁体或者半金属铁磁体。半金属在低温下的效应很大，但只有高居里温度的赫斯勒(Heusler)合金才能在室温下还有大的 TMR 效应。强铁磁的 Co 或 CoFe 合金电极的磁性隧道结在室温下的结果很好。利用相邻反铁磁层的交换偏置，将其中一个铁磁层钉扎，形成 TMR 自旋阀(与 GMR 自旋阀类似)。

第一次的室温 TMR 效应用的是非晶 AlO_x 势垒(图 8.21)。这些器件的性能稳步上升，但 2004 年有了突破，采用晶体 MgO 势垒，具有特定对称性的电子相干地隧穿过绝缘体。如果 MgO 外延生长在 bcc Fe-Co 上，具有 Δ_1类 s 对称性的多数自旋电子在 MgO 势垒中的衰减远远慢于具有 Δ_5类 d 对称性的少数自旋电子(图 8.22)。单

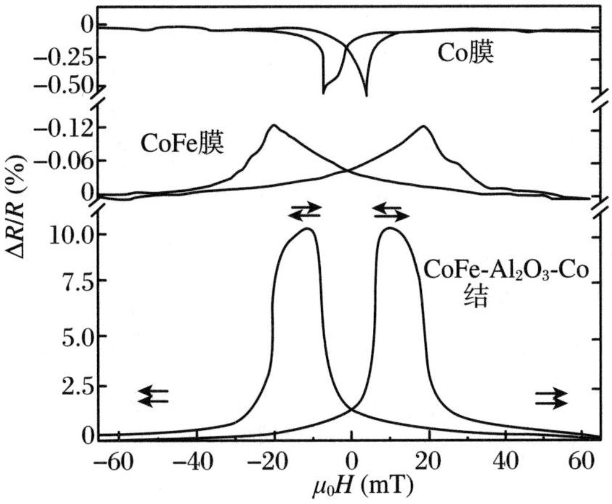

图 8.21

磁性隧道结的电阻。该器件是一个赝自旋阀结构，由非晶AlO_x分开的Co和CoFe膜组成，两个铁磁层具有不同的矫顽力，如图中的AMR测量所示(Moodera J S, Kinder L R, Wong T M, et al. Phys. Rev. Letters, 1975, 74(3273))

晶 MgO 充当了近乎完美的**自旋过滤器**,因此在室温下实现了超过200%的巨大 TMR 值(图 14.24)。

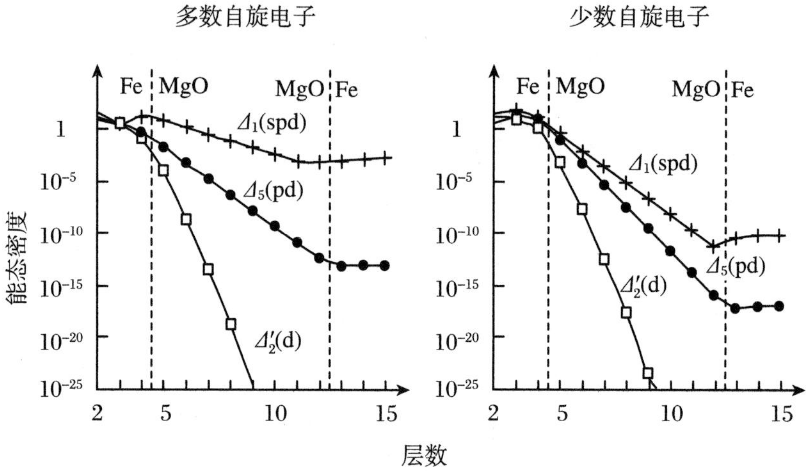

图 8.22

Fe的↑和↓自旋密度的衰减随外延MgO隧穿势垒厚度的变化。Δ_1, Δ_2和Δ_5指的是不同对称性杂化态的电子(Butler W H. Phys. Rev. B, 2001, 63(054416))

平行构型和反平行构型通常是隧道结的低阻态和高阻态。朱列尔(Jullière)用两个铁磁电极费米能级处的自旋极化率 P_1 和 P_2 简单地计算了隧穿磁电阻。他的结果是

$$MR_{\max} = \frac{2P_1P_2}{1+P_1P_2} \tag{8.15}$$

对于相同的电极,这个式子简化为

$$\frac{\Delta G}{G_{ap}} = \frac{2P^2}{1+P^2} \tag{8.16}$$

这个结果基于如下假设:电子穿过势垒的透射概率正比于相应自旋的初始态密度和终态密度的乘积。这里没有考虑↑和↓电子不同的对称性造成的自旋过滤,对于多晶电极和非晶势垒,这个假设是合理的。因此,设 G 为电导,$\mathcal{N}_1$和$\mathcal{N}_2$为电子态密度:

$$G_p \propto \mathcal{N}_{1\uparrow}\mathcal{N}_{2\uparrow} + \mathcal{N}_{1\downarrow}\mathcal{N}_{2\downarrow} \tag{8.17}$$

$$G_{ap} \propto \mathcal{N}_{1\uparrow}\mathcal{N}_{2\downarrow} + \mathcal{N}_{1\downarrow}\mathcal{N}_{2\uparrow} \tag{8.18}$$

令 $MR_{\max} = (G_p - G_{ap})/G_{ap}$ 和 $P = (\mathcal{N}_\uparrow - \mathcal{N}_\downarrow)/(\mathcal{N}_\uparrow + \mathcal{N}_\downarrow)$,其中 $\mathcal{N}_{\uparrow,\downarrow}$ 是费米能级处的态密度,就得到朱列尔公式(8.15)(习题 8.3)。随着跨势垒的偏压增加,隧穿概率应该反映出势垒两侧电子态密度的变化。在高电压下,甚至会改变符号。

朱列尔模型广泛地用于求 P 值,但是它近似得很厉害。在关联不太强的电子体系里,相干隧穿不依赖于费米能级处的态密度,而依赖于势垒两侧电子费米面的卷积,这对↑和↓电子是非常不同的(图 5.15)。由图 8.24 可以看出 $G_p \propto \mathcal{S}_\uparrow + \mathcal{S}_\downarrow$ 和 $G_{ap} \propto 2\mathcal{S}_\downarrow$,其中 $\mathcal{S}$ 为费米面的截面积。因此

$$\frac{\Delta G}{G}=\frac{\mathcal{S}_{\uparrow}-\mathcal{S}_{\downarrow}}{2\mathcal{S}_{\downarrow}} \tag{8.19}$$

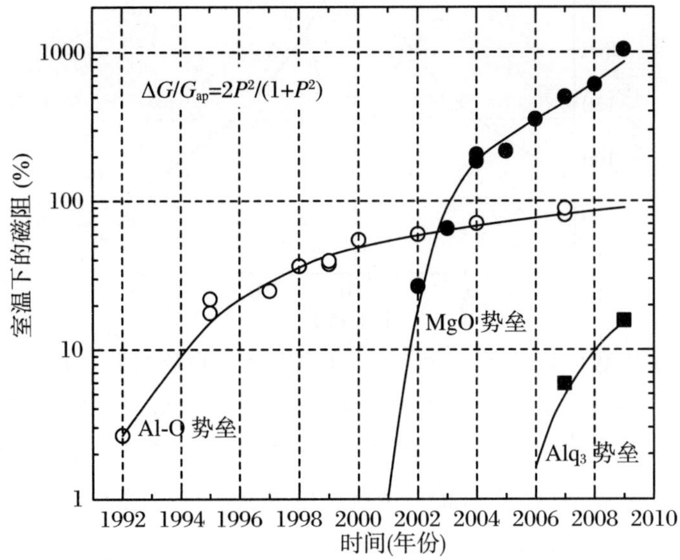

图 8.23

室温TMR的进展：交换偏置的AlO_x，MgO和Alq_3平面磁性隧道结

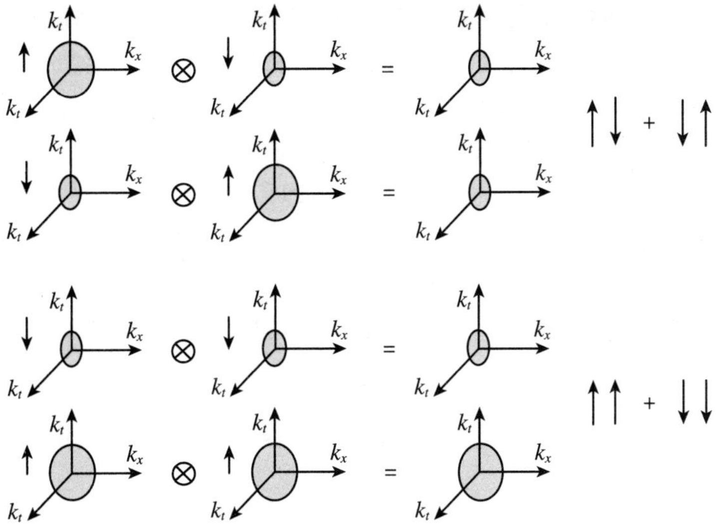

图 8.24

隧穿概率依赖于↑和↓费米面的截面

除了相干隧穿以外，界面态密度、金属-绝缘体成键、载流子迁移率和能带对称性都可能起作用。

TMR 随着外偏压增加而下降，因为磁子和声子的激发倾向于使自旋极化随机化。0.5 V 的偏压足以使 TMR 减半(图 8.25)。这是个问题，因为它限制了器件电阻变化可以产生的电压信号 $\Delta V=V(\Delta R/R)$。

铁磁自旋过滤器　一个相关的薄膜结构是自旋过滤器，铁磁绝缘体作为两层非磁性电极夹着的隧穿层。s-d 相互作用使得绝缘层的空导带具有自旋劈裂，所以 ↑ 和 ↓ 电子的势垒高度相差约 0.3 eV。

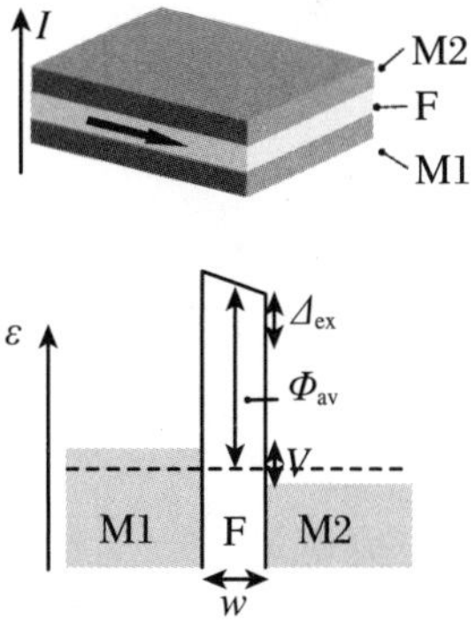

自旋过滤器。铁磁绝缘层(F)对来自电极(M1和M2)的↑和↓电子呈现不同的势垒高度。在EuO中，这个差别是0.54 eV。从M1电极隧穿过来的主要是↑电子

图 8.25

MgO磁性隧道结的磁电阻对偏压的依赖关系。此时能够产生的最大电压为400 mV(数据来自于Kaan Oguz)

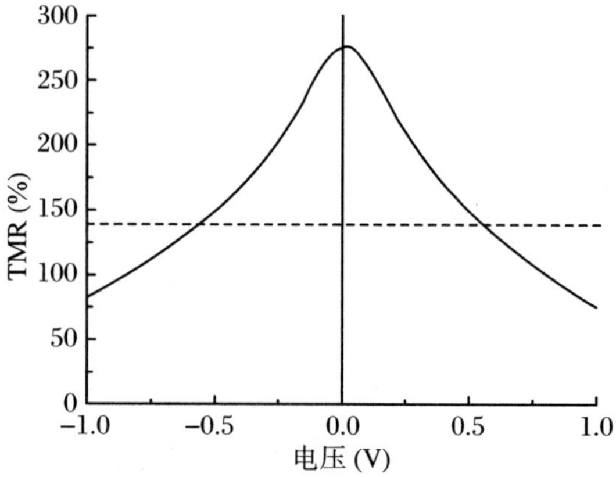

由于隧穿指数依赖于 $\phi^{1/2}$，可以获得相当大的自旋极化。用 4f 铁磁体 EuS(见第 11.5.1 小节)作为隧穿势垒，首次在低温下展示了这个效应；在室温下，用亚铁磁氧化物 $NiFe_2O_4$ 或者 $CoFe_2O_4$ 也观测到这个效应。注意，自旋过滤器不是自旋放大器。它不能增加注入电流的强度和极化率的乘积，只是在界面处反射 ↓ 电子，不让它们透过。

金属-绝缘体-超导体隧道结 泰德罗-梅瑟弗(Tedrow-Meservey)实验研究了磁场下超导薄膜和铁磁体之间的隧穿。一层铝用作超导电极，而且铝层被部分氧化以形成隧穿势垒。铁磁膜沉积在上面。在测量过程中，施加一个磁场。使用薄铝膜的好处是，它的临界温度比体材料更高，临界磁场也高出很多，可以用好几个特斯拉的外场来确定联合态密度中标号为 1—4 的峰位。

对于强关联的金属电极(例如超导体)，两个金属电极之间的隧穿电流依赖于态密度的卷积和费米能量的差，以及势垒特性和跨结偏压 V。一般来说，

$$I(V) \approx \int_{-\infty}^{\infty} \mathcal{N}_1(\varepsilon - eV)\,\mathcal{N}_2(\varepsilon)[f(\varepsilon - eV) - f(\varepsilon)]\mathrm{d}\varepsilon$$

其中 $f(\varepsilon)$ 为费米函数。

在普通金属中，偏压远小于费米能量，而且 $\mathcal{N}_n(\varepsilon)$ 可以取作常数。超导体的有效电子态密度 $\mathcal{N}_s(\varepsilon)$ 在费米能级处有一个 $2\Delta_s$ 的能隙：

$$I(V) \approx \mathcal{N}_n(\varepsilon_F)\int_{-\infty}^{\infty} \mathcal{N}_s(\varepsilon)[f(\varepsilon - eV) - f(\varepsilon)]\mathrm{d}\varepsilon$$

电流对电压的导数 $\mathrm{d}I/\mathrm{d}V$ 就是电导：

$$G \approx \mathcal{N}_n(\varepsilon_F)\int_{-\infty}^{\infty} \mathcal{N}_s(\varepsilon)\, f'(\varepsilon - eV)\mathrm{d}\varepsilon$$

物理量 $\mathcal{N}_s(\varepsilon)$ 和 $f'(\varepsilon + eV)$ 以及它们的卷积如图 8.26 所示。有趣的是，根据 $\mathrm{d}I/\mathrm{d}V$-V 曲线中四个峰值的幅度 G_i，可以得到费米能级附近的电子自旋极化度。铁磁体的自旋极化为

$$P=\frac{(G_4-G_2)-(G_1-G_3)}{(G_4-G_2)+(G_1-G_3)} \tag{8.20}$$

其他确定自旋极化的方法将在第 14.1.2 小节中介绍。

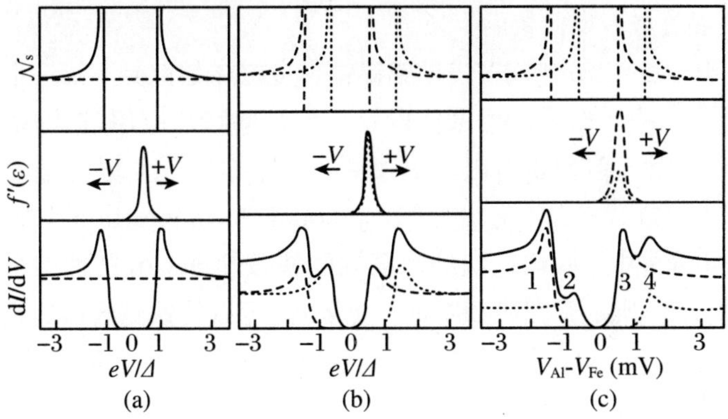

图 8.26

(a) 超导-普通金属隧道结的$\mathcal{N}_s(\varepsilon)$(上)、$f'(\varepsilon)$(中)和dI/dV(下)。(b) 在外磁场下的结果。(c) 超导-铁磁隧道结。根据最后一个曲线的极大值高度，可以得到自旋极化的程度(Tedrow P M, Meservey R. Phys. Rev. Lett., 1971, 26(192))

8.4 纳米线和纳米针

用光刻(lithographic)技术可以从薄膜制备磁性纳米线。另一种制备方式是电沉积到多孔模板里(例如氧化铝膜)。在某些情况下(例如 Co-Cu),切换两个不同的电位(见第 15.2.1 小节),就能够用单个电化学池制作分段纳米线。

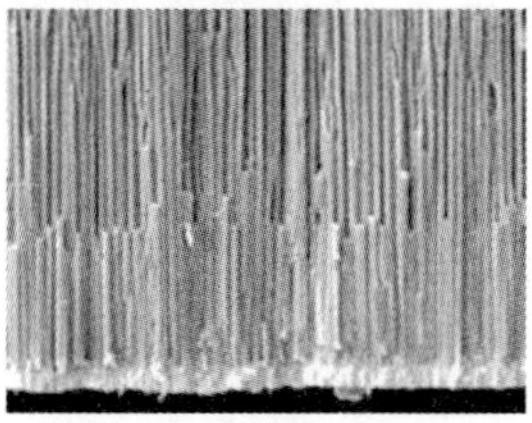

多孔Al_2O_3膜板中电化学沉积的Co纳米线。阴极在底部，纳米线已经生长并且在孔洞里填充了大约4 μm的长度

铁磁性纳米线和针状纳米颗粒的磁化通常沿着长轴。没有形成多个畴的诱因,因为在这种单畴的情况下,退磁因子$\mathcal{N}=0$,退磁能已经为零。然而,可以在纳米线的一端成核一个反向的畴,然后对翻转沿纳米线的传播进行计时,测量畴壁速度随外加磁场的变化关系。为了检测磁化随时间的变化,可以利用拾音线圈、磁光克尔效应或者垂直磁化纳米线中的反常霍尔效应。在薄膜纳米线中,畴壁的速度可以很快,约为 100 ms^{-1}。

如果尺寸在相干半径 R_{coh}的量级(表 8.1),针状磁性纳米颗粒表现出与形状各向异性相关的矫顽力。用作颗粒磁记录介质(磁带和软盘)的针状颗粒 CrO_2和 γFe_2O_3的长径比是 5—10($\mathcal{N}<0.1$)。尺寸通常是 30×30×300 nm^3。在斯通纳-沃尔法思模型中,形状导致的有效各向异性为 $K_{sh}=[(1-3\mathcal{N})/4]\mu_0M_s^2$(见第 7.4.1 小节),所以长纳米线($\mathcal{N}=0$)的极限值给出 $K_{sh}=(1/4)\mu_0M_s^2$。相应的矫顽力极限值为各向异性场 $2K_d/\mu_0M_s=M_s/2$。实际上从未达到这个极限。

例如，$M_s = 0.5\ \mathrm{MA \cdot m^{-1}}$ 和 $\mathcal{N} = 0.05$ 的 CrO_2 颗粒，具有 $K_{sh} = 67\ \mathrm{kJ \cdot m^{-3}}$，而各向异性场是 $213\ \mathrm{kA \cdot m^{-1}}$。典型的商用粉末的矫顽力为 $50\ \mathrm{kA \cdot m^{-1}}$。在实际的针状微晶中，翻转是非相干过程，伴随着涡旋或者反向核的生长。

1930—1970 年间开发的铝镍钴合金磁体是世界上第一个人工磁性纳米结构。作为通用磁体以及为了某些特殊应用，铝镍钴合金仍然还在生产，但数量有限。铝镍钴合金来自四元立方合金的亚稳相分解（旋节线分解，调幅分解，spinodal decomposition），在非磁性 Ni-Al 母体中生长出针状纳米区域的铁磁性 FeCo，这种纳米复合物如图 8.27 所示。在磁场中进行热处理，可以使铁磁区域的长维度沿磁场排列。最好的铝镍钴合金磁铁具有相当高的剩磁，但矫顽力较小。一般来说，永久磁体为了有效地工作，其矫顽力至少是剩磁的一半。理想的永磁体应该可以做成所需要的任何形状，所以矫顽力 H_c 必须比 M_s 大。即使在理想纳米结构中，形状各向异性提供的上限 $M_s/2$ 也还是不够。

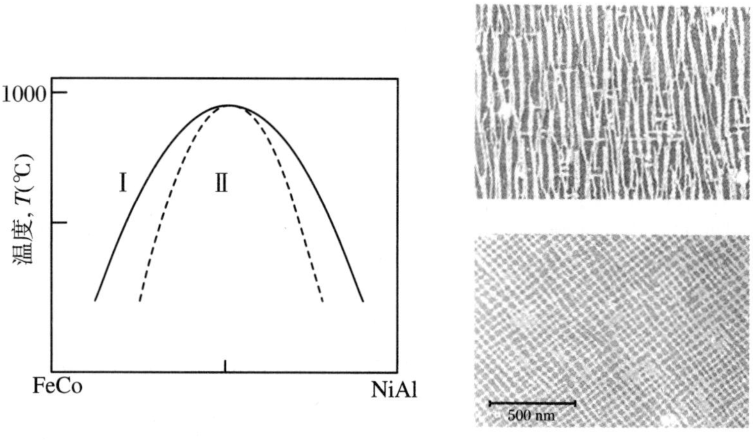

(a)　　(b)

图 8.27

(a) FeCo/NiAl的相图显示了固溶区(I)和双相区(II)。亚稳定区位于溶解度线(实线)和旋节线(虚线)之间。(b) 磁导向的阿尔尼科合金旋节线纳米结构(上下图为两个互为垂直方向的视角)，其中FeCo针嵌在NiAl母体里

在软铁磁体薄膜（例如坡莫合金）制备的纳米线中，磁畴壁与体材料中的布洛赫畴壁有很大不同。形状各向异性把磁化方向约束在薄膜平面内，而且畴内的磁化必须沿着纳米线的轴。形成了**头对头**（或尾对尾）的畴，而畴壁主要为两种类型（图 8.28）：一种是布洛赫畴壁或奈尔畴壁，其中心的磁化方向垂直于轴线（横向畴壁）；另一种是涡旋畴壁。依赖于维度，也可以形成其他类型畴壁，比如相反手性的两个涡旋形成的畴壁。如果纳米线的宽度为 w、厚度为 t，畴壁的类型依赖于无量纲的比值 $r = w\,t/l_{ex}^2$；当 $r \leqslant 100$ 时，横向畴壁更有利。

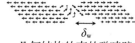

几何结构约束的磁畴壁

几何约束的畴壁可以非常窄，这是它们的显著特点。畴壁宽度 δ_w 不是决定于交换和各向异性的比值（式(7.16)），而是决定于纳米

线的宽度：

$$\delta_w = cw$$

其中，横向畴壁 $c\approx1$，而涡旋畴壁 $c\approx3\pi/4$。磁场或者纳米线中的自旋极化电流可以驱动磁畴。基于移动坡莫合金“赛道”中的畴壁，人们已经提出磁存储器和逻辑器件的设计(见第 14 章)。畴壁倾向于钉扎在纳米线的刻痕和突起处。

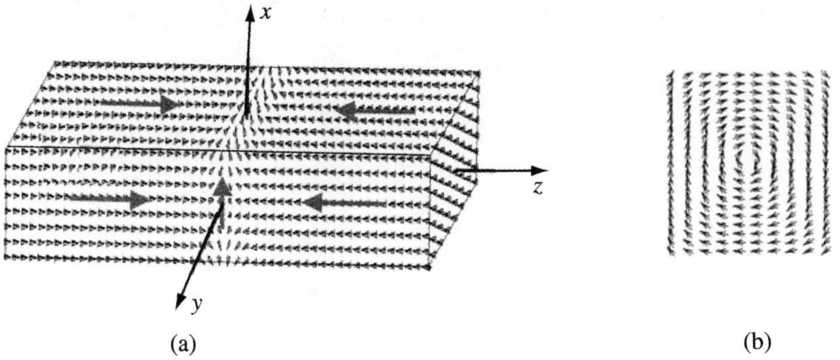

图 8.28

软磁带中的磁畴壁：(a) 头对头结构的横向磁畴壁；(b) 涡旋磁畴壁

受限畴壁每单位面积的能量只依赖于交换能。它是

$$\gamma_w = cA\omega$$

几何受限的畴壁可以有各种不同的构型，它们的能量可以相等或者非常接近。例如，凹形收缩可以捕获布洛赫畴壁或者奈尔畴壁，而其手性可以是两种里的任何一种。在室温下，这些构型之间可以发生自发热涨落。

8.5　小　颗　粒

亚铁磁性的小颗粒天然地出现在火成岩中，而铁磁颗粒和亚铁磁颗粒可以用各种化学方法合成。最小的磁性颗粒呈现出**超顺磁性**，表现为类似顺磁性的宏观自旋。较大的磁性颗粒有磁结构，决定于磁各向异性、交换和磁偶极相互作用的平衡。磁材料的亚微米点可以用薄膜来制备。如果磁晶各向异性可以忽略，这些小单元的磁化倾向于尽可能地排列得与表面平行(见第 7.1.6 小节)，因为交换长度(即铁磁体磁化方向适应于偶极场的特征长度)只有 2—5 nm(表 8.1)。在 100 nm 量级大小的软铁磁材料薄膜点中，可以发现涡旋结构，以及 C 构型和 S 构型(参见第 7.3.2 小节)。

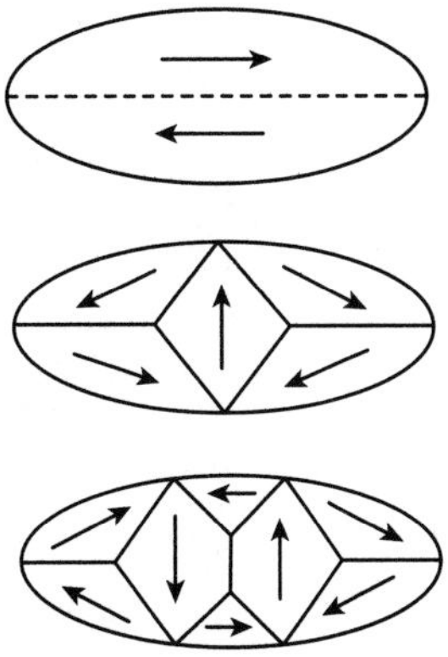

坡莫合金薄膜单元中的漩涡结构

如果交换不是太强，表面各向异性也可以影响铁磁纳米颗粒的磁结构。图 8.29 给出了一些例子。在居里温度高于室温的 3d 金属

和合金纳米颗粒中，这些效应并不重要，但是对低居里点的稀土合金或锕系铁磁体(比如硫化铀 US，其中的单离子各向异性特别强)，它们可能非常重要。

图 8.29

铁磁纳米颗粒中的一些磁结构：(a) 没有表面各向异性；(b)和(c) 垂直表面各向异性，且(c)的强度更大；(d) 面内表面各向异性

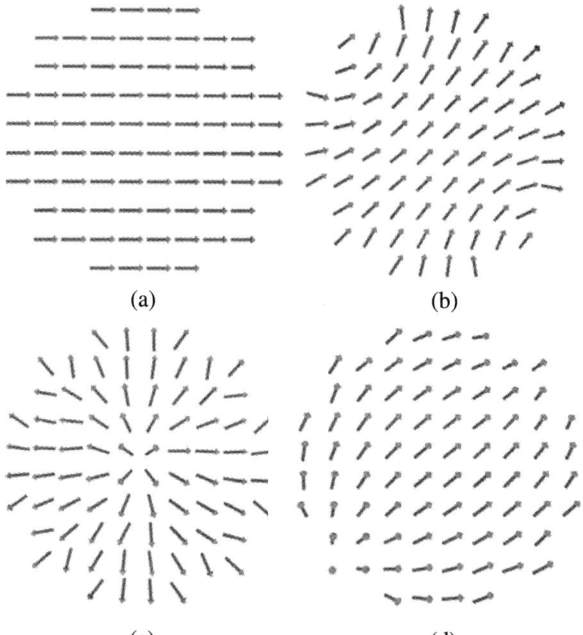

自旋结构的数值结果如图 8.29 所示。这里采用模拟退火的原子尺度蒙特卡罗方法，从居里点以上退火以找到最低能量状态。这些自旋结构各有其名：(b) 节流态(throttled state)或者花态，(c) 刺猬态，(d) 百合态(artichoke，洋百合态)。

8.5.1 超顺磁性

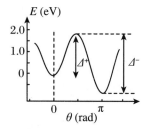

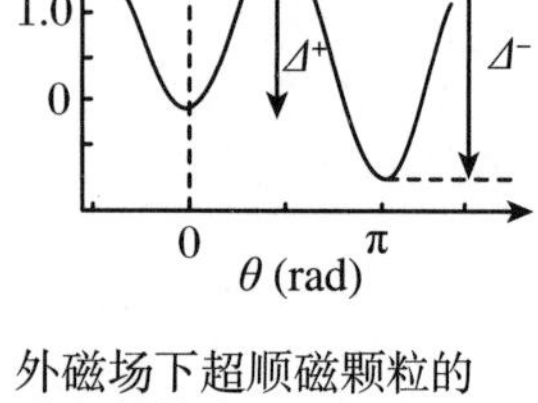

外磁场下超顺磁颗粒的磁翻转势垒

当磁翻转的势垒与$k_B T$可比时，半径 $R \geqslant 10$ nm 的铁磁性微小颗粒就不稳定了。势垒 Δ 在外场下变得不对称 $\Delta^{\pm} \Rightarrow \Delta \pm \mu_0 \mathfrak{m} H \cos\theta_0$，其中$\theta_0$为磁矩和外磁场的夹角。

奈尔提出，自旋翻转的弛豫时间决定于尝试频率 τ_0^{-1} 和颗粒越过势垒的玻尔兹曼概率 $\exp(-\Delta/k_B T)$的乘积。自旋翻转频率的倒数就是弛豫时间：

$$\tau = \tau_0 \exp(\Delta/k_B T) \tag{8.21}$$

其中τ_0^{-1}为 1 GHz 的量级，是退磁场下的铁磁共振频率。在某个阻塞温度 $T_b < T_C$ 附近，磁弛豫逐渐指数式地迅速减缓。

阻塞不是相变，虽然 $\tau(T)$变化得非常快，却是连续的(图 8.30)。

常用的阻塞判据是

$$\Delta / k_B T = 25 \tag{8.22}$$

对应于 $\tau \approx 100$ s，大约是一次磁测量所需要的时间。势垒 $\Delta \sim 1$ eV。Δ 的来源可能是磁晶各向异性 $K_1 V$、形状各向异性 $K_{sh} V$ 或表面各向异性 $K_s \mathcal{A}$。为了理解指数因子的重要性，注意表 8.5 中不同半径 Co 颗粒在不同温度下的超顺磁弛豫时间。

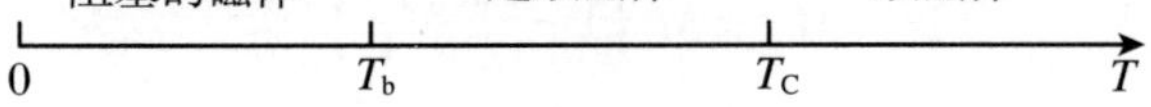

图 8.30

单轴铁磁性纳米颗粒的磁响应的特征温度。在 T_C 和 T_b 处都不是理想的突发相变，而 T_b 依赖于确定颗粒是否发生阻塞的测量的特征时间

表 8.5　Co 颗粒的超顺磁弛豫时间

半径(nm)	温度(K)	弛豫时间
3.5	260	332 s
3.5	300	10 s
3.5	340	0.6 s
3.5	380	76 ms
3.0	300	1.9 ms
4.0	300	223 小时
5.0	300	$L\times10^{12}$ 年

在 $T_b < T < T_C$ 的超顺磁区域，磁性颗粒表现为有巨大经典磁矩 $\mathfrak{m}$ 的朗之万顺磁体(式(4.20))。半径为 3.5 nm 的 Co 颗粒的宏观自旋磁矩约为 $3\times10^4 \mu_B$。因此磁化率为

$$\chi = \mu_0 n \mathfrak{m}^2 / 3 k_B T \tag{4.22}$$

其中 n 为每立方米中的颗粒数量。在 T_b 和 T_C 之间的宽广的温度区间内，超顺磁性的实际测量结果是随 H/T 变化的无磁滞约化磁化曲线的叠加。

如果超顺磁性颗粒系综在磁场 H 下冷却，T_b 温度以下，阻塞颗粒的磁化方向会略有偏好。这些颗粒更可能陷在某个能量极小值，其磁化沿着易轴，略微偏好于平行于磁场的方向，而不是相反的方向。这导致热剩磁(TRM) M_{tr}：

$$M_{tr} = \chi H = \mu_0 n H \mathfrak{m}^2 / 3 k_B T_b \tag{8.23}$$

著名的例子就是玄武岩在地磁场 H_e 中的冷却(见第 15.5.4 小节)。

超顺磁性颗粒系综的基态没有净磁化，但这些颗粒对外加磁场变化的磁响应有时间依赖性——具体形式由式(7.41)给出，适用于既不是非常短也不是特别长的时间。

即使纳米颗粒的尺寸没有小到足以被热激发越过势垒，其能量极小值附近的磁矩仍然可以表现出自发的相干涨落。这些激发取代了长波自旋波。因为颗粒大小决定了最大的可能波长，长波自旋波就不能激发。令 $K_u V\sin^2\theta = k_B T$，磁化偏离的平均角度就是 $\theta \approx (k_B T/K_u V)^{1/2}$。颗粒的磁化为 $M_s\cos\theta \approx M_s(1-\theta^2/2)$。由于这些集体激发，磁化强度随着温度的升高而线性地下降：

$$M \approx M_s\left(1-\frac{k_B T}{2k_u V}\right) \tag{8.24}$$

更普遍地，在大于 10 nm 的具有铁磁交换的颗粒中，共线的铁磁结构不再是能量最低的，相反手性的简并模式之间就会有热激发涨落。普通的自旋波不能在低能量下激发，因为最大波长不能超过颗粒尺寸的两倍。

8.5.2 量 子 点

终极“零维”磁性纳米结构是量子点，小得只能包含几个电子，甚至只有一个电子。半径为 r 的球体的电容为 $C=4\pi\epsilon_0 r$。这个球上单个电子的势是 $V=e/C$；如果 $r=14.4$ nm，那么 $V=100$ mV。将电荷添加到纳米点电容上的库仑势垒就是**库仑阻塞**(Coulomb blockade)。

调整相邻电极（可以是铁磁性的）的偏压，可以用隧穿电子（每次隧穿一个）来控制量子点里的电子数。

量子点其实就是人工原子，具有方阱势而不是库仑势。在低温下，量子点的未成对自旋磁矩与非磁性电极的电子可以形成近藤单重态(Kondo singlet state)。调节栅极势，可以控制流过量子点的自旋极化电子。这是磁性的单电子晶体管，一对这样的磁量子点可以作为量子计算机的量子比特。

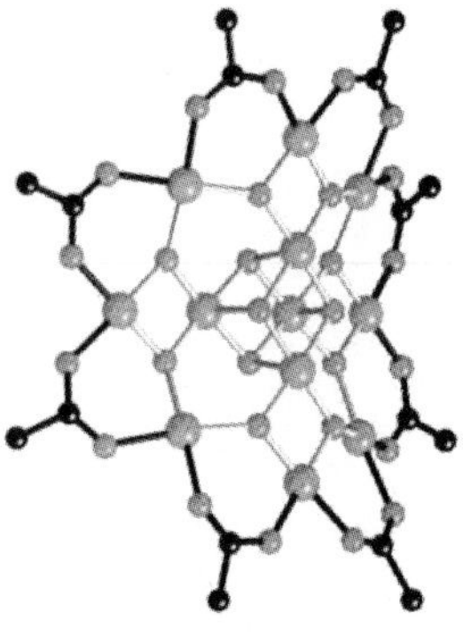

Mn_{12}分子磁体。Mn离子是大球，↑的Mn^{3+}在外侧，↓的Mn^{4+}在中间

8.5.3 分 子 团 簇

分子磁体由有机配体和无机配体包围的数个过渡金属离子组成。它们的尺寸为几个纳米。最有名的例子是 Mn_{12} 醋酸盐 ($Mn_{12}O_{12}(CH_3COO)_{16}(H_2O)_4$)，包含了 12 个锰离子的团簇，其中 8 个是 Mn^{3+} 离子，4 个是 Mn^{4+} 离子。Mn^{3+} 和 Mn^{4+} 之间是强反铁磁性的相互作用，所以该分子团簇的净自旋为 $S=8\times2-4\times(3/2)=$

10，磁矩为 20 μ_B。这个分子的总体对称性是四方的，而且具有强单轴各向异性，因为晶体场

$$\mathcal{H} = B_2^0\,\hat{\boldsymbol{O}}_2^0 + B_4^0\,\hat{\boldsymbol{O}}_4^0 + B_4^4\,\hat{\boldsymbol{O}}_4^4$$

产生了～300 K 的总体晶体场劈裂。±|10⟩二重态为基态，如果这个材料在低温（～1 K）下磁化，就会保持在 −|10⟩态，因为弛豫到 +|10⟩态极其缓慢。然而，在反向磁场下，这个分子有可能隧穿到一个激发态，因此导致了方形的阶梯磁滞回线。其他分子磁体甚至具有较大 J 的孤立稀土离子（这是终极的原子纳米磁体），也观察到类似的磁化动力学。

8.6 块体纳米结构

对熔融物进行快速淬火，或者对熔融淬火或氢处理产生的非晶物进行退火处理，都可以得到具有一个或多个铁磁相的纳米结构磁体（图 8.31）。这些纳米结构材料可以表现出与块体材料非常不同的磁性质。

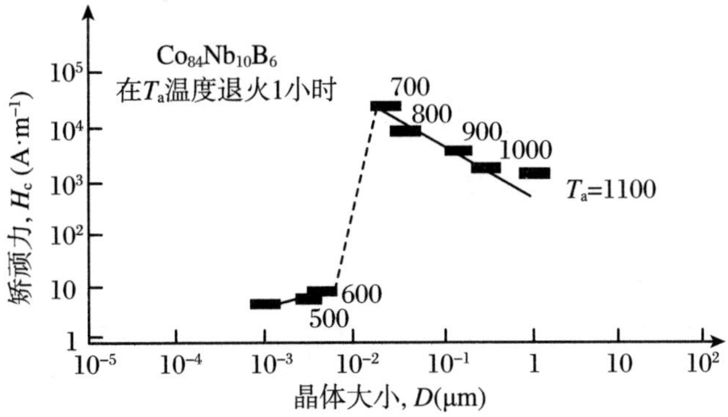

图 8.31
部分重结晶的非晶Co-Nb-B合金的矫顽力（Herzer，G. IEEE Trans. Magn.，1990，26（1397））

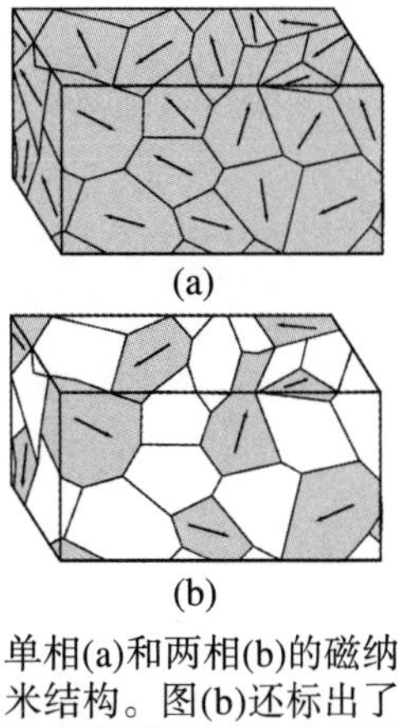

单相(a)和两相(b)的磁纳米结构。图(b)还标出了硬相的易轴。微晶之间穿过晶界有交换耦合

8.6.1 单相纳米结构

在单相的纳米结构中，各向异性轴不同的纳米微晶间的交换耦合可以大大降低体各向异性。出现各向异性的交换平均必须满足以下两个条件：

（1）微晶为单畴，其尺寸 D 远小于磁畴壁宽度δ_w；

（2）存在穿过晶界的交换耦合（脱耦的微晶是超顺磁的）。

交换平均发生在特征长度 δ_w 以内。δ_w^3 的体积包含 $N=(\delta_w/D)^3$ 个微晶。N 个随机指向的 K_1D^3 贡献相加，总的各向异性为 $\sqrt{N}K_1D^3$，因此

$$\langle K\rangle = K_1(D/\delta_w)^{3/2} \tag{8.25}$$

但是，在计算 δ_w 的式(7.16)中，必须自洽地使用这个 $\langle K\rangle$ 的值，即 $\delta_w=\pi\sqrt{A/\langle K\rangle}$。由此得到 $\delta_w=\pi^4A^2/K_1^2D^3$。根据式(8.25)，有效各向异性是

$$\langle K\rangle = K_1^4D^6/\pi^6A^3 \tag{8.26}$$

这个 6 次方的幂指数表明，$\langle K\rangle$ 随着 D 的变化非常快。预期矫顽力与 $\langle K\rangle$ 呈正比，而且小于有效各向异性场 $2\langle K\rangle/M_s$。因此 H_c 可以非常小，而且在随机指向的交换耦合纳米晶中，磁导率可以非常大。

图 8.32 给出了很多软磁材料的矫顽力随晶粒尺寸的变化关系。在临界单畴尺寸以上，矫顽力按照 $1/D$ 下降，而在亚微米的区域，按照 D^6 变化，符合式(8.26)的预测。

图 8.32

一些软磁材料的矫顽力与晶粒尺寸的关系

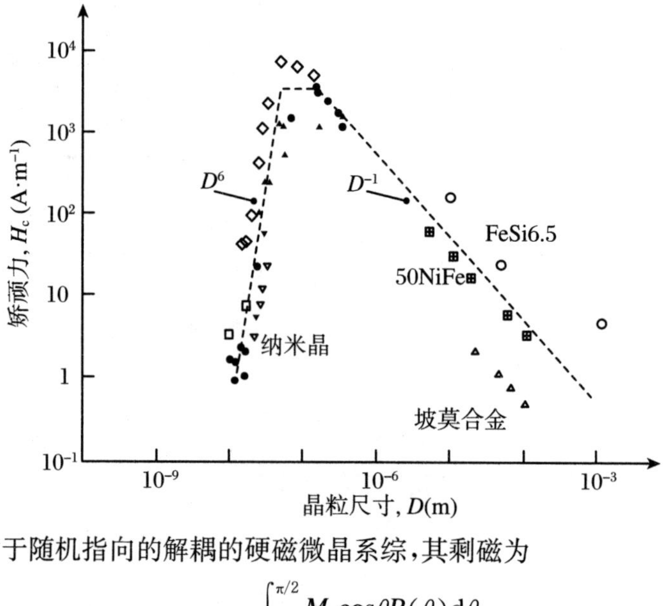

对于随机指向的解耦的硬磁微晶系综，其剩磁为

$$\langle M_r\rangle = \frac{\int_0^{\pi/2} M_s\cos\theta P(\theta)\mathrm{d}\theta}{\int_0^{\pi/2} P(\theta)\mathrm{d}\theta}$$

而随机指向 $P(\theta)=\sin\theta$。因此

$$\langle M_r\rangle = \frac{1}{2}M_s \tag{8.27}$$

硬纳米微晶的交换耦合导致**剩磁增强**，即 M_r 大于 $M_s/2$。例如，优化淬火的 $Nd_{14}Fe_{80}B_6$（磁淬火，Magnequench）由 $D\approx50$ nm 的交换耦合微晶组成，其饱和磁化可达 $\mu_0M_s=1.61$ T 并表现出略微增强的剩磁

$\mu_0 M_r = 0.85$ T。

8.6.2 两相纳米结构

利用非晶体的部分再结晶,可以得到两相的非晶-单晶结构(图8.33)。如果v_c为各向异性是K_1的单晶相的体积分数,并且假设非晶相没有各向异性,仿照式(8.26)的推导,就可以得到

$$\langle K \rangle = v_c^2 K_1^4 D^6 / \pi^6 A^3$$

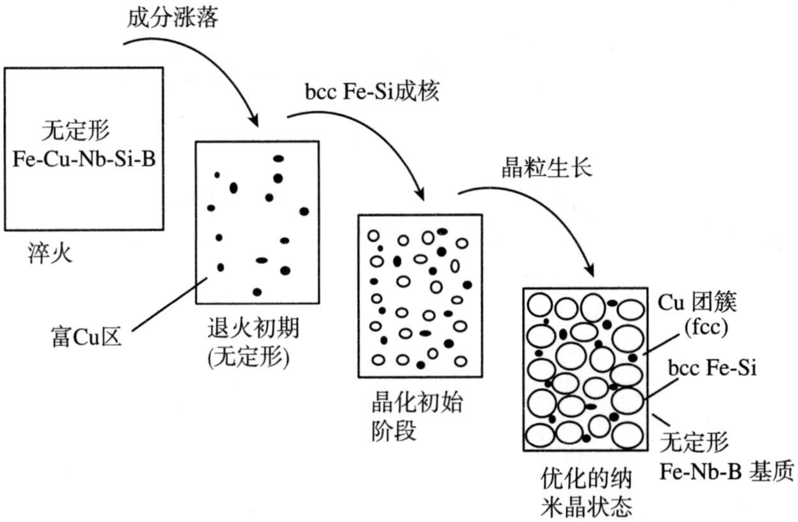

图 8.33

非晶Fe-Cu-Nb-Si-B经过再结晶,可以得到两相的晶体-非晶软磁纳米复合物(O'Handley R C, et al. J. Appl. Phys., 1985, 57(3563))

这些两相的非晶-单晶软磁纳米结构的最大好处是,两相可能有符号相反的磁致伸缩λ_s。因此可以选取组分的体积分数,使得$\langle \lambda_s \rangle = 0$,从而满足良好软磁材料的要求。晶体部分的磁化强度可能比非晶的大,因此零磁致伸缩材料可以同时具有高磁化。一个例子是"Finemet",$Fe_{73.5}Cu_1Nb_3Si_{15.5}B_7$。

交换耦合的硬磁-软磁纳米复合材料是另一种可能。这里的δ_w太小,不能将有效各向异性平均为零(表8.1),但通过交换耦合到磁化高于硬磁相的软磁相,有可能增强剩磁,实现比仅有硬磁相时更大的各向同性的剩磁($Nd_2Fe_{14}B$, Fe 和 $Fe_{70}Co_{30}$ 的 $\mu_0 M_s$ 分别为1.61 T, 2.15 T和2.45 T)。在两相的硬磁-软磁纳米结构中,交换增强(exchange siffening)导致了"弹簧磁体"(spring magnet)的行为(图8.34),其磁滞回线如图8.35所示。

图 8.34

内勒(Kneller)和哈维希(Hawig)的想法：在两相弹簧磁体中，硬磁区域和软磁区域是交换耦合的。黑色箭头代表硬磁相，灰色箭头代表软磁相(Kneller E F,Hawig R. IEEE Trans.Magn.,1991,27(3588))

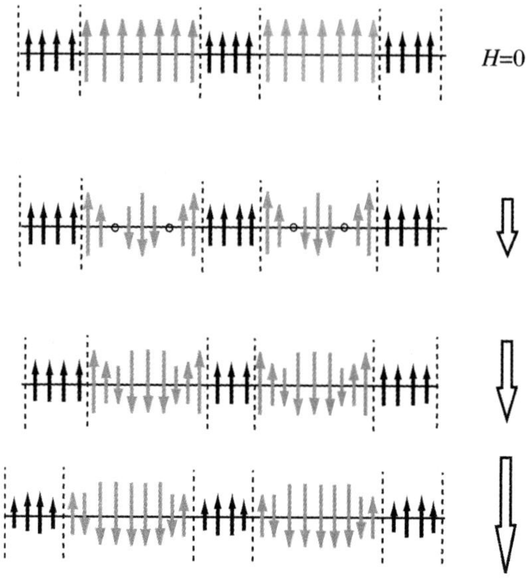

图 8.35

弹簧磁体的磁滞回线。(a) 优化的两相纳米结构；(b) 过耦合的两相纳米结构；(c) 只有硬磁相的情况；(d) 两个独立相导致的收缩回线(Kneller E F, Hawig R. IEEE Trans. Magn.,1991,27(3588))

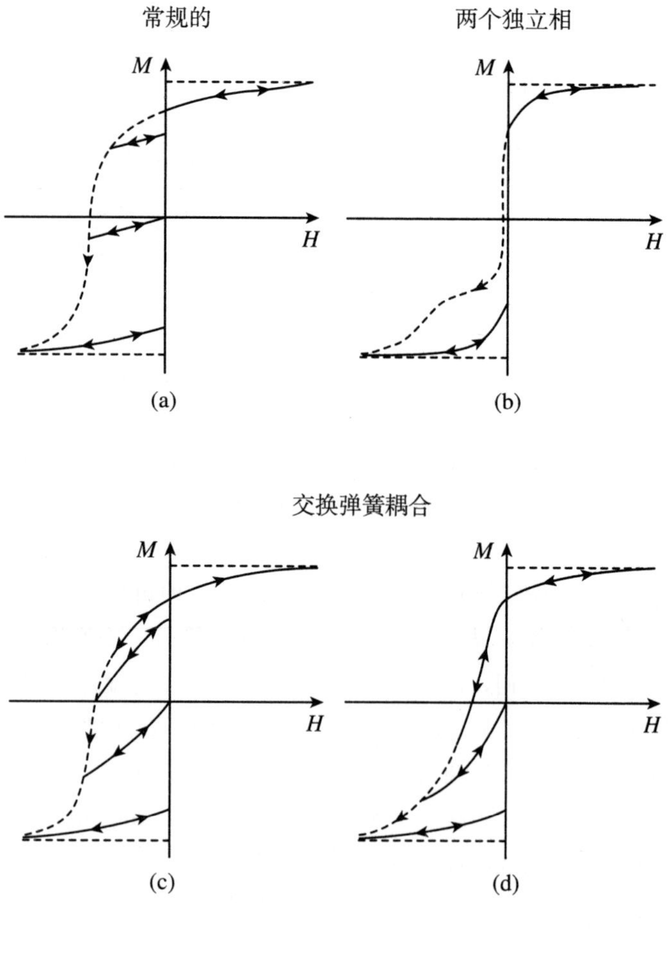

在两相纳米复合材料中，必须对剩磁和矫顽力做权衡，例如，$Sm_2Fe_{17}N_3$-Fe纳米复合物(图 8.36)。

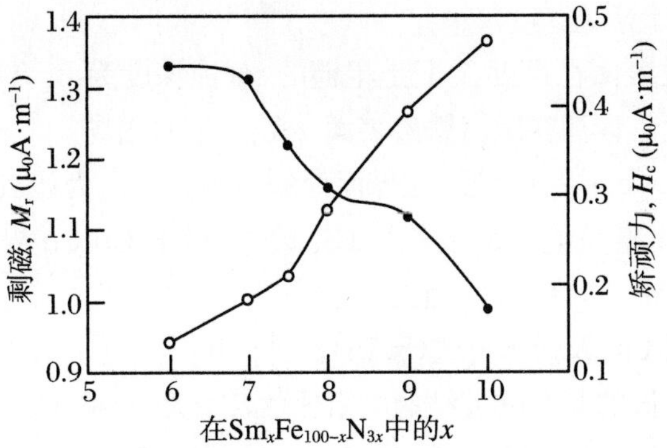

图 8.36

两相纳米复合物$Sm_2Fe_{17}N_3$/Fe的矫顽力和剩磁随组分的变化。晶粒尺寸大约是 20 nm

参考书

Steinbeiss E. Thin film deposition techniques[M] // Ziese M, Thornton M J. Spin Electronics. Berlin: Springer, 2001.

Maekawa S. Spin-dependent Transport in Magnetic Nanostructures [M]. Boca Raton CRC Press, 2002. 关于 GMR 和 TMR 的实验与理论。

Sellmyer D. Advanced Magnetic Nanostructures[M]. New York: Springer, 2006.

O'Handley R C. Modern Magnetic Materials[M]. New York: Wiley, 2000.

Nanomagnetism and Spintronics[M]. Oxford: Elsevier, 2009.

Galteschi D, Sessoli R, Villain J. Molecular Nanomagnets[M]. Oxford: Oxford University Press, 2006.

习　题

8.1 反铁磁薄膜的厚度为 10 nm，其 c 轴垂直于单晶衬底生长。假设这个反铁磁结构由一系列反向排列的铁磁性 c 平面组成。估计它的磁化强度。

8.2 对于 100 nm YCo_2 和 100 nm $GdCo_2$ 的双层膜，假设 A 为 10^{-11} J·m^{-1}。为了在界面处产生 10 nm 宽的磁畴壁，估计所需要的磁场。

8.3 厚度为 t 的间隔层把两个铁磁层隔开，针孔位于间隔层，并且只占界面面积的一小部分 f。推导针孔导致的耦合能量 J_s(单位 $mJ \cdot m^{-3}$)。对于 $A = 2 \times 10^{-11}\ J \cdot m^{-1}$ 的材料,假设 $t = 2$ nm, $f = 1\%$,计算 J_s。

8.4 假设铁磁表面在尺度 λ 上是粗糙的,刻蚀深度为 δ_λ,铁磁体为平面磁化。计算在距离铁磁表面 z 处产生的磁场。

8.5 在图 8.19(b)中,$\mu^{\downarrow}$ 曲线在界面处的斜率为零。为什么?

8.6 推导自旋累积电压的表达式(8.10)。对于 Co-Cu 界面($j = 10^{10}\ A \cdot m^{-2}$),计算这个值。

8.7 推导 TMR 的朱列尔公式(8.15)。

8.8 有相同电极的某个隧道结的电阻比值 R_{ap}/R_p 为 400%。用朱列尔公式推导其铁磁体的自旋极化率 P。磁电阻是多少?如果其中一个电极换为 Co,磁电阻是多少?($P(Co) = 45\%$)

8.9 某块玄武岩含有 1%(体积比)直径为 50 nm 的磁铁矿(Fe_3O_4)颗粒,其阻塞温度为 600 K。取磁铁矿的 M_s 为 400 $kA \cdot m^{-1}$,估计它的热剩磁磁化强度。

8.10 某个交换耦合的颗粒系综,$D = 20$ nm,$K_1 = 10^4$,$A = 10\ pJ \cdot m^{-1}$,$M_s = 1\ MA \cdot m^{-1}$。计算它的磁畴壁宽度和有效各向异性常数 $\langle K \rangle$,给出矫顽力的最大上限。

8.11 对于半径为 10 nm 的 Co 颗粒,自旋波能隙是多少?在等同于该自旋波能隙的温度下,磁化的相干涨落使得磁化减小了多少?

第9章 磁共振

电子或核磁矩的量子化系统的能级在均匀磁场中发生塞曼劈裂，因而可以从特定频率的振荡磁场中吸收能量（对应于能级间的跃迁），这就是磁共振。经典意义上，当施加拉莫尔频率的横向交流磁场时，发生共振。共振方法非常有利于观察固体的结构和磁性质，可以用于成像或者其他应用。共振的磁矩可以是孤立离子的自旋或者自由基（如电子的顺磁共振，EPR），也可以是核自旋（如核磁共振，NMR），还可以是有序的磁化（如铁磁共振，FMR）。共振效应还与自旋波和畴壁相关。穆斯堡尔谱（Mössbauer spectroscopy）和μ子自旋共振等相关技术提供了固体材料中超精细相互作用的进一步信息。

均匀磁场 $\boldsymbol{B}_0$ 中的磁性系统可以在精确定义的频率 $\nu_0 = \omega_0/2\pi$（处于射频或微波范围）吸收电磁辐射。这个现象与第 3.2.2 小节介绍的磁矩的拉莫尔进动有关。为了观察共振，需要采用交叉磁场的实验构型。稳恒均匀磁场定义了 z 方向，而高频交流的磁场 $b_x = 2b_1\cos\omega t$ 施加于垂直面内。可以将 b_x 看作两个反向旋转场的和，即 $2b_1\cos\omega t = b_1(\mathrm{e}^{\mathrm{i}\omega t} + \mathrm{e}^{-\mathrm{i}\omega t})$。当进动和顺时针或者逆时针分量同步的时候，就发生振荡。当 $\boldsymbol{b}_1$ 平行于 $\boldsymbol{B}_0$ 时，没有振荡发生。

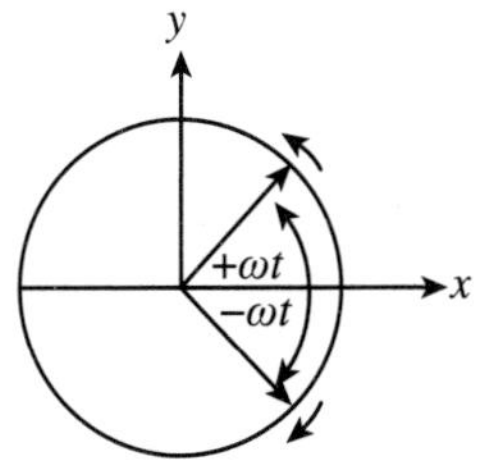

交流磁场由两个反向旋转场构成

关于磁共振有大量的文献。磁共振是磁学第五个时代的基础，源于角动量的量子力学理论和第二次世界大战中微波雷达的研究。在电子顺磁共振（EPR），又称为电子自旋共振（ESR）中，共振系统是自由基或离子的集合，具有未配对的电子自旋。在铁磁共振（FMR）中，整个耦合的磁矩会发生共振，而在反铁磁共振（AFMR）中，进动的是子晶格磁矩。在核磁共振（NMR）中，原子核携带微弱的磁矩，在相对低的频率下共振。其他共振与自旋波、磁畴壁和传导电子有关。在磁有序材料中，不借助外场 B_0，而是利用内部的退磁场或者超精细场，也可能观察到共振。

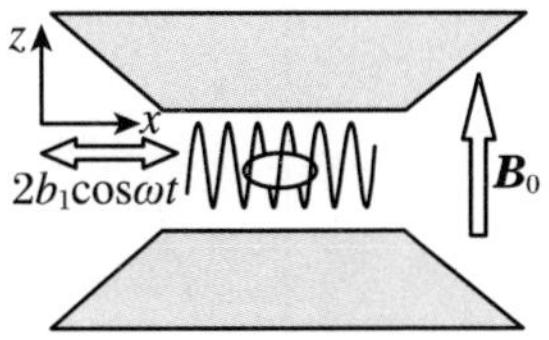

典型的磁共振实验

这些物理现象本身都很引人注目，但在我们看来，磁性共振很有趣的原因是它有助于深入理解固体磁性，同时有很多应用，如磁化的高频翻转和磁共振成像（MRI）。

共振磁性体系通常是微小的量子对象（拥有未配对自旋的离子、

电子或者原子核),因此很自然地采用在量子化塞曼劈裂能级间共振跃迁的图像。然而,适用于宏观磁体的经典图像(在内禀的拉莫尔进动频率处的激发),也为量子体系提供了非常重要的直觉。

考虑最简单的情形:离子的磁矩m与它的电子角动量 $\hbar\boldsymbol{S}$ 有关,它们的比例常数是旋磁比 γ,即

$$\mathfrak{m} = \gamma\hbar\boldsymbol{S} \tag{9.1}$$

其中 γ 的单位是 $s^{-1}\cdot T^{-1}$(赫兹每特斯拉),$\boldsymbol{S}$ 是无量纲的。m和 $\boldsymbol{S}$ 都是矢量算符。这个式子看起来像经典的矢量方程,实际意味着m和 $\boldsymbol{S}$ 所有相应的矩阵元素都是呈正比的。沿 z 方向施加的稳恒磁场 $\boldsymbol{B}_0$ 下的塞曼相互作用 $\mathfrak{m}\cdot\boldsymbol{B}_0$ 表示为哈密顿量

$$\mathcal{H}_z = -\mathfrak{m}\cdot\boldsymbol{B}_0 = -\gamma\hbar B_0 S_z \tag{9.2}$$

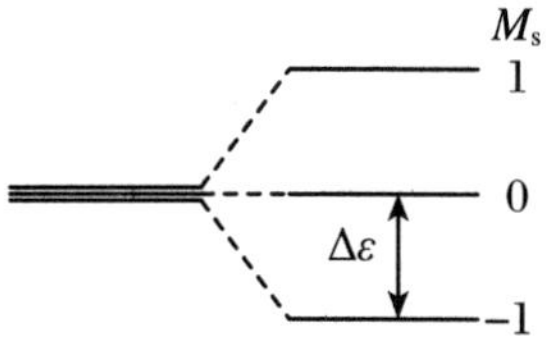

S=1的电子体系的塞曼劈裂能级

本征值是一系列等间隔的能级,即

$$\varepsilon_i = -\gamma\hbar B_0 M_S,\quad M_S = S, S-1, \cdots, -S \tag{9.3}$$

能级间隔是 $\Delta\varepsilon = \gamma\hbar B_0$。可以预期相邻能级间的磁偶极跃迁的辐射角频率 ω_0 满足 $\Delta\varepsilon = \hbar\omega_0$。因此,共振条件

$$\omega_0 = \gamma B_0 \tag{9.4}$$

不依赖于普朗克常数,暗示着经典论证应该可以推出相同的结果。注意,由于电子电荷是负的,电子的 γ 是负的,因此 $M_S = -S$ 能级最低。

在 $\boldsymbol{B}_0$ 磁场中磁矩m受的力矩是 $\boldsymbol{\Gamma} = \mathfrak{m}\times\boldsymbol{B}_0$,它等于角动量的变化率 $\mathrm{d}(\hbar\boldsymbol{S})/\mathrm{d}t$。因此运动的方程是①

$$\frac{\mathrm{d}\mathfrak{m}}{\mathrm{d}t} = \gamma\,\mathfrak{m}\times\boldsymbol{B}_0 \tag{9.5}$$

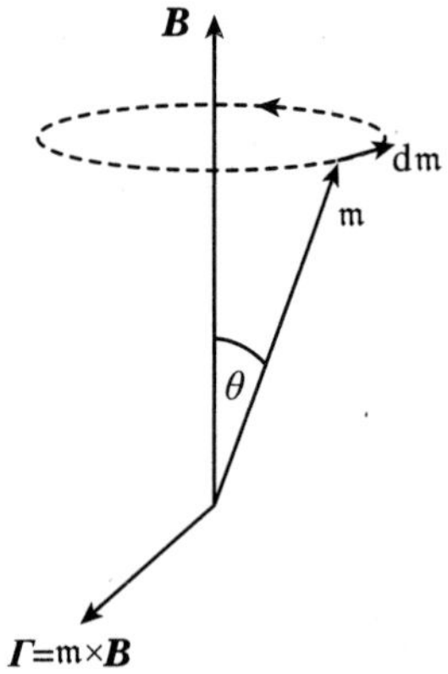

磁矩在外磁场中的进动

磁矩m在很短的时间间隔 $\mathrm{d}t$ 内的变化 $\mathrm{d}\mathfrak{m}$ 是一个矢量,与m和 $\boldsymbol{B}_0$ 都垂直,因此磁矩会绕着磁场进动,其角频率是

$$\omega_0 = \gamma B_0$$

这是经典的拉莫尔进动,当场 $\boldsymbol{b}_1$ 以拉莫尔频率旋转时,共振发生。

共振吸收中 $\boldsymbol{b}_1$ 垂直于 $\boldsymbol{B}_0$ 施加,这个要求也来自量子力学。对于本征态 $|M_S\rangle$,塞曼哈密顿式(9.2)是对角的。沿着 z 方向加外磁场,仅仅改变本征值,而不会在能量级间引入任何跃迁,因为将不同态进行混合的非对角矩阵元素都是零。然而,如果 $\boldsymbol{b}_1$ 施加在 x 方向,哈密顿量就变成

① 如果采用 e 而非 $-e$ 作为电子电量,这个公式和类似的公式中就会出现一个负号。

$$\mathcal{H} = -\gamma\hbar(B_0 \boldsymbol{S}_z + b_1 \boldsymbol{S}_x) \tag{9.6}$$

$\boldsymbol{S}_x$ 的矩阵表示有非零非对角元素$[n, n\pm1]$。它将 $\Delta M_S = \pm 1$ 的态混合,可以用升降算符 S^+ 和 S^- 来表示。共振时,交流磁场激发磁量子数相差 $\Delta M_S = \pm 1$ 的不同能级间的跃迁。这就是偶极选择定则。

9.1 电子顺磁共振

电子自旋的拉莫尔进动频率是 $f_L = \omega_L/2\pi = (ge/4\pi m_e)B$。因为 $g = 2.0023$,所以自由电子的 γ 值($-ge/2m_e$)是 $176.1\times10^9\ \mathrm{s^{-1}\cdot T^{-1}}$,$f_L$ 是 28.02 GHz $\cdot\ \mathrm{T^{-1}}$。对于实验室电磁铁产生的磁场,共振发生在微波范围内。通常使用波长 $\Lambda = 33$ mm(~9 GHz)的 X 波段微波,因此共振磁场发生在大约 300 mT 下。有时使用 Q 波段辐射(~40 GHz),共振磁场相应地更大。样品放在波导末端的谐振腔里,在稳恒磁场中。谐振腔工作在 $\mathrm{TM_{100}}$ 模式并提供必需的横向磁场 $\boldsymbol{b}_1$。

孤立电子能级的塞曼劈裂是 $\gamma\hbar B_0 = g\mu_B B_0$,当 $B_0 = 300$ mT 时,这个能量远小于 $k_B T$。($\mu_B/k_B = 0.673\ \mathrm{K\cdot T^{-1}}$)因此 $M_S = \pm 1/2$ 子能级之间的平衡布居数差别是微小的。自旋极化是

$$P = (N_\uparrow - N_\downarrow)/(N_\uparrow + N_\downarrow) = (1 - \mathrm{e}^{-g\mu_B B/k_B T})/(1 + \mathrm{e}^{-g\mu_B B/k_B T})$$

习惯上,↑态是**磁矩**平行于外加磁场的态;此时它们是 $M_S = -1/2$ 的态①。在 300 mT 和室温下,$P \approx g\mu_B B_0/2k_B T$ 的值只有 7×10^{-4},因此需要灵敏的方法观察共振。通常扫描磁场比扫描微波频率更方便。使用磁场调制线圈并用锁相放大器探测调制频率处的吸收功率,可以提高灵敏度。测得的曲线是吸收作为磁场函数的导数(图 9.1)。吸收曲线是这个信号的积分。

EPR 测量的参数是共振的强度、位置 B_0(通常表示为有效 g 因子 $g_{\mathrm{eff}} = \hbar\omega_0/\mu_B B_0$,其中 ω_0 是共振频率)和线宽 ΔB(半高宽)。腔的共振峰非常尖锐,因此线宽决定于样品。

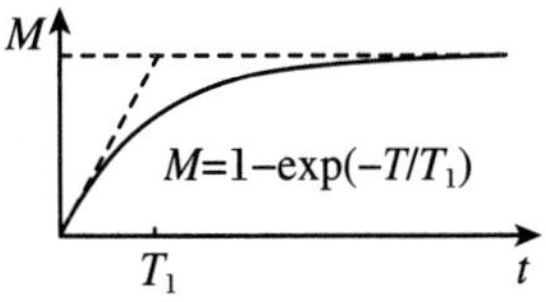

自旋-晶格弛豫使得磁化趋向于它的平衡值

辐射吸收是一个动态过程,倾向于使不同能级的玻尔兹曼布居

① ↑和↓称为"向上自旋"和"向下自旋",或者更准确地说,称为"多数自旋"和"少数自旋"。其含义是,↑电子的磁矩顺着磁场排列,但由于电子的负电荷,它们的自旋角动量在相反的方向。

图 9.1

(a) 当直流磁场匀速扫描时，EPR曲线给出了微波吸收的导数。(b) 积分得到的吸收曲线

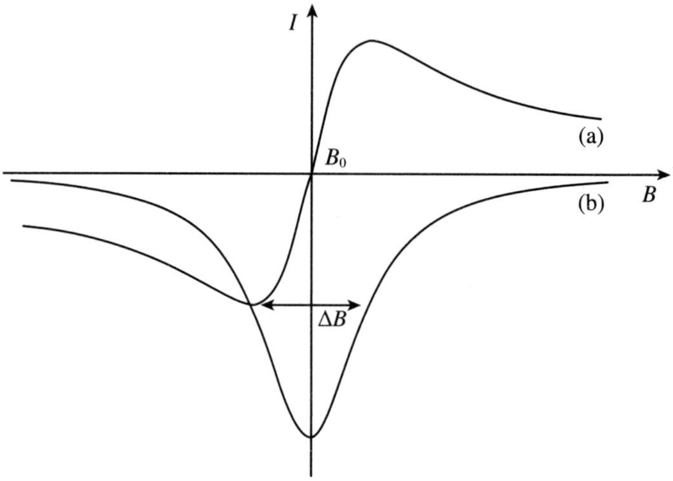

数相等。自旋体系恢复热平衡的要求抵制这个趋势。晶格定义了体系的温度 T,因此热平衡化所涉及的自旋和晶格之间的能量交换称为自旋-晶格弛豫。线宽 ΔB 与自旋-晶格弛豫时间 T_1 呈反比。如果 T_1 很短,吸收线就变得太宽而观测不到,如果 T_1 很长,吸收线尖锐,但是强度变得非常小,因为↑和↓的态的布居数保持相等;没有能量耗散。T_1 的量级由不确定关系 $\Delta\varepsilon\Delta t \approx \hbar$ 给出,如果 $\Delta B = 1$ mT, $\Delta\varepsilon = g\mu_B\Delta B \approx 2.0\times10^{-26}$ J,那么 $T_1 \approx 5\times10^{-9}$ s。

微波场激发的 $\pm 1/2$ 能级间跃迁的概率 w 正比于微波功率,来回跃迁的概率是相同的。布居数的变化率是

$$\frac{dN_\uparrow}{dt} = w(N_\downarrow - N_\uparrow) \quad \text{和} \quad \frac{dN_\downarrow}{dt} = w(N_\uparrow - N_\downarrow) \tag{9.7}$$

将式(9.7)中的两个方程相减,并令 $N = N_\uparrow - N_\downarrow$,可以得到 $dN/dt = -2wN$,从而给出 $N(t) = N(0)e^{-2wt}$。↑和↓布居数在长时间后趋向于相等。系统的能量 ε 是 $N_\downarrow\hbar\omega_0$,因此 $d\varepsilon/dt = -\hbar\omega_0 wN(t)$。长时间之后,能量的变化率趋向于零。

然而,如果关闭微波功率,布居数就会以纵向时间常数 T_1 弛豫到热平衡,因此 $N(t) = N_0(1 - e^{-t/T_1})$,其中 N_0 是平衡布居数差。考虑到弛豫,不平衡布居数变化率变成

$$\frac{dN(t)}{dt} = -2wN(t) + \frac{N_0 - N(t)}{T_1} \tag{9.8}$$

磁化强度有类似的式子,因为 $M = N\mu_B/V$。在平衡时,$dN(t)/dt = 0$,所以 $N(t) = N_0/(1 + 2wT_1)$。因此电磁能量的吸收率 $N(t)\hbar\omega w$ 就是

$$\frac{d\varepsilon}{dt} = \frac{N_0\hbar\omega_0 w}{1 + 2wT_1} \tag{9.9}$$

如图 9.2 所示。在低功率时,吸收率正比于 w;但是,在高功率时饱

和，趋向于某个正比于 $1/T_1$ 的值。

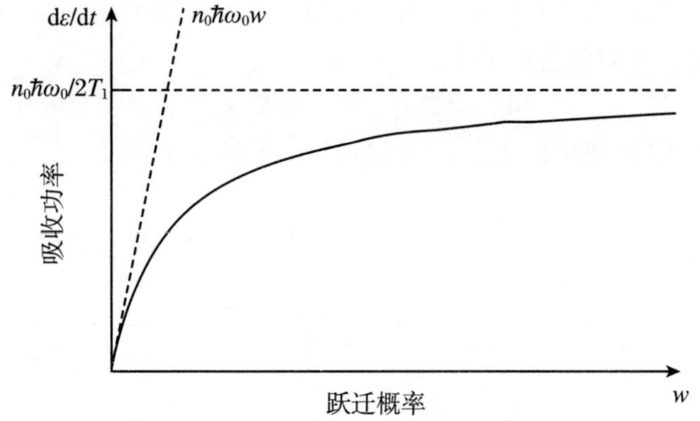

图 9.2

在连续波磁共振实验中，电磁能量的吸收率。w正比于微波功率

自旋-轨道耦合机制将自旋体系与晶格声子耦合起来。良好的EPR谱来自轨道磁矩淬灭或缺失的离子。轨道磁矩缺失的 S 态离子具有半满的壳层，诸如自由基（$^2S_{1/2}$），Mn^{2+} 或 Fe^{3+}（$^6S_{5/2}$）Eu^{2+} 或 Gd^{3+}（$^8S_{7/2}$）。另外，共振离子应该稀释在晶格中，使得偶极和交换相互作用最小，这些相互作用展宽了共振线宽并导致自旋退相干。

离子的外层电子和周围离子强烈地相互作用，即第 4.4 节讨论的晶体场相互作用。二阶的晶体场包含 A_2^2 项，将 M_S（或者更普遍地，M_J）相差为 2 的态混合。四阶或六阶的晶体场将 M_S 相差为 4 或 6 的态混合。当 $J>1/2,3/2,5/2$ 时，这些相互作用分别有效。虽然EPR只涉及基态，但晶体场导致了能级的零场劈裂，修正了最低能级的有效 g 因子，并使 g 因子相对于晶轴是各向异性的。$J=5/2$ 的 $4f^1$ 克拉默斯离子 Ce^{3+} 就是一个例子（图 9.3）。

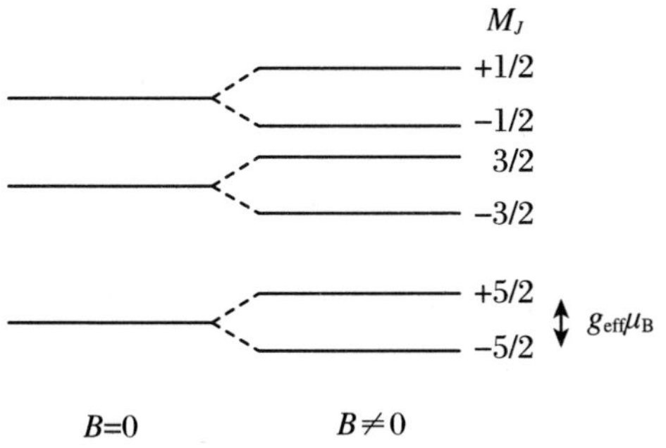

图 9.3

在单轴晶场中，Ce^{3+}离子的能级劈裂。$M_J=\pm5/2$的两个克拉默斯基态就像在EPR中有大g因子的两个$\pm1/2$基态

在EPR中，通常用描述基态能级在磁场下劈裂的有效自旋哈密顿量代替体系的哈密顿量。选择有效自旋 S，使得磁简并度是 $2S+1$。自旋哈密顿量的项反映了共振离子的晶体对称性。除了塞曼项以外，自旋哈密顿量还可能包括：

DS_z^2 单轴对称性；

$E(S_x^2-S_y^2)$ 正交畸变；

$D_c(S_x^4+S_y^4+S_z^4)$立方对称性。

例如，考虑 $S=1$ 的离子的情形，晶位有单轴对称性，磁场 B_0 沿晶轴方向。自旋哈密顿量是

$$\mathcal{H}_{\text{spin}} = DS_z^2 - g_{\text{eff}}\mu_B B_0 S_z \tag{9.10}$$

晶体场在 EPR 谱中产生了一个精细结构，如图 9.4 所示。

图 9.4

S=1的离子的能级和EPR吸收。(a) 没有晶体场相互作用；(b) 有晶体场相互作用，$D>0$

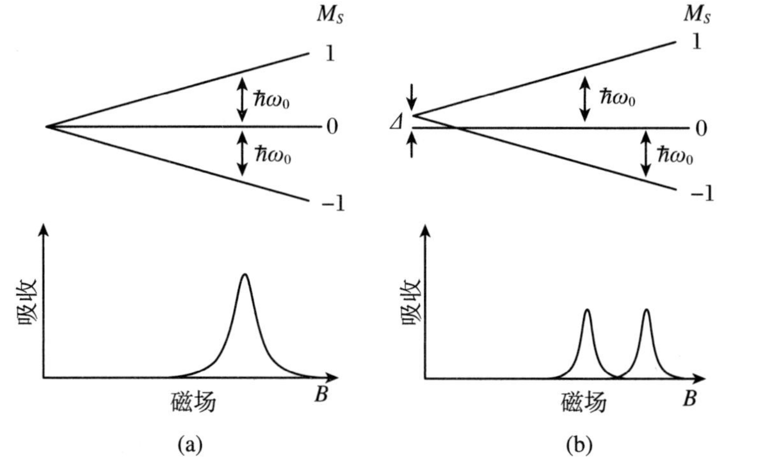

还有另一种相互作用（至多是 0.1 K 的量级），它修正了电子基态的劈裂。这就是与原子核的**超精细相互作用**。如果核自旋量子数 $I\neq0$，原子核就拥有量子化的角动量 $\hbar I$。相应的磁矩 $\mathfrak{m}_n=g_n\mu_N I$ 大约是电子磁矩的 1/1000；g_n 是核的 g 因子，量级是 1，μ_N 是核磁子：

$$\mu_N = e\hbar/2m_p = 5.0508\times10^{-27}\ \text{A}\cdot\text{m}^2 \tag{9.11}$$

其中 m_p 是质子质量。磁场将劈裂成 $2I+1$ 个简并核能级（$M_I=I,I-1,\cdots,-I$）。

磁性离子中未配对电子在原子核处产生一个磁场，称作**超精细场**。在 3d 离子中，这个场高达～50 T，而对于某些稀土原子，由于 4f 轨道的贡献，这个场可以大十倍。这些磁场很大，但是处于非常小的体积里。因此，超精细作用的量级是 10^{-3}—10^{-1} K。它们主导了 1 K 温度以下的比热，而且在 EPR 谱、NMR 谱或者穆斯堡尔谱中产生了超精细结构。在自旋哈密顿量中，超精细相互作用由 $A\boldsymbol{I}\cdot\boldsymbol{S}$ 表示，其中超精细常数 A 具有能量的单位。每一个简并的能级 M_S 劈裂成 $2I+1$ 个子能级，其能量是 $g\mu_B B_0 M_S + AM_I M_S$。微波跃迁只发生在遵守偶极选择定则（$\Delta M_S=\pm1$ 或者 $\Delta M_I=0$）的能级之间，因为诱发核能级间跃迁所需的频率在射频范围，是 MHz 而不是 GHz。因此共振发生在

$$\begin{aligned}\hbar\omega &= [g\mu_B B_0(M_S+1)+AM_I(M_S+1)]-[g\mu_B B_0 M_S+AM_I M_S]\\ &= g\mu_B B_0 + AM_I\end{aligned} \tag{9.12}$$

每一条 EPR 谱线劈裂成 $2I+1$ 个超精细谱线，如图 9.5 所示。

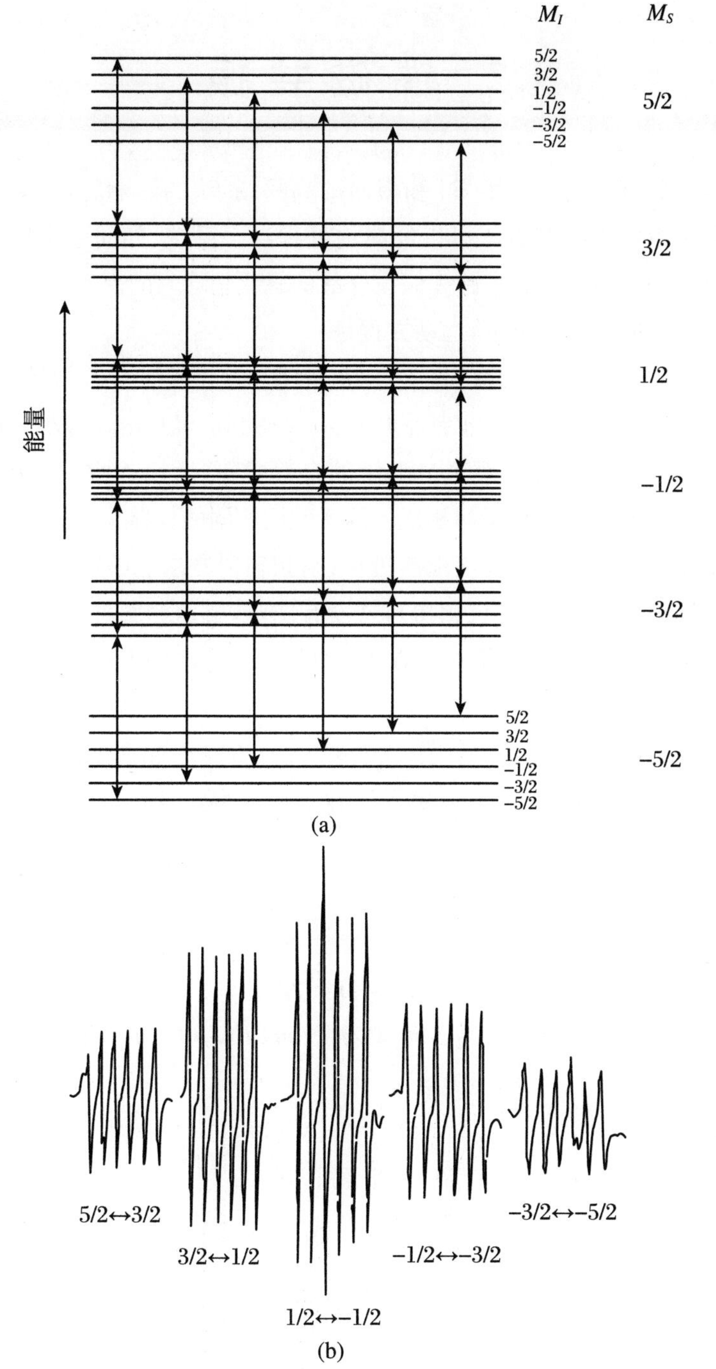

图 9.5

(a) EPR跃迁：一个S=5/2和核自旋I=5/2的离子，具有超精细作用。(b) Ga_2O_3中的Mn^{2+}杂质的EPR谱：显示了超精细结构(Folen V J.Phys.Rev.,1965,139(A1961))

EPR 通常应用于绝缘体中的磁性离子。然而，如果弛豫时间不是太短，也可能从金属或者半导体里的自由电子获得信号，称为**传导电子自旋共振**(CESR)。

9.2 铁磁共振

当铁磁体受均匀磁场 $\boldsymbol{B}_0$ 和横向的高频场 $\boldsymbol{b}_1$ 的影响时，也能在微波频率范围发生共振。可以经典地处理这个系统，如同一个巨大的自旋(或者宏观磁矩)。首先假设样品的磁化是均匀的。

在没有阻尼的情况下，运动方程是

$$\mathrm{d}\boldsymbol{M}/\mathrm{d}t = \gamma(\boldsymbol{M} \times \boldsymbol{B}_0') \tag{9.13}$$

磁化强度绕着 z 轴以拉莫尔频率 $f_{\mathrm{L}} = \omega_0/2\pi$ 进动，其中 $\omega_0 = \gamma B_0$。因为铁磁体的磁化强度主要来自电子的自旋磁矩，所以 $\gamma \approx -e/m_{\mathrm{e}}$，FMR 的共振频率与 EPR 的相似。两者使用相同的仪器。

如果用微波的共振吸收检测进动，高频辐射必须能够穿透样品。对于绝缘体(例如亚铁磁氧化物)，这没有困难，但是金属材料需要使用薄膜或者粉末样品，因为金属在 10 GHz 下的穿透深度只是微米量级(式(12.2))。

此外，在铁磁材料中，必须区分外场 $\boldsymbol{H}' = \boldsymbol{B}'/\mu_0$ 和在铁磁体内部出现的内场 $\boldsymbol{H} = \boldsymbol{H}' + \boldsymbol{H}_{\mathrm{d}}$。退磁场是 $\boldsymbol{H}_{\mathrm{d}} = -\mathcal{N}\boldsymbol{M}$，这里假定退磁张量为对角的：

$$\mathcal{N} = \begin{bmatrix} \mathcal{N}_x & 0 & 0 \\ 0 & \mathcal{N}_y & 0 \\ 0 & 0 & \mathcal{N}_z \end{bmatrix}$$

假定 $b_1 \ll B_0$，则磁化强度是 $\boldsymbol{M} \approx M_{\mathrm{s}}\boldsymbol{e}_z + \boldsymbol{m}(t)$，其中 $\boldsymbol{m}(t) = \boldsymbol{m}_0\mathrm{e}^{\mathrm{i}\omega t}$ 是小的面内分量。因此，退磁场是

$$\boldsymbol{H}_{\mathrm{d}} = -\mu_0[\mathcal{N}_x m_x \boldsymbol{e}_x + \mathcal{N}_y m_y \boldsymbol{e}_y + \mathcal{N}_z(m_z + M_{\mathrm{s}})\boldsymbol{e}_z] \tag{9.14}$$

磁化的共振分量 $m = m_0\mathrm{e}^{\mathrm{i}\omega t}$ 在 xy 平面内是

$$\begin{aligned}\frac{\mathrm{d}m_x}{\mathrm{d}t} &= \mu_0\gamma(m_y H_z - MH_y) \\ &= \mu_0\gamma[H_0' + (\mathcal{N}_y - \mathcal{N}_z)M]m_y \end{aligned}\tag{9.15}$$

$$\begin{aligned}\frac{\mathrm{d}m_y}{\mathrm{d}t} &= \mu_0\gamma(-m_x H_z + MH_x) \\ &= -\mu_0\gamma[H_0' + (\mathcal{N}_x - \mathcal{N}_z)M]m_x \end{aligned}\tag{9.16}$$

其中 $M_z = M$。外场 $B_0' = \mu_0 H_0'$ 沿 z 方向施加。这些方程存在非零解的条件是

$$\begin{vmatrix} \mathrm{i}\omega & \gamma\mu_0[H_0' + (\mathcal{N}_y - \mathcal{N}_z)M] \\ -\mu_0\gamma[H_0' + (\mathcal{N}_x - \mathcal{N}_z)M] & \mathrm{i}\omega \end{vmatrix} = 0$$

由此给出了共振频率的基特尔(Kittel)方程：

$$\omega_0^2 = \mu_0^2\gamma^2[H_0' + (\mathcal{N}_x - \mathcal{N}_z)M][H_0' + (\mathcal{N}_y - \mathcal{N}_z)M] \tag{9.17}$$

重要的例子有：

- 球形，$\mathcal{N}_x = \mathcal{N}_y = \mathcal{N}_z = 1/3$，$\omega_0 = \gamma\mu_0 H_0'$；
- H_0'垂直于表面的薄膜，$\mathcal{N}_x = \mathcal{N}_y = 0$，$\mathcal{N}_z = 1$；$\omega_0 = \gamma\mu_0(H_0' - M)$；
- H_0'在面内的薄膜，$\mathcal{N}_y = \mathcal{N}_z = 0$，$\mathcal{N}_x = 1$；$\omega_0 = \gamma\mu_0[H_0'(H_0' + M)]^{1/2}$。

磁晶各向异性也影响铁磁共振频率，因此各向异性场 $H_a = 2K_1/M_s$可以加到上述的退磁场里。例如，一个易轴方向沿 z 轴的球，其退磁因子是$\mathcal{N}_x = \mathcal{N}_y = \mathcal{N}_z = 1/3$，共振频率是 $\omega_0 = \gamma\mu_0(H_0 + 2K_1/M_s)$。对于单畴颗粒或者沿 z 方向磁化的高度各向异性晶体，有可能在零外场下观察到铁磁共振。

对于立方各向异性的球形样品(见第 5.5.2 小节)，当 H_0'施加在[100]方向，方程式(9.17)适用($K_1 = K_{1c}$)。如果 H_0'施加在[111]方向，则

$$\omega_0 = \gamma\mu_0(H_0' - 4K_{1c}/3M_s - 4K_{2c}/9M_s) \tag{9.18}$$

如果 H_0'施加在[110]方向，则

$$\omega_0 = \gamma\mu_0[(H_0' - 2K_{1c}/M_s)(H_0' + K_{1c}/M_s + K_{2c}/2M_s)]^{1/2} \tag{9.19}$$

对于易轴垂直于表面的薄膜而言，共振频率的表达式是

$$\omega_0 = \gamma\mu_0(H_0' + 2K_{1c}/M_s - M_s) \tag{9.20}$$

因此，铁磁共振可以测量 M_s，K_i 以及γ。这个方法的优点是，不需要知道样品体积，就可以确定磁化强度或者每立方米的磁矩。旋磁比和 g 因子有关，$\gamma = -g\mu_B/\hbar$。表 9.1 给出了一些金属铁磁体的 g 因子。轨道磁矩和自旋磁矩的比值是$(g-2)/2$。

表 9.1　金属铁磁体的 g 因子

Fe	2.08
Co	2.17
Ni	2.18
Gd	1.95

如果微波波长远大于样品尺寸，那么在 FMR 实验中，样品里的瞬时磁场就是均匀的。在 10 GHz，$\lambda = 3$ cm 下，毫米尺寸的样品满足

这个条件。但是,整个样品均匀磁化的巨自旋假设通常不成立。有可能激发非线性的静磁模式。例如,当稳恒 B_0 垂直于表面施加时,在铁磁薄膜中激发了**自旋波驻波**(图 9.6)。面内射频场能激发奇数个半波长的模式,而偶数个半波长的那些模式不与场耦合。铁磁自旋波遵从色散关系式(5.56) $\hbar\omega_q = D_{sw}q^2$,其中 $q = n\pi/t$,而 n 是整数,t 是薄膜厚度。式(9.17)变成

$$\omega_q = \gamma\mu_0(H_0' - M) + D_{sw}(n\pi/t)^2/\hbar$$

可以用这种方法确定自旋波的刚度。

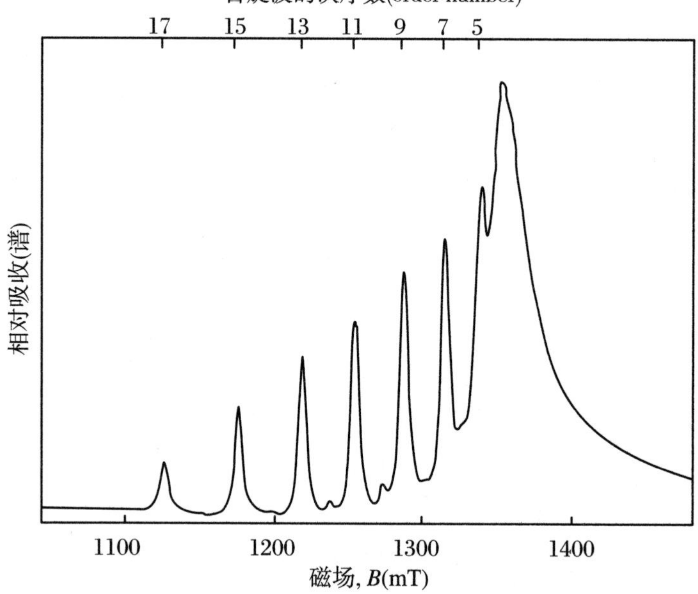

图 9.6

坡莫合金的自旋波共振谱
(Weber R, Tannenwald P. IEEE Trans. Magn., 1968, 4(28))

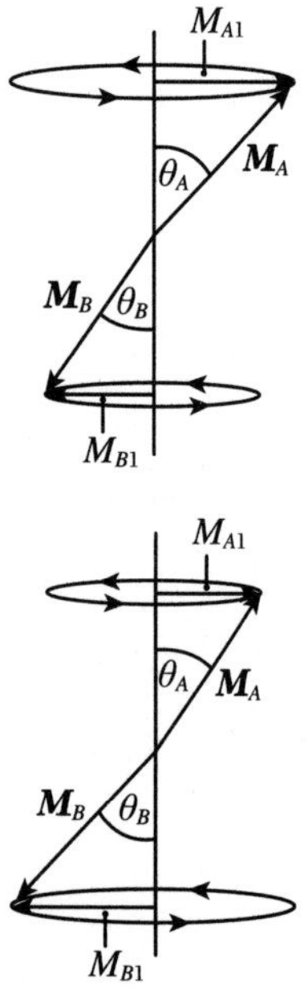

反铁磁共振的进动模式

9.2.1 反铁磁共振

反铁磁体由两个磁化相等但方向相反的子格子构成,每一个子格子都受各向异性场和交换场的影响。例如,"A"子格子上的交换场是式(6.1) $H_{exA} = -n_{AB}M_B$,其中 n_{AB} 是分子场系数。求解两个子格子的 m_x 和 m_y 的运动方程,得到

$$\omega_0 = \gamma\mu_0[H_a(H_a + 2H_{ex})]^{\frac{1}{2}} \tag{9.21}$$

在反铁磁体中,分子场可以高达 100 T。因此,共振频率非常高,一般在 10^2—10^3 GHz 范围。

9.2.2 阻 尼

磁化在内场中以频率 $\omega_0=\gamma\mu_0 H$ 进行的自由进动不能永远持续下去。最终,磁化必须沿着磁场。在 EPR 和 NMR 中,这个过程涉及量子自旋体系的自旋-晶格弛豫。有一种方法可以表示宏观磁化的这个过程:在运动方程中加上一个唯象的阻尼项。朗道和栗弗席兹以及吉尔伯特分别提出了两种形式:

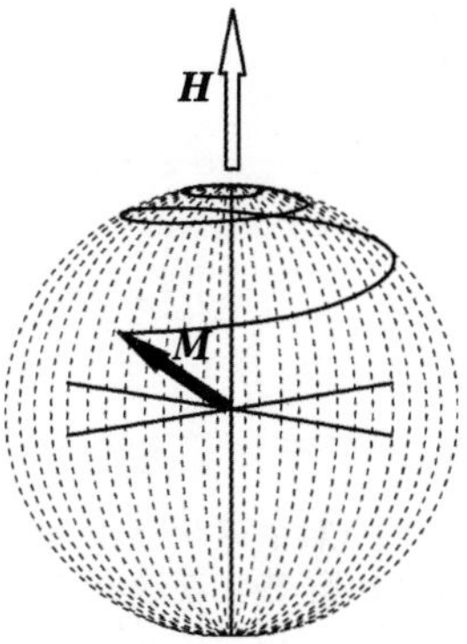

磁化强度在磁场中的进动显示了阻尼的效果

$$\frac{d\boldsymbol{M}}{dt}=\gamma\boldsymbol{M}\times\boldsymbol{B}_0-\gamma\frac{\lambda}{M}\boldsymbol{M}\times\boldsymbol{M}\times\boldsymbol{B}_0 \tag{9.22}$$

$$\frac{d\boldsymbol{M}}{dt}=\gamma\boldsymbol{M}\times\boldsymbol{B}_0-\frac{\alpha}{M}\boldsymbol{M}\times\frac{d\boldsymbol{M}}{dt} \tag{9.23}$$

当 $\alpha\ll1$ 时,这两种形式是等价的,而且有 $\lambda=\alpha$。吉尔伯特阻尼的典型值是 $\alpha=0.01$。阻尼使得进动中的磁化螺旋地趋向外场 $\boldsymbol{B}_0$。

在无阻尼的情况下,运动方程的分量形式是

$$\left(\frac{d^2M_x}{dt^2},\frac{d^2M_y}{dt^2}\right)=\gamma\mu_0H(M_y,-M_x) \tag{9.24}$$

对时间求微分,得

$$\left(\frac{d^2M_x}{dt^2},\frac{d^2M_y}{dt^2}\right)=\gamma\mu_0H\left(\frac{dM_y}{dt},-\frac{dM_x}{dt}\right)$$
$$=\gamma^2\mu_0^2H^2(-M_x,M_y) \tag{9.25}$$

因此

$$\frac{d^2M_x}{dt^2}=-\omega_0^2M_x,\quad \frac{d^2M_y}{dt^2}=\omega_0^2M_y,\quad \frac{d^2M_z}{dt^2}=0 \tag{9.26}$$

这个解是相干进动。

$$M_x=M_s\sin\theta\exp(i\omega_0t)$$
$$M_y=M_s\sin\theta\exp\left(i\omega_0t+\frac{\pi}{2}\right)$$
$$M_z=M_s\cos\theta \tag{9.27}$$

其中实部代表磁化强度的物理分量。当考虑到吉尔伯特阻尼时,运动方程简化为

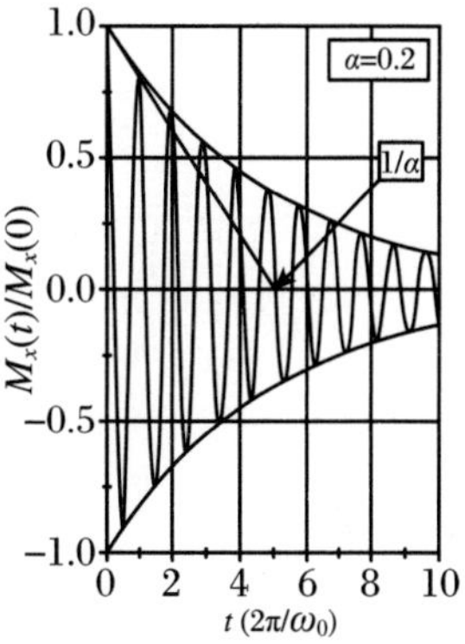

共振振荡的吉尔伯特阻尼

$$\frac{dM_x}{dt}=\omega_0'\left(M_y+\alpha\frac{M_yM_z}{M_s}\right) \tag{9.28}$$

$$\frac{dM_y}{dt}=\omega_0'\left(-M_x+\alpha\frac{M_xM_z}{M_s}\right) \tag{9.29}$$

$$\frac{dM_z}{dt}=\omega_0'\left(-M_s+\alpha\frac{M_z^2}{M_s}\right) \tag{9.30}$$

其中 $\omega_0'=\omega/(1+\alpha^2)$。这些是 $\omega\neq\omega_0$ 且 $\theta=\theta(t)$ 的螺旋解。对式

(9.27)中的 M_x 求微分,得

$$\frac{dM_x}{dt} = i\omega M_s\sin\theta\exp(i\omega t) + M_s\frac{d\theta}{dt}\cos\theta\exp(i\omega t) \quad (9.31)$$

$$\frac{dM_x}{dt} = \omega M_y + \frac{M_y M_z}{\sin\theta M_s}\frac{d\theta}{dt} \quad (9.32)$$

因此 $\omega = \omega_0'$,$d\theta/dt = \omega_0'\alpha\sin\theta$。

当 $\alpha \ll 1$ 时,运动受到的阻尼很小,磁化达到平衡值以前,发生了很多次进动。当 $\alpha \gg 1$ 时,运动是过阻尼的。临界阻尼发生在 $\alpha = 1$ 时。因此,如果施加一个反向磁场,翻转耗费时间 $t \approx 2/\gamma\mu_0 H$。翻转是很快的。例如,一个与反向场成 $\theta = 20^\circ$ 的磁矩经过四次进动达到 $\theta = 170^\circ$。如果 $\mu_0 H = 10$ mT,当 $g = 2$ 时($\gamma = 1.76\times10^{11}\ s^{-1}\cdot T^{-1}$),$t = 1$ ns。对于翻转薄膜而言,可以利用退磁场(图 9.7)。对于自旋电子器件来说,铁磁薄膜元件的磁化快速翻转非常重要(见第 14.4 节)。

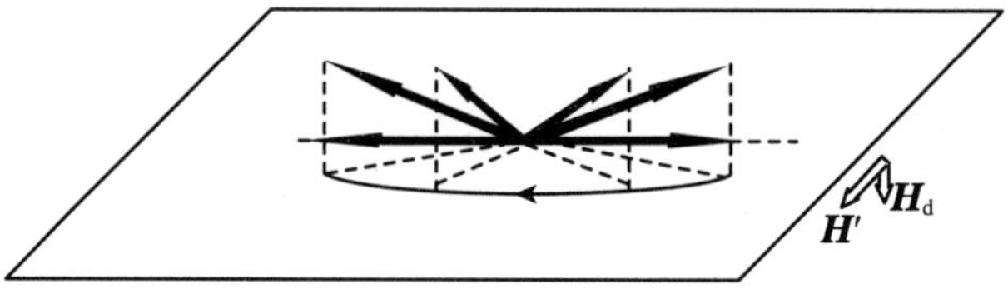

图 9.7

薄膜元件的磁化翻转。翻转利用了磁化在退磁场中的进动:当磁化开始绕着 *H'* 进动时,就获得了面外分量

9.2.3 畴壁动力学

180°的布洛赫壁分开了磁化向上和向下的两个畴,磁化沿着各向异性轴(取为 z 轴)。磁化在 yz 平面里旋转,与 Oz 轴的夹角是 θ,如图 7.6 所示。由方程式(7.15),得

$$\frac{d^2\theta}{dx^2} = \frac{\pi^2}{\delta_w^2}\sin\theta\cos\theta \quad (9.33)$$

其中 $\delta_w = \pi\sqrt{A/K_1}$ 是畴壁宽度。解的形式是 $\frac{d\theta}{dx} = \pi\sin\theta/\delta_w$。假定磁场 $\boldsymbol{H}$ 沿着正 z 轴施加,它倾向于沿着 Ox 轴驱动畴壁,在畴壁上施加了压力 $2\mu_0 HM_s$。如果这个磁场施加一段时间 t,畴壁获得了速度 v_w,现在就来计算它。

磁场 $\boldsymbol{H}$ 在畴壁中的自旋上产生了力矩。它们以角速度 $\omega_z = \mu_0\gamma H$ 绕 Oz 轴进动。短时间后,它们都与 z 平面有一个小角度 ϕ。畴壁的磁化获得了沿着 Ox 轴的分量,$M_x \approx M_s\phi\sin\theta$。反过来,这层磁化产生了退磁场 $H_x = -M_x$,从而提供了驱动畴壁所需要的力矩。畴壁的磁化绕 Ox 轴以角速度 $\omega_x = d\theta/dt = \mu_0\gamma H_x = -\mu_0\gamma M_s\phi\sin\theta$

进动，使得整个畴壁沿着 Ox 轴以速度 v_w 移动。去掉 $\boldsymbol{H}$ 后，在阻尼振荡所需的时间里，积累的角度 ϕ 保持恒定。在运动的畴壁中，θ 是 $x' = x - v_w t$ 的函数。因此

$$\frac{d\theta}{dx'} = -\frac{1}{v_w}\frac{d\theta}{dt} = \frac{1}{v_w}\mu_0\gamma M_s\phi\sin\theta \qquad (9.34)$$

因为 $d\theta/dx = \pi\sin\theta/\delta_w$ 和 $\phi = \mu_0\gamma H t_0$，所以就可以得到 $v_w = 2\mu_0^2\gamma^2 HM_s\delta_w/\omega_0\alpha$。单位面积的冲量与速度的比值是单位面积的有效畴壁质量：

$$m_w = \frac{2\pi}{\mu_0\gamma^2\delta_w} \qquad (9.35)$$

这就是德林（Döring）质量。从表 7.1 的数据中可以得到，Fe 和 $Nd_2Fe_{14}B$的 m_w 值分别是 $4\times10^{-9}\ kg\cdot m^{-2}$和 $4\times10^{-8}\ kg\cdot m^{-2}$。这个质量决定了畴壁的动力学。

在低场下，畴壁速度正比于驱动场（大于去钉扎场 H_p），其比例常数称为畴壁迁移率 η_w（式（7.31））。在薄膜中，迁移率受吉尔伯特阻尼参数的限制，因此在高驱动场下 $\eta_w = \mu_0\gamma\delta_w/\alpha$。当自旋的进动频率接近铁磁共振频率 $\gamma B_0/2\pi$ 时，壁速度突然减小。自旋在移动的壁中以频率 v_w/δ_w 进动；当这个频率达到铁磁共振频率时，发生沃克（Walker）击穿（图 9.8）。

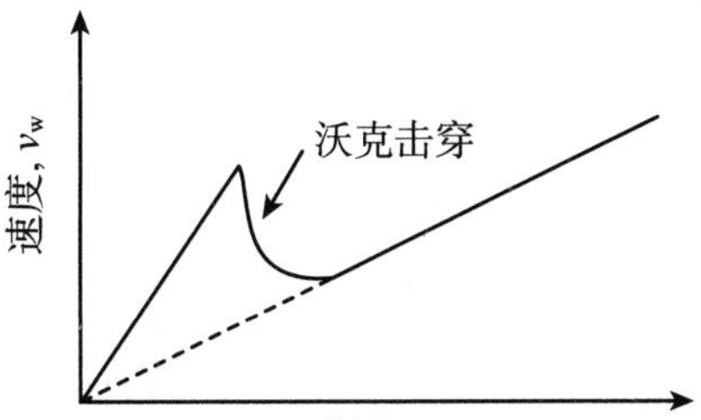

图 9.8

薄膜中的畴壁速度。当驱动畴壁中的自旋快于拉莫尔进动频率时，在沃克极限处产生了不连续性

9.3 原子核磁共振

原子核是质子和中子的集合，位于每个原子的中心，贡献了固体、液体和气体物质的 99.98%的质量。表 9.2 列出了质子、中子和其他基本粒子的磁性质。

表 9.2 一些基本粒子的磁性质

		电荷	m/m_e	$\tau_{1/2}$	$I(\hbar)$	$\mathfrak{m}$	f_L(Hz·T^{-1})
质子	p	e	1836	稳态	1/2	$2.793\mu_N$	42.58×10^6
中子	n		1836	10.3m	1/2	$-1.913\mu_N$	29.17×10^6
电子	e	−e	1	稳态	1/2	$-1.001\mu_B$	27.99×10^6
正电子	e^+	e	1	稳态①	1/2	$1.001\mu_B$	27.99×10^9
M介子	μ^+	e	206.7	2.2μs	1/2	$0.00484\mu_B$	135.5×10^6
M介子	μ^-	−e	206.7	2.2μs	1/2	$-0.00484\mu_B$	135.5×10^5
光子	ϕ			稳态	1		

① 在凝聚态物质中，正电子与电子结合产生两个 γ 光子，每个 γ 光子的能量是0.511 MeV。

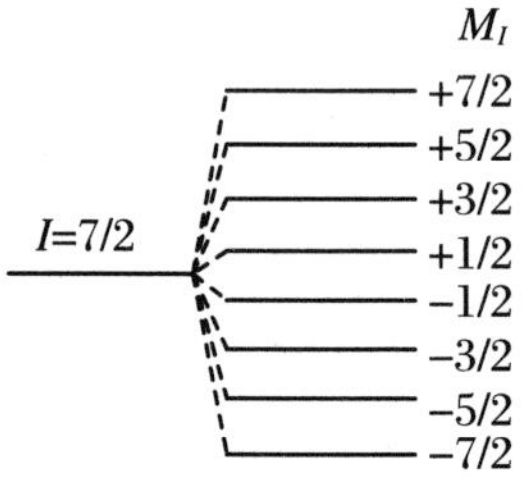

^{59}Co(I=7/2)核能级在超精细场中的劈裂

虽然质子和中子拥有与电子一样的角动量($\hbar/2$)，但它们的质量很大，因此磁矩非常小。与自旋角动量相关的磁矩可写为$\mathfrak{m}_n = g_n\mu_N \boldsymbol{I}$，而质子和中子核子的 g 因子分别是 $g_p = -3.826$ 和 $g_n = 5.586$。核磁子 μ_N 是 $e\hbar/2m_p$，5.051×10^{-27} A·m^2。相互作用的质子和中子形成一个整体，其角动量是 $I\hbar$，有 $2I+1$ 个简并能级，用磁量子数 M_I 标记，类似于原子中的多电子态。虽然多电子原子的激发态位于原子基态之上 1—100 eV，多核子原子核的激发态位于核基态之上 10 keV—10 MeV。很少需要考虑核基态以外的任何激发态。电子磁矩通常是负的(即方向和角动量相反，由于负的电子电荷)，而核磁矩通常是正的。

沿 Oz 方向施加外磁场 B_0，$2I+1$ 个磁能级发生塞曼劈裂，从而建立了玻尔兹曼分布。根据居里定律，沿着磁场的方向，外磁场引入了小的净磁化强度。在 1 T 的磁场下，质子的能量劈裂 $g_p\mu_N B$ 是 2.8×10^{-26} J 或者 2 mK。因此在室温下，两个劈裂能级的布居数的差别小于 $1/10^5$。

与 EPR 类似，能级间的共振跃迁需要在 xy 面内施加交流磁场，它垂直于均匀磁场。NMR 需要的频率在射频范围(表 9.3)，而不是微波范围，因此样品能够在数匝的共振线圈中激发，而不是在波导中。

原子核被原子的电子壳层和样品中的其他原子包围，它们可以产生或修正作用在核上的电场或磁场。NMR 广泛应用在有机化学中，作为液态不导电的有机化合物的特征谱。内部电子壳层的抗磁磁化率倾向于轻微地屏蔽原子核所受的外加磁场，使得共振**化学位移**到略高的频率 ω_0。化学位移以百万分率(ppm)来衡量，而共振线宽可能要窄至 1/100，因此可获得丰富的分子和键的特定化学信息。

现代高分辨谱仪使用超导磁体，它提供的 B_0 在 12—20 T 范围，而谱仪工作在 500—800 MHz 范围。

在金属中，传导电子的顺磁磁化率使共振朝着相反的方向移动。这就是下面讨论的**奈特位移**(Knight shift)。这个效应是 1%的量级。

表 9.3　一些原子核的磁共振特性

原子核	I^{parity}	(%)	$\mathfrak{m}(\mu_N)$	$f_L(\mathrm{MHz \cdot T^{-1}})$	$Q(10^{-28}\,\mathrm{m}^2)$
^{1}H	$1/2^+$	99.9885	2.793	42.58	
^{2}H	1^+	0.0115	0.857	6.54	0.0029
^{13}C	$1/2^+$	1.07	0.702	10.71	
^{14}N	1^+	99.632	0.404	3.08	0.0204
^{17}O	$5/2^-$	0.038	−1.893	5.77	−0.0256
^{19}F	$1/2^+$	100	2.627	40.05	
^{23}Na	$3/2^+$	100	2.217	11.26	0.104
^{27}Al	$5/2^+$	100	3.641	11.09	0.14
^{29}Si	$1/2^-$	4.6832	−0.555	8.46	
^{31}P	$1/2^+$	100	1.132	17.24	
^{33}S	$3/2^+$	0.76	0.643	3.27	−0.0678
^{53}Cr	$3/2^-$	9.501	−0.474	2.41	−0.150
^{55}Mn	$5/2^+$	100	3.468	10.54	0.330
^{57}Fe	$1/2^+$	2.19	0.091	1.38	
^{59}Co	$7/2^+$	100	4.616	10.10	0.420
^{61}Ni	$3/2^-$	1.14	−0.750	3.81	0.162
^{63}Cu	$3/2^+$	69.17	2.226	11.29	−0.220
^{87}Rb	$3/2^+$	27.835	2.750	13.93	0.134
^{89}Y	$1/2^-$	100	−0.137	2.09	
^{105}Pd	$5/2^-$	22.33	−0.639	1.95	0.660
^{143}Nd	$7/2^-$	12.81	−1.063	2.32	−0.630
^{147}Sm	$7/2^-$	15.0	−0.813	1.76	−0.259
^{157}Gd	$3/2^-$	15.65	−0.339	2.03	1.350
^{159}Tb	$3/2^+$	100	2.008	9.66	1.432
^{163}Dy	$5/2^+$	24.9	0.676	1.95	2.648

9.3.1 超精细相互作用

原子核如同一个探针，用来探测原子最中心处的电场和磁场。超精细作用来自核的电矩和磁矩与这些场的相互作用，可以用来区分不同晶位的原子。$I\neq 0$ 的原子核有磁矩 $g_n\mu_N \boldsymbol{I}$，而 $2I+1$ 个磁能级的塞曼劈裂来自超精细场 B_{hf} 在核上的作用，用原子核的磁量子数 $M_I=I,I-1,\cdots,-I$ 标记。

完整的哈密顿量是

$$\mathcal{H}_{hf}=-g_n\mu_N\boldsymbol{I}\cdot\boldsymbol{B}_{hf}-eQV_{zz}\{[3I_z^2-I(I+1)]+\eta(I_x^2-I_y^2)\}/[4I(2I-1)] \tag{9.36}$$

其中第一项是磁的超精细相互作用，而第二项表示原子核的电四极矩和电场梯度 V_{zz} 的作用。核电荷的高阶矩可以忽略。有几个对超精细场 B_{hf} 有贡献；一个是核与其位置上的未配对电子密度的费米接触作用。未配对的电子大都位于 3d 和 4f 壳层，在原子核处的电子密度为零，但是它们极化了 1s，2s 和 3s 内壳层，而后者在原子核处的电荷密度不为零。3d 元素的原子实极化贡献最大，在 Fe 和 Co 中约是 $-11\ \mathrm{T}\mu_B^{-1}$，在稀土元素中是 $4\ \mathrm{T}\mu_B^{-1}$。进一步的贡献来自自旋极化的 4s 或 6s 传导电子。对非 S 态离子，还有轨道和偶极的贡献，分别是 $B_{orb}=-2\mu_0\mu_B\langle r^{-3}\rangle\langle \boldsymbol{L}\rangle/h$ 和 $B_{dip}=-2\mu_0\mu_B\langle r^{-3}\rangle\langle \boldsymbol{S}\rangle\langle 3\cos^2\theta-1\rangle/h$，由非淬灭的轨道角动量和非球形的原子自旋分布产生。在非 S 态的稀土中，这些贡献达到了几百特斯拉。在没有立方对称性的晶格位置，也可能有来自晶格其余部分原子磁矩的偶极相互作用，它是 1 T 量级。

通常，观察不到顺磁态的磁超精细劈裂。原因是顺磁体中的原子磁矩涨落远快于核在超精细场中的拉莫尔进动频率，$f_L\approx 10^9$ Hz。非 S 态的稀土离子稀释的顺磁盐或许是例外。在那里，由于轨道和偶极的贡献，拉莫尔进动频率是几 GHz，同时，如果晶体场使 $M_J>3$ 的 $\pm M_J$ 基态稳定，涨落时间在低温下会很慢，因为 $M_J\to -M_J$ 跃迁受到抑制（因为轨道角动量的变化很大，$\Delta M_J=2J$）。

在磁有序材料中，磁超精细场忠实地跟随有序的磁矩，在居里温度或奈尔温度时变成零。临界指数 β 的精确值就是用这种方法得到的，这对反铁磁体尤其重要（图 9.9）。

式(9.36)中的第二项表示核的电四极矩 Q 和核处的电场梯度 $V_{ij}=\mathrm{d}^2V/\mathrm{d}x_i\mathrm{d}x_j$ 之间的静电耦合。$I\geqslant 3/2$ 的任意核都有电四极矩以及四极相互作用（由式(9.36)的第二项表示，其效果是分开不同

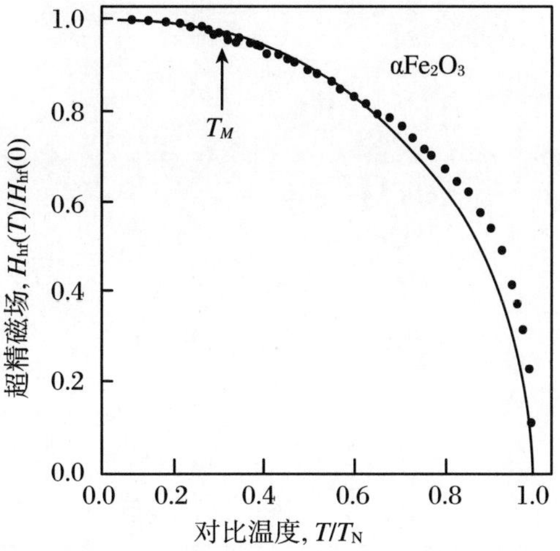

图 9.9

反铁磁体超精细场的温度依赖关系。这是αFe_2O_3的数据，在温度T_M表现出自旋重取向相变(van der Woude F, et al. Phys. Stat. Sol, 1966, 17(417))

$|M_I|$的能级对)。选取适当的轴,在原子核处的电场梯度可对角化;三个分量(V_{xx},V_{yy},V_{zz})中只有两个是独立的。通常,最大的那个标记为 V_{zz},而非对称参量定义为 $\eta=(V_{xx}-V_{yy})/V_{zz}$。在 S 态离子中,这些量和作用在电子壳层上的二阶晶体场有关:$V_{zz}\approx A_2^0$,$\eta=A_2^2$。内电子壳层极大地放大了$(V_{zz})_{\rm latt}$所产生的电场梯度,还能屏蔽原子电荷$(V_{zz})_{\rm val}$的贡献。

$$V_{zz}=(1-\gamma_\infty)(V_{zz})_{\rm latt}+(1-R)(V_{zz})_{\rm val} \qquad (9.37)$$

修正了核处的电场梯度。因子 γ_∞ 和 R 分别是**施特恩海姆**(Sternheimer)**反屏蔽因子和屏蔽因子**。例如^{57}Fe 的值分别是 $\gamma_\infty=-9.14$ 和 $R=0.32$。

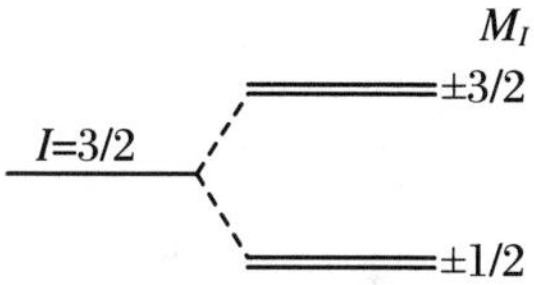

I=3/2的核能级的四极矩劈裂

受到电场梯度作用的核(如^{14}N)的射频辐射吸收是**核电四极矩共振**。如同在 EPR 中的零场劈裂,它不需要加磁场。磁和电的超精细相互作用的量级是 10^{-6} eV(10 mK)。表 9.3 给出了一些原子核的核四极矩共振。

顺磁金属的奈特位移与磁性诱导的超精细场有关,可以用超精细耦合常数 A 和磁化率来表示。在外磁场 B_0 中,核的能量是

$$\varepsilon=(-\gamma_{\rm n}\hbar B_0+A\langle s_z\rangle)M_I \qquad (9.38)$$

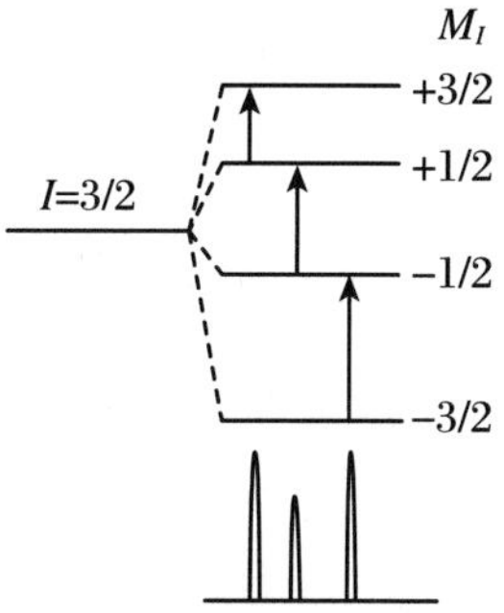

受到磁超精细作用和电超精细作用的I=3/2原子核以及相应的超精细谱

第一项是核与外磁场的塞曼的相互作用,第二项是核与自旋极化的导带电子的相互作用。核的旋磁比是 $\gamma_{\rm n}=g_{\rm n}e/2m_{\rm p}$。$M=n_{\rm c}g\mu_{\rm B}\langle s_z\rangle=\chi_{\rm P}B_0/\mu_0$,其中 $n_{\rm c}$ 是传导电子密度,g 是电子的 g 因子,$\chi_{\rm P}$ 是泡利磁化率。因此 $\varepsilon=-\gamma_{\rm n}\hbar B_0(1+\mathcal{K})M_I$,其中

$$\mathcal{K}=-A\chi_{\rm P}/n_{\rm c}g\mu_{\rm B}\gamma_{\rm n}\hbar \qquad (9.39)$$

是奈特位移。一些$\mathcal{K}$值如表 9.4 所示。

表 9.4 奈特位移的一些值

	$\mathcal{K}$(%)
^{22}Na	0.11
^{23}Al	0.16
^{53}Cr	0.69
^{63}Cu	0.24
^{105}Pd	-3.00

9.3.2 弛　豫

考虑原子核体系的磁化 M^{n}：$M^{\mathrm{n}} = n\langle \mathfrak{m}_{\mathrm{n}}\rangle$，其中 n 是单位体积内原子核数目。体系受到微扰后，倾向于回到平衡态，即 M_0^{n} 沿着 Oz 方向，其典型弛豫时间与第 9.1 节讨论的电子体系的磁化相似。然而，核与晶格的耦合很弱，因此纵向自旋-晶格弛豫时间 T_1 比电子的长得多：$M_z^{\mathrm{n}}(t) = M_z^{\mathrm{n}}(0) + [M_0^{\mathrm{n}} - M_z^{\mathrm{n}}(0)][1-\exp(-t/T_1)]$。因此

$$\frac{\mathrm{d}M_z^{\mathrm{n}}(t)}{\mathrm{d}t} = \frac{M_0^{\mathrm{n}} - M_z^{\mathrm{n}}(t)}{T_1} \tag{9.40}$$

作用于核磁矩 $\mathfrak{m}_{\mathrm{n}}$ 上的力矩是 $\mathfrak{m}_{\mathrm{n}} \times \boldsymbol{B}$，等于角动量 $\mathrm{d}(\hbar \boldsymbol{I})/\mathrm{d}t$ 的变化率。因此，$\mathrm{d}\mathfrak{m}_{\mathrm{n}}/\mathrm{d}t = \gamma_{\mathrm{n}} \mathfrak{m}_{\mathrm{n}} \times \boldsymbol{B}$。核系统的磁化 M^{n} 是 $\langle \mathfrak{m}_{\mathrm{n}}\rangle$。在没有辐射的情况下，运动方程的 z 分量是

$$\frac{\mathrm{d}M_z^{\mathrm{n}}}{\mathrm{d}t} = \gamma_{\mathrm{n}}(\boldsymbol{M}^{\mathrm{n}} \times \boldsymbol{B})_z + \frac{M_0^{\mathrm{n}} - M_z^{\mathrm{n}}}{T_1} \tag{9.41}$$

换言之，原子核绕着 Oz 方向进动，而朝着平衡态值 M_0^{n} 弛豫。质子的 T_1 值范围从几毫秒到纯水中的大约 1 秒。

金属中的自旋-晶格弛豫大都涉及传导电子。弛豫时间的倒数 $1/T_1$ 正比于温度和奈特位移，这就是**柯林佳**(Korringa)**关系**：

$$\frac{1}{T_1} = \mathcal{K}\left(\frac{\gamma_{\mathrm{n}}}{\gamma}\right)^2 \frac{4\pi k_{\mathrm{B}} T}{\hbar} \tag{9.42}$$

x 分量和 y 分量的运动方程不同于式(9.41)。这些分量没有非零的平衡值，而且它们的衰减时间是横向弛豫时间(也称为自旋-自旋弛豫时间)T_2。因此

$$\frac{\mathrm{d}M_x^{\mathrm{n}}}{\mathrm{d}t} = \gamma_{\mathrm{n}}(\boldsymbol{M}^{\mathrm{n}} \times \boldsymbol{B})_x - \frac{M_x^{\mathrm{n}}}{T_2}$$

$$\frac{dM_y^n}{dt} = \gamma_n(\boldsymbol{M}^n \times \boldsymbol{B})_y - \frac{M_y^n}{T_2} \quad (9.43)$$

T_2 度量的是对 $\boldsymbol{M}_x^n$ 和 $\boldsymbol{M}_y^n$ 有贡献的那些磁矩互相同相进动的时间。它是自旋退相位时间，因为样品中不同部分的核磁矩都感受到略微不同的磁场，所以进动的频率也不一样。如果局域场涨落是因为附近原子核的偶极场($H_{dip} \approx \mathfrak{m}_n/4\pi r^3$)，取 $r = 0.2$ nm 和 $m_n = \mu_N$，给出 $\mu_0 H_{dip} \approx 60\ \mu$T。退相位时间 T_2 是以角频率 $\omega = \gamma_n \mu_0 H_{dip}$ 在随机场中进动一弧度所需要的时间。因此，$T_2 \approx \hbar/\mu_0 \mu_N H_{dip} \approx 30\ \mu$s。

外加磁场 B_0 的非均匀性也可能对 T_2 有贡献。总共的时间常数 T_2^* 是

$$\frac{1}{T_2^*} = \frac{1}{T_2} + \frac{1}{T_2^{inho}} \quad (9.44)$$

与纵向分量 M_z^n 的弛豫不同，横向分量 M_x^n 和 M_y^n 的弛豫并没有与周围环境进行能量交换。式(9.41)和式(9.43)称为**布洛赫方程**。布洛赫在 1946 年首先提出了这种唯象关系。纵向弛豫和横向弛豫如图 9.10 所示。

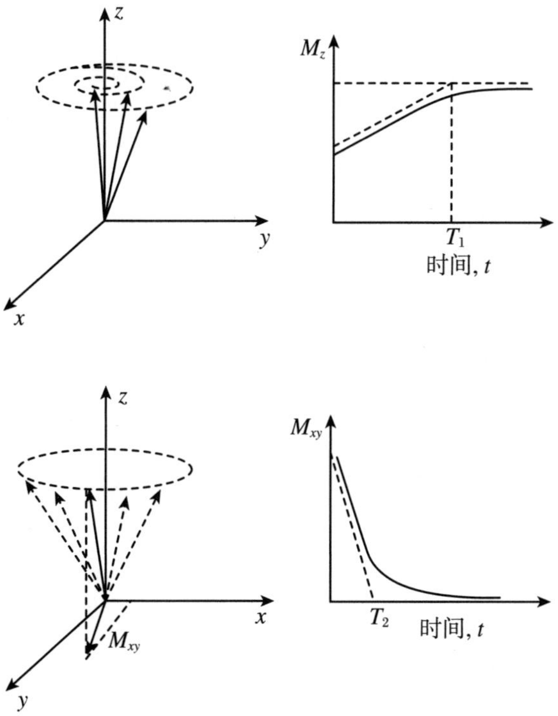

图 9.10

NMR中的基本弛豫过程。由于不同磁矩的进动频率略有不同，故磁矩沿外场方向排列所需的纵向弛豫时间T_1长于面内磁化的退相位时间T_2

加入交流场，只考虑顺时针转动的分量 $\boldsymbol{b}_1(t) = b_1(\boldsymbol{e}_x \cos\omega t + \boldsymbol{e}_y \sin\omega t)$，它能够激发共振，布洛赫方程变成

$$\frac{\mathrm{d}M_x^{\mathrm{n}}}{\mathrm{d}t} = \gamma_{\mathrm{n}}(M_y^{\mathrm{n}}B_0 - M_z^{\mathrm{n}}b_1\sin\omega t) - \frac{M_x^{\mathrm{n}}}{T_2}$$

$$\frac{\mathrm{d}M_y^{\mathrm{n}}}{\mathrm{d}t} = \gamma_{\mathrm{n}}(M_z^{\mathrm{n}}b_1\cos\omega t - M_x^{\mathrm{n}}B_0) - \frac{M_y^{\mathrm{n}}}{T_2}$$

$$\frac{\mathrm{d}M_z^{\mathrm{n}}}{\mathrm{d}t} = \gamma_{\mathrm{n}}b_1(M_x^{\mathrm{n}}\sin\omega t - M_y^{\mathrm{n}}\cos\omega t) + \frac{M_0^{\mathrm{n}} - M_z^{\mathrm{n}}}{T_1} \tag{9.45}$$

旋转坐标系 在相对于实验坐标系 x,y,z 以角速度 $\boldsymbol{\Omega}$ 旋转的一套坐标轴 x',y',z' 中,考虑共振实验。单位向量 $\boldsymbol{e}_i(i=x,y,z)$ 在旋转坐标系中的时间导数是 $\mathrm{d}'\boldsymbol{e}_i/\mathrm{d}t=\boldsymbol{\Omega}\times\boldsymbol{e}_i$。向量 $\boldsymbol{A}$ 在旋转坐标系中的时间导数与其在静止坐标系中的时间导数有如下关系:

$$\frac{\mathrm{d}'\boldsymbol{A}}{\mathrm{d}t} = \frac{\mathrm{d}\boldsymbol{A}}{\mathrm{d}t} + \boldsymbol{\Omega}\times\boldsymbol{A}$$

我们感兴趣的是受到沿 Oz 方向均匀场 $\boldsymbol{B}_0$ 影响的磁化 $\boldsymbol{M}$。实验室坐标系和旋转坐标系的 z 轴是公共的。因此

$$\frac{\mathrm{d}'\boldsymbol{M}}{\mathrm{d}t} = \gamma_{\mathrm{n}}\boldsymbol{M}\times\boldsymbol{B}_0 + \boldsymbol{\Omega}\times\boldsymbol{M} = \gamma_{\mathrm{n}}\boldsymbol{M}\times\left(\boldsymbol{B}_0 - \frac{\boldsymbol{\Omega}}{\gamma_n}\right)$$

这好像磁化在旋转坐标系中受到有效磁场 $\boldsymbol{B}_0'=\boldsymbol{B}_0-\boldsymbol{\Omega}/\gamma_{\mathrm{n}}$。当 $\Omega=\gamma_{\mathrm{n}}B_0$ 是拉莫尔进动频率 ω_0 时,有效场等于零,在旋转坐标系中,磁化看起来就是不动的。

在以角速度 ω 旋转的坐标系中,面内旋转磁场 $b_1(t)$ 变成一个沿着 Ox 方向的静态场 b_1。当 $z'=z$ 时,在旋转坐标系中重写布洛赫方程,我们发现

$$\frac{\mathrm{d}M_{x'}^{\mathrm{n}}}{\mathrm{d}t} = \gamma_{\mathrm{n}}M_y^{\mathrm{n}}B_0' - \frac{M_{x'}^{\mathrm{n}}}{T_2}$$

$$\frac{\mathrm{d}M_{y'}^{\mathrm{n}}}{\mathrm{d}t} = \gamma_{\mathrm{n}}(M_{z'}^{\mathrm{n}}b_1 - M_{x'}^{\mathrm{n}}B_0') - \frac{M_{y'}^{\mathrm{n}}}{T_2}$$

$$\frac{\mathrm{d}M_{z'}^{\mathrm{n}}}{\mathrm{d}t} = -\gamma_{\mathrm{n}}M_{y'}^{\mathrm{n}}b_1 + \frac{M_0^{\mathrm{n}} - M_{z'}^{\mathrm{n}}}{T_1} \tag{9.46}$$

其中 $B_0'=(\omega_0-\omega)/\gamma_{\mathrm{n}}$。当时间微分是零时,这些方程能给出 $M_{x'}$,$M_{y'}$ 和 $M_{z'}$ 在稳恒态的解。进一步地,假设我们处于低激发场 b_1 的极限,远离饱和($\gamma b_1 \ll T_1,T_2$),共振不依赖于 T_1:

$$M_{x'}^{\mathrm{n}} = \frac{\gamma_{\mathrm{n}}b_1'(\omega_0-\omega)T_2^2}{1+(\omega_0-\omega)^2T_2^2}M^{\mathrm{n}}$$

$$M_{y'}^{\mathrm{n}} = \frac{\gamma_{\mathrm{n}}b_1T_2}{1+(\omega_0-\omega)^2T_2^2}M^{\mathrm{n}}$$

$$M_{z'}^{\mathrm{n}} = M^{\mathrm{n}} \tag{9.47}$$

其中 $M^{\mathrm{n}}=\chi_{\mathrm{n}}B_0/\mu_0$。磁化的同相分量 $M_{x'}$ 和异相分量 $M_{y'}$ 如图 9.11 所示。

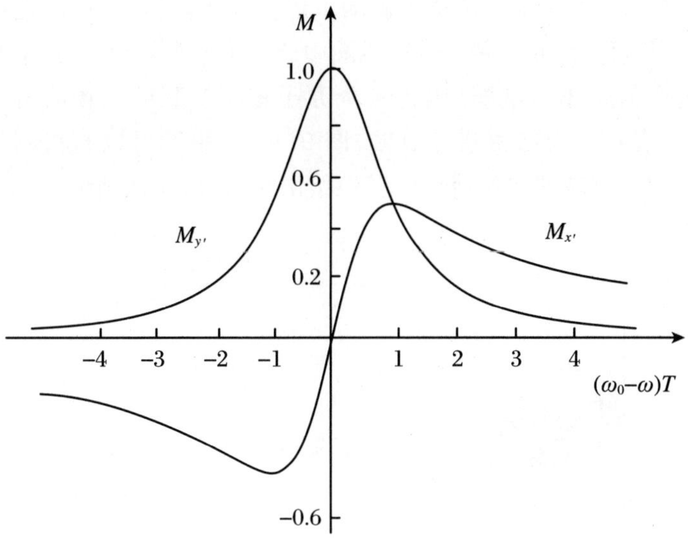

图 9.11

拉莫尔进动频率ω_0的共振的洛伦兹线形。同相分量$M_{x'}$是发散的，而异相分量$M_{y'}$是吸收的

写成磁化率的形式，在实验室坐标系中受到振幅为 $2b_1$ 的面内振荡场的系统，其磁化是

$$M_x = 2b_1(\chi'\cos\omega t + \chi''\sin\omega t)$$

在旋转坐标系中，磁化分量 $M_{x'}$ 和 $M_{y'}$ 正比于 χ'和 χ''，复数磁导率 $\chi = \chi' - \mathrm{i}\chi''$的两个分量。该系统每单位体积所吸收的能量是 $\mathcal{P} = \omega\chi'' b_1^2/\mu_0$。

在旋转坐标系中，纵向弛豫时间是 $T_{1\rho}$，反映了宏分子中的分子运动。

方程(9.41)和(9.43)也可以应用于 EPR 和 FMR，在那里它们称为**布洛赫-布隆伯根**(Bloch-Bloembergen)**方程**。T_1 和 T_2 是电子体系的自旋-晶格和自旋-自旋弛豫时间。共振线宽由 $\Delta B = 2/(\gamma T_2)$给出：它也通过 $\Delta B = 2\alpha\omega_0/\gamma$ 和 Gilbert 阻尼参数有关。

9.3.3 脉冲式 NMR

大多数现代 NMR 谱仪以精确定时的脉冲方式施加射频磁场，而不是连续方式。在共振时，$b_1(t)$在旋转轴坐标系中是静止的，因此，适当地选择脉冲长度，可以使样品磁化强度 M^n 绕 Ox'轴在 $y'z'$平面内进动所需要的任意角度。例如，一个 π 脉冲可以让磁化翻转，而一个 π/2 脉冲可以进动四分之一周，并将磁化带入 xy 平面。脉冲长度通常小于弛豫时间 T_1 和 T_2。

单个的 π/2 脉冲尤其有用，因为它把磁化从 z 轴转到 xy 平面，并继续以拉莫尔频率进动。拉莫尔进动不依赖于磁化和磁场 $\boldsymbol{B}_0$ 之间的夹角。当磁化进动时，它在脉冲线圈中产生了一个射频信号；退相位使得这个信号逐渐减弱（因为各个原子核感受到的磁场略有不同）。这种信号称为**自由感应衰减**（图 9.12）。由此可以直接测量 T_2。自由感应衰减的快速傅里叶变换给出频谱，从而识别组分原子核的化学位移。

图 9.12

(a) 质子在几种不同环境中的自由感应衰减。(b) 傅里叶变换显示了自由感应衰减中的频率分量。水平轴显示了共振频率的化学位移（单位是百万分之一）（引用V. J. McBrierty的数据）

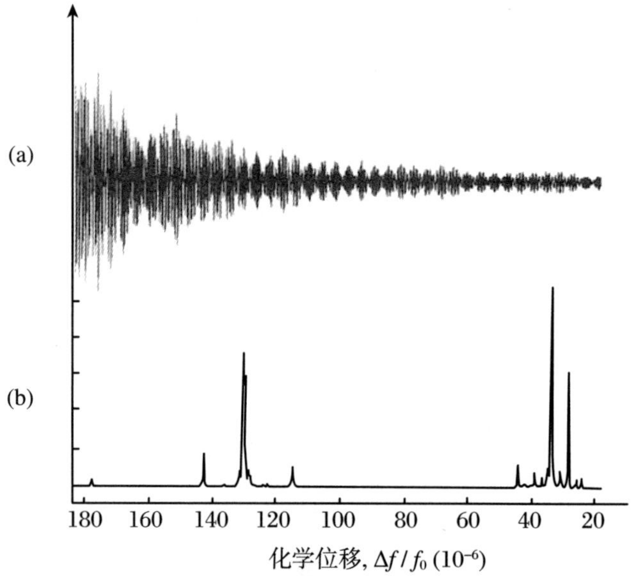

自旋回声 高分辨率似乎要求磁体能够在整个样品体积上产生理想均匀的磁场 B_0。幸亏并非如此，因为哈恩(Erwin Hahn)在 1950 年发明了巧妙的脉冲序列。自旋回声方法使用两个脉冲。首先，一个 $\pi/2$ 脉冲将磁化翻转到平面内沿着 Oy 轴，同时测量自由感应衰减，它反映了样品中固有的磁场涨落，以及磁铁所产生磁场中任何的不均匀性。过了时间 τ 以后，再施加一个 π 脉冲，使得自旋绕 Ox 轴翻转，而且自旋在继续进动时，它们的顺序颠倒过来了，如图 9.13 所示。进动得快的自旋落在了进动得慢的自旋后面，但是它们可以追上这个差距，因此过了 2τ 时间后，所有的自旋都同时到达，还是沿着 y 方向，从而产生了“自旋回声”。

先施加 π 脉冲、翻转磁化，接着在可变延时 τ 后施加 $\pi/2$ 脉冲、确定磁化的幅度 $M(\tau)$ 就可以测量 T_1。自旋体系可以实现的非平衡布居数分布有一个不寻常的特征：**自旋温度**。在这个虚拟温度 T^* 下，某些时刻测量的布居数分布会处于平衡态。M_I 子能级的布居数用温度等于 T^*（而不是 T）的玻尔兹曼分布描述。当 $T_2 \ll T_1$ 时，那些自旋互相达到平衡的温度与晶格温度大不相同。例如，在 300 K 用

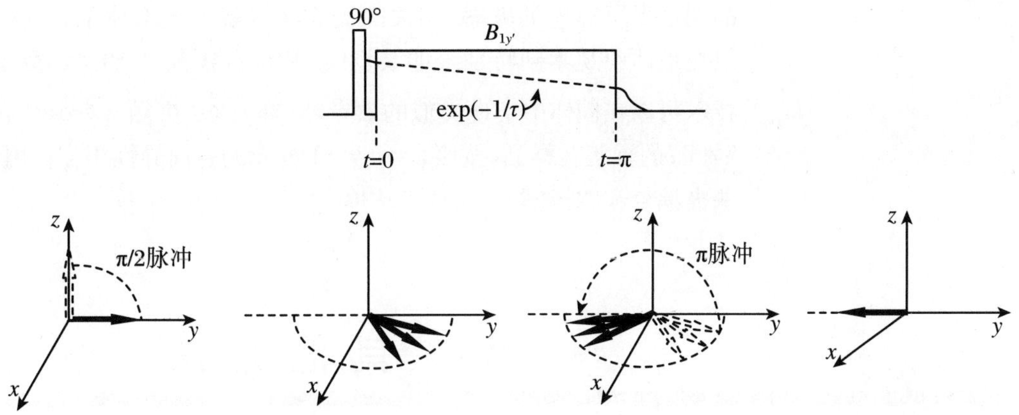

图 9.13
自旋回声的测量

一个 π 脉冲使磁化反过来,自旋温度翻转到 − 300 K。然后它负增长,在磁矩穿越 xy 平面时发散至 − ∞,而它最终在 $t \gg T_1$ 时达到 300 K,如图 9.14 所示。

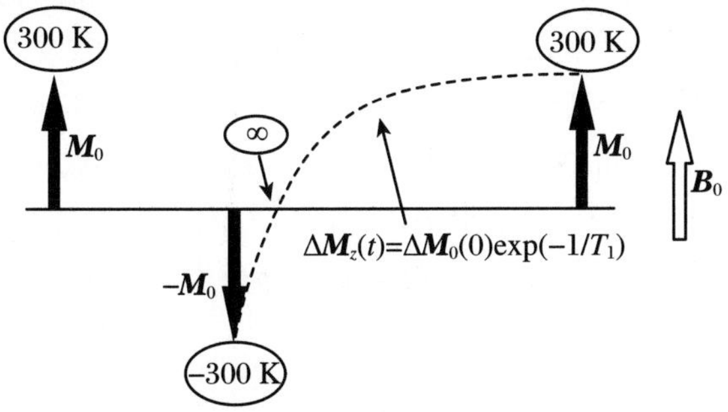

图 9.14
在室温下,经过一个π脉冲以后,磁化逐渐恢复到均匀磁场B_0方向。打圈的是自旋温度

先用一个沿着 Ox'轴的 π/2 脉冲,然后让射频场来一个 π/2 相移(因此磁矩沿着 Oy'轴),就可以在旋转坐标系中实现磁矩的**自旋锁定**,使得 M_0 和 b_1 在旋转坐标系中排成一线,从而可以测量 $T_{1\rho}$。自旋退相位的倾向被抑制,而与磁场相关的非平衡布居数很大,产生了低的有效自旋温度 $T^* = T(b_1/b_0)$。如果 $B_0 = 1$ T, $b_1 = 1$ mT,自旋温度是 300 mK。

NMR 从业人士还设计了许多其他的脉冲序列,请参阅专业书籍。

最后讨论**运动变窄**的概念。当作用于核的超精细场的某个分量由于温度或扩散运动而发生涨落时,如果涨落频率接近或者大于相互作用导致的谱线宽度,运动的平均就会影响谱。对于磁的超精细相互作用来说,涨落频率是拉莫尔进动频率。我们已经看到,当顺磁涨落的频率超过在超精细场中的拉莫尔进动频率时,顺磁涨落是如何平均掉的。类似地,在液体中,如果扩散频率超过了与相邻核产生的偶极场所对应的频率，相关的谱线展宽就被平均掉了。这样就可以在液体中观察到特别窄的共振线，其相对线宽是 10^{-8}。**魔角旋转**技术可以在固体中实现类似的效果，绕着与 Oz 夹角 $\arccos(1/\sqrt{3}) = 54.7°$ 的轴旋转样品，按照 $3\cos^2\theta - 1$ 变化的各向异性相互作用（例如偶极耦合和四极耦合）就被平均掉了。

9.4 其他方法

9.4.1 穆斯堡尔效应

穆斯堡尔谱基于穆斯堡尔（Rudolf Mössbauer）在 1958 年的发现，即 ^{191}Ir 原子核可以无反冲地发射 γ 射线、从第一激发态衰变到基态，只要这个核属于某个被束缚在固体中的原子。平均而言，动量必须保持守恒，但是晶格动量必须通过产生声子来吸收。在量子力学中，零声子、一个声子、两个声子，等等，所有的事件都有非零的概率。**无反冲分数** f_M 是在零声子过程中无反冲地发射 γ 射线的那一小部分衰变：

$$f_M = e^{-\varepsilon_\gamma \langle x^2 \rangle / \hbar^2} \tag{9.48}$$

其中 $\langle x^2 \rangle$ 是核的平均平方热位移，ε_γ 是 γ 射线的能量。类似的德拜-沃勒（Debye-Waller）因子支配着固体中弹性 X 射线和中子散射的强度。穆斯堡尔效应就是因为这些零声子事件具有非零的概率。

穆斯堡尔谱基于在核激发态和基态之间跃迁的零声子过程中发射或者吸收的 γ 射线。与光谱一样，它需要一个源、一个吸收体和一种调制发射光子能量的手段。源是含有放射性同位素的固体，它以半衰期 $\tau_{1/2}$ 衰减到某个低的核激发态，后者再迅速衰变，发射出一个未分裂的 γ 射线。这些条件是很苛刻的。激发态的能量必须不能大于～30 keV，否则无反冲分数在室温下微乎其微。如果不使用同步辐射源，就必须提供一个方便的放射性前体（precursor）。表 9.5 列出了一些有用的核及其放射性前体。最好的例子是 Fe 的同位素 ^{57}Fe。细节如图 9.15 所示。源是 ^{57}Co，它的半衰期 $\tau_{1/2}$ 是 270 天，从激发态到基态跃迁的能量 ε_γ 是 14.4 keV。穆斯堡尔谱通常以透射的方式测量；一个单色源以速度 v（cm · s^{-1}）移动，经历多普勒频移

$\Delta\varepsilon=\varepsilon_\gamma v/c$，从而实现能量调制。测量 γ 射线吸收作为速度的函数。吸收线宽决定于核的激发态寿命 $t_{1/2}$；^{57}Fe 的 $I=3/2$ 激发态的寿命是 98 ns，对应的线宽是 0.19 mm·s^{-1}。

表 9.5　穆斯堡尔谱的一些合适的同位素

同位素	丰度 (%)	源	$\tau_{1/2}$	$t_{\frac{1}{2}\gamma}$ (keV)	$t_{1/2}$ (ns)	g_n	I^{parity}	Q	g_e	I_e^{parity}	Q_e
^{57}Fe	2.12	^{57}Co(ec)	270d	14.4	98.0	0.0906	$1/2^-$	–	−0.155	$3/2^-$	0.16
^{61}Ni	1.2	$^{61}Co(\beta^-)$	99m	67.4	5.3	−0.750	$3/2^-$	0.162	0.47	$5/2^-$	−0.30
^{119}Sn	8.6	^{119m}Sn(IT)	293d	23.9	18.0	3.359	$1/2^+$	–	2.35	$3/2^+$	−0.13
^{149}Sm	13.8	^{149}Eu(ec)	90d	22.5	7.3	−0.672	$7/2^-$	0.075	−0.620	$5/2^-$	0.40
^{151}Eu	47.8	$^{151}Sm(\beta^-)$	90y	21.6	9.6	3.465	$5/2^+$	0.903	2.587	$7/2^+$	1.51
^{155}Gd	14.8	$^{155}Eu(\beta^-)$	4.8y	86.5	6.5	−0.259	$3/2^-$	1.270	−0.515	$5/2^+$	0.16
^{161}Dy	18.9	$^{161}Tb(\beta^-)$	6.9d	25.7	29.1	−0.481	$5/2^-$	2.507	0.59	$5/2^+$	1.36

注：d——天；m——月；y——年。

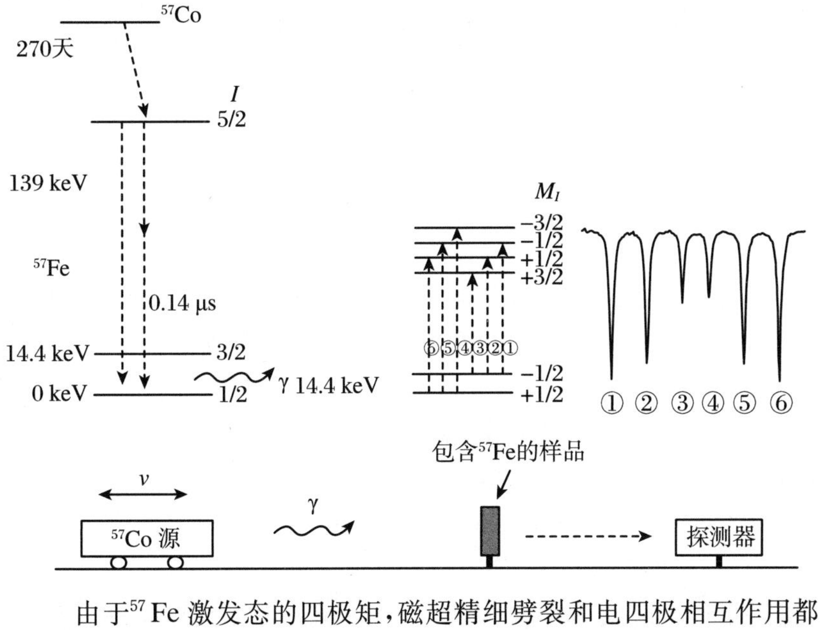

图 9.15

^{57}Co的核衰变方式：经过(n，γ)衰变，占据了^{57}Fe14.4 keV的激发态。在^{57}Fe含有的吸收体中，这些γ射线被共振吸收。用电磁换能器以恒定加速度移动源、从而调制源的能量，吸收谱表现出超精细结构。图中给出了铁磁性的αFe吸收体的六重超精细谱

由于^{57}Fe 激发态的四极矩，磁超精细劈裂和电四极相互作用都观察到了。相应的能量劈裂如图 9.15 所示。此外，还有一种“**同位素位移**”的相互作用，在 NMR 中不能测量。它出现的原因是，处于激发态的原子核的尺寸略微不同，库仑相互作用导致了共振线的位移，它依赖于源和吸收体原子核处的电子密度的差。不同的吸收体相对于一个源有不同的同位素移 δ_{IS}，因此可以推断出吸收离子的电荷态，例如 Fe^{2+} 或者 Fe^{3+}。进一步的细节见第 10.2.3 小节。

9.4.2 μ子自旋转动

μ子是不稳定的1/2自旋粒子，电荷是 ± e，质量是 $m_\mu = 206.7m_e$，半衰期是 $\tau_\mu = 2.2\ \mu s$。作为探测磁性固体的探针，正μ子是非常有用的，因为它占据了一个间隙位置，感受那里的局域磁场。负μ子像重的电子，它们紧密地与原子核结合，对冷聚变(clod fusion)是有用的。[①]μ子束是在加速器中产生的，高能质子与一个靶碰撞产生π介子，后者在26 ns后衰变成μ子：

$$\pi^+ = \mu^+ + \nu_\mu$$

非同寻常的是，产生的μ子是完全自旋极化的；因为π介子没有自旋，而μ子中微子 ν_μ 的自旋与它的动量反平行，因此μ子的自旋也和它的动量反平行。

产生的μ子的能量在MeV范围，在进入固体样品时，它们很快热化，但不失去自旋极化。μ子在样品中最后静止的地方是间隙位，远离热化早期阶段产生的辐射损害径迹。在时间 t 以后，μ子将衰变为一个正电子和两个中微子，其概率正比于 $1 - e^{-t/\tau_\mu}$：

$$\mu^+ = e^+ + \nu_e + \bar{\nu}_\mu$$

正电子出现的方向与产生它的μ子的自旋方向有关。在垂直方向施加磁场，μ子在衰变并发射正电子之前，就会绕着这个磁场以拉莫尔频率 $135\ MHz \cdot T^{-1}$ 进动。

在某个给定的时刻，样品中可能只有一个μ子，但是对多个事件进行平均，就可以得到固定探测器中正电子通量强度的振荡曲线，从而确定μ子的拉莫尔频率。μ子同样可以绕着它所在间隙位的内磁场进动，而固体中μ子自旋转动(μSR)的主要用途是研究这些局域场，它们大概在 10^{-4}—1 T的范围。利用μ子的自旋退极化，可以探测铁磁体中高于和低于居里温度时的自旋动力学。

参考书

Guimares A. Magnetism and Magnetic Resonance in Solids[M]. New York: Wiley Interscience, 1998. 介绍了固体中的磁共振。

Schlichter C P. Principles of Magnetic Resonance[M]. 3rd ed.

① 译者注：用μ子催化的氢和氘的冷核聚变确实可以发生，但是能量没有静增益。至于常温下用钯电极在电化学池里实现的所谓冷核聚变，是伪科学。

Berlin:Springer,1990.

Abragam A. Principles of Nuclear Magnetism[M]. Oxford:Oxford University Press,1961. 权威著作。

Abragam A,Bleany B. Electron Paramagnetic Resonance of Transition Ions[M]. Oxford:Oxford University Press,1970.

Greenwood N N,Gibb T C. Mössbauer Spectroscopy[M]. London:Chapman and Hall,1971. 叙述了基本原理,还给出了许多材料的所有主要共振的数据。

习 题

9.1 Fe^{3+}($S=5/2$)所在位置的晶场常数是 D = −0.05 K,画出它的 EPR 谱。假设微波频率是 9 GHz。

9.2 在 EPR 实验中,全部的瞬时的超精细场使电子能级劈裂;而在 NMR 实验中,只有超精细场的热平均对劈裂原子核能级是有效的。为什么?

9.3 $Nd_2Fe_{14}B$ 单晶薄膜的 c 轴垂直于其表面,估计它的沃克击穿场。假定阻尼因子 $\alpha=0.1$。

9.4 画出 4 K 时 ^{155}Gd 的穆斯堡尔谱。超精细场是 35 T。

9.5 讨论用穆斯堡尔效应测量光子重力加速度的可能性。

第10章 实验方法

为什么只是想呢？为什么不试一试？

——John Hunter（1728—1793）

大多数磁性测量的关键是磁场的产生和检测。原子尺度磁结构最好用中子衍射来探测，而其他原子尺度的特定元素信息由光谱法提供，磁畴尺度的磁化强度通过磁光法或磁力显微镜测量，磁化强度的宏观测量在开路或闭路中以多种方式进行。自旋波和其他激发过程最好用非弹性中子散射探索。数值研究方法对于理解真实磁性材料和磁性系统的静态和动态行为具有越来越重要的意义。

磁学是一门实验科学。实验除提供应用所依赖的所有定量信息之外，还启发和完善物理理论。实验室小型仪器获得的传统图像不能说明全部情况；目前，一些磁性测量是在国家机构或国际机构内进行的，那里建设了大型的设备，用来产生强磁场、中子束或很强的同步辐射。计算机的应用则相反，无论数据采集、显示和建模，都是从大型中央设备向小型台式设备发展的。数值计算和模拟可以看作研究理论模型的实验手段，利用计算机工作站可以研究原子级、微磁级或系统级的复杂磁性行为。

10.1 材料的生长

材料是实验磁学的基础；实际应用取决于材料的属性和结构，无论薄膜传感器上几微克的坡莫合金还是用于共振成像的重达一吨的 $Nd_2Fe_{14}B$ 永磁铁。自然形成的磁性材料总是有趣的，然而实验室检测的绝大多数样品是人工合成的，它们通常是复杂制造工艺的产物。因此，有必要简要地描述磁性材料的制备。

10.1.1 块体材料

金属材料和非金属材料的制备方法完全不同。金属合金和金属化合物首先在电弧炉中熔化：样品放在水冷的导电炉的炉膛里，在钨电极（或石墨碳电极）与样品之间产生直流氩弧；样品也可以放置在射频感应电炉里的几匝水冷线圈内，借助150 kHz的千瓦量级功率的涡流加热。接着通常在电阻炉中进行热处理（能够精准地控制炉内的温度和气体成分），从而产生原子有序或相分离微结构。当需要单晶样品的时候，可以采用提拉法在熔化的液体中借助籽晶生长出单晶样品（即布里奇曼（Bridgeman）方法或丘克拉斯基（Czochralzki）方法）。从熔体中结晶包括两个过程：首先，由于原子位置的随机涨落，在过冷液体中形成一个或几个极小的结晶核；接着，结晶核开始生长（其速率依赖于过冷的程度），迅速消耗熔体。

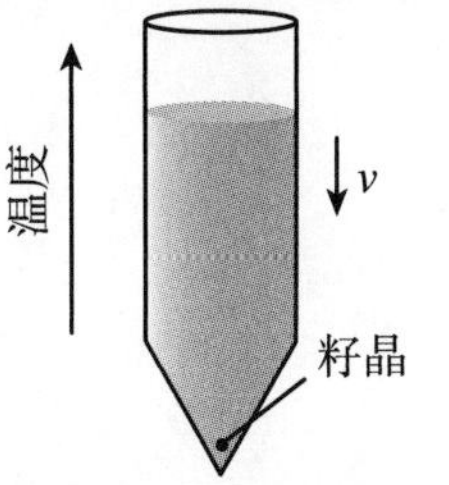

布里奇曼方法：坩埚缓慢地下降通过跨越熔点的热梯度。在坩埚的冷端形成结晶核，不断消耗熔化物慢慢长大

非晶金属需要一种不同的方法。例如，多组分熔体在旋转的铜轮上快速淬火，使得结晶核几乎没有时间生长。表面速率为50 m/s量级。在成分相图中的深共晶区，熔体旋甩法的效果很好。熔体几乎可以瞬间淬火到玻璃态转变的温度以下，原子就不能进行长程的扩散运动了。这种方式生产的非晶金属称为金属玻璃。利用高能球磨机对组成成分进行“机械合金”，也可以生产高度无序的块状金属。

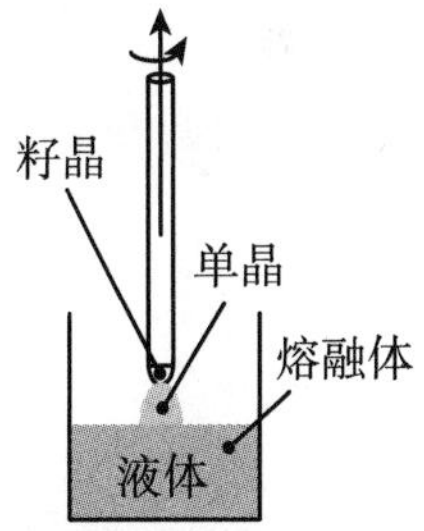

丘克拉斯基方法：将籽晶浸入稍微过冷的液体中，慢慢旋转，同时将籽晶从中提取出来

非金属材料（尤其氧化物）通常用陶瓷法制备。按照正确的阳离子比例，把合适的前驱体粉末混合起来（例如用来制备 $CoFe_2O_4$ 的 Fe_2O_3 和 CoO），经过反复研磨和烧结，通过固态扩散获得致密而均匀的材料。分解温度较低的前驱体（如碳酸盐或乙酸盐），可用来在第一阶段生产细粒氧化物；也可以在离子溶液中直接以沉淀（凝胶）的形式制备固溶体。

陶瓷通常是耐火材料，具有很高的熔点。晶体可以从聚焦熔炉里的熔体中生长出来：通过两个抛物面反射镜，把红外光聚焦在烧结的多晶棒的一小部分上，熔区沿着棒的方向移动。其他的晶体生长方法包括化学气相输运法和助熔剂法。助熔剂法是将混合的氧化物在熔剂如 PbF_2 中熔化，而熔剂在所需的晶体中没有固溶性。在缓慢冷却时，氧化物晶体在整个熔体中成核、生长。然后把熔剂溶解，就可以提取产物了。

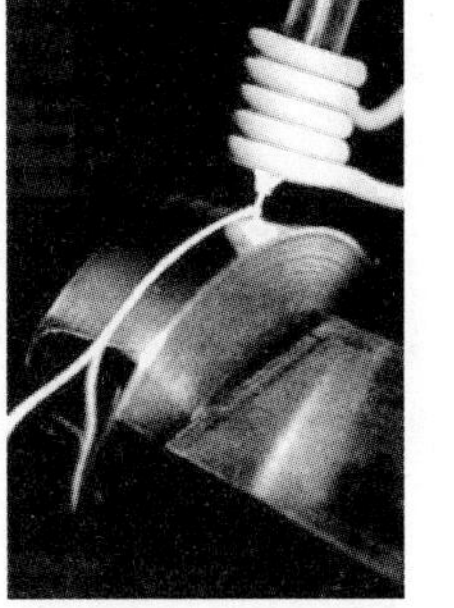

熔体纺丝：金属玻璃是通过在快速旋转的铜轮上淬火熔化物而制成的

对于各向异性磁性质的完整表征，单晶是必不可少的。某些技术（如中子衍射或弹性常量的测量）需要相当大的晶体（$(1\ \mathrm{mm})^3$—$(10\ \mathrm{mm})^3$）。晶体生长是一门艺术，往往出现在很多文章里，晶体的

发现者成了优秀的配角。

10.1.2 薄　　膜

一般用物理气相沉积法制备磁性薄膜，材料源与沉积衬底分开了一段距离 d_{ss}[①]，通常在 400—1000 ℃的范围内加热以促进生长过程。沉积腔抽成真空(气压为 P)。在低气压下，来自材料源的原子未发生碰撞就到达衬底，但是在高压下，这些原子因为与腔内的气体碰撞而被加热。原子的平均自由程取决于气压。在室温下，气体动力学理论给出了简便的数值关系，其中 λ 为原子的平均自由程(单位是 mm)，P 为腔内气压(单位是 Pa)[②]。

图 10.1 总结了一些制备方法。最简单的是热蒸发，利用电阻加热舟中熔化的金属材料源。这种方法仅限于熔点适中的材料，以免被加热舟污染。加热舟的材料通常由石墨、钼和钨制成。电子束蒸发利用高能电子束(通常为 10 kV，10 mA)熔化放置在水冷坩埚中的材料源，因为熔化物包含在同一材料的固态坩埚中，就解决污染的问题。为了制备合金或多层膜，必须有能够单独加热的多个材料源。通常源和衬底的间距至少为 300 mm。

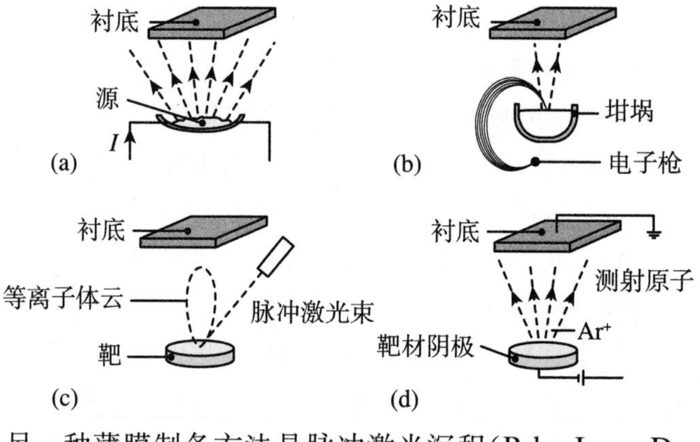

图 10.1

通过蒸发或等离子体凝结在衬底上制备薄膜的方法

另一种薄膜制备方法是脉冲激光沉积(Pulse Laser Deposition，PLD)。利用准分子激光或倍频 Nd-YAG[③] 紫外激光的纳秒脉冲，从靶上把源材料蒸发出来。靶上典型的能量密度为 $1\ J \cdot cm^{-2}$，重复频

① 译者注：第一个 s 代表 substrate，第二个 s 代表 source。

② 帕斯卡(Pascal)简写为帕(Pa)，$1\ Pa = 1\ N \cdot m^2$。在真空系统中，更常用单位毫巴(mbar)，1 mbar = 100 Pa。基于水银密度的较老的单位是托(torr)，1 torr = 136 Pa = 1.36 mbar。

③ YAG 为钇铝石榴石，与第 11.6.6 小节中讨论的 YIG 类似，但无磁性。

率～10 Hz。快速熔化以及相应的冲击波在垂直于表面方向产生了高能定向出射的等离子体,而衬底用来收集蒸发物质。为了确保沉积的均匀性,需要一定程度的旋转或来回调整光束在靶材上的位置。沉积方向是高度定向的,随 $\cos^{11}\theta$ 变化。PLD 方法的用途很多,适用于制备不同金属或绝缘体的薄膜小样品。沉积速率大约为 $1\ nm \cdot s^{-1}$。PLD 的一个缺点是,从靶材中喷射出来的微米尺寸的液滴会污染正在生长的薄膜。为了控制这个问题,可以在能量密度接近烧蚀阈值的情况下工作,可以采用非常致密的靶材,可以在离轴沉积区域中把衬底平行于出射等离子体的方向放置,也可以用脉冲电子源替换脉冲激光。

高质量的外延薄膜需要生长得非常慢,一层一层地生长。沉积速率小于 $1\ nm \cdot s^{-1}$。这就需要 10^{-9}—10^{-7} Pa 的超高真空(Ultra High Vacuum,UHV),以免腔内的残余气体污染了正在生长的样品。可以用气体动力学理论估计单层沉积所需的时间。分子密度为 $P/k_B T$,其中 P 为压强。给定速度的均方根为 $\langle v\rangle = (3k_B T/m)^{1/2}$,其中 m 为分子质量。在 δt 时间内达到面积为$\mathcal{A}$的衬底,对应的体积为$\langle v\rangle\mathcal{A}\,\delta t$,其中只有 1/6 朝着衬底的方向移动。为了形成晶格常数为 a 的单层样品,需要的时间就是

$$\delta t = (12k_B Tm)^{1/2}/Pa^2 \tag{10.1}$$

例如氧气,$a\approx 0.2$ nm,在 10^{-5} Pa 下,单层沉积大约需要 1 分钟。因此需要 UHV 来避免污染。

分子束外延(MBE)是在超高真空环境下($P<10^{-8}$ Pa)精确控制外延薄膜生长的方法。蒸发的气压在 10^{-6}—10^{-4} Pa。蒸发源发射出的原子的平均自由程(按照 $6/P$ 的关系)远大于腔体尺寸。原子几乎没有散射就到达衬底,并快速升温到衬底的温度。高温促进了吸附原子在表面上移动,有利于外延所需要的一层一层的生长(弗兰克-范德梅维(Franck-van der Merwe)生长)。在更低的衬底温度下,类岛状生长模式(福尔默-韦伯(Volmer-Weber)生长)更常见。中间的生长模式开始于连续单层,终止于类岛状生长(斯特兰斯基-克拉斯坦沃克(Stransky-Krastanov)生长)。

MBE 是生长高质量、无缺陷的半导体或金属薄膜的最佳方法。可能需要热蒸发源或电子束蒸发源,或者其他特殊的蒸发源(通过分解气态前驱体来产生分子束——例如用于 GaAs 的三甲基镓和砷)。MBE 适合为实验室研究提供磁性材料,但不是一种工业化的生产方法。典型的研究系统(图 10.2)不用把样品从真空中取出来就可以监测生长过程并分析薄膜。反射高能电子衍射(RHEED)用于监控薄

膜生长模式和生长薄膜晶格参数，低能电子衍射(LEED)用于显示生长面的晶体结构，俄歇电子谱(AES)对薄膜表面的一两个纳米进行化学分析。原子力显微镜(AFM)或扫描隧穿显微镜(STM)用于点探测分析，高能电子能谱(ESCA)用于化学分析，这些都可以纳入真空腔里。其他形式的分析通常必须把薄膜移出真空腔后才能进行，例如用于截面原子成像的透射电镜(TEM)，用于精确结构信息的广角 X 射线散射(XRD)，以及输运性质和磁性质的测量。样品通常由一层薄薄的盖层来保护。

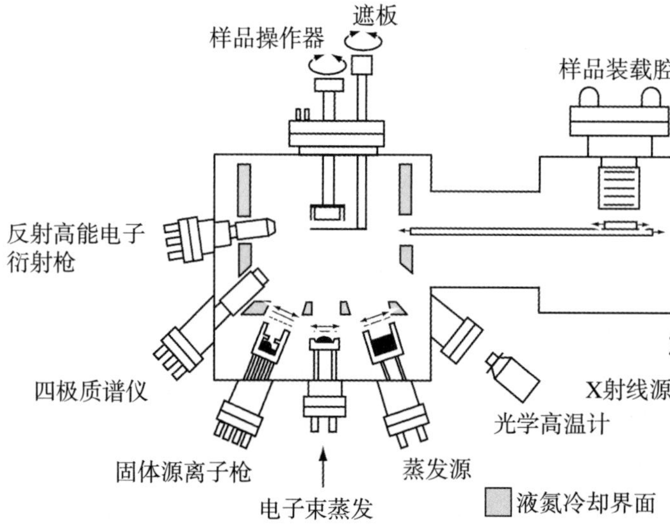

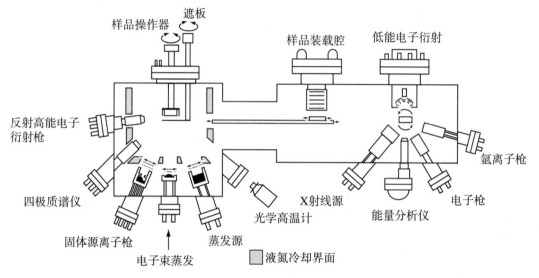

图 10.2
典型的实验室MBE系统

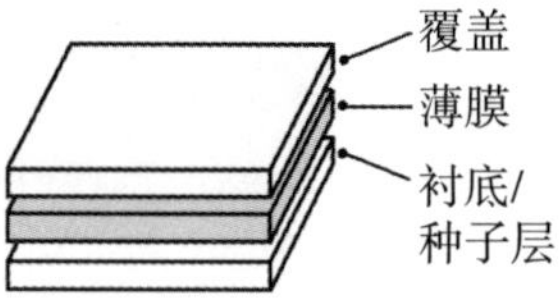

磁性薄膜堆叠

溅射法是制备磁性薄膜最常用的方法。与蒸发方法不同，溅射是非热传输技术，高能量的离子把动量传递给靶材上的原子。离子通常是 Ar^+。

最简单的技术是直流(DC)溅射，在金属靶材上施加几百伏的负电压。氩气通入腔体，Ar^+ 离子加速向靶材运动，并在途中与中性原子发生碰撞，产生更多的氩离子，形成了等离子体辉光放电。一旦击中靶材，高能氩击打出离子，其中很大一部分沉积在衬底上。调整腔体中的气压，以便溅射离子在到达衬底之前经历一些碰撞。如果没有散射，它们就会损伤正在生长的薄膜；如果到达时的能量太低，它们不能穿过表面，薄膜就会很粗糙。靶材和样品的间距为～100 mm，DC 溅射气压为 0.05—1 Pa。

为了提高电离效率，通常在靶材表面附近排列一些永磁体，从而产生磁场(“磁控管”，magnetron)。电子在磁场中沿着螺旋轨迹运动，增大了与氩气碰撞的概率，从而把生长速率提高到 10 nm・s^{-1}的量级。如果靶材是铁磁性的，就必须足够薄，以便很容易地被磁钢提供的磁通量饱和，这样在靶材表面附近就仍然存在杂散场。反应溅射法将气体(例如 O_2或 N_2)与氩气混合，从而用金属靶材制备氧化物或氮化物薄膜。离子束沉积把单独产生的氩离子束聚焦在靶材上，可以对溅射过程进行更多的控制。

为了直接制备氧化物或其他绝缘薄膜，需要用射频溅射法。施加的电源频率一般为 13.56 MHz。在一部分周期中，Ar 离子轰击靶材；其余周期中，电子中和积累的正电荷。电子也使氩电离产生等离子体。0.02 Pa 的氩气气压足以维持射频放电。

溅射法是一种易于控制的薄膜生长方法。固定气体流量、功率和衬底偏压，就可能复制生长条件。这种方法既适于工业化生产，也适于实验室研究。为了在直径为 150—300 mm 的晶片上实现均匀的沉积，需要大尺寸的靶材或者衬底的行星状运动。用于制备金属多层薄膜的典型系统如图 10.3 所示，该系统有 6 个不同的金属靶材，既可以自动处理晶片，还可以对衬底进行原位的溅射清洗。如果需要氧化层，一个单独的腔体专门为射频或反应直流溅射而设计，可以同金属腔相连。

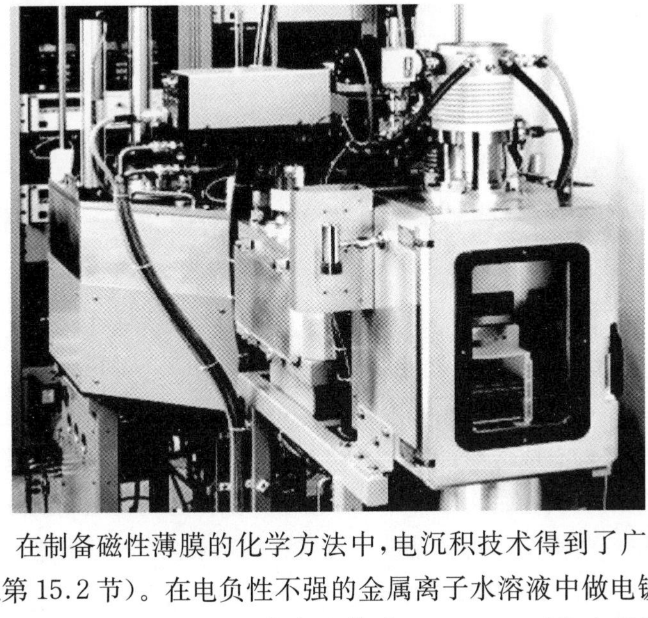

图 10.3

附带自动装载晶圆的六靶磁控溅射设备

在制备磁性薄膜的化学方法中，电沉积技术得到了广泛的应用(见第 15.2 节)。在电负性不强的金属离子水溶液中做电镀，可以得到金属薄膜。比较厚的坡莫合金薄膜($Ni_{78}Fe_{22}$)可作为磁屏蔽材料，但是单层的也可以生长，通过施加反向电压还可以去除。如果电流密度为 1 $\mu A \cdot mm^{-2}$，沉积单层膜所需时间为 5 s；1 $mA \cdot mm^{-2}$的沉积速率大约是 50 $nm \cdot s^{-1}$。

有些化学方法利用有机金属前驱体的蒸气。在腔体中它们可以热分解或紫外光分解。这些都属于化学气相沉积法(CVD)。

磁性薄膜或多层薄膜生长完成后，通常制备成较小的器件结构。光刻技术来自半导体工业。在实验室中，紫外光光刻技术可以很好地产生大于0.5 μm的结构，尽管这种技术在工业中用于制备更小的结构。电子束光刻(通常利用扫描电子显微镜)可以制备亚微米结构甚至30 nm的结构。这两种技术都是将所需的图形转移至一层聚合物抗蚀剂上，然后利用离子刻蚀或者在溶剂中剥离的方法来获得器件结构。为了确保可控翻转，避免不必要的成核或钉扎中心，必须制备边界光滑的均匀磁性结构。当需要特定的一次性结构时，聚焦离子束(通常由 Ga^+ 组成)可以把刻蚀结构的尺寸降低到10 nm左右。磁学研究的重心正从块状材料转向微观薄膜器件。在世界各地的大学和研究中心里，制备薄膜材料的方法变得越来越普及。

纳米颗粒通常由湿化学方法得到。颗粒的尺寸可以控制在几纳米到几微米的范围，跨越超顺磁、单畴和多畴区域。均匀性很好的几个原子的颗粒可以在超高真空中制备，然后用质谱仪进行质量选择。

为了制备特定的磁性自组装纳米结构，多年来一直对特殊工艺进行优化。铝镍钴合金磁体、Sm_2Co_{17} 磁体和薄膜记录材料都是很好的例子。

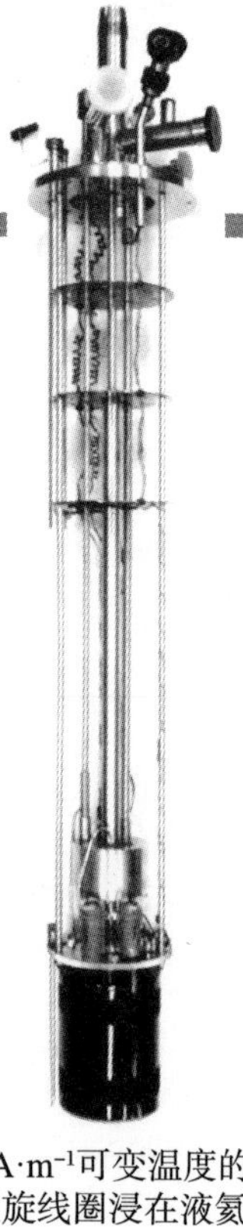

6 MA·m^{-1}可变温度的超导螺旋线圈浸在液氦中

10.2 磁　　场

10.2.1 磁场的产生

所有产生静态或低频磁场的方法都是基于电流或者永磁体。软铁可以聚集或者引导磁通。第2章介绍了一些产生均匀磁场的方法，这里将讨论一些实例。用于测量铁磁材料的磁场，必须克服退磁场、超过矫顽力(在稀土磁体中可以达到1 MA · m^{-1}或更大)。为了饱和磁化硬磁材料，需要的磁场一般是其矫顽力的三倍。为了研究沿难轴的强磁场磁化过程，根据磁化曲线中确定各向异性常数，可能需要更大的磁场，大约10 MA · m^{-1}量级。

电流产生磁场的原理是毕奥-萨伐尔定律(式(2.5))，其中给出了电流元 Idl 产生的磁场。对于通有电流 I、半径为 a 的单匝线圈，在离轴中心为 z 处的磁场就是 $H = a^2 I/2(a^2 + z^2)^{3/2}$。当时，线圈等

效于磁偶极矩 $\mathfrak{m}=\pi a^2 I$。在短螺线管的轴上，通过积分得到的磁场为

$$H = nI(\cos\theta_1 - \cos\theta_2)/2 \tag{10.2}$$

其中 θ_1 和 θ_2 分别是与螺线管两端的夹角，n 为单位长度内的线圈匝数。对于长螺线管，$\theta_1=\pi$，$\theta_2=-\pi$，从而得到(式(2.20)) $H=nI$。

磁场 H 的单位 $A\cdot m^{-1}$ 包含了产生磁场所需要的要素。自由空间磁通量密度 B_0(对应于 $1\ MA\cdot m^{-1}$)为 $10^6\mu_0=1.26\ T$。空心电阻型螺线管不需冷却就能产生高达 $100\ kA\cdot m^{-1}$ 的连续磁场。用液氦冷却或闭循环制冷的超导螺线管可以获得更大的磁场。用多丝的 NbTi 或 Nb_3Ge 超导线制成的螺线管，其最大磁场为 10—15 $MA\cdot m^{-1}$，受限于Ⅱ型超导体的临界电流。毕特(Bitter)磁铁是由打孔的扁平状铜片构成的大螺线管，用高压冷却水冷却，能够产生更大的连续磁场。这些磁铁仅存在于少数几个特殊的研究机构中，例如位于塔拉哈西和格勒诺布尔的强磁场实验室。通常，它们的功率是 15 MW，用 20 kA的电流产生 20 $MA\cdot m^{-1}$ 的磁场。在大型超导线圈的内腔嵌入毕特线圈的混合磁体，仍然保持着 36 $MA\cdot m^{-1}$ 的连续磁场记录(45 T)。

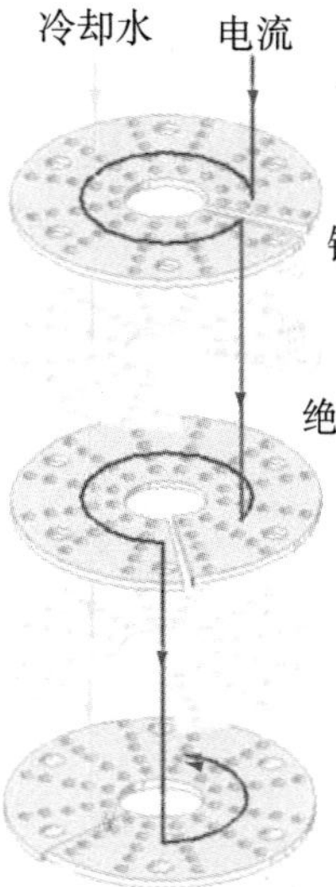

水冷毕特磁铁的一部分线圈

如果将持续时间缩短至秒量级，可以获得更高的磁场。通过兆焦电容器组的放电使线圈充电。主要的限制因素是线材在受限磁场压力下的屈服强度。可重复使用的线圈能够产生持续几十或几百毫秒的高达 70 $MA\cdot m^{-1}$ 的磁场，但是如果要获得持续几微秒的超过 100 $MA\cdot m^{-1}$ 的磁场，每次放电都要牺牲一个线圈。用高能炸药瞬间压缩磁通，能够产生 1 $GA\cdot m^{-1}$ 量级的最高磁场，但是这对物理测量没有多大用处！

另一种产生超短脉冲磁场的方法是利用粒子加速器中的一束高能电子。

高频磁场会带来电磁辐射(第9章)。室外太阳光的均方根 H 磁场仅为 10 $A\cdot m^{-1}$，但超短的强激光脉冲的磁场高达 1 $MA\cdot m^{-1}$。

在实验室或工业界，持续数十毫秒的 3—5 $MA\cdot m^{-1}$ 的脉冲磁场能够磁化稀土永磁体。短脉冲磁体可以用于奇点法测量各向异性磁场，磁化强度的时间微分出现异常标志着各向异性磁场。但是，大多数磁化强度测量的主要工具仍然是古老的电磁铁。大型的水冷线圈产生的磁通被限制在一对软铁磁轭里，并被锥形的铁(或钴-铁)磁极聚集在气隙中。1928 年，在巴黎附近的贝尔维尤(Bellevue，法国地名)将这项技术推到了极致——使用 120 吨电磁铁产生了超过 4 MA $\cdot\, m^{-1}$ 的磁场。

锥形磁极的电磁铁，可产生1.8 $MA\cdot m^{-1}$ 的磁场

电磁铁的对手是紧凑的永磁体磁通源(图 13.14),在不需要任何电力供应和冷却水的情况下,可以获得很大的磁场。例如,$Nd_2Fe_{14}B$的磁化强度为 1.3 $MA\cdot m^{-1}$,这是等效的表面电流值。在空间很小的情况下,永磁铁是最好的解决方案。

表 10.1 总结了不同的磁通源以及气隙里的磁通密度 $B_0=\mu_0 H$(单位是特斯拉)。从现在开始,我们用特斯拉作为磁场的单位,而不是$MA\cdot m^{-1}$。原因有两个:首先,磁通量是守恒量,用磁通量来讨论磁路很方便;其次,当磁场 H 与物质相互作用时,总与 μ_0 是相乘关系。

表 10.1 产生强磁场的方法

方法	持续时间	最大磁场(T)
中空螺线管	连续运行	0.2
永磁铁	连续运行	0.1—2
电磁铁	连续运行	0.5—2.5
超导螺线管	连续运行	2—23
毕特(Bitter)磁铁	连续运行	15—35
混合磁体	连续运行	40—45
对线圈非破坏性放电	100 ms	25—80
对线圈非破坏性放电	10 μs	50—100
对线圈破坏性放电	1 μs	>100
内爆磁通量压缩技术	<1 μs	1000

价格:电磁铁或永磁体磁通源是 2.5 万欧元,超导螺线管是 5 万欧元,脉冲磁场设备是 20 万欧元,带有 15 MW 电源的毕特磁体超过 100 万欧元。

10.2.2 测　　量

下面讨论怎样测量磁场。磁场测量设备称为"高斯计"(10^4 GS = 1 T)。对于均匀稳定的静态磁场,利用搜索线圈或旋转线圈磁通计,可以绝对地测量其大小和方向(图 10.4)。其原理是,根据法拉第效应推导出暂态或交流电动势,由(2.48)可知

$$\varepsilon = -N\mathrm{d}\Phi/\mathrm{d}t \tag{10.3}$$

其中 N 为面积为 $\mathcal{A}$ 的线圈匝数,对电动势进行积分,即 $B_0=(1/N\mathcal{A})\int\varepsilon\,\mathrm{d}t$,可以得到空气中的磁通密度 $B_0=\Phi/\mathcal{A}$,而探测线圈

从均匀磁场区域移到磁场为零的区域。在测量脉冲磁场时,不需要移动线圈。同样地,绕垂直于 $\boldsymbol{B}_0$ 的轴旋转的线圈产生交流电动势 $\mathcal{E} = -N\mathcal{A}\omega B_0 \cdot \sin\omega t$。这些测量是绝对测量,但是不方便。

在实际应用中,通常用霍尔效应或磁电阻传感器测量磁场。半导体霍尔探头的有效面积为 1 mm^2 量级,产生的电压为 $V_H = B_0 I / n_c e t$,其中 I 为感应电流,t 为半导体的厚度,n_c 为载流子密度。霍尔探头需要校准,而且可以对温度的涨落进行校正,但是霍尔电压在磁场中是线性的,精度约为 1%。磁电阻传感器(见第 14.3 节)可以基于具有交叉各向异性的自旋阀,与磁通门传感器类似,依赖于软磁线或薄膜元素的非对称饱和(见第 12.4 节)。它们适合测量低于 100 $A \cdot m^{-1}$的磁场,但是测量的带宽很大。

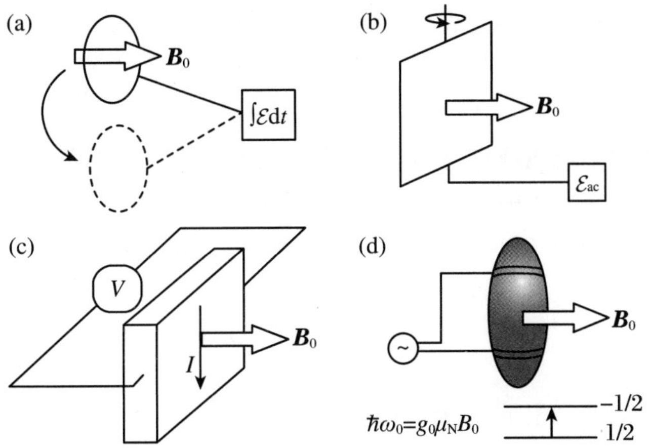

图 10.4

测量磁场的一些方法:(a) 探测线圈,(b) 旋转线圈式磁通计,(c) 霍尔探测,(d) 核磁共振探测

测量铷蒸气的核磁共振(NMR)频率,可以获得更高的准确度和精度,例如,对于^{77}Rb 的原子核,$\nu = 13.93$ MHz · T^{-1}。甚至可以用水,^{1}H 原子核(其实就是质子)的共振频率为 42.58 MHz · T^{-1}。

10.2.3 磁 屏 蔽

高分辨电子显微镜等灵敏设备需要无磁环境,所以磁屏蔽是必不可少的。极弱磁场的测量也是如此,例如脑磁场。被动屏蔽和主动屏蔽是消除静磁场和低频磁场的两种方法。被动屏蔽利用高磁导率的材料(如坡莫合金)包围屏蔽空间,从而转移磁通量(式(12.2))。超导磁屏蔽保持封闭体积内的磁通量不变,可用于小空间。主动屏蔽利用传感器测量磁场的一个分量,然后利用一对亥姆霍兹线圈中的电流进行补偿。三对相互垂直的线圈就能完全抵消磁场矢量。

在高频区(⩾100 kHz),一种更简单的方法是利用连续金属丝网包围被屏蔽区域("法拉第笼")。导线中的感应电流倾向于抵消外来的磁场变化。

10.3 原子尺度的磁性质

10.3.1 衍　　射

固体中磁性的支架是晶体的原子尺度结构。原子的电子结构以及固体的晶态(或非晶态)结构决定了原子矩、偶极相互作用和晶体场,它们是总体磁有序的构成要素(式(6.14))。

内禀磁性质通过衍射和光谱学测量得到,它们分别是粒子束或电磁辐射在固体中的弹性散射和非弹性散射。如果入射光束和散射光束的波矢和能量分别为($\boldsymbol{K}$, $\hbar\Omega$)和($\boldsymbol{K}'$, $\hbar\Omega'$),固体的全部信息就包含在微分散射截面中:

$$\sigma_{\text{diff}} = \frac{\mathrm{d}^2\sigma(\kappa\omega T)}{\mathrm{d}\kappa\mathrm{d}\omega} \tag{10.4}$$

其中 σ 是总散射截面,$\boldsymbol{\kappa}=\boldsymbol{K}'-\boldsymbol{K}$,$\omega=\Omega'-\Omega$(图 10.5)。常用的粒子束是中子和电子。极化(或偏振)是另一个相关量,尤其是电磁辐射,例如 X 射线。有时候(例如光电子能谱),测量出射的电子就可以直接探测激发种类的波矢 $\boldsymbol{q}$ 和能量 $\hbar\omega_q$。可以分析入射粒子和散射粒子或激发粒子的自旋。利用不同的方法探测广义磁化率的不同性质。综合在一起,它们详细地描述了晶体结构和磁性结构、电子结构和自旋轨道角动量的分布以及激发谱,从而确定弹性常数、原子间交换相互作用和晶体场参数等。

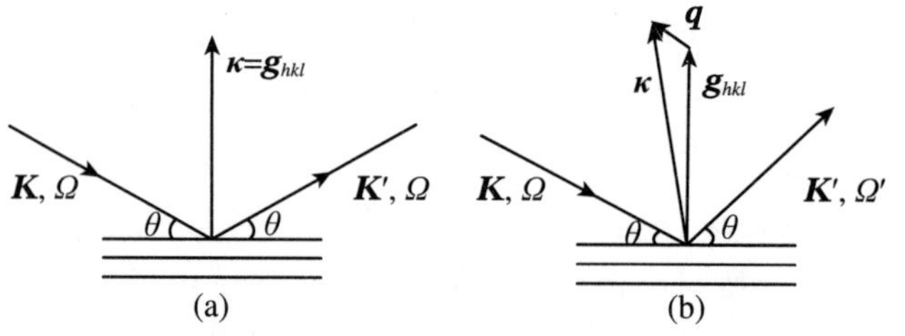

图 10.5

晶体辐射光的散射:(a) 在布拉格几何处的弹性散射,其中,$\boldsymbol{K}'-\boldsymbol{K}=\boldsymbol{\kappa}=\boldsymbol{g}_{hkl}$;(b) 在布拉格峰附近的非弹性散射

衍射方法用来研究固体的晶体结构和磁结构。需要一束射线,其波长与原子间距相近(≈0.2 nm)。射线被原子里的电子或原子核

散射(中子是被电子的磁矩散射)。散射波相互干涉,在相对于晶轴精确定义的方向上,产生了许多衍射束。这些布拉格反射方向由晶格参数决定,即著名的布拉格公式:

$$2d_{hkl}\sin\theta = n\Lambda \tag{10.5}$$

其中 d_{hkl} 是一组反射平面(其密勒指数为(h,k,l))间距。入射束和衍射束与 hkl 面的夹角为θ。因为是$|\boldsymbol{K}| = |\boldsymbol{K}'|$弹性散射,所以散射波矢 $\boldsymbol{\kappa}$ 垂直于反射平面。射线的波长 Λ 为 $2\pi/K$,整数 n 是反射的级数。布拉格条件就是要求散射矢量 $\boldsymbol{\kappa}$ 等于倒易空间 $\boldsymbol{g}_{hkl}$,其中 $|\boldsymbol{g}_{hkl}| = 2\pi/d_{hkl}$。

布拉格反射的强度取决于原子散射力度和单胞内的原子排列。它们正比于复数结构因子的平方值:

$$F_{hkl} = \sum_i f_i e^{i\boldsymbol{\kappa}\cdot\boldsymbol{r}_i} = \sum_i f_i e^{-2\pi i(hx_i+ky_i+lz_i)} \tag{10.6}$$

其中求和是基于单胞内位于 $\boldsymbol{r}_i = x_i\boldsymbol{a} + y_i\boldsymbol{b} + z_i\boldsymbol{c}$ 的第 i 个原子。f_i 是原子散射因子,具有长度的量纲,通常取决于 $\boldsymbol{\kappa}$ 或θ。

X射线衍射(XRD)是晶体结构分析的标准方法。波长为200 pm的电磁波的能量 $\varepsilon = \hbar\Omega = hc/\Lambda$,非常接近 Cr 的 K 吸收边。K 吸收边对应于产生1 s空位使原子离子化所需的能量,L 吸收边对应于2s或2p空位等。在实验室用的X射线装置里,高能电子轰击真空管中合适的金属靶。当外壳层中的电子填充到内壳层中的空穴时,就发射出特征的X射线(图10.6(a))。从真空管出来的光通量通常为10^{16}个光子每秒。常用的铜靶的 K 吸收边能量为8.98 keV。当1 s壳层的空穴被2p电子填充时,产生单色 K_α辐射,其能量为 $\varepsilon = 8.04$ keV,波长为 $\Lambda = 154.2$ pm。当3p电子填充1 s空穴时,产生辐射 K_β。

体心立方(bcc)αFe的粉末衍射图案

h	k	l	d(pm)	I/I_{max}
1	1	0	202.7	100
2	0	0	143.3	20
2	1	1	117.0	30
2	2	0	101.3	10
3	1	0	90.6	12
2	2	2	82.8	6

面心立方(fcc)γNi的粉末衍射图案

h	k	l	d(pm)	I/I_{max}
1	1	1	203.4	100
2	0	0	176.2	42
2	2	0	124.6	21
3	1	1	106.2	20
2	2	2	101.7	7
4	0	0	88.1	4
3	3	1	80.8	14
4	2	0	78.8	15

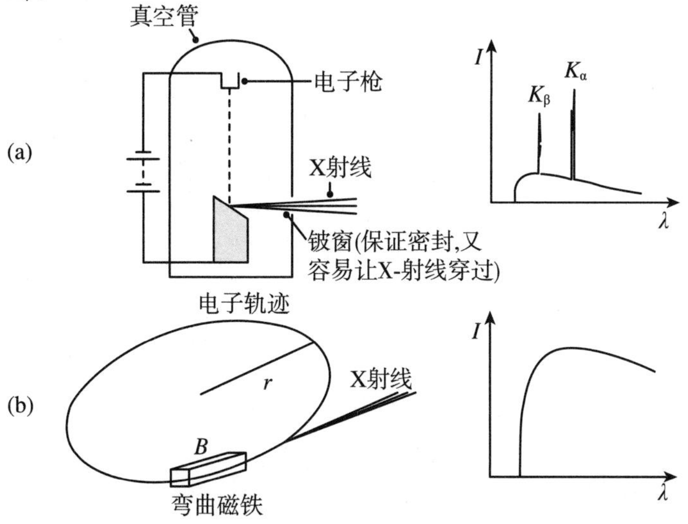

图 10.6

X射线源:(a)密封的X射线管,(b)同步辐射源。同步辐射的X射线强度比X射线管的峰强度高四个量级

面心立方(hcp)εCo 的粉末衍射图案

h	k	l	d(pm)	I/I_{max}
1	0	0	217.0	27
0	0	2	203.5	28
1	0	1	191.5	100
1	0	2	148.4	11
1	1	0	125.3	10
1	0	3	115.0	10
2	0	0	108.5	1
1	1	2	106.7	9
2	0	1	104.8	6
0	0	4	101.7	1
2	0	2	95.8	1
1	0	4	92.1	1
2	0	3	84.7	3
2	1	0	82.0	1
2	1	1	80.4	5

X射线被原子中的电子电荷散射，式(10.6)中的原子散射函数正比于原子电荷分布 $\rho(\boldsymbol{r})$ 的傅里叶变换 $f(\boldsymbol{\kappa}) = r_e\int\rho(\boldsymbol{r})\cdot\exp(-i\boldsymbol{\kappa}\cdot\boldsymbol{r})d^3r = Zr_e f_X(\boldsymbol{\kappa})$，其中 Z 为原子数，$f_X(0)=1$，r_e 为电子的散射长度(即"经典电子半径"$\mu_0 e^2/4\pi m_e$)，大小为 2.818 fm。

用于X射线或中子衍射分析的样品通常是粉末状。随机取向的晶体粉末将入射的单色光束散射到一系列圆锥上，每个圆锥都以入射光轴为中心，对应于一组随机取向的晶粒形成的布拉格反射。然后使用点探测器或线探测器测量散射面上的衍射强度(是 2θ 的函数)。图10.7(a)给出了 $SmCo_5$ 粉末典型的衍射图形。离子的取向把衍射光束限制在圆锥内的特定方向。在烧结的 $SmCo_5$ 磁体中，如果 c 轴与 $\boldsymbol{\kappa}$ 平行，那么{001}面的布拉格反射就主导了粉末的衍射图案(图10.7(b))。

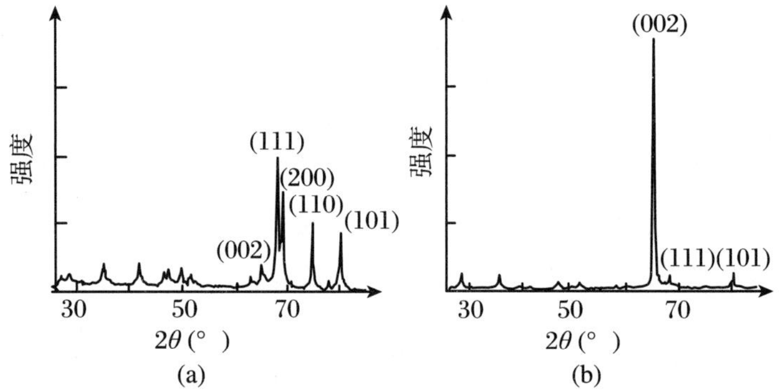

图 10.7

X射线粉末衍射图案：(a) $SmCo_5$粉末和(b) 烧结 $SmCo_5$磁体

同步辐射光源可以提供更高强度的X射线和UV辐射。一束电子或正电子加速到接近光速，然后，在 $B\lesssim 1$ T 的磁场约束下，在直径为几十米或数百米的储存环运动。电子的能量通常为 5 GeV，或者 $\gamma m_e c^2$，其中 $\gamma\approx 10^4$。当它们在环形轨道中运动时，电子发射一束窄的宽谱电磁波(张角为 $1/\gamma$ 弧度)，其在轨道平面上是线偏振的(>90%)。截止波长为 $4\pi r/3\gamma^3 = 0.00714/Br^2 m_e$，其中 r 为电子的轨道半径。在高于(或低于)轨道面处放置一个狭缝可以得到椭圆偏振光。此外，把第13.3.2小节描述的扭摆器(或振荡器)插入装置，可以获得圆偏振光。利用X射线镜或者单晶准色器，可以选择X射线的能量。准直射线的光子通量很大，约等于 10^{17} 光子每秒，能量宽度是0.1%，有很高的偏振度，所以，同步辐射非常适合测量吸收谱和光电能谱，覆盖了很宽的波长范围(从远红外到硬X射线)。把辐射能量调到合适的原子吸收边，可以实现化学和轨道选择性。

X射线的磁散射通常比电荷散射小 10^6 个数量级，所以无法用真空管X射线观察磁结构。但是，在吸收边附近，磁效应可以达到电荷散射的1%，就能用可控的同步辐射光源测定磁结构。磁X射线衍射适合于测量微米尺寸的单晶，或者是稀土元素（如Sm和Gd）——稀土元素的中子俘获截面很大（表10.2），不利于中子衍射测量。

表10.2 一些核(b)与磁(p)中子散射长度以fm(10^{-15} m)为单位，以及吸收截面 σ_a 以b(10^{-28} m^2)为单位。其中稀土磁散射长度是+3价离子结果，Ti-Fe是自旋+3价离子散射长度结果，Co-Cu是自旋+2价离子散射长度结果

	b	$p(0)$	σ_a		b	$p(0)$	σ_a		b	σ_a
Ti	−3.4	2.7	6.1	Y	7.8	1.3		B	5.3	767
V	−0.4	5.4	5.1	Pr	4.6	8.6	11.5	C	6.6	0.004
Cr	3.6	8.1	3.1	Nd	7.2	8.8	51.2	N	9.3	1.9
Mn	−3.7	10.8	13.3	Sm	0.0	1.9	5670	O	5.8	0.0002
Fe	9.5	13.5	2.6	Gd	9.5	18.9	29400	Al	3.4	0.2
Co	2.5	8.1	37.2	Tb	7.4	24.3	23	Si	4.1	0.2
Ni	10.3	5.4	4.5	Dy	16.9	27.0	940	Sr	7.0	1.3
Cu	7.7	2.7	3.8	Ho	8.0	27.0	65	Ba	5.1	1.2

中子衍射是磁性结构分析的标准方法。中子束来自特别设计的核反应堆或裂变源：直线加速器产生的GeV质子脉冲撞击重金属靶材，产生脉冲式的中子束。这些奇特的设备虽然全世界只有几个，但它们对磁学知识做出了巨大的贡献。

中子是带自旋的无电荷粒子，其磁矩为 $-1.91\mu_N$。如果中子的德布罗意波长为0.2 nm，它的能量是 $h^2/2m_n\Lambda^2=0.0204$ eV，与室温 k_BT 相当。反应堆里的中子在减速剂中热化，利用单晶单色仪的布拉格反射，从麦克斯韦能量分布中选择一个窄条。典型的反应堆中子通量为 10^{19} m$^{-2}\cdot$s^{-1}。经过单色仪的选择以后，强度降低了2—3个量级，与实验室X射线源产生的单色X射线相比弱了大约1000倍。

中子源的强度低，而且固体中的中子散射比较弱，所以中子衍射需要的样本比较大，为1 cm^{-3}的量级。

被原子核散射的热中子是各向同性的，因为原子核相互作用是短程的；中子的入射平面波是 $e^{i\boldsymbol{K}\cdot x}$，散射球面波 $\psi=-(b/r)e^{i\boldsymbol{K}'\cdot r}$，其中 b 为原子核散射长度。实际上，每个同位素的 b 值是不同的，所以表10.2给出的是同位素的平均值。散射截面 $\sigma_s=4\pi b^2$。在元素周期表中，随着 Z（原子中的电子数量）增大，在X射线散射中，散射长度增大；然而，在中子散射中，b 的变化不规则，甚至可以改变符号，因而能够区分原子序数相近的元素。

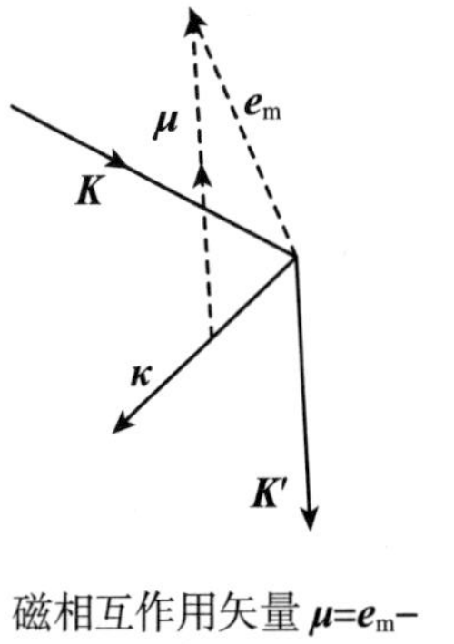

磁相互作用矢量 $\boldsymbol{\mu}=\boldsymbol{e}_m-\boldsymbol{\kappa}\cdot(\boldsymbol{\kappa}\cdot\boldsymbol{e}_m)/\kappa^2$

原子中电子未配对的自旋密度也可以散射中子。对于自旋磁

矩，磁性散射长度 p 定义为$(1.91r_e)Sf_S$。括号中的数值为 5.38 fm。当自旋磁矩和轨道磁矩都存在时，$p=(1.91r_e)[Sf_S+(1/2)Lf_L]$，其中$f_S$ 和 f_L 由 $\{J(J+1)\pm[S(S+1)-L(L+1)]\}/[2(J+1)]$给出。形状因子和在 $\theta=0$ 处是归一化的。磁性相互作用矢量定义为$\boldsymbol{\mu}=\boldsymbol{e}_m-\boldsymbol{\kappa}(\boldsymbol{\kappa}\cdot\boldsymbol{e}_m)/\kappa^2$，其中 $\boldsymbol{e}_m$ 是磁矩的单位矢量。对于非极化中子，磁散射和核散射的强度相加，所以

$$|F_{hkl}|^2=\left|\sum_i b_i e^{-i\boldsymbol{\kappa}\cdot\boldsymbol{r}_i}\right|^2+\left|\sum_i p_i\boldsymbol{\mu}_i e^{-i\boldsymbol{\kappa}\cdot\boldsymbol{r}_i}\right|^2 \quad (10.7)$$

如果中子束是极化的，其磁矩在方向 Λ 上，那么散射强度为

$$|F_{hkl}|^2=\left|\sum_i[b_i+(\boldsymbol{\Lambda}\cdot\boldsymbol{\mu}_i)p_i]e^{-i\boldsymbol{\kappa}\cdot\boldsymbol{r}_i}\right|^2 \quad (10.8)$$

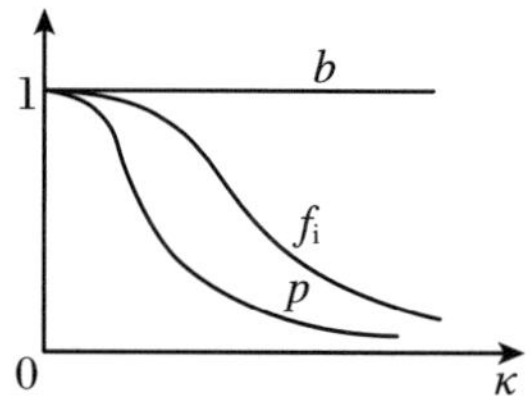

归一化的核散射因子(b)和磁散射因子(p)以及X射线的中子和原子散射因子(f_i)的比较

由于磁散射取决于磁矩方向与散射矢量的夹角，原则上，根据磁布拉格反射的位置和强度，可以确定完整的磁结构(原胞中磁矩的大小和方向)。注意，当 $\boldsymbol{e}_m /\!/ \boldsymbol{\kappa}$ 时，磁散射强度为零。

典型的中子粉末衍射图如图 10.8 所示，同时给出了最小二乘法的拟合结果(基于原胞参数的里特维德(Rietveld)曲线)。对于含有 N 个原子的大单胞，可以有多达 $6(N+1)$个结构参数和磁参数需要优化。例如，对于比 $Nd_2Fe_{14}B$ 更复杂的结构，由于布拉格反射数量有限，粉末数据对于结构分析是不够的，必须采用单晶体和极化中子。

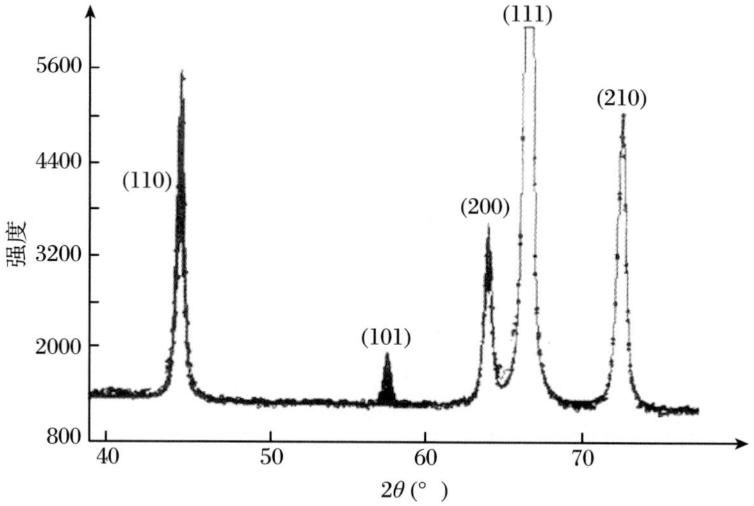

图 10.8

CrO_2的中子粉末衍射图案。磁反射的贡献用阴影表示，包括(101)以及一部分的(110)和(200)

10.3.2 谱 学

许多谱分析技术可以探测磁性固体的能级和激发。非弹性中子散射是最普遍的方法，中子的能量和动量因热激发而发生明显的变

化，在三轴谱仪上分析非弹性散射束的能量和 $\boldsymbol{K}$ 矢量(图 10.9)。用这种方法在布拉格峰附近扫描，收集特定能量(或动量)的中子就可以测量自旋波色散关系 $\omega(\boldsymbol{q})$。对这些色散曲线进行拟合，可以得到海森堡哈密顿量中不同对近邻相互作用的交换参数 $\mathcal{J}_{ij}$。非弹性中子散射也可以用来观测非弹性激发，如稀土元素的晶体场激发。这种方法可以应用于金属，而光学吸收谱不适合。

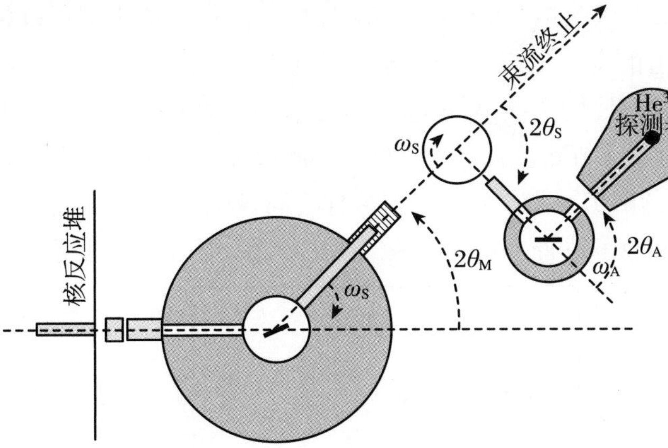

图 10.9

三轴中子谱仪。角度θ_M，θ_S和θ_A分别对应单色器、样品和分析器的取向

布里渊光散射是另一种在磁性固体中探测激发的有效技术。在非弹性散射过程中，一个波矢光子 $K\approx0$(光的波长远大于晶格间距)可以激发或者吸收布里渊区中心附近的磁子和声子。两磁子过程激发了波矢的一对磁子，从而增大了非弹性光散射中可能的波矢 $\boldsymbol{K}$ 的范围。这种方法有利于测量自旋波能隙和原点附近的色散关系，$\boldsymbol{K}=\boldsymbol{0}$。

X 射线吸收谱是研究磁性材料的磁特性和结构特征的有力工具。随着专用电子能量存储环的建造，逐渐能够在很大的能量范围里获得单色的 X 射线。这些技术可以检测特定的元素和轨道，因为入射光束可以调节到所需要的吸收边，而不同元素的原子实能级通常是不重叠的。在特性测量实验中，用单色的 X 射线照射样品，分析透射的 X 射线，以及 X 射线和物质相互作用产生的光电子或光子。当光电子来自原子实的能级时，这个过程就是 X 射线产生的逆过程。光电子发射技术对表面很敏感，因为电子仅能穿透表面约 1 nm 的深度。依据所研究的吸收边和选择的探测方案，X 射线谱可以提供关于局域结构、磁性质以及价带和导带形状的信息。

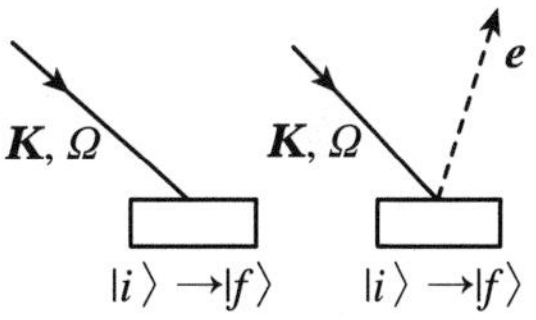

单个光子的吸收和发射

在研究磁性材料时，X 射线精细结构(EXAFS)和 X 射线磁性圆二色谱(XMCD)是两种常见的技术，都是非常有趣的 X 射线吸收谱技术。EXAFS 是出射电子波和反向散射电子波相互干涉所产生的衍射图形。它提供了关于吸收原子周围的局部环境的信息，包括近邻位置、距离以及配位数。EXAFS 谱通常在吸收元素的 K 吸收边附

近测量。与实验室 X 射线衍射相比，EXAFS 一个显著的特征是，样品不需要是长程晶格有序的。

左旋和右旋圆偏振光通过磁化方向平行于波矢 $\boldsymbol{K}$ 的固体材料时，两者的折射率的吸收部分的差异就是 XMCD。由于自旋-轨道耦合，入射光子将自身的角动量转移给光电子的轨道角动量和自旋角动量，使得光电子跃迁到费米能级以上的未占据态。磁学里特别有趣的是 2p（$L_{2,3}$吸收边）和 3d（$M_{4,5}$吸收边）。原子实能级谱可以探测 3d 和 4f 轨道的未占据态。这些方法的优点是利用磁-光求和定则，是能够独立测定原子中未配对电子的自旋轨道动量的少数几种方法之一。例如，在 $BaFe_{12}O_{19}$ 中，既可以测量 Fe 的平均磁矩，也可以探测 Ba 和 O 的磁矩。由于它们的对称性不同，在某种程度上还可以区分不同的 Fe 原子位置。Fe 原子的 XMCD 谱如图 10.10 所示。

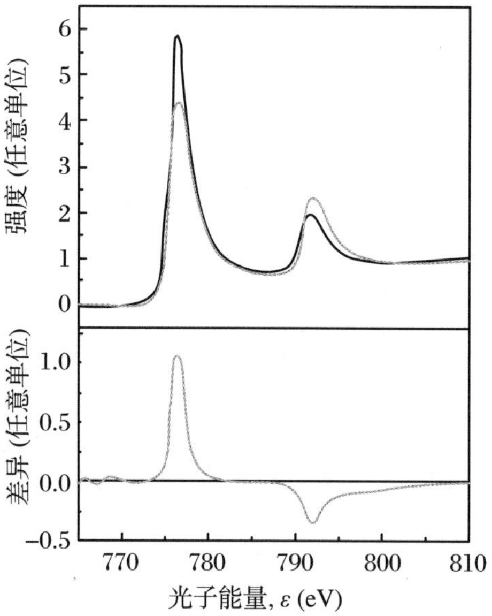

图 10.10

铁L吸收边附近对左或右圆极化辐射的吸收。差值即为XMCD信号，从中可以传递自旋和轨道力矩。黑色线和灰色线分别是μ_+和μ_-

X 射线谱的新方法致力于分析产生或透射的光子的偏振以及出射光电子的自旋极化。角分辨紫外光电子发射谱可以用于布里渊区的自旋极化能态密度的成像。X 射线谱最好是在同步辐射光源中进行。大型设备在磁学研究中起着重要的作用，格勒诺布尔的一些独特设施如图 10.11 所示。

超精细相互作用 原子核是测量原子中心处磁场和电场的探针。不同晶位的原子可以通过它们的超精细相互作用来区分。与核自旋有关的 $2I+1$ 个简并能级 $M_I = I, I-1, \cdots, -I$，在超精细磁场 $\boldsymbol{B}_{hf}$下发生塞曼劈裂。电场梯度劈裂了不同值的简并能级。第 9 章讨论了这种超精细相互作用。

图 10.11
空中俯瞰格勒诺布尔市中三个大型的磁研究装置

核磁共振谱(NMR)和穆斯堡尔谱是测量超精细相互作用的重要技术。在 1 K 温度以下,超精细劈裂还会影响热容。

表 9.3 和表 9.5 给出了适用于核磁共振谱和穆斯堡尔谱的同位素数据。核磁共振谱涉及基态原子射频辐射的共振吸收。穆斯堡尔谱涉及原子核激发态到基态的 γ 射线跃迁,其中的激发态被放射性前驱体填充。图 9.15 是最著名的例子^{57}Fe。半衰期为 270 天,^{57}Co 源的激发态到基态的激发能量 ε_γ 为 14.4 keV,低得能够保证无反冲分数足够大。相对于吸收体(感兴趣的样品)移动单线 γ 源,从而调制其能量、测量穆斯堡尔谱。发射谱线的能量的多普勒位移是 $\Delta\varepsilon = \varepsilon_\gamma v/c$。

偶极辐射的选择定则只允许 $\Delta M_I = 0, \pm 1$ 的跃迁。相对强度取决于克莱布希-高登(Clebsch-Gordan)系数(依赖于 $\boldsymbol{K}_\gamma$ 和原子核量化轴的夹角)。以^{57}Fe 为例,在塞曼劈裂能级中,一共有 6 种允许的激发(图 9.15),$\Delta M_I = 0$ 的激发是标记为 2 和 5 的两根谱线。表 10.3 给出了相对强度。例如,当 $\boldsymbol{K}_\gamma /\!/ \boldsymbol{B}_{hf}$ 时,2 线和 5 线的强度为 0。因此,对于确定单晶或铁基化合物磁性织构的磁化方向,穆斯堡尔谱很有用。不同的晶位可以通过它们的超精细光谱来区分。$BaFe_{12}O_{19}$ 的例子如图 10.12 所示。

表 10.3 对于^{57}Fe 穆斯堡尔吸收线的相对强度。θ 是 K_γ 和 B_{hf} 的夹角

吸收线	相对强度	粉末平均	$B_{hf} /\!/ K_\gamma$	$B_{hf} \perp K_\gamma$
1,6($\pm 3/2 \to \pm 1/2$)	$3(1+\cos^2\theta)$	3	3	3
2,5($\pm 1/2 \to \pm 1/2$)	$2\sin^2\theta$	2	0	4
3,4($\pm 1/2 \to \pm 1/2$)	$1+\cos^2\theta$	1	1	1

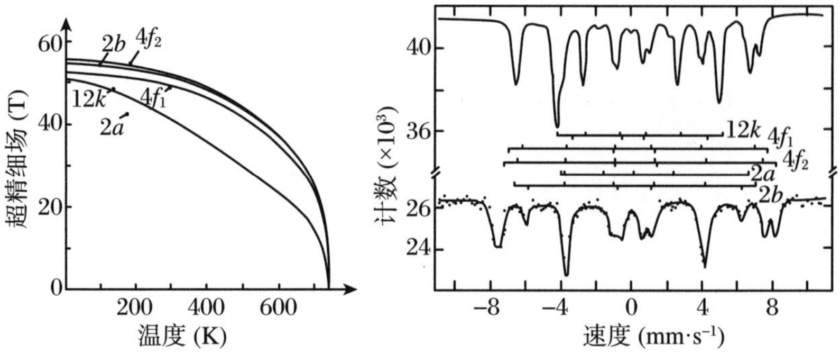

图 10.12

$BaFe_{12}O_{19}$穆斯堡尔谱。每个点都会产生六行超精细谱线。外加磁场可解析得到铁磁性的子晶格(Coey J M D, et al. Rev. Sci. Instrum, 1972, 43(54))

另一种方法是转换电子穆斯堡尔能谱，对于薄膜样品很有用。薄膜里的原子核吸收 γ 射线以后，可以再次发射 14.4 keV 的 γ 射线，也可以发射由原子核内转换过程产生的电子和 X 射线光子，从而退激发。转换电子的平均逃逸深度为 50 nm。通过能量分析，可以选择不同的深度。

10.3.3 电子结构

自旋极化电子的色散关系 $\varepsilon(\boldsymbol{k})$可以完整地描述固体中电子结构。光电子发射谱给出了色散关系和能态密度$\mathcal{D}(\varepsilon)$的部分信息。费米能级附近的电子自旋极化度可以从自旋极化的光电子能谱、涉及铁磁体和超导体的隧穿或点接触实验中推断出来(第 8 章)。结果令人惊讶，因为铁、钴和镍的电子都展现出大约 40%的正的自旋极化，而半金属铁磁体 CrO_2的测量值大于 95%。由于 3d↓带在费米能级ε_F处，强铁磁体 Co 和 Ni 可能会出现负的自旋极化。3d 金属发射出来的电子有显著的 4s 特性。

然而，研究铁磁体电子结构的主要方法是计算机技术。第 5.3.7 小节讨论了电子结构计算，更多的例子如图 10.13 所示。对于零温下 3d 金属和 4f-3d 金属间化合物的自旋极化能态密度计算来说，局域自旋密度近似(LSDA)是相当可靠的。通过引入自旋轨道耦合，可以考虑轨道磁矩并估计 3d 能带各向异性，尽管各向异性能仅为能带能量的 10^{-6}。LSDA 方法也可以计算超精细相互作用和 4f 晶体场系数。根据局域能态密度，可以确定结构中不同原子的磁矩。

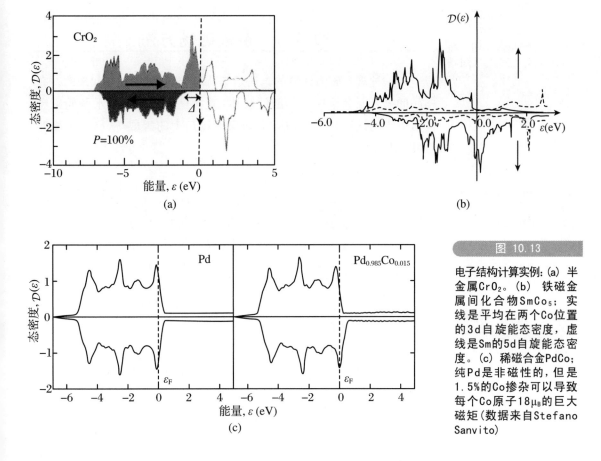

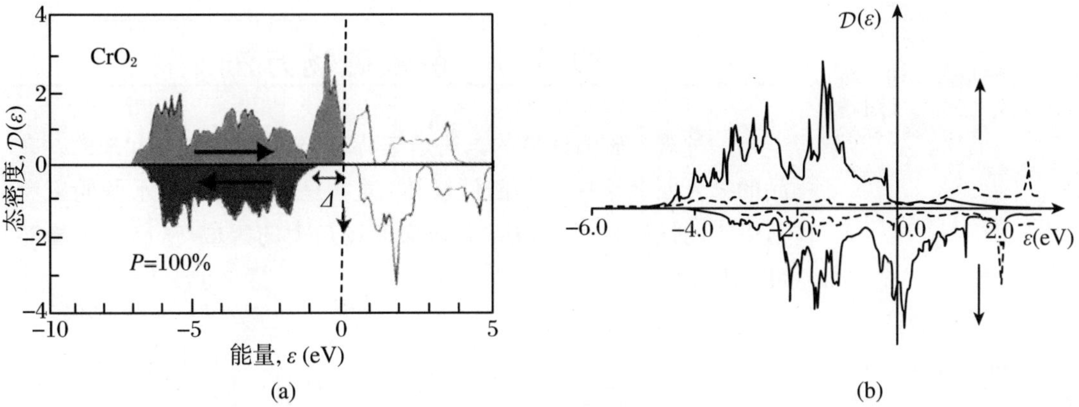

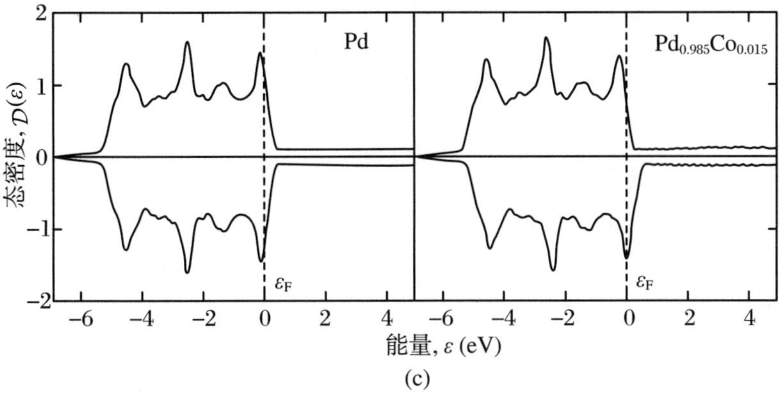

图 10.13

电子结构计算实例:(a) 半金属CrO_2。(b) 铁磁金属间化合物$SmCo_5$;实线是平均在两个Co位置的3d自旋能态密度,虚线是Sm的5d自旋能态密度。(c) 稀磁合金PdCo;纯Pd是非磁性的,但是1.5%的Co掺杂可以导致每个Co原子$18\mu_B$的巨大磁矩(数据来自Stefano Sanvito)

10.4 磁畴测量

磁畴和磁畴壁的可视化技术依赖于探测磁性材料外面的杂散场$\boldsymbol{H}$、内部的磁化强度$\boldsymbol{M}$或磁通密度$\boldsymbol{B}$。制备的样品通常是抛光的表面、薄片和金属薄膜,那么,在表面观测到的磁畴是否能够代表体内呢?体内的磁畴可以用特殊方法探测,例如中子层析成像或小角中子散射。但不管怎样,从磁畴研究中可以得到关于微磁交换相互作用和各向异性常数A和K_1的有用信息,对磁畴结构和微观结构的同时观察,深化了我们对矫顽力机制和磁化翻转的认识。对于面内磁化的薄膜来说,表面和体内几乎没有区别。表面观测的就是磁畴结构。

10.4.1 杂散磁场方法

第一种观察磁畴区域的方法是毕特在1930年代发展起来的。在样品的抛光面上涂抹一些磁性胶体(通常是一滴油基或水基的磁流体),微小的铁磁粒子就被吸引到梯度场最大的区域,从而显示出畴壁(图10.14)。

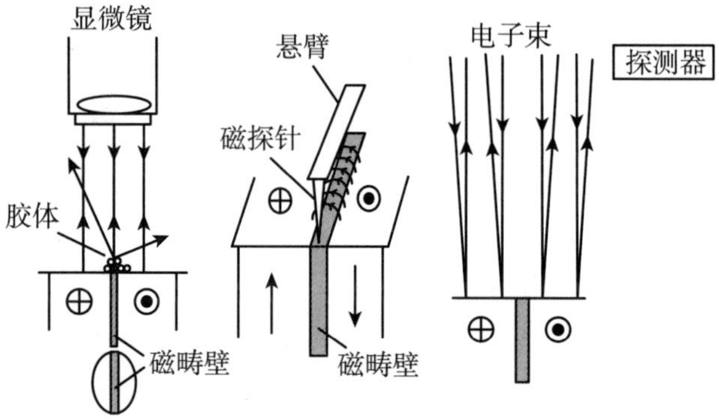

图 10.14
观测磁畴的杂散场方法:(a) 毕特方法;(b) MFM磁力显微镜;(c) 1型对比的SEM

杂散磁场的现代测量方法是基于磁力显微镜(MFM,与扫描探针技术原理的相同)。在微小的硅悬臂上安装单个铁磁颗粒,或者在悬臂尖端涂上一层铁磁薄膜,然后扫描样品的表面。根据悬臂的偏差或机械共振频率的变化,得到力的导数,就给出了表面杂散磁场梯度的图像。磁力显微镜的分辨率大约为20 nm。给软磁材料成像时会出现问题,因为尖端产生的杂散磁场可能会扰乱样品的磁畴结构。

使用电感式或者磁阻式读头从磁盘或磁带中读取磁记录信息,同样依赖于探测磁性媒介上的磁畴图案的杂散磁场分布。第14章讨论磁记录。

扫描电子显微镜(SEM)是材料科学的重要工具。用精细聚焦电子束对样品表面进行扫描,并探测表面发射的二次电子。二次电子(特别是伴随的X射线)的能量反映了化学元素的特征,因此可以用SEM对微观结构和拓扑结构进行成像,并能提供局域的化学分析。对具有3s和更深的电子壳层的元素很灵敏(钠以及后面的元素)。轻元素产生的低能X射线能够用特定的无窗口探测器观测。通过检测多畴样品表面附近杂散场中二次电子的偏差,SEM可以提供磁反差(magnetic contrast)。在表面扫描电子束的时候,还可以检测二次电子的自旋极化率,这就是分析自旋极化的扫描电子显微镜方法(scanning electron microscopy with polarization and analysis,SEMPA)。

10.4.2 磁光和电光方法

第二种畴结构成像技术的原理是，穿过固体的辐射在某种程度上受到固体铁磁序的影响。在电磁波的情况下，磁光效应依赖于自旋轨道耦合，与磁化强度 $\boldsymbol{M}(\boldsymbol{r})$呈正比。稳态磁场对自由空间中的电磁波没有影响，但介质中的光通过自旋轨道相互作用与物质中电子的磁化强度发生相互作用。这些效应是微弱的，但是在重原子中更明显(表3.4)。通常情况下，磁光效应依赖于复介电常数张量ϵ_{ij}(由定义$D_i=\epsilon_{ij}E_j$，式(5.86))。如果在透射电子显微镜(TEM)中使用电子束，则相互作用依赖于洛伦兹力，相关的量是材料中的磁通密度 $\boldsymbol{B}(\boldsymbol{r})$。

磁光效应(第5.6.5小节)可以在透射或反射中观察到。当平面偏振光穿过透明的铁磁介质时，其波矢 $\boldsymbol{K}$ 与磁化方向平行，偏振面的旋转与磁介质中的路径长度呈正比，这就是法拉第效应，这个发现第一次把光与磁联系起来。法拉第旋转可以确定半导体中的传导电子的自旋极化，观察透明亚铁磁磁畴。$BaFe_{12}O_{19}$薄膜的法拉第光谱如图10.15所示。在Fe^{3+}磁离子的跃迁附近，这个效应最大，而且在吸收边附近增强了。费尔德常数$\mathcal{V}=k_V\mu_0M_s$的典型值是$10^5\ \mathrm{rad\cdot m^{-1}}$。品质因数$\mathcal{V}l_a$很有用，其中$l_a$是吸收长度(透射光的强度在此距离上衰减为$1/e$)。

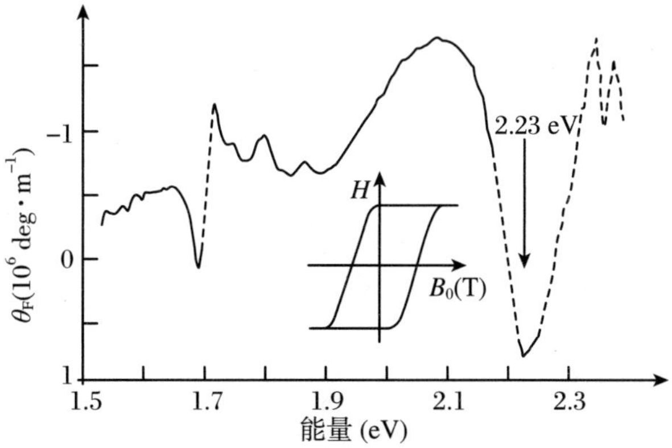

图 10.15

20 K时的 $BaFe_{12}O_{19}$ 法拉第效应谱。图为利用633 nm (1.86 eV)波长光得到的薄膜磁滞回线

克尔效应同样可以检测抛光铁磁金属表面的磁畴。极化克尔效应可以说是反射的法拉第效应。线偏振光从铁磁材料表面反射，其偏振面旋转了量级为0.1°的小角度 θ_K。对于金属，克尔旋转的幅值与穿过足够薄的透明金属的法拉第效应类似。在磁光记录介质中，用电介质覆盖层对这个效应做了优化。在薄膜的上下表面之间，发

生了多次反射。克尔显微镜就是改造了的金相显微镜,可以用于精确的偏振分析,能够同时给出微结构和磁畴结构的图像。图 10.16 给出了未磁化的 Nd-Fe-B 烧结磁体晶粒中的磁畴,晶粒的尺寸小于 $2R_{sd}$。

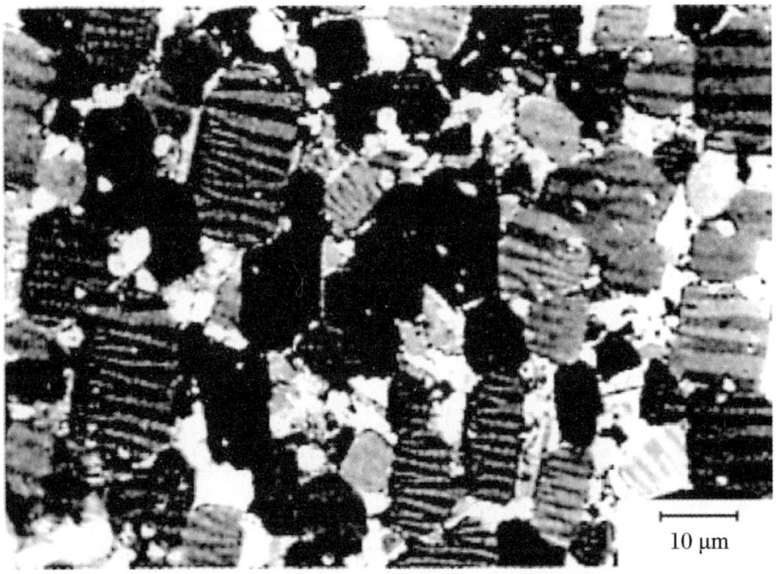

图 10.16

克尔显微镜下抛光Nd-Fe-B烧结磁体表面图像。该磁体处于制备态的初始状态,取向化的$Nd_2Fe_{14}B$晶体具有未磁化的多畴。磁畴的对比度是在互成角度偏振片下观察光的克尔偏角的结果(照片由H. Kronmüller提供)

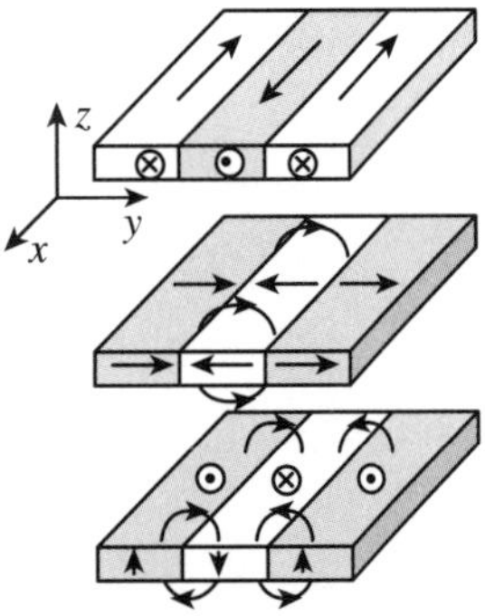

薄箔中沿z轴运动的电子束所穿过的区域。仅沿着x轴排列的磁畴产生净余电子束偏向

法拉第效应和克尔效应都可以研究磁化过程。当光束远大于磁畴尺寸时,初始磁化曲线和磁滞回线反映了净磁化强度。这种技术非常灵敏,已经可以探测只有单层原子厚度的薄膜。然而,它们给不出 $\boldsymbol{M}$ 的绝对值,而且难以校准。双原子层 Co 薄膜的克尔光谱如图 10.17 所示。

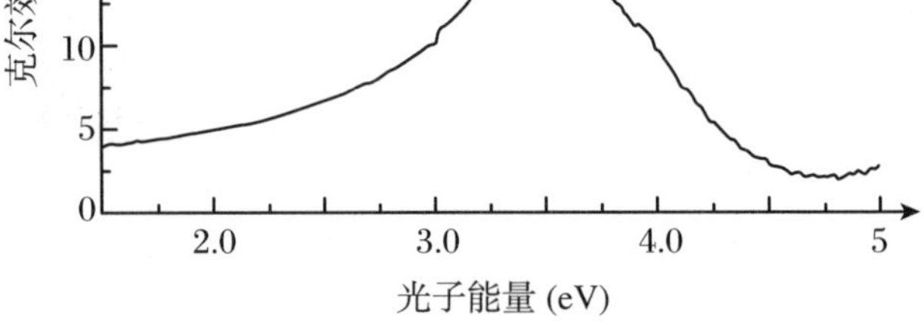

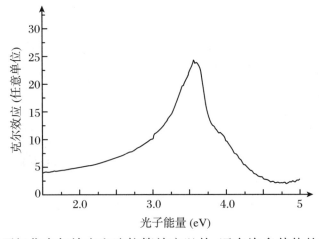

图 10.17

厚度为0.4 nm的Co薄膜的磁光克尔谱(数据来自J. F. McGilp)

除了极化克尔效应和法拉第效应以外,还有许多其他的磁光成像技术,其中磁化强度影响了偏振光的强度或相位。例如,在横向克尔效应中,当 $\boldsymbol{M}$ 位于样品面内时,偏振方向垂直和平行于磁化强度的

极反射光束的强度有差别(磁线偏振二色性)。横向克尔效应有助于研究面内磁性薄膜的磁化过程和磁畴结构。

用X射线在样品表面扫描,可以产生特定元素的磁性图像。这对多层结构非常有用。光电发射电子显微镜(PEEM)探测发射电子的自旋极化,依赖于磁化强度在X射线入射面内的投影。这种技术对界面很灵敏,分辨率为100 nm量级。X射线和紫外线的磁圆偏振二色谱也可以研究特定元素的磁成像。对于左旋和右旋的偏振光,与虚部有关的吸收系数略有不同,因而将线偏振入射光转变为椭圆偏振透射光。

一类重要的磁畴观测技术基于TEM。当电子经过磁化样品时受到洛伦兹力 $e\boldsymbol{v}\times\boldsymbol{B}$,由于磁畴的面内磁化强度分量而发生净偏转。洛伦兹显微镜获得磁反差的两种方法是菲涅耳方法(Fresnel scheme)和傅科方法(Foucault scheme),如图10.18所示。菲涅耳方

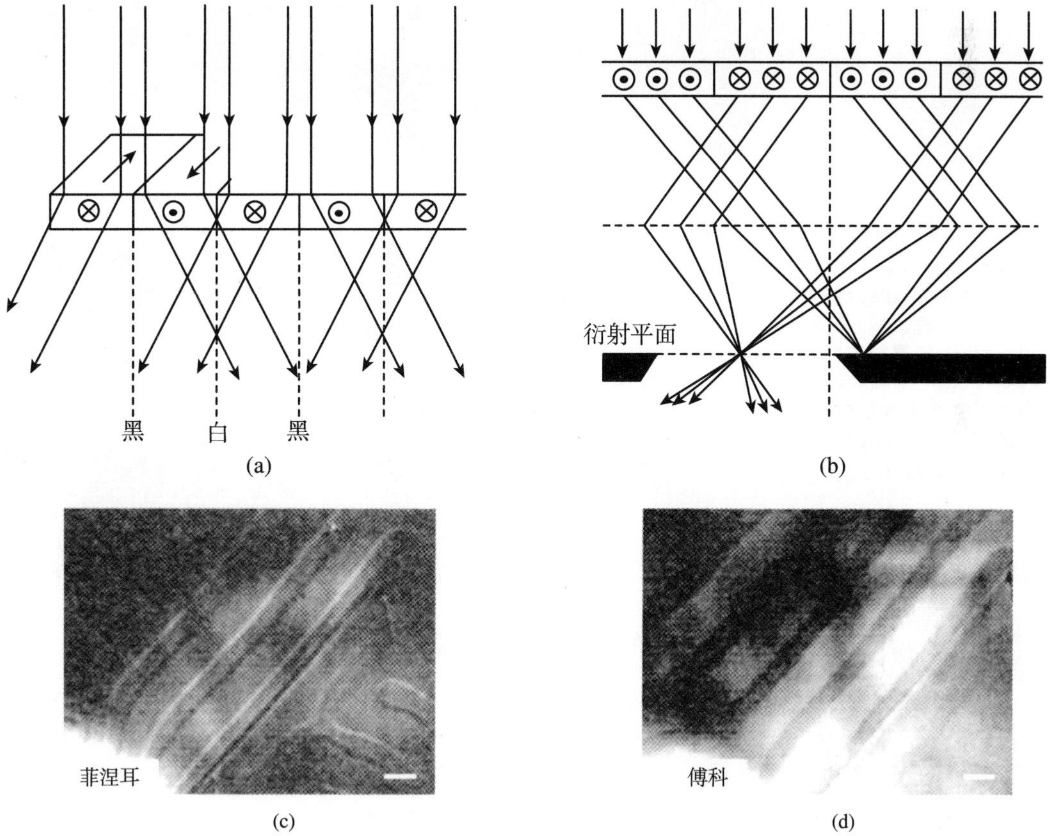

图 10.18

磁畴的TEM成像方案:(a) 菲涅耳成像,(b) 傅科成像。这些图像是$Nd_2Fe_{14}B$样品。比例尺是100 nm(图片由J. Fidler提供)

法可以在散焦构型下对磁畴壁成像(亮线或暗线)。傅科方法可以对磁畴壁本身进行成像,其反差取决于狭缝相对于磁化强度的取向。有一个问题是,在标准透射电子显微镜里,由于物镜的作用,样品处通常有磁场,显然会扰乱磁畴结构。已经开发出带有特定透镜的设备,可以对样品的磁畴进行成像而几乎不受磁场影响。TEM 的一个特点是空间分辨率非常高。在熔体旋甩法形成的纳米晶 Nd-Fe-B 合金中,纳米尺度的磁畴壁如图 10.19 所示。透射电镜的主要缺点是制备过程烦琐,样品必须足够薄以便能量为 100—200 keV 的电子能够透射。

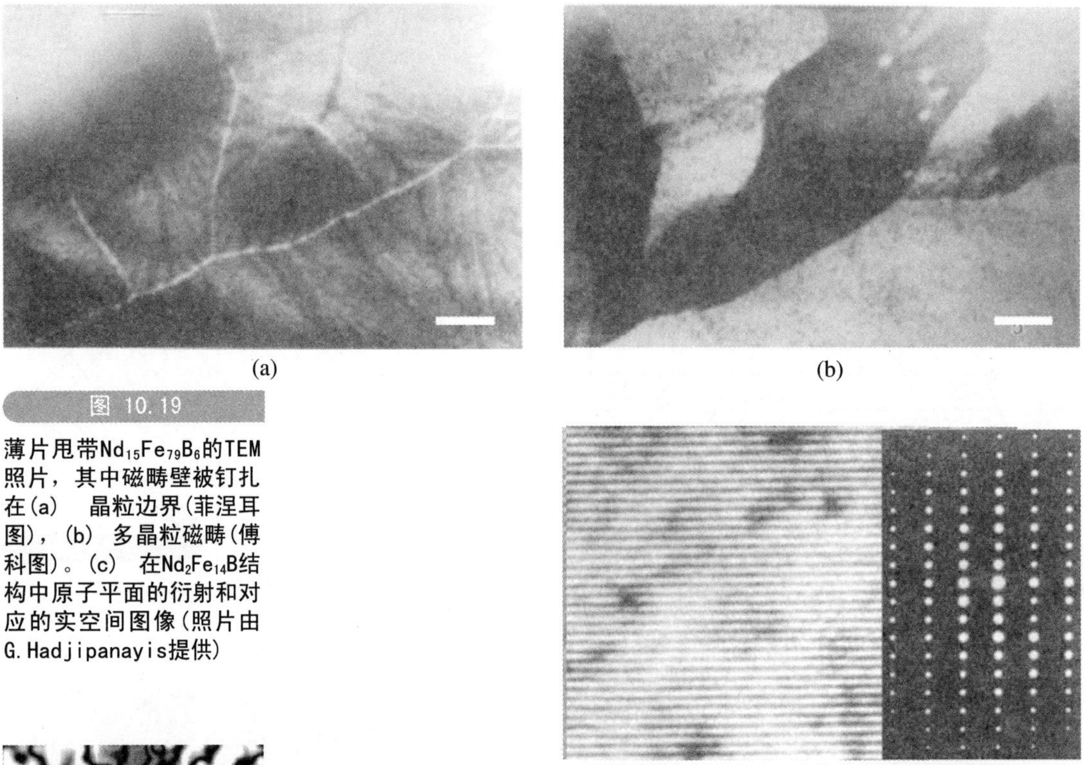

(a) (b) (c)

图 10.19

薄片甩带$Nd_{15}Fe_{79}B_6$的TEM照片，其中磁畴壁被钉扎在(a) 晶粒边界(菲涅耳图)，(b) 多晶粒磁畴(傅科图)。(c) 在$Nd_2Fe_{14}B$结构中原子平面的衍射和对应的实空间图像(照片由G. Hadjipanayis提供)

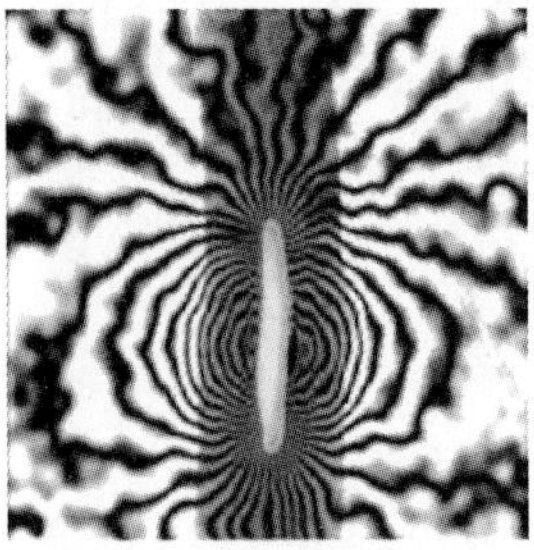

300 nm的Co薄片电子全息图，显示出漩涡状的磁化分布(Tonumura A.Rev. Mod. Phys, 1987, 59(639))

TEM 的分辨率达到了原子尺度,可以在制备合适的薄膜样品中得到实空间的晶格图像,对于检测自旋电子学多层膜的横截面很有用。还可以在非常小的空间里获得衍射图像和倒易空间图像(图 10.19),从而确定物相。洛伦兹力引起的电子束偏转远小于布拉格反射引起的偏转,衍射图像上的斑点不会有重影。在任何特定视场内看到的结构,确定它是样品的典型结构还是例外,对于任何超高分辨显微镜都是个问题。

还有两种电子束方法可以提供更多的定量信息和更高的分辨率。一种是微分相衬显微镜,扫描式透射电子显微镜(STEM)中的电子束在试样上扫描，利用四分区探测器测量电子束的偏向。另一种方法是电子全息摄影，对于适当磁化的样品，可以提供高分辨率的磁畴图像。产生于同一点的两个汇聚电子束，经过铁磁样品中的不同路径后重新会合，两者之间有了显著的相位差 ϕ。这就是阿哈罗诺夫-玻姆效应(Aharonov-Bohm effect)，相位差是 $e\Phi$，其中 Φ 是两个电子束之间包含的磁通量。铁磁样品充当了电子束的纯相位物体。

电子束全息照相也可以为适当磁化的样品提供高分辨率的磁畴图像。

10.5 测量体磁化强度

根据样品是否构成完整磁路的一部分，将测量磁滞回线和施加外加磁化强度的方法分为闭路测量或开路测量。

10.5.1 测量磁化强度：开路

开路测量更容易操作。样品通常很小(0.01—100 mg)，但是由于退磁效应(第 2.2.4 小节)，这种测量方法的不便之处在于，外部施加的磁场 $\boldsymbol{H}'$ 和样品里的磁场 $\boldsymbol{H}$ 不一样。测量的磁矩 $\mathfrak{m}$ 是 σ，通常可以推断的是每单位质量的磁矩(单位 $\mathrm{A \cdot m^2 \cdot kg^{-1}}$)。乘以密度就可以得到 M(单位是 $\mathrm{A \cdot m^{-1}}$)。对于薄膜，通常知道的是厚度而不是质量，所以直接得到了 M。单位 $\mathrm{J \cdot T^{-1} \cdot kg^{-1}}$ 和 $\mathrm{J \cdot T^{-1} \cdot m^{-3}}$ 分别等于 $\mathrm{A \cdot m^2 \cdot kg^{-1}}$ 和 $\mathrm{A \cdot m^{-1}}$。附录 E 和表格 B 讨论了变换因子和 CGS 换算。如果 $M(H)$ 和 $B(H)$ 需要作为局域的内部磁场 H 的函数，需要形状确定的完全致密的样品，以便进行退磁修正：$\boldsymbol{H} = \boldsymbol{H}' - \mathcal{N}\boldsymbol{M}$，其中 $\mathcal{N}$ 为退磁因子。

测量磁化强度随外加磁场的变化关系有两大类的开路方法。第一类测量样品的力，而第二类测量样品移动导致的电路中磁通量的变化。

力学方法 在法拉第天平中，样品处于非均匀的水平磁场 B_x 中，在垂直方向 z 有一个梯度 $\mathrm{d}B_x/\mathrm{d}z$。磁矩 $\mathfrak{m}$ 上的力可以用式(2.74)表示为

$$f_z = \nabla(\mathfrak{m} \cdot \boldsymbol{B}_0) = \mathfrak{m}(\mathrm{d}B_x/\mathrm{d}z)\boldsymbol{e}_z \tag{10.9}$$

其中 $\boldsymbol{B}_0=\mu_0\boldsymbol{H}'$。因此，测量在灵敏天平上自由悬挂的样品受的力，就可以得出 $\mathfrak{m}(B_0)$。当磁场梯度由具有特殊形状磁极的电磁铁产生，因为 $\mathrm{d}B_x/\mathrm{d}z=cB_x$（其中常数 c 由磁极的形状决定），所以这种方法在零磁场下不灵敏。基本型的法拉第天平不能测量剩磁，对于研究永磁体毫无用处。但是，利用一列梯度线圈或小的永磁铁阵列独立地产生磁场梯度，就可以克服这种缺陷。法拉第天平需要用标准样品校正。通常灵敏度为 10^{-6} A・m^{2}量级。从式(10.9)可以看出，磁场梯度 1 T・m^{-1}对应的受力等效于 0.1 mg 的质量。

热磁分析（thermomagnetic analysis，TMA）利用一个简单的磁天平，当小熔炉加热使得温度上升时，测量样品在永磁体产生的磁场梯度中的受力。TMA 用于测量任何存在的磁相的居里温度。

对于连续模拟输出的任何物理量，如果将连续信号转变为固定频率的交变信号，把锁相放大器调整到相应的参考频率来探测该信号，就可以显著提高测量的灵敏度。交变梯度力磁强计（AGFM）就是交流式的磁强计。在水平方向施加交变的磁场梯度，其频率可以选得与样品支撑杆（即垂直振动杆）的谐振频率一致。外磁场是均匀而且水平的（图 10.20(b)）。测量的灵敏度可以提高几个数量级，达到 10^{-10} A・m^2，可以测量沉积在衬底上几纳米厚的小片铁磁薄膜。

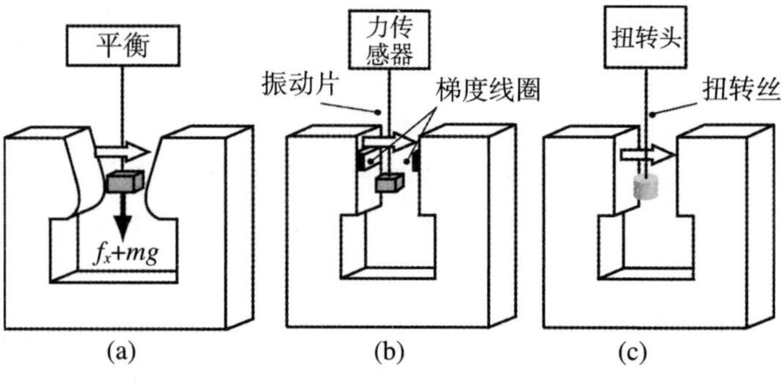

图 10.20

在电磁铁的水平磁场中用力学方法测试样品：(a) 法拉第方法，(b) 交变梯度力学方法，(c) 力矩方法

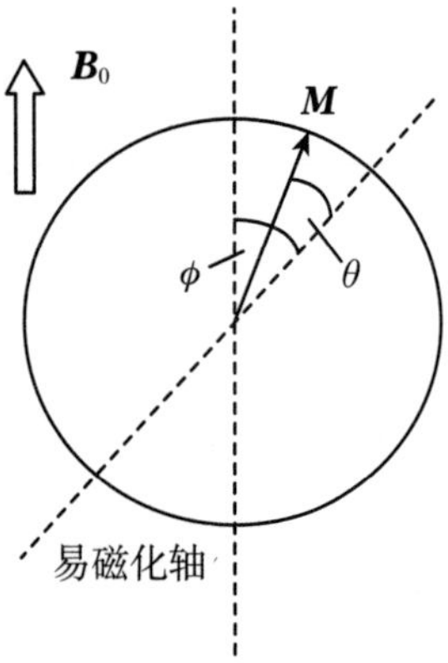

力矩磁强计中的测量

在力矩磁强计中，样品是圆盘形、圆柱形或球形的单晶或定向磁体，由一根纤维垂直地悬挂在水平磁场里，样品的对称轴与纤维垂直（图 10.20(c)）。当磁场水平旋转时，测量样品上的力矩 $\boldsymbol{\Gamma}$。这个设备测量的是各向异性，而不是磁化强度。如果磁场与易磁化轴有一定角度（图 10.20(c)），单位体积内的能量 $E=E_\mathrm{a}-MB_0V\cos(\phi-\theta)$，其中各向异性能可以由通常的表达式 $E_\mathrm{a}=K_1\sin^2\theta+\cdots$给出。在平衡时 $\partial E/\partial\theta=0$，$\partial E_\mathrm{a}/\partial\theta=-MB_0V\sin(\phi-\theta)$。这一项等于为了消除偏转所需要的单位体积内的力矩，因此

$$\Gamma/V=-\partial E_\mathrm{a}/\partial\theta \qquad (10.10)$$

力矩曲线的形状反映了晶体的对称性。例如，根据力矩振荡周期的

大小可以得到 $\Gamma/V = -K_1\sin 2\theta + \cdots$ 和 K_1。典型的灵敏度为 10^{-9} N·m。为了精确，施加的磁场通常超过各向异性场，足以饱和样品，使 $\phi-\theta$ 角度很小。对于许多硬磁体来说，这是不现实的，最好是利用高场磁化曲线中得出各向异性常数。

磁通方法 抽取式磁强计基于线圈中磁通量的变化，是最简单的测量磁化强度的方法，放置在磁场线圈中心的样品快速移动到远离线圈的位置(图 10.21(a))。感应电动势的积分给出了线圈中磁通的变化(就像搜索线圈一样)。样品的磁矩正比于磁通计记录的磁通变化。改良的检测线圈包括两个缠绕方向相反的部分，因此外加磁场的变化没有影响。抽取式磁力仪的灵敏度通常为 10^{-6} A·m^2。

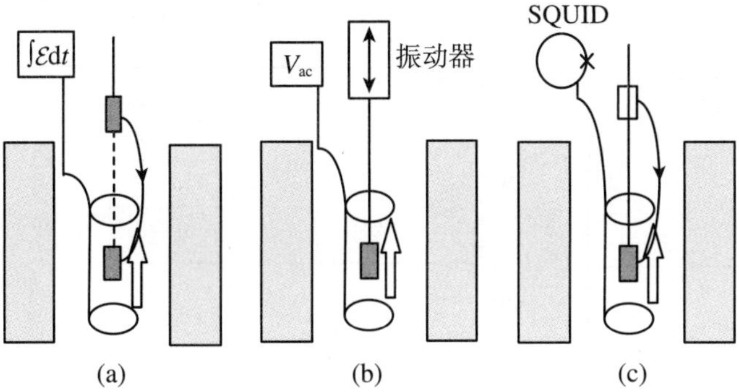

图 10.21

在超导磁体的垂直磁场中测量样品磁矩的磁通量方法：(a) 提取，(b) VSM和(c) SQUID磁强计

交流版的抽取式磁强计是非常流行的振动样品磁强计(VSM)，也称为福纳天平，用来纪念其发明者 Foner。样品放在垂直杆上，并在一组检测线圈的中心位置附近垂直振动(图 10.21(b))。检测线圈的排列取决于外加磁场是垂直的(由超导螺线管提供)还是水平的(由电磁铁提供)。无论哪种情况，上下(或左右)两个线圈都是反向缠绕的，因而振动样品产生的感应电动势是相加的。对于水平外加磁场，四极构型采用了两对线圈来产生鞍点，而鞍点附近的灵敏度不依赖于样品位置。振动的频率通常为 10—100 MHz 范围，振动的幅度通过反馈电路控制在十分之几毫米。设计良好的 VSM 的灵敏度优于 10^{-8} A·m^2。利用一组互相垂直的两列检测线圈，可以测量水平面内的磁矩矢量，并将其分解为和。如果样品或磁场旋转，可以得到 $\mathfrak{m}\perp B_0$，这个量等同于力矩 Γ，并可以根据式(10.10)得到 $\partial E_a/\partial\theta$。

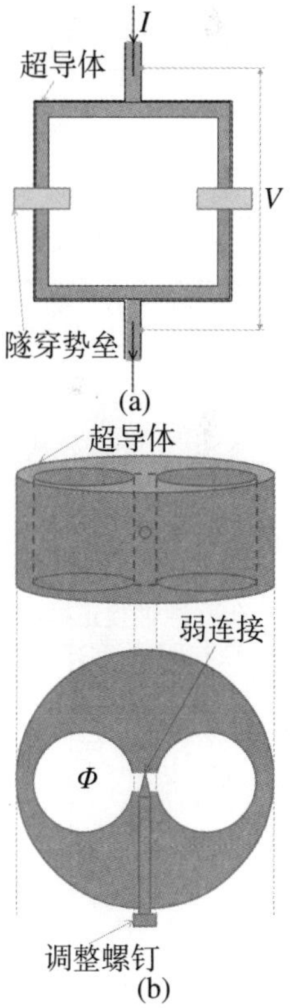

(a) 一种直流两个弱连接的SQUID(隧穿结)。(b) 一种交变单个弱连接的SQUID(金属点接触)

超导量子干涉仪(SQUID)可以非常灵敏地测量检测线圈中的磁通变化。超导电路里的磁通量是常数，因此在抽取样品时，电流会流过超导线制成的检测线圈，以补偿磁通的变化(图 10.21(c))。线圈的一部分作为变压器，将一些磁通耦合到超导量子干涉仪的工作区。灵敏度可以达到 10^{-10} A·m^{2}甚至更高，因为这种干涉仪可以探测磁

通量子($\Phi_0 = 2.1\times10^{-15}$ T·m^2)的 10^6 分之一,但是测量很费时间,因为需要在每一点提取数据,还要缓慢地把超导磁场从磁滞回线上的一个测量点移到另一个。如果采用交流模式,灵敏度进一步提高到 10^{-12} A·m^2。

在测量薄膜和界面时,仪器的灵敏度必须非常高,而衬底的抗磁磁矩可能会超过几毫克的铁磁薄膜。必须对衬底的磁化率进行校准,如图 10.22 所示。表 3.4 给出了普通衬底材料的磁化率。有时候,需要测量与临界单畴尺寸 R_{sd} 相近的微晶的磁化强度,样品的质量小于 1 ng。微量子干涉仪适用于最小的样品。磁黏滞性测量需要很高的稳定性和灵敏度,测量的是磁滞回线第二象限里磁化强度随时间的变化关系。

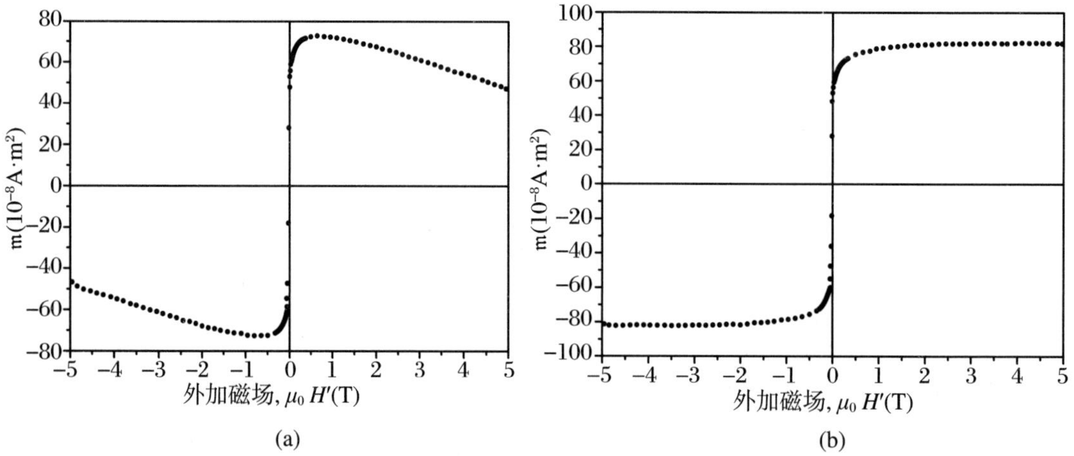

图 10.22

在SQUID磁强计中测量铁磁性薄膜的磁矩:(a) 在Si衬底上Fe_3O_4薄膜的信号,(b) 通过校正衬底抗磁信号后的信号(数据由M. Venkatesan提供)

对于磁化强度为 10^{-2} A·m^2·kg^{-1}的体铁磁材料,100 mg 的样品的磁矩大约为 10^{-2} A·m^2,测量磁化强度不需要高灵敏度。更重要的是能够快速地饱和磁化强度和测量磁滞回线。VSM 就是最好的选择。它可以用电磁铁或永磁体磁通源,适合于测量大多数的铁磁材料,但对于强各向异性的稀土磁铁可能需要超导磁体来测量。表 10.4 比较了磁化强度的各种测量方法的灵敏度。

表 10.4 测量磁性材料磁矩和磁滞的方法对比

方法	开路/闭路	典型灵敏度(A·m^{-2})
法拉第法	开路	10^{-6}
交变梯度力法	开路	10^{-10}
抽取中磁强计	开路	10^{-6}
振动样品磁强计	开路	10^{-9}
法拉第法	开路	10^{-11}
磁滞记录仪	闭路	10^{-4}

一个磁矩测量的例子如图10.23所示：具有单轴各向异性的六角球状晶体YCo_5，在平行和垂直于易磁化轴的磁场下进行测量。在平行方向，需要外场$H' = M_s/3$等于最大的退磁场才能获得饱和磁化。虚线是校正了退磁效应以后的结果，画成$H = H' - \mathcal{N}M$的函数，其中$\mathcal{N} = 1/3$。这种化合物的垂直磁化曲线实际上是线性的，当内场H等于各向异性场$H_a = 2K_1/\mu_0 M_s$时达到饱和，其中K_1是第一各向异性常数。高场下的斜率很小，因为YCo_5像Co一样是强铁磁体。这些数据可以与图2.11进行比较。

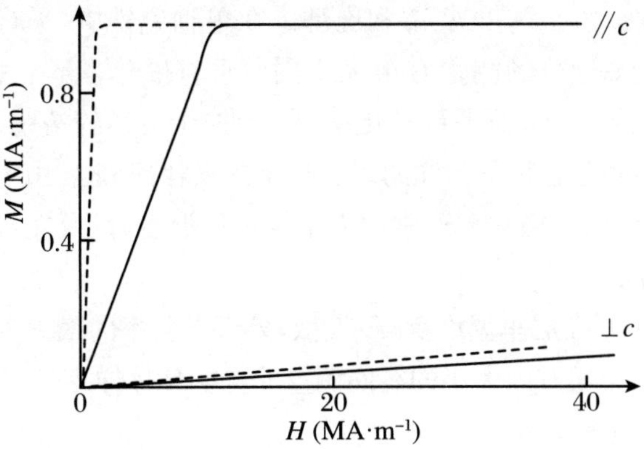

图 10.23

平行和垂直于c轴测量YCo_5晶体的磁化曲线。作为外场（实线）和退磁场校准后的内场（虚线）的函数图

当第二各向异性常数K_2不能忽略时，垂直磁化曲线是非线性的。根据Sucksmith-Thompson图H/M和M^2的关系，可以得到这两个常数（习题5.9）。

利用奇异点探测（SPD）技术，可以在短脉冲磁场里直接测量饱和磁场H_K。当$K_2 = K_3 = 0$时，饱和磁场H_K等于H_a。否则就有$H_K = 2(K_1 + 2K_2 + 3K_3)/\mu_0 M_s$。SPD方法需要对样品附近检测线圈中的信号求微分，以便得到在脉冲期间的d^2M/dt^2。利用检测线圈，把导数dB/dt同时记录下来，就可以确定在磁化曲线二阶导数中出现奇异点时的磁场H_K。这种方法适用于粉末或者单晶。

磁化率 根据开路测量磁化曲线的斜率，可以得到磁化率。当样品的质量已知时，就很容易得到σ（单位是$A \cdot m^2 \cdot kg^{-1}$）和质量磁化率$\kappa = \sigma/B_0 = M/dB_0$，其中d为密度。这种方式定义的磁化率的单位是$J \cdot T^{-2} \cdot kg^{-1}$。如果样品的密度和体积已知，就可以直接得到由定义$M = \chi H$给出的无量纲磁化率$\chi$。表3.4给出了代表性材料的质量磁化率和体积磁化率，图3.4给出了元素的摩尔磁化率。磁化率的转换如表B所示。根据磁化曲线的斜率，可以得到铁磁态在高场下的磁化率χ_{hf}。铁基合金的值约为10^{-3}。如果数据满足居里-外斯定律$\chi = C/(T - \theta_p)$，根据居里点以上的顺磁磁化率，可以得到居里常数C和顺磁居里温度点θ_p。有效局域磁矩式（4.16）为

$$\mathfrak{m}_{\mathrm{eff}} = (3k_B C_{\mathrm{mol}}/\mu_0 N_A)^{1/2} \tag{10.11}$$

其中 N_A 是摩尔原子数，C_{mol}是摩尔居里常量，它与有效玻尔磁子数有关，$p_{\mathrm{eff}} = \mathfrak{m}_{\mathrm{eff}}/\mu_B$，其中$C_{\mathrm{mol}} = 1.571\times 10^{-6} p_{\mathrm{eff}}^2$。

通常的磁性测量是在小的低频交变场≈1—1000 A·m^{-1}中测量初始磁化系数χ_i。驱动线圈产生磁场，利用一对精确平衡的同心或同轴的检测线圈，在没有样品的情况下就不会产生净的感应电动势。利用锁相放大器检测包含着样品的线圈里的感应信号，实现高的灵敏度，利用驱动场 $\boldsymbol{H}$ 确定信号的同相分量和正交分量，从而确定交流磁化率 $\chi = \chi' + i\chi''$的实部和虚部。在单轴磁铁中，平行或垂直于晶体易磁化轴进行的测量有很大不同。垂直磁化率$\chi'_{\perp} = \mu_0 M_s^2/2K_1$来自磁化的旋转，而平行磁化率$\chi'_{/\!/}$受控于可逆的畴壁运动，所以初始磁态和剩磁态是不一样的。磁化率的损耗部分 χ''由不可逆磁畴运动占主导。AC 磁化率通常用来确定居里温度，以及发现其他磁相的相变温度。

因为 χ'在居里温度点 T_C发散，外部磁化率的最大值被退磁场限制到 $1/\mathcal{N}$。用有限大小的线圈测量非椭椭球体样品时，$\mathcal{N}$本身也稍微依赖于磁化率。

10.5.2 测量磁化强度：闭路

在闭路测量中，样品通常是块体或圆柱体材料，具有均匀的横截面和平行的表面，夹在电磁铁的两极之间，成为闭合磁路的一部分。不需要退磁修正，因为 $H = H'$。磁滞回线记录仪（即磁导计，图10.24）用于测量 $B(H)$曲线，其中 H 为样品的内部磁场。对于电磁场（≈2 T）无法饱和的材料，可以先在脉冲磁场下使得样品沿轴向饱和，然后转移到磁滞回线记录仪上测量第二象限里的退磁曲线。线圈和传感器有很多构型，可以测量 B，M（或者 $J = \mu_0 M$）和 H。利用绕着样品缠了 N 匝的线圈来测量B，用一对绞线将线圈的两端连接到磁通计上。磁通计是积分式电压表。线圈的横截面实际上同磁体$\mathcal{A}_m$ 一样，磁通计积分的是 $-N\mathcal{A}_m(\mathrm{d}\mathcal{E}/\mathrm{d}t)$。如图 10.24 所示，在靠近样品的气隙里放置小的霍尔探针，可以测量 H，因为平行分量 $H_{/\!/}$在界面处是连续的。也可以在气隙里放置一个小的探测线圈，并连接到另一个磁通计。扫描电磁铁的磁场，并用图表记录仪或计算机记录 B 和H。

用交替线圈构型测量磁化强度 M。它由两个同心的扁平线圈组

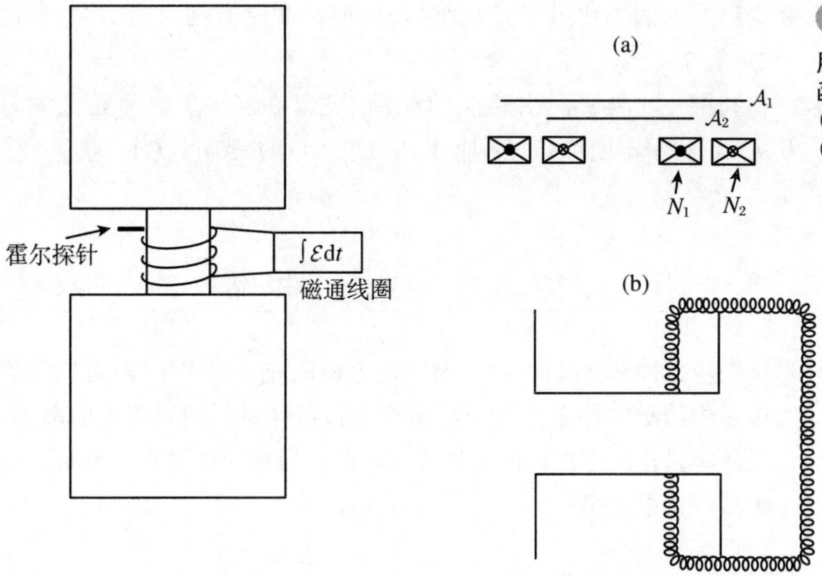

图 10.24

用于测试B或M与内场H函数关系的示意图。插图：(a) 补偿线圈用于测试M，(b) 分压线圈用于测试H

成，面积和匝数分别为$\mathcal{A}_1$，N_1和$\mathcal{A}_2$，N_2。产生的感应电动势正比于$N_1[(\mathcal{A}_1-\mathcal{A}_m)\mu_0H+\mathcal{A}_mB]-N_2[(\mathcal{A}_2-\mathcal{A}_m)\mu_0H+\mathcal{A}_mB]$。如果选择两个线圈的尺寸使得$N_1\mathcal{A}_1=N_2\mathcal{A}_2$，感应电动势就正比于$(N_1-N_2)\mathcal{A}_m(B-\mu_0H)=(N_1-N_2)\mathcal{A}_m\mu_0M$。因此用磁通计积分感应电动势，就可以直接得到磁化强度。

当电磁铁的磁极接近饱和时，样品附近的磁场 H 就扭曲了。在样品附近的气隙里测量磁场 H 就会得到错误的数值。利用"磁势线圈"，确定磁铁两极之间的磁标量势差 $\varphi_{ab}=\int_a^b H\mathrm{d}l$，可以得到这个磁场值。磁势线圈是有弹性的长线圈，每米 n 匝，横截面积为 a，用细金属丝均匀地绕成。它与磁通计连接，一端是固定的，另一端可以自由移动，从一点移动到另一点时，测量磁通的变化（如图 10.24(b)）。由安培定则$\oint H\mathrm{d}l=0$可知，沿着线圈中心的任意一条回路，回路中不包含任何有电流的导体，$\int_a^b H\mathrm{d}l=\varphi_a-\varphi_b$，其中 a 和 b 是线圈的两端。

由于第一个积分沿着线圈的中心，它与连接线圈的磁通 $\Phi=\mu_0 n\mathrm{a}\mathcal{A}\int H\mathrm{d}l$ 有关。由于

$$\Phi=\mu_0 n\mathcal{A}(\varphi_a-\varphi_b) \tag{10.12}$$

当线圈与磁通计相连时，就得到线圈两端之间的φ_{ab}。磁势线圈可分成两部分，两端嵌在电磁铁的磁极内，如图 10.24(b)所示。磁势线圈的两端连接到磁通计上，类似于两个电压探针连接到电压表上。可以认为铁磁体是磁通势源，就像电池是电动势源一样。磁路

和电路之间的类比虽然不是很精确，但是非常有用。第 13.1 节做了总结。

利用一列测量面内感应的线圈，可以在$\mathcal{N}\approx 0$ 的薄膜上测量 $B(H)$。利用定期校准的磁通计，$B(H)$测量的精确度在 1%量级。

10.5.3 磁致伸缩

把应力计粘在晶体表面，对特定方向的应变做出反应，可以测量大单晶中的磁致伸缩。对于已知厚度和弹性系数的衬底上的薄膜，测量薄膜磁化使得衬底产生的轻微弯曲可以确定磁致伸缩系数。光学干涉仪也很常用。

10.6 激　发

10.6.1 热分析

根据电子的比热，可以得到费米能级的能态密度。在低温下（通常 $1\ \mathrm{K}<T<10\ \mathrm{K}$），非磁金属的热容（$\mathrm{J\cdot mol^{-1}\cdot K^{-1}}$）对温度的依赖关系是

$$C = \gamma_{\mathrm{el}} T + \beta T^3 \tag{10.13}$$

其中线性项来自电子，立方项来自声子。系数γ_{el}与费米能级自旋能态密度$\mathcal{N}(\varepsilon_F)$有关，$\gamma_{\mathrm{el}}=(1/3)\pi^2 k_B^2\mathcal{N}(\varepsilon_F)$。绝缘体没有线性项。系数 β 与德拜模型中的特征温度有关，$\beta=1944/\Theta_D$。在 3d 金属中，γ_{el}和 Θ_D 的典型值分别为 $5\ \mathrm{mJ\cdot mol^{-1}\cdot K^{-2}}$和 250 K。自旋波激发也对低温比热有贡献。一般而言，色散关系 $\varepsilon=Dq^n$ 的玻色子产生了随温度 $T^{3/n}$ 变化的项。对于铁磁体，$n=2$，所以式(10.5)需要增加一项 $\alpha T^{3/2}$，系数与交换常数 A 或交换积分$\mathcal{J}_i$有关。

在铁磁相转变处，热容出现了典型 λ 异常，还有很宽的肖特基异常（与晶体场激发有关）。

除了第 10.4 节讨论的磁学方法，还有一些热分析技术可以探测

铁磁相变和研究气固反应。它们是差分式热分析法(DTA)、差分式扫描量热法(DSC)、热重分析法(TG)和热电分析法(TPA)。每种方法都采用均匀加热速率(通常为 10 K · min^{-1}),在包含样品的密闭空间中,分别检测温度的滞后、热的流动、重量变化或压力变化(图 10.25)。热磁分析法(TMA)是热重分析法的变型,将样品置于磁场梯度中,并监测其表观重量。

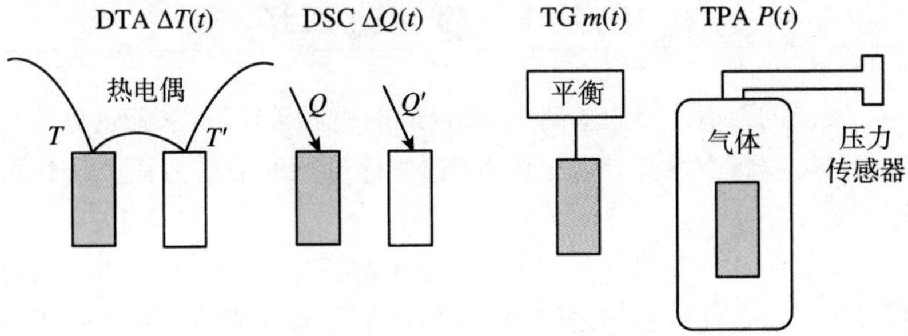

图 10.25

热分析方法;加热速率 dT/dt是恒定的,典型数值为10 K·min^{-1}

10.6.2 自旋波

非弹性中子散射方法可以测量自旋波色散关系。利用三轴谱仪绘制出 $\omega(\boldsymbol{q})$全部的曲线,例如图 10.26 的 Gd 和图 5.26 的 Tb。其他方法给出的信息不太全面。例如,非弹性光散射或自旋驻波共振只能限制在小动量转移的长波区域。

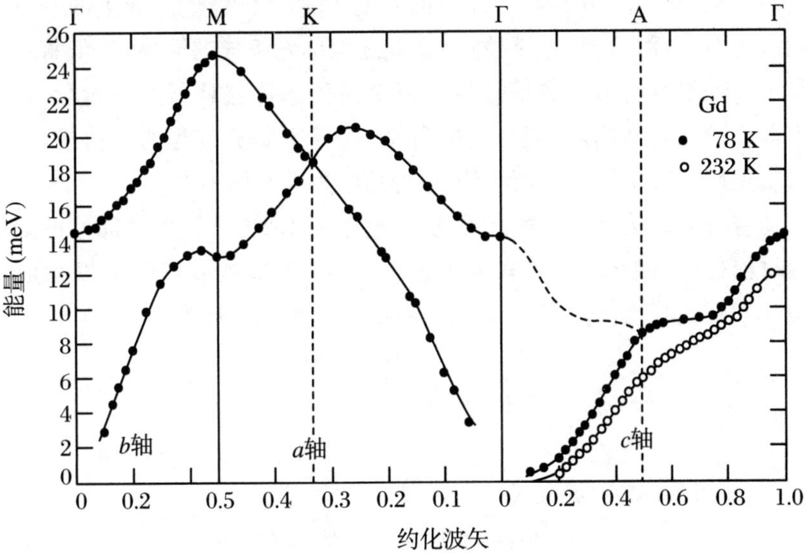

图 10.26

非弹性中子散射Gd的自旋波色散关系。由于各向异性被忽略,自旋波色散在 q=0附近呈二次方关系(式(5.56))

10.7 数值方法

10.7.1 静 磁 场

磁场的数值计算的基础是，在合适的边界条件下，求解磁势的二阶微分方程。当没有导电电流存在时，标量势的泊松方程(2.64)可以写为

$$\nabla^2 \varphi_m = \nabla \cdot \boldsymbol{M} \tag{10.14}$$

标量势最适合计算磁体之间的场和力(用表面磁荷表示磁体)，无论是解析地求解，还是在某个表面上进行数值积分。如果导电电流存在，就必须用矢量势，即

$$\nabla^2 \boldsymbol{A} + \mu_0 \nabla \times \boldsymbol{M} = -\mu_0 \boldsymbol{j} \tag{10.15}$$

如果 $\boldsymbol{M}$ 是均匀磁化，就可以得到矢量势的泊松方程$\nabla^2 \boldsymbol{A} = -\mu_0 \boldsymbol{j}$(式(2.60))。然后用表面磁荷表示表面处的非零散度 $\boldsymbol{M} \cdot \boldsymbol{e}_n$。使用矢量势的缺点是需要操作三个矢量分量，而标量势只有一个分量。二维问题(磁场 $\boldsymbol{B}$ 局限于 xy 平面内)可以用 $\boldsymbol{A}$ 的一个分量来表示。

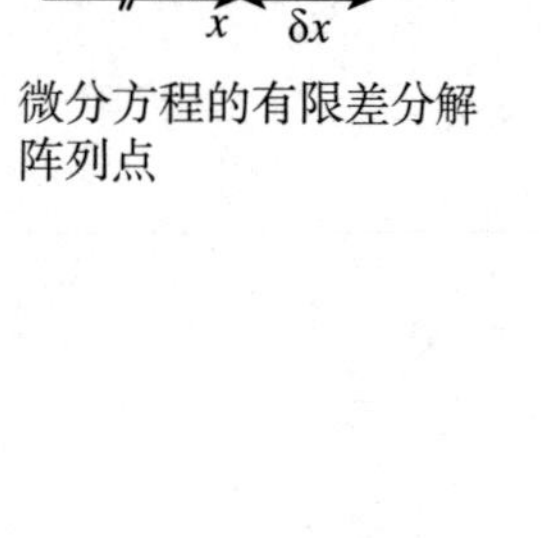

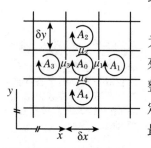

微分方程的有限差分解阵列点

对于包含真实磁系统的势的二阶微分方程，数值求解方法可分为两大类，有限差分和有限元。前者的近似解在整个区域里的一系列点上有效，而后者将空间划分成由三维单元组成的网格，近似解在整个区域里都有效。数值计算分三个阶段。首先是预处理阶段，确定器件的几何结构，明确材料的特性；接下来是势方程的数值求解；最后是后处理阶段，根据数值结果得到感兴趣的场和力。

有很多方法将与磁场有关的磁化强度纳入方程。各向同性的顺磁材料或软磁材料具有单值的磁化强度，在远离饱和时可以写成 $\boldsymbol{M} = \chi \boldsymbol{H}$。在其工作范围里，硬磁材料的磁化可以近似为

$$M_{/\!/} = \chi_{/\!/} H_{/\!/} + M_r$$

$$M_\perp = \chi_\perp H_\perp$$

其中 $\chi_{/\!/} \approx 0$，$\chi_\perp \approx \mu_0 M_s^2/2K$。如果假设 $1 + \chi_{/\!/} = \mu$，$\chi_\perp = 0$，$\boldsymbol{B} = \mu_0(\mu \boldsymbol{H} + \boldsymbol{M}_r)$，那么式(10.15)就可以写成：

$$\nabla(1/\mu_0 \mu) \times \boldsymbol{B} = \boldsymbol{j} + \nabla \times \boldsymbol{M}_r/\mu \tag{10.16}$$

剩磁可以视为有效电流 $\boldsymbol{j}_r$。$\boldsymbol{A}$ 的二阶微分方程为

$$\nabla \times \nabla \nu \times \boldsymbol{A} = \mu_0(\boldsymbol{j} + \boldsymbol{j}_r) \tag{10.17}$$

其中磁阻率 $\nu=1/\mu$。在二维空间中，仅 A_z 和 j_z 产生 xy 平面内的磁场，$B_x=\partial A_z/\partial y$，$B_y=\partial A_z/\partial x$。$A_z$ 的方程变为

$$\frac{\partial(\nu\partial A_z/\partial x)}{\partial x}+\frac{\partial(\nu\partial A_z/\partial y)}{\partial y}=-\mu_0 j_z \tag{10.18}$$

为了数值求解，把偏导数表示为差分近似。在 xy 平面上设置一列离散点、定义了 $\boldsymbol{A}$ 和 ν 的值。如果点的间距为 δ，则

$$n_1(A_1-A_0)\delta-n_3(A_0-A_3)\delta+n_2(A_2-A_0)\delta-n_4(A_0-A_4)\delta=-\mu_0 j_0 \tag{10.19}$$

因此 $A_0=(\sum\nu_i A_i+\delta^2\mu_0 j_0)/\sum\nu_i$，其他元胞也类似。从一系列近似合理的 A_i 开始，在网格的所有点上多次迭代，从而优化 A_i 的值。接着在平面上的任何点，由 $\nabla\times\boldsymbol{A}$ 计算出 $\boldsymbol{B}$。有限差分法很慢，但是有数值技术可以加速收敛。

另一种方法涉及标量势 φ_{m}。替代式(10.16)中旋度 $\boldsymbol{B}=\mu_0(\mu\boldsymbol{H}+\boldsymbol{M}_{\mathrm{r}})$，而是采用散度，可以得到

$$\nabla\cdot\mu\nabla\varphi+\nabla\times\boldsymbol{M}_{\mathrm{r}}=0 \tag{10.20}$$

这个微分方程同样可以用有限差分法求解，得到 φ。如果 $\boldsymbol{M}_{\mathrm{r}}$ 是均匀的，跟式(10.15)的讨论一样，就只有一项来自表面电荷的贡献。这里假设没有电流。

有限元法越来越多地应用于电磁器件的建模。器件及其周围的空间，在二维问题中可以用适当的三角网格划分，在三维问题中则是四面体网格。在每个单元里，势可以用带有适当加权函数 ζ_i 的节点值来描述。以二维标量势为例：

$$\varphi_{\mathrm{m}}=\sum_i\zeta_i\varphi_i \tag{10.21}$$

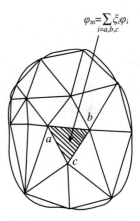

用于有限元计算的三角网格

接下来，能量泛函 F 可以定义为整个求解区域 Ω 内积分，涉及标量势的二维问题的泛函为

$$F=\int f(x,y,\varphi,\partial\varphi/\partial x,\partial\varphi/\partial y)\mathrm{d}\Omega$$

当满足欧拉方程时，

$$\partial f/\partial\varphi-(\mathrm{d}/\mathrm{d}x)(\partial f/\partial\varphi)=0 \tag{10.22}$$

上述积分达到最小值。选择 F，使得这些方程与势满足的微分方程一致。例如，产生式(10.22)的泛函为

$$F=-\int(\varphi\nabla\cdot\mu\nabla\varphi-2\varphi\nabla\cdot\boldsymbol{M}_{\mathrm{r}})\mathrm{d}\Omega \tag{10.23}$$

把式(10.23)代入式(10.22)，把每个单元的能量泛函表示为节点处的势。对于每个单元，令 $\mathrm{d}F/\mathrm{d}\varphi=0$(使得泛函取最小值)，就可以给出一系列方程，能够描述整个区域的势分布。与有限差分法一样，进

行迭代计算,直至残差足够小。在后处理阶段,得到所需要的场。

有限元软件包可以模拟二维和三维的磁系统。自适应网格是自动生成的,这些软件包为磁学工程师提供了非常有用的工具。

10.7.2 时间依赖关系

为了模拟磁畴结构和微磁学系统的动态过程,可以使用计算软件,其算法基于 Landau-Lifschitz-Gilbert 方程(9.22)或者方程(9.23)。

OOMMF 是普遍采用的微磁学软件包,可以免费从 http://math.nist.gov/oommf/中下载。

参考书

Steinbeiss E. Thin film deposition[M]//Spin Electronics. Berlin: Springer,2001. 关于薄膜沉积的书。

Pulsed-laser Deposition of Thin Films[M]. New York: Wiley-Interscience,2006. 关于脉冲激光薄膜沉积的专著。

Fiorillo F. Measurement and Characterization of Magnetic Materials[M]. Amsterdam: Elsevier,2004. 磁性材料的测量与表征的专著。

Experimental Magnetism(vol. 2)[M]. Chichester: J. Wiley,1979. 关于磁学中的试验方法的专著。

Bacon T C. Neutron Diffraction[M]. 3rd ed. Oxford: Clarendon Press,1975. 关于中子散射的专著。

Greenwood N N, Gibb T C. Mo ssbauer Spectroscopy[M]. London: Chapman and Hall,1970. 写给固体化学家的穆斯堡尔谱专著。

Gopal E S R. Specific Heats at Low Temperatures[M]. New York: Plenum,1966. 简明的基础教材。

Baruchel J, Hodeau J L, Lehmann M S, et al. Neutron and Synchrotron Radiation for Condensed Matter Studies (vol 1, 2)[M]. Berlin: Springer,1993. 大科学装置使用者的培训讲义。

Shirane G, Shapiro S, Tranquada J. Neutron Scattering with a Triple-Axis Spectrometer[M]. Cambridge: Cambridge University

Press,2006. 专家编写的实用指南。
Silvester P P,Ferrari R L. Finite Elements for Electrical Engineers [M]. London:Cambridge University Press,1990.
Chapman J N. The investigation of magnetic domain structures in thin foils by electron microscopy[J]. Journal of Physics D,1984, 17:623—647.
Hubert,Schäffer R. Magnetic Domains[M]. Berlin:Springer,1998.

习　题

10.1 估算热蒸发和电子束蒸发制备的 100 nm 厚 Fe 薄膜的质量。

10.2 太阳在地球表面的平均辐射强度为 1.4 kW · m^{-2}。推导光中的平均磁场,求获得 1 MA · m^{-2}的场所需要的能量密度?

10.3 利用表 5.11 中的数据估计光在 Fe,Co 和 Ni 中的穿透深度。

10.4 计算能量为 100 keV 的电子束通过 10 nm 厚度的坡莫合金角度偏转,并同布拉格反射的角偏转进行对比。

10.5 在 336 页边插图中,用高斯计证明仅当磁畴沿 x 方向磁化时才能产生电子束的净偏转。

第11章 磁性材料

物质的灵魂是形式

几乎所有的磁有序材料都涉及 3d 或 4f 元素。周期表中靠后的 3d 金属及其合金,包括间隙合金和金属间化合物,几乎都是铁磁性的(材料)。主要是稀土元素的存在,导致 3d-4f 金属间化合物具有很大的磁晶各向异性,提供了非常有用的硬磁材料。相反地,在某些 3d 合金中,各向异性实际上可以降低到零,同时当磁致伸缩也小到可以忽略时就形成了非常好的软铁磁材料。氧化物和其他离子化合物通常是带局域电子的绝缘体。在那里,反铁磁超交换耦合形成反铁磁有序或者亚铁磁有序。然而,一些氧化物却是“金属”,因为其中的 d 电子形成了导带。有时,3d 带是半金属性的,其中包括一些不含有 3d 或 4f 电子的磁有序材料的例子。

11.1 简　　介

本章是具有代表性的磁有序材料的目录。选择偏向于实际应用的材料,或者可以说明关于磁序的一些有趣的方面。包括常见的铁族金属和铁族合金、稀土、金属间化合物和间隙化合物以及一系列具有铁磁或反铁磁相互作用的氧化物。该目录包括绝缘体、半导体、半金属和金属材料。计算了铁磁、反铁磁、非共线铁磁自旋结构。非晶金属和绝缘体的例子也包括在内。表 11.1 收集了 38 份具有代表性材料的资料。在数据表上更全面地描述了每一种材料,指出了它们的性质和重要性,并介绍了一些相关的材料。通过这种分类描述的方式,我们可以简单而有效地了解大约 200 种磁性材料。

表 11.1 部分磁性材料

材料	结构		耦合(模型)	磁序	电子壳层	T_c (K)	m_0 (μ_B/fu)	$\mu_0 M_s$ (T)	K_1 (kJ·m^{-3})
Fe	立方	金属	+	f	3d	1044	2.22	2.15	48
$Fe_{0.65}Co_{0.35}$	立方	金属	+	f	3d	1210	2.46	2.45	18
$Fe_{0.20}Ni_{0.80}$	立方	金属	+	f	3d	843	1.02	1.04	−2
a-$Fe_{0.40}Ni_{0.40}B_{0.20}$	无定形	金属	+	f	3d	535	0.90	0.82	≈0
Co	六角	金属	+	f	3d	1360	1.71	1.81	410
CoPt	四方	金属	+	f	3d	840	2.35	1.01	4900
MnBi	六角	金属	+	f	3d	633	3.12	0.73	900
NiMnSb	立方	金属	+	f	3d	730	3.92	0.84	13
Mn	立方	金属	−	af	3d	95	0.76	−	
$IrMn_3$	立方	金属	−	af	3d	960		−	
Cr	立方	金属	−	af	3d	310	0.43		−
Dy	六角	金属	+/−	he/f	4f	179/85	10.4	3.84①	−55000①
$SmCo_5$	六角	金属	+	f	3d4f	1020	8.15	1.07	17200
$Nd_2Fe_{14}B$	四方	金属	+	f	3d4f	588	37.7	1.61	4900
Y_2Co_{17}	六角	金属	+	f	3d	1167	26.8	1.26	−340
$TbFe_2$	立方	金属	+	f	3d4f	698	6.0	1.10	−6300
$Gd_{0.25}Co_{0.75}$	无定形	金属	+/−	fi	3d4f	≈700	0.6	0.10	≈0
Fe_4N	立方	金属	+	f	3d	769	8.9	1.89	−29
$Sm_2Fe_{17}N_3$	斜方	金属	+	f	3d	749	39.0	1.54	8600
EuO	立方	半导体	+	f	4f	69	7.00	2.36①	44①

① 在 $T=0$ K 的条下。

续表

材料	结构		耦合(模型)	磁序	电子壳层	T_c (K)	m_0 (μ_B/fu)	$\mu_0 M_s$ (T)	K_1 ($kJ \cdot m^{-3}$)
CrO_2	四方	半金属	+	f	3d3d	396	2.00	0.49	37
$SrRuO_3$	正交	金属	+	f	4d	165	1.40	0.25①	640①
$(La_{0.70}Sr_{0.30})MnO_3$	斜方	金属/半导体	+	f	3d3d	250	3.60	0.55	−2
Sr_2FeMoO_6	正交	金属	+	f	3d4f	425	3.60	0.25	28
NiO	立方	绝缘体	−	af	3d	525	(2.0)	–	
α-Fe_2O_3	斜方	绝缘体	−	caf	3d	960	(5.0)	0.003	−7
γ-Fe_2O_3	立方	绝缘体	−	fi	3d	985	3.0	0.54	
Fe_3O_4	立方	半导体	−	fi	3d	860	4.0	0.60	−13
$Y_3Fe_5O_{12}$	立方	绝缘体	−	fi	3d	560	5.0	0.18	−0.5
$BaFe_{12}O_{19}$	六角	绝缘体	−	fi	3d	740	19.9	0.48	330
MnF_2	四方	绝缘体	−	af	3d	68	(5.0)	–	
a-FeF_3	无定型	绝缘体	−	sp	3d	29	(5.0)	–	
Fe_7S_8	单斜	半导体	−	fi	3d	598	3.16	0.19	320
$Cu_{0.99}Mn_{0.01}$	立方	金属	+/−	sg	3d	6	0.03	–	
$(Ga_{0.92}Mn_{0.08})As$	立方	半导体	+	f	3d	170	0.28	0.07①	2
US	立方	金属	+	f	5f	177	1.55	0.66①	43000①
O_2	单斜	绝缘体	−	af	2p	24	(0.3)	–	4600①
有机铁磁体	正交	绝缘体	+	f	2p	0.6	0.5	0.02	

注：f——铁磁体；af——反铁磁体；caf——中心反铁磁体；fi——亚铁磁体；he——螺旋磁体；sp——散铁磁体；sg——自旋玻璃。

每个表格都采用一种通用的版式。有两种晶体结构的视图，其中一种结构是为了便于比较。较为简单的结构类型、原型结构、空间群、晶格参数和原子占位率的典型晶体结构类型方法均由标准的晶格画图工具完成。对于斜方六面体结构，给出了相应的六角单胞。它提供了足够的信息，使读者可以使用晶体绘图软件（如 Crystalmaker）绘制结构。Z 是晶胞中元胞的数目；d是 X 射线密度，实际的 X 射线密度要稍微小一些；所有的分子式都代表原子组成而不是质量比。除特殊说明以外，所有的电学和磁学的本征值都是室温下的数据。磁矩m代表每个晶胞所含有的波尔磁子数。考虑到它的重要性，铁磁性材料和亚铁磁性材料的磁矩均用三种方式给出：单位质量的磁矩（σ）、单位体积的磁矩（$M_s = \sigma$ d）和极化率（$J_s = \mu_0 M_s$）。σ，M 和 J 的下标 0 表明是低温下的数值。非本征磁学参量如磁导率、矫顽力和剩余磁化强度等都与材料的微观结构有关，这里不包括在内。这些性质包含在第 12 章和第 13 章中磁性材料应用的讨论中。电阻率 ϱ 只具有参考性，因为它们取决于样品的纯度。对于绝缘体材料，给出了主带隙（ε_g）。具有代表性的磁性材料的磁性参数总结在表 11.2 中。

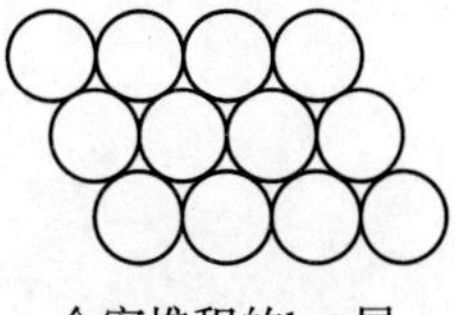

一个密堆积的hcp层

密堆积结构: hcp(上)和fcc(下)

表 11.2　一些常用磁性材料的磁性参数

材料	T_c (K)	J_s (T)	A[①] (pJ·m^{-1})	K_1 (kJ·m^{-3})	κ	δ_w (nm)	γ_w (mJ·m^{-2})
Fe	1044	2.15	22	48	0.1	67	4.1
Co	1360	1.82	31	410	0.4	26	15
Ni	628	0.61	8	−5	0.1	140[②]	0.7[②]
$Ni_{0.80}Fe_{0.20}$	843	1.04	7	−2	~0	190[②]	0.5[②]
$SmCo_5$	1020	1.07	12	17200	4.3	2.6	57
Sm_2Co_{17}	1190	1.25	16	4200	1.8	5.7	31
CoPt	840	0.99	10	4900	2.5	4.5	28
$Nd_2Fe_{14}B$	588	1.61	8	4900	1.5	4.0	25
$Sm_2Fe_{17}N_3$	749	1.54	12	8600	2.1	3.7	41
CrO_2	396	0.49	4	25	0.4	40	1.3
Fe_3O_4	860	0.60	7	−13	0.2	73	1.2
$Y_3Fe_5O_{12}$	560	0.18	4	−50	0.3	28	1.8
$BaFe_{12}O_{19}$	740	0.48	6	330	1.3	13	5.6

① 这些数据有一定的不确定性，A 不是直接由测试得到的，不同的推算方法会给出不同的结果。

② 在非常软的软磁材料中，畴壁宽度和畴壁能可能由几何限制决定。

金属中的原子排列通常形成密堆积结构。平面内的密堆积是一层六角密堆积结构。平面六角密堆积最常见的序列叠加形成ABCABC…和ABABAB…，分别为fcc和hcp，分别标注为A1和A3结构。两种六角密堆积结构的聚集率均为$f=\pi\sqrt{2}/6=0.74$，其中hcp结构中的c/a为$\sqrt{8/3}=1.63$。用A2表示的bcc结构并不是六角密堆积结构，它具有较小的聚集率$f=\pi\sqrt{3}/8=0.68$。

当相同尺寸的金属形成合金时，形成固溶体或者有序超结构都是可能的。表11.3列出了一些常见的有序结构，它们的示意图如图11.1所示。铁磁性3d金属元素自身或者和其他金属元素混合可以形成一系列合金，这些合金可能以有序或无序的形式存在。合金的有序度通常受热处理过程的影响。

表11.3 过渡族金属合金超结构

结构	超结构	Z	示例
bcc	B2	2	FeCo
bcc	DO_3	16	Fe_3Al，Fe_3Si
fcc	$L1_0$	4	FePt，CoPt
fcc	$L1_2$	4	Ni_3Fe，Pt_3Co，Fe_3Pt
fcc	$L2_1$	16	Co_2MnSi
fcc	C1b	12	NiMnSb

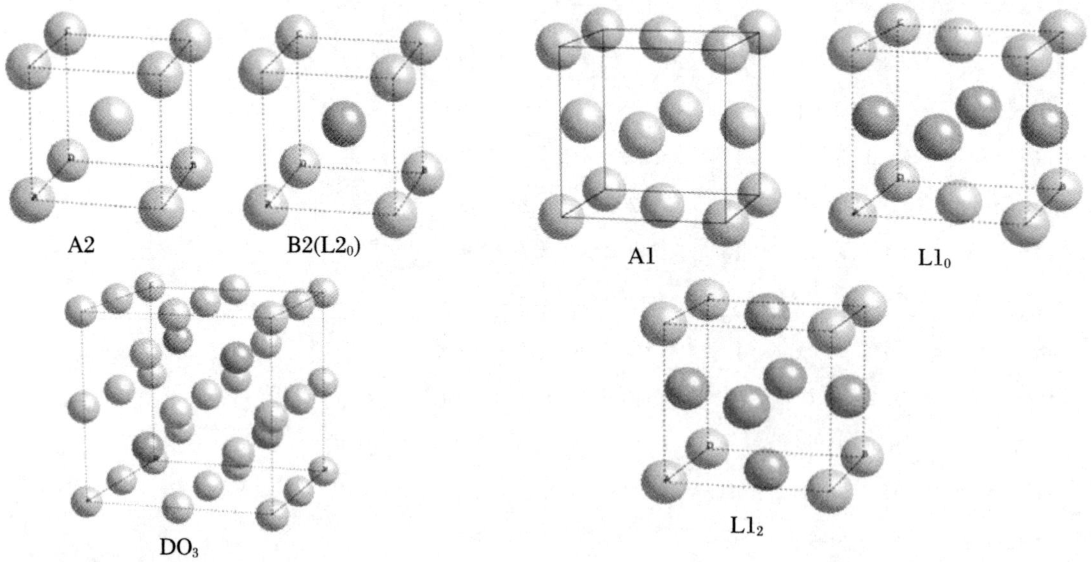

图 11.1

具有bcc和fcc晶体结构的有序二元超结构

如果两种元素的原子半径和电负性差别很大，可以形成原子配比适当的金属间隙化合物。3d 元素的原子半径大约是 125 pm。稀土元素原子半径大约是 180 pm。因此，4f 元素体积占据了 3d 元素体积的 3 倍，因而它们形成金属间化合物而不是固溶体。金属间化合物通常是有精确成分比例的线状化合物，或者其成分比例限制在很小范围内变化，因为对组成它的原子的有序度要求很高。表 11.4 列出了一些原子的半径值，其中 3d，4d，5d，4f 和 5f 元素原子半径大小的变化规律如图 11.2 所示。

表 11.4　3d，4f 以及其他元素的金属原子半径（单位：pm）

Al	143	Mn	124	Zn	133	Nd	182	Dy	177	Pd	138	Pb	175
Sc	160	Fe	124	Y	181	Sm	180	Ho	177	Pt	138	Bi	155
Ti	145	Co	125	La	188	Eu	204	Er	176	Ag	160	Th	180
V	132	Ni	125	Ce	183	Gd	180	Yb	194	Au	159	U	139
Cr	125	Cu	128	Pr	183	Tb	178	Lu	173	Sn	141	Np	131

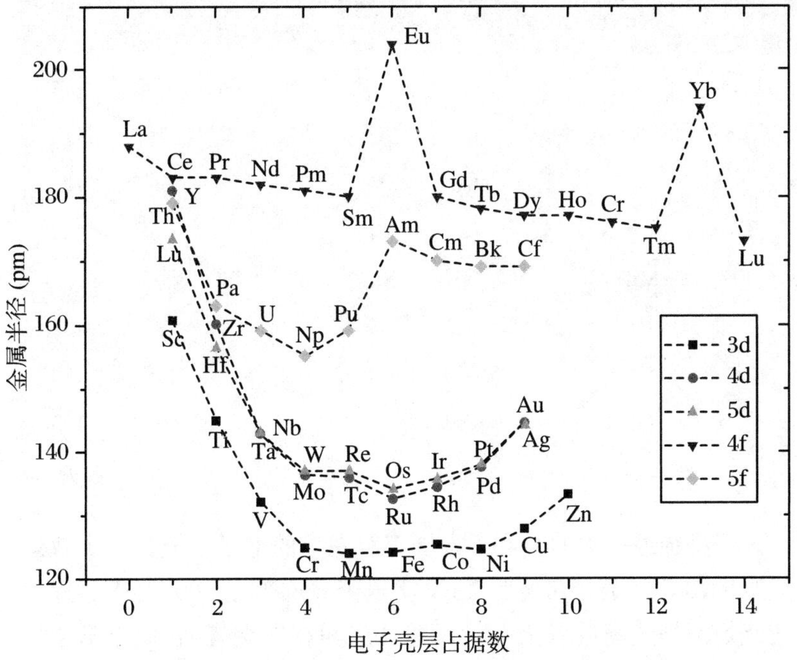

图 11.2

所有过渡族金属系列的金属原子半径

当一些半径小于 100 pm 的小原子如硼（B）、碳（C）、氮（N）进入 3d 金属或合金的八面体间隙位置时，就会形成间隙化合物。氢原子还可以进入许多稀土元素及其化合物结构中。室温下，氢元素会以质子 H^+ 的形式形成间隙晶格气体，使晶格上的每个氢原子产生一个约 7×10^6 pm^3 的晶格膨胀。膨胀会使铁合金的磁性发生显著变化，而铁合金的磁性变换对原子间距特别敏感。

另一类重要的磁性材料是离子绝缘体。它们通常是氧化物，其中电子从金属原子转移到氧原子上填充其 2p 壳层形成 O^{2-} 阴离子，从而产生一些 3d 和 4f 壳层半填充状态的金属阳离子。大多数氧化物中的氧离子排布方式都是以 fcc 密堆积结构或 bcc 结构为基础的，其中金属阳离子占据氧原子形成的八面体，有时也占据四面体间隙。取 $r_{O^{2-}}=140$ pm，那么刚好能填满氧原子形成的八面体(6 重)或四面体(4 重)间隙的金属阳离子的半径分别为 $(\sqrt{2}-1)r_{O^{2-}}=58$ pm 和 $(\sqrt{3/2}-1)r_{O^{2-}}=32$ pm。在表 11.5 中我们看到大多数二价、三价金属阳离子半径都比这个数值大，因此这些阳离子都会使得氧离子的晶格产生扭曲和畸变。过渡金属氟化物也是离子型绝缘体，但是磷族化合物(N，P，As 或 Sb)和硫族化合物(S，Se 和 Te)的结合更多是以共价键形式，共价键倾向于提高电导率和减小阳离子仅由自旋贡献的磁矩，有时甚至会使其完全失去磁性。

表 11.5　$3d^n$ 以及其他氧化物中离子的半径(低自旋态的数值在括号里，3d 电子的数目用斜体表示，其中 O^{2-} 的半径取为 140 pm)

4 重	*n*	pm	6 重	*n*	pm	6 重	*n*	pm	6 重	*n*	pm	8 重	pm
Mg^{2+}		57	Mn^{2+}	5	83	Ti^{3+}	1	67	Ti^{4+}	0	75	Ca^{2+}	112
Zn^{2+}		74	Fe^{2+}	6	78(61)	V^{3+}	2	64	V^{4+}	1	58	Sr^{2+}	126
Al^{3+}		54	Co^{2+}	7	75(65)	Cr^{3+}	3	62	Cr^{4+}	2	55	Ba^{2+}	142
			Ni^{2+}	8	69	Mn^{3+}	4	65	Mn^{4+}	3	53		
Fe^{3+}	5	49	Cu^{2+}	9	73	Fe^{3+}	5	65				Y^{3+}	102
						Co^{3+}	6	61(55)				La^{3+}	116
						Ni^{3+}	7	60(56)				Gd^{3+}	105
												Lu^{3+}	98

离子型绝缘体中的 d 和 f 壳层都有完整的电子填充。电子轨道形成窄带，d 电子壳层带宽为 2 eV，f 电子壳层带宽为 0.2 eV。即使这些能带不是全满或者全空状态并且之间存在交叠，它们也不会导电。关键在于一个导带必须包含原子的不同瞬态电子结构，如 $3d^{n\pm1}$ 和 $3d^n$。为此就需要一个电子必须从一个位置转移到另一个临近的位置，同时伴随着一个能量为 U_{dd} 的损失，其中 U_{dd} 是电离能和电子与 $3d^n$ 轨道亲和能之差。U_{dd} 大小一般只有几电子伏特，如果伴随有电荷转移，它必须小于总带宽。反之，当

$$\frac{U_{dd}}{W}>1$$

时,材料就是莫特绝缘体,其中电子保持不动。d-d 电子关联会使原本应该具有金属特性的材料成为一个绝缘体。氧化物中相互竞争的电荷转移过程从填满的氧 2p 壳层到 3d 壳层。因此,电子的激发过程为 $2p^6 3d^n \to 2p^5 3d^{n+1}$,伴随的能量损失为 ε_{pd}。当 $U_{dd}>U_{pd}>W$ 时,氧化物是一个电荷转移性的绝缘体。莫特绝缘体通常在 3d 元素前半部分,这时 3d 能级处于一个较高的位置,在 2p(O)—4s(T)(T 是 3d 过渡族金属)之间;而电荷转移性绝缘体通常都在 3d 元素的后半部分,这时 3d 能级在 2p(O)能带的顶部。图 11.3 标示出金属或绝缘体的区域。

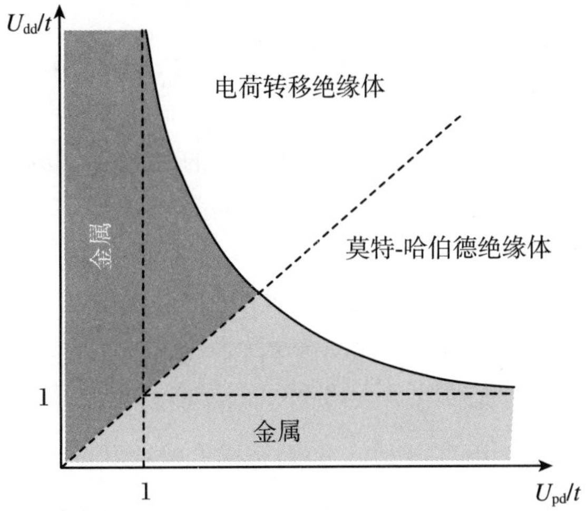

图 11.3

Zaanen-Sawatzky-Allen相图,U_{dd}和U_{pd}是电荷转移能,t是决定带宽的跃迁积分(改编自Zaanen J, et al. physics Review Letters, 1985, 55(418))

氧化物很难形成理想的化学配比,但与掺杂半导体不同的是,即使其化学配比不是理想的,它仍然是很好的绝缘体。处在 $d^{n\pm1}$ 上的电子对富氧和欠氧情况的反应是稳定的。这些电子导致离子晶格产生局部畸变,形成一个极化子。极化子从一个位置跃迁到另一个位置时,需要有足够的热能克服由局域晶格畸变重分布所需要的能量势垒。

最后,有一些材料的磁性并不符合局域的 d 或 f 原子磁矩的图像,这些材料存在原子间海森堡交换耦合。这些材料包括固体氧气晶体(为反铁磁性的分子)、一些有机铁磁性材料以及一些由无原子磁矩的元素组成的合金材料,如 $ZnZr_2$ 合金。目前还没有发现任何均一的液体具有磁有序。

磁序是一种温度相对较低的现象。从来自磁性材料目录中的居里温度和奈尔温度直方图(如图 1.8 所示)可以看出,大部分的磁序都发生在室温以下。适合室温应用的材料需要的居里温度大于 500 K,

只有不到20%的磁性材料满足这个要求。目前,居里温度最高的磁性材料是钴,其居里温度 $T_C = 1388$ K。

对于由磁性原子和非磁性原子构成的固溶体(T_xN_{1-x}),其居里温度用平均场理论(式(5.26))描述为 $Z_T = Z_x$,其中 Z_T 是近邻磁性原子数,Z 是配位数。然而,在逾渗阈值 x_p 以下,最近邻铁磁交换作用并不能产生长程铁磁序。相对较弱的更长程的相互作用会在温度较低时产生磁有序。稀磁性金属或者磁性原子含量小于10%的合金,在室温下基本上不会有任何磁序。

11.1.1 磁对称性

晶体物理学的一个核心结论是纽曼(Franz Ernst Neumann,19世纪德国矿物学家)法则,它认为固体中任何物理性质的对称性必须包括晶体中点群的对称元素。物理性质的对称性可以比点群的对称性更高,但不能比它更低。比如,立方晶体的电导率是各向同性的,对称性为$\infty\infty m$,这个表示法意味着在镜面 m 中有一个连续的旋转轴∞,另一个∞代表旋转轴垂直于镜面。

32个点群提供了一个对晶体对称性分类的方法。每一个点群都有一组独立的对称操作,对应于每个晶体格点,操作后原子的位置仍然对应于操作前相同的位置。点对称操作包括中心反演 $\bar{1}$、镜面对称 m,旋转轴2,3,4,6以及旋转反演轴 $\bar{3}$,$\bar{4}$,$\bar{6}$($\bar{2}$ 相当于镜面对称 m)。这里的整数 n 表示绕旋转轴旋转了 $2\pi/n$。1是恒等操作,表示没有对称性。通过纽曼法则,点群对称性应该在材料磁性如磁晶各向异性中得以体现。

一般来说,最高的旋转对称性放在点群符号的第一位,接着是垂直方向或者包含镜面操作的对称性。如果镜面垂直于轴,则以“/”表示。七个晶系中每个晶系都有两个以上的点群,分别如下。三角晶系:1,$\bar{1}$;单斜晶系:2,m;$2/m$;正交晶系:222,$mm2$,mmm;三方晶系:3,$\bar{3}$,32,$3m$,$\bar{3}m$;四方晶系:4,$\bar{4}$,$4/m$,422,$4mm$,$\bar{4}2m$,$4/mmm$;六方晶系:6,$\bar{6}$,$6/m$,622,$6mm$,$\bar{6}m2$,$6/mmm$;立方晶系:23,$m3$,432,$\bar{4}3m$,$m3m$。

无机晶体中最常见的八个晶体点群分别是 $2/m$，$\bar{1}$，mmm，$m3m$，$4/mmm$，222，$mm2$ 和 $6/mmm$，占总数的 80%以上。唯一能维持材料铁电特性的是十种极性点群，它们保留了极化矢量的意义，即箭头在主对称方向。它们分别是 1，2，m，$mm2$，3，3 m，4，4mm，6 以及 6mm。

具有织构的多晶材料至少有一个连续的∞重旋转对称轴。绕着这个旋转轴旋转任何角度 θ 都得到相同的结构。总共有七个这样的连续居里群，分别是∞，∞ m，∞2，∞/m，∞/mm，∞ ∞和∞ ∞ m。例如，具有单轴织构的多晶材料具有圆柱对称形∞/mm。∞ ∞，∞/m，∞2 和∞可能会存在于一些左手性分子或右手性分子中。例如，极化的多晶铁电材料属于∞ m。

结晶学是一门专门研究固体晶体中原子位置的学科。物质的磁性又增加了另一个维度。由于它与电流环相关的轴向矢量有关，出现了一个额外的对称元素——时间反转，这在原子晶体中是完全没有的。磁矩的分量随反演、反射或双重旋转而改变。双重旋转保持磁化强度分量与轴平行，但垂直分量出现反转，当镜面反转平行于镜面的磁化强度分量但保持垂直分量不变的时候，如图 11.4 所示。反演保留了所有分量，而时间反转则使它们全部逆转。由于时间反转对原子位置没有影响，因此可以认为，32 个晶体点群可包含它们所有的时间反转对称元素。这可以通过在点群符号中添加 1′来表示，其中，任何对称元素上的首个数表示时间反转。图 11.5 中的对称操作 2′和 m'就是例子。任何磁有序晶体都必须由不包括 1′的磁性点群来描述。附录 1 列出了 90 个这样的点群，还有 14 个磁性居里群。例

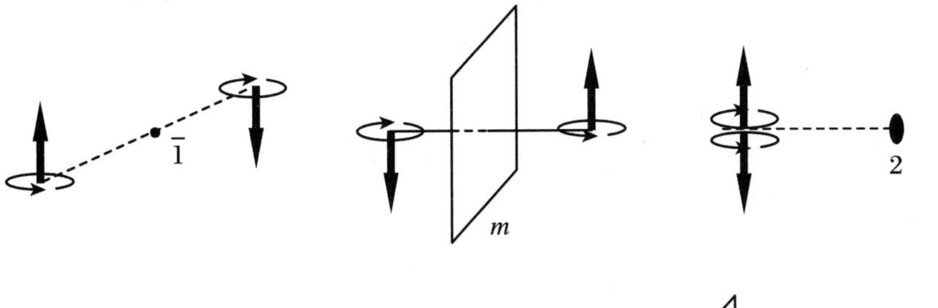

图 11.4

一些对称性元素对于磁矩分量的效果

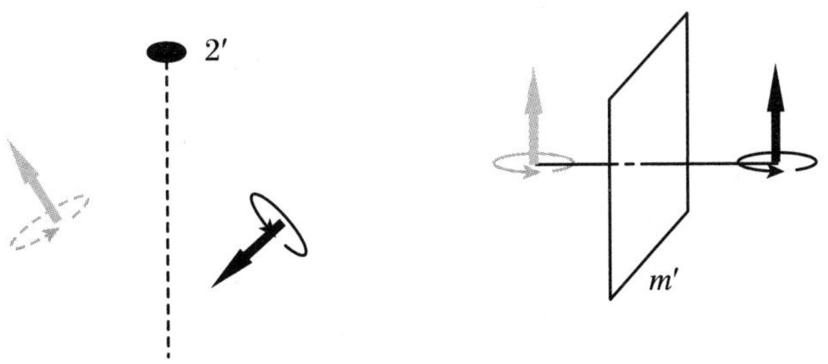

图 11.5

磁对称性操作2′和m'，其中“ ′ ”表示时间反演

如,处于剩磁状态的多晶铁磁体的对称性是∞/mm'。磁性点群反映了磁结构和磁各向异性。其中31个与自发铁磁矩兼容。这些都不是立方的。体心立方铁(晶体点群 $m3m$)具有〈100〉各向异性,磁性点群为 $4/mm'm'$,而 fcc 镍(晶体点群 $m3m$)具有〈111〉各向异性,磁性点群为 $\bar{3}\ m'$。

由240个空间群中的一个能给出晶体的完全对称性,包括布拉维晶格和任何的平移对称元素。磁等价物包括时间反对称元素是1651哈勃尼科夫(Shubnikov)群。这种磁对称的分类适用于相称结构,但它不能应用到与晶体晶格不相称的磁性结构。

11.1.2 多铁材料

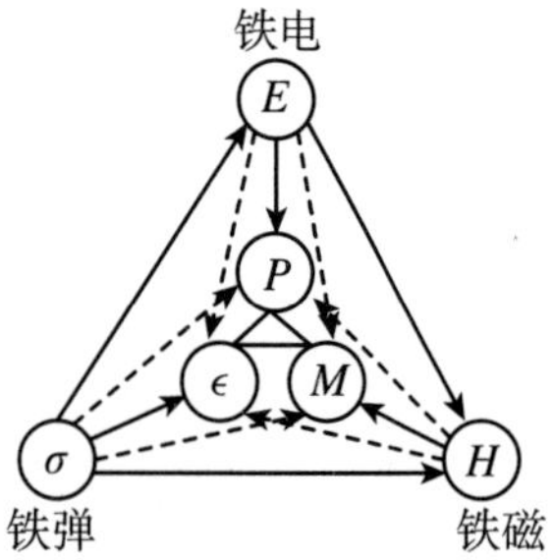

可能的多铁特性的组合

这里我们主要关注磁学性质,但偶尔有一些材料同时会表现出多个有序参量。除了磁序及其共轭场外,还有可以被电场操控其电极化的铁电性,以及弹性应变可被应力操控的铁弹性。一个多铁材料至少有两个上述有序参量,并且用一个复杂的张量磁化率来描述这两个场分量。铁磁性很少能与铁电性耦合在一起,目前还没有发现铁磁和铁电材料的居里温度都高于室温的材料。

11.2 铁类金属和合金

αFe

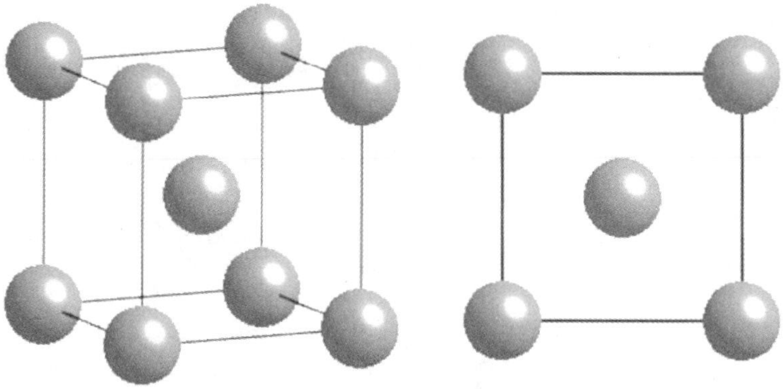

结构:A2 bcc $Im\bar{3}m$ $Z=2$ d = 7874 kg · m^{-3}

$a_0 = 286.6$ pm

Fe 原子占位:$2a(0,0,0)$

bcc 结构的 αFe 在温度为 1185 K 时转化成 fcc 结构的 γFe，温度升高到 1667 K 时又转化成 bcc 结构的 δFe，铁的熔点为 1811 K。即使在居里温度点以上，由于铁磁动态相关性，αFe 的磁结构仍然是稳定的。

电学性质：金属　$3d^{7.4}4s^{0.6}$　$\varrho \approx 0.05\ \mu\Omega \cdot m$

巡游磁矩（弱磁性）

磁学性质：铁磁性　$T_C = 1044$ K

原子磁矩　$\mathfrak{m}_0 = 2.22\ \mu_B$ 每原子（自旋磁矩 $2.14\ \mu_B$，轨道磁矩 $0.08\ \mu_B$）

交换积分 $\mathcal{I} = 0.93$ eV

$\sigma = 217\ A \cdot m^2 \cdot kg^{-1}$　$M_s = 1.71\ MA \cdot m^{-1}$　$J_s = 2.15\ T$

$\sigma_0 = 221.7(1)\ A \cdot m^2 \cdot kg^{-1}$　$M_0 = 1.76\ MA \cdot m^{-1}$　$J_s = 2.22\ T$

$A = 21\ pJ \cdot m^{-1}$　$K_{1c} = 48\ kJ \cdot m^{-3}$　$K_{2c} = -10\ kJ \cdot m^{-3}$

$\kappa = 0.12$　$\lambda_s = -7 \times 10^{-6}$　$\lambda_{100} = 15 \times 10^{-6}$

$\lambda_{111} = -21 \times 10^{-6}$

重要性：铁是地球（地壳、地幔和地心）上含量最丰富的元素，而且是地壳中最常见的磁性元素，占地壳中原子的 2.5%（质量比为 6 wt%）。也就是说，地壳中每 40 个原子里面有一个铁原子，是其他所有磁性元素含量的 40 倍（图 1.11）。铁的基本价格大约为 0.50 美元每千克。

相关材料：具有 fcc 结构的铁 γFe 通过一些合金添加剂或者 fcc 衬底可以转化为室温下稳定的材料。根据晶格参数的不同，它可以是铁磁性的、亚铁磁性的，也可以是非磁性的。电工钢片是 bcc $Fe_{0.938}Si_{0.062}$（3.2 wt%的硅钢）。无织构的铁以及有晶粒取向的铁都是电磁工业的主体材料，全球年产量约为 500 万吨。铁硅铝磁合金是一种很脆的三元合金，成分为 $Fe_{0.74}Si_{0.16}Al_{0.10}$，具有零各向异性和零磁致伸缩特性。

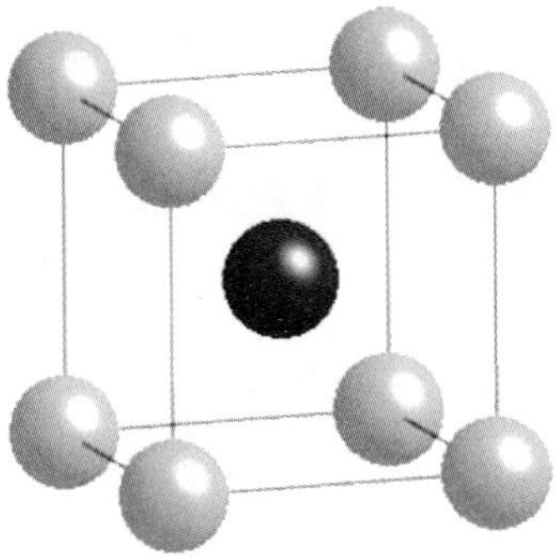

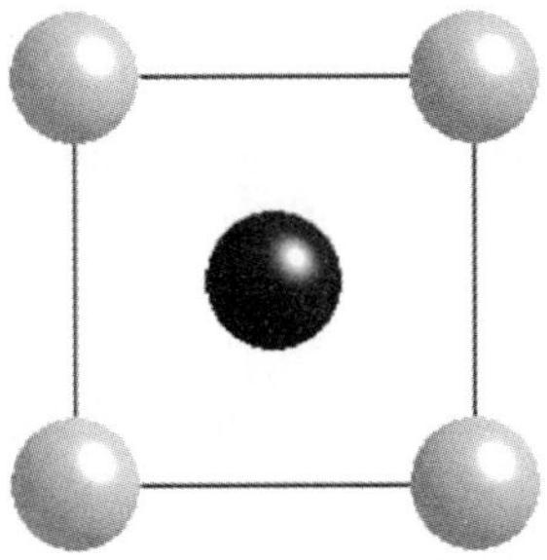

$Fe_{0.65}Co_{0.35}$（坡明德合金）

结构：A2　bcc　$Im\bar{3}m$　$Z=2$　$d=8110\ kg\cdot m^{-3}$

$a_0=285.6$ pm

Fe/Co 原子占位：$2a(0,0,0)$

Co，Fe 原子随机占位的 bcc 结构的固溶体，在 920 K 以下的高温热处理下，倾向于形成具有 CsCl 结构的 B2(α')相。

电学性质：　金属　$3d^{7.65}4s^{0.70}$　$\varrho\approx0.08\ \mu\Omega\cdot m$

巡游磁矩(强磁性)

磁学性质：　铁磁性　$T_C=1210$ K

平均原子磁矩$\langle m_0\rangle=2.46\ \mu_B$每原子

交换积分 $\mathcal{I}=0.95$ eV

$\sigma=240\ A\cdot m^2\cdot kg^{-1}$　$M_s=1.95\ MA\cdot m^{-1}$　$J_s=2.45$ T

$K_1\approx20\ kJ\cdot m^{-3}$　$K_2\approx-35\ kJ\cdot m^{-3}$　$\kappa=0.06$

重要性：坡明德合金是室温下磁化强度最大的体材料。当需要很大的磁通密度时，可以用它来取代铁或 $Fe_{0.94}Si_{0.06}$，尤其是用在电磁铁的极头材料和机载电磁驱动器上。在 Fe_xCo_{1-x} 中，磁化强度和居里温度几乎保持恒定，其值为 $0.65>x>0.5$。α'相的 FeCo 具有较低的磁各向异性和较高的磁导率，比 $Fe_{0.65}Co_{0.35}$ 更适用于在磁路中。合金添加剂如 V 或者 Cr 能提高合金的机械性能。维卡(Vicalloy，钒钴铁磁性合金) $Fe_{0.36}Co_{0.52}V_{0.12}$ 等可以做成细线或条带并保持其方形的磁滞回线，用于安全标签。

相关材料：铝镍钴(AlNiCo)永磁合金是由非磁性的 Al-Ni 基体中的 Fe-Co 针组成的相分离纳米结构的磁体。20 世纪 30 年代，它们一直被用作永磁铁。900 K 左右的热处理可以产生所需的旋节结构。这种针状 Fe-Co 结构的取向是通过快速淬火处理或在温度低于 Fe-Co 居里温度的磁场中进行热处理(图 8.27)。

FeRh 是 $a_0=299$ pm 的 B2 结构。在 670 K 以下是铁磁性有序结构，当温度低于 350 K 时发生一级相变，成为反铁磁有序结构，同时体积减小 1.5%，电阻率有很大的下降。相变对热处理和外加磁场都很敏感。

表 11.6　铝镍钴合金的性质

	组分	μ_0M_s (T)	H_c (kA·m^{-1})	$(BH)_{max}$ (kJ·m^{-3})	
铝镍钴 3	$Fe_{60}Ni_{27}Al_{13}$	0.56	46	10	1932 年原初组分
铝镍钴 2	$Fe_{55}Co_{13}Ni_{18}Al_{10}Cu_4$	0.72	45	14	各向相同的
铝镍钴 5	$Fe_{49}Co_{24}Ni_{15}Al_8Cu_3Nb_1$	1.35	46	45	铸造或 1470 K 场冷
铝镍钴 8	$Fe_{31}Co_{38}Ni_{14}Al_7Cu_3Ti_7$	0.88	120	42	磁场中 1100 K 退火

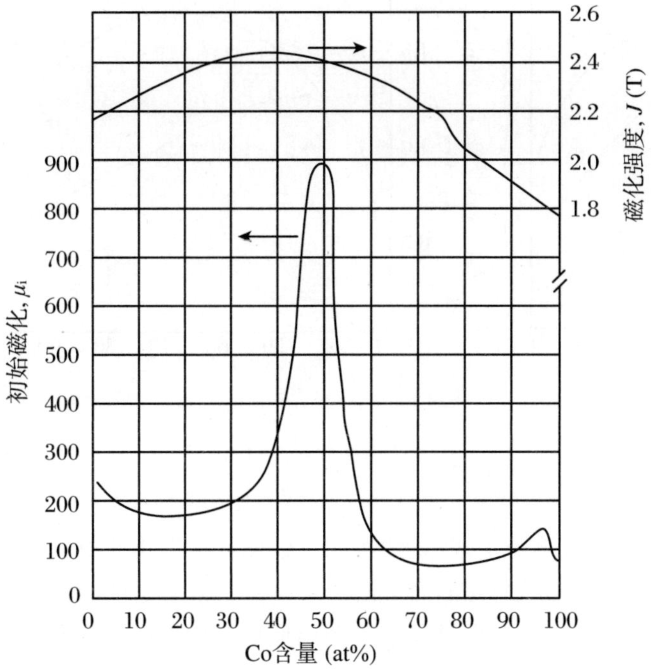

图 11.6

Fe-Co合金的磁化强度和磁导率

$Ni_{0.80}Fe_{0.20}$ (坡莫合金)

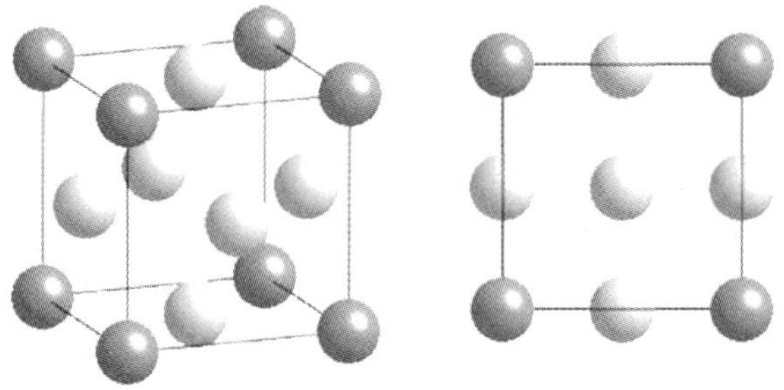

结构:A1 fcc $Fm\bar{3}m$ $Z=4$ $d=8715\ kg\cdot m^{-3}$

$a_0=352.4$ pm

Fe/Ni 原子占位:$4a(0,0,0)$

Fe/N 原子随机占位的 fcc(γ)相固溶体在合适的热处理下倾向于转变成 $L1_2$($\gamma'FeNi_3$型)相的结构。

电学性质: 金属 $3d^{9.0}4s^{0.6}$ $\varrho\approx0.16\ \mu\Omega\cdot m$

巡游磁矩(强磁性)

磁学性质: 铁磁性 $T_C=843$ K

平均原子磁矩$\langle m_0\rangle=1.02\mu_B$每原子

交换积分 $\mathcal{I}=1.00$ eV

$\sigma=95.0\ A\cdot m^2\cdot kg^{-1}$ $M_s=0.83\ MA\cdot m^{-1}$ $J_s=1.04$ T

$A=10\ pJ\cdot m^{-1}$ $K_1\approx-1\ kJ\cdot m^{-3}$ $\kappa\approx0$

$\lambda_s\approx2\times10^{-6}$ $\alpha\approx0.02$

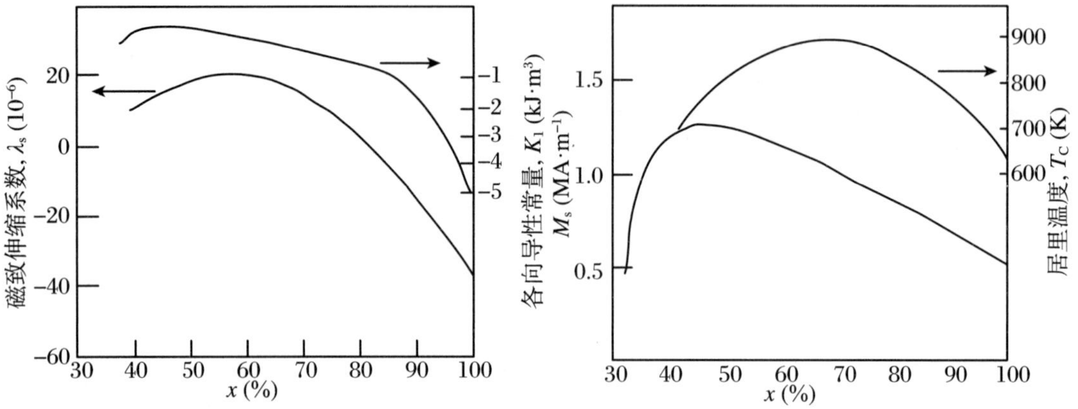

图 11.7

$Fe_{1-x}Ni_x$的磁各向异性、磁弹性能、自发磁化强度以及居里温度

重要性: 坡莫合金被称为"第四种铁磁元素",由于其几乎为零的磁各向异性与磁致伸缩性能,而成为一种用途广泛的软磁材料。电镀薄膜被用作磁写头和磁屏蔽。利用低场下的软磁特性和各向异性磁电阻效应(≈2%)可以制作磁传感器。退火过程可以提高它们的磁性能。少量的 Cu 和 Mo 添加剂可以完全消除其各向异性和磁致伸缩;超透磁合金(supermalloy)和优秀的磁屏蔽合金 mumetal(高磁导率和低回滞损耗)的磁导率可高达 100000,是非常有效的磁屏蔽体。它们的软磁特性可以通过热处理的方法来优化。

相关材料: $\gamma Fe_{1-x}Ni_x$ 合金,当成分在 $x=0.50$ 附近时,有更高的磁化强度,$J_s=1.50$ T,$T_C=770$ K;当成分接近 $x=0.30$ 时,有最高的电阻率 $\varrho=0.70\ \mu\Omega\cdot m$,此时 $T_C\approx670$ K。室温下,由于晶格在铁磁状态下扩张,因此这些不胀钢(低膨胀系数)的材料表现出零热膨胀。在陨石中发现了 $x\leqslant0.07$ 的相分离的 $\alpha Fe_{1-x}Ni_x$ 以及 γFe-Ni(镍纹石)。

纯镍($a_0=352.4$ pm)在很多磁特性方面不如坡莫合金(包括磁化强度、居里温度 $T_C=628$ K、低磁致伸缩特性以及成本)。然而,它的磁致伸缩系数 $\lambda_s=-35\times10^{-6}$($\lambda_{100}=-51\times10^{-6}$,$\lambda_{111}=-24\times10^{-6}$)以及其低饱和极化率 $J_s=0.61$ T ($M_s=488$ kA·m^{-1})对于磁力效应有关的应用是非常有用的。磁各向异性 $K_1=-5$ kJ·m^{-3},$K_2=-2$ kJ·m^{-3}。易轴方向是[111],磁性对称为 $\bar{3}m'$。298 K 下,纯镍的准确磁化强度是 $\sigma=54.78(15)$ A·m^2·kg^{-1},是一个用于校准磁强计的 NIST 标准。世界上镍的年产量为 150 万吨,但是它作为一种交易商品,价格并不稳定。今年来,其价格在每千克 5 美元和 50

美元之间浮动。

a-$Fe_{0.40}Ni_{0.40}P_{0.14}B_{0.06}$
(金属玻璃 2826,Metglas 2826)

结构:随机分布的密堆积贝尔纳(Bernal)结构 d = 7720 kg·m^{-3}

随机密堆积结构的体积填充率为 0.64。B 通过三棱柱型配位方式填充在大的间隙位置。

电学性质: 金属 $\varrho \approx 1.6\ \mu\Omega \cdot m$ (最大的金属电导率)

巡游磁矩(强磁性)

磁学性质: 铁磁性 $T_C = 535$ K

平均原子磁矩$\langle m \rangle = 1.2\mu_B(3d\ atom)^{-1}$

$\sigma = 84\ A \cdot m^2 \cdot kg^{-1}$ $M_s = 0.65\ MA \cdot m^{-1}$ $J_s = 0.81$ T

$A = 8\ pJ \cdot m^{-1}$ $K_1 \approx 0\ kJ \cdot m^{-3}$ $\kappa \approx 0$

$\lambda_s \approx 11 \times 10^{-6}$

重要性:金属玻璃 2826 是类似非晶的 $Fe_{0.50}Ni_{0.50}$。它有优良的软磁特性、高电阻率,并且有很大的 ΔE 效应。由于没有晶格结构,其体材料的磁各向异性几乎为零。它具有显著的抗拉强度(>2 GPa)。通过熔体快淬法制备的 40 μm 薄带和薄片可以广泛应用于包括电磁屏蔽、磁感应传感器、脉冲模式的电力供应、饱和电感以及其他低频电磁应用。

相关材料:磁性玻璃由许多过渡族金属和准金属以 80∶20 的比例形成。富铁的磁性玻璃比如 a-$Fe_{0.80}B_{0.20}$ 和 a-$Fe_{0.81}B_{0.135}Si_{0.035}C_{0.02}$(金属玻璃2605SC)具有更高的极化率($\mu_0 M_s$ = 1.5—1.6 T)和更高的居里温度(≈650 K)。它们被用于配电变压器。这些合金表现出各向同性线性磁致伸缩系数 $\lambda_s = 31 \times 10^{-6}$,符号与晶化的铁相反,可用于传感器。富钴磁性玻璃(例如 a-$Fe_{0.05}Co_{0.70}Si_{0.15}B_{0.10}$)表现出零磁致伸缩系数和很高的磁导率。纳米晶合金($Fe_{0.735}Cu_{0.01}Nb_{0.03}Si_{0.135}B_{0.09}$)是由晶化的 Fe-Si 和非晶的母体组成的两相纳米复合材料，可以通过部分晶化非晶态前驱体获得。这种材料表现出几乎可以忽略的磁各向异性，磁致伸缩效应也很小，同时损耗也很小，极化率为 1.25 T，比坡莫合金要大。另外，纳米晶合金磁屏蔽体成型后不需要退火。

非晶态的 80∶20 合金在 700—800 K 时开始晶化。

图 11.8

三元$(Fe,Co,Ni)_{0.80}B_{0.20}$合金相图，其中显示了零各向异性和零磁致伸缩的组成成分(O'Handley R C, Chou C P. J. Appl. Phys., 1978, 49(1659))

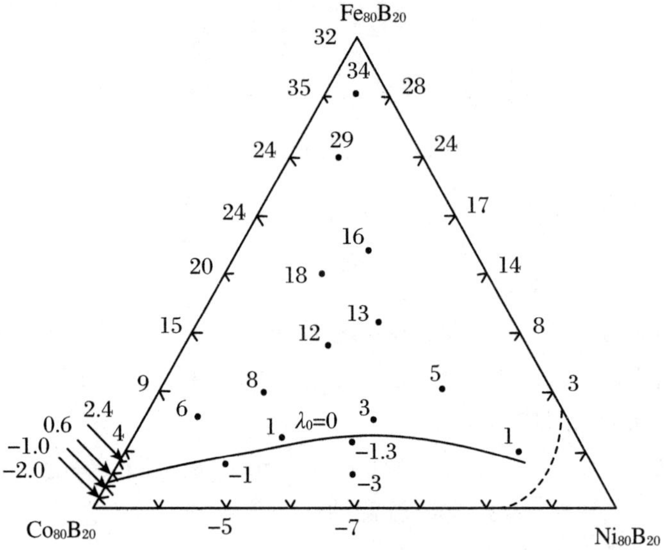

Co (钴)

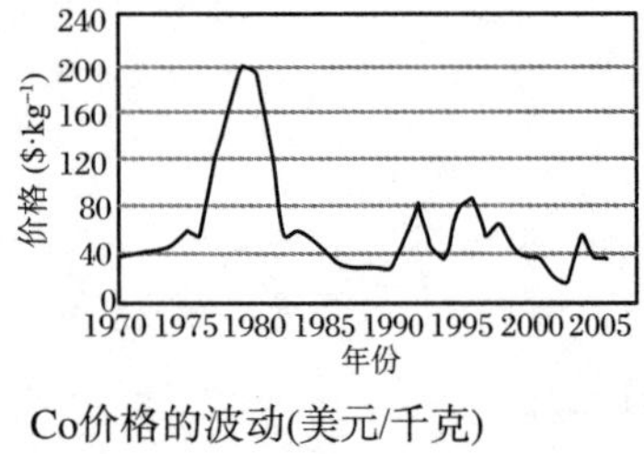

Co价格的波动(美元/千克)

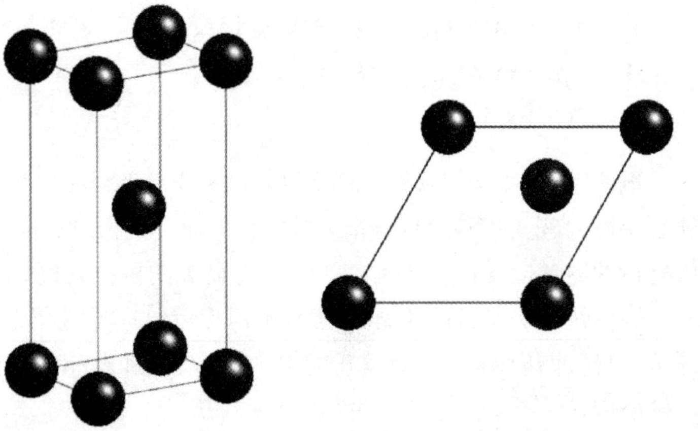

结构： A3 hcp $P6_3/mmc$ $Z=2$ $d=8920\ kg\cdot m^{-3}$

$a=250.7$ pm $c=407.0$ pm

Co 原子占位：$2c(1/3,2/3,1/4)$

hcp 结构的 εCo 在 695 K 下转变成 fcc 的 γCo。在薄膜结构中钴可以以 fcc 的结构稳定存在。

电学性质： 金属 $3d^{8.4}4s^{0.6}$ $\varrho\approx0.06\ \mu\Omega\cdot m$

巡游磁矩(强磁性)

磁学性质: 铁磁性 $T_C = 1360$ K

原子磁矩 $\mathfrak{m}_0 = 1.72\ \mu_B$ 每原子(自旋磁矩为 $1.58\ \mu_B$,轨道磁矩为 $0.14\ \mu_B$)

交换积分 $\mathcal{I} = 1.01$ eV

$\sigma = 162\ \mathrm{A \cdot m^2 \cdot kg^{-1}}$ $M_s = 1.44\ \mathrm{MA \cdot m^{-1}}$ $J_s = 1.81$ T

$A = 31\ \mathrm{pJ \cdot m^{-1}}$ $K_1 = 410\ \mathrm{kJ \cdot m^{-3}}$ $K_2 = 140\ \mathrm{kJ \cdot m^{-3}}$

$\kappa \approx 0.45$ $\lambda_s \approx -60 \times 10^{-6}$

重要性:铁磁体中 fcc 钴具有最高的居里温度,为 1388 K,而具有 hcp 结构 ε 相的钴具有类似的很高的居里温度(1360 K)。γCo 的磁化强度稍微大一些($\sigma = 165\ \mathrm{A \cdot m^2 \cdot kg^{-1}}$)。钴是一种战略金属资源,在地球上的分布不均,其含量大约为 Fe 的 1/100,价格也有很大的波动,每年用于做磁铁的总量为 4000 吨,占全球总产量的 7%。

相关材料:钴是一种非常重要的合金添加剂,用于提高居里温度和磁各向异性。有 Cr,Pt 和 B 添加剂的合金薄膜(典型的组成为 $Co_{0.67}Cr_{0.20}Pt_{0.11}B_{0.06}$)被用作硬盘的纵向记录介质。这些薄膜由非磁性富硼晶界相的纳米颗粒组成。更高 Pt 含量和更低 Cr 含量的合金薄膜被用作垂直磁记录介质。

CoPt (钴铂合金)

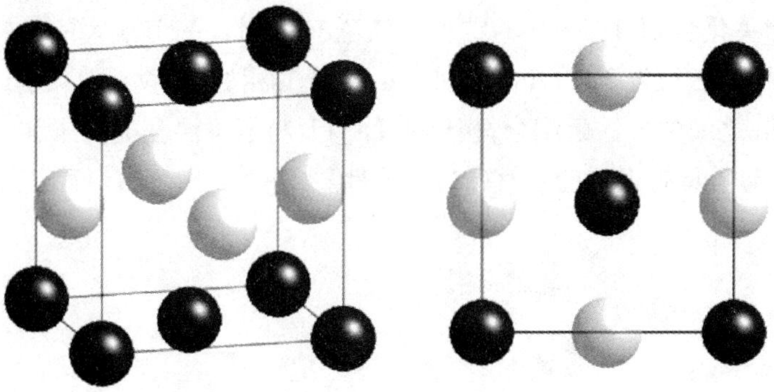

结构:$L1_0$ 正方晶系(AuCu) $P4/mmm$ $Z = 2$ $d = 16040\ \mathrm{kg \cdot m^{-3}}$

$a = 377$ pm $c = 370$ pm

Co 原子占位:$2a(0,0,0)$

Pt 原子占位:$2b(1/2,1/2,0)$

通过对无序的 γ 相 FePt 在 870 K 下热处理,可以获得面心四方结构,这种结构通常与 c 分布在轴不同的立方体边缘的结构孪生存在。贵金属添加剂会降低退火温度 T_a。在等原子比左右有一个很大的均匀性范围。

表 11.7 一些有序二元合金 AB 的铁磁性质

	有序结构	T_C(K)	J_s(T)	K_1(MJ·m^{-3})	κ
CoPt	$L1_0$	840	1.01	4.9	2.47
FePt	$L1_0$	750	1.43	6.6	2.02
FePd	$L1_0$	749	1.38	1.8	1.10
τMnAl	$L1_0$	650	0.75	1.7	1.95
Co_3Pt	$L1_2$	1190	1.40	0.6	0.71
Ni_3Mn	$L1_2$	750	1.0	0.03	0.19

电学性质： 金属

Co 和 Pt 上的巡游磁矩

磁学性质： 铁磁性 $T_C = 840$ K

$\sigma = 50$ A·m^2·kg^{-1} $M_s = 0.80$ MA·m^{-1} $J_s = 1.01$ T

$A = 10$ pJ·m^{-1} $K_1 = 4.9$ MJ·m^{-3} $\kappa \approx 2.47$

$B_a = 6.1$ T

重要性：CoPt 作为永磁体被广泛应用于医疗、军事国防以及精密仪器中，其良好的抗腐蚀性、延性、机械加工特性以及高温工作特性使得它物有所值。其磁能积最大可达到 100 kJ·m^{-3}。

相关化合物：$L1_0$ 和 $L1_2$ 结构的铁磁有序相有一个很大的材料家族，包括硬磁材料 FePt，FePd 和 MnAl。$L1_2$ 相的 Ni_3Mn 消除了近邻 Mn-Mn 之间的反铁磁耦合，相比非 $L1_2$ 相，将居里温度提高了500 K。Co_3Pt 薄膜具有很强的垂直磁各向异性。

MnBi (锰铋合金)

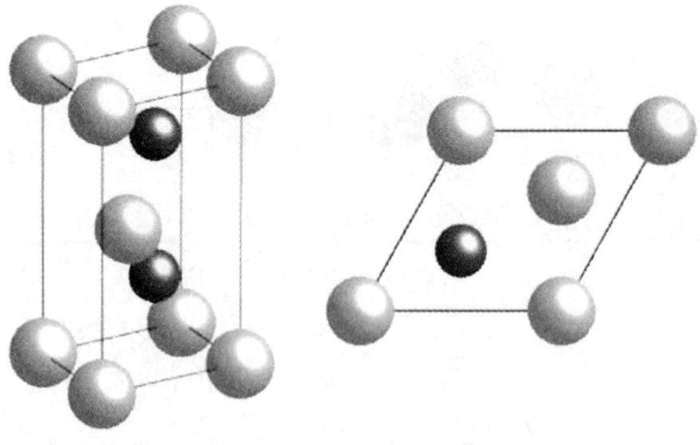

结构：$B8_1$ 六方晶系（NiAs） $P6_3/mmc$ $Z=2$ d = 9040 kg·m^{-3}

$a = 428$ pm $c = 611$ pm

Mn 原子占位：$2b(1/3,2/3,1/4)$

Bi 原子占位：$2a(0,0,0)$

六方晶格的 NiAs 是一个按 ABAC…排列的六角结构的 Ni(A)和 As(B,C)。

电学性质：　金属费米面处的态密度 ε_F 很小

Mn 的 d 电子和 Bi 的 6p 电子有很强的杂化

磁学性质：　铁磁性　$T_C = 633$ K（一级相变点）

原子磁矩 $\mathfrak{m}_0 = 3.95\ \mu_B\ \mathrm{fu}^{-1}$（在自旋重取向温度 $T_{sr} = 84$ K 以上，磁矩平行于 c 轴；在自旋重取向温度 T_{sr} 以下，磁矩垂直于 c 轴）

$\sigma = 64\ \mathrm{A \cdot m^2 \cdot kg^{-1}}$　　$M_s = 0.58\ \mathrm{MA \cdot m^{-1}}$

$J_s = 0.72$ T　　$K_1 = 0.9\ \mathrm{MJ \cdot m^{-3}}$

$K_2 = 0.3\ \mathrm{MJ \cdot m^{-3}}$　　$\kappa \approx 1.5$

$\lambda_s^c \approx 500 \times 10^{-6}$

重要性：MnBi 由于其中 Bi 有很强的自旋轨道耦合，是一类具有很好磁光效应的硬磁体：在 $\Lambda = 633$ nm 时，$\theta_K = 0.9°$，$\theta_F = 50°\ \mu\mathrm{m}^{-1}$。具有垂直磁各向异性的薄膜被用来演示热磁记录。掺入 Ge 可使 θ_K 增加到 2.1°。磁致伸缩效应有很大的各向异性。

相关化合物：具有NiAs 结构的锰合金汇总在表 11.8 中。NiAs 本身是一个非磁性合金，但是 NiS 却在 $T_N = 260$ K 处表现出一级反铁磁转变。在 $T_C = 291$ K，MnP 为斜方晶系。

表 11.8　锰的磷族元素化合物的铁磁性质

	T_C(K)	$M_s(\mathrm{MA \cdot m^{-1}})$	
MnAs	318	0.63	易磁化面
MnSb	573	0.77	520 K 时自旋重取向
MnBi	633	0.58	84 K 时自旋重取向

NiMnSb（镍锰锑合金）

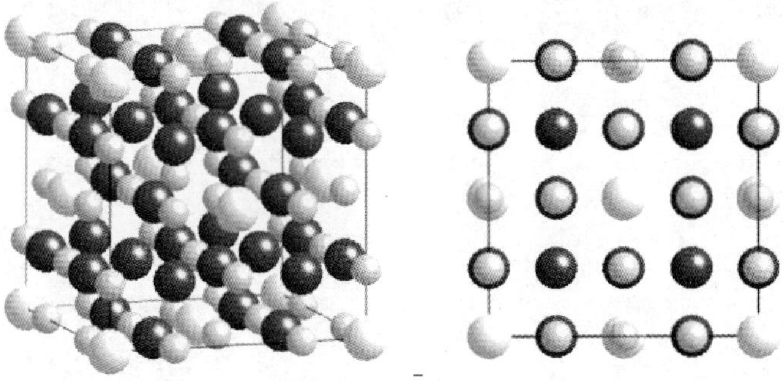

结构：$C1_b$ 立方晶系（AgMgAs）$F\bar{4}3m$　　$Z = 4$　$\mathrm{d} = 7530\ \mathrm{kg \cdot m^{-3}}$

$a_0 = 592$ pm

Ni 原子占位：$4a(0,0,0)$

Mn 原子占位：$4b(0,1/4,1/4)$

Sb 原子占位：$4c(0,1/2,3/4)$

一种赫斯勒(Heusler)合金,其中四个 fcc 格子中的一个为空格①。

电学性质: 半金属,费米面处只有↑电子 $\varrho \approx 0.6\ \mu\Omega \cdot m$

磁学性质: 铁磁性 $T_C = 728$ K $\mathfrak{m}_0 \approx 4.0\ \mu_B\ fu^{-1}$

$\sigma = 89\ A \cdot m^2 \cdot kg^{-1}$ $M_s = 0.67\ MA \cdot m^{-1}$ $J_s = 0.84$ T

$K_1 = 13\ kJ \cdot m^{-3}$

重要性: NiMnSb 和 PtMnSb 是第一个被确定为半金属的材料。一些赫斯勒合金高的自旋极化和高的居里温度使它们成为可用于自旋电子学的材料。

相关化合物:赫斯勒合金 X_2YZ ($L2_1$结构,$Fm\bar{3}m$)和半赫斯勒合金 XYZ 是一个很大的家族,其中 X,Y 和 Z 原子分别占在相互交织的 fcc 格子上。它们中的许多都是铁磁性的或者亚铁磁性的,当原子排列非常有序的时候,有一些,如 Co_2MnSi(↓0.4 eV 的能隙)就是半金属。每个分子式的磁矩随着价电子 Z_e 的总数目而变化,对于赫斯勒合金为 $m = Z_e - 24$,对于半赫斯勒合金为 $m = Z_e - 18$。表 11.9 列出了一些例子。由于 Mn-Mn 之间的距离较大(≈420 pm),因此 Mn-Mn 相互作用是铁磁性的。基于 Ni_2MnGa 的铁磁形状记忆合金在外加磁场下会经历一个很大的尺寸(~10%)和形状的变化,这是由于在 305 K 时马氏体相变使其从 fcc 结构转变成 fct 结构。

表 11.9 赫斯勒和半赫斯勒合金

	a_0(pm)	T_C(K)	σ_0($A \cdot m^2 \cdot kg^{-1}$)	$\mathfrak{m}$(μ_B)
Cu_2MnIn	621	500	75	4.0
Co_2MnGa	577	694	93	4.1
Co_2MnSi①	565	985	141	5.0
Co_2MnGe①	574	905	116	5.1
Co_2MnSn	600	829	97	5.1
Ni_2MnGa	583	380	96	4.2
Ni_2MnSn	605	360	81	4.2
Pd_2MnSb	642	247	63	4.4
NiMnSb①	592	730	93	4.0
PtMnSb①	620	572	60	4.0
Mn_2VAl①	760	730	59	2.0

① 半金属(half metal)。

① 译者注:赫斯勒合金是四个互相嵌套的 fcc 晶格构成的。

αMn

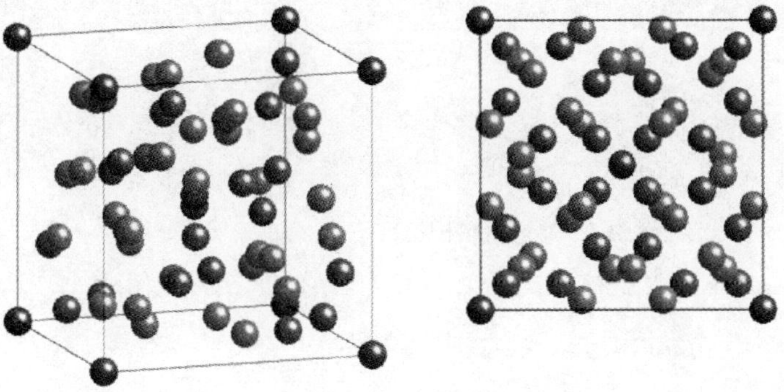

结构:A12 立方　$I\bar{4}3m$　$Z=58$　$d=7470\ kg \cdot m^{-3}$

$a_0=886.5$ pm

Mn 原子占位:$2a(0,0,0)$;$8c(0.317,0.317,0.317)$

$24g_1(0.357,0.357,0.034)$;

$24g_2(0.089,0.089,0.282)$

在奈尔温度以下存在一些小的四方畸变。

电学性质:　金属　$3d^{6.4}4s^{0.6}$　$\varrho \approx 1.4\ \mu\Omega \cdot m$

巡游磁矩

磁学性质:　非共线反铁磁性　$T_N=95$ K

平均原子磁矩$\langle m_0 \rangle \approx 0.7\ \mu_B$每原子

各位的磁矩:$2a$ $2.8\ \mu_B$;　$8c$ $1.8\ \mu_B$;

$24g_1$ $0.5\ \mu_B$;　$24g_2$ $0.5\ \mu_B$

重要性:锰有最大的单胞,并且是所有元素中最复杂的。在 $2a$ 和 $8c$ 位上有部分局域的磁矩,在 $24g$ 位上有反铁磁耦合阻挫的非局域的磁矩。其他锰多晶的磁性列在表 11.10 中。

相关化合物:锰具有比任何 3d 元素都大的原子磁矩,但是通常锰的掺入会降低 3d 铁磁性合金的磁矩,因为掺入的锰与它们呈反铁磁耦合。由于半填充的 d 带的直接交换作用,富 Mn 的合金是反铁磁性的。对于反铁磁性的锰合金,详见 $IrMn_3$;对于更多稀磁性的例子,详见 NiMnSb 和 MnBi。一般来说,锰占位之间距离最短(≲240 pm)时,是非磁性的;键长在 250—280 pm 之间时,有少量的巡游磁矩反铁磁耦合;键长最长(≳290 pm)时,具有最大的磁矩并且铁磁性耦合。

表 11.10 几种锰晶体的磁性				
			T_N(K)	
αMn	A12	立方	95	非共线反铁磁体
βMn	A13	立方		自旋液体
γMn	A1	立方，掺入 Cu 以后结构稳定	450	反铁磁体
γ′Mn	A5	四方，经淬火	570	反铁磁体

$IrMn_3$

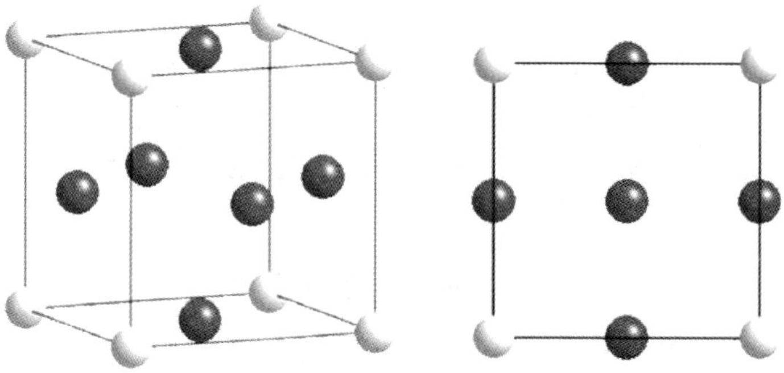

结构：Ll_2 立方($AuCu_3$) $Pm\bar{3}m$ $Z=1$ $d=11070\ kg\cdot m^{-3}$

$a_0=378$ pm

Ir 原子占位：$1a(0,0,0)$

Mn 原子占位：$3b(0,1/2,1/2)$

电学性质： 金属 $\varrho\approx1\ \mu\Omega\cdot m$

磁学性质： 反铁磁体 $T_N=960$ K(依赖于原子的有序度)

$T_N=730$ K(对于无序的 ν 相)

$K_{eff}=3\times10^6\ J\cdot m^{-3}$

$m\approx2.6\ \mu_B\ Mn^{-1}$(Ir 原子没有磁矩，(111)面是反铁磁性的，磁矩在面内的$[2\bar{1}\bar{1}]$方向，呈三角构型)

重要性：$IrMn_3$ 在薄膜器件中经常被用来形成交换偏置，如磁性传感器和磁性存储单元。

相关化合物：一系列的锰基反铁磁化合物被用来形成交换偏置。它们的奈尔温度、阻塞温度以及其与 Co 和坡莫合金的交换耦合作用系数 σ 总结在表 11.11 中。

表 11.11 锰基反铁磁性合金

			T_N(K)	T_b(K)	σ(mJ·m^{-2})
FeMn	fcc	四个非共线子格子,S//[111]	510	440	0.10
NiMn	$L1_0$	反铁磁(002)面,S//a	1070	700	0.27
$Pd_{0.32}Pt_{0.18}Mn_{0.50}$	$L1_0$	反铁磁(002)面	870	580	0.17
PtMn	$L1_0$	反铁磁(002)面,S//c	975	500	0.30
IrMn	$L1_0$	反铁磁(002)面,S//[110]	1145		
$RhMn_3$	$L1_2$	三角自旋结构	855	520	0.19
$IrMn_3$	$L1_2$	铁磁(001)面,S//a	960	540	0.19

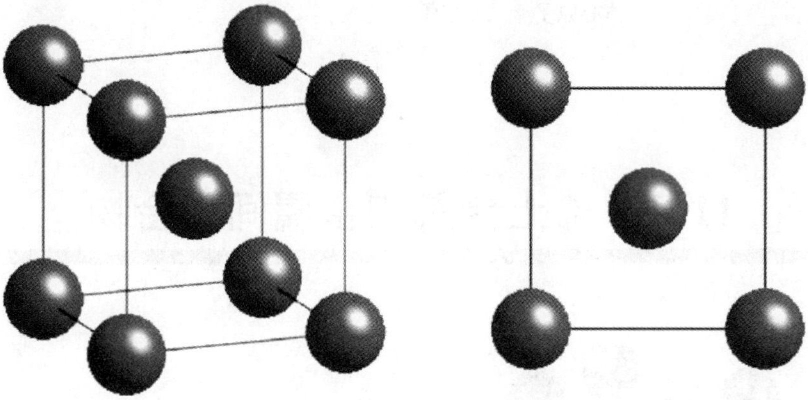

Cr

结构:A2 bcc $Im\bar{3}m$ $Z=2$ d$=7190$ kg·m^{-3}

$a_0=288.5$ pm

Cr 原子占位:$2a(0,0,0)$

电学性质: 金属 $3d^{5.4}4s^{0.6}$ $\varrho\approx 0.13\ \mu\Omega\cdot$m

嵌套式费米面 巡游磁矩形成一个自旋密度波

磁学性质: 自旋密度波反铁磁体 $T_N=312$ K

较弱的一级转变 $\langle \mathfrak{m}_0\rangle\approx 0.43\ \mu_B$ 每原子 60%来自轨道磁矩,40%来自自旋磁矩 $g=1.2$

磁矩平行于⟨100⟩。场冷会使的单个反铁磁畴稳定,同时会伴随一些四方畸变,$c/a>1$

无公度的反铁磁波长 $\lambda=303$ pm,对应一个波矢 $Q=0.95(2\pi/a_0)$的自旋密度波,其中在 T_N 以下,$\mathfrak{m}$ // Q,但是在自旋重取向转变温度 123 K 时,$\mathfrak{m}$ 倾向平行于 Q

重要性: Cr 是自旋密度波型反铁磁最简单的一个例子。波矢 Q 由费米面处的嵌套性质决定。

相关化合物：在存在应力的样品中或者含有少量(≈2%)诸如Mn,Ru,Rh,Re或Os等添加剂的合金中，自旋密度波会变成相称的。每个原子的磁矩变成0.8 μ_B，$T_N \approx 500$ K。其他一些自旋密度波型的反铁磁材料有MnSi($T_N = 29$ K)，以及有机盐，比如$(TMTSF)_2PF_6$($T_N = 12$ K)。

图 11.9

Cr的磁结构，显示了单胞中两个位置的磁结构的振荡，振幅是0.6 μ_B

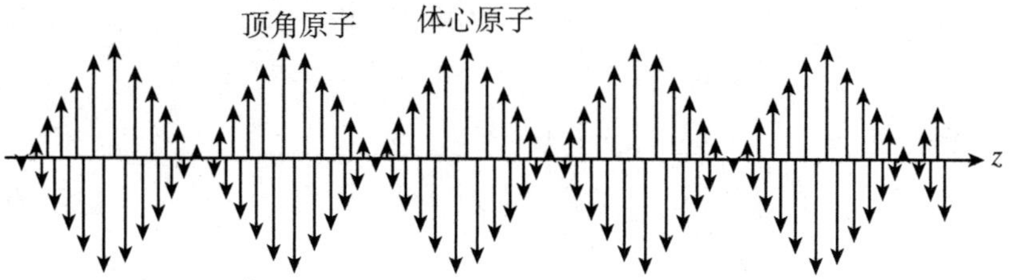

11.3　稀土金属和金属间化合物

Dy

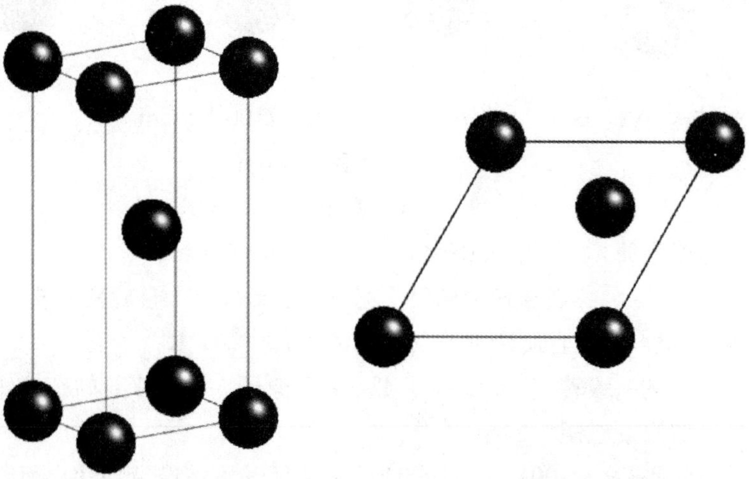

结构：A3　hcp　$P6_3/mmc$　$Z=2$　d = 8530 kg·m^{-3}

$a_0 = 358$ pm　$c = 562$ pm

Dy原子占位：$2c(1/3,2/3,1/4)$

电学性质：　金属　$\varrho \approx 0.90\ \mu\Omega\cdot$m

局域磁矩 $4f^9$；在4f壳层 $^6H_{15/2}$m = 10 μ_B，5d带上为0.4 μ_B

磁学性质：　在 $T_N = 179$ K时为螺旋磁有序结构，在 $T_C = 85$ K

以下时转变成铁磁性。螺旋轴沿着 c 轴,磁矩在 ab 平面内。局域的 $J=15/2$ 构型

$\mathfrak{m}_0=10.4\ \mu_B(4.2\ \mathrm{K})$　$\sigma_0=358\ \mathrm{A\cdot m^2\cdot kg^{-1}}$

$M_0=3.06\ \mathrm{MA\cdot m^{-1}}$　$J_0=3.84\ \mathrm{T}$

$K_1=-55\ \mathrm{MJ\cdot m^{-3}}$　$K_3'=0.3\ \mathrm{MJ\cdot m^{-3}}$

重要性: Dy 和 Ho 是低温下磁矩和磁化强度最大的铁磁体。低温下两者都显示出巨大的难轴磁各向异性。

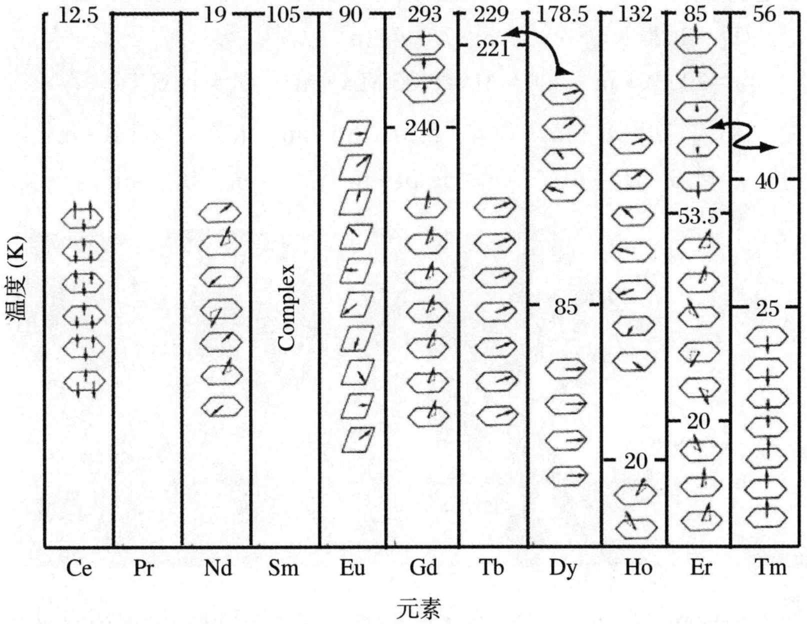

图 11.10

稀土元素的磁有序。顶部的数据是第一种磁有序的温度

相关化合物:稀土元素是局域磁性的一个大平台,其性质包含了从非磁性的单态(Pr)至近室温的铁磁体(Gd)。其磁有序温度用德纳然因子$(g-1)^2J(J+1)$来标度。

$SmCo_5$(钐钴合金)

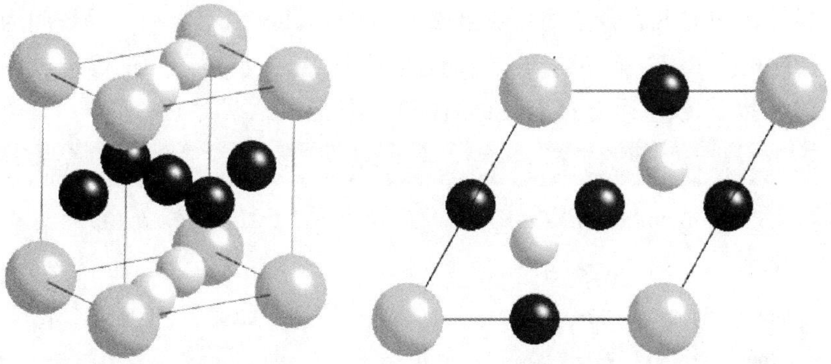

结构:$D2_d$六方晶系($CaCu_5$)　$P6/mmm$　$Z=1$　$d=8606\ \mathrm{kg\cdot m^{-3}}$

$a=499\ \mathrm{pm}$　$c=398\ \mathrm{pm}$

Sm 原子占位：$1a(0,0,0)$
Co 原子占位：$2c(1/3,1/3,0)$
Co 原子占位：$3g(0,1/2,1/2)$

由 hcp 的 Co 衍生而来

电学性质： 金属 $\varrho \approx 0.8\ \mu\Omega \cdot m$

强铁磁体，Sm 的局域 4f 电子

磁学性质： 非局域的 Co 3d 磁矩和较小的局域的 Sm 4f 磁矩有铁磁性耦合

$T_C = 1020$ K　　$m \approx 7.8\ \mu_B\ fu^{-1}$

$\sigma = 100\ A \cdot m^2 \cdot kg^{-1}$　$M_s = 0.86\ MA \cdot m^{-1}$　$J_s = 1.08$ T

$K_1 = 17.2\ MJ \cdot m^{-3}$　（$K_1^{Sm} = 10.7\ MJ \cdot m^{-3}$　$K_1^{Co} = 6.5\ MJ \cdot m^{-3}$）

$\kappa \approx 4.3$　$B_a = 40$ T　$A = 12\ pJ \cdot m^{-1}$　$\delta_w = 3.6$ nm

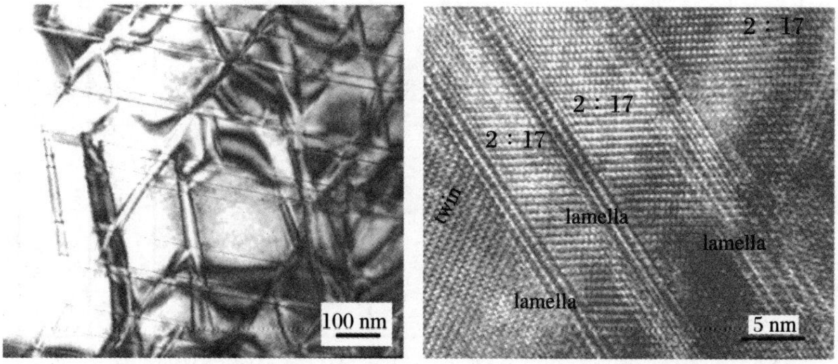

(a)　(b)

图 11.11

(a) Sm(Fe, Co, Cu, Zr)$_{7-8}$ 磁铁的微结构，显示2：17晶粒和1：5晶粒的晶界相；(b) 2：17晶粒的晶格成像，其中显示了一种晶粒内的薄层状相(数据来源：Josef Fidler)

重要性：SmCo 是第一个稀土永磁合金，同时也是磁各向异性最大的磁性材料；其磁各向异性的大约 65%来自 Sm 次晶格，35%来自 Co 次晶格。$SmCo_5$ 磁铁被用在对热稳定性要求较高的应用中。

相关化合物：在 R_2Co_{17} 系列中，其中一个哑铃状的 Co 原子对替代结构中的 R。合金的一般组成为 Sm(Co,Fe,Cu,Zr)$_{7-8}$，晶粒间为 RT_5 相的 R_2T_{17} 微晶结构。它们是多用途、钉扎型矫顽力的高温铁磁体。然而，铁基合金在 $CaCu_5$ 结构中不结晶。

表 11.12　具有 $CaCu_5$ 结构的钴基稀土金属间化合物

	a(pm)	c(pm)	T_C(K)	M_s($MA \cdot m^{-1}$)	K_1($MJ \cdot m^{-3}$)	B_a(T)	κ
YCo_5	494	398	987	0.85	6.5	15	2.7
$SmCo_5$	499	398	1020	0.86	17.2	40	4.3
$GdCo_5$	498	397	1014	0.29	4.6	32	6.6
$SmCo_4B$	509	689	470	0.67	30.2	90	7.3

$Nd_2Fe_{14}B$(钕铁硼合金)

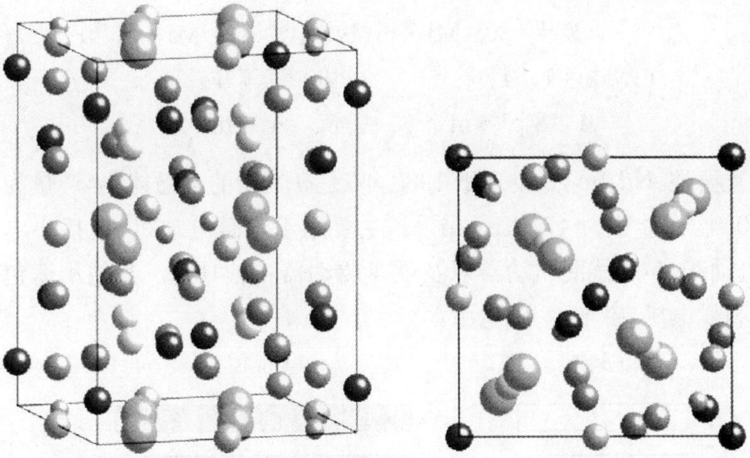

结构:正方晶系 $P42/mnm$ $Z=4$ $d=7760\ \mathrm{kg\cdot m^{-3}}$

$a=879$ pm $c=1218$ pm

Nd 原子占位:$4f(0.357,0.357,0)$

Nd 原子占位:$4g(0.770,0.230,0)$

Fe 原子占位:$4c(0,0.5,0)$

Fe 原子占位:$4e(0,0,0.116)$

Fe 原子占位:$8j_1(0.098,0.098,0.294)$

Fe 原子占位:$8j_2(0.318,0.318,0.255)$

Fe 原子占位:$16k_1(0.567,0.225,0.374)$

Fe 原子占位:$16k_2(0.124,0.124,0)$

B 原子占位:$4f(0.124,0.124,0)$

双笼目 Fe 层与夹于其中的 Fe($8j_2$)层,由 Nd,B 以及 Fe($4c$)组成的原子平面将其三层分别隔开

电学性质: 金属 $\varrho\approx1.0\ \mu\Omega\cdot\mathrm{m}$

巡游磁矩(接近强磁体),Nd 具有局域的 $4f^3$ 核

磁学性质: 多重次晶格铁磁体 $T_C=588$ K

$\langle\mathfrak{m}_{Fe}\rangle=2.2\ \mu_B$ 每原子, $\mathfrak{m}=37.3\ \mu_B\ \mathrm{fu^{-1}}$

平行耦合在一起的局域 Nd^{3+} 和巡游的 Fe 离子磁矩

Nd:$4f$,$4g$ $3.0\ \mu_B$

Fe:$4c$ $1.9\ \mu_B$; $4e$ $2.2\ \mu_B$; $8j_1$ $2.2\ \mu_B$; $8j_2$ $2.5\ \mu_B$; $16k_1$ $2.1\ \mu_B$; $8j_1$ $2.2\ \mu_B$; $16k_1$ $2.3\ \mu_B$

温度低于 $T_{st}=135$ K 时,为非共线磁性;$T=0$ K 下,磁矩向 c 轴倾斜 $\theta=30^\circ$

交换常数 $\mathcal{J}_{Fe\text{-}Fe}=36.8$ K, $\mathcal{J}_{Nd\text{-}Fe}=8.7$ K

$\sigma=165\ \mathrm{A\cdot m^2\cdot kg^{-1}}$ $M_s=1.28\ \mathrm{MA\cdot m^{-1}}$

$J_s=1.61$ T $K_1=4.9\ \mathrm{MJ\cdot m^{-3}}$

$(K_1^{Nd} = 3.8\ MJ \cdot m^{-3} \quad K_1^{Fe} = 1.1\ MJ \cdot m^{-3})$

$\kappa = 1.54 \qquad B_a = 7.7\ T$

$A = 8\ pJ \cdot m^{-1} \qquad \delta_w = 4.0\ nm$

重要性: $Nd_2Fe_{14}B$ 发现于 1982 年,是高性能的永磁体,年产量为 60000 吨,磁能积为 474 $kJ \cdot m^{-3}$。主要用于永磁电动机,包括小电器、电动车、声音线圈驱动器以及硬盘驱动器主轴马达。其他用途包括风力发电机、磁轴承、磁通源。

图 11.12

$R_2Fe_{14}B$ 和 $R_2Co_{14}B$ 中相对于四方体 c 轴方向的磁结构以及自旋取向

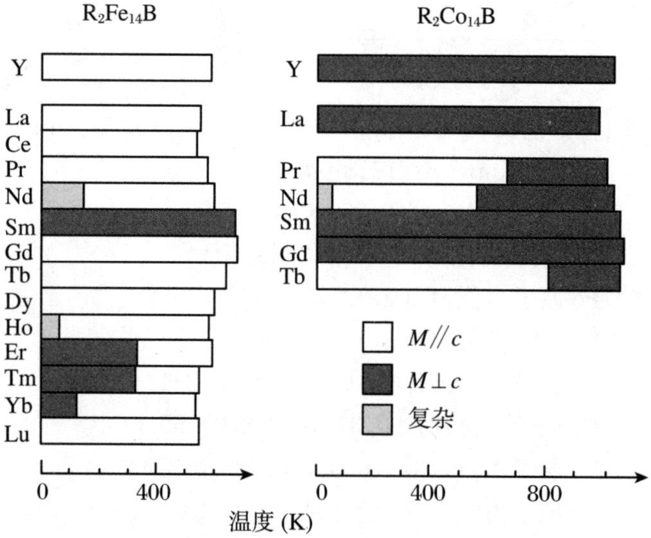

相关化合物: 对于 $R_2Fe_{14}B$ 同构体系,R = La—Lu,只有 Pr 能获得比较可观的硬磁性。添加 Dy 可以提高矫顽力,尤其是对于工作环境温度高的情况。等同结构的钴化合物 $R_2Co_{14}B$,R = La—Tb,Co 的次晶格表现出易磁化面型的磁各向异性。当稀土元素和过渡族金属 Fe 或 Co 有符号相反的各向异性贡献时,在它们的磁矩和为零的温度下会发生自旋重取向。进一步自旋重取向会在更低的温度下发生,主要来自稀土元素的高阶各向异性。

Y_2Co_{17}

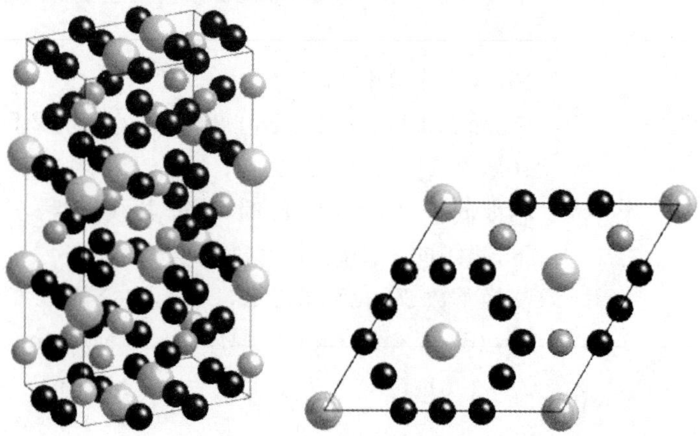

结构:菱面体(Th_2Zn_{17}) $R\bar{3}m$ $Z=3$ $d=9003\ kg\cdot m^{-3}$

$a=834$ pm $c=1219$ pm(六方晶胞)

Y 原子占位:$6c_2$(0,0,1/3)

Co 原子占位:$6c_1$(0,0,0.097)

Co 原子占位:$9d$(1/2,0,1/2)

Co 原子占位:$18f$(1/3,0,1/3)

Co 原子占位:$18h$(1/2,1/2,1/6)

Y_2Co_{17}也在相关的 Th_2Ni_{17} 结构中结晶,其叠加顺序略有不同,c 轴缩短了 50%,$Z=2$;稀土元素的结构环境相似

电学性质: 金属,强磁体 $\varrho\approx 0.5\ \mu\Omega\cdot m$

磁学性质: 铁磁体 $T_C=1167$ K $\mathfrak{m}=27\ \mu_B\ fu^{-1}$

$\sigma=111\ A\cdot m^2\cdot kg^{-1}$ $M_s=1.00\ MA\cdot m^{-1}$ $J_s=1.61$ T

$K_1=-0.34\ MJ\cdot m^{-3}$

重要性:Y_2Co_{17}的磁各向异性是易磁化面型,但是可以通过取代来调控其磁各向异性。可用于微波吸收材料。

相关化合物:R_2Fe_{17}型化合物存在于所有结晶成菱面体 Th_2Zn_{17} 型和六方 Th_2Ni_{17} 型的稀土族元素中。其他 R-Fe 同构体系的居里温度如图 11.13 所示。

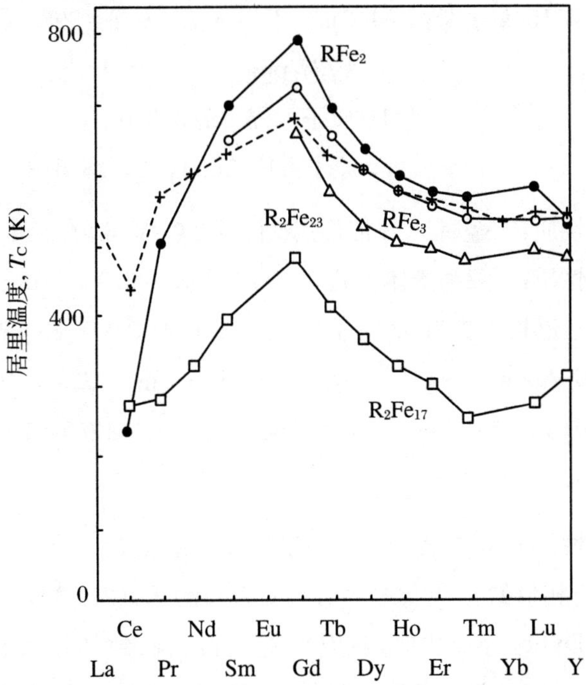

图 11.13

R-Fe金属间化合物的磁有序温度

表 11.13 具有 Th_2Ni_{17} 或者 Th_2Zn_{17} 结构的稀土金属间化合物

	a(pm)	c(pm)	T_C(K)	m ($\mu_B fu^{-1}$)	M_s ($MA \cdot m^{-1}$)	K_1 ($MJ \cdot m^{-3}$)	B_a(T)
Y_2Fe_{17}	848	826	327	18.6	0.48	−0.4	−1.6
Sm_2Fe_{17}	854	1243	389	22.4	0.80	−0.8	−2.0
Y_2Co_{17}	834	1219	1167	23.5	1.00	−0.3	−0.7
Sm_2Co_{17}	838	1221	1190	22.0	0.97	4.2	8.5
Gd_2Co_{17}	837	1218	1209	14.0	0.60	−0.5	−1.7

$TbFe_2$

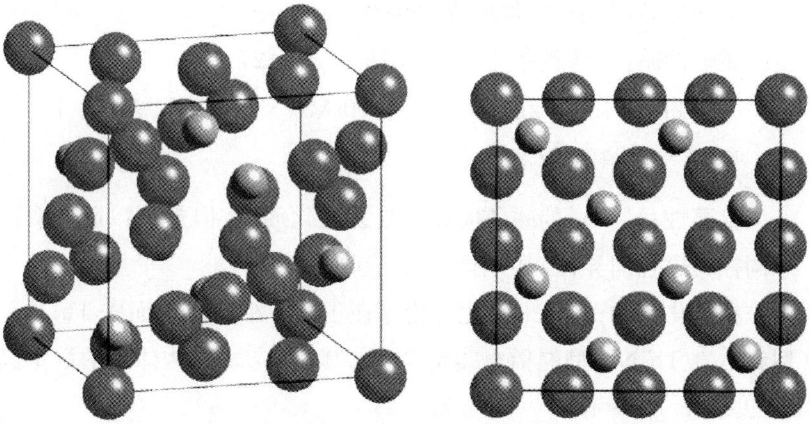

结构：C15 莱福斯相（$MgCu_2$） $Fd3m$ $Z=8$ $d=8980\ kg \cdot m^{-3}$

$a_0=737$ pm

Tb 原子占位：$8a$(0,0,0)

Fe 原子占位：$16d$(5/8,5/8,5/8)

电学性质： 金属 3d 带是强铁磁性 $\varrho=0.6\ \mu\Omega \cdot m$

磁学性质： 亚铁磁体 $T_C=698$ K $m_0=6.0\ \mu_B\ fu^{-1}$

离子次晶格磁矩为 3.3 $\mu_B\ fu^{-1}$；局域的 $4f^8$Tb 反平行耦合

$\sigma=97\ A \cdot m^2 \cdot kg^{-1}$ $M_s=0.88\ MA \cdot m^{-1}$ $J_s=1.10$ T

$K_1=-6.3\ MJ \cdot m^{-3}$ $\kappa=0.80$ $\lambda_s \approx 1750 \times 10^{-6}$

$\lambda_{111} \approx 2400 \times 10^{-6}$

重要性：$TbFe_2$ 显示出巨大的磁致伸缩效应。合金 $DyFe_2$ 与 $TbFe_2$ 具有相似的 λ_{111}，但是具有相反符号的 K_1（2.1 $MJ \cdot m^{-3}$），当 $TbFe_2$ 和 $DyFe_2$ 合金化时，就有可能获得高磁致伸缩系数的合金 $(Tb_{0.3}Dy_{0.7})Fe_2$，并且具有软磁特性（Terfenol-D 合金）。取向化棒

状材料被用于水下声呐的大功率换能器。

相关化合物：莱夫斯相的合金 RFe_2，RCo_2 和 RNi_2 存在于整个稀土元素系列中。在这类化合物和其他稀土过渡金属系列化合物中有多种准二元固溶体结构。RCo_2 化合物是 3d 磁性出现的临界；YFe_2 是 $T_C = 540$ K 的铁磁体。YCo_2 是一个金属性变磁体，其磁矩在外场下的一级相变中出现。镍在 RNi_2 中没有磁矩。锕系与铁形成莱夫斯相的铁磁性化合物。$ZrZn_2$ 是一个特殊的软弱性巡游铁磁体，其居里温度 $T_C = 29$ K，由两个非磁性元素组成。

表 11.14　一些具有 RT_2 结构的化合物的磁化强度和居里温度

	Fe			Co			Ni		
	a_0(pm)	T_C(K)	m(μ_B)	a_0(pm)	T_C(K)	m(μ_B)	a_0(pm)	T_C(K)	m(μ_B)
Ce	730	235	2.5	731			712		
Pr				730	49	2.8	729	15	0.9
Nd				726	105	3.5	727	16	1.8
Sm	742	688	2.7	742	227	1.3	723	21	0.2
Gd	740	796	3.6	740	404	4.8	720	79	7.1
Tb	735	698	4.5	735	238	5.7	716	40	7.7
Dy	733	635	5.8	733	146	6.9	715	27	8.8
Ho	730	608	5.5	730	87	7.7	714	20	8.8
Er	728	587	4.9	728	39	6.0	713	19	6.9
Tm	725	599	2.6	725	20	3.2	709	14	3.3

来源：Bushow K H J. Rep. Prog. Phys.，1977，40(1179).

表 11.15　一些 AFe_2 型化合物的磁化强度和居里温度

	a_0(pm)	T_C(K)	m(μ_B)
UFe_2	706	158	1.1
$NpFe_2$	714	500	2.6
$PuFe_2$	719	600	2.3
$AmFe_2$	730	475	3.1

a-$Gd_{0.25}Co_{0.75}$

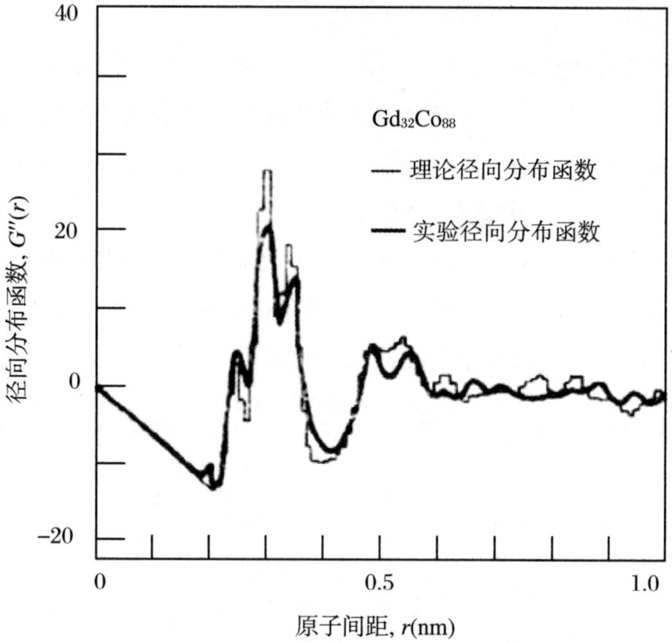

结构:非晶　随机密堆积结构　$d = 7800\ kg \cdot m^{-3}$

电学性质:　金属　$\varrho = 1.5\ \mu\Omega \cdot m$

磁学性质:　亚铁磁体　Gd 和 Co 的次晶格的磁矩反平行排列

$T_C \approx 700$ K (由外推法获得),合金在更低的温度下晶化

补偿点 $T_{comp} = 320$ K

$\langle m \rangle = 0.6\ \mu_B\ fu^{-1} (T = 0\ K)$

$\sigma = 10\ A \cdot m^2 \cdot kg^{-1}$　$M_s = 0.08\ MA \cdot m^{-1}$　$J_s = 0.10$ T

$\sigma_0 = 40\ A \cdot m^2 \cdot kg^{-1}$　$M_0 = 0.31\ MA \cdot m^{-1}$　$J_0 = 0.39$ T

重要性: Tb 添加剂会使得薄膜具有垂直磁各向异性。表现出显著的克尔效应,$\theta_K \approx 1^\circ$,可用作磁光记录介质。在非晶态,合金 a-$Gd_{1-x}Co_x$ 中的 x 可以连续变化,可以选择合适的 x 使得 T_{comp} 非常适宜作补偿点写入。

相关化合物:很大范围内非晶态的 a-$R_{100-x}Co_x$ 的材料都可以用溅射的方法获得。磁各向异性的随机性以及非 S 态的稀土元素可能形成散亚铁磁性(sperimagnetic)磁有序。同样地 a-$R_{100-x}Fe_x$ 合金,由于最近邻距离 $P(\mathcal{J})$ 分布较大引起其交换能分布较宽,而成为散铁磁体(asperomagnets)或散亚铁磁性。由于体积膨胀的影响,铁的次格子磁矩在吸氢过程中发生共线,从而使交换分布向正的方向移动。

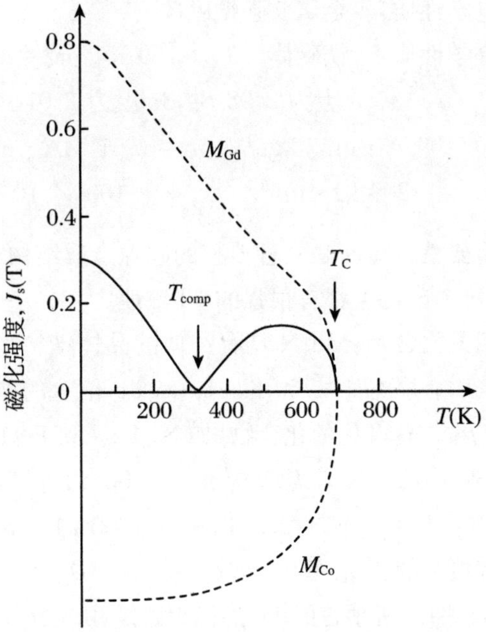

图 11.14

晶体与非晶$Gd_{100-x}Co_x$的补偿温度和居里温度

11.4 间隙化合物

Fe_4N

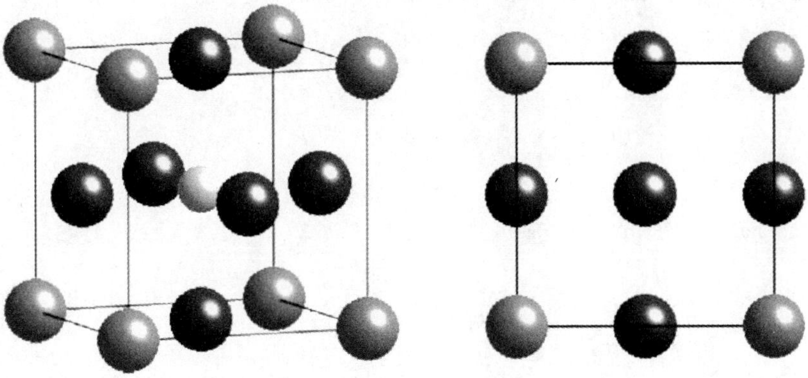

结构：E2$_1$ 立方　$Pm3m$　$Z=1$　$\rho=7212\ kg \cdot m^{-3}$

$a_0=379.5$ pm

Fe 原子占位：1a(0,0,0)

Fe 原子占位：3c(1/2,1/2,0)

N 原子占位：1b(1/2,1/2,1/2)

位于体心的间隙 N 原子使得 fcc γFe 稳定。

电学性质： 金属 强铁磁性

磁学性质： 铁磁体 $T_C=769$ K $\mathfrak{m}_0=8.88\ \mu_B\ fu^{-1}$

($1a$ 上为 2.98 μ_B,$3c$ 上为 2.01 μ_B,$1b$ 上为 $-0.13\ \mu_B$)

$\sigma=209\ A\cdot m^2\cdot kg^{-1}$ $M_s=1.51\ MA\cdot m^{-1}$ $J_s=1.89$ T

$K_1=-2.9\ kJ\cdot m^{-3}$ $\lambda_s\approx-100\times10^{-6}$

重要性：Fe_4N 是一种典型的间隙金属结构，由于 $1a\rightarrow3c$ 的电荷转移，每个占位上都有很强的 3d 磁性。

相关化合物：Mn_4N 具有类似的晶体结构，其中 $a_0=386.5$ pm，是亚铁磁有序，$T_C=760$ K。$1a$ 和 $3c$ 位上的磁矩分别是 3.8 μ_B 和 $-0.9\ \mu_B$。有序化的化合物，如 Ni_3FeN 和 Fe_3PtN 是钙钛矿同构体。四方的 $\alpha''Fe_{16}N_2$，其结构介于 αFe 和 $\gamma'Fe_4N$ 之间。体材料 $\alpha''Fe_{16}N_2$，$J_s=\mu_0M_s=2.3$ T，$K_1\approx1000\ kJ\cdot m^{-3}$，但据报道，薄膜材料具有更大的极化率 J_s，高达 3.2 T。这超过斯拉特-泡令（Slater-Pauling）曲线所预言的 Fe 的最大磁矩（2.7 μ_B），目前还没有被证实。对于薄膜样品，过饱和的 $\alpha Fe_{100-x}N_x$（其中 $x\approx3$）具有更低的 λ_s 和更小的 K_1。

表 11.16 铁的碳化物和氮化物的晶格参数和磁性

	a	b	c	T_C	J_s	$\langle\mathfrak{m}\rangle_0$ (μ_B/Fe)
$\alpha Fe_{97}N_3$	287			1010	2.2	2.20
$\alpha'Fe_{90}N_{10}$	283		312	835	2.3	2.48
$\alpha'Fe_{16}N_2$	572		629	810	2.3	2.35
$\gamma'Fe_4N$	379.5			769	1.8	2.25
$\epsilon\ Fe_3N$	270		436	567		
ζFe_2N	483	552	443	9		0.05
Fe_3C	452	509	674	483	1.5	1.78

$Sm_4Fe_{17}N_3$(Nitromag)

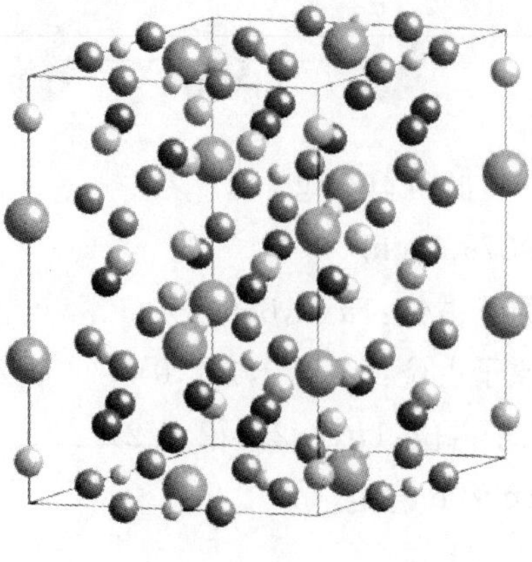

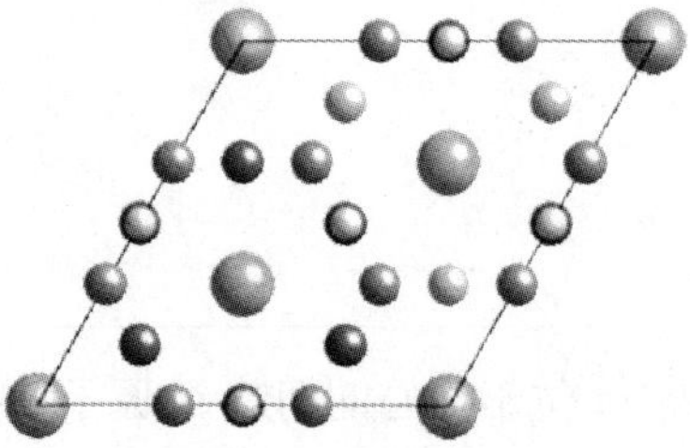

结构:菱面体 $R\bar{3}m$ $Z=3$ $d=7680\ \mathrm{kg\cdot m^{-3}}$

$a=873$ pm $c=1264$ pm

Sm原子占位:$6c(0,0,1/3)$

Fe原子占位:$6c(0,0,0)$

Fe原子占位:$18h(1/2,1/2,1/6)$

Fe原子占位:$9d(1/2,0,1/2)$

Fe原子占位:$18f(1/3,0,0)$

N原子占位:$9e(1/2,0,0)$

$Sm_2Fe_{17}N_3$ 是一种由 Th_2Zn_{17} 菱面体结构演化出的间隙型化合物,其中N原子在Sm原子周围形成一个三角形

电学性质: 金属 强铁磁性

磁学性质: 由3d磁矩平行耦合并包含一小部分局域4f磁矩的铁磁体

$T_C=749$ K $m_0=39\ \mu_B\ \mathrm{fu^{-1}}$($6c$ $2.8\mu_B$; $9d$ $2.2\mu_B$; $18f$ $2.0\mu_B$; $18h$ $2.4\mu_B$)

$\sigma=160\ \mathrm{A\cdot m^2\cdot kg^{-1}}$ $M_s=1.23\ \mathrm{MA\cdot m^{-1}}$

$J_s=1.54$ T

$K_1=8.6\ \mathrm{MJ\cdot m^{-3}}$($K_1^{Sm}=9.7\ \mathrm{MJ\cdot m^{-3}}$,

$\kappa=2.13$, $K_1^{Fe}=-1.1\ \mathrm{MJ\cdot m^{-3}}$)

$B_a=14$ T $A=12\ \mathrm{pJ\cdot m^{-1}}$ $\delta_w=3.7$ nm

重要性:Sm_2Fe_{17}中间隙位置的N原子使得材料的体积膨胀了6%,由此使得材料的居里温度提高了360 K。另外,对于R=Sm,氮还产生了较大的单轴磁晶场,这使得材料产生了很强的单轴各向异性。N原子由气态进入Sm_2Fe_{17}粉末,从而产生出适合结合磁体的材料,然而N原子本身却处于亚稳态,另外,这种粉末材料也不能被烧结。

相关化合物:间隙位置的碳原子也具有同样的功能。其他的具有$ThMn_{12}$结构的铁基稀土金属间隙化合物$RFe_{12-x}X_x$(其中R=Pr,Nd;X=Si,Ti,Mo,V;$x\approx1$)以及$R_3(Fe,X)_{29}$(其中R=Pr,Nd,Sm;X=Ti),其T_C和K_1表现出随着间隙增加而增加的趋势。间隙位置的氢原子含量H/R达到3以上的稀土间隙化合物形成质子液体(proton liquid)。晶格的膨胀会导致T_C升高,有时会导致磁结构改变。

表 11.17 一些 2∶17 间隙化合物					
	a (pm)	c (pm)	T_C (K)	M_s (MA·m^{-1})	K_1 (MJ·m^{-3})
Y_2Fe_{17}	848	826	327	0.48	−0.4
$Y_2Fe_{17}N_3$	865	844	694	1.17	−1.1
$Y_2Fe_{17}C_3$	866	840	660	1.00	−0.3
$Y_2Fe_{17}H_x$	852	827	475	0.75	−0.4
Sm_2Fe_{17}	854	1243	389	0.80	−0.8
$Sm_2Fe_{17}N_3$	873	1264	749	1.23	8.6
$Sm_2Fe_{17}C_3$	875	1257	668	1.14	7.4
$Sm_2Fe_{17}H_x$	861	1247	550	1.10	4.2

11.5 具有铁磁性相互作用的氧化物

EuO

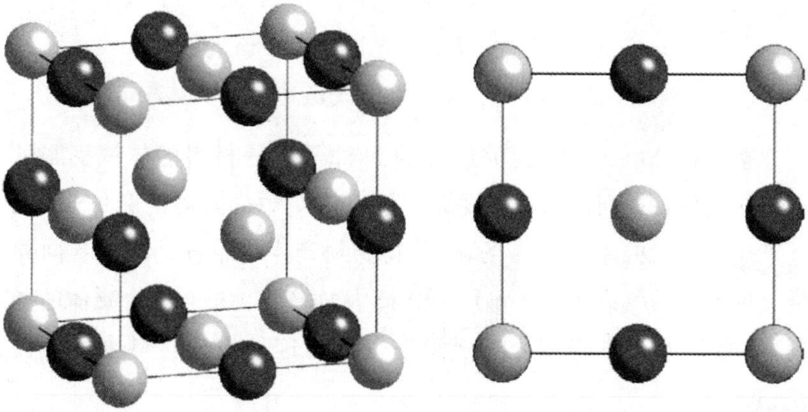

结构:B1 立方(NaCl) $Fm\bar{3}m$ $Z=4$ $d=8122\ \mathrm{kg\cdot m^{-3}}$

$a_0=516$ pm

Eu 原子占位:4a(0,0,0)

O 原子占位:4b(1/2,0,0)

Eu^{2+} 离子分布在由 O 组成的 fcc 阵列的无畸变的八面体间隙位置。

电学性质: 黑色的铁磁性半导体;带隙 $\varepsilon_g=1.2$ eV。在没有化学偏析的情况下，EuO 在居里点以下是金属，并且表现出金属-绝缘体转变，其中电阻率能增加 14 个量级。T_C 附近的庞磁电阻可以达到 $10^8\%\ T^{-1}$。在 T_C 以下，其空的导带有一个自旋劈裂，并且其带隙有一个 0.2 eV 的红移。在超顺磁态下，其载流子是磁激子。

磁学性质：　铁磁体　$T_C = 69.3\ K$　$m_0 = 7.0\ \mu_B$

局域磁矩 $Eu^{2+}\ 4f^7$；$S = 7/2$　基态为 $^8S - A_{1g}$

$\sigma_0 = 233\ A \cdot m^2 \cdot kg^{-1}$　$M_0 = 1.89\ MA \cdot m^{-1}$

$J_0 = 2.38\ T$　$K_1 = 44\ kJ \cdot m^{-3}$

Eu 原子形成 fcc 结构，其近邻和次近邻相互作用 $\mathcal{J}_1$ 和 $\mathcal{J}_2$ 均为铁磁性。其中的交换相互作用来自 4f 电子向 5d 和 6s 导带的激发。

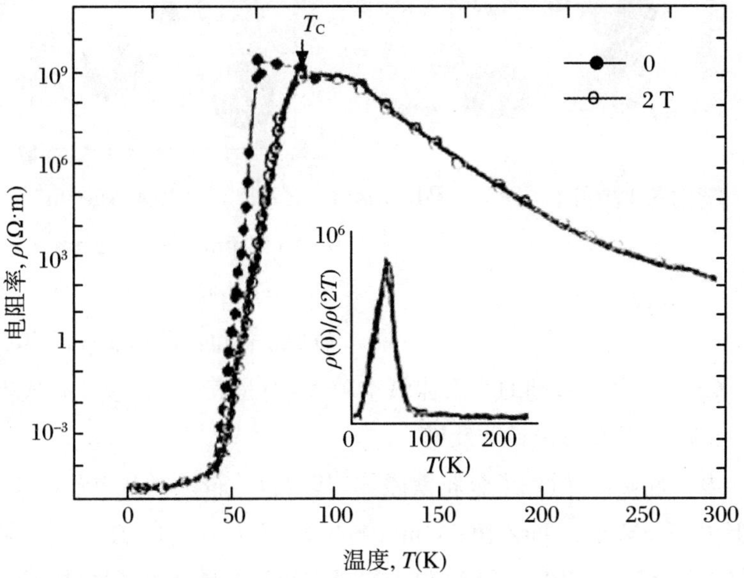

图 11.15

$Eu_{1-\delta}O$ 的金属-绝缘体转变表现出庞磁电阻效应 (Penny T, et al. Phys. Rev. B, 1972, 5(3669))

重要性：EuO 是海森堡交换作用下铁磁性半导体的典范。电子型掺杂会提高其 T_C。在 T_C 以下其导带的自旋劈裂使得 EuO 和 EuS 可以被用作具有自旋过滤效应的隧穿势垒。材料中阳离子缺乏或者对材料进行三价稀土元素掺杂会形成 n 型磁性半导体。由于其居里温度低，因此很难实用化。

相关化合物：GdN 是类似的具有 NaCl 结构的铁磁性材料，$T_C = 69\ K$；其他的 RN 化合物 T_C 更低。EuB_6 也是铁磁性材料（$a_0 = 418\ pm$，$T_C = 12.5\ K$），具有类似的结构，其中 B_6^{2-} 离子取代了 O^{2-} 离子。铕的族元素化合物随着距离和价态的变化，最近邻和次近邻表现出系统的变化。EuTe 表现出反铁磁特性。

表 11.18 硫族元素化合物的磁性					
	a_0(pm)	磁序	T_C	$\mathcal{J}_1$(K)	$\mathcal{J}_2$(K)
EuO	516	铁磁	69.3	0.60	0.12
EuS	596	铁磁	16.5	0.23	−0.11
EuSe	620	正铁磁/反铁磁	4.6/2.8	0.16	−0.16
EuTe	661	反铁磁	9.6	0.10	−0.21

CrO_2

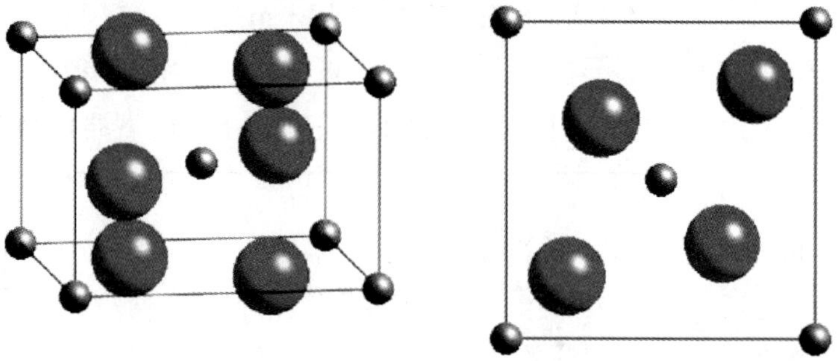

结构:C4 金红石(TiO_2) $P4_2/mnm$ $Z=2$ $d=4890\ kg\cdot m^{-3}$

$a=442$ pm $c=292$ pm

Cr 原子占位:$2a(0,0,0)$

O 原子占位:$4f(0.303,0.303,0)$

Cr 在几乎是规则的八面体氧空隙中,但是其 d_{xy} 轨道没有成键,而 d_{yz} 和 d_{zx} 与氧形成键和反键。

电学性质: 黑色半金属铁磁体,其中自旋带隙在下自旋的态密度上 0.5 eV 处;$\varrho\approx2\ \mu\Omega\cdot m$ (4.2 K 下为 0.03 $\mu\Omega$)。铬形成 Cr^{4+} $3d^2(t_{2g}^2)$。其中一个 3d 电子局域在 $t_{xy}^{\uparrow}$ 带,其他电子局域在混合的 $t_{yz}^{\uparrow}/t_{zx}^{\uparrow}$ 以及氧中的 ↑ 带。

磁学性质: 铁磁体 $T_C=396$ K $m_0=2\ \mu_B\ fu^{-1}$

$\sigma=80\ A\cdot m^2\cdot kg^{-1}$ $M_s=0.39\ MA\cdot m^{-1}$ $J_s=0.49$ T

$K_1=25\ kJ\cdot m^{-3}$ $\kappa=0.36$ $A=4\ pJ\cdot m^{-1}$

$\mathcal{J}_{Cr\text{-}Cr}=37.1$ K $\mathcal{J}_H=0.9$ eV $\lambda_s=5\times10^{-6}$

重要性:CrO_2 是唯一一种二元的具有铁磁性金属特性的氧化物。它是最简单的半金属。它能形成长度约为 300 nm、长径比为 8∶1 的针状颗粒,用于磁记录介质,尤其是在视频磁带中。它的居里温度不能通过间隙元素的掺入而增加。

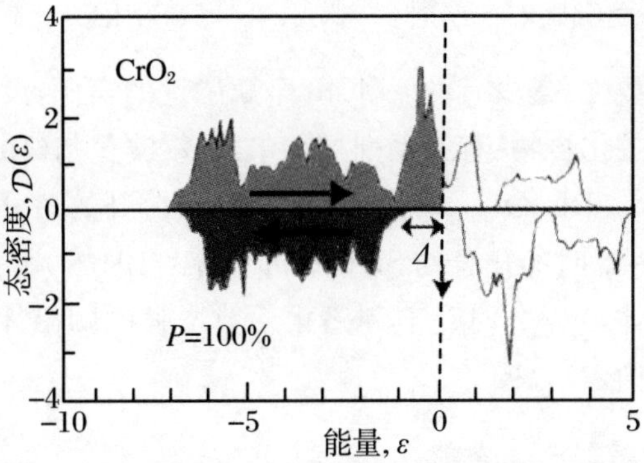

图 11.16

半金属CrO_2的态密度，在↓带表现出一个自旋间隙。P是费米面处的自旋极化率

相关化合物：RuO_2($4d^4$)是具有金红石结构和非极化 4d 带的泡利顺磁体。VO_2($3d^1$)是一种金属-绝缘体转变温度在 $T_N = 343$ K 的反铁磁体。TiO_2 是绝缘体，其顺磁磁化系数具有较大的温度依赖性。随着 Ti 的混合价态变化以及 O 的空位变化，Ti_nO_{2n-1}有一系列的马格勒里(Magnelli)相。MnO_2 是一种反铁磁体，其奈尔温度 T_N = 94 K。SnO_2是一种 n 型半导体。

$SrRuO_3$

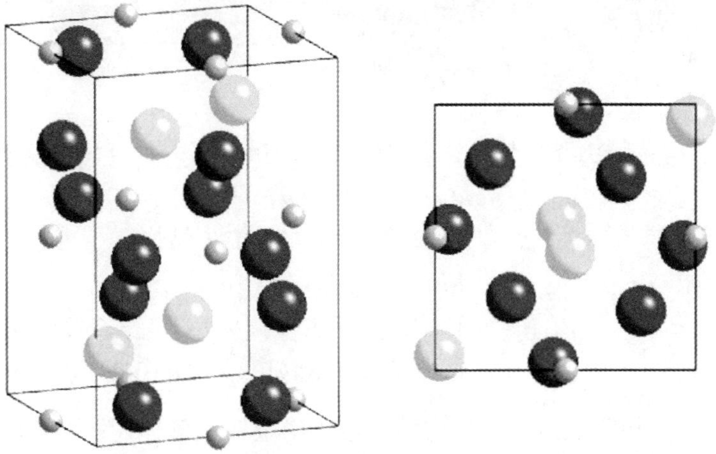

结构：正交的钙钛矿氧化物　*Pbnm*　$Z = 8$　$d = 8416\ kg \cdot m^{-3}$

$a_0 = 557.3$ pm　$b = 553.8$ pm　$c = 785.6$ pm

Sr 原子占位：$4c$(−0.018,0.06,1/4)

Ru 原子占位：$4b$(1/2,0,0)

O 原子占位：$4c$(0.05,0.47,1/4)

O 原子占位：$8d$(−0.29,0.275,0.05)

电学性质：　黑色金属，自旋劈裂在 Ru 4d　t_{2g}带宽约 1 eV

$\varrho \approx 4\ \mu\Omega \cdot m$

弱铁磁体，低自旋 Ru^{4+} $4d^4$；t_{2g}^4

磁学性质：　铁磁体　$T_C = 165$ K　$m_0 = 1.0\ \mu_B\ fu^{-1}$

$\sigma_0 = 24\ A \cdot m^2 \cdot kg^{-1}$　$M_0 = 0.20\ MA \cdot m^{-1}$　$J_0 = 0.25$ T

$K_1 = 640\ kJ \cdot m^{-3}$　　$K_2 = -1080\ kJ \cdot m^{-3}$

重要性:是少有的一种 4d 金属磁性的实例,没有实际应用价值。

相关化合物:有一系列拉德尔斯登-波普尔(Ruddlesden-Popper)相的 $Sr_{n+1}Ru_nO_{3n+1}$,有 n 重被 SrO 层分开的角分八面体层。$n=\infty$ 以及 $n=3$ 时的化合物 $Sr_4Ru_3O_{10}$($T_C = 104$ K)都是铁磁体;$n=1$ 时是超导体,$n=2$ 时是泡利磁化系数增强的顺磁体。$CaRuO_3$ 没有磁有序结构。

$(La_{0.7}Sr_{0.3})MnO_3$
(LSMO)

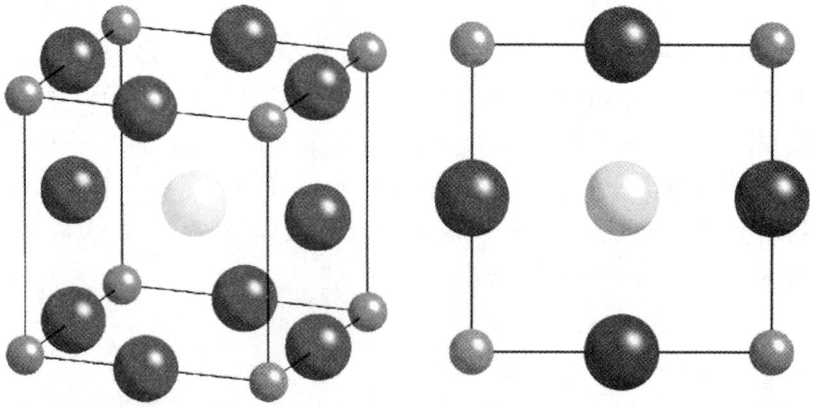

结构:菱面体钙钛矿氧化物　$R\bar{3}m$　$Z=4$　$d = 6320\ kg \cdot m^{-3}$

$a_0 = 584$ pm　$\alpha = 60°$

($a_0 = 390$ pm 的简立方结构)

Mn 原子占位:$1a(0,0,0)$

La,Ca 原子占位:$1b(1/2,1/2,1/2)$

O 原子占位:$3d(1/2,0,0),(0,1/2,0),(0,0,1/2)$

电学性质: 黑色金属,边界半金属铁磁体,其中 Mn 是混合价态;$\varrho \approx 10\ \mu\Omega \cdot m$。局域的 $Mn^{4+}\ 3d^{3\uparrow}$;$t_{2g}^{3\uparrow}$;$S=3/2$,在 e_g带上有 0.7 个局域磁矩。带的带底在费米面附近。金属-绝缘体转变在 T_C附近,同时伴随有巨大的负磁电阻效应(CMR)。颗粒膜同时也具有小场磁电阻效应。在 T_C以上,载流子是磁激子。Mn^{3+} 是一种杨-泰勒离子。

磁学性质: 铁磁体　$T_C = 370$ K　$m_0 = 3.6\ \mu_B\ fu^{-1}$

$\sigma = 71\ A \cdot m^2 \cdot kg^{-1}$　$M_s = 0.44\ MA \cdot m^{-1}$　$J_s = 0.55$ T

$K_1 = -2\ kJ \cdot m^{-3}$

$\sigma_0 = 90\ A \cdot m^2 \cdot kg^{-1}$　$M_0 = 0.56\ MA \cdot m^{-1}$　$J_0 = 0.70$ T

其中交换作用的机制是以 $e_g^{\uparrow}$ 电子为媒介的双交换相互作用。

重要性:LSMO 是一种半金属氧化物。LSMO 是混合价态 Mn 氧化物中铁磁居里温度最高的一个。由于其庞磁电阻(CMR)效应的温度依赖性很强,并且需要很大的磁场,因而限制了其实际应用的价值。对于 $T_C \approx RT$ 的材料,人们提出一些应用,比如热辐射仪和位置传感器。

相关化合物:其他的半金属氧化物包括半金属特性的半导体 $Tl_2Mn_2O_7$。混合价态的锰化物一大类材料形成了非常丰富的电学和磁学特性相图,包括磁有序、电有序以及轨道有序。相关的 ABO_3 化合物还有 Sr 被 Ca (LCMO)或者 Ba (LBMO)取代形成的化合物。LCMO的庞磁电阻效应如图 5.41 所示。具有六方结构的 $YMnO_3$ 既具有反铁磁性($T_N = 75$ K),又具有铁电特性($T_{cf} = 900$ K)。也存在许多基于其他 3d 原子的具有磁有序特性的 ABO_3 钙钛矿氧化物。其中 B = Fe 或 Co 的化合物,在室温以上仍然具有很好的磁有序,比如正交晶系的反铁磁稀土铁基钙钛矿氧化物 $RFeO_3$。例如 $GdFeO_3$,其奈尔温度 $T_N = 657$ K。在一些辉钴矿材料中,Co 在低自旋态。由于在不同位置上有很多种替代,因此钙钛矿氧化物是最大的一类具有磁有序的氧化物。$LaTiO_3$ 和 $LaMnO_3$ 是两类反铁磁体,其奈尔温度分别是 $T_N = 146$ K 和 150 K。$YTiO_3$ 是 $T_C = 25$ K 的铁磁体。

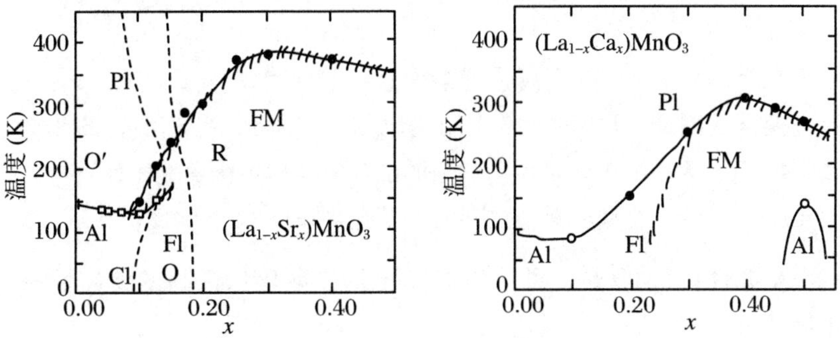

图 11.17

$(La_{1-x}Sr_x)MnO_3$和$(La_{1-x}Ca_x)MnO_3$的相图。其中相是:PI——顺磁性缘缘体;AI——反铁磁性绝缘体;CI——倾斜反铁磁性绝缘体;FI——铁磁性绝缘体;FM——铁磁性金属。虚线表示的是结构相变;O,O′是正交晶系,R是菱面体

钙钛矿结构依赖于与成分的离子半径有关的容许因子 $t = (r_A + r_O)/\sqrt{2}(r_B + r_O)$,对于理想的简单立方结构,$t = 1$。正交晶系的畸变对应于 $0.80 < t < 0.89$,六方晶系对应于 $t > 1$。t 的其他中间值对应于菱面体结构。

Sr_2FeMoO_6 (SFMO)

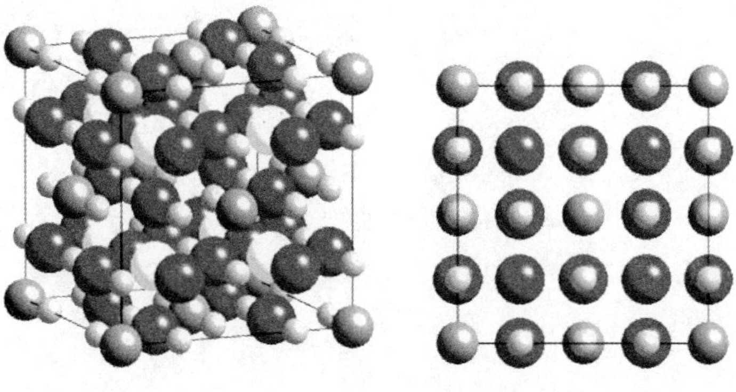

结构:双钙钛矿氧化物 $P4/mmm$ $Z=2$ $d=5714$ kg·m^{-3}

$a=557$ pm $a=791$ pm

Fe 原子占位:$4a(0,0,0)$($Fm3m$)

Mo 原子占位:$4a(1/2,1/2,1/4)$

Sr 原子占位:$8c(1/4,1/4,1/4),(3/4,3/4,3/4)$

O 原子占位:$24d(0,1/4,1/4),(1/4,0,1/4),(1/4,1/4,0),$
$(0,1/4,3/4),(3/4,0,1/4),(1/4,3/4,0)$

其结构可以看成 O 原子近乎 fcc 分布,Fe 和 Mo 分布在八面体间隙中;具有 NaCl 结构的 Fe 和 Mo 分布在钙钛矿氧化物的 B 位。

电学性质: 黑色金属,阳离子排序严格有序时,具有半金属特性;$\varrho \approx 4\ \mu\Omega\cdot m$

非局域电子在 Mo 4d^1;t_{2g} 带

磁学性质: 亚铁磁体 $T_C=436$ K $m_0=3.60\ \mu_B$ fu^{-1}

$\sigma=35$ A·m^2·kg^{-1} $M_s=0.20$ MA·m^{-1} $J_s=0.25$ T

$K_1=28$ kJ·m^{-3}

局域磁矩   Fe^{3+} 3d^5;t_{2g}^3,e_g^2 离子磁矩 $S=5/2$

$\sigma_0=48$ A·m^2·kg^{-1} $M_0=0.27$ MA·m^{-1} $J_0=0.35$ T

具有 NaCl 结构的阳离子超结构意味着没有诸如 Fe—O—Fe 的超交换键。因此,其中的交换作用是以与 Fe 的 3d$^\downarrow$ 态相混合的非局域↓4d 电子为媒介的。低温下材料的磁矩值与理想化学配比计算得到的 $4\ \mu_B$ fu^{-1} 的半金属磁矩值之间的差异主要来自 Fe/Mo 反位缺陷。

重要性:SFMO 是一种居里温度比其他锰化物都高的铁磁性氧化物。

相关化合物:双钙钛矿氧化物 $A_2BB'O_6$ 是一个很大的化合物族,其中 A=Ca,Ba,Sr;B=Fe,Cr;B′=Mo,W,Re,…。

表 11.19	双钙钛矿氧化物			
	a	b	c	T_C(K)
Ca$_2$FeMoO$_6$	541	553	770	345
Sr$_2$FeMoO$_6$	558		790	436
Ba$_2$FeMoO$_6$	806			367
Sr$_2$FeWO$_6$	565		794	39[①]
Ca$_2$FeReO$_6$	541	553	769	539
Sr$_2$FeReO$_6$	556		787	405
Sr$_2$CrReO$_6$	552		780	635

① T_N。

11.6 具有反铁磁性相互作用的氧化物

NiO

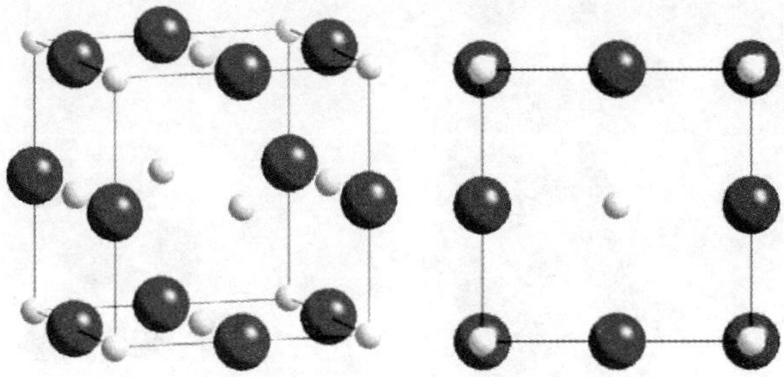

结构:B1 简单立方(NaCl) $Fm\bar{3}m$ $Z=4$ $d=6793\ \mathrm{kg\cdot m^{-3}}$

$a_0=418\ \mathrm{pm}$

Ni 原子占位:4a(0,0,0)

O 原子占位:4b(1/2,1/2,0)

O 原子排列成 fcc 结构,Ni 原子在其八面体间隙位置

电学性质: 绿色绝缘体(当有阳离子缺陷时为黑色,极化子导体);$e_g=4.0\ \mathrm{eV}$

局域的 Ni^{2+} $3d^8$;$t_{2g}^6e_g^2$ 离子磁矩 $S=1$ ^{3}F-A_{2g}

磁学性质: Ⅱ类反铁磁体 $T_N=525\ \mathrm{K}$ $\mathfrak{m}_0^A=1.6\ \mu_B$

Ni^{-1}(/Ni) $\lambda_{100}=-140\times10^{-6}$ $\lambda_{111}=-79\times10^{-6}$

$V_{sw}=38\ \mathrm{km\cdot s^{-1}}$ $\sigma_A=56\ \mathrm{A\cdot m^2\cdot kg^{-1}}$

$M_A=0.38\ \mathrm{MA\cdot m^{-1}}$ $J_A=0.48\ \mathrm{T}$

$K_1=-500\ \mathrm{J\cdot m^{-3}}$

Ni^{2+} 离子形成 fcc 结构,其间形成部分阻挫的反铁磁相互作用。〈111〉方向为难轴,T_N 以下会产生很小的斜方六面体的磁弹性扭曲。$\mathcal{J}_1=-8\ \mathrm{K}$,但是这种与 12 个最近邻阳离子的相互作用是阻挫的。$\mathcal{J}_2=-110\ \mathrm{K}$,NiO 是一个很强的与六个次近邻阳离子的 180°超交换相互作用。

重要性: NiO 在早期用来产生自旋阀结构中的交换偏置。

相关化合物:有一系列的 NaCl 结构的一氧化物(表 11.20)。

αFe_2O_3 (赤铁矿)

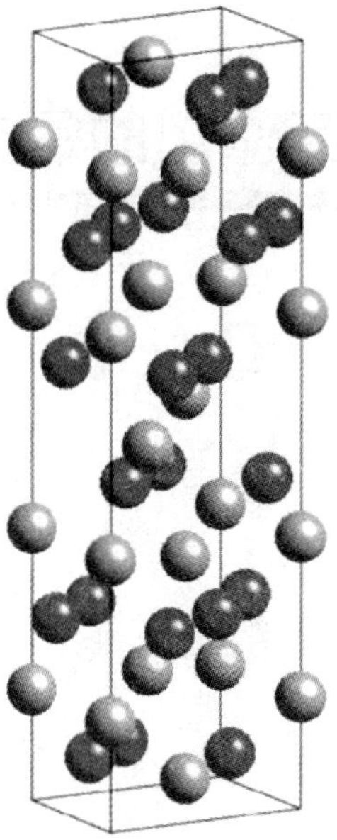

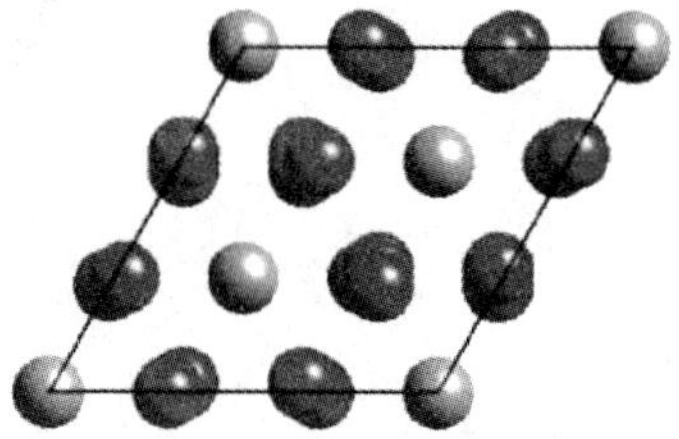

αFe_2O_3 的 X 射线粉末衍射结果

h	k	l	d(pm)	I/I_{max}
0	1	2	366.0	25
2	0	0	269.0	100
2	2	0	241.0	50
0	0	6	228.5	2
1	1	3	220.1	30
2	0	2	207.0	2
0	2	4	183.8	40
1	1	6	169.0	60
2	1	1	163.4	4
0	1	8	159.6	16
2	1	4	149.4	35
3	0	0	145.2	35
2	0	8	134.9	4
1	1	9	131.0	20
2	2	0	125.8	8
0	3	6	122.6	2
2	2	3	121.3	4
1	2	8	118.9	8
0	2	10	116.2	10
1	3	4	114.1	12
2	2	6	110.2	14
0	4	2	107.6	2
2	1	10	105.5	18
1	1	12	104.2	2
4	0	4	103.8	2
2	3	2	98.9	10
2	2	9	97.2	2
3	2	4	96.0	18
0	1	14	95.8	6
1	4	0	95.1	12
4	1	3	93.1	6
0	4	8	92.0	6
1	3	10	90.8	25

结构：$D5_1$ 金刚砂（Al_2O_3） $R\bar{3}c$ d $= 5260\ kg \cdot m^{-3}$

$Z=2$（菱面体） $a = 252$ pm $a = 55.3^{\circ}$

$Z=6$（六角形） $a = 503.6$ pm $c = 1374.9$ pm

Fe 原子占位：$12c(0,0,0.355)$

O 原子占位：$18e(0.307,0,0.25)$

O 原子排列成 hcp 结构，Fe 原子占据了其三分之二的八面体间隙位置

表 11.20 反铁磁性一氧化物

	a_0(pm)			S	m(μ_B)	T_N(K)	θ(K)	$\mathcal{J}_1$(K)†	$\mathcal{J}_2$(K)†
MnO	445	R	$3d^5$	5/2	4.7	118	−610	−7.2	−3.5
FeO	431	R	$3d^6$	2	3.3	198	−570	−7.8	−8.2
CoO	426	T	$3d^7$	3/2	3.6	291	−330	−6.9	−21.2
NiO	418	R	$3d^8$	1	1.8	525	−1310	−50	−85

注：R——菱面体畸变；T——四角畸变。† 从 T_N 和 θ 推算而来。

电学性质： 红色的绝缘体 $\varepsilon_g = 2.1$ eV

局域的电子 Fe^{3+} $3d^5$；$t_{2g}^3 e_g^2$ $S = 5/2$ $^6S\text{-}A_{1g}$

磁学性质： 斜交的反铁磁体 $T_N = 960$ K $\mathfrak{m}_0^A = 4.9\ \mu_B Fe^{-1}$

铁磁性的(001)平面，排列为 + + − −

交换常数 $\mathcal{J}_1 = 6.0$ K $\mathcal{J}_2 = 1.6$ K $\mathcal{J}_3 = -29.7$ K

$\mathcal{J}_4 = -23.2$ K $V_{sw} = 34\ km \cdot s^{-1}$

弱 Dzyaloshinsky-Moriya 相互作用$\mathcal{D}\approx0.1$ K $\mathcal{D}$ // 001

自旋重整化温度 $T_M=260$ K；当 $T<T_M$ 时，S // c 对称性为 $\bar{3}m$；当 $T>T_M$ 时，$S\perp c$ 对称性为 $2/m$；在 T_M 处 K_1 改变符号

$\sigma=0.5\ \mathrm{A\cdot m^2\cdot kg^{-1}}$ $M_s=2.5\ \mathrm{kA\cdot m^{-1}}$ $J_s=3$ mT

$\sigma_A=175\ \mathrm{A\cdot m^2\cdot kg^{-1}}$ $M_A=0.92\ \mathrm{MA\cdot m^{-1}}$ $J_A=1.16$ T

$K_1=9\ \mathrm{kJ\cdot m^{-3}}$ $B_a=-7$ T

重要性：XFe_2O_3 一种常见的矿石，也是土壤的组成成分之一，对自然界中岩石剩磁有贡献，被用作铁矿、红色染料和研磨剂（珠宝商的铁丹）。由于巨大的各向异性场以及弱的铁磁性磁矩，αFe_2O_3 很容易表现出磁滞效应。($B_a=2|K_1|/M_s\approx7$ T)

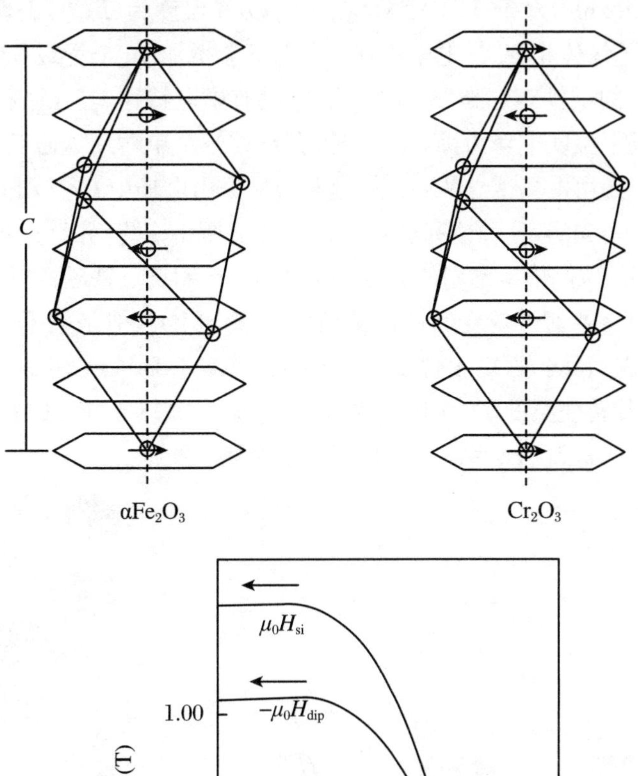

图 11.18

T_M温度以上时，Cr_2O_3与XFe_2O_3的反铁磁结构。图中还给出了菱面体单元

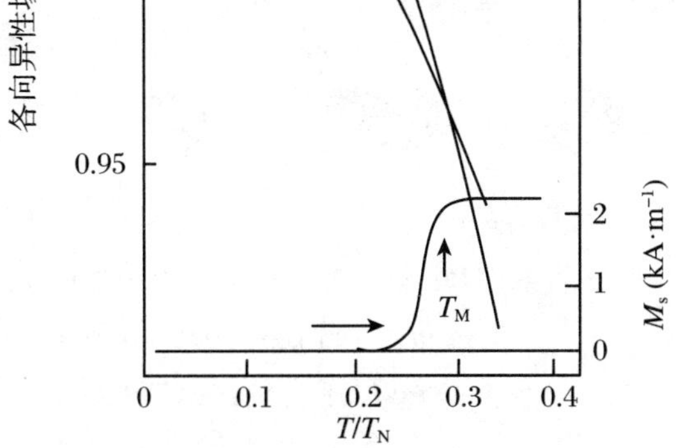

图 11.19

弱磁矩以及次格子磁晶各向异性场的两个来源的温度依赖特性

表 11.21 反铁磁性的 3 价氧化物

	a(nm)	c(nm)	T_N(K)
Ti_2O_3	514	1366	470
V_2O_3	503	1362	150
Cr_2O_3	496	1359	306
Mn_2O_3	504	1412	80
Fe_2O_3	504	1375	960
$FeTiO_3$	508	1404	58

相关化合物：具有刚玉结构的反铁磁的倍半氧化物(三氧化二物，sesquioxide)对于 Ti-Fe 都存在。V_2O_3 在温度为 T_N 时表现出一级金属-绝缘体相变，其电阻率在 T_N 以下会增加 10 个量级。Cr_2O_3 具有不同的反铁磁结构 + − + −。它具有磁电特性，当在平行的电场和磁场下温度下降为 T_N 以下时，会形成一个单畴反铁磁畴，并表现出很小的由电场诱导的磁矩。这种效应是由电场中 Cr^{3+} 和 O^{2-} 的相对位移引起的，这种位移会导致晶体场的微小变化；并且这种变化对于不同的次晶格是不同的。$BiFeO_3$ 是另一个斜交反铁磁材料，T_N = 640 K，具有八面体畸变的钙钛矿结构(见 LSMO)，但是它不是倾斜反铁磁，因为其弱磁矩表现出长的摆线型结构。$BiFeO_3$ 还是一种铁电材料，其转变温度 T_{cf} = 1090 K，表面电荷为 1 C・m^{-2}。$LaFeO_3$ 是一种反铁磁材料，T_N = 740 K，用于产生交换偏置。

αFeO(OH) (针铁矿)

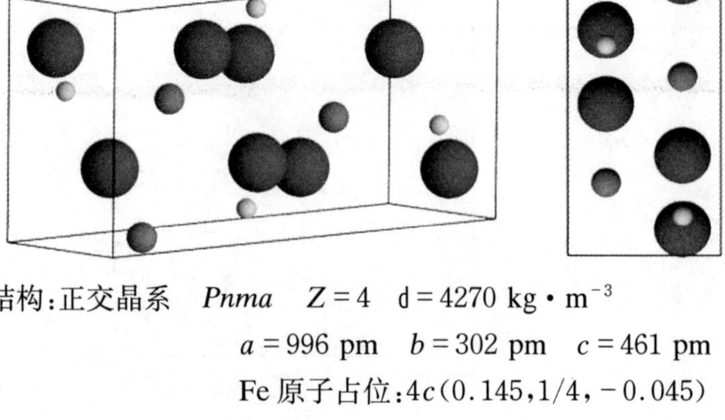

结构：正交晶系 *Pnma* $Z = 4$ d = 4270 kg・m^{-3}

a = 996 pm b = 302 pm c = 461 pm

Fe 原子占位：4c(0.145，1/4，−0.045)

O 原子占位：$4c(-0.199,1/4,-0.288)$
O 原子占位：$4c(-0.053,1/4,-0.198)$
H 原子占位：$4c(-0.08,1/4,-0.38)$

加热时会转变成 αFe_2O_3。

电学性质：　红棕色绝缘体

局域电子　Fe^{3+} $3d^5$；$t_{2g}^3e_g^2$　离子 $S=5/2$　$^6S\text{-}A_{1g}$

磁学性质：　反铁磁体　$T_N=460$ K

离子磁矩　$\mathfrak{m}_0=4.0\ \mu_B$

磁结构包括一对反铁磁排列的“Z”字形离子链，其磁矩平行于 **b**

$\sigma_A=110\ A\cdot m^2\cdot kg^{-1}$　$M_s=0.47\ MA\cdot m^{-1}$　$J_s=0.59$ T

$K_1=60\ kJ\cdot m^{-3}$

重要性：αFeO(OH)是土壤的主要组成成分之一，一般存在于热带土壤中。即使是具有良好的晶体结构，针铁矿仍然可以是超顺磁性的。

相关化合物：铁磁性的碳氢化合物有很多，除了纤铁矿具有独立的 Fe^{3+} 离子平面以外，其他化合物在室温以上都表现出反铁磁有序。亚铁碳氢化合物具有 CdI_2 结构，是一类平面反铁磁材料，其铁磁性的 *c* 平面反铁磁耦合在一起。

表 11.22　铁的氢氧化物

			晶格参数(pm)		T_C(K)
αFeO(OH)	针铁矿	*Pnma*	$a=996,b=302,c=461$	af	460
βFeO(OH)	方正针铁矿	*I2/m*	$a=1053,c=303$	af	295
γFeO(OH)	纤铁矿	*Bbmn*	$a=388,b=1254,c=307$	af	70
δFeO(OH)	六方纤铁矿	*P3ml*	$a=293,c=460$	fi	450
$Fe_5O_3(OH)_9$	水铁矿	*R*	$a=293,c=460$	fi	450
$Fe_{1-x}(OH)_3$	亚铁磁性凝胶	*P3*	无定形	sp	100
$Fe(OH)_2$	铁水镁石	$P\bar{3}m1$	$a=692,c=1452$	af	20

注：af——反铁磁体；fi——亚铁磁体；sp——散铁磁体。

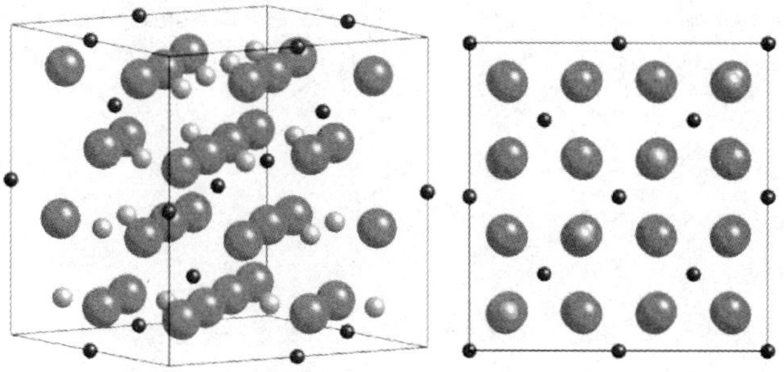

Fe_3O_4(磁铁矿)

Fe$_3$O$_4$ 的 X 射线粉末衍射结果				
h	k	ρ	d(pm)	I/I_{max}
1	1	1	485.2	8
2	2	0	296.7	30
3	1	1	253.2	100
2	2	2	242.4	8
4	0	0	209.9	20
4	2	2	171.5	10
5	1	1	161.6	30
4	4	0	148.5	40
5	3	1	141.9	2
6	2	0	132.8	4
5	3	3	128.1	10
6	2	2	126.6	4
4	4	4	121.2	2
6	4	2	112.2	4
7	3	1	109.3	12
8	0	0	105.0	6
6	6	0	99.0	2
7	5	1	97.0	6
6	6	2	96.3	4
8	4	0	93.9	4
6	6	4	89.5	2
9	3	1	88.0	6
8	4	4	85.7	8
10	2	0	82.3	4
9	5	1	81.2	6
10	2	2	80.8	4

结构：H1$_1$尖晶石(MgAl$_2$O$_4$)结构　$Fd3m$　$Z=8$　d $=5195\ \mathrm{kg\cdot m^{-3}}$

$a_0 = 839.7$ pm

Fe 原子占位：$8a$ [1/2,1/2,1/2] A 位置

Fe 原子占位：$16d$ {1/8,1/8,1/8} B 位置

O 原子占位：$32e(x,x,x)$，$x=0.380$

氧原子排列成 fcc 阵列，Fe^{3+} 占据了其 1/8 的四面体间隙，$Fe^{2+/3+}$ 占据了一半的八面体间隙。[Fe^{3+}]{$Fe^{3+}Fe^{2+}$}O_4

电学性质：黑色，极化子导体，$\varrho(\mathrm{RT}) = 50\ \mu\Omega\cdot\mathrm{m}$。第六 3d 电子在 B 位上与 Fe^{2+} 相关联，并扩展成一个窄的、自旋极化的 $t_{2g}^{\downarrow}$ 带。在 $T_V = 119$ K 的弗韦(Verwey)转变以下，它是一个电荷有序的绝缘体态，其中的电子都成对地以不同数目但是非整数的电荷局域化。

磁学性质：　亚铁磁体　$T_C = 860$ K

局域的 Fe^{3+} $3d^5$；$t_{2g}^3 e_g^2$　离子实 $S=5/2$　^6S 在 A 位和 B 位上

A 位和 B 位的次晶格磁矩沿〈111〉反向排列。Fe^{3+} 和 Fe^{2+} 的自旋磁矩分别是 5 μ_B 和 4 μ_B。这意味着在 $T=0$ K 下的净磁矩为 $\{5+4\}-[5]=4\ \mu_B\ \mathrm{fu^{-1}}$。交换常数 $\mathcal{J}_{AA} = -18$ K，$\mathcal{J}_{AB} = -28$ K，$\mathcal{J}_{BB} = 3$ K。

$\sigma = 92\ \mathrm{A\cdot m^2\cdot kg^{-1}}$　$M_s = 0.48\ \mathrm{MA\cdot m^{-1}}$　$J_s = 0.60$ T

$A = 7\ \mathrm{pJ\cdot m^{-1}}$　$K_1 = -13\ \mathrm{kJ\cdot m^{-3}}$　$\kappa = 0.21$

$\lambda_s = 40\times10^{-6}$　$\lambda_{100} = -20\times10^{-6}$　$\lambda_{111} = 78\times10^{-6}$

重要性：Fe_3O_4 在火成岩中非常普遍，Ti 替代的磁铁矿是目前最常见的磁性矿石，也是岩石磁性的主要来源。磁铁矿露出地面的岩层被闪电击中会形成自发磁化。Fe_3O_4 是磁石的基本成分，是人类发现的第一种永磁体，现广泛应用于铁矿、颜料、墨粉和磁性液体。生物磁铁矿主要来自细菌、鸽子等，Fe_3O_4 是一种普遍存在的磁性污染物。

表 11.23　尖晶石铁氧体氧化物的室温磁性

		a_0(pm)	T_C(K)	M_s(MA·m^{-1})	K_1(kJ·m^{-3})	λ_s(10^{-6})	ϱ(Ω·m)
$MgFe_2O_4$	I①	836	713	0.18	−3	−6	10^5
$Li_{0.5}Fe_{2.5}O_4$		829	943	0.33	−8	−8	1
$MnFe_2O_4$	I	852	575	0.50	−3	−5	10^5
Fe_3O_4	I	840	860	0.48	−13	40	10^{-1}
$CoFe_2O_4$	I	839	790	0.45	290	−110	10^5
$NiFe_2O_4$	I	834	865	0.33	−7	−25	10^2
$ZnFe_2O_4$	N①	844	$T_N=9$				1
γFe_2O_3		834	985②	0.43	−5	−5	~1

① N，正常(2+阳离子在 A 位)；I，反的(2+阳离子在 B 位)。

② 估算值；在 800 K 以上转变为 αFe_2O_3。

相关化合物:通过阳离子置换,可以得到一系列重要的尖晶石铁氧体。其磁性取决于阳离子在 A 位和 B 位的分布,这种分布可以通过热处理来改变。硫族尖晶石包括胶黄铁矿 Fe_3S_4($a_0=988$ pm, $T_C\approx580$ K)和 p 型磁性半导体 $CuCr_2S_4$($a_0=982$ pm, $T_C\approx420$ K)以及 $CuCr_2Se_4$($a_0=1036$ pm, $T_C\approx440$ K)。

γFe_2O_3(磁赤铁矿)

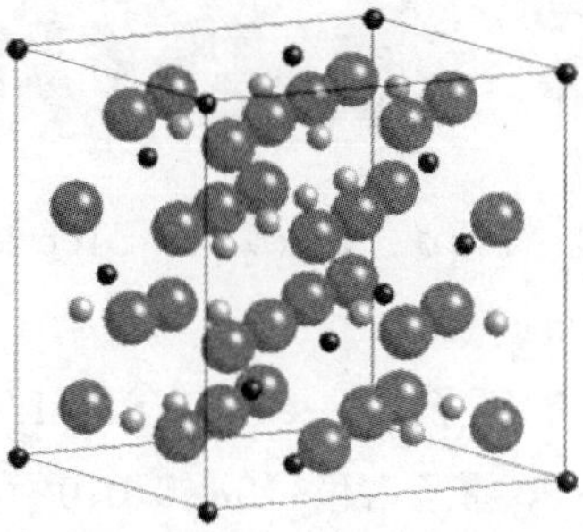

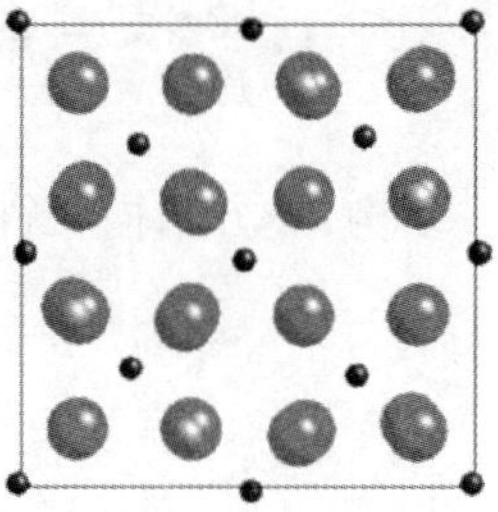

结构:立方缺陷的尖晶石结构 $P4_132$ $Z=8$ $d=4860\ kg\cdot m^{-3}$

$a_0=833.6$ pm

Fe 原子占位:$8a[0,0,0]A$ 位

Fe 原子占位:$16d\{1/8,1/8,1/8\}B$ 位

O 原子占位:$32e(x,x,x)$,$x\approx0.25$

氧原子排列成 fcc 阵列,Fe^{3+} 占据了其 1/8 的四面体间隙以及 1/3的八面体间隙。尖晶石结构中 1/6 的 B 位是空位

$$[Fe^{3+}]\{Fe^{3+}_{5/3}\square_{1/3}\}O_4$$

B 位的空位可能排成 $c\approx3a$ 的 $P4_1$ 四面体单胞。磁赤铁矿是热力学不稳定的,在空气中加热到 800 K 时会转变成赤铁矿。

电学性质: 棕色绝缘体

局域化电子 Fe^{3+} $3d^5$;$t_{2g}^3e_g^2$ $S=5/2$ $^6S\text{-}A_{1g}$

磁学性质: 亚铁磁体 $T_C=985$ K(估计值)

A 位和 B 位的次晶格磁矩沿⟨111⟩反向排列。对称性 $\bar{3}m'$。$T=0$ K 下得净磁矩为 $m=5\times(5/3-1)=3.3\ \mu_B\ fu^{-1}$

$\sigma=82\ A\cdot m^2\cdot kg^{-1}$ $M=0.40\ MA\cdot m^{-1}$ $J_s=0.50$ T

$K_1=-5\ kJ\cdot m^{-3}$ $\lambda_s=-9\times10^{-6}$

重要性:针状的 γFe_2O_3 粉末被广泛应用于柔韧的磁记录介质中,介质表面用 Co^{2+} 掺杂以提高矫顽力。磁性表面的自旋再构(表面自旋倾斜)会减小纳米颗粒的磁矩。稳定化的纳米颗粒用于磁性液体以及生物鉴定用的磁珠。在磁性的热带土壤中,可以发现磁赤铁矿。

$Y_3Fe_5O_{12}$ (YIG)

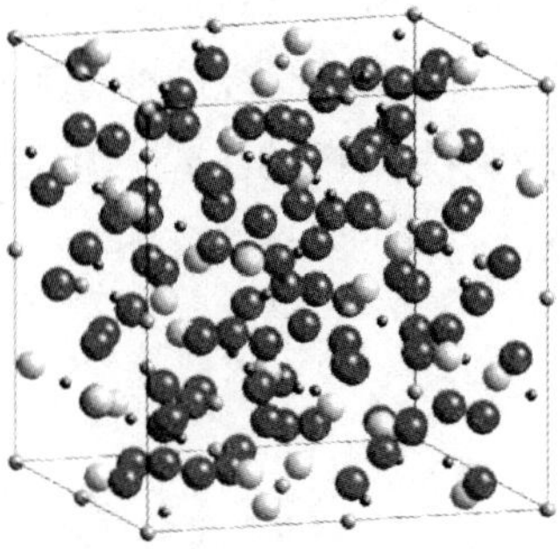

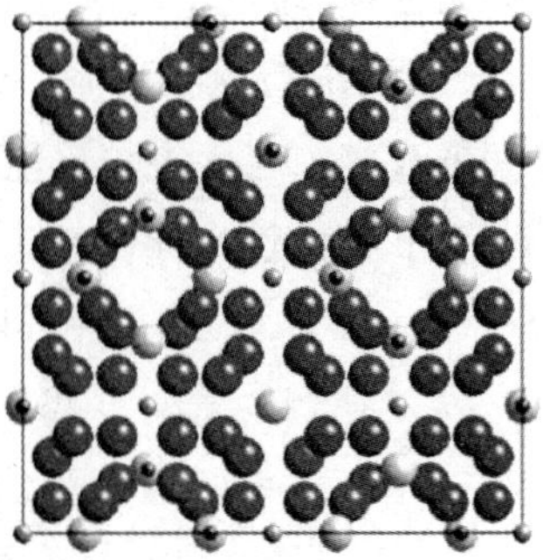

结构:立方结构(石榴石) $Ia3d$ $Z=8$ d $=5166\ kg\cdot m^{-3}$

$a_0=1238$ pm

Y 原子占位:24c(1/8,0,1/4)

Fe 原子占位:16a{0,0,0}

Fe 原子占位:24d[3/8,0,1/4]

O 原子占位:96h(0.94,0.06,0.15)

电学性质: 绿色绝缘体 $\varepsilon_g=2.8$ eV

磁学性质: 亚铁磁体 $T_C=560$ K

Fe^{3+} $3d^5$; $t_{2g}^3e_g^2$ 离子 $S=5/2$ $^6S\text{-}A_{1g}$

在四面体位[24d]和八面体位{16a}的两个亚铁磁次格子磁矩反平行排列,给出净磁矩为 5 μ_B fu^{-1}。$Y_3[Fe_3]\{Fe_2\}O_{12}$

$\sigma=27.6(1)\ A\cdot m^2\cdot kg^{-1}$ $M_s=0.143\ MA\cdot m^{-1}$

$J_s=0.180$ T (NIST 标准)

$A=4\ pJ\cdot m^{-1}$ $K_1=-2\ kJ\cdot m^{-3}$ $\kappa=0.28$

$\lambda_{100}=1\times10^{-6}$ $\lambda_{111}=-3\times10^{-6}$

重要性: YIG 有优异的高频磁特性,并具有很窄的铁磁共振线宽。Bi 掺杂的 YIG 具有良好的磁光特性。

相关化合物: 稀土石榴石型 $R_3Fe_5O_{12}$存在完善的系列,其中磁性稀土次晶格与净余的 Fe 磁矩平行排列或者反平行排列。当稀土磁矩超过 5 μ_B 时,这些材料表现出一个补偿温度。稀土次晶格的各向异性会导致低温下复杂的磁结构。在这三个阳离子位上有无数种占位的可能性。YAG 是一种非磁性类似物。

自然界中的石榴石,比如 $Ca_3Si_3Al_2O_{12}$ 是非磁性的。水榴石 $Ca_3Al_2(OH)_{12}$是水泥的组成成分。

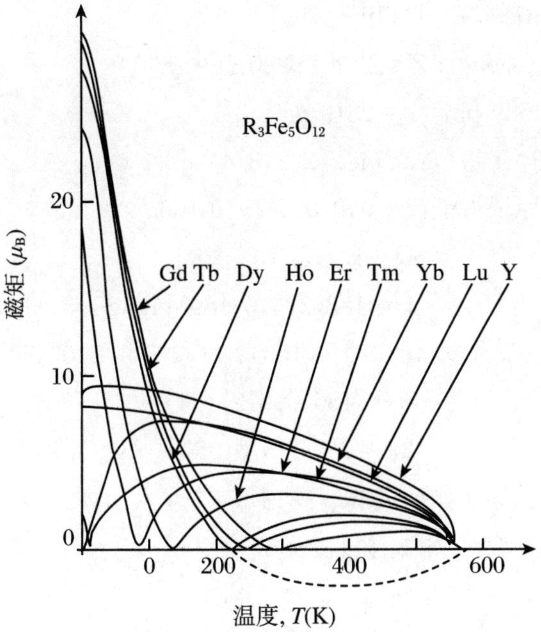

图 11.20

稀土-铁石榴石的自发磁矩
(E. F. Bertaut, R. authenet. Proc. Inst. Elec. Eng. B, 1957, 104 (261))

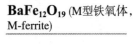

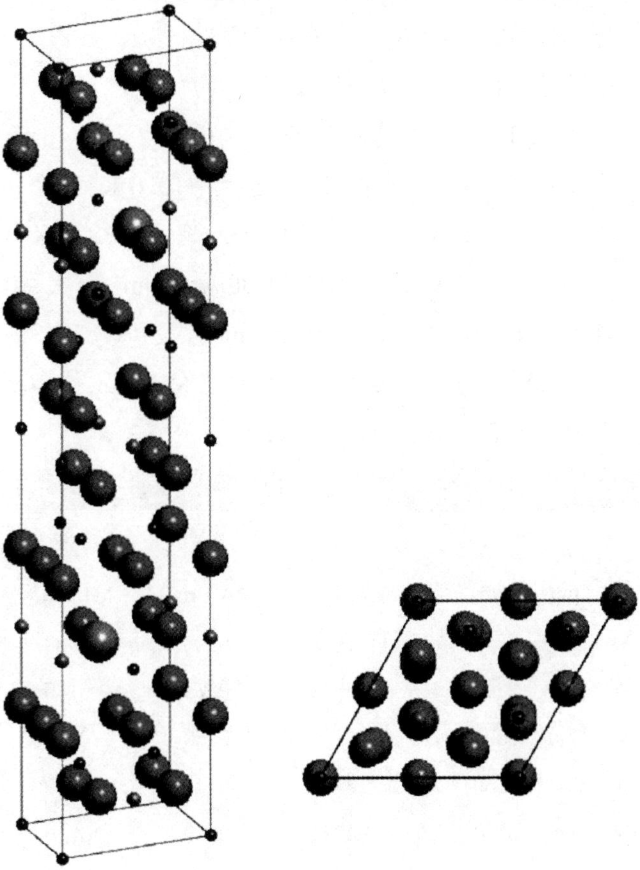

$BaFe_{12}O_{19}$ (M型铁氧体, M-ferrite)

结构：六角磁铁铅矿（$PbFe_{12}O_{19}$）

$P6_3/mmc$　$Z=2$　$d=5290\ \mathrm{kg\cdot m^{-3}}$

$a=589$ pm　$c=2319$ pm

Ba 原子占位：$2d(1/2,2/3,3/4)$

Fe 原子占位：$2a\{0,0,0\}$；$2b\langle 0,0,1/4\rangle$

$4f_1[1/3,2/3,0.028]$

$4f_2\{1/2,2/3,0.189\}$；$12k\{1/3,1/6,0.108\}$

O 原子占位：$4e(0,0,0.150)$；$4f(2/3,1/3,0.450)$

$6h(0.186,0.372,1/4)$

$12k_1(1/6,1/3,0.050)$；$2k_2(1/2,0,0.150)$

氧原子和钡原子排列成 hcp 阵列，Fe^{3+} 在八面体$\{12k,4f_2,2a\}$以及四面体$[4f_1]$和三角双棱锥$\langle 2b\rangle$间隙位

电学性质：　棕色绝缘体　$\varepsilon_g=1.0$ eV

局域化电子 Fe^{3+} $3d^5$；$t_{2g}^3e_g^2$　离子　$S=5/2$　$^6S\text{-}A_{1g}$

磁学性质：　亚铁磁体　$T_C=740$ K

磁性结构：　$12k^{\uparrow}$；$2a^{\uparrow}$；$2b^{\uparrow}$；$4f_1^{\downarrow}$；$4f_2^{\downarrow}$

$T=0$ K 下净余磁矩是 $\mathfrak{m}_0=[(6+1+1)-(2+2)]\times 5=20\ \mu_B\ \mathrm{fu^{-1}}$

交换常数　$\mathcal{J}_{b\text{-}f2}=-36$ K　$\mathcal{J}_{k\text{-}f1}=-19.6$ K

$\mathcal{J}_{a\text{-}f1}=-18.2$ K　$\mathcal{J}_{f2\text{-}k}=-4.1$ K　$\mathcal{J}_{b\text{-}k}=-3.7$ K

$\sigma=72\ \mathrm{A\cdot m^2\cdot kg^{-1}}$　$M_s=0.38\ \mathrm{MA\cdot m^{-1}}$　$J_s=0.48$ T

$A=6\ \mathrm{pJ\cdot m^{-1}}$　$K_1=330\ \mathrm{kJ\cdot m^{-3}}$　$\kappa=1.35$

$\sigma_0=108\ \mathrm{A\cdot m^2\cdot kg^{-1}}$　$M_0=0.57\ \mathrm{MA\cdot m^{-1}}$　$J_0=0.72$ T

$B_a=1.7$ T　$K_{10}=450\ \mathrm{kJ\cdot m^{-3}}$

表 11.24　六角铁氧体室温下的本征磁性（$\mathfrak{m}_0$ 为低温数值）

	a (pm)	c (pm)	T_C (K)	$\mathfrak{m}_0$ ($\mu_B\mathrm{fu^{-1}}$)	M_s ($\mathrm{MA\cdot m^{-1}}$)	K_1 ($\mathrm{MJ\cdot m^{-3}}$)	μ_0H_0 (T)	κ
BaM	589	2320	740	19.9	0.38	0.33	1.7	1.3
SrM	589	2304	746	20.2	0.38	0.35	1.8	1.4
PbM	590	2309	725	19.6	0.33	0.25	1.5	1.4
BaW	588	3250	728	27.6	0.41	0.30	1.5	1.2
BaX	588	5570	735	47.5	0.28	0.30	1.6	1.3

重要性：钡和锶的 M 型铁氧体，作为价格低廉、性能一般的永磁

材料,每年都有很大的产量(约 80 万吨)。

相关化合物:$SrFe_{12}O_{19}$ 和 $BaFe_{12}O_{19}$ 非常相似。用 La + Co 取代部分的 Sr + Fe,可以稍微提高其磁学性能。有一类化合物族,其基本的结构形式不同:$BaM_2Fe_{16}O_{27}$(W 型铁氧体),$Ba_2M_2Fe_{12}O_{22}$(Y 型铁氧体),$Ba_2M_2Fe_{24}O_{46}$(X 型铁氧体),$Ba_3M_2Fe_{24}O_{41}$(Z 型铁氧体)(其中 M 代表二价阳离子)。M,W,X 和 Z 化合物都有易磁化轴,而 Y 化合物是易磁化平面。

MnF_2

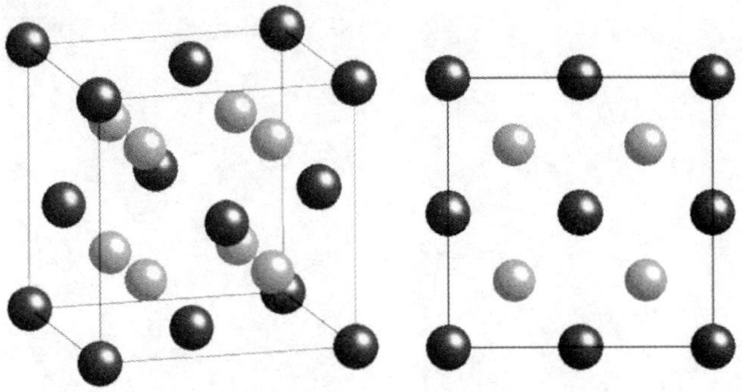

结构:C4 四方,晶红石(TiO_2)　$P4_2/mnm$　$Z = 2$　$d = 4890\ kg \cdot m^{-3}$

$a = 487.3$ pm　$c = 313.0$ pm

Mn 原子占位:$2a(0,0,0)$

F 原子占位:$4f(0.3,0.3,0)$

Mn 原子在接近 O 原子全等八面体的配位上。

电学性质:　透明绝缘体　$\varepsilon_g = 9$ eV

磁学性质:　反铁磁体　$T_N = 67.5$ K

Mn^{2+} $3d^5$;$t_{2g}^2e_g^2$　离子　$S = 5/2$　$^6A_{1g}$　$\theta = -80$ K

等同的化学单元和磁性单元,磁矩平行于 c 轴。对称性 $4'/mmm'$

交换常数 $\mathcal{J}_1 = 0.35$ K　$\mathcal{J}_2 = 1.71$ K　$D = 1.2$ K

重要性:一个典型的反铁磁体,氟是电负性最强的元素,因此,氟化物是一种离子化合物,在 M—F 键中共价键性质较小。

相关化合物:其他反铁磁二氟化物和三氟化物都列在表 11.25 中。四方结构的 K_2NiF_4 是一个有 Ni^{2+} 离子($S = 1$)的绝缘体。它是一个典型的二维反铁磁体,因为其层间的交换作用抵消了。在 97 K 以下,由于单轴各向异性引起三维材料有序化。Rb_2CoF_4 具有很强的各向异性,是一个几乎理想的二维伊辛反铁磁体。LaF_3 是一个研究孤立稀土离子磁性的很好的抗磁性母体。三卤化铬是反铁磁性的

(F)、变磁性的(Cl)或者是铁磁性的(Br,I),其磁有序温度分别是 80 K,17 K,33 K 和 68 K。

表 11.25 反铁磁二氟化物和三氟化物的性质

	S		a	c	T_N(K)		S		T_N(K)
MnF_2	5/2	金红石	487	313	68	CrF_3	3/2	菱面体	80
FeF_2	2	金红石	470	331	78	MnF_3	2	菱面体	43
CoF_2	3/2	金红石	470	318	38	FeF_3	5/2	菱面体	365
NiF_2	1	金红石	465	308	83	CoF_3	2	菱面体	460

a-FeF_3

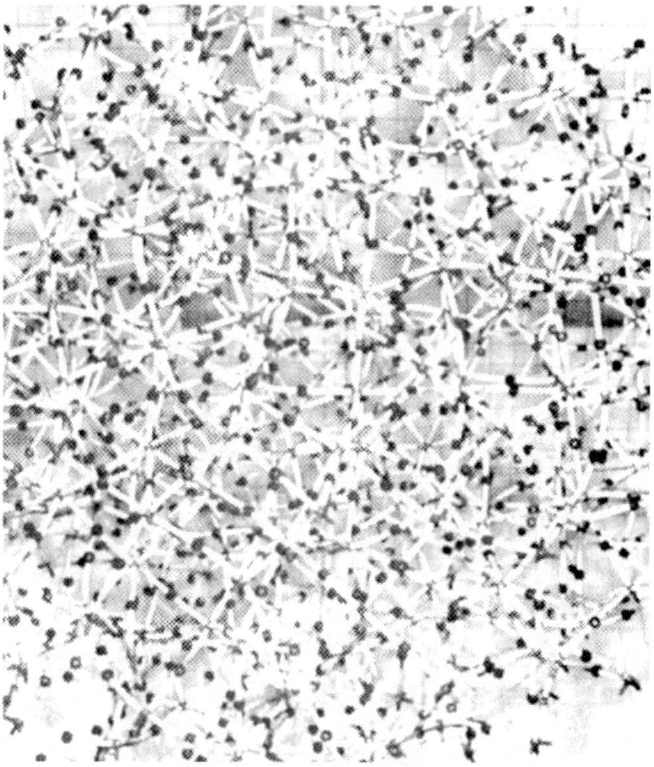

结构:非晶。八面体按 6-2 配位构成的无规延续的网状物

电学性质: 棕色绝缘体

局域电子 Fe^{3+} $3d^5$;$t_{2g}^3e_g^2$ $S=5/2$ $^6A_{1g}$

磁学性质:散铁磁性 $T_f=29$ K

自旋冻结在随机的方向,最近邻磁矩倾向于反平行排列。在 T_f 以下,场冷和零场冷的磁矩不同。很小的剩磁 $\approx 0.005\ \mu_B fu^{-1}$ 来源于外加磁场下约 1000 个自旋的重组。磁性基态是高度退简并的。

重要性:一个典型的反铁磁超交换作用的非晶态化合物。三个或五个单元形成的环状结构是磁阻挫形成的原因。

相关化合物:晶化的 FeF_3 是一个反铁磁体,$T_N = 365$ K,$\theta_p = -610$ K,有一些阻挫的具有烧绿石结构和笼目格子的氟化物。$Fe(OH)_3 \cdot nH_2O$是一个非晶的亚氢氧化合物,其中 $T_f \approx 100$ K。

Fe_7S_8 (磁黄铁矿)

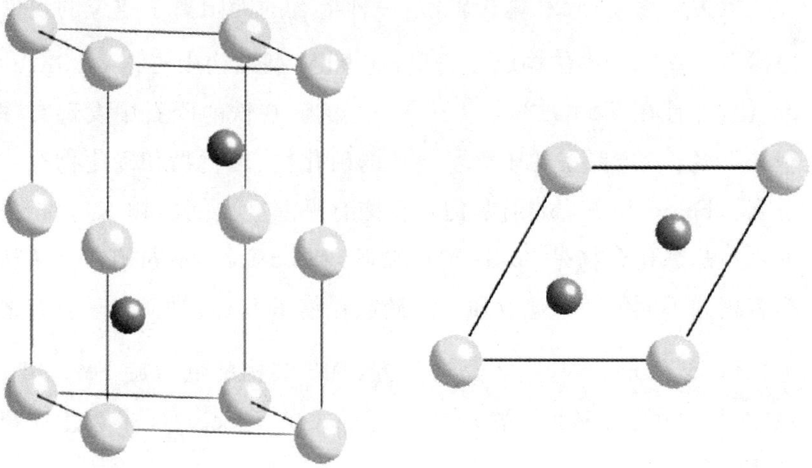

结构:单斜晶系　$C2/c$　$Z=4$　$d=5745$ kg · m^{-3}

$a=1193$ pm　$b=688$ pm　$c_h=1292$ pm　$b=118^\circ$

Fe_1 $8f$ (0.126,0.098,0.991)　Fe_2 $8f$ (0.256,0.127,0.246)

Fe_3 $8f$ (0.359,0.140,0.500)　Fe_4 $4e$ (0,0.393,0.250)

S_1 $8f$ (0.896,0.123,0.876)　S_2 $8f$ (0.353,0.125,0.124)

S_3 $8f$ (0.860,0.125,0.138)　S_4 $8f$ (0.602,0.124,0.621)

磁黄铁矿具有单斜形变的 NiAs 结构(a_h = 344 pm,c_h = 571 pm),其中金属空位在交替的 Fe 原子平面上有序排列,在 $2\sqrt{3}a$,$2a$,$4c$ 超晶格上具有 ABCD 序列。在居里温度下空位是无序的,其结构变成六角的阳离子缺少的 NiAs 结构。$Fe_{1-x}S$ 的相的区间是 $0.05 \leqslant x \leqslant 0.125$。

电学性质:金属,巡游的铁磁体,在 3p(S)带具有低密度的空穴。铁的 3d 电子和 S 的 3p 态发生杂化。在压强 $P \geqslant 5$ GPa 时,塌缩成非磁性结构,形成低自旋的 Fe^{II}。

磁学性质:亚铁磁体,c 平面为铁磁性的并与近邻的面反铁磁排列,磁矩⊥$\boldsymbol{c}$ 轴。$T_C = 598$ K 的转变是一个弱的一级相变。随着温度的降低,磁矩转向面外,$\theta_0 = 60^\circ$。磁矩从 $S=2$ 的 Fe^{2+} 的纯自旋磁矩

4 μ_B，通过与硫的共价混合减小到 3.16 μ_B。

$\sigma = 26\ A\cdot m^2\cdot kg^{-1}$　$M_s = 0.15\ MA\cdot m^{-1}$　$J_s = 0.19\ T$

$K_1 = 320\ kJ\cdot m^{-3}$　$\lambda_s = 10\times10^{-6}$

重要性：Fe_7S_8是一种相对常见的岩石的组成成分，被当作铁矿来开采。磁黄铁矿是除磁铁矿以外最常见的磁性矿石。

相关化合物：FeS（硫铁矿）是一种稀有的无阳离子空位的反铁磁矿石。铁原子占位构成三角形，在 NiAs 型结构中占据 $a\sqrt{3}a_h$和 $2c_h$位，并且在 $T_\alpha = 413$ K 以下是稳定的。在铁的陨石中发现有理想的 FeS。六方晶系的阳离子空缺的硫化物、硒化物和碲化物有一系列。Fe_7Se_8和 Fe_7S_8相似，但是其磁有序温度更低（448 K）。相关的六角晶系化合物是 Fe_3S_4（菱硫铁矿）和 Fe_4Se_4。不同的空位超结构有稍微不同的亚铁磁性质。二硫族化物 FeS_2（黄铁矿——愚人之金），$FeSe_2$和 $FeTe_2$包括了具有立方，$Pa\bar{3}$ 结构的低自旋 Fe^{2+} $3d^6$；t_{2g}^6，$S=0$ 以及抗磁性。富电子四方晶系的 $FeSe_{1-x}$是非磁性的超导体。

表 11.26　Ni-As 型的铁的硫化物和硒化物

		$T_{C,N}$ (K)	M_s ($MA\cdot m^{-1}$)	K_1 ($MJ\cdot m^{-3}$)	κ
FeS	af	588	0.63	0.01	
Fe_7S_8	fi	598	0.15	0.32	
Fe_3S_4	fi	600	0.58	1.20	1.7
Fe_7Se_8	fi	448	0.07	0.25	
Fe_3Se_4	fi	314	~0		

注：af——反铁磁体；fi——亚铁磁体。

表 11.27　黄铁矿结构的硫化物

	a(pm)	S			$T_{C,N}$(K)
MnS_2	610	5/2	反铁磁体	半导体	48
FeS_2	542	0	抗磁体	半导体	
CoS_2	553	1/2	铁磁体	金属	110
NiS_2	568	1	反铁磁体	半导体	50

11.7 其他材料

CuMn

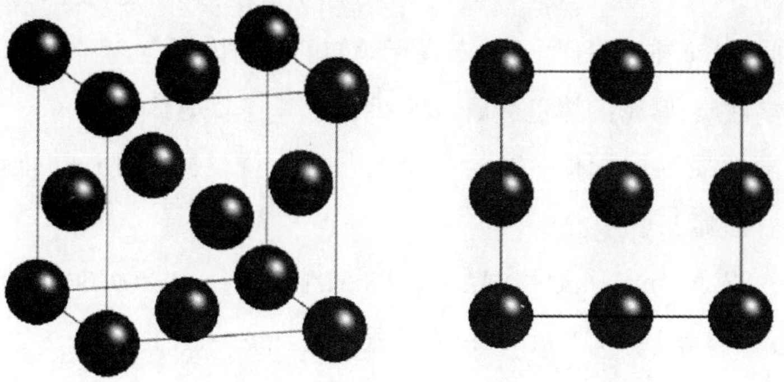

结构:A1 fcc $Fm\bar{3}m$ $Z=4$ $d=9820\ kg\cdot m^{-3}$

$a_0=360$ pm

Cu 原子占位:$4a(0,0,0)$

一种低合金,其中锰分布在 fcc 的铜母体中。

电学性质:金属,由于 Mn 的存在而具有杂质散射。

磁学性质:一种规范的自旋玻璃。自选冻结温度以及低温线性磁比热都与 Mn 含量相关,$T_f \propto x$,$c_f \propto x$。冻结温度大约是 2 K 每原子百分比 Mn。Mn 杂质间的磁耦合是 RKKY 相互作用。这就导致在稀释极限下,$\mathcal{J}$以 $\mathcal{J}=0$ 为中心,呈高斯分布。

重要性: CuMn 是一个研究 s 带金属母体中稀释的磁性杂质间相互作用的模型体系。

相关化合物: AuMn 和 AuFe 是众多稀释的合金自旋玻璃体系的例子。磁性杂质原子倾向于形成团簇。稀土基的自旋玻璃可能会用 Y 作为非磁性晶态母体或用 $La_{80}Au_{20}$ 作为非晶态母体。$Eu_xSr_{1-x}S$ 是个例外,它是绝缘性的自旋玻璃体系。

US

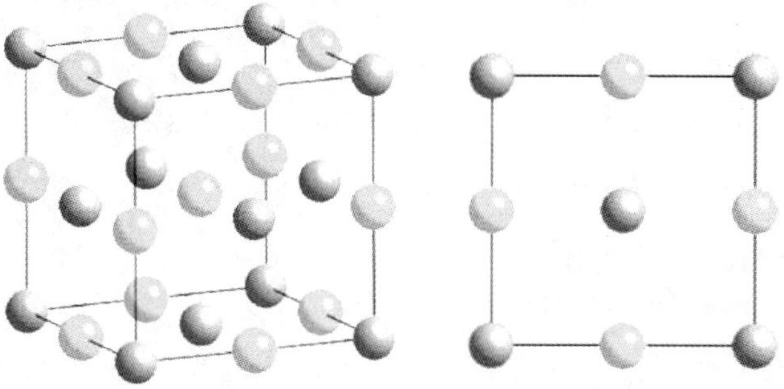

结构： 立方 B1(NaCl) $Fm\bar{3}m$ $Z=4$ $d=16407\ \mathrm{kg\cdot m^{-3}}$

$a_0=548.9$ pm

U 原子占位：$4a(0,0,0)$

S 原子占位：$4b(1/2,1/2,0)$

S 原子 fcc 排列，U 原子分布在无畸变的八面体中心。

电学性质：紧密的黑色金属，是一种巡游电子铁磁体。

磁学性质：铁磁体 $T_C=177$ K $m_0=1.55\ \mu_B\ \mathrm{fu^{-1}}$（轨道 3.00 μ_B；自旋 1.45 μ_B）

$\sigma_0=32\ \mathrm{A\cdot m^2\cdot kg^{-1}}$ $M_0=0.53\ \mathrm{MA\cdot m^{-1}}$ $J_0=0.66$ T

$K_{1c}=43\ \mathrm{MJ\cdot m^{-3}}$ 〈111〉为易磁化轴 $\kappa=11.1$

重要性：US 是一个具有磁有序的锕系化合物。5f 磁矩性质上主要是轨道磁矩，并且与自旋磁矩方向相反。在已知的材料中，US 具有最大的立方各向异性。

相关化合物：在许多锕系化合物中，原子间距 $d_{AA}>340$ pm 时，都具有铁磁性或者反铁磁性有序。通常具有很低的磁化强度 $M_0<1\ \mathrm{MA\cdot m^{-1}}$，并且有序温度低于 300 K。某些化合物列于表 11.28。与磁性的 3d 元素形成具有高 T_C的金属间化合物。

氧化物具有 CaF_2 结构，其他化合物具有 NaCl 结构。其中 $d_{AA}=a_0/\sqrt{2}$ 。

表 11.28 锕系化合物的磁性

	a_0 (pm)	磁序	T_C (K)		a_0 (pm)	磁序	T_C (K)		a_0 (pm)	磁序	T_C (K)
UN	489	af	52	UP	559	af	125	UO_2	546	af	31
NpN	490	f	87	UAs	577	af	127	NpO_2	543	af	25
PuN	490	af	19	USb	619	af	241	PuO_2	540	para	
AmN	499	para		USe	575	f	175	AmO_2	538	af	9
CmN	503	f	125	UTe	616	f	104	BkO_2	538	af	3

注：af——反铁磁体；f——铁磁体；para——顺磁体。

来源：Brodsky M B. Rep. Prog. Phys.,1978, 41(1548)。

$(Mn_xGa_{1-x})As$

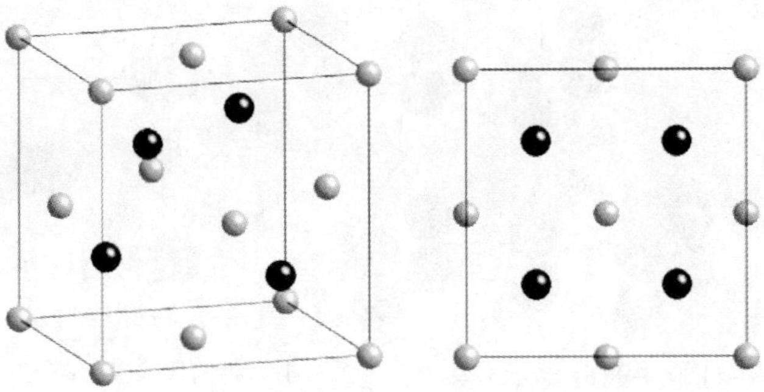

结构:立方 ZnS(闪锌矿)　$F\bar{4}3m$　$Z=4$　$d=5280\ kg\cdot m^{-3}$

$a_0=565.3$ pm

Ga,Mn 原子占位:$1b(0.25,0.25,0.25)$

As 原子占位 $1a(0,0,0)$

电学性质:一种 p 型半导体,载流子密度为 $2\times10^{26}\ m^{-3}$,每一个 Mn 掺杂都在 As 的 4p 带引入一个空穴

磁学性质:铁磁体 $T_C=170$ K(优化的 Mn 掺杂量),GaAs 中 Mn 的溶解极限是 $x=0.08$

原子磁矩 $m\leqslant 4\ \mu_B\ Mn^{-1}$

$\sigma_0\approx 11\ A\cdot m^2\cdot kg^{-1}$　$M_0=58\ kA\cdot m^{-1}$　$J_0=0.07$ T

$K_1=2\ kJ\cdot m^{-3}$

重要性: GaAs 是一种带隙为 $\varepsilon_g=1.43$ eV 的半导体。通过 Mn 的替代,GaMnAs 磁性半导体是空穴型掺杂的,其中 Mn 离子间的铁磁相互作用是由 As 4p 带中的↓极化的空穴传递。它与 GaAs 基异质结构(量子阱)一起用于自旋电子学实验研究。

相关化合物: 其他可能的稀磁半导体(DMS)是 GaN∶Mn 和 TiO_2∶Co。但是在这些化合物中,过渡族金属都倾向于形成纳米团簇。

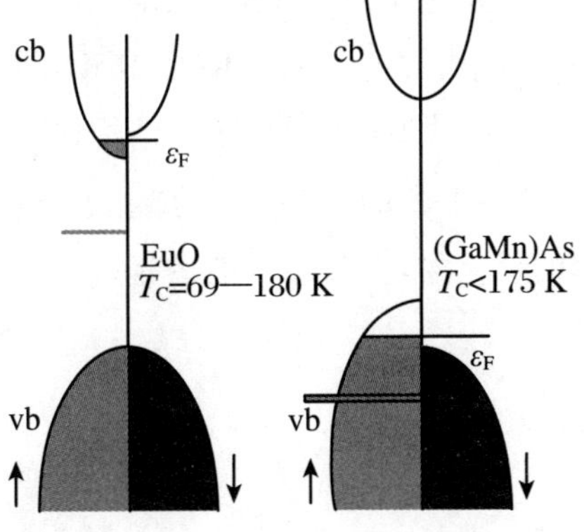

图 11.21

一些磁性半导体的电子结构示意图。vb——价带;cb——导带

αO_2

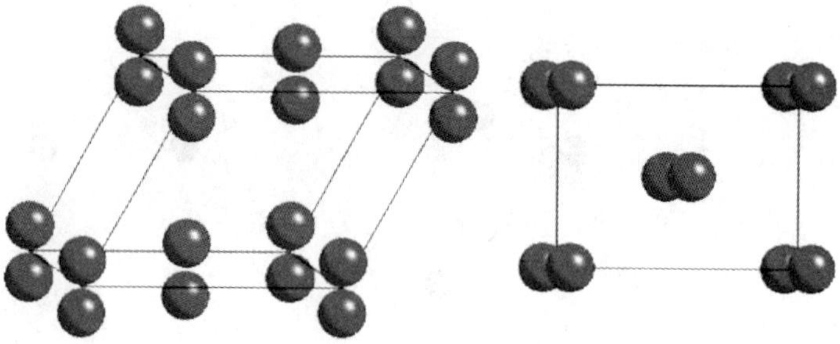

结构:单斜晶系 $C2/m$ $Z=4$ $d=1538\ kg\cdot m^{-3}$

$a=537.5$ pm $b=342.5$ pm

$c=424.2$ pm $b=117.8^{\circ}$

O 原子占位:$4b(-0.055,0,0.133)$

密堆积(001)层,其中 O_2 哑铃状分子垂直于膜面。

电学性质:蓝色绝缘体,$\varepsilon_g=1.0$ eV $({}^3\Sigma_g^-\rightarrow{}^1\Delta_g)$

氧分子 O_2 具有 ${}^3\Sigma_g^-$ 三重基态,其中 $S=1,L=0$。氧原子 $2p^5$ 壳层中得空穴平行耦合。

磁学性质:反铁磁体,$T_N=23.9$ K,也是 $\alpha\rightarrow\beta$ 结构相变的温度。在反铁磁的 ab 平面中,磁矩沿着 $\boldsymbol{b}$。弱的平面间交换作用使得反铁磁性具有准二维的特征。

$\sigma_A=175\ A\cdot m^2\cdot kg^{-1}$	$M_A=0.27\ MA\cdot m^{-1}$	$J_A=0.34$ T
$\mathcal{J}_1=-28$ K	$\mathcal{J}_2=-14$ K	$\mathcal{J}_3<-1$ K
$D\approx6$ K	$K\approx4.6\ MJ\cdot m^{-3}$	

重要性:αO_2 仅有的一种既没有 d 电子也没有 f 电子的磁性有序元素。法拉第描述了顺磁性的氧气,杜瓦描述了顺磁性的液态氧。

相关化合物:固态氧气有复杂的温度-压强相图,有六个不同的相。β-O_2,稳定态温度为 23.9—43.8 K,是一个只表现出短程磁有序的阻挫三角反铁磁体。γ-O_2 是磁无序的,稳定温度在 43.3 K 到熔化温度 54.4 K 之间。碱金属的过氧化物 KO_2,RbO_2 和 CsO_2 也是 2p 反铁磁体。这些化合物结晶成 CaC_2 体心四方结构(Ca 在 0,0,0; C_2 在 0,1/2,1/2)。O_2^- 为 $S=1/2$ 的单态。奈尔温度分别为 7 K,15 K,10 K。有组分偏差的氧化物,空穴会具有磁矩,将导致铁磁性耦合的趋势。

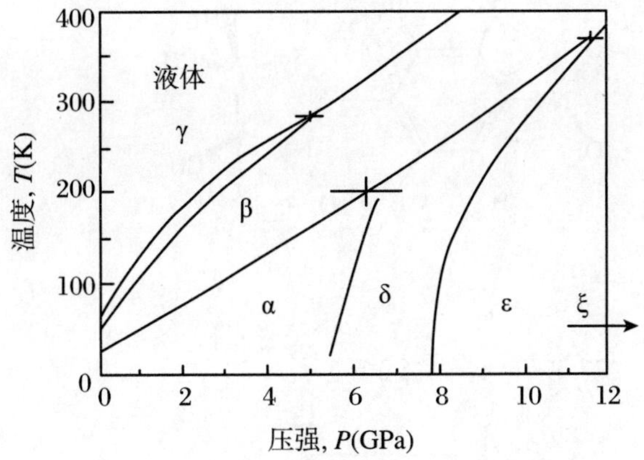

图 11.22

固态氧的相图(Freimann Y A, Jodl H J. Phys. Rep., 2004, 401(1))

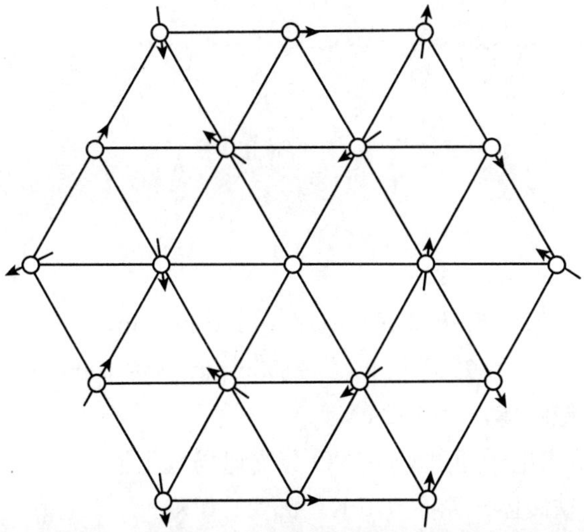

图 11.23

βO_2的螺旋磁性结构

表 11.29　固态氧的相

α	$C2/m$	蓝	反铁磁体　$m /\!/ b$
β	$R\bar{3}m$	蓝	螺磁性
γ	$Pm3n$	蓝	顺磁性
δ	$Fmmm$	橙	反铁磁性,铁磁平面
ϵ	$A2/m$	红	抗磁性
ζ	$A2/m$	金属灰(闪亮的灰色)	超导体 $P>96$ GPa, $T<0.6$ K

高分子有机物β p–NPNN
(β p-nitrophenyl nitronyl nitroxide)
$C_{13}H_{16}O_4N_3$ (p-NPNN)

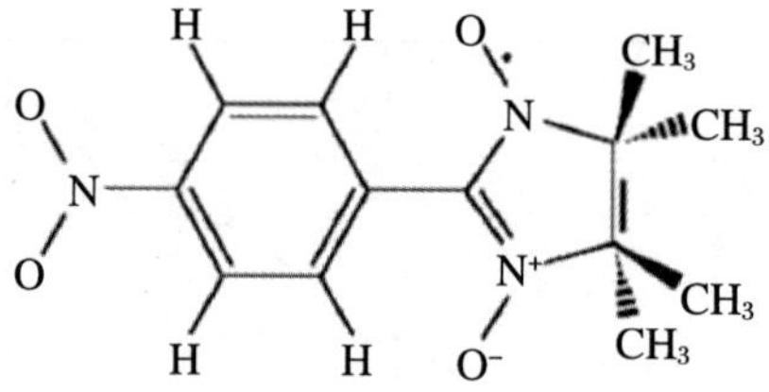

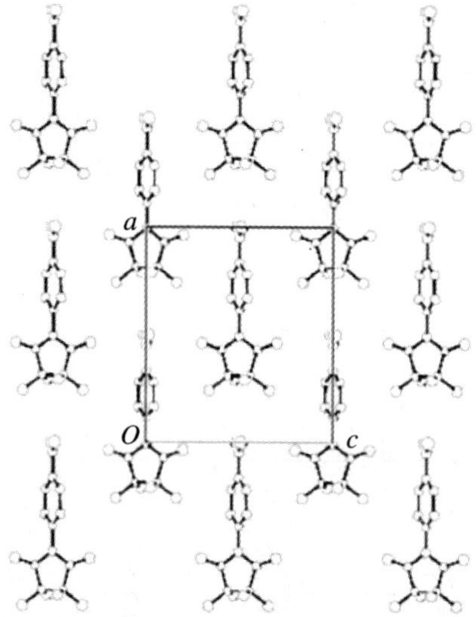

结构:正交晶系 $F2dd$ $Z=8$ $d=1416\ kg\cdot m^{-3}$

$a=1235$ pm $b=1935$ pm $c=1096$ pm

电学性质:绝缘体,$\varepsilon_g=1.2$ eV

原子团的自由电子通过 ONCNO 分支退局域化了。

磁学性质:铁磁体 $T_C=0.6$ K $\theta_p=1.0$ K

原子磁矩 $m=0.5\ \mu_B\ fu^{-1}$

$\sigma_0=10\ A\cdot m^2\cdot kg^{-1}$ $M_0=14\ kA\cdot m^{-1}$ $J_0=0.017$ T

$\mathcal{J}=0.6$ K

重要性:第一种纯有机的铁磁体。一种三维的 $S=1/2$ 的海森堡铁磁体。

相关化合物:γp-NPNN 同质异形体具有准一维的铁磁性链,链之间为弱的反铁磁性耦合,奈尔温度为 0.65 K。δ 同质异形体可能是个半金属。二氮杂金刚烷二氧化氮是被发现的居里温度最高的晶态有机材料,$T_C=1.48$ K。一些 π 共轭的聚合物的 T_C 可以高达 10 K。有许多有机-金属化合物,其中的 3d 元素具有磁有序,大部分的温度都低于 100 K。居里温度最高的是 $V(TCNE)_x$,为～370 K。

参考书

Handbook of Magnetic Materials(Vol 15)[M].Amsterdam:Elsevier.长期编撰出版的系列丛书,每一卷综述了特定的磁性材料。

Concise Encyclopedia of Magnetic and Superconducting Materials [M].Oxford:Pergammon Press,1994.

McCurrie R A. Ferromagnetic Materials: Structure and Properties [M].London:Academic Press,1994.

Tebble R S, Craik D J. Magnetic Materials [M]. London: Wiley,1969.

Wallace W E. Rare Earth Intermetallics[M].New York:Academic Press,1973.

Taylor K N R, Darby M I. Physics of Rare Earth Solids[M].London:Chapman and Hall,1972.

Coqblin B. The Electronic Structure of Rare Earth Metals and Alloys[M].New York:Academic Press, 1977.

Cornell R M, Schwertman U. The Iron Oxides[M]. 2nd ed. Weinheim:VCH,2004.

Smit J, Wijn H P J. Ferrites[M]. Eindhoven: Philips Technical Library,1959.

第 12 章 软磁铁的应用

不要提战争

通过聚集和引导电流或永磁体产生的磁通，可以得到暂时性磁铁。每年有数百万吨的电工钢片用于电磁机械，例如变压器、电动机和发电机。磁路中的许多小部件是由镍铁合金制成的，它们提供了磁导率、极化和电阻率的优秀组合。绝缘铁氧体特别适合高频率的应用，例如电源供应器、阻流器、天线和微波器件等。

良好的软磁性材料表现出最小的磁滞，而且磁致伸缩小、极化率高，磁导率尽可能地大。软磁体往往用于环形结构，退磁效应可以忽略不计，因此磁导率通常和内部场有关。在一定范围的内部场下，$\boldsymbol{B}(\boldsymbol{H})$响应是线性的 $\boldsymbol{B}=\mu\boldsymbol{H}$，即

$$\boldsymbol{B}=\mu_0\mu_r H \tag{12.1}$$

其中相对磁导率 $\mu_r=\mu/\mu_0$是无量纲的数。在磁滞回线的起始点处，初始磁导率 μ_i小于 B/H 在稍大磁场下的最大值μ_{max}，如图 12.1 所示。在暂时性磁铁中，剩磁可以忽略不计。在应用中，磁极化强度矢量 $J=\mu_0 M$ 和磁感应强度 B 的差别不重要，因为器件的设计和软磁材料的高磁导率使得 $\boldsymbol{H}$ 非常小。

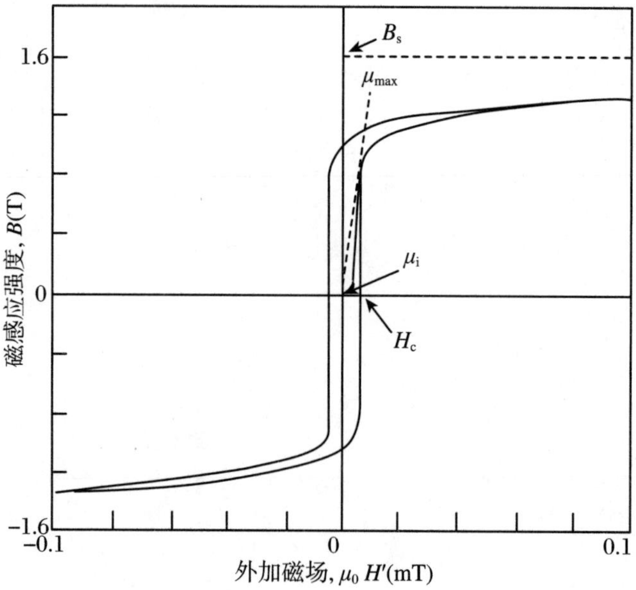

图 12.1

软磁材料的磁滞回线。在低磁场区，$B(H)$和$J(H)$的区别很小

在软磁材料中，μ_{max}的值可以达到一百万。因此 $\boldsymbol{B}$ 可以大大增强，达到自发磁感应强度的极限 $B_s \approx J_s = \mu_0 \boldsymbol{M}_s$，远大于磁场诱导的真空磁感应强度 $\mu_0 \boldsymbol{H}'$，其中 $\boldsymbol{H}'$是外加磁场。退火可以改变磁导率和磁滞回线的形状，特别是在外磁场较弱的情况下。当相对磁导率 μ_r 非常大的时候，磁化率和相对磁导率之间的差别是非常小的，其表达式为 $\boldsymbol{B} = \mu_0(\boldsymbol{H} + \boldsymbol{M})$，其中 $\mu_r = 1 + \chi$。

软磁材料可以应用于静态磁场或交变磁场。主要的静态和低频交变磁场的应用是磁路中的磁通引导和聚集，例如变压器和电感器中的铁芯(50 Hz 或 60 Hz)。电动机中的电流导体受到力的作用，暂时磁铁之间也会受到磁力的作用。磁致伸缩换能器直接给出力的作用。磁通的变化在发电机和电子部件中产生了电动势。金属最高用于千赫兹范围，而在射频和微波频段应用时，需要绝缘铁氧体来聚集和产生电动势以避免涡流损耗。微波应用领域涉及电磁波在波导中的传播，而不是电流在电路中的传播。

工作频率越高，应用材料的磁导率和自感就越小，而且应用时饱和的比例就越小。磁滞随着频率的增加而增加，如果工作频率在兆赫兹范围，μ_{max}会从电工钢的大约 10^4 下降到铁氧体将的 100 甚至更小的值。表 12.1 给出了不同频段通常的首选材料。

表 12.1　软磁材料及其应用

频率	材　料	应用
静态<1 Hz	软铁，Fe-Co 合金(坡明德合金)，Ni-Fe 合金(坡莫合金)	电磁铁，继电器
低频范围 1 Hz—1 kHz	硅钢，Ni-Fe 合金，碳化铁(finmet)，磁性玻璃	变压器，电动机，发电机
音频范围 100 Hz—100 kHz	Ni-Fe 合金片，碳化铁，磁性玻璃，Fe-Si-Al 粉末(sendust)，Mn-Zn 铁氧体	电感器，用于电能转换的变压器，电视回扫变压器
射频范围 0.1—1000 MHz	Mn-Zn 铁氧体，Ni-Zn 铁氧体	电感器，天线棒
微波范围>1 GHz	YIG，Li 铁氧体	微波绝缘体，环路器，移相器，过滤器

当金属处于交变磁场中时，诱导产生的涡流限制了磁通的穿透深度。趋肤深度 δ_s 定义为 B 穿透金属并衰减至表面强度的 $1/e$ 时的厚度：

$$\delta_s = \sqrt{\frac{\varrho}{\pi \mu_r \mu_0 f}} \tag{12.2}$$

其中 ϱ 为电阻率，f 为交变频率(单位为赫兹)。对于电工钢($\varrho = 0.5\ \mu\Omega\cdot\mathrm{m}, \mu_r = 2\times10^4$)，在 50 Hz 时，$\delta_s$ 的值为 0.36 mm，而在 500 kHz 时，大约是 3.6 μm。软铁芯通常由相互绝缘的薄片堆叠而成。由于薄片的厚度小于 δ_s，外加磁场可以穿透每一个薄片。绝缘体不会受到磁场穿透深度的影响。

12.1 损 耗

12.1.1 低频损耗

在交流应用中，控制能量损耗是非常关键的。一般情况下，软磁金属材料在低频应用时，能量损耗有三个主要来源，如图 12.2 所示：

- 磁滞损耗 P_{hy}；
- 涡流损耗 P_{ed}；
- 反常损耗 P_{an}。

图 12.2

每个循环总能量损耗来自三部分的贡献

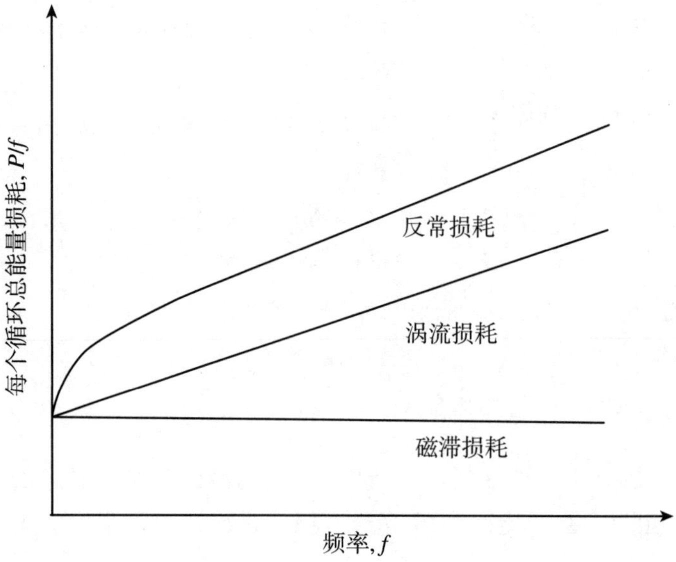

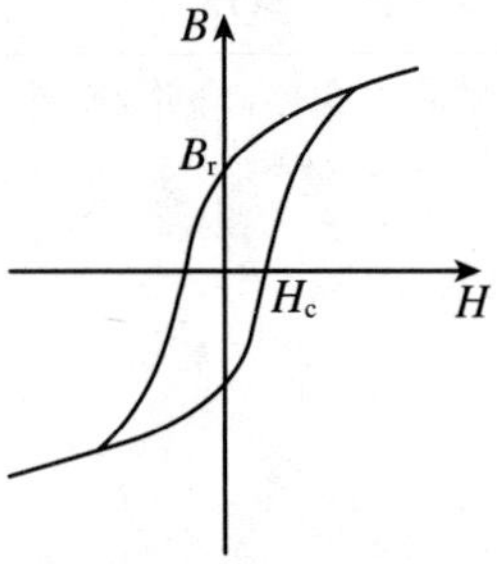

每一个循环的磁滞损耗是$B(H)$或$\mu_0 M(H')$回线的面积(图2.19(c))

因此，每立方米的总能量损耗表示为

$$P_{tot} = P_{hy} + P_{ed} + P_{an}$$

磁滞损耗和静态 $B(H)$ 或 $M(H')$ 回线的不可逆性有关。每一个循环的能量损失(式(2.93))是 $E_{hy} = \mu_0 \int_{loop} H' dM$。在频率 f 处，能量损耗为 fE_{hy}：

$$P_{hy} = f\mu_0 \int_{loop} H' dM \tag{12.3}$$

导电的铁磁体处于变化的磁场中，**涡流损耗**是不可避免的。磁场诱导的电流以热的形式耗散其能量。如果厚度为t、电阻率为 ϱ、循环的最大磁感应强度为 B_{max}，则损耗 P_{ed} 和 f^2 呈正比：

$$P_{ed} = (\pi t f B_{max})^2 / 6\varrho \tag{12.4}$$

采用薄层堆叠结构或高电阻率材料可以减小损耗。例如，电工钢 $Fe_{94}Si_6$(3 wt% Fe-Si)通常的厚度是 350 μm。它的电阻率为 $\varrho \approx 0.5\ \mu\Omega \cdot m$，密度为 $d = 7650\ kg \cdot m^{-3}$。对于 $B_{max} = 1$ T 和 50 Hz 的频率，根据式(12.4)可以得到 $W_{ed} = P_{ed}/d \approx 0.1\ W \cdot kg^{-1}$。采用层叠结构的方式可以将涡流损耗降低 $1/n^2$，其中 n 为薄片的数量。

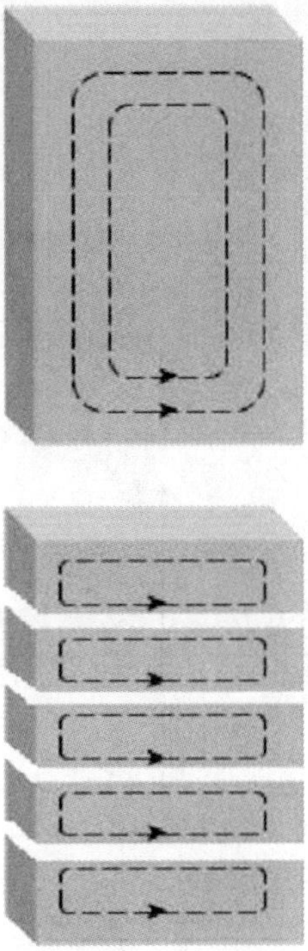

采用薄片，可以减小涡流损耗

除了 P_{hy} 和 P_{ed} 以外，其余的都是反常损耗。反常损耗和 P_{ed} 为同一量级，主要来自磁畴移动、非均匀磁化强度以及样品不均匀性产生的涡流损耗。一般来说，反常损耗反映了磁滞回线随着频率的增加而变宽，因此静磁损耗和反常损耗只是人为的区分。假设回路中包含一个磁畴壁，磁畴壁的移动会改变回路中的磁通，从而在移动的畴壁附近产生了驱动涡流的电动势。

采用多平行畴壁的结构，减小了畴壁在磁化过程中移动的距离，就可以减少反常损耗。因此利用光写入方式，在高级别的电工钢里定义出窄带磁畴区。其中的物理机制可以用 PB 模型(Pry and Bean model)来模拟，如图 12.3 所示。电工钢板的结构假定为间距为 d 的均匀区域，随着平行于畴壁的交流磁场的变化而扩展和收缩。能量的损耗可以表示为

$$P_{an} = \frac{(4fB_{max})^2 d t}{\pi \varrho} \sum_{n奇数} \frac{1}{n^3} \coth(n\pi d / t) \tag{12.5}$$

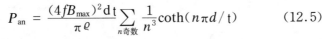

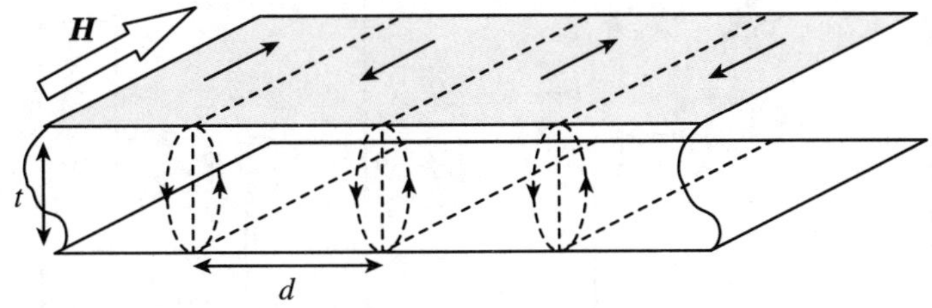

图 12.3

PB模型用于模拟均匀间隔磁畴区的畴壁移动。涡流在磁畴壁的附近产生，如虚线所示

在极限条件下($d/t \gg 1$)，上式可以化简为式(7.33)。坡莫合金在不同频率下的能量损耗如图 12.4 所示。

图 12.4

不同频率下每千克坡莫合金的总的能量损耗与磁感应强度的关系。样品厚度是350 μm

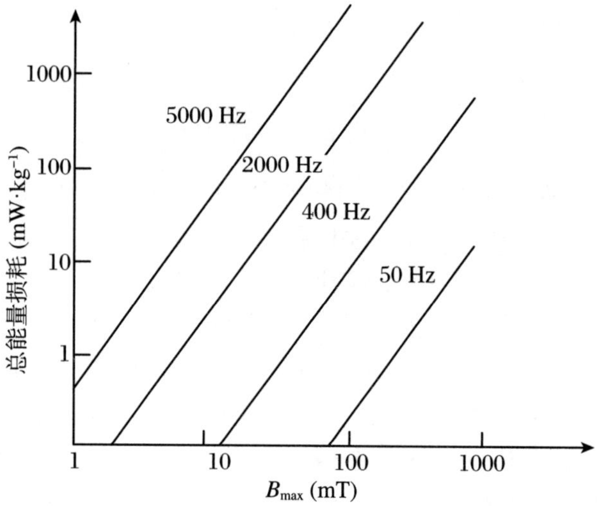

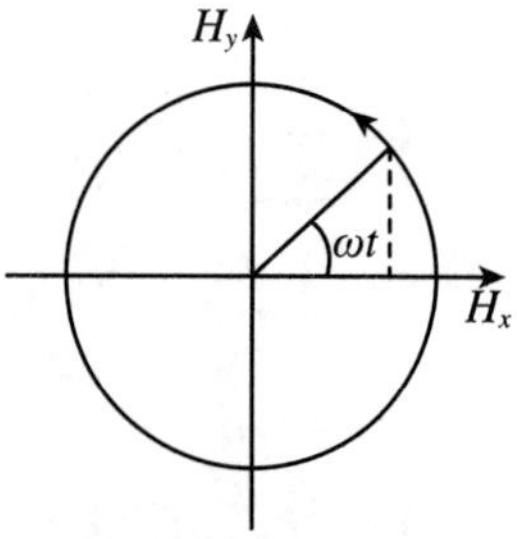

旋转的磁场，
$H=H_0e_x\cos\omega t+H_0e_y\sin\omega t$

Bertotti 提出了关于反常损耗的现代物理理论，将高扫描速度下磁滞回线展宽的原因归结于基元磁体（即畴壁或者有关联的畴壁组）的移动。引入了有效场 $H_{an}=P_{an}/(\mathrm{d}J/\mathrm{d}t)$，其中 J 是极化，得到了反常损耗的变化关系是 $(fB_{max})^{2/3}/\varrho^{1/2}$。

旋转磁场带来的损耗是轴向场的两倍，因为旋转磁场可以分解成两个相互垂直的轴向分量。当极化趋于饱和时，畴壁没有了，损耗就趋于零。

在 20 世纪，临时磁铁在主频工作时的关键性能方面进步非常大。铁芯损耗和磁导率分别提高了两个和四个量级，如图 12.5 所示。

图 12.5

软磁材料性能在20世纪的进步：(a) 变压器铁芯的总的损耗和 (b) 初始静态磁导率

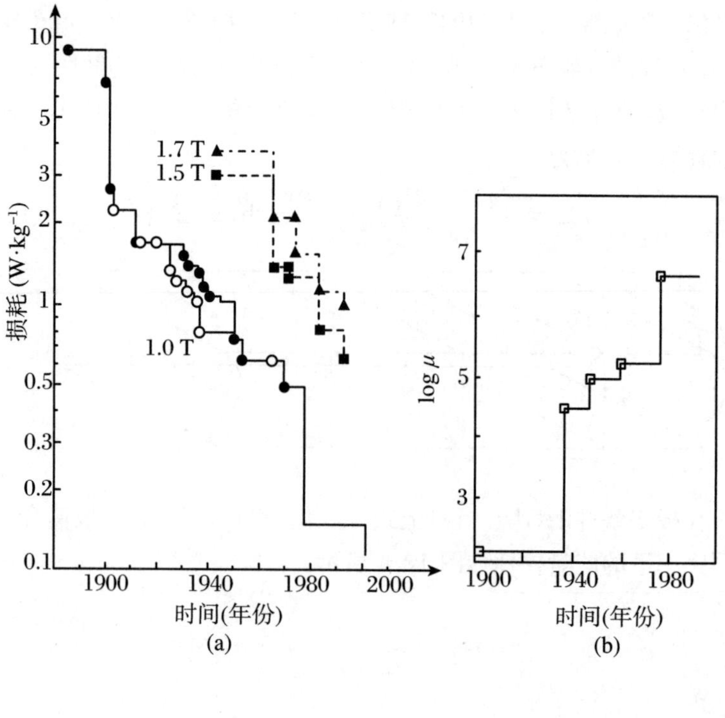

12.1.2　高频损耗

高频损耗最好用复数磁导率表示。磁化过程涉及磁矩转动而不是畴壁移动，在 GHz 频率范围内的损耗还受到铁磁共振的影响。如果外加磁场是 $h = h_0 e^{i\omega t}$，诱导的磁通密度 $b = b_0 e^{i(\omega t - \delta)}$ 通常滞后了相角 δ(称为**损耗角**)。表达式的实部表示依赖于时间的场 $h(t)$ 和 $b(t)$。复数磁导率 $\mu = (b_0/h_0)e^{-i\delta}$ 表示为 $(b_0/h_0)(\cos\delta - i\sin\delta)$，或者

$$\mu = \mu' - i\mu'' \tag{12.6}$$

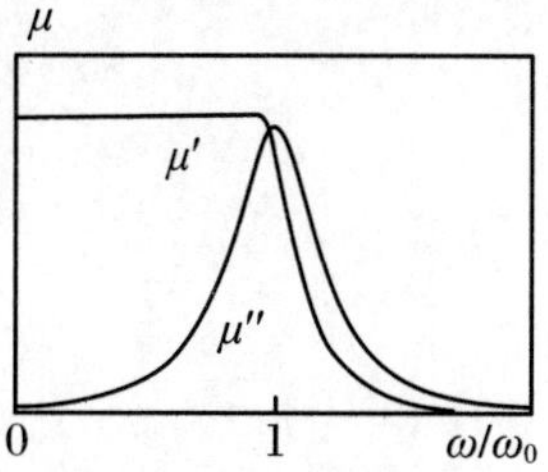

对于一个无衰减的共振，磁导率的实部和虚部

其中 $\mu' = (b_0/h_0)\cos\delta$，$\mu'' = (b_0/h_0)\sin\delta$。乘积 μh 的实部是依赖于时间的磁通密度

$$b(t) = h_0(\mu'\cos\omega t + \mu''\sin\omega t) \tag{12.7}$$

因此 μ' 给出了 b 中与激发场 h 同相位的分量，而 μ'' 给出了滞后 $\pi/2$ 的分量。损耗和 μ'' 呈正比，响应和驱动场正交。磁质量因子(magnetic quality factor) Q_m 定义为 $\mu'/\mu'' = \cot\delta$，品质因数(figure of merit)为 $\mu' Q_m$。

知道了线性系统依赖于频率的磁导率的实部 μ' 和虚部 μ''，就可以推导对任意小的依赖于时间的刺激 $h(t)$ 的响应，可以用傅里叶积分表示为

$$h(t) = \frac{2}{\pi}\int_0^\infty h(\omega)\cos\omega t\,d\omega \tag{12.8}$$

其中傅里叶项为

$$h(\omega) = \frac{2}{\pi}\int_0^\infty h(t)\cos\omega t\,dt \tag{12.9}$$

系统依赖于时间的响应是对所有不同频率(ω)的响应的叠加：

$$b(t) = \int_0^\infty [\mu'(\omega)\cos\omega t + \mu''(\omega)\sin\omega t]h(\omega)d\omega \tag{12.10}$$

利用复数磁化率 $\chi = \chi' - i\chi''$，可以将 $m(t)$ 和 $h(\omega)$ 联系起来。由于 $\mu_r = 1 + \chi$，可以表达为

$$\mu_r' = 1 + \chi' \quad 和 \quad \mu_r'' = \chi''$$

这些表达式完全地描述了线性磁性系统的响应。此外，μ 和 χ 的实部和虚部是相关的。在整个频域中知道一项，就可以根据强大的克拉默斯-克罗尼格(Kramers-Kronig)关系式推导出另一项。

$$\mu'(\omega) = \frac{2}{\pi}\int_0^\infty \frac{\mu''(\omega')\omega d\omega'}{\omega'^2 - \omega^2}, \quad \mu''(\omega) = -\frac{2}{\pi}\int_0^\infty \frac{\mu'(\omega')\omega d\omega'}{\omega'^2 - \omega^2} \tag{12.11}$$

如果样品是各向异性的，磁化系数和磁导率是张量，可表示为$\hat{\boldsymbol{\mu}} = \boldsymbol{I} + \hat{\boldsymbol{\chi}}$。选择适当的坐标，可以将其对角化。每一个分量均满足克拉默斯-克罗尼格关系。

为了计算出能量损耗，我们用式(2.92)表示对磁性系统做的功。能量耗散的速率是

$$P = h(t)\mathrm{d}b(t)/\mathrm{d}t = h_0^2\cos\omega t(-\mu'\omega\sin\omega t + \mu''\omega\cos\omega t)$$

因为

$$(1/2\pi)\int_0^{2\pi}\sin\theta\cos\theta\mathrm{d}\theta = 0,\quad (1/2\pi)\int_0^{2\pi}\cos^2\theta\mathrm{d}\theta = 1/2$$

能量损耗的平均速率可以表示为

$$P_{\mathrm{av}} = \frac{1}{2}\mu''\omega h_0^2 \tag{12.12}$$

利用磁化率的虚部，可以等价地表示为$(1/2)\mu_0\chi''\omega h_0^2$。损耗必然是正的，这就是定义式(12.6)中的复数磁化率时选择负号的原因。

为了更细致地研究损耗和磁化动力学的关系，考虑第9章中介绍的磁化相干旋转的阻尼运动方程：

$$\frac{\mathrm{d}\boldsymbol{M}}{\mathrm{d}t} = \gamma\mu_0\boldsymbol{M}\times\boldsymbol{H} + \frac{\alpha}{M_{\mathrm{s}}}\boldsymbol{M}\times\frac{\mathrm{d}\boldsymbol{M}}{\mathrm{d}t} \tag{12.13}$$

其中磁化强度矢量$\boldsymbol{M}$的大小为M_{s}，它绕着静态磁场$\boldsymbol{H}$方向(Oz方向)进动。静态场包括外加磁场、退磁场和各向异性场。LLG(Landau-Lifschitz-Gilbert)方程右边的阻尼项使得磁矩螺旋式向着内Oz方向运动。任何静态磁化强度测量都需要阻尼项。没有阻尼项，自发磁化就会绕着外磁场永恒地进动下去，不会沿外磁场方向。

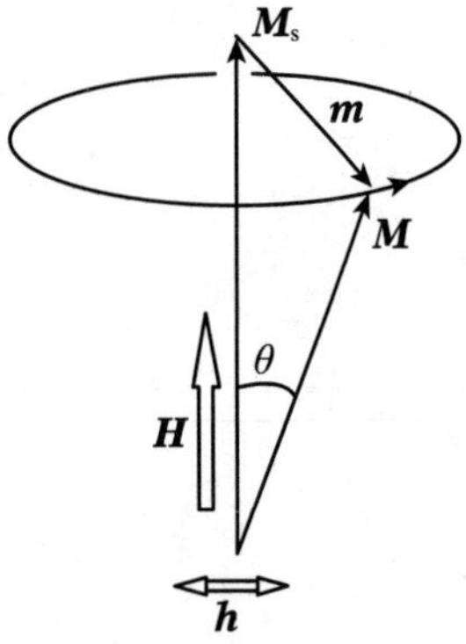

磁化的进动

考虑外加磁场方向为易磁化轴方向的情况。磁化强度$\boldsymbol{M}$的平衡值为M_{s}，方向沿Oz方向。$\boldsymbol{M}$的瞬时值偏离了角度θ，偏离量$\boldsymbol{m}$定义为$\boldsymbol{M}-\boldsymbol{M}_{\mathrm{s}}$。有效场$\boldsymbol{H}_{\mathrm{s}}$同样沿着$Oz$，是外加磁场$\boldsymbol{H}$和有效各向异性场$\boldsymbol{H}_{\mathrm{a}}\cos\theta$之和。力矩为$\boldsymbol{\Gamma} = \gamma\mu_0\boldsymbol{M}\times\boldsymbol{H}_{\mathrm{s}}$。接下来，在$xy$平面内施加一个变化的磁场$\boldsymbol{h} = \boldsymbol{h}_0\cos\omega t$。在无阻尼的情况下，

$$\frac{\mathrm{d}\boldsymbol{M}}{\mathrm{d}t} = \gamma\mu_0\boldsymbol{M}\times(\boldsymbol{H}_{\mathrm{s}} + \boldsymbol{h}) \tag{12.14}$$

当扰动很小的时候($h \ll H_{\mathrm{s}}$且$m \ll M_{\mathrm{s}}$)，可以得到

$$\frac{\mathrm{d}M}{\mathrm{d}t} = \gamma\mu_0(\boldsymbol{m}\times\boldsymbol{H}_{\mathrm{s}} + \boldsymbol{M}_{\mathrm{s}}\times\boldsymbol{h}) \tag{12.15}$$

也可以写成分量的形式：

$$\frac{\mathrm{d}m_x}{\mathrm{d}t} - \gamma\mu_0 H_{\mathrm{s}} m_y = \gamma\mu_0 M_{\mathrm{s}} h_y \tag{12.16}$$

$$\frac{\mathrm{d}m_y}{\mathrm{d}t} + \gamma\mu_0 H_{\mathrm{s}} m_x = -\gamma\mu_0 M_{\mathrm{s}} h_x \tag{12.17}$$

$$\frac{\mathrm{d}m_z}{\mathrm{d}t} = 0 \tag{12.18}$$

如果采用复数表示法,d/dt 就可以用 iω 表示。令 $\omega_0 = \gamma\mu_0 H_s$和 $\omega_M = \gamma\mu_0 M_s$,方程可以表示为

$$\begin{bmatrix} \omega_0 & \mathrm{i}\omega & 0 \\ \mathrm{i}\omega & -\omega_0 & 0 \\ 0 & 0 & 0 \end{bmatrix}\begin{bmatrix} m_x \\ m_y \\ m_z \end{bmatrix} = \omega_M \begin{bmatrix} -h_x \\ h_y \\ h_z \end{bmatrix}$$

也可以反过来表示为

$$\begin{bmatrix} m_x \\ m_y \\ m_z \end{bmatrix} = \begin{vmatrix} \kappa & -\mathrm{i}\nu & 0 \\ \mathrm{i}\nu & \kappa & 0 \\ 0 & 0 & 0 \end{vmatrix}\begin{bmatrix} h_x \\ h_y \\ h_z \end{bmatrix}$$

其中

$$\kappa = \omega_0\omega_M/(\omega_0^2 - \omega^2) \tag{12.19}$$

$$\nu = \omega\omega_M/(\omega_0^2 - \omega^2) \tag{12.20}$$

在不考虑阻尼的情况下,磁化率张量描述了单轴各向异性的磁化强度的进动。只需要考虑面内分量,因此

$$|\chi| = \begin{bmatrix} \kappa & -\mathrm{i}\nu \\ \mathrm{i}\nu & \kappa \end{bmatrix}$$

当 $\omega = 0, \nu = 0$ 时,张量可以化简为标量:$\chi_0 = \omega_M/\omega_0 = M_s/H_s$。当 $\omega \to \omega_0$(铁磁共振频率)时,κ 和 ν 发散,如图 12.6 所示。静态磁化系数和共振频率的乘积 $\chi_0\omega_0 = \omega_M$ 是常数:

$$\chi_0\omega_0 = \gamma\mu_0 M_s \tag{12.21}$$

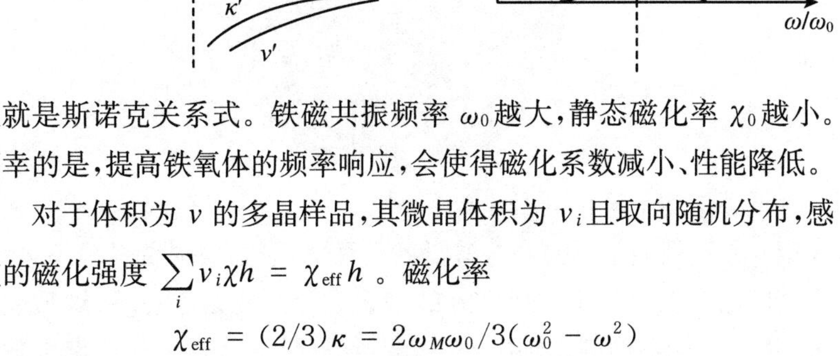

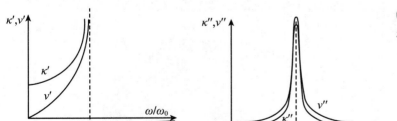

图 12.6
磁化率的实部κ和虚部ν

这就是斯诺克关系式。铁磁共振频率 ω_0越大,静态磁化率 χ_0越小。不幸的是,提高铁氧体的频率响应,会使得磁化系数减小、性能降低。

对于体积为 v 的多晶样品,其微晶体积为 v_i且取向随机分布,感应的磁化强度 $\sum_i v_i \chi h = \chi_{\mathrm{eff}} h$ 。磁化率

$$\chi_{\mathrm{eff}} = (2/3)\kappa = 2\omega_M\omega_0/3(\omega_0^2 - \omega^2)$$

在这种情况下,静态磁化率和共振频率的乘积为 $\chi_0\omega_0 = (2/3)\omega_M =$

$(2/3)\gamma\mu_0 M_s$，表明这个体系不可能超越斯诺克极限，但是，面内各向异性很强的铁氧体可以绕过这个极限。铁氧体可以在10 GHz以上的微波应用中作为移相器。

当考虑阻尼时，式(12.15)需要添加一项 $-(\alpha/M_s)\boldsymbol{M}\times \mathrm{d}\boldsymbol{m}/\mathrm{d}t$。关于 κ 和 ν 的新表达式为

$$\kappa = \frac{\omega_M(\omega_0 + \mathrm{i}\alpha\omega)}{\omega_0^2 - (1+\alpha^2)\omega^2 + \mathrm{i}2\alpha\omega\omega_0} \tag{12.22}$$

$$\nu = \frac{\omega_M\omega}{\omega_0^2 - (1+\alpha^2)\omega^2 - \mathrm{i}2\alpha\omega\omega_0} \tag{12.23}$$

12.2 软磁材料

软磁材料的全球市场情况如图 12.7 所示。变压器和电磁机械中的电工钢占了最大一部分。产品数量每年超过 700 万吨，大约是全世界钢产量的 1%，也占据暂时磁铁 95%的重量和 75%的市值。选择软磁材料，必须综合考虑极化、磁导率、损耗和成本。在给定的激发场下，极化应越大越好，并且工作频率处的铁芯损耗必须可以接受。添加合金(例如 C，Si 或 Al)可以减小损耗、增加磁导率、减小饱和极化强度，但是成本会增加。添加一种合金，并不能满足全部需要，但是有一些经过多年优化的、广泛应用的合金。

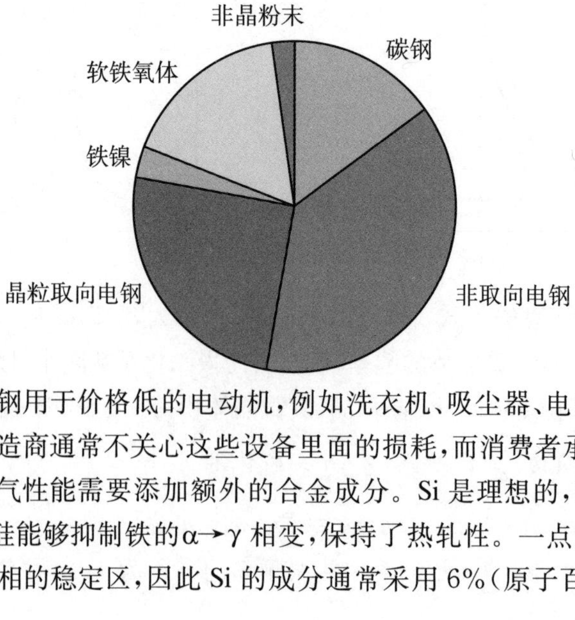

图 12.7

软磁材料的全球市场情况。整个饼图代表了每年100亿美元

低碳钢用于价格低的电动机，例如洗衣机、吸尘器、电冰箱和电风扇。制造商通常不关心这些设备里面的损耗，而消费者承担电费。更高的电气性能需要添加额外的合金成分。Si 是理想的，因为成分为 4%的硅能够抑制铁的$\alpha\to\gamma$ 相变，保持了热轧性。一点点碳就可以扩展 γ 相的稳定区，因此 Si 的成分通常采用 6%(原子百分比)或

3%(重量百分比)。哈德菲尔德(Robert Hadfield)在 1900 年发明了硅钢,他发现 6%(原子百分比)的硅成分具有足够的延展性,可用来轧制成片。各向同性的 $Fe_{94}Si_6$ 薄片和晶粒取向的 $Fe_{94}Si_6$ 薄片大约为 350 μm 厚,其产量以平方千米计,可以用于电源频率(50/60 Hz)的电气应用。损耗约是低碳钢的 1/10。硅增加了电阻率,减小了铁的各向异性和磁致伸缩。各向同性适合于电动机和发电机,磁通的方向在工作中连续地变化。可是在变压器中,磁场 $\boldsymbol{B}$ 方向固定,使用有晶向的、有易轴的薄片,可以进一步减小损耗。这种材料是高斯(Norman Goss)在 1934 年发明的,从 1945 年开始大量生产,约占电工钢产量的 20%。通过进一步轧制和退火来促进二次晶化,从而得到具有苟斯纹理的、晶粒定向的硅钢。二次晶化的{110}面平行于薄片,并且[100]易轴和轧制方向相同。在 1.7 T 时,损耗小于 1 W · kg^{-1},但是在近饱和情况下,损耗会增加,如图 12.8 所示。

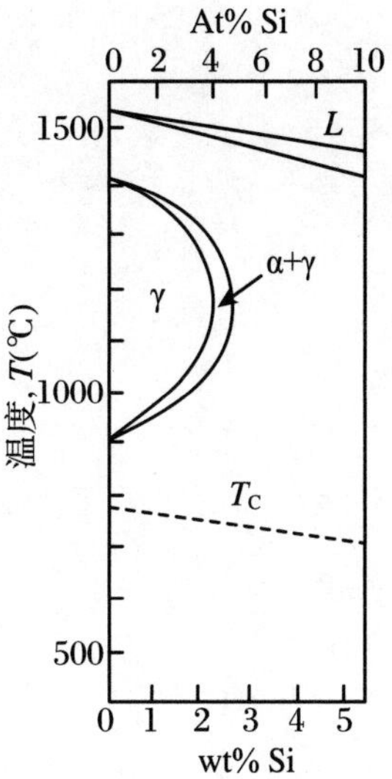

硅铁相图中的富铁一侧

有晶向的硅钢叠片的厚度为 200—350 μm。更薄的 Si-Fe 片可以用平面流铸法(planar flow casting)生产。叠片越薄,越有利于更高频率的应用,还可以减小高谐波分量的损耗(例如,风电中的非正弦波形)。表 12.2 比较了几种磁钢的性质。

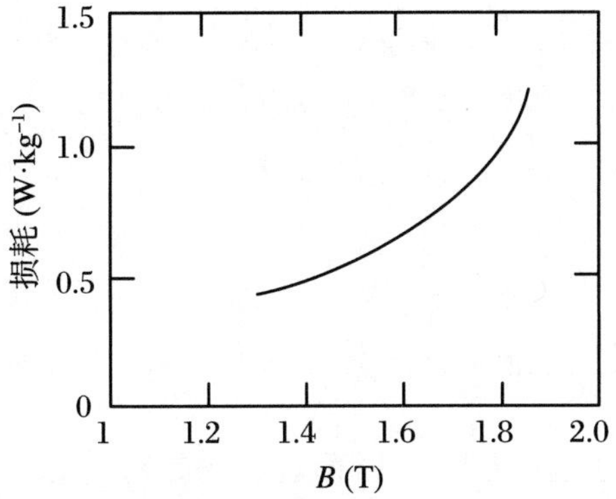

图 12.8

晶粒取向的硅钢薄片的损耗随工作磁场的变化关系

表 12.2　磁钢薄片的性质

材料	J_s(T)	1.5 T 时的 μ_r	H_c (A · m^{-1})	W_{tot} (W · kg^{-1})	ϱ (μΩ · m)
低碳钢	2.15	500	80	12	0.15
硅钢	2.12	1000	40	2.5	0.60
晶粒取向的硅钢	2.00	20000	5	1.2	0.50

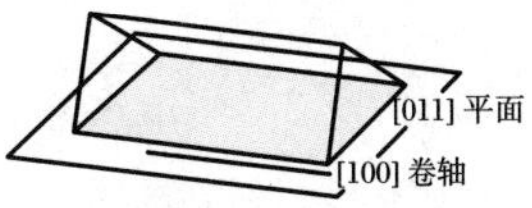

晶粒取向的硅铁的高斯织构

Ni-Fe 合金材料可以实现很多有用的磁性质。这里,经济利益不是很大:几千吨的材料,数以百万计的磁性元件,各种各样的形状和尺寸。

Ni-Fe 合金的优异性在于其磁导率，可以通过小心的热处理实现。有趣的组分(镍的含量在 30%到 80%之间)导致 fcc γNi-Fe 结构。Ni-Fe 合金在磁场中退火，可以产生弱的单轴各向异性(100 J·m^{-3}量级)，因而有利于控制磁化过程。最重要的坡莫合金，其成分是 $Ni_{80}Fe_{20}$，各向异性和磁致伸缩都变为零。这促进了对冲击不敏感的最高磁导率。在超透磁合金(supermalloy)中添加 Mo 成分，可以抑制 Ni_3Fe 型 $L1_2$ 原子序的产生。在优秀的磁屏蔽材料 mumetal(具有高磁化率和低回滞损耗的合金)中添加铜，可以实现延展性。在接近等原子组分的 $Ni_{50}Fe_{50}$(Hypernik)中，可以实现更大的极化，但是软磁特性不如坡莫合金(表 12.3)。富铁的殷钢合金(大约为 $Ni_{36}Fe_{64}$)的居里温度低，自发极化的热响应很快，可以应用于电饭锅和电表。殷钢合金具有负的体积磁致伸缩效应，尺寸在室温附近很稳定，因此适用于精密机械仪器。纪尧姆(Charles Guillaume)因为发明了殷钢而获得 1920 年的诺贝尔奖，这是诺贝尔奖唯一一次奖励新材料的发现。

表 12.3 静磁或低频应用的软磁特性

材料	名称	μ_i	μ_{max}	J_s(T)	H_c(A·m^{-1})
Fe	软铁	300	5000	2.15	70
$Fe_{49}Co_{49}V_2$	V 型坡明德合金	1000	20000	2.40	40
$Ni_{50}Fe_{50}$	海波尼克合金	6000	40000	1.60	8
$Ni_{77}Fe_{16.5}Cu_5Cr_{1.5}$	镍铁铜铬合金	20000	100000	0.65	4
$Ni_{80}Fe_{15}Mo_5$	镍铁钼合金	100000	300000	0.80	0.5
a-$Fe_{40}Ni_{38}Mo_4B_{18}$	铁镍钼硼合金	50000	400000	0.88	0.5
$Fe_{73.5}Cu_1Nb_3Si_{13.5}B_9$	铁铜铌硅硼合金	50000	800000	1.25	0.5

Co-Fe 合金的通用性差一些，而且成本更高。以前，钴的价格起伏很大，但现在稳定下来了，因为有更多地方的资源可以利用。坡明德合金 $Fe_{50}Co_{50}$ 最大的优势是极化强度，在室温下是体材料中最高的(2.45 T)。额外添加 2%的钒，可以改善其可加工性，并且不会破坏磁性。$Fe_{65}Co_{35}$ 含有的钴更少，但具有类似的极化强度。

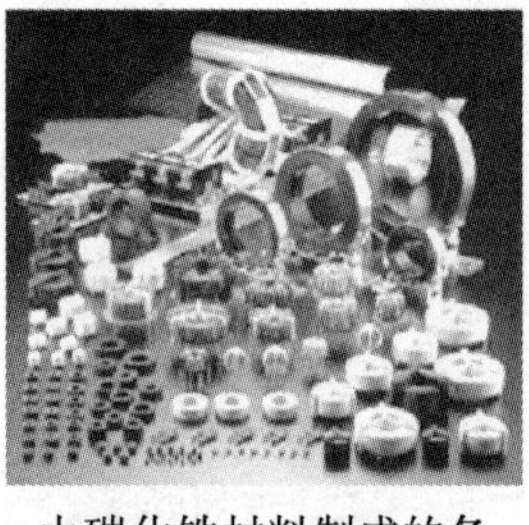
由碳化铁材料制成的各种软磁元件 (数据来源于Hitachi metals公司)

铁粉末或脆的铁硅铝磁合金(sendust，零各向异性、零磁致伸缩的合金，$Fe_{85}Si_{10}Al_5$)可以是绝缘的，用于更高频率的磁芯中。在任何温度下，颗粒尺寸为微米量级的铁磁粉末实际上是没有磁滞效应的(图 12.9)。退磁场使得相对磁导率限制在 10—100。长的电话线中都含有粉末磁芯感应器(加感线圈)来平衡它们的电容。

可以用熔体旋甩法制备非晶态合金带，厚度为 50 μm，电阻率约

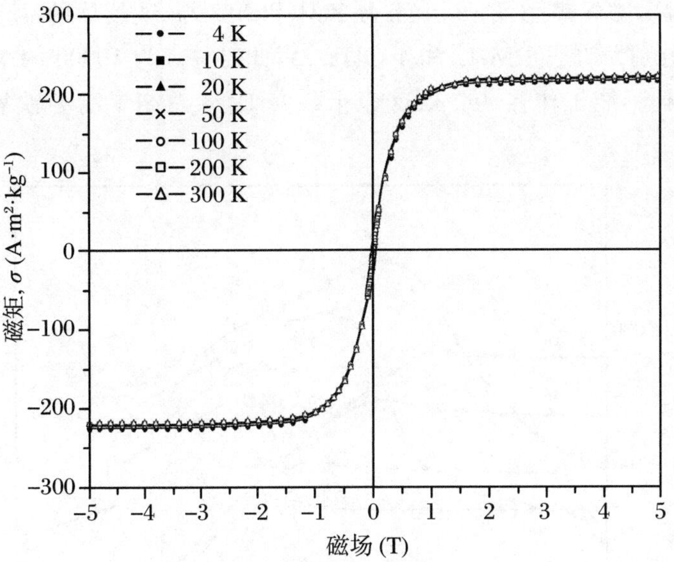

图 12.9

颗粒尺寸为6—8 μm的稀铁粉的磁化强度和磁场的关系（由M. Venkatesan提供数据）

为 1.5 μΩ・m。金属材料的电阻率不能比这更大了，因为平均自由程与原子间距相仿。组分接近于玻璃成形比值 $M_{80}T_{20}$，其中 T = Fe，Co，Ni，M = B，Si。富钴的合成物具有零磁致伸缩效应，而且磁导率可以达到 10^6。金属玻璃带可以用来缠绕磁芯，最高频率大约是 100 kHz。应用范围包括开关电源、输电变压器和磁通门磁力计。部分晶化的纳米晶材料（例如 Finmet，参见第 11.2.4 小节）具有相似的磁导率和更高的极化。

与金属铁磁体相比，软磁铁氧体具有中等的极化和磁导率。它们的铁磁饱和极化强度只有 0.2—0.5 T，但是绝缘性质在高频应用中具有决定性的优势。由于涡流损耗不是问题，所以不需要层叠结构。氧化物的抗腐蚀性也比金属好得多。陶瓷组件需要做得接近于最终形状，然后再打磨成形。

自从 1940 年代荷兰发明了尖晶石铁氧体，通过调节其成分、微结构和多孔性，就可以调控其磁性质。Mn-Zn 铁氧体的工作频率可以达到 1 MHz，并且 Ni-Zn 铁氧体可以达到 1—300 MHz 或者更高。Ni-Zn 铁氧体的极化比较小，但是电阻率更大。电导的产生是由于存在 Fe^{2+}，增强了电子在 Fe^{2+} 和 Fe^{3+} 之间的跳跃。大多数的阳离子对磁致伸缩和各向异性常数具有负作用；尖晶石晶格中的〈111〉方向通常是易轴，除非存在 Co^{2+} 或 Fe^{2+}。

铁氧体的初始磁导率 μ_i 的频率响应几乎是平坦的，直到截止频率 f_0（和铁磁共振有关，图 12.10），损耗最大值位于频率 f_0 处。磁导率和共振频率随各向异性的变化关系是相反的，并且满足斯诺克关系（式(12.21)）。对于一大类材料，它们的乘积是一个常数：截止频率越高，磁导率越低。Ni-Zn 铁氧体和 Mn-Zn 铁氧体的品质因数 $\mu_i f_0$ 分别大约是 8 MHz 和 4 GHz。因此磁导率为 10000 的 Mn-Zn 铁氧体不能工作在 400 kHz 以上。表 12.4 总结了高频铁氧体的特性。

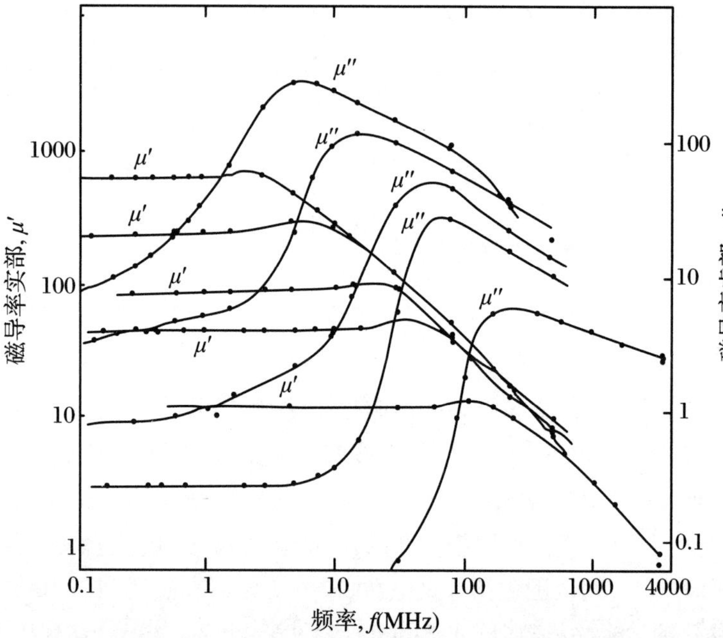

图 12.10

对于几种不同的Ni-Zn铁氧体，磁导率的实部和虚部的频率响应(数据来源于Smit和Wjin(1979))

表 12.4　高频铁氧体的特性

材料	$J_s(T)$	μ_i	$H_c(A \cdot m^{-1})$	$\varrho(\Omega \cdot m)$	P(0.2T)
Mn-Zn 铁氧体	0.45	4000	20	1	200
Ni-Zn 铁氧体	0.30	500	300	$>10^3$	

YIG 是一种优良的 GHz 频率波段微波材料。可以制成优异的绝缘晶体，具有最小的各向异性。为了测量铁磁共振，把一个小样品打磨并抛光成球体，放置在波导管的末端。外加磁场扫描通过共振频率 $\omega_0 = \gamma H_0$，而反射信号在固定的频率下测量，其中 γ 是旋磁因子，$\approx$28 GHz · T^{-1}。在 X 带(8—12 GHz 的微波，用于 25 mm 波导)，当外加磁场为 350 kA · m^{-1}时，对于致密的多晶 YIG，共振带宽也许只有 350 A · m^{-1}，而对于单晶球 YIG，共振带宽甚至优于 35 A · m^{-1}。两者的 Q 因子 $\omega/\Delta\omega$ 分别是 1000 和 10000。这些尖峰共振对微波滤波器和振荡器是不可缺少的。困难在于，这些元件工作时需要磁场，因而需要使用电磁铁或者永磁铁。

12.3 静态应用

电磁铁包括磁场线圈(使铁芯极化)、磁轭(引导磁通)和极头(把磁通聚集到气隙处),如图 12.11 所示。在电磁铁中,为了引导和聚集磁通,需要材料的极化度尽可能大、剩磁尽可能小。通常使用纯的软铁或 $Fe_{65}Co_{35}$。为了达到最好的效果,极头做成 55°的锥形。

图 12.11
电磁铁

电磁继电器和电磁阀是超小型的电磁铁,铁芯磁化而产生的力作用在另一个暂时磁铁上。如果间隙中的磁通密度是 B_g,单位面积的力就是 $B_g^2/2\mu_0$(式(13.13))。

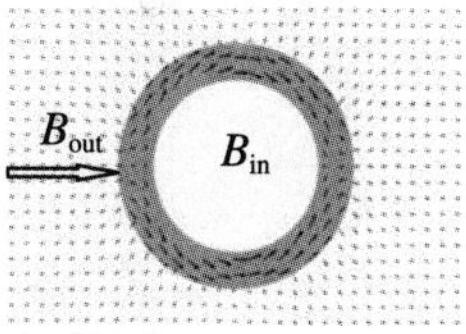

磁屏蔽。屏蔽率 $\mathcal{R}$ 是 B_{out}/B_{in}

低频交流场或者弱直流磁场(例如地磁场)的被动磁屏蔽,要求材料在屏蔽体积周围提供低磁阻的磁路。磁阻是磁的电阻类似物。屏蔽率 $\mathcal{R}$ 是外磁场和内磁场的比率。在低磁场下可以实现 $\mathcal{R}\approx100$。选择屏蔽材料的厚度,使得其极化不会在收集的磁通作用下达到饱和。几层薄的屏蔽比一层厚的屏蔽更有效。直流屏蔽通常用坡莫合金或 mumetal(具有高磁导率和低回滞损耗的合金)制成,各向异性和磁致伸缩都非常小,因而不受冲击和应力的影响。富钴的金属玻璃带可以编织有弹性的磁屏蔽,也可以直接用碳化铁薄片。

12.4 低频应用

电感是电路的三种基本元件之一。电感总是试图阻止通过它的电流发生变化。在感抗为 LH 的无电阻的电感上，电压降是 $V(t)=-L\,\partial I/\partial t$。如果 $I=I_0\sin\omega t$，电压 $LI_0\omega\cos\omega t$ 就有精确的$\pi/2$ 相移。可以把电感视为一个长的螺线管，其横截面积为$\mathcal{A}$，长度为 l，每米 n 匝。螺线管内的磁通密度为 $\mu_0 nI$ 。根据法拉第定律，$V=-\partial\Phi/\partial t=-\mu_0 n^2 l\mathcal{A}\partial I/\partial t$，因此 $L=\mu_0 n^2 l\mathcal{A}$。用磁导率为 μ_r 的软磁材料填充螺线管，磁通密度就会增加到 μ_r 倍，即

$$L=\mu_0\mu_r n^2 l\mathcal{A} \tag{12.24}$$

因此软磁芯把电感的电惯性增大了几个量级。换句话说，对于确定的感抗，电感的尺寸可以因为引入铁芯而大幅度减小。一些常用的软磁芯如图 12.12 所示。

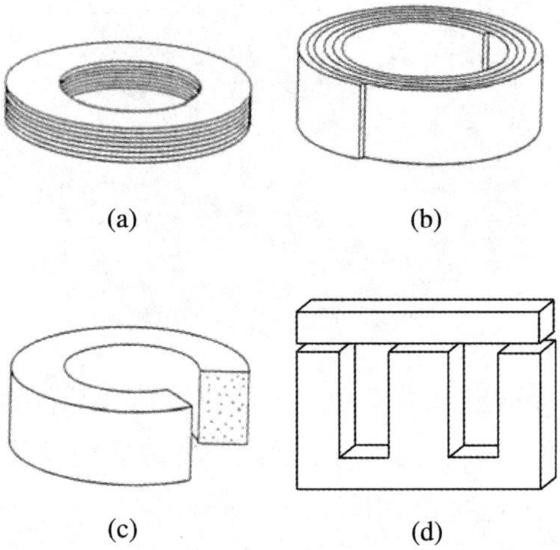

图 12.12

铁芯的类型：(a)叠片结构；(b)绕带结构；(c)粉末结构(其内部结构如截面所示)；(d)铁氧体E型结构

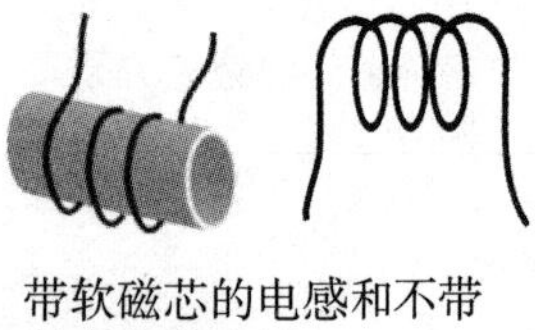

带软磁芯的电感和不带软磁芯的电感

低频电设备包括变压器、电动机和发电机，通常的工作频率是 50 或 60 Hz，或者是飞机和轮船的 400 Hz。它们用软磁芯来产生和引导磁通。利用高电阻率材料的薄片层叠结构，减少涡流损耗(式(12.4))。设计精良的变压器的效率可以超过 99%，很可能是效率最高的能量转换器。铁芯损耗大约为总损耗的四分之一，剩余的损耗来自磁场线圈。然而，变压器中的铁芯损耗每年花费大约 100 亿美元。全世界每年消耗的电能大约为 18×10^{12} kW・h，相当于每人平均消费 300 W。最富有的 10 亿人的消耗大概 10 倍于此，而最贫穷的 10 亿人几乎没有消耗。

电产生于发电站，大型涡轮发电机(～1000 MW)以固定的频率

转动，而发出来的电的频率是这个频率的整数倍，因此不需要在电动机中使用层叠结构。

电动机的产量以百万计。无论是用磁场线圈还是永磁铁激励，它们都包含一些暂时磁铁来引导磁通。这里主要描述两种使用大量电工钢的设计。感应电动机最简单，也最耐用(图 12.13(a))。其功率范围从 10 W 到 10 MW，用于无数的家庭和工厂。生活消费品中的“小功率电动机”[①]通常都是感应电动机。

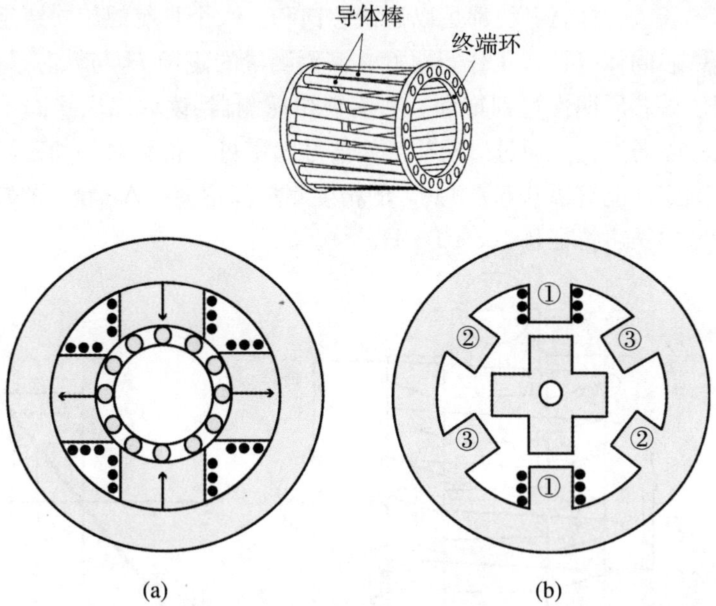

图 12.13
两种电机设计：(a) 感应电动机和鼠笼式转子，(b) 3/4 变磁阻电动机

这种机器的定子是由薄片组成的中空的圆柱体，周围是用于磁场绕线的开槽。用单相电激励磁场绕线(工业用的是三相电)，在中心产生旋转的磁场。用金属杆组成的“鼠笼式”转子由沿轴向平行方向的金属棒组成，用圆形的终端环短路，并在中心处安装了另一个软铁芯。鼠笼里的感应电流受到的力使得它随磁场转动，但比磁场转动速度稍慢一些。这是一个异步电机，在启动时需要的电流最大。

变磁阻电机采用的是不同的工作原理。磁阻与磁通路径有关。电路和磁路的类比可见第 13.1 节。3/4 变磁阻电动机的设计如图 12.13(b)所示。有三对定子绕组，以 1—2—3 的顺序激励，产生转动磁场。转子是带有十字形的四个电极的软铁薄片。最初的位置如图所示，但当绕组 2 受到激励以后，就会顺时针转动 60°，以此类推。这是同步电动机，力矩和惯性的比值很大，但是需要精确的控制电路为绕组供电。

① 远小于 1 马力的电动机(1 马力 = 746 W)。

磁放大器采用方形磁滞回线的磁芯，可由纹理结构的 $Ni_{50}Fe_{50}$ 制成。当直流控制电流为零时，通过交流绕组的负载电流非常小，因为绕组上的电压降（正比于 $d\Phi/dt$）几乎抵消了源信号。当直流源产生的电流让磁芯饱和以后，其中的磁通变化就变得忽略不计，所以负载上的电流增大。

依赖于饱和软铁芯的一种应用是磁通门磁力计（图 12.14）。磁力计包括两个完全相同的、平行的铁芯，各自的磁场线圈产生的交流磁场 h（方向相反）都足以让铁芯饱和。一个具有螺旋式绕组的环形铁芯同样也可以工作得很好。需要测量的磁场 H' 与铁芯平行，可以使铁芯周期性达到饱和。利用锁相探测器，读取二次线圈里探测到的磁通变化。通过磁通补偿使信号归零可以得到对外加磁场的线性响应。能够以 0.5 $A \cdot m^{-1}$ 的精度测量高达 200 $A \cdot m^{-1}$ 的磁场。典型的噪声特征是 100 $pT \cdot Hz^{-1/2}$。

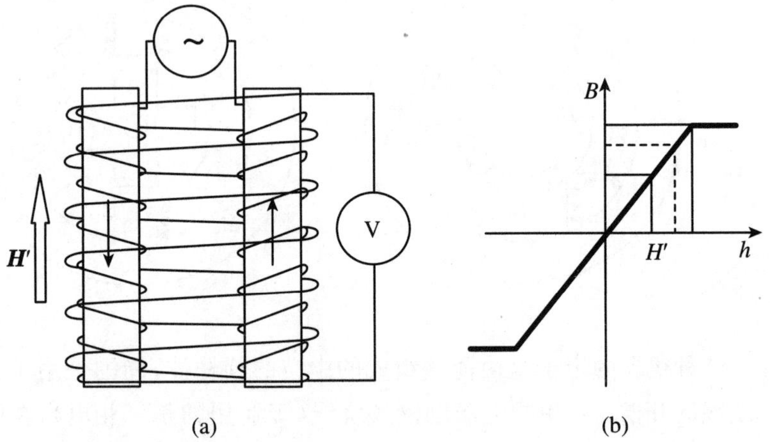

图 12.14

(a) 磁通门磁力计的原理图，(b) 操作原理。铁芯在AC场h和外加场H'的共同作用下达到饱和。拾取电压V正比于H'

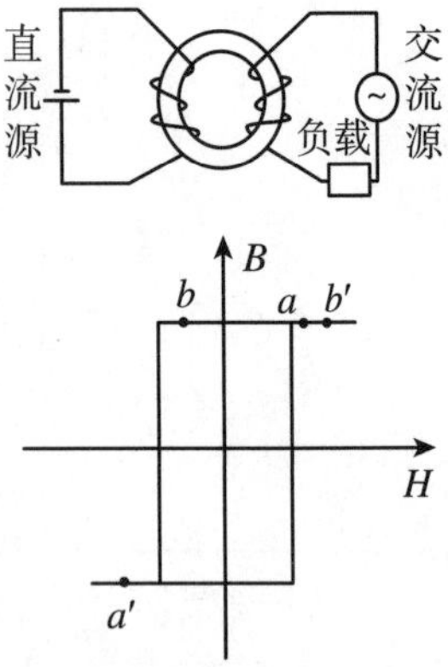

磁场放大器。没有直流控制电流时，磁通变化很大(a-a′)；当控制电流增大后，磁通变化停止(b-b′)，交流负载电流增大

软磁的另一类应用是利用它们的磁致伸缩性质，一般依赖于磁化相对于晶轴的方向。各向同性的多晶材料的线性饱和磁致伸缩 λ_s' 是所有方向上的平均值。例如，镍具有 $\lambda_s = -36 \times 10^{-6}$，让镍棒磁化，可以得到适度的张力。有晶粒取向的硅钢具有 $\lambda_{100} = 20 \times 10^{-6}$，这就是变压器嗡嗡作响的原因。更大的效应来自 Tb-Dy 合金 terfenol（磁致伸缩合金，见第 11.3.5 小节），两种稀土元素的立方各向异性具有相反的符号，所以合金就更容易磁化。大的线性磁致伸缩效应为 1500×10^{-6}，非常适合于线性驱动器和超声波或音响的换能器，包括声呐系统。

软磁材料磁致伸缩的另一种表现是 ΔE 效应（见第 5.6.2 小节）。当磁畴在小磁场下排列时，杨氏模量显著软化，可以用来调节表面声波延迟线（图 12.15），这是军事雷达采用的典型方法。声波在压电衬底中传输（例如石英或者 $LiMbO_3$），由一对相互交叉的换能器激发和

探测。调节天线阵列中相邻元件的时间延迟，可以改变天线的发射方向。

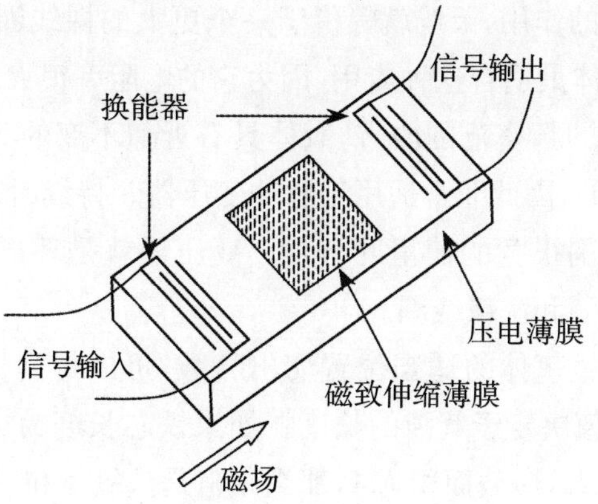

图 12.15
表面声波延迟线

12.5 高频应用

虽然非常薄的金属合金薄片可以在损耗不太严重的频率下具有更高的极化度，但是铁氧体元件在高频应用中很广泛。

铁氧体芯应用于高频滤波器、电感和开关电源中的高频变压器。它们也用于宽带放大器和脉冲变压器。100 kHz 的损耗大约是 50 W · kg^{-1}。铁氧体还经常用于调幅无线电中的天线柱（图 12.16）。铁氧体天线包括一个 N 匝的拾取线圈，位于横截面积为$\mathcal{A}$的棒上。幅值为 b_0、频率为 ω 的射频场在线圈上产生电压，其振幅为 $N\omega\mathcal{A}b_0$。对于退磁因子为$\mathcal{N}$的一片软磁材料，外部磁化率[①] 由式（2.42）给出，$\chi_e' = \chi(1+\chi\mathcal{N})'$。

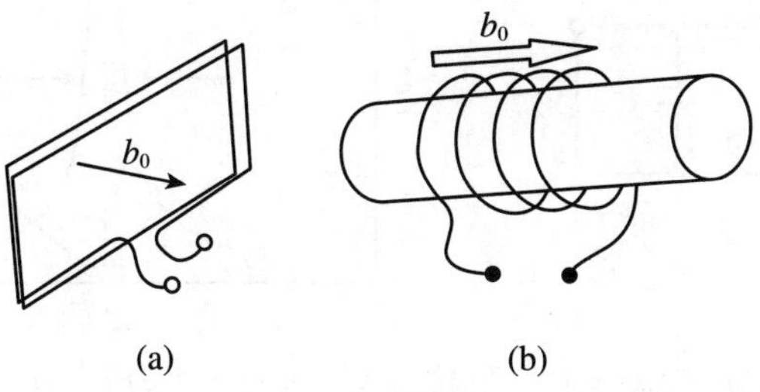

图 12.16
(a) 环形天线；(b) 等价的铁氧体棒具有更小的截面

① 不要把外加磁场 H'中的外部磁化率 χ'与复数磁化率的实部搞混了。复数磁化率也在本章中扮演了重要角色。

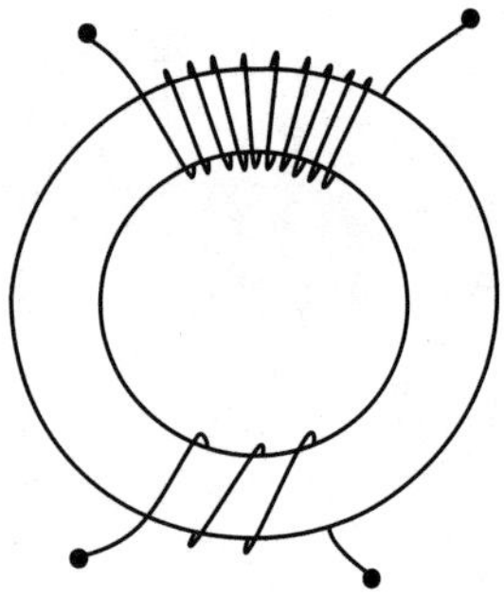

脉冲变压器

在这种情况下，$\mathcal{N}$非常小而μ非常大，所以$\chi=\mu$且$\chi\mathcal{N}\gg1$。因此，$\mu'\sim1/\mathcal{N}$。天线中产生的电压振幅就是$N\omega\mathcal{A}b_0/\mathcal{N}$。铁氧体起到了聚集磁通的作用，天线就等价于一个更大的裸线圈（面积为$\mathcal{A}/\mathcal{N}$）。Ni-Zn 铁氧体最适合这种应用，因为它的电阻率很大。

在很宽的频率范围内，铁氧体具有近似不变的μ'和可以忽略的μ''（图 12.10），因此非常适用于脉冲变压器。持续时间很短的脉冲包含了频率范围很宽的傅里叶分量。变压器就是环形的铁氧体，上面绕着初级线圈和次级线圈。

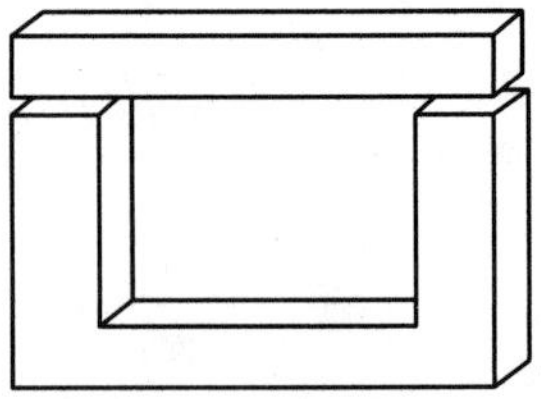

带有气隙的交流铁芯

在环形铁氧体的适当位置切出气隙，可以得到标准尺寸的高频电感，其L值决定于气隙的长度。如果铁芯长度为l_m，磁导率为μ，气隙长度为l_g，横截面积为$\mathcal{A}$，那么磁阻是铁氧体和气隙贡献之和（式（13.5）），可以写成$l_m/\mu_0\mu_{eff}\mathcal{A}=l_m/\mu_0\mu_r\mathcal{A}+l_g/\mu_0\mathcal{A}$。因此

$$\frac{1}{\mu_{eff}}\approx\frac{1}{\mu_r}+\frac{l_g}{l_m}\approx\frac{l_g}{l_m} \tag{12.25}$$

气隙在铁氧体中引入了退磁场，从而减小了磁导率。带有气隙的铁芯的有效退磁化因子是$\mathcal{N}=l_g/l_m$。

微型电感可以和电子芯片集成在一起。采用电镀或溅射的方法，可以在芯片上直接制备平面的（或两层的）铜线圈以及薄的坡莫合金磁芯。

共振滤波器是LC电路，只让某个窄频带通过，带宽受限于元件的损耗（图 12.17）。峰的相对峰宽由数值下降为峰值的$1/\sqrt{2}$的位置决定，其值为

$$\frac{\Delta\omega}{\omega_0}=\frac{1}{Q} \tag{12.26}$$

图 12.17

LC滤波电路和带通

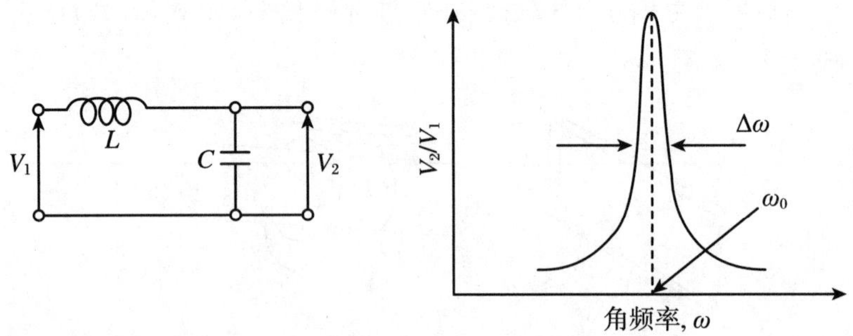

其中Q因子取决于电感中的阻抗损耗。Q定义为μ'/μ''。当铜绕组和磁性材料对损耗的贡献相等时，质量因子达到最大值：Q就是$L\omega/2R$。

12.5.1 微波应用

微波铁氧体可以在 300 MHz—100 GHz 频率段工作。在这些频率下，需要考虑的是电磁波在波导中的传播，而不是电流在电路中的传导。微波器件利用了电磁场和铁磁介质的非互易的相互作用，特别是在铁磁共振频率 ω_0 附近。一般情况下，如果均匀外磁场沿 Oz 方向，而交流场 $\boldsymbol{h}'$ 施加于 xy 平面内，产生的磁通密度 $\boldsymbol{B}$ 就可以用磁导率张量来表示。

$$\begin{bmatrix} B_x \\ B_y \\ B_z \end{bmatrix} = \begin{bmatrix} \mu' & -\mathrm{i}\mu'' & 0 \\ \mathrm{i}\mu'' & \mu' & 0 \\ 0 & 0 & \mu_0 \end{bmatrix} \begin{bmatrix} H'_x \\ H'_y \\ H'_z \end{bmatrix} \tag{12.27}$$

其中 $\boldsymbol{H}' = \boldsymbol{H}_z + \boldsymbol{h}$。非对角项产生了非互易的相互作用。

平面偏振波 $h = h_0\cos\omega t$ 可以分解成两个沿相反方向转动的圆偏振波，

$$h = h_0\cos\omega t = \frac{h_0}{2}(\mathrm{e}^{\mathrm{i}\omega t} + \mathrm{e}^{-\mathrm{i}\omega t}) \tag{12.28}$$

通常以不同的速度传播，分别是 $c/\sqrt{\epsilon\mu_+}$ 和 $c/\sqrt{\epsilon\mu_-}$。这种磁圆双折射就是微波法拉第效应。“+”和“-”方向根据铁氧体的极化方向来定义。其中 μ_+ 和 μ_- 代表左圆偏振和右圆偏振的有效磁导率，$\mu_+ = \mu'_+ - \mathrm{i}\mu''_-$ 和 $\mu_- = \mu'_- + \mathrm{i}\mu''_-$（图 12.18）。第一项以拉莫尔进动的方向旋转并且在铁磁共振频率处表现出共振，第二项在相反方向旋转并且不发生共振。如果平面波垂直于厚度为t的铁氧体表面入射，两个

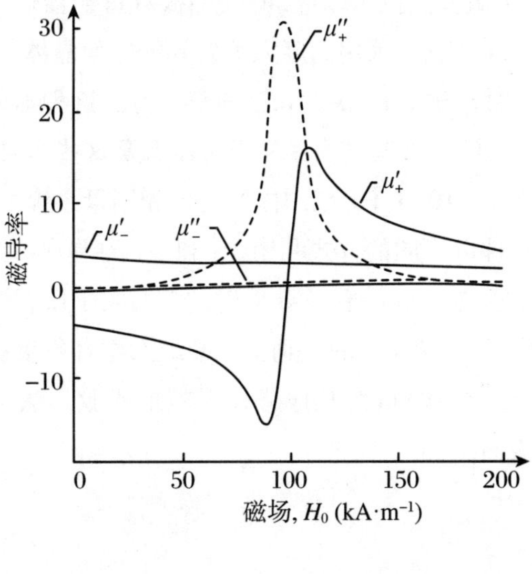

图 12.18

左圆偏振和右圆偏振微波的吸收和透射

相反的旋转模式的相位差就是$\phi_{\pm}=\sqrt{(\epsilon\mu_{\pm})}\omega t/c$，并且当极化面横穿铁氧体时，其转过一个角度 $\theta_F=(\phi_{+}+\phi_{-})/2$，如图 12.19 所示。这就是微波法拉第效应。对于光频率的法拉第效应，$\mu=\mu_0$，$d=\Lambda$，对应的转动角大约为 10^{-4} rad，而微波频率的转动角是每波长 1 rad，因此最好在波导管中放置铁氧体元件。

图 12.19

两个转动方向相反的偏振波(a)，因为传播速度不同而产生相位差(b)，导致法拉第旋转θ_F(c)。这种效应不依赖于波相对于双折射介质的磁化强度的传播方向

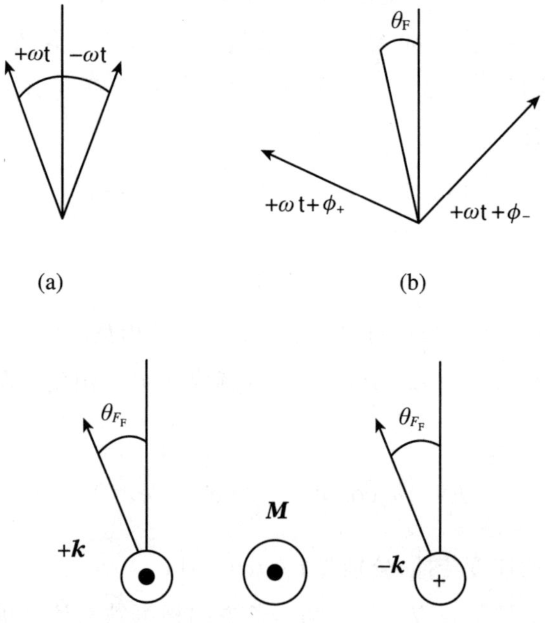

法拉第效应是非互易的：光偏振面的转动方向不依赖于电磁波的传播方向。反射回来的微波得到了两倍的旋转，不是零旋转。

下面简单地介绍一些基于微波共振吸收的器件，或者远离共振频率(可产生微波法拉第效应)的圆偏振双折射器件。微波铁氧体器件通常由 YIG 制成；采用高度完美抛光的球面晶体，可以在共振频率为 10 GHz 时产生 $5\pm1\ \mathrm{A\cdot m^{-1}}$的窄带宽。这种球体的质量因子为 $Q=f_0/\Delta f\approx10^5$。微波过滤器和振荡器需要这些非常尖锐的共振，可用于工作在 1—100 GHz 范围内的通信和测量系统。

微波器件以不同的方式利用 μ_{+} 和 μ_{-} 的差别。共振隔离器利用 ω_0频率的共振来吸收沿着波导反射的信号(图 12.20)。相移器利用共振峰左右的 μ_{+} 和 μ_{-} 的差别。三端或四端环行器把信号从一个端口传输到下一个端口，而其他路径强烈地吸收。法拉第旋转器旋转微波的偏振面。

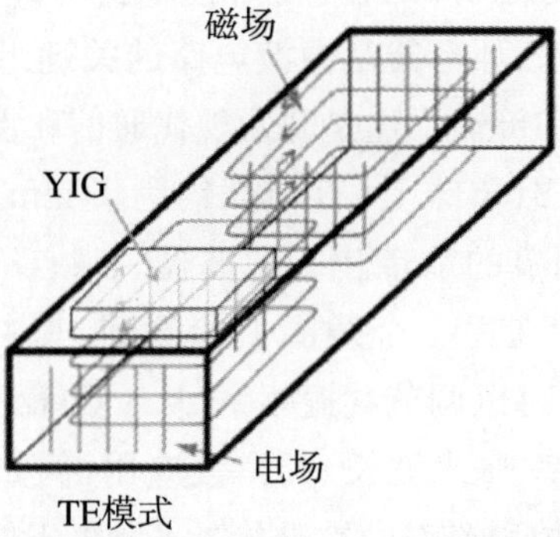

图 12.20

传输TE_{01}模式的波导管。用垂直磁化的YIG填充上半部分，吸收一个方向的微波，但是不吸收另一个方向上的微波

隔离器可以保护信号源不受波导管中反射功率的影响。它在共振频率处工作，“+”模式和“-”模式的吸收差别在那里最大。波导传播 TE_{01} 模式，其磁场平行于波导的宽面，而且在波导的上半部分和下半部分，微波的圆偏振是相反的。当微波沿着相反方向传播时，波导管中的场分布是反转的。用 YIG 填充波导的上半部分，令磁场垂直于宽面，使得磁化强度在 $\boldsymbol{H}$ 场平面内进动，波可以在正方向上自由通过，衰减约为 0.3 dB，但是在相反的方向就截然不同，衰减为 40 dB。正方向上的能量衰减只有 7%，但是在反方向上高达 10^4。

环行器是具有三个或四个端口的器件，在一个端口输入信号，并在下一个端口输出，而其他的端口仍然是隔离的。四端口环行器的原理如图 12.21 所示。器件的核心是一个 YIG 圆盘，选择其厚度和外加磁场，可以产生精确的$\pi/4$ 法拉第旋转角。器件的工作频率使得 μ_+ 和 μ_- 的差别足够大从而产生所需要的法拉第旋转，离共振频率又足够远从而让损耗尽可能小。两个偏振分离器（光学沃拉斯通棱镜的微波类比物）相对偏转了$\pi/4$，如图所示。每个偏振分离器将入射光分成两个相互垂直的线偏振分量（或者反过来，将两束微波合并为一束）。利用单模波导实现了微波器件中的微波束劈裂。来自端口 1

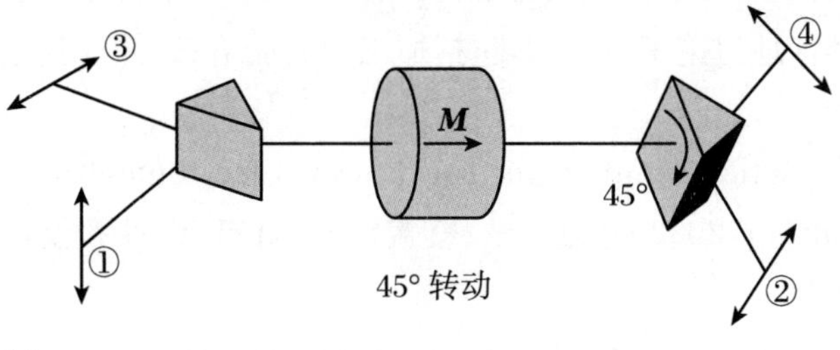

(a)

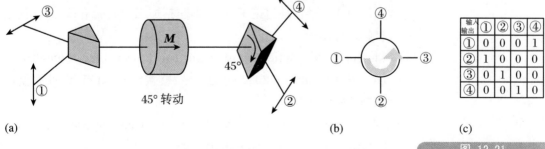

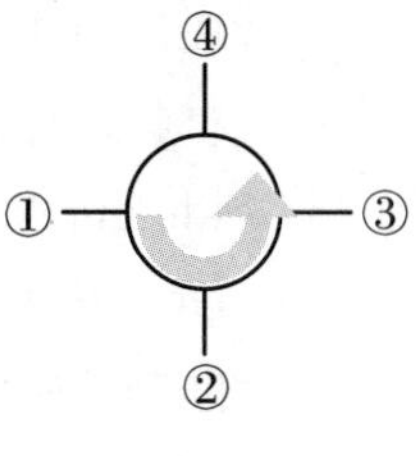

(b)

输入/输出	①	②	③	④
①	0	0	0	1
②	1	0	0	0
③	0	1	0	0
④	0	0	1	0

(c)

图 12.21

四端环行器：(a) 原理示意图；(b) 环行方向示意图；(c) 逻辑表

的线偏振输入变为端口2的输出。相似地,端口 2 的输入变为端口 3 的输出,以此类推。环行器是微波电路的关键组件,使得单个天线可以同时用于接收和传输。这是开发现代通信和雷达设备的基础。

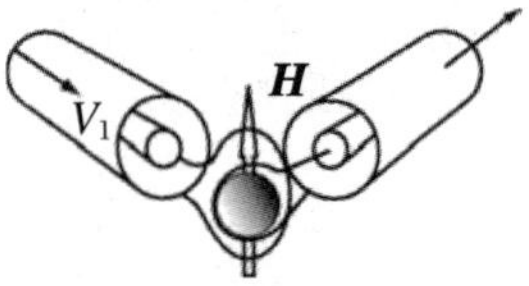

共振微波过滤器。器件在共振频率附近的窄带内传输信号

在一个小的 YIG 球上(直径大约为 1 mm)缠绕两个正交的线圈,就构成了可调节的窄带相干滤波器。来自一个线圈上的信号只有在共振时,才能在另一个线圈上检测到,其中"+"模式是圆偏振的。改变外磁场,可以调节共振频率(从 1 GHz 到超过 10 GHz)。

对于更高频率(毫米波长)的微波应用,例如军用相控雷达阵列、卫星通信或汽车防碰撞雷达,铁磁共振不取决于外加磁场,而是取决于硬磁铁的各向异性场。对于 $BaFe_{12}O_{19}$,各向异性场 $\mu_0 H_a = 1.7$ T,$\mathcal{N} = 1$(式(9.17))时对应的共振频率是 36 GHz。用钪替代,可以减小共振频率;用铝替代,就会增大共振频率。因此这些自偏置的微型高频微波器件使用硬磁铁而不是软磁铁。

参　考　书

Chen C W. Magnetism and Metallurgy of Soft Magnetic Materials [M]. New York: Dover Publications, 1983. 这本 1977 年的重印书提供了关于软磁铁几乎所有方面的详细和可靠的信息。

Bozorth R M. Ferromagnetism[M]. Piscataway: Wiley-IEEE Press, 1993. 这本 1951 年的经典著作的再版仍然是金属材料和电磁应用方面的参考资料。

Brissonneau P. Magnétisme et matériaux magnétiques pour l'électrotechnique[M]. Paris: Editions Hermès, 1997. 关于低频材料和应用的现代文本。

Beckley P. Electrical Steels for Rotating Machines[M]. London: IEE, 2002. 透彻地讨论了电工钢,包括加工和表征信息,并与其他材料进行比较。

Goldman A. Magnetic Components for Power Electronics[M]. Dordrecht: Kluwer, 2002. 电力电子、覆盖设备、材料、组件和设计问题的磁学专著。

Nicolas J. Microwave ferrites[M]// Ferromagnetic Materials (Vol 2). Amsterdam: North Holland, 1980.

Soohoo R F. Microwave Magnetics[M]. New York: Harper and Row, 1985.

Smit J, Wijn H P J. Ferrites[M]. New York: Wiley, 1979. 该标准文

本讲述铁氧体及其高频应用，作者是来自飞利浦的先驱。

习　题

12.1　用量纲分析的方法说明 $\delta \propto (\varrho/\mu f)^{1/2}$ 和 $P_{ed} \propto (tfB_{max})^2/\varrho$（式(12.2)和式(12.4)）。

12.2　推导穿透深度的表达式(12.2)。如果需要在(a) 10 kHz 和(b) 1 GHz 下工作，估计软磁金属膜应该有多薄。

12.3　在完全饱和磁性材料的锥体尖端处，考虑由表面磁极密度 $\boldsymbol{J} \cdot \boldsymbol{e}_n$ 产生的磁场，证明当锥体的半角为 $\arctan\sqrt{2}$ 时，磁场最大。

12.4　证明层叠结构磁芯的涡流损耗减小为 $1/N^2$，其中 N 是层数。

12.5　估计(a) 地球上每个人平均消耗的电功率(以瓦特为单位)；(b) 地球上涡轮发电机的数目；(c) 如果钢的弹性极限为 700 MPa，其转子的最大直径。

12.6　证明 RL 电路中的 Q 因子为 $L\omega/2R$。

第13章 硬磁材料的应用

永磁体将磁通量传送到气隙中，不需要消耗能量。硬磁铁氧体和稀土磁体产生的磁通密度与其自发磁极化强度 J_s 的量级相当。应用可以按照磁通量分布的性质来分类（静态的或者时间依赖的，在空间上均匀的或者不均匀的）。应用也可以按照物理效应来讨论（力、力矩、感生电动势、塞曼分裂和磁阻）。永磁体最重要的用途是电动机、发电机和驱动器。其功率范围从手表电机的几 μW 到工业电机的数百 kW。某些消费应用的电机年产量达几千万甚至几亿个。

因为磁路中的磁通守恒，而且电荷和磁矩所受的磁力都依赖于磁感应强度 $\boldsymbol{B}$，所以气隙中的磁通量密度 $\boldsymbol{B}_g$（等于$\mu_0 \boldsymbol{H}_g$）是永磁器件中需要考虑的磁场。

由于磁矩受力 $\boldsymbol{\Gamma} = \mathfrak{m} \times \boldsymbol{B}_g$，静态均匀磁场可以产生力矩或让磁矩排整齐。带电粒子以速度 $\boldsymbol{v}$ 穿过均匀磁场时，受到洛伦兹力 $\boldsymbol{f} = q\boldsymbol{v} \times \boldsymbol{B}_g$而偏转，因而带电粒子以回旋频率$f_c = qB/2\pi m$ 做螺旋运动。如果带电粒子是限制在长度为 l 的导体中的电子，形成垂直于磁场流动的电流 I，洛伦兹力可写成熟悉的表达式 $f = B_g Il$。这是电动机和驱动器工作的基础。反之，运动导体穿过均匀磁场产生电动势（法拉第定律）$\mathcal{E} = -\mathrm{d}\Phi/\mathrm{d}t$，其中 $\Phi(=\boldsymbol{B}_g \cdot \mathcal{A})$是穿过回路的磁通量（导体是回路的一部分）。

空间非均匀磁场提供了另外一些有用的效应。它们对磁矩施加一个力，等于能量梯度 $\boldsymbol{f} = \nabla(\mathfrak{m} \cdot \boldsymbol{B}_g)$。它们也对运动的带电粒子施加了非均匀力，可以用于聚焦离子束或电子束，或者在同步加速器的扭摆磁铁中，电子束穿过非均匀磁场而产生电磁辐射。稀土永磁体产生在空间中快速变化（$\nabla B_g > 100\ \mathrm{T \cdot m^{-1}}$）的复杂场分布，这种能力是电磁铁无法媲美的。记住，$J \approx 1\ \mathrm{T}$ 的磁体等价于 800 $\mathrm{kA \cdot m^{-1}}$ 的安培表面电流。螺线管（不管是电阻的还是超导的）的直径都要有几厘米才能容纳需要的匝数，而任意大小的稀土或铁氧体磁体的块材可以根据需要以任意取向、靠得很近地安装。

移动或旋转永磁体，或者移动磁路中的软铁，可以产生随时间变化的磁场(time-varying field)。根据法拉第定律，随时间变化的磁场可以在电路中感生出电动势，或者在静止导体中产生涡流并对那些电流施加力。如果时变磁场是空间非均匀的，就会在磁矩或粒子束上施加一个时变的力。应用包括磁开关以及测量物理性质随磁场变化的装置。表 13.1 总结了永磁体的应用。

表 13.1　永磁体应用分类

场	物理效应	类型	应用
均匀	塞曼分裂	静态	磁共振成像
	力矩	静态	磁粉末排列
	霍尔效应、磁阻	静态	邻近传感器
	导体上的力	动态	电机、驱动器、扬声器
	感生电动势	动态	发电机、麦克风
非均匀	带电粒子上的力	静态	束流控制，辐射源(微波、紫外线、X 射线)
	顺磁体上的力	动态	矿物分离
	软铁上的力	动态	吸持磁体
	磁体上的力	动态	轴承、联轴器、磁悬浮
时间变化	多种	动态	磁力测量
	软铁上的力	动态	开关夹具
	涡流	动态	制动器、金属分离

其他的磁体应用太多了，难以分类：农业、针灸、止痛、康复、在油井中抑制蜡的形成、在水管中控制水垢沉积物的成核，等等。有些肯定是痴心妄想，比如说磁体可以治病(或者致病)[①]。其他则是好的科学研究领域。老古董学不进新知识。图 13.1 给出了永磁体应用的概况。

① 关于磁铁的各种臆想的医疗作用，可以参考 1811 年出版的巨著 *Materia Medica Pura*，其作者是"顺势疗法之父"塞缪尔・海纳曼。

图 13.1

永磁体产量的概况：按照(a)应用和(b)材料分类。圆饼表示约60亿美元的年度市场

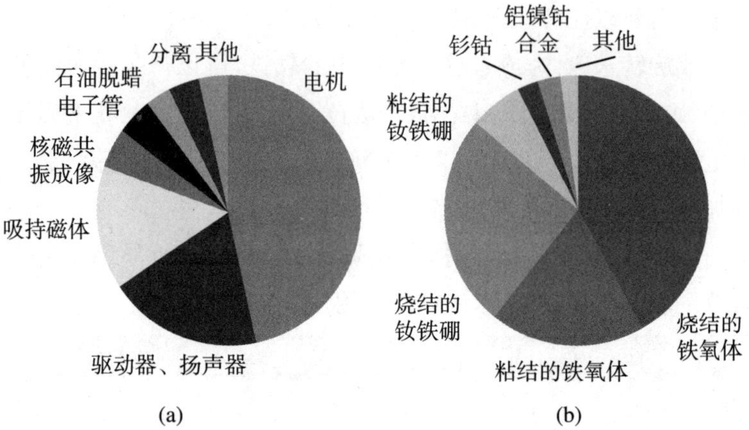

习惯上，磁路中的透明区(无阴影区)是永磁体，并用实心箭头表示磁化方向。阴影区是软铁。

13.1 磁　　路

磁路包含磁体、气隙和引导磁通的软铁。如图 13.2(a)所示，永磁体(长度为l_m，截面积为$\mathcal{A}_m$)的磁通通过软磁材料导入气隙(长度为l_g，截面积为$\mathcal{A}_g$)，只要不存在磁通的泄漏(即漏磁)，由$\nabla\cdot\boldsymbol{B}=0$给出

$$B_m\mathcal{A}_m = B_g\mathcal{A}_g \tag{13.1}$$

图 13.2

(a)简单磁路及其等效电路，(b)有漏磁，(c)无漏磁

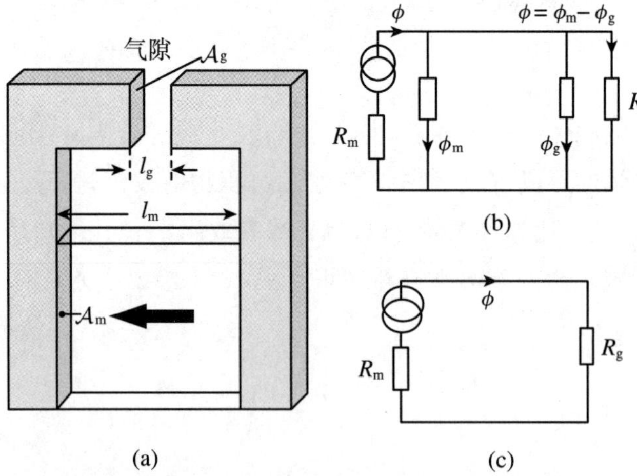

做一些简化的(不现实的)假设：B_m 和 B_g是常数，磁路中的软磁材料是理想的，磁导率为无穷大($H=0$)。如果 H_m 是磁体的 H 值，那么安培定律$\oint\boldsymbol{H}\cdot\mathrm{d}\boldsymbol{l}=0$给出

$$H_m l_m = -H_g l_g \tag{13.2}$$

将式(13.1)和式(13.2)相乘，并利用事实 $B_g = \mu_0 H_g$，可得

$$(B_m H_m) V_m = -B_g^2 V_g / \mu_0 \tag{13.3}$$

其中 V_m 和 V_g 分别表示磁体和气隙的体积。因此，当 $B_m H_m$ 最大时，气隙中的磁通密度最大；所以强调磁能积是永磁体的品质因数。用式(13.1)除以式(13.2)，给出**负载线**的方程 $B_m(H_m)$，其负斜率为**磁导系数** P_m：

$$\frac{B_m}{H_m} = -\mu_0 \frac{\mathcal{A}_g l_m}{\mathcal{A}_m l_g} \tag{13.4}$$

工作点是负载线和 $B:H$ 回线的交点。它与磁体和气隙的尺寸相关。

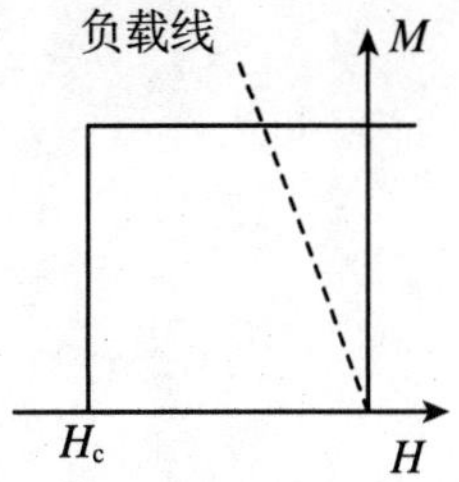

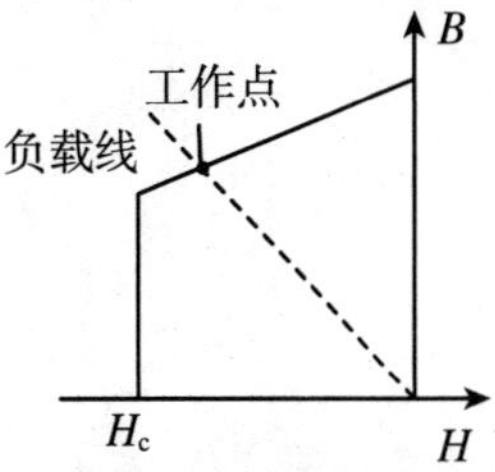

理想永磁体的第二象 $\mu_0 M(H)$ 和 $B(H)$。图中标出了最大磁能积的工作点和负载线

随着材料的改进，磁体变得更短更粗，更接近其 $(BH)_{max}$ 点工作了。对于具有理想矩形退磁曲线的孤立磁体，让 $\mu_0(H_m + M)H_m$ 关于磁体形状（用退磁因子 $\mathcal{N}$ 表示）达到最大化，可以得到 $(BH)_{max}$ 点。矩形的 $M(H)$ 回线对应于第二象限内线性 $B(H)$ 变化（斜率为 μ_0）。利用 $H_m = -\mathcal{N}M$，结果是优化的 $\mathcal{N}$ 值恰好为 1/2。扁圆柱磁体已经取代了不久前的条形或马蹄形磁体！理想磁体在第二象限的磁化强度等于剩磁，其工作点是 $B = B_r/2, H = -M_r/2$。磁导率为 μ_0，最大磁能积为 $\mu_0 M_r^2/4$。实际磁体的回线不完美，最大磁能积达不到这个上限。

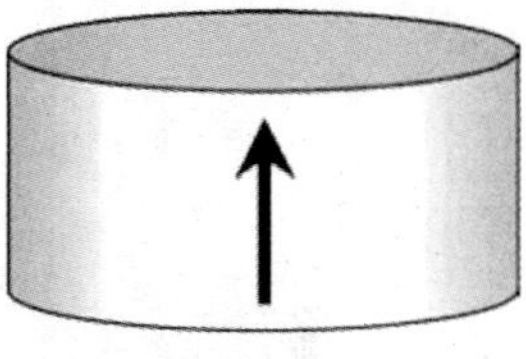

优化的圆柱形磁体。退磁因子 $\mathcal{N}$=1/2

磁路中不可避免地存在漏磁，所以在式(13.1)左侧引入因子 β。此外，软磁材料是非理想的，所以在式(13.2)左侧引入因子 α。通常，α 在 0.7—0.95 的范围内，而 β 可以是从 0.2 到 0.8 的任意值。设计磁路时，最好将磁体放置在尽可能靠近气隙的位置，以减小漏磁。

磁路设计是一门艺术，由计算机模拟辅助。磁路和电路的形式类比见表 13.2。无传导电流的安培定律 $\oint \boldsymbol{H} \cdot d\boldsymbol{l} = 0$ 对应于无变化磁场的电场结果 $\oint \boldsymbol{E} \cdot d\boldsymbol{l} = 0$。相应的连续性方程为 $\nabla \cdot \boldsymbol{B} = 0$ 和 $\nabla \cdot \boldsymbol{j} = 0$，其中 $\boldsymbol{j}$ 为电流密度。使用电势线圈（图 10.24）可以测量磁位差 $\varphi_{ab} = \int_a^b \boldsymbol{H} \cdot d\boldsymbol{l}$（以安培为单位）。永磁体的作用与电池类似。它是磁动势（对应于电动势）的源，因为它是磁路中磁势升高的唯一部分；在永磁体内部和外部，$\boldsymbol{H}$ 的方向相反。磁“电池”的储能是永磁体制造的最后环节，未磁化的铁磁元件在脉冲场中极化。[①] 磁通 Φ 对应于电流，而磁阻 $R_m(=\varphi/\Phi)$ 等价于电阻，它的倒数（磁导 P_m）对应于电导。磁阻 R_m

① 时不时地有人宣称发明了磁“永动机”。有一些依赖于磁体中储存的能量。如果磁体不是可逆地工作，磁能积就会减少。这种机器是有时效的，不是永动机！

和磁导P_m仅依赖于磁路元件的物理尺寸。例如,短气隙的磁阻为

$$R_g = \varphi_g/\Phi_g = l_g/\mu_0\mathcal{A}_g \tag{13.5}$$

其中φ_g为横跨气隙的磁势下降。磁体的内部磁阻由 $B:H$ 曲线上的工作点确定,即$R_m=\varphi_m/\Phi_m$。图 13.2(b)的等效电路说明了将气隙磁阻匹配到磁体工作点(通常是$(BH)_{max}$点)的原理。图 13.2(c)显示了允许有非零的软铁段磁阻和漏磁的等效电路。

表 13.2 电路与磁路的类比

	电	磁
场	$\boldsymbol{E}(\mathrm{V\cdot m^{-1}})$	$\boldsymbol{H}(\mathrm{A\cdot m^{-1}})$
势	$\varphi_e(\mathrm{V})$	$\varphi_m(\mathrm{A})$
电流/磁通密度	$\boldsymbol{j}(\mathrm{A\cdot m^{-2}})$	$\boldsymbol{B}$(T 或 $\mathrm{Wb\cdot m^{-2}}$)
势差	$\varphi_e=\int\boldsymbol{E}\cdot\mathrm{d}\boldsymbol{l}$	$\varphi_m=\int\boldsymbol{H}\cdot\mathrm{d}\boldsymbol{l}$
连续性条件	$\nabla\cdot\boldsymbol{j}=0$	$\nabla\cdot\boldsymbol{B}=0$
线性响应定律	$\boldsymbol{j}=\sigma\boldsymbol{E}$	$\boldsymbol{B}=\mu\boldsymbol{H}$
电流/磁通	$I(\mathrm{A})$	$\Phi(\mathrm{T\cdot m^2}$ 或 Wb)
电阻/磁阻	$R=\varphi_e/I(\Omega)$	$R_m=\varphi_m/\Phi(\mathrm{A\cdot Wb^{-1}})$
截面积为$\mathcal{A}$、长度为 l 的圆柱	$R=l/\mathcal{A}\sigma$	$R_m=l/\mathcal{A}\mu$
电导/磁导	$G=1/R$	$P_m=1/R_m$

磁路中的漏磁比电路中的电流损失要严重得多,因为相对于空气来说,软铁的相对磁导率$\mu_r\approx10^3$—10^4远小于金属铜的电导率。有许多良好的电绝缘体,而真正的磁绝缘体只有 $\mu=0$ 的第一类超导体。将磁路划分为若干段,根据每段的尺寸赋予其标准的磁导①,可以得到该磁路所产生磁通的近似解。磁导串联或并联地相加,然后从磁动势计算磁通。

稀土永磁体特别适合无铁芯的磁路,磁通被限制在磁体本身和气隙里。只要气隙中的磁通密度超过磁体中的剩余磁感应,$B_g/B_r>1$,就实现了磁通量集中。

13.1.1 静态和动态应用

根据磁滞回线第二象限里的工作点是固定的还是可移动的(图 13.3),应用分为静态的和动态的。工作点的位置反映了内场 H_m,而

① 标准磁导的表格可以在课本中找到,例如,在柯艾(1996)中 Leupold 撰写的章节里。

H_m 依赖于磁体形状、气隙和磁场(可以是电流产生的)。只要磁体相互移动,或者气隙改变,或者出现变化的电流,工作点就会改变。由于它们的矩形回线,取向铁氧体和稀土永磁体特别适合于涉及磁通密度变化的动态应用。铁氧体和粘结金属磁体还可以抑制涡流损耗。

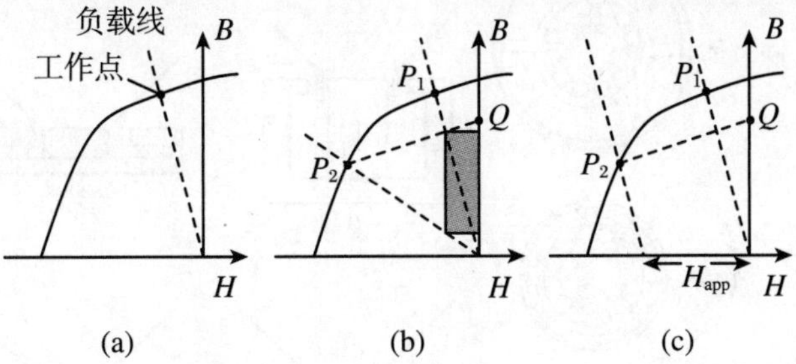

图 13.3
标出了工作点的磁滞回线:(a) 静态应用;(b) 机械反冲的动态应用;(c) 有源反冲的动态应用

对于**机械反冲**,气隙由窄变为宽(磁阻由 R_1 变为较大的 R_2)。经过几次循环,工作点就沿着一条稳定的轨迹(图 13.3(b)中的线段 P_2Q,其斜率就是**反冲磁导率** μ_R)。铝镍钴合金的反冲磁导率为 2—6 μ_0,而取向铁氧体和稀土永磁体的反冲磁导率仅仅略大于 μ_0。图 13.3(b)中阴影部分面积是气隙中的有效反冲能量(**反冲积** $(BH)_\mu$),它总是小于 $(BH)_{max}$,但是在具有宽的矩形回线和反冲磁导率接近于 μ_0 的材料中,它接近于这个极限。

有源反冲发生在电机等器件中,磁体在运行中因为铜线绕组的电流而受到磁场的作用。在启动或突然熄火的时候,这个磁场最大。有源反冲涉及磁导线沿着 H 轴的移动。

13.2　永磁材料

两大类材料主导了现在的硬磁材料市场:六方晶体铁氧体和钕铁硼(图 13.1(a))。它们的产量和价格有很大差别,各占据了市场的半壁江山。铁氧体的生产遍布全世界,而钕铁硼的生产集中在稀土储量丰富的中国。生产出来的大多数磁体是烧结的块状或简单的其他形状,但是注射成型的高分子粘结材料的产量正在增长,它们适于制作复杂的形状。

在 20 世纪的整个过程中,最大磁能积大概每 12 年就会翻番(图 1.13)。这对于永磁体器件的设计非常重要,如图 13.4 所示。随着磁能积的增大,器件尺寸减小,结构改变,零件数目减少。对比小的圆盘状磁体和具有相同磁矩的线圈,可以认识到磁体在小结构中相对于线圈的优势。用 $M=1\ \mathrm{MA\cdot m^{-1}}$ 的材料制成直径为 8 mm、厚度为2 mm的磁化圆柱，其磁矩是 $\mathfrak{m}\approx0.1\ \mathrm{A\cdot m^2}$。等效的电流环($\mathfrak{m}=I\mathcal{A}$)需要 2000 安培-匝数，在狭小空间里，根本做不到！

图 13.4

磁体性质对直流电机和扬声器设计的影响

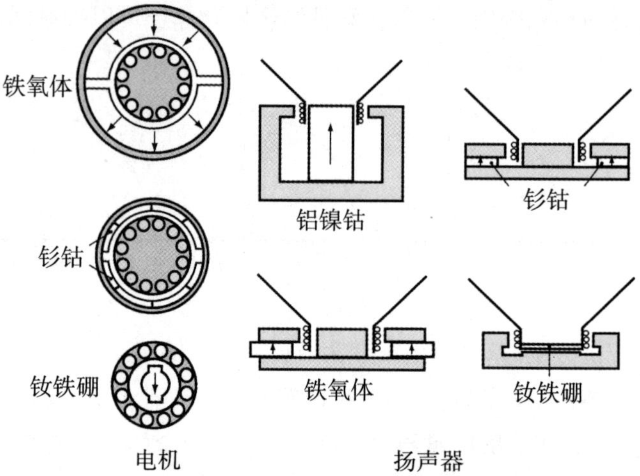

从 1996 年以后，$(BH)_{max}$没有进一步翻倍，块体材料似乎很难再有巨大的改进，面向实际应用的硬/软磁纳米复合材料发展也存在较大阻碍。

一些代表性磁体的性质见表 13.3，数据来自烧结单轴陶瓷铁氧体或金属合金粉末制备的致密取向磁体。在这些磁体的制造过程中，施加磁场使得单个晶粒的 c 轴都整齐排列。在磁硬度参数 κ(定义为式(8.1))大于 1 的意义上，它们都是真正的永磁体(除了铝镍钴)。由于非理想的回线形状，可以达到的$(BH)_{max}$值小于理论最大值$\mu_0M_r^2/4$。表中列出了两个矫顽力，${}_iH_c$ 为在 $M(H)$回线上测量到的“内禀”矫顽力，而${}_BH_c$ 为 $B(H)$回线上测量到的矫顽力。

表 13.3 商业化取向磁体的性质

	μ_0M_r (T)	J_s (T)	${}_iH_c$ $(\mathrm{kA\cdot m^{-1}})$	${}_BH_c$ $(\mathrm{kA\cdot m^{-1}})$	$(BH)_{max}$ $(\mathrm{kJ\cdot m^{-3}})$	$\mu_0M_r^2/4$ $(\mathrm{kJ\cdot m^{-3}})$
$SrFe_{12}O_{19}$	0.42	0.47	275	265	34	35
Alnico 5	1.25	1.40	54	52	43	310
$SmCo_5$	0.88	0.95	1700	700	150	154
Sm_2Co_{17}①	1.08	1.15	1100	800	220	232
$Nd_2Fe_{14}B$	1.34	1.54	1000	900	350	359

① 与1∶5相共生。

世界上第一代稀土永磁体基于 $SmCo_5$。这种化合物的单轴各向异性很强，居里温度很高，但是其磁化强度限制了可以达到的磁能积

(见第 11.3.2 小节)。基于 Sm_2Co_{17} 的一大类钉扎型磁体含有铁和其他添加元素,具有更大的磁能积。但是,钴很贵而且货源不稳,价格波动得很厉害(见第 11.2.5 小节)。如今性能最好的磁体是用烧结 $Nd_2Fe_{14}B$ 制造的,具有高度的晶粒取向以及极少量的杂相。已经达到了剩磁 1.55 T 和磁能积 470 kJ·m^{-3},接近于 $Nd_2Fe_{14}B$ 相的理论最大值($\mu_0 M_s = 1.62$ T,$(1/4)\mu_0 M_s^2 = 525$ kJ·m^{-3})。含有 Dy 或 Tb 的高牌号磁体的矫顽力高达 2.0 MA·m^{-1}。以剩磁、磁能积和磁体的成本为代价,它们可以在更高的温度下抵抗回复。Dy 和 Tb 都是重稀土元素,它们的磁矩与铁反平行耦合。Dy 比 Nd 贵好几倍,但它对于电动车电机中用的磁体是必不可少的。对某些应用而言,钕铁硼的居里温度太低,添加 Co 可以提高居里温度,但是降低了各向异性。

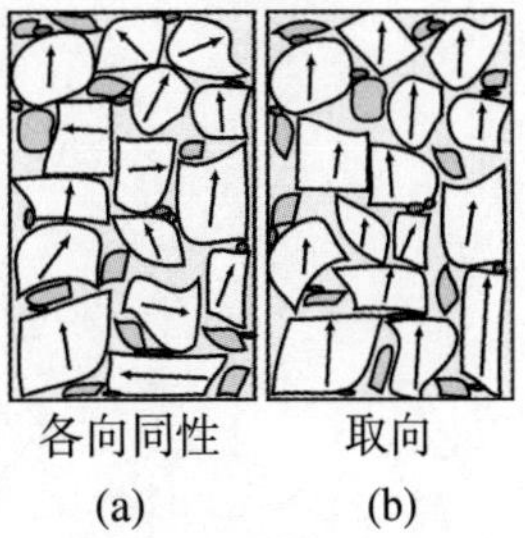

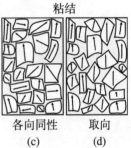

永磁体微观结构示意图:(a) 各向同性、烧结; (b) 取向、烧结; (c) 各向同性、粘结; (d) 取向、粘结

铁磁微观结构如图 13.5 所示。有时候,制造取向磁体需要额外的工艺步骤,经济上并不划算。更多的磁体是各向同性,它们制造起来更便宜。各个晶粒的 c 轴是随机的,如果忽略晶粒间的相互作用,那么剩磁 $M_s\langle\cos\theta\rangle = (1/2)M_s$,其中 θ 是 c 轴与磁化方向的夹角。陶瓷或烧结金属制作的零件,通过切割和磨削成形。聚合物粘结给予零件成形更多的灵活性。由矫顽力的粉末以体积分数为 60%—80%的填充系数 f_m 与粘结剂混合。混合物经过压模、注射成型、挤出或轧制成为需要的形状。为了增强剩磁,可以施加磁场,使得粉末晶粒的 c 轴在粘结剂里取向。由于 M_r 现在是 $f_m M_s\langle\cos\theta\rangle$,其中 θ 是 c 轴和取向磁场的夹角,即便是 $f_m = 0.7$ 的完全取向粉末的磁能积也小于块体值的一半。表 13.4 列出了基于 $SrFe_{12}O_{19}$ 的不同工艺磁体的性质。

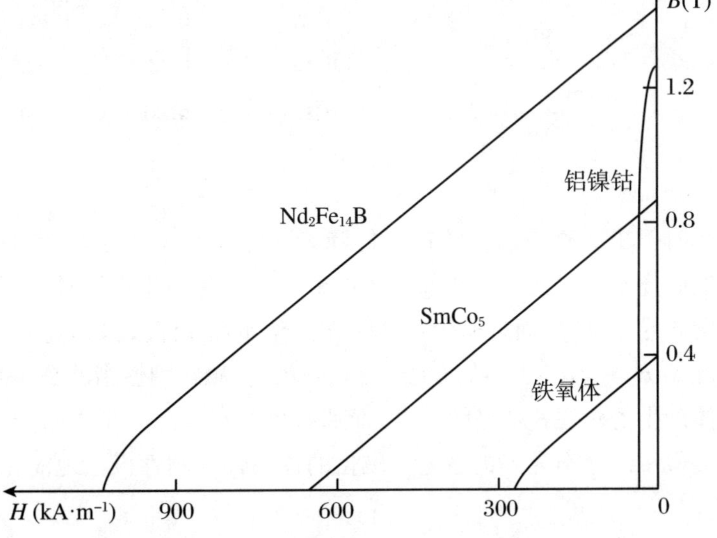

图 13.5

烧结磁体的第三象限的 $B(H)$ 曲线

表 13.4 烧结铁氧体和粘结铁氧体的性能

	M_r (kA·m^{-1})	H_c (kA·m^{-1})	$(BH)_{max}$ (kJ·m^{-3})
内禀 $SrFe_{12}O_{19}$	380		45①
取向、烧结	330	270	34
各向同性、烧结	180	310	9
取向、粘结②	240	245	16
各向同性、粘结③	100	180	5

①为理论极限值。

②为注射成型。

③为橡胶粘结。

在常规工况下，电动机械中的磁体会经受超过 100 ℃的温度。当温度接近于居里点时，磁化强度和矫顽力自然都下降。表 13.5 列出了常温下的温度系数。并非所有的性能下降都可以在磁体回到常温时恢复；热循环会带来不可逆的性能下降。表中包括了不同材料的最高工作温度。

表 13.5 永磁体的力学、电学和热学性质

	d (kg·m^{-3})	α (10^{-6}℃$^{-1}$)	ϱ (μΩ·m)	dM_s/dT (%℃$^{-1}$)	dH_c/dT (%℃$^{-1}$)	T_{max} (℃)
烧结 $SrFe_{12}O_{19}$	4300	10	10^8	−0.20	0.45	250
粘结 $SrFe_{12}O_{19}$	3600			−0.02	0.45	150
铸造 Alnico 5	7200	12	0.5	−0.02	0.03	500
烧结 $SmCo_5$	8400	11	0.6	−0.04	−0.02	250
烧结 Sm_2Co_{17}①	8400	10	0.9	−0.03	−0.20	350
烧结钕铁硼	7400	−2	1.5	−0.13	−0.60	160
粘结钕铁硼	6000		200	−0.13	−0.06	150

① 1∶5 相析出共生。

注：α 为热膨胀系数，ϱ为电阻率。

具有宽矩形磁滞回线的铁氧体和稀土磁体有一个性质，即一个磁体的磁场不会显著干扰相邻磁体的磁化。这是因为矩形磁滞回线的纵向磁导率为零，而且横向磁导率 M_s/H_a 的量级仅是 0.1(由于各向异性场 $H_a=2K_1/\mu_0 M_s$远大于磁化强度)。**磁化刚性**指的是，稀土永磁体产生的磁通叠加是线性的，而那些磁材料实际上是**透明的**，其表现类似于磁导率为μ_0的真空。磁化的透明性和刚性极大地简化了

磁路的设计。无需担心一个磁性部件对另一个的影响。

对应用来说,磁体的成本通常至关重要。铁氧体和钕铁硼磁体的产量都很大——2010 年的产量大概为 100 万吨铁氧体和 8 万吨钕铁硼。两类材料的性能差异很大,而且钕铁硼有多个级别,以高剩磁或高矫顽力为特点,磁能积范围为 250—450 kJ · m^{-3}。大概的指导价格是 1 美元对应 1 焦耳的存储能量(即磁能积)。因此,由表 13.3 和表 13.4,取向铁氧体和钕铁硼的价格大约分别是 7 美元每千克和 40 美元每千克。铁氧体比这更便宜,而烧结钕铁硼大约是估计值的两倍。

13.3　静态应用

现代永磁体完美地适合于产生与其剩磁相当(甚至略高一些)的磁场。这些磁场可以是均匀的或者非均匀的。

13.3.1　均匀磁场

点偶极磁矩 $\mathfrak{m}$(单位是 A · m^2)产生的磁场是非均匀、各向异性的,以 $1/r^3$ 的比例减小。在极坐标中,$\mathfrak{m}$沿 Oz 轴,且

$$B_r = \frac{2\mu_0\mathfrak{m}}{4\pi r^3}\cos\theta, \quad B_\theta = \frac{\mu_0\mathfrak{m}}{4\pi r^3}\sin\theta, \quad B_\phi = 0 \tag{2.10}$$

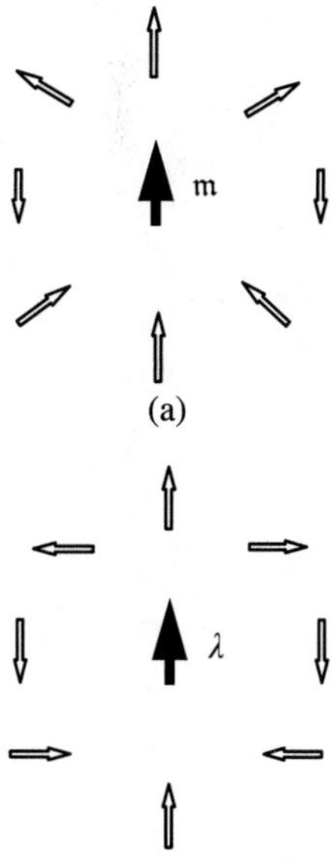

(a) 点偶极子和(b) 线偶极子产生磁场

尽管如此,将磁性材料部件组装起来,可以获得均匀场。虽然每块磁体的磁化方向不同,但是把各自的贡献结合起来,可以在空间的一定区域产生均匀场。标度无关性是磁偶极子场的重要性质。假设磁化是刚性的,磁场可以简单地用标度无关的几何因子$\mathcal{K}$与磁体的剩磁联系起来:

$$B_g = \mathcal{K}B_r \tag{13.6}$$

如果尺寸以因子 ξ 缩小,磁矩 $\mathfrak{m}$ 就以因子ξ^3减小,而按照 r^{-3}变化的磁场以相同的比例增加。因此,因子$\mathcal{K}$依赖于磁路的相对尺寸,而不是绝对尺度。标度不变性是磁应用技术成功的秘密。

将偶极子结合起来,产生均匀的磁场并不是轻而易举的。一种方法是从长的部件来构造。长部件的磁场近似单位长度偶极矩为 λA · m 的延展偶极子的场。根据式(2.22),如果线偶极子的轴向平

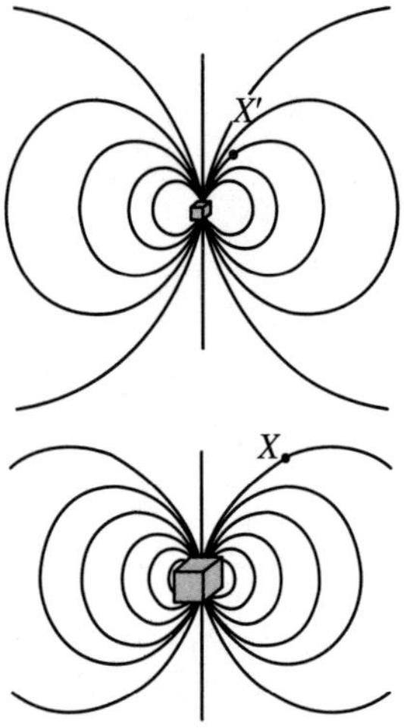

块状磁性材料的偶极场是尺寸无关的。场X和X'是相同的

行于 Ox 而磁化平行于 Oz，磁场就是

$$B_r = \frac{\mu_0 \lambda}{4\pi r^2}\cos\theta, \quad B_\theta = \frac{\mu_0 \lambda}{4\pi r^2}\sin\theta, \quad B_{\phi=\pi/2} = 0 \quad (13.7)$$

$\boldsymbol{H}(\boldsymbol{r},\theta)$的大小（$\sqrt{H_r^2+H_\theta^2}$）不依赖于$\theta$，而方向与磁体磁化方向的夹角是$2\theta$，如图所示。

将长柱状部件组装成中空的柱状磁体，在磁体包围的中央区域里可以产生均匀磁场。适当地选取部件的磁化取向，所有的磁场在中心相加，而在外面完全相消。部件可以用多种方式组装；图 13.6 给出了一些设计。任意特定结构的效率 ε 定义为气隙中存储能量$(1/2)\int \mu_0 H_g^2 \mathrm{d}^3 r$ 和磁体中存储能量的最大值$(1/2\mu_0)\int B_r^2 \mathrm{d}^3 r$ 的比值。对于在空腔中产生均匀场的二维延展结构，由此定义得到的效率是

$$\varepsilon = \mathcal{K}^2 \mathcal{A}_g / \mathcal{A}_m \quad (13.8)$$

其中 $\mathcal{A}_g$为空腔的横截面积，而 $\mathcal{A}_m$ 为磁体的横截面积。对于一个相当有效的结构，$\varepsilon \approx 0.1$。理论上限是 1/4。

图 13.6

正文所讨论的一些永久磁体结构的横截面，它们在空心箭头所指示的方向上产生均匀横向场。磁铁不打阴影，并用箭头表示磁化方向。软铁打阴影

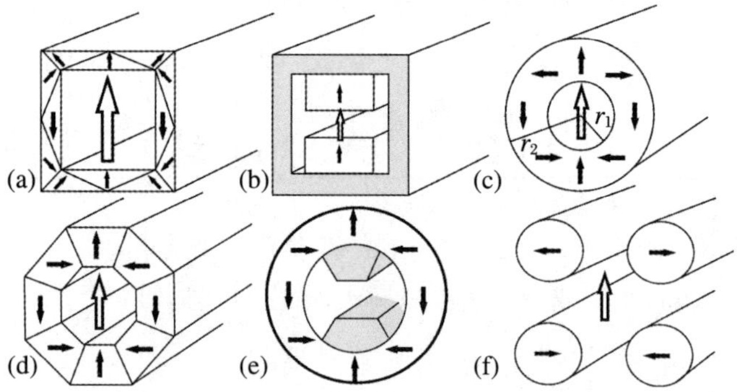

图 13.6(a)所示的空心方柱有等势的外表面，如果尺寸 $t/r=\sqrt{2}-1$，就不会产生外部磁场，在这种情况下，气隙（方孔）里的磁通密度为 $0.293B_r$。通过在里面嵌套相似结构，可以达到这个场强的数倍。这个设计（或者具有扁长方磁体和软磁铁轭的设计，图 13.6(b)）用于核磁共振（NMR）或磁共振成像（MRI），后者将 NMR 与复杂的信号处理相结合，从而获得固态物体的二维断层影像（见第 15.4.5 小节）。永磁体磁场源通常为全身扫描仪提供 0.3 T 级别的磁场，均匀性达到 $1/10^5$。在气隙的适当位置安放小的偶极或软铁片，可以补偿磁体的任何缺陷。永磁体产生的磁场比超导线圈低，但是不需要任何低温装置。此类系统在日本很流行。除了医学应用以外，质子共振越来越多地应用于食品和药品工业的质量控制。

图 13.6(c)是理想海尔贝克圆柱（见第 2.2.2 小节），位于圆柱体

角位置 ϑ 处的任意部件，其磁化方向与垂直轴的夹角为 2ϑ。根据式(13.7)，所有部件结合起来产生一个穿过气隙的垂直均匀磁场。与图 13.6(a)的结构不同，半径 r_1 和 r_2 可以取任何值而不在柱外产生杂散磁场。在这个巧妙结构的气隙中，磁通密度是

$$B_g = B_r \ln(r_2/r_1) \tag{13.9}$$

因此几何因子 $\mathcal{K}$ 是 $\ln(r_2/r_1)$。当 $r_2/r_1 = 2.2$ 时，效率最高($\varepsilon = 0.16$)。连续变化的磁化构型不容易实现。在实践中，通常是组装 N 个梯形部件(图 13.6(d)，$N=8$)。在这种情况下，式(13.9)的右边必须包括因子 $\sin(2\pi/N)/(2\pi/N)$。有限长度 $2z_0$ 使气隙磁通密度进一步降低了一个量：

$$\left[(z_0/2)\left(\frac{1}{z_1}-\frac{1}{z_2}\right)+\ln\frac{z_0+z_2}{z_0+z_1}\right]B_r$$

其中 $z_i = \sqrt{z_0^2 + r_i^2}$。

式(13.6)中 $\mathcal{K}>1$ 对应于磁通汇聚。原则上，永磁体阵列可以产生的磁场大小并没有限制，但实际上，磁体的矫顽力和各向异性场限制了终极性能。由于式(13.9)的对数依赖关系和稀土磁体的高成本，使用永磁体产生超过剩磁的两倍的磁场，在经济上就不划算了。图 13.7 中展示出海尔贝克圆柱的效率。

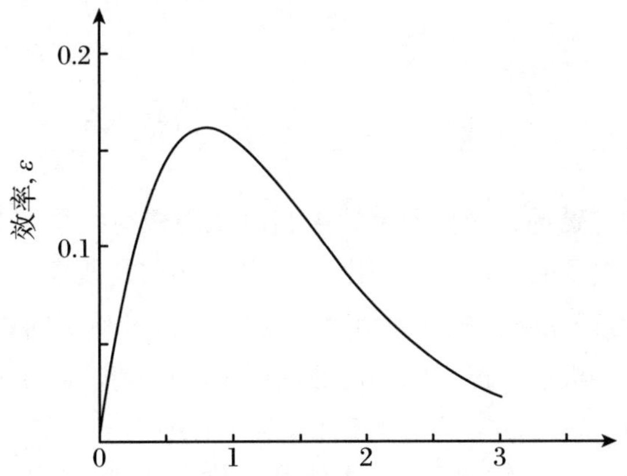

图 13.7
海尔贝克圆柱的效率作为几何因子 $\mathcal{K}=B_g/B_r$ 的函数

为了给磁通提供经济的返回路径(图 13.6(b))，或者将磁通集中在气隙中从而在更小体积中产生更大的磁场(图 13.6(e))，可以把软铁引入永磁体磁路中。额外的磁通密度永远不能超过软材料的极化强度(例如，铁的 2.15 T 或者坡明德合金的 2.45 T)，并且通常只是极化的一小部分。

大型的海尔贝克阵列重达数吨，可以产生大约 1 T 的磁场，在自旋阀传感器和磁随机存取存储器的生产过程中，用于 300 mm 直径晶圆的磁场退火、设置交换偏置(图 13.8)。

图 13.8

用于磁退火的大型海尔贝克阵列(由Magnetic Solutions有限公司提供)

图 13.6(c)的基本结构可以进一步简化为“神奇轧辊”(magic mangle,图 13.6(f)),几个横向磁化的棒按照 2ϑ 规则围绕中心孔排列。可以从不同方向进入磁场。刚好接触的 N 个杆的中心的磁场是

$$B_g = (N/2)B_r\sin^2(\pi/N) \tag{13.10}$$

当 $N=4$ 时,$\mathcal{K}=1$。

利用与柱状腔相同的原理,也可以在球状腔中产生均匀场。如果一个空心球形磁体在(r,ϑ,φ)处的极化大小保持恒定且取向按$(2\vartheta,\varphi)$变化,那么球形腔中产生一个均匀磁场。式(13.10)右侧多了一个因子 4/3。永磁体在合理范围内可以产生磁场的终极极限约为 5 T,已经在 1 cm^3 的球形体积里实现。

13.3.2 非均匀磁场

非均匀磁场用于粒子束的控制以及阴极射线管和其他电子光学设备中的电子聚焦。它们还用于产生微波和其他辐射,以及在轴承、联轴器、悬架和磁选机中施加力。改变图 13.6 所示的柱状结构,可以产生横向多极场。理想的四极源如图 13.9(a)所示,而图 13.9(b)是简化的版本。让环上组件的磁化取向按照$[1+(\nu/2)]\vartheta$ 变化,就得到更高阶的多极场,其中 $\nu=2$ 是偶极场,$\nu=4$ 是四极,$\nu=6$ 是六极,以此类推。实用的六极磁场(图 13.9(c))可以从装在磁瓶里的等离子体中提取离子。海尔贝克最初的圆柱形磁体实际上是为了聚焦带电粒子束而产生四极场。四极中心的磁场是零,而一旦束流沿着某个轴偏离,就会受到不断增加的磁场作用,使得它的轨迹绕回到中心。沿垂直轴的力使束流发散,因此四极聚焦磁体都是交叉成对地使用。

常规多极海尔贝克结构的变体是外部多极磁体,其取向按$[1-(\nu/2)]\vartheta$ 变化。然后在柱体外就会产生多极场,而内部的场是零。外部四极磁体如图 13.9(d)所示。外部多极磁铁用作永磁电机

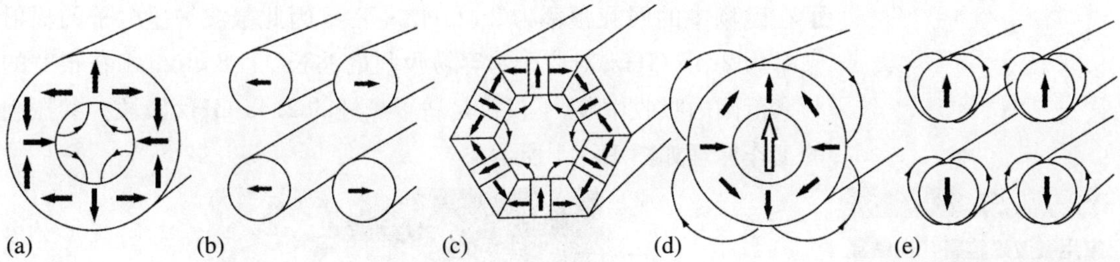

图 13.9

产生非均匀磁场的一些柱状磁体结构：(a)，(b) 四极磁场；(c) 六极磁场；(d) 外部四极磁场；(e) 均匀磁场梯度

的转子。

将海尔贝克柱体展开并重复其图案，就得到单面磁体，其中磁场在垂直于磁性部件轴线的方向上转动。薄片的一面有强磁场，而另一面一点都没有。这种结构用于粘结铁氧体制作的新型冰箱磁体和其他抓举磁体。磁场出现在背面，依赖于磁化转动的方式。

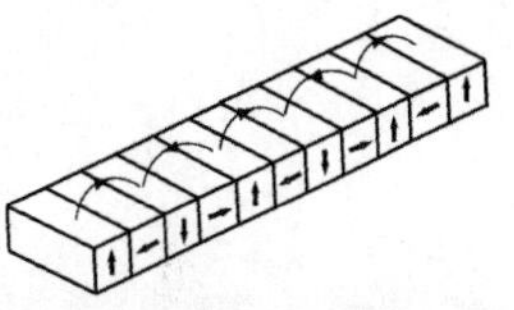

具有单面磁场的冰箱磁铁

永磁体的其他排列方式可以用来设计均匀的磁场梯度。图 13.9(e) 展示了四个杆的排列，在中心处沿竖直方向产生均匀的磁场梯度。磁场梯度常用于对其他磁铁施加力。

已经设计出多种不同的结构，沿着磁体的轴线方向产生非均匀场。磁体轴线可能是带电粒子束的运动方向。微波功率管（如行波管）使得电子保持以窄束运动并在管子的末端聚焦，与来自外部螺旋线圈的能量耦合。图 13.10(a) 中结构的一个周期产生轴向的会切场 (cusp field)。会切场的另一个应用是维持熔融金属流的稳定。在磁化水处理装置中，也有方向交替变化的轴向磁场，但具体机制尚不清楚。

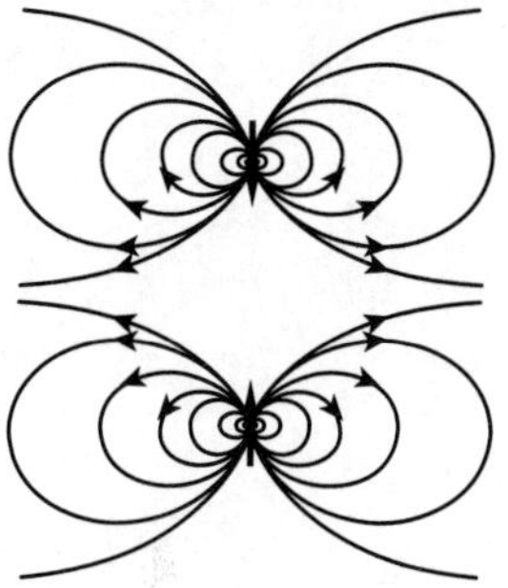

会切磁场

在同步加速器里，电子以相对论速度 $v \approx c$ 运动（能量 $\gamma m_e c^2$），在弯转磁铁的导引下沿着封闭轨道运动。位于径迹直线段的插入件（扭摆器，图 13.10(b)）是永磁体结构，建立波长为 λ 的正弦横向磁场，用来从高能电子束产生强烈的偏振硬辐射束（紫外线和 X 射线）。当电子穿过插入装置时，它们以频率 c/λ 辐射。当插入装置中的振荡频率超过回旋频率时，辐射变得相干，因此摆动器又称为波荡器。

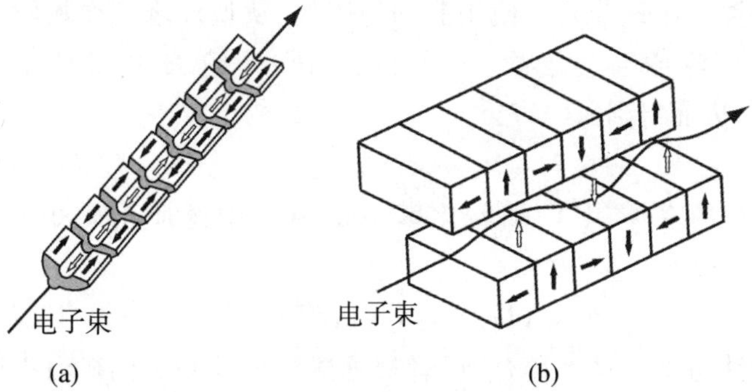

图 13.10

周期性磁场源：(a) 微波行波管的磁体；(b) 用于从电子束产生强电磁辐射的扭摆磁铁

利用永磁体从电子产生微波辐射的其他装置包括速调管和磁控管。家用微波炉里的磁控管采用铁氧体磁铁产生 0.09 T 的磁场。电

子在磁场中的回旋频率为 28 GHz・T^{-1},因此微波炉里电子的辐射频率为 2.45 GHz,对应于水容易吸收的波长 $\lambda = 8$ cm。水在很宽的频率范围内吸收微波,不仅仅是适于烹饪的 2.45 GHz 波段。共振腔的工作原理如图 13.11 所示。

图 13.11

家用微波磁控管。在铁氧体环形磁体产生的 90 mT 横向磁场中,来自阴极的电子向阳极加速。在铜叉间环绕的电流产生微波辐射,并通过天线将辐射引导到腔中

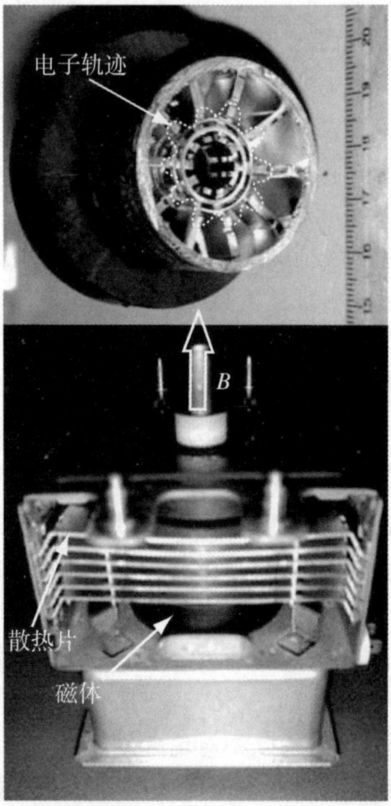

用于溅射源的磁控管是永磁体阵列,在靶附近产生磁场,使得等离子体中的电子螺旋运动,从而增加氩溅射气体的电离。超高真空离子泵的运行与之类似。磁铁增加了用于溅射钛的残余气体的电离化,钛充当吸气剂。

磁性分离 在磁分离中使用非均匀磁场,从垃圾堆到血液学实验室产生了广泛的社会效益。已有磁矩$\mathfrak{m}$在外场 $\boldsymbol{H}'$ 中的能量为 $-\mu_0\mathfrak{m}\cdot\boldsymbol{H}'$,因而得到式(2.74)

$$\boldsymbol{f} = \mu_0 \nabla(\mathfrak{m}\cdot\boldsymbol{H}') \tag{13.11}$$

然而,如果磁场在体积 V 和磁化率 χ 的材料中感应出磁矩$\mathfrak{m} = \chi V H'$,力密度变为

$$\boldsymbol{F} = (1/2)\,\mu_0\chi\,\nabla(H'^2) \tag{13.12}$$

为了分离含铁与不含铁的碎片,或者根据磁化率从粉碎的矿石中筛选矿物,可以采用开放式梯度磁分离,让材料翻滚着通过强磁场梯度区(图 13.12(a))。磁化率最大的材料偏转得最厉害。因为受力与颗

粒体积(质量)成比例，所以轨迹与颗粒大小无关，磁分离是磁化率选择性的。开放式梯度磁选机的磁场梯度约为 100 $T \cdot m^{-1}$，含铁材料上的分离力为 10^9 $N \cdot m^{-3}$。

在粮食磨粉等工业过程中，通常用永磁铁捕集器去除铁屑。“牛胃磁铁”(cow magnet)是开放式梯度分离的一种特殊形式，它是涂有聚四氟乙烯(PTFE)的磁铁，放置在反刍动物七个胃中的一个，用来捕获铁丝和其他含铁异物。

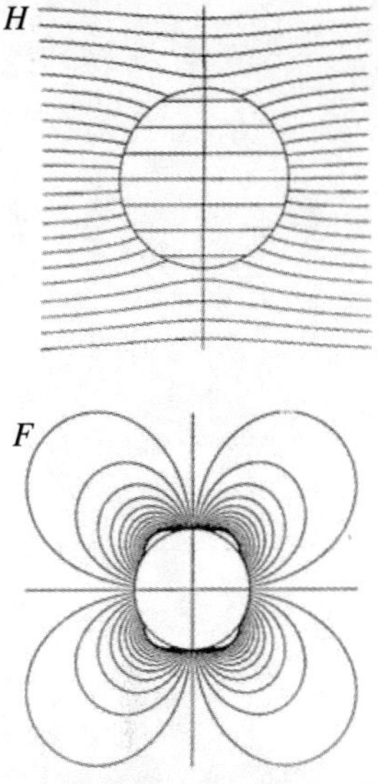

高梯度磁选机中圆柱形铁磁周围的磁场和多力分布

高梯度磁分离适合在悬浮液中捕获弱顺磁性材料。含有顺磁性悬浮物的液体流过管子，其中填充有细软铁磁网或钢丝绒，使得均匀外磁场的分布发生畸变，产生高达 10^5 $T \cdot m^{-1}$的局部场梯度，并在顺磁材料上产生高达 10^{12} $N \cdot m^{-3}$的分离力。顺磁性材料一直粘在网上，直到外场关闭。然后可以将顺磁性材料从系统中冲洗出来并收集。这种方法用于从全血中分离顺磁的脱氧红细胞。类似的原理可以分离磁流体颗粒或生物检测中应用得越来越多的磁珠。

电磁分离采用不同的原理，把废弃物里的非铁金属(如铝)与非金属材料分离出来。快速移动的传送带把垃圾运过嵌有永磁体的静态或旋转的滚筒。磁铁和垃圾的相对速度可以是 50 $m \cdot s^{-1}$。金属中感应的涡流产生排斥力，因此在传送带的末端，金属甩下来的方向与非金属不一样(图 13.12(b))。偏转依赖于电导率与密度的比值，因此可以对不同的金属如铝或铜进行分类。

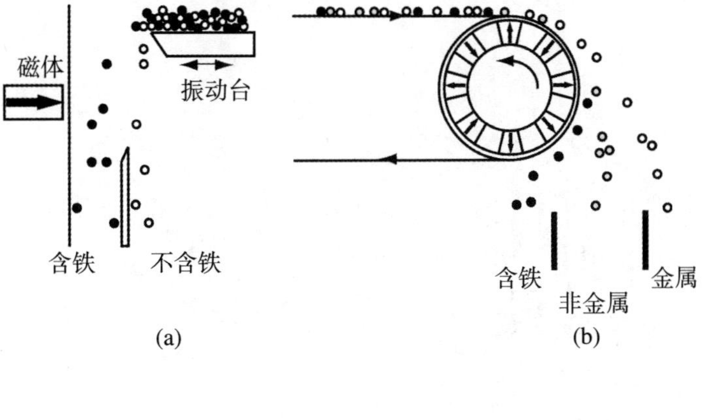

图 13.12

(a) 开放式梯度磁分离；(b) 利用永磁体的电磁分离

13.4　机械反冲的动态应用

通过气隙的改变或者磁体或铁芯的运动，永磁体结构可以产生可变磁场。工作点随着磁体的运动而改变，所以这些器件涉及机械反冲。

13.4.1 可变的磁场源

图 13.13 展示了产生可变磁场的几种运动方式。具有相同半径比 $\rho = r_2/r_1$ 的两个海尔贝克柱(图 13.6(d))可以嵌套起来,如图 13.13(a)所示。它们绕着共同的轴反向转动 $\pm\alpha$ 角,产生可变磁场 $2B_r\ln\rho\cos\alpha$。另一个方案是转动"神奇轧辊"(图 13.6(f)),如图 13.13(b)所示。轧辊具有偶数根杆子,每个杆子交替顺时针和逆时针旋转 α 角,磁场按照 $B_{max}\cos\alpha$ 变化。使用大片软铁产生镜像,可以把轧辊的杆子数目减半。第三个解决方案是取均匀磁化的外部偶极环,环在孔中没有磁通,移动一个或两个软铁鞘,让它们覆盖部分磁体,如图 13.13(c)所示。软铁中的镜像是一个 $\nu = 2$ 的常规海尔贝克偶极子结构。在所有情况下,材料的矫顽力和各向异性场限制了可获得的最大磁场,因为某些磁体部件受到了反向或横向 $\boldsymbol{H}$ 场,其大小等于孔中的场强。

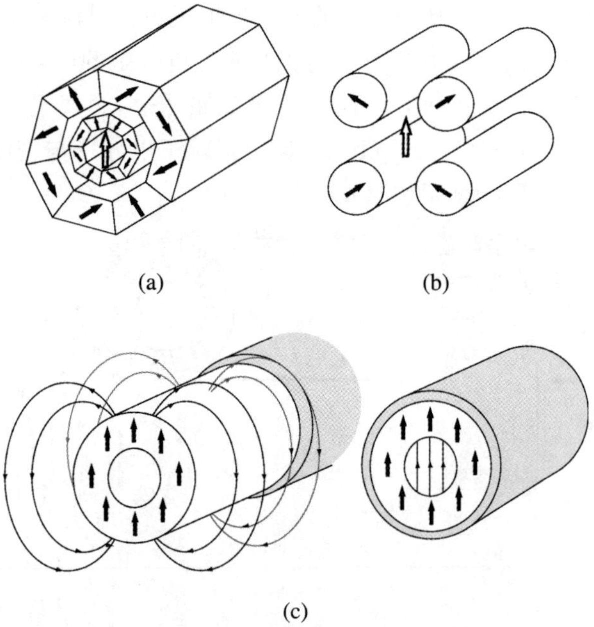

图 13.13

永磁体可变磁场源:(a) 双海尔贝克柱;(b) 四杆轧辊;(c) 带软铁鞘的海尔贝克柱

永磁体可变磁场源结构紧凑、使用方便,不需要大功率的电磁铁,也不需要冷却。一个商业化装置(图 13.14)使用 25 kg $Nd_2Fe_{14}B$ 制成的嵌套海尔贝克磁铁,在 25 mm 孔中沿任意横向方向产生 0—2.0 T 的磁场。这样的磁体结构最适合小型仪器,如台式振动样品磁强计或磁阻测量。

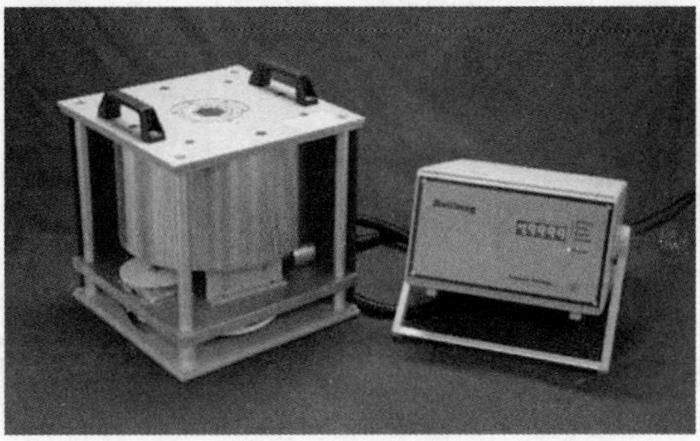

图 13.14

一种基于嵌套海尔贝克柱的 2 T永磁可变磁通源。孔中的可变磁场可以沿任何横向方向。紧凑型振动样品矢量磁力仪使用了这种磁体，如下图所示

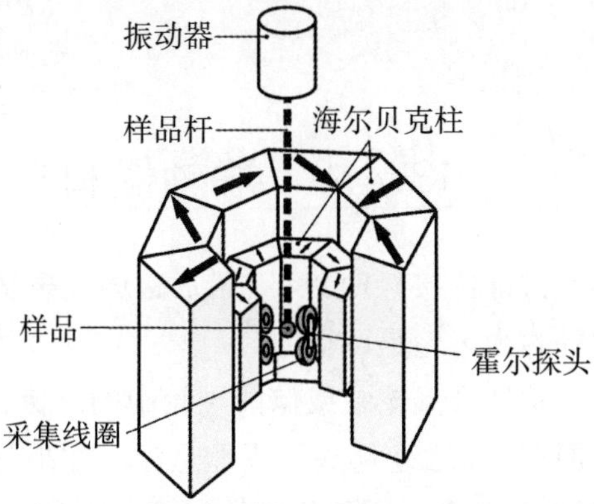

式(13.10)限制了实际尺寸的大小。永磁体可变磁场源可以产生高达 2 T 的磁场，能够与电阻性的电磁铁竞争，但是无法和超导线圈在更高的磁场范围里竞争——除非把捕获了磁通的超导体视为永磁体。

13.4.2　开关磁铁和吸持磁铁

开关磁铁是一种更简单的可变磁通源。磁性保持装置有与磁铁接触的铁磁金属片。当磁路闭合时，工作点从开路点移动到 $H=0$ 的剩磁点。把一个环切成两个 C 形的段，间距为 d，推算磁体表面受到的最大力 f。气隙中的能量为 $2\times(1/2)\mu_0 H_g^2\mathcal{A}_g d = B_g^2\mathcal{A}_g d/\mu_0$。将两段分开所做的功为 $2fd$，因此单位面积力的大小是

$$\frac{f}{\mathcal{A}_g} = \frac{B_g^2}{2\mu_0} \tag{13.13}$$

当气隙较窄时，$B_g = B_m$，对于 $B_m = 1$ T，最大的力高达 40 N · cm^{-2}。如果让大块稀土磁体接触，就很难把它们分开！

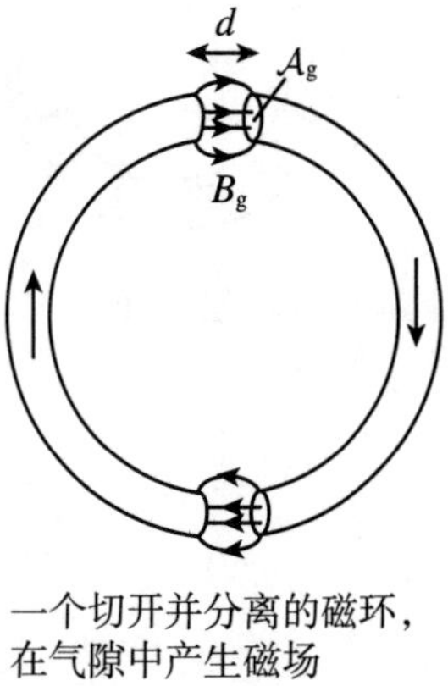

一个切开并分离的磁环，在气隙中产生磁场

图 13.15 显示了两个开关磁体，一个将部件吸持在光学工作台

上，另一个将工件吸持在机床上。还有一种开关磁体（“电磁体-永磁体”，electropermanent magnet），用电磁体抵消永磁体的杂散场，或者翻转半硬的铝镍钴磁体。

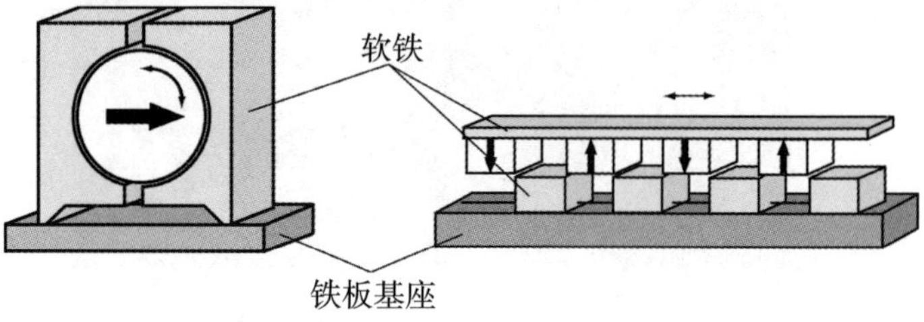

(a) (b)

图 13.15

可切换磁夹的两种设计：(a) 可旋转的磁体；(b) 侧向平移的磁体阵列

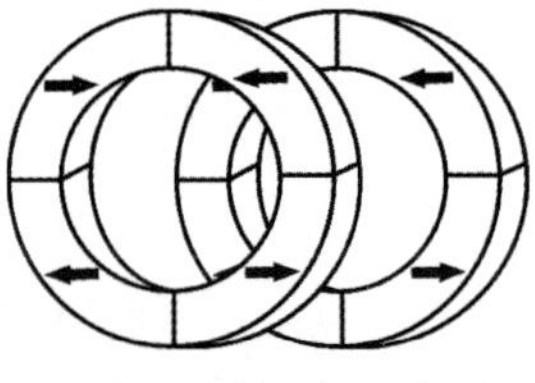

具有四个轴向磁化部分的面型联轴器

13.4.3 联轴器和支座

当不允许部件接触时，可以用永磁体实现转动或直线运动的耦合。简单的磁力齿轮是可行的。

磁轴承很适合涡轮泵或储能飞轮中的高速转动悬浮。在磁悬浮运输系统原型中，已经测试了线性悬浮。如果轴承仅由永磁体或软磁体和气隙组成，总是需要机械约束或有源电磁支撑（图 13.16）。

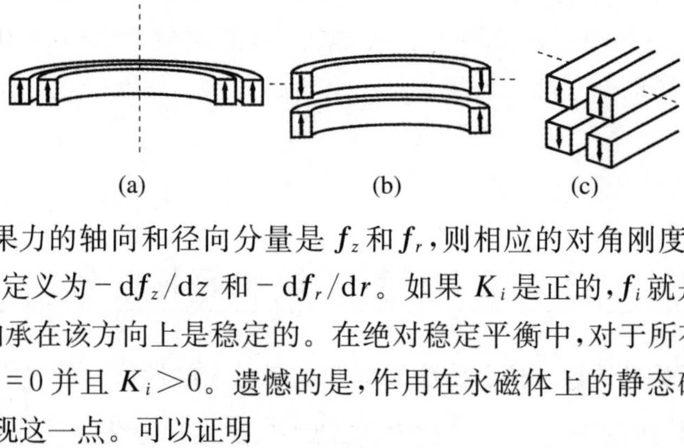
(a) (b) (c)

图 13.16

用轴向磁化环制作的两种基本磁轴承：(a) 径向轴承，(b) 轴向轴承和(c) 线性轴承。失稳方向用虚线表示

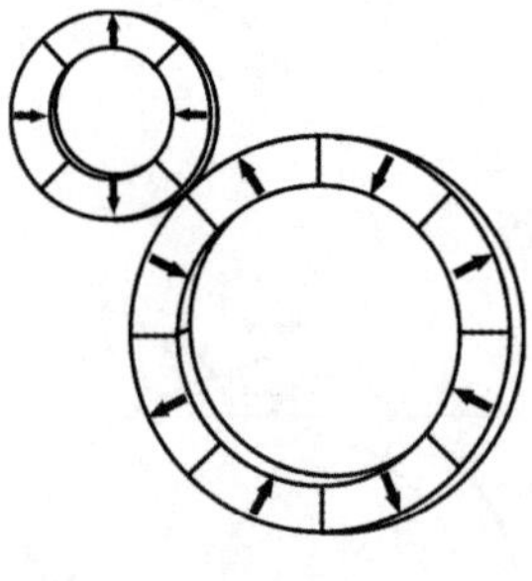

具有径向磁化部分的2：1磁齿轮

如果力的轴向和径向分量是 f_z 和 f_r，则相应的对角刚度 K_z 和 K_r 分别定义为 $-\mathrm{d}f_z/\mathrm{d}z$ 和 $-\mathrm{d}f_r/\mathrm{d}r$。如果 K_i 是正的，f_i 就是回复力，磁轴承在该方向上是稳定的。在绝对稳定平衡中，对于所有部件都有 $F_i = 0$ 并且 $K_i > 0$。遗憾的是，作用在永磁体上的静态磁场并不能实现这一点。可以证明

$$K_x + K_y + K_z = 0 \tag{13.14}$$

因此，不可能在所有三个方向上都达到稳定，这个结果就是**恩绍定理**。对于圆柱系统，$2K_r + K_z = 0$，如果 K_z 为正，K_r 就为负，因此轴向轴承是径向不稳定的。相反，如果 K_r 为正，K_z 就为负，因此径向轴承沿轴线不稳定。为了实现稳定，在一个方向上需要机械约束或有源电磁支座。

运用表面磁荷方法（见第 2.4 节），很容易计算磁轴承和联轴器中的力。假设均匀磁化为 $\boldsymbol{M}$，磁体每个表面都有表面磁荷 $\sigma_{\mathrm{m}} = \boldsymbol{M} \cdot$

$\boldsymbol{e}_{\mathrm{n}}$，其中 $\boldsymbol{e}_{\mathrm{n}}$是表面法线。对式(2.56)表面积分，得到点 $\boldsymbol{r}$ 处的磁势 $\varphi_{\mathrm{m}}(\boldsymbol{r})$。

$$\varphi_{1\mathrm{m}}(\boldsymbol{r}) = (1/4\pi)\int_S \sigma_{1\mathrm{m}} \mid \boldsymbol{r} - \boldsymbol{r}' \mid \mathrm{d}^2 \boldsymbol{r}'$$

表面磁荷微元$\sigma_{2\mathrm{m}}\mathrm{d}^2\boldsymbol{r}'$受到另一个磁体的力为$-\nabla\varphi_{1\mathrm{m}}\sigma_{2\mathrm{m}}\mathrm{d}^2\boldsymbol{r}'$。

恩绍(Samuel Earnshaw, 1805—1888)

线性磁轴承(图 13.16(c))提供了沿轨道的悬浮，但是需要侧向机械约束。对悬挂铁轨的吸引力，或者附着在车辆底座的永磁体在轨道中产生的涡流所引起的排斥力(图 13.17)，可以为运动车辆提供磁悬浮(MAGLEV)。磁铁可以安装在充作磁通返回路径的软铁板上，产生一个结构类似于强的单面冰箱磁铁。永磁铁悬浮系统可以支撑磁铁重量的 50—100 倍。其他磁悬浮方案基于电磁铁或超导磁体。有一种设计在轨道中嵌入一系列导电环。直线电机提供沿轨道的推进。

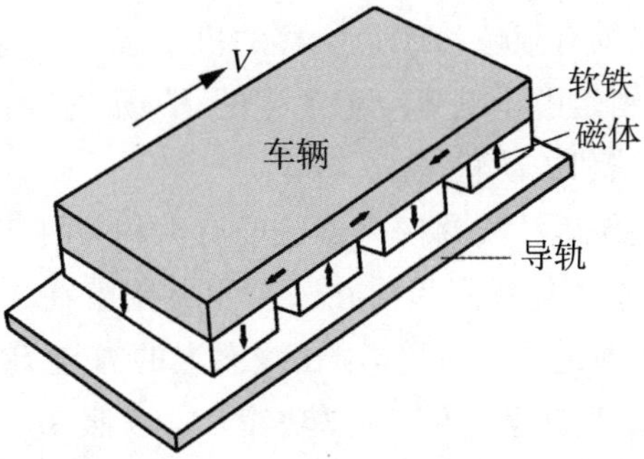

图 13.17

基于涡流排斥的磁悬浮系统

恩绍定理适用于自由空间的静态磁场：任何静态磁场结构都不能使得永久磁矩稳定地悬浮。第 15.3 节继续讨论磁悬浮这个有趣的话题，包括规避恩绍定理的一些方法。

磁铰用来补偿臂上的重力矩。长度为 l 的臂上的力矩为 $\Gamma = mgl\sin\alpha$，其中 m 是悬吊的质量，在铰轴里安置了一个磁矩为 $\mathfrak{m}$ 的磁铁，可以在海尔贝克柱产生均匀场 $\boldsymbol{B}$ 的区域中转动，在任何角位置 α，磁铁的力矩 $\mathfrak{m}B\sin\alpha$ 都可以补偿重力矩。

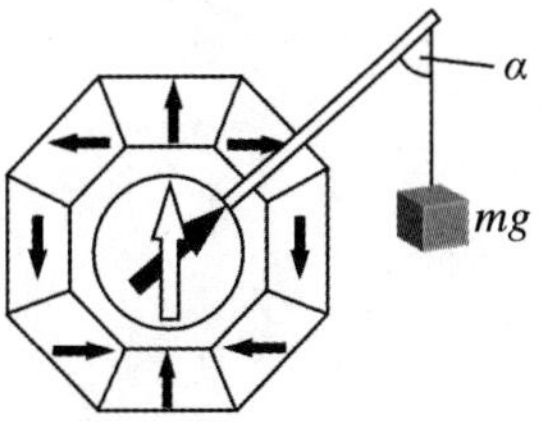

磁铰可以补偿力矩

13.4.4　传　感　器

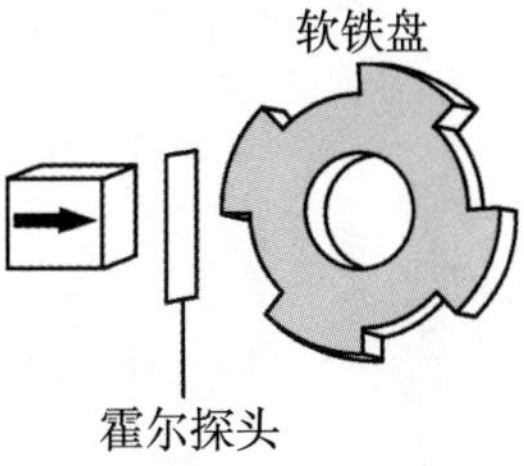

基于永磁体的可变磁阻传感器

磁传感器利用霍尔效应或磁阻探针来检测气隙中的变化磁场，其产生电压依赖于 B。磁性位置和速度传感器用于无刷电机和汽车控制系统，在包括污垢、振动和高温的恶劣环境下，提供了可靠的非接触传感。第 14.3 节将详细讨论传感器。需要强调的是，永磁体通常构成磁路的一部分；它提供了无噪声的磁场，而且不消耗能量。例如，可变磁阻传感器带有磁体和霍尔探针，可以用于检测齿轮的转动。

13.5 有源反冲的动态应用

永磁体的大部分年产量用于电机和驱动器。消费品的年产量都是几千万或几亿件，例如电子钟、耳机、扬声器、照相机、厨房器具和硬盘驱动器，等等。

13.5.1 驱 动 器

驱动器是提供有限位移或角位移的机电装置。气隙通常是固定的，而动态工作则是由于电流绕组产生的 $\boldsymbol{H}$ 场。三种基本结构是运动线圈、运动磁铁和运动软铁。

用永磁体制作运动线圈扬声器已经有大约一百年的历史了。磁通被导入径向气隙中，音圈悬浮在气隙里并附着在一个又轻又硬的锥筒上。当电流通过线圈时，作用在线圈上的力与 B_g 呈正比。线圈移动使锥筒振动发出声音。声波功率 P_v 按照 B_g^2 变化。根据式(13.3)可知，声功率在 $(BH)_{max}$ 点最大。大块扁平铁氧体环形磁铁与软铁材料一起用于聚焦磁通(图 13.4)。这类设计很便宜，但是效率低，因为有大量的漏磁；漏磁因子 $\beta\approx0.4$。在圆柱形磁体设计中，使用铝镍钴或稀土磁体可以减少杂散场。也可以使用 $Nd_2Fe_{14}B$ 运动磁体把磁体胶合到锥筒上，而固定的驱动线圈围绕着它。

音圈驱动器的设计与扬声器基本相似。它们用于计算机硬盘驱动器中的磁头定位和激光扫描仪中的镜面定位。音圈组件的质量小，气隙中线圈的电感小，因而确保了快速的动态响应。利用圆柱线圈，径向磁化环形磁铁可以提高气隙中的磁通密度。

对于便携式计算机的扁平磁盘驱动器(图 13.18)，有利的设计是扁平线圈结构，其中线圈附在一个悬臂上，可以在两对稀土磁体之间摆动有限的角度。要求磁能积尽可能高的烧结 NdFeB 磁体($>400\ \mathrm{kJ\cdot m^{-3}}$)。恒定加速度 a 下的存取时间与 $a^{-1/2}$ 呈正比，因此与 $B_g^{-1/2}$ 呈正比，因为力 $f=B_g Il=ma$。

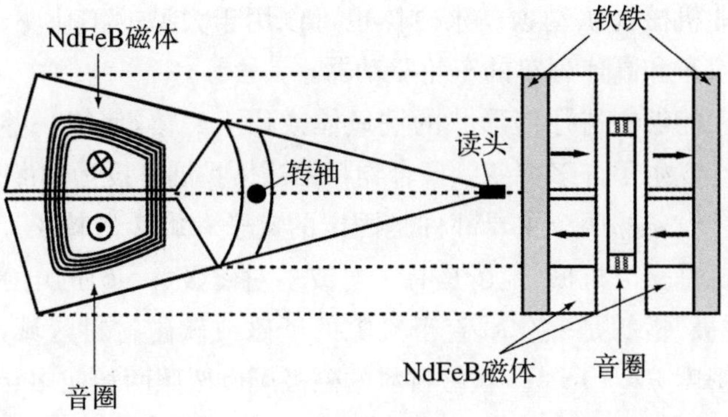

图 13.18
计算机磁盘驱动器的扁平音圈驱动器

运动线圈电流计是一种旋转线圈驱动器，没有严格的动态响应要求，但要求气隙里的磁通密度非常均匀，从而实现精确正比于电流的偏转。要求磁通密度的温度变化尽可能小，所以选择铝镍钴磁体(表 13.5)。

运动磁体驱动器可以是线性的或旋转的。它们提供低惯量和无引线。具有几毫米行程的线性往复式驱动器用于 50 Hz 级别的泵中。机械系统设计成在其共振频率下工作。旋转驱动器可以看作限制行程的可逆电机。

运动铁芯驱动器也可以是线性的或旋转的。图 13.19(a)显示了用于点阵打印机中的打印锤(print hammer)的设计。锤的弹簧构成磁路的一部分，在未激发的位置，它紧紧地靠在软铁上，没有气隙。当电流脉冲通过螺线管时，锤子就会弹出。类似的原理用在簧片开关中，其中两个扁平的软铁簧片被磁场拉着接触(图 13.19(b))。通过激活螺线管产生反向磁场或者简单地移动磁体，可以打开这个开关。

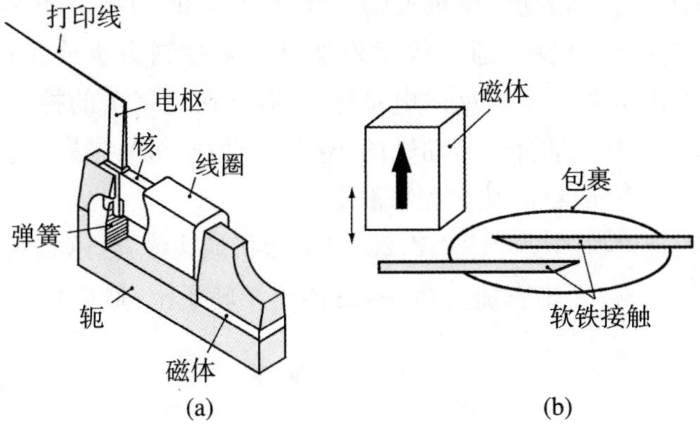

图 13.19
运动软铁驱动器：(a) 打印刷锤；(b) 簧片开关

13.5.2 电　　机

像驱动器一样，永磁体电机的产量以百万计。小型直流永磁电机用于家用电器和消费电子产品。直流伺服电机为机床、机器人和其他工业机械提供动力。永磁体也可以用于大型的工业驱动器，以及电动汽车和高速列车的车轮驱动器。

现在能够制造任何形状的铁氧体或稀土磁体，使得一些基本的机电设计发生了许多突变。聚合物粘结磁体扩展了设计的潜力。

旋转设备的两个主要部件是固定的**定子**和旋转的**转子**。经典的感应电机是交流机械，定子是有一对或多对磁极(pole)的电磁铁。这里的“磁极”指的是磁化垂直于气隙的硬磁或软磁材料区域，带有表面磁荷密度 $\sigma \mathrm{A \cdot m^{-1}}$。软磁材料的磁极可以按照两相或多相的顺序通电。转子通常是鼠笼式绕组(见第 12.4 节)。

直流电机设计包含永磁体和电磁铁的电流绕组。定子上的永磁体在转子的载流绕组上产生磁场。电子换流器或者使用电刷的机械换流器将电流分配到绕组，使得转子上的力矩 Γ 保持方向不变。反过来，如果以角速度 ω 驱动电机，它就具有发电机的功能，在绕组中产生电动势$\mathcal{E}$。

直流电机的力矩特性为 $\Gamma(\omega)$。如果转子绕组的半径是 r，磁体的磁通密度是 $\boldsymbol{B}$，并且有 N 个长度为 l 的导体垂直于 $\boldsymbol{B}$，每个导体都载有电流 I，那么 $\Gamma = NrBIl$。输出功率 $\Gamma\omega$ 等于 $\mathcal{E} I$，当转子转动时，每个导体中产生的反向电动势 $\mathcal{E}$ 为 $2r\omega Bl$。串联的导体数是 $N/2$，所以$\mathcal{E} = Nr\omega Bl$。如果外加电压为 $V = \mathcal{E} + IR$，其中 R 是绕组的电阻，则电机的力矩方程为

$$\Gamma = K(V - K\omega)/R \tag{13.15}$$

其中 $K = NrBl$ 是电动机的力矩常数。启动时的力矩最大，此时 $\omega = 0$，而且 Γ 与磁铁产生的磁通密度呈正比。当 $V = K\omega$ 时，力矩降到零。

在直流伺服电机中，通过改变外加电压来控制力矩或角速度。简单的速度控制基于监测反向电动势 $\mathcal{E}$，但是在更复杂的控制系统中，用测速发电机（耦合到驱动轴的小型直流发电机）或精确的位置编码器来产生电压反馈，从而控制输出功率。

可以改进电机的设计(图 13.20)来消除机械换流器(这是火花和磨损的来源)。在无刷直流电机中，磁体位于转子上，而电枢绕组位

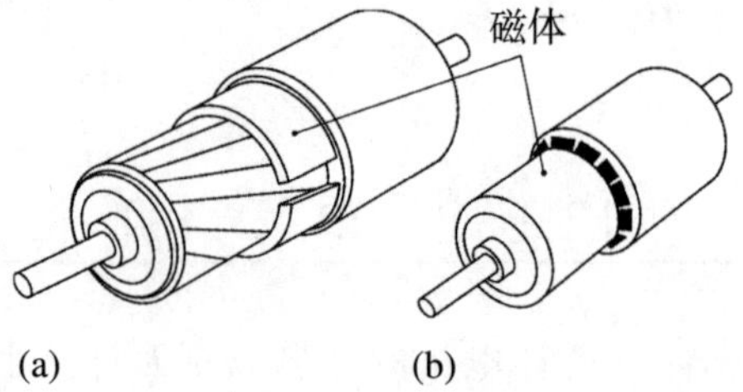

图 13.20

直流电机设计：(a) 有刷电机，磁铁在定子上；(b) 无刷电机，磁铁在转子上

于定子上，由电力电子设备按照适当的顺序通电。电子换流电机很可靠，特别适合高速运转，$\omega > 100\ \mathrm{rad \cdot s^{-1}}$（≈1000 rpm）。因为需要通电的绕组依赖于转子的位置，所以位置传感器是整个装置不可分割的一部分。

无刷直流电动机的设计变型如图 13.21 所示。把转子压扁成圆盘就是薄饼电机。转动惯量小意味着角加速度可以很大，特别是采用钕铁硼磁体的时候。它们可以嵌在转子中，以便集中气隙磁通。杯形转子是另一种扁平低惯量转子设计，这种转子和粘结钕铁硼磁体一起应用在硬磁盘驱动器的主轴电机中。把电枢展开就是直线电机。

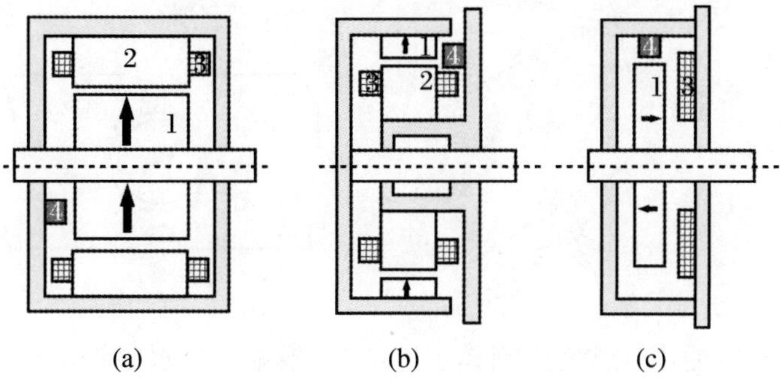

图 13.21

无刷直流电动机的变型：(a) 常规设计；(b) 杯型；(c) 薄饼型。1—磁铁；2—定子；3—定子绕组；4—位置传感器

永磁电机的一个特点是电枢反应。不管电枢绕组在定子上还是在转子上，电枢中的电流都会产生磁场，通常与磁化方向相反。磁体的工作点发生移动，如图 13.3(c)所示。这种影响在磁极边缘尤其严重，解决方案是用矫顽力更高的磁铁制作这些部分。

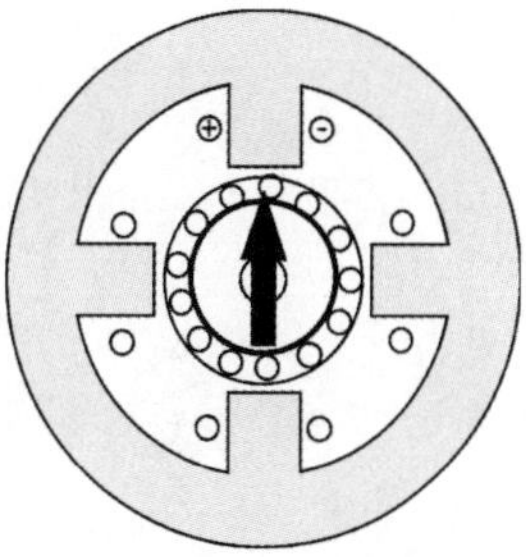

带有永磁转子的四极电机。内置13根长条(13 bar)的鼠笼式绕组，实现感应电机启动

同步电动机的运行频率是交流电源频率的整数倍。电子功率变频器允许频率连续可变。其基本设计如图 13.21(a)所示，磁铁在转子上，定子上的多相绕组产生绕气隙旋转的磁场。力矩正比于 $\sin\delta$，其中 δ 是定子产生的磁通与转子磁化方向的瞬时夹角。嵌入不同取向的长磁铁可以制作多极转子。

同步电动机的效率高，功率密度大；但缺点是，在达到同步转速前，启动力矩很弱。经典的鼠笼式转子绕组异步电动机具有相反的特性；力矩在启动时最大，在转子接近定子所产生旋转场的角速度时，力矩下降到零。然后，鼠笼绕组中就没有变化的磁通，因此没有感应电流和力。两全其美的解决方案是将金属条上下端与导电板相连、并入鼠笼绕组的转子以辅助启动。

大多数电机设计可以作为**发电机**在逆模式下运行。驱动转子让电枢绕组暴露于时变磁场中，从而产生电动势。自行车发电机是最早找到大众市场的永磁装置之一。五十年前，发达国家每人只拥有一两个磁铁。现在他们每人拥有100—200个，如果把个人计算机上的硬盘驱动器也计算在内，就要再多几十亿个。

风力发电场采用具有许多(24—36个)永磁极的大型盘式发电机进行能量转换。混合电动车辆的交流发电机也可以使用永磁体设计。30 kW的发电机每分钟转10万圈，其质量大约是10 kg。

步进电机是这样的装置：当电子控制的电路给绕组之一供电时，它就转动一个固定的角度。非常简单的两极电机如图13.22所示。步进电机用于精确的位置控制。

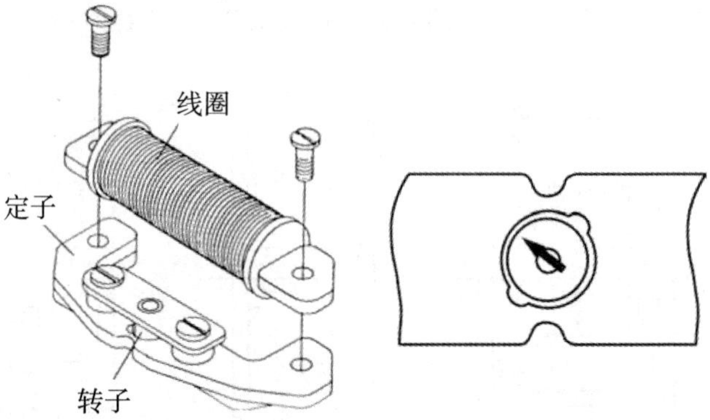

图 13.22

钟表用的两极步进电机(拉韦(Lavet)电机)。手表中的磁铁由粘结Sm_2Co_{17}制成，质量仅有几毫克

有可能用软铁转子制作步进电机，根本不用永磁铁。第12.4节介绍了这种可变磁阻电机。图12.13(b)中的电机在定子上具有突出的磁极，转子上具有数量较少的突起或齿。当不同的绕组对被激活时，转子转动60°。混合设计结合了可变磁阻和永磁步进电机，可以同时实现高效率和小步进，如图13.23所示。定子有六个磁极，各有五个齿。转子有32个齿，中心是永磁体。当磁极按A,B,C顺序通电时，电动机每步转动1/64圈。常见的设计是每圈200步，步长1.8°。采用合适的控制器能够以一半的步长(0.9°)行进。

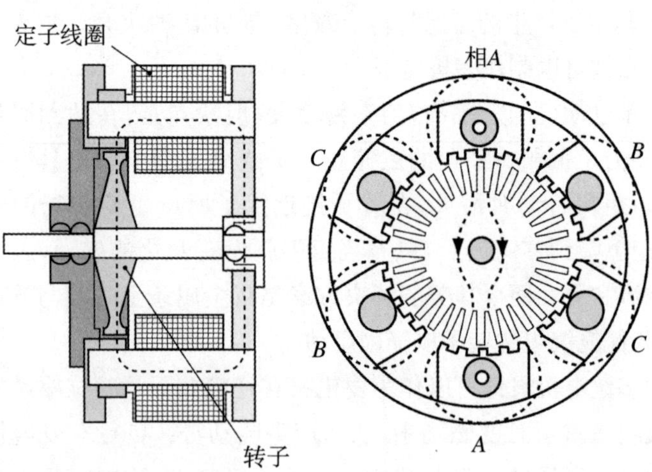

图 13.23

微型混合式步进电动机

13.6　磁性微系统

微型机械驱动器，如微驱动器和微电机，给永磁体带来了新机遇。这是磁性微机电系统(magnetic MEMS)的领域。这些微器件必须在小物体上施加力(例如硅悬臂)，因此有必要理解当尺寸减小时力是如何按比例变化的。我们已经看到，当所有维度都按因子 ξ 成比例地增大或减小时，偶极场是不变的。

如果磁体附近有导体，每单位体积上的洛伦兹力依赖于 $\boldsymbol{B}$ 和电流密度 $\boldsymbol{j}$ 的矢量积。这也是与尺度无关的，因为 j_c 是导体的本征属性。基于磁体/电流力的永磁微电机的性能仅取决于材料特性 B_r 和 j_c，其中 j_c 是最大负载电流。

磁铁-磁铁间作用力和电流-电流间作用力的标度不同。永久磁矩或诱导磁矩 $\mathfrak{m}$ 上的力依赖于磁场梯度。考虑两个永磁体的系统。当距离以因子 $\xi(\xi>1)$ 缩小时，一个磁铁上由另一个磁铁产生的磁场保持不变，但场梯度乘以 ξ，因此单位体积的力放大了。当系统收缩时，动态响应改善了。电磁感应产生的电动势依赖于电路中磁通的变化率，对于永磁体产生的磁场，在恒定频率 f 下，电动势的标度为 $1/\xi^2$。感应电场的标度为 $1/\xi$。然而，电流元所产生的磁场依赖于 $j\delta V/r^2$(毕奥-萨伐尔定律，式(2.5))。它的标度为 j/ξ。如果磁场是由线圈产生的，感生电动势和电场就会变为原来的 $1/\xi$。

但是，如果假设大导体中的电流密度 j 必须与小导体相同，就实在是太悲观了。热量在表面消散，而表面积与体积的比值随尺寸减小而增大；当从圆形导体变到平面导体时，这个比例进一步提高。如果电流密度可以增加 η 倍(η 甚至可能大于 ξ)，则单位体积相互作用的标度如表 13.6 所示。

表 13.6　微系统中电磁相互作用的标度律

	磁体	电流	软铁
磁体	ξ	η	ξ
电流	η	$\eta_1\eta_2/\xi$	η/ξ

参　考　书

Skomski R，Coey J M D. Permanent Magnetism[M]. Bristol：IOP Publishing，1999. 集中讨论永磁物理学的专著，包括实验方法、材

料和应用等章节。

Coey J M D. Rare-earth Iron Permanent Magnets[M]. Oxford: Clarendon Press, 1996. 欧洲磁铁协同行动(Concerted European Action on Magnets)参与者对于钕铁硼磁铁的物理、材料科学和应用研究。

Abele M G. Structures of Permanent Magnets[M]. New York: Wiley, 1993. 永磁体磁通源理论。

Campbell P. Permanent Magnet Materials and their Application [M]. Cambridge: Cambridge University Press, 1994. 面向工程师的简单介绍。

Parker R J. Advances in Permanent Magnetism[M]. New York: Wiley, 1990. 主要讨论工程应用方面。

Kenjo T. Electric Motors and their Controls[M]. Oxford: Oxford University Press, 1991. 关于电动机的清晰、易读的阐述。

Cugat O. Microactionneurs electromagnetiques[M]. Paris: Lavoisier, 2002. 第一本关于磁性 MEMS 的书。

习　题

13.1　证明:式(13.8)给出的扩展二维磁结构的效率不可能超过 1/4。

13.2　比较图 13.6(a)和图 13.6(c)中的圆柱形磁通源的效率。

13.3　八边形海尔贝克柱由 $B_r = 1.25$ T 的钕铁硼制成,$r_1 = 12$ mm,$r_2 = 40$ mm,长为 80 mm,计算中心处的磁通密度。将结果与无限长理想海尔贝克柱(式(13.9))进行比较。注意,长度等于直径的柱,其磁通密度可以达到理想值的相当一部分。

13.4　设计一个永磁体组件,在 25 mm 孔中产生 5 T 的磁通密度。磁体需要的磁性质是什么?磁体的重量是多少?成本呢?

13.5　设计一种波荡器。

13.6　在没有传导电流的情况下,$\boldsymbol{B} = -\mu_0 \nabla \varphi_m$。证明由麦克斯韦方程组$\nabla \cdot \boldsymbol{B} = 0$ 可以得到$\nabla \cdot \boldsymbol{f} = \nabla^2 (\mathfrak{m} \cdot \boldsymbol{B}) = 0$,其中磁矩$\mathfrak{m}$受力 $\boldsymbol{f}$ 为$\nabla(\mathfrak{m} \cdot \boldsymbol{B})$。

13.7　假定长为 1 cm、半径为 r 的圆柱体由极化强度 1.5 T 的材料制成,为了能够稳定地悬浮一滴水,r 的最大值是多少?

13.8　设计一种磁性工作鞋,能够让你在铁制的天花板上行走(头朝下、脚朝上)。

13.9　过去用永磁体限制大电流开关的电弧放电。它们是如何工作的?

第14章 自旋电子学和磁记录

常规电子学忽略了电子的自旋

自旋电子学利用电子的角动量和磁矩给电子学器件增加了新功能。第一代器件包括磁阻传感器和磁存储。传感器应用广泛，尤其是在数据记录方面。磁记录用半硬磁薄膜作为记录介质。写磁头是微型的薄膜电磁体，而读磁头通常是具有巨磁电阻(GMR)或者隧穿磁电阻(TMR)的自旋阀。磁性随机存储器(MRAM)基于可翻转的自旋阀元件，与读磁头的结构相似。正在研发新一代的自旋电子学器件，包括利用自旋极化电流的角动量来产生自旋转移力矩，或在类似晶体管的结构中，利用第三个电极操控自旋极化电子的流动。

基于对半导体芯片中电子电荷的操控，建立了非常成功的电子学技术。利用互补金属氧化物半导体(CMOS)逻辑，实现计算所需要的操作。半导体分为n型半导体和p型半导体，电荷的载体是电子或空穴。二进制数据作为电荷存储在场效应管(FET)的栅极上。CMOS逻辑(图14.1)的重要特点是，晶体管只在开和关的转换时消耗能量。自从1982年引进这种电子元件以来，器件的尺寸不断减小。半导体工业按照路线图(roadmap)发展。在2008年，硅电路的最小特征尺寸是45 nm，并且计划在2011年减小到22 nm。我们并不知道这个路线图的终点在哪里，但是当尺寸变得更小时，CMOS就会变得不稳定。基于自旋的电子器件的方案有可能解决上述问题。

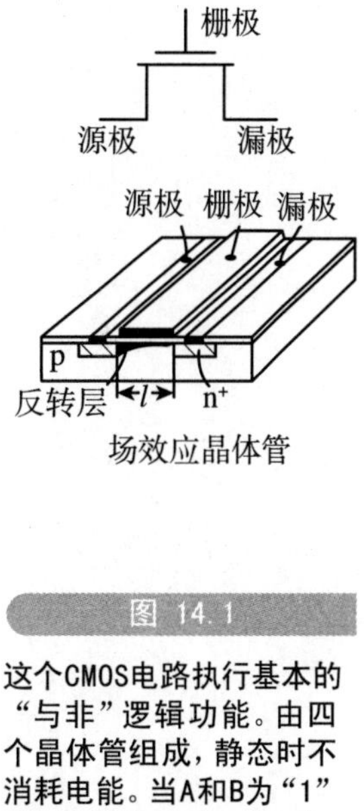

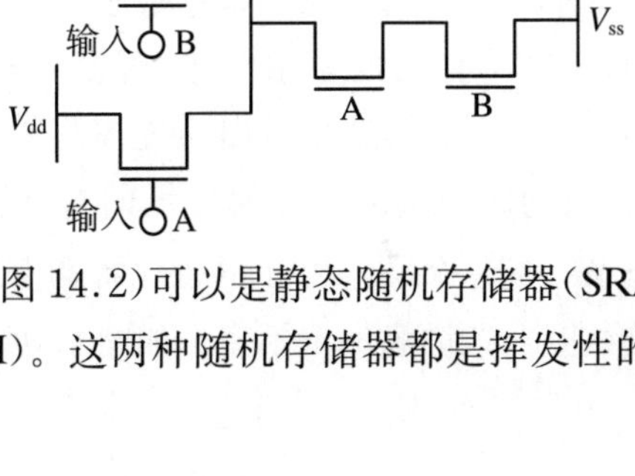

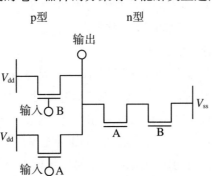

图 14.1

这个CMOS电路执行基本的“与非”逻辑功能。由四个晶体管组成，静态时不消耗电能。当A和B为“1”时，输出为“0”；当A或B为“0”时，输出为“1”

半导体存储器(图14.2)可以是静态随机存储器(SRAM)和动态随机存储器(DRAM)。这两种随机存储器都是挥发性的：当电源切断时，存储在场效应管栅极的信息消失。静态随机存储器耗电量小，而且速度很快，但是一个存储元件需要6个晶体管。动态随机存储器要求每千分之一秒周期性刷新，否则电荷会丢失，但是一个存储元件仅需一个晶体管。出错率大约是每月1吉比特(Gbit)分之一，但是随着记忆单元尺寸变小，以及受宇宙射线等背景辐射干扰存储电荷等因素影响，这种出错率肯定会增加。

图 14.2

存储器单元：(a) DRAM由一个晶体管构成，需要刷新；(b) SRAM

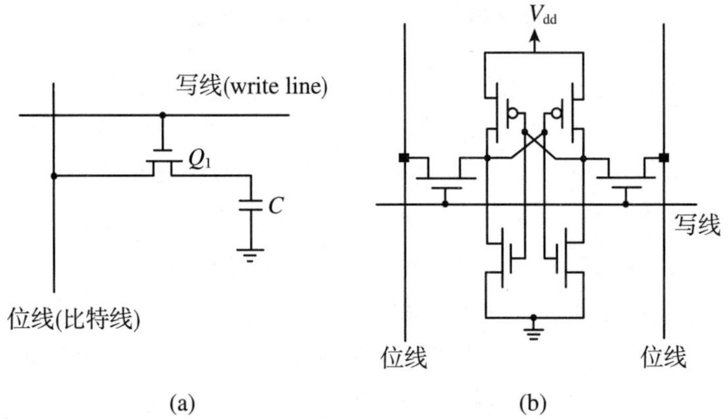

闪存是非易失性的半导体存储器，可以电擦除和再编程。它采用的场效应晶体管元件具有两个栅极，而不是一个栅极。一个完全绝缘的浮栅存储电荷。闪存的价格比较便宜，但是速度相对较慢，并且可重复擦写的次数有限制。在某些应用中，基于闪存的固态存储器可以补充或者取代磁硬盘存储。

常规电子学不考虑电子的自旋。它们把电子当作运动的荷电粒子。硅芯片里的电荷在越来越小、越来越快的半导体电路中流动。按照摩尔定律，芯片中的晶体管数量每两年就要翻倍(图1.14)。由英特尔公司命名的摩尔定律不是物理规律，而是基于过去30年半导体工业发展的经验。就像其他的指数增长一样，摩尔定律也一定会走向尽头。据推算，晶体管的尺寸将在2020年达到一个原子！但就目前来说，摩尔定律仍然继续实现着自己的预言。它的外推设定了半导体工业道路的目标。

在信息革命中，磁性信息存储一直是半导体电子学的伙伴。在硬盘、软盘和磁带上，已经实现了海量数字信息的非易失性存储，磁存储密度一直遵循着自己的摩尔定律，密度翻倍的速度甚至比半导体更快(图14.3)。记录信息是可以重复擦写的，并且磁介质可以重复使用。磁记录的成功是由于双偶极场的自然属性，它随着$\mathfrak{m}/r^3$变化，其中$\mathfrak{m}\approx Md^3$是一个尺寸为d的磁比特产生的磁矩。由于d和r以同样的比率缩小，杂散场保持不变。如同CMOS一样，磁记录是可扩展的技术。全世界存储在服务器和硬盘上的数据量令人吃惊，现在每年创造并存储的新数字信息超过 10^{20} 比特，而世界上所有其他数据的总和具有相同的量级。这本书的文字内容只有 10^{7} 比特，而图片另有 10^{10} 比特。每个信息都存储在磁盘的一个单独可寻址的位置上。显然，我们在工厂里制造的磁体和晶体管的数量远远超过了在土地上种植的稻米和玉米的数量。

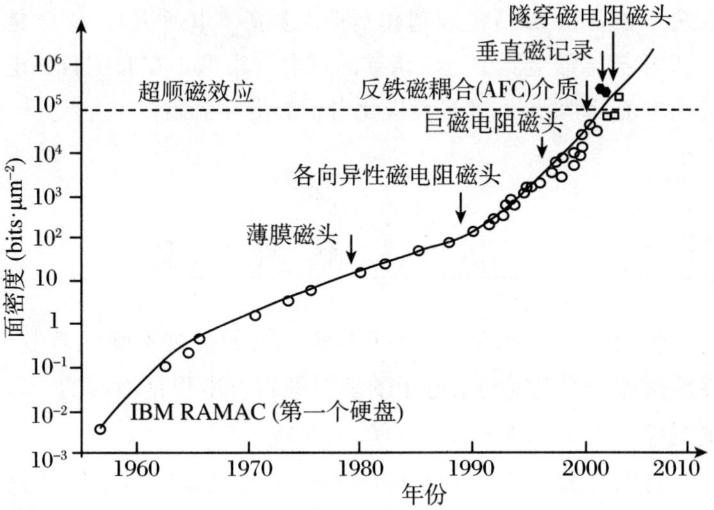

图 14.3
硬盘磁记录的发展趋势

随着电子逻辑和存储器极端微型化的不停发展，我们需要考虑电子自旋在新型器件操作中扮演的关键角色。非常成功的第一代自旋电子学[①]基于磁电阻传感器和双稳记忆单元。这些是两端器件；将来的三端器件，包括各式各样的自旋晶体管，可能提供自旋的增益。自旋电子学的目标是将电和磁的功能集成在芯片上，就像各种光电子器件中已经实现的光电集成一样。

14.1　自旋极化电流

电子不仅有电荷 $-e$，还有量子化的角动量 $\hbar m_s$，其中 $m_s = \mp 1/2$，分别代表自旋向上↑和自旋向下↓电子的磁矩[②]。电子的磁矩正比

① 自旋电子学 spintronics 与 spin electronics 是同义词，和磁电子学(magnetoelectronics)是一个近义词，指的是带有电学功能的磁性元件。

② 箭头的方向是电子磁矩的方向，与角动量的方向相反。在铁磁体或者位于磁场中的顺磁体里，自旋向上的电子是多数自旋电子。

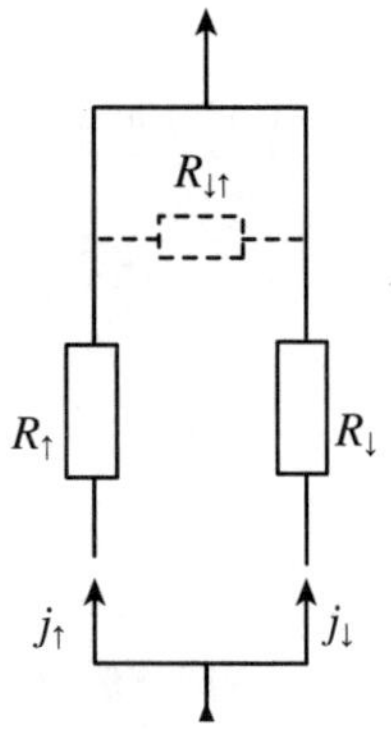

双电流模型

于角动量，m = $\gamma\hbar m_s$ = ±1 玻尔磁子。电子的自旋角动量是固态磁学和自旋电子学的基础。电流总是电荷流，但也可以是角动量流。重要的区别在于，与电荷不同，角动量在电路中不是守恒量。通过散射过程电子能够从自旋向上↑翻转为自旋向下↓的状态（反之亦然），这与普通的散射不太一样。普通的散射会改变电子的动量，偶尔还会改变其能量。自旋翻转散射发生得比较少，可以把传导视为发生在两个独立的、并行的通道里（即↑通道和↓通道）。这就是莫特在1936年提出的金属中电子传导的双电流模型。在介绍自旋电子学的应用之前，简要地回顾自旋极化电子的传导机制。

14.1.1 传导机制

金属中的传导通常是扩散过程。电子持续不断地被散射，并且在铁磁体中↑电子与↓电子的散射平均自由程是不同的。每个通道的电导率正比于其平均自由程 $\lambda_\uparrow$ 或 $\lambda_\downarrow$。

首先考虑金属铜中电子的传导，非磁性金属每个原子具有全满的 3d 能带（有 10 个电子）和半满的 4s 能带（只有一个电子），如图 14.4 所示。导电性主要来自 4s 电子，在电场中沿着电场方向的漂移速率为 v_d（见第 3.2.7 小节）。电流密度为 $j = -nev_d$，其中 n 是电子密度。在铜中，n 为 $8.45\times10^{28}\ \mathrm{m^{-3}}$。电路中的典型电流密度是 $10^7\ \mathrm{A\cdot m^{-2}}$，所以漂移速率是 $1\ \mathrm{mm\cdot s^{-1}}$的量级。

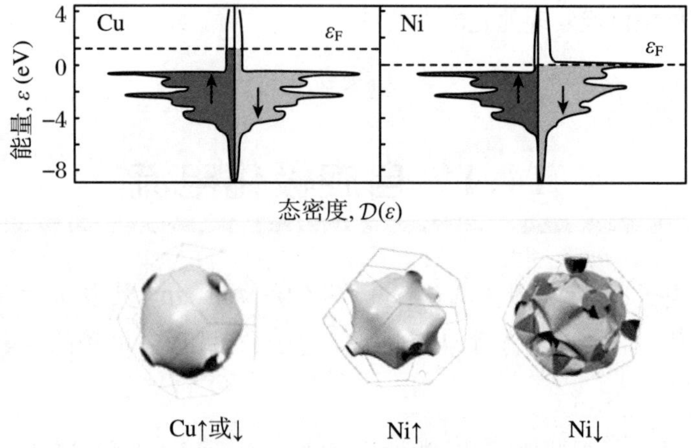

图 14.4
铜和镍的费米面态密度

平均自由程是电子在两次碰撞的时间间隔（即动量弛豫时间）τ 内所走的平均距离。平均自由程就是 $\lambda = v_F\tau$，其中，v_F是费米速度。在自由电子模型中，按照德布罗意关系式(3.1)以及式(3.37)，$v_F =$

$(\hbar/m_e)(3\pi^2 n)^{1/3}$，铜中电子的费米速度是 1.6×10^6 m·s^{-1}。铜中电子的费米波长 $\lambda_F=\hbar/m_e v_F=0.7$ nm，大约是原子间距的三倍。从式(3.51)可知，电导率和平均自由程 λ 的关系是，既然纯铜的电导率大约是 10^8 S·m^{-1}，平均自由程就是大约 40 nm，动量弛豫时间大约是 25 fs。对于单价金属，经验法则是 $\lambda\approx10^{-15}\sigma$ m。

$$\sigma=\frac{ne^2\lambda}{m_e v_F} \tag{14.1}$$

电子就像台球一样，在经历非弹性碰撞之前(失去或者增加能量)，会经历几次弹性碰撞，伴随着动量转移。在发生自旋翻转散射之前(与晶格交换角动量)，会经历 $\nu=100$ 甚至更多次的碰撞。自旋散射时间是 τ_s。在扩散过程中，在时间 $t\geqslant\tau$ 内，电子传输的距离为 $l=\sqrt{D_e t}$，其中D_e 是扩散常数(单位是 m^2·s^{-1})。既然电导来自沿着电场方向的电子的扩散，那么自旋扩散长度可以由三维随机游走表达，即

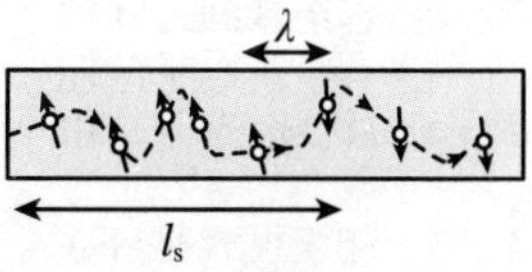

金属中电导的扩散过程特性。自旋翻转散射发生的概率远小于一般的动量散射，因此自旋扩散长度l_s要长于平均自由程λ，在一般情况下，$\lambda_s\geqslant l_s\geqslant\lambda$

$$l_s=\sqrt{D_e\tau_s} \tag{14.2}$$

其中扩散常数正比于电导 $D_e=(1/3)v_F^2\tau=(1/3)v_F\lambda$。因此 $l_s=\sqrt{(1/3)\nu\lambda^2}$。在两次自旋翻转事件之间，电子的平均“旅行”距离是 $\lambda_s=v_F\tau_s$。电导依赖于费米面上的态密度$\mathcal{D}(\varepsilon_F)$和扩散率$D_e$(爱因斯坦关系)：

$$\sigma=\mathcal{D}(\varepsilon_F)e^2D_e \tag{14.3}$$

铜的扩散率是$D_e=21\times10^{-3}$ m^2·s^{-1}，如果 $\nu=100$，则自旋扩散长度l_s是 230 nm。纯铜的实际自旋扩散长度大于这个值，但是在薄膜器件中，实际值要小于以上估算，因为存在缺陷以及杂质原子，降低了铜的电导率以及平均自由程和自旋扩散长度。当温度不为零时，由于电子和声子的散射，D_e 也会降低。

接下来讨论金属镍。镍原子比铜原子少一个电子，具有强磁性，3d 带是自旋劈裂的，如图 14.4 所示。镍的电子结构是 $3d^{9.4}4s^{0.6}$。电导的主要贡献仍然来自 4s 电子，因为 4s 电子的迁移率比 3d 电子大得多，但是↑电子与↓电子的散射大不相同。↑电子的行为类似于铜中的电子，因为 $3d^{\uparrow}$ 电子能带是全满的，费米面也相似，而↓电子被散射进费米面上空的 3d 态。镍中↑电子的平均自由程大约是↓电子的 5 倍。

镍的自旋扩散长度大约只有 10 nm。表 14.1 中列出了薄膜器件中常用的一些金属和合金的散射长度估计值。

表 14.1 室温下的平均自由程和自旋扩散长度估算值(nm)

	Al	Fe	Co	Ni	$Fe_{20}Ni_{80}$	Cu
$\lambda_\uparrow$	12	8	20	5	15	20
$\lambda_\downarrow$	12	8	1	1	1	20
l_s	350	50	40	10	3	200

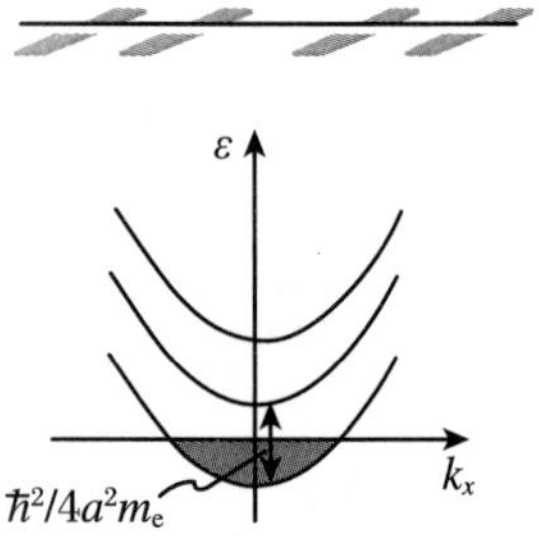

具有金电极的弹道纳米线。沿着纳米线运动的电子具有自由电子的能级$\varepsilon=\hbar^2k_x^2/2m_e$，但是由于量子限制，在$y$和$z$方向电子能级模式是分立的。电流由阴影区的电子贡献

除了扩散以外,固体中还存在其他三种电子输运模式。一个是弹道输运,电子的平均自由程超出了导体的尺寸,因此输运过程是单次的,没有散射。弹道输运一般存在于很小的点接触中,或者是低电子密度的高度理想导体中(例如半导体或碳纳米管)。对于↑电子与↓电子,弹道输运没有明显的区别。在扩散输运中,电子在两次碰撞之间是弹道输运的。

然而,电路中的限制结构(弱连接)影响了电阻和磁电阻。对于较大的接触,输运过程是扩散的,电阻可以简单地表示为 $R=\varrho t/\pi a^2$,其中 ϱ 是材料电阻率,a 是它的半径,t是厚度。当扩散接触非常薄,即 $t\ll 2a$ 时,电阻$R_M=\varrho/2a$,这就是麦克斯韦电阻。另一方面,如果输运是弹道性的,小接触的电阻可以由沙文(Sharvin)公式给出:

$$R_s=\frac{h}{2e^2}\frac{4}{a^2k_F^2} \tag{14.4}$$

对于非常薄的接触,当 $a=0.85\lambda$ 时,由扩散输运向弹道输运转变。对于纯铜,转变时的电阻大约是 0.1 Ω,但是它正比于电阻率的平方,因而在不良导体($\varrho\approx 1\ \mu\Omega\cdot m$)中,电阻可能达到千欧姆量级。$h/e^2$ 等于 25812 Ω,在输运理论中扮演了重要角色。其倒数$G_0=e^2/h$ 就是量子电导。[①]

既然在弹道通道内没有电子散射,电阻就肯定以某种方式跟接触有关。考虑一个弹道纳米线,其半径为 a,与费米波长相当。这个纳米线可以看作电子波导(或者二维量子阱,其中在 k_y或k_z中仅有几个由 π/a 分离的横波模式)。波矢在纳米线的长轴方向是不受限制的,并且像自由电子一样。如果两个电极的电势是 μ_1和 μ_2,电极 1 注入$k_x<0$ 的电子,电极 2 注入$k_x>0$ 的电子。一个模式对电流的贡献是$-nev$,其中 n 是单位纳米线长度中的电子数。在长度为 l 的导体中,电子密度为 $1/l$,所以电流为

① 这是针对一个自旋的。非极化自旋通道的电导率是其两倍,即 $2e^2/h$。

$$I = -\frac{e}{l}\sum_k \frac{1}{\hbar}\frac{\partial \varepsilon_k}{\partial k} f(\varepsilon_k) \tag{14.5}$$

其中，$f(\varepsilon_k)$是一个态的占据概率。用积分代替 k 状态求和，即

$$I = -\frac{2e}{h}\int_{\varepsilon_0}^{\infty} f(\varepsilon_k)\mathrm{d}\,\varepsilon_k \tag{14.6}$$

如果模式数 ν_m 在 $\mu_1 > \vartheta > \mu_2$ 范围内是常数，那么 $I = (2e^2/h)\nu_m \cdot (\mu_1 - \mu_2)/e$，电导就是

$$G = \frac{2e^2}{h}\nu_m \tag{14.7}$$

每一个非极化模式对电导贡献 $2G_0$。如果这个模式不是理想传输，电导的表达式就要修正为兰道尔公式(landauer formula)：

$$G = \frac{e^2}{h}\sum_{i,\alpha} T_{i,\alpha} \tag{14.8}$$

其中，T_i是↑或↓电子的第 i 个模式的透射率。

第三种电子输运方式是隧穿(见第8.3.6小节)。当两个导体被一个薄的绝缘层或者真空隙隔离时，电子波函数以指数衰减，如果势垒的宽度 w 小于电子波函数衰减长度或与其相当，电子就会有一定的概率进入势垒的另一侧。对于势垒高度为ϕ、宽度为 w 的势垒，电子的隧穿概率可以由透射系数给出：

$$\mathcal{T} = \exp(-2w\sqrt{2m_e e\phi}/\hbar) \tag{14.9}$$

隧穿输运的特征是电导 G 几乎与温度无关($G \ll G_0$)，由于势垒在外加电场中变形，I-V 关系是非线性的：

$$I = GV + \gamma V^3 \tag{14.10}$$

使用西蒙兹(Simmonds)表达式(8.13)和式(8.14)拟合隧穿输运的 I-V 曲线，可以得到有效的势垒高度ϕ和宽度 w。

电子输运的第四种模式是跳跃输运。这种模式一般发生在局域电子中，因此可以用有限的波包$\psi \sim \exp(-\alpha r)$描述，而不是扩展的波函数$\psi \sim \exp(\mathrm{i}\boldsymbol{k}\cdot\boldsymbol{r})$。电子通过热辅助从一个位置移动到下一个位置。为了跳跃到一个最近邻位，需要激活能 ε_a，所以电导正比于$\exp(-\varepsilon_a/k_B T)$，这类似于半导体。在低温下，用几乎相同的能量，电子可能跳跃到一个较远处的位置。电导可以由变距离跳跃的莫特公式表达，即

$$\sigma = \sigma_\infty \exp[-(T_0/T)^{1/4}] \tag{14.11}$$

其中 $T_0 = 1.5/[k_B \alpha^3 \mathcal{N}(\varepsilon_F)]$。在有缺陷的氧化物和有机导体中，电子跳跃是主要的输运机制。

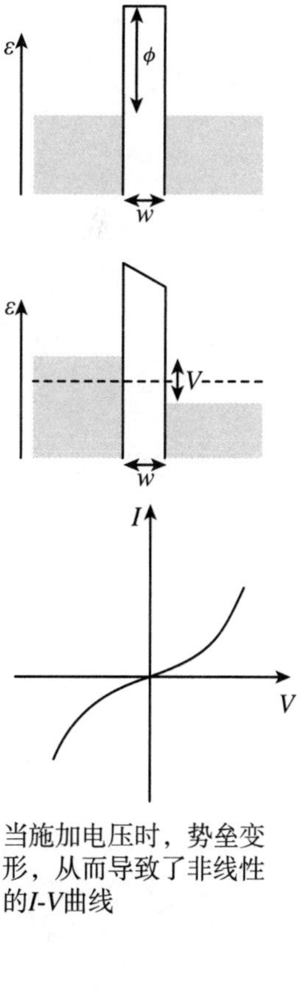

当施加电压时，势垒变形，从而导致了非线性的I-V曲线

14.1.2 自旋极化率

自旋电子学依赖于可移动的自旋极化电子的产生和检测。一个简单的器件如图 14.5 所示,包括自旋极化电子的源,将自旋极化的电子注入某种导体中,探测器检测由自旋极化编码的信息。对于全金属结构,电子的自旋注入和检测是比较简单的,例如巨磁电阻(GMR)自旋阀,或者包含绝缘层的隧穿磁电阻(TMR)自旋阀(见第 8 章)。这些自旋阀磁电阻器件是两端器件。向半导体中注入自旋极化电子有很多的困难,因为金属-半导体界面的阻抗不匹配,自旋极化电子的注入效率很低。虽然自旋的注入和探测通常利用铁磁体(图 14.5),但是也可以利用偏振光产生或探测自旋极化电子。

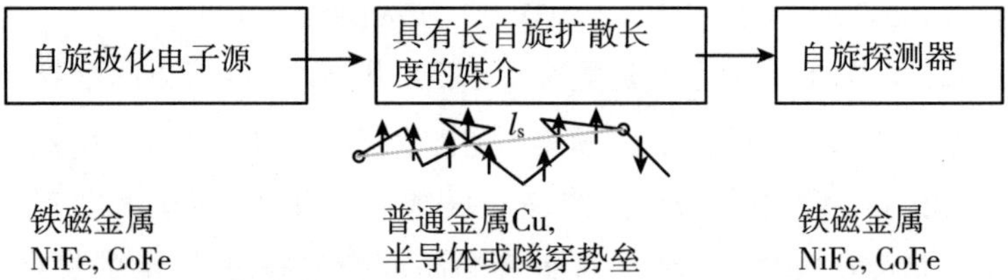

图 14.5
自旋电子学器件,利用铁磁电极进行自旋的注入和探测

自旋极化率是核心概念,需要理解它是如何定义和测量的。电子密度 $n_\uparrow$ 和 $n_\downarrow$ 的定义式(3.22)等价于电子的相对自旋磁矩。然而,第 8 章在讨论 TMR 时,引进了费米面上电子态密度的概念 $\mathcal{D}_\uparrow(\varepsilon_F)$和$\mathcal{D}_\downarrow(\varepsilon_F)$。为了方便,我们去掉$\varepsilon_F$。输运属性涉及费米面上的电子,以及在费米能级 eV_b 内的电子,其中 V_b是外加偏压。但是不同实验得到的自旋极化率依赖于实验究竟测量的是什么。在低偏压下,推广了的定义为

$$P_n = \frac{v_{F\uparrow}^n \mathcal{D}_\uparrow - v_{F\downarrow}^n \mathcal{D}_\downarrow}{v_{F\uparrow}^n \mathcal{D}_\uparrow + v_{F\downarrow}^n \mathcal{D}_\downarrow} \tag{14.12}$$

其中,v_F是费米速度。费米能级上的态密度 $\mathcal{D}_\uparrow$ 和 $\mathcal{D}_\downarrow$ 由费米速度的 n 次方来加权,$n=0$ 适用于自旋极化的光发射电子实验,$n=1$ 适用于弹道输运,而 $n=2$ 适用于低偏压下的扩散输运或隧穿。在弹道输运中,平均速度是单轴的。此外,输运测量反映了电子的迁移率,所以在 3d 金属中,4s 电子比 3d 电子对测量更敏感。表 14.2 列出了一些 3d 金属的自旋极化率的计算值,包括半金属 CrO_2 和准金属性的铁磁体 $Tl_2Mn_2O_7$。有意思的是,不同的定义导致了完全不同的结果,甚至具有不同的符号。只有半金属的所有计算结果都是$P_n=1$。

表 14.2　自旋极化率的计算值

	Fe	Co	Ni	CrO_2	$La_{0.67}Ca_{0.33}MnO_3$	$Tl_2Mn_2O_7$
p①	0.27	0.18	0.06	1.00	0.91	0.99
P_0	0.52	−0.70	−0.77	1.00	0.36	0.66
P_1	0.38	0.39	0.43	1.00	0.76	−0.05
P_2	0.36	0.11	0.04	1.00	0.92	−0.71

① 自旋极化率由 3d 和 4s 电子密度计算得到。(来源:Rungger I, Nadgorny B, Mazin I I, et al. Physics Review, 2001, B63(184433); Singh D. Physics Review, 1997, B55(313))

一些测量自旋极化率的方法如图 14.6 所示。利用光发射可以直接探测费米能级上的电子密度(由光发射截面加权)。紫外光或软 X 射线使得电子从样品表面逃逸出来;根据其在重金属箔(莫特探测器)中的散射来确定自旋极化率。根据光电子的能量和角度依赖关系,可以绘制材料的能带图,但这种方法对表面非常敏感,能量分辨率很差(≳100 meV)。通常研究剩磁态的铁磁样品。

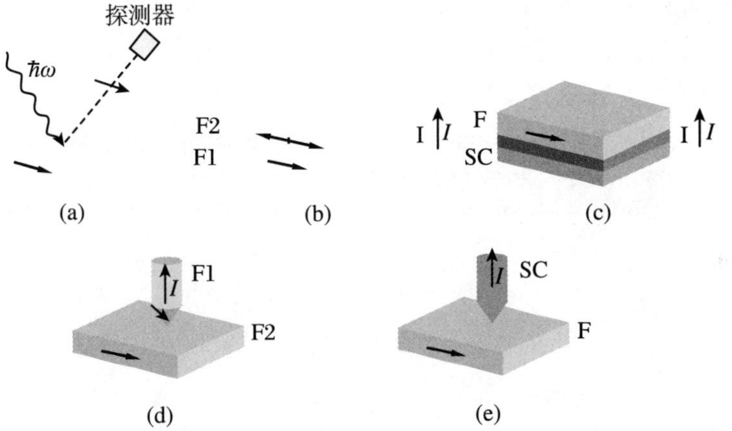

图 14.6

探测铁磁体自旋极化率的一些实验方法:(a) 极化光发射分析;(b) 隧穿磁电阻;(c) 泰德罗-梅瑟弗实验,(d) 弹道点接触;(e) 安德列夫散射。F——铁磁体;I——绝缘体;SC——超导体

由式(14.12)定义的自旋极化率是铁磁体的内禀属性。但是在自旋电子学中,通常对电子电流的自旋极化率更感兴趣,而非电子本身的自旋极化率。在多层膜结构中,界面效应对电流的自旋极化率有很大影响。不过,在具有两个铁磁电极和非晶势垒的隧道结中,经常由朱列尔模型(式(8.15))根据自旋相关的隧穿来得到自旋极化率 P_2。在单晶势垒中还有自旋过滤效应,依赖于透射波函数的对称性。如果一个电极是超导体,施加一个不足以改变超导态的磁场,也可以得到自旋极化率(例如泰德罗-梅瑟弗实验,见第 8.3 节)。

两个铁磁体之间的弹道点接触可以估算 P_1,但是当磁性从平行态变化到反平行态时,磁致伸缩是很难避免的。因此,铁磁体和超导体之间的点接触的弹道输运提供了一种新方法,可以测量低温下的自旋极化率,这就是安德列夫反射实验。

在安德列夫反射中(图 14.7),如果外加偏压低于超导能隙 Δ_{sc},电子必须形成库珀对才能通过正常金属的点接触注入超导体。结果就是,一个带有相反自旋的空穴返回到金属里。当 $V<\Delta_{sc}$时,由于空穴产生的电流,点接触的电导值是 $V>\Delta_{sc}$时电导值的两倍。半金属在费米能级附近没有相反自旋的空带,所以当 $V<\Delta_{sc}$时,电导应该是严格地等于零。一般情况下的自旋极化率是

$$P_1 = \frac{1}{2}\left[1 - \frac{G(0) - G(V > \Delta_{sc})}{G(V > \Delta_{sc})}\right] \qquad (14.13)$$

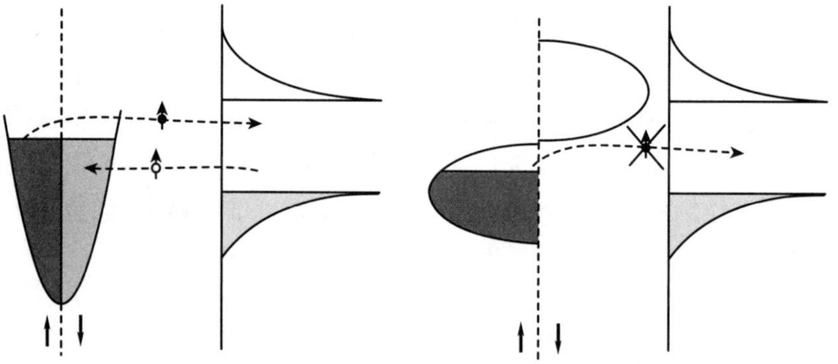

图 14.7

点接触的安德列夫反射,显示了正常金属(a)和半金属(b)典型的电导偏压依赖关系(Soulen R, Byers J M, Olovsky M S, et al. Science, 1998, 282(85))

表 14.3 列出了一些利用安德列夫反射测得的自旋极化率。

表 14.3 安德列夫反射测试所得自旋极化率

Fe	0.40	$Co_{50}Fe_{50}$	0.50
Co	0.40	NiMnSb	0.45
Ni	0.35	Co_2MnSi	0.55
$Ni_{80}Fe_{20}$	0.45	CrO_2	0.95

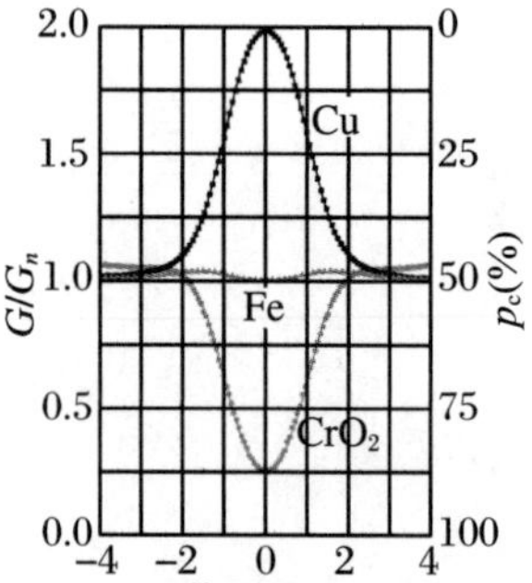

Cu, Fe和CrO_2与Nb点接触的安德列夫散射。外加偏压以超导能隙为单位

总之,除了半金属以外,每种材料的自旋极化率都有不止一种定义。自旋极化率的结果不仅依赖于实验方法,还依赖于铁磁材料和相关非磁性材料的电子结构及其界面。

14.1.3 自旋注入和自旋积累

在自旋极化的电子输运中,一个重要的概念是自旋积累(见第 8 章)。在铁磁金属和正常金属的接触处附近,自旋极化的电子可以扩散进正常金属,非极化的电子也会扩散进铁磁体,自旋总数(spin population)会产生修正。平衡态的自旋数变化非常小,$\sim k_B T/\varepsilon_F$,

但是在界面两侧的自旋扩散长度以内，磁性质与体材料内部是不一样的。

当电流流过界面的时候，自旋数会产生显著的非平衡变化。自旋极化的电子从铁磁体注入正常金属。界面以及相关化学势的变化如图 14.8 和图 8.19(c)所示。

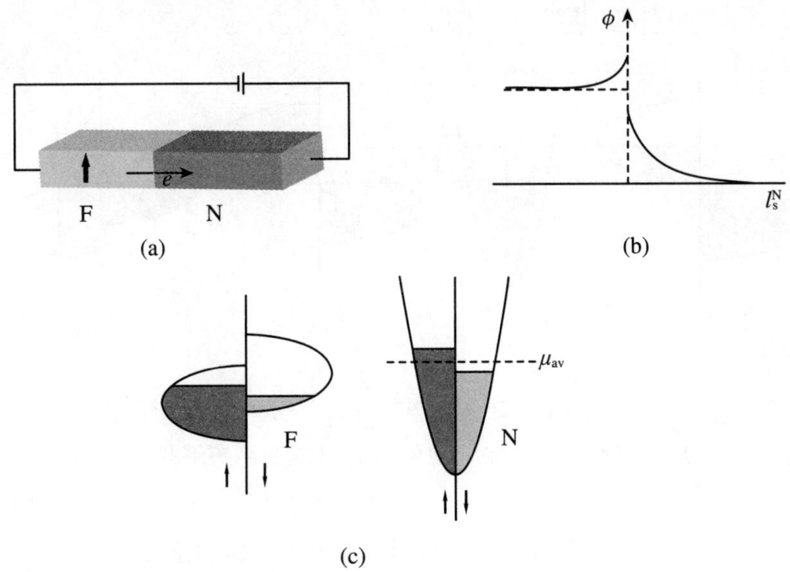

图 14.8

(a) 铁磁体(F)向正常金属(N)中注入自旋；(b) 在正常金属中，自旋极化电子的积累；(c) 在界面附近的非平衡化学势

为了测量非平衡自旋注入的依赖于自旋的小电压，最好的方法是非局域输运测量。自旋极化的电子从铁磁体 F1 注入普通金属，测量另一个铁磁电极 F2(并不在这个电流路径上)的电势。自旋极化的电子从注入端漂移出去，在l_s的范围内自旋极化的电荷云出现。在自旋积累区，由于↑电子与↓电子的化学势不同，所以当 F1 和 F2 处于平行或反平行设置时，测量电极所显示的电位会稍微不同，如图 14.9 所示。测量自旋相关的电压随着 x 的变化关系，可以直接得到自旋扩散长度。但是自旋扩散长度比较短(室温下，非磁性金属大约是 100 nm)，上述测量具有挑战性。

在铁磁-非磁金属(F-N)界面的每一侧，自旋积累电压的衰减 $-(\mu^{\uparrow}-\mu^{\downarrow})/e$可以由自旋扩散方程描述。这个方程最初用来描述核磁共振中的原子核的极化率的分布。两种自旋数的扩散方程是

$$\frac{n^{\uparrow,\downarrow}(x,t)}{\tau_s}=D_e\frac{\partial^2 n^{\uparrow,\downarrow}(x,t)}{\partial x^2} \tag{14.14}$$

其中D_e是电子扩散常数，τ_s是自旋弛豫时间，与传导电子自旋共振实验中得到的自旋-自旋弛豫时间 T_2 有关。把自旋劈裂电子态密度$\mathcal{D}(\varepsilon)$积分到化学势$\mu^{\uparrow}$或$\mu^{\downarrow}$，然后再取两者的差值，就可以得到电流通过界面所产生的剩余自旋密度 $m(x,t)=n^{\uparrow}(x,t)-n^{\downarrow}(x,t)$。

图 14.9

非局域电测量可以观测非平衡自旋积累，在测量电极上没有电流通过。p和ap代表铁磁电极F1和F2的平行与反平行设置（Jedema F J, Heerscher H P, Flub A T, et al. Nature, 2002, 416(713)）

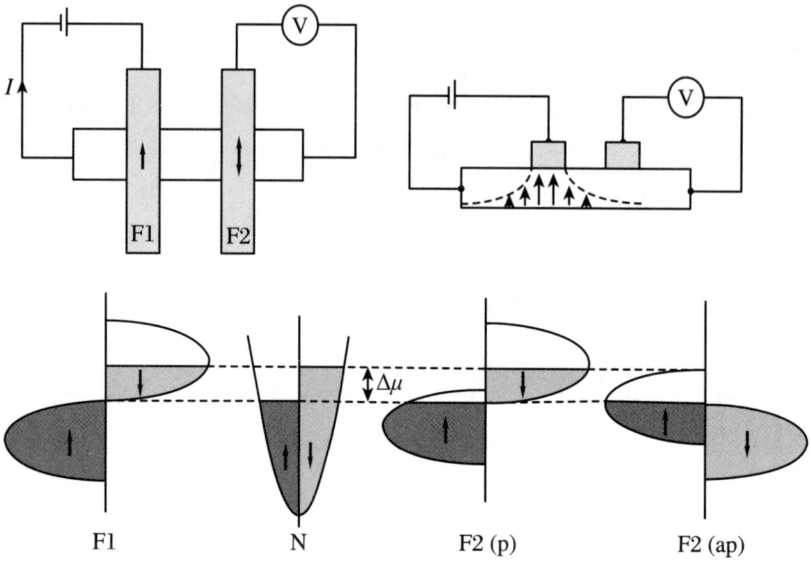

因此

$$m(x,t)=\mathcal{D}(\varepsilon_F)[\mu^{\uparrow}(x,t)-\mu^{\downarrow}(x,t)]$$

把式(14.14)应用于$n^{\uparrow}-n^{\downarrow}$，得到自旋电压的稳态解是

$$(\mu^{\uparrow}-\mu^{\downarrow})_x=(\mu^{\uparrow}-\mu^{\downarrow})_0\exp(-x/l_s) \qquad (14.15)$$

其中，$l_s=\sqrt{D_e\tau_s}$，下标 x 代表所计算的自旋电压的位置。

在 F-N 结的铁磁层一边，铁磁体中 s-d 散射决定了自旋积累长度(图 8.19(c))。在纯的铁磁金属中，l_s大约为 40 nm，τ_s是 1 ps 的量级；但是在合金中(例如 Ni-Fe 或 Co-Fe)，由于散射增强了，自旋扩散长度和弛豫时间都会变小。图 14.10 显示了 GMR 自旋阀结构的化学势，其中非磁层的厚度远小于自旋弛豫长度，因而可以忽略。当自由层从平行态向反平行态翻转时，自旋相关的电势会发生变化，因此恒定电流时的自旋积累电压V_{sa}发生变化，即磁电阻发生变化。

图 14.10

在GMR自旋阀中，铁磁电极平行和反平行设置时，↑电子与↓电子的化学势。假设中间非磁层的厚度远小于自旋扩散长度（F1和F2为铁磁层，N为正常金属）

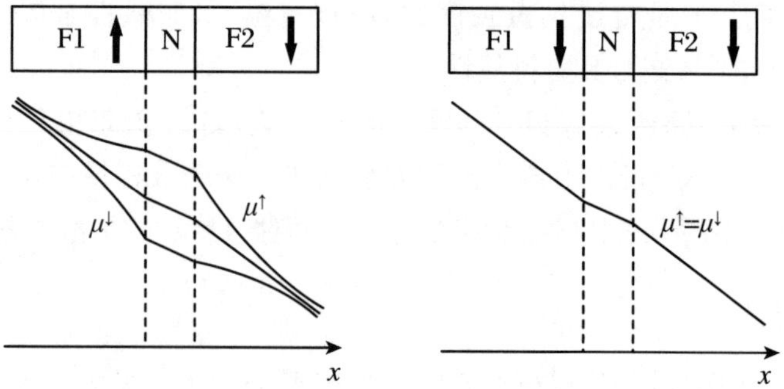

界面电阻和面积的乘积RA_{int}是V_{sa}/j，式(8.10)可以用电导率$\alpha=\sigma^{\uparrow}/\sigma^{\downarrow}$表示为

$$RA_{\text{int}} = \frac{\alpha - 1}{2ej(1+\alpha)}(\mu^{\uparrow} - \mu^{\downarrow})_0 \tag{14.16}$$

磁电阻比值为

$$\frac{\Delta R}{R} = \frac{2R_{\text{int}}}{\varrho_{\text{f}}\ \text{t}_{\text{f}}}$$

其中ϱ_{f}是铁磁体的电阻率，t_{f}是两层铁磁层的总厚度。对于非磁层很薄而铁磁层很厚的极限情况，有

$$\frac{\Delta R}{R} = \frac{(\alpha - 1)^2}{4\alpha}\frac{l_{\text{sf}}}{\text{t}_{\text{f}}} \tag{14.17}$$

其中 l_{sf}是铁磁体中的自旋扩散长度。当 α 以及 l_{sf}很大时，磁电阻值是最大的。如果 $\alpha = 5$，$l_{\text{sf}}/\text{t}_{\text{f}} \approx 0.25$，磁电阻比值就是 20%。自旋积累电压的量级很小，即使电流密度 j 高达 10^{12} $\text{A}\cdot\text{m}^{-2}$，其值也不会超过 1 mV。

上述分析中，假设界面是“透明”的。实际上，在 GMR 自旋阀的操作过程中，界面处自旋相关的散射和反射扮演了关键的角色。在界面处化学势的变化是$\mu_i^{\uparrow\downarrow} = -eI^{\uparrow\downarrow}R_i^{\uparrow\downarrow}$，其中$R_i$是界面电阻。在绝热极限下，界面处交换场的巨大梯度使自旋向上和自旋向下的电子发生偏转，就像斯特恩-盖拉赫实验一样。在完美界面的非绝热极限下，非绝热量子反射很重要。

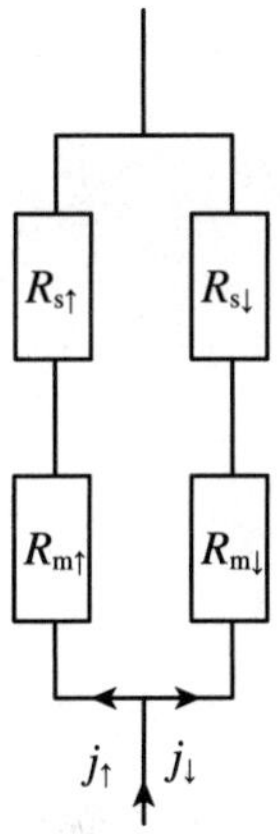

电阻不匹配的问题。$R_{m\uparrow} \neq R_{m\downarrow}$，但是$R_{s\uparrow} = R_{s\downarrow}$，而且$R_s >> R_m$，所以$j_\uparrow \approx j_\downarrow$

相对于金属，半导体中电子的自旋寿命和扩散长度非常长，但是由于金属和半导体界面电阻不匹配，所以半导体中自旋极化电子的注入与检测很困难。对于并联的两个自旋通道，金属加接触的电阻是自旋相关的，然而更大的半导体电阻却不是。每个通道的电流几乎是相同的，因此电子的自旋极化很小。界面散射贡献的是电阻，而不是电阻率；散射集中在整个结区，其中的电势是变化的。

为了克服这个问题，一种方法是在半导体金属界面引入高电阻的肖特基势垒或者隧穿势垒，并越过势垒来注入自旋极化的热电子。势垒的电阻依赖于自旋，$R_{b\uparrow,\downarrow} > R_s$。对于直接带隙半导体（例如 GaAs），使用圆偏振光的光学自旋注入也是一种可行的方法。GaAs 的能带结构如图 14.11 所示，带隙为 1.52 eV。由于自旋轨道耦合，As 的 4p 价带劈裂为一个 $4p_{1/2}$和两个 $4p_{3/2}$子带（具有不同的有效质量）。用圆偏振光子泵浦半导体，如果光子能量足以将所有三个子价带的电子激发到 Ga 的 4s 导带，电子以同样的概率占据量子数 $m_j = \pm 1/2$ 的态，净自旋极化率就是零。但是，如果光子能量处于 1.52 eV 和 1.84 eV 之间，$m_j = -1/2$ 和 $m_j = +1/2$ 的占据比例为 3∶1，因此传导电子的净自旋极化率 p_c 就是$(n_{c\uparrow} - n_{c\downarrow})/(n_{c\uparrow} + n_{c\downarrow}) = (1-3)/(1+3) = -50\%$。4s 电子的自旋寿命为纳秒量级，而 4p 空

穴的自旋极化消失得很快(大约为 100 ps,因为自旋轨道散射)。观察电子和空穴复合所产生的圆偏振光,就可以探测自旋极化载流子。利用探测法拉第或克尔效应,也可以得到自旋极化率。

图 14.11

GaAs的能带结构示意图。实线表示圆偏振光m_j=1(σ^+)的跃迁。圆圈标记的数字代表相对跃迁概率

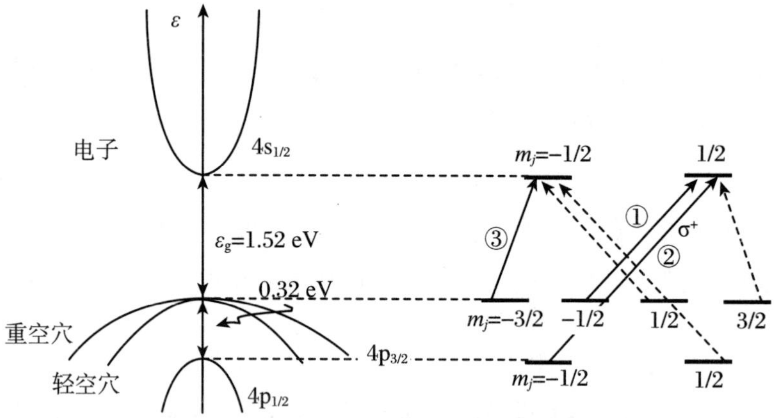

测量自旋寿命的泵浦探测实验如图 14.12 所示。将激光波长调节到半导体的能带边缘,圆偏振光脉冲将自旋极化的载流子注入半导体。从价带激发得到的自旋极化电子就开始绕着外磁场 B 以拉莫频率 $\omega_L=(ge/2m_e)B$ 进动。然后,利用延时为 τ 的线偏振探测光的法拉第旋转效应,就可以测量自旋极化率。半导体中的 g 因子可与 2 有很大的差别。激发电子的密度在 $10^{21}\ m^{-3}$ 量级(每一千万个原子中,被激发的不到一个)。但是对重复脉冲做平均,可以测量法拉第旋转角 θ_F。自旋弛豫时间可以从弛豫信号的包络中得到:

$$\theta_F = \exp(-t/\tau_s)\cos[(ge/2m_e)/Bt] \tag{14.18}$$

为了确定自旋扩散长度,让被激发的电子在电场的作用下漂移,而探测光束沿着从注入点开始的一条线在空间中进行扫描。半导体的自旋扩散长度的量级为 100 μm,用光学方法可以分辨扩散电子的位置。在半导体中,自旋扩散常数D_s可能会超过电子输运的范围。

图 14.12

测量GaAs中电子自旋极化寿命的泵浦探测实验

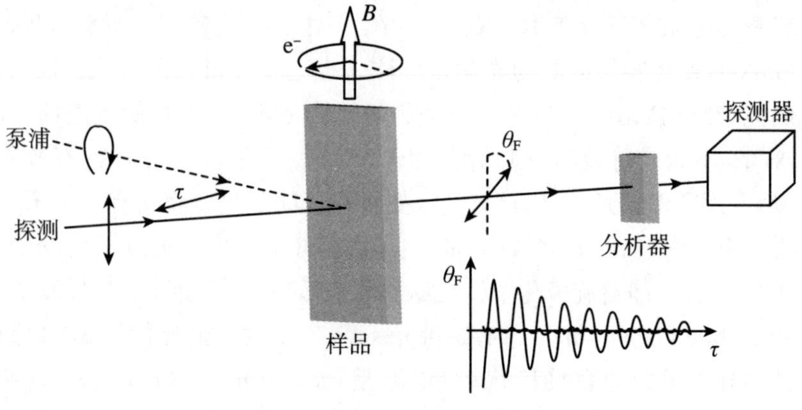

14.1.4 自旋转移力矩

伯格(Luc Berger, 1933—)

斯隆谢夫斯基(John Slonczewski, 1928—)

自旋极化率 $0<P_e<1$ 的电流不仅是电荷流 $j=-nev_d$ C·m^{-2}·s^{-1},同时也是角动量流

$$j_s = n(\hbar/2)p_c v_d = j\hbar p_c/2e \tag{14.19}$$

其单位是 J·m^{-2}。电荷在总电流中是守恒的,但是角动量可以因为晶格中的自旋相关散射和其他过程而被吸收,这就产生了自旋转移力矩 $\boldsymbol{\Gamma}$,等价于晶格角动量的变化率。系统里电子和晶格的总的角动量是守恒的,所以自旋极化电流损失的任何角动量都会转变为晶格的角动量。初始非极化的电流在铁磁晶格中由于自旋相关的散射过程会产生自旋极化,也就会产生转矩。自旋转移力矩能够激发磁子和微波,移动磁畴壁以及翻转纳米尺度磁性自由层的磁矩。自旋转移力矩效应的理论是由伯格和斯隆谢夫斯基发展起来的,他们还设想了一些应用。在纳米世界中,与邻近导体里电流产生的奥斯特磁场相比,自旋转移施加的力矩更有效。在当代磁学中,通过自旋极化的电流对磁矩进行操作是最令人振奋的发展之一。

半径为 r 的载流线在表面产生的磁场是 $H=jr/2$,奥斯特磁场随着 r 的减小而不断减弱。在纳米柱的自由层里(厚度为 t、半径为 r),磁矩对应的角动量为 $M\pi r^2 \mathrm{t}/\gamma$,电流 j 贡献的角动量流变化率为 $j\hbar p_c\pi r^2/2e$。自旋转移力矩导致的翻转效应依赖于以上两个量的比值,即随着 $jp_c/M\mathrm{t}$ 变化,而与 r 无关。自旋转移力矩是可以扩展的(scalable),虽然它只在纳米尺度下变得非常有效。一项新技术要想进入主流电子学产业,可扩展性是最基本的要求。

为了理解自旋转移力矩的物理机制,考虑一个自旋极化的电子,进入沿着 z 方向磁化的铁磁薄膜(图 14.13)。如果电子沿着 x 方向运动,电子的初始极化方向跟 $\boldsymbol{e}_z$ 的夹角为 θ,它在界面处可能被反射或者透射。例如 Cu-Co 界面,多数自旋的↑电子比少数自旋的↓电子更容易传输。界面处的反射是自旋转矩的一个来源,尤其是在非绝热情况下。进入 Co 中的电子在 z 方向上受到很大的交换场 B_{ex} 的作用(量级为 10^4 T)。3d 能带的交换劈裂场是 1 eV 的量级。在扩散的过程中,它们以拉莫频率进动,转了很多圈。当电子离开 Co 层时,它们经历了很多不同长度的路径,磁矩的 x 分量和 y 分量与进入前的动量完全没有关系了;但是如果 Co 层的厚度小于自旋扩散长度,电子磁矩的分量是不变的。因此,角动量从电流转移到 Co 层,转移率为$(j\hbar p_c \sin\theta)/2e$ J·m^{-2}。上述过程对厚的Co层几乎没有作用，但是对于薄的铁磁层，自旋转移力矩能显著地改变其磁化强度，往往使得铁磁层的磁矩朝着流入电流的极化方向翻转。横向角动量的吸收距离可以小于平均自由程。

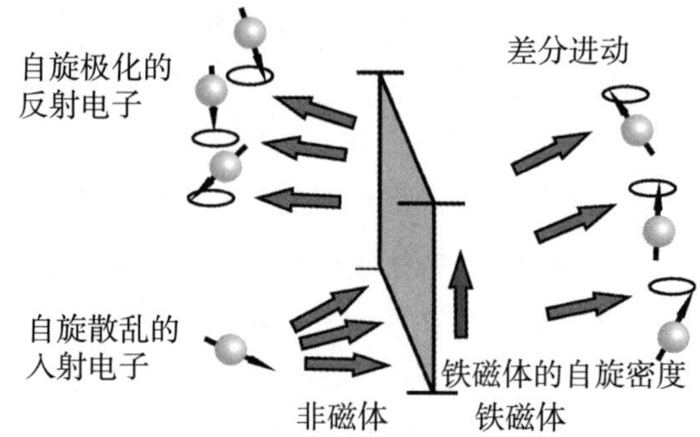

图 14.13

在铁磁层的界面处反射或透射的自旋极化电流横向分量的吸收机制(Stiles M D,Miltat J.Spin Transfer Torque and Dynamics(Vol.3)[M].Berlin:Springer,2006:205)

另一个机制也可以有效地把角动量从电流转移出去。在铁磁体中，↑电子和↓电子的平均自由程不一样(表14.1)，通常是$\lambda_\uparrow > \lambda_\downarrow$。在界面附近大约1 nm的范围内，少数自旋电子把角动量传递给晶格，而多数自旋电子要跑很远才会散射。在界面处的自旋-自旋(SS)散射也对转矩有贡献。散射必须是自旋选择的，但并不需要是自旋翻转的。自旋扩散长度l_s不是这个过程的相关尺度。

不论是什么机制，非极化的电流在通过1 nm厚的Co层后，变得自旋极化了。超薄Co层有效传递自旋极化的这种能力广泛应用于自旋电子学的多层膜器件中。弹道电子以10^6 m·s^{-1}的速度沿任意方向做无规则运动，在大约1 nm厚的薄膜中完成一次进动，因此角动量的横向分量由于进动机制被很快吸收。

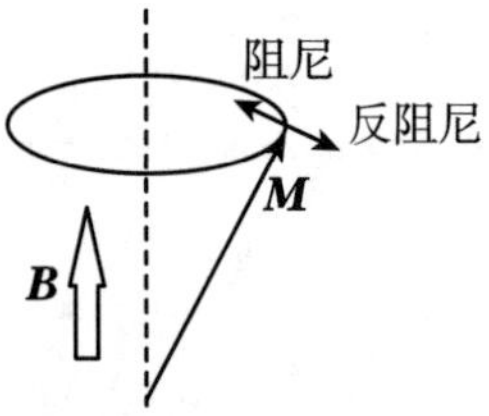

磁化强度在自旋转移力矩导致的反阻尼作用下的进动

接下来考虑电子流过由一厚一薄两个铁磁层组成的结构(图14.14)。首先考虑电子从厚铁磁层进入薄铁磁层。由于电子具有负电荷，电荷流的方向当然是相反的。

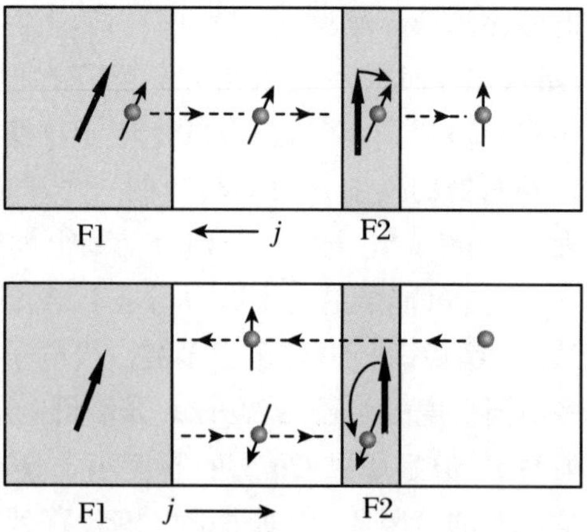

图 14.14

在纳米线或纳米柱中，自旋极化电流的角动量流的自旋转移力矩。自由层F2受到的转矩的方向依赖于电流的方向。无阴影的部分是非磁性层初始非极化的电流经过厚铁磁层以后，变为自旋极化的电流，其极化方向与厚铁磁层的磁化强度方向一致。自旋极化率不是很高，对于 Co/Cu 结构，p_c 为 35%。角动量的横向分量在后面的薄铁磁层中被吸收，如上所述。一个转矩会作用在 F2 上，导致其磁矩趋于向进入电流的自旋方向转动。F1 和 F2 的平行配置是稳定的。

当电子朝相反方向流动时（从薄铁磁层进入厚铁磁层），情况会怎么样呢？电子经过 F2 获得自旋极化，大多数电子继续进入 F1，但是它们对厚铁磁层 F1 产生的转矩作用无效。然而，一些电子（其中大多数与 F1 方向相反）被反射回 F1，其角动量的横向分量被吸收，从而导致 F1 和 F2 的反平行态是稳定的。总之，根据电流的方向，自旋转移力矩倾向于让两个铁磁层的磁性构型稳定或失稳。

根据角动量流的变化率（式(14.19)），可以估算翻转自由层（厚度为 t）的最短时间 t。在时间 t 内转移的角动量等于自由层（横截面积为$\mathcal{A}$）磁矩的角动量 $M\mathcal{A}\hbar/2\mu_B$，因此得到

$$t = \frac{M\mathrm{t}e}{j\mu_B P_e} \tag{14.20}$$

与横截面积 $\mathcal{A}$ 无关，但是翻转的速度受限于器件的最大电流密度 j，由于电子迁移的问题，最大电流密度基本被限制在 $10^{12}\ \mathrm{A\cdot m^{-2}}$。实际上，自由层必须只有几纳米厚，现代薄膜技术完全可以胜任。

进一步考虑自由层磁动力学的细节，在外加磁场存在的情况下，使用宏观自旋近似，假设自由层像一个巨大的自旋，在 $T=0$ K 下相干地转动。进动过程由 Landau-Lifschitz-Gilbert 方程（式(9.23)）描述，一个外加的类阻尼项 α'表示自旋转移力矩：

$$\frac{\mathrm{d}\mathfrak{m}}{\mathrm{d}t} = \gamma\mu_0\,\mathfrak{m}\times\boldsymbol{H}_{\mathrm{eff}} - (\alpha+\alpha')\boldsymbol{e}_{\mathrm{m}}\times\frac{\mathrm{d}\mathfrak{m}}{\mathrm{d}t} \tag{14.21}$$

有效场 $\boldsymbol{H}_{\mathrm{eff}}$是外磁场、偶极场和各向异性场的总和。根据电流的方向，自旋转移力矩可以增大或减小阻尼转矩。当电流沿着 $-\boldsymbol{e}_x$ 方向流动时，自旋转移项增大了阻尼。然而，当电流沿着 $+\boldsymbol{e}_x$ 方向流动时，自旋转移项大于阻尼项，出现了动力学的非稳定态。磁化强度不是沿着 $\boldsymbol{e}_z$方向弛豫，而是开始以螺旋轨迹远离它，如图 14.15 所示。

自旋转移力矩效应导致的“阻尼”项 α'的符号可正可负，依赖于图 14.14 结构中自旋极化电流的方向。当 $-\alpha'>\alpha$ 时，自旋动力学有几种不同的形式。一种情况是自由层可能螺旋运动到 $\theta=\pi$，然后在

图 14.15

“巨”自旋的进动：(a) 阻尼；(b) 无净阻尼；(c) 反阻尼

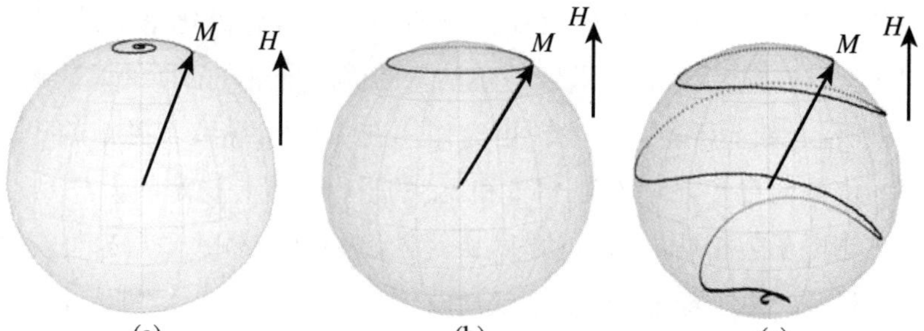

这个反方向上衰减。利用自旋转移力矩来实现磁矩的翻转，具有可扩展性，对于磁性存储器的应用非常重要。

另一种情况是自由层不是螺旋运动到 $\theta=\pi$，而是在磁场中以某些特定的角度持续地进动。因此，直流电流能激发稳定的 GHz 频率范围的磁振荡，而且其频率正比于电流密度 j（图 14.16）。这种简单可调制的片上微波源为磁学与芯片通信领域提供了全新的应用前景。

图 14.16

在GMR自旋阀纳米柱中，自旋转移力矩效应激发了微波(Rippard W H, et al. Phys. Rev. Lett, 2004, 92 (027201))

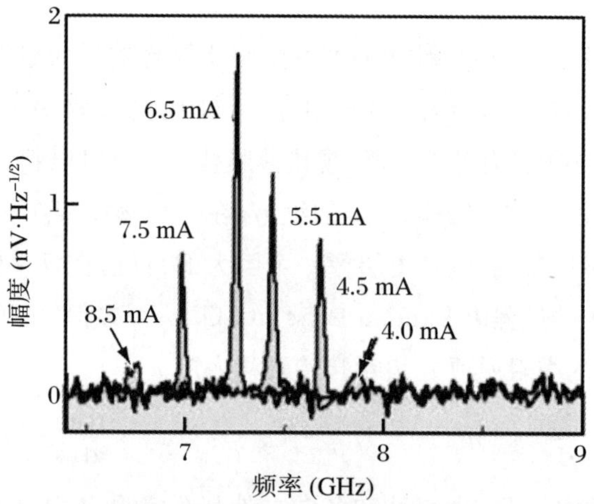

图 14.14 中的双层膜结构的动力学是非常复杂的。温度通常使得自由层取向发生波动，而自旋转移力矩增强了这个效应。在类似于图 14.14 中结构的磁性隧道结中，自由层在电流作用下的翻转曲线如图 14.17(a)所示。在小于临界翻转电流的某个 j_p 处，磁矩发生振荡。计算得到的相图如图 14.17(b)所示，它是电流和外磁场的函数。热扰动有助于自旋转移力矩诱导的磁化翻转，降低了临界翻转电流密度 j_c。

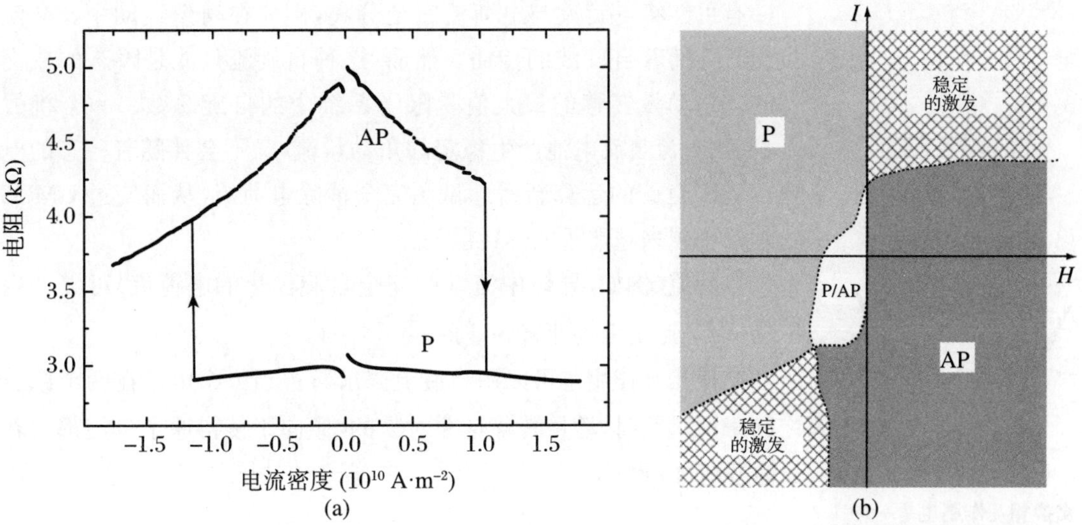

图 14.17

(a) 在具有单畴自由层的纳米柱磁性隧道结中的磁化翻转。P和AP对应于自由层和钉扎层的平行和反平行配置。感谢Kaan Oguz提供的数据。(b) 计算的相图(Kiselev S I,et al. Nature,2003,425(380))

14.1.5 自旋流

当电流通过导体时,由于自旋轨道散射体的存在,自旋倾向于在导体表面积累。固有的自旋-轨道耦合可以产生类似的效果。这就是自旋霍尔效应,其原理与莫特探测器相同:电子极化束穿过金箔时,由于自旋轨道散射,将分成↑和↓两个电子束。在线状样品中,这种现象很难观察到,因为电流产生的奥斯特磁场与自旋积累产生的场具有相同的对称性。但是在 GaAs 薄膜样品中,利用光学的克尔效应已经观测到这种自旋积累了(图 14.18)。

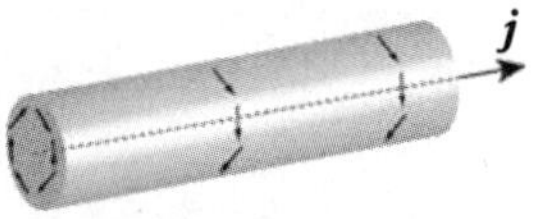

线状样品中的自旋霍尔效应

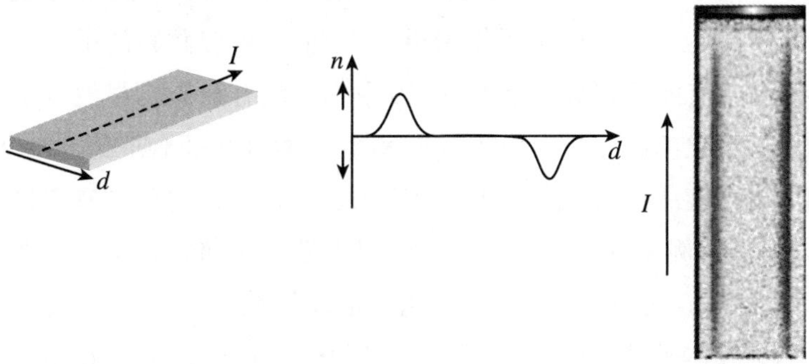

图 14.18

在GaAs薄膜样品中探测自旋霍尔效应的实验。图中亮和暗的区域显示了自旋向上和自旋向下的电子密度($n_\uparrow$和$n_\downarrow$)(Kato Y K. Science,2004,306(1910))

这些例子中的自旋流以及图 14.9 中的器件在工作时流动的自旋流,都是由电荷流来驱动的,但是与常规的自旋极化电流不同,它沿着不同的方向流动。在 GaAs 薄膜样品中,瞬态自旋流与电流方向垂直,↑电子和↓电子积累在样品两个相对的边缘上。

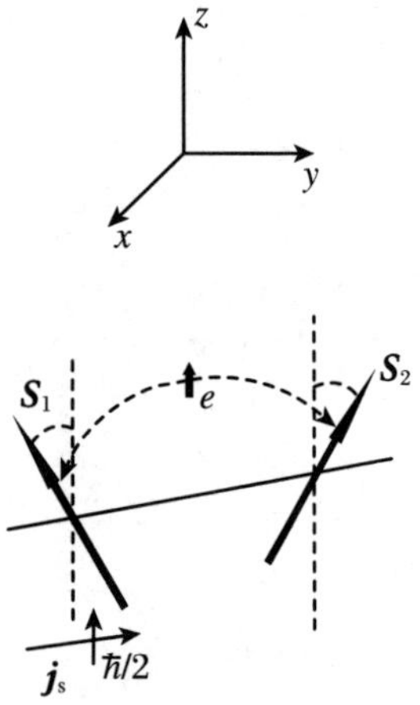

交换相互作用也是一种自旋流

有可能将自旋流与电荷流完全分离，例如在畴壁运动中。交流自旋流伴随着自旋波的传播。然而，这种自旋流只能是瞬态的或交替的。角动量转移的最大值受限于系统中的自旋总数。一个挑战是：利用直流自旋电池产生稳定的角动量流，又不会伴随着稳态的电流。基于自旋的运算新概念试图完全消除电荷流，从而绕过 CMOS 处理器中越来越严重的热耗散问题。

自旋流（例如，导体中流动的完全自旋极化的电荷流）可以产生电场，但是这个电场非常弱（练习题 14.6）。

交换相互作用也可以用自旋流来解释。当一个电子在两个原子之间来回跳跃时，动量转移是非对易的，倾向于使得原子自旋都沿着 z 轴方向排列。

14.2 自旋电子学材料

通常的自旋电子学器件（图 14.5）包括自旋极化电子源、输运介质和自旋探测部分。铁磁金属可用于自旋极化电子的产生和检测，常用的有 Co，Fe，Co-Fe 或 Ni-Fe。高居里温度的半金属赫斯勒合金也经常使用，例如 Co_2MnSi。其他一些有趣的半金属包括氧化物（例如 LSMO 和 CrO_2），但是基于这些材料的室温器件还没有实现。

原则上，自旋输运的介质几乎可以是任何材料，只要传输电子的极化不被完全损坏。在全金属材料多层膜中，Cu 或 Al 是经常被使用的。重金属的自旋轨道相互作用很强，会引入自旋翻转的散射。半导体是非常有效的自旋输运介质，因为几乎没有杂质或其他电子来散射自旋极化的载流子。由于金属和半导体的电阻不匹配，半导体中的电子自旋注入和探测仍然是没有解决的问题。对于具有直接能隙的半导体（例如Ⅲ—Ⅴ材料），可以用光学注入和磁光探测。在有机半导体中，自旋注入和检测的问题不是太严重。

当绝缘体薄得能够让电子隧穿的时候，也可以作为自旋输运介质。在弹道导体中（例如单层石墨烯和有机导体），自旋输运是跳跃式的，自旋注入受限于铁磁-有机界面。有机物的迁移率很小，但是自旋弛豫时间很长，将来也许会有应用。

表 14.4 总结了一些代表性材料的有关电子属性。种类很多，有

机会发明创新。

表 14.4　一些材料的自旋电子属性

	传导方式	l_s(nm)	$\mu(m^2\cdot V^{-1}\cdot s^{-1})$	$v_F(m\cdot s^{-1})$	τ_s(s)
Cu	扩散	200	4×10^{-3}	1.6×10^6	3×10^{-12}
Co	扩散	40	2×10^{-3}	1.3×10^6	4×10^{-13}
Si	扩散	10^5—10^6	0.1	b	10^{-9}—10^{-7}
GaAs	扩散	10^5	0.3	b	10^{-9}—10^{-7}
碳纳米管	弹道式	5×10^4	10	1×10^6	3×10^{-8}
石墨烯	弹道式	1500	0.2	1×10^6	10^{-10}
红荧烯	扩散	13	2×10^{-3}	b	10^{-3}
六噻吩	跃迁	200	10^{-9}		10^{-6}
$Alq_3$①	跃迁	45	10^{-14}—10^{-12}		10^{-2}—10

① 三(8-羟基喹啉)铝(Tris-(8-hydroxyquinoline)alumicium)。

注：b 依赖于载流子浓度。

14.3　磁敏传感器

磁敏传感器是探测磁场的被动器件，基于各种不同的物理效应。其输出电压单调正比于磁感应强度 $\boldsymbol{B}$ 或磁场强度 $\boldsymbol{H}$ 。这种传感器通常由磁阻结构或霍尔条构成，但有时候磁阻抗传感器或基于 NMR 的传感器更有优势，后者的信号正比于标量 B。磁传感的最大优点是避免了传感器和探测目标的直接接触。目前每年生产大约几十亿个磁敏传感器，其中大约十亿个用于硬盘驱动器，其余大部分是低成本的接近式传感器(见第 13.4.4 小节)。一辆汽车含有大约 100 个这样的传感器，大多数是集成的硅霍尔芯片。

表 14.5 总结了主要类型的传感器的特性，其工作原理已经在前面的章节中讨论过。这里着重介绍薄膜传感器的设计以及限制了传感器灵敏度的噪声问题。

薄膜磁场传感器用于转换单调的磁电阻信号，其操作依赖于铁磁层磁化强度的方向，对磁场的响应应该是连续的，而不是在高电阻态和低电阻态之间翻转。

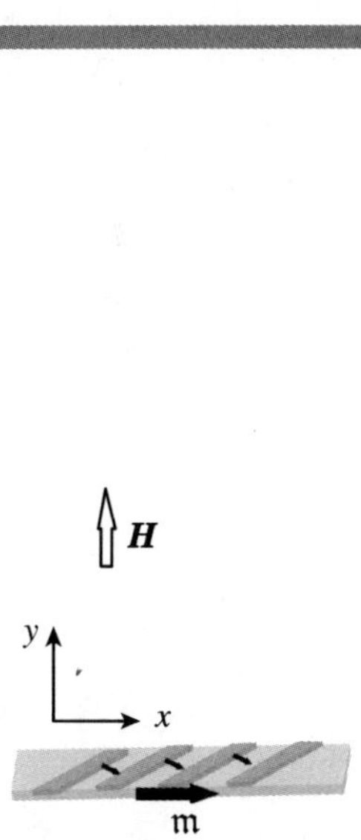

斜条形多电极。暗带为高导电性的金属条，定义了等势线，因此电流的流动方向与磁化方向成45°角

对于单层膜 AMR 传感器(通常由坡莫合金制备)，磁电阻效应是 $\delta\varrho(\varphi)=\varrho(\varphi)-\varrho(0)=\Delta\varrho(\cos^2\varphi-1)$，其中 φ 是 $\boldsymbol{M}$ 和 $\boldsymbol{j}$ 的夹角

表 14.5　磁场传感器的性能

传感器	原理	探测	频率范围	磁场(T)	噪声($Hz^{1/2}$)	备注
线圈	法拉第定律	$d\Phi/dt$	10^{-3}—10^{9}	10^{-10}—10^{2}	100 nT	体积大,绝对测量
磁通门	饱和的铁磁体	$d\Phi/dt$	0—10^{3}	10^{-10}—10^{-3}	10 pT	分立元件
霍尔发生器	洛伦兹力	B	0—10^{5}	10^{-5}—10	100 nT	薄膜
经典的磁电阻	洛伦兹力	B^2	0—10^{5}	10^{-5}—10	10 nT	薄膜
各向异性磁电阻	自旋轨道散射	H	0—10^{7}	10^{-9}—10^{-3}	10 nT	薄膜
巨磁电阻	自旋积累	H	0—10^{9}	10^{-9}—10^{-3}	10 nT	薄膜
隧穿磁电阻	隧穿	H	0—10^{8}	10^{-9}—10^{-3}	1 nT	薄膜
巨磁阻抗	透磁率	H	0—10^{4}	10^{-9}—10^{-2}	1 nT	线
磁光	法拉第/克尔效应	M	0—10^{8}	10^{-5}—10^{2}	1 pT	体积大
超导量子干涉仪磁强计(4 K)	磁通量子	Φ	0—10^{9}	10^{-15}—10^{-2}	1 fT	低温的
超导量子干涉仪磁强计(77 K)	磁通量子	Φ	0—10^{4}	10^{-15}—10^{-2}	30 fT	低温的
原子核进动	拉莫进动	$\|B\|$	0—10^{2}	10^{-10}—10	1 nT	体积大,非常精确

(式(5.78))。当 $\varphi=\pi/4$ 时，灵敏度最大。有两种方法可以得到这个角度，一种是将坡莫合金薄膜在外磁场下沉积或退火，从而产生面内各向异性；另一种是用导电率更高的条状金属（如 Au）覆盖坡莫合金（条形多电极，barber pole pattern），从而定义电流流过的等势路径。在这两种情况下，传感器对薄膜平面内的磁场横向分量产生响应。利用平衡条件，在薄膜内部磁场作用下此时没有净余的力矩作用，退磁场 $-\mathcal{N}_y M\sin\varphi$ 抵消了外磁场的横向分量 H'_y，该横向分量是偏置场 H_0 和待测场 H_y 的和。在小角度下，$\varphi\approx\pi/4$ 相应改变为 $\delta\varphi\approx H_y/2\mathcal{N}_y M$，电阻随磁场的变化是

$$\delta\varrho(H_y)\approx\Delta\varrho\, H_y/2\mathcal{N}_y M \tag{14.22}$$

在小磁场下，这个响应是线性的。

平面型霍尔传感器也使用单层薄膜，如坡莫合金。当外磁场在平面内并垂直于电流时，产生横向电压（式(5.81)）。这个效应与 AMR 相似，但是传感器的设计稍微简单些。

在标准的霍尔结构中，反常霍尔效应的测量（图 14.19）可以探测垂直于传感器平面内的更高磁场（$\mathcal{N}_z\approx1$）。既然反常霍尔效应正比于法向磁化强度 $M_\perp$（式(5.79)），退磁场是 $-\mathcal{N}_z M_\perp$。由于 $H'_0-\mathcal{N}_z M_\perp=0$，反常霍尔效应也遵循零力矩的平衡条件。信号是线性的并正比于 H_0，直到饱和。

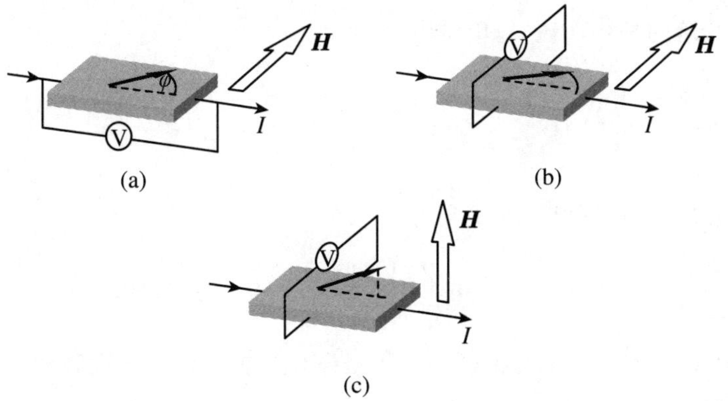

图 14.19

传感器的构型：(a) AMR 效应；(b) 平面霍尔效应；(c) 反常霍尔效应。易轴沿着虚线方向

GMR 或 TMR 自旋阀传感器的线性化与 AMR 传感器略有不同。自旋阀的自由层通常能自由地在平面内旋转。在设计优良的传感器中，自由层是单畴的，转动是相干的。磁电阻随着 $\sin^2\phi/2$ 变化，其中 ϕ 是自由层和钉扎层磁矩的夹角。因此，十字交叉构型（$\phi=\pi/2$）的灵敏度最好。让钉扎层交换偏置方向垂直于自由层的易轴，就可以得到这样的角度。GMR 或 TMR 传感器在 ϕ 变化很小时保持线性，$\Delta\phi\approx10^\circ$。因此传感器（例如磁头）只利用了总磁电阻变化的一部分。

巨磁阻抗（GMI，见第 5.6.4 小节）在低磁场下的灵敏度非常高。

在线传感器中,通过控制磁致伸缩或者载流线退火,可以产生一种圆周磁场,实现圆周各向异性(circumferential anisotropy)。使用非磁性的铜芯线圈并电镀约 1 μm 厚的坡莫合金层,可以达到最好的结果(1000%),其噪声灵敏度可以与好的隧道结相比。线传感器可以用于交互式计算机游戏中的方向传感器。

直流 SQUID 传感器是一个超导线圈(有两个弱连接),磁通量是 $\Phi_0 = 2.1 \times 10^{-15}\ \mathrm{T \cdot m^2}$ 的整数倍。库珀对的波包在环的两侧传播,积累的相移正比于穿过线圈的磁通量,但是符号相反。由此产生的干涉使得透射概率是磁通的周期函数。射频 SQUID 传感器只包含一个弱连接,通常是一个金属点接触。高频电感也是穿过环的磁通量的周期函数。每种情况都利用了磁通量锁相环,从而实现磁场传感器的线性化。

14.3.1 磁 噪 声

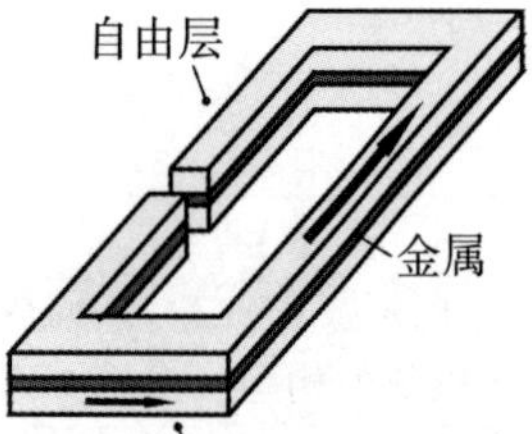

轭式自旋阀传感器。零磁场下,自由层与钉扎层相互垂直

磁敏传感器的噪声来自电或磁,表现为器件中明显不受控制的随机涨落电压 $V(t)$。根据电压随时间变化的时间序列 $V(t)$ 的傅里叶变换,可以得到电压波动的频谱 $\hat{V}(f)$。在时间 t_m(趋于无穷大)内,涨落的平均功耗(每单位电阻)是

$$P = \lim_{t_m \to \infty} \frac{1}{t_m} \int_{-t_m/2}^{t_m/2} |V(t)|^2 \mathrm{d}t = \lim_{t_m \to \infty} \int_0^{\infty} \frac{2|\hat{V}(f)|^2}{t_m} \mathrm{d}f \tag{14.23}$$

涨落过程的功率谱密度定义为

$$S_V(f) = \lim_{t_m \to \infty} \frac{2|\hat{V}(f)|^2}{t_m} \quad (0 < f < \infty) \tag{14.24}$$

其中 $\hat{V} = 2\int_0^{\infty} V(t)\exp(-2\pi i f t)\mathrm{d}t$。电压谱可以用频谱分析仪直接测量。通常采用的带宽 Δf 为 1 Hz。

电噪声主要有四类。一种是热噪声(约翰逊噪声),这是任何电阻的特性,其噪声谱与频率无关。

$$S_V(f) = 4 k_B TR \tag{14.25}$$

在一个电阻上(没有施加电流),均方电压涨落为 $\bar{V}^2 = 4 k_B T \Delta f R$。例如在室温下,在 1 kHz 带宽、1 MΩ 电阻两端的均方根(RMS)电压涨落是 4 μV。因此在电子测量中,为了改进信噪比,需要在待测信号频率上采用尽可能窄的带宽。这就是同步相敏感探测器(锁相放大器)

的原理，广泛应用于精密的电信号测量。

散粒噪声是与电流有关的非平衡现象，与电荷的离散性有关。最初是在真空管中观察到的，其功率谱的频率分布是平坦的，$S_I(f)=2eI$。在带宽 Δf 中的电流噪声为

$$I_{sn} = \sqrt{2eI\Delta f} \tag{14.26}$$

在低温下，当足够大的电流通过隧道结时，可以观察到散粒噪声，此时的散粒噪声超过平衡态的约翰逊噪声。散粒噪声可能决定了高频传感器(例如磁头)的最终灵敏度。在高偏压下工作的传感器，TMR 的比值变低(图 8.25)，而且散粒噪声也会增加。在高频下，载流子寿命也可能影响散粒噪声。

在传感器应用中，信噪比非常关键。噪声与频率有关(图 14.20)。在高频区，噪声对器件性能的影响主要来自约翰逊噪声和散粒噪声，分别随着 $\sqrt{R}$ 和 $\sqrt{I}$ 变化。由于它们平坦的频谱特性，这两种噪声统称为白噪声。另有一种噪声称为粉红噪声或者 $1/f$ 噪声，在低频下占主导作用，功率谱密度 S_V 随着 $1/f^{\alpha}$ 变化，其中 $\alpha \approx 1$。$1/f$ 噪声的魅力在于，它无处不在，在人类自身和自然界中的分布范围惊人，从人类的心跳(低于 0.3 Hz)到河流的水面以及广播的音乐。在电子系统中，在 1 Hz 处的 $1/f$ 噪声比热噪声大几个数量级。在磁敏传感器中，噪声与电阻的涨落 $R(t)$ 有关，当恒定电流通过时，电阻的涨落转变成电压的涨落。电流不会产生涨落，只是揭示了白噪声水平以上的电压和电阻的涨落。电压涨落 $S_V(t)$ 的平方随着 I^2 变化，这可以区分 $1/f$ 噪声来自样品还是其他的噪声源(例如前置放大器)。在磁电阻传感器中，磁性对 $1/f$ 噪声的贡献来自磁畴壁。

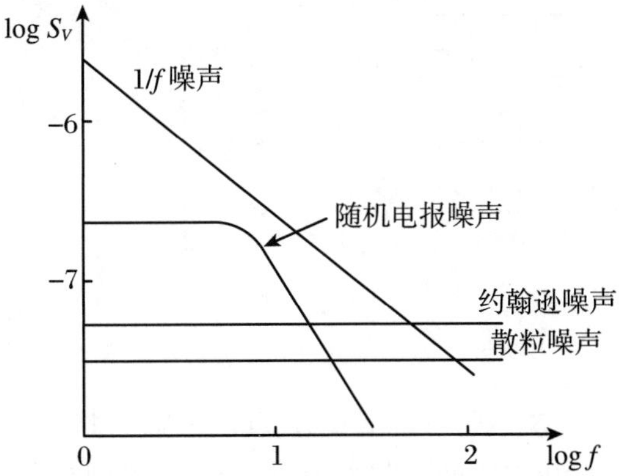

图 14.20

传感器中各种噪声的频率依赖性

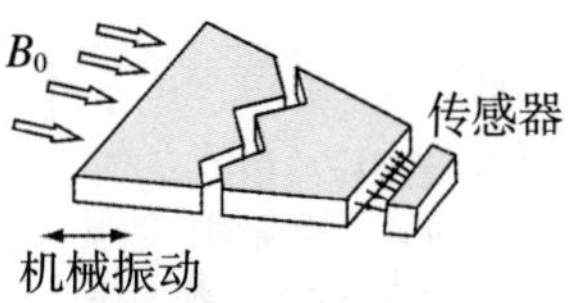

软磁通量聚集器和调制器。信号被调制，以避免 $1/f$ 噪声

胡格(Hooge)将 $1/f$ 电阻涨落现象表示为参数化的唯象公式：

$$S_V(f) = \gamma_H V_a^2 / N_c f \tag{14.27}$$

其中 V_a 是外加电压，N_c 是有噪体积中电荷载流子的数量($N_c = n\Omega$，

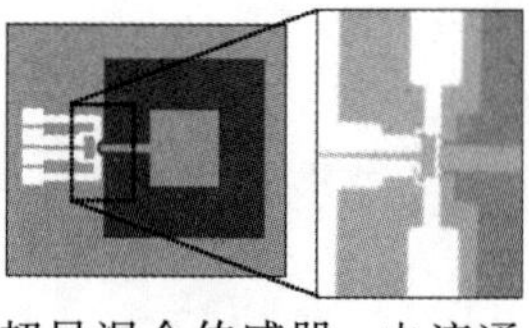

超导混合传感器。电流通过超导线圈，磁通量保持不变。电流在超导环突出部分产生了磁场，可以用自旋阀传感器探测(感谢 M. Pannsetier)

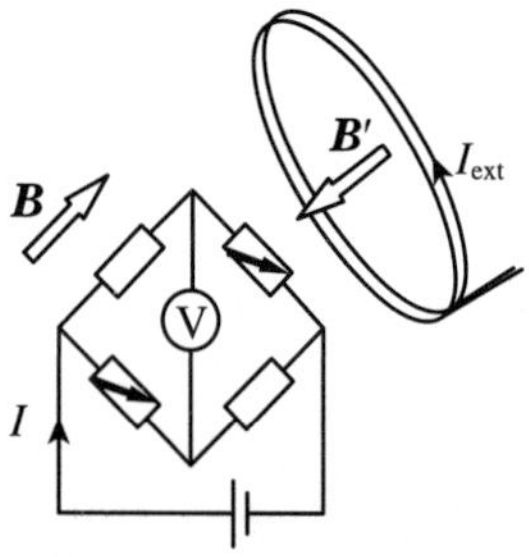

带磁阻的惠斯通电桥可以(i) 作为零点探测器，检测磁感应强度B的微小变化，或者(ii) 在外部线圈中施加电流I_{ext}保持电桥平衡，从而成为线性磁场探测器

其中 n 是载流子密度，Ω 是体积)，胡格系数 γ_H 是一个无量纲的数，用来对不同系统进行归一化的对比。在晶化的金属薄膜和半导体中，γ_H 的值大约是 10^{-3}。在磁性系统中(包括 GMR 传感器)，γ_H 的值可能要大几个量级。

$1/f$ 噪声的来源问题仍然没有解决，但是这种噪声可以用具有宽范围能量势垒的热激发涨落器来模拟。磁性传感器工程师的任务就是尽可能地避免或者减少噪声。一种方法是确保薄膜具有良好的结晶质量，从而减少电对噪声的贡献。一种避免 $1/f$ 噪声的方法是在 kHz 的频率范围内放大和调制磁场，把探测信号转换到白噪声的范围，离开 $1/f$ 噪声主导的区域。例如，在硅制的微悬臂上安装锥形的软磁通量聚集器。另一种方法是采用混合传感器，适合弱磁场的探测。例如，在超导环上制备一个微小的突出，对环中的磁通量进行测量。超导环中的磁通量是量子化的并且是 $\Phi_0 = 2.068\times10^{-15}\ \mathrm{T\cdot m^2}$ 的整数倍。在超导环中电流 I 用来维持磁通量，在超导环的微小突出部分，电流 I 产生磁场 $H = I/2\pi r$，可以用灵敏的自旋阀传感器探测这个磁场。超导磁通-磁场转换器可以实现热调制：以频率 f(超过 $1/f$ 噪声的主导范围)把超导体加热到转变温度以上。混合传感器的噪声性能与 SQUID 相当，但是更容易制备和实现。

最后，在导电的磁性薄膜中，有时候会遇到另外一类噪声，即随机电报噪声：在某个温度范围内，某个特定的二能级系统被激发。噪声谱上出现了一个宽谱，如图 14.20 所示。不同磁结构中的一些噪声例子如图 14.21 所示。

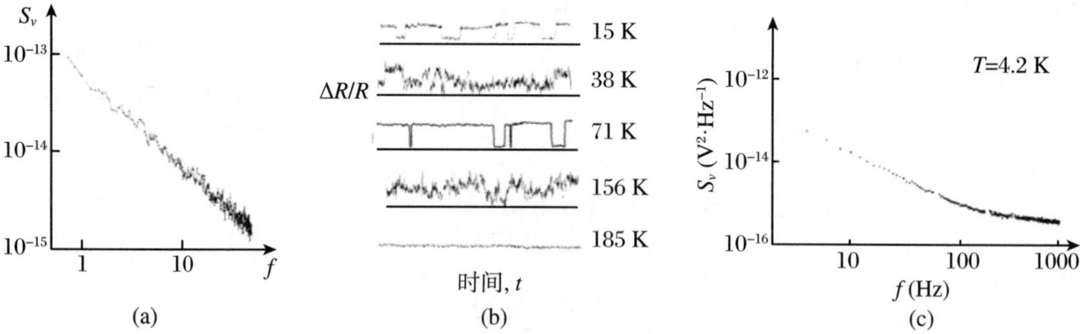

图 14.21

磁性薄膜样品中的噪声：(a) CrO_2薄膜中的$1/f$ 噪声；(b) $La_{0.67}Ca_{0.33}MnO_3$薄膜中的随机电报噪声；(c) CoFeB-MgO-CoFeB磁性隧道结中的$1/f$ 噪声和白噪声

在各向异性磁电阻(AMR)或自旋阀传感器中，磁噪声(由磁产生的电噪声)跟磁化强度的涨落有关，反映在磁电阻信号上。当磁畴壁存在的时候，磁矩的涨落就变得比较严重，因此采用单畴的铁磁层实现自由层的相干翻转，可以减少磁矩的涨落。为了达到上述目的，一种方法是在传感器结构中设置永磁体，从而产生小的偏置场。也可

以减小退磁场并利用磁轭结构中的形状各向异性，抑制磁畴的形成。如果传感器的尺度很小，或者自由层因为太薄而分解为很多磁性没有关联的区域，磁化强度的集体涨落（见第 8.5 节）可能是重要的噪声来源。

改善信号也可以提高信噪比。除了刚才提到的放大磁场的方法以外，还有其他方法可以优化传感器信号。例如，惠斯通电桥：四个电阻臂在环境磁场背景中保持平衡，电压信号可以对外磁场的任何变化做出响应。在外部线圈中施加电流 I_{ext} 保持电桥的平衡，这个零点探测器就变成了线性磁场传感器。外磁场正比于电流 I_{ext}。还可以设计磁场梯度计，即在电桥上采用两个磁场传感器，它们的空间位置不同，因而可以探测局域磁场的空间变化，减少空间均匀分布的背景噪声。结合 SQUID 制作超导磁通转换器，可以用作平面或轴向的磁场梯度计。

14.4　磁性存储器

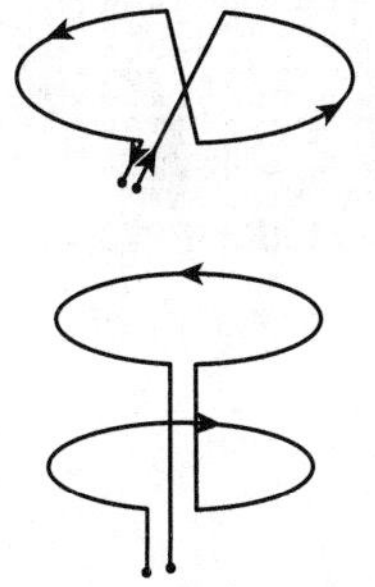

超导磁通转换器，用于平面和轴向梯度计

磁性存储器与数字电路一样历史悠久。磁性存储器的优点不容置疑：具有非易失性和无限次可擦写性。硬盘为计算机提供海量存储的历史已经超过 50 年。在此期间，一些新方案不断出现，能够更快地电子寻址而不是机械寻址。这些方案包括：铁氧体磁芯存储器主导了 1950 年代和 1960 年代，直到被半导体存储器取代；1960 年代的坡莫合金镀线存储器；1970 年代和 1980 年代初期的磁泡存储器；从 1990 年代中期到目前仍在发展的磁性随机存储器（MRAM）。原则上，MRAM 可以结合 SRAM 的速度、DRAM 的密度和闪存的非易失性，还具有抗辐射和低功耗等优点。在军事和空间领域的应用中，抗辐射和低功耗的优点使磁性存储器具有明显吸引力，“挑战者号”航天飞机和哈勃望远镜的计算机都用了磁性存储器。随着器件变得越来越小，无法屏蔽的背景辐射问题使得抗辐射在民用领域也变得重要起来。

14.4.1 磁性随机存储器

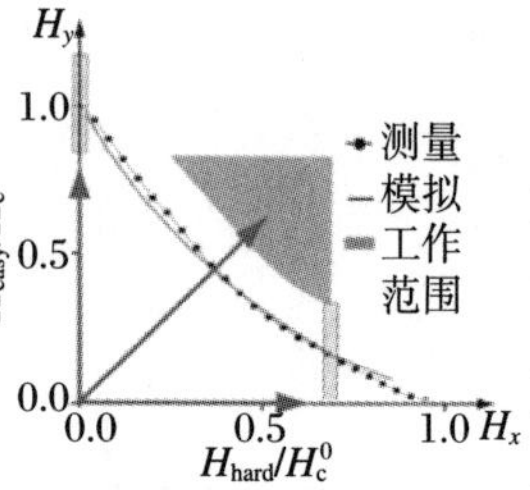

斯通纳-沃尔法斯星形线上的半选择脉冲

直径约为几百微米的环形铁氧体是磁芯存储器的核心单元，再由进行读和写的金属线穿连，就构成了存储器，其操作基于半选择原理。相同的原理已经应用在 MRAM 中，包括 GMR 自旋阀的面内电流(current in plane，CIP)构型以及磁性隧道结的垂面电流(current perpendicular to plane，CPP)构型。要求双稳态器件的自由层能够非常快地在平行态和反平行态之间翻转，代表二进制的"0"和"1"。

半选择翻转(图 14.22)是指在正交的位线(bit line)和字线(word line)中通入脉冲电流，产生磁场脉冲 H_p。单个脉冲不能影响这条线上各个存储单元的自由层状态，但是当两个脉冲沿着两条相互垂直的线同时到达交叉点选择的存储单元时，产生的磁场 $\sqrt{2}H_p$ 足以引起自由层翻转。斯通纳-沃尔法斯星形线可以很好地描述半选择原理。

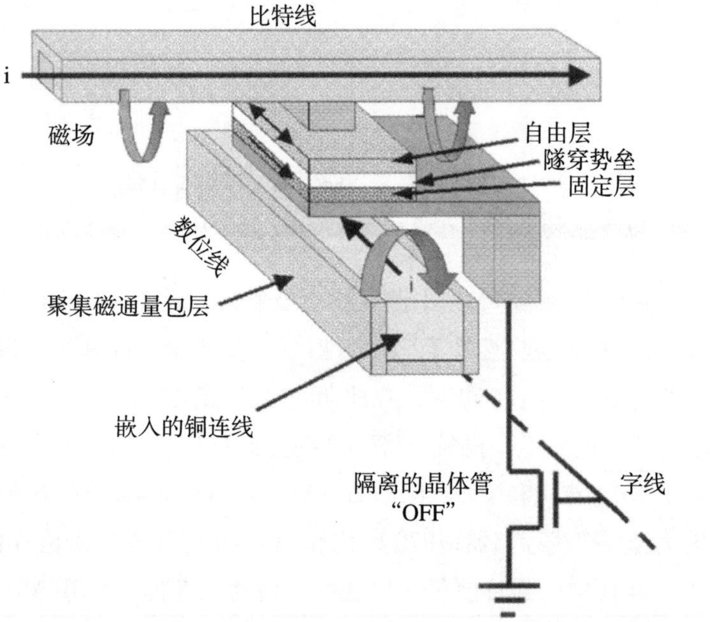

图 14.22

基于半选择原理操作的 TMR 自旋阀存储单元，具有正交的位线和字线 (Johnson M, 2004)

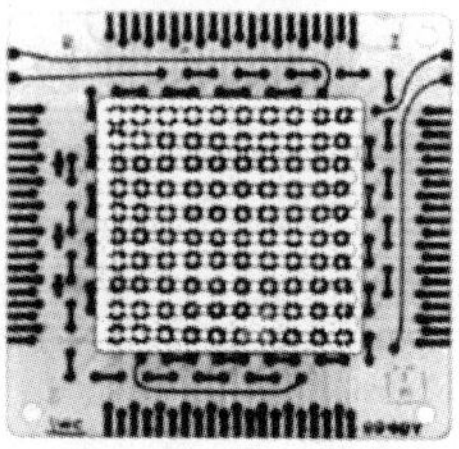

1960年的256位磁芯存储器

这种翻转允许的误差范围相当小，而实际工作的存储器要求可靠性相当高。因此出现了一种改进的脉冲序列(切换模式翻转，图 14.23)，可以极大地增强翻转的稳定性；2006 年，摩托罗拉公司用这种方法设计的第一代商用 MRAM 芯片上市了。

我们在第 14.1.3 小节中看到，基于奥斯特磁场的半选择翻转不利于缩小器件的尺寸。针对这个困难的可能解决方法是：(i) 热辅助翻转，用电流加热存储单元从而有效地降低各向异性，使之容易翻转；(ii) 自旋转移力矩 MRAM，用自旋极化电流脉冲冲击来翻转自旋

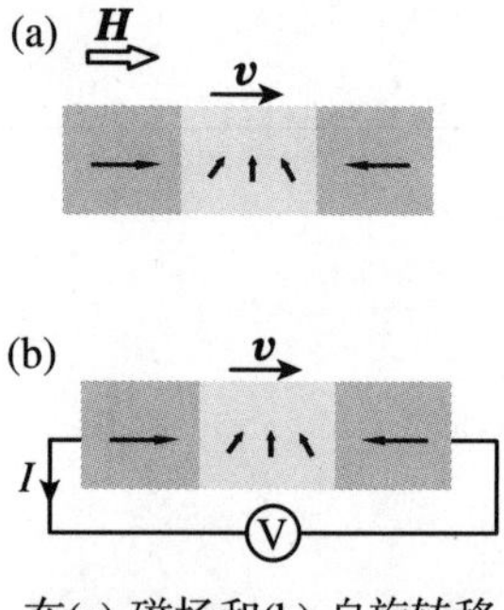

在(a) 磁场和(b) 自旋转移力矩的作用下，磁性纳米线中畴壁的运动

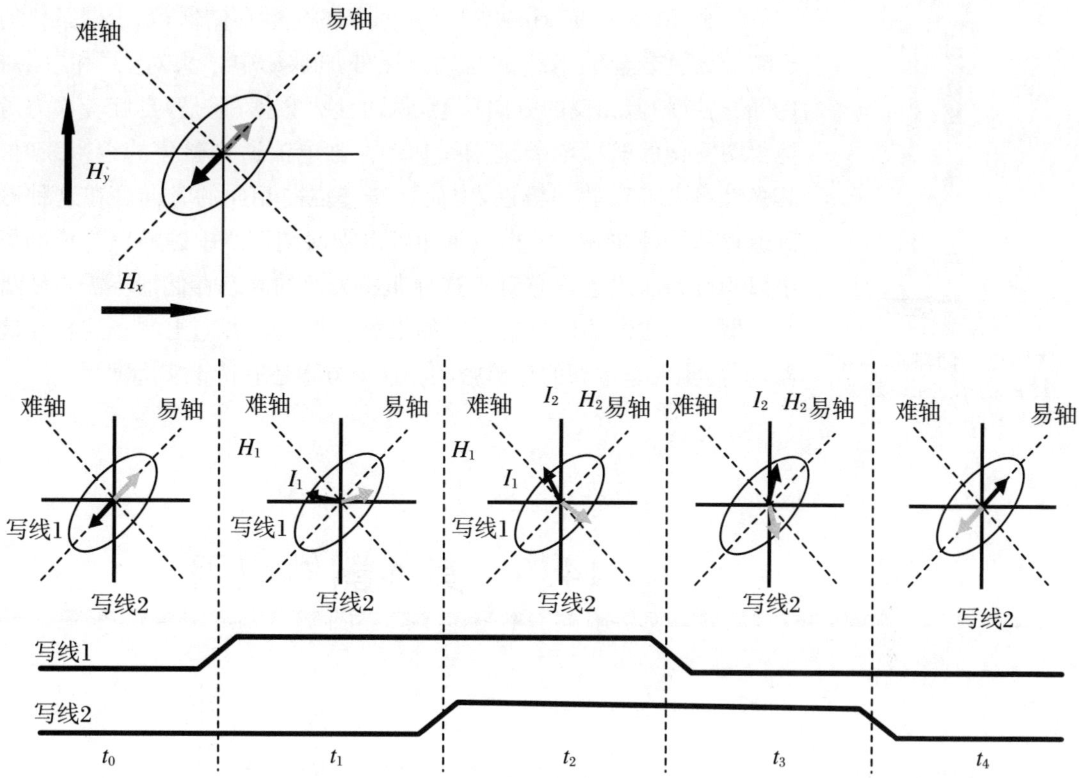

图 14.23

用于增强半选择翻转稳定性的切换模式序列(M. Johnson(2004))

阀多层膜的自由层。具有 MgO 势垒的 TMR 器件能提供有效的电压变化(>0.1 V),将单个晶体管开关紧密集成,再经由半导体工艺的后端金属化步骤与磁性隧道结结合。用于存储的具有交换偏置的 TMR 多层膜磁电阻特性如图 14.24 所示。这种 TMR 器件可能代替具有六个晶体管的 SRAM 单元。在直径为 200 mm 或 300 mm 的硅晶圆上,均匀地生长多层膜(其中包括 1 nm 厚的均匀 MgO 势垒层),真是一项了不起的成就。

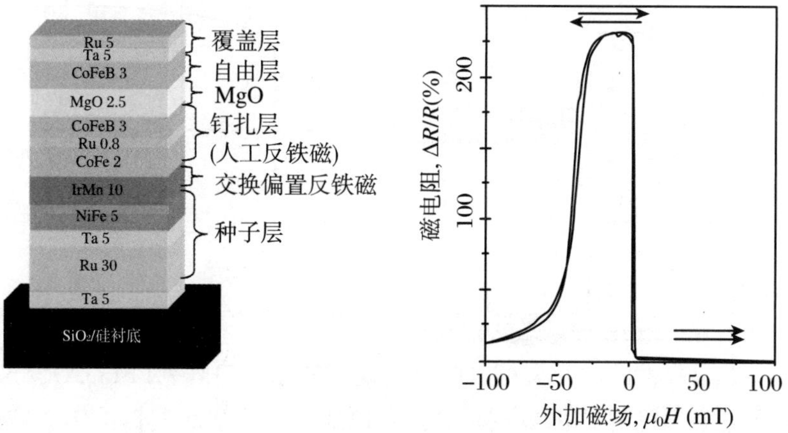

图 14.24

具有MgO势垒和人工反铁磁钉扎层交换偏置的TMR自旋阀器件及其磁电阻曲线;当作为存储单元时,自由层和被钉扎层的磁化方向是平行排列的,在接近零场处有一个陡直的翻转;当作为传感器单元时,自由层和被钉扎层的磁化方向是垂直的,自由层在外磁场下相干转动,形成线性的磁电阻输出曲线(数据来源:Gen Feng)

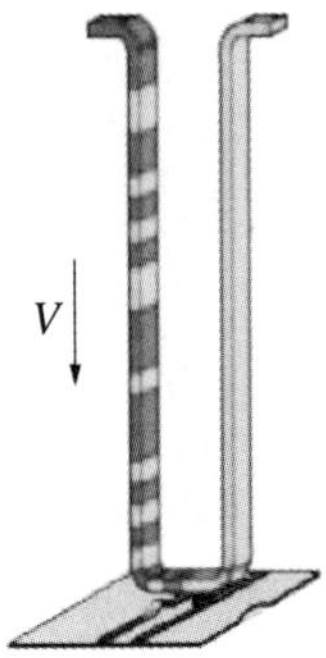

磁跑道存储器(Parkin S S P, et al. Science, 2008, 320(190))

帕金(Stuart Parkin)提出了一种新的磁性存储器,基于图案化的磁畴沿坡莫合金纳米线的运动。在外加磁场中,“头对头”和“尾对尾”的畴壁朝着相反的方向移动,从而湮灭数据;但是,自旋转移力矩使得图案化的畴壁沿着纳米线移动。当电流通过磁化的纳米线时,其极性将沿着磁畴的极性,因而把畴壁推向相同的方向。在这种磁跑道存储器(MRM)中,电流脉冲可以推动纳米线中磁畴壁构成的位串以 100 m/s 的速度移动。这种非易失性的固态存储器不需要硬盘驱动器中不方便的机械运动。如果可以在垂直方向上制备这种存储器,就会实现非常高的存储密度。这个方案还有待于实际演示。

14.5 其他器件应用

14.5.1 磁 逻 辑

与随机存储器的应用类似,铁磁薄膜单元也可以用于逻辑器件。利用 MgO 势垒磁性隧道结,可以实现逻辑电压信号的输出。另一种实施方案是将铁磁薄膜生长在半导体霍尔传感器上(图 14.25)。铁磁薄膜 Co-Fe 单元产生的杂散磁场作用在二维电子气上,从而产生霍尔电压,而且输出信号随着磁化强度的翻转而改变符号。

图 14.25

非易失性的磁开关,基于可翻转的磁化薄膜和霍尔元件

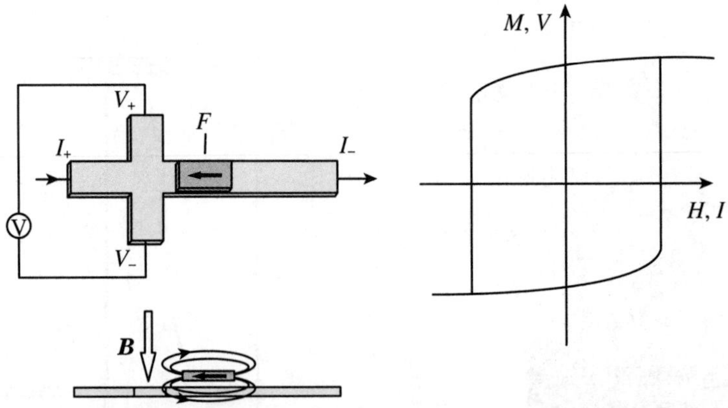

非易失性的磁开关可以应用于现场的编程门阵列(FPGA)。这些可任意编程的 CMOS 逻辑电路可以执行一系列的逻辑操作,实现

一些特殊的应用，不用为每个客户的具体应用而单独设计每个芯片。磁开关将输出信号传送至场效应管的栅极。在 A 和 B 端的半选择输入脉冲决定了器件的状态。翻转的输出信号是 0.1 V 量级，足以阻断场效应管中的沟道电流。

磁开关也可以应用于布尔逻辑。半选择开关可作为与门(AND)，当 A 和 B 端同时收到一个模拟信号脉冲时发生翻转。增加另一个端口 C，提供时钟和重置脉冲，可以实现重置和其他布尔操作(或(OR)、与非(NAND)和或非(NOR))。重置脉冲可以是正或负，将开关设置为“1”或“0”态。所有的操作可以在两个时钟周期内实现，如图 14.26 所示。

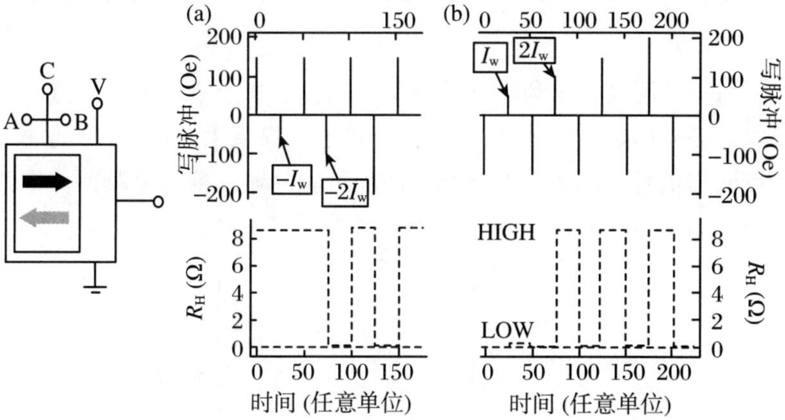

图 14.26
A端和B端提供输入脉冲，C端提供时钟脉冲，输出的稳态响应是逻辑操作的结果：$\overline{AB}$, $\overline{A+B}$和AB, A+B (Johnson M, 2004)

任何逻辑实现的一个关键要求是扇出(fanout)。逻辑门的数字输出必须能够为下阶段的一个或更多逻辑门提供输入。扇出通常需要利用传统 CMOS 实现功率增益。

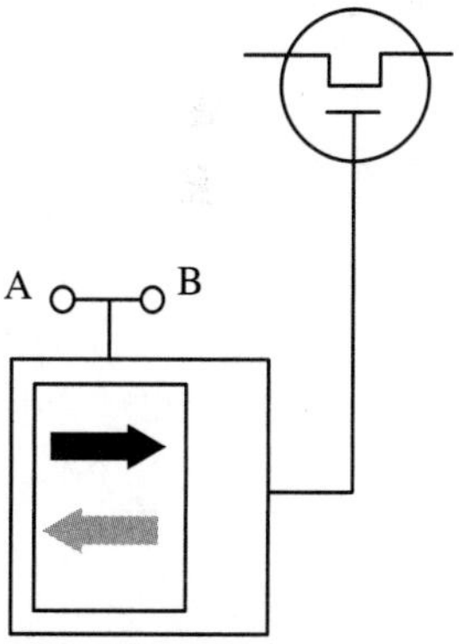

通常的非易失性磁开关。在A端和B端输入模拟脉冲来控制磁化翻转，输出信号到一个场效应管的栅极

科本(Russel Coburn)提出了一种精巧的方法来实现磁逻辑功能，基于坡莫合金跑道中传播的磁畴壁。在薄膜平面内施加的旋转磁场提供了时钟，而读出信号基于磁光克尔效应。使用长的记录位(它的头和尾处于弯曲跑道的两侧，因而在外加磁场中朝相反的方向移动)，避免信息在外加磁场中湮没。旋转磁场使得记录位沿着跑道移动。磁畴壁从电极上注入，特定的轨道形状执行具体的逻辑操作，其中一些如图 14.27 所示。一般地，四个逻辑门功能和非操作(NOT)能从其中任何一个形状产生。尖端形状的电路(图 14.27(a))是“非”门，使得磁化旋转 π：从左边来的畴壁向上移动到尖端的顶点，再背朝前地从右边出去。在两个夹角很小的跑道上，同时移动畴壁，就可以实现“与”门(图 14.27(b))。这个结构颠倒过来就是“扇出”(图 14.27(c))，从外磁场中得到必要能量，就可以从一个畴壁产生两个畴壁。让一条跑道穿过另一条，就可以实现磁畴的“交叉”(图

14.27(d))，因为畴壁是孤立子，不会相互干扰。这种磁逻辑方案的缺点是坡莫合金跑道的尺寸太大，而且交流磁场的时钟频率太慢。

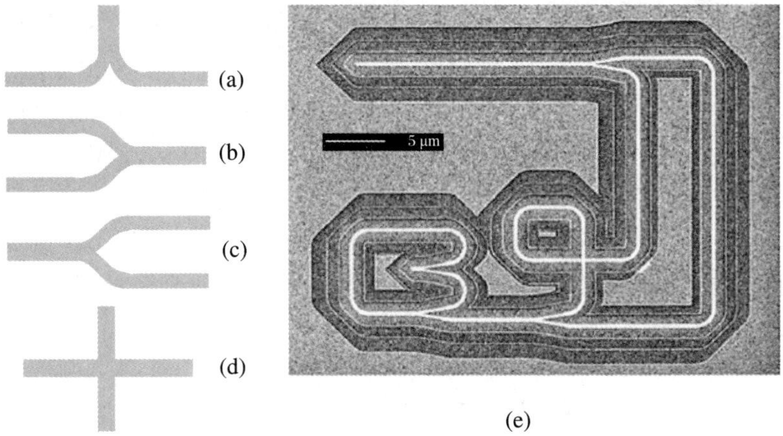

图 14.27

坡莫合金跑道上的磁畴壁逻辑：(a)“非”操作；(b)“与”门；(c)“扇出”；(d)“交叉”。上述四种操作可以组合起来，如(e)所示(由R. Coburn提供)

另一种逻辑方案利用反铁磁交换耦合的 3 个单电子纳米点。一个弱的偏置场定义了易轴，外面两个量子点提供输入信号，中间的量子点输出信号。图 14.28 给出了四种可能的输入信号以及器件作为“与非”门(NAND)的操作结果，由此可以构建其他逻辑操作。

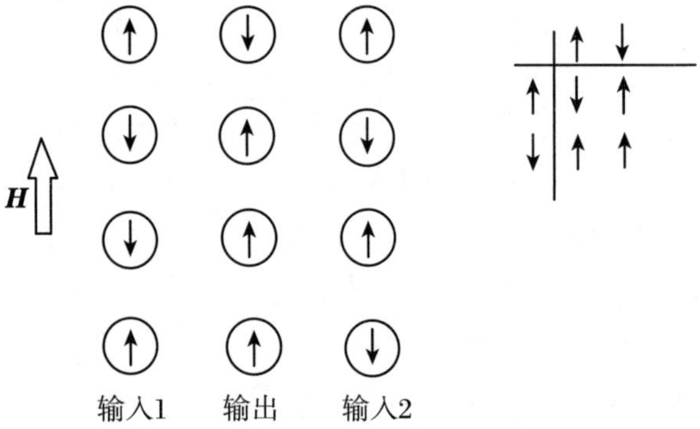

图 14.28

基于交换耦合的逻辑。中间的单电子原子与其两个近邻具有反铁磁耦合。真值表给出了体系的四个态所对应的“与非”操作结果

磁逻辑还有其他一些方案。一种是使用自旋波的相位，其优点在于自旋波是交替变化的纯自旋流。当自旋波通过一个畴壁时，其相位发生移动。让自旋波沿着窄环的两个平行臂行进，并在连接处探测信号，如果其中一臂(或者两臂)存在 360°畴壁，就可以实现逻辑门。这种磁逻辑方案具有吸引人的特性：在实现逻辑操作的过程中没有电荷的转移，因而没有焦耳热导致的能量损失。但这个体系中可能存在与吉尔伯特阻尼有关的能量耗散。此外，利用自旋转移力矩效应，可以在芯片上产生自旋波(图 14.14)。

自旋波逻辑。当自旋波穿过具有一个畴壁的两个分支后，产生相移

最后，“纠缠量子比特”基于相互作用很弱的自旋(图 14.29)，可以满足在量子计算上的很多需求。一个量子点上的单电子自旋，可以视为一个处于 $\alpha|\uparrow\rangle+\beta|\downarrow\rangle$态的量子比特。利用很大的磁场，将量子比特初始化到$|\uparrow\rangle$态。改变塞曼分裂能，可以操控单个量子比

特。调节两个相邻量子比特之间弱的交换耦合,可以操控双量子比特(这是通用量子计算所需要的)。自旋轨道耦合和超精细相互作用引入了纵向弛豫过程(自旋翻转,T_1)和横向弛豫过程(叠加态的消失,T_2),从而破坏量子态的相干性。

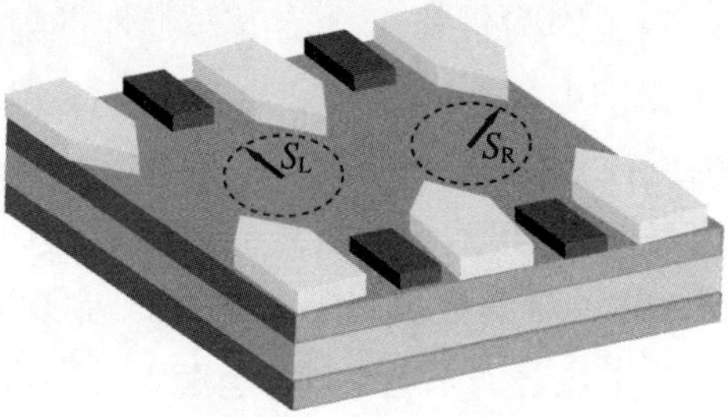

图 14.29

在相邻量子点上的两个相互作用弱的单电子自旋,组成了“双量子比特”结构

14.5.2 自旋晶体管

如果能够实现具有自旋增益特性的三端器件,满足在逻辑电路中的扇出要求,自旋电子学就会进入新时代。目前这种器件已经有了一些有趣的设想和演示。

第一个三端自旋电子学器件是约翰逊晶体管(图 14.30(a)),其实就是 GMR 自旋阀结构,非磁性金属作为基极,基极-发射极电流将极化自旋注入基区。集电极电压的变化依赖于铁磁性的发射极和集电极的磁化构型。这种约翰逊晶体管等价于测量自旋积累的非局域器件。

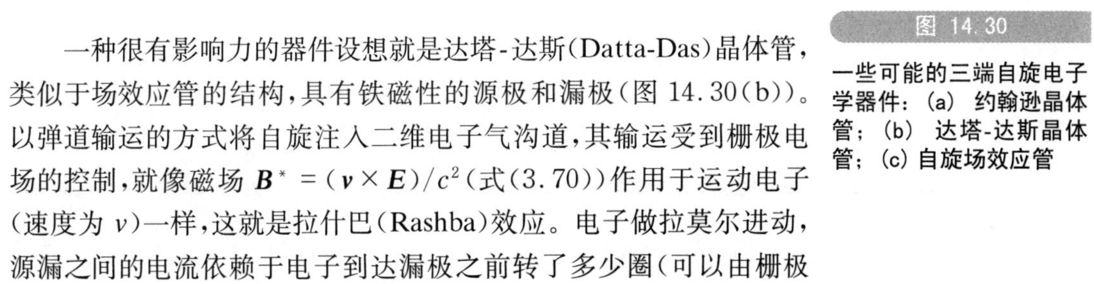

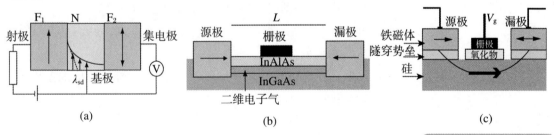

图 14.30

一些可能的三端自旋电子学器件:(a) 约翰逊晶体管;(b) 达塔-达斯晶体管;(c) 自旋场效应管

一种很有影响力的器件设想就是达塔-达斯(Datta-Das)晶体管,类似于场效应管的结构,具有铁磁性的源极和漏极(图 14.30(b))。以弹道输运的方式将自旋注入二维电子气沟道,其输运受到栅极电场的控制,就像磁场 $\boldsymbol{B}^* = (\boldsymbol{v} \times \boldsymbol{E})/c^2$(式(3.70))作用于运动电子(速度为 v)一样,这就是拉什巴(Rashba)效应。电子做拉莫尔进动,源漏之间的电流依赖于电子到达漏极之前转了多少圈(可以由栅极电压控制)。在自旋场效应晶体管中,Si 或 GaAs 等半导体通道中的输运是扩散性的,利用可翻转的铁磁性漏极,有希望把功率放大器和

非易失性存储器结合起来。无论是达塔-达斯器件还是自旋场效应管,还都没有实现,但是,在半导体中的电子自旋注入和探测等方面,已经有了一些重要的进展。

为了解决电阻不匹配问题,可以利用肖特基势或者隧穿势垒注入热电子的方式。电子因为依赖于自旋的非弹性散射而失去能量、进入器件的基极区(图 14.31)。在蒙斯马(Monsma)晶体管中,基极由 GMR 多层膜构成,然后由两个肖特基势垒连接源极和漏极。另一种器件是磁性隧道晶体管,其基极由铁磁电极构成,电子通过隧穿势垒从铁磁源极注入基极,而漏极由肖特基势垒以及半导体集电极构成。这种器件可以产生显著的磁电导,其定义为

$$MC = (I_{c_p} - I_{c_{ap}})/I_{c_{ap}}$$

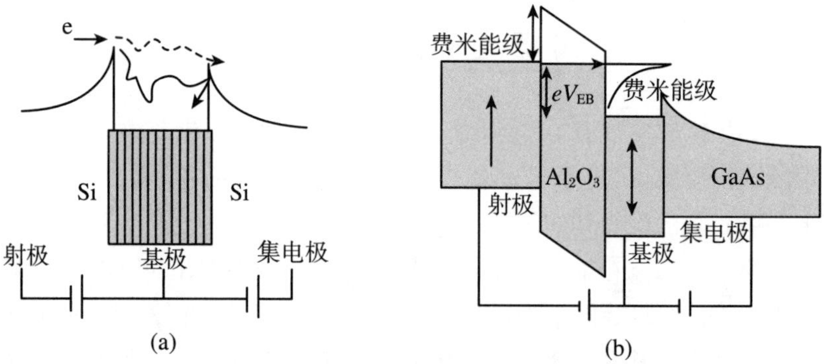

图 14.31

热电子自旋晶体管:(a) Monsma自旋阀晶体管,图中标出了能量损失不同的两个电子轨迹;(b) 磁性隧道晶体管

其中 I_{c_p} 和 $I_{c_{ap}}$ 是两个铁磁电极平行和反平行时的集电极电流。然而,目前还都没有实现自旋极化电流的增益。

总之,自旋电子学面临着两个巨大的挑战:

(i) 实现自旋放大器:能感应自旋极化的电流,增大自旋电流和自旋极化率的乘积。

(ii) 把自旋流和电荷流分开,以便在没有电流热效应的条件下,实现逻辑操作。

14.6 磁 记 录

磁记录已经有一百多年的历史了,发展得非常迅速。第一台磁记录器是 1898 年丹麦工程师波尔森(Valdemar Poulsen)发明的“录音电话机”(telegraphone)。用钢丝或钢盘作为记录介质,用直流偏

压来提高声音质量。在 1930 年代，德国的 AEG 和 BASF 公司开发了模拟磁带记录技术。“磁极”记录器中的创新元素包括感应环记录/回放磁头、交流偏压和涂覆一层 γFe_2O_3 细颗粒的醋酸纤维素带。日本的永井健藏(Kenzo Nagai)在 1938 年发明的 AC 偏压极大地提高了录音音质。模拟记录涉及振幅和频率连续变化的信号，必须线性地映射到介质的剩磁才能获得高保真度。但剩磁在外加磁场中不是线性的，为了实现线性响应，在 50—100 kHz 的频率下(人听不见)施加交流偏置，以使磁化饱和(图 14.32)。非滞后的剩磁正比于信号。

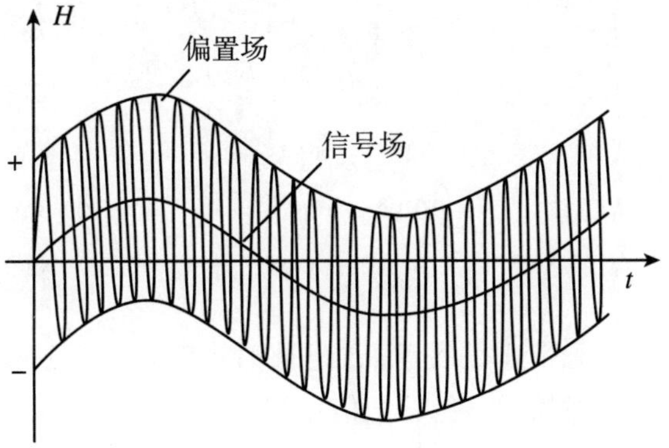

图 14.32

交流偏置的模拟录音

1956 年，美国 AMPEX 公司推出了视频记录系统。1963 年，飞利浦公司推出了盒式录音/录像系统。1976 年，松下公司推出了旋转磁头的 VHS 系统。

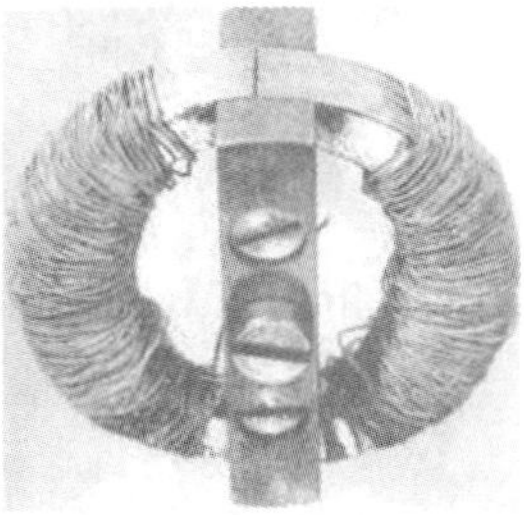

早期的感应环磁头。靠近间隙的电磁铁产生杂散磁场，让磁带磁化。在回放时，磁环中的磁通变化，在线圈中感应出电势

磁记录也有更简单的应用，记录文字和有价证券可以用亚铁磁铁氧颗粒着色的油墨印刷在纸上。支票可以使用特殊的磁性字体。记录的信息在水平磁场中磁化并用感应读头读取，不受签字或盖章的影响。

数字式计算需要数字式记录。经过短暂的磁鼓实验，IBM 实现了旋转磁盘存储器，这是非常重要的发明。1957 年，最初的 RAMAC(计算与控制的随机存取法)基于一排 50 个双面 24 英寸的盘。它重达一吨，有 4.4 兆字节的存储容量。现代 3.5 英寸①硬盘驱动器的重量为几百克，有 1 T 的存储容量，与鼻祖 RAMAC 相比，存储密度和成本都改进了 8 个数量级。

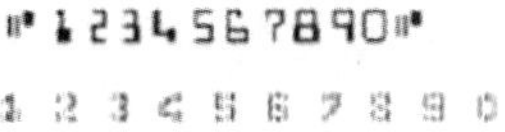

用磁墨水打印记录的字体

磁盘记录已经实现了一系列不同形式的固定式和便携式存储，如曾经风靡一时的 8 英寸软盘。令档案工作者们头疼的是，为了访问他们的记录，房间里堆满了老设备，除非定期备份到现代化媒体上。

① 译者注：1 英寸约为 2.54 厘米。

到了 2100 年，某个对磁学史感兴趣的人，也许会从图书馆书架上抽出并翻阅我们这本书。值得怀疑的是，任何电子版本是否都能像印刷版这样容易读。

现在几乎都是数字式的磁记录。数据主要存储在计算机和服务器的大容量存储器上（它们是互联网的记忆库），以及音乐播放器和数码相机等消费设备中。磁带记录仍然用于保存大量的数字数据，以及低端的消费应用。表 14.6 比较了磁盘和磁带记录。

表 14.6 磁记录媒介

	磁带	磁盘
方式	数字，模拟	磁盘
方向	面内	垂直
媒介	颗粒，金属膜	金属膜
密度	10 bits · μm^{-2}	1000 bits · μm^{-2}
容量	1—10 Tbyte	10—1000 Gbyte

个人用的立体声音响，大约在1935年（感谢 Orphée Cugat供图）

不管是磁带还是磁盘，磁记录都将信息传送到移动的磁性介质上。微型电磁铁（写磁头）把信息编码为电流。磁头产生的杂散磁场必须足以克服矫顽力、改变介质的磁化强度。[①]记录介质通常是薄膜，由微小的单畴晶粒（“颗粒”）组成。数字信息写在宽度为 w、长度为 l 的细长条里，$w/l\approx5$，排列在磁盘上的圆盘轨道或磁带上的线性轨道里。在磁带（磁盘）中，N 个粒子的磁化是一个比特。良好的信噪比要求单个晶粒应当大致是磁脱耦的。以 dB 为单位的信噪比大约是 $10\log N$量级；如果需要 30 dB，N 必须大约是 1000。

磁头固定不动，与磁带记录介质的润滑层接触。但是对于磁盘记录，磁头安装在音圈驱动器上（图 13.18），在硬盘驱动器的表面扫描，悬浮在大约 10 nm 厚的空气垫子上。复杂的反馈机制使磁头保持正常工作。永磁音圈驱动器和永磁主轴电机分别由优质的烧结和粘结 $Nd_2Fe_{14}B$ 制成，驱动光盘以 15000 RPM 的速度转动。3.5 英寸的硬盘驱动器如图 14.33 所示。

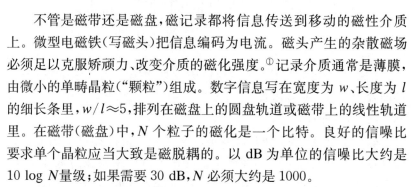

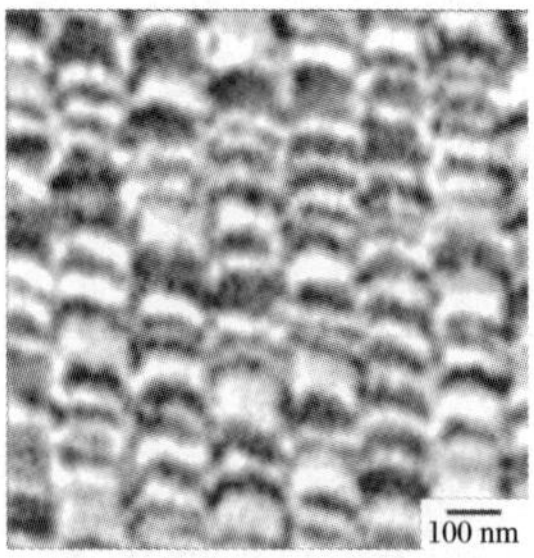

通过高分辨率磁力显微镜成像的硬盘上的垂直磁道。磁道的宽度由写磁头的宽度决定。这里的记录密度是300 bits· μm^{-2}或250 Gbits每平方英寸(感谢Nanoscan AG供图)

有纵向和垂直两种记录模式，分别在平面内或垂直于介质平面磁化。2005 年实现硬盘的垂直记录以前，除磁光记录以外的所有磁记录都是纵向的。垂直磁记录具有更高的面密度，但要求在垂直于磁盘平面的方向上，单轴各向异性场足够强、超过退磁场：

① 磁记录专家使用媒体（media）这个词，把其当作单数名词。

图 14.33
3.5英寸硬盘驱动器(感谢Seagate Technology供图)

$$2K_1/\mu_0 M_s > \mathcal{N} M_s \tag{14.28}$$

介质不是$\mathcal{N}=1$的均匀薄膜,而是由磁隔离的柱状晶粒组成,具有更小的有效退磁系数$\mathcal{N}_{\text{eff}}\approx 0.2$。

几十年来,一直用感应头写入和读取数据,但是自 1990 年代以来,单独的薄膜磁阻传感器能够响应磁记录产生的杂散磁场,可以用来读取记录的信息。实际检测的是记录位之间的磁化变化,那里的杂散场最大。由于颗粒介质的离散性,这些变化是不规则的。磁记录的一般方案如图 14.34 所示。将读取器和写入器合并成单个多层膜。读取器放置在两个软磁屏蔽之间,读取器和写入器共享了一个软磁屏蔽。

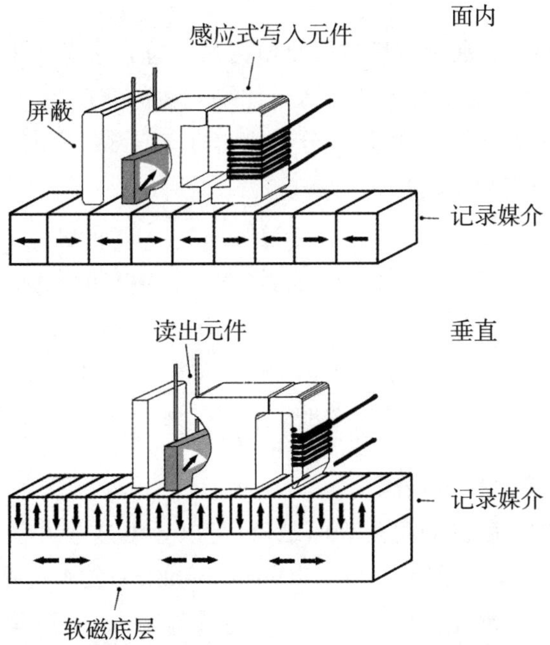

图 14.34
平面磁记录和垂直磁记录

为了提高数据密度，就要减小介质中的单畴颗粒的尺寸并保持信噪比。减小尺寸将颗粒推向超顺磁极限，自发热涨落会破坏记录的信息。磁记录的稳定性判据是

$$K_1 V / k_B T > 40$$

即 $K_1 V > 1$ eV。随着粒子体积 V 的减小，需要更强的单轴各向异性来保持稳定性，意味着更硬的磁性材料。但是材料越硬，就越难以在写磁头的有限通量密度下翻转。同时优化信号的信噪比、热稳定性和可写性这三个互相矛盾的要求，就是“磁记录的三重难题”。

商业硬盘上的数据密度以每年 60%—100% 的速度递增（图 14.3）。实验演示比这个趋势提前两到三年。超顺磁性极限可能会这个进程，估计一下吧：硬磁材料 $K_1 = 10^6\ \mathrm{J \cdot m^{-3}}$ 的临界体积为 $V = 160 \times 10^{-27}\ \mathrm{m}^3$，对应约 5 nm 的粒子尺寸。乐观地说，如果取 $N = 100$，则大约每 $\mu\mathrm{m}^2$ 有 400 bits 或每平方英寸有 260 Gbits。2010 年的最新技术是 2500 bits · $\mu\mathrm{m}^{-2}$（每平方英寸 1.5 Gbits）！目前，精巧的磁工程技术已经克服了超顺磁性极限。现在记录头（读/写磁头）里实现的光刻特征尺寸与 CMOS 电路类似。

接下来依次介绍磁记录过程的每一个部分。

14.6.1 写 磁 头

写磁头是带有气隙的微型电磁铁。首先考虑产生水平磁场的环形磁头，用于平面介质的写入。如果气隙的宽度为 g，则环形磁头的杂散场的水平分量和垂直分量由卡尔奎斯特（Karlquist）方程给出（当 $z > 0.2g$ 时成立）：

$$H_x = \frac{H_g}{\pi}\left(\arctan\frac{\frac{g}{2}+x}{z} + \arctan\frac{\frac{g}{2}-x}{z}\right) \tag{14.29}$$

$$H_z = \frac{H_g}{2\pi}\ln\frac{\left(\frac{g}{2}-x\right)^2 + z^3}{\left(\frac{g}{2}+x\right)^2 + z^2} \tag{14.30}$$

其中 H_g 是气隙的场深。

考虑写磁头的两侧表面磁荷，可以导出这些方程。当介质移动过磁头时，有一个“写入气泡”（write bubble），其水平磁场 H_x 超过平面磁记录的磁化翻转阈值。为了有效地写入，气隙深处的磁场大致应该是介质矫顽力的三倍。

翻转记录位是由感应写入头的电流脉冲实现的。威廉姆斯(Williams)和康斯托克(Comstock)开发了一种记录过程的模型,预测在具有矩形磁滞回线的材料中,记录位变化的宽度 a 为

$$a = \sqrt{\frac{M_{\mathrm{r}}\mathrm{t}d}{\pi H_{\mathrm{c}}}} \tag{14.31}$$

其中 t 是介质厚度,d 是磁头和介质的间距。为了获得更高的记录密度,需要减少两者之间的距离、增加矫顽力。在硬盘驱动器中,磁头和介质的距离是 10—20 nm,磁头悬浮在空气垫上。在磁带和软盘驱动器中,磁头与介质直接接触。

用于硬盘上纵向数据记录的薄膜写磁头是一种改进的环形磁头,由夹在软磁材料(如坡莫合金或 $Fe_{94}Ta_3N_3$)的两层膜之间的盘状线圈组成,形成了微型电磁铁的轭铁和磁极。写入的位是横跨轨道的窄带,在两平板磁极的边缘被杂散磁场磁化。间隙小于 100 nm。

垂直介质需要的写磁头稍有不同(图 14.35)。为了产生正确的磁通方向,用软磁材料将扁平线圈产生的磁通引导至单个磁极上(荷磁表面与介质平行)。由于磁记录介质的软磁材料底层,磁通集中在气隙中——从物理层面来说,软磁底层属于记录介质,但从磁学方面来看,却属于磁头。非磁性薄层打破了交换耦合,将软磁底层与记录介质分开。写入磁极在底层产生镜像,因此介质位于气隙的中心。返回磁极的横截面积比写入磁极大得多,它提供的磁通密度不足以干扰已经写入的信息。磁通守恒要求 $B_{\mathrm{wp}}\mathcal{A}_{\mathrm{wp}} = B_{\mathrm{rp}}\mathcal{A}_{\mathrm{rp}} = B_{\mathrm{kl}}\mathcal{A}_{\mathrm{kl}}$,其中 wp,rp 和 kl 分别表示写入磁极、返回磁极和软磁底层。①如果 M_{sw} 和 M_{sk} 是写入磁极和软磁底层的磁化强度,写入磁极尺寸为 $w \times l$,为避免饱和,软磁底层最小厚度 $\mathrm{t_k}$ 就是

$$\mathrm{t_k} = \frac{M_{\mathrm{sw}}wl}{M_{\mathrm{sk}}2(w+l)} \tag{14.32}$$

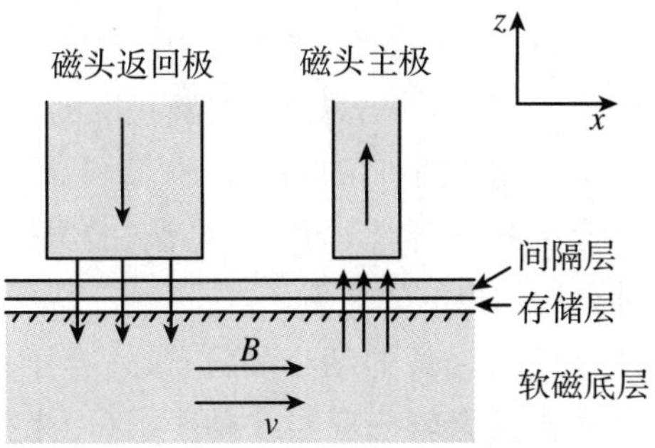

图 14.35
用于垂直记录的薄膜写入头

① 软磁底层有时被称为“保持层”,与过去用软磁铁棒桥接马蹄形磁铁的磁极相似,以防止自退磁。

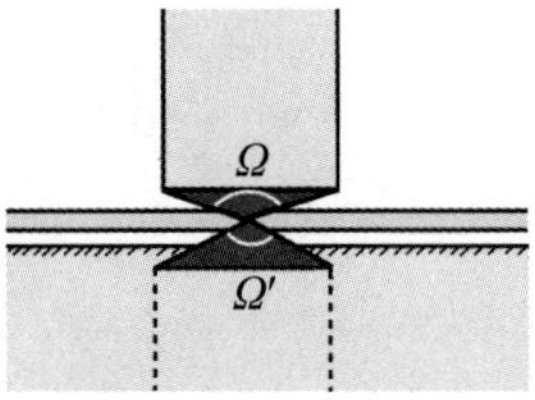

写入磁极对介质所张的立体角以及其镜像

比如说，$w=50$ nm，$l=10$ nm，$\mu_0 M_{sw}=2.4$ T，$\mu_0 M_{sk}=1.0$ T，则 $t_k=10$ nm。写入磁极由斯拉特-泡令(Slater-Pauling)曲线允许的最大可能极化的软磁材料制成，通常是纳米晶 Fe-Co 或 Fe-Co-Ni 合金，$\mu_0 M_s=2.4$ T。在介质中产生的场强大约是 $H_w=M_{sw}\Omega/4\pi$，其中 Ω 是写入磁极与其镜像在介质中心所对应的立体角。由于镜像磁极的影响，可以实现的 H_w 值接近于 1500 kA・m^{-1}。总而言之，可以把写入磁极及其镜像视为一个环形磁头，而介质位于间隙中。

14.6.2 磁 介 质

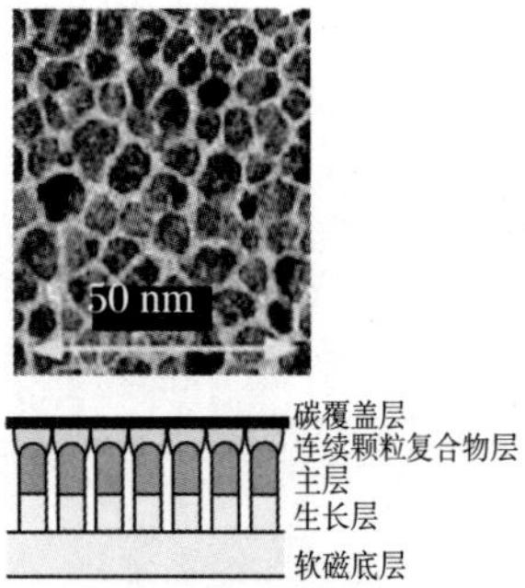

由具有富氧化物晶界的亚 10 nm金属颗粒组成的磁记录介质。位(bit)被记录在沿着轨道的颗粒块上。记录层的层结构如截面图所示

磁介质由半硬材料构成，其磁滞足以维持数据的永久记录，但不足以妨碍其在写入磁头产生的磁场中磁化。如果要重复使用介质，记录的信息必须是可擦除的。数字信息被编码在磁介质中磁畴的磁化方向上，而磁畴位于磁道可识别的位置上。矩形磁滞回线是最理想的。因此，磁记录的关键在于控制反向畴的成核，而永磁的重点在于完全避免成核。

多年来，介质由在聚合物基质上分散的单畴颗粒组成，磁化强度的易轴与基体平行。磁带和软盘上的颗粒介质通常是针状的 γFe_2O_3(为提高矫顽力，表面掺杂了 Co)，CrO_2 和铁金属。针状颗粒的长度为几百纳米，5∶1 或 10∶1 的纵横比提供了形状各向异性。矫顽力约为 50 kA・m^{-1}。

硬盘上的薄膜介质现在通常是六方密堆结构(hcp)的钴-铂合金，用 Cr，B 或 Ta 添加剂帮助形成规则的纳米颗粒。矫顽力约为 500 kA・m^{-1}。随着记录密度的增加，需要更高矫顽力的介质，仍可以用 Co-Pt 或 Fe-Pt 合金实现。写磁头产生的杂散磁场限制了可用的矫顽力。像 $BaFe_{12}O_{19}$ 这样的永磁材料适用于某些特定的磁记录，例如信用卡或身份证，那上面的信息是不打算擦除的。

为了避免位(bit)尺寸减小时的超顺磁性极限，可以采用两种方法。一种是增加介质的各向异性，同时想办法在写磁头的有限磁场中翻转它。另一种是增加位的磁质量。

最简单的方法是使用修长的细小晶粒，最适合于垂直记录。多层膜的垂直磁记录介质具有软磁底层和种子层(用来控制 Co-Pt-Cr 记录层中的晶粒尺寸)。晶粒的直径小于 10 nm，纵横比约为 3。加入两层铁磁层(由薄的钌间隔层提供反铁磁耦合)，可以增加磁质量。这就是 2001 年引入的反铁磁耦合(AFC)双层介质。有效 $M_r t$ 是两

层铁磁层的差值，使得变化更剧烈（式(14.31)），而且磁质量也加倍了。还可以把记录层交换耦合到反铁磁底层。

为了在硬磁材料上写入，一种解决方案是利用矫顽力随温度增加而降低。据此开发了一种热辅助磁记录（HAMR）方法，在微型激光器局部加热的介质上写入位。另一种方法是使用渐变介质，表面的矫顽力小，但随深度增加，矫顽力增大。翻转从最上面、最软的层开始，然后逐渐深入。

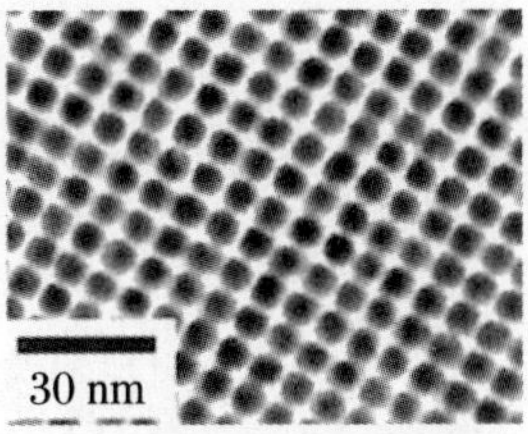

TEM显微照片：6 nm 的FePt颗粒的自组装阵列，可作为$N=1$的磁记录的图形化介质(Sun S H,Murray C B, Weller D,et al. Science, 2000, 287(1989))

最终的密度可能需要图形化介质，其中可以单独寻址的单畴颗粒位于轨道的精确位置上。利用表面带有纳米结构的石英或金刚石模板进行纳米压印，可以制作图形化的盘片。

磁带的记录密度比较低，但是磁带盒存储的数据量可能比硬盘多一个数量级，因为有很多表面可写入数据。每 Gbyte 的成本是硬盘的 1/10—1/5。轨道宽度大约为 1 μm。颗粒介质是基于 Co-γFe_2O_3或铁的针状颗粒，或者是 $BaFe_{12}O_{19}$小薄片。

14.6.3　读　磁　头

在所有早期的磁记录系统中，读磁头与写磁头是同一个电磁铁结构。在介质附近高速通过时，气隙中的杂散磁场不断变化，使得磁轭中的磁通量变化，在线圈中产生了感生电动势。这个方案在 1980 年应用于硬盘记录的薄膜感应头，现在仍然用于一些简单的录音机。但是在 1991 年，带有坡莫合金薄膜 AMR 读取传感器的合并头取代了它。

磁阻读磁头是优化了的线性薄膜传感器，垂直于介质和轨道，直接探测杂散场的垂直分量，而不像感应读取器那样探测杂散场的时间导数。连续几代的读磁头已经变得越来越小，导致了存储密度的指数增长（图 14.3）。1997 年引入了 GMR 自旋阀，2006 年引入了 TMR 自旋阀，过渡到垂直记录。每一代新的读头都变得更小，同时具有足够的信噪比。

读磁头是薄膜合并头的一部分，是图形化的复杂多层结构（特征尺度为几十纳米）。读头必须尽可能接近介质，不超过一个位的宽度，以便在纵向介质中检测杂散场从一个磁化位到下一个位的变化，或者在垂直介质中检测磁化位本身的磁场。可以把记录位视为一条很长的横向磁化的线，回读信号随着杂散场（式(13.7)）变化，与单位长度的磁矩呈正比，$\lambda = M_r l t$，其中 l 是位的长度，t是介质的厚度，与

r^2呈反比。

读磁头夹在两层较厚的坡莫合金屏蔽层之间，一般比轨道宽度小。合金屏蔽层吸收相邻位的磁通。读磁头本身是复杂的多层膜，包括种子层、交换偏置层、带有间隔层的铁磁钉扎层和自由层，以及最上面的盖层。钉扎层可以是合成的反铁磁体。图 14.24 所示的多层膜是比较简单的！硬磁 Co-Cr-Pt 段产生的偏置场消除了自由层的畴结构，导致了没有巴克豪森(Barkhausen)噪声的单畴传感器。写入层(writer layer)沉积在这个多层膜的顶部。单个晶圆可以生产出 20000 个磁头，必须切割、搭接并安装在音圈驱动器的滑臂尖端(图 13.18)。不同磁阻读磁头的结构如图 14.36 所示。在自旋阀中，钉扎层和自由层的磁轴在零外加场时是垂直的。

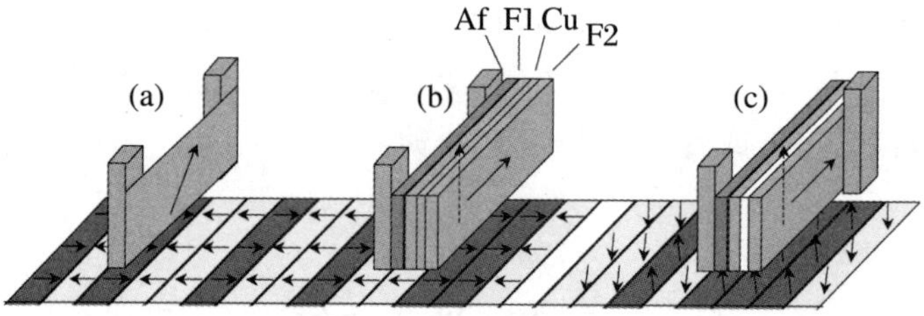

图 14.36

AMR读头、GMR自旋阀读头和TMR自旋阀读头。前两种情况是纵向磁记录，电流在膜表面(CIP)流动；第三种情况是垂直磁记录，电流垂直于多层膜(CPP)流动

读磁头中流动的电流密度很大。CPP 结构中的电压信号是

$$V = j\left(\frac{\Delta R}{R}\right)\varrho \mathrm{t} \tag{14.33}$$

其中 j 是电流密度，ϱ是电阻率，t 是 TMR 层的厚度。任何磁阻传感器都需要低电阻，使得约翰逊噪声最小化，在纳米隧道结中，这意味着电阻与面积的乘积 $R\mathcal{A}=\rho$ t 必须小于 10 Ω・μm²。因此，图 14.24 中的 MgO 势垒层厚度必须小于 1 nm。因此而不利的是，带来了作用在自由层上的自旋转移力矩。

磁带记录还在使用 GMR 磁头，比硬盘记录落后了一代。

硬盘驱动器是一项神奇的技术，支持着我们酷爱数据的生活方式。这是磁学、机械设计、纳米制造、信号处理和价值工程的胜利，持续不断的胜利归功于磁铁的偶极磁场具有标度不变性。如果放大了看，磁记录就像一架巨型喷气式飞机贴着地面飞行，同时飞机前轮伸出去对下面几毫米的草叶进行计数，而且还错不了几个。如果从长远看，磁记录满足了我们 60 年来对非易失性数据存储的需求。我们从互联网下载的所有信息都存储在服务器的硬盘上。现在我们每年用磁方法记录的信息，比此前整个人类历史记录的信息还要多。

14.6.4 磁光记录

在 20 世纪末，基于垂直介质写入的磁光读取的方案取得了成功（图 14.37）。在热磁记录中，介质由脉冲激光局部加热到矫顽力小的温度，然后在弱的偏置场中冷却。垂直各向异性薄膜与基于极向克尔效应的读取器结合使用，极向光克尔效应是指半导体二极管激光束被↑磁畴或↓磁畴反射以后，其偏振面分别旋转 $\pm\theta_K$ 角度，其中 $\theta_K\approx 1^\circ$。

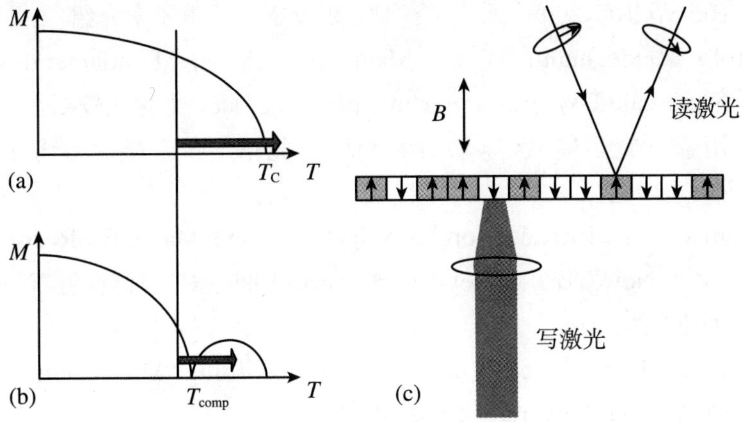

图 14.37

磁光记录。(a) 居里点写入的原理；(b) 补偿点写入的原理；(c) 垂直介质上的磁记录方法

非晶态 $R_{1-x}T_x$ 薄膜是合适的磁光介质，其中 R 是稀土（如铽或钆），T 是过渡金属（如钴或铁）。它们沉积在透明衬底上。稀土的自旋轨道耦合效应很强，所以克尔旋转角度很大。加热至居里点以上，或者高于补偿点（当 $x\approx 0.7$ 时，接近室温），从而实现磁记录。在 T_{comp} 附近，矫顽力变大，因为各向异性场 $2K_1/M_s$ 发散。各向异性主要来自稀土子网络。无定形介质没有晶界噪声。研发了多层膜介质，具有分离的、交换耦合的记录层和读取层。不幸的是，磁光记录的物理尺寸受限于光的波长，一个位只能略小于 1 μm，每平方微米的记录密度只有几个位。因此，磁光记录现在没有竞争力了。

参考书

Spin Electronics[M]. Berlin：Springer，2001. 具有多位作者的一本书。对每个主题进行了简单的介绍，重点是氧化物自旋电子学。初学者的最佳起点。

Magnetic Multilayers and Giant Magnetoresistance[M]. Berlin：Springer，1999. 文中主要关注了磁性多层膜和巨磁阻，包括磁光记录。

Johnson M. Magnetoelectronics[M]. Amsterdam: Elsevier, 2004. 在一系列文章中介绍了磁电子学,包括逻辑、隧道和生物芯片等。

Stiles J D, Miltat J. Spin transfer torque and dynamics in Spin Dynamics in Confined Magnetic Structures[M]. Berlin: Springer, 2006:225—308. 最新的评论文章。

Concepts in Spin Electronics [M]. Oxford: Oxford University Press, 2006. 着重于理论方面。

Bandyopadhyay S, Cahay M. Introduction to Spintronics [M]. Reiss: CRC, 2008. 重点关注理论的全面自旋电子学介绍。

Stohr J, Siegmann H C. Magnetism [M] // Fundamentals to Nanoscale Dynamics. Berlin: Springer, 2006. 主题比较新,尤其适用于自旋运输、快速动力学和电子光谱学。广泛的参考书目。推荐。

Comstock L. Introduction to Magnetism and Magnetic Recording [M]. New York: Wiley-Interscience, 1999. 对工程师的广泛而有用的介绍。

Bertram H N. Theory of Magnetic Recording[M]. Cambridge: Cambridge Unversity Press, 1994.

Plumer M L, van Eck J, Weller D. The Physics of Ultra-high Density Magnetic Recording[M]. Berlin: Springer, 1999. 一系列文章涵盖了磁记录的微磁和动态方面,重点是记录媒介。

Richter H J. Recent Advances in the Recording Physics of Thin-Film Media and the Transition from Longitudinal to Perpendicular Recording[J]. J. Phys. D, 1999, 32(R147); Applied Physics, 2007, 40(R49).

习 题

14.1 推导自由电子模型中的爱因斯坦关系(式(14.3))。

14.2 证明:只要自旋弛豫时间 $\tau_\uparrow$ 和 $\tau_\downarrow$ 是相同的, $n=2$ 的自旋极化定义(式(14.12))就等价于电流的极化。

14.3 推导式(14.22)。类似地,导出优化后以磁场灵敏度 $\mathrm{d}\varrho/\mathrm{d}H$ 为指标的表达式,证明优化的偏置角并非 $\pi/4$,并注明平面霍尔传感器的优化磁极灵敏度与工作在 $\varphi=\pi/4$ 的 AMR 传感器一致。

14.4 估计在什么尺寸以下,用自旋转移力矩来转换铁磁体的磁化,会比奥斯特磁场更合适。

14.5　为了让铁磁自由层可以在 1 ns 内翻转，估算它的最大厚度。假设通过的电流是 10^{11} A·m^{-2}，没有严重的电迁移问题。假设$P_e=0.5$。

14.6　一根导线运输（虚拟）磁荷 q_m 的磁荷流为 I_m，在垂直距离它为 R 的位置，求电场 E 的表达式。核对你的答案的量纲。与习题 2.10 的答案做类比，当自旋流流过导体时，在垂直距离导体为 R 的位置，给出电场 E 的表达式。如果自旋流来自导体中流动的完全自旋极化的电子电荷流，最大可容许电流密度为$j=10^{11}$ A·m^{-2}，估算可产生的最大电场。

14.7　利用平面霍尔效应设计一个磁场传感器，将其灵敏度与由相同材料制成的 AMR 传感器进行比较。

14.8　估算使用 $SmCo_5$ 作磁介质可能达到的记录密度。你认为，使用这种材料会有哪些问题？

14.9　为什么磁记录的阻塞条件是 $K_1V/k_BT>40$，而不是式(8.22)的 $K_1V/k_BT>25$？

14.10　证明：带隙辐射在 GaAs 中激发的 φ^+ 光致发光的偏振度为1/4。

第15章 专 题

学科在其边界处成长。本章讨论的学科交叉专题分为三大类。第一类主要与液体有关:顺磁液体、铁磁液体、磁悬浮和磁约束,以及磁电化学。第二类与生命科学有关:生物学与药学中的磁性、磁成像和磁辅助诊断。最后讨论行星与恒星的磁性,包括岩石的磁性和地磁场,以及其他行星、太阳与恒星的磁场。

"飞岛"勒普特(《格列佛游记》)。据说,飞岛包含着巨大的磁石

千百年以来,磁性一直吸引着人类的好奇心。具有排斥与吸引相互作用的磁力场,让人梦想着实现悬浮、永动机,并为治愈疾病带来希望,也让人渴求理解其奥秘。这些梦想与希望已经以意想不到的方式实现了。磁学也已成为一门有着坚实物理基础的成熟学科,并与自然科学的其他分支跨学科融合交叉。

尽管永动机被证明是一个白日梦——被反复地兜售给盲目的投资者——它却在量子力学定态中得到了呼应。在定态下电子占据着量子化的轨道,永不停歇地运动,直到它们与环境交换能量量子。然而,处于定态中的电子并不做功,能量守恒定律并没有被破坏。

磁悬浮是较为实际的提议,但仍不是早前想象的那样——例如,斯威夫特(Jonathan Swift)的"飞岛"勒普特,麦地那(Medina)的"先知的棺材",或者索纳特圣庙的"金色偶像"。静态磁悬浮是可能的,但在室温下的应用严重受限于固体材料的微弱抗磁性(表3.4)。

磁石受到了高尔夫和网球选手的追捧。磁石被出售并用于治疗疾病,加工饮用水、鸡尾酒以及处理原油。据说,在有磁场情况下,种子发芽更快,断骨恢复得更好。磁石也被认为具有负面效应。帕拉塞尔苏斯(Paracelsus,一位16世纪瑞士的医师和炼金术士)相信,磁石的效用取决于哪个磁极面向患者——这个迷信得到了很多网站的宣扬,还让许多癌症患者为南极和北极的"正确定义"而苦恼不已。然而,自吉尔伯特(William Gilbert)始,理性怀疑论者就不断地揭穿关于磁性的各种迷信。

本章在坚实的科学基础上,一窥磁性在医药、生物和电化学(领域的)的交叉学科应用,以及与液体相关的磁现象。最后,我们走出实验室,一瞅更大的尺度下——行星、恒星与银河系相关的磁性现象。这些专题五花八门,但多数涉及流体,有些还涉及磁流体动力学。

15.1 磁性液体

尽管稳定、均一的铁磁液体是可以存在的,金属玻璃也表明晶格并非铁磁序的前提条件,但是在金属体系中,熔点似乎总是超过居里点。两者最为接近的是 $Co_{80}Pd_{20}$ 过冷共晶,而 $Co_{80}Pd_{20}$ 也确实显示出一些超顺磁的迹象。在非金属体系中磁相互作用倾向为反铁磁性的,因此在液态中,非金属的磁相互作用是受阻的。

15.1.1 顺磁液体

有效磁化率 χ 的范围从 0 到大约 10^{-3} 的磁性离子的顺磁性溶液都可以用含几摩尔的 Dy^{3+} 或 Ho^{3+} 的溶液制备出来,这些 4f 离子具有最大的磁矩(表 4.6)。3d 离子的 p_{eff}^2 要小一些,其中又以 Mn^{2+} 和 Fe^{3+} 最大(表 4.7)。硝酸盐和氯化物是溶解性最好的盐类。浓缩的顺磁液体可以用于磁悬浮(见下文)。由于顺磁液体的磁化率足够小,因此其退磁场 $-\mathcal{N}\chi H'$ 可以忽略。

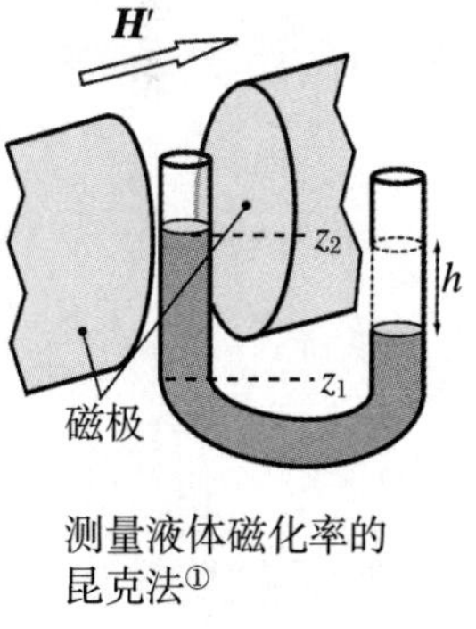

测量液体磁化率的昆克法①

化学家们测量液体磁导率的一种传统方法是昆克(Quincke)法。截面为 a 的 U 形管盛有液体,一端置于电磁铁的气隙里(磁场为 H'),另一端远离磁场。当接通电磁铁时,密度为 d 的顺磁液体将受到磁场作用,可以观察到液面高度降低了 $h/2$。磁场力 $F_m\delta V$,即**磁场梯度力**,将作用在受到磁场梯度的任意体积元 δV 上,其中力的密度由式(2.105)给出:

$$F_{\mathrm{m}} = (\chi/2\mu_0)\nabla B^2 \tag{15.1}$$

由于感应磁化强度可以忽略,从外加磁场为零的 z_1 到 B 均匀等于 $\mu_0 H'$ 的 z_2 积分,就得到支撑高度为 h、质量为 $ha\,\mathrm{d}$ 的液柱的力。因此 $ha\,\mathrm{d}g = (\chi/2\mu_0)B^2 a$,即

$$h = \frac{\chi B^2}{2\mu_0\,\mathrm{d}g} \tag{15.2}$$

① 译者注:这一部分,根据柯艾教授的建议较原书第一版有所更改。

对于 1 mol $CoCl_2$ 溶液，$\chi = 60\times10^{-6}$，在 1.5 T 的磁场下，$h = 5$ mm。对于纯水，抗磁性磁化率 $\chi = -9\times10^{-6}$，液面受到磁场排斥作用会略微有些下降。

这个效应是磁场的二次函数，因此与磁场的方向无关。例如，将开口的容器放在超导螺线管的水平孔里，那么磁场里的液面相对于磁场外有所下降。这就是摩西效应(Moses effect)，尽管红海的磁化率与纯水略有不同。对于 $B_0 = 10$ T 的磁场，液面高度降低了 37 mm。

另一个与磁场梯度力相关的有趣现象是顺磁性的液体管在水中是稳定的。向杯中滴入一滴墨水，墨水将快速散开。这与原子尺度的扩散无关，原子扩散在室温下是缓慢的过程，扩散常数大约在 $10^{-9}\ m^2\cdot s^{-1}$ 量级，这里墨水的散开是由初速度分布和密度差异导致的对流现象。通过调节磁场梯度力，对流可以被抑制，而扩散无法停止。对于浓度为 $c\ mol\cdot m^{-3}$、磁化率为 χ_{mol} 的溶液，单位体积受到的力是

$$F_m = \frac{1}{2\mu_0}(c\chi_{mol} + \chi_{water})\nabla B^2 \tag{15.3}$$

梯度为 $10\ T\cdot m^{-1}$ 的 1 T 磁场对混合溶液产生的力密度可以达到 $10^4\ N\cdot m^{-3}$，与液体的重力相当。对于顺磁离子的高浓度溶液，水的抗磁磁化率可以忽略。

现在考虑一根在烧杯中由水平细铁丝拉成的环，烧杯放在均匀的垂直磁场中(图 15.1(a))。注入的顺磁溶液将沿着铁丝形成一个管，管的位置处于磁场所决定的两个稳定位置中的一个。一个稳定位置在铁丝上面，另一个在铁丝下面。在图 15.1(b)中，一段拉直的铁丝水平放置，并施加与铁丝垂直的水平磁场，注入的顺磁液体管会稳定在铁丝的上下两侧。利用液体管的感应磁矩和铁磁性铁丝磁矩的偶极-偶极相互作用，可以解释顺磁液体的这种行为。顺磁液体就像被弹性薄膜包裹着一样。顺磁液体管的表面就是与常量 B^2 有关的等能量密度面，而正比于 ∇B^2 的磁力将垂直作用于这个面。

图 15.1

1M顺磁溶液构成的液体管：(a) $CoCl_2$ 沿着铁丝环在水槽中形成液管，插图所示为磁性液体和铁丝的截面。(b) $ErCl_3$ 溶液悬浮在水槽中拉直的铁丝的下方

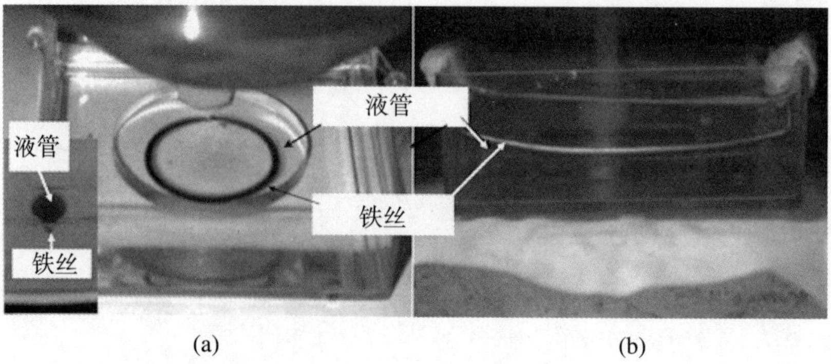

施加竖直的磁场，将一条轨道放入水槽底部，顺磁液体可以沿着这条轨道几乎不受阻力地流动（图 15.1(a)）。这与通常的管流大不相同。通常的管流的流速 v 受到管半径 r 的限制，服从泊肃叶（Poiseuille）方程 $v=r^2\Delta P/l$，其中 $\Delta P/l$ 是压强梯度，η 是液体的动力学黏滞系数（单位为 $N\cdot s\cdot m^{-2}$）。此时由于液管壁是流动的，因此零速度边界条件并不适用于顺磁液体的管壁。由于有效管半径取决于水槽的尺寸，而水槽尺寸是顺磁液管半径的许多倍，因此按管半径的四次方变化的体积流量就大幅加大了。一个结果是，在磁场限制的微升体积里，快速混合成为可能。

15.1.2　铁磁流体和胶体

铁磁流体（ferrofluid）很像铁磁性液体（ferromagnetic liquid），但它实际是在油或水中悬浮着的极小超顺磁颗粒的胶体。1960 年代开发的化学技术能够把直径为 3—15 nm 的磁铁矿或赤铁矿纳米颗粒分散开，并使其在外磁场下也不会因偶极-偶极相互作用而聚集成链。为了使胶体稳定，必须削弱按 r^{-3} 衰减偶极相互作用。使磁性颗粒相互分离的方法是把颗粒嵌入或包裹在聚合物中。在磁性氧化物颗粒表面涂上表面活性剂分子有助于使其分散在水中。抑或使纳米颗粒带电，也可使其分散在离子液体中。

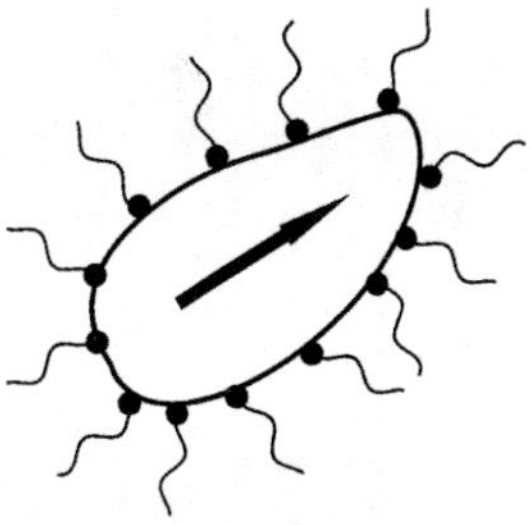

铁磁纳米颗粒表面涂有活性剂，可以溶于水

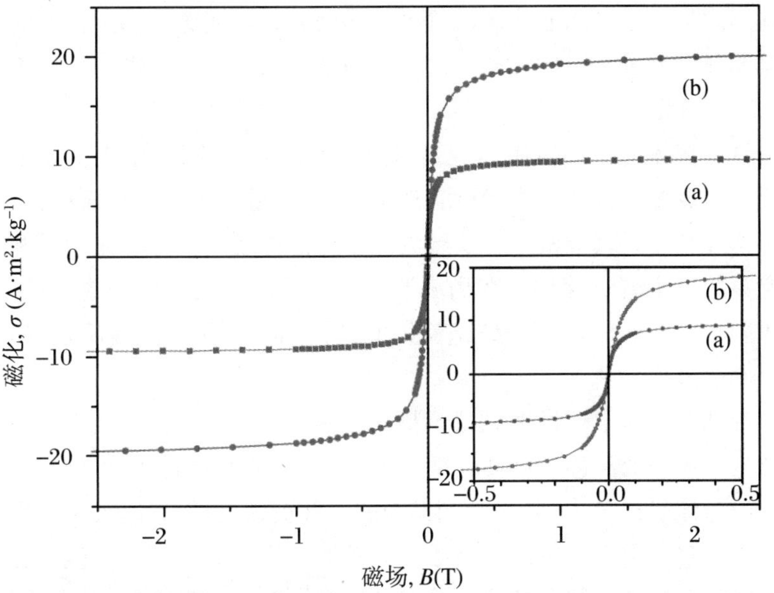

图 15.2

磁化曲线：(a) 铁磁液体；(b) 包含SPIONs的磁性纳米微球（由Fiona Byrne提供数据）

每个磁性颗粒的热能量级是 $k_B T$，换言之室温下即为 4×10^{-21} J。

除了奈尔型超顺磁弛豫(见第 8.5 节)以外,颗粒还做正常的布朗运动,这些都有助于胶体的稳定。稳定的铁磁流体应不受重力沉降作用的影响,同时既不在磁场梯度作用下分层也不因偶极作用而聚集。这些要求使得颗粒直径被限制在 10 nm 量级。而这么小的铁磁颗粒都是单畴的。

磁性纳米颗粒占铁磁流体总体积的体积比 $\mathfrak{f}$ 至多是 20%。磁铁矿的磁化强度为 480 $kA\cdot m^{-1}$,因此商业化的磁铁矿基的铁磁流体,其饱和磁化强度不会超过 100 $kA\cdot m^{-1}$,典型的值是 50 $kA\cdot m^{-1}$。考虑到磁性颗粒的能量、尺寸及其分散特性,这些颗粒表现得就像是具有微弱相互作用的顺磁性宏观磁矩一样,每个颗粒的磁矩大小 $\mathfrak{m}\sim 10^3—10^5\mu_B$。颗粒的磁化强度由朗之万函数(4.21)给定,$M=M_0\cdot(\coth x-1/x)$,其中 $x=\mu_0\mathfrak{m}H/k_BT$。在低场下($x<1$),磁化率 $\chi=\mu_0 n\mathfrak{m}^2/3k_BT$ 与经典表达式(4.22)一致,其范围是 $5\times10^{-3}—5\times10^{-1}$。铁磁流体的磁化强度为 $\mathfrak{f}M$。由于存在可与内场 H 耦合的巨大磁矩,因此铁磁流体的磁化率比顺磁液体的大得多。退磁作用就不能再忽略了。在外磁场 H' 中,退磁场把磁化率限制到 $1/\mathcal{N}$(见第 2.2.6 小节)。对分散良好的球形颗粒($\mathcal{N}=1/3$),外部磁化率为 3。因此在 0.05—5 T 磁场下,铁磁流体的磁化强度可以达到其饱和值($x=10$)的 90%。一些特殊的铁磁液体是将非球形、针状或板状纳米颗粒悬浮在液晶中构成的。

在垂直磁场作用下,一碟铁磁液体为了减小退磁能与势能的和,采取尖峰状结构

铁磁流体表现出一些奇异的性质。在垂直于表面的磁场下,为了在退磁场中尽量降低其能量,形成了峰状结构,在磁化趋近饱和时尤其明显。另外,对于浸入铁磁液体的物体,磁场可以调控其浮力(见第 15.3 节)。

铁磁流体的主要应用领域是密封。利用适当的磁体,把油基的铁磁流体放置在合适的位置可实现密封,如果是选用低蒸气压的油,就可构成旋转式真空密封。铁磁流体密封的应用包括分子泵轴承和真空系统的旋转贯穿件。在扬声器音圈中采用铁磁流体密封,可以提供阻尼和散热的通路。铁磁流体的其他用途还包括磁性墨水、磁悬浮和磁分离。

在油基液体中分散的铁磁性颗粒的另一种应用是磁流变液体。磁流变液体中的磁性颗粒具有微米尺寸,而且是多畴的,体积分数也比铁磁流体高很多,$\mathfrak{f}\sim70\%$。当其中的颗粒被磁化时,其偶极相互作用也大许多。因此,施加磁场可以把黏滞系数增加好几个数量级。这些磁流变体应用于机械离合器和悬挂系统中。一些典型的性质列举见表 15.1。

表 15.1 一些商用铁磁流体和微珠的性质					
	珠粒大小（μm）	粒径（nm）	M_s（$kA\cdot m^{-1}$）	χ	黏度（Pa·S）
油基铁磁流体		10	36	2.2	1
水基铁磁流体		10	16	0.7	0.005
磁流变体		1000	200	~0.5	100
Dynal. M280	2.8	7	13	0.32	
Myone	1.0	6	28	0.05	
Micromod	0.25	8	18	0.48	

超顺磁性氧化铁纳米颗粒(SPION)也可以分散在球形聚合物微珠中。已经发现这些微珠的各种诊断和治疗应用(见第15.4节)。它们的磁化曲线类似于铁磁流体。

15.2 磁电化学

磁学与电化学的交叉领域有两个不同的方向。一个是用电化学沉积方法制备磁性薄膜或涂层,另一个是磁场调控电化学过程。

15.2.1 电化学沉积

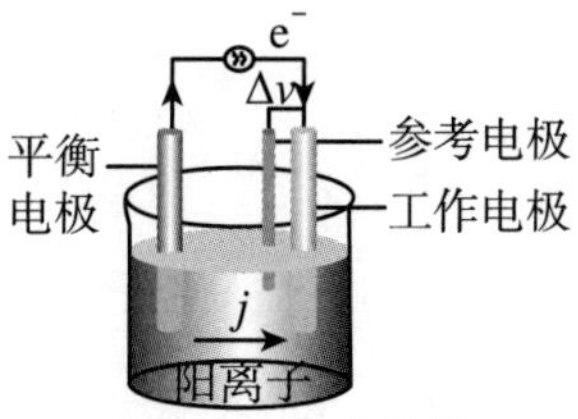

一个简单的电化学槽

电化学沉积是一种常规的和成熟的制备铁磁金属及其合金如Co-Fe和Ni-Fe等的方法,尤其是制备坡莫合金。在电势给定的情况下溶质传输是电化学电流的主要制约因素,对电化学槽中的金属离子的水溶液(包括一些特殊的用以提高电镀薄膜平整性的添加剂),不断搅拌可以提高电镀效率。选择沉积的条件以确保水分解而在阴极析出的氢气不会破坏薄膜沉积的品质。只要外加电压超过还原电势,金属就会在阴极沉积。例如,镍的还原反应根据反应式$Ni^{2+}\longrightarrow Ni+2e$,就发生在(阴极)相对于氢参考电极电压为$-0.25$ V时。一些标准的还原势列在表15.2中。

电负性不太高因而较容易电镀沉积的金属包括周期表位置靠后

的过渡金属，从Fe到Zn，Rh，Pd，Pt以及贵金属Cu，Ag，Au和一些其他元素，但很不幸的是，不包括周期表位置靠前的过渡金属或者稀土元素。电化学沉积的速率取决于过电势，因此电镀沉积也可以沉积合金薄膜，例如，从一个含有 Fe^{2+} 和 Ni^{2+} 的浓度适当的电化学槽中，可以电镀沉积得到坡莫合金 $Ni_{78}Fe_{22}$。目标合金的原子组成比例与电化学槽中的原子组成比例可能有很大差异。在沉积时施加外磁场，可以让制备的软磁薄膜具有易轴。这个效应与磁场退火相似——Fe-Fe原子取向平行于外磁场方向而产生了些许织构。

表 15.2 一些水溶液的标准还原势(V)[①]

Mg^{2+}	−2.38	Mn^{2+}	−1.18	Co^{2+}	−0.28	Cu^{2+}	0.34
La^{3+}	−2.37	Zn^{2+}	−0.76	Ni^{2+}	−0.25	Pd^{2+}	0.83
Al^{3+}[②]	−1.66	Fe^{2+}	−0.44	Ag^{+}	0.22	Au^{3+}	1.42

① 相对于氢参考电极。

② 0.1 M氢氧化钠。

在背面金属化了的多孔绝缘膜上进行电化学沉积，可以得到纳米线(见第8章)。常用的是具有六角密平行排列的微孔氧化铝模板。通过在两个沉积电位间不断转换，用一个电化学槽就可以制备获得多层薄膜。从一个含有 25 mM Cu^{2+} 溶液和 1 M Co^{2+} 溶液的电化学槽中，就可制备得到 Co-Cu 多层膜。在 0.1 V 时只有 Cu 会沉积出来，而在 −0.4 V 时 Cu^{2+} 和 Co^{2+} 都会被还原。只不过，因为化学槽中 Cu^{2+} 的浓度比 Co^{2+} 低得多，所以合金主要是 Co。

硬磁稀土合金如 $SmCo_5$ 等不能够用水溶液电镀沉积得到。因为在使 Sm 离子还原所要求的较大负电压下，电流几乎完全由电离水产生的质子承载。而 CoPt 等硬磁相是可以基于水溶液电镀沉积制备的。在制备时这些合金为无序的 fcc 结构，但经 900 K 退火后就可具有四方 $L1_0$ 结构并显示出磁滞特性(见第 11.2.1 小节)。

15.2.2 磁场的影响

磁场可以通过两种方式影响电化学的过程。一是通过作用在电化学槽电流密度 $\boldsymbol{j}$ 上的洛伦兹力，洛伦兹力的体密度为

$$\boldsymbol{F}_{\mathrm{L}} = \boldsymbol{j} \times \boldsymbol{B} \tag{15.4}$$

当磁场平行于电化学槽的电极时，洛伦兹力产生对电解液的对流搅拌。离子在阴极还原为金属。离子向阴极的输运由浓度梯度 ∇c 决

定，其中 c 是以摩尔每立方米为单位的离子浓度。电流密度 $\boldsymbol{j}=D\nabla c$，其中 D 是扩散系数，$|\nabla c|=c_0/\delta$，其中 δ 是扩散层的厚度，扩散层是靠近阴极的区域，大约几百微米宽，其中的离子浓度从化学槽的平均浓度 c_0 降低为阴极表面的 0。洛伦兹力的搅拌作用减少了扩散层的厚度，因而增大了溶质转移所限制的电流密度。对于典型的电镀电流密度大小 $j=1\ \mathrm{mA\cdot mm^{-2}}$，在 1 T 磁场下的洛伦兹力密度是 $10^3\ \mathrm{N\cdot m^{-3}}$。磁场也会类似地影响侵蚀电流，即从阴极流向阳极的电流，在距离侵蚀电极表面几微米的范围内也会受洛伦兹力的搅拌作用。

磁场可以影响电化学槽中反应的另一种方式是通过其磁场梯度。对于离子浓度为 $c\ \mathrm{mol\cdot m^{-3}}$、磁化率为 χ_{mol} 的电解液，作用在其上的力遵循式(15.3)。上式当退磁场可以忽略时满足式(2.104)，而对于电化学使用的溶液这个条件总是满足的。在铁磁性的微电极表面，上述磁场梯度力将显著增强，∇B 可以高达 $10^5\ \mathrm{T\cdot m^{-1}}$，使得溶液中顺磁离子受到巨大的磁场梯度力。

15.3 磁 悬 浮

15.3.1 静态悬浮

当恩绍在 1842 年证明不可能仅利用静电场使带电粒子悬浮时，悬浮的梦想一度成为泡影。恩绍定理可以表述为：在静电场、静磁场和重力场的任何恒定组合下，具有电荷、磁性或质量的物体都不可能稳定地保持静止。这可以如下理解：磁体可以视为具有磁荷 q_{m} 静态分布的物体，其能量满足拉普拉斯方程。只要任何物体的能量 ε 满足拉普拉斯方程 $\nabla^2\varepsilon=0$，上述定理就成立。因为拉普拉斯方程没有孤立的最大值或最小值解，只有鞍点解，而鞍点不是稳定解。

在磁体的情况下，自由空间中给定磁偶极子具有能量

$$\varepsilon_{\mathrm{m}}=-\mathfrak{m}\cdot\boldsymbol{B}\tag{2.72}$$

作用在偶极子上的力是 $\boldsymbol{f}=-\nabla\varepsilon_{\mathrm{m}}$，故 $\nabla\cdot\boldsymbol{f}=-\nabla^2\varepsilon_{\mathrm{m}}$。为证明上式为零，把恒定大小的 $\mathfrak{m}$ 提取到求导运算外，就得到 $\nabla\cdot\boldsymbol{f}=-(\mathfrak{m}/\mu_0)\cdot\nabla^2\boldsymbol{B}$。利用矢量运算关系式 $\nabla^2\boldsymbol{A}=\nabla(\nabla\cdot\boldsymbol{A})-\nabla\times(\nabla\times\boldsymbol{A})$ 以及在自由空间下 $\nabla\cdot\boldsymbol{B}=0$ 和在无电流条件下 $\nabla\times\boldsymbol{B}=\boldsymbol{0}$ 的事实，可得 $\nabla\cdot\boldsymbol{f}=0$。

因此，能量ε_m是满足拉普拉斯方程的。

根据能量最小原理，稳定平衡点要求$\nabla\varepsilon=0$且同时满足$\nabla^2\varepsilon>0$。因此，能量满足拉普拉斯方程的磁偶极（任何磁体都可以视为磁偶极的集合），没有稳定的平衡位置[①]。另一方面，从受力的角度来看，考虑以偶极子所在位置 O 为中心的小球，利用散度定理：

$$\int_V \nabla \cdot \boldsymbol{f} \mathrm{d}^3 r = \int_S \boldsymbol{f} \cdot \mathrm{d}\mathcal{A} = 0 \tag{15.5}$$

作用在偶极子上的力对整个球面积分后为零，因此如果在一些方向是负向的回复力，在其他方向的力就必定是正向的，将偶极子拉离不稳定的平衡点 O。

相扑选手站立磁板上，悬浮在巨大的铜氧化物超导体上

第 13 章讨论过的永磁体轴承的一个特点是，总要求在一个方向有机械限制（或主动的电磁伺服系统）。轴承的劲度系数 $\boldsymbol{K}$ 是矢量，其分量$-\dfrac{\partial f_x}{\partial x}$，$-\dfrac{\partial f_y}{\partial y}$和$-\dfrac{\partial f_z}{\partial z}$的和为零（式(13.14)）。另一种可能的磁体轴承方式是“磁浮”磁悬浮列车采用的方式，这种磁悬浮列车速度可高达 500 $\mathrm{km \cdot h^{-1}}$，其利用车体上的电磁铁和被车体包绕的导轨上的磁体的吸引力驱动，如图 15.3 所示。“磁浮式”磁悬浮列车只需要很小的水平支撑，就可以一直保持在轨道上。

图 15.3

磁悬浮列车

尽管有恩绍定理，但被动悬浮并不完全是梦想。恩绍定理的适用是有条件的。为打破定理的制约，我们所需的是非恒定的磁场，这个磁场是能对磁矩 m 位置响应的。这可以通过在磁体周围引入抗磁材料实现，抗磁材料可提供一个被动的排斥反馈磁场，这个反馈场随磁体与其距离减小而增加。超导体是最强的抗磁体，$\chi=-1$。磁体

① 译者注：2018 年秋经过和柯艾教授讨论而改动。

在超导体中产生镜像磁体，如图 2.15(b)所示，并且磁体和其镜像之间的排斥力具有自调节的性质，这个排斥力随着磁体靠近超导体而增大，随着磁体远离超导体而减小。质量很大的物体也可以通过这样的方式悬浮起来。

最强的非超导抗磁体是石墨和铋，它们的无量纲磁导率是超导体的 1/1000(表 3.4)。既便如此，微弱的磁镜像依然可以使得一片定向石墨悬浮在稀土永磁体上方约 1 mm 的地方。更常见的是，利用石墨片使磁体在原来非稳定平衡位置处保持稳定，在非稳定平衡位置处的 K_z 是负的而 K_r 是正的。图 15.4 所示就是这种完全可以在室温下操作的被动悬浮器件。

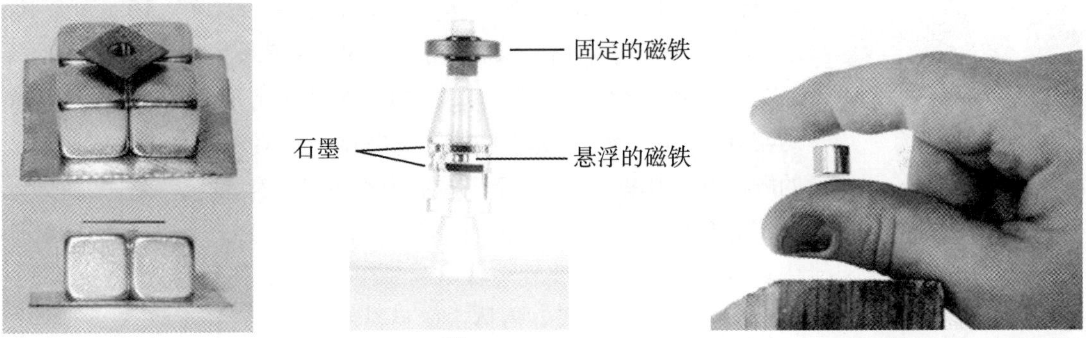

(a)　(b)　(c)

图 15.4

利用抗磁材料实现稳定的悬浮：(a) 一片定向石墨悬浮在永磁体阵列上；(b) 一个较小的永磁体悬浮在其上方磁体的梯度磁场中，这个平衡通过两片石墨片而得以稳定；(c) 与(b)相似的设置，但是采用了超导磁体，这个平衡通过两个抗磁性的手指而得以稳定(Geim A K,Simon M D, Boemfa M I,et al. Nature, 1999, 400(324))

原则上，在磁场和磁场梯度的适当组合下，任何抗磁体都可以实现磁悬浮。体积为 V 的样品的磁能量为 $-(1/2\mu_0)V\chi B^2$，其中因子 1/2 是因为磁矩来自磁场导致的磁化。垂直梯度场下受到的磁场梯度力与重力 $-\mathrm{d}Vg$ 平衡，就得到用质量磁化率表示的磁悬浮条件：

$$B\,\nabla_z B = \mathrm{d}\,g\mu_0/\chi \qquad (15.6)$$

对于多晶石墨烯($\chi_m = \chi/\mathrm{d} = -50\times10^{-9}\ \mathrm{m^3\cdot kg^{-1}}$)，悬浮条件是 $B\,\nabla_z B = 250\ \mathrm{T^2\cdot m^{-1}}$，而水($\chi_m = -9\times10^{-9}\ \mathrm{m^3\cdot kg^{-1}}$)的要求是 $B\,\nabla_z B = 1400\ \mathrm{T^2\cdot m^{-1}}$。前者的条件在靠近产生 1 T 磁场的永磁体表面附近就可满足，而后者条件则需靠近毕特(Bitter)磁体的末端或产生至少 10 T 超导线圈才能实现。在强磁场实验室，可以悬浮各种主要由水组成的物体，例如青蛙、草莓、盐水球等，如图 15.5 所示。

永磁体也可以实现对含水物体的磁悬浮，只不过悬浮的必要条件只有在非常接近磁体表面处通过在亚毫米尺度调整永磁铁才能获得满足。在另一尺度下，可以通过磁性原子阱悬浮具有未配对电子的原子。

抗磁体的磁化率比具有局域磁矩的顺磁体小很多。居里定律给

图 15.5

为科学而飞的青蛙——青蛙悬浮在毕特磁体的表面上，磁场为10 T，磁场梯度为140 $T\cdot m^{-1}$（感谢 L. Nelemans）

出的顺磁体磁化率为 $\chi = C_{mol}/T$，其中 $C_{mol} = 1.571\times10^{-6}\,p_{eff}^2$（式(4.16)）。例如，1 mol Co^{2+}（$p_{eff}^2 = 4.8$）或 Dy^{3+}（$p_{eff}^2 = 10.6$）在室温下的磁化率分别为 $120\times10^{-9}\ m^3\cdot mol^{-1}$ 和 $590\times10^{-9}\ m^3\cdot mol^{-1}$。因为 1 L 溶液的质量约为 1 kg，1 M 这些离子溶液的无量纲磁化率大约与其以 $m^3\cdot mol^{-1}$ 为单位的质量磁化率数值相同。显然这些溶液的顺磁性磁化率 χ_{sol} 远大于金属的泡利质量磁化率 χ_m 或任一抗磁元素或化合物的质量磁化率（表 3.4）。因此，将物体浸没在顺磁液体中，可以在小磁场下实现多种材料悬浮，需要时还可由此区分不同的材料（图 15.6）。浸没在液体中的材料就像具有磁化率 $\chi_m-\chi_{sol}$ 一样，因此悬浮条件变为

$$B\,\nabla_z B = -g\mu_0(d-d_{sol})/(\chi_m-\chi_{sol}) \tag{15.7}$$

图 15.6

石墨、硅和钛在（磁极）间距为100 mm的电磁铁磁场中的磁悬浮，这些材料被浸没于2 M $DyCl_3$ 溶液中（磁极）中心处的磁感应强度为1 T（由Peter Dunne提供）

例如，为了使硅（$\chi_m = -1.8\times10^{-9}\ m^3\cdot mol^{-1}$，$d = 2330\ kg\cdot m^{-3}$）在空气中悬浮，所需的 $B\,\nabla_z B$ 将达到巨大的 6840 $T^2\cdot m^{-1}$，而使其在 1 M的 $DyCl_3$ 溶液中悬浮 $B\,\nabla_z B$ 只需要达到较小的 22 $T^2\cdot m^{-1}$。

铁磁流体的磁化率比顺磁离子溶液更大，量级在 $10\times10^{-6}\ m^3\cdot mol^{-1}$，因此其可以用来在较小的非均匀磁场中悬浮和区分任何物体。反过来，自身具有非均匀磁场的磁体置于铁磁流液体里的时候，就会自发地悬浮起来（尽管由于铁磁流体是不透明的，力无法看见）。

使用抗磁和顺磁液体都不违背恩绍定理的限定。哈里森（Roy Harrison）在 1983 年发现，在磁场梯度中旋转的磁体可以在一个很小的区域里稳定地悬浮起来。磁悬浮更实际的用处是利用射频涡电流在适当设计的冷坩埚悬浮熔融金属。

15.3.2 射频磁悬浮

利用高频的磁场，可以非接触地悬浮、加热和搅拌导电液体。基于高频磁场，这些操作都很方便。同时施加静态磁场可以对导电液体的运动施加阻尼，而且作用在感应电流上的洛伦兹力满足：

$$\boldsymbol{F}_{\mathrm{Li}} = \sigma(\boldsymbol{v}\times\boldsymbol{B})\times\boldsymbol{B} \tag{15.8}$$

其中 $\boldsymbol{v}$ 是液体的速度，高频磁场和静态磁场一起构成了材料电磁处理技术的基础。这些技术在近几十年蓬勃发展。磁阻尼被用于控制钢坯浇铸时的涡旋，以及从熔融液中生长半导体晶体时产生的对流。加热和搅拌用在感应炉中，其设计自 1887 年费伦蒂（Sebastian Ferranti）首次提出以来就没有大的改变。对射频磁悬浮感兴趣的则是更近的事情，相应的商业应用开始于 1960 年代。

在流动的导电液体中，磁感应强度 $\boldsymbol{B}$ 的**对流扩散方程**是磁流体力学的基本方程。把洛伦兹力作用的欧姆定律 $\boldsymbol{j}=\sigma(\boldsymbol{E}+\boldsymbol{v}\times\boldsymbol{B})$ 和法拉第定律 $\nabla\times\boldsymbol{E}=-\partial\boldsymbol{B}/\partial t$ 联合起来，得到 $\partial\boldsymbol{B}/\partial t=-\nabla\times(\boldsymbol{j}/\sigma-\boldsymbol{v}\times\boldsymbol{B})$，然后再利用安培定律 $\nabla\times\boldsymbol{B}=\mu\boldsymbol{j}$，将 $\boldsymbol{j}$ 用 $\boldsymbol{B}$ 表示，就可以得到对流扩散方程。由于 $\nabla\cdot\boldsymbol{B}=0$，因此 $\nabla\times(\nabla\times\boldsymbol{B})=-\nabla^2\boldsymbol{B}$，最后结果为

$$\partial\boldsymbol{B}/\partial t = \nabla\times(\boldsymbol{v}\times\boldsymbol{B}) + \eta\,\nabla^2\boldsymbol{B} \tag{15.9}$$

其中磁扩散率 $\eta=1/(\sigma\mu)$ 相当于扩散系数，其单位为 $m^2\cdot s^{-1}$。麦克斯韦方程中的电荷密度项和位移电流项可以忽略。式(15.9)的解决定于系统特征长度 l 和无量纲量：

$$\mathcal{R}_{\mathrm{m}} = vl/\eta \tag{15.10}$$

即磁雷诺数。在液体金属里，B 实际上不受 v 的影响，总是处于极限 $\mathcal{R}_{\mathrm{m}}\ll1$ 的情况下，式(15.9)退化为简单的扩散方程：

$$\frac{\partial\boldsymbol{B}}{\partial t} = \eta\,\nabla^2\boldsymbol{B} \tag{15.11}$$

对于由外部电流激励的平行于金属表面的振荡磁场 $b_z(0) = b_0\sin\omega t$，得到的解为

$$b_z(x) = b_0\exp\left(-\frac{x}{\delta_s}\right)\cos\left(\omega t - \frac{x}{\delta_s}\right)$$

注意到 $\mu = \mu_0\mu_r$，$\omega = 2\pi f$ 以及 $\varrho = 1/\sigma$，上式中的穿透深度 $\delta_s = \sqrt{2\lambda/\omega}$ 就是趋肤深度(式(12.2))。在导体的趋肤深度以内，透射磁场激发涡流。根据楞次定律，外部激励电流与感应电流之间的作用力是相互排斥的。射频磁悬浮利用的就是这些力。

感生电流由安培定律 $\nabla \times \boldsymbol{B} = \mu \boldsymbol{j}$ 给定，对于沿 z 方向施加的磁场，可以简化为 $j_y = -(1/\mu)\dfrac{\partial B_z}{\partial x}$，从而得到

$$j_y = \left(\frac{b_0}{\mu\delta_s}\right)\exp\left(-\frac{x}{\delta_s}\right)\left[\cos\left(\omega t - \frac{x}{\delta_s}\right) - \sin\left(\omega t - \frac{x}{\delta_s}\right)\right]$$

趋肤深度内的洛伦兹力是 $\boldsymbol{j} \times \boldsymbol{B} = j_y B_z \boldsymbol{e}_x$，对时间取平均并注意到 $\langle\cos^2\omega t\rangle = 1/2$，可得到力密度大小为

$$F_m(x) = (b_0^2/2\mu\delta_s)\exp(-2x/\delta_s)$$

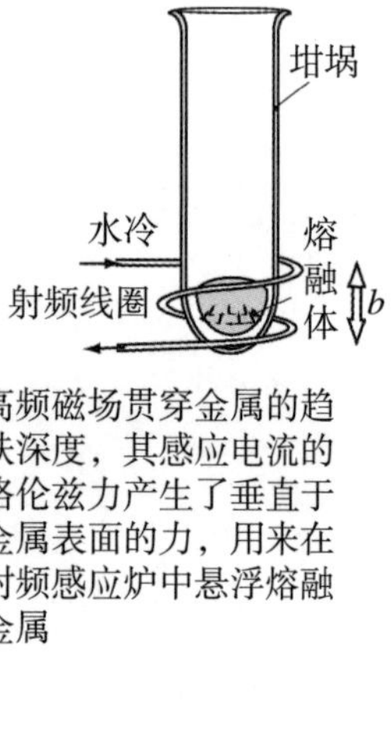

高频磁场贯穿金属的趋肤深度，其感应电流的洛伦兹力产生了垂直于金属表面的力，用来在射频感应炉中悬浮熔融金属

对整个金属厚度进行积分，就得到单位面积的受力表达式，即磁压

$$\boldsymbol{P}_m = \frac{b_0^2}{4\mu}\boldsymbol{e}_x \tag{15.12}$$

电流密度的加热效应为 $\int_0^\infty \dfrac{j^2}{\sigma}\mathrm{d}x = \dfrac{b_0^2}{4\mu}\omega\delta_s\ \mathrm{W \cdot m^{-3}}$。

在射频悬浮感应炉中(图 15.7)，射频线圈绕制成篮状，使得熔融的金属液滴受到垂直于表面的磁压的支撑。表面的形状决定于重力、磁力和表面张力的平衡。在底部中心处没有磁压，熔融液滴高度产生的压力只能靠表面张力来平衡，因此悬浮的熔融液滴有一个最大尺寸。较大的悬浮液滴就会沿着竖直轴滴落。利用这一效应连续地从上方投入原料，就可以产生液体金属喷流，其流量可以通过变化射频功率来调整。

图 15.7

射频感应炉(感谢Ambrell公司)

在另一个完全不同的尺度下，超导磁体产生的磁场应用于压缩环形托卡马克反应器（如 ITER）中温度高达10^8 K 的等离子体，这是先进核聚变研究中的尖端课题。

15.4　生物学与医学中的磁学

15.4.1　趋　磁　性

地球上的生命是在 10—100 $A \cdot m^{-1}$的弱磁场环境中演化而来的。不可避免地，除我们以外的一些生物也学会了如何利用这一磁场。最直接的例子就是趋磁性细菌，它是一种制造铁磁性铁氧化物（磁铁矿或赤铁矿）或铁硫化物（胶黄铁矿）颗粒的单细胞生物。磁性颗粒在微生物体内链式生长。每个磁性颗粒的尺寸使得单个颗粒都是超顺磁性的，但链中颗粒间各向异性的偶极-偶极相互作用使得磁性颗粒的磁化方向沿链稳定。从而每个细菌都具有一个内建的小磁针，这个小磁针通过细胞分裂而保持磁化方向不变地传给下一代细菌。新的磁性颗粒增添在分裂后剩余的半链末端处，并因感受该处杂散场作用而具有与邻近的颗粒平行的磁化。用岩石磁学的话来说，即这些细菌获得了一种化学的剩余磁化。

趋磁性使得细菌能够沿地球磁力线取向，它们沿着地球磁力线以 100 $\mu m \cdot s^{-1}$的速度游动，向上或向下游动取决于其内建磁体的极性。对这些趋磁细菌而言，体内磁体极性是至关重要的。厌氧细菌沿磁力线向下游动到达淤泥层，在那里生长繁衍，而那些具有相反极性磁体的厌氧细菌会向上游动到达水面，最终在富氧的有毒环境中死掉。这就是自然选择的典型例子。可以从淤泥中获得趋磁性细菌，在具有旋转磁场的培养皿中它们将围成圆圈翩翩起舞。

多达 50 种其他的生物，包括鸽子、鲑鱼、蝙蝠、蜜蜂和鹿也能感知磁场。更奇妙的是，趋磁性与其他感知相结合可以用来辨别方位。以鸽子为例，现在人们认为其可以感知附着在神经末端的两个磁性颗粒间的作用力，磁性颗粒轴相对于地磁场的取向是通过其间的吸引力或排斥力得以区分。这种感知对南/北或东/西没有分辨能力，但是当鸽子转动 90°时将感知到最强效应。鸽子的磁感知器官已经获得了确认(图 15.8)。这一器官显然很复杂,而其具体工作原理尚未知晓。

图 15.8

鸽子的磁感知器官:它由三个不同的结构组成,每个结构都包含磁性材料(Fleissner G,et al. Ornithology, 2007, 148(5663))

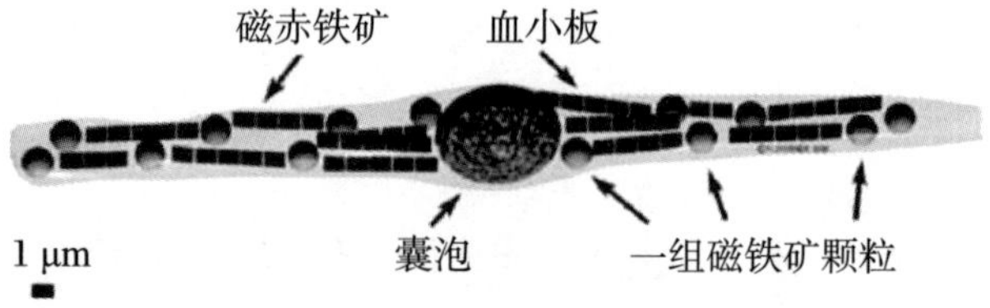

除作用在亚铁磁性颗粒上的力或者力矩外,趋磁性还涉及另外两种作用机制。其一是在大的运动导体回路中的感应电动势,鲨鱼有可能采用的是这一机制。其二可能是磁场对辐射反应的作用,譬如弱磁场可以影响单重态-三重态的相互转化速率。

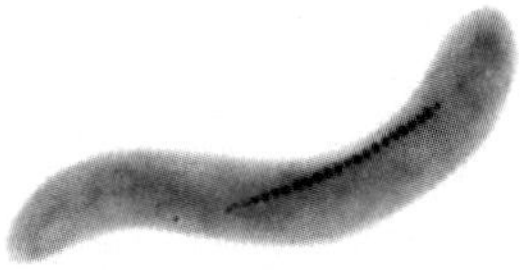

一种趋磁性细菌。标尺长度为1 μm

流行病学研究对人体暴露在输电线或室内电线激励的低频磁场所受影响尚无定论。暴露于强静态磁场中只会在机体组织层面上激起微小的反应,因此强的静磁场似乎对人体是无害的①。鸽子即使在通过 15 T 磁体的圆孔以后,也能很快地恢复其磁感知能力。高频磁场对人体的影响,相关的研究也没有提供可能存在损害的清晰证据。

15.4.2 细胞生物学

关于静态或低频磁场对细胞生理过程的影响,文献中有大量的报道,但是能重复的却很少。

然而,磁性方法已经用于研究细胞和亚细胞结构,如蛋白质和生物分子。一般来说,这些研究利用微米或纳米磁性颗粒,这些颗粒与其操纵的生物结构的尺度相仿(细胞是 10—100 μm,蛋白质是 10—100 nm)。这些微米颗粒通常是由超顺磁纳米颗粒置于一个具有生物相容性的聚合物微珠里而构成的,其填充率是 $0.1<f<0.8$(表 15.1)。这些微珠表面可以针对特定的生物反应实现"功能化",例如携带上抗体。利用单个生物相容性的聚合物包覆的磁性纳米颗粒,可以操纵蛋白质或相似尺寸的结构。磁性标记在外磁场梯度中的响应通常都是线性的,小型电磁铁的磁场梯度是 10—100 $kA\cdot m^{-1}$,而永磁铁的磁场梯度更大一些。如图 15.9 所示,若将磁性纳米线分段

① 欧盟指导性标准规定了人暴露在磁场中的限制(2004/40/EC)。

磁化并使得各段反向永久磁化,那么就可以利用信息可沿纳米线方向记录的优势。这种纳米线磁性条码可以被用于标记细胞或蛋白质,并可以根据其产生的特定杂散场模式而实现识别,例如,在微流体通道中利用磁阻传感器进行识别。

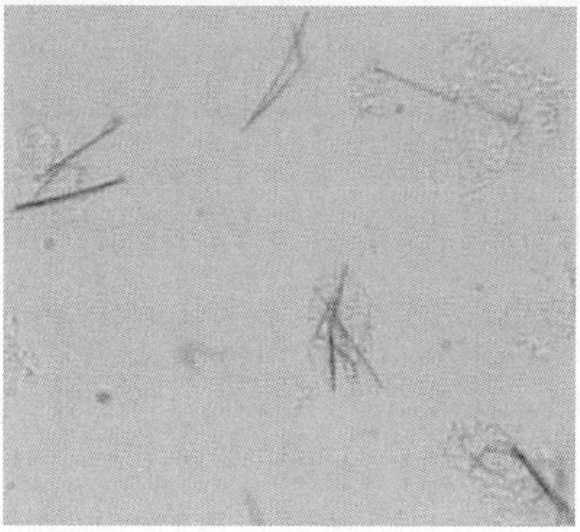

图 15.9

区别对待的THP1巨噬细胞,其体内含有长为20 μm、直径为200 nm 的镍丝(感谢A. Prina-Mellor)

当磁微珠或磁纳米线与细胞或生物分子相结合时,就可以利用磁场梯度力来操纵目标物:

$$\boldsymbol{f} \approx \nabla(\mathfrak{m} \cdot \boldsymbol{B}) \tag{15.13}$$

其中 $\mathfrak{m}$ 是磁性微珠的感应磁矩。这类研究非常有趣,因为机械的应力和形态可以调节细胞的功能,而在适当的尺度下测量这些机械性能是十分重要的。磁镊就是这样一种可以通过磁性标识施加应变或力的生物微操控器。有一种磁镊构型是将三个或四个微型电磁铁按圆周排布,通过调控微小线圈中的电流来调节磁场,如图 15.10 所示。通过磁微珠操纵一个活细胞内的细胞质,所需的力为 1—10 pN 的量级。对直径为 200 nm、磁化强度为 100 $\mathrm{kA \cdot m^{-1}}$ 的磁微珠颗粒传递所需要的力,需要的磁场梯度是 $10^4 \mathrm{T \cdot m^{-1}}$ 的量级。采用光刻图形化Co-Fe磁极,可以在 10 μm 范围内实现这样的磁场梯度。

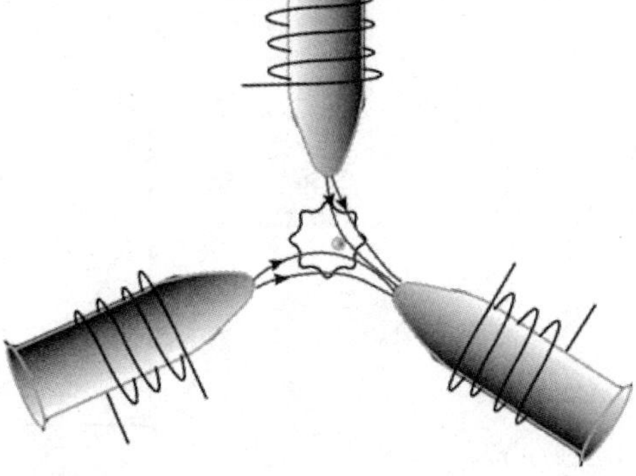

图 15.10

磁镊。线圈中的电流产生磁场,对含有磁微珠的细胞进行操控采用小型永磁体可以获得更大的磁场梯度。在单个生物分子(如螺旋状的DNA)的一端附着磁性微珠,再通过永磁镊子施加外力,可以测量得到它的力学性质。

15.4.3 标记和检测

磁免疫检测方法可以探测溶液中浓度非常低的生物分子。磁免疫检测的两种成熟的检测方法都利用了磁性微粒。其中比较灵敏的两步法利用两种会附着在分子上的抗体进行分析。一种抗体是附着在磁性颗粒上的特定抗体,另一种抗体带有光学活性标签。这些功能化的颗粒与被分析物放在同一培养皿中培育,因而与特定的成分结合。将未结合的分子洗净后,在第二步中,标识后的抗体与磁性微珠结合。被分析物被两种抗体像三明治一样夹着。未反应的标记物已经被洗净,而已标记的被分析物的数量可以通过荧光法或化学发光法测量。检测信号随着分析物的数量单调增强,如图 15.11(a)所示。

第二种方法只需要一步,在溶液中掺入已知数量的、已经有光学活性标记的被分析物。功能化的磁性微珠与溶液一同培养,未标记的和标记的被分析物共同竞争有限的抗体位。然后将磁性微珠固定,将未固定物洗净。此时测量的光信号将随着被分析物浓度上升而单调下降(图 15.11(b))。

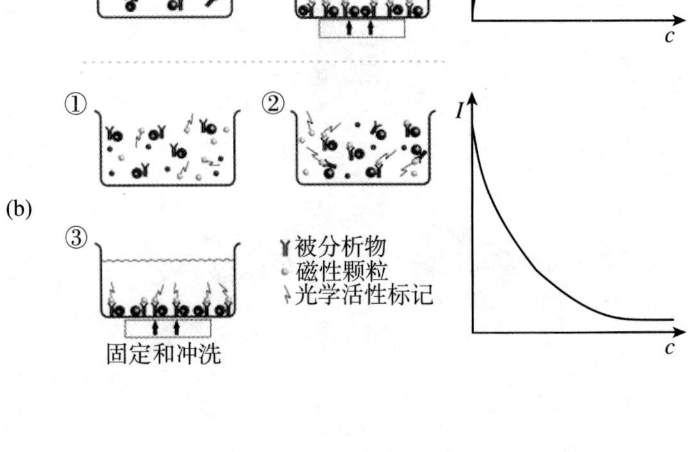

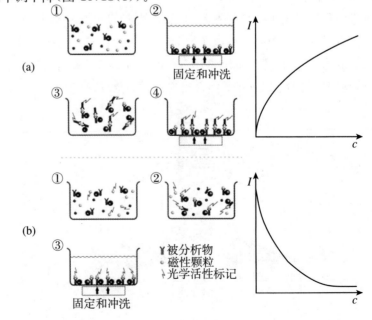

图 15.11

磁免疫检测。(a) 在两步法中,磁微珠带有可以捕获被分析物的抗体,固定并冲洗磁微珠。接着让被分析物捕获带有相同抗体的光学标记物,并再次冲洗光学标记物,然后再测量光学信号。(b) 在一步法中,添加已知量的带有光学标记的被分析物,它们与溶液中的被分析物一起争夺磁微珠上的抗体。固定并冲洗微珠,然后测量光信号一种全磁的方法使用线性薄膜磁传感器(见第14.3节)而非光学方法来探测磁性微珠。用特定的抗体对探测器的表面进行功能化处理,同时加入被分析物和功能化的磁性微珠,它们相互结合使得微珠固定在磁传感器表面,冲洗后,利用磁性传感器就可以探测微珠的杂散场,如图15.12所示。磁传感器可采用自旋阀、AMR环或平面霍尔效应器件,而磁性微珠则是在磁传感器探测不敏感的垂直磁场中磁化。这种方法既可以探测跨越几个数量级的线性响应,也可以探测单个磁性微珠。采用以不同抗体功能化的传感器构成多传感器阵列,就可能实现并行的单分子精度的多种生物检测。

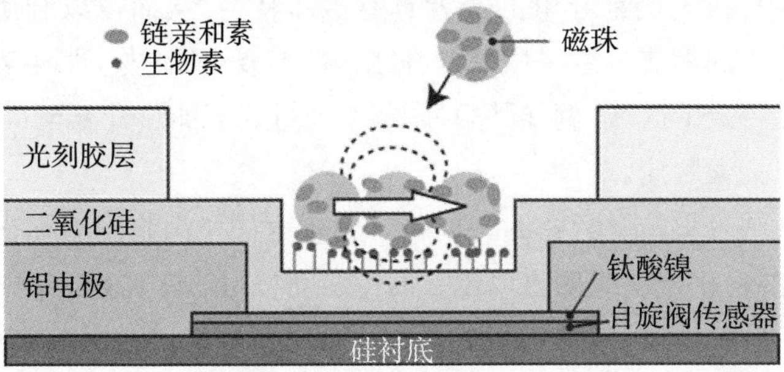

图 15.12

基于自旋阀传感器的磁生物芯片,其表面用抗体进行功能化处理。被分析物与磁性微颗粒在潜伏期经涮洗后被捕获,垂直磁物磁化磁珠引起杂散场,进而被自旋阀探测

磁生物芯片中的传感器可以嵌入微流体通道。与采用多波长光探测的光学系统相比,磁生物芯片在成本和灵敏度方面更具优势,它不需要光谱系统并且可以实现单分子的探测。

上述生物分子识别方法的一种变体采用的是互补DNA链实现与磁性颗粒的结合。磁传感器上附着了特定的探测基因链。互补的目标链与磁标记结合,流过磁传感器表面时与探测基因结合。利用载流导体产生的磁场梯度,可使标靶靠近传感器进而加速本来很慢的结合过程。如果使用包含单个磁性纳米颗粒的磁性微珠,则可探测更小的生物分子。

15.4.4　治疗和处理

静态或低频磁场有益于缓解疼痛或治疗炎症的说法是有争议的。有人认为,断骨在磁场中恢复得更快。不幸的是,这些效应尚未得到任何合理的解释。

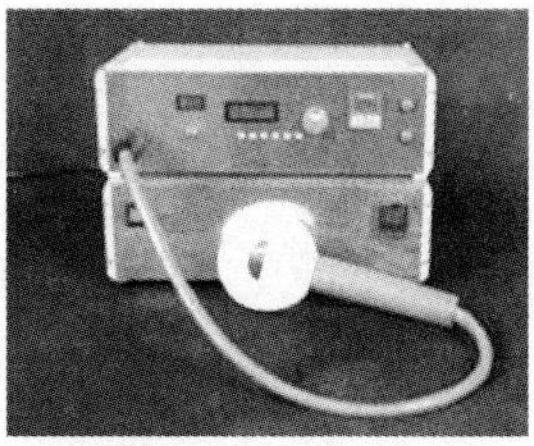

用于磁刺激的脉冲磁场发生器

脉冲磁场可以在导电组织中感生电场并驱动电流。利用一列$\partial B/\partial t\approx10^3$—$10^6$ T·s^{-1}的磁脉冲进行头部大脑磁刺激,这种方法的作用还在讨论中,有一些证据显示这可能对治疗帕金森和抑郁等神经与精神症状有帮助。磁脉冲可以在细胞层面上产生nV—μV的

微小电动势，但这种效应在器官层面上可能更显著，因为感生电场随尺度正比例地增加(见第 13.6 节)。根据式(10.3)，回路中的感应电场大小为

$$E \approx - l \frac{\partial B}{\partial t} \tag{15.14}$$

其中 l 是回路的尺度。为了让神经元放电，电场必须超过 200 $V \cdot m^{-1}$，而这个电场可以在几毫米或几厘米大小的回路中产生。梯度磁场线圈有助于将感生的电场刺激限制于大脑或身体其他部分。

将磁性微颗粒用于热疗具有更加确凿的疗效。此时，磁性微珠中的磁性材料应该是导电的或者具有磁滞特性，从而可以利用高频外磁场产生的涡流或磁损耗效应(见第 12.1 节)来加热。如果磁性微珠聚集在特定的区域，例如肿瘤处，那么通过局部加热升温至 45 ℃以上就可以摧毁肿瘤。

磁性纳米颗粒对药物的靶向传送也很有用。药物附着在磁性颗粒表面，然后用磁场梯度可以把它们传送到特定的位置。

15.4.5 其他医学应用

磁体在医学领域的其他应用还包括，用永磁体间的作用力固定假牙或义肢，以及辅助眼皮和膀胱处衰弱的肌肉。永磁体还可以用于引导导管和激活人工心脏的阀门。

磁成像是磁学在医疗领域的主要应用。心磁图记录了心肌电流产生的磁场模式，而脑磁图(magnetoencephalography，MEG)记录的是脑神经产生的磁场模式。心磁图与脑磁图相应的电流大小分别只有 μA 和 nA 量级，所以距离器官几厘米处的磁场只有 $10^{-6}\,A \cdot m^{-1}$ 或 $10^{-9}\,A \cdot m^{-1}$ 量级。上述生理活动的电信号强度可以用外部的探测器阵列在磁屏蔽的房间中进行测量。例如，已经研发出装备了由 128 个 SQUID 探测器构成阵列的可用于脑磁探测的头盔，如图 15.13(a)所示。这项技术主要用作重症神经紊乱的手术治疗的辅助手段，用以指示出癫痫发作对应的反常电活动脑区域。

磁共振成像(MRI)无疑是磁学在医学(领域)最重要和最广泛使用的临床应用。已有三位科学家因核磁共振获得了诺贝尔化学奖和诺贝尔生理学或医学奖。全球医院中安装了大约 40000 台 MRI 扫描仪，每年大约进行 2 亿次检查。磁共振成像把核磁共振(NMR)和复杂的信号处理技术结合起来，以获得通常是人体的某个部分的断层图或实体三

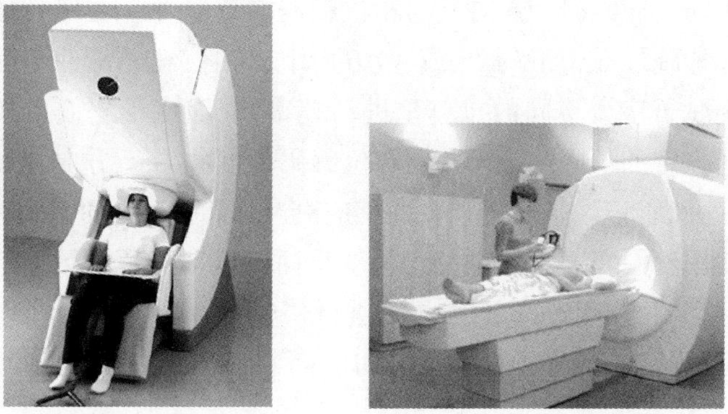

(a)　(b)

图 15.13

用于(a) 脑磁图和(b) 全身磁共振成像(MRI)的设备(感谢Elekta AB and Booth Radiology上市公司)

维成像。其原理基于^{1}H的磁共振,频率对应于体内质子的原子核塞曼劈裂的射频辐射将被吸收。由于人体内大约63%的原子是氢原子,并且主要存在于脂肪和水中,因此人体恰巧适于核磁共振测量。

核磁成像设备包括磁体(产生高度均匀的磁场)、三维梯度线圈和射频线圈(激发和探测磁共振)。磁体通常采用用液氦或制冷机冷却的超导螺线管,可以产生1—1.5 T的磁场。3 T或更高的磁场可以提供更好的分辨率和对比度。尽管存在一些基于永磁铁的核磁共振设备,但这些设备受永磁体磁场小于0.4 T的限制分辨率较差。

核磁成像原理可以简述如下。磁体空腔中的静磁场B_0沿z方向,即沿身长方向,由梯度线圈提供B_0在x,y和z方向上的线性变化,使得共振频率与空间位置关联起来。例如,若$\omega(x)=\gamma(B_0+G_zZ)$,则核磁进动自由感应衰减的信号(图9.12)将包含zy平面切片的贡献,切片中核自旋数量可从频率谱中推导出来。最初,核磁共振图像是在与z轴正交的xy平面中构建的,这是通过调整z方向的梯度来确定的,以达到需要成像的组织中氢原子的共振场B_r。然后调整x和y梯度,创建垂直和水平取样条,这些取样条在一个“体素”(体积像素)中相交,体素是一个几立方毫米的小区域,包含大约一百万个处于共振场下的细胞。为了获得感兴趣区域的图像施加射频脉冲序列并检测氢原子的自旋回波响应。最终,体素就可以通过改变x和y方向上磁场的梯度在xy平面中图像化出来。

很不幸,上述成像是一个缓慢的过程,与活体高分辨率成像不兼容。梯度脉冲是另一种带有时间延迟和相位差的射频脉冲。核磁共振成像也可以采用梯度脉冲来实现,即使用切片选择梯度、相位编码梯度以及频率编码梯度来实现。图15.14给出了最简单的梯度脉冲序列。该序列包含一个与切片选择梯度脉冲相一致的90°射频脉冲,这一射频脉冲将使xz平面中的所有共振自旋翻转90°。序列随后是

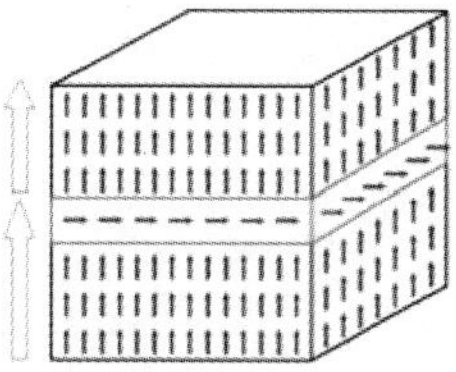

由90°射频脉冲和G_x梯度脉冲产生的一层自旋

梯度方向在 y（或 z）方向上的相位编码梯度脉冲。在序列最后频率编码脉冲施加在余下的 z（或 y）方向上。相位编码脉冲会为切片中的自旋赋予略微不同的拉莫尔进动频率，从而赋予它们由强度或持续时间决定的不同相位。关闭相位编码梯度并沿 z 方向施加频率编码梯度，此时记录核磁进动自由感应衰减。将上述脉冲序列重复 128 次并使用不同幅度的相位编码梯度从而可以取得核磁图像所需要的数据，这些数据通过在 x 方向上进行快速傅立叶变换可提取频域信息，然后再在 y 方向上提取出空间信息。

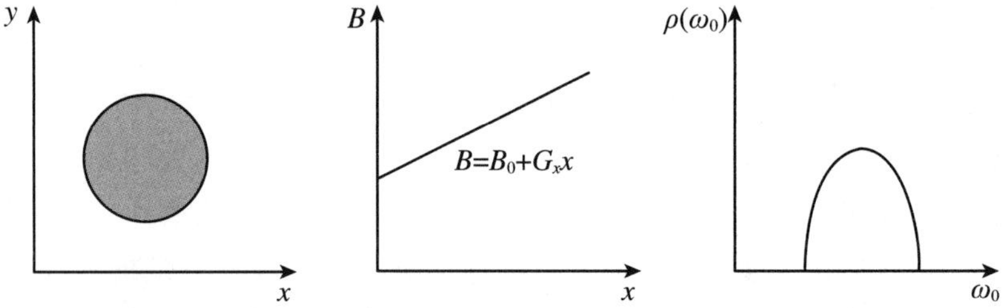

图 15.14

沿 z 轴看到的物体，受到 x 方向梯度场的作用。频率图 $\rho(\omega_0)$ 记录了共振自旋数。根据不同方向施加的梯度磁场可以重构图像

已发展出了多种不同的脉冲序列用以得到 T_1，T_2，T_2^* 或局域自旋密度 n 的分布图。在一次磁共振成像检查中，就可能用到多达十种不同的序列。磁共振成像技术对软组织和界面（例如骨骼-软组织）的图像获取特别有用。其对软组织损伤（例如椎间盘错位、运动损伤等）的诊断很有用，也有助于确认肿瘤。图 15.15 显示了一些磁共振成像的图像。利用含铁、锰或钆离子的磁医学造影剂，减小其所在之处的自旋弛豫时间，就可以突出特定的区域。磁共振成像也可以用 ^{31}P 和 ^{13}C 实现（表 9.3），只是这些同位素在人体组织内的丰度比 ^{1}H 少得多。

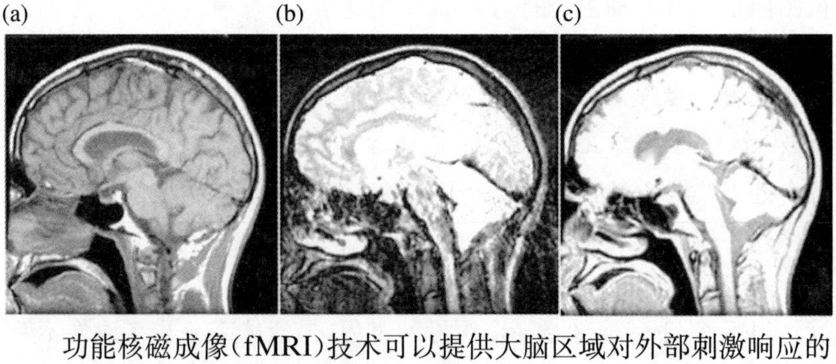

图 15.15

基于 (a) T_1 对比度、(b) T_2 对比度和 (c) 自旋密度的头部磁共振成像（感谢Y. I. Wang）

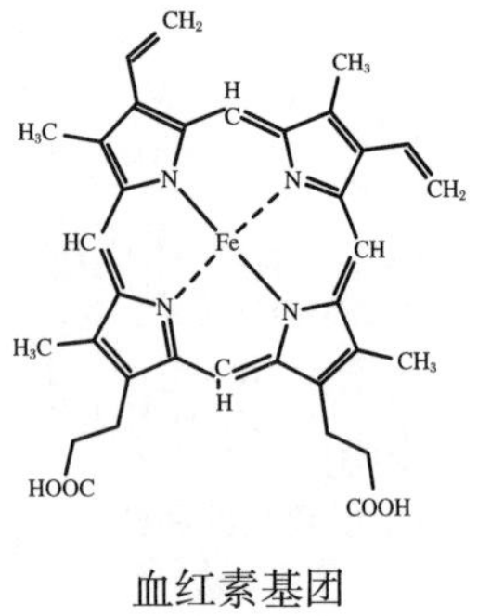

血红素基团

功能核磁成像（fMRI）技术可以提供大脑区域对外部刺激响应的实时图像，其对基础神经研究和临床诊断，如中风，都有帮助。

细胞只要在活动，就会消耗氧气。与肌肉不同，神经没有氧气储备，必须由邻近毛细血管中红细胞的血红蛋白提供氧气。向神经施加激励之后 2—5 秒，氧气向神经活动区域的流动达到峰值，这就是血流动力学响应。这将导致含氧的和脱氧的血红蛋白在空间和时间上

发生变化，进而影响^1H的共振。

血红蛋白是大的蛋白质分子，分子量大约为 68000，每四个子单元含有一个铁离子。血红素基团(heme group)中的铁与四个位于卟啉环中心的氮键合。另一个蛋白质氧牢牢地固定在环的位点上下方，八面体中的剩余位置则被含氧血红蛋白中输运的氧分子或脱氧血红蛋白中弱束缚的水分子占据。血红蛋白占红细胞干重的 97%，而其中的 0.3%都是铁。

血红蛋白的磁性很有趣，因为其还原态中的 Fe^{2+} 处于高自旋态 $3d^6$；$t_{2g}^4e_g^2$，$S=2$。此时顺磁性的 Fe^{2+} 的顺磁性足以超过蛋白质余下部分的抗磁性。在氧化态，血红蛋白中的铁是低自旋的 $Fe^{Ⅲ}$，$3d^5$；t_{2g}^5 具有一个未配对电子，$S=1/2$。氧分子以 O_2^- 形式与血红蛋白键合，因而也有一个未配对的自旋。两者形成共价键，所以没有净磁矩。故含氧血红蛋白是抗磁性的，而脱氧血红蛋白是顺磁性的。

血红蛋白磁性的这一差异成为 1992 年引入的依血氧水平(blood oxygen-level dependent，BOLD)成像的基础(图 15.16)。这时 fMRI 图像与周围环境的对比度取决于脑血流量的变化与血流自身氧水平的平衡。成像基于 T_2 或 T_2^* 对比度，能实现的最小空间分辨率约 3 mm，时间分辨率为几秒。信号强度随磁场的平方变化，在大磁场下，更多的信号来自更小的毛细血管。因此，采用高频率和 7 T 甚至更高的磁场，可以改善血氧水平成像。

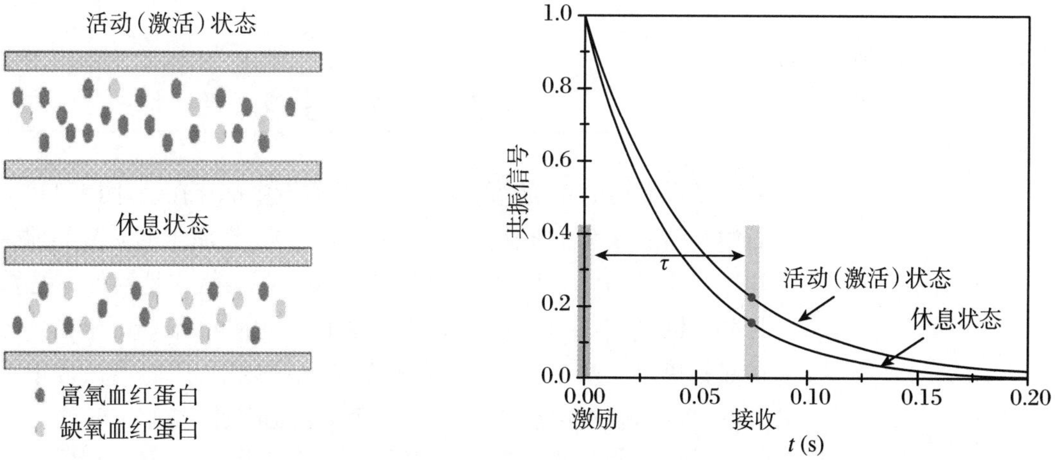

图 15.16

BOLD技术的原理：血管在休息和活动时不一样，两种状态对应的T_2弛豫时间也不一样

大脑在工作时的依血氧水平成像的图像会有显著的增亮(图 15.17)，仅管这只是提供了神经活动的间接表征，但朝着用物理手段探索人类意识的这个远大目标，fMRI 迈出了第一步。脑磁图具有直接对神经电流响应的优点，可以在相似的空间分辨率下实现更快的响应。遗憾的是，目前世界上的脑磁图仪比磁共振扫描仪少太多了。

图 15.17

在执行任务(类似于用手摸读盲文)期间，正常人(上方)和盲人(下方)大脑产生的影响。fMRI响应叠加在两个大脑表面的高分辨率MRI图像上(感谢N. Asdato)

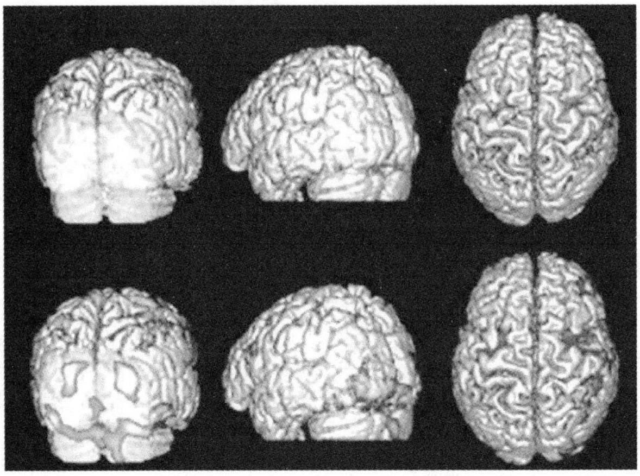

15.5 行星和宇宙的磁学

恒星和行星产生的磁场跨越了 15 个数量级。这些磁场提供了认识相应天体的内部结构和演化过程的诸多线索。我们对地球的磁学的认识比其他任何天体都多，但仍然没有彻底理解，更无法预测地球的磁场及其未来的演化。

15.5.1 岩石磁学

铁占大陆地壳质量的 5%，大多数岩石中都存在铁(图 1.11)。岩石中其他的磁性元素就少得多了(表 15.3)。铁原子的质量是地壳平均原子质量的 2.2 倍，所以就有 40 ∶ 40 规则：铁占地壳原子总数的 1/40，其质量丰度是其他所有磁性原子总和的 40 倍。由于在矿物相的晶格里，Fe^{2+} 和 Fe^{3+} 的含量在渗流阈值以下，因此当铁含量小于 0.2wt%时，岩石通常是抗磁性的，否则就是顺磁性的。

表 15.3 岩石中磁性元素的平均含量(ppm)

Fe	50000	Nd	30
Mn	950	Co	25
Cr	100	Sm	6
Ni	70	U	2

然而，岩石是不同矿物的组合。各种硅酸盐和氧化物会在火成岩冷却的不同阶段分离出来。这些物相通常都是固溶体，例如镁橄榄石-铁橄榄石系列的橄榄石$(Fe_xMg_{1-x})_2SiO_4$。在矿物的富铁相中可以产生长程磁有序，即逾渗通道通过共用的氧离子把阳离子联系起来，形成超交换键合。富铁氧化物可在玄武岩中找到，一般也含有钛。常见的矿物相是含钛磁铁矿和含钛赤铁矿。矿物相晶体的尺寸可以从几纳米到几微米。存在两个重要尺寸，即超顺磁颗粒临界尺寸$2R_b$和单畴颗粒临界尺寸$2R_{sd}$，分别是 25 nm 和 80 nm 左右（表 8.1）。这些磁性矿物颗粒的含量也许在 10—100 ppm 量级，赋予岩石以 10 $A \cdot m^{-1}$量级的自发磁化强度。

其他具有室温磁有序的富铁氧化物相包括赤铁矿和一些反铁磁的氢氧化物，存在于土壤和沉积岩中。它们受热不稳定。铁硫化物是在有 H_2S 的水热过程中形成的，或者是硫酸盐还原细菌在岩石表面反应后形成的。许多有经济价值的金属矿石（Fe，Co，Ni 和 Cu 等）都是硫化物，其中黄铁矿 FeS_2 是最常见的。黄铁矿石是金黄色的晶体，其铁处于低自旋态 Fe^{II}，$3d^6$；t_{2g}^6，$S=0$，因此黄铁矿是抗磁性的。

室温下具有磁性的富铁氧化物和硫化物矿物列在表 15.4 中。天然铁矿、镍-铁矿（$Fe_{1-x}Ni_x$，$x \sim 0.07$）和 FeS 在地球上非常稀有，但可以在铁陨石中找到。其他列举在表 15.5 中的富铁的硅酸盐和碳酸盐矿物相在 100 K 左右或以下的温度显示出反铁磁性。长石（feldspar）是构成岩石最常见的主要硅酸盐矿物，但是铁在长石中的溶解度几乎为零。

表 15.4 室温下磁有序的天然矿物

矿物	理想分子式	T_C，T_N(K)	σ_s($A \cdot m^2 \cdot kg^{-1}$)
铁	Fe	1038	218
磁铁矿	Fe_3O_4	853	92
钛磁铁矿	$Fe_{2.4}Ti_{0.6}O_4$	520	25
锰尖晶石	$MnFe_2O_4$	570	77
透闪石	$NiFe_2O_4$	860	51
镁铁橄榄石	$MgFe_2O_4$	810	21
磁赤铁矿	γFe_2O_3	950	84
赤铁矿	αFe_2O_3	980	0.5
钛赤铁矿	$\alpha Fe_{1.4}Ti_{0.6}O_3$	380	20
针铁矿	αFeO(OH)	400	<1
纤铁矿	γFeO(OH)	470	<1
δ相氢氧化铁氧化物①	δFeO(OH)	560	≈10
硫铁矿	FeS	578	<1
黄铁矿	Fe_7S_8	598	17
胶黄铁矿	Fe_3S_4	600	31

① ferroxyhite。

岩石磁学的应用有赖于对自然剩磁的测量。岩石可以通过不同途径获得自然剩磁，其中最重要的途径是热剩磁，玄武岩或变质岩在冷却过程中，当温度低于钛磁铁矿颗粒超顺磁阻塞温度时，就可以获得自然剩磁。岩石通常具有复杂的热历史和地质历史。剩磁的组分有着不同的稳定性，而且可能形成于岩石的不同的时期。自然剩磁的磁化强度范围可以从10^{-5} A・m^{-1}至10^{2} A・m^{-1}。颗粒在地磁场中沉积，或者颗粒因一些低温化学过程而生长得超过临界阻塞尺寸，颗粒都可以获得微弱的自然剩磁。我们关注的是地质事件的时间尺度(一千万年乃至一亿年)，超顺磁阻塞的判据是$KV/k_BT>60$，比磁记录(>40)或实验室测量(>25)都要大。

表 15.5 室温下反铁磁有序的天然矿物

矿物	理想分子式	结构类型	T_N(K)
铁橄榄石	Fe_2SiO_4	橄榄石;孤立的 SiO_4 四面体	65
钙铁榴石	$Ca_3Fe_2^{3+}(SiO_4)_3$	石榴石;孤立的 SiO_4 四面体	12
铁铝榴石	$Fe_3^{2+}Al_2(SiO_4)_3$	石榴石;孤立的 SiO_4 四面体	4
黑柱石	$CaFe_2^{2+}Fe^{3+}O(Si_4O_7)(OH)$	成对的 SiO_4 四面体	118
铁辉石	$FeSiO_3$	斜方辉石;硅石链	37
铁钙辉石	$CaFeSi_2O_6$	辉石;硅石链	38
铁闪石	$Fe_7Si_8O_{22}(OH)_2$	闪石;双硅石链	45
铁蛇纹石	$Fe_3Si_2O_5(OH)_4$	1:1 片层硅酸盐	17
铁滑石	$Fe_3Si_4O_{10}(OH)_2$	2:1 片层硅酸盐	28
钛尖晶石	$TiFe_2O_4$	尖晶石	120
钛铁矿	$FeTiO_3$	有序刚玉(结构)	40
菱铁矿	$FeCO_3$	方解石	38
菱锰矿	$MnCO_3$	方解石	34

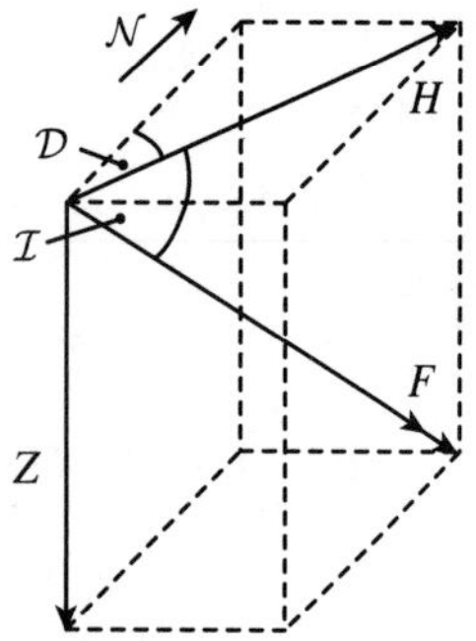

地磁场的大小为F，水平与垂直分量分别为H，Z，地磁场的方向由偏角$\mathcal{D}$和倾角$\mathcal{I}$定义

岩石的自然剩磁可以用 SQUID 测量，也可以用旋转式磁力仪测量，把直径为 25 mm、长为 20 mm 的标准岩芯样品放在屏蔽了其他任何外磁场的采样线圈中旋转，灵敏度可以达到10^{-5}—10^{-4} A・m^{-1}。精巧的热处理可以消除岩石在最初冷却过程后获得的剩磁。用这种方法可以确定岩石冷却时经历的磁场的大小和方向。只要没有发生过折叠，岩石冷却时的余纬就可以由式(2.11)，即$\theta=\mathrm{arccot}[(1/2)\tan\mathcal{I}]$得到。利用 K-Ar，Rb-Sr 或 Pb 同位素放射性方法测定岩石的年代，我们还可以添加时间戳记，这样岩石磁性就可以讲述地磁场的历史，以及地球表面本身的历史。

15.5.2 地　磁　场

地磁场是动态的，它是矢量，由其五个分量中的任意三个分量确定。地磁场的起伏波动在时间尺度上可以从几秒到几百万年。短期波动来自大气上层中的电流。在一年的时间里，地磁场短期波的平均值为零（<1 nT），而在给定的某一天，相距很远的地点其测量结果都有着相似的时间序列。这一规律是1825年在比较喀山和巴黎的日常地磁记录时首次注意到的，这两座城市相距4000 km。高斯受此启发，建立了磁学协会（Magnetische Verein），这个世界性协会由50多个磁观测站构成，接受哥廷根协调，按照共同的计划对地磁场的大小和方向进行了精细的测量。原本希望能够收集足够多的高质量数据，从而认识地磁场的起源。

高斯(Carl Friedrich Gauss, 1775—1855)

位于都柏林圣三一学院的磁观测站，建于1835年

这个地磁场观测网络的一个早期成果是，证明了地磁场主要来自一个内部的源。地磁场的这一主要部分的大小从30到60 μT不等，平均 H 场大约是40 A · m^{-1}。1600年，吉尔伯特基于他用磁石小球所做的实验，提出地磁场内部起源的假说。高斯发展出球谱分析以化简磁场测量产生的大量数据。假定地球表面没有电流，地磁场可由求解满足拉普拉斯方程 $\nabla^2\varphi_m = 0$ 的磁标势 φ_m 得到。磁标势的解为

$$\varphi_m = \sum_{l=1}^{\infty}\sum_{m=0}^{l}\left[A_l^m r^l + B_l^m r^{-(l+1)}\right]Y_l^m(\theta,\phi) \tag{15.15}$$

其中 Y_l^m 是球谐函数，与勒让德多项式 $P_l^m(\cos\theta)$ 有关。这里的 θ 和 ϕ 是余纬和经度。系数 A_l^m 描述了半径为 $r = a = 6371$ km 的地球表面外的源的贡献，而系数 B_l^m 给出了内部源的贡献。结果显示①，与 B 项相比，A 项的贡献可以忽略。地磁场内部源产生的标势为

$$\varphi_{mi} = \frac{a}{\mu_0}\sum_{l=1}^{\infty}\sum_{m=0}^{l}\left(\frac{a}{r}\right)^{l+1}P_l^m(\cos\theta)(g_l^m\cos\phi + h_l^m\sin\phi) \tag{15.16}$$

其中 φ 的单位是安培，g_l^m 和 h_l^m 的单位是特斯拉。表15.6给出了一些主要的球谐系数。大约90%的地磁场来自一个偶极子，其大小为 $(4a^3/\mu_0)\sqrt{(g_1^0)^2 + (g_1^1)^2 + (h_1^1)^2}$；m = 7.9×10^{22} A · m^2 相对于地轴的倾角为 $\theta = \arctan\{g_1^0/\sqrt{(g_1^1)^2 + (h_1^1)^2}\} = 15^\circ$，而 $\phi = \arctan(h_1^1/g_1^1)$。前八个左右的球谐项反映了地核产生的地磁场，而更高阶的项反映

① 类似的分析也应用在脑磁图中，那里的 a 表示颅骨的半径。

了地壳开始的30 km磁化后岩石的贡献，这一深度范围内温度还未超过矿物铁磁相的居里点。

表 15.6　地磁场的球谐系数(1985 年，以 nT 为单位)

系数项	角度(m)	阶(n)			
		1	2	3	4
	4				169
g_n^m	3			835	-426
	2		1691	1244	363
	1	-1903	2045	-2208	780
g_n^o	0	-29877	-2073	1300	937
	1	5497	-2191	-312	233
	2		-309	284	-250
h_n^m	3			-296	68
	4				-298

萨宾(Edward Sabine, 1788—1883)

地磁场的一些长期变化特性是相当快的。地磁北极(地磁倾角为 90°的地方)正在以令人警惕的每年 40 千米的速度向北移动，地磁场大小每年减少 0.1%，在不到 400 年的时间里，赤道上的地磁零变化点从加蓬海岸向西漂移到厄瓜多尔海岸。在 1831 年“发现”的地磁北极只不过是昙花一现，现在的位置早已偏离很远了。

随着大英帝国远在全球各处的观测站的增加，磁学协会逐渐变得知名，19 世纪磁远征运动(Magnetic Crusade)的另一个重要成果是，萨宾在 1852 年认识到，地磁场的短期波动强度与太阳黑子的 11 年周期一致。地球上短期的地磁活动来自太阳！现在，国际实时地磁观测网(INTERMAGNET)是全自动化的观察站点，继承了大约 200 年前建立的磁观测体系，采用磁通门和质子磁力计检测地磁场(图 15.18)。这种观测主要是保持对太阳表面天气的观测，因为这影响着我们的地磁场。在极少数情况下，太阳的磁暴非常强烈，产生的感应电动势能够让我们的输电网络失效。

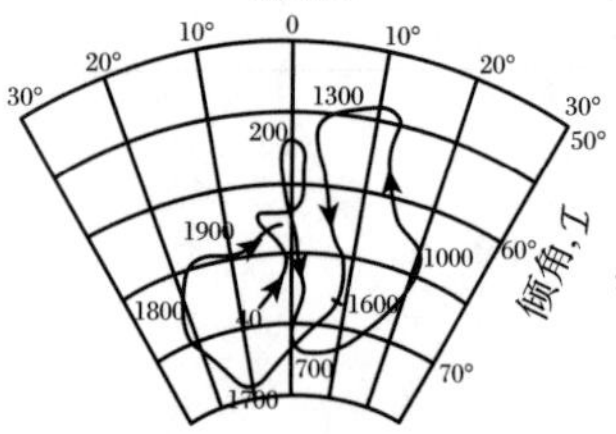

结合在巴黎的观测数据(>1600)和烧制黏土剩磁测量(<1600)，推断得到的地磁场的长期变化

磁学协会是通过国际协作解决科学问题的非常早期的例子，可以视为欧洲核子研究中心(CERN)、国际热核聚变实验堆计划(ITER)和欧洲框架计划的前身。遗憾的是，当时磁学协会的参与者还未认识到地磁场的起源是不能依赖大量收集具有混沌行为的数据推知的。他们的那些艰苦观测工作大多是徒劳无功的。

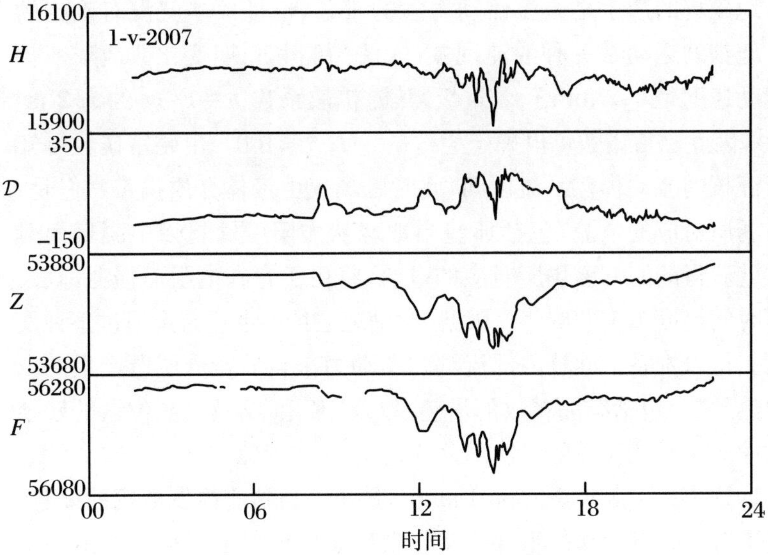

图 15.18

地磁场的起伏，数据取自2007年5月1日阿拉斯加的锡特卡。1842年就在那里建立了磁观测站。H，Z和F的单位是nT，$\mathcal{D}$的单位是度(感谢美国地质勘探局(USGS)地磁项目)

15.5.3 地球发电机

尽管对细节仍有争议，但现在普遍认为地球和其他天体的磁场是由其导电液体内核的运动产生的。对地球而言，液核的内径和外径分别为1220 km和3485 km，如图15.19所示。地球的液态内核由熔融的铁和少量的镍以及其他对氧没有强亲和性的元素构成。这是因为电负性更小的元素在地幔中形成氧化物而耗尽了。

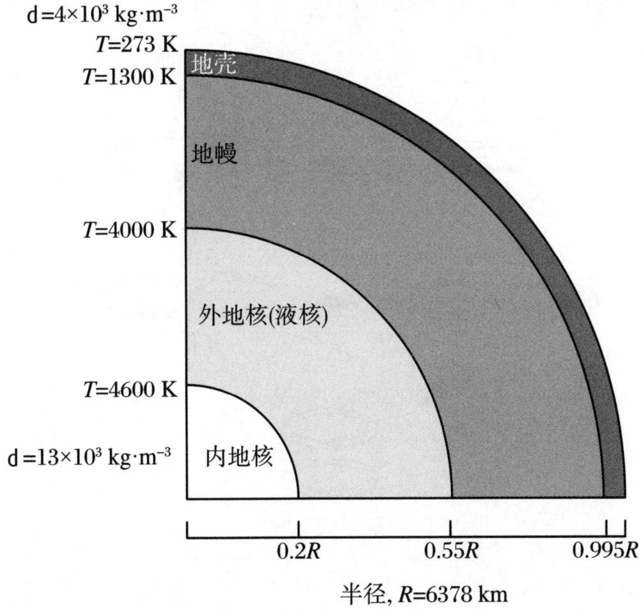

图 15.19

地球的内部结构，包括主要结构的半径、平均密度以及边界和内部的温度

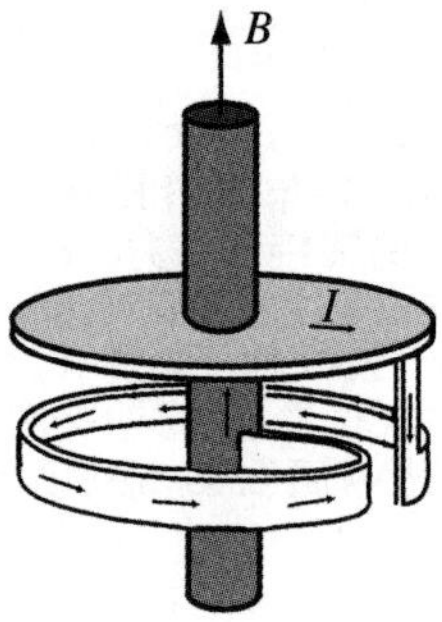

自励磁发电机的机械模型

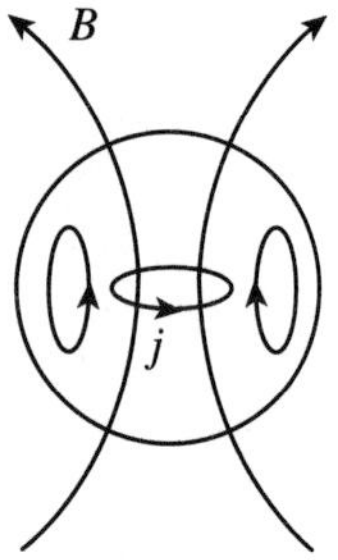

极向场

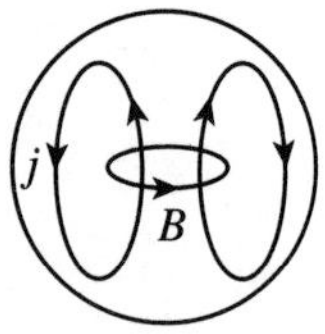

方位场

方位电流产生极向场，反之亦然

地磁场的产生是磁流体动力学的难题，也许根本就没有确定的解。地核的运动是一种混沌现象，无法预测其长期变化。地球液核的流动速度是 $0.2\ \mathrm{mm\cdot s^{-1}}$ 量级，其磁扩散系数 $\eta = 1/\sigma\mu$ 约为 $2\ \mathrm{m^2\cdot s^{-1}}$，因此磁雷诺数可以确定为 $\mathcal{R}_m = vl/\eta \approx 100$。由磁雷诺数可知地球液核的流动仍在平流区间，此时磁场仅由液体介质携带。但是，地磁场所对应的电流，包括那些当地球从太阳(系)星云中凝聚而诞生时就获得的原初磁场所对应的电流，将由于存在电阻而损耗，其衰减的时间尺度为 15000 年。因此，激励地磁场的电流必定通过某种发电机制得以维系。液核内部流动的驱动力来自质量分层所产生的内部加热效应，包括结晶释放的潜热，以及 ^{40}K 和 U 及其同位素的残余放射性。这些效应总的热功率大约是 4×10^{13} W。

1919 年，拉莫尔(Joseph Lamor)提出了**自持流体发电机**的概念，这是了解地磁场起源的重要一步。**自励磁发电机**的机械模型由一个旋转导电圆盘与单匝线圈相连构成，如果起初有一些微弱的磁场，就会在转盘中轴与边缘之间激励出电动势，进而驱动电流在电路中流动，由此建立起磁场。自持流体发电机基本的思路是，液核的运动以某种方式拉伸或扭曲了磁力线从而增强了地磁场(图 15.20)。如何将这种自持流体发电机的想法应用于地球，目前仍存在很多争议，但一些约束条件已经明确。约束条件之一是，发电机不能是轴对称的。另一个约束条件是，液核内的磁场与地表观测到的极向的偶极磁场大不相同。现在认为，液核内的磁场应该具有复杂的方位角特征，这是由液核与地幔的转动不同产生的。地磁场的方位角分量是由液核中的极向的电流产生的。一种地球发电机模型认为，湍流使得方位磁场在小尺度下重连从而产生偶极场。

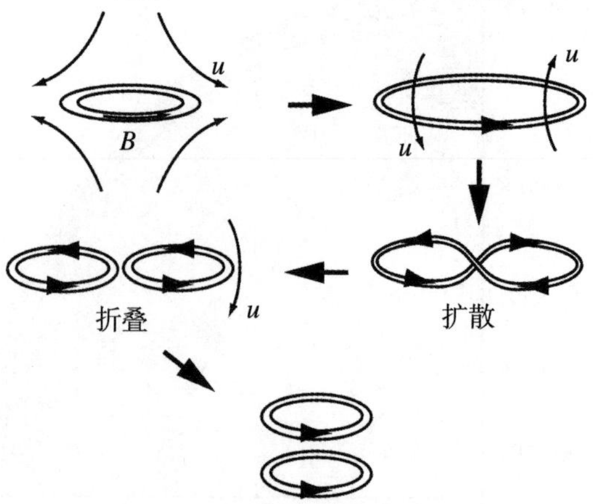

图 15.20

拉伸和扭曲磁力线，增强了液核中的磁场。u是流体速度

在里加与卡尔斯鲁厄的实验室里，已经建立了大型液体金属发电机，$\mathcal{R}_m$ 大得足以实现自励磁。此外，耦合机械发电机模型还被发现具有混沌特性的波动和自发的随机磁场翻转，这些都是我们从古地磁记录中知道的地磁场的显著特点。只不过，智人一次也没有经历过。

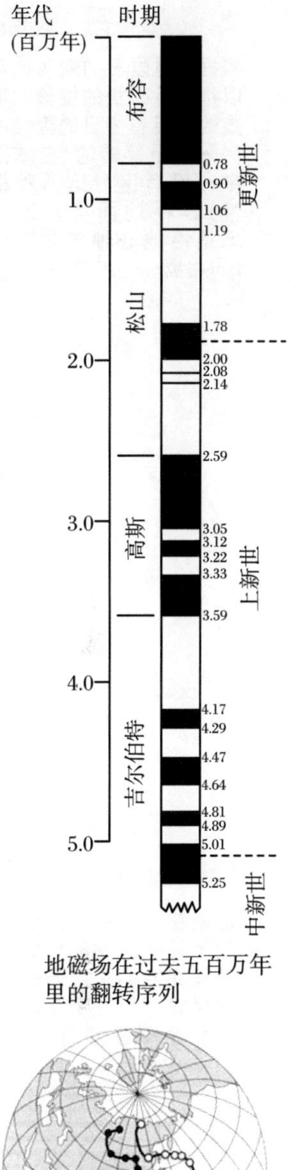

地磁场在过去五百万年里的翻转序列

15.5.4　古地磁学

根据古老玄武岩的自然剩磁，可以推知远古时期的地磁场。首要的发现是，新生的岩石磁化方向表明，磁极沿着地轴随机取向（图 15.21）。对岩石而言，所谓“新生的”指形成时间是几百万年前。从 1600 年起，巴黎地磁场的长期变化就已被记录下来，而通过测量陶器窑炉中黏土的热剩磁，可以将地磁场的记录上溯至罗马时代。这些黏土记录了它们最后一次烧制那天的磁场方向——这是定量物理学方法在考古学应用的一个好例子。放射性碳年代测定法可以测定这些近期事件发生的时间。地磁极的长期变化似乎是一种绕地球自转轴的随机游走。

最值得注意的是，地磁的极性在过去的地质时期内曾经随机地翻转。在图 15.21 中，半数的点是正常极性（现在地磁极性的情况），另一半则是翻转的。最近一次翻转发生在 70 万年前，在 10^5—10^6 年的时间尺度上地磁极性或多或少表现为随机变化。熔岩的磁性序列显示了正常与反常地磁极性的特征模式，提供了最近地磁翻转的记录。岩石记录显示了大约 400 多次的地磁翻转。在地磁翻转时，偶极场改变符号需要几千年，在此期间，非偶极的高次谐场起主导作用。我们无法预测这些翻转。如同股市一样，过往的记录对未来的表现毫无指导意义。

测量岩石热剩磁的特别重要之处在于证实了全球板块理论。新的地壳以每年几厘米的速度从大洋中脊扩展出来，大洋底就像一个巨大的磁带记录机（图 15.22）。地球的壳层由海洋板块和大陆板块组成。新的大洋地壳在大洋中脊形成，板块相互堆挤，争夺地球表面的空间，在俯冲带两个板块相互碰撞，一个板块压到另一个上面成为火山和地震的活跃区域。地磁翻转的随机序列提供了独一无二的时序特征。此外，整理远古岩石的磁余纬 θ，可以重建地磁极变动的表观路径。我们知道，地磁极不会漂移得太远，但地壳板块可以漂移得很远，由此可以重建过去几亿年里地球表面的漂移情况。例如，2.5

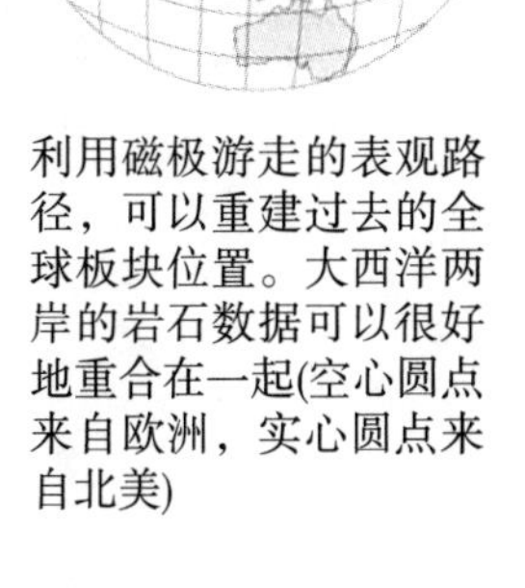

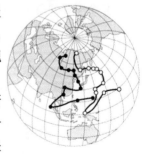

利用磁极游走的表观路径，可以重建过去的全球板块位置。大西洋两岸的岩石数据可以很好地重合在一起(空心圆点来自欧洲，实心圆点来自北美)

图 15.21

根据新生岩石的测量，可以推断地磁极的位置。半数的点具有今日的极性，另一半是翻转的(在本图中，没有区分这两种极性)。平均而言，地磁场是沿地心轴向的偶极场(根据 D. H. Tarling)

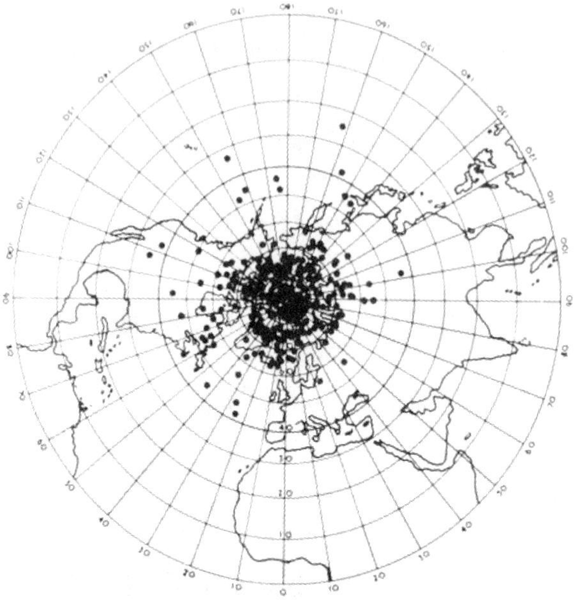

亿年前，地球上曾经存在着一个超级大陆，称为泛古陆，后来分裂为冈瓦纳古陆与劳亚古陆两块，这两个古大陆进而分裂为现在的各大洲。在地球 45 亿年的历史中，这种过程发生了多次。此外，从这些远古岩石的剩磁中我们还可以知道地磁场已经存在了 35 亿年。地球的科学史与任何创世神话同样奇异。

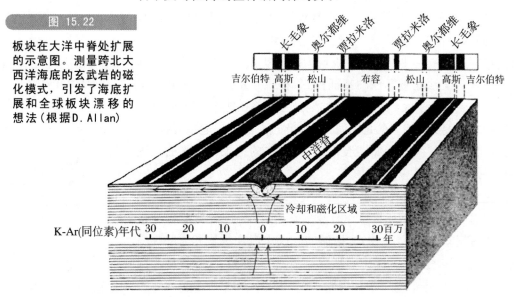

图 15.22

板块在大洋中脊处扩展的示意图。测量跨北大西洋海底的玄武岩的磁化模式，引发了海底扩展和全球板块漂移的想法(根据D. Allan)

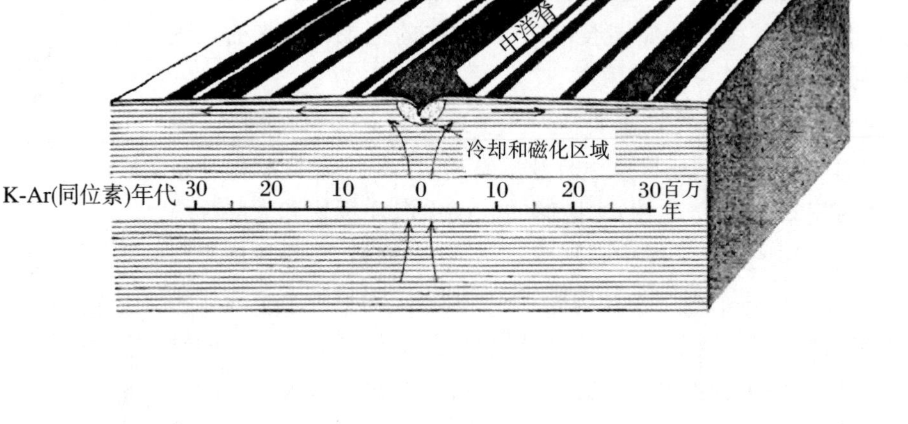

15.5.5 行星的磁学

利用宇宙飞船搭载的磁强计，人们研究了太阳系里的行星与卫星的磁学。观测表明，在大多数情况下，磁矩大小与其角动量呈正比，这就是巴斯定律(Busse's law)(图 15.23)。磁矩几乎总是沿着自转轴，暗示着导电内核的发电机效应。气态巨行星的内核可能是高压下形成的金属氢，而不像地球内核一样是熔融 Fe-Ni。土星表面的磁场是地球磁场的十倍，其磁矩大约是地球磁矩的 20000 倍。而月球与火星磁场很微弱，可能与其缺乏液态内核有关。

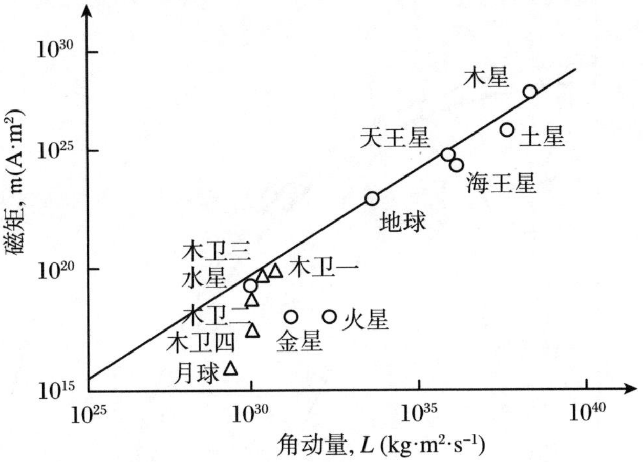

图 15.23

太阳系中行星与卫星的磁矩与其角动量关系图(经 P. Rochette惠允)

15.5.6 太阳和恒星的磁学

行星之间的环境磁场大小为 1—10 nT，而星际深空里的磁场大小估计为 0.1 nT。太阳表面的平均磁场为 100 μT，与地球表面的磁场大小相当，然而，太阳黑子处的磁场可以超过 100 mT。

太阳的表面(图 15.24)比地球的大气更稀薄，但是非常活跃。太阳表面由于对流区的网络而呈现出粒状结构，每个对流区的直径大约为 10^3 km。对流区的中心比较明亮，热等离子体上升到太阳表面；对流区的边缘比较灰暗，温度相对较低的等离子体沉降到太阳内部。太阳表面的平均温度为 5800 K。太阳耀斑是壮观的景象，其从太阳表面蹿起可达 10^5 km 远。太阳耀斑伴随着高能粒子发射爆发，增强由太阳喷出的太阳风(图 15.25)。这些高能带电粒子和太阳风约在两天后可抵达地球。一次太阳耀斑粒子的通量为 10^{12}—10^{13} $m^{-2} \cdot s^{-1}$。所幸这些高能带电粒子因受到地表高处的磁场作用而发生了偏转。没有地磁场,生命将不可能存在于地球。但还有一些高能带电粒子在地球高纬度区域找到了朝向地球运动的通道,并在进入过程中与电离的上层大气碰撞而耗散掉能量。北极光的绿色辉光就是大气中氧的电离发光。突如其来的高能粒子可以激起地磁场的短期波动,可高达 1 μT。这个磁场可能在输电网中激起电压脉冲、导致灾难性的供电故障,也可能对射频和微波产生强烈的干扰。因此,太阳的天气与我们直接相关,观测太阳可以提前两天给出预警信息。

图 15.24

太阳的内部结构,包括主要结构的半径、平均密度以及表面和内部的温度

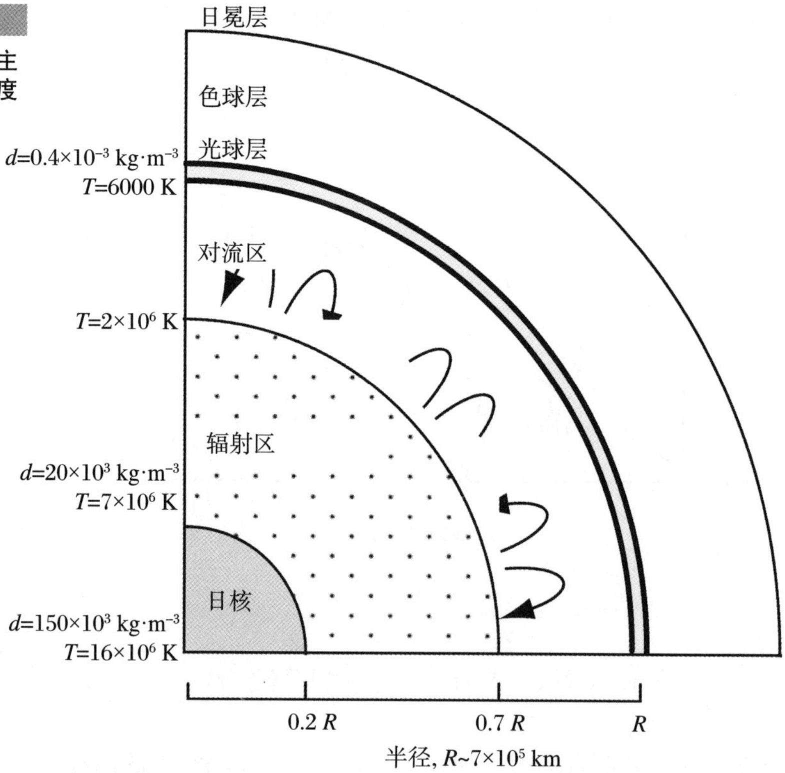

图 15.25

被地磁场偏转的太阳风

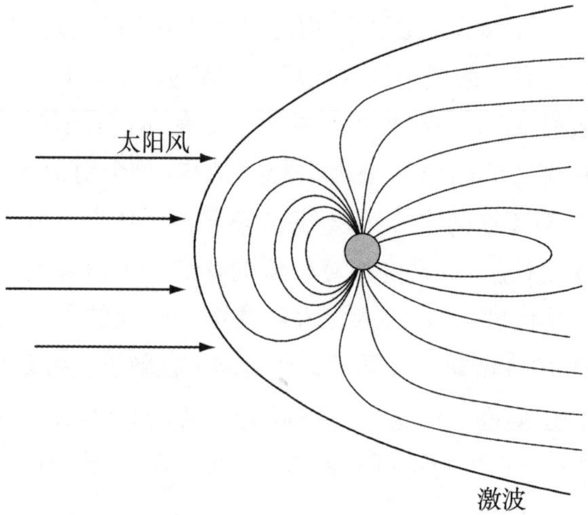

太阳黑子是直径约为 10000 km 的暗斑，成对地出现于太阳赤道附近，可以持续大约一周时间。在 11 年周期里，太阳黑子的数目可以从谷底的 0 个变化到峰值的大约 100 个，见图 15.26。自公元前 28 年起中国就有了系统的天文观测记录，并在很久以前就观测到了太阳黑子[①]。伽利略发表于 1613 年的对太阳黑子的观测结果导致了他与罗马天主教会的纠纷。现在我们对太阳黑子的磁本性已有一些了解。太阳黑子的 11 年周期与太阳自转驱动的太阳磁场翻转有关。太阳磁场在光球层的平均值为 0.1 mT，但在对流区边界处要大得多。其他恒星与太阳类似，也会发生磁翻转。

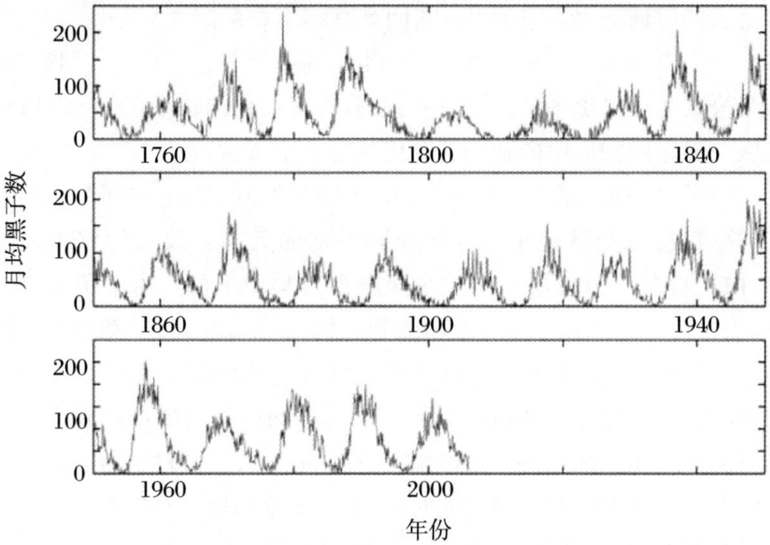

图 15.26

太阳黑子的11年周期（1760—2000）

太阳的结构如图 15.24 所示。最中心是热核聚变区域，这个半径为 200×10^3 km 的内核被半径为 500×10^3 km 的流体动力稳定的辐射区包围着，在这里热以辐射的方式向外扩散进入对流区。向外的对流区是一个半径为 200×10^3 km 的厚壳层，处于不间断的对流运动状态。太阳表面致密的一薄层称为光球层，光球层之上是厚达 2500 km 的色球层。最后，色球层的外围是太阳大气，即日冕层。日冕层向外延伸就形成太阳风。

对流层的速度约 $1\ \mathrm{km\cdot s^{-1}}$，磁雷诺数 $\mathcal{R}_m = vl\sigma\mu\sim10^8$，非常大（式(15.10)）。其特征长度为 10^5 km，在这里磁场被流体的运动所制约，一些原始的磁场可能仍然被保留。太阳发电机就被认为存在于此处。辐射层与对流层转动不同激发出太阳磁场的方位场。另外，

磁通管中的气体被推出太阳表面，形成两个黑子

① 译者注：《汉书・五行志》：“成帝河平元年三月乙未，日出黄，有黑气，大如钱，居日中央。”

转动的不同(differential rotation),还放大了磁通量管中的磁通量,磁场可以高达 100 mT。这些通量管被挤压、推向表面,时不时地可以突破表面,进入色球层。太阳黑子就是内部磁场抑制对流运动导致温度跌至约 4000 K 而留下的印迹。太阳黑子往往伴随太阳耀斑,后者也许与磁通量管的坍塌有关。

星际深空如此辽阔,导致无量纲的磁雷诺数 $\mathcal{R}_m$ 也可以非常大。在星际深空中,磁力线被冻结在稀疏的导电物质中。在物质运动的过程中,磁场绕穿着相同离子构成的环形回路并保持不变,因此星云坍缩形成恒星时存在三个不变量:质量 $M=(4/3)\pi r^3 \mathsf{d}$,角动量以及贯穿星云的磁通量 $\Phi = 4\pi r^2 B$。它们具有如下关系:

$$B_{\text{star}}/B_{\text{space}} \approx (\mathsf{d}_{\text{star}}/\mathsf{d}_{\text{space}})^{2/3} \tag{15.17}$$

这个公式对恒星磁场的估计有些偏高,许多恒星的磁场在 1—100 mT 量级。而星际物质中的磁场起源仍然是一个谜。

中子星的磁场高达 10^8 T,是太阳磁场的 10 亿倍。中子星以精确的频率自转就是脉冲星。这些非同寻常的天体由致密的核物质组成,由恒星在超新星爆炸后的快速坍缩过程中形成。由于角动量守恒,当恒星半径从几十万千米坍缩到大约 10 km 时,其转动频率可以高达 1 kHz。我们在地球上探测到的脉冲电磁辐射是由电子在快速变化的磁场中加速运动而产生的。人类已知的最大磁场达到了令人惊讶的 10^{11} T,出现在一类称为磁星的中子星内。当磁星的磁场被发电机效应放大继而几秒后坍塌时,就发射出强烈的伽马射线暴。

光线在穿越星际物质时发生法拉第偏转,偏转角 $\theta_F \propto \Lambda^2$,其中 Λ 为光波长,比例常数为

$$\frac{e^2}{8\pi^2 \epsilon_0 m_e^2 c^3}\int_0^d n_e B \mathrm{d}l$$

其中电子密度 n_e 与 B 的乘积沿着光线路径积分。若对 n_e 做一些假定,比如在脉冲星附近,则可以借由法拉第偏转效应推断 B。同样,通过地球电离层的电磁辐射也会有法拉第转动。例如,UHF 辐射 (0.6 GHz, $\Lambda = 0.5$ m)通过地球时恰好完成一个周期。

以星辰作为本书的终点是很合适的。恒星是铁、钴、镍和其他磁性材料以及构成我们人自身的所有原子的来源地。人们可以对事物进行思索并将所思所得的有用知识加以讲述和传递,这又是何等幸运和奇妙的安排!

参 考 书

Davidson P A. An Introduction to Magnetohydrodynamics[M]. Cambridge:Cambridge University Press,2001. 关于磁流体力学(MHD)清晰而引人入胜的介绍。

Yamaguchi M,Tanimoto Y. Magneto-Science[M]. Tokyo:Kodansha,2006. 关于磁性的不寻常应用的概要。

Rosenscweig R E. Ferrohydrodynamics[M]. Cambridge: Cambridge University Press,1985. 关于铁磁流体及其应用所需的一切知识均可在这本书中找到。有 Dover 出版社的重印本。

Hornak J R. The Basics of MRI[OL]. http://www.cis.rit.edu/htbooks/mri. 一本定期更新的电子图书,提供了对 MRI 复杂内容的精彩介绍。

Buxton R B. An Introduction to Functional Magnetic Resonance Imaging[M]. Cambridge:Cambridge University Press,2002.

Dunlop D. Rock Magnetism[M]. Cambridge:Cambridge University Press,1997. 一本出色的专著。

McElhinny M W. Paeleomagnetism and Plate Tectonics[M]. London:Cambridge University Press,1973.

习 题

15.1 Cu^{2+}的水溶液的磁化率为零,计算Cu^{2+}的摩尔浓度。已知水的抗磁磁化率为$-9.1\times10^{-9}\ m^3\cdot kg^{-1}$。

15.2 在图 15.1(b)所示的构型下,往顺磁溶液中注入水管,讨论其稳定性。

15.3 将一直串球形磁珠视为等体积均匀磁化圆柱,只考虑形状各向异性,用式(8.22)求稳定保持这种构型的磁珠最小半径。当磁珠数目 $n=10$ 时的最小半径是多少?将这个结果与磁铁矿的相干半径比较。磁铁矿的磁晶各向异性是否会显著影响 $r_{\min(n)}$?为什么趋磁性细菌中的磁铁矿颗粒排列成线?

15.4 估计胶状颗粒的最小尺寸,使得颗粒不会聚集:(a) 在 10 cm 深的容器里,受重力的影响;(b) 在 0.1 T 的磁场差别的影响下;(c) 在偶极-偶极相互作用下。

15.5 估计悬浮青蛙体内的电流大小,解释为什么电流不会杀死青蛙。

15.6 设计一个能承受 200 g 质量的磁轴承。

15.7 为了在大超导盘($\chi = -1$)悬浮起 140 kg 重的相扑选手,估计所需的 $Nd_2Fe_{14}B$ 永磁铁的质量。超导体中的屏蔽电流是多大?

15.8 施加外磁场,在体积分数为 20% 的 Fe_3O_4 水基磁性液体中,能够悬浮的物体的密度范围是多少?

15.9 液体的电导率为 σ,流速为 $\boldsymbol{v}$,在磁场 $\boldsymbol{B}$ 中流动,推导作用在单位体积液体上的力公式 $\boldsymbol{F} = \sigma\boldsymbol{v} \times \boldsymbol{B} \times \boldsymbol{B}$。证明这个力是阻力,除非 $\boldsymbol{v}$ 与 $\boldsymbol{B}$ 平行。

15.10 射频悬浮能支撑的最大金属液滴是多大?

15.11 估计红细胞的磁化率。利用高磁场梯度分离红细胞,所需的磁场梯度是多大?是否现实呢?假定红细胞半径为 4.25 μm,以 0.3 $mm \cdot s^{-1}$ 的速度在黏滞系数为 10^{-3} $N \cdot s \cdot m^{-2}$ 的介质中运动。

15.12 闪电在地球表面的电场为 100 $V \cdot m^{-1}$,闪电使得地球表面带负电荷。这会如何影响地磁场呢?

15.13 估计产生地磁场的电流的大小。

15.14 以电子伏特为单位,估计太阳风里的粒子的能量。

15.15 令太阳风里的粒子的能量密度等于它在地磁场中的能量密度,估计地磁场的外鞘(图 15.25)是地球半径的多少倍。

附 录

附录 A 符号表示

罗马符号

a	加速度 $\mathrm{m \cdot s^{-2}}$
a	原子间距，晶格参数 m
a_0	立方晶格参数 m
a	转变宽度 m
$\boldsymbol{A}$	矢势 $\mathrm{T \cdot m}$
A	交换劲度系数 $\mathrm{J \cdot m^{-1}}$
A_n^m	晶体场系数 $\mathrm{J \cdot m^{-n}}$
A	超精细耦合常数 J
$\mathcal{A}$, a	面积 $\mathrm{m^2}$
b	原子散射长度，晶格参数 m
$\boldsymbol{b}$	AC 通量密度 T
$\boldsymbol{B}$	$\boldsymbol{B}$ 场，通量密度 T
B_0	自由空间通量密度，谐振场 T
B_a	各向异性磁场 T
B_g	空气隙通量密度 T
B_{hf}	超精细场 T
B_m	永磁体磁通密度 T
B_r	剩余磁通密度 T
B_s	自发磁通密度 T
B_n^m	晶体场系数 J
$(BH)_{max}$	磁能积 $\mathrm{J \cdot m^{-3}}$
$(BH)_u$	反冲积 $\mathrm{J \cdot m^{-3}}$
$\mathcal{B}_J(x)$	布里渊函数

c	浓度 $\mathrm{mol \cdot m^{-3}}$
c	晶格参数 m
C	居里常数 K
C'	反铁磁体的亚晶格居里常数 K
C_A, C_B	铁磁体的亚晶格居里常数 K
C_m	磁源比热 $\mathrm{J \cdot K^{-1} \cdot m^{-3}}$
C_M	恒磁化强度下的比热 $\mathrm{J \cdot K^{-1} \cdot m^{-3}}$
C_mol	摩尔居里常量 $\mathrm{mol \cdot K}$
d	距离 m
d	有效自旋维数
d	平面间距 m
d_hkl	密勒指数为(h,k,l)的反射面的间距
d	密度 $\mathrm{kg \cdot m^{-3}}$
$\boldsymbol{D}$	电位移矢量 $\mathrm{C \cdot m^{-2}}$
D	维度
D_e	电子扩散常数 $\mathrm{m^2 \cdot s^{-1}}$
D_sw	自旋波劲度系数 $\mathrm{J \cdot m^2}$
D	单轴晶体场参数 J
$\mathcal{D}_{\uparrow,\downarrow}$	单位体积、单位自旋的态密度 $\mathrm{m^{-3} \cdot J^{-1}}$
$\boldsymbol{e}$	单位矢量
e_K	椭圆率
$\boldsymbol{E}$	电场强度 $\mathrm{V \cdot m^{-1}}$
$\boldsymbol{E}'$	自由空间电场强度 $\mathrm{V \cdot m^{-1}}$
E	能量密度 $\mathrm{J \cdot m^{-3}}$
E	焓(单位体积) $\mathrm{J \cdot m^{-3}}$
E	杨氏模量 Pa
E_a	各向异性能 $\mathrm{J \cdot m^{-3}}$
E_A	表面能 $\mathrm{J \cdot m^{-2}}$
$\mathcal{E}$	能量 J
$\mathcal{E}$	电动势 V
$\boldsymbol{f}$	力 N
f	频率 Hz

f_{c}	回旋频率　Hz
f_{dip}	几何形状因子
f_i	原子散射函数　m
f_{L}	拉莫尔频率　Hz
f_L	轨道结构因子
f_M	反冲分数
f_S	自旋结构因子
$\boldsymbol{F}$	力密度　$\mathrm{N \cdot m^{-3}}$
$\boldsymbol{F}_{\mathrm{L}}$	洛伦兹力密度　$\mathrm{N \cdot m^{-3}}$
$\boldsymbol{F}_{\mathrm{m}}$	磁力密度　$\mathrm{N \cdot m^{-3}}$
F	能量函数
F	亥姆霍兹自由能(单位体积)　$\mathrm{J \cdot m^{-3}}$
$F(\xi)$	RKKY 函数
F_{hkl}	结构因数　m
$\mathfrak{f}$	容积率,敛集率,填充率
$\mathfrak{f}_{\mathrm{m}}$	填充因数
$\hat{\boldsymbol{g}}$	各向异性 g 张量
$\boldsymbol{g}_{hkl}$	倒格子矢量　$\mathrm{m^{-1}}$
g	朗德 g 因子
g_n	第 n 个朗道能级的简并度,原子核 g 因子
$\boldsymbol{G}$	倒格子矢量　$\mathrm{m^{-1}}$
G	电导　Ω^{-1}
G	德热纳因子
G	吉布斯自由能(每单位体积)　$\mathrm{J \cdot m^{-3}}$
G_{L}	朗道自由能　$\mathrm{J \cdot m^{-3}}$
$\mathcal{G}(r)$	径向分布函数　$\mathrm{m^{-3}}$
$\boldsymbol{h}$	交流磁场　$\mathrm{A \cdot m^{-1}}$
h	高度　m
$\boldsymbol{H}$	$\boldsymbol{H}$ 场,磁场强度　$\mathrm{A \cdot m^{-1}}$
$\boldsymbol{H}'$	自由空间磁场强度　$\mathrm{A \cdot m^{-1}}$
H_{a}	各向异性磁场　$\mathrm{A \cdot m^{-1}}$
H_{c}	矫顽磁场　$\mathrm{A \cdot m^{-1}}$
H_{d}	退磁场,杂散场　$\mathrm{A \cdot m^{-1}}$

H_{dip}	偶极场 $\mathrm{A \cdot m^{-1}}$
H_{e}	地磁场 $\mathrm{A \cdot m^{-1}}$
H_{ex}	交换场 $\mathrm{A \cdot m^{-1}}$
H_{g}	气隙场 $\mathrm{A \cdot m^{-1}}$
H_K	饱和场 $\mathrm{A \cdot m^{-1}}$
H_{m}	永磁体磁场 $\mathrm{A \cdot m^{-1}}$
H_{n}	成核场 $\mathrm{A \cdot m^{-1}}$
H_{p}	脉冲场,钉扎场 $\mathrm{A \cdot m^{-1}}$
H_{sw}	交换场 $\mathrm{A \cdot m^{-1}}$
${}_BH_{\mathrm{c}}$	$B(H)$曲线的矫顽场 $\mathrm{A \cdot m^{-1}}$
$\mathcal{H}$	哈密顿量
I, i	电流 A
I	单位张量
I^{parity}	带极性的核激发态
$I_{\mathrm{c_p}}$	集电极电流(平行排列) A
$I_{\mathrm{c_{ap}}}$	集电极电流(反平行排列) A
I, M_I	核自旋量子数
$\mathcal{I}$	倾角 rad
$\mathcal{I}$	斯通纳交换参数 J
$\boldsymbol{j}$	电流密度 $\mathrm{A \cdot m^{-2}}$
j_{c}	传导电流密度,临界开关电流密度 $\mathrm{A \cdot m^{-2}}$
$\boldsymbol{j}_{\mathrm{m}}$	安培磁电流密度 $\mathrm{A \cdot m^{-2}}$
j_{s}	角动量流 $\mathrm{J \cdot m^{-2}}$
$\boldsymbol{J}$	磁极化;内禀磁感应强度 T
$\boldsymbol{j} \cdot \boldsymbol{J}$	总角动量 $\mathrm{kg \cdot m^2 \cdot s^{-1}}$
$j \cdot \boldsymbol{J}$	总角动量量子数
$\mathcal{J}$	交换常数,交换积分 J
$\mathcal{J}_{\mathrm{RKKY}}$	RKKY 交换 J
$\mathcal{J}_{\mathrm{sd}}, \mathcal{J}_{\mathrm{sf}}$	局域电子和传导电子之间的交换 J
$\boldsymbol{k}$	电子波矢 $\mathrm{m^{-1}}$
$\boldsymbol{k}_{\mathrm{c}}$	旋度因子
k_{F}	费米波矢 $\mathrm{m^{-1}}$
k_{V}	费尔德(偏振光磁旋)常数 $\mathrm{T^{-1} \cdot m^{-1}}$

$\boldsymbol{K}$	光束/中子束/入射波束的波矢　m^{-1}
$\boldsymbol{K}'$	反射波束的波矢(粒子或放射物)　m^{-1}
K	马达的转矩常数　V·s
K_i	劲度常数　$N \cdot m^{-1}$
K_s	表面各向异性　$J \cdot m^{-2}$
K_u, K_1, K_2, K_{eff}	各向异性常数　$J \cdot m^{-3}$
K_σ	应力各向异性　$J \cdot m^{-3}$
$\mathcal{K}$	奈特位移,几何结构因子
$\hat{\boldsymbol{l}}$	轨道角动量算符　J·s
ℓ, L	轨道量子数
$\boldsymbol{\ell}, \boldsymbol{L}$	轨道角动量　J·s
l_{ex}	交换长度　m
l	长度　m
l_a	吸收长度　m
l_B	磁性长度　m
l_g	气隙长度　m
l_m	磁体长度　m
l_s, l_{sf}	自旋扩散长度　m
L	自感应系数　H
$\mathcal{L}(x)$	朗之万函数
m	质量　kg
$m_{l,s,j}, M_{L,S,J}$	磁量子数
m_w	德林质量　$kg \cdot m^{-2}$
m^*	有效质量　kg
$\mathfrak{m}$	磁矩　$A \cdot m^2$
$\mathfrak{m}_0$	$\mathfrak{m}_z$ 的最大值　$A \cdot m^2$
$\mathfrak{m}_{eff}$	有效磁矩　$A \cdot m^2$
$\mathfrak{m}_n$	原子磁矩　$A \cdot m^2$
M	磁化强度　$A \cdot m^{-1}$
MC	磁电流
MR	磁电阻
M_0	饱和磁化强度($T=0$)　$A \cdot m^{-1}$

M_A, M_B	亚晶格磁化强度　$A \cdot m^{-1}$
M_L, M_S, M_J, M_I	磁量子数
M_r	剩余磁化强度,剩磁　$A \cdot m^{-1}$
M_s	自发磁化强度　$A \cdot m^{-1}$
M_{tr}	热剩余磁化强度　$A \cdot m^{-1}$
$\mathcal{M}$	原子的摩尔质量　$kg \cdot mol^{-1}$
n	粒子数密度　m^{-3}
n	反射级数
n	主量子数
n	(螺线管)单位长度的匝数　m^{-1}
n	粒子密度　m^{-3}
n_c	载流电子密度　m^{-3}
n_S	斯托纳系数
$n_W, n_{AA}, n_{BB}, n_{AB}$	外斯系数
N	粒子数
$\mathcal{N}$	退磁系数
$\mathcal{N}_{\uparrow,\downarrow}$	原子态密度　J^{-1}
$\hat{O}_n^m$	斯蒂文算符
$\boldsymbol{p}$	电极矩　$C \cdot m$
$\boldsymbol{p}$	动量　$kg \cdot m \cdot s^{-1}$
$\hat{\boldsymbol{p}}$	动量算符　$kg \cdot m \cdot s^{-1}$
p	磁散射长度　m
p_c	传导电子的净极化率
p_{eff}	有效玻尔磁子数
$\boldsymbol{P}$	电极化率　$C \cdot m^{-2}$
P_m	磁压　Pa
$P, \mathcal{P}$	功率密度　$W \cdot m^{-3}$
P	压强　Pa
P	概率
P	自旋极化率
P_{an}	反常能量损失　$J \cdot s^{-1} \cdot m^{-3}$

P_{ed}　涡旋电流能量损失　$J \cdot s^{-1} \cdot m^{-3}$

P_{hy}　磁滞能量损失　$J \cdot s^{-1} \cdot m^{-3}$

P_m　磁导　$Wb \cdot A^{-1}$

P_v　声学功率　$J \cdot s^{-1}$

$P_\ell^{m_\ell}(\theta)$　勒让德多项式

$\boldsymbol{q}$　自旋波磁子波矢　m^{-1}

q　电荷　C

q_m　磁荷　$A \cdot m$

$\boldsymbol{Q}$　自旋密度波矢

Q　核四极矩　m^2

Q　单位体积的热量　$J \cdot m^{-3}$

Q　磁光参数

Q　谐振 Q 因子

Q_m　磁品质因子

Q_n　多极矩　$C \cdot m^n$

r　距离　m

$\hat{\boldsymbol{R}}(\theta)$　转动算符

R　电阻　Ω

R　斯特恩海默屏蔽系数

R_b　超顺磁临界半径　m

R_{coh}　相干半径　m

R_h　霍尔系数　$C^{-1} \cdot m^3$

R_{int}　界面电阻　$\Omega \cdot m^{-2}$

R_m　磁阻　$A \cdot Wb^{-1}$

R_M　麦克斯韦电阻　Ω

R_S　沙文阻抗　Ω

R_{sd}　单畴半径　m

$\mathcal{R}$　屏蔽率

$\mathcal{R}_m$　磁雷诺数

$\boldsymbol{s}, \boldsymbol{S}$　自旋角动量　$kg \cdot m^2 \cdot s^{-1}$

s, S　自旋量子数

S	熵(单位体积) $J \cdot m^{-3} \cdot K^{-1}$
S_v	磁滞系数 $A \cdot m^{-1}$
$\mathcal{S}$	费米面的横截面面积 m^2
t	容许系数
t	时间 s
t	转移积分 J
$t_{1/2}$	激发态的生存时间 s
t_m	测量时间 s
t	厚度 m
T	温度 K
T_1	纵向弛豫时间 s
T_2	横向弛豫时间 s
T_2^*	组合的时间常数 s
T_2^{inho}	非均匀场的退相时间 s
T^*	自旋温度 K
T_b	阻塞温度 K
T_c	亚铁磁奈尔温度 K
T_C	居里温度 K
T_{comp}	补偿温度 K
T_f	自旋冻结温度 K
T_F	费米温度 K
T_g	玻璃转变温度 K
T_i	第 i 个模的传播
T_K	近藤温度 K
T_M	莫林转变温度 K
T_N	奈尔温度 K
T_{sc}	超导转变温度 K
T_V	弗韦(Verwey)转变温度 K
$\mathcal{T}$	单电子的动能 J
$\mathcal{T}$	隧穿概率
U	库仑势能 J
U	内能(单位体积) $J \cdot m^{-3}$

U	哈伯德势　J
$\mathcal{U}$	双电子相互作用　J
$\boldsymbol{v}$	速度　$m \cdot s^{-1}$
v_d	电子的漂移速度　$m \cdot s^{-1}$
v_F	费米速度　$m \cdot s^{-1}$
v_{SW}	自旋波速度　$m \cdot s^{-1}$
v_w	畴壁速度　$m \cdot s^{-1}$
$V(\boldsymbol{r})$	势能　J
V	电压/电势　V
V	体积　m^3
V_b	偏压　V
V_H	霍尔电压　V
V_{ij}	电场梯度　$V \cdot m^{-2}$
V_n^ℓ	拉盖尔多项式
V_{sa}	自旋累积电压
$\mathcal{V}$	单电子势能　J
$\mathcal{V}$	费尔德(偏振光磁旋)常数
$\boldsymbol{w}$	宽度　m
$\boldsymbol{w}$	功　J
W	带宽　J
W	单位质量的功率　$W \cdot kg^{-1}$
W	功密度　$J \cdot m^{-3}$
Y_n^m	球谐函数
Z	原子序数,配位数
Z	阻抗　Ω
Z_e	价电子数
$\mathcal{Z}$	配分函数
$\mathcal{Z}_m$	磁化合价

希腊符号

α	吉尔伯特阻尼参数，电导比
α	热膨胀系数　K^{-1}
α	磁铁理想系数
β	磁通损失因子
γ	旋磁比　$C\cdot kg^{-1}$
γ_{∞}	斯特恩海默抗屏蔽因子
γ_{H}	胡格系数
γ_{n}	核旋磁比　$C\cdot kg^{-1}$
γ_{w}	畴壁能　$J\cdot m^{-2}$
$\boldsymbol{\Gamma}$	转矩　$N\cdot m$
δ	扩散层厚度　m
δ	损耗角　rad
δ_{B}	布洛赫壁宽度　nm
$\delta_{p,q}$	克罗内克符号
δ_{s}	趋肤深度　m
δ_{w}	畴壁宽度　m
Δ	晶体场劈裂　J
Δ_{ex}	交换劈裂　J
Δ_{i}	杂质能级宽度　J
Δ_{oct}	八面体配位中的晶体场劈裂　J
Δ_{sc}	超导能隙　J
Δ_{tet}	四面体配位中的晶体场劈裂　J
ϵ	应变
ϵ_{ij}	介电常数/介电张量　$C\cdot V^{-1}\cdot m^{-1}$
ε	效率
$\varepsilon, \varepsilon_{M}$	能量　J
ε_{F}	费米能　J
ε_{g}	主能隙　eV
ε_{so}	自旋-轨道相互作用能　J
ε_{Z}	塞曼能级　J

η	非对称参数
η	动态黏度　$N \cdot s \cdot m^{-2}$
η_w	壁迁移率　$m \cdot s^{-1} \cdot T^{-1}$
θ	余纬度　rad
θ	极角　rad
θ_F	法拉第旋转　rad
θ_K	克尔旋转　rad
θ_p	顺磁居里温度
θ	面外角　rad
Θ_D	德拜温度　K
κ	磁硬度参数
λ	朗道阻尼参数
λ	扩散常数　$m^2 \cdot s^{-1}$
λ	偶极矩　$A \cdot m$
λ	平均自由程　m
λ, Λ	自旋-轨道耦合常数　J
λ	(自旋波、磁子和 AC 场量子的)波长　m
λ_e	电子的德布罗意波长　m
λ_{el}	非弹性散射长度　m
λ_s	自发的线性磁致伸缩
Λ	光/入射粒子束的波长　m
$\boldsymbol{\mu}$	磁相互作用矢量
μ	化学势　J 每粒子
μ	迁移率　$m^2 \cdot V^{-1} \cdot s^{-1}$
μ	磁导率　$T \cdot m \cdot A^{-1}$
μ'	磁导率的实部　$T \cdot m \cdot A^{-1}$
μ''	磁导率的虚部　$T \cdot m \cdot A^{-1}$
μ_i	起始磁导率　$T \cdot m \cdot A^{-1}$
μ_r	相对磁导率
μ_R	回复磁导率　$T \cdot m \cdot A^{-1}$
ν	电磁波的辐射频率　Hz

ν	非对角的交流磁化率
ν	磁阻率
ξ	关联长度　m
ξ	比例因子
ρ	(电子)电荷密度　$C \cdot m^{-3}$
ρ	半径比
ρ_m	磁荷密度(体材)　$A \cdot m^{-2}$
ρ_X	X 射线密度　m^{-3}
ϱ	电阻率　$\Omega \cdot m$
ϱ_{xy}	平面霍尔电阻率　$\Omega \cdot m$
σ	电导率　$S \cdot m^{-1}$
σ	交换偏置耦合常数　$J \cdot m^{-2}$
σ	单位质量的磁矩　$A \cdot m^2 \cdot kg^{-1}$
σ	比磁矩　$A \cdot m^2 \cdot kg^{-1}, J \cdot T^{-1} \cdot kg^{-1}$
σ	应力　$N \cdot m^{-2}$
σ	总截面
σ_a	吸收截面　m^2
σ_d	偶极耦合　$J \cdot m^{-2}$
σ_{diff}	微分散射截面
σ_{ex}	交换耦合　$J \cdot m^{-2}$
σ_m	表面(磁)荷密度　$A \cdot m^{-1}$
σ_s	散射截面　m^2
τ	弛豫时间,周期　s
$\tau_{1/2}$	半寿命　s
τ_s	自旋弛豫时间　s
ϕ	方位角　rad
ϕ	余黄经　rad
ϕ	势　V
ϕ_H	霍尔角　rad
φ_{ab}	磁势差　A
φ_c, φ_e	电势　$J \cdot C^{-1}$, V

φ_m	磁标势 A
φ	场/电流角 rad
Φ	磁通 Wb,T·m^2
χ	(体)磁化率
χ'	外磁化率
χ'	磁化率的实部
χ''	磁化率的虚部
χ_e	电磁化率
χ_{hf}	高场铁磁磁化率
χ_L	朗道磁化率
χ_m	质量磁化率 $m^3 \cdot kg^{-1}$
χ_{mol}	摩尔磁化率 $m^3 \cdot mol^{-1}$
χ_P	泡利磁化率
$\varkappa$	散射矢量 m^{-1}
$\varkappa$	对角交流磁化率
ψ,Ψ	波函数 $m^{-3/2}$
ω	角频率 $rad \cdot s^{-1}$
ω	原子体积 m^3
ω_0	共振频率 $rad \cdot s^{-1}$
ω_c	回旋频率 $rad \cdot s^{-1}$
ω_q	声子和磁子的角频率 $rad \cdot s^{-1}$
ω_s	自发体磁致伸缩
Ω	电磁束/入射粒子束的角频率 $rad \cdot s^{-1}$
Ω'	电磁辐射/粒子反射束的角频率 $rad \cdot s^{-1}$
Ω	立体角 球面度
Ω	体积 m^3

附录 B 单位和量纲

B.1 SI 单位

本书使用 SI 单位(国际单位制),采用遵从索末菲(Sommerfeld)规范:

$$\boldsymbol{B} = \mu_0(\boldsymbol{H} + \boldsymbol{M}) \tag{B.1.1}$$

工程师则更喜欢使用肯涅利(Kennelly)规范:

$$\boldsymbol{B} = \mu_0\boldsymbol{H} + \boldsymbol{J} \tag{B.1.2}$$

两者是兼容的,因为 $\boldsymbol{J} = \mu_0\boldsymbol{M}$,所以与 SI 单位制互容。

国际单位制中有五个基本的量:质量(m)、长度(l)、时间(t)、电流(i)、温度(θ),它们对应的单位是千克、米、秒、安培、开尔文。导出单位包括牛顿(N) = kg・m・s^{-2}、焦耳(J) = N・m、库仑(C) = A・s、伏特(V) = J・C^{-1}、特斯拉(T) = J・A^{-1}・m^{-2} = V・s・m^{-2}、韦伯(Wb) = V・s = T・m^2和赫兹(Hz) = s^{-1}。

公认的倍数以$10^{\pm3}$为单位,但是一些例外也是允许的,比如厘米(cm = 10^{-2} m),埃(Å = 10^{-10} m),米的倍数为 fm (10^{-15}),pm (10^{-12}),nm(10^{-9}),μm(10^{-6}),mm(10^{-3}),m(10^0),km(10^3)。

通量密度 B 以 T(或 mT,μT)为单位,磁矩以 A・m^2为单位,因此磁化强度和 H 场以 A・m^{-1}为单位。从式(2.73)可知磁矩的另一个等效单位是 J・T^{-1},因此磁化强度可以表示为 J・T^{-1}・m^{-3}。单位质量的磁矩 σ 可以表示为 J・T^{-1}・kg^{-1}或 A・m^2・kg^{-1},在实际应用中,它是振动样品和 SQUID 磁强计中一个重要的磁学量。μ_0 的确切值为 $4\pi\times10^{-7}$ T・m・A^{-1},ϵ_0 可以利用 $c^2 = 1/(\mu_0\epsilon_0)$得到,其中光速 $c = 2.998\times10^8$ m・s^{-1}。SI 单位制有两个重要的优点:(i) 可以通过检查来校验任何表达式的量纲;(ii) 该单位制与电学单位直接关联。该单位制广泛应用于理工科的本科教育中。对于物理现象的定量理解需要抓住物理量的量值,而多单位制的转换会使人难以理解。SI 单位制是科学的母语,在掌握其他语言之前先学会母语是非常明智的。接下来我们将介绍在磁学和磁性材料中使用的一种不同于 SI 单位制的单位制。

B.2　CGS 单位

大部分磁学基础文献仍然使用 CGS 单位制，或者是混合使用多种单位制，比如高场下用特斯拉，低场下用奥斯特，一个是 B 的单位，另外一个则是 H 的单位。基本的 CGS 单位为 cm，g，s。电流的电磁单位等于 10 A；电势的电磁单位等于 10 nV；磁偶极矩（emu）的电磁单位等于 $10^{-3}\ \mathrm{A\cdot m^2}$。导出 CGS 单位包括 erg（$10^{-7}$ J），因此能量密度 $1\ \mathrm{J\cdot m^{-3}} = 10\ \mathrm{erg\cdot cm^{-3}}$。

在 CGS 单位制中，通量密度和磁化强度满足：

$$\boldsymbol{B} = \boldsymbol{H} + 4\pi \boldsymbol{M} \tag{B.2.1}$$

在此式中磁通密度或磁感应强度 $\boldsymbol{B}$ 的单位是高斯（G），磁场 $\boldsymbol{H}$ 的单位是奥斯特（Oe）。磁矩用 emu 来表示，磁化强度用 $\mathrm{emu\cdot cm^{-3}}$ 表示，尽管 $4\pi\boldsymbol{M}$ 可以被认为是磁通密度表达式，以千高斯为单位。磁常数 μ_0 在数值上等于 $1\ \mathrm{G\cdot Oe^{-1}}$，但是它在公式中的缺失使得人们很难进行量纲的检验。

磁学中 SI 和 CGS 单位制转化的一些常用关系式列举如下：

$1\ \mathrm{T} = 10\ \mathrm{kG}$	$1\ \mathrm{G} = 0.1\ \mathrm{mT}$
$1\ \mathrm{kA\cdot m^{-1}} = 12.57(\approx 12.5)\ \mathrm{Oe}$	$1\ \mathrm{Oe} = 79.58(\approx 80)\ \mathrm{A\cdot m^{-1}}$
$1\ \mathrm{A\cdot m^2} = 1000\ \mathrm{emu}$	$1\ \mathrm{emu} = 1\ \mathrm{mA\cdot m^2}$
$1\ \mathrm{MJ\cdot m^{-3}} = 125.7\ \mathrm{MG\cdot Oe}$	$1\ \mathrm{MG\cdot Oe} = 7.96\ \mathrm{kJ\cdot m^{-3}}$
$1\ \mathrm{A\cdot m^2\cdot kg^{-1}} = 1\ \mathrm{emu\cdot g^{-1}}$	$1\ \mathrm{kA\cdot m^{-1}} = 1\ \mathrm{emu\cdot cm^{-3}}$

SI 表示	CGS 转换
$B = \mu_0(H+M) = \mu_0 H + J$	$B = H + 4\pi M = H + I$
$B = 1\ \mathrm{T}$	$B = 10\ \mathrm{kG}$
$M = 1\ \mathrm{kA\cdot m^{-1}}$	$M = 1\ \mathrm{emu\cdot cm^{-3}}$
$J = 1\ \mathrm{T}$	$4\pi M = 10\ \mathrm{kG}$
$H = 1\ \mathrm{kA\cdot m^{-1}}$	$H = 4\pi(\approx 12.5)\ \mathrm{Oe}$
$H_d = -\mathcal{N}M(0 \leqslant \mathcal{N} \leqslant 1)$	$H_{md} = -4\pi\mathcal{N}M = -DM(0 \leqslant \mathcal{N} \leqslant 1, 0 \leqslant D \leqslant 4\pi)$
$\mathfrak{m} = 1\ \mathrm{J\cdot T^{-1}}(\equiv \mathrm{A\cdot m^2})$	$\mathfrak{m} = 1000\ \mathrm{emu}(\equiv \mathrm{erg\cdot G^{-1}})$
$\sigma = 1\ \mathrm{J\cdot T^{-1}\cdot kg^{-1}}$	$\sigma = 1\ \mathrm{emu\cdot g^{-1}}$
$\chi = \partial M/\partial H$	$\chi = 4\pi\partial M/\partial H$
$(BH)_{max} = 1\ \mathrm{kJ\cdot m^{-3}}$	$(BH)_{max} = 40\pi\ \mathrm{kG\cdot Oe}(\approx 0.125\ \mathrm{MG\cdot Oe})$
$K_1 = 1\ \mathrm{kJ\cdot m^{-3}}$	$K_1 = 10^4\ \mathrm{erg\cdot cm^{-3}}$
$\varepsilon = -V\mu_0 \boldsymbol{H}\cdot\boldsymbol{M}\ \mathrm{J}$	$\varepsilon = -V\boldsymbol{H}\cdot\boldsymbol{M}\ \mathrm{erg}$
$\varphi_m = q_m/4\pi r\ \mathrm{A}$	$\chi = q_m/r\ \mathrm{Oe\cdot cm}$
$A = \mu_0\mathfrak{m}\times\boldsymbol{r}/4\pi r^3\ \mathrm{T\cdot m}$	$A = \mathfrak{m}\times\boldsymbol{r}/r^3\ \mathrm{G\cdot cm}$

B.3 量　　纲

在 SI 单位制中每一个量的量纲都是由五个基本量 m,l,t,i 和 θ 的量纲组成的。在每一个物理量相关的等式中,每一个量纲都应该保持平衡,所有量的量纲总和应该是恒等的。

B.3.1 量　　纲

力学量							
量	符号	单位	m	l	t	i	θ
面积	$\mathcal{A}$	m^2	0	2	0	0	0
体积	V	m^3	0	3	0	0	0
速度	v	$m\cdot s^{-1}$	0	1	−1	0	0
加速度	a	$m\cdot s^{-2}$	0	1	−2	0	0
密度	d	$kg\cdot m^{-3}$	1	−3	0	0	0
能量	ε	J	1	2	−2	0	0
动量	p	$kg\cdot m\cdot s^{-1}$	1	1	−1	0	0
角动量	L	$kg\cdot m^2\cdot s^{-1}$	1	2	−1	0	0
转动惯量	I	$kg\cdot m^2$	1	2	0	0	0
力	f	N	1	1	−2	0	0
力密度	F	$N\cdot m^{-3}$	1	−2	−2	0	0
功率	P	W	1	2	−3	0	0
压力	P	Pa	1	−1	−2	0	0
应力	σ	$N\cdot m^{-2}$	1	−1	−2	0	0
弹性模量	K	$N\cdot m^{-2}$	1	−1	−2	0	0
频率	f	s^{-1}	0	0	−1	0	0
扩散系数	D	$m^2\cdot s^{-1}$	0	2	−1	0	0
黏度(动力学)	η	$N\cdot s\cdot m^{-2}$	1	−1	−1	0	0
黏度	ν	$m^2\cdot s^{-1}$	0	2	−1	0	0
普朗克常数	$\hbar$	$J\cdot s$	1	2	−1	0	0

热学量							
量	符号	单位	m	l	t	i	θ
焓	H	J	1	2	−2	0	0
熵	S	$J\cdot K^{-1}$	1	2	−2	0	−1
比热	C	$J\cdot K^{-1}\cdot kg^{-1}$	0	2	−2	0	−1
热容	c	$J\cdot K^{-1}$	1	2	−2	0	−1
热导率	κ	$W\cdot m^{-1}\cdot K^{-1}$	1	1	−3	0	−1
索末菲系数	γ	$J\cdot mol^{-1}\cdot K^{-1}$	1	2	−2	0	−1
玻尔兹曼常数	k_B	$J\cdot K^{-1}$	1	2	−2	0	−1

电学量							
量	符号	单位	m	l	t	i	θ
电流	I	A	0	0	0	1	0
电流密度	j	$A \cdot m^{-2}$	0	−2	0	1	0
电荷	q	C	0	0	1	1	0
电位	V	V	1	2	−3	−1	0
电动势	$\mathcal{E}$	V	1	2	−3	−1	0
电容	C	F	−1	−2	4	2	0
电阻	R	Ω	1	2	−3	−2	0
电阻率	ϱ	$\Omega \cdot m$	1	3	−3	−2	0
电导率	σ	$S \cdot m^{-1}$	−1	−3	3	2	0
偶极矩	p	$C \cdot m$	0	1	1	1	0
电极化	P	$C \cdot m^{-2}$	0	−2	1	1	0
电场	E	$V \cdot m^{-1}$	1	1	−3	−1	0
电位移	D	$C \cdot m^{-2}$	0	−2	1	1	0
电通量	Ψ	C	0	0	1	1	0
介电常数	ε	$F \cdot m^{-1}$	−1	−3	4	2	0
热功率	S	$V \cdot K^{-1}$	1	2	−3	−1	−1
迁移率	μ	$m^2 \cdot V^{-1} \cdot s^{-1}$	−1	0	2	1	0

磁学量							
量	符号	单位	m	l	t	i	θ
磁矩	$\mathfrak{m}$	$A \cdot m^2$	0	2	0	1	0
磁化强度	M	$A \cdot m^{-1}$	0	−1	0	1	0
比磁矩	σ	$A \cdot m^2 \cdot kg^{-1}$	−1	2	0	1	0
磁场强度	H	$A \cdot m^{-1}$	0	−1	0	1	0
磁通量	Φ	Wb	1	2	−2	−1	0
磁通密度	B	T	1	0	−2	−1	0
电感	L	H	1	2	−2	−2	0
磁化率(M/H)	χ		0	0	0	0	0
磁导率(B/H)	μ	$H \cdot m^{-1}$	1	1	−2	−2	0
磁极化强度	J	T	1	0	−2	−1	0
磁通势	$\mathcal{F}$	A	0	0	0	1	0
磁荷	q_m	$A \cdot m$	0	1	0	1	0
能积	(BH)	$J \cdot m^{-3}$	1	−1	−2	0	0
各向异性能	K	$J \cdot m^{-3}$	1	−1	−2	0	0
交换劲度	A	$J \cdot m^{-1}$	1	1	−2	0	0
霍尔系数	R_H	$m^3 \cdot C^{-1}$	0	3	−1	−1	0
标势	φ	A	0	0	0	1	0
矢势	A	$T \cdot m$	1	1	−2	−1	0
磁导	P_m	$T \cdot m^2 \cdot A^{-1}$	1	2	−2	−2	0
磁阻	R_m	$A \cdot T^{-1} \cdot m^{-2}$	−1	−2	2	2	0

B.3.2 实　　例

(1) 物体的动能 $\varepsilon=\frac{1}{2}mv^2$

$[\varepsilon]=[1,2,-2,0,0]$　　$[m]=[1,0,0,0,0]$

$[v^2]=\dfrac{2[0,-1,-1,0,0]}{[1,-2,-2,0,0]}$

(2) 运动电荷的洛伦兹力 $\boldsymbol{f}=q\boldsymbol{v}\times\boldsymbol{B}$

$[f]=[1,1,-2,0,0]$　　$[q]=[0,0,1,1,0]$

$[v]=[0,1,-1,0,0]$

$[B]=\dfrac{[1,0,-2,-1,0]}{[1,1,-2,0,0]}$

(3) 畴壁能 $\gamma_w=\sqrt{AK}$（γ_w 是单位面积的能量）

$[\gamma_w]=[\varepsilon A^{-1}]$　　$[\sqrt{AK}]=1/2[AK]$

$=[1,2,-2,0,0]$　　$[\sqrt{A}]=\frac{1}{2}[1,1,-2,0,0]$

$-[1,1,-2,0,0]$　　$[\sqrt{K}]=\dfrac{1}{2}\dfrac{[1,-1,-2,0,0]}{[1,0,-2,0,0]}$

$=[1,0,-2,0,0]$

(4) 运动导体的磁流体动力学力 $\boldsymbol{F}=\sigma\boldsymbol{v}\times\boldsymbol{B}\times\boldsymbol{B}$（$\boldsymbol{F}$ 是单位体积的力）

$[F]=[FV^{-1}]$　　$[\sigma]=[-1,-3,3,2,0]$

$=[1,1,-2,0,0]$　　$[\boldsymbol{v}]=[0,1,-1,0,0]$

$-\dfrac{[0,3,0,0,0]}{[1,-2,-2,0,0]}$　　$[B^2]=\dfrac{2[1,0,-2,-1,0]}{[1,-2,-2,0,0]}$

(5) 通量密度 $\boldsymbol{B}=\mu_0(\boldsymbol{H}+\boldsymbol{M})$（在括号内增加或减少的量应该具有相同的量纲）

$[B]=[1,0,-2,-1,0]$　　$[\mu_0]=[1,1,-2,-2,0]$

$[M],[H]=\dfrac{[0,-1,0,1,0]}{[1,0,-2,-1,0]}$

(6) 麦克斯韦方程 $\nabla\times\boldsymbol{H}=\boldsymbol{j}+\mathrm{d}\boldsymbol{D}/\mathrm{d}t$

$[\nabla\times\boldsymbol{H}]=[Hr^{-1}]$　$[\,j\,]=[0,-2,0,1,0]$　$[\mathrm{d}\boldsymbol{D}/\mathrm{d}t]=[Dt^{-1}]$

$=[0,-1,0,1,0]$　　$=[0,-2,1,1,0]$

$-[0,1,0,0,0]$　　$-[0,0,1,0,0]$

$=[0,-2,0,1,0]$　　$=[0,-2,0,1,0]$

(7) 欧姆定律 $V=IR$

$=[1,2,-3,-1,0]$　　$[0,0,0,1,0]$

$+[1,2,-3,-2,0]$

$=[1,2,-3,-1,0]$

(8) 法拉第定律 $\mathcal{E}=-\partial\Phi/\partial t$

$=[1,2,-3,-1,0]$　　$[1,2,-2,-1,0]$

$-[0,0,1,0,0]$

$=[1,2,-3,-1,0]$

附录 C　矢量和三角关系

矢量 $\boldsymbol{A}$ 和 $\boldsymbol{B}$ 可以形成两种乘积。

① 标量积：

$$\boldsymbol{A}\cdot\boldsymbol{B} = A_x B_x + A_y B_y + A_z B_z = AB\cos\theta$$

② 矢量积：

$$\begin{aligned}\boldsymbol{A}\times\boldsymbol{B} &= \begin{vmatrix} \boldsymbol{e}_x & \boldsymbol{e}_y & \boldsymbol{e}_z \\ A_x & A_y & A_z \\ B_x & B_y & B_z \end{vmatrix} \\ &= (A_y B_z - B_y A_z)\boldsymbol{e}_x - (A_x B_z - B_x A_z)\boldsymbol{e}_y \\ &\quad + (A_x B_y - B_x A_y)\boldsymbol{e}_z \\ &= AB\sin\theta\boldsymbol{e}_n\end{aligned}$$

在这里单位矢量 $\boldsymbol{e}_n$ 垂直于包含 $\boldsymbol{A}$ 和 $\boldsymbol{B}$ 的平面，方向由螺旋法则而定。$\boldsymbol{e}_x,\boldsymbol{e}_y,\boldsymbol{e}_z$ 是坐标轴方向的单位矢量。

三重积：

$$\boldsymbol{A}\cdot(\boldsymbol{B}\times\boldsymbol{C}) = \boldsymbol{B}\cdot(\boldsymbol{C}\times\boldsymbol{A}) = \boldsymbol{C}\cdot(\boldsymbol{A}\times\boldsymbol{B})$$

$$\boldsymbol{A}\times(\boldsymbol{B}\times\boldsymbol{C}) = (\boldsymbol{A}\cdot\boldsymbol{C})\boldsymbol{B} - (\boldsymbol{A}\cdot\boldsymbol{B})\boldsymbol{C}$$

∇是矢量偏导数$(\partial/\partial x,\partial/\partial y,\partial/\partial z)$。它作用在标量场 ψ 上时产生梯度 gradψ，是一个矢量场：

$$\nabla\psi = (\partial\psi/\partial x,\partial\psi/\partial y,\partial\psi/\partial z)$$

它作用在矢量场 $\boldsymbol{A}$ 上时产生散度 div$\boldsymbol{A}$，是一个标量场：

$$\nabla\cdot\boldsymbol{A} = \partial \boldsymbol{A}_x/\partial x + \partial A_y/\partial y + \partial A_z/\partial z$$

$$\nabla\cdot\boldsymbol{r} = 3$$

它作用在矢量场 $\boldsymbol{A}$ 上时产生旋度 curl$\boldsymbol{A}$，是一个矢量场，可由下式得到：

$$\nabla\times\boldsymbol{A} = \begin{vmatrix} \boldsymbol{e}_x & \boldsymbol{e}_y & \boldsymbol{e}_z \\ \partial/\partial x & \partial/\partial y & \partial/\partial z \\ A_x & A_y & A_z \end{vmatrix}$$

$$\nabla\times\boldsymbol{r} = \boldsymbol{0}$$

$\nabla\cdot\nabla\psi$ = 标量：

$$\nabla^2\psi = \partial^2\psi/\partial x^2 + \partial^2\psi/\partial y^2 + \partial^2\psi/\partial z^2$$

在极坐标系下：

$$\nabla\psi = \left(\frac{\partial\psi}{\partial r},\frac{1}{r}\frac{\partial\psi}{\partial\theta},\frac{1}{r\sin\theta}\frac{\partial\psi}{\partial\phi}\right)$$

$$\nabla\cdot\boldsymbol{A} = \frac{1}{r^2}\frac{\partial}{\partial r}(r^2 A_x) + \frac{1}{r\sin\theta}\frac{\partial}{\partial\theta}(\sin\theta A_y) + \frac{1}{r\sin\theta}\frac{\partial}{\partial\phi}A_z$$

$$\nabla^2\psi = \frac{1}{r^2\sin\theta}\left(\frac{\partial}{\partial r}r^2\sin\theta\frac{\partial\psi}{\partial r} + \frac{\partial}{\partial\theta}\sin\theta\frac{\partial\psi}{\partial\theta} + \frac{\partial}{\partial\phi}\frac{1}{\sin\theta}\frac{\partial\psi}{\partial\phi}\right)$$

$$\nabla\times\nabla\psi = \mathbf{0}$$

$$\nabla\cdot(\nabla\times\boldsymbol{A}) = 0$$

$$\nabla\times(\nabla\times\boldsymbol{A}) = \nabla(\nabla\cdot\boldsymbol{A}) - \nabla^2\boldsymbol{A}$$

$$\nabla(\boldsymbol{A}\cdot\boldsymbol{B}) = (\boldsymbol{B}\cdot\nabla)\boldsymbol{A} + (\boldsymbol{A}\cdot\nabla)\boldsymbol{B} + \boldsymbol{B}\times(\nabla\times\boldsymbol{A}) + \boldsymbol{A}\times(\nabla\times\boldsymbol{B})$$

$$\nabla\cdot(\boldsymbol{A}\times\boldsymbol{B}) = \boldsymbol{B}\cdot(\nabla\times\boldsymbol{A}) - \boldsymbol{A}\cdot(\nabla\times\boldsymbol{B})$$

$$[\boldsymbol{A}\times(\nabla\times\boldsymbol{B})]_j = \sum_i[\boldsymbol{A}_i\nabla_j\boldsymbol{B}_i - \boldsymbol{A}_i\nabla_i\boldsymbol{B}_j] = \sum_i\boldsymbol{A}_i\nabla_j\boldsymbol{B}_i - (\boldsymbol{A}\cdot\nabla)\boldsymbol{B}_j$$

$$\nabla\cdot(\psi\boldsymbol{A}) = \boldsymbol{A}\cdot\nabla\psi + \psi\nabla\cdot\boldsymbol{A}$$

$$\nabla\times(\psi\boldsymbol{A}) = \nabla\psi\times\boldsymbol{A} + \psi\nabla\times\boldsymbol{A}$$

$$\int_V\nabla\cdot\boldsymbol{A}\mathrm{d}\boldsymbol{r}^3 = \int_S\boldsymbol{A}\cdot\boldsymbol{e}_n\mathrm{d}\boldsymbol{r}^2 \quad (\text{散度定理})$$

$$\int_V\nabla\psi\,\mathrm{d}\boldsymbol{r}^3 = \int_S\psi\boldsymbol{e}_n\mathrm{d}\boldsymbol{r}^2$$

$$\int_V\nabla\times\boldsymbol{A}\mathrm{d}\boldsymbol{r}^3 = \int_S\boldsymbol{e}_n\times\boldsymbol{A}\mathrm{d}\boldsymbol{r}^2$$

$$\int_S(\nabla\times\boldsymbol{A})\cdot\boldsymbol{e}_n\mathrm{d}\boldsymbol{r}^2 = \oint\boldsymbol{A}\cdot\mathrm{d}\boldsymbol{\ell} \quad (\text{斯托克斯定理})$$

$$\int_S\boldsymbol{e}_n\times\nabla\psi\,\mathrm{d}\boldsymbol{r}^2 = \oint\psi\,\mathrm{d}\boldsymbol{\ell}$$

比较实用的三角关系如下：

$$\sin^2\theta + \cos^2\theta = 1$$

$$\sin2\theta = 2\sin\theta\cos\theta$$

$$\cos2\theta = 2\cos^2\theta - 1 = \cos^2\theta - \sin^2\theta$$

$$\tan2\theta = 2/(\cot\theta - \tan\theta)$$

$$\sin(\theta+\phi) = \sin\theta\cos\phi + \cos\theta\sin\phi$$

$$\cos(\theta+\phi) = \cos\theta\cos\phi - \sin\theta\sin\phi$$

$$\mathrm{e}^{\mathrm{i}\theta} = \cos\theta + \mathrm{i}\sin\theta$$

$$\sin\theta = (\mathrm{e}^{\mathrm{i}\theta} - \mathrm{e}^{-\mathrm{i}\theta})/2\mathrm{i}$$

$$\cos\theta = (\mathrm{e}^{\mathrm{i}\theta} + \mathrm{e}^{-\mathrm{i}\theta})/2$$

$$\sinh x = (\mathrm{e}^x - \mathrm{e}^{-x})/2$$

$$\cosh x = (\mathrm{e}^x + \mathrm{e}^{-x})/2$$

附录 D　旋转椭球体的退磁因子

α	$\mathcal{N}$	α	$\mathcal{N}$	α	$\mathcal{N}$	α	$\mathcal{N}$
0	1.000	0.20	0.749	1.40	0.249	7.00	0.035
0.01	0.985	0.25	0.703	1.50	0.232	8.00	0.029
0.02	0.968	0.30	0.661	1.60	0.219	9.00	0.024
0.03	0.953	0.40	0.588	1.70	0.207	10.0	0.020
0.04	0.940	0.50	0.526	1.80	0.194	15.0	0.010
0.05	0.925	0.60	0.476	2.00	0.173	20.0	0.0069
0.06	0.912	0.70	0.431	2.50	0.135	30.0	0.0034
0.07	0.899	0.80	0.394	3.00	0.109	40.0	0.0021
0.08	0.886	0.90	0.361	3.50	0.090	50.0	0.0014
0.09	0.873	1.00	0.333	4.00	0.076	70.0	0.0008
0.10	0.861	1.10	0.315	4.50	0.064	100	0.0004
0.125	0.829	1.20	0.286	5.00	0.056	200	0.0001
0.167	0.783	1.30	0.266	6.00	0.043	∞	0.0000

附录 E　磁场、磁化强度和磁化率

转换表打印在封底的内侧，*B*-*H* 转换只能用于自由空间中。

实　　例

1000 $A \cdot m^{-1}$的 H 场等于 $1000 \times 4\pi\ 10^{-3} = 12.5$ Oe。

一种材料的相对分子质量$\mathcal{M} = 449$，它的磁矩为 8.6 μ_B，则该材料的磁化率 $\sigma = 8.6 \times (5585/449) = 107\ A \cdot m^2 \cdot kg^{-1}$。

一种材料中磁化强度 $M = 1.76 \times 10^6\ A \cdot m^{-1}$，密度为 7870 $kg \cdot m^{-3}$，它等价于磁化率 $\sigma = 1.76 \times 10^6 / 7870 = 224\ A \cdot m^2 \cdot kg^{-1}$或者 224 $emu \cdot g^{-1}$。

一种材料的密度为 4970 $kg \cdot m^{-3}$，则无量纲的 SI 磁化率 $\chi = 2.5 \times 10^{-6}$等价于无量纲的 CGS 磁化率 $2.5 \times 10^{-6} / 4\pi = 2.0 \times 10^{-7}$，CGS 质量磁化率 $\chi_m = 2.5 \times 10^{-6} \times 10^3 \div (4\pi \times 4970) = 4.0 \times 10^{-8}\ emu \cdot g^{-1}$。

典型材料的磁化率					
磁化率	单位	H_2O	Al	$CuSO_4 \cdot 5H_2O$	$Gd_2(SO_4)_3 \cdot 8H_2O$
χ		-9.0×10^{-6}	2.1×10^{-5}	1.41×10^{-4}	2.6×10^{-3}
χ_m	$m^3 \cdot kg^{-1}$	-9.0×10^{-9}	7.9×10^{-9}	6.2×10^{-8}	8.7×10^{-7}
χ_{mol}	$m^3 \cdot mol^{-1}$	-1.62×10^{-10}	2.1×10^{-10}	1.57×10^{-8}	6.5×10^{-7}
χ_0	$J \cdot T^{-2} \cdot kg^{-1}$	-7.2×10^{-3}	6.3×10^{-3}	4.9×10^{-2}	6.9×10^{-1}
κ		-7.2×10^{-7}	1.70×10^{-6}	9.1×10^{-6}	2.4×10^{-4}
χ_m	$emu \cdot g^{-1}$	-7.2×10^{-7}	6.3×10^{-7}	4.0×10^{-6}	7.0×10^{-5}
χ_{mol}	$emu \cdot mol^{-1}$	-1.29×10^{-5}	1.70×10^{-5}	1.00×10^{-3}	5.2×10^{-2}

附录 F 量子力学算符

对于每一个经典力学中的可观测量，在量子力学中都对应一个线性的厄米算符，如果算符 $\hat{A}$ 满足 $\hat{A}=\hat{A}^{\dagger}$，则 $\hat{A}$ 称为厄米算符，其中 $A^{\dagger}_{ij}=A^{*}_{ji}$。常用算符如下所示：

位置算符	$\boldsymbol{r}$
正则动量	$-\mathrm{i}\hbar\nabla$
动量	$-\mathrm{i}\hbar\nabla-q\boldsymbol{A}$
角动量	$-\mathrm{i}\hbar\boldsymbol{r}\times\nabla$
角动量（z 分量）	$-\mathrm{i}\hbar\partial/\partial\phi$
能量	$(1/2m)(\mathrm{i}\hbar\nabla+q\boldsymbol{A})^2+q\varphi_e$

角动量的对易关系为

$$[L_1,L_2]=[L_2,L_1]$$

$$[L_1+L_2,L_3]=[L_1,L_3]+[L_2,L_3]$$

$$[L_1^2+L_2]=L_1[L_1,L_2]+[L_1,L_2]L_1$$

附录 G　铁磁体的约化磁化强度

分子场理论推导出的约化磁化强度

T/T_C	1/2	1	3/2	2	5/2	7/2	∞
0	1.00000	1.00000	1.00000	1.00000	1.000000	1.00000	1.00000
0.1	1.00000	1.00000	1.00000	0.99998	0.99992	0.99964	0.96548
0.2	0.99991	0.99944	0.99833	0.99655	0.99428	0.98902	0.92817
0.3	0.99741	0.99297	0.98688	0.98019	0.97359	0.96179	0.88730
0.4	0.98562	0.97337	0.96043	0.94853	0.93815	0.92166	0.84157
0.5	0.95750	0.92657	0.01752	0.90169	0.88881	0.86006	0.78889
0.6	0.90733	0.87923	0.85599	0.83791	0.82383	0.80375	0.72588
0.7	0.82863	0.79624	0.77122	0.75262	0.73856	0.71904	0.64739
0.8	0.71041	0.67766	0.65365	0.63637	0.62358	0.60616	0.54455
0.85	0.62950	0.59852	0.57629	0.56051	0.54892	0.53325	0.47864
0.9	0.52543	0.49806	0.47880	0.46528	0.45543	0.44218	0.39660
0.95	0.37949	0.35871	0.34435	0.33436	0.32713	0.31747	0.28455
0.99	0.16971	0.16042	0.15400	0.14953	0.14631	0.14196	0.17198
1.0	0.00000	0.00000	0.00000	0.00000	0.00000	0.00000	0.00000

附录 H　晶体场和各向异性

离子各向异性一般可以用 2^n 极矩表示：

$$
\begin{aligned}
\varepsilon_a = & \frac{1}{2}Q_2A_2^0(3\cos^2\theta - 1) + \frac{1}{2}Q_2A_2^2\sin^2\theta\cos 2\phi \\
& + \frac{1}{8}Q_4A_4^0(35\cos^4\theta - 30\cos^2\theta + 3) \\
& + \frac{1}{8}Q_4A_4^2(7\cos^2\theta - 1)\sin^2\theta\cos 2\phi + \frac{1}{8}Q_4A_4^4\sin^4\theta\cos 4\phi \\
& + \frac{1}{16}Q_6A_6^0(231\cos^6\theta - 315\cos^4\theta + 105\cos^2\theta - 5) \\
& + \frac{1}{16}Q_6A_6^2(33\cos^4\theta - 18\cos^2\theta + 1)\sin^2\theta\cos 2\phi \\
& + \frac{1}{16}Q_6A_6^4(11\cos^2\theta - 1)\sin^4\theta\cos 4\phi + \frac{1}{16}Q_6A_6^6\sin^6\theta\cos 4\phi
\end{aligned}
$$

对角晶体场参数可以用来描述离子晶格所处的环境：

$$A_2^0 = -\frac{e^2}{16\pi\epsilon_0}\int\frac{3\cos^2\theta - 1}{R^3}\rho(R)\mathrm{d}^3R$$

$$A_4^0 = -\frac{9e^2}{1024\pi^2\epsilon_0}\int\frac{35\cos^4\theta - 30\cos^2\theta + 3}{R^5}\rho(R)\mathrm{d}^3R$$

$$A_6^0 = -\frac{13e^2}{4096\pi^2\epsilon_0}\int\frac{231\cos^6\theta - 315\cos^4\theta + 105\cos^2\theta - 5}{R^7}\rho(R)\mathrm{d}^3R$$

斯蒂文算符包括：

$$\hat{O}_2^0 = 3\hat{J}_z^2 - J(J+1)$$

$$\hat{O}_2^{2c} = \frac{1}{2}(\hat{J}_+^2 + \hat{J}_-^2)$$

$$\hat{O}_4^0 = 35\hat{J}_z^4 - 30J(J+1)\hat{J}_z^2 + 25\hat{J}_z^2 - 6J(J+1) + 3\hat{J}^2(J+1)^2$$

$$\hat{O}_4^2 = \frac{1}{4}\{[7\hat{J}_z^2 - J(J+1) - 5](\hat{J}_+^2 + \hat{J}_-^2) + (\hat{J}_+^2 + \hat{J}_-^2)[7\hat{J}_z^2 - J(J+1) - 5]\}$$

$$\hat{O}_4^3 = \frac{1}{4}[\hat{J}_z(\hat{J}_+^3 + \hat{J}_-^3) + (\hat{J}_+^3 + \hat{J}_-^3)\hat{J}_z]$$

$$\hat{O}_4^{4c} = \frac{1}{2}(\hat{J}_+^4 + \hat{J}_-^4)$$

$$\hat{O}_6^0 = 231\hat{J}_z^6 - 315J(J+1)\hat{J}_z^4 + 735\hat{J}_z^4 + 105J^2(J+1)^2\hat{J}_z^2 - 525J(J+1)\hat{J}_z^2 + 294\hat{J}_z^2 - 5J^3(J+1)^3 + 40J^2(J+1)^2 - 60J(J+1)$$

$$\hat{O}_6^2 = \frac{1}{4}\{[33\hat{J}_z^4 - 18\hat{J}_z^2J(J+1) - 123\hat{J}_z^2 + J^2(J+1)^2 + 10J(J+1) + 102](\hat{J}_+^2 + \hat{J}_-^2) + (\hat{J}_+^2 + \hat{J}_-^2)[33\hat{J}_z^4 - 18\hat{J}_z^2J(J+1) - 123\hat{J}_z^2 + J^2(J+1)^2 + 10J(J+1) + 102]\}$$

$$\hat{O}_6^3 = \frac{1}{4}[(11\hat{J}_z^3 - 3\hat{J}_zJ(J+1) - 59\hat{J}_z)(\hat{J}_+^3 + \hat{J}_-^3) + (\hat{J}_+^3 + \hat{J}_-^3)(11\hat{J}_z^3 - 3\hat{J}_zJ(J+1) - 59\hat{J}_z)]$$

$$\hat{O}_6^4 = \frac{1}{4}\{[11\hat{J}_z^2 - J(J+1) - 38](\hat{J}_+^4 + \hat{J}_-^4) + (\hat{J}_+^4 + \hat{J}_-^4)[11\hat{J}_z^2 - J(J+1) - 38]\}$$

$$\hat{O}_6^{6c} = \frac{1}{2}(\hat{J}_+^6 + \hat{J}_-^6)$$

具有不同对称性格点上晶体场的一些表达式如下：

立方晶系：$B_4^0[\hat{O}_4^0 + 5\hat{O}_4^{4c}] + B_6^0[\hat{O}_6^0 - 21B_6^{4c}\hat{O}_6^{4c}]$

$Fm\underline{3}m$

四方晶系：$B_2^0\hat{O}_2^0 + B_4^0\hat{O}_4^0 + B_4^{4c}\hat{O}_4^{4c} + B_6^0\hat{O}_6^0 + B_6^{4c}\hat{O}_6^{4c}$

$4/mmm$

三角晶系：$B_2^0\hat{O}_2^0+B_4^0\hat{O}_4^0+B_4^3\hat{O}_4^3+B_6^0\hat{O}_6^0+B_6^4\hat{O}_6^4+B_6^6\hat{O}_6^6$

$3m$

六角晶系：$B_2^0\hat{O}_2^0+B_4^0\hat{O}_4^0+B_6^0\hat{O}_6^0+B_6^6\hat{O}_6^6$

$6/mmm, \underline{6}m2$

正交晶系：$B_2^0\hat{O}_2^0+B_2^{2s}\hat{O}_2^{2s}+B_4^0\hat{O}_4^0+B_4^{2s}\hat{O}_4^{2s}+B_4^{4c}\hat{O}_4^{4c}+B_6^0\hat{O}_6^0+B_6^{2s}\hat{O}_6^{2s}$

mm　　$B_6^{4c}\hat{O}_6^{4c}+B_6^{6s}\hat{O}_6^{6s}$

附录I　磁　点　群

下面加粗的31个磁点群与永久磁矩相对应，具体分类如下：

三斜晶系(m_x, m_y, m_z)：$\mathbf{1}, \bar{\mathbf{1}}, \bar{1}'$

单斜晶系($m_x, 0, m_z$)

或$(0, m_y, 0)$：　$\mathbf{2}, \mathbf{2}', \boldsymbol{m}, \boldsymbol{m}', \mathbf{2}/\boldsymbol{m}, \mathbf{2}'/\boldsymbol{m}', 2/m', 2'/\boldsymbol{m}$

正交晶系：　$222, \mathbf{2'2'2}, \boldsymbol{mm}\mathbf{2}, \boldsymbol{m'm'}\mathbf{2}, \boldsymbol{m'm}\,\mathbf{2'}, \boldsymbol{mmm}, \boldsymbol{m'm'm}, m'm'm', m'mm$

三角晶系$(0, 0, m_z)$：　$\mathbf{3}, \bar{\mathbf{3}}, \bar{3}', 32, \mathbf{32'}, 3m, \mathbf{3m'}, \bar{3}m, \bar{\mathbf{3}}\boldsymbol{m}', \bar{3}'m', \bar{3}'m$

正方晶系$(0, 0, m_z)$：　$\mathbf{4}, 4', \bar{\mathbf{4}}, \bar{4}', \mathbf{4}/\boldsymbol{m}, 4'/m, 4/m', 4'/m', 422, 4'22, \mathbf{42'2'}, 4mm, 4'mm', \mathbf{4}\boldsymbol{m'm'}, \bar{4}2m, \bar{4}'2m', \bar{4}'2'm, \bar{\mathbf{4}}\mathbf{2'}\boldsymbol{m}', 4/mmm, 4'/mmm', \mathbf{4}/\boldsymbol{mm'm'}, 4/m'mm, 4'/m'mm'$

六角晶系$(0, 0, m_z)$：　$\mathbf{6}, 6', \bar{\mathbf{6}}, \bar{6}', \mathbf{6}/\boldsymbol{m}, 6'/m', 6/m', 6'/m, 622, 6'22', \mathbf{62'2'}, 6mm, 6'mm', \mathbf{6m'm'}, \bar{6}m2, \bar{6}m'2, \bar{6}m2', \bar{\mathbf{6}}\,\boldsymbol{m}'\,\mathbf{2}', 6/mmm, 6'/m'mm', \mathbf{6}/\boldsymbol{mm'm'}, 6/m'm'm', 6/m'mm, 6'/mmm'$

立方晶系：　$23, m3, m'3, 432, 4'32, \bar{4}3m, \bar{4}'3m', m3m, m3m', m'3m', m'3m$

附录J　磁性元素周期表

抗磁性元素未填色，顺磁性元素填以浅灰色，铁磁性元素填以深灰色，反铁磁性元素填以中灰色，根据磁性所标温度为居里温度或奈尔温度。已注明常见顺磁离子，当元素的单原子具有磁矩时以粗体表示

图例：原子序数 → 66；元素符号 → **Dy**；相对原子质量 → 162.5；典型离子价态 → $3+4f^9$；反铁磁奈尔温度T_N(K) → 179；铁磁居里温度T_C(K) → 85

1	2	3	4	5	6	7	8	9	10	11	12	13	14	15	16	17	18
1 **H** 1.00																	2 He 4.00
3 **Li** 6.94 $1+2s^0$	4 Be 9.01 $2+2s^0$											5 **B** 10.81	6 C 12.01	7 **N** 14.01	8 **O** 16.00 35	9 **F** 19.00	10 Ne 20.18
11 **Na** 22.99 $1+3s^0$	12 Mg 24.21 $2+3s^0$											13 **Al** 26.98 $3+2p^6$	14 Si 28.09	15 **P** 30.97	16 **S** 32.07	17 **Cl** 35.45	18 Ar 39.95
19 **K** 38.21 $1+4s^0$	20 Ca 40.08 $2+4s^0$	21 **Sc** 44.96 $3+3d^0$	22 **Ti** 47.88 $4+3d^0$	23 **V** 50.94 $3+3d^2$	24 **Cr** 52.00 $3+3d^3$ 312	25 **Mn** 55.85 $2+3d^5$ 96	26 **Fe** 55.85 $3+3d^5$ 1043	27 **Co** 58.93 $2+3d^7$ 1390	28 **Ni** 58.69 $2+3d^8$ 629	29 **Cu** 63.55 $2+3d^9$	30 Zn 65.39 $2+3d^{10}$	31 **Ga** 69.72 $3+3d^{10}$	32 Ge 72.61	33 **As** 74.92	34 **Se** 78.96	35 **Br** 79.90	36 Kr 83.80
37 **Rb** 85.47 $1+5s^0$	38 Sr 87.62 $2+5s^0$	39 **Y** 88.91 $2+4d^0$	40 **Zr** 91.22 $4+4d^0$	41 **Nb** 92.91 $5+4d^0$	42 **Mo** 95.94 $5+4d^1$	43 **Tc** 97.9	44 **Ru** 101.1 $3+4d^5$	45 **Rh** 102.4 $3+4d^6$	46 Pd 106.4 $2+4d^8$	47 **Ag** 107.9 $1+4d^{10}$	48 Cd 112.4 $2+4d^{10}$	49 **In** 114.8 $3+4d^{10}$	50 Sn 118.7 $4+4d^{10}$	51 **Sb** 121.8	52 **Te** 127.6	53 **I** 126.9	54 Xe 83.80
55 **Cs** 132.9 $1+6s^0$	56 Ba 137.3 $2+6s^0$	57 **La** 138.9 $3+4f^0$	72 **Hf** 178.5 $4+5d^0$	73 **Ta** 180.9 $5+5d^0$	74 W 183.8 $6+5d^0$	75 **Re** 186.2 $4+5d^3$	76 **Os** 190.2 $3+5d^5$	77 **Ir** 192.2 $4+5d^5$	78 **Pt** 195.1 $2+5d^8$	79 **Au** 197.0 $1+5d^{10}$	80 Hg 200.6 $2+5d^{10}$	81 **Tl** 204.4 $3+5d^{10}$	82 **Pb** 207.2 $4+5d^{10}$	83 **Bi** 209.0	84 **Po** 209	85 **At** 210	86 Rn 222
87 **Fr** 223	88 Ra 226.0 $2+7s^0$	89 **Ac** 227.0 $3+5f^0$															

58 **Ce** 140.1 $4+4f^0$ 13	59 **Pr** 140.9 $3+4f^2$	60 **Nd** 144.2 $3+4f^3$ 19	61 **Pm** 145	62 Sm 150.4 $3+4f^5$ 105	63 **Eu** 152.0 $2+4f^7$ 90	64 **Gd** 157.3 $3+4f^7$ 292	65 **Tb** 158.9 $3+4f^8$ 229 221	66 **Dy** 162.5 $3+4f^9$ 179 85	67 **Ho** 164.9 $3+4f^{10}$ 132 20	68 **Er** 167.3 $3+4f^{11}$ 85 20	69 **Tm** 168.9 $3+4f^{12}$ 56	70 Yb 173.0 $3+4f^{13}$	71 **Lu** 175.0 $3+4f^{14}$
90 **Th** 232.0 $4+5f^0$	91 **Pa** 231.0 $5+5f^0$	92 **U** 238.0 $4+5f^2$	93 **Np** 238.0 $5+5f^2$	94 **Pu** 244	95 **Am** 243	96 **Cm** 247	97 **Bk** 247	98 **Cf** 251	99 Es 252	100 **Fm** 257	101 **Md** 258	102 **No** 259	103 **Lr** 260

- 放射性元素（斜线）
- 抗磁性元素（白色）
- 顺磁性元素（浅灰色）
- 加粗　磁性元素

铁磁 居里温度$T_C>290$ K　　反铁磁 奈尔温度 $T_N>290$ K　　反铁磁 奈尔温度T_N/铁磁 居里温度 $T_C<290$ K

附录K　SI-CGS单位制的换算关系

在A列中找出所要换算的物理量及相应单位，换算为B列中物理量和相应单位时，乘以表中相应系数，附录F给出了一些换算的实例

磁场换算关系

	A	B	SI	SI	CGS	CGS
			H	B	H	B
	↓	单位 →	$A\cdot m^{-1}$	T	Oe	G
SI	H	$A\cdot m^{-1}$	1	μ_0	$4\pi\times10^{-3}$	$4\pi\times10^{-3}$
SI	B	T	$1/\mu_0$	1	10^4	10^4
CGS	H	Oe	$10^3/4\pi$	10^{-4}	1	1
CGS	B	G	$10^3/4\pi$	10^{-4}	1	1

注：B-H 的换算只在真空中成立。

磁化率换算关系

	A	B	SI	SI	SI	SI	CGS	CGS	CGS
			χ	χ_m	χ_{mol}	χ_0	κ	χ_m	χ_{mol}
	↓	单位 →		$m^3\cdot kg^{-1}$	$m^3\cdot mol^{-1}$	$J\cdot T^{-2}\cdot kg^{-1}$		$emu\cdot g^{-1}$	$emu\cdot mol^{-1}$
SI	χ		1	1/d	$10^{-3}\mathcal{M}/d$	$1/\mu_0 d$	$1/4\pi$	$10^3/4\pi d$	$10^3\mathcal{M}/4\pi d$
SI	χ_m	$m^3\cdot kg^{-1}$	d	1	$10^{-3}\mathcal{M}$	$1/\mu_0$	$d/4\pi$	$10^3/4\pi$	$10^3\mathcal{M}/4\pi$
SI	χ_{mol}	$m^3\cdot mol^{-1}$	$10^3 d/\mathcal{M}$	$10^3/\mathcal{M}$	1	$10^3/\mu_0\mathcal{M}$	$10^3 d/4\pi\mathcal{M}$	$10^6/4\pi\mathcal{M}$	$10^6/4\pi$
SI	χ_0	$J\cdot T^{-2}\cdot kg^{-1}$	$\mu_0 d$	μ_0	$10^{-3}\mu_0\mathcal{M}$	1	$10^{-7}d$	10^{-4}	$10^{-4}\mathcal{M}$
CGS	κ		4π	$4\pi10^{-3}/d$	$4\pi10^{-6}\mathcal{M}/d$	$10^4/d$	1	1/d	$\mathcal{M}/d$
CGS	χ_m	$emu\cdot g^{-1}$	$4\pi d$	$4\pi10^{-3}$	$4\pi10^{-6}\mathcal{M}$	10^4	d	1	$\mathcal{M}$
CGS	χ_{mol}	$emu\cdot mol^{-1}$	$4\pi d/\mathcal{M}$	$4\pi10^{-3}/\mathcal{M}$	$4\pi10^{-6}$	$10^4/\mathcal{M}$	$d/\mathcal{M}$	$1/\mathcal{M}$	1

注：$\mathcal{M}$ 是摩尔质量($g\cdot mol^{-1}$)，d是密度(1–4行中为SI单位制，5–7行中取CGS单位制)。

磁矩和磁化强度的换算关系

	A	B	SI	SI	SI	SI	CGS	CGS	CGS	CGS
			m	M	σ	σ_{mol}	m	M	σ	σ_{mol}
	↓	单位 →	$A\cdot m^2$	$A\cdot m^{-1}$	$A\cdot m^2\cdot kg^{-1}$	$A\cdot m^2\cdot mol^{-1}$	emu	$emu\cdot cm^{-3}$	$emu\cdot g^{-1}$	$emu\cdot mol^{-1}$
	m	μ_B/formula	9.274×10^{-24}	$5585d/\mathcal{M}$	$5585/\mathcal{M}$	5.585	9.274×10^{-21}	$5.585d/\mathcal{M}$	$5585/\mathcal{M}$	5585
SI	m	$A\cdot m^2$	1	$1/V$	$1/dV$	$10^{-3}\mathcal{M}/dV$	10^3	$10^{-3}/V$	$1/dV$	$\mathcal{M}/dV$
SI	M	$A\cdot m^{-1}$	V	1	1/d	$10^{-3}\mathcal{M}/d$	$10^3 V$	10^{-3}	1/d	$\mathcal{M}/d$
SI	σ	$A\cdot m^2\cdot kg^{-1}$	dV	d	1	$10^{-3}\mathcal{M}$	$10^3 dV$	$10^{-3}d$	1	$\mathcal{M}$
SI	σ_{mol}	$A\cdot m^2\cdot mol^{-1}$	$10^2 dV/\mathcal{M}$	$10^3 d/\mathcal{M}$	$10^3/\mathcal{M}$	1	$10^6 dV/\mathcal{M}$	$d/\mathcal{M}$	$10^3/\mathcal{M}$	10^3
CGS	m	emu	10^{-3}	$10^3/V$	$1/dV$	$10^{-3}\mathcal{M}/dV$	1	$1/V$	$1/dV$	$\mathcal{M}/dV$
CGS	M	$emu\cdot cm^{-3}$	$10^{-3}V$	10^3	1/d	$10^{-3}\mathcal{M}/d$	V	1	1/d	$\mathcal{M}/d$
CGS	σ	$emu\cdot g^{-1}$	$10^{-3}dV$	$10^3 d$	1	$10^{-3}\mathcal{M}$	dV	d	1	$\mathcal{M}$
CGS	σ_{mol}	$emu\cdot mol^{-1}$	$10^{-3}dV/\mathcal{M}$	$10^3 d/\mathcal{M}$	$1/\mathcal{M}$	10^{-3}	$dV/\mathcal{M}$	$d/\mathcal{M}$	$1/\mathcal{M}$	1

注：$\mathcal{M}$ 是摩尔质量($g\cdot mol^{-1}$)，d是密度，V代表体积(1–5行采用SI单位制，6–9行的密度与体积采用CGS单位制)。注意在CGS单位制中$4\pi\mathcal{M}$常以高斯(G)为单位。

为求$p_{eff}=m_{eff}/\mu_B$中的有效玻尔磁子数，在SI单位制下可利用关系式$C_{mol}=1.571\times10^{-6}p_{eff}^2$，在CGS单位制下可利用关系式$C_{mol}=0.125\,p_{eff}^2$。

附录 L 物理常量和单位换算

物理常量

a_0 玻尔半径($4\pi\epsilon_0\hbar^2/m_e e^2$) 52.92 pm

c (真空)光速 2.998×10^8 m·s^{-1}

e 基本电荷 1.6022×10^{-19} C

G_0 (单位)量子电导(e^2/h) $3.874\times10^{-5}\Omega^{-1}$

h 普朗克常数 6.626×10^{-34} J·s

$\hbar$ 约化普朗克常数/2π 1.0546×10^{-34} J·s

k_B 玻尔兹曼常数 1.3807×10^{-23} J·K^{-1}

m_e 电子质量 9.109×10^{-31} kg

m_n 中子质量 1.675×10^{-27} kg

m_p 质子质量 1.673×10^{-27} kg

m_μ μ子质量 206.7 m_e

N_A 阿伏伽德罗常量 6.022×10^{23} mol^{-1}

u 统一原子质量单位 1.6605×10^{-27} kg

r_e (经典)电子半径 2.818 fm

R 气体常量 8.315 J·mol^{-1}

R_0 里德堡常量 2.180×10^{-18} J = 13.61 eV

α 精细结构常量($e^2/4\pi\epsilon_0 hc$) 1/137.04

ϵ_0 真空介电常量($1/\mu_0 c^2$) 8.854×10^{-12} C·V^{-1}·m^{-1}

μ_0 真空磁导率 $4\pi\times10^{-7}$ T·m·A^{-1}

μ_B 玻尔磁子($eh/2m_e$) 9.274×10^{-24} A·m^2

μ_N 核磁子($eh/2m_p$) 5.0508×10^{-27} A·m^2

Φ_0 (单位)量子磁通($h/2e$) 2.068×10^{-15} T·m^2

单位换算

1 eV = 11606 K(e/k_B) = 8066 cm^{-1}(e/hc)

1 T μ_B = 0.6717 K(μ_B/k_B)

1 μ_B/原子 = 5.585 J·T·mol^{-1}($N_A\mu_B$)

1 K/原子 = 8.314 J·mol^{-1}($N_A k_B$)

索 引